Diccionario de Petróleo Español-Chino

西汉石油词典

李　贞　施建中　张庆宽　主编

石油工业出版社

2013年　北京

图书在版编目（CIP）数据

西汉石油词典／李贞等主编．

北京：石油工业出版社，2013.6

ISBN 978-7-5021-9242-6

Ⅰ．西…

Ⅱ．李…

Ⅲ．石油工程－词典－西、汉

Ⅳ．TE-61

中国版本图书馆 CIP 数据核字（2013）第 079263 号

出版发行：石油工业出版社
　　　　　（北京安定门外安华里2区1号　100011）
　　　　　网　址：www.petropub.com.cn
　　　　　编辑部：(010) 64523598　发行部：(010) 64523620
经　　销：全国新华书店
印　　刷：北京中石油彩色印刷有限责任公司

2013年6月第1版　2013年6月第1次印刷
880×1230毫米　开本：1/32　印张：24.875　插页：3
字数：1847千字

定价：198.00元
（如出现印装质量问题，我社发行部负责调换）

《西汉石油词典》
编 委 会

主任委员：穆龙新　　王绍贤　　胡爱莲
　　　　　陈和平　　袁仲林　　叶先灯

主　　编：李　贞　　施建中　　张庆宽

校　　译：王绍贤　　袁仲林　　胡爱莲
　　　　　李　贞　　施建中　　张庆宽

前　言

　　西班牙语是联合国六大工作语言之一。以西班牙语为母语的人口遍布欧洲、亚洲、美洲、非洲，从使用人数上来说，它是仅次于汉语的世界第二大语言。而拉丁美洲多个西语国家，如委内瑞拉、墨西哥、哥伦比亚、厄瓜多尔等是世界上重要的石油生产和出口国，其中，委内瑞拉目前石油储量世界第一，它还被誉为是世界重质油的海洋。此外，秘鲁、阿根廷、古巴、玻利维亚、乌拉圭等国也有油气生产。事实上，拉美的许多国家已经成为中国十分重要的石油战略合作伙伴，随着中国与拉美国家石油合作的不断扩大和加深，石油专业西语交流的重要性日益突显。然而，与种类繁多的英文和中文石油专业工具书相比，我国尚没有一本权威的西班牙语石油专业词典。有鉴于此，曾多年在南美从事石油勘探开发工作或与石油工业相关的商务谈判和教学工作的编委会成员们，尤其是这些年一直在国内外专职从事石油领域西语翻译和交流的三位主编，都迫切感到急需一部系统全面的西汉石油专业词典，为国内外使用西汉双语的石油技术人员和翻译人员提供便利。故此，我们筹划并编写了这本西汉石油词典。

　　该词典完全以服务石油工业和石油技术人员为宗旨，是我国第一部西汉石油词典，也是迄今为止收录词条最多、涉及石油专业领域最全的西汉类石油工具书。该词典共收词 67300 多条，包括单词、词组、缩略词和短句等多种形式，主要涉及石油地质、勘探、开发、钻井、采油、储运、油田建设、石油炼制和石油化工等专业词汇。此外，还收录了部分金融、商贸、法律、环保、机械、电力、通信、计算机等领域出现频率较高的科技词汇。另外，还将地质年代表等较为实用的内容设了 9 个附录。

　　在编写过程中，我们参考了大量中外文工具书，主要包括

《Glossary of Petroleum and Environment》、《Glossary of the Petroleum Industry》、《Diccionario Enciclopédico de Términos Técnicos》、《简明西汉科学技术词典》、《新时代西汉大词典》、《英汉石油大辞典》等词典。由于美国是现代石油工业发源地,英语是世界石油工业的主宰语言,即使在西语国家,很多石油技术术语和油田现场的工具等也是直接引用英文原文,如 BOP, bunker, casing, rack, top drive 等。由于类似的英文词语在石油工业中已经"约定俗成",故我们也将其作为西语词条收入本词典。

我们还经常请教不同石油专业背景的专家和同事,以便用最恰当的中文来表述西语的含义。此外,我们耗时两年多对所有词条的中文释义进行了三轮交叉校对,力求本词典能真正地成为一本可信、好用、权威的专业词典。

本词典是编者在原中油国际委内瑞拉公司工作期间在有关领导的关心下开始酝酿的,从启动至最终完稿历时近八年,不仅凝聚了几位编委和老一辈石油西语专家的心血,而且也反映了目前我国专职从事西语石油专业翻译的年轻一代的能力和水平,同时也是各级领导、石油专业技术专家把关和帮助的结果,特在本词典最后部分以致谢形式向他们表示崇高的敬意和感谢!

虽然我们遵循了"准确、精炼、全面"的编写原则,精心筛选,反复推敲,谨慎校对,但是,由于编者的水平和经验有限,且此书系我们初次独立编写的科技词典,再加上相关西语的参考书籍匮乏,这本词典中一定会有疏漏和错误,我们真诚欢迎广大读者和专家提出批评和宝贵意见。也希望更多的有识之士参与我们的行列,不断改进修订词典,为中国石油事业走向海外贡献绵薄之力。

编委会
2013 年 6 月

使 用 说 明

1. 词条按首个字母的西班牙语字母顺序排列，字母 ch 和 ll 不列为单独字母，分别放在字母 c 和 l 中。

2. 词条包括单词、词组、缩略词（包括部分英文缩略词）、前缀和部分短句。

3. 每个词的释义多收入与石油科技等相关的解释，无关释义较少或不收入。

4. 未按一般语法词典标明单词的阴阳性，但如果一个单词既可作为阳性也可作为阴性，则标出不同释义。例如：

> orden 次序，顺序，序列（作为阳性名词）；指令；通知书，委托书；订货单（作为阴性名词）

5. 名词基本上只列单数形式，对名词单复数含义有较大差异的词，或常以复数形式出现的名词，则标出不同释义，或单独列出其复数形式的词组。例如：

> recurso 上诉，申诉；手段，措施，资源，财产（复数）
>
> residuo 剩余，残余；（蒸发、过滤等过程结束后的）残余物，残渣，渣滓，残油，油脚（常用复数）

6. 词义相近的释义使用逗号分隔；释义较远或不同时，使用分号分隔。

7. 圆括号表示注释性内容，或可以省略的部分。例如：

> pie （人或动物的）脚，足；（器物的）脚
>
> aceite ácido (contaminado con gas) （受到天然气污染的）酸性油

8. 缩略词，在其后面的圆括号内注明词条全称。词条全称，除机构、团体等专有名词外，一律小写。例如：

> AAG (Asociación Americana del Gas) 美国天然气协会
>
> GPL(gas de petróleo liquificado) 液化石油气

9. 专有名词或专有名词短语的首字母大写，其余词均小写。

目　录

正文 ··· 1 ～ 758

附录 ··· 759 ～ 783

    附录一　地质年代表

    附录二　（部分）拉丁美洲国家石油公司一览表

    附录三　数词表

    附录四　PDVSA 经营年报和社会环境报告常用缩略词

    附录五　化学元素表

    附录六　计量单位表

    附录七　斯德哥尔摩关于持久性有机污染物公约（POPs）
             中的词汇

    附录八　希腊字母表

    附录九　西汉音译表

致谢 ··· 784 ～ 785

A

a barlovento 逆风的，迎风的

a bordo 在船（车、飞机）上

a cielo abierto 露天，露天开采

a contracorriente 逆流地

a corto plazo 短期的

a costa de 以…为代价

a cualquier precio 不惜代价地，不择手段地

a débil régimen 低速，低效率

a distancia 遥远的，远距离的；远程控制的

a engranajes 齿轮传动的，带齿轮的

a escala reducida 规模有限的

a flor de tierra 在地面上，露出地面，靠近地面

a fuerte régimen 高速，高效率

a granel 散装，不分箱，不分包，不分罐；大量地，大批地

a la cabeza de 第一流的；在最前头，在最前面，为首的

a la gruesa 整批，散装，大量地

a la intemperie 在户外，在露天

a la velocidad de 以…速度，按…进度，按…速率

a la vista 见票即付

a la vuelta 返程，回程

a lo largo 沿着

a mano 手工的，手动操作的，手动调整的；在手边，在手头

a medida que 随着

a medio 中期的，（完成）一半的

a medio llenar 半满的

a mitad de precio 按半价

a motor 发动机驱动的

a ojo descubierto 肉眼的

a pique （海岸）峻峭的

a plazo fijo 定期的

a plazo largo 长期的

a plazos 分期付款的，以分期付款方式进行的

a pleno flujo（PF） 敞喷，畅流，无油嘴出油；英语缩略为 OF（Open Flow）

a plomo 垂直地

a prueba de 防…的；经受…考验的

a prueba de ácidos 耐酸的，防酸的

a prueba de agua 不透水的，防水的

a prueba de aire 不漏气的，气密的

a prueba de álcali 耐碱的

a prueba de explosión 防爆的

a prueba de fallas 安全的，可靠的

a prueba de fuego 防火的，耐火的

a prueba de fugas 防漏的，密封的

a prueba de gas 气密的，不透气的

a prueba de humedad 防潮湿的，防水的，耐湿的，不透水的

a prueba de intemperie 耐恶劣气候的

a prueba de polvo 防尘的

a prueba de rayos 抗闪电的

a prueba de uso 耐磨的，耐用的

a prueba de vapor 耐蒸汽的

a ración 限量的，按份额的

a ras de （同…）平的，同一平面的，同高的

a resorte 弹簧承载的，用弹簧顶住的

a riesgo del dueño （业主）自负责任

a riesgo del propietario （业主）自负责任

a todo motor 全速，开足油门

a todo vapor 全油门的，全速的，开足油门的

a tope （管材）端部相接的

a trasmano 手够不着的，难找到；偏僻的，交通不便的

a través de 横穿，横跨，穿越；通过，以…的形式

a vapor 蒸汽带动的，汽动的

A y R（abandono y rescate） 报废与回收

AAG（Asociación Americana del Gas） 美国煤气协会，英语缩略为 AGA（American Gas Association）

AAHI（Asociación Americana de Higiene Industrial） 美国工业卫生协会，英语缩略为 AIHA（American Industrial Hygiene Association）

Aaleniense 阿连阶

abacá 蕉麻，马尼拉麻，吕宋（大）麻

abaca 坐标网，列线图，诺谟图

ábaco 算盘；（圆柱）顶板，冠板；洗矿槽；列线图，算图，诺模图

abajadero 坡，斜坡

abajamiento 下降，下落

abajamiento de tierra 土地塌陷，土地陷落

abajo 向下；在下面，在底下

abalanzar 使平衡，使均衡；用（天平）称；使（天平）平

abalizar 立标，设信号，设置信标，信标导航

abamperio 电磁安（培），绝对安培

abanderamiento （外国船的）船籍登记

abandonado 被遗弃的；弃置不用的，报废的

abandonamiento 放弃，废弃，抛弃；报废；委付

abandonar 抛弃；放弃；报废（油井）；丢弃；

遗弃

abandonar el pozo 报废井

abandonar un sondeo 钻孔报废，井眼报废

abandonar una concesión 放弃某一特许

abandono 报废，废弃；放弃；抛弃，丢弃；弃权

abandono de pozo 报废井

abandono de un derecho 弃权

abandono y rescate (A&R) 报废与回收

abanico 扇子；扇形物，喇叭口

abanico aluvial 冲积扇，冲积物，冲积层

abanico aportado por olas 冲溢扇，浪积扇，溢流扇

abanico compuesto 复合扇形地，复背斜

abanico de boca de una llave inglesa 英制钳口开度

abanico de deyección 冲积扇

abanico de rotura 决口扇，决口扇形滩

abanico de turbidita 浊积扇，扇形浊流区

abanico eductor 排气风扇

abanico fandeltaico 扇形三角洲，扇状三角洲

abanico rocoso 石质扇形物

abaniqueo （汽车的）摆动，摆振

abaratado 减价的，削价的

abaratamiento 减价，削价

abaratar 跌价，降价，减价

abarloar 与（另一只船）靠拢；靠码头

abarquillado 波形的；有加强筋的，有槽的

abarquillamiento 波纹；翘曲，变形翘折

abarquillar 使成波（纹）状，皱褶；加工成波纹板

abarrancamiento 冲成沟壑

abastecedor 供应者，供给者，供货人；补给船，供应船

abastecedor de combustible 加油器，加油车，供油装置

abastecer 提供，供应，供给

abastecimiento 供应，供给，补充，补给

abastecimiento apretado 供应紧张

abastecimiento de agua 供水

abastecimiento de gas 供（煤）气

abastecimiento de gasolina 供应汽油，提供汽油

abasto 供给，供应

abatible 铰式的，铰接的

abatidero 排水沟，排水道

abatimiento （压力、液面或产能等）下降，减少；削弱；偏航

abatimiento de la presión 压力降落

abatir 弄倒，拆毁，降下，降落，使倾斜；偏航

abcisa 横坐标轴，X 轴

abcoulomb 电磁库仑

abducción 外展；推断，推测

abedul 欧洲白桦；桦木

abelita 阿贝立特炸药

aberración 脱离常规，失常，畸变，变形；光行差，像差；偏差

aberración cromática 色差

aberración de anchura de rendija 狭缝宽度差

aberración de color 色差

aberración de frente de onda 波阵面差

aberración de refrangibilidad 色差

aberración de zona 斜球面像差

aberración esférica 球面像差

aberración fotogramétrica 摄影测量偏差，摄影测绘偏差

aberración optical 像差

aberración por esfericidad 球面像差

aberrante 脱离常规的；畸变的；畸形的；异常的

abertura 孔眼；孔隙；缝，缝隙，裂缝；光圈，孔径，孔闸，口径；（电路的）断开，断（路）；切口；（电子）窗口

abertura completa 全口径，全孔径

abertura de alivio 排气口，排气孔

abertura de chispa 火花隙

abertura de exploración 扫描孔

abertura de la boca de una llave inglesa 英制钳口开度

abertura de rerradiación 扫掠张角，扫描孔

abertura de tragaluz 天窗，气窗

abertura de viento 风口

abertura eficaz 有效口径，有效孔径

abertura eficaz máxima 最大有效口径，最大有效孔径

abertura libre 净孔

abertura neta 净孔

abertura subterránea 地下孔洞

abeto 冷杉，枞；冷杉木，枞木

abierto 开着的，敞开的；开阔的；未设围墙的

abiético 松香的

abietino 枞树脂的；枞树脂

abigarrado 黑白斑纹的，杂色的，斑驳的

abiogénesis 无生源说，自然发生说，自发发生说

abioquímica 无机化学

abioquímico 无机化学的

abiosis 无生命；生活力缺失

abiótico 非生物的；无生命的；无机的

abisagrado 铰链连接的，铰式的

abisal 深成的，深海的，深水的

abiselación 斜切，斜截

abismal 深不可测的，无底的；深海的，深成的

abismo 海渊；深壑，鸿沟

abismo submarino 海渊，海沟

abisopelágico 深海的；深海浮游的

abitaque 梁，托梁，工字梁

abitón 系缆桩，系船柱

ablación （冰面的）消融作用；溶蚀作用；侵蚀作用；烧蚀

ablación continental 陆地的溶蚀；大陆侵蚀作用

ablación glaciar 冰川的消融，冰面的消融

ablandador 变软的，软化的；软化剂，柔软剂；硬水软化器

ablandador de agua 水软化剂，硬水软化器，软水器

ablandador del agua dulce 淡水软化器，淡水软化剂

ablandamiento 软化，变软；塑性化

ablandamiento de agua 水软化，水的软化

ablandar 使变软，使软化，使松软，使减轻

abocardado 喇叭口状的；扩孔的

abocardador 扩口器，扩孔器，扩管器

abocardar 加大（管子或孔的）口部，扩孔

abocardo 锉刀，粗钻，锥孔钻

abocardo de fondo plano 平底扩孔钻；（平底）镗孔

abocinado 喇叭口形的；（洞等）逐渐扩大（或缩小）的

abocinador 扩口器

abocinador de tubos 胀管器，扩管器

abocinamiento 使成喇叭状

abocinamiento de gas en fagotes 天然气火炬；废气燃烧器

abocinar 使成喇叭口形，使成喇叭状

abogado 律师；维护人，辩护人

abogado consultor 法律顾问

abogado del Estado （特命为国家利益进行辩护的）国家律师

abogado fiscal 检察官

abolladura （铸锻件表面）凸起部，（铸锻件表面）突出部，浮凸

abombado 碟形的，凸形的

abonado 施过肥的；有信用的，有偿付能力的；施肥；认购者，用户，订户

abonado con cal 加石灰，浸石灰；石灰处理

abonador 担保的，保证的；担保人，保证人

abonar 担保，证明；记入贷方，入账；支付，偿付

abonaré 期票；本票；借据，欠条

abono 认购；担保，贷方；肥料

abono con cal 石灰肥料

abono orgánico 有机肥料

aboquillado 喇叭口状的；带嘴儿的；有承口的，有钟形口的；成削角面的

abordaje 接近，靠近；接舷，相撞

abordar 进港；靠岸，使（两船）接舷，靠

（码头）；停靠；上（车、船等）

abordar un barco 乘船，上船

abortar （计划等）失败，流产；主动中断

abovedado 有拱顶的，拱状的，拱形的，弓形的

abovedadora 路基整平机

abovedamiento 成拱作用

abovedar 使成拱状；为…盖拱顶

aboyar 装浮标，设置浮标

abra 小海湾；山谷；（地震引起的）地面裂缝

abra de agua 水口，峡谷

abrasadera 管线卡子，卡箍

abrasión 擦伤，擦掉；磨耗，磨蚀，磨光；冲蚀，剥蚀

abrasión glacial 冰蚀，冰川磨蚀作用

abrasión marina 海蚀，浪蚀

abrasión por las ondas （波浪的）夷平作用；浪蚀

abrasivo 磨蚀剂，磨料；有研磨作用的

abrazadera 金属环，金属箍；大锯；夹钳，夹持器，夹紧装置；卡箍，箍圈；线夹

abrazadera contra fugas 堵漏卡箍

abrazadera de anclaje 锚卡，固定卡

abrazadera de batería 电瓶卡子，蓄电池接线夹子

abrazadera de cable 钢丝绳卡子

abrazadera de cable deslizante 可滑动式电缆夹

abrazadera de caldera 锅炉撑条，锅炉炉撑

abrazadera de cierre rápido 速合夹子

abrazadera de codo 肘形卡

abrazadera de combinación（para varillas de tracción） 抽油杆提升组合吊卡，抽油杆提升组合夹具

abrazadera de compresión 弹簧夹，压紧箍

abrazadera de conexión para cañería 对管器

abrazadera de correa 皮带扣，皮带卡子，皮带夹子

abrazadera de eje 轴夹

abrazadera de empaquetadura 压紧箍，封严箍，填料卡箍

abrazadera de golpeo 打管死卡，把管子打入地层用的管子死卡，打入管夹板

abrazadera de la barra de suspensión 抽油杆悬挂器夹钳

abrazadera de manguera 软管夹，水龙带卡子

abrazadera de martillo 打管死卡，把管子打入地层用的管子死卡，打入管夹板

abrazadera de muñones 枢轴夹具，轴颈夹具

abrazadera de oreja 耳状夹具

abrazadera de perforación 钻井用夹具

abrazadera de presión ajustable 压力可调节式卡子

abrazadera de puntal 支撑木卡子，支护卡子

A

abrazadera de rebote　回跳夹，回弹夹

abrazadera de seguridad　安全卡瓦，安全管夹

abrazadera de silla　鞍形卡箍，鞍式线夹

abrazadera de soldar　焊接箍，焊接夹具

abrazadera de tirante　拉杆卡箍，连接杆卡子，系杆夹

abrazadera de tornillo　螺栓调节卡环

abrazadera de tubería　管卡

abrazadera de tubería de aire　空气管道卡箍

abrazadera de tubería de revestimiento　套管卡子，套管卡

abrazadera de unión　管材对接卡子，管子连接卡子

abrazadera de unión de revestimiento　套管对接夹板，套管对接卡子

abrazadera de unión para tubería　油管对接卡子，油管连接卡子

abrazadera del vástago pulido　光杆卡，光杆卡子

abrazadera encajadora　打管死卡，把管子打入地层用的管子死卡，打入管夹板

abrazadera espaciadora　间隔夹

abrazadera excéntrica　偏心夹环

abrazadera giratoria　可转动的卡子，旋转夹子

abrazadera graduable　可调节式卡子

abrazadera interior de alineamiento　内对管器，内部定心夹具

abrazadera limitante　止动卡箍，挡圈，止动环

abrazadera limpiadora de lodo　泥浆刮子；泥浆防溅盒，泥浆护罩

abrazadera metálica　金属卡子

abrazadera para cable　缆索夹；电缆卡子

abrazadera para cable de acero　钢丝绳卡子

abrazadera para cable de perforación　钻井大绳卡子

abrazadera para cerrar fugas en soldaduras　焊接堵漏卡箍

abrazadera para el vástago pulido　光杆卡

abrazadera para fugas de tubería　管子防漏卡箍，管子堵漏卡箍

abrazadera para fugas en soldaduras　焊缝防漏卡箍

abrazadera para pinza de estrangulación　夹紧卡子

abrazadera para reparar tubería　修管夹，管子修复夹钳

abrazadera para silla　鞍形卡箍，鞍座夹

abrazadera para soldar　焊接夹具，焊缝卡箍

abrazadera para tapar fugas　堵漏卡箍

abrazadera para tubo　管卡，管夹，管箍

abrazadera para varillas de tracción　拉杆卡箍

abrazadera roscada　螺纹夹

abrazo mortal　死锁

abrebrechas　平路机，大型平土机

abrecaños　管子整形器，管子胀尺

abrehoyo　扩眼器

abrellantas　拆轮胎机，拆轮胎装置

abretubos　胀管器

abretubos acanalado　带槽的胀管器

abretubos de rodillos　滚柱胀管器

abreviatura　缩写，缩略语；节略，摘要

abridor de agujero　井眼扩大器，扩眼器

abrillantado　发亮，擦亮，增亮

abrillantádor　擦亮剂；上光剂；擦亮的，擦光的

abrillantador de cauchos　轮胎增亮剂

abrir　打开；开（门、窗等）；拨开（闩、销等）；开启；挖掘，开凿

abrir con cuña　插入打开，楔入打开

abrir el pozo　开井

abrir la oferta　开标

abrir la válvula　打开阀门

abrir un canal　开运河

abrir un surco　开沟

abrir un túnel　凿隧道

abrir una ranura　开槽

abrir y cerrar el pozo intermitentemente (para aumentar la presión)　间歇性地开关井（以便增加压力）

abrupto　陡的，陡峭的

absaroquita　橄辉安粗岩

abscisa　横坐标

absoluto　绝对的，完全的；纯的，无水的；独立的

absorbancia　吸光度

absorbechoque　缓冲器，缓冲装置

absorbedor　吸收剂；吸收器，吸收装置；减振器，滤波器

absorbedor de choque　减振器，避震器，消震器

absorbedor de dióxido de carbón　二氧化碳吸收塔，二氧化碳吸收器

absorbedor de energía　能量吸收器，减能器

absorbedor de impactos　减振器，避震器，消震器

absorbedor de neutrones　中子吸收剂

absorbedor electrónico　电子吸声器

absorbedor termal　吸热器

absorbencia　吸收；吸收能力

absorbente　有吸收能力的；吸收剂，吸附剂，吸收体，吸声材料

absorbente de oxígeno　吸氧剂

absorbente de esponja　海绵吸收质

absorbente de nuclear　核吸收剂

absorber　吸收（液体、气体、光或声等）；消减（振动等）；缓冲

absorbible　可吸收的，被吸收的

absorciometría　吸收测量学，吸光光度法

absorciómetro 液体溶气计，液体吸气计；吸收率计，吸收比色计，（光电比色用）吸光计，透明液体比色计；吸收测定器

absorciómetro fotoeléctrico 光电吸收计

absorción 吸取，吸收；吸水性；吸水作用，吸入作用，吸收作用，吸附作用；粘着，附着；阻尼，缓冲

absorción de energía 能量吸收

absorción acústica 声吸收，吸声

absorción atmosférica 大气吸收

absorción atómica 原子吸收

absorción biológica 生物吸收，生物摄取

absorción cromatográfica 色谱吸附

absorción de agua 吸水

absorción de calor 热吸收，吸热

absorción de carbón 炭吸附

absorción de cifras 数字吸收

absorción de empresas 企业吞并

absorción de energía 能量吸收

absorción de la luz 光吸收

absorción de las radiaciones luminosas 光辐射吸收

absorción de neutrones 中子俘获

absorción de onda electromagnética 电磁波吸收

absorción de resonancia 共振吸收

absorción de tierra 地面吸收

absorción del calor 热吸收

absorción dieléctrica 介质吸收

absorción eléctrica 电吸收，（电容器）电荷渐增

absorción espectral 光谱吸收

absorción interna 内吸收

absorción oceánica 海洋吸收，大洋吸收

absorción por el suelo 土壤吸收，土地吸收

absorción preferencial 选择吸收

absorción química 化学吸收

absorción selectiva 优先吸附，选择吸附

absorción ultravioleta 紫外吸收

absorcividad 吸收能力，吸收率，吸收性，吸收系数

absorsor 吸收剂；吸收器，吸收装置；减振器，滤波器

absortivo 吸收性的，吸水性的，有吸收力的

abstergente 洗涤剂；洗净剂

abstracción 抽象化；抽象作用；抽象概念

abstracto 抽象的

abultado 松散的，体积庞大的

abultamiento 膨胀，鼓起，隆起

abundancia 丰度；丰富，大量；富裕

Ac 元素锕（actinio）的符号

acabado 精整，整形；最终加工；面漆，末道漆；（表面）光洁度；完成了的，完竣的

acabado a frota mecánica 机械修整

acabado a horno 烘漆

acabado con chorro de arena 喷砂（处理），喷砂清理

acabado de protección 保护涂层，保护漆

acabado de superficie 表面精整，表面抛光，表面光洁度

acabado en bruto 粗加工，粗修

acabado en frío 冷精整

acabado especular 镜面磨削，镜面光洁度

acabado lustroso 磨光，抛光

acabado mate 无光毛面光洁度，无光光洁度

acabado satinado 擦亮，抛光，研光

acabado superficial 整平，修平，刨平

acabado superfino 超精加工，超级研磨

acabadora 精细加工机床

acabamiento 精加工，最终加工，表面加工，磨光；完工

acabamiento de un pozo 完井

acabar 完成，竣工；耗尽；精修，精加工；研磨，抛光；最后加工

acacetina 类儿茶酚

acacia 金合欢属植物；金合欢属的木材；阿拉伯树胶

academia 研究院，学会

acadiano 阿卡迪亚统；阿卡迪亚的

ACAIPI（Asociación de Conservación Ambiental de la Industria Petrolera Internacional） 国际石油工业环境保护协会，英语缩略为 IPIECA（International Petroleum Industry Environmental Conservation Association）

acampanado 钟形的；大口的；呈喇叭形展开的

acanalado 有沟的，槽形的，有凹纹的

acanalador 合笋刨，槽刨

acanalador de cola de milano 燕尾刨

acanalador hembra 开槽刨

acanaladura 凹槽，沟槽，凹纹，凹痕

acanaladura en rombo 菱形孔型

acanaladura gótica 弧边棱形轧槽

acanalamiento 开槽；刻槽

acanalamiento con el rayo laser 激光刻槽，激光开槽

acanalar 开槽，凿槽，切槽，刻槽

acantilado （海岸）陡峭的；海蚀崖；山崖，峭壁

acantilado de antigua línea de costa 古滨线海蚀崖

acantita 螺状硫银矿

acantocéfalos 棘头纲

acaricida 杀螨剂

acariote 无核细胞；（细胞）无核的

acaroide 禾木树脂，禾木胶

acarreador 搬运工，搬运的

acarrear 拖运，搬运，运输；拽，牵，拉

acarreo （用车）运送，搬运，运输；货车运费

acarreo circular 循环进位（数学），端回进位（计算机网络）

acarreo de desmonte 土方工程，土方，土方量

acarreo de glaciar 冰川搬运

acarreo de lluvia 雨水冲刷，雨蚀

acarreo en bucle 循环进位，含入进位

acarreo fluvial 水运

acarreo glacial 冰川搬运

acarreo glaciofluvial 冰水沉积，冰水搬运

acarreo hidráulico 水力冲挖

acarreo libre 免费搬运

acarreo marítimo 海运

acarreo morénico 冰碛飘移，冰碛漂流

acarreo terrestre 陆运

acartonado 厚纸，硬纸板；纸板做的；硬如纸板的

acatamiento 遵守，服从；符合

acatar 遵守，服从

accelofiltro 加速过滤器

accesibilidad 可达性，易接近性，易维护性

accesible 可以接近的；容易使用的；可以理解的

accesión 接近，达到；入口，通道

acceso 接近，靠近；进入孔，检修孔；（出）入口，通路

acceso a distancia 远程访问，远距离访问

acceso a terceros 第三方准入

acceso abierto 开放式访问，开放存取

acceso al azar 随机存取

acceso aleatorio 随机存取

acceso contra incendios 消防通道

acceso directo 直接取数，直接存取

acceso en los mercados 进入市场

acceso en paralelo 并行存取

acceso en serie 串行存取

acceso fortuito 随机存取，无规存取

acceso forzoso （法律上的）超行权，先行权；通行权

acceso inmediato 立即存取

acceso paralelo 并行存取

acceso prohibido 禁止入内

accesorio 附属的，附带的，辅助的；附件，附属物（常用复数）

accesorio criogénico 制冷辅助设备

accesorio de revestidor 套管附件

accesorio de tubería 管件，管材附件

accesorios a bridas 带法兰的配件

accesorios bridados 带法兰的配件

accesorios de automóviles 汽车附件

accesorios de baranda 扶栏附件

accesorios de caldera 锅炉附件

accesorios de escritorio 办公用品

accesorios de gobierno 控制设备

accesorios de inserción en un pozo 下井工具或下井仪器等

accesorios de máquinas 机器附件，机械配件

accesorios de soldar 焊接配件

accesorios de válvula 阀门附件，阀门配件

accesorios eléctricos 电气装置

accesorios embridados 法兰配件，法兰截头，法兰管件

accesorios estructurales 构造附件，建筑构件

accesorios para calderas 锅炉配件

accesorios para engrase 黄油嘴

accesorios para gas 煤气设备

accesorios para tanques 贮水罐附件，油罐附件

accesorios para techo de tanque 罐顶附件，罐顶配件

accesorios para tubería 管件，管子配件

accesorios para tubería de revestimiento 套管配件

accesorios ranurados 槽形管材配件，带槽管材配件

accesorios roscados 带螺纹的配件

accidental 偶然的，意外的，临时的；随机的

accidentalidad 偶然性，非本质的属性

accidentar 使发生事故，使遭受意外事故

accidente （偶然）事故，（偶发）故障，失事，遇险，偶然事件；地形起伏不平，褶皱

accidente aeronáutico 飞机失事

accidente de avión 飞机失事

accidente de tiempo perdido 时间损失事故

accidente de trabajo 工伤事故

accidente de tránsito 交通事故

accidente del tráfico 交通事故

accidente fatal 死亡事故

accidente geográfico 地理事件

accidente geológico 地质事件

accidente mortal 死亡事故

accidente nuclear 核事故

acción 股份；股票；份额；行动，动作，作用；诉讼

acción a favor del medio ambiente 环保措施，环保活动

acción al portador 不记名股票，持有人股票

acción alejada 远距离作用，超距作用

acción amortiguadora del suelo 土壤缓和作用

acción biológica 生物作用

acción capilar 毛细管作用

acción catalítica 催化作用

acción centrífuga 离心作用

acción civil 民事诉讼

acción corrosiva 腐蚀作用

acción criminal 刑事诉讼

A

acción de achicar 排水，捞砂；提捞
acción de aislar 绝缘；隔离
acción de amortiguación 缓冲作用
acción de balance 杠杆作用
acción de compensación 补偿作用
acción de contacto 接触作用
acción de dejar en libertad 释放
acción de desazufrar el petróleo 脱硫
acción de desmoronamiento 山崩作用，滑坡作用，塌方作用
acción de despojar 剥取，剥取作用
acción de elevar 提升
acción de emplomar 用铅皮覆盖；铅焊；铅条固定
acción de extraer 萃取作用，剥取作用；萃取；剥取
acción de fijar 锁定，固定
acción de fundir 熔化；熔化作用
acción de impulsar 推动，推进
acción de la gravedad 重力作用
acción de las mareas 潮汐作用
acción de llenar 充填作用；充填，装满，填充
acción de mezclar 混合，混杂；混合作用
acción de mover 运移作用；移动，输送，搬迁
acción de neutralizar 中和；中和作用
acción de ondas 波浪作用
acción de palanca 杠杆作用
acción de percolar 渗透作用；渗透，渗滤
acción de prioridad 优先股
acción de privar 剥取作用；剥夺
acción de producir 生产，开采，采油
acción de protección del medio ambiente 环保措施，环保行动
acción de recirculación 再循环作用
acción de reducir 减少，缩小；还原；还原作用
acción de reflejar 反射，反照；反射作用
acción de reformar 重整；重整作用
acción de registrar 记录，录制
acción de remachar 铆接作用
acción de repetir 重复；重复作用
acción de requemar 再燃烧作用
acción de roblonar 铆接
acción de surgir 冒出，涌出；流动作用
acción de tiempo-temperatura 时间—温度作用
acción de tirar 牵引作用；拉动作用
acción de tracción 牵引作用，拖曳作用
acción de vibrar 振动；振荡作用
acción diferida 后派股，延期付息股票
acción directa 直接作用
acción disparador 触发作用
acción elástica retardada 滞后弹性作用
acción electroquímica 电化学反应
acción escalonada 链式反应

acción frenadora 制动作用
acción galvánica 电池作用，电蚀作用，电化腐蚀作用
acción glacial 冰川作用
acción gravitativa 引力作用；地球重力作用
acción hipotecaria 债券
acción ígnea 火成作用
acción jurídica 诉讼
acción legal 合法行为；法律行为，诉讼
acción nominal 记名股票
acción nominativa 记名股票
acción ordinaria 普通股
acción por intervalo diferencia de dos posiciones 双位差隙作用
acción preferencial 优先股
acción preferente 优先股
acción preferida 优先股
acción refluyente 回流冷却作用，回流作用
acción refrigerante 制冷作用
acción reguladora 调节作用
acción retardada 推迟作用，延迟作用
acción sin valor a la par 无面值股票
acción sin valor nominal 无票面价值的股票
acción termal retardada 滞后热作用
acción transferible 可转让的股票
accionado 开动的，驱动的，从动的
accionado a manivela 曲柄开动的，摇把驱动的
accionado a mano 手动的，人工操作的
accionado hidráulicamente 液压操作的
accionado manualmente 手动的
accionado por aire 气驱动的
accionado por aire comprimido 压缩气驱动的
accionado por cremallera 齿条传动的
accionado por motor 电动机驱动的，发动机驱动的
accionado por motor de gasolina 汽油发动机驱动的
accionado por pedal 脚蹬驱动的，脚踏驱动的
accionado por reloj 时钟驱动的，用时钟驱动的
accionado remotamente 远程驱动的，远程开动的
accionador 制动器，调节器；传动装置；操作机构，执行机构，执行元件
accionador a motor hidráulico 液压马达传动装置
accionador de junta kelly 方钻杆驱动装置
accionador hidráulico 液压制动器，液压（动力）传动装置
accionador hidráulico de cilindro 液压缸执行机构，液压缸驱动装置
accionador linear 线性制动器，线性执行机构

A

accionamiento 操作，启动，传动；激励；掘进
accionamiento a mano 徒手操纵，人工操作
accionamiento eléctrico 电传动
accionamiento para equipo perforador 钻机驱动装置
accionamiento por banda 皮带传动
accionar 开动，启动（机器等）；起诉，控告
accionariado （一家公司的）股票持有人，股东，股民
accionario 股票的，股份的；股东，股票持有人
acciones amortizables 可转让的股票；可赎回的股份
acciones de capital 股本，资本股
acciones disponibles 可处理的股票，可处理的股份
acciones en circulación 流通中的股票，已售在外股票
acciones redimibles 可赎回的股票
acciones suscritas 已认购股票
accionista 股东，股票持有人
accionista mayoritario 大股东，拥有多数股权的股东
accionista minoritario 小股东，拥有少数股权的股东
accionista principal 大股东
accisa （烟、酒、石油产品的）消费税；特别税
aceche 绿矾
aceitado 润滑的，油浸的，成油状的；涂油，上油
aceitador 润滑工；油杯，加油壶
aceitar 加油，注油，润滑
aceitar los engranajes 为齿轮上油
aceitazo 油底子；黏稠混浊的油
aceite 油；油脂，油类；燃料油，润滑油
aceite ácido (contaminado con gas) （受到天然气污染的）酸性油
aceite aislador 绝缘油
aceite aislante 绝缘油
aceite aislante para transformadores 变压器油
aceite alcanforado 樟脑油
aceite amargo 含硫原油
aceite animal 动物油
aceite anticorrosivo 防锈油
aceite antiherrumbre 防锈油，抗蚀润滑油
aceite antioxidante 防锈油，防氧化油
aceite atemperante 淬火油
aceite azul 蓝油，脱蜡馏分油，粗石油，粗柴油
aceite blanco 白油
aceite bruto 原油，粗制油，未精制的油料，未加工的石油
aceite búnker 船用油

aceite carbólico 酚油，石碳酸油
aceite cocido 干性油
aceite combustible 燃料油
aceite comestible 食用油
aceite compuesto 复合油
aceite compuesto de minerales y vegetales （矿物、植物）复合油，合成润滑油
aceite con contenido de agua 含水油
aceite condensado 凝析油
aceite craso 脂油
aceite creosotado 杂酚油
aceite crudo 原油
aceite crudo de base asfáltica 沥青基油，环烷基油
aceite crudo de base mixta 混合基原油
aceite crudo nafténico 环烷基原油
aceite de absorción 吸收油
aceite de absorción de alto peso molecular 高分子量吸收油
aceite de absorción de bajo peso molecular 低分子量吸收油
aceite de alquitrado 煤馏油，煤焦油
aceite de alquitrán 焦油，柏油；煤馏油，煤焦油
aceite de alumbrado 照明油
aceite de anilina 苯胺油
aceite de animal 动物油
aceite de antorcha 火炬油
aceite de arranque 启动油
aceite de aviación 航空用机油，航空润滑油
aceite de barrido 废油
aceite de base 基础油
aceite de base filtrado 滤过的油料
aceite de cárter 曲轴箱油
aceite de cilindro 汽缸油
aceite de comer 食用油
aceite de corte 切削油，切屑油
aceite de corte transparente 透明的切削用油，透明切削油
aceite de creosota 杂酚油，木馏油
aceite de curtidor 鞣皮油，制革油，鞣革用油
aceite de Danforth 丹佛士油
aceite de depuración 净化油，提纯油
aceite de encofrado 脱模油，模板油
aceite de engranaje 齿轮油
aceite de engrasar 润滑油
aceite de enjuagar 洗涤油，冲洗油
aceite de esquisto 页岩油
aceite de estreno 磨合油，新机械磨合用润滑油
aceite de extensión de caucho 橡胶软化油，橡胶填充油
aceite de exudación 渣滓油，油脚
aceite de flotación 浮选油，浮油

aceite de fusel　杂醇油

aceite de gas　粗柴油，气油，瓦斯油

aceite de grasa de cerdo　猪油

aceite de lámpara　灯油

aceite de lámpara kerosín　煤油灯的灯油，煤油灯油

aceite de lavado　洗涤油，冲洗油

aceite de lutita　页岩油

aceite de manteca　猪油，动物油，动物脂肪油

aceite de máquina　机油

aceite de máquina de coser　缝纫机油

aceite de moldeo　脱模油

aceite de motor　发动机润滑油，机油

aceite de naftaleno　萘油

aceite de parafina　矿物油，石蜡油

aceite de parafina de asentamiento　沉积石蜡油，沉淀石蜡油，石蜡油脚

aceite de pata　油脚，渣滓油

aceite de pata de buey　牛脚油

aceite de pera　梨油，乙酸戊醋

aceite de petróleo　石油，原油

aceite de pie de vaca　牛脚油

aceite de poco color　浅色润滑油

aceite de pulimento　擦光油，磨光油，抛光油

aceite de pulir　磨光油，抛光油，擦光油

aceite de quemar　灯油

aceite de recocido　回火油

aceite de recuperación　回收油

aceite de refinado　精制油，精炼油

aceite de residuos　渣油

aceite de resina　树脂油

aceite de sello　密封用油

aceite de sierra de cadenas　链锯油，锯油

aceite de temple　回火油，淬火油

aceite de transformador　变压器油

aceite de transmisión de calor　传热油，传热用油，热载体油

aceite de trementina　松节油

aceite de turbina　涡轮油，涡轮机油

aceite de vitriolo　浓硫酸

aceite decolorado　白油，脱色油

aceite del cigüeñal　曲轴油，曲柄轴油

aceite depurado　净化油，纯化油

aceite deshidratado　无水石油，无水原油

aceite detergente　去污油

aceite diesel　柴油

aceite dulce　无臭油，脱硫油，低硫油

aceite empireumático　干溜油，焦油

aceite emulsificado　乳化石油，乳化油

aceite emulsionado　乳化油

aceite en tanque　罐装油，罐储油

aceite enjuto　贫油，脱吸油，脱去轻馏分的油

aceite enriquecido　富油，饱和吸收油，富吸收油

aceite esencial　香精油，挥发油

aceite espeso　稠油，高黏度油

aceite esquistoso　页岩油

aceite explosivo　爆炸油，硝化甘油

aceite extraligero　超轻油

aceite extraliviano　超轻油

aceite extrapesado　超重油

aceite fijo　固定油

aceite filtrado　过滤油

aceite fluidificante　稀释油

aceite fluxante　稀释油

aceite fracturante　压裂工作油

aceite fundente　助熔油

aceite grafitado　石墨化的油，含有石墨的油

aceite graso　脂肪油，油脂

aceite hidráulico　液压油，液力油

aceite hidráulico aéreo　航空用液压油

aceite hidrogenado　氢化油

aceite hipoidal　双曲线齿轮油

aceite iluminante　灯油，照明用油

aceite in situ　原地石油储量

aceite incoloro　无色油

aceite inhibido　抗氧化油

aceite intermedio　中间油品

aceite lampante　灯油

aceite lavador　洗涤油，冲洗油

aceite ligero　轻油

aceite liviano　低黏度油，轻油，轻质油

aceite liviano de ciclo　轻循环油，轻质循环油

aceite lubricante　润滑油

aceite lubricante para muelles y pernos　发条和螺栓润滑油

aceite magro　贫油，脱吸油，脱去轻馏分的油

aceite medio　中质油

aceite mezclado　掺合油，混合油

aceite mineral　矿物油

aceite mineral de alta viscosidad　高黏度矿物油

aceite mineral para sellar　密封矿物油

aceite mixto　复合油

aceite muerto　死油，（蒸馏石油的）残油

aceite multigrado　多级通用润滑油

aceite muy fluido　渗透油，轻油

aceite negro　黑油

aceite neutral　中性油

aceite neutro　中性油

aceite neutro filtrado y decolorado al sol　不起霜的润滑油

aceite neutro viscoso　黏性中性油

aceite neutro viscoso para pulir o afilar　磨光油，用于磨光的黏性中性油

aceite no soluble　抽余油，残油

aceite originalmente en el yacimiento　油藏原生油

A

aceite pálido 浅色润滑油

aceite para alumbrado 照明用油

aceite para amortiguador 减振器油

aceite para bañar piezas recién fresadas 零件防护油，零件防护油脂

aceite para caja de engranaje 齿轮箱油

aceite para chumaceras de vagones 车厢轴承润滑油

aceite para cilindro 汽缸油

aceite para cojinete 轴颈油

aceite para cordaje 钢丝绳用油，钢丝绳油

aceite para cortar metales 金属切削用油

aceite para corte 切削用油

aceite para ejes 轴油，轴用润滑油

aceite para el cárter 曲轴箱润滑油

aceite para encofrados 混凝土脱模油，混凝土模板用油

aceite para engranajes 齿轮油

aceite para esmerilar 研磨油

aceite para fresar 切削用油，切削油

aceite para husillos 锭子油，轴（润滑）油

aceite para impermeabilizar concreto 混凝土防水油，混凝土隔水油，混凝土密封油

aceite para interruptores 开关油

aceite para lámpara 灯油

aceite para limpiar 清洗油，洗涤油

aceite para lubricar taladros neumáticos 空气钻润滑油，风钻润滑油

aceite para máquina de hielo 冷冻机油，制冰机油

aceite para máquinas 机油

aceite para máquinas frigoríficas 冷冻机机油，制冷机机油

aceite para mecanismos hidráulicos 液压油

aceite para motor 发动机机油；电动机润滑油；内燃机机油

aceite para motores de avión 飞机发动机机油

aceite para motores de combustión interna 内燃机机油

aceite para pivotes 锭子油，轴（润滑）油

aceite para pulir 上光油，抛光油

aceite para refrigeración 冷却油，冷却机油

aceite para rodamientos a bolas 滚珠轴承油

aceite para saponificación 皂化油

aceite para señales 信号油

aceite para telares 织机油，重锭子油

aceite para temple 淬火油

aceite para tractores 拖拉机机油，牵引车润滑油

aceite para transformadores 变压器油

aceite para tratamiento al calor 热处理油

aceite para trefilación 拉制用油，拔丝用油

aceite para turbinas 透平油，汽轮机油

aceite para uso en invierno 冬用机油，冬天使用的（润滑）油

aceite para uso industrial 工业用油

aceite parafinado 蜡油

aceite parafínico 石蜡油，含蜡油，蜡质原油

aceite penetrante 渗透油

aceite pesado 重油

aceite pesado del asfalto 沥青基重油

aceite pesado de engrase color oscuro 黑油

aceite pesado obtenido por craqueo 裂化获得的重油

aceite pesado refinado 精炼重质油，精制重油

aceite pobre 贫油

aceite polibuteno 聚丁烯合成润滑油

aceite privado de su gas 重油，（蒸馏石油的）残油

aceite reciclado 重复利用油，回收油

aceite recuperado 再生油，回收油

aceite redestilado 再蒸馏油

aceite reductor de desgaste 可以降低磨损的润滑油

aceite refinado 精炼石油，精炼油，精制油

aceite regenerado 再生油

aceite remanente 残油，渣油

aceite residual 残油，渣油

aceite resinoso 松香油

aceite rojo 红油

aceite saponificable 皂化油

aceite secante 干性油，催干油

aceite secativo 干性油，催干油

aceite semi-secante 半干性油

aceite sin parafina 无蜡油

aceite solar 太阳油，索拉油

aceite soluble 溶性油，调水油

aceite soluble en agua 水溶性油

aceite solvente 溶剂油，溶媒油

aceite soplado 吹制油

aceite sulfonado 磺化油

aceite sulfurado para roscar 螺纹用硫化油

aceite terminado 精制油

aceite usado 废机油，废油

aceite vegetal 植物油

aceite virgen 初榨植物油，未开采的石油

aceite viscoso 黏性油，稠油

aceite volátil 香精油，挥发性油

aceitera 油壶，加油器

aceitera de goteo 滴液式注油器，滴液加油器

aceitera de línea 航线注油器

aceitera de resorte 弹簧式注油器，弹簧式油枪

aceitero 油的，制油的

aceitón 黏稠混浊的油；油底子

aceitosidad 润滑能力，润滑性能；油脂质

aceitoso 含油的，油质的，油状的，涂有油的，

浸过油的

aceleración 加速度；加速，加快；加速作用，促进作用

aceleración angular 角加速度

aceleración axial 轴向加速度

aceleración brusa de la corriente 电流骤增；水流冲击

aceleración centrífuga 离心加速度

aceleración de la gravedad 重力加速度

aceleración ecuatorial 赤道加速度

aceleración gravitacional 重力加速度

aceleración lineal 线性加速度

aceleración negativa 负加速度

aceleración por grado 逐渐加速

aceleración positiva 正加速度

aceleración rectilínea 直线加速度

aceleración tangencial 切线加速度，切向加速度

aceleración terrestre 重力加速度

aceleración transitoria 瞬时加速度

aceleración uniforme 匀加速度

acelerado 加速的

acelerador 加速器，加速装置；加速剂；（汽车的）油门；（汽车的）油门踏板

acelerador atómico 粒子加速器

acelerador de congelación 促凝剂

acelerador de deuterones 氘加速器

acelerador de electrones 电子加速器

acelerador de escape 排气风门

acelerador de fraguado 速凝剂，促凝剂

acelerador de fraguado del cemento 水泥速凝剂，水泥促凝剂

acelerador de iones 离子加速器

acelerador de partículas 粒子加速器

acelerador de pedal 脚踏风门，脚踏油门

acelerador de pie 脚踏加速器

acelerador de pie del perforador 司钻脚风门

acelerador de plasma 等离子体加速器

acelerador de protones 质子加速器

acelerador lineal 直线加速器

acelerador nuclear 核加速器

acelerante 促凝剂，加速器，加速剂，速凝剂

acelerar 加速，增速；提前；（汽车、发动机）加速

acelerógrafo 自动加速仪，加速自动记录计

acelerograma 加速度图

acelerometría 加速度测量术

acelerómetro 加速（度）表，加速（度）计

acelerómetro de masa 质量加速度测量计

acelerómetro integrador 积分加速表

acenafteno 苊；萘嵌戊烷

acenaftileno 苊烯，萘嵌戊烯

acéntrico 无中心的，离开中心的；偏心的，非正中的

acentuador （音频）加重器，增强器，选频放大器

acepillado 精加工；刨平，修平，校平

acepilladora （龙门）刨床，刨机

acepilladora cerrada （龙门）刨床

acepilladora de foso 地坑刨床

acepilladora de retroceso rápido 急回式刨床

acepilladora de un solo montante 单柱（式龙门）刨床

acepilladora para bordes de chapas 刨边机

acepilladora para trabajos pesados 重型刨床

acepilladora rápida 高速刨床

acepilladura 刨花；刨屑；刨，刨平

aceptable 可接受的，容许的，验收的；可承兑的

aceptable por un banco 银行承兑的

aceptación 接受，领受；同意，认可；（票据等的）承兑

aceptación bancaria 银行承兑

aceptación comercial 商业承兑

aceptación condicional 有条件承兑，有保留承兑

aceptación de pedido 接受订单

aceptación incondicional 无条件承兑

aceptación libre 不附保留条件的承兑

aceptador 接受器，接收程序；（票据）承兑人，领受人

aceptante 接受器，接收程序；（票据）承兑人，领受人

acequia 水沟，水渠；小河，溪

acera 人行横道

aceración 钢化作用，镀钢；炼钢

acerado 钢的，钢制的；含钢的；钢化，炼钢

acerado superficial 表面硬化，钢化

acería 炼钢厂，轧钢厂

acería de solera abierta 平炉炼钢厂

acero 钢，钢铁

acero abrillantado 银亮钢

acero acanalado 槽钢，沟形钢

acero ácido （底吹酸性）转炉钢，酸性钢

acero afinado 精炼钢

acero agrio 过渗碳钢

acero al boro 硼钢

acero al carbón 碳钢

acero al carbono 碳（素）钢

acero al carbono medio 中碳钢

acero al cobalto 钴钢

acero al cobre 含铜钢，铜钢

acero al crisol 坩埚钢

acero al cromo 铬钢

acero al cromo-níquel 铬镍钢

acero al manganeso 锰钢

acero al molibdeno 钼钢

acero al níquel 镍钢

acero al níquel-cromo 镍铬钢

acero al silicio 硅钢，矽钢

acero al silicio-manganeso 硅锰钢

acero al temple superficial 表面硬化钢，表面淬火钢

acero al tungsteno 钨（合金）钢

acero al vanadio 钒钢

acero aleado 合金钢

acero angular 角钢

acero anticorrosivo 不锈钢

acero austenitico 奥氏体钢

acero azul 蓝钢

acero básico 碱性钢

acero batido 精炼钢，刀具钢

acero Bessemer 酸性转炉钢

acero blíster 泡钢（由熟铁渗透而成的钢），疤钢

acero bruto 粗钢，原钢，未清理钢

acero calmado 镇静钢，全脱氧钢

acero calorizado 渗化钢

acero carbonatado 碳钢

acero cementado 渗碳钢，表面硬化钢

acero centrifugado 离心铸造钢

acero chapado 覆层钢，多层钢

acero colado 铸钢

acero comercial 商品（条）钢

acero con alto porcentaje de carbono 高碳钢

acero con ampollas 泡钢

acero con bajo contenido de carbono 低碳钢

acero con pocas pérdidas 低损耗钢

acero con poco carbono 低碳钢

acero convencional al carbón 普通碳钢

acero crudo 粗（糙）钢

acero cuadrado en barra 方钢

acero de aleación 合金钢

acero de alta retentividad magnética 高磁性钢

acero de alto carbono 高碳钢

acero de arado 犁钢

acero de bajo contenido de carbono 低碳钢

acero de calidad 优质钢

acero de cementación 渗碳钢

acero de construcción 建筑钢，结构钢

acero de corte rápido 高速钢，锋钢

acero de crisol 坩埚钢

acero de fileteado 高速切削钢

acero de forja 锻钢

acero de fundición acerada 半钢，高级铸铁，类钢，钢性铸铁，

acero de gran elasticidad 高强钢，弹性钢

acero de granos orientados 晶粒取向电钢片

acero de herramientas 工具钢

acero de horno eléctrico 电炉钢

acero de la solera abierta 平炉钢

acero de marca 优质钢

acero de oxígeno básico 碱性氧吹钢

acero de primera clase 优质钢，高精度（级）钢

acero de resorte 弹簧钢

acero de torja 锻钢

acero de tubos 制管钢，管材钢

acero débilmente aleado 低合金钢

acero del ángulo 角钢，角铁

acero del carbono 碳钢

acero dulce 软钢

acero dulcificado 软钢

acero duro 硬质钢

acero efervescente 沸腾钢，不脱氧钢

acero embutido 压制钢

acero en ángulo 角钢

acero en bandas 带钢

acero en caliente 热拉钢

acero en flejes 箍钢，箍钢带

acero en U 槽钢，U 形钢

acero encobrado 含铜钢，铜钢

acero endurecido 冷淬钢，淬火钢，硬化钢

acero endurecido en la superficie 表面硬化钢，表面淬火钢

acero endurecido por temple 淬火钢，（淬火）硬化钢

acero especial 特种钢，合金钢

acero esponjoso 沸腾钢，不脱氧钢

acero estirado brillante 光拔钢，精拔钢，拉光钢

acero estirado en caliente 热拉钢

acero estirado en frío 冷拉钢

acero estructural 结构钢

acero extradulce 极软钢，低碳钢

acero extraduro 极硬钢

acero extrarrápido 高速切削钢

acero ferrítico 铁素体钢

acero forjado 锻钢

acero fundido 铸钢

acero fundido en crisol 坩埚钢

acero indeformable 不变形钢

acero inoxidable 不锈钢

acero laminado 轧钢，轧制钢

acero magnético 磁钢

acero manganosilicoso 硅锰合金钢，硅锰钢

acero Martín 平炉钢，马丁钢

acero moldeado 型钢

acero natural 天然硬度钢，初生硬度钢

acero no magnético 非磁性钢，无磁性钢

acero para ballestas 弹簧钢

acero para herramientas 工具钢

acero para matrices 板模钢，锻模钢，模具钢

acero para remaches 铆钢，铆接钢，铆钉钢

acero para resorte 弹簧钢

acero para rieles　钢轨钢

acero para trabajos rápidos　高速钢，锋钢

acero perfilado　型钢

acero plata　银亮钢

acero poco templable　低淬透性钢，浅淬硬钢

acero prensado　压制钢

acero pudelado　熟钢，搅炼钢

acero pulido　光亮型钢，表面精整型钢

acero rápido　高速钢，锋钢

acero recocido　退火钢，韧钢

acero refractario　热强钢，高熔点钢

acero relaminado　再轧钢

acero reposado　镇静钢，全脱氧钢

acero resistente a la corrosión　不锈钢

acero resistente al calor　耐热钢，难熔钢，耐火钢

acero revenido　回火钢，还原钢，锻钢

acero semicalmado　沸腾钢，半脱氧钢，半镇静钢

acero semidulce　半软钢，中软钢

acero semiduro　中硬钢，半硬钢

acero Siemens Martin　马丁炉钢，碱性平炉钢，平炉钢

acero soldable　焊接钢，可焊接钢

acero soldado　焊接钢

acero suave　软钢，低碳钢

acero templable　可回火钢

acero templado　淬火钢，淬硬钢，回火钢，还原钢

acero Thomas　碱性转炉钢

acero tungsten　钨钢

acero vanádico　钒钢

acero vejigoso　泡钢，疤钢

acero vesiculado　泡钢，疤钢

acero vesicular　泡钢

acero vidriado　搪瓷钢

acerocromo　铬钢

aceroníquel　镍钢，镍钢合金

acerrojar　用螺栓固定，用螺栓紧固，拧紧，栓接，上闩

acetal　缩醛，醛醇醚，乙缩醛

acetalación　缩醛化，缩醛化作用

acetaldehído　乙醛

acetamida　乙酰胺

acetanilida　乙酰（替）苯胺；退热冰

acetarsona　醋酰胺胂

acetato　醋酸盐，醋酸酯；醋酸纤维

acetato bulítico　醋酸（异）丁酯

acetato celulósico　乙酸纤维素，醋酸纤维素

acetato cúprico　乙酸铜

acetato de aluminio　乙酸铝

acetato de amilo　醋酸戊酯

acetato de amonio　乙酸铵

acetato de calcio　乙酸钙

acetato de celulosa　乙酸纤维素，醋酸纤维素

acetato de cobre　乙酸铜

acetato de etilo　醋酸乙酯，乙酸乙酯

acetato de hierro　醋酸亚铁

acetato de magnesio　醋酸镁

acetato de naftilamina　萘胺醋酸盐

acetato de plomo　乙酸铅

acetato de vinilo　乙烯基乙酸盐，乙烯基乙酸酯

acetato metílico　乙酸甲酯

acetato potásico　乙酸钾

acetato sódico　乙酸钠

acético　醋的；乙酸的，醋酸的

acetidina　乙酸乙酯，醋酸乙酯

acetificación　醋化，醋化作用，成醋，成醋作用

acetificación convencional　常规醋化

acetificador　醋化器

acetificar　使醋化

acetilación　乙酰化，乙酰化作用

acetilénico　乙炔的，电石气的

acetileno　乙炔，电石气

acetilo　乙酰，乙酰基

acetilurea　乙酰脲

acetiluro　乙炔化物

acetimetría　乙酸测定法，醋酸测定法

acetímetro　醋酸计，乙酸计

acetina　醋精，甘油醋酸酯，乙醋甘油酯

acetite　醋酸铜

acetocelulosa　乙酰纤维素，醋酸纤维素

acetofenona　乙酰苯，苯乙酮，甲基苯基酮

acetol　丙酮醇，乙酰甲醇；醋

acetona　丙酮

acetonitrilo　乙腈

acetonuria　丙酮脲

acetoso　酸的，含酸的，乙酸的；醋的，似醋的

acetosoluble　醋酸溶性的

acetoxilo　乙酸基的，乙酰氧基的

achaflanado　有削角面的；斜切的，斜削的，锥形的

achaflanadora　压边机，卷边机，斜削机

achaflanar　使成削角面

achatado　扁的，平板状的

achatamiento　扁平；压扁；压扁作用

achatar　使扁平，压扁

achicador　捞砂筒，提捞筒；捞砂泵；抽水筒

achicador de arena　捞砂筒

achicador de dardo　带突板球阀的捞砂筒

achicador de lodo　捞泥筒；抽泥泵

achicador en secciones con uniones enrasadas　齐口接头多段捞砂筒，平式接头多段捞砂筒

achicador en secciones con uniones lisas　齐口接头多段捞砂筒，平式接头多段捞砂筒

achicador hidrostático　水力捞砂筒

A

achicador seccionado con uniones enrasadas 齐口接头多段捞砂筒，平式接头多段捞砂筒

achicador vertedor 倾卸筒，卸倾水泥浆筒

achicar 排出，汲出，抽汲；缩小，收缩

achique 汲水，排水

achique de excitación 抽汲，抽吸

achique de mina 矿井排水，矿井抽水

aciberar 磨，磨碎，把…磨成粉末

acicalado 擦亮的；磨光，擦亮

acicalador 擦亮的，磨光的；磨具，磨光用的工具

aciche 水绿矾，绿矾

acíclico 非轮列的；非循环的；非周期的；无环的，脂肪族的

acícula 针状物

acicular 针状的，针形的

aciculiforme 针状的，针形的

aciculita 针硫铋铅矿

acidación 酸化，酰基取代

acidez 酸性，酸度

acidez de la atmósfera 大气酸度

acidez inorgánica 无机酸度

acídico 酸的；酸性的，酸式的；产生酸的

acidífero 含酸的

acidificación 酸化，酸化作用

acidificación de estratos petrolíferos 油层酸化

acidificación de la matriz 基岩酸化

acidificación de las aguas 水的酸化

acidificador 酸化剂；酸化器

acidificar 使…变酸；酸化

acidimetría 酸量滴定法

acidímetro 酸比重计，酸定量器

ácido 酸的，酸味的；酸性的；酸，酸类

ácido abiético 松香酸

ácido acético 醋酸，乙酸

ácido acético concentrado 浓缩醋酸

ácido acético glacial 冰醋酸

ácido acetilsalicílico 乙酰水杨酸，阿斯匹林

ácido acrílico 丙烯酸

ácido adípico 己二酸

ácido agotado 用过的酸，废酸

ácido algínico 藻朊酸

ácido alifático 脂肪酸

ácido amino 氨基酸，胺酸

ácido antimónico 锑酸

ácido antimonioso 亚锑酸，锑华

ácido aromático 芳香酸

ácido arsénico 砷酸，砷华

ácido arsenioso 亚砷酸

ácido ascórbico 抗坏血酸

ácido azótico 硝酸

ácido barbitúrico 巴比妥酸

ácido bencenosulfónico 苯磺酸

ácido benzoico 苯甲酸，安息香酸

ácido benzolsulfínico 苯磺酸

ácido bibásico 二元酸

ácido binario 二元酸

ácido borácico 硼酸

ácido bórico 硼酸

ácido bromhídrico 氢溴酸，溴化氢

ácido brómico 溴酸

ácido butanodioico 丁二酸

ácido butanoico 丁酸

ácido butanoico normal 正丁酸

ácido butírico 丁酸，酪酸

ácido cacodílico 卡可基酸；二甲胂酸

ácido cáprico 癸酸

ácido caprílico 辛酸

ácido caproico 己酸

ácido carbólico 石碳酸，苯酚

ácido carbónico 碳酸

ácido carboxílico 羧酸

ácido cetónico 酮酸

ácido cianhídrico 氢氰酸

ácido ciánico 氰酸

ácido cianúrico 氰尿酸，三聚氰酸

ácido cinámico 肉桂酸

ácido cítrico 柠檬酸，枸橼酸

ácido cloranílico 氯冉酸

ácido clorhídrico 盐酸，氢氯酸

ácido clórico 氯酸

ácido cresílico 甲苯基酸，甲酚，碳酸液

ácido crómico 铬酸

ácido crotónico 巴豆酸

ácido de contacto 接触酸

ácido de lodos 泥酸

ácido de multiservicio 多用途酸

ácido de prusiato 氰化酸

ácido débil 弱酸

ácido decanodioico 癸二酸

ácido decanoico 癸酸

ácido decanoico normal 正癸酸

ácido diluido 稀（硫）酸

ácido dodecanoico 十二酸

ácido eicosanoico 二十酸，二十烷酸

ácido emulsionado 乳化酸

ácido esteárico 硬脂酸，十八烷酸

ácido etanodioico 乙二酸

ácido etilendiaminotetracético 乙二胺四乙酸，英语缩略为 EDTA（主要用作络合剂）

ácido etanoico 醋酸，乙酸

ácido fénico 石碳酸，苯酚

ácido fluorbórico 氟硼酸

ácido fluorhídrico 氢氟酸

ácido fluorhídrico anhidro 无水氢氟酸

ácido fluorofosfórico 氟磷酸

ácido fluorsílico　氟硅酸
ácido fólico　叶酸
ácido fórmico　甲酸，蚁酸
ácido fosfórico　磷酸
ácido fosfórico obtenido por vía húmeda　通过湿法获得的磷酸
ácido fosforoso　亚磷酸
ácido ftálico　酞酸，邻苯二甲酸
ácido fuerte　强酸
ácido fulmínico　雷酸
ácido fúlvico　黄腐酸，灰黄霉酸，富里酸
ácido fumante　发烟酸
ácido fumárico　富马酸，反丁烯二酸，反式丁烯二酸
ácido gálico　五倍子酸，没食子酸
ácido gelificado　稠化酸
ácido glicérico　甘油酸
ácido gliozílico　乙醛酸
ácido graso　脂肪酸
ácido graso insaturado　不饱和脂肪酸
ácido graso saturado　饱和脂肪酸
ácido haloideo　氢卤酸
ácido heptadecanoico　十七酸
ácido heptanoico　庚酸
ácido heptanoico normal　正庚酸
ácido hexadecanoico　十六酸
ácido hexanodioico　己二酸
ácido hexanoico　己酸
ácido hidrocarboxílico　羟基羧酸
ácido hidroclórico　氢氯酸，盐酸
ácido hidrofluórico　氢氟酸
ácido hidrosulfúrico　氢硫酸，含氢和硫的酸
ácido hidroxicarboxílico　羟基羧酸
ácido hipocloroso　次氯酸
ácido hipofosforoso　次磷酸
ácido humeante　发烟酸
ácido húmico　腐殖酸
ácido inorgánico　无机酸
ácido insaturado　不饱和酸
ácido iódico　碘酸
ácido iodoacético　碘乙酸
ácido isobutílico　异丁酸
ácido láctico　乳酸
ácido láurico　十二酸，月桂酸，十二烷酸
ácido levulínico　乙酰丙酸
ácido libre　游离酸
ácido lodoso　泥酸
ácido maleico　马来酸，顺式丁烯二酸，顺式丁二酸
ácido málico　苹果酸，羟基丁二酸
ácido malónico　丙二酸
ácido mangánico　锰酸
ácido margárico　十七烷酸

ácido melítico　苯六羧酸，苯六酸
ácido mesotartárico　内消旋酒石酸
ácido metacrílico　异丁烯酸，甲基丙烯酸
ácido metanoico　甲酸，蚁酸
ácido mineral　无机酸
ácido molíbdico　钼酸
ácido monobásico　一元酸
ácido muriático　盐酸，氢氯酸
ácido nafténico　环烷酸
ácido nicotínico　烟酸，菸酸，烟碱酸
ácido nítrico　硝酸
ácido nítrico fumante　发烟硝酸
ácido nitroso　亚硝酸
ácido nitrosulfúrico　混酸（浓硝酸和浓硫酸的混合物）
ácido nonadecanoico　十九酸
ácido nonanodioico　壬二酸
ácido nonanoico　壬酸
ácido normal　正酸
ácido nucleico　核酸
ácido octanodioico　辛二酸
ácido octanoico　辛酸
ácido octanoico normal　正辛酸
ácido octodecanoico　十八酸
ácido oleico　油酸
ácido orgánico　有机酸
ácido oxálico　乙二酸，草酸
ácido palmítico　棕榈酸，十六烷酸，软脂酸
ácido palmitólico　棕榈炔酸
ácido para remover el revoque de inyección　泥酸，土酸
ácido parafínico　石蜡族酸
ácido paratartárico　外消旋酸
ácido pelargónico　壬酸
ácido pentabásico　五元酸，五元碱酸
ácido pentadecanoico　十五酸
ácido pentanodioico　戊二酸
ácido pentanoico　戊酸
ácido pentavalente　五价酸
ácido perclórico　高氯酸
ácido percrómico　过铬酸
ácido permangánico　高锰酸
ácido pernítrico　过硝酸
ácido peroxicarbónico　过氧碳酸
ácido persulfúrico　过硫酸
ácido peryódico　高碘酸，过碘酸，高过碘酸
ácido pícrico　苦味酸
ácido pirobórico　焦硼酸，四硼酸
ácido pirofosfórico　焦磷酸
ácido pirofurfúrico　发烟酸
ácido pirogálico　焦性没食子酸，焦掊酸，焦掊酚
ácido piromúcico　焦黏酸

A

ácido pirorracémico 丙酮酸
ácido pirosulfúrico 焦硫酸
ácido pirúvico 丙酮酸
ácido poliatómico 多元酸
ácido polibásico 多价酸，多元酸
ácido propanodioico 丙二酸
ácido propinoico 丙炔酸
ácido propiólico 丙炔酸
ácido propiónico 丙酸
ácido prúsico 氢氰酸
ácido rebajado 稀（硫）酸
ácido recuperado 回收酸
ácido regenerado 再生酸，回收酸
ácido salicílico 水杨酸
ácido saturado 饱和酸
ácido silícico 硅酸
ácido subérico 辛二酸
ácido succínico 琥珀酸，丁二酸
ácido sucio 废酸，用过的酸
ácido sulfanílico 磺胺酸
ácido sulfhídrico 氢硫酸
ácido sulfociánico 硫氰酸
ácido sulfónico 磺酸
ácido sulfuroso 二氧化硫
ácido sulfúrico 硫酸
ácido sulfúrico diluido 稀硫酸
ácido sulfúrico fumante 发烟硫酸
ácido sulfuroso 亚硫酸
ácido tánico 鞣酸，丹宁酸
ácido tartárico 酒石酸
ácido tereftálico 对酞酸，对苯二甲酸
ácido tetradecanoico 十四酸，十四烷酸
ácido tíglico α—甲基巴豆酸
ácido toluenosulfónico 甲苯磺酸
ácido tricloroacético 三氯乙酸
ácido tridecanoico 十三酸
ácido túngstico 钨酸
ácido undecanoico 十一酸，十一烷酸
ácido úrico 尿酸
ácido usado 用过的酸，废酸
ácido valérico 戊酸
ácido vanádico 钒酸
ácido verde 绿酸，磺化环酸
ácido viciado 用过的酸，废酸
ácido yodhídrico 氢碘酸
ácido yódico 碘酸
acidoide 酸性物质，可变酸的物质
acidólisis 酸解
acidometría 酸定量法
acidómetro （蓄电池）酸度计；酸密度计
acidorresistencia 抗酸性，耐酸性
acidorresistente 耐酸的，抗酸的
acidosis 酸中毒，酸毒症，酸血症

acidulable 可酸化的
acidulación 酸化，酸化作用，酰代
acidulado 微酸性的，酸性的，有酸味的；加酸，酸化
acidulador 酸化器；酸化剂
acidulante 酸化剂
acidular 使酸化，使带酸性
acídulo 微酸的，酸性的，有酸味的
acierto 击中，命中；碰巧，巧合
acije 绿矾，水绿矾
acijoso 含绿矾的，水绿矾的
acilación 酰化，酰化作用
acilo 酰基
aciloína 酰基醇，偶姻，酮醇
acimut 平经，地平经度，方位角
acimut de epicentro 震中方位角
acimut de frente 前方位角
acimut de tiempo 时间方位
acimut fuente-receptor 炮检方位，炮源—检波器方位角
acimutal 方位的，方位角的；水平的，地平经度的
acitación 酰化（作用）
acitara 隔墙，通墙，间壁；栏杆
aclaración 解释，说明；注释；澄清
aclarador 澄清器，滤清器，澄清槽；澄清剂
aclarar 澄清；稀释，冲淡
aclareo 稀释；稀疏
aclástico 非折射的，不折射的
aclimatación 气候适应，环境适应，服水土
aclínico 无倾角的，不倾斜的，水平的
acmita 锥辉石
acnodal 孤点的
acnodo 孤点，孤立点，顶点，极点
acodado 弯管，弯头，弯曲接头；弯成直角形的
acodado en S S形弯管
acodado recto 直角弯管
acodalado 支撑的，加固的；固定的，紧固的；刚性接合的
acodalar 固定，使刚性接合；支撑；加固
acodamiento 用肘支撑；弯成肘形；直角弯头
acodar 使成肘形，使弯成直角形；用肘支撑
acodilladora 折管机
acodillar 使弯成肘形，使弯曲
acoger 接待，招待；收留，收容
acojinamieno 减振，缓冲；缓冲作用
acolchado 有软衬的，有衬垫的；衬垫
acolchar 给…加衬；（用棉花等）填塞；绞（缆绳）
acolchonar 加软衬料后缝制
acollador 短索，绞收索，牵索，松紧绕索
acombado 弯曲的，呈弧形的

acometida 支管，支线；（支管和干管）汇合处；（电流支线和干线）接头处

acomodar 安放，安顿，安置；使合适，使适用

aconamiento 锥进，水锥侵进

acondicionador 调节器，调整器，调节装置

acondicionador de aire 空调，空气调节器

acondicionador de energía 动力（功率）调节器，动力功率调节器

acondicionador de lodo 泥浆处理剂

acondicionamiento 安排，布置；调节（空气，温度）；调整，调制，调理

acondicionamiento de aire 空气调节

acondicionamiento de la inyección 注入调节

acondicionamiento del ambiente 环境改善，环境调节

acondicionamiento ecológico 生态调节

acondicionar 安排，准备；使具备适当的条件；调节（室内空气的温度和湿度等）

acondicionar herramientas de perforación 修理钻具

acondicionar lodo 调节泥浆，处理泥浆

acondrita 无球粒陨石

aconitina 乌头碱

acontecimiento 事件，大事

acopalable 可连接的，可互连的

acopio 储存，收集；储备量；蓄水量

acopio y almacenamiento del agua 水的收集与储存，集水和储水

acoplable 可连接的，可接合的，可装配上的

acoplado 交流耦合的，配接的；连接，联接，接合，接通，接线；拖挂，拖车

acoplado de cuatro ruedas 四轮拖车

acoplado en estrella Y形接线，叉形接线，星形连接

acoplado en paralelo 并联（耦合），平行连接

acoplado para cañería 管子拖车，管线拖车

acoplador 耦合器，耦合元件；偶联器，联接器

acoplador de enganche rápido 快速接头

acoplador de ranura larga 长缝耦合器

acoplador de tubo de aire 气管连接器

acoplador de varillas 抽油杆接箍，钻杆接箍

acoplador direccional 定向耦合器

acoplador electrónico 电子耦合器，电子耦合装置

acoplador flojo 弱耦合器

acoplador giratorio 旋转接头，旋转连接器；水龙头

acoplador hidráulico 液力接头，液力联轴节

acoplador inductivo 电感耦合器

acoplador por reacción 反馈耦合，回授

acoplador rápido 快速联结器，快速联结装置，快速联轴器

acoplador rápido hidráulico 液压快速联结器

acoplador roscado 螺纹接头

acoplador variable 可变耦合器

acopladura 连接（钻杆、钻铤、套管和油管等），接合，装配

acoplamiento 连接，轴接；耦合，联接；联轴器，耦联器，管接头，车钩，挂钩

acoplamiento a bayoneta 插销式离合器

acoplamiento a ras 平接接头，齐口接头，平式接头

acoplamiento a ras con dos series de roscas 两头螺纹平接式连接

acoplamiento a reacción 反馈耦合，回授耦合

acoplamiento abordonado 法兰连接

acoplamiento ajustable 弱耦合，疏耦合，松弛耦合

acoplamiento angular 角形连接

acoplamiento articulado 活接式车钩

acoplamiento atornillado 螺纹联轴器，螺旋连接器，螺旋联轴节

acoplamiento autocapacitivo 分布电容耦合，本身电容耦合

acoplamiento automático 自动联轴节

acoplamiento capacitado 电容耦合

acoplamiento capacitivo 电容耦合

acoplamiento cerrado 强耦，紧配合，密耦

acoplamiento con collar a soldadura 环箍焊接连接

acoplamiento con collar a tope 对接焊接接头，对接焊接连接，对焊连接

acoplamiento con movimiento longitudinal 胀缩联轴器

acoplamiento cónico 锥形联轴节，锥形接头

acoplamiento crítico 临界耦合

acoplamiento cruzado 交叉耦合，交互耦合

acoplamiento cúrvico 弯曲联接器，曲齿联轴器，弯曲耦合

acoplamiento de cátodo 阴极耦合

acoplamiento de corriente continuo 直流耦合

acoplamiento de diente 爪形联结器

acoplamiento de discos 柔性盘联轴节

acoplamiento de dos mitades 夹壳联轴器

acoplamiento de eje 联轴器，联轴节

acoplamiento de fricción 摩擦联合器，摩擦联轴器

acoplamiento de fricción cónica 摩擦锥联合器，摩擦锥离合器

acoplamiento de fricción de disco 盘式摩擦离合器，摩擦圆盘离合器

acoplamiento de inducción 电感耦合

acoplamiento de inserción a soldadura 嵌入式焊接接头

A

acoplamiento de juego 挠性连接，挠性联轴节，挠性联结器

acoplamiento de manguera 软管接头，水龙带接箍

acoplamiento de manguito 套筒联轴节

acoplamiento de reacción 反馈耦合，回授耦合

acoplamiento de resistencia 电阻耦合

acoplamiento de rosca 螺纹连接，螺纹接头

acoplamiento de rosca larga con manguito 长螺纹筒形联轴接头

acoplamiento de varrillas de bombeo 抽油杆接箍

acoplamiento de varrillas de succión 抽油杆接箍

acoplamiento de varillas 拉杆连接头，钻杆接头，钻杆接箍

acoplamiento débil 弱耦合，欠耦合

acoplamiento directo 直接耦合

acoplamiento elástico 挠性联轴节，挠性联结器

acoplamiento electromagnético 电磁耦合

acoplamiento electrónico 电子耦合

acoplamiento electrostático 静电耦合

acoplamiento empernado 螺栓联结

acoplamiento en bucles 回线联接

acoplamiento en cadena 级联，串联

acoplamiento en cascada 级联，串联

acoplamiento en cruce 交叉耦合，交互耦合

acoplamiento en delta 网状连接，三角形接法

acoplamiento en doble triángulo 双三角接法

acoplamiento en estrella 星形接法，星芒接法，Y 接法，星状连接

acoplamiento en L 弯管接头，L 型联接

acoplamiento en paralelo 并联，平行连接

acoplamiento en puente 桥形连接，跨接

acoplamiento en serie 串联

acoplamiento en serie-paralelo 串并联，混联

acoplamiento en triángulo 网状连接，三角形接法

acoplamiento estrecho 强耦合，紧耦合

acoplamiento extrafuerte de recalcado exterior 外部加厚超强度连接

acoplamiento fijo 硬性联轴节，紧耦合

acoplamiento flexible 挠性联轴节，挠性联结器

acoplamiento flojo 弱耦合，松联结

acoplamiento fuerte 紧耦合，强耦合，刚性连接

acoplamiento inductivo 电感耦合

acoplamiento interfásico 级间耦合

acoplamiento liso 快速连接

acoplamiento magnético 磁耦合

acoplamiento mixto 混合耦合

acoplamiento óptimo 最佳耦合

acoplamiento para árboles de transmisión 联轴节，联轴器

acoplamiento para cañería 管子接箍

acoplamiento para el cilindro de la bomba 泵筒连接

acoplamiento por capacidad 电容耦合

acoplamiento por choque 扼流圈耦合，电感耦合

acoplamiento por condensador 电容器耦合

acoplamiento por cono 锥形联轴节

acoplamiento por cono de fricción 锥形联轴节；摩擦锥联合器

acoplamiento por fricción 摩擦联轴节，安全联轴节

acoplamiento por garras 爪形联结器，爪形联轴节

acoplamiento por impedancia 阻抗耦合

acoplamiento por inducción 电感耦合

acoplamiento por inductancia y capacidad 扼流圈电容耦合

acoplamiento por manguito 套筒联轴节

acoplamiento por reactancia 电抗耦合

acoplamiento por resistencia 电阻耦合

acoplamiento por tansformador 变压器耦合

acoplamiento recalcado 压紧连接

acoplamiento rígido 强耦合，紧耦合

acoplamiento roscado 螺纹接头，螺纹连接

acoplamiento semirás de recalcado exterior 外部加厚半埋头式连接，外部加厚半齐平式连接

acoplamiento semirás on manguito 半齐平式联轴器连接

acoplamiento tándem 级联

acoplamiento universal 万向节

acoplar 使耦合，使耦联；耦接，匹配；连接，接合；装配；拼接

acoplar en cantidad 并联

acoplar en derivación 并联，分路，分流

acoplar en paralelo 并联

acoplar en serie 串联

acoplar en series paralelas 串并联，混联

acoplar en tensión 串联

acople 箍，环，圈；联轴器，接头，短节，接箍；连接，联接，啮合

acople contra incendios 消防接口

acople de alineamiento automático 自位联轴节，自动调整联轴节

acople de reducción 变径接箍

acople de revestidor 套管接箍

acople de sarta de perforación 钻杆接箍

acople de soldadura 焊接接头

acople de tubería de revestimiento 套管接箍

acople galvánico 电偶

acople hidráulico 液压联轴节，水力联轴器

acople rápido 快速接头

acople reductor concéntrico 同心异径接头

acople reductor excéntrico 偏心异径接头

acople reductor para tuberías 管材异径接头

acople roscado 螺纹连接套筒，螺纹连接器，螺纹接头

acople soldado tipo enchufe 承插式管接头

acoplo 耦合，偶合，接合，配合，偶联，匹配

acoplo intertápico 级间耦合

acoplo línea-guía 门钮型转换器

acoplo por inducción 电感耦合

acoplo por iris 膜孔耦合，膜片耦合

acorazado 装甲的，铠装的，有金属包层的；装甲舰

acorazado de acero 包钢皮的，铠装的

acorazamiento 安装铁甲；防备；保护

acordar 商定，一致决定；提醒，使记起，使想起；达成协议

acoriogénico 非低温的，非深冷的

acortamiento 缩短；缩减，压缩；收缩

acortar 弄短，缩短，压缩，减少

acostar 使躺下；移近，使靠近，使（船）横靠

acostar tubería 拧卸钻杆或油管等

acotación 立界标；尺度，尺寸；量测记录，标高

acotamiento 立界标，立界碑；划定界线，划定范围；标高

acotar 标出尺寸；立界标，标定界限；标出高度；用图表示

acre 英亩（等于 40.46 公亩或 4047 平方米）

acrecentamiento 增长，增加；加积；增积

acrecentamiento por aluvión 冲积层

acrecimiento 增长，增加；加积；增积

acreción 加积（作用）；冲积层；增积物；外展作用；吸积

acreción continental 大陆增长，大陆增生

acreditación 委托书，委任状；(通知文件) 证明；证明文件，资格证明

acreditado 信得过的，声誉好的；被委任的，被委派的

acreditar 使值得信任；证明…是真实的；委派，派出；把…记入贷方，把…记入账簿

acreedor 债权人的，值得的；有权要求别人履行义务的；债权人，贷方，贷项

acreedor hipotecario 抵押债权人

acribadura 筛

acribómetro 微型仪器

acridina 吖啶

acriflavina 吖啶黄，吖黄素

acrilamida 丙烯酰胺

acrilato 丙烯酸盐

acrílico 丙烯酸的；丙烯酸纤维

acrilina （一种）无色合成树脂

acriloide 丙烯酸树脂溶剂，丙烯酸剂

acrilonitrilo 丙烯腈，氰乙烯

acriminar 控告，起诉；归罪于，归咎于

acrisolar （用坩埚）精炼，提炼

acritud 冷锤，冷锻；酸性；脆性

acrocordita 球砷锰矿

acrofobia 恐高症，高处恐怖

acroíta 无色电气石，白碧硒，无色碧硒

acroleína 丙烯醛

acromático 消色差的；无色的，单色的，非彩色的

acromatina 非染色质

acromatismo 消色差，消色差性；无色，非彩色

acromatizado 已消色差的

acrómetro 油类密度计

acta 记录，文书；证书；会议记录，议事录

acta constitutiva 组织章程；成立备忘录

acta de acusación 起诉书

acta de defunción 死亡证

acta de inicio de obra 开工通知，开工令

acta de matrimonio 结婚证

acta de nacimiento 出生证

acta de nacionalidad 国籍证书

acta notarial 公证书

actínico 光化性的，光化学的

actínidos 锕系元素

actinio 锕

actinismo 射线化学变化，光化性，光化作用；射线化学

actino 日射强度单位

actinografía 光量测定（法），光能测定术，光化力测定术

actinógrafo 光能测定仪，光强测定仪；辐射仪，日射仪

actinograma 射线照相

actinoide 放射线状的，辐射线状的，放射形的

actinolita 阳起石

actinolítico 阳起石的

actinología 光化学，放射线学

actinometría 辐射测量学；曝光测定术；光化学强度测定

actinómetro 感光计，光化线强度计，曝光表，曝光计

actinomorfo 辐射对称的

actinón 锕射气

actinota 阳起石

actinouranio 锕铀（铀的放射性同位素）

actitud 层态，产状；姿态；态度

actitud estructural 构造形态

activación 活化，激活；敏化，活化作用；开动

activado 活化了的，激活后的，放射化了的

activador 使活跃的；活化剂，激活剂；活化

activador — 20 —

器；（液体）放射性发生器
activador de gas 气体激活装置
activador de tensión superficial 表面活性剂
activar 使活跃，使积极；加速，促进；启动；使活化；使产生放射性
activar el pozo 激活油井，诱喷
activar la bomba 开泵
activar las máquinas 加快机器运转；启动机器
activar los preparativos 加快准备工作，加紧准备工作
actividad （某一范围的）活动；活动力；积极性；放射性
actividad accesoria 辅助活动
actividad de campo 现场作业，现场工作
actividad de partículas mantenidas en suspensión 悬浮粒子活度，悬浮粒子活动力
actividad de preparación del proyecto (APP) 项目筹备活动，英语缩略为 PPA (Project Prepara-tion Activity)
actividad de producción 生产活动
actividad del magma 岩浆活动
actividad económica 经济活动
actividad magmática 岩浆活动
actividad óptica 旋光性
actividad perforadora 钻井活动，钻井作业
actividad radical 根本活动，基本活动
actividad social 社会活动
actividad tectónica 造构活动，构造活动性
actividad telúrica 大地活动，地球活动
actividades conexas al sector petrolero 与石油工业相关的活动
actividades confidenciales 保密活动
actividades de divulgación 传播活动，推广活动
actividades de protección relacionadas con el medio ambiente 与环境保护有关的活动
activo 活动的，活跃的；起作用的；现役的，在职的；活性的；有放射性的；资产，财产
activo a corto plazo 短期资产
activo a larga vigencia 长期资产
activo bloqueado 冻结资产
activo circulante 流动资产
activo congelado 冻结资产
activo de hipoteca 抵押资产
activo disponible 可用资产
activo en efectivo 现金资产
activo fijo 固定资产
activo físico 有形资产
activo inmobiliario 不动产
activo invisible 无形资产
activo mobiliario 动产
activo neto 净资产
activo nominal 名义资产
activo tangible 有形资产

activo total 总资产，资产总值
activos corrientes 流动资产
activos del subsuelo 地下资产，地下资源
activos inmateriales 无形资产
activos intangibles 无形资产
activos naturales 自然资产，自然资源
activos visibles 有形资产
activos y pasivos 资产与负债
acto 行为，行动；动作；法令；仪式，典礼
acto de avería 海损报告
acto de contrabando 走私行为
acto de inauguración 揭牌仪式，开业典礼，奠基仪式
acto de sabotaje 破坏活动
acto de seleccionar 选择，分类，分选作用
acto de violación 违章行为
acto de violencia 暴力活动
acto intencional 故意行为
acto jurídico 法律行为
acto público 公开活动；典礼
acto público de apertura de ofertas 当众开标
actógrafo （物质、有机体等）活动变化记录仪
actor 行动者，参与者；起诉人，原告
actuador 执行机构；调节器；主动器；启动器
actuador eléctrico 电动执行器
actuador neumático 气动启动器，气动执行机构
actual 现在的，目前的，当前的；现实的
actualizar 使适应新的情况，使适应现在情况，更新
actuar 使转动，开动；充当，充任；起…作用，见效；起诉
actuario 核算员；法院书记员
actuario de seguros 保险精算员，保险计算员
acuacierre 不透水层，含水隔水层，弱透水层
acuación 水合作用
acuagel 水凝胶
acuametría 测水法
acuamotor 水力发动机
acuanauta 航海者；潜水员
acuaplano 水翼船，水翼艇
acuatermólisis 水热裂解
acuatubular 水管
acueducto 水管，导水管；水道，渡槽；导管
acuerdo 同意，赞同；协定，条约
acuerdo aduanero 海关契约
acuerdo bilateral de comercio 双边贸易协定
acuerdo conciliatorio 和解协议，调解协议
acuerdo conjunto 联合协定，共同协定
acuerdo de compra y venta 购销协议
acuerdo de confidencialidad 保密协议
acuerdo de crédito 信贷协定
acuerdo de distribuidores 销售商协议

acuerdo de pagos　付款协定

acuerdo de pozo seco　干井协议

acuerdo de préstamo　贷款协议

acuerdo de reciprocidad comercial　互惠贸易协定

acuerdo de recorte　减产协议

acuerdo de servicios operativos（ASO）　作业服务协议，操作服务协议，英语缩写为 OSA（Operating Services Agreement）

acuerdo de suministro　交货合同，供货合同

acuerdo general sobre aranceles aduaneros y comercio　关税及贸易总协定

acuerdo marco　框架协议

acuerdo multilateral　多边协定

acuerdo OPRC　OPRC 公约（1990 年国际油污防备、反应和合作公约）

acuerdo-base　总协定

acuiclusa　不透水层，含水隔水层，储水不透水层

acuicultura　水产养殖；（植物的）溶液培养，水栽法，无土栽培

acuidad　尖锐，锋利，敏锐度；分辨能力，鉴别力

acuidad auditiva　听力，听敏度，听觉敏锐度

acuidad de una punta　锐利，锐度

acuidad visual　视觉敏锐度

acuífero　带水的，含水的；地下蓄水层，地下含水层，砂石含水层

acuífero artesiano　自流含水层

acuífero combinado　结合水，化合水

acuífero con pérdidas　渗漏含水层

acuífero confinado　承压含水层

acuífero de fondo　底水，底部水，底层水

acuífero infinito　无限含水层，无限界含水层

acuífero lateral　边水，边缘水，层边水

acuífero semiconfinado　半承压含水层

acuifugo, acuifugo　不透水层，滞水层

acumulación　积累，累加，积聚，堆积物，蓄能；致密，压实

acumulación aluvial　冲积作用，冲积

acumulación de aire　气栓，气塞

acumulación de capital　资本积累

acumulación de coque　积炭；石油焦炭的堆积

acumulación de gas libre encima del petróleo　气顶，气帽；游离气在石油圈闭上方聚积

acumulación de hidrocarburo　油气聚集；油藏；油藏形成

acumulación de impurezas　变污，结垢，不纯物质堆积

acumulación de incrustaciones　垢层；垢物堆积，结垢

acumulación de nieve y hielo en un glaciar　雪和冰在冰川处聚集

acumulación de parafina　积蜡，结蜡

acumulación de petróleo　石油积聚，油藏形成；油藏；油聚集

acumulación de petróleo o gas capaz de una producción comercial　具备商业开采价值的油气藏

acumulación de sustancias tóxicas　毒素积聚；有毒物质积聚

acumulación de vapor en el circuito de un motor　（发动机循环系统）气阻，汽封，气塞

acumulación de vapor en la tubería　（油管内）汽封，气栓，气塞

acumulación en caverna　洞穴沉积

acumulación en tanque　罐内积聚

acumulación metalífera　矿体

acumulación petrolífera　石油积聚，油藏，油藏形成；油聚集

acumulación primitiva　原始积累

acumulado　累积的，渐增的；成堆的；（岩石）堆积

acumulador　蓄电池；蓄能器；蓄压器；储存器；累加器；积累者；积累的

acumulador a cloro　铅蓄电池，氯化铅蓄电池

acumulador ácido de plomo　铅酸蓄电池

acumulador alcalino　碱性电池

acumulador amortiguador　缓冲蓄电池，缓冲储存器

acumulador de alta tensión　高压蓄电池

acumulador de baja tensión　低压蓄电池

acumulador de ferroníquel　铁镍蓄电池

acumulador de líquido　储液装置，储液罐

acumulador de pesos　重力蓄力器

acumulador de plomo　铅蓄电池

acumulador de presión　蓄压器

acumulador de reacción　反应室，反应器，裂化反应鼓

acumulador de reflujo　回流罐

acumulador de reserva　备用蓄电池

acumulador de vapor　蒸汽蓄积器

acumulador decimal　十进制累加器

acumulador eléctrico　蓄电池

acumulador hidráulico　液力蓄压器，液压蓄能器

acumulador níquel-cadmio　镍镉蓄电池，镍镉电池

acumulador portátil　便携式蓄电池

acumulador seco　干蓄电池

acumulador térmico　蓄热器

acumular　累积，堆积，积蓄，聚集

acumulativo　积累的，累积的，堆积的

acuñado　楔住的，楔入的；塞满的，被卡住的

acuñamiento　变薄，尖灭，地层尖灭

acuñamiento arriba　上倾尖灭

acuñamiento de capas 地层尖灭，地层变薄

acuñar 扣上卡瓦

acuosistema 水系

acuoso 水成的，含水的；水状的；水的；多水的

acusar 把…归咎于；告发，控告；责备；告知（信件等）收到

acuse de recibo 告知收到（信件等）；收条，回执

acústica 声学，音响学；音响装置；音响效果

acústico 声学的，有声的，传音的，音响的；听觉的

acustimetría 测听技术

acustímetro 测听计，听力计，声强测量计，声强计

acutangular 锐棱的，锐角的

acutángulo 锐角；锐角的

ACV（análisis de ciclo de vida） 生命周期分析，英语缩略为 LCA（Life Cycle Assessment）

ad valorem 从价，按价，按照价值的；按值

adamantano 金刚烷

adamantino 金刚石般的；金刚砂，金刚合金，金刚石；冷铸钢粒

adamascado 仿花缎的；大马士革钢的

adamelita 石英二长岩

adamita 水砷锌矿，人造刚玉，镍铬耐磨铸铁

adamsita 暗绿云母；亚当氏毒气，二苯胺氯胂

adaptabilidad 适应性，可用性，适应能力

adaptable 能适应的；能改装的；可调整的

adaptación 适应，适合；匹配

adaptación a la oscuridad 暗适应性；夜视训练

adaptación de impedancia 阻抗匹配

adaptación en delta 三角形匹配

adaptación óptima 最佳拟合

adaptado 适应的，适合的；改制的

adaptado a la medida 配制得当的；按尺寸改制的

adaptador 适配器，匹配器；转接器，转换器，附加器；转换接头，异径接头，管接头；调整器

adaptador a bridas 法兰头，法兰短节

adaptador a cardán 万向接头

adaptador de brida 法兰式转换接头

adaptador de fases 换相器，相位变换附加器

adaptador de interfaz para dispositivos periféricos 外部接口转接器，外部接口适配器

adaptador de válvulas metálicas 金属接管，金属牛角管

adaptador hexagonal 六角接头，六角转接器

adaptador para bomba 泵的接合器

adaptador para el colocador de tubería revestidora de fondo 尾管悬挂器接头，井底套管悬挂器接头

adaptador para tubería de revestimiento 套管异径接头

adaptar 使适应，使适合；匹配；连接；安装，改编

adaraja （建筑）待齿接，齿形待接插口；留砖牙，留砖槎

adátomo 吸附原子

addenda 补遗，增补

addenda et corrigenda 补遗和勘误表

addendum 补篇，补遗，附录，附加物

adecuación 适当，适合，适合性

adecuado 适合的，恰当的

adecuar 使适合，使适应

adelantado 先进的；预先的，提前的；预付的

adelantamiento de vapor 蒸气吹出

adelantar 提前；预付，预支；超过，胜过；提高，改进

adelante 向前；迎面，对面；请进；以后，将来

adelanto 预付款项；进步，成就，进展，提前；领先；突破，突入

adelanto de agua 水突破，生产井见水

adelanto en cuenta corriente 往来账透支

adelfolita 褐钇铌矿

adelgazador 稀释剂

adelgazador de lodo 泥浆减稠剂，泥浆稀释剂

adelgazamiento 尖灭，变薄，变细

adelgazamiento del estrato 地层变薄，地层尖灭

adelgazamiento discordante 不整合尖灭

adelgazamiento hacia abajo 向下尖灭，朝下变薄

adelgazamiento hacia arriba 向上尖灭，朝上变薄

adelgazamiento por corte 剪切稀化，剪切变稀

adelgazamiento por esfuerzo cortante 剪切稀化，剪切变稀

adelgazar 使变薄，使变细；尖灭，地层尖灭，变薄

adelgazar los bordes 使边缘变薄

adelgazarse discordantemente 不整合尖灭

ademar 用坑木支撑

ademe 坑木；支柱

adentellar （建筑）留待齿接

adentro 向里面，在里面；在内部，向内部

adherencia 粘着，粘连，增添部分；附着力，黏附力；（钻具）卡钻

adherencia del cemento 水泥胶结，水泥黏结

adherencia electrostático 静电附着，静电吸附

adherencia límite 黏结极限

adherente 粘着的，黏附的；易粘连的，有黏性的；黏性物质；胶粘体

adherido 附上的，附着的，连接的；卡住的，

卡塞的

adherir 粘着，附着，黏附，依附

adhesión 粘；黏附，附着；粘连

adhesión del cemento 水泥胶结

adhesión del lastrabarrena 卡钻，钻铤卡死

adhesividad 黏合性，易黏性

adhesivo 附着的，易粘的，有粘着性的；黏结剂，胶粘剂，胶合剂，黏性物质

adhesivo de caucho 橡胶黏合剂

adhesivo epóxico 环氧树脂黏合剂

adhesivo sellador 密封胶

adhesivo sellador para altas temperaturas 耐高温密封胶

adiabaticidad 绝热性

adiabático 绝热的，不传热的，非热传导的

adiabatismo 绝热

adiamantado （硬度或其他性质）像金刚石的

adiatermancia 绝热性

adiatérmano 不透明的，不透辐射热的

adiatérmico （物体）不透热的，不透辐射热的，绝热的

adición 添加；附加，追加；增加部分；加法；（炼合金时）添加物

adición de bromo a una molécula 溴化，溴化处理；在分子中添加溴

adición de diluente 添加稀释剂

adición de hidrógeno 加氢，加氢作用

adición por sedimentación （河床或河谷的）填积，加积；加积作用

adicionador 添加物

adicional 补充的，附加的，增补的，追加的

adicionar 追加，附加，增添

adiestramiento 训练，教练，指引，引导

adiestramiento a corto plazo 短期培训

adiestrar 训练；指引，引路

adimensional 无量纲的，无因次的，无维的

adinamia 无力，衰竭；动力乏力，动力缺失

adinámico 衰竭的，衰弱的，无力的；动力缺失的

adinola 钠长英板岩

adintelar 为…安过梁

adipal 脂肪的；油质的

adipamida 乙二酰二胺

adipato 乙二酸盐

aditamento 增添；附件，附属品；附属装置，附助设备

aditamentos estructurales 结构附件；结构附属装置

aditicio 处理剂；添加剂；钻井液添加剂，钻井液添料

aditivo 可添加的，应添加的；加法的，加性的；相加的；添加物，添加剂

aditivo acidificante 酸化添加剂，酸化液添加剂

aditivo blanqueador 漂白辅助剂

aditivo compuesto 复合添加剂

aditivo de alimentos 食品添加剂

aditivo de asfalto 沥青添加剂

aditivo de combustible 燃料添加剂

aditivo de control de pérdida de fluido 防滤失剂，降滤失剂，降失水剂

aditivo de fluido de perforación 钻井液添加剂，钻井液处理剂

aditivo de gasoil 粗柴油添加剂，瓦斯油添加剂

aditivo de gasolina 汽油添加剂

aditivo de inhibición de hidratación de lutita 页岩水化抑制添加剂

aditivo de multiuso 多功能添加剂

aditivo detergente 去垢添加剂

aditivo gelatinizador 胶凝剂，成冻剂，成胶剂

aditivo multifuncional 多功能添加剂

aditivo para cemento 水泥浆外加剂，水泥添加剂

aditivo para la pérdida de fluido 防漏失剂，防滤失剂，降滤失剂

aditivo para lodo 泥浆添加剂，泥浆添料

aditivo para lodo de perforación 钻井液添加剂，钻井液处理剂

aditivo para lubricantes 润滑油添加剂

aditivo para petróleo 石油添加剂

aditivo plúmbeo 含铅添加剂

aditivo reductor 还原添加剂

adjudicación 裁决，判定，判决；拍卖，招标

adjudicación de contrato 合同裁定；授予合同

adjudicación por subasta 公开投标，拍卖

adjudicado 判决的，裁定的

adjudicador 判决的，裁定的；裁决员，仲裁者

adjudicar 判给，判归；（拍卖时）击槌卖出

adjudicatario 中标者；（拍卖中）成功买主

adjunta 增加部分，补充部分；附属物，附件

adjunto 附加的，附寄的；助理的；助理；增添物，附件

administración 管理，经营；行政机关，局，处

administración ambiental mundial 全球环境管理

administración civil 民政

administración consolidada 加强管理，强化管理

administración de archivo 档案管理

administración de calidad 质量管理

administración de costo 成本管理

administración de datos 数据管理

administración de divisa 外汇管理

administración de equipos 设备管理

administración de información 信息管理

A

administración de inyección de agua　注水管理

administración de la calidad de producto　产品质量管理

administración de mano de obra　劳动力管理

administración de materiales　材料管理

administración de pozo　（油）井管理，井管理

administración de precios　物价管理，价格管理

administración de producción　生产管理

administración de proyecto　项目管理

administración de riesgo　风险管理

administración de yacimiento　油藏管理

Administración del Petróleo para la Defensa　（美国）国防石油管理局，英语缩略为 PAD（Petroleum Administration for Defense）

administración del sistema　系统管理

administración ecológica y esquema de auditoría（AEEA）　生态管理和审计规划，英语缩略为 EMAS（Ecological Management & Audit Scheme）

administración económica　经济管理

administración financiera　财务管理

administración funcional　职能管理

administración integral　综合管理

administración lineal　线性管理

administración pública　公共行政；公共行政机关

administracion unificada　联合管理，统一管理

administrador　管理人，行政管理人员；管理的，经营的

administrador judicial　破产管理人

administrar　管理，经营，治理；施行，执行

admisible　可接纳的，可接受的，可容许的

admisión　进气，给气；进入，放入，通入，通风孔，进气口；进气装置，进气管

admisión al compresor　压缩机进气口

admisión axial　轴向进给，轴向供给

admisión de combustible　燃料进口

admisión de inversión extranjera　外资准入

admisión del vapor　蒸汽供给

admisión permanente　永久进关

admisión plena　全开进气，全开吸气

admisión supersónica　超音速进气道

admisión temporal　临时进关，临时进口

admisión total　全开进气，全开吸气

admisor　进口，入口

admisor de aire　进风口，进气口，空气进口

admitancia　流导，导纳，导电，导电性；进水，进气，通道

admitancia de entrada　输入导纳，入端导纳

admitancia de realimentación　反馈导纳

admitancia de transferencia　转移导纳

admitancia electródica　电极导纳

admitir　接纳，许可进入，可容纳；承认，

容许

admixtión　混合

adobe　风干的泥砖；坯，砖坯

adobera　坯模子，土砖的模子；土砖厂

adoptar　采用，采取；采纳，接受；通过

adoquín　铺路方石，路面石，琢石

adoquinador　铺路工

adquirente　购买的，收购的；取得的；获得者

adquiridor　购买的；获得的；获得者；买主

adquirir　取得，获得，赢得，换得，购得

adquisición　收获，获得，购得，采集（数据、样本等）

adquisición de datos　数据采集；收集数据

adquisición de datos de tierra　陆上数据采集

adquisición de datos tridimensionales de tierra　陆上三维数据采集

adquisición de tierras　土地征用；获得土地

adquisición sísmica 2-D　二维地震采集

adquisición sísmica 3-D　三维地震采集

adrizar　把…扶正，把…扶直；使直立

adsorbabilidad　吸附性，吸附能力

adsorbable　可吸附的

adsorbato　被吸附物

adsorbedor　吸附器，吸附塔

adsorbente　吸附体，吸附剂；有吸附力的

adsorber　吸附

adsorción　吸附，吸附作用，表面吸收，表面吸附

adsorción cromatográfica　色层分离吸附

adsorción en arcilla　黏土吸附

adsorción física　物理吸附

adsorción química　化学吸附

adsorción selectiva　选择性吸咐

adsorción y filtración　吸附与过滤

aduana　海关；关税

aduana antidumping　反倾销税

aduana exterior　对外关税

aduana fronteriza　边境海关

aduanero　海关检查人员，海关人员；海关的

aducto　加合物，加成物

adularia　冰长石，低温钾长石

adularitización　冰长石化

adulteración　掺杂，掺假；改装，伪造

adulteración de la moneda　降低铸币成色

adulterante　掺假的，品质低劣的；掺杂物，掺杂剂

adunco　弯曲的，弓形的

advección　移流，对流；转移，平移

advección de calor　热对流

advectivo　对流的

advenedizo　非本地产的；外来的，外国的；外国人，外来人

advertidor　警告者，告诫者；传播器，传感器

检测器

adyacencia 接近，邻近，毗邻

adyacente 邻近的；毗连的

AEBP（**punto de ebullición equivalente a presión atmosférica**） 常压等效沸点，英语缩略为 AEBP（Atmospheric Equivalent Boiling Point）

AEDT（**ácido etilen-diamino tetraacético**） 乙二胺四乙酸，乙二胺四醋酸，英语缩略为 EDTA（Ethylene Diamine Tetracetic Acid）

AEEA（**administración ecológica y esquema de auditoría**） 生态管理和审核计划，英语缩略为 EMAS（Ecological Management & Audit Scheme）

AEF（**análisis por elementos finitos**） 有限元分析，英语缩略为 **FEA**（**Finite Element Analysis**）

aeración 充气；曝气；通气，换气

aeración mecánica 机械充气

aerador 充气器，曝气装置，通气器

aerar 使充气，使通气，通风，充气

aereación 充气；曝气；通气，换气

aereación mecánica 机械充气；机械换气

aereado 风化的；晾干的

aereador 充气器，曝气装置，通气器

aerear 使充气，使通气；通风，充气

aéreo 空气的，大气的，气体的；空中的，航空的

aéreo-electromagnetismo 航空电磁法

aéreofotografía 航空摄影，空中摄影术

aereofotogrametría 航空测量，航测

aéreogravimétrico 航空重力的

aéreomagnetométrico 航空磁力的

aerífero 通气的，通风的；带空气的

aerificación （固体、液体）气化；（燃料油）雾化

aerificar 吹气，充气于；使呈气态，使气化

aeriforme 气态的，气体的，空气状的

aeroalérgenos 空气过敏原，空气变应原

aeroambulancia 救护飞机

aeróbico 需氧的，需气的，好气的，有氧的

aerobio 需氧菌，需氧微生物，需气微生物，好气微生物；需氧的，需气的

aerobiología 大气生物学，空气生物学，高空生物学

aerobiosis 需氧生活，需气生活

aerocartografía 航空测绘，航空填图，航空制图

aerocartógrafo 航空测量图；航空测图仪

aeroconcreto 加气混凝土，多孔混凝土

aeroderivado 航空衍生，航空派生

aerodeslizador 气垫船

aerodina （重于空气的）重航空器，重飞行器

aerodinámica 空气动力学

aerodinamicista 空气动力学家

aerodinámico 空气动力学的；流线型的

aerodinamismo 流线型

aerodinamométrica 气动压力的测定

aeródromo 机场，航空站

aeroelasticidad 气动弹性学；空气弹性；空气弹性力学

aeroelectromagnetismo 航空电磁法

aeroexpreso 航空快递信件

aerofaro 机场灯塔，航空灯塔

aerofiltro 空气过滤器，加气滤池

aerofotografía 航空摄影，航摄相片

aerofotogrametría 航空摄影制图法

aerofotometría 航空摄影制图法；航空摄影测绘学

aerogasolina 航空汽油，飞机用汽油

aerogel 气凝胶，气溶胶

aerogel de sílice 硅土气凝胶

aerogenerador 风力发电机

aerógeno 产气的；产气菌

aerogeografía 航空地理学

aerogeología 航空地质学

aerografía 气象学，大气学；大气图

aerógrafo 航空气象记录仪；作图用的喷枪，气笔

aerograma 无线电信，无线电报，航空信件

aerohidrodinámica 空气流体动力学

aerohidrodinámico 空气流体动力学的

aerokerosene 航空煤油，英语缩略为 ATK（Aviation Turbine Kerosen）

aerolástico 气动弹性的

aerolínea 航空公司

aerología 大气学，高空气象学

aeromagnético 航空磁测的

aerometría 气体测定学；量气学

aerómetro 气体比重计，气量计，量气计

aeronafta 航空汽油

aeronáutica 航空学；飞行术；航空运输工具

aeronave 飞行器；飞艇，气球，飞船

aeroproyector 航测制图仪

aeropuerto 机场，航空站，航空港

aeropulverizador 吹气磨粉机，喷磨机

aerorrefrigeración 空气冷却，气冷，风冷

aerorrefrigerador 空气冷却器

aerosfera 大气层，大气圈，气圈

aerosol 大气微粒，浮质；气溶胶，气悬体；烟雾剂

aerosoloscopio 空气微粒测算器，空气微粒测量表

aerostación 浮空器操纵术

aerostática 气体静力学，空气静力学

aerotaxia 趋氧性，趋气性；趋氧作用，趋气作用

aerotermodinámica 空气热力学，气动热力学

aerotermoquímica 空气热化学，气动热化学

aerotransportado 空运的
aerotriangulación 航空三角测量
aerotropismo 向气性，趋气性，嗜气性，嗜氧作用
aeroturbina 气动涡轮机，空气涡轮，航空涡轮
afanita 隐晶岩，非显晶岩
afanítico 隐晶质的，非显晶质的
afectación sobre los recursos 对资源的影响
afectado por glaciación 受冰川作用的，冰封的
afianzado 被保证的，被担保的；被担保人
afianzador 保证的，担保的；加固的；锚，拉桩；紧固件；固定器，夹持器
afianzamiento 保证，担保，加固，加强
afianzar （为某人）担保，作保，加固，加强
afieltrado 毡制的，用毡覆盖的，黏结起来的
afieltrar （把…）制成毡，用毡覆盖；使黏结
afiladera 磨刀石，砥石，油石
afilado 削尖的，锋利的，尖头的；磨快，磨尖
afilado con aspersión 湿磨
afilado en seco 干磨
afiladora 磨石，磨床，砂轮机，研磨机
afiladora de bolas 球磨机
afilar 开刃，磨快，磨尖，削尖
afilar en húmedo 湿研磨
afilar un trépano 修理钻头，打磨钎头
afiliado 参加的，附属的；成员，联营公司，分公司
afiliar 使加入；参加，加入
afinación 精炼法，精制
afinado 精制的，精炼的；精制，精炼
afinado electrolítico 电解精炼
afinador 精炼机，精炼炉，提纯器
afinar 使完美；最后加工；提纯，精炼（金属）
afinidad 亲合性，亲合力；类同，类似，相似
afinidad electrónica 电子亲合性
afinidad entre el cojinete y el lubricante 轴承与润滑油间的亲合性，亲合力；轴承对润滑油的吸湿度
afinidad química 化学亲合性，化学亲合力
afino 净化；精炼
afino electrolítico 电解精炼
afino neumático 吹炼
afinque enterrado 锚定桩，锚墩，地锚
afirmación 固定，使稳定；断言，确定，表明，说明
afirmar 使稳固；肯定，断言；说明，表明
aflojador de trépanos cola de pescado 鱼尾钻头装卸器
aflojamiento 放松，松开，松弛；减速；缓和
aflojamiento de restricciones 放宽限制
aflojamiento de rosca 卸扣，松扣
aflojante 松弛的，松开的，变松的
aflojar 松开，解开；减弱，缓和；让步

afloramiento （矿脉、岩石等）露出地表，露头；(地下水) 冒出；出现，出露
afloramiento aislado 孤立的露头
afloramiento continuo 不间断岩层出露，连续的露头
afloramiento de falla 断层露头
afloramiento de gas 地表气苗
afloramiento de petróleo 油苗
aflorar （矿脉）露头，露出地表；(地下水) 喷出地面
afluencia 汇集，涌向；(河水) 流入，注入
afluencia de agua al pozo 水侵，油井出水
afluencia de capitales 资本流入
afluente 汇集的，流入的，注入的；支流，支路
afluir 汇集，涌向；(河水) 流入，注入
aflujo 流动，流冲；涌向
afolador 敛缝锤，密缝凿；捻缝工
aforador 估价员，征税员，测量员；计量器
aforador de caudal 流量表，流量计
aforamiento （征税时对商品的）估价；测量（水）的流量；清点（存货）
aforar 测量（水流的）流量；计算（容器、场地的）容量；盘库；(海关征税时对货物) 估价
aforestación 无林地造林，荒山造林，造林
aforo （征税时对商品的）估价；测量（水）的流量；清点（存货），盘点；计算（容器、场地的）容量
aforo automático 自动量油，自动计量
aforo de la cantidad de petróleo contenida en un depósito 罐内装油量测量；油藏储量估算
aforo de tanque 罐容量测量
aforo por cinta con plomada 通过铅锤带测量
aforo por procedimiento inercia-presión 通过惯性—压力程序测量
AFRA 估算平均运费率，油轮运价指数，英语缩略为 AFRA（Average Freight Rate Assessment）
Africa 非洲
aftita （与铜、铂、钨熔合而成的）金合金
aftitalita 钾芒硝
afuera 外面；向外面；在外面，郊区，郊外
afuste 车架，机架，底架，支架；固定，安装
Ag 元素银（plata）的符号
agalmatolita 寿山石，冻石，猪脂石
agárico mineral 岩乳
agarradera 柄，把；把手，扶手；卡子，夹子，夹钳
agarradera del vástago pulido 光杆卡子，光杆夹
agarradero 柄，把手；支持器
agarrador 夹具，抓器，夹器
agarrador de cañería 套管防坠落装置

agarrador de cañería perdida 尾管防坠落装置，尾管悬挂器

agarrador del revestidor 套管防坠落装置

agarrador del revestidor auxiliar 辅助套管防坠落装置

agarrar 抓住，握紧；拿，取；（螺钉等）被拧紧

agarrar con pestillo 插上插销，锁住

agarratubo de fondo 井底管柱打捞工具

agarre 抓住，握紧，夹紧，柄，把手；夹子，卡子；附着力

agarre a mordazas 卡瓦打捞爪，卡瓦夹持器

agarre de cable 电缆夹

agarre de mordazas 卡瓦打捞爪，卡瓦夹持器

agarrotado 被卡住的，被挤住的，塞满的

agarrotamiento 绞紧，扎紧，捆紧，夹紧；卡住，夹住，扣住

ágata 玛瑙

ágata jaspe 玛瑙碧玉

ágata musgosa 苔纹玛瑙，藓纹玛瑙

agavilladora 捆扎机，打捆机，扎结机

agencia （营业或服务性的）机构，企业，社；代办处，代理处；代理，代办；分行，办事处

agencia comercial 贸易代理行；贸易代理，商业代理

agencia de administración 管理处；管理机构

agencia de navegación 海运公司

agencia de negocio 营业所

agencia de patente 专利局

agencia de precio 物价局

Agencia de Protección Ambiental（APA）环境保护局，英语缩写为 EPA（Environmental Protection Agency）

agencia de transacción 交易所

agencia de transporte 运输代理行

agencia fiscal 财务代理行

agencia general 总代理，总经销

Agencia Internacional de Energía（AIE）国际能源署，国际能源机构，英语缩写为 IEA（International Energy Agency）

Agencia Nacional de Petróleo（ANP）（巴西）国家石油管理局

agenda 记事本，备忘录；议程；日程

agente 代理商，中间人；试剂，附加剂

agente activado 活化剂

agente activo 活性剂，活化剂

agente activo superficial 表面活性剂

agente adherente 胶合剂

agente adhesivo 黏合剂

agente aduanal 海关代理

agente aglutinante 黏合剂，接合剂，胶结剂

agente antidetonante 防爆剂，抗爆剂

agente antiescarcha 抗霜剂，除霜剂

agente antiespuma 消泡剂

agente antiestático 抗静电剂

agente antiflorescente 去萤光剂，萤光去除剂

agente apuntalante 支撑剂

agente catalítico 催化剂

agente coagulante 助凝剂

agente colorante 着色剂

agente comercial 商业代理人，商务代表

agente contaminador 污染物，致污物，污染剂

agente contaminante 污染物，致污物，污染剂

agente contaminante atmosférico 大气污染物，污染空气的物质

agente corrosivo 腐蚀剂

agente de acoplamiento 耦联剂，耦合剂

agente de aduana 海关代理

agente de anticongelación de motogenerador 发动机防冻剂

agente de apoyo 支撑剂

agente de bloqueo 封堵剂

agente de bolsa 交易所经纪人，交易所掮客

agente de cambios 汇兑经纪人，外汇掮客

agente de conservación 防腐剂

agente de corrosión 腐蚀剂

agente de desmineralización 脱盐剂，除盐剂

agente de desulfuración 脱硫剂

agente de desviación 导引剂，分流剂，导流剂

agente de dilución 稀释剂

agente de dispersión 分散剂

agente de diversión 转向剂

agente de enlace cruzado 交联剂

agente de espesamiento y hundimiento 沉降剂

agente de espuma 发泡剂，起泡剂

agente de exportación 出口代理人

agente de extinción del fuego 灭火剂

agente de fletes 运输代理人，货运代理人；发运代理

agente de floculación 絮凝剂

agente de flotación 浮选剂

agente de fusión 熔剂

agente de mezcla 掺合剂

agente de negocios 营业代理人，业务代表；推销商

agente de olor fétido 臭味剂

agente de oxidación 氧化剂

agente de patentes 专利代理人

agente de procura 订货代理

agente de reducción 还原剂

agente de refrigeración 制冷剂，冷却剂

agente de refuerzo 支撑剂

agente de resistencia al envejecimiento 抗老化剂

agente de resistencia al envejecimiento del caucho（aldol）橡胶抗老化剂（丁间醇醛）

agente de saturación 饱和剂

agente de secuestro　螯合剂

agente de seguimiento　示踪剂

agente de seguros　保险代理，保险代理人

agente de soporte　支撑剂

agente de sustentación　支撑剂

agente de tierras　土地代理

agente de tratamiento　处理剂

agente de tratamiento de fluido de perforación　钻井液处理剂

agente de ventas　销售代理人

agente defoliante　脱叶剂，落叶剂

agente desecador　干燥剂

agente desecante　干燥剂

agente desemulsionante　破乳剂，脱乳剂

agente desoxigenador　除氧剂

agente dispersador　分散剂

agente dispersante　分散剂

agente electroestático　静电剂

agente eliminador de azufre　脱硫剂

agente emulsionante　乳化剂

agente espumante　泡沫剂，泡沫发生剂，发泡剂

agente exclusivo　独家代理

agente expedidor　货运承揽商，货运代理人；发运代理

agente fijador　固定剂

agente fiscal　税务官员

agente flexible　柔性剂

agente flexible de diversión　柔性转向剂

agente floculador　絮凝剂

agente gelificante　胶凝剂，成胶剂

agente granulante　颗粒剂，粒化剂

agente humectante　润湿剂

agente indicativo　指示剂

agente inorgánico　无机试剂

agente marítimo　海运代理人

agente mezclante　掺合剂

agente naranja　橘剂，橙色剂

agente nocivo　毒剂

agente orgánico　有机试剂

agente oxidante　氧化剂

agente patógeno　病原体

agente purificatorio　纯化剂，净化剂

agente quelatante　螯合剂

agente quelático　螯合剂

agente químico　化学试剂

agente reductor　还原剂

agente refinador　精炼剂，精制剂

agente sellante　密封剂，堵漏剂

agente superficieactivo　表面活性剂

agente sustentador　支撑剂

agente sustentante　支撑剂

agente tensoactivo　表面活性剂

agente teratógeno　致畸剂，致畸物，致畸原

agentes físicos　物理因素

agentes geológicos　地质因素

agentes naturales　自然力

agentes para controlar el fango　除泥剂

agentes para diluir　稀释剂

agilidad　敏捷性，灵活性

agilizar　使灵活，使敏捷；加速，加快

agiotaje　贴水；投机倒把

agitación　搅拌，摇动，振荡，搅匀；拌和，混合

agitación con pistola　用钻井液枪搅拌（钻井液）

agitación sísmica　地震冲击，地震震动

agitación térmica　热扰动，热激发

agitador　搅拌器，搅拌棒

agitador con una sola paleta　单桨式搅拌器

agitador de fluido de perforación　钻井液搅拌器

agitador de lodo　泥浆振动筛

agitador de vidrio　玻璃搅拌棒

agitador magnético　磁力搅拌器

agitador para tanque　罐搅拌器

agitador tipo hélice　螺旋桨式搅拌器

agitador tipo tanque　罐式搅拌器

agitamiento　搅动

agitar　摇动，摆动，搅动

aglomeración　积聚；堆积，聚集；凝聚，凝聚作用；烧结

aglomeración de tráfico　交通堵塞

aglomerado　煤砖，木屑胶合板，复合板；集块岩

aglomerado combustible　煤砖，煤球

aglomerado de fondo　底砾岩

aglomerado endurecido　硬化的附聚物

aglomerado glutinoso　黏性附聚物

aglomerante　黏合剂，黏结剂，凝聚剂

aglomerante de resina　树脂黏结剂

aglomerante para caminos　路面黏结料

aglomerar　使聚集；烧结，黏结，胶结，熔结

aglutinación　胶结作用，凝集作用；附结，块结

aglutinado　黏结的，胶合的；结合的

aglutinador　黏合剂

aglutinamiento　结块，黏结；粘贴，胶合，结合

aglutinante　烧结剂；凝集素，促凝物质

aglutinar　使黏结，使胶合

aglutinina　凝集素，凝抗体

aglutinina fría　冷凝集素

agmatita　角砾混合岩

agnotozóico　疑生代，元古代

agogía　排水沟

agojía　排水沟

agolpamiento　聚集，汇拢

agolpar 聚集，汇拢

agometría 测量传导性和电阻

agómetro 传导性和电阻测量表

agóno 无角的

agotado （矿井）废弃的，枯竭的；（商品）脱销的

agotador 排气机，排气管，排气器，排风机

agotamiento 排干，放干；排水

agotamiento de agua 排水，除水

agotamiento de los nutrientes 养分耗竭

agotamiento de los recursos forestales 森林资源枯竭

agotamiento de presión 压力衰竭

agotamiento de presión en la base del yacimiento 油藏底部压力衰竭

agotamiento de presión primaria 原始地层压力衰竭

agotamiento de temporada 季节性枯竭

agotamiento de yacimiento 油藏枯竭

agotamiento del agua 水枯竭

agotamiento del metal 金属疲劳

agotamiento del oxígeno 氧气耗竭，缺氧

agotamiento del ozono 臭氧耗尽，臭氧枯竭，臭氧耗竭

agotamiento del suelo 土壤贫化，土壤贫瘠化

agotamiento diferencial 差异衰竭

agotamiento estacional 季节性枯竭

agotamiento forestal 森林资源枯竭

agotamiento total de la columna de ozono 臭氧气柱消耗总量

agotar 使干涸，排干…的水（或液体）；使枯竭，使衰竭；用完，耗尽

agradación 加积；加积作用，填积作用

agradecer 感激，感谢；报答，酬谢

agradecimiento 感激，感谢；感激之情

agramado 捣碎，耙碎，揉碎

agramado de lino 捣麻

agrandador 扩大器，放大器，放大镜

agrandamiento 扩大，放大，加大，增大

agrandar 扩大；增大；井下扩眼，孔内扩孔

agregación 添加，补充；集合，聚合，凝聚

agregado 附加的，增添的；辅助的；聚集体，集成体；原子团；增加部分；集合，组合；助理；（外交使团的）随员，专员

agregado coloidal 胶质聚集体，胶质集合体

agregado consolidado 固结聚集体，硬化体

agregado cristalino 晶质集合体

agregado de un tubo 接单根

agregado endurecido 硬化聚集体

agregado fino 细粒集合体

agregado mineral 矿物集合体

agregar 增加，添加；补充；划归，把…并入

agregar un compuesto al gas 向气体中增加一种组分

agregar un tubo 对扣，接单根

agriamiento 冷锤，冷锻，冷作，冷加工

agriar 使变酸；冷锤，冷锻，锤硬，冷作硬化

agricolita 闪铋矿

agricultura 农业；农艺

agricultura combinada 混合耕作农田

agricultura de quema 烧荒垦种；烧垦

agricultura de rotación 轮种；循环耕作

agricultura de subsistencia 自给性农业，温饱型农业，生存农业（指收成仅够自身食用的耕作）

agricultura de tala y quema 刀耕火种；烧垦

agricultura intensiva 集约耕作，精耕细作

agricultura moderna 现代农业

agricultura orgánica 有机农业

agrietado 多裂缝的，有裂口的，有裂纹的

agrietamiento 龟裂，爆裂，裂开；裂口，裂缝；裂化，加热分裂法

agrietamiento bajo tensión 应力破裂；应力裂纹

agrietamiento inducido por hidrógeno 氢致开裂

agrietamiento longitudinal 纵裂纹，纵向裂缝，纵向裂纹

agrietamiento por corrosión de la corriente de sulfuro 硫化物腐蚀破裂

agrietamiento por corrosión por esfuerzo térmico 热应力腐蚀破裂

agrietamiento por corrosión y esfuerzo 应力腐蚀破裂，应力腐蚀开裂

agrietamiento por esfuerzo 应力开裂，应力破裂

agrietar 使裂开，使裂口，使龟裂

agrimensor 测量员，勘测员

agrimensura 丈量术，土地测量

agrio 酸性的，酸的；（金属）脆性的；酸味

agroecología 农业生态学

agroforestal 农林种植的

agrología 农业土壤学，土壤学

agronomía 农学；农业管理

agroquímica 农业化学

agroquímico （可用在农业上的）农业化学品

agrosilvicultura 农地林业（指农业和林业生产同时进行的土地管理法）；农地林业学；农林业系统

agrotecnia 农产品加工学

agrotécnica 农业技术

agrupación 组，类，族，基；集团，团体

agrupación de varios artículos o condiciones en una oferta 成套交易，一揽子交易，整套工程

agrupación industrial 工业集团

agrupaciones metiladas 甲基

agrupaciones nitradas 硝基

agrupamiento 分类，分组，分型；组合，集合，聚集

A

agrupamiento según longitud　按长度分类

agrupar　把…分组，把…分类；集中，聚集

agrura　酸味，酸性，酸度；脆性，脆度

agua　水；自来水；液，汁；雨水；（屋顶的）坡面；（船的）航迹，航道

agua abajo　下游水，顺水，下游水域

agua aceitosa　含油水

agua acídula　碳酸矿泉水

agua acidulada　酸性水

agua activada　活化水

agua adhesiva　薄膜吸附水，吸附水

agua adsorbida　吸附水

agua adyacente　边水，边缘水，层边水

agua agria　碳酸矿泉水

agua amoniacal　氨水，煤气水溶液

agua anaeróbica　无氧水

agua apta para beber　饮用水，可饮水

agua apta para el consumo　可用于消费的水

agua arriba　上游水，逆水，上游水域

agua artesiana　自流水

agua blanca　白水；碳酸钙溶液

agua blanda　软水

agua bórica　硼酸水

agua boricada　硼酸水

agua bromizada　溴化水

agua bruta　原水，生水，未经处理的水

agua calcárea　钙质水，硬水，石灰水

agua caliente　热水

agua capilar　毛细管水

agua carbonatada　碳酸水

agua carbónica　汽水，苏打水

agua cibera　灌溉用水

agua con contenido de gas　含气水

agua con gas　含气水

agua con rastros de sal　寡盐水，低盐分水

agua confinada　束缚水

agua congelada　冰冻水，冻结水，结冰水

agua congénita　原生水，埋藏水

agua connata　原生水

agua contaminada　污染水，污浊水

agua contra incendios　消防用水

agua corriente　活水，流水，流动水

agua cruda　硬水；生水，未经处理的水

agua de alimentación　给水，补给水

agua de barita　钡氧水

agua de bromo　溴水

agua de cal　石灰水

agua de campo de gas　气田水

agua de capilaridad　毛细管水

agua de circulación　循环水，环流水

agua de cloaca　污水，阴沟水

agua de cloro　漂白液

agua de cola　尾水

agua de compactación　挤压水，压实水，挤出水

agua de condensación　冷凝液，凝结水，凝结液

agua de conductibilidad　导电水

agua de constitución　化合水

agua de cristalización　结晶水

agua de deshielo　融雪水

agua de enfriamiento　冷却水

agua de expulsión　挤出水，压实挤出的水

agua de filtración　渗漏水，渗流水

agua de fondo　底部水，底层水，底水

agua de formación　地层水

agua de fuentes naturales　矿泉水，矿质水

agua de gravedad　重力水，自由地下水

agua de herreros　淬火用水

agua de hidratación　结合水

agua de inyección　地层注水

agua de ión libre　自由离子水

agua de Javel　次氯酸盐消毒液

agua de lastre　压舱水

agua de lavado　洗涤水，洗矿水，洗液

agua de lavado de pozo　洗井水

agua de lluvia　雨水，软水

agua de mar　海水，咸水

agua de marea　潮水

agua de mezcla　混合水

agua de mezclado　混合水

agua de nieve　雪水；融雪水

agua de percolación　渗滤水，渗水

agua de pozo　井水

agua de proceso　工业用水

agua de reemplazo　补充水

agua de refrigeración　冷却水

agua de relaves　洗选水

agua de relleno　添加水，补充水

agua de reposición　补给水

agua de riego　灌溉用水

agua de río　河水

agua de sentina　船底污水

agua de subsuelo　地下水

agua decantada　倾析水，滗析水

agua del borde　边水

agua del deshielo de la nieve　融雪水

agua del grifo　自来水

agua del suelo　土壤水，壤中水

agua delgada　软水

agua densa　重水

agua depurada　洁化水，净化水

agua derivada　衍生水

agua desmineralizada　去矿质的水，脱矿质水

agua destilada　蒸馏水

agua dinámica　动态水

agua distrófica　贫营养水

A

agua doméstica　生活用水

agua dulce　淡水，清水，甜水

agua dura　硬水

agua efluente　废水，排水

agua efluente de refinería　炼油厂废水

agua electrónica　电解液

agua emulsionada　乳化水，乳状水

agua en emulsión　乳化水，乳状水

agua encima de la capa freática　潜水层上面的水；地下水层上面的水

agua entre los estratos　层间水

agua envolvente　水套水，水套冷却水

agua escurrida de tierras agrícolas　农田径流

agua estancada　滞水，死水

agua filtrada　过滤水

agua filtrante　渗漏水，渗流水

agua fluvial　河水

agua fósil　古水，化石水

agua freática　潜水，地下水

agua freática afluente　流入的潜水，汇集的地下水

agua fresca　清水，淡水，新鲜水

agua fuerte　硝酸；酸洗剂

agua gaseosa　汽水

agua gorda　硬水

agua gravitacional　重力水

agua húmica　腐殖水

agua impura　非纯净水，不纯净的水

agua innata　原生水

agua insaturada　不饱和水

agua intersticial　孔隙水，原生水

agua intermedia　过渡带水，中层水，层间水

agua intersticial　孔隙水，间隙水

agua juvenil　初生水

agua libre　自由水，游离水，非结合水

agua limpia　清洁水

agua madre　卤水，天然咸水

agua magmática　岩浆水

agua manantial　泉水，活水，流水

agua marginal　边水，边缘水

agua meteórica　雨水，大气降水

agua mineral　矿泉水

agua mineralizada　矿化水

agua muerta　死水，静水

agua nativa　天然水，原地水，原生水

agua natural　天然水

agua neutralizada　中性水

agua no apta para el consumo　非饮用水

agua no contaminada　净水，未受污染水

agua no tratada　生水，未经处理的水，未经净化的水

agua obtenida de precipitaciones　雨水，大气降水

agua ocluida　吸留水，滞留水

agua oxigenada　过氧化氢，双氧水

agua para alimentación　补给水，饮用水

agua para perforación　钻井用水

agua pelicular　薄膜水

agua pesada　重水

agua plutónica　深成水，深源水，岩浆水

agua potable　饮用水

agua potable en botellón　大桶装饮用水

agua potable extenta o libre de agentes patógenos　无病原体饮用水

agua potable salubre　有益于健康的饮用水

agua producida　采出水

agua profunda　深层水

agua pura　纯水

agua purgada　净化水

agua radioactiva　放射性水

agua regenerada　再生水

agua regia　（化学）王水

agua rejuvenecida　再生水

agua represada　壅水

agua residual　残余水，污水，废水

agua retenida　滞留的死水，壅水

agua sal　海水，咸水

agua salada　盐水，卤水

agua salada aceitosa　含油咸水

agua salada con almidón　含淀粉的盐水

agua salada con contenido de sulfuro　含硫咸水

agua salobre　盐水，咸水

agua salubre　清洁水，有益于健康的水

agua saturada　饱和水

agua sin depurar　未净化水，未经净化的水

agua sinergética　原生水

agua subterránea　地下水，潜水

agua subterránea adherida　附着地下水

agua subterránea endicada　上层滞水

agua subterránea fija　固定地下水

agua subterránea libre　自由地下水，非承压地下水

agua subterránea no confinada　非承压地下水，自由地下水

agua subyacente　底水，边水，下伏水

agua sucia　污水

agua sulfurosa　含硫水

agua superficial　地表水，地面水，表层水

agua superior　顶水

agua superyacente　上部水，顶部水

agua telúrica　大气水

agua termal　热水

agua tranquila　静水

agua viva　流动的水，活水

agua, petróleo y gas（APG）　水、油、气，英语缩略为 WOG（Water Oil and Gas） aguacero 暴雨，阵雨

aguacha 死水，臭水

aguachar 水坑，水洼；给…灌水过多

aguacibera 灌溉用水

aguada 出水，水淹；供水处，储水处；饮水处；（船舶的）淡水供应

aguafuerte 硝酸，镪水，蚀刻画，蚀刻板

aguaje 海潮，大潮

aguamarina 海蓝宝石，蓝晶，水蓝宝石

aguamuerta 死水；渗入船里的水

aguanieve 雨夹雪，雨雪

aguanoso 含水多的；过于潮湿的

aguantador 夹，托，座，支架

aguantar 承受，支撑，挡住，顶住；克制

aguante 耐性，耐心；承受能力

aguarrás 松节油

aguarrás mineral 矿质松节油

aguarrás sintético 合成松节油

aguas 大片的水，水体（指海、河、湖等）；海域；近海

aguas abajo 下游；顺流，向下游

aguas arriba 上游，逆流，向上游

aguas cloacales 污水

aguas de cabecera 水头，水源；上游，河源

aguas de creciente 涨潮

aguas de descarga 下游水；尾水；污水

aguas de menguante 落潮

aguas inmundas 污水

aguas intermedias del mar 半深海

aguas jurisdiccionales 领海

aguas madres 母液

aguas negras 污水，阴沟水

aguas residuadas 污水

aguas servidas 污水，废水

aguas someras 浅水，浅水区

aguas someras próximas a la costa 近岸水，近岸水域，滨内水域，滨岸水域

aguas territoriales 领海

aguas vertientes 山洪水；屋面落水；落水处

agudeza 尖利，锋利，锐利，敏锐度，灵敏，机敏

agudeza del filo de una cuchilla 刀口的锋利度，锐利，锐度

agudo 锋利的，锐利的，尖利的；（角）小于直角的

agüera （将雨水引到田里去的）水渠

aguijón 测杆，测条，小钢凿，销，键

aguilón （起重机的）悬臂，吊杆；（建筑的）橡；屋脊

aguilón de grúa 起重机的起重臂

aguilón en cuello de cisne 鹅颈式起重臂

aguja 针，针状物，录音针，注射针，指针，罗盘针等；罗盘，尖顶

aguja azimutal 方位罗盘

aguja de bitácora 罗盘针

aguja de calibración 量针，调节油针

aguja de cambio de vía 滑轨

aguja de carburador 汽化器油针

aguja de descarrilamiento 闭锁点，脱逸开关

aguja de indicador 指针

aguja de la balanza 天平指针

aguja de marcar 经纬仪

aguja de medición 量针

aguja de rebote 跳针，弹跳杆

aguja de Vicat 维卡检验计（测定水泥硬化程度）

aguja del vernier 游标针

aguja dosificadora 量针

aguja imantada 磁针，指南针

aguja indicadora 指针

aguja magnética 磁针

aguja registradora 记录指针

agujereado 打眼的，穿孔的，凿孔的，射孔的

agujerear 打眼于，钻孔于

agujerear con cañón perforador 射孔，井壁放炮

agujero 孔，洞，坑，孔眼

agujero abierto 裸眼井

agujero agrandado 扩大的井眼

agujero angosto 小口径钻孔；小眼井，小井眼

agujero central 中心孔

agujero curvo 弯曲井眼，弯曲钻孔，弯曲孔

agujero de aligeramiento 减轻重量孔

agujero de colada 烟道孔

agujero de cubo 井眼

agujero de desagüe 船底骨两侧的渠孔，流水孔

agujero de diámetro correcto 足尺寸井眼

agujero de diámetro reducido 小口径钻孔；小眼井，小井眼

agujero de disparo 炮井，炮眼

agujero de escoria 渣口

agujero de hombre （检修人员用）人孔，检修孔，检视孔，探井

agujero de inspección 观察孔，检验孔

agujero de limpieza 排泥孔，排渣孔，排垢孔

agujero de llenado 输送孔，馈入孔

agujero de mano 手工掏槽；手孔，探孔

agujero de mirilla 视孔，孔眼

agujero de peso de perno roscado （板牙）排屑孔

agujero de pozo 井孔，升降机井道

agujero de sal （锅炉）排垢孔

agujero de sondeo 钻孔，探测孔

agujero de tonel 桶侧口，桶口

agujero de vaciado 放油嘴

agujero de visita 人孔，检查孔，检视孔

agujero delgado 小口径钻孔；小眼井，小井眼

agujero descubierto　裸眼

agujero desviado　偏斜井，斜井

agujero en la capa de ozono　臭氧洞

agujero entubado　套管井

agujero escariado　钻孔，镗孔

agujero para bolón de cabeza embutida　锥口孔，埋头孔

agujero para el almacenamiento en superficie de las varillas de perforación　（用来存放钻杆的）鼠洞

agujero para fijar el emplazamiento de un sondeo　井口圆井；用来确定钻井位置的井

agujero para kelly　鼠洞，方钻杆用鼠洞

agujero para remache　铆钉孔

agujero para remache de cabeza embutida　锥口孔，埋头孔

agujero para visita　孔眼，检视孔

agujero perforado　钻孔

agujero perforado con dimensiones　通过孔

agujero torcido　弯曲井眼，弯曲钻孔，弯曲孔

aguijuela　角钉，平头钉

aguzadera　磨刀石，砥石，油石，砂轮

aguzador　使削尖的；使磨尖的；使磨快的

aguzadora　磨刀石

aguzar　削尖；磨尖，磨快，使锋利

Ah　安培小时（amperio hora）的缩写

ahogado　不通气的，猝熄的，猝灭的

ahogar　使窒息而死，把…淹死；抑制，消除；压井

ahogar el motor　使电动机熄火，使电动机停止转动

ahogar el pozo　压井

ahogo　注水，浸没，浸渍

ahondar　使加深；加深，挖深

ahorquillado　叉状的，分叉的；分齿的

ahorrar　积攒，积蓄；节约，节省

ahorro　节约，节省，节俭；积蓄

ahorro a plazo fijo　定期储蓄

ahorro de energía　节约能源，节能

ahorro de gastos　节约开支

ahorro de tiempo　节约时间

ahoyadura　挖坑；挖的坑

ahuecado　挖空，掏空；有沟的，有槽的，凹缝的，槽形的，凹陷的

ahuecamiento　挖空，掏空；弄松

ahusado　锭子形的，纺锤形的，流线型的

ahusamiento　渐尖，斜削；逐渐变细成纺锤形

ahusar　使成纺锤形

AICG（Asociación Internacional de Contratistas Geofísicos）　国际地球物理承包商协会，英语缩略为IAGC（International Association of Geophysical Contractors）

AICP（Asociación Internacional de Contratistas de Perforación）　国际钻井承包商协会，英语缩略为IADC（International Association of Drilling）

air lift　气举

aire　空气；大气；气团；风

aire acondicionado　调温空气；空调，空调设备

aire adicional　辅助空气，二次空气，补给空气

aire admitido en sentido de la marcha　冲压空气，（航空）换气

aire agitado　混动气流，颠簸气流

aire aprisionado　俘获空气

aire arrastrado　夹带的空气

aire atmosférico　大气

aire caliente　热空气流，热风

aire circulante　环流空气

aire colado　过堂风

aire comburente　助燃空气

aire comprimido　压缩空气

aire con polvo　充满尘埃的空气

aire de admisión　进风流，入风，进风

aire de ambiente　大气，周围空气

aire del suelo　地面空气，土壤中空气

aire dínamo　冲压空气

aire fresco　新鲜空气

aire húmedo　湿空气

aire inflamable　易燃气

aire insuflado　（内燃机）吹风，鼓风

aire inyectado　吹风，送风，鼓风

aire inyectado por etapas　分级配风，分段注入的空气

aire irrespirable　不适于呼吸的空气，有害空气

aire libre　大气，周围空气；户外，露天

aire licuado　液化空气

aire líquido　液态空气

aire no saturado　不饱和空气

aire normal　标准空气

aire ocluido　（古冰气泡中的）残存空气，被俘获空气

aire para instrumentación　仪表空气，仪表气源

aire primario　一次空气，原始空气，主空气

aire pulverizador　雾化空气

aire ralo　稀薄的空气

aire saturado　饱和空气

aire seco　干空气

aire secundario　二次风，二次空气

aire sólido　固体空气

aire sucio　污浊空气

aire teórico　理论空气，理论空气量

aire viciado　废气，污浊空气

aireación　空气流通，通风，通气

aireación del suelo　土壤通气，土壤通气性

aireador　充气机，充气器；通风装置

airear　透风，通风，使通风，使通气；使充气，

充气

airómetro 量气计

aislación 孤立；绝缘，隔离，隔层

aislación contra vibraciones 防振，隔振

aislación de agua 堵水，封水

aislación de capas acuíferas 封堵含水砂层

aislado 孤立的，孤单的，分开的，隔开的；绝缘的

aislado al papel 纸绝缘的

aislado con caucho 橡胶绝缘的

aislado térmicamente 隔热的，保温的，不传热的

aislador 绝缘的；绝缘体，绝缘材料；隔音物；隔离物

aislador de campana 钟形绝缘子

aislador de carrete 线轴式绝缘子

aislador de cruce 绝缘套管，充油绝缘套管

aislador de entrada 引入绝缘管

aislador de las placas del acumulador 蓄电池极板隔板

aislador de porcelana 陶瓷绝缘子，瓷绝缘物

aislador eléctrico 电绝缘体

aislador metálico 金属绝缘子

aislamiento 隔离；隔绝，绝缘

aislamiento al aceite 油绝缘

aislamiento biológico 生物隔离

aislamiento contra el calor 绝热，热绝缘

aislamiento de asbesto 石棉绝缘

aislamiento de calor 隔热

aislamiento de caucho 橡胶绝缘

aislamiento de cerámica 陶瓷绝缘

aislamiento de corcho 软木绝缘

aislamiento de mica 云母绝缘

aislamiento de temperatura baja 低温绝缘

aislamiento de vibraciones 隔振，振动隔离

aislamiento de vidrio 玻璃绝缘

aislamiento del desecho 废物隔离

aislamiento del sonido 隔音，隔声

aislamiento eléctrico 电绝缘

aislamiento fónico 隔声，隔音，声绝缘

aislamiento interelectródico 电极间绝缘

aislamiento por vacío 真空绝缘

aislamiento sónico 隔声，隔音

aislamiento térmico 绝热，热绝缘

aislante 隔绝的，绝缘的；绝缘体，绝缘材料；隔音物；绝热体；（防止可能污染的）环境保护材料

aislante de cambray 细麻布绝缘材料

aislante líquido 液体绝缘体

aislantes acústicos 隔音材料

aislantes eléctricos 电绝缘材料，绝缘材料

aislantes térmicos 绝热材料

aislar 使孤立，隔离，隔热，隔音；使绝缘，

使绝热

aislar con empaquetadura 用封隔器封隔

aislar por cementación 注水泥封隔

AISO (Asociación Internacional de Salud Ocupacional) 国际职业卫生协会，英语缩略为 IOHA (International Ocupacional Hygiene Association)

ajustabilidad 可调整性，可调性

ajustable 可调整的，可校准的，可校正的

ajustado 合适的，切合的；密接的，密配的

ajustador 调整的；整修装配工；调节装置，调准工具，调整装置，校准器

ajustador a cero 零点调整器，归零器

ajustador de brida 法兰调节器，法兰调整工具

ajustador de corrección 调准工具

ajustador de regulación 调准工具

ajustador de vástago de válvula 阀杆调节器

ajustador del freno 制动调节器

ajustador para bombeo 泵杆调整器

ajustamiento 调节，调整，调谐；校正，修正

ajustamiento forzado 压入配合，压力装配

ajustamiento manual 手调，人工调整

ajustar 调整，调节，调准，调谐；校准，对准

ajustar con pernos 用螺栓调整；用螺栓连接

ajustar el precio 调定价格，确定价格

ajustar un cable 拼接电缆，镶接电缆

ajuste 调整，配置，装配，安装；清算

ajuste a escala 根据比例调整

ajuste a plena carga 满载调整，全负荷调整

ajuste con apriete 紧配合，静配合，牢配合

ajuste con chaveta 用销子或轴钉调整

ajuste de cabos 调整手柄

ajuste de cambio 调整汇率

ajuste de cuentas 结账，清账；清算，算账

ajuste de cuotas 规定配额

ajuste de curvas 曲线拟合，历史拟合

ajuste de historia de presión 压力历史校正

ajuste de instrumentos 仪表调试，仪表校验，仪器校准

ajuste de la imagen 图像定位

ajuste de los frenos 刹车调节

ajuste de motor 电动机调整

ajuste de precisión 精度调整，精调

ajuste de punta 调峰

ajuste de rotación libre 软动配合，松动配合

ajuste del balance 损益清算

ajuste duro 精确配合，紧配合，牢配合

ajuste elevado 粗调，粗调整

ajuste estrecho 牢配合，紧配合

ajuste fino 精细校准，精细调整，细调

ajuste forzado 紧配合，牢配合

ajuste holgado 松配合

ajuste libre 自由调整；轻推配合

ajuste lineal 线性拟合

ajuste óptimo　最佳拟合

ajuste por contracción　冷缩配合

ajuste por mínimos cuadrados　最小二乘法拟合

ajuste preciso　精细校准，精细调整，细调

ajuste propio　自调整，自调准

ajuste sin holgura　紧配合

ajustes isostáticos　均衡调整

Al　元素铝（aluminio）的符号

al aire　地面上的；低空的，接近地面的

al aire libre　露天，户外

al azar　任意的，随机的，无规的，无序的

al contado　现金（交易）

al costado　横靠，与…并肩，在…旁边

al cuadrado　方的，方形的

al detalle　零售；详细地

al lado　在…旁边

al por mayor　批发；大量地，大批地

al por menor　零售

al ras　齐平的，同高的

al sesgo　斜地，倾斜地；对角地

al vacío　真空的

al vuelo　飞着，正在飞；在空中

ala　翅膀，翼状物；机翼；翼板，叶片，桨叶

ala de falla　断层翼

alabamino　砹

alabandina　硫锰矿

alabandita　硫锰矿，辉锰矿

alabastrino　雪花石膏的，雪花石膏制的

alabastrita　（洁白的）生石膏；雪花石膏

alabastro　（洁白的）生石膏；雪花石膏，石膏粉

alabastro oriental　条带状大理岩，细纹大理石

alabastro yesoso　（洁白的）生石膏；雪花石膏

álabe　涡轮叶片，叶板；导叶；轮翼；传感片

álabe articulado　活桨叶

álabe curveado hacia atrás　后弯叶片

álabe de acción　冲击式叶片，冲击式涡轮叶片

álabe de reacción　反动式叶片

álabe de rotor　转子叶片，旋翼叶片，转轮叶片

álabe de turbina de gas　燃气涡轮机叶片

álabe direccional　导向叶片，导流叶片

álabe directriz　导向叶片

álabe distribuidor　导向叶片，导流叶片，涡轮导叶，旋闸

álabe fijo　固定式导叶

álabe giratorio　（涡轮机的）旋转叶片

álabe guía　导向叶片，导流叶片

álabe guía de entrada　进口导流叶片，进口导流片

álabe guía de salida　出口导流叶片，出口导流片

álabe motriz　动叶片，转动叶片

álabe móvil　活动式叶片，动叶片

álabe retrocurvado hacia atrás　后弯叶片

álabe tipo gancho　钩形叶片

alabeado　翘曲的，翘棱的；弯曲的

alabeo　（板面）翘，翘棱，卷曲；（物体的）曲面；弯曲，扭曲；弯曲度，曲率

alabeo cóncavo　下坳，坳陷

alabeo cortical　地壳挠曲，地壳翘曲

alabeo hacia abajo　下曲；下挠

alabeo hacia arriba　上曲；上拱

ALALC (Asociación Latinoamericana de Libre Comercio)　拉丁美洲自由贸易协会

alambique　蒸馏罐，蒸馏器，蒸馏釜，净化器具

alambique a fuego directo　直接加热式蒸馏器，直接火焰蒸馏器

alambique a presión　加压蒸馏器

alambique acorazado　蒸馏釜，蒸馏锅

alambique al vacío　减压蒸馏塔，真空蒸馏器

alambique cilíndrico　蒸馏釜，蒸馏锅

alambique cilíndrico vertical　扁柱形蒸馏器

alambique continuo　连续蒸馏器

alambique de asfalto　沥青蒸馏器

alambique de coque　焦化釜，焦化蒸馏器

alambique de coraza　蒸馏釜，蒸馏锅

alambique de craqueo　裂化蒸馏器，裂化釜，裂化炉

alambique de descomposición　铸铁蒸馏罐

alambique de despojamiento　汽提蒸馏器

alambique de destilación verdadera　真沸点蒸馏器

alambique de fraccionamiento　分馏器

alambique de fuego y vapor　直接烧火汽提蒸馏釜

alambique de petróleo　油蒸馏器，油精馏器

alambique de redestilación del crudo　原油再蒸馏锅，原油再蒸馏釜，原油再蒸馏器

alambique de separación　分离蒸馏锅

alambique de torre　塔式蒸馏器

alambique de tubos　管式蒸馏釜

alambique de vacío　减压蒸馏塔

alambique desintegrador　裂解蒸馏器，裂化釜，裂化炉

alambique despojador　汽提蒸馏器

alambique destufador　脱硫蒸馏器

alambique desulfurador　脱硫蒸馏器

alambique discontinuo　分批蒸馏釜，间歇蒸馏器

alambique para destilación preliminar　初馏蒸馏器

alambique para destilar la nafta del petróleo desparafinado　脱蜡油汽提塔

alambique para primera destilación　初馏蒸馏器

alambique para redestilación　再蒸馏釜

alambique para secar material muy húmedo　将非常潮湿的材料变干的蒸馏器

alambique pirolizador 裂化釜，裂化罐，裂化炉

alambique purificador 提纯蒸馏器，脱硫蒸馏器

alambique solar 太阳能蒸馏器

alambique tubular 管式蒸馏釜

alambrado 铁丝网；铁丝栅栏，围墙；布线

alambre 金属丝，金属线；导线，电线，电缆

alambre aislado 绝缘线

alambre aislado con algodón 纱包绝缘线

alambre aislado con caucho 橡胶绝缘线

alambre conector 跨接线

alambre de acero 钢丝

alambre de aluminio 铝丝

alambre de Archal 捆扎用钢丝

alambre de atirantado 系紧线，浪风绳

alambre de bronce 青铜丝，青铜线

alambre de bronce fosforoso 磷青铜丝，磷青铜线

alambre de cierre 跳线，跨接线

alambre de cobre 铜丝，铜线

alambre de disparo 快门线；射孔导线；爆破导线

alambre de espino 带刺铁丝

alambre de hierro 铁丝

alambre de hierro galvanizado de zinc 镀锌铁丝

alambre de latón 黄铜丝

alambre de níquel-cromo 镍铬合金线

alambre de pararrayos 避雷针导线，避雷器

alambre de platino 铂丝，白金丝

alambre de púas 带刺铁丝，铁蒺藜

alambre de resistencia 电阻丝

alambre de retención 扎线，绑线

alambre de soldadura 焊丝

alambre de tungsteno 钨丝

alambre desnudo 明线，裸线

alambre disparador 射孔导线；爆破导线

alambre eléctrico 电线

alambre electrizado 通电电线

alambre encerado 蜡线

alambre esmaltado 漆包线

alambre espinoso 带刺铁丝，铁蒺藜

alambre estirado en frío 冷拉钢丝

alambre frenador 锁紧用钢丝

alambre fusible 熔丝，保险丝，熔断丝

alambre galvanizado 镀锌丝，镀锌线

alambre neutro 空线

alambre para comando a distancia 远距离控制线

alambre para hacer respiraderos 通气针，气眼针

alambre para imanes 磁线，磁导线，磁性钢线

alambre para medir 测量线，测线，量绳

alambre para soldar 焊条，焊丝

alambre piloto 领示线，控制线，辅助导线

alambre recubierto 被覆线

alambre recubierto de seda 丝包线

alambre retorcido 绞合线，股线

alambre sin aislar 裸线，裸铜丝

alambre suspendido 吊线，吊丝

alambre tensor 拉线，张紧线

alambre wólfram 钨丝

alambrecarril 运输缆车

alambrera 金属丝网，金属丝罩；铁纱，铁纱罩

alambres estadimétricos 准距线，视距丝

alambres taquimétricos 准距线，视距丝

alambrón 钢丝筋条，盘条，线材，钢筋

álamo 杨树；杨木

alamosita 铅辉石

alanilo 丙氨酰

alanina 丙氨酸

alanita 褐帘石，钇褐帘石

alaqueca 光玉髓，肉红玉髓

alaqueque 光玉髓，肉红玉髓

alargadera （器物的）加长部件；（电器的）接线；（曲颈瓶的）玻璃接管

alargado 加长的

alargador 加长部件，加长装置；（电器）接线板

alargamiento 加长，延长，伸长，拉长；延伸率

alargamiento de rotura 致断延伸率

alargamiento permanente 永久伸长

alargamiento por tracción 拉伸伸长，拉长

alargar 拉长，加长；延期，拖延；增加

alarife 泥瓦匠，泥水工；建筑工，建筑师

alarma 警报；警报器；报警信号；报警装置

alarma antirrobo 防盗报警器

alarma audible 可闻报警信号，音响报警

alarma contra el gas 瓦斯报警器，瓦斯警报系统

alarma contra incendios 火灾报警器

alarma contra ladrones 防盗警报器

alarma de alto nivel 高液位报警器；高级警报器

alarma de antirrobo 防盗报警器

alarma de batería 电池警报器

alarma de incendio 火灾报警器，火灾信号装置

alarma de láser contra terremotos 激光地震警报器

alarma de nivel bajo 低液位报警器

alarma de paradas 关机警报，停工警报

alarma de presión de aceite 油压报警器

alarma del tipo de sirena 汽笛警报器

alarma visual 可见信号报警设备，光报警信号

alasquita 白花岗岩

A

alastrar （在船上）放压舱物，压载，装底

albafita 地沥青

albañal 下水道，污水沟；污物堆，垃圾堆

albañil 泥瓦工，泥瓦匠，泥水匠，石工

albañilería 泥瓦工工艺，泥瓦工行业；瓦工活；砖石结构，砖石工程

albarda 驮鞍；突出墙外的屋檐

albata 白铜，锌白铜

albayaldado 涂铅白的

albayalde 碱式碳酸铅，铅白

albedo 反射率，反照率

albedo neutrónico 中子反照率

albedómetro 反照率计，反照率测定表

albedrío 惯例，常规，不成文法

albelló 排水沟；下水道，污水沟

alberca 蓄水池，水塘，水池

albertita 黑沥青，脉沥青

albica 漂白土，白土层

Albiense 阿尔必阶

albín 赤铁矿；暗洋红颜料

albina （海滩边的）咸水湖；湖盐

albita 钠长石

albitita 钠长岩

albitización 钠长石化

albollón （池塘、庭院等的）排水沟；下水道，污水沟

albufera 海滨湖

albufera de marea 潮成潟湖

albuhera 海滨湖；蓄水池

albura 白木质；边材，液材

alburente （木材）质地松软的

alburno 边材，液材

alcabor 烟囱风帽口；（炉子）排风口

alcadieno 链二烯，二烯烃

alcalescencia 微碱性

alcalescente 微碱性的，弱碱性的

álcali 碱，强碱；碱金属

álcali cáustico 苛性碱

álcali libre 游离碱

álcali orgánico 有机碱

alcali vegetal 植物碱

álcali volátil 挥发碱；氨水

alcalificación 碱化

alcalificante 碱化的

alcalimetría 碱量滴定法；碱测定法

alcalímetro 碱度计，碱量计；碳酸定量计

alcalinidad 碱性，碱度，含碱量

alcalinidad de fluido de perforación 钻井液碱度

alcalinidad inicial 原始碱性

alcalinización 碱化，碱性化，碱化作用

alcalinizar 碱化，使成为碱性

alcalino 碱的，碱性的，含碱的

alcalino-cal 钙碱性

alcalinotérreo 碱土类的；碱土金属；碱土

alcalioso 碱性的，含碱的

alcalización 碱化，碱化作用

alcalizador 石灰槽；碱化剂

alcalizar 碱化，使成为碱性

alcaloide 生物碱，植物碱，有机含氮碱

alcaloideo 生物碱的

alcalosis 碱中毒，增碱症

alcamina 氨基醇

alcance 可及范围，可达距离；射程；距离；（事物所及的）范围

alcance de explosión 爆炸范围

alcance de la cobertura （保险条款中的）责任范围

alcance de medición 测量范围

alcance de protección 保护范围

alcance de prueba 测试范围

alcance de seguro 保险范围

alcance de servicio 服务范围

alcance de suministro de gas 供气范围

alcance de uso 使用范围

alcance dinámico 动态范围

alcance legal 法律效力

alcance mundial 世界范围

alcance sobre el suelo 提升高度

alcanfor 樟脑；樟树

alcanfor artificial 盐酸萜烯

alcanfor de anis 茴香脑

alcanfor de menta 薄荷醇

alcanfor de timo 百里酚

alcanforato 樟脑酸盐；樟脑酸酯

alcano 链烷

alcanolamina 链烷醇胺

alcantarilla 涵洞；下水道，阴沟；污水管

alcantarilla abovedada 拱形涵洞

alcantarilla de aguas de lluvia 雨水沟，雨水暗管

alcantarilla de cajón 箱形涵洞

alcantarilla de intercepción 截流下水道

alcantarilla de platabanda 箱形涵洞

alcantarilla maestra 污水干道

alcantarilla sanitaria 下水道

alcantarilla unitaria 雨水污水双用途下水道

alcantarillado 下水道系统，下水道工程；敷设下水道

alcantarillado de aguas residuales 生活污水管道，下水道

alcaparrosa （天然结晶的）硫酸亚铁，水绿矾

alcatara 蒸馏器，蒸馏甑

alcayata 小钉，道钉，弯钉

alcoba 凹室，凹壁，附室，岸壁

alcohilación 烷基取代作用，烷烃化，烷烃化作用

alcohilación con ácido sulfúrico 硫酸烷基化过程

A

alcohilación HF　氢氟酸烷基化过程

alcohilación UOP　UOP 氢氟酸法烷基化过程，UOP 氢氟酸烷基化法

alcohilato　烷基化，烷基化产物，烃化产物

alcohilénico　烷基化的

alcohol　酒精，乙醇

alcohol absoluto　无水酒精，纯酒精

alcohol ácido　酸醇

alcohol alílico　丙烯醇，烯丙醇

alcohol amílico　戊醇

alcohol amílico de fermentación　发酵戊醇

alcohol aromático　芳香醇

alcohol bencílico　苯甲醇

alcohol bibásico　二羟醇

alcohol butílico　丁醇

alcohol caprílico　辛醇

alcohol cetílico　十六烷醇

alcohol combustible　酒精燃料

alcohol de azufre　硫醇

alcohol decílico　癸醇

alcohol decílico normal　正癸醇

alcohol deshidratado　无水酒精

alcohol desnaturalizado　（工业用）变性酒精，甲基化酒精，含甲醇酒精

alcohol diácetona　二丙酮醇

alcohol dibromopropilo　二溴丙醇

alcohol etílico　乙醇，普通酒精

alcohol furfuril　糠醇，呋喃甲醇

alcohol hexílico　己醇

alcohol industrial　工业乙醇

alcohol isobutílico　异丁醇

alcohol isopropílico　异丙醇

alcohol melisílico　蜂花醇，三十烷醇

alcohol metílico　甲醇，木醇，木精

alcohol metílico fabricado a partir del metano del gas natural　由天然气中的甲烷生产的甲醇

alcohol mirícico　蜂花醇，三十烷醇

alcohol monoatómico　一元醇

alcohol monobásico　一元醇

alcohol neutral　中性酒精，中性乙醇；浓酒精

alcohol neutro　中性酒精，中性乙醇；浓酒精

alcohol nonílico　壬醇

alcohol palmitílico　棕榈醇

alcohol para fricciones　摩擦醇

alcohol pelargónico　壬醇

alcohol pentabásico　五元醇

alcohol pentavalente　五价醇

alcohol poliatómico　多元醇

alcohol polivalente　多元醇，多元价醇

alcohol polivinílico　聚乙烯醇

alcohol primario　伯醇

alcohol propargílico　炔丙醇

alcohol propílico　丙醇

alcohol propílico normal　正丙醇

alcohol propiólico　丙炔醇

alcohol secundario　仲醇，二级醇

alcohol sintético　合成酒精

alcohol sulfítico　制造亚硫酸盐产生的酒精副产品

alcohol terciario　叔醇

alcohol vinílico　乙烯醇

alcohol yodado　含碘酒精；碘酒

alcoholado　乙醇浸剂

alcoholar　使醇化，使变为酒精；用酒精浸泡

alcoholasa　醇酶

alcoholato　醇化物；醑剂

alcoholes alifáticos　脂族醇

alcoholes fenólicos　酚醇

alcoholes inferiores　低级醇

alcoholes minerales　矿物酒精

alcoholes monohídricos　一元醇，一羟基醇

alcoholes pentahídricos　五元醇

alcoholes trihídricos　三元醇

alcoholicidad　含酒精度

alcohólico　乙醇的，含酒精的

alcoholificación　醇化，生醇发酵

alcoholimetría　酒精含量测定法，酒精测定法

alcoholímetro　酒精密度计

alcohólisis　醇解

alcoholismo　酗酒，纵酒；酒精中毒

alcoholización　醇化（作用），精馏，酒精饱和；酒精疗法

alcoholizar　使醇化，使变为酒精；用酒精浸泡

alcoholometría　酒精测定（法），醇定量法

alcoholómetro　酒精密度计，醇密度计，醇定量计

alcohometría　酒精含量测定法，酒精测定法

alcohómetro　酒精密度计，醇密度计

alcolla　大号长颈瓶

alcoloide　生物碱，植物碱，有机含氮碱

alcor　小山，丘陵

alcosol　醇溶胶

alcotana　鹤嘴锄；丁字镐；（登山运动员的）冰镐

alcubilla　水箱，水塔

alcuza　油壶；加油漏斗；加油器

aldaba　门环，（门窗的）插销，插锁

aldabilla　（门窗等的）插销，搭扣

aldabón　（门窗等的）插销，搭扣；大门环

aldehído　醛，乙醛

aldehído acético　乙醛

aldehído acrílico　丙烯醛

aldehído aromático　芳香醛，芳香族醛

aldehído butílico　丁醛

aldehído butílico normal　正丁醛

aldehído decílico normal　正癸醛

aldehído etílico　乙醛
aldehído fenálico　苯酚醛
aldehído fórmico　甲醛
aldehído heptílico normal　正庚醛
aldehído insaturado　不饱和乙醛
aldehído metílico　甲醛
aldehído pelargónico　壬醛
aldehidos alifáticos　脂族醛
aldohexosas　己醛糖
aldol　羟基丁醛，丁间醇醛
aldosa　醛糖
aldrina　艾氏剂
aleación　熔合，合铸；合金
aleación a base de cobre　铜基合金
aleación a base de estaño　锡基合金
aleación a base de plomo　铝基合金
aleación antiácida　抗酸合金，耐酸合金
aleación austenítica　奥氏体合金
aleación bimetálica　双金属合金，复合金属合金
aleación binaria　二元合金
aleación blanca　白合金，巴氏合金
aleación cuaternaria　四元合金
aleación de aluminio　铝合金
aleación de bismuto, cadmio, plomo y estaño　伍德合金，铋基低熔点合金
aleación de bronce　铜合金
aleación de cobalto　钴合金
aleación de cobre　铜合金
aleación de cobre y níquel　（锌）镍铜合金
aleación de cobre y plomo　铜铅合金
aleación de cobre y zinc　铜锌合金
aleación de cromo y molibdeno　铬钼合金
aleación de hierro colado　铸铁合金
aleación de hierro fundido　铸铁合金
aleación de níquel y cromo　镍铬合金，镍铬耐热合金
aleación de oro y plata de color amarillo pálido　琥珀金，金银合金
aleación de plata y aluminio　铝银合金
aleación de platino e iridio　铂铱合金
aleación de Wood　伍德合金，铋基低熔点合金
aleación dura para chapear　用于敷焊的硬合金，表面堆焊硬合金
aleación dura para refrentar　用于敷焊的硬合金，表面堆焊硬合金
aleación férrica　铁合金
aleación ferrosa　铁合金
aleación fusible　易熔合金
aleación inoxidable　不锈合金
aleación ligera　轻合金
aleación liviana　轻合金
aleación magnética　磁合金，磁性合金
aleación metálica　金属合金

aleación nativa de oro y plata　琥珀金，金银合金
aleación no ferrosa　非铁合金
aleación no magnética　非磁合金，非磁性合金
aleación para endurecimiento superficial　表面硬化用合金，硬面合金
aleación para recrecimiento de piezas　表面堆焊用硬质合金
aleación para refrendar　用于敷焊的硬合金
aleación para soldaduras　硬钎料
aleación pesada　硬合金，高密度合金
aleación resistente a las altas temperaturas　耐高温合金，耐热合金
aleación ternaria　三元合金
aleación triturable　可钻开的合金，可钻合金
aleaciones duras para endurecer superficies　用于表面硬化的硬合金
aleado　合金的
alear　把…铸成合金，熔合，合铸
aleatoridad　随机性，无序度
aleatorio　随机的；偶然的，碰运气的
aleatorización　随机化，不规则化
alefriz　插孔，塞孔，插座；槽口；切口
alefriz de la quilla　龙骨槽口
alefrizar　开榫口于；嵌接，槽企接合
alegación　引证，援引；辩解，辩护词
alegra　粗钻，铰刀
alegrador　扩孔器，扩孔钻
alejado　远的，遥远的；脱离的，疏远的
alejamiento　分离，离开，远离；疏远
alelo　等位基因，等位因子
alelomorfo　等位基因，对偶基因；等位的，对偶的
alelos múltiples　复等位基因
alemontita　（自然）砷锑矿
aleno　丙二烯
alenólico　丙二烯的
alergenicidad　过敏原性，致敏性
alergia　过敏症，过敏反应；变态反应；过敏性
alero　屋檐，山墙，三角墙；斜坡，坡道
alero de corniza　墙帽，遮檐，盖顶，挡板
alero de desagüe　（门窗）披水，泻水台，飞檐，承雨线脚
alesna　锥子
aleta　（螺旋桨、涡轮机、散热器等的）叶片，桨叶，鼻翼；挡泥板，叶子板；叶片状物
aleta amortiguadora　阻尼叶片
aleta de compensación　配平补翼
aleta de enderezador　整流叶片
aleta de trépano　钻头刀翼
aleta del radiador　散热片
aleta desviadora　偏转叶片
aleta guía　导向叶片，导流叶片

A

aleta para enfriar 散热片

aleta reemplazable 可更换翼片

alfa 希腊字母的第一个字母，阿尔法，α 值，α 值自然电位测井

alfajía 桁架，大梁，横梁，纵梁，桁梁，托梁，钢梁，承重梁

alfametilnaftalina α-甲基萘

alfaque （河口的）沙洲，沙滩

alfar 陶器作坊，陶器工场；黏土，陶土

alfardón 托梁，工字梁，工字钢，桁条，格栅

alfarería 陶器制造，陶器制造术；陶器作坊；陶器店

alfarero 陶器工人

alfeiza 斜面，斜削，喇叭形

alfénido 德银，假银，阿里费尼德白铜

alfiler 扣针，别针，大头针，图钉

alfilos 脂苯基

alfombra 地毯，楼梯毯；汽车驾驶室的脚垫；似地毯一样的覆盖物

alfombra anti-resbalante 防滑毯，防滑垫

alfombra de capa de roca 岩层覆盖层

alga 水藻，海藻；藻类植物（复数）

algáceo 藻类的，海藻的；像水藻的，像海藻的

algaida 灌木林地

algal 藻类的，海藻的

algarita 藻沥青

algas marinas 海藻，海草

algas marinas y sus cenizas 海藻和海藻灰

algas unicelulares 单细胞藻类

álgebra 代数学

algebra lineal 线性代数

álgebra lógica 逻辑代数

algicida 杀藻剂

algina 褐藻酸；褐藻胶

alginato 藻酸盐

algodón 棉絮，棉花；草棉；棉纱；棉布

algodón pólvora 火棉

algodonita 微晶砷铜矿

algología 藻类学

algonquín 阿尔岗纪（元古代）的，阿尔岗纪（元古代）

algoritmia 算法；规则系统

algoritmo 阿拉伯数字系统，十进制；算法；规则系统

alianza 联盟，同盟，联姻

alianza estratégica 战略联盟

alicatado 用瓷砖贴；瓷砖贴面

alicate 钳子（也常用复数）

alicate de presión 加力钳

alicate de punta aguja curvada 弯头尖嘴钳

alicate de punta fina 尖嘴钳

alicate de punta redonda 圆头尖嘴钳

alicate de tenaza 胡桃钳，木工钳

alicate eléctrico 电钳

alicate para soldadura eléctrica 电焊钳子

alicates ajustables 万能钳

alicates de corte 剪钳

alicates de electricista 电工钳

alicates de expansión 鲤鱼钳

alicates de gasista 输气管道工钳，气管钳

alicates de mecánico 鲤鱼钳

alicates narizudos 长嘴钳

alicates universales 万能钳，通用钳；老虎钳

alicíclico 脂环族的，脂环的

alicuanta 不能整除（某数）的；非约数

alícuota 能整除（某数）的；比例的；约数

alidada 视准仪，照准仪，方位底盘，指方规

alidada azimutal 方位仪，方位瞄准具

alidada de pínula 照准仪

alidada de pínula abierta 开放式照准仪

alidada de plancheta 平板照准仪

alidada seccional 断面照准仪

alidada telescópica 望远镜照准仪

alifático 脂肪族的，脂肪质的，无环的

alifita 轻沥青

aligación 联结，联接，连接，接合

aligamiento 联结，联接，连接，接合

aligerar 减轻，减少；使轻快，使轻松

alijador 卸船的；转运（走私货物）的；运上岸的，驳船

alijamiento （船舶遇难时投弃货物）减轻负载

alijar 卸船，减轻（船的负荷）；转运（走私货）

alijo 卸船，转运（走私货）；驳船，平底货船（委内瑞拉用法）

alilación 烯丙基化，烯丙基化作用

alilacohol 烯丙醇

alilamina 烯丙胺

alileno 丙炔

alílico 烯丙基的

alilo 烯丙基

alimentación 食物；供给；（机器、炉子的）进料；进给；馈送

alimentación a presión 压力进给，加压供给，加压装料，压力送料

alimentación artificial 人工补给，回灌

alimentación artificial de las aguas subterráneas 人工补给地下水，地下水人工补给

alimentación automática 自动进料

alimentación cíclica 周期馈送

alimentación continua a presión 连续加压装料，连续加压供给

alimentación de agua 供水，给水，加水，灌水

alimentación de un acuífero 含水层补给

alimentación dual de combustible 二元供燃料系统

alimentación en derivación en paralelo　并联馈电

alimentación forzada　强迫给进，加压供给

alimentación por gravedad　重力进料，重力自动进料；重力供料；自流输送

alimentación por mecha　钻头钻进

alimentado en carga　自重进料的，重力（自动）供料的

alimentador　进料器，加水器，加油器；供给者

alimentador automático　自动送料器，自动进给装置，自给器

alimentador concéntrico　同轴馈电线

alimentador de aceite　给油器

alimentador de arena por tornillo　蜗杆进砂器；蜗杆加砂器

alimentador de cinta　供带机

alimentador de substancias químicas　化学品进料器，化学品加料机；化学品供给装置

alimentador intermedio　中间给料装置

alimentador múltiple　多重进料器

alimentador negativo　阴极馈线，负馈线

alimentador oscilante　往复板式给料器

alimentador positivo　正馈电线，正馈线

alimentador sin fin　螺旋进料器

alimentar　喂养；进（料），供给（燃料，原料等），供动动力

alimentar un fuego　加燃料

alimento　食物，食品；（维持某些东西存在的）材料

alineación　校列，校直；直线排列，成一直线

alineación de falla　断层连接，断层连接地震解释

alineación de las ruedas　车轮定位

alineación montañosa　呈平行排列的山脉

alineación primaria　原生线理

alineado　对准的，校直的，排列好的

alineador del vástago pulido　光杆定位器，光杆校直器

alinealidades　非线性

alineamiento　（直线）校直，找平，排列成行；定线，对中

alineamiento automático　自动对准

alineamiento de la dirección　（矿脉）走向线

alineamiento de las ruedas　车轮定位

alinear　使排成一直线，列成一行；校直，校正，校准，找平；定线，对中

alinear a ojo　靠impacto准对准，靠眼对直

alisado　弄平，光滑；弄平的，抛光的

alisador　平滑器，刮刀，修型墁刀；弄平工具，修光工具

alisador vertical　立式镗床

alisadora　打磨机，磨光机

alisadora de caminos　平路机

alisadora para pisos　地板磨光机

alisadura　弄平，磨平；校正内径

alisaduras　（刨削下的）薄片，碎屑

alisar　表面加工，把表面弄平；磨光，抛光，精加工

alisar el hoyo hasta un tamaño deseado　铰孔，扩孔，扩眼

alisar el metal　金属打磨，金属抛光

alisios　信风

alitación　铝化处理

alite　硅酸三钙石

aliviadero　排水孔，溢洪道

aliviadero de crecidas　泄洪道，分洪河道；分水槽；溢流槽

aliviadero de fondo　底部泄水口

aliviadero de seguridad　紧急溢流道，紧急溢水口，紧急溢洪道

aliviadero superior　跨渠槽，溢流斜槽

aliviador　减压阀，溢流阀；溢流道，泄洪道

aliviar　减轻（重量、负担等）

alivio　（重量、压力）减轻；加速（工作的进展）

alivio de esfuerzos　应力消除，应力减少

alivio de la deuda　减轻债务

alizarina　茜素

aljez　石膏

aljezar　石膏产地，采石膏场

aljezón　碎石膏块

aljibe　水池，池塘，储水池，水塔，储水器；供水船，（油）槽车，油船

aljofifa　拖把；抛光轮，擦光辊

aljor　石膏

allactita　斜羟砷锰石，羟砷锰矿

allanar　弄平，修平，压平，刨平，使平滑；拆除（障碍）

allegador　拨火棒，火钳，通条

allemontita　砷锑矿

alleno　丙二烯

alluvium　冲积物；沙洲，泥沙；淤积层，冲积层

alma　内核，芯子；骨心；遮檐板；（枪，炮）膛

alma de un cable　电缆芯线

alma de un riel　轨腰

alma estríada　膛线

almacén　仓库，库房，货栈；批发商店；（枪的）弹仓，弹盒，弹盘

almacén al por mayor　批发商店

almacén al por menor　零售商店

almacén de lodos　泥浆站，泥浆厂

almacén de los materiales　材料仓库，物料库

almacén de los tubos　管材库，管材仓库

almacén de mayoreo　量贩店，批发商店

almacén de mercancías a granel　散货仓库

A

almacén de transbordo　中转仓库

almacén de ventas a granel　量贩店，批发商店

almacén fiscal　海关保税仓库

almacenador de datos　数据存储器

almacenaje　储藏，入库；储罐，储槽；存储器；仓库保管费，仓储费

almacenaje aduana　海关仓储

almacenaje de bentonita　土粉储存库

almacenaje de petróleo　储油池

almacenaje en bloque　整存整放式储存

almacenaje en bruto　散装储存

almacenaje estacional　天然气在输气站储存

almacenaje intermediario　中途存仓

almacenaje subterráneo　地下储存

almacenamiento　库存，库存量；储藏，入库；库存货物；（信息的）存储；存储器

almacenamiento a granel　散装储存

almacenamiento criogénico　深冷储存，冷冻储藏

almacenamiento de acceso directo　随机访问存储

almacenamiento de acceso en paralelo　并行存储，并行存取式存储

almacenamiento de informes　信息储存

almacenamiento de petróleo　石油储存

almacenamiento de reportes　记录储存，报告储存

almacenamiento desordenado　不固定货位存储，杂乱的存储

almacenamiento en bloque　整存整放式储存

almacenamiento en línea　联机存储器

almacenamiento intermedio　缓冲存储器

almacenamiento masivo　大容量存储，海量存储

almacenamiento óptico　光存储

almacenamiento ordenado　整齐存储；固定货位存储

almacenamiento petrolífero　石油储存

almacenamiento provisional　临时存放，临时储存

almacenamiento subterráneo　地下储藏，地下储存

almacenamiento y recuperación de información　数据存储与恢复

almacenamiento y transportación　储运

almacenamiento y tratamiento　储存和处理

almacenar　储藏，储存，堆放，囤积；入库；收存

almacenero　仓库保管员

almacenista　保管员，仓库管理员

almádana　碎石锤

almádena　（砸石块的）长柄铁锤

almádina　碎石锤

almagra　红赭石，代赭石

almagre　红赭石，代赭石

almandina　铁铝榴石，贵榴石

almandino　铁铝榴石，贵榴石

almandita　铁铝榴石，贵榴石

almánguena　红赭石，代赭石

almarga　泥灰层

almarjal　含碱植物丛；含碱植物生长地；低洼地，沼泽地

almarjo　含碱植物；含碱植物灰

almártaga　铝黄，黄丹，密陀僧

almártega　铝黄，黄丹，密陀僧

almasilio　铝镁硅合金

almástica　乳香，玛琦脂

almástiga　乳香，玛琦脂

almazara　油坊；油库

almazarrón　红赭石，代赭石

almendrilla　（铺路基的）碎石；碎煤，小块煤

almicantarat　地平纬圈，等高圈

almidón　淀粉

almidón pregelatinizado　预胶化淀粉

almiranta　旗舰

almirez　（金属）研钵；石刻刀

almocrate　氯化铵，卤砂，盐卤

almohada neumática　气枕，气垫

almohadilla　（各种用途的）垫子；（涂上外敷药的）纱布垫

almohadilla de presión　压力垫

almohadilla de un neumático　轮胎垫

almohadillado　填塞的，填衬的；垫料的；垫木，垫料；（用软物）填空，填衬

almohadillar　（用软物）填塞，填衬

almohadón　垫子，软垫；减振垫，缓冲垫；拱脚石

almohadón de agua　水垫

almoháter　氯化铵，卤砂，盐卤

almohatre　氯化铵，卤砂，盐卤

almojaya　脚手架跳板横木

álnico　铝镍钴合金，阿尔尼科合金

alociclicidad　他生旋回性，异机旋回性

alocroíta　粒榴石

alocromático　他色的，非本色的，带假色的

alóctono　外来的，外生的；（岩石）异地的；移置体

alófana　水铝英石，天然水合硅酸铝

alógenico　他生的；外来的，外源的，异基因的，异源的

alógeno　他生的；外来的，外源的，异基因的，异源的

aloisita　结灰石

aloisomería　立体异构，立体异构现象

aloisomerismo　立体异构，立体异构现象

alojamiento　提供住宿，留宿；住宿处，宿营地

alojar　留宿；放置，安放，嵌入

alómero　异质同晶的；异质同晶，异质同晶

现象

alomorfismo 同质异晶现象

alomorfita 贝状重晶石

alomorfo 同质异晶的；同质异晶体

alopátrico 在各区发生的；分布区不重叠的

alotígeno 他生的，外来的，外源的

alotriomorfismo 同素异形，同素异形现象

alotriomorfo 他形的，不整形的

alotrófico 异养的

alotropía 同素异形，同素异形性，同素异形现象；同素异构

alotrópico 同素异形的

alotropismo 同素异形，同素异形性，同素异形现象

alótropo 同素异形体

aloxita 铝砂

alpaca 羊驼毛，羊驼毛织品；镍白铜，德国银

alpax 铝硅合金，阿派铝合金

alpino 高山的；阿尔卑斯式的；登山的

alqueno 烯烃，链烯

alquifol 粗方铅矿，方铅矿

alquil aromático 烷基芳香烃

alquil bencen sulfonato de sodio 烷基苯磺酸钠

alquil benceno 烷基苯

alquil naftaleno 烷基萘

alquil sulfonato 烷基磺酸盐

alquil sulfonato de sodio 烷基磺酸钠

alquilación 烷基取代，烷基取代作用，烷化作用，烃化作用

alquilación catalítica 催化烃化

alquilación con ácido sulfúrico 硫酸烷基化过程

alquilamina 烷基胺

alquilar 出租，租赁；租用，租借，租用

alquilato 烷基化合物，烷基化物

alquilato de gasolina 烷基化汽油

alquilbenceno 烷基苯

alquileno 亚烃基

alquiler 出租；租用；租金，租费，房租

alquiler de embarcación 租船；租船费用

alquiler por viaje 航次租赁，航次租船

alquílico 烷基的，烃基的

alquilo 烷基；烃基

alquimia 炼金术

alquino 炔，炔烃

alquitara 蒸馏器

alquitrán 沥青，焦油，柏油

alquitrán ácido 酸渣，酸焦油

alquitrán de carbón 煤焦油

alquitrán de gas 煤气焦油

alquitrán de hulla 煤焦油

alquitrán de lignito 褐煤焦油

alquitrán de maderas duras 硬材焦油，硬木焦油

alquitrán de petróleo 石油沥青

alquitrán de pino 松焦油

alquitrán de turba 泥灰焦油

alquitrán mineral 矿质焦油

alquitrán rebajado 轻制焦油沥青

alquitrán vegetal 木焦油沥青，木柏油

alquitranado 柏油的，沥青的；柏油防水布；沥青碎石路面

alquitranadora 浇柏油机

alquitranar 涂柏油于…，浇柏油于…

alquitranar una carretera 给公路浇上柏油

alrededor 周围，四周，围绕；大约，将近；附近，郊区

alsifilm 铝硅片（一种防油防热材料）

alstonita 碳酸钙钡矿，钡霞石

alta conductibilidad 高导电性

alta definición 高清晰度

alta demanda 热门，高需求

alta frecuencia 高频，高频率

alta frecuencia 高频率，高周波

alta graduación API 高 API 度，高相对密度

alta inflación 高通货膨胀

alta presión 高压

alta presión/alta temperatura 高压／高温，英语缩略为 HPHT（High Pressure/High Temperature）

alta presión/alta torsión 高压／高扭距，英语缩略为 HPHT（High Pressure/High Torque）

alta resolución 高分辨率

alta tensión 高张力；高电压，高压；大拉力

alta torsión 高扭距

alta velocidad 高速度，高速

altacimut 高度方位仪，地平经纬仪

altar （锅炉）火坝，火砖拱；（反射炉的）火桥，炉底石；矿层

altar de alambique tubular 管式蒸馏釜火桥

altar de caldera 锅炉火坝

altar de hornalla 炉内火墙，炉内火桥

altavoz 扬声器，扩音器，喇叭

altavoz de armadura móvil 舌簧式扬声器

altavoz de bajos 低音扬声器

altavoz de bobina móvil 动圈式扬声器

altavoz de condensador 电容式扬声器

altavoz de cono 圆锥形扬声器

altavoz de cristal 晶体扬声器，压电扬声器

altavoz de dos conos 高低音扬声器，双圆锥式扬声器

altavoz de hierro móvil 动铁式扬声器

altavoz de inducción 感应式扬声器

altavoz dínamo 电动式扬声器，电动喇叭

altavoz direccional 定向扬声器

altavoz electrodinámico 电动式扬声器

altavoz electromagnético 电磁扬声器

altavoz electrostático 静电扬声器，电容扬声器

altavoz inductor dinámico　感应式电动扬声器

altavoz magnético de armadura equilibrada　平衡舌簧式扬声器

altavoz para frecuencias acústicas muy altas　高音喇叭，高频扬声器，高音扬声器

alterabilidad　可变性，易变性质

alterabilidad a la intemperie　耐气候性，抗风化力

alterable　可变的；可修改的，可改动的

alteración　改变，变更；扰乱，动乱，蚀变

alteración de la presión　压力变化

alteración de los colores　褪色，变色

alteración por exposición a la intemperie　风化作用，风雨侵蚀，气候老化

alterado　改变了的；(秩序) 被打乱的；蚀变的

alterante　变色剂，变质剂，恢复药

alterar　改变，变更；扰乱，使变质，使风化

alternacia de lutita　细屑岩交互

alternacia de monótona de areniscas　砂岩交互

alternación　交替，变换，变更，改变；轮流，循环

alternado　交替的，变动的，振荡的；斜对称的

alternador　交流发电机，同步发电机；振荡器；交替符，置换符号，排列符号

alternador asíncromo　异步发电机

alternador bifásico　二相交流发电机，双相发电机

alternador de alta frecuencia　高频发生器，高频振荡器

alternador de automóvil　机动车交流发电机

alternador de eje vertical con ranura inferior　伞形交流发电机

alternador de hierro giratorio　感应交流发电机

alternador de hiperfrecuencia　射频振荡器，射频发生器

alternador de polos salientes　凸极发电机，凸极交流发电机

alternador heteropolar　多极发电机，异极发电机

alternador homopolar　单极发电机

alternador inductor　感应交流发电机

alternador monofásico　单相发电机，单相交流发电机

alternador polifásico　多相发电机，多相交流发电机

alternador trifásico　三相发电机，三相交流发电机

alternador volante　飞轮式发电机

alternador-transmisor　交流发电机式发射机，交流发电机式发送器

alternancia　交替，轮流；交变

alternante　交替的，交错的，轮换的

alternar　使交替，使轮换；交替，交错；移（项）

alternativa　取舍权，选择权；选择的可能；交替发生

alternativo　交替的，交错的；轮流的；可供选择的

alterno　（表示时间）间隔的；变换的，交替的

alternogenerador　交流发电机

alternomotor　交流发电机，交流电动机

alternomotor con colector　整流子交流电动机

alternomotor de colector　整流子交流电动机

alteza　高，高度；高地

altígrafo　高度记录器，高度计

altillano　高原

altillo　山岗，小丘，高地；（车间等用作办公室、仓库等的）夹层

altimetría　测高法，测高学

altimetría por radar　雷达测高

altimétrico　高程的

altímetro　高度表，测高计，高程计

altímetro acústico　声测高度计

altímetro barométrico　气压测高计

altímetro de capacitancia　电容式高度计

altímetro de lectura directa　直读测高计

altímetro de reflexión　回波测高计

altímetro estereoscópico　立体测高器

altímetro laser　激光高度计

altímetro registrador　自动记录测高器

altímetro sensible de presión　压敏测高器

altímetro sónico　声测高度计

altimolecular　高分子的

altiplanicie　高原

altiplanicie de hielo　冰高原

altiplanicie de roca kárstica　岩溶高原

altiplanicie disectada　切割高原

altiplanicie rocosa　多岩高原

altiplano　高原

altitud　高度，海拔高度；高地，高处

altitud absoluta　绝对高度

altitud aparente　视高度

altitud crítica　临界高度

altitud de onda　波高

altitudinal　高程的

alto　高的，高度的，高级的，高等的；高度；高处，高地

alto calibre　大口径；大尺寸

alto de popa　船尾，尾部

alto estructural　结构高度，构造高

alto grado　高级

alto grado de cementación y compactación　高度胶结和压实

alto gravimétrico　高磁异常区，高磁异常

alto horno　高炉，鼓风炉

alto índice de bromo　高溴指标，高溴值

alto nivel　高水平
alto nivel de agua　高水位
alto punto　高点
alto relieve　高峻地形，起伏大的地形
alto vacío　高真空
alto voltaje　高电压
altoparlante　扬声器，扩音器，喇叭
altozano　小丘，山岗，土坡
altura　高度，高程；高地，高处；海拔，水位；（数学）高线，顶垂线
altura a la aspiración　吸水高度，吸入水头
altura absoluta　绝对高度，标高
altura aproximativa　近似高度
altura bajo el nivel del mar　海底隆起高度
altura compensada　补偿高度
altura de alzamiento　提升高度
altura de apoyo　掩体高度
altura de aspiración　吸水头；吸升高度
altura de barómetro　气压高度
altura de caída　落差，压差，（水）位差
altura de carga　压头
altura de cono　锥高
altura de diente　齿高
altura de diseño　设计高度
altura de elevación　扬程；提升高度
altura de gancho　大钩悬挂高度
altura de impulsión　(供水) 水头
altura de izado　升举高度，上升高度
altura de la línea de mira　视线高度，照准线高度
altura de la precipitación　降雨量，雨量
altura de levantamiento　提升高度，起重高度
altura de medición　测量高度
altura de pico　峰高
altura de presión del agua　水压高度
altura de puntas　顶尖头
altura de separación　分离高度
altura de succión　吸入高度
altura de techo　(航空学) 上升限度，升限高度
altura de techo tipo domo　拱顶高度
altura de torre　井架高度
altura de velocidad de un fluido　流速水头，速度头，速位差
altura debida a la velocidad de un fluido　流速水头，速度头，速位差
altura debida a presión　压头，承压水位，压位差
altura del pie　齿根高，齿高
altura dinámica　速位差，速度头，流速水头
altura disponible de torre de perforación　钻机井架有效高度
altura eficaz　有效高度，有效水头
altura equilibrada　平衡高度

altura equivalente　等效高度
altura estática　静水头，静水压
altura estructural　构造高度
altura hidrostática　流体静压头，静水头，静水压头
altura hidrostática de fluido de perforación　钻井液静水压头
altura interior　内部高度
altura libre　净高，余高
altura máxima　最大高度
altura máxima de succión　最大吸入高度
altura meridiana　子午线高度，中天高度
altura mínima　最低高度
altura negativa　负高度
altura nominal　额定高度
altura nominal de torre de perforación　井架额定高度
altura piezométrica　流速水头，水力压头，测压管水头
altura positiva　正高度
altura sísmica　地震高点
altura sobre el nivel del mar　海平面以上高度，海拔高度
altura sobre el suelo　提升高度
altura termométrica　温度等级，温度范围
altura total　总高度，全高
altura virtual　有效高度
altura viva del agua　水深
alud　雪崩；山崩，坍方
alud de escombros　岩屑崩落
alud de lodo　泥石流，泥崩，泥滑
alud torrencial　暴雨滑坡，洪流崩塌
alumbrado　照明的；照明，灯光，照明设备；用明矾处理过的
alumbrado a gas　煤气灯，煤气灯光
alumbrado al vapor de neón　霓虹灯，霓虹灯光
alumbrado de automóvil　车灯，车灯光
alumbrado de calles　路灯照明系统，街灯照明
alumbrado de mina　矿灯，矿灯光
alumbrado de socorro　救援灯光，救援灯光信号
alumbrado eléctrico　电灯，电灯光
alumbrado municipal　路灯照明系统，街灯照明
alumbrado por lámparas de arco　弧光灯灯光，弧光灯照明
alumbrado reflejado　间接照明，反射照明
alumbrado urbano　城市街灯照明，城市街灯照明系统
alumbrador　照明器，发光器，发光体；引燃器
alumbrar　点亮，发亮，照明，用明矾处理；开发（矿藏，地下水源）
alumbrar agua　开发地下水
alumbre　白矾，明矾

alumbre amoniacal 铵矾
alumbre crómico 铬矾，铬明矾
alumbre de cromo 铬矾
alumbre de hierro 铁明矾
alumbre de potasa 纤钾明矾
alumbre ferropotásico 铁钾矾
alumbrera 明矾矿；明矾加工厂
alumbroso 含矾的，含铝的
alúmina 矾土，铝氧土，铝氧粉，氧化铝
alúmina activa 活性氧化铝，活性铝土
alúmina activada 活性矾土
alúmina cristalina 结晶矾土
alúmina de cromo 铬矾
alúmina hidratada para afilar 钢铝玉，钢铝石
aluminaje 热镀铝法；铝媒染
aluminato 铝酸盐
aluminato de potasio 铝酸钾
aluminato sódico 铝酸钠
aluminato tricálcico 铝酸三钙
aluminiado 铝化处理；镀铝的
aluminiar 镀铝于；渗铝于
aluminífero 含铝土的，含矾的
aluminio 铝
aluminita 矾石，铝氧石
aluminización 铝化，渗铝法，镀铝
aluminón 试铝灵，铝试剂
aluminosilicato 铝硅酸盐，硅酸铝
aluminosilicato de sodio 铝硅酸钠
aluminoso 含有铝土的，多铝的，矾的，矾土的
aluminotermia 铝热，铝热法
aluminotérmico 铝热的
alumógeno 发盐，铁明矾，羽明矾
alundo 刚铝玉，(人造，电熔) 刚玉，铝氧粉
alundum 刚铝玉，(人造，电熔) 刚玉，铝氧粉
alunita 明矾石
alunógeno 毛矾石
alutación 地表砂金层
aluvial 冲积的，淤积的；洪水的
aluvión 洪水，冲积土，冲积层，淤积土
aluvión glacial 冰川冲积层
aluvión rico en elementos nutritivos 富含养分的淤积土
aluvión rico en nutrientes 富含养分的淤积土
aluvional 冲积的，淤积的
aluvionamiento 冲积；冲积作用
aluvionario 冲积的，淤积的
álveo 河床，河道
alveolado 蜂窝状的，多小孔的
alveolar 蜂窝状的，海绵状的
alveolo, alvéolo 泡，窝，囊，槽；料箱
alvita (暗红色的) 锆石

alza 涨价；上升；(枪、炮上的) 瞄准具，标尺
alza de librillo 瞄准标尺
alza de precio 物价上涨，涨价
alza de presa 泄洪闸门，挡潮闸门
alza de puntería 瞄准口，表尺 (缺口)
alza del cambio 汇率提高
alza descubierta 缺口表尺
alzado 高度；直视图
alzado de costado 侧视图
alzado delantero 正视图
alzado en corte 切面图
alzado frontal 正视图
alzado transversal 剖视图，横断面图
alzador 升降机，起重机，起重设备
alzamiento 举起，提高，升起；(价格) 上涨
alzamiento de bienes 欺诈性破产，假破产，蓄意破产
alzaprima 橇棍，杠杆；垫儿，木垫，金属垫
alzar 弄高，举高，举起；提高 (声音、物价、重要性等)
alzatubos 对管夹具，立根撬杠
alzaválvulas 气门提升器，气门挺杆，起阀器
Am 元素镅 (americio) 的符号
amago 显出要做某事的意图；症状；症兆，端倪
amago de reventón 溢流，井涌，井喷的症兆
amainar 收 (帆)；(从矿井中) 提出 (桶具等)；(风力) 减弱，减退
amalgama 汞齐，汞合金
amalgama para platear cobre 铜汞齐，铜汞合金
amalgamación 汞齐化，汞齐化作用，混汞法
amalgamado 汞齐化的；汞合金化的
amalgamador 混汞器；混汞者
amalgamamiento 混汞法；汞合金调制；汞齐化，汞齐化作用；混合；合并
amaraje 在水面降落，溅落
amaraje forzoso 水上迫降
amarilleo 变黄，发黄；呈黄色
amarillo 黄色的；黄色；黄颜料
amarillo de cinc 锌黄，锌黄粉
amarillo de cromo 铬黄，铬黄颜料
amarillo de ocre 赭黄，赭黄土
amarra 锚链，缆绳；粗绳
amarra de cable 电缆扎带；系索
amarra de correa 皮带扣，皮带夹子
amarra de proa 艏系索
amarradero 系船处，锚泊地；(拴住东西用的) 桩，柱，环
amarrado 系住的，捆住的
amarrado a torre 转塔系泊的
amarradura 停泊；系船；系，捆，拴，绑

amarraje 扣紧，系紧；碇泊费

amarrar 捆住，拴住；系（船）；拴（船）

amarre 停泊；系船；系，捆，拴，绑

amarre de puente 后拉索，后支索，牵条，后支（撑）条

amarre de torre 转塔式系泊

amarre de una sola boya 单浮筒系泊，英语缩略为 SBM（Single Buoy Mooring）

amarre de una sola boya expuesta 露天式单浮筒系泊，英语缩略为 ELSBM（Exposed Location Single-Buoy Mooring）

amartillar 用锤敲击，砸；敲定（协议、生意等）

amasado 混合（灰浆等）；和面，揉面

amasador 揉捏机，碎纸机

amasadora 揉捏机，拌土机，搅拌机，混料机

amasar 掺合，揉合，混合（面粉、灰浆等）

amasijo 和灰浆，和泥；灰浆，灰泥，胶泥；混合物

amatista 紫水晶，紫石英，水碧

amatista oriental 紫刚玉，东方紫水晶

amatol 阿马托炸药

amazonita 天河石，微斜长石

ámbar 琥珀；琥珀金（金银合金）

ámbar gris 龙涎香

ámbar negro 煤玉，致密黑褐煤

amberita （苯酚甲醛）离子交换树脂；琥珀炸药，阿比里特炸药（一种无烟炸药）；灰黄化石脂，灰黄琥珀

ambientalista 环保人士，环境学家，环境工作者

ambiente 环境的，周围的；环境；氛围，气氛

ambiente continental 陆地沉积环境

ambiente costero nerítico marino somero 浅海临滨环境

ambiente de corrosión 腐蚀环境

ambiente de deposición 沉积环境

ambiente de inversión 投资环境

ambiente de negocio 经营环境

ambiente deltáico 三角洲沉积环境

ambiente deltaico a marino 三角洲到海洋沉积环境

ambiente deltaico y palustre 三角洲和沼泽沉积环境

ambiente diagenético 成岩环境

ambiente ecológico 生态环境

ambiente fluvial 河流环境

ambiente fluvio-deltaico 洪积—三角洲沉积环境

ambiente geológico original 原始地质环境

ambiente litoral 滨海环境

ambiente marino 海洋沉积环境

ambiente marino abierto normal 正常开放性海洋环境

ambiente marino litoral 滨海海洋环境

ambiente pobre en oxígeno 缺氧环境

ambiente sedimentario 沉积环境

ambiente transicional a marino 海陆过渡沉积环境

ambigüedad 可作多种解释，模棱两可，含糊；歧义

ambigüedad en los datos muestreados 取样数据的含糊现象

ambipolar 双极性的；双极的

ámbito 周边，周界；界限；范围；领域，界

ámbito petrolífero 石油界

ambligonita 锂磷铝石

ambos 两，双；两个，双方

ambrita 灰黄化石脂，灰黄琥珀

ambroína 假琥珀，安伯罗因绝缘塑料

ambulancia 救护车；流动医院

ambulancia fija （设在固定处的）野战医院

ambulancia volante （前线的）救护队

ambulante 来回走动的；流动的

América Central 中美洲

América del Norte 北美洲

América del Sur 南美洲

América Latina 拉丁美洲

americio 镅

amerizaje 在水面降落，溅落

amesita 镁绿泥石

ametista 紫晶，紫水晶

amiantina 石棉布

amianto 石棉，细丝石棉，石绒

amianto tejido 网式石棉

amicrón 次微粒，次微胶粒

amida 酰胺，氨基化合物，氨化物

amida alcalina 氨基碱金属

amidación 酰胺化，酰胺化作用

amidasa 酰胺酶

amidina 脒

amido 酰胺，氨基化合物，氨化物

amidógeno 氨基；酰胺基，胺基

amidol 二氨酚显影剂，阿米酚，阿米多

amidopirina 氨基比林

amigable con el ambiente 对环境友好的

amigable para el usuario 对用户友好的，用户容易掌握使用的，方便用户的

amigdaloide 杏仁岩（指含有杏仁状小气孔的火山岩）；扁桃仁状的

amigdaloideo 扁桃仁状的，杏仁状的；杏仁岩的，似杏仁岩的

Amigos de la Tierra 地球之友（1972 年创建的环保组织）

amila 戊（烷）基

amilacetato 醋酸戊酯

amilacetileno 庚炔

A

amilamina 戊胺

amilasa 淀粉酶

amilbenceno 戊基苯

amileno 戊烯

amílico 戊基的

amilnitrato 硝酸戊酯

amilo 戊基

amiloide 淀粉状蛋白，类淀粉物，（硫酸）胶化纤维素

amiloideo 淀粉状的，淀粉质的

amilolítico 使淀粉分解的

amilopectina 支链淀粉

amilosa 直链淀粉

amilosis 谷物症，蛋白样变性；淀粉样变性；淀粉分解

amina 胺

amina orgánica 有机胺

amina pobre 贫胺

aminación 胺化，胺化作用

aminar 胺化

aminas acetilénicas 炔属胺

aminas aromáticas 芳香胺

amínico 胺的，胺基的

amino 氨基的；氨基

aminoacético 氨基酸的

aminoácido 氨基酸

aminoácido aromático 芳香族氨基酸

aminoalcohol 氨基醇

aminoazobenceno 氨基偶氮苯

aminobenceno 苯胺；氨基苯

aminofenol 氨基苯酚，氨基酚

aminofilina 氨茶碱

aminoplástico 氨基塑料

aminorar 减少，缩小，减缩

amino-resina 氨基树脂

amital 阿米妥

amitosis 无丝分裂

amminas 氨络；氨络物；氨合物

amoladera 油石，磨刀石

amolado 磨；磨过的

amolado en seco 干磨法

amolado húmedo 湿磨法，通液磨法

amolado sin centro 无心磨削

amolador 磨工；磨刀人

amolador de barrenas 钻头修整工

amolador de brocas 钻头修整工

amoladora 磨床，研磨机，砂轮机，磨轮

amoladora de asientos de válvulas 阀座研磨机，阀座磨光机

amoladora de barrenas 钻头修整器

amoladora de bolas 球磨机

amoladora de brocas 钻头修整器

amoladora de cuchillos 刀具磨床

amoladora de planear 平面磨床

amoladora neumática 风动手砂轮；风动研磨机

amoladora portátil 手提式砂轮机，便携式研磨机

amoladuras （磨下来的）碎片，粉末

amolar 磨，把…磨快

amoldado 预成型的，预制成的；用模子制作的

amoldamiento 模制，适合，适应

amoldar 模压，铸造，铸型，浇铸，翻砂

amollar 让步，退让；松开（缆绳）

amonal 阿芒拿，阿芒拿尔炸药（一种用硝酸铵、三硝基甲苯和铝粉制成的混合炸药）

amonestación 警告；告诫，（温和的）责备

amonestar 提醒；警告；告诫，劝说，（温和的）责备

amoniacado 与氨化合的，充氨的

amoniacal 氨的，含氨的

amoniación 氨化，氨化作用

amoníaco, amoniaco 氨的，铵的

amoníaco anhidro 无水氨

amoníaco líquido 液体氨，氨水

amoníaco saturado 饱和氨

amoníaco seco 无水氨

amoníaco sintético 合成氨

amoníaco, amoniaco 氨，氨水，阿摩尼亚；氨的，阿摩尼亚的

amoniacum 氨，氨水，阿摩尼亚

amónico 氨的，含氨的

amonificación 加氨作用，氨化作用

amonificador 氨化菌

amonímetro 氨量计

amonio 铵，铵基

amonita 菊石（一种古生物化石）；阿芒炸药（一种含 70% 至 95% 的硝酸铵的炸药）

amonite 菊石（一种古生物化石）

amoniuro 氨合物，有机氨肥

amonización 加氨作用，氨化作用

amonólisis 氨解，氨解作用

amontonadora 堆集机，垛板机

amontonamiento 堆放，堆积

amontonar 堆放，堆积；使聚集，使挤满

amontonar la instalación 安装设施

amorfía 无定形，无定形性；非结晶质；非结晶性；非结晶型

amorfismo 无定形，无定形性；非结晶质；非结晶性；非结晶型

amorfo 非晶体的，无定形的，不结晶的

amortiguación 阻尼；减轻；缓冲，缓和，衰减，减幅；减振

amortiguación crítica 临界阻尼，临界衰减

amortiguación de la reacción 反应缓冲

amortiguación de las olas 波浪衰减

amortiguación inherente 固有衰减

amortiguación logarítmica 对数减缩，对数衰减，对数减量

amortiguación magnética 磁阻尼

amortiguado 阻尼的，衰减的；抑制的，猝熄的

amortiguador 减振器，缓冲器，缓冲装置，阻尼器，阻尼线圈

amortiguador acústico 消音器

amortiguador alcalino 碱性缓冲液

amortiguador de aceite 油压缓冲器

amortiguador de agua 水垫，消力池

amortiguador de aire 空气阻尼器

amortiguador de balanceos 平衡缓冲器

amortiguador de barquinazos 减振器，阻尼器

amortiguador de choques 缓冲器，防撞器，减振器，阻尼器，防冲器

amortiguador de émbolo 减振活塞

amortiguador de goma 橡胶缓冲垫，橡皮垫

amortiguador de impacto 缓冲器，减振器，阻尼器

amortiguador de líquido 液压减振器，液体缓冲器

amortiguador de llamas 火焰消除器

amortiguador de olas 滤波器，消波器

amortiguador de pulsación 脉动减振器，压力脉动阻尼器，压力缓冲器

amortiguador de ruido 消音装置，消音器，静噪器，减音器

amortiguador de vibración 减振器，缓冲器

amortiguador de vibraciones para el indicador 指示器的减振器

amortiguador de vibraciones para el manómetro 压力表的减振器

amortiguador de vibraciones torsionales 扭振减振器，扭振阻尼器

amortiguador hidráulico 液压减振器

amortiguador neumático 空气缓冲器，气动减振器

amortiguamiento 阻尼；减轻，减弱，缓冲，缓和；逐步减少，逐步收缩；减（音），消（音）；衰减，减幅；减振

amortiguamiento con aceite 油减振，油阻尼

amortiguamiento crítico 临界阻尼，临界减幅，临界衰减

amortiguamiento de las oscilaciones 振动阻尼

amortiguamiento de radiación 辐射阻尼

amortiguamiento del ruido 消噪声，消噪音

amortiguamiento del sonido 消音

amortiguamiento del suelo 地面阻尼

amortiguamiento dinámico 动力减振

amortiguamiento electromagnético 电磁阻尼

amortiguamiento friccional 摩擦阻尼

amortiguamiento lateral 侧倾（运动）阻尼

amortiguamiento magnético 磁阻尼

amortiguamiento mecánico 机械阻尼

amortiguamiento por rozamiento 摩擦阻尼

amortiguamiento viscoso 黏性阻尼

amortiguar 减轻，减缓，使缓和；使减振，阻尼，缓冲

amortizable 可补救的，可赎回的，可补偿的，可偿还的

amortización （资产的）转让；（投资的）回收；（缺额的）取消，折旧

amortización de deudas （分期）偿还债务

amortización decreciente 递减折旧，递减摊销

amortización en la fecha fijada 按指定日期偿还（款项）

amortizar （分期）偿还（债务），缴清（赋税）；摊销

amosita 铁石棉

amparar 保护，庇护，帮助

ampelita 黄铁炭质页岩，黄铁碳质页岩

amperaje 安培数，电流强度

ampere 安培

amperimétrico 测量电流的

amperímetro 安培计，安培表，电流表，电流计

amperímetro de cuadro móvil 动圈式安培计

amperímetro de excitación 激励安培计，励磁安培计

amperímetro de hilo caliente 热线式安培计

amperímetro de precisión 精密安培计

amperímetro para corriente alterna 交流安培计，交流电安培计

amperímetro para corriente continua 直流电安培计，直流安培计

amperímetro registrador 自动记录安培计

amperímetro térmico 热线式安培计

amperio 安培

amperio efectivo 有效安培

amperio-hora 安培小时，安时

amperio-minuto 安培分

amperio-pie 安培英尺

amperio-vuelta,amperivuelta 安培匝数，安匝

amperivueltas 安匝，安匝数

amperometría 电流分析

amperómetro 安培计，安培表，电流表，电流计

ampervuelta 安匝，安匝数

ampliable 可以扩大的，可以放大的

ampliación 扩大，扩展；放大；放大物；增补物，扩增部分

ampliación angular 角度放大；角度放大率，角倍率

ampliación de capital 增加资本，资本扩充

ampliación de sociedad 扩大企业规模

A

ampliación del hoyo 扩径
ampliación del surtido 增加花色品种
ampliado 放大的
ampliador 放大镜；放大机，放大器；扩大的，放大的
ampliador de alcance de pulso 脉冲放大器
ampliador de pulso 脉冲放大器
ampliar 扩大，扩展；增加，增大
ampliar capital 增资，增加资本
ampliar el número de accionista 增加股东数量
ampliar paredes 井下扩眼；扩孔
amplidina （微场）电机放大机，交磁放大机
amplidino 交磁放大机，（微场）电机放大器，直流功率放大器
amplificación 放大，加大，增强；放大倍数，放大率
amplificación binaria 二进制放大
amplificación de doble media onda 推挽放大
amplificación de potencia 功率放大
amplificación dinámica 动力放大，动态放大率
amplificación estática 静态放大，静态放大倍率
amplificación por servo-mando 功率增大
amplificador 放大器，扩音器；增强剂；放大的
amplificador acoplado por batería 电池耦合放大器
amplificador acoplado por cátodo 阴极耦合放大器
amplificador acoplado por resistencia 电阻耦合放大器
amplificador acoplado por transformador 变压器耦合放大器
amplificador con alimentación en paralelo 并联馈电放大器
amplificador corrector 箝位放大器
amplificador de acoplamiento a resistencia 电阻耦合放大器
amplificador de acoplo por impedancia 扼流圈耦合放大器
amplificador de amplia banda 宽带放大器，宽频带放大器
amplificador de corriente 电流放大器
amplificador de corriente continua 直流电放大器
amplificador de década 十进位放大器
amplificador de frecuencia intermedia 中频放大器
amplificador de potencia 功率放大器
amplificador de rejilla a masa 栅极接地放大器
amplificador de rejilla a tierra 栅极接地放大器
amplificador de sinfonía doble 双调谐放大器
amplificador de sinfonía escalonada 参差调谐放大器

amplificador de sonido 扩音器，扬声器
amplificador de supervisión 监视放大器
amplificador de tres etapas 三级放大器
amplificador de una etapa 一级放大器
amplificador de varias etapas 多级放大器
amplificador de varios pasos 多级放大器
amplificador de voz 声频放大器，声音放大器
amplificador diferencial 差分放大器，微分放大器
amplificador electrométrico 静电放大器
amplificador electrónico 电子放大器
amplificador en cascada 级联放大器
amplificador en contrafase 推挽式放大器
amplificador igualador 均衡放大器
amplificador integrador 积分放大器
amplificador invertido 倒相放大器
amplificador laser 激光放大器
amplificador limitador 限幅放大器
amplificador magnético 磁放大器
amplificador megafónico 扩声放大器，扩音放大器
amplificador modulado en placa 阳极调制放大器，板极调制放大器
amplificador operacional 运算放大器
amplificador para uso general 通用放大器，万能放大器
amplificador parafásico 倒相放大器
amplificador rotativo 旋转放大器
amplificar 增强，放大，加大；扩大，扩展
amplio 广阔的，宽广的；范围较广的
amplitrón 增幅管
amplitud 宽阔；幅度，广度，宽度；振幅；方位角
amplitud de onda 波幅
amplitud de onda acústica 声幅，声波幅
amplitud de pulso 脉冲振幅
amplitud de viscosidades 黏度范围
amplitud doble （正负峰间的）双幅
amplitud total （正负峰间的）总幅值
ampolla （水面、液面或其他物体表面的）水泡，气泡，小气孔；长颈玻璃瓶；安瓿
ampolla de Crooke 克鲁克斯（放电）管，克鲁克斯阴极射线管
ampolla de cuarzo 石英管
ampolla de lava 熔岩流气泡，熔岩泡
ampolleta 沙漏，沙时计；（沙时计的）流沙时间
amueblar （用家具）布置，配备，陈设
anabasina 新烟碱
anabático （气流）上升的，上滑的
anabergita 镍华
anaclinal 与四周地层反方向下降的，逆斜的
anacronismo 非同步，非同步性

anaeróbico 厌氧的，厌气的，嫌气性的

anaerobio 厌氧的，乏氧的；厌氧菌，乏氧菌

anaerobiosis 厌氧生活

anafase （细胞）分裂后期

anaforesis 阴离子电泳

analbita 钠歪长石

analcima 方沸石

analcimita 方沸岩

analcimización 方沸石化

analcita 方沸石

analcitita 方沸岩

análisis 分析，剖析；分解；解析；化验

análisis de velocidad 速度分析

análisis administrativo 管理分析

análisis aerodinámico 空气动力分析

análisis calitativo 定性分析

análisis cantitativo 定量分析

análisis clínico 医院化验，临床分析

análisis colorimétrico 比色分析

análisis combinativo 组合分析

análisis combinatorio 组合分析

análisis comparativo 比较分析

análisis comparativo preliminar 筛分分析，筛选分析，初步比较分析

análisis completo 完整分析，全分析

análisis conformacional 构象分析

análisis continuo 连续分析

análisis continuo en línea 在线连续分析

análisis cromatográfico 色谱分析

análisis cualitativo 定性分析

análisis cuantitativo 定量分析

análisis de agua 水分析，水质分析

análisis de agua de formación 地层水分析

análisis de arcilla 黏土分析

análisis de carencia 缺失分析

análisis de ciclo de vida（ACV） 生命周期分析，英语缩略为 LCA（Life Cycle Assessment）

análisis de combustión 燃烧分析

análisis de conglomerados 聚类分析，群分析

análisis de contabilidad 会计分析

análisis de costo 成本分析

análisis de costo marginal 边际成本分析

análisis de costo unitario 单位成本分析

análisis de costo-beneficio 成本—收益分析，成本效益分析

análisis de crudo 原油分析

análisis de cuenca 盆地分析

análisis de datos 数据分析

análisis de deformación 变形分析

análisis de demanda 需求分析

análisis de ecuación de onda 波动方程分析

análisis de efectividad de costo 成本效果分析

análisis de elasticidad 弹力分析

análisis de energía 能量分析

análisis de errores 误差分析

análisis de estadística 统计分析

análisis de estadística a plazo fijo 定期统计分析

análisis de estado de cuenta financiera 财务报表分析

análisis de estratigrafía 地层分析

análisis de estratigrafía secuencial 层序地层分析

análisis de etapa de formación de roca sedimentaria 沉积岩形成阶段分析

análisis de etapa de formación sedimentaria 沉积建造阶段分析

análisis de facies 相分析

análisis de factores 因子分析，因素分析

análisis de fluido de perforación 钻井液分析

análisis de funcionamiento 功能分析，性能分析

análisis de gases 气体分析

análisis de grupos 聚类分析，群分析

análisis de hinchamiento 膨胀分析，溶胀分析，（地层）隆起分析

análisis de historia de pozo 井史分析

análisis de imagen 图像分析，析像

análisis de incertidumbre 不确定性分析

análisis de intervalos 区间分析，层段分析

análisis de la perforación（AP） 钻井分析

análisis de laboratorio 化验室分析

análisis de las muestras de formaciones 岩心分析

análisis de litofacies 岩相分析

análisis de lodo y ripios 泥浆录井，分析泥浆和钻屑

análisis de mano de obra 劳动力分析

análisis de medios 媒体分析

análisis de mercado 市场分析

análisis de mineral 矿物分析

análisis de modalidad de costo 成本形式分析，成本方式分析

análisis de muestras 取样分析，样品分析

análisis de nodos 节点分析

análisis de núcleo 岩心分析

análisis de núcleo de perforación 钻井岩心分析

análisis de núcleo de perforación convencional 钻井岩心常规分析

análisis de número 数值分析

análisis de peso 重量分析

análisis de polvo 粉末分析

análisis de probabilidad 概率分析

análisis de proceso 过程分析

análisis de punto de equilibrio 平衡点分析

análisis de PVT PVT 分析（压力体积温度分析），高压物性分析

análisis de reacondicionamiento de pozo 修井作业分析

análisis de registros 测井分析，测井解释

análisis de regresión　回归分析
análisis de residuos　残余物分析
análisis de reticulado　筛分分析
análisis de riesgo　风险分析
análisis de roca compleja　复杂岩性分析
análisis de seguridad　安全分析
análisis de sello de falla　断层封闭性研究
análisis de sensibilidad　敏感性分析
análisis de señal　信号分析
análisis de señal digital　数字信号分析
análisis de suelo　土壤分析
análisis de tamaño de partículas　粒度分析
análisis de terreno　土壤分析，土地分析
análisis de testigos　岩心分析
análisis de tierras　土地分析，土壤分析
análisis de titración　滴定分析，滴定分析法
análisis de toma de decisiones　决策分析
análisis de trazas　痕量分析，微迹分析
análisis de valor　价值分析
análisis de velocidad de sedimentación　沉积速度分析
análisis de vulnerabilidad　脆弱性分析
análisis del gas del suelo　土壤气体分析，土壤气分析
análisis del humo　烟气分析
análisis del petróleo crudo　原油分析
análisis del producto　产品分析
análisis del sistema　系统分析
análisis del valor　价值分析
análisis del valor de costo　成本价值分析
análisis detallado　详细分析
análisis dimensional　量纲分析；维量分析
análisis dinámico　动态分析
análisis ecológico　生态分析
análisis electrolítico　电解分析
análisis electroquímico　电化学分析
análisis elemental　元素分析
análisis en línea　在线分析
análisis espectral　光谱分析
análisis espectrográfico　光谱分析
análisis espectroquímico　光谱化学分析
análisis espectroscópico　光谱分析
análisis estadístico　统计分析
análisis estático　静态分析
análisis estructural　结构分析
análisis factorial　因子分析
análisis fraccionario　分组分析，馏分分析
análisis global　综合分析
análisis gráfico　图解法，图解分析，图像分析
análisis granulométrico　颗粒分析，粒度分析
análisis gravimétrico　重力分析，重量分析
análisis infinitesimal　无穷小分析，微无解析；微积分

análisis inmediato　近似分析
análisis magnético　磁力分析法
análisis matemático　数学分析
análisis óptico　光学分析
análisis petrofábrico　岩组分析
análisis petrográfico　岩石分析，岩相分析
análisis Podbielniak　波氏法精密分馏；波氏分析
análisis polarográfico　极谱分析，极谱分析法
análisis por conductibilidad　电导分析
análisis por elementos finitos（AEF）有限元分析，英语缩略为 FEA（Finite Element Analysis）
análisis por tamizado　筛分分析，筛分分析，筛析，筛选分析
análisis por titulación　滴定分析，滴定分析法
análisis por vía húmeda　湿（冶金）分析法
análisis por vía seca　干（冶金）分析法
análisis potenciométrico　电势分析，电位分析
análisis preliminar　初步分析
análisis químico　化学分析
análisis radiográfico　X射线分析
análisis radiométrico　放射分析，放射分析法
análisis rutinario　常规分析
análisis secuencial estratigráfico　层序地层分析
análisis térmico　热分析
análisis termométrico　测温分析
análisis volumétrico　容量分析，容积分析
análisis y estudio　分析与研究
análisis y síntesis　分析与综合
analista　分析师，分析员，分析人，化验员
analista de presupuestos　预算分析师
analista de inversiones　投资分析师
analista de sistemas　系统分析学家
analista de valores　股市分析师
analítica　分析学，解析法，逻辑分析的方法
analítico　分析的，分解的，解析的
analizabilidad　分析性，解析性
analizador　分析的；分析者；分解者；分析器；检偏振器
analizador de agua　水分析器，水质分析器
analizador de armónicos　谐波分析仪
analizador de caudal　流量分析仪
analizador de corte de agua　含水率测定仪
analizador de espectro　频谱分析器
analizador de frecuencia　频率分析器
analizador de gas　气体分析器
analizador de gas de combustión　烟气分析仪，燃烧气分析仪
analizador de ondas　波形分析仪
analizador de pulso　脉冲分析仪
analizador de rayos infrarrojos　红外线分析仪
analizador de ruido　噪声分析器
analizador de sonidos　声谱分析器，声波频率分

析器，声音分析器

analizador diferencial　微分分析机

analizador diferencial digital　数字微分分析仪

analizador eléctrico　电分析器

analizador electrostático　静电分析器

analizador fotométrico　光度分析仪

analizador sónico　声波分析器，声波探伤仪

analizador y registrador de gas　气体记录分析仪

analizar　分析，剖析；分解，解析；化验

analoga　（计算机或电子）模拟

analogía　类推，相似；类推方法；类推作用；类比，比拟

analogía directo　直接模拟

analogía eléctrico　电模拟

analógico　比拟的，类推的；模拟的

analogismo　类比推理，类推，类推法

análogo　相似的，类似的；相似，类似物

anamorfismo　失真图像；像畸变；畸型发育，渐近变化；合成变质

anamorfótico　变形的，失真的，歪像的，像畸变的

anaquel　架子，搁板；格，栅

anarajando de metilo　甲基橙

anaranjado　橙色的，橘色的；橙色，橘色

anastigmático　消像散的，无散光的，正像的

anastigmatismo　消像散性

anastomosado　吻合的；（动植物）网接的，联接的

anata　年金，年俸

anatasa　锐钛矿

anatasia　锐钛矿

ancaramita　富辉橄玄岩

ancaratrita　黄橄霞长岩，黄橄霞玄岩

ancho　宽的；厚的；宽，宽度；幅面

ancho de banda　频带宽度，通带宽度

ancho de pulso　脉冲宽度

ancho de tela　布料的幅面

ancho de vía　道路宽度

ancho equivalente　等效宽度

anchura　宽，宽度；（孔、洞的）口宽，直径

anchura efectiva　有效宽度

anchura total　总宽，总宽度

ancla　锚；固定锚定器；锚定物，地锚

ancla de amarre　系泊锚

ancla de capa　风暴用浮锚；垂锚

ancla de cepo　有杆锚

ancla de contraviento　井架绷绳地锚，井架绷绳锚定物

ancla de entubación　套管锚

ancla de gas　气锚

ancla de la esperanza　应急大锚，备用大锚

ancla de la línea muerta　死绳固定器

ancla de leva　船首锚，大锚，主锚

ancla de línea muerta　死绳固定器

ancla de pared　墙锚

ancla de pilotes hincados　锚桩，植入式锚

ancla de popa　船尾锚

ancla de tubería　管锚，管子锚

ancla de tubo de producción　油管锚

ancla del cable muerto　死绳锚

ancla del viento　绷绳地锚

ancla enterrada　锚定桩，地锚

ancla flotante　浮锚

ancla para atar el cable muerto　死绳锚

ancla para cable contraviento　绷绳地锚，固定拉线锚

ancla para varilla　钻杆锚，油管锚

ancladero　停泊处，抛锚处，锚处

anclaje　抛锚，下碇；停泊处；停泊税；锚固物；固定物

anclaje de cable muerto　死绳固定器

anclaje de pared　墙锚

anclaje inferior　下部锚定，下部固定

anclaje oscilante para línea de transmisión　集输管线上可以轻微摆动的固定锚

anclaje para cañería perdida　衬管悬挂器，尾管悬挂器；套管锚

anclaje para contraviento　绷绳锚

anclaje superior　上部锚定，上部固定

anclar　抛锚，下碇，停泊，把…系住，使固定

ancón　小海湾；托座，托架

áncora　锚；（钟表的）擒纵叉；（拼合木料、石料用的）T形铁

ancoraje　抛锚，下碇，停泊

ancorar　抛锚，下碇，停泊

ancorca　赭石

andalusita　红柱石

andamiada　脚手架

andamiaje　脚手架；架子，搭棚

andamiaje tubular　管子脚手架

andamio　脚手架，架子；临时看台

andamio colgado　悬空脚手架

andamio de seguridad　安全台，安全工作台

andamio metálico　金属脚手架

andamio volado　悬空脚手架

andamio volante　悬空脚手架

andana　列，行，排，层

andar en ralentí　低速运行；空载

andarivel　扶索，安全索；单滑轮；架空索道

andén　站台，月台；通道，过道，（机场跑道）道面

andén entre vías　岛式站台

anderbergita　铈钙锆石

andesina　中长石

andesinita　中长岩

andesita　安山岩

A

andesítica 安山岩的

andradita 钙铁榴石

andrasita 含钛钙铁榴石

anegación 淹死；淹没；灌满水，沉浸；充满；沉没

anegado 浸饱水的，浸透水的；积水的，水涝的；淹没的

anegado de petróleo 油浸的

anegamiento 水浸，水淹；淹没

anegar 淹没；灌满水；浸在…中

anejo 附属的；附属物，附属部分

anelasticidad 内摩擦力，滞弹性

aneléctrico 不起电的，无电性的；不会摩擦生电的

anelectrodo 阳电极，正电极

anelectrotónico 阳极（电）紧张的

anelectrotono 阳极电紧张，抑激态

anélido 环节动物门的，环节纲的；环节动物

anemobarómetro 风速风压计

anemófilo （植物）风媒的

anemografía 测风学

anemógrafo 自记风速计，风力记录仪，风力自记曲线器

anemometría 风速和风向测定法

anemométrico 测定风力的，测定风速和风向的；风速表的

anemómetro 风速计，风力计

anemómetro de cónicas 锥形风力计

anemómetro de copas 杯形风力计，转杯风速表

anemómetro de hilo caliente 热线式风速仪

anemómetro de hilo electrocalentado 热线式风速表

anemómetro de laser 激光风速计

anemómetro de molinete 风车式风速表

anemómetro helicoidal 螺旋桨风速计

anemómetro registrador 自记风速表

anemómetro sónico 声波风速计

anemometrógrafo 记风仪，风向风速风压记录仪

anemoscopio 风向仪，风向计，测风器

aneróbico 厌氧的，嫌气的；厌氧性的

anerobio 厌氧菌，厌气微生物

aneroide 空盒气压表，膜盒气压表，无液气压计；无液的，非液体的

aneroide hipsométrico 测高程用的空盒气压计

aneroidógrafo 无液气压器，空盒气压计，膜盒气压计

anexo 附加的，附属的；附件，附录；附属物；附属部分

anexo estándar 标准附件

ANF（Asociación Nacional de Fabricantes）（美国）全国制造商协会，英语缩略为 NAM（National Manufacturers Association）

anfibio 两栖的，水陆两用的，水陆两栖的

anfíbol 角闪石，闪石

anfibólico 无定向的；动摇的，不稳定的

anfibolita 闪岩，角闪岩，斜长角闪岩

anfígeno 白榴石

anfípodo 端足目动物的；端足目动物

anfiprótico （化学）两性的

anfiteatro 圆形露天剧场，倾斜看台；阶梯教室；圆形凹地；冰斗

anfiteatro de paredes rectas al costado de una montaña 圆形山谷，山凹

anfiteatro morénico 冰碛带

anfiteatro natural （天然形成的）圆形山谷；冰斗

anfofílico 双嗜性的；两染细胞的

anfolito 两性电解质

anfolitoide 两性胶体

anfótero 两性的，同时有酸碱性的

angarillas 担架，抬物架；（双轮）手推车

angla 海角，岬角

anglesita 硫酸铅矿，铅矾

Angola 安哥拉

angostar 弄窄，使紧缩

angosto 窄的，狭窄的

angostura 窄，狭窄，狭窄的部分；窄道；隘路

angström 埃（Å，光谱线波长单位）

angular 角形的，角状的，有角的；角铁，角钢

angular canal 槽铁

angular T T形钢，丁字钢

ángulo 角；角度；角落，墙角

ángulo acimutal 方位角

ángulo adyacente 邻角

ángulo agudo 锐角

ángulo alterno 错角，交错角，相反位置角

angulo alterno externo 外错角

ángulo alterno interno 内错角

ángulo anterior 导前角

ángulo apical 顶角

ángulo apsidal 拱心角

ángulo ascendente 仰角，上升角

ángulo ascensional 爬升角

ángulo axial 轴角，晶轴角

ángulo cenital 天顶角

ángulo complementario 余角；互余角

ángulo consecutivo 相邻角

ángulo correspondiente 同位角，对应角

ángulo crítico 临界角，矢速角

ángulo crítico de incidencia 临界入射角

ángulo curvilíneo 曲线角

ángulo de amplitud 位移角，失配角；出没方位角

A

ángulo de apartamiento　偏角，偏离角，偏斜角

ángulo de aproximación　接近角

ángulo de arrastre　（航空航天工程）观测角；滞后角，阻尼角

ángulo de asentamiento　坐封角度

ángulo de asiento　静止角，休止角

ángulo de asiento de válvula　阀座角度

ángulo de ataque　迎角，顶角

ángulo de ataque crítico　临界迎角

ángulo de atraso　移后角，滞后角

ángulo de avance　移前角，导程角，前置角

ángulo de balance　滚动角

ángulo de buzamiento　倾角，倾斜角

ángulo de caída　减斜角，降斜角，下降角

ángulo de calaje　移前角，导程角，偏（斜）角

ángulo de cima　顶角

ángulo de cizallamiento　剪切角

ángulo de conos　圆锥角

ángulo de contacto　接触角

ángulo de contado no nulo　非零接触角

ángulo de corte　刀角面，切削角

ángulo de cruce　交咬角，交叉角

ángulo de depresión　俯角，低降角

ángulo de depresión natural　地平俯角

ángulo de deriva　偏航角，井斜角

ángulo de desfasamiento　相位移角；相角

ángulo de desfase　移后角；相位移角

ángulo de deslizamiento　侧滑角度

ángulo de desprendimiento　刀角面；（刀具）横向前角，横截面前角

ángulo de desprendimiento superior　前倾斜角

ángulo de despulle　（刀具）后角，间隙角

ángulo de destajo　超越角

ángulo de desviación　偏角，偏差角，偏离角

ángulo de desvío　偏角，偏动角，偏离角，偏斜角，偏转角

ángulo de diaclasa　节理角，裂缝角

ángulo de dirección　方位角，方向角

ángulo de elevación　仰角，上升角；坡度角；高程角

ángulo de emergencia　出射角，出角

ángulo de empalme　连接角，接合角

ángulo de enlace　边界角

ángulo de entallado　（铣刀的）齿缝角

ángulo de entalladura de la superficie de corte　切割角

ángulo de esviaje　偏角，偏离角，偏斜角

ángulo de fase　相角

ángulo de flexión　偏转角

ángulo de fricción　摩擦角

ángulo de giro　偏航角

ángulo de incidencia　倾角，迎角，入射角

ángulo de inclinación　倾角，倾斜角

ángulo de inclinación de tornillos　螺纹角度

ángulo de la visual　视角，视线角

ángulo de liberación　释放角

ángulo de mira　瞄准角

ángulo de oblicuidad　倾斜角

ángulo de oscurecimiento　消光角

ángulo de paleta　桨角

ángulo de partida　离去角

ángulo de pendiente　（边）坡角，倾斜角

ángulo de pérdidas　损耗角

ángulo de planeado　下滑角

ángulo de planeo　下滑角

ángulo de polarización　偏振角

ángulo de proyección　发射角，离去角

ángulo de quilla　龙骨角，船底横向侧度；侧缘角

ángulo de radiación　辐射角

ángulo de rebaje positivo　正前角，前倾角

ángulo de rebaje real　真前角

ángulo de recodo　（道路）转弯角度

ángulo de reflexión　反射角

ángulo de refracción　折射角

ángulo de reposo　静止角，安息角，休止角

ángulo de retraso　滞后角

ángulo de retraso de fase　相滞后角

ángulo de rodadura　滚动角

ángulo de rozamiento　摩擦角

ángulo de rumbo　走向方位角

ángulo de salida　出射角，出角

ángulo de salida negativo　负倾角

ángulo de separación　（武器的）方向角

ángulo de situación　测角

ángulo de talud natural　自然坡度

ángulo de tiro　掷角

ángulo de torsión　扭角，扭转角

ángulo de trabajo　作用角

ángulo de un asiento　（阀）座角

ángulo de un plano de falla con la vertical　断层余角

ángulo de visión　视角

ángulo del codaste　倾（斜）角

ángulo del muñón　牙轮轴颈角

ángulo depositado　沉积倾角

ángulo descendente　低降角

ángulo diedral　二面角，上反角

ángulo diedro　二面角，上反角

ángulo diedro lateral　横上反角

ángulo direccional　走向方位角

ángulo efectivo de hélice　有效螺旋角

ángulo elevado　升高角，高角

ángulo esférico　球面角

ángulo exterior　外角

ángulo exterior del triángulo　三角形的外角

ángulo externo　外角

ángulo facial　面角

ángulo giratorio 旋转角
ángulo horario 时角
ángulo incluido 夹角，坡口角度
ángulo interior 内角
ángulo interno 内角
ángulo límite 临界角
ángulo llano 平面角
ángulo máximo 最大角
ángulo muerto 死角
ángulo normal 法角
ángulo oblicuo 斜角
ángulo obtuso 钝角
ángulo óptico 视角；光轴角
ángulo opuesto 对角，对顶角
ángulo opuesto por el vértice 对顶角
ángulo parado 大角度，大仰角，陡角，高角
ángulo paraláctico 视差角
ángulo plano 面角，平面角
ángulo poliédro 多面角
ángulo posterior 后视角
ángulo rectilíneo 直线角
ángulo recto 直角，平角
ángulo redondeado （内）圆角
ángulo reentrante 凹角，重入角
ángulo saliente 凸角
ángulo semirrecto 45°角，半直角
ángulo sólido 立体角
ángulo suplementario 补角
ángulo tendido 低角度
ángulo triedro 三面角
ángulo vertical 垂直角，对顶角
ángulo visual 视角，视线角
ángulo vivo 锐角
angulómetro 量角器，量角仪
angulosidad 带角，有棱角；弯曲，成角度，有角性
anguloso 有角的，有棱角的；弯曲的
anhédrico 他形的
anhedrón （岩石）劣形晶
anhídrico 无水的
anhídrido 酐，酸酐，脱水物
anhídrido acético 乙酐，乙酸酐
anhídrido arsenioso 砷酸酐
anhídrido benzoico 苯酸酐
anhídrido bórico 硼酐
anhídrido carbónico 碳酐，碳酸酐，二氧化碳
anhídrido cíclico 环酐
anhídrido ftálico 邻苯二甲酸酐
anhídrido maleico 马来酸酐
anhídrido nítrico 硝酸酐，硝酐
anhídrido sulfúrico 硫酸酐
anhídrido sulfuro 二氧化硫
anhídrido sulfuroso 亚硫酸酐，二氧化硫

anhídrido sulfuroso líquido 液体亚硫酸酐，液体二氧化硫
anhídrido vanadizo 五氧化二钒
anhidrita 硬石膏，无水石膏，硫酸钙矿
anhidro 无水的；(酸)酐，脱水物
anhisterético 非滞后的，非磁滞的，无磁滞的
anidrita 硬石膏
anilida 酰替苯胺
anilina 苯胺，阿尼林，生色精，靛油
anilla 小环，圈；吊环
anillar 用环系住，装上环；使成环状
anillo 环，圈；小环状物；拱顶缘，拱顶基
anillo antidesgaste （研磨机的）磨损环，耐磨环
anillo anular 年轮，环孔
anillo bencénico 苯环
anillo centrador 中心环，定心环
anillo colector 集流环，集电环
anillo colgador 挂环
anillo compensador 平衡环
anillo conmutativo 交换环
anillo contra desgaste 防摩擦环
anillo de acoplamiento 联接圈，装配环
anillo de agarre 提环，抓环
anillo de ajuste 调整环
anillo de apoyo 滚珠环；滚形环
anillo de benceno 苯环
anillo de carbono 碳环
anillo de cierre 关闭密封圈；端环；短路环
anillo de compresión 压缩环，活塞平环
anillo del cráter 火山口边缘
anillo de crecimiento de un árbol （树木的）年轮
anillo de cuero 皮圈
anillo de difracción 衍射环
anillo de dilatación 伸缩环，膨胀圈
anillo de distancia 隔离环，隔离垫圈；定距环
anillo de engrase 润油环
anillo de entrada de aire 进气环箍
anillo de estanqueidad 密封环
anillo de estopas 衬圈，密封环
anillo de expansión 伸缩环，膨胀圈
anillo de fijación 夹紧环，夹圈
anillo de fricción 防摩擦环，摩擦环
anillo de frotamiento 摩擦环
anillo de fuego del Pacífico 环太平洋带，环太平洋地震带，火环
anillo de goma 密封圈，橡胶环
anillo de goteo 润滑环
anillo de guarnición 环形垫，垫圈
anillo de impermeabilización 密封环
anillo de lubricación 甩油环，(轴承的)护油圈
anillo de Newton 牛顿圈，牛顿环
anillo de parada 挡圈，锁圈，止动环，锁紧(卡)环

anillo de pistón 活塞环，活塞涨圈

anillo de presión 弹簧锁，弹簧搭扣；压力环，压缩环

anillo de protección 防摩擦环；保护圈

anillo de refuerzo 加强环，加强圈

anillo de refuerzo de una rueda dentada 齿轮加强圈，齿轮加强环

anillo de resorte 弹簧套筒夹头，弹簧挡圈

anillo de respaldo 垫圈，垫环

anillo de retén 挡圈，卡环，扣环

anillo de retención 扣环，卡环，绷绳环；挡圈

anillo de rodadura 滚珠座圈，(轴承) 座圈

anillo de rosca partida 开口锁环，开口垫圈

anillo de seguridad 卡簧，安全环

anillo de soporte 垫环，垫圈

anillo de sostén 支撑环，支承环，支承圈，承垫，支圈

anillo de sujeción 扣环，固定环；挡圈

anillo de sujeción de caldera 锅炉挡圈

anillo de suspensión 挂环，悬挂环，吊环

anillo de tanque 油罐顶环

anillo de tope 松紧环；(顶部) 第一道密封环

anillo de tubería de producción 起下油管用吊环

anillo empaquetador 密封环，轴封环，垫圈，填密圈

anillo empotrado 嵌入墙壁 (或地上的) 环

anillo en O O形密封圈

anillo enjugador 刮油环，擦油圈

anillo equipotencial 均压环

anillo excéntrico 偏心环

anillo exterior 外环，外座圈

anillo extremo de conmutador 整流子环

anillo fijador de la empaquetadura 密封挡圈，密封卡环，密封固定环；密封夹持环

anillo fijador roscado de la empaquetadura 螺纹密封卡环，螺纹密封挡圈

anillo friccional 摩擦环，摩擦圈

anillo friccional del embrague 离合器摩擦环，离合器摩擦圈

anillo guía 导环，导向环

anillo guiador 导环，导向环

anillo inferior 立式油罐第一圈钢板；活塞下裙部胀圈；下部圈，下部环

anillo metálico 金属环；填密环，垫圈；活塞环

anillo nafténico 环烷环

anillo Pall 鲍尔环

anillo para bloquear un tapón obturador 封堵塞密封圈

anillo para desviación del flujo 分流环

anillo partido 开环，开裂环

anillo pentagonal 五元环

anillo portabolas (滚珠) 隔圈

anillo protector 护环，护孔圈

anillo protector para conexiones soldadas (焊接用的) 护孔环

anillo Raschig 拉西环

anillo regulador 调节环

anillo rozante 滑环

anillo sellador 密封环，密封圈，封口圈

anillo sellador del casquete 阀盖密封环

anillo tetragonal 四元环

anillo triangular 三元环

anillo y cuña de suspensión 卡盘和卡瓦

animal modificado genéticamente 转基因动物

animal transgénico 转基因动物

anime 硬树脂，芳香树脂，矿树脂

anime fuerte 硬树脂

anión 阴离子，负离子

anión fosfato 磷酸阴离子

aniónico 阴离子的，带负电荷的离子的

anionotropía 阴离子移变，阴离子移变现象

aniquilación 消灭，歼灭，毁坏；湮灭，湮没

aniquilador 熄灭器；(数学) 消去者，零化子，湮没算符

anisaldehído 茴香醛，甲氧 (基) 苯甲醛

anisidina 茴香胺

anisidinas 甲氧基苯胺

anisol 苯甲醚，茴香醚，甲氧基苯

anisómero 不对称的，不同数的

anisométrico 不等轴的，不等角的，不等周的

anisotropía 各向异性，非均质性

anisotropía de dilatación extensiva 广义膨胀各向异性，泛张各向异性，英语缩略为 EDA (Extensive Dilatancy Anisotropy)

anisotropía de la formación 地层各向异性，地层非均质性

anisotropía de ondas transversales 剪切波各向异性，切变波各向异性

anisotropía magnética 磁性异向

anisotropía paramagnética 顺磁性异向

anisotropía uniaxial 单轴各向异性

anisotrópico 各向异性的，非均质的

anisótropo 各向异性体，非均质体；各向异性的，非均质的

ankerita 铁白云石

anódico 阳极的，正极的

anodización 阳极处理，阳极氧化

ánodo 阳极，正极

ánodo auxiliar 辅助阳极

ánodo de enfoque 聚焦阳极

ánodo de grafito 石墨阳极

ánodo de pozo profundo 深井阳极

ánodo de protección 保护阳极

ánodo de sacrificio 牺牲阳极

ánodo de sacrificio de zinc 锌牺牲阳极

anólito, anolito 阳极电解液

A

anomalía 不规则，不按常规；反常，异常；异常现象

anomalía combinada 综合异常

anomalía de aire libre 自由空间异常，自由空气异常

anomalía de Bouguer 布格异常

anomalía de funcionamiento 机能失常，失灵，不正常工作

anomalía de intensidad 烈度异常

anomalía de la gravedad 重力异常

anomalía de latitud 纬度异常

anomalía de marea 潮汐异常

anomalía de temperatura 温度异常

anomalía de temperatura negativa 负温度异常

anomalía gravimétrica 重力异常

anomalía gravimétrica negativa 负重力异常

anomalía gravimétrica positiva 正重力异常

anomalía intrabasamental 基底内异常

anomalía isostática 均衡异常

anomalía local 局部异常

anomalía magnética 磁异常，地磁异常

anomalía magnética horizontal 水平磁异常，水平分量磁异常

anomalía magnética negativa 负磁异常

anomalía magnética positiva 正磁异常，高磁异常

anomalía magnética vertical 垂向磁异常

anomalía negativa 负异常

anomalía positiva 正异常

anomalía regional 区域性异常，区域异常

anomalía residual 剩余异常

anomalía sísmica 地震异常

anomalía sísmica positiva 正地震异常

anomalía superficial 地表异常，表面异常

anomalía topográfica 地形异常

anomalístico 异常的，不规则的，例外的

anómalo 反常的，不规则的，例外的，特殊的

anomita 褐云母

anormal 不正常的，反常的，异常的；非正态的

anormalidad 异常，反常，不正常；变态；反常情况

anormalidad negativa 负异常

anormalidad positiva 正异常

anorogénico 非造山的

anórtico 三斜的；三斜晶系的

anortita 钙长石

anortoclasa 歪长石

anortosita 斜长岩

anotación 注解，批注；记录，登记

anotación de errores 故障记录

anotación preventiva 预防性注解

anotaciones cronológicas de la perforación 录井，钻井记录

anotado 记录的；作注解的；登记的

anotador de observaciones sismográficas 地震记录仪

anotrón 辉光放电管，冷阴极充气整流器

anoxia 缺氧，氧不足

ANP （Agencia Nacional de Petróleo） （巴西）国家石油管理局

antagónico 对抗（性）的，对立的；不相容的，反协同的

Antártica 南极洲

antártico 南极的；南极附近的；南极地区的

antearco 岛弧前，弧前，前弧

antecámara 前厅，接待室；预燃室；沉淀室

antecedente 先前的，在先的；经历，履历；前提；前件

antecedentes penales （法律）前科

antecerro 外露层

antecesor 先前的，在前面的；前任

antecrisol 前炉，预热器室

antedata 比实际早的日期

antedatar 倒填（文件的）日期

antehogar 前屋

antelación 提前，提早；预付，预支

antena 天线；天线杆，天线架；触角

antena activa 有源天线

antena adiamantada 菱形天线

antena aperiódica 非调谐天线，非谐振天线

antena apilada 多层天线

antena armónica 谐波天线

antena artificial 仿真天线，假天线

antena bicónica 双锥形天线

antena cargada 加载天线

antena coaxial 同轴天线

antena común 公用天线

antena cuarto de onda 四分之一波长天线

antena de abanico 扇形天线

antena de ajuste múltiple 复调天线

antena de apertura 开口天线

antena de cosecante 余割天线

antena de cuadro 框形天线

antena de diamante 菱形天线

antena de disco-cono 盘锥形天线

antena de media onda 半波天线

antena de microondas 微波天线

antena de onda 行波天线

antena de onda corta 短波天线

antena de onda ultracorta 超短波天线

antena de pantalla 屏蔽天线

antena de queso 盒形天线，饼形天线

antena de radar 雷达天线

antena de radiación transversal 横向辐射天线

antena direccional 定向天线

antena directiva　定向天线

antena emisora de radio　无线电发射天线，电台发射天线

antena en bobina　线圈形天线，环形天线

antena en caja　箱形天线

antena en espina de pescado　鱼骨形天线

antena en hoja　叶形天线

antena en jaula　笼形天线

antena en paraguas　伞形天线

antena equilibrada　平衡天线

antena excitada en derivación　并馈天线

antena múltiple orientable　可控复合天线

antena omnidireccional　非定向天线，全向天线

antena parabólica　圆盘式卫星电视天线，碟形卫星天线，抛物面天线

antena periódica　周期性天线

antena receptora　接收天线

antena rómbica　菱形天线

antena sumergida　水下天线

antena unidireccional　单向天线

antena Yagi　八木天线，波道式天线

anteojos　（双目）望远镜；眼镜

antepaís　前沿地，前陆（与内地相对而言）

antepecho　扶手，栏杆；盖石，墙帽；护墙

antepecho de ventana　胸墙，挡土墙，防浪墙

anteplaya　前滩

antepozo　油井口

antepozo para el ancla de la tubería　管材的锚定孔

anteproyecto　初步设计，初步计划；草图，草案

antepuerto　隘口高地；外港，输出港；人造港，内港；防波堤

anterior a　在…之前的（多指时间，也可指方位）

anterioridad　先，前

antes de　在…之前

antes de Cristo（AC）　公元前

antes de la perforación　钻前（工作）

antes del pago de impuesto　税前

antiabrasiva　防磨损

antiácido　抗酸的，耐酸的；抗酸剂，防酸剂

antiálcali　抗碱剂；减碱药

antialcalino　解碱药，抗碱剂

antiapex　（测量学）背点

antiatascamiento　防卡塞，防粘

antiatómico　防原子的，抗辐射的

antibalance　抗横摇，防侧滚

antibarión　反重子

antibarro　挡泥板，除泥装置

antibloqueo　车轮防抱死装置；防车轮刹住的

antibrómico　抗臭的；除臭剂

anticabeceo　减纵摇，减纵摇的

anticaída　防坠落装置

anticatalizador　反催化剂

anticátodo　对阴极

anticáustico　抗腐蚀的

anticentro　地震对点

antichirrido　消音器

anticiclón　反旋风，反气旋，反高气压

anticiclón polar　极地反气旋

anticiclónico　反旋风的，反气旋的，反高气压的

anticipado　预期的，提前的

anticipador　预感器，超前预防器

anticipar　提前，提早；预付，预支

anticipo　预支的钱，预付款；预示；征兆

anticipo de pago　预付费用，预付金

anticipo de salario　薪金预支

anticipo en efectivo　预付现金

anticlástico·鞍形面的，一面凸一面凹的，互反曲（面）的；抗裂面

anticlinal　背斜的；背斜

anticlinal abierto　开放背斜

anticlinal aislado　孤立的背斜构造，孤立的背斜

anticlinal antisimétrico　反对称背斜构造，反对称背斜

anticlinal arriba　上倾背斜

anticlinal asimétrico　不对称背斜

anticlinal asimétrico intersectado　交错不对称背斜

anticlinal calvo　秃顶背斜

anticlinal cerrado　闭合背斜

anticlinal compuesto　复背斜

anticlinal con inversión de la topografía　倒转背斜

anticlinal de hundimiento axial　伏背斜，倾伏背斜

anticlinal de sal　盐背斜

anticlinal de silla　鞍状背斜

anticlinal desmantelado　蚀脊背斜，削峰背斜，蚀顶背斜

anticlinal en arco　背斜拱起；背斜

anticlinal enterrado reflejado　反射埋藏背斜

anticlinal fallado　断裂背斜

anticlinal fracturado　裂缝性背斜

anticlinal interrumpido (en terraza)　发育不完善背斜，不明显背斜，平缓背斜

anticlinal invertido　滚卷背斜，倒转背斜

anticlinal regional　区域背斜

anticlinal rodante　滚动背斜

anticlinal simétrico　对称背斜

anticlinal terraza　不明显背斜，平缓背斜

anticlinal truncado　削蚀背斜

anticlinal tumbado　倒转背斜

anticlinal volcado　倒转背斜

anticlinorio　复背斜，复背斜层

anticloro 脱氯剂

anticohesor 散屑器，防黏合器

anticoincidencia 反符合，反重合，非一致

anticombustible 抗燃烧的；抗燃物

anticondensación 防凝结

anticongelador 防冻剂，防冻装置

anticongelante 防冻剂，防冻液的；防冻剂，阻凝剂

anticongelante de tipo glicol 乙二醇防冻液

anticongelante para motor diesel 柴油机防冻液

anticonmutador 反换位子

anticonmutador 反交换

anticontracción 抗缩，抗缩性

anticorrosión y aislamiento 防腐与绝缘

anticorrosivo 防腐蚀的；防腐蚀剂

anticuerpo 抗体

antidebilitación 抗衰减

antideflagrante 防爆的，防炸裂的

antiderivada 不定积分

antiderrame 防漏失

antiderrapante 防滑移的，不滑动的；防（车轮）抱死的

antideslizante 防滑剂；（轮胎的）防滑纹，防滑装置；防滑的

antideslumbrante 防耀眼的；防耀眼手段

antidetonancia 防震，抗震，抗爆

antidetonante 防爆的；抗震的；防爆剂

antideuterón 反氘核

antídoto 解毒剂；解毒药，防病备用药

antidumping 反倾销，反倾销政策

antielectrón 反电子，正电子，阳电子，电子的反粒子

antiescarcha 除霜

antiespuma 消泡剂，抗泡（沫）剂

antiespuma de crudo 原油消泡剂

antiespumante 防泡剂，消泡剂，去沫剂，去泡剂

antiestático 抗静电的

antiexplosión 防爆

antifase 逆相，反相位

antifaz 面罩，面具

antifermentante 抗发酵剂

antiferromagnetismo 抗磁性，反铁磁现象

antiflotación 防浮，防浮动

antiforme 背斜形态，背斜型构造

antifricción 耐磨性能，减摩，耐磨

antifriccional 减摩的，抗摩擦的，耐磨的

antifriccionar 给…浇巴氏合金，衬以巴氏合金

antigás 防毒气的

antigel 防冻的，抗凝的；防冻，阻凝

antígeno 抗原的；抗原

antigiratorio 不旋转的

antigolpes 防震的

antigorita 叶蛇纹石，蛇纹岩

antigrasa 去油脂的

antigravedad 反重力，抗重，反重力作用

antihalo （摄影）防光晕的；防光晕层，防反光膜

antihelio 反氦

antiherrumbre 防锈剂

antiherrumbroso 不锈的，抗锈的

antihielo 防冰，防冻；防冰的

antihigroscópico 不吸潮的

antihumedad 除湿，防潮

antiincrustación 除垢

antiinductivo 防感应的

antiinflación 反通货膨胀

antilogaritmo 反对数，真数

antimagnético 抗磁的

antimagnetismo 防磁；抗磁性；抗磁现象

antimateria 反物质

antimicrofónico 抗噪声的，反颤噪声的

antimonial 含锑的，锑的

antimoniato 锑酸盐

antimoniato de plomo 锑酸铅

antimoniato de potasio 锑酸钾

antimónico 锑的；含（五价）锑的

antimonio 锑

antimonio crudo 生锑，三硫化锑

antimonio sulfurado 辉锑矿

antimonioso 含锑的，亚锑的

antimonita 辉锑矿，亚锑酸盐

antimoniuro 锑化物

antimoniuro de indio 锑化铟

antimonopolio 反托拉斯的，反独占的，反垄断的

antineutrino 反中微子

antineutrón 反中子

antinodo （波）腹，腹点，正波节，背交点

antinodo de corriente 电流波腹

antinucleón 反核子

antioleaje 抗波；防波装置

antioxidación 抗氧化，反氧化作用

antioxidante 阻氧化剂，抗氧剂

antióxido 防锈剂

antiozono 抗臭氧剂

antiparalelo 逆平行的，反向平行的

antiparásito （无线电、电视）抗干扰的；防寄生振荡的；抗寄生物的

antiparras 护目镜，防护镜，风镜，防尘眼镜

antipartícula 反粒子

antipírico 耐火的

antipleión 负偏差中心，歉准区

antípoda 对距的，在地球相对反面的；对距地，对距点

antiprofesional 非职业性的，非专业的；违反

行业惯例的

antiprotón 反质子

antireventones 防喷器，英语缩略为 BOP (Blowout Preventer)

antirreactivo （电话的）消侧音装置

antirreflectante 不反射的

antirreflector 减少反射的；减少反射的材料

antirresbaladizo 不滑动的，防滑的

antirresonancia 抗谐振；反共振频率

antirresonante 消声器的

antirretorno 单流的，单向的

antirretorno de llamas 防回焰装置

antirretroceso 止逆，不返回

antirrobo 防盗的；防盗装置；防盗警报器

antiruidos 防噪声，反颤噪声；防噪声的

antisepsia 防腐作用，抗菌法

antiséptico 抗菌的，防腐的；抗菌剂；防腐剂

antisimétrico 非对称的

antisísmico 抗地震的

antisubstancia 抗体

antiterrorismo 反恐怖主义

antitético 对偶的；对照的，对立的

antitoxina 抗毒素

antivaho 防闪光的，遮光的

antivibración 抗震，防震，减振，阻尼

antivibrador 防震器，阻尼器

antizumbido 静噪的，消声的；静噪器；交流声消除

antofilita 直闪石

antopista informática 信息高速公路

antorcha 火炬；点火器；手电筒

antorcha de emergencia 紧急（天然气）火炬装置；应急手电筒

antorcha de oxiacetileno 氧炔焊炬，氧乙炔焊炬

antorcha de refinerías petroleras 火炬装置，火炬塔，石油炼厂火炬

antorcha de soldadura 焊接喷灯，焊炬

antorcha de soldar 焊接喷灯，焊炬

antorcha del encendido 点火装置

antorcha eléctrica 手电筒

antorcha para soldar 焊炬，焊接喷灯

antorcha soldadora 焊炬，焊接喷灯

antraceno （闪烁晶体）蒽，并三苯

antracina 蒽，并三苯

antracita 无烟煤，白煤，硬煤

antracítico 白煤的，无烟煤的

antracitoso 无烟煤的

antracolítico 石炭

antracómetro 二氧化碳计

antraconita 黑方解石；黑沥青灰岩

antracoxeno 碳沥青质

antraflavona 蒽黄素

antranol 蒽酚

antraquinona 蒽醌

antraxilón 镜煤，纯木煤

antraxolina 碳沥青

antropogénico 人类起源的；源于人类活动的

antropología 人类学

antropólogo 人类学家，人类学者

anual 一年一度的，每年的；年度的；一年生的

anualidad 一年的期限；年金

anuario 年刊，年鉴

anublo 锈病，黑穗病，枯萎病

anulable 可以废除的，可以取消的

anulación 使无权；使无能为力；取消，废除；撤销

anulación de una orden 取消订单；撤销命令

anulado 废除的，取消的，作废的

anular 废除，取消，作废；使无权；相约，相消；环状的

anular un contrato 撤销合同

anular un pedido 取消订单

anular una orden 取消订单；撤销命令

anuloso 环状的；有环的，有环节的

anunciador 通知者，报幕员；信号器

anuncio 宣布；通知，通告；广告，广告宣传；预兆，苗头

anuncio de licitación 招标公告

anzuelo 钩；钓钩，铁钩，鱼钩

añadido 添加的，补充的；添加，补充；附加物，增添部分

añadidura 增加物，追加物；增添部分，附加物

añadir un compuesto al gas 向气体中增加组分

añil 靛蓝；靛青

año 年，年纪；年度

año calendario 日历年

año commercial 贸易年度

año de auditoría 审计年度

año del informe 本年（指报告的当年）

año del plan 计划年度

año económico 财政年度，会计年度

año financiero 财政年度，会计年度

año fiscal 会计年度，财政年度

AP (análisis de la perforación) 钻井分析

APA (Agencia de Protección Ambiental) （美国）环境保护局，环境保护管理局（负责环境保护研究、制定标准、实施法律的联邦机构），英语缩略为 EPA (Environmental Protection Agency)

apacentamiento 放牧，牧草，饲料

apagachispas 淬火器

apagadizo 不易点燃的，不易燃烧的

apagado 熄灭的，关掉的；（原子物理）猝熄

apagador 熄灯器，消除器；消音器

apagador de arco 电弧猝灭剂，电弧熄灭器

apagador de chispas 火花消除器，阻火器，火星熄灭器

apagafuego 灭火器

apagar 使熄灭，猝熄，冷熄；抑制，遏止；压住（火力）

apagar cal 熟化石灰

apagar el horno 封火

apagar el ruido 消音

apagar los fuegos 灭火

apagazumbidos 蜂鸣抑制器

apagón 灯光突然熄灭；停电

apainelado 半椭圆形的

apaisado 横宽（竖窄）的

apalancamiento （用棍棒）撬起，撬开；杠杆作用；（经济发展等）启动

apaleadora （单斗）挖土机，机铲

apanalado 蜂窝结构的

apantallado 电屏蔽

apantallado eléctrico 电屏蔽

apantallado electromagnético 电磁屏蔽

apantallamiento 屏蔽

apantallamiento acústico 声屏

apantallar （用屏蔽物）挡住，围住

apantanar 淹没，使成沼泽

aparadura 内部，内侧，里面，内径

aparato 仪器，仪表；器具，器械；机器，机件，装置，设备；机构，（齿轮）传动装置

aparato a tornillo 螺旋齿轮

aparato automático de control 自动控制装置

aparato avisador 报警器

aparato calculador electrónico 电子计算机

aparato compresor 压气机；压缩机

aparato contra incendio 消防设备

aparato de accionamiento 主动齿轮，传动齿轮

aparato de acondicionamiento de aire 空气调节器，空调

aparato de alzamiento 提升装置

aparato de alzar y bajar 起落机构

aparato de apuntado en altura 俯仰装置

aparato de arranque 启动器

aparato de arranque de reostato cilíndrico 鼓形启动器

aparato de arranque en el volante 盘车装置，曲轴变位传动装置

aparato de aterrajar 攻丝装置

aparato de bobina móvil 动圈式仪表

aparato de bombeo 泵装置，抽油机，抽水机

aparato de caída libre 自由下落器

aparato de cementación a varios niveles 多级注水泥工具，分级注水泥工具

aparato de chorro de arena 喷砂机

aparato de clorar 氯化器，充氯器，加氯器

aparato de comunicación 通信设备

aparato de control 控制器，控制装置

aparato de control de pozo 井控设备

aparato de destello 闪烁器，闪光器

aparato de destilación 蒸馏器

aparato de destilación a reflujo 分馏装置

aparato de elevación 提升装置

aparato de embalaje 包装机

aparato de ensayo 检验机，鉴定仪器

aparato de entrenamiento 教练机，训练器材

aparato de gobernar 操舵装置，转向器

aparato de gobierno 转向器，操舵装置

aparato de higiene 卫生洁具

aparato de iluminación 发光设备，光源，照明体

aparato de izado 提升装置

aparato de izar 提升绞车，卷扬机，升举器

aparato de lectura directa 直读式测试仪器

aparato de mando 控制器，操纵器

aparato de medida 测量仪器，测定器

aparato de medida de perfil 测井仪器

aparato de medida por inducción del campo magnético terrestre 地磁感应器，地磁感应测量器

aparato de medida universal 万能测试器

aparato de post-combustión 后燃烧室

aparato de precisión 精密仪器

aparato de probar por aire 漏气试验装置

aparato de protección 保险装置

aparato de proyección 投影机，投影仪；投射器

aparato de puesta en cortocircuito 短路装置

aparato de radio 无线电设备

aparato de rayos X X 光机，伦琴射线装置

aparato de reducción al cero 复零装置

aparato de reserva 备用仪器

aparato de respiración 呼吸面罩，呼吸器

aparato de respiración autocontenido 自给式呼吸器

aparato de seguridad 安全设备

aparato de sondeo sacatestigos 取心器

aparato de sondeo sónico 回声测深仪

aparato de termotecnia 热工仪表

aparato de tracción 牵引装置，车钩

aparato de transmisión 传动齿轮

aparato desodorizante 除臭机

aparato divisor 分度计

aparato eléctrico 电器

aparato electrodoméstico 家用电器

aparato electromagnético 电磁仪

aparato electrónico 电子仪器

aparato electrostático 静电式测试仪

aparato equilibrador 平衡装置

aparato esnorkel 通气（管）装置

aparato fotográfico 照相机；电影摄影机；电视

摄像机

aparato fumívoro 完全燃烧装置

aparato Gray 葛莱仪器（一种测量重油闪点的仪器）

aparato indicador 指示器，显示器

aparato individual de bombeo 泵装置，抽油机，抽水机

aparato individual de bombeo a engranajes 带变速器的抽油机

aparato individual de bombeo de doble manivela 双曲柄泵装置

aparato ortopédico 矫正器

aparato para cortar en bisel 斜切机

aparato para ensayo de detonancia 爆震试验器

aparato para lavar minerals 搅拌棒，摇汰盘

aparato para limpieza de alcantarillas 冲洗器，净化器

aparato para localizar agua 找水仪，探水杖

aparato para medir el aislamiento 绝缘测试器

aparato para medir el carbono （冶金）定碳仪

aparato para probar las características detonantes de la gasolina 汽油爆震性能试验器

aparato para producir una corriente turbulenta 湍流（发生）器，扰流（发生）器

aparato para prueba de detonación 汽油爆震试验器

aparato para pruebas de materiales 材料试验仪器

aparato para quitar dureza al agua 硬水软化器

aparato para recuperar aceites lubricantes 润滑油回收装置

aparato para sondar 测深仪器，探测仪器

aparato para toda onda 全波段接收机

aparato para verificar el aislamiento 绝缘校准器

aparato perforador 射孔枪，射孔器，穿孔器，穿孔机，凿岩机

aparato pulverizador 喷雾器；喷漆器

aparato radiotelegráfico 无线电报机

aparato registrador 寄存器，自动记录器

aparato respirador de oxígeno 氧气呼吸器

aparato respiratorio （滤毒，滤尘）呼吸器

aparato sanitario 卫生洁具

aparato sensible 高灵敏度仪器，敏感仪器

aparato snort 通气（管）装置

aparato utilizado en los pozos para enderezar tuberías arqueadas 管子整形器，井下套管整形器

aparato vendedor automático 自动售货机

aparcamiento 停车场

apareamiento 合拢，接合，配对，成双

aparecer 出现，显出，显得

aparejador 监工，调度员；建筑师助理，施工技术员

aparejar 装备，安装，组装，连接设备

aparejo 准备，安排；（必备的）器具、工具；滑轮组，滑车组

aparejo a cadena 手拉葫芦，链条滑车

aparejo a engranaje 齿轮传动滑轮组

aparejo de cadena 手拉葫芦；链条滑车

aparejo de calibrar 规测仪器，量测仪器

aparejo de comprobar 规测仪器，量测仪器

aparejo de conexión blindado 铠装配电仪表

aparejo de conexión eléctrica 电开关装置，配电装置

aparejo de izar 提升葫芦，起重葫芦

aparejo de palanquín 复滑车，辘轳

aparejo de perforación 钻机

aparejo de poleas 滑车组，滑轮组

aparejo de rabiza 小滑车，辘轳，盘车

aparejo de roldanas 滑轮组

aparejo diferecial con cadena 链条差动滑车，链滑轮组

aparejo diferencial 差动滑车

aparejo en espina 人字形砌合

aparejo manuable para herramientas 手扳葫芦

aparejo móvil 游动滑车，动滑车

aparejo para el entubado 起下油管或套管用的滑车

aparejo para herramientas 工具吊起装置

aparejo tensor 拉紧滑车

aparente 表面上的，貌似的；明显的

aparición 出现，露面；出版，问世

apartador 精炼（金粒的）坩埚；分离器

apartamiento 分开，移开；偏移；提炼；套间，公寓

apartamiento lateral 横向偏移

apartamiento máximo 最大偏移距

apartarrayos 避雷器

apatita 磷灰石

apatita fluor 氟磷灰石

apatito 板磷钙铝石，磷灰石

APD（Administración del Petróleo para la Defensa）（美国）国防石油管理局，英语缩略为PAD（Petroleum Administratin for Defense）

apeador 测量员，勘探员，勘测员

apelación 上诉，呼吁，求助

apelante 上诉人，上诉者；上诉的

apelar 上述，申诉；求助于；凭借，诉诸

apelmazado 压实的，不松软的

apelmazamiento 压实；（土地）板结

apéndice 附属物，附加物，附着物；附录，补遗，附件

apéndice del revestidor de fondo 尾管

apeo 丈量，测量；支柱，支架

apeo de mina 井架

apeo de pozo de mina 矿口井架，坑口井架

A

aperador 仓库管理员；领班，工头，监工

aperiodicidad 非周期性，非调谐性

aperiódico 非周期（性）的，非调谐的

apero 成套装备，成套备用工具，设备，装备

apertamiento 弄紧；拧紧；束紧，压紧，捆紧

apertura 开幕；开业，开（盘，标，市）；开立；孔隙，（开，窗）口，孔径；开放

apertura al exterior 对外开放

apertura de canal 挖沟

apertura de crédito 开立信用证

apertura de cuenta 开立账户

apertura de hoyo 井眼开口，井径；挖坑

apertura de los sobres de oferta 开标

apertura de mercados 开拓市场

apertura de migración 偏移孔径

apertura de ofertas 开标

apertura de una carta de crédito 开立信用证

apertura de una cuenta bancaria 开立银行账户

apertura efectiva 有效口径

apertura en la bolsa 交易所开盘

apertura máxima redonda 全开

ápex 顶点，顶峰，顶尖，最高点，（背斜）脊，褶皱线，矿脉顶

APG （agua, petróleo y gas） 水、油和气，英语缩略为 WOG （Water, Oil and Gas）

apical 顶点的，顶端的，根尖的，峰顶的

ápice 顶，顶点，顶端；最高点；山顶

apilado 堆放，堆积；积累，积存；分层，成层

apiladora 堆积机，堆垛器，叠卡器；叠式存储器

apilamiento 堆积，堆放，积累

apilamiento de los granos 砂粒堆积

apilamiento final 最终叠加

apilamiento vertical 垂直叠加

apilar 堆积；重叠，叠加

apiñadura 堆积，聚集

apisonado 打夯，夯实，碾压；锤击

apisonadora 捣锤，打夯机，夯实机；压路机，路碾

apisonadora a vapor 蒸汽压路机

apisonadora de sacudidas 振动式夯实机

apisonar 锤击；夯实；碾压（路面）

aplanadera 平地机，（地面）整平机，平地工具

aplanado 弄平的，平坦的

aplanador 弄平的，使平坦的；打平锤，平滑器

aplanadora 轧路机，压路机，平地机；校平器

aplanadora a vapor 蒸汽压路机

aplanadora de carreteras 路面整平机

aplanamiento 整平，弄平，倒塌

aplanamiento del terreno 弄平地面

aplanar 把…弄平，使平坦

aplanático 消球差的，齐明的，不晕的；等光程的

aplanatismo 消球差（性），齐明，不晕；等光程

aplanético 消球差的，齐明的，不晕的；等光程的

aplanetismo 等光程；（透镜的）消球差

aplantillado 模制，浇铸，铸造物，造型（法）

aplantillar 模制，浇铸，铸型，塑型，使磨合

aplastabilidad 可压碎性，可破碎性，可塌陷性

aplastable 可压碎的，可破碎的

aplastado 压扁的，压实的

aplastamiento 压扁，压碎；滑塌，塌陷

aplastar 压扁，压平，压实，压碎

aplazamiento 延期，迟延

aplazamiento de pago 延期付款

aplazamiento del suministro 延期交货

aplazar 延期，推延；约见，召见

aplicabilidad 适用性，适用范围，可贴（合）性

aplicable 可适用的，能应用的，可贴（合）的

aplicación 应用，运用；用途；实行

aplicación de agua al suelo 灌溉；灌注；冲洗

aplicación de agua en circulación 使用循环水

aplicación de fango cloacal 阴沟污泥利用

aplicación de las disposiciones 执行法规条例（或规章制度）

aplicación de patente 实施专利

aplicador 敷料器，注施机，涂抹器

aplicador de madera con algodón 木柄棉签

aplicador de radio 施镭器

aplicar 涂，敷；把…用于；使用，应用，运用；执行，实行，实施

aplita 细晶岩

aplítico 细晶岩（质）的

aplito 细晶岩

aplitogranito 花岗细晶岩

aplomado 铅色的；含铅的；似铅的

aplomar 用铅锤测量，用铅锤检查垂直度；灌铅（增重），用铅封；（使）垂直

aplomo 垂直；铅锤，测锤

apocromático 复消色差的，消多色差的

apocromatismo 复消色差（性），消多色差（性）

apoderado 被授权的；代理人，代理律师，代表

apofilita 鱼眼石

apófisis 岩枝

apogeo （弹道）最高点，最远点，远核点，极点

apomecómetro （光学）测距仪，测角仪，测高仪

apomorfina 阿朴吗啡，脱水吗啡

A

apontaje　泵船；浮码头

aporiolita　脱玻流纹岩，古相流纹岩

aportación　贡献；提供；贡献出的财（或物）

aportación de bienes　资产投资

aportación de contaminantes atmosféricos　排放大气污染物

aportaciones en especie　实物投资

aportadera　（搬运货物的）木箱

aportadero　（船只的）停泊处

aportar　进港；贡献，提供；带来，带去

aporte　贡献，提供，贡献出的财（或物）；沉积，沉积物

apotema　边心距；斜高

apoyadero　支撑物，支架，支柱

apoyar　使支撑，使靠；支持，支援；安放在…，支撑在…

apoyo　支持，支撑，承重；支座；支柱，支撑物

apoyo armado de cañería de conducción　支撑管道杆，管线撬杆，下管线入沟撬杆

apoyo de carga　负荷，承载

apoyo de cuchilla　刀架

apoyo de expansión　胀缩承座

apoyo de herramienta　刀架；工具架

apoyo de logística　后勤支持，后勤保障

apoyo de manos　手工具架

apoyo de resorte　弹簧垫座

apoyo de rótula　关节轴承

apoyo del gato　千斤顶垫座

apoyo del motor　发动机支架

apoyo del muñón　耳轴支架

apoyo directo　直承式支座

apoyo fijo　固定支撑，固定中心架

apoyo inferior del entubamiento　尾管支撑

apoyo internacional　国际援助

apoyo técnico　技术支持

APP（actividad de preparación del proyecto）项目准备活动，英语缩略为 PPA（Project Preparation Activity）

apreciación　定价；估价；（货币）增价

apreciador　估价师；评价人

apreciar　估价，定价；评价；重视，尊重；增值；（仪器）测出，测量

aprendiz　学徒，初学者，生手，新手

aprendiz de perforación　不熟练的钻井工，钻井新手

aprendizaje　学艺；学习；学徒期

apresador　捕集器，捕捉器，俘获器

aprestador　底漆，打底剂，底层涂料

aprestar　（纺织业）上浆；打底漆

apresto　准备；上胶，上浆，上浆材料，胶料

apresto para correas　（鞣革加工用）皮带油

apresurar　加紧，加快；提前，提早，催促

apretadera　（绑扎用的）带子，绳子

apretado　紧贴的；紧固的，绷紧的；密实的

apretado a mano　手动上紧的

apretado a máquina　机械上紧的

apretador　用来收紧（上紧、压紧、弄紧）的工具

apretador de herramientas　工具拉紧器，工具收紧器

apretador de herramientas tipo palanca y cadena　杆型和链型上紧工具

apretadora para tubo flexible　挠性管压紧工具，软管压紧工具

apreta-juntas　活动钳，可调夹头

apretar　拧紧，压紧，捆紧，弄紧；按

apretar y flojar BOP　上紧和松开 BOP（防喷器），防喷器安装和拆卸

apretatubo　管夹

apretón de los dientes　啮合

apretura　拥挤；狭窄的地方；压实，压紧

aprietacable　电缆夹，电缆挂钩

aprieto　卡住；拥挤

aprisionado　被压住的，被束缚住的，被钳制的

aprobable　可承认的；可批准的；可赞成的

aprobación　许可，同意，批准；证据

aprobador　许可的，批准的；评定合格的；证据

aprobar　赞成，同意；评为合格，通过（考试、考核）

aprobar por los pelos　勉强通过

aprobar por mayoría　多数通过

aprobar por unanimidad　一致通过

apropiación　适合，适当；占据，占有

apropiado　适当的，合适的；占据的，据为己有的

aprovechamiento　使用，利用；可用性

aprovechamiento adecuado de tierras　土地的合理利用

aprovechamiento conjunto　共同使用

aprovechamiento de la energía eólica　风能的利用

aprovechamiento de tierras　土地利用

aprovechamiento del agua　水的利用

aprovechamiento del antidetonante　抗爆剂的利用

aprovechamiento excesivo　超限利用

aprovechamiento limitado　有限利用度

aprovechamientos　出产，收益

aprovechar　有用，有益；利用；开发（土地、自然资源等）

aprovisionamiento　供应；进给

aprovisionamiento automático　自动进给

aprovisionamiento de carbón　加煤

aprovisionamiento de combustible　加燃料

A

aprovisionar 供应，供给

aprovisionar de combustible 燃料供应

aproximación 接近，临近；近似法，近似值，概算，略计

aproximación controlada desde tierra 地面控制进场

aproximaciones sucesivas 逐步近似，逐步近似计算法，逐次近似计算法

Aptiense 阿普第阶，阿普特阶

aptitud 才能，能力，性能；适应性

aptitud para soportar los procesos de fabricación 可加工性，成型性能，加工性能

apuesta 打赌，赌博；赌注；担保

apuntación 削尖；瞄准；笔记，记录

apuntador 瞄准手；计时员；记录员

apuntador laser 激光笔

apuntalante 压裂支撑剂，支撑剂；支撑物

apuntalar 支住，撑牢，支撑

apuntar 弄尖，削尖；对着，朝着；瞄准；记录，记下

apure 精炼；钻矿渣

aquaconversión 氢化作用，加氢作用（委内瑞拉 PDVSA INTEVEP 公司发明的催化蒸汽转化专利技术，通过水中转输氢对超重油、重油或油渣进行热裂化，产品可达到 13 ~ 16°API。）

aquadag 胶体石墨

aquagel 水凝胶

aquastato 水温自动调节器

aquebradización 脆化，脆裂；脆变

aquerita 尖晶石，英辉正长岩

Aquitaniense 阿基坦阶

arabana 阿拉伯树胶

Arabia Saudita, Arabia Saudi 沙特阿拉伯

arábico, arábigo 阿拉伯的，阿拉伯人的

arabinosa 阿拉伯糖

arabitol 阿拉伯糖醇

arable 可耕的，适于耕种的，可开垦的

arado de desarraigar 除根机，掘土工具

arado de zanjar 开沟机，开沟犁

arado surcador 松土犁，翻路犁

aragonita 文石，霰石

aragonito 文石，霰石

aragotita 黄沥青

aralkyl 芳烷基

aramayoita 硫铋锑银矿

aramida （制造化纤或塑料的）聚合物

arancel 税率，税则；定价，估价

arancel aduanero 海关税则，关税税则

arancel antidumping 反倾销税

arancel común 共同税率

arancel de aduanas 海关税则

arancel especial 特别税率

arancel favorable 优惠税率

arancel preferencial 优惠税率

arancel proteccionista 保护关税

arancel protector 保护关税

arancel recíproco 互惠税率

arandela 衬垫，垫圈，垫环，垫片，垫板；填圈，圈，环

arandela acopada 杯形垫圈

arandela aislante 绝缘孔圈

arandela de bronce para inyector 电喷头铜垫子

arandela de caucho 橡皮垫

arandela de cierre 锁紧垫圈，（水轮机）座环

arandela de cuero 皮垫圈

arandela de empuje 止推垫圈

arandela de freno 锁紧垫圈

arandela de plomo 铅销，铅塞子

arandela de presión 弹簧垫圈，防松垫圈

arandela de resorte 弹簧垫圈，防松垫圈

arandela de seguridad 锁紧垫圈，止动垫圈，防松垫圈

arandela elástica 防松垫圈，弹簧垫圈

arandela en forma de copa 杯形垫圈

arandela fusible 熔丝塞子，可熔垫圈，热熔垫圈

arandela metálica 金属垫片

arandela plana 平垫圈

arandela suplementaria 填充垫圈，填充垫环

araña 卡盘，套管卡瓦；蜘蛛

araña centradora de la tubería de revestimiento 套管中心卡盘

araña de casco 安全帽内衬

araña neumática 气动卡盘

araña para tubería de producción 油管卡盘

araña para tubería de revestimiento 套管卡盘

araña partida 对开式卡盘

araña portamontantes 海中隔水导管安装卡盘（海上石油钻井）

arapahita 磁玄岩

arbitración 作出仲裁；仲裁权，公断权；仲裁人的决定

arbitrador 仲裁人，仲裁员

arbitraje 仲裁，公断；调停；套汇

arbitraje de bienes 套购商品

arbitraje de cambio 套汇

arbitraje de divisas 套汇

arbitraje de interés 套利

arbitraje final 最终裁决

arbitraje internacional 国际仲裁

arbitraje marítimo 海事仲裁

arbitrar 裁决，公断，调停，调解

árbitro 仲裁人，调停人，公断人，裁判（员）

árbol 树；桅，樯；轴，心轴；树状结构

árbol acanalado 槽轴，槽齿轴

A

árbol accionador　主动轴，驱动轴
árbol acodado　曲轴，曲柄轴
árbol de accionamiento　主动轴
árbol de altura balanceada　高度平衡树
árbol de altura equilibridada　高度平衡树
árbol de cambio de marcha　回动轴，倒车轴
árbol de cambio de velocidades　变速轴
árbol de cardán　万向轴
árbol de cigüeñal　曲轴，曲柄轴
árbol de coche　车轴
árbol de conexiones　采油树，井口采油装置；连接轴
árbol de conexiones de dos ramas　双翼采油树
árbol de contramarcha　逆转轴
árbol de costados　世系图，谱系图
árbol de desiciones　决策树，决策体系
árbol de distribución　分配轴
árbol de dos mitades　拼合轴
árbol de eje　车轴
árbol de extremidad ranurada　槽齿轴
árbol de fallas　故障树
árbol de hélice　传动轴，螺桨轴
árbol de impulso　传动轴，主动轴
árbol de levas　凸轮轴
árbol de levas para la marcha adelante　正转凸轮轴
árbol de levas para la marcha atrás　反转凸轮轴
árbol de mando　主动轴，驱动轴
árbol de manivelas　曲（柄）轴，总轴
árbol de motor　（汽车的）主动轴，驱动轴
árbol de navidad　采油树，井口采油装置
árbol de navidad mojado　湿式采油树
árbol de navidad mojado sin cámara impermeable　无隔水罩的水底采油树，湿式水下采油树
árbol de navidad seco　干式采油树
árbol de navidad submarino　水下采油树
árbol de plantación　林木
árbol de regulación　调节轴
árbol de retorno　逆转轴
árbol de rueda　轮轴
árbol de Saturno　铅树
árbol de transmisión　传动轴
árbol de transmisión de la potencia　传动轴
árbol de una pulidora　镗杆
árbol de válvulas　采油树，井口采油装置
árbol del cambio de velocidades　副轴，变速轴
árbol del freno　制动轴
árbol desmochado　截头树，截去树梢的树
árbol diferencial　差动轴
árbol fileteado　导（螺）杆，丝杆
árbol flexible　软轴，挠性轴
árbol genealógico　世系图，谱系图
árbol gomífero　桉树属，橡胶树

árbol hueco　空心轴
árbol intermedio　副轴，中间轴
árbol loco　空转轴，空载轴
árbol macizo　实心轴
árbol mayor　主桅
árbol motor　主动轴，驱动轴
árbol oscilante　摆轴
árbol porta-broca　镗杆
árbol porta-cuchilla　铣刀轴，铣刀杆，刀具轴
árbol porta-fresas　刀轴，刀具心轴，铣刀杆
árbol portahélice　传动轴，螺桨轴
árbol portamuela　轮轴
árbol primario　主轴，原动轴，初动轴
árbol principal　主轴，主传动轴
árbol seco　干式采油树
árbol secundario　从动轴，被动轴
árbol transversal　横轴
árbol vertical　立轴
arbolados de producción mixta　农林间作
arboladura　桅杆，船桅
árboles de transmisión　轴系
arbolita　硫氢氮沥青，硬辉沥青
arbóreo　树的；树状的
arborescencia　树木状的，树枝状；树状结晶
arborescente　树状的，树枝状的，乔木状的
arborestación　造林（法），植林
arboricultura　林木栽培；林木栽培学
arborización　绿化，造林；（矿物、化石、神经细胞等的）树枝状
arbotante　扶垛，拱式扶垛，飞拱；斜撑，护壁；坝座
arbusto　灌木，灌木丛
arbustos espinosos　多刺高灌丛
arbutina　熊果甙
arca　（机）箱，柜，盒，匣，沉厢；水塔，水箱
arcada　拱道，连拱（廊）；桥拱
arcadiense　箱蛤属
arcaico　太古代的；太古界的；太古界，太古代
arcanita　单钾芒硝
arcas　金库，资产
arcén　边（缘），（杯，帽）边，缘；井栏；岸边
arcén de la carretera　路肩（公路两侧供车辆紧急停靠的地带）
archipiélago　列岛，群岛，多岛海区
archivador　档案柜，档案箱；档案管理员
archivo　档案，卷宗；档案馆（室）；档案柜
archivo de datos　资料档案
archivo del pozo　井史，井档案
archivo electrónico　电子文件，电子文档
archivo histórico　历史档案
archivo permanente　永久档案
archivo técnico　技术档案

archivolta　穹隆形，拱门饰，拱缘装饰

arcifinio　（地区）有自然分界的，有天然分界的

arcilla　黏土，陶土；泥岩；烂砂；泥土

arcilla ácida　酸性黏土

arcilla activada　活性黏土

arcilla adhesiva　胶黏土

arcilla aluminosa　明矾土，含黄铁矿沥青质泥岩

arcilla antigénica　抗原黏土

arcilla arenosa　砂质黏土，粘壤土

arcilla base　底黏土层，底土岩，底黏土

arcilla blanca　高岭土；瓷土；白土

arcilla blanqueadora　漂白土

arcilla calcárea　钙质黏土

arcilla calcinada　焙烧黏土

arcilla caolín　瓷土，高岭土

arcilla catalizadora　催化黏土

arcilla china　瓷土

arcilla cocida de resistencia　耐火土

arcilla cocinada　焙烧黏土

arcilla coloidal　胶质黏土

arcilla de abatanar　硅藻土，漂白土

arcilla de alfareros　制砖黏土，砖土

arcilla de atascar　（化铁炉出铁口）黏土泥塞

arcilla de cohesión　胶性黏土

arcilla de falla　断层泥，断层黏土

arcilla de filtro　过滤用白土

arcilla de ladrillo　砖土，（制砖用）黏土

arcilla de lutita　泥页岩黏土

arcilla de moldeo　模制黏土

arcilla de origen glacial mezclada con rocas　冰碛，漂砾黏土

arcilla debajo de una capa de carbón　煤层底黏土层

arcilla decolorante　漂白土，漂洗泥

arcilla del muro de una capa de carbón　煤层底黏土层

arcilla endurecida　固结黏土

arcilla esquistosa　泥岩，页岩

arcilla esquistosa abigarrada　杂色页岩

arcilla estructural　建筑用黏土

arcilla expandible　膨胀性黏土

arcilla ferruginosa　泥铁岩，杂泥铁矿

arcilla figulina　陶土

arcilla filtrante　过滤用白土

arcilla fina　细黏土

arcilla grasa　富黏土，亚黏土

arcilla hinchable　膨胀性黏土，膨胀黏土

arcilla ilítica　伊利石黏土

arcilla infusible　火泥，耐火土，耐火黏土

arcilla interestratificada　黏土夹层

arcilla margosa　泥灰土

arcilla mezclada con rocas　漂砾黏土

arcilla moteada　斑点黏土

arcilla muy fusible　滑泥土

arcilla nativa　当地黏土，原生黏土

arcilla neutralizadora　中性黏土

arcilla no expansiva　不膨胀黏土

arcilla organofílica　有机土

arcilla para alfarería　黏土，陶土

arcilla para crisoles　坩埚黏土

arcilla para filtrar　过滤用白土

arcilla para inyección　钻井用黏土，造浆黏土

arcilla para lodo de perforación　钻井液用黏土，泥浆用黏土

arcilla para moldear　制模黏土

arcilla para percolación　渗滤黏土

arcilla pirobituminosa　含黄铁矿沥青质泥岩

arcilla plástica　塑性土

arcilla pura　纯土，纯白陶土

arcilla refractaria　火泥，耐火土，耐火黏土

arcilla regenerada　再生陶土

arcilla residual　残余黏土

arcilla restaurada　再生黏土

arcilla roja　红黏土

arcilla sapropel　腐泥黏土

arcilla sapropélica　腐殖泥，腐泥黏土

arcilla seca enrollada　黏土瘤

arcilla terrígena　陆源黏土，陆生黏土

arcilla verde　陶土

arcilla verdosa　绿土

arcilla vitrificada　陶化黏土

arcillita　黏土石，黏土岩，泥板岩，泥质岩

arcilloarenoso　泥砂质的

arcillocalcáreo　泥灰质的

arcillolita　泥岩，黏土岩

arcillosidad　泥质含量；页岩性，页岩状

arcillosidad promedia　平均泥质含量

arcilloso　泥质的，含黏土的，黏土状的

arco　弧；电弧；岛弧；拱，弓形物，半圆形，网顶，弓架结构

arco a nivel　平拱，扁拱

arco abocardado　喇叭形拱

arco abocinado　喇叭形拱

arco adintelado　平拱，扁拱

arco apainel　三心拱

arco apainelado　三心拱

arco apuntado　尖拱

arco arábico　马蹄形拱

arco articulado　绞接拱

arco Beaman　毕门视距弧

arco bombeado　平弧拱

arco cantante　响拱，啸声电弧

arco cegado　假拱，盲拱

arco ciego　盲拱

arco circular　圆弧

A

arco combado　弯拱
arco complementario　余弧
arco concéntrico　同心拱
arco conopial　S 形拱，双弯拱
arco coseno　余弦弧
arco cotangente　反余切
arco crucero　交叉拱
arco de aligeramiento　辅助拱，载重拱
arco de barrel　筒形拱
arco de caldera　锅炉炉拱
arco de carbón　碳弧
arco de carena　垂拱
arco de celosía　桁架式拱
arco de contacto　接触拱
arco de cortina　仰拱；帘状拱
arco de descarga　分载拱
arco de herradura　马蹄形拱
arco de isla　岛弧
arco de medio punto　半圆弧
arco de meridiano　子午线弧
arco de paralelo　并联电弧
arco de tres articulaciones　三绞拱
arco del hogar　炉顶
arco del techo　拱顶
arco eléctrico　电弧
arco elíptico　椭圆形拱
arco en esviraje　斜（交）拱
arco enviajado　斜拱
arco equilatero　等边拱
arco escarzano　弓形拱
arco festoneado　花彩拱
arco formero　(拱顶的) 侧面拱
arco geostático　土压拱，耐地压的拱
arco impostado　楔块拱，砖石砌拱
arco inclinado　跛拱
arco iris　虹，彩虹
arco lanceolado　披针形拱
arco lobular　尖拱
arco maestro　主拱
arco marino　海蚀拱，海拱
arco natural　天然拱
arco ojival　尖拱，哥特式拱
arco ojival en lanza　尖顶拱
arco peralteado　高（圆）拱，上心拱
arco perforado　刺穿穹隆，底辟构造
arco Poulsen　浦耳生电弧
arco realzado　突起拱
arco rebajado　低圆拱
arco seno　正弦弧
arco sonoro　歌弧
arco tangente　正切弧
arco taquimétrico　视距弧
arco trapezoidal　斜拱

arco triangular　三角形拱
arco trilobulado　三叶形拱
arco túmido　圆顶拱
arco voltaico　(发光) 电弧
arcosa　长石砂岩
arcosa basal　基底长石砂岩
arcosa lítica　岩屑长石砂岩
arcosita　长英岩，长石砂岩质砂岩
arcuación　(拱的) 弯度，弯曲
arcual　拱形的，弓状的
ardealita　磷石膏
arder　燃烧，焚烧；发热，发烫
área　区域；占地面积，面积；公亩；领域，方面
área activa　有效面积
área carburada　碳化面积，渗碳面积
área comercial　商业区
área comprobada　探明区；探明的地区，探明的矿区
área con contenido de crudo　含油面积
área con contenido de gas　含气面积
área costera　沿海地带
área crítica costera　沿岸关键区域
área crítica de protección de depósitos subterráneos de agua　地下水保护关键区域
área de admitancia　流导面积，通导截面
área de alcance　势力范围；射程
área de almacenaje　存储区
área de captación　捕集区，集水区
área de construcción　建筑面积
área de contacto　接触面积
área de control　控制区
Area de Cooperación Económica del Mar Negro (ACEMN)　黑海经济合作区
área de desagüe de crudo　供油面积，泄油面积
área de desarrollo　开发面积；开发区
área de distribución de carga　承载面积
área de dolar　美元区
área de drenaje　泄油面积
área de drenaje de petróleo　泄油面积
área de elipse　椭圆面积
área de error　误差面积
área de espacio anular　环空区
área de especialización　专属区域；专业领域
área de exploración　勘探区域，探区
área de exposición　展出面积
área de eyector　喷嘴面积
área de fluencia　通流面积
área de flujo　过流面积
área de fracturación　破碎带，破裂带，断裂带，裂缝带
área de franco francés　法郎区
área de fumar　吸烟区

A

área de imagen　映像区，图像区

área de intercambio de calor　换热面积

área de inundación　水淹区，洪泛区

área de invasión　侵入面积

área de investigación de hidrocarburos　油气勘探区域

área de investigación minera　矿藏勘探区域

área de la plataforma　甲板区

área de la sección　横截面面积

área de la superficie de apoyo　支承面，支承面积，支承面面积

área de libra esterlina　英镑区

área de mar　海域

área de origen　源区，物源区

área de patrón de pozos　井网面积

área de peligro　危险区

área de percha　栖息区

área de precipitación　降水区

área de procesamiento del petróleo　原油处理区

área de producción　产区，生产区

área de producción conocida　已知生产区面积

área de producción de crudo　产油面积；原油生产区

área de pruebas　试验区

área de reunión de simulacros　演习集合点

área de sedimentación　沉积区

área de seguridad　安全区

área de servicios　服务区

área de subsidencia　沉陷区

área de tierra　陆上区；陆地面积

área de trampa　圈闭面积

área de yacimiento　油藏面积

área desatendida　被忽略的区域，未顾及的地区

área descubierta　暴露面积；暴露区

área disponible　可利用区域

área drenada　排水区

área efectiva　有效面积

área elíptica　椭圆面积

área en desarrollo　开发区

área en operación　作业区

área en reclamación　争议地区，争议区

área exploratoria　勘探区域，探区

área fluvial　冲积区

área focal　聚焦区

área fracturada　破碎区，破裂区，裂缝区

área geosinclinal　地槽区

área inexplorada　未勘探地区

área inundada　水淹面积；泛滥区，淹没地区

área improductiva　不产油区，非生产面积

área marina sin influencia costera　远洋带

área no alcanzable　不可及地区，势力范围达不到的区域

área no aprobada　未证实区域，未勘探地区

área perforada　已钻区，已钻探地区

área perturbada　受干扰区，受扰区，扰区

área petrolífera　含油面积

área potencial　勘探远景区，远景区

área primitiva　处女地，生荒地

área principal　核心地带，主要区域

área prístina　处女地，生荒地

área probada　探明区域

área productiva　含油面积；含油区；开采面积

área productiva comprobada　探明含油面积，已探明矿区，已证明含油区域

área prohibida　禁区

área sin ser cubierta por 3D　三维地震勘探空白区

área sin ser explorada　未被勘探过的地区；处女区，空白区

área sísmica　地震区

área submarina　海下区域

área suboceánica　洋底区域

área superficial　表面积

área tectónicamente desgastada　构造侵蚀区

área total　总面积

área transformada　扰动带，构造变形区

área útil　可用面积，有效面积

área virgen　新区，未勘探区

área visual　视区

arena　沙，沙子；砂，砂层，砂岩，砂矿；金属砂粒

arena abandonada　废弃砂层；报废砂层

arena abrasiva　研磨砂

arena absorbente　漏层，吸收层；吸水砂

arena aceitífera　油砂，油层

arena acuífera　湿砂；含水砂层

arena agotada　枯竭层

arena alquitranosa　沥青砂

arena arcillosa　亚砂土

arena arcósica　长石砂

arena asfáltica　沥青砂

arena aurífera　金砂

arena bituminosa　沥青质砂，沥青砂

arena blanca para la guaya de emergencia　（钻井现场用的）逃生砂

arena canalizada　河道砂，河床砂层

arena cenagosa　泥砂层

arena compacta　致密砂层，致密砂岩

arena completa　完整砂层

arena consolidada　固结砂

arena corrediza　流沙，流砂

arena costera　海滩砂

arena cribada　筛过的砂子

arena cuarcífera　石英砂

arena cuarzosa　石英砂

arena de argamasa　灰浆用砂

arena de asfalto　沥青砂	arena margosa　壤土砂
arena de canal de río　河道砂	arena mediana　中粒砂，中砂
arena de cantera　露天采出的砂	arena micácea　云母质砂（岩）
arena de coral　珊瑚砂	arena movediza　流沙，流砂
arena de cuarzo　石英砂	arena movediza　流沙，流砂
arena de escape　吸油砂层，漏失砂层	arena muerta　（不能耕种的）沙地
arena de escoria　熔渣砂	arena muy porosa　大孔隙率砂岩，多孔隙砂层
arena de estrato delgado　薄层砂	arena negra　黑砂
arena de fundición　型砂	arena no consolidada　非固结砂岩
arena de grano grueso　粗砂岩	arena normal　标准砂
arena de mar　海滩砂	arena pantanosa　沼泽砂
arena de miga　（含少量黏土的）砂土	arena para cemento　固结砂
arena de mina　矿砂	arena para extinción del fuego　消防砂
arena de moldear　型砂	arena para moldear　模砂
arena de petróleo　油砂	arena para templar　回火砂，淬火砂
arena de playa　海滩砂	arena petrolífera　油砂
arena de poca profundidad　浅层砂	arena petrolífera explotable a cielo abierto　可露
arena de soporte de fractura　压裂砂，裂缝支	天开采的油砂矿
撑砂	arena poco permeable　低渗透性砂岩
arena de tamaño de grano conocido　额定粒度的	arena productiva　产油层，生产层，油砂层，
砂子	生产砂层
arena de vidrio　玻璃砂	arena profunda　深层砂
arena del eoceno　始新统砂层	arena refractaria　耐火砂
arena dolomitizada toscamente cristalina　粗晶质	arena seca　干砂层，无油砂层
白云岩	arena silícea　硅质砂
arena eólica　风成砂，风沙	arena silícica　硅质砂
arena estufada　干砂	arena suelta　疏松砂岩，疏松砂层，松砂；非固
arena explotable　可采砂层	结砂岩
arena fangosa　泥砂层，泥质砂层	arena suelta en el pozo　油井出砂
arena ferruginosa　铁砂	arena tabular　板状砂体
arena filiforme　鞋带状砂层	arena tabular correlacionable　可对比的板状
arena fina　细砂	砂体
arena fina de moldeo　覆面细砂，型砂	arena transgresiva　海侵砂岩，不整合侵入砂岩
arena flotante　流沙	arena verde　海绿石砂，绿砂
arena fluida　流沙，流砂	arena verdusca　海绿石砂
arena fresca　（原）生砂	arena volcánica　火山砂
arena gaseosa　含气砂岩，气层	arenáceo　砂（质，状）的，多沙的，含沙的
arena gasífera　含气砂岩，气层	arenado　砂堵；喷砂
arena glauconífera　海绿石砂	arenador　砂箱
arena granítica　花岗岩砂，花岗质砂岩	arenadora　抛砂机，喷砂机
arena gruesa　粗砂	arenal　沙滩，沙坑；流沙地
arena impregnada　浸染砂岩	arenamiento　铺砂，用砂覆盖；用砂擦净或磨
arena impregnada de brea　焦油砂，沥青砂，含	光；砂堵
沥青砂	arenamiento del pozo　油井出砂，地层出砂
arena improductiva　干砂层，无油砂层	arenaza　（方铅矿矿脉里的）砂粒
arena intercalada　砂岩夹层	arendalita　暗绿帘石
arena ladrona　吸油砂层，易从富油层中吸进原	arenera　沙箱，（翻砂用）砂型
油的砂层	arenería　（铸铁车间的）备砂设备
arena lavada　水洗砂	arenero　喷砂器，喷砂装置；打磨器
arena lenticular　透镜状砂层	arenicolito　砂栖石，似海蚯蚓迹，曲管迹
arena limosa　粉砂，粉质砂土，粉砂质砂	arenilla　细沙，沙状物；沙状结石
arena lixiviada　沥滤砂	arenillero　泥浆工；吸墨粉瓶
arena magnetífera　含磁铁矿砂岩，磁铁矿砂	arenisca　砂石，砂岩

arenisca volcánica 火山灰砾岩，火山砂

arenisca arcillosa 泥质砂岩

arenisca asfáltica 沥青砂岩

arenisca bituminosa 沥青质砂岩，沥青砂岩

arenisca blanda 软砂岩

arenisca compacta 致密砂岩

arenisca coralígena 珊瑚岩

arenisca coralina 珊瑚岩

arenisca cuarzosa 石英质砂岩

arenisca de afloramiento 露头砂岩

arenisca de Berea 贝雷砂岩

arenisca de coral 珊瑚砂

arenisca de grano mediano 中砂，中粒砂石

arenisca de granos finos 细砂

arenisca de litoral 滩面砂体，滨面砂体

arenisca de tamaño grava 砾石大小的砂岩

arenisca filiforme 鞋带状砂岩

arenisca gasífera 含气砂岩

arenisca gruesa 粗砂岩

arenisca interlaminada 交替纹层状砂岩，薄层交替砂岩，薄层相间砂岩

arenisca inundada 洪积砂体

arenisca perdida 钻井中不期而遇的砂层，偶然出现的砂层

arenisca petrolífera 含油砂岩

arenisca petrolífera neta 净油砂

arenisca productiva más profunda 一个地区最下部的可能产油砂层，有工业价值的最下油砂层，最深产油砂层

arenisca seca 干砂层

arenisca sucia 泥质砂岩，脏砂岩

areniscas con hidrocarburo 含油砂岩

areniscas poblemente compatadas 差压实砂岩

arenisco 砂（质，状）的，多砂的，含砂的

arenita 粗粒碎屑岩

arenite 粗砂碎屑岩，砂屑岩，净砂岩

arenoide 砂状的

arenoso 含砂的，砂质的

areometría 液体密度测定法

areométrico 液体密度测定法的

areómetro 液体密度计，浮称

areómetro Baume 玻美度密度计，玻美表

areopicnómetro 稠液密度计

areóstilo （建筑物）疏柱式的

argallera （圆，半圆，弧口）凿，凿槽，曲槽刨

argamasa 泥灰，灰浆

argamasa hidráulica 水泥砂浆

argamasa refractaria 耐火泥浆

argamasilla 细泥灰，细灰浆

argamasón 大块泥灰

árgana 起重机，吊车，升降设备

arganeo 锚环

árgano 吊车，起重机

argayo 坍坡，崩坍，土崩，滑坡

argayo de nieve 雪崩

argentán 铜锌镍合金，白铜，新银

argentífero 含银的，有银的

argentina 银白色页状方解石，板状方解石

argentino 银（色，制）的，含银的；银器，银色金属

argentita 辉银矿

argento 银

argento vivo 水银，汞

argento vivo sublimado 氯化汞；异汞

argentoso 含银的

argila 黏土

argiláceo 黏土的；含黏土的；黏土似的；泥质的

argilita 厚层泥岩

argilla 黏土

argilolita 黏土岩

argiloso 黏土的；黏土多的；黏土似的

arginina 精氨酸

argirita 辉银矿

argirodita 硫银锗矿

argirosa 辉银矿

argo 氩

argolla 金属环，铁环，小环；钩环；联结环；环箍，卡箍

argolla de remolque 拖环，联结环；牵引环

argolla giratoria 旋转吊环

argolla giratoria a cadena 接吊链旋转钩环

argolla giratoria a eslinga sintética 接吊带旋转钩环

argolla para tubo de revestimiento 套管接箍

argollón 圆环，套环；环形物，卡环，卡箍

argón 氩

argonita 文石

argonita blanca 文石华，霰石华，铁华

argüe 小绞车，绞盘，卷扬机

argumento 论据，理由

aridez 干旱，贫瘠

aridisol 旱成土

árido 干旱的，贫瘠的

ariegita 尖榴辉岩

ariete 冲击夯，撞锤；（压力机）压头，液压机冲头；防喷器闸板

ariete anular 环形防喷器闸板

ariete ciego 全封闭防喷器闸板，全封闸板，盲板

ariete cortador 防喷器剪切闸板

ariete de tubería 半封

ariete del preventor 防喷器闸板

ariete empaquetador 防喷器闸板

ariete hidráulico 水力夯锤，水击扬水机；液压

机冲头；液压防喷器闸板

ariete moldeador de barrenas 钻头整形锤

arilación 芳基化

arilamina 芳基胺

arileno 亚芳香基

arilo 芳基

arista 棱，边；棱角，边棱；肋条，肋材；交叉拱，拱肋；交点，交叉线

arista a arista 混线，线间短路

arista cortante 切削刃

arista de acción del distribuidor 前缘，（脉冲的）上升边，（叶片的）进气边

arista ensanchadora 扩眼刀刃

arista viva 刃形，锐边，陡沿，（屋顶的）脊

aristón 角，棱；交叉拱，弧棱，穹棱

aritmética 算术，算法，计算

aritmética de coma flotante 浮点运算

aritmética de punto flotante 浮点运算

aritmética interna 内部运算

aritmómetro （四则）计算机，计数器

arizonita 铁钛矿；正长脉岩

arma de fuego 火器，轻武器

armado de hierro 铠装的，铁壳的

armador 装配工，安装工；装配船只者，船主

armadura 装甲，护板，铠装；构架；加强件

armadura a la Belga 比利时式桁架

armadura de cable 电缆铠装

armadura de control 防喷器

armadura de horno （拱边）支柱，支撑

armadura de imán artificial 人造磁铁的衔铁，永磁衔铁

armadura de pendolón 单柱桁架

armadura de surgencia 采油树；井口装置；井口采油装置

armadura de tornillo de avance 导杆轭

armadura en arco 拱形桁架，拱架

armadura en K K 形桁架

armadura húmeda 湿式采油树，湿式水下采油树

armadura longitudinal 纵加强筋

armadura mansarda 折线形桁架

armadura para prevenir erupciones 防喷器

armadura tipo cajón 箱形构架

armadura transversal 横加强筋

armar 装配，组装，武装，装备

armar el taladro 安装钻机

armario 箱，柜，橱，盒

armario de herramientas 工具箱

armario empotrado 壁橱

armazón 架子，支架，构架，安装，装配，组装，搁板，底座

armazón A A 形支架

armazón de acero 钢结构，钢架

armazón de corredera 滑架，滑杠

armazón de patín 滑橇架，起落橇架

armazón de polines 滑橇架，下带滑动垫木的支架

armazón de una casa 屋架

armazón del cabezal 井口罩

armazón en A A 形支架

armazón mecánica 机架

armazón metal 金属框架

armazón portabolas del cojinete 球轴承支架

armazón rígido 刚性构架，刚架

armazón tectónico 构造格架，大地构造格架

armella 插销眼，螺钉眼

armella con espiga roscada 有眼螺栓，环首螺栓

armella del vástago pulido 悬绳器

armenita 钡钙沸石

armónica 调和函数，谐函数

armónica esférica 球谐函数

armónico 和谐的；谐音；谐波

armónico fundamental 基（谐）波，一次谐波

armónico óptico 光学谐波

armónico primero 基（谐）波，一次谐波

armónicos impares 奇次谐波

armónicos pares 偶次谐波

armonización 协调，调和；和谐

armonización de la economía con el medio ambiente 经济发展与环境保护相协调，经济与环境的和谐

armonizar 使协调，使调和，使一致

arnés 盔甲，铠装，吊带，安全带，（带状）装置

arnés corporal 安全带

arnés de seguridad 安全带，保险带，救生带

arnimita 无钙铜矿，水块铜矾

aro 环，带，环箍，轮箍，卡箍，（垫）圈，挡圈

aro con particiones 分隔垫圈；十字环

aro de izamiento 吊耳

aro de acero 钢环，钢圈

aro de ajuste 调整环

aro de barrel 桶箍

aro de compresión 活塞环

aro de cuba 桶箍

aro de desgaste 耐磨环

aro de dos mitades 开口环，开环，裂环

aro de goma 橡胶环

aro de pistón 活塞环

aro de prevención de choque 防碰垫，防撞圈

aro de refuerzo 护罩

aro de remolque 拖环；联结环

aro de resorte 弹簧圈

aro de retención 扣环，止动环，卡环

A

aro de rodillos 滚动环
aro de soporte 支撑圈
aro del émbolo 活塞环，活塞涨圈
aro divisorio 分隔垫圈
aro en dos mitades 裂环
aro partido 裂环，开口环（如钥匙圈之类的环）
aroma 香味；香气；香味树胶
aromático 芳香的，芳香族的
aromáticos 芳香族，芳香族化合物
aromatización 芳构化
aromatizador 香料，芳化剂；使芳香的
aromatizar 使芳香化，使芳构化，使芳香
ARPEL (Asistencia Recíproca Petrolera Empresarial Latinoamericana) 拉丁美洲石油公司互助协会，拉美国家石油互助协会
arpeo 抓钩，伞形锚
arpillador 打包工，包装工
arpillera 包装布，粗麻布，打包麻布
arpón 鱼叉；矛；打捞矛；两脚钉，扒钉
arpón de cable 电缆打捞矛
arpón de disparo 打捞矛
arpón de recuperación 打捞矛
arpón de recuperador de cable eléctrico 电缆打捞矛
arpón de tubería 套管打捞矛，油管打捞矛
arpón desprendedor 可退打捞矛，脱扣叉
arpón en espiral 螺旋打捞矛
arpón o pescante de guaya 钢丝绳打捞矛
arpón para cable 捞绳打捞矛，电缆打捞矛
arpón pescacable 捞绳打捞矛，电缆打捞矛
arpón pescador 打捞矛
arpón pescador desprendible 可退打捞矛
arpón pescador desprendible y de circulación 可退循环式打捞矛
arpón pescatubos 油管打捞矛，套管打捞矛
arpón pescatubos hueco 空心套管打捞矛
arpón pescaválvulas 阀门打捞矛
arpóna de pesca para percusoras 下冲打捞矛
arponado 鱼叉状的；地脚螺栓，棘螺栓
arqueado 弓形的，拱形的，弧形的
arqueador 船体容积测量员
arqueamiento 成拱作用；船体容积的测量；船的容积；弓形凸起
arqueano 太古代的，太古界的；太古界
arquear 翘曲，起拱，隆起，使变曲，使成弓形；测量船舶容积
arqueo 翘曲；上拱度，弧度，（测量）船舶容积，船舶吨位；（会计）清点，查账
arqueo bruto （总）吨位
arqueo de caja 清点现金
arqueo neto 净吨数，载重吨位
arqueozoico 太古代的，太古界的；太古生代

arquerita 轻汞膏
arquero 出纳员
arquetipal 原型的
arquetipo 原型，原始模型，典型
arquezóico 太古代的，太古界的；太古界
arquitecto 建筑师，设计师
arquitecto naval 造船（技）师
arquitecto paisajista 造园家，家园设计师
arquitectónico 建筑学的；结构的，构型的，地质构造的，大地构造的
arquitector 建筑师，设计师
arquitectura 建筑（学，物，艺术，风格）；构造，（体系）结构，设计
arquitectura abierta 开放式体系结构
arquitectura civil 民用建筑
arquitectura de estratificación 层理结构
arquitectura de la cuenca 盆地结构
arquitectura de reservorio 储层结构，储层构型
arquitectura de yacimiento 油藏结构，油藏构型
arquitectura funcional 实用建筑
arquitectura hidráulica 水力工程建筑
arquitectura militar 军事建筑
arquitectura naval 造船学
arquitectural 建筑的，建筑学的，建筑方面的
arquitrabe 框缘，下楣（柱），柱顶过梁，门头线条板，线脚，贴脸板，额枋
arquivolta 穹隆形，拱门饰，拱缘装饰
arrabio 铸铁
arraigado 生根的；拥有不动产的；系泊设备，锚定设备
arraigar 生根，扎根；（用不动产或存款）担保
arraigo 生根，扎根；不动产；根基，根底
arrancabilidad 启动性能；可启动性
arrancador 启动机，启动器；启动装置
arrancador a pedal 反冲式启动机
arrancador automático 自动启动器
arrancador de aire comprimido 压缩空气启动机
arrancador de inercia 惯性启动器
arrancador de líquido 液体启动器
arrancador de manivela 曲柄启动器
arrancador de motor 电动机启动器
arrancador de palanca y volante dentado 盘车装置，曲轴变位传动装置
arrancador eléctrico 电力启动机
arrancador en estrella y triángulo 星形三角启动机
arrancador forma tambor 鼓形启动器
arrancador monofásico 单相启动机
arrancador neumático 风动启动机，空气启动器，气启起动器
arrancador trifásico 三相启动机

A

arrancar 把…连根拔起；撕下；拔出；启动，起动

arrancar el mineral 开始采矿作业

arrancar la bomba 启动泵，开泵

arrancar la tubería de perforación 起钻

arrancaraíces 除根机，拔根器

arrancasondas 钻杆打捞器，钻头提取器，钻井打捞器

arranclavos 起钉器，起钉钳，钩形扳手

arranque 拔，撕；开工，起动，出发，起转，试车；开采

arranque a mano 手工开动

arranque a pedal 反冲式启动，突跳式启动

arranque automático 自动启动，自启动器

arranque bajo carga 负载启动，欠载启动

arranque colgado 异常启动

arranque de bomba 启动泵，开泵

arranque de potencia 动力输出

arranque de pozo 完井投产，井开钻

arranque eléctrico 电启动

arranque en frío 冷启动

arranque en vacío 空载启动

arranque estancado 异常启动，开车时遭遇不正常发动机启动

arrasador 精整机，平整机

arrasamiento 弄平，平整；夷平，毁坏；（用刮板）刮平

arrastrador 夹带剂；共沸剂

arrastrar 拖，拉，牵引，冲走，卷走

arrastrar la torre 拖运钻机，整体移动钻机

arrastre 拖，曳，牵引，拖拉

arrastre circular 循环进位

arrastre de agua con el vapor 汽、水并发

arrastre de émbolo 活塞阻力作用

arrastre de frecuencia 频率牵引

arrastre de líquido 液体挟带作用

arrastre de líquidos en vapores 汽液挟带作用

arrastre de rozamiento 摩擦牵引力

arrastre de vapor 蒸汽挟带作用

arrastre del motor 发动机牵引

arrastre hacia abajo 下行拖曳

arrastre hidrodinámico 水动力牵引

arrastre inverso 反向牵引

arrastre lateral 侧向牵引

arrastre magnético 磁引力

arrastre por fricción 摩擦传动，摩擦牵引

arrastre por presión 压致曳力

arrebañaderas （打捞井底落物的）铁钩，铁爪

arrecife （暗）礁，礁石；石铺路；路基

arrecife aguja 尖礁，尖头礁

arrecife barrera 堤礁，障壁礁

arrecife calizo 碳酸岩礁，石灰礁

arrecife con reborde 环边礁，裙礁

arrecife coralígeno 珊瑚礁

arrecife coralino 珊瑚礁

arrecife costero 滨礁

arrecife de barra 堤礁，障壁礁

arrecife de coral 珊瑚礁

arrecife de coral u otros organismos 生物礁，生物岩礁

arrecife de pináculo 尖礁，塔礁，尖头礁

arrecife franjeante 边礁，裙礁

arrecife orgánico 生物礁

arrecife pico 尖礁，尖头礁

arrecifes de conexión provisional 点礁，补丁礁，片礁

arreglar 安排，布置；处理，办理；结算，清算，付清

arreglar al contado 现金结算

arreglar por cheque 用支票结算

arreglo 整理，排列，布置；安排，处理；结算

arreglo amistoso 协商解决

arreglo con sensibilidad distribuida 羽状模式，羽状组合地震检波器组合形式

arreglo de cinco pozos 五点井网，五点布井法

arreglo de negocios 贸易结算

arreglo de pozos 布井，井的组合方式

arreglo de sarta para pozo desviado 定向井钻具组合，斜井钻具组合

arreglo dipolo-dipolo 偶极—偶极排列，偶极剖面法

arreglo disperso 分散排列

arreglo en columna 柱形排列

arreglo en línea diagonal 对角线排列

arreglo paralelo 并联配置

arreglo pesado 加权组合

arremetida 猛攻，冲击；井涌，波至

arremetida de gas 气涌

arremetida de pozo 井涌，井喷

arremolinar 使成旋涡，使成旋风

arrendador 租赁人，出租人

arrendamiento 出租，承租；租约，租契；租金，租费

arrendante 出租人，租赁人

arrendar 出租；承租，租用

arrendatario 承租的；承租人，房客，租客

arresta-chispas 火花消除器

arrestador 制动器，制动装置；避雷器；放电器；堵漏剂

arrestador de chispas 火花消除器，火花熄灭器

arrestallamas 灭火器，火焰消除装置

arriba 向上；在上面，在高处；上面，前面

arribada 抵港；抵达；随风飘流

arricete （伸入海中的）沙洲，石滩

arriendo 出租，承租；租金

arriesgado 危险的，冒险的

arriostrado 撑牢的，支撑的；斜放着的；拉条，撑杆，支撑，支柱

arriostrado de trama en U 副斜杆，副拉杆

arriostrado longitudinal 横向支撑

arriostrado radial 径向支撑

arriostrado vertical 纵向支撑，垂直支撑，垂直剪刀撑

arriostramiento 支撑，支柱；镶齿固定法，（铰钉，锚式）固定法；固定支座

arriostramiento transversal 交叉联结，十字支撑

arriostrar （用支柱）支持，撑牢，固定；加强，加固

arrítmico 起止的；间歇的，断续的

arroba 电子邮件地址符号 @

arrojable 可抛下的，可分离的

arrojadita 钠磷锰铁矿

arrojar 扔；丢下；驱逐；喷射；散发（气味）

arrojar a la atmósfera 放空，向大气排放

arrollado 缠绕的，绕制的；绕法

arrollado con barras 条绕的

arrollado del estator 定子绕组

arrollador 绞盘，绞车；卷轴

arrollador de cable （电缆）卷轴，（电缆）络筒机

arrolladura 裂纹，裂缝，裂口

arrollamiento 卷，绕，缠绕；绕组，线圈

arrollamiento amortiguador 阻尼绕组

arrollamiento con tomas múltiples 分组线圈，多抽头线圈

arrollamiento de arranque 启动绕组

arrollamiento de barras 棒状绕组，条形绕组，绕杆

arrollamiento de compensación 补偿绕组

arrollamiento de control 控制绕组

arrollamiento de enfoque 聚焦线圈

arrollamiento de jaula 笼式绕组

arrollamiento de tambor 圆柱形绕组

arrollamiento del campo 激励绕组，励磁绕组

arrollamiento del estator 定子绕组

arrollamiento del inducido 电枢线圈，电枢绕组

arrollamiento del rotor 转子绕组

arrollamiento en anillo 环形绕组

arrollamiento en corto circuito 短路绕组

arrollamiento en tamhor 鼓形线圈，鼓形绕组，鼓形绕法

arrollamiento imbricado 叠绕组，叠绕法

arrollamiento inductor 励磁线圈，激励线圈，场扫描线圈

arrollamiento ondulado 波状绕组，波状绕法

arrollamiento primario 一次绕组，初级绕组

arrollamientos concéntricos 同心绕组

arrollar 绕，卷；（车辆等）碾压；（水、风等）卷走

arroyada 溪谷；雨水沟；（小溪）涨水

arroyadero 溪谷；雨水沟

arroyo 小溪，小河沟；（道路的）排水边沟

arroyo consecuente 顺向河

arroyo desecado 干河谷

arroyo obsecuente 逆向河，逆向流

arroyo subglacial 冰下河

arroyo subglaciario 冰下河

arroyo subsecuente 后成河

arroyo superpuesto 叠置河，上置河

arroyuelo 小河，小溪，细沟

arroz 稻米；稻谷

arroz en cáscara 带壳稻米

arrozal 稻田

arruga 波纹，皱纹，鳞纹，皱褶；（地质）褶皱

arruga de presión 压脊；冰脊

arrugamiento 弄皱，起皱；褶皱作用

arrugamiento de un estrato entre dos estratos competentes 揉皱作用；细褶皱

arrugamiento en forma de diente 细褶皱；盘回皱纹

arrugar 使起皱纹，使弄皱

arrugas de doblez 加厚端褶皱

arrugas de doblez de la varilla 抽油杆加厚端褶皱

arrugas de doblez fuerte 加厚端褶皱

arrugas en el cilindro interno 缸内加厚

arruinar 破坏，毁坏

arrumadero 装载，堆放；管子排放处

arrumado 理舱，理货

arrumaje 装货，装稳（船只）

arrumar 堆装；装载，堆放，堆积

arrumar la cabria 安装钻机

arrumar tubería 排管

arrumbamiento （船舶）航向；（地质学）走向，地形的趋向

arsenamina 砷

arseniato 砷酸盐

arseniato cálcico 砷酸钙

arseniato de cobre 砷酸铜

arseniato ferroso 砷酸亚铁

arsenical 坤的，含坤的，含砷的

arsénico 砷，砒霜；（正，含，五价）砷的，含砒的

arsénico amarillo 雌黄

arsénico blanco 亚砷酐，砒霜

arsenífero 含砷的

arseniopleíta 红砷铁矿

arseniosiderita 菱砷铁矿

arsenioso 亚砷的，三价砷的

arsenioso anhídrido 亚砷酐

arsenito 亚砷酸盐，坤华

arsenito cálcico　亚砷酸钙

arsenito de plata　亚砷酸银

arsenito sódico　亚砷酸钠

arseniurado　与砷化合的，砷化物的

arseniuro　砷化物

arseniuro de galio　砷化镓

arseniuro de indio　砷化铟

arsenobenceno　偶砷苯

arsenobenzol　阿斯凡钠明，砷凡钠明

arsenobismita　羟砷铋矿

arsenoclasita　水砷锰矿

arsenoklasita　水砷锰矿

arsenolita　砷华

arsenometría　亚砷酸滴定法

arsenopirita　毒砂，砷黄铁矿

arsina　肿，砷化氢，三氯化砷

arsonio　砷

artefacto　器具，器械；（备用）仪表，装置；
爆炸物（如地雷、爆破筒等）

artefacto de seguridad　安全设备，安全用具

artefacto físico　物理设备

artefacto para alumbrado　灯具，照明器材

artefactos de sanitarios　卫生设备

artefactos eléctricos　电器用品

arteria　动脉；交通干线；要道

arterial　动脉的；主干的，干线的，干道的

artesa　槽，凹槽；海槽，地槽；地沟，海沟

artesa axial　轴槽

artesa de amasar　揉合槽，揉合钵

artesa de cable　电缆暗渠，电缆走线槽

artesa de falla　断层槽

artesa de lavado　洗矿槽

artesa de lodo　泥浆槽

artesa flotante　浮式蒸发器

artesa neumática　集气槽

artesa para mortero　灰浆槽

artesa potencial　势能槽

artesiano　承压的，自流的；自流水

artesón　槽；镶板，镶板式平顶

artesón de caja　箱形沉箱

artesón sin fondo　开口沉箱

artesonado　镶板式顶棚，嵌板式平顶；装有镶
板的

ártico　北极的，极地的，严寒的

articulable　可以连接的，可铰接的；可以相互
连贯的

articulación　连接；接合，铰接，活节，铰支联
接；节，关节

articulación cardan　万向节，万向接合，万向
接头

articulación de bisagra　铰链连接

articulación de charnela　铰链连接

articulación de estribo　桥台接缝，坝肩接缝

articulación de horquilla　叉形接头

articulación de la clave　顶铰

articulación de nuez　球窝接合，球窝关节

articulación de reducción　异径接头，异径弯头

articulación de rótula　球窝连接

articulación de viga de celosía　眼圈接合

articulación en el vértice　顶铰，顶铰接

articulación esférica　球形结合，球窝接合，球
窝连接，球形铰链连接

articulación universal　万向节，球窝接合，球窝
关节

articulado　铰接的；用关节连接的，有关节的；
连接的

articulador　铰接的；连接的

articular　连接，铰接，用关节连接；把…分成
条款，把…分成章节

artículo　条款，条文；项目；商品，产品，成
品，制品

artículo adicional　附加条款

artículo comercial　商品

artículo de comercio　商品

artículo de consumo　消费品

artículo de fianzas　保证金条款，担保条款

artículo reservado　保留条款

artículos alimenticios　食品

artículos de cristal para laboratorio　实验室玻璃
器皿，玻璃仪器

artículos de goma　橡胶制品

artículos de importación　进口货，舶来品

artículos de primera necesidad　生活必需品

artículos de vidrio　玻璃器皿，玻璃仪器

artifacticio　人工制品的，加工的；人为现象的

artificial　人工的，人造的；模拟的，仿真的

artificio　技巧，熟巧，装置，机器；爆炸物

artinita　水纤菱镁矿

artisela　（纤维素）人造丝，人造纤维

asa　柄，把手，提手

asa de cuchara　捞砂筒上的提环

asa de izamiento　吊环

asa del achicador　捞砂筒上的提环

asa del elevador　吊卡提环，吊环

asamblea　大会，集会，议会

asamblea de accionistas　股东大会

asamblea de inversionistas　股东大会

asamblea de representantes de los empleados　职
工代表大会

asbestiforme　石棉状的，似石棉的，石棉结
构的

asbestina　微石棉，滑石棉，纤滑石

asbestino　石棉（状，性）的，不燃性的；滑
石棉

asbesto　石棉

asbesto en cartón　石棉板

A

asbestosis　石棉肺，石棉沉着症

asbolana　钴土

ascendencia　祖辈，血统；影响，权威

ascendente　上升的，向上的

ascender　上升，登高；合计，共计；晋级，晋升

ascensión　上升，升高；上翘，隆起

ascensión capilar　毛细上升

ascensión de gas　气举

ascensional　上升的，上行的，上向的

ascenso　上升，升高；晋升，提升；级别；隆升

ascenso de basamento　基底隆起

ascenso de marea　潮升

ascenso de nivel del producto　产品升级

ascenso diferente　差异隆起，差异上升

ascenso regional　区域拱起，区域拱起作用

ascenso tectónico　构造隆起，大型构造隆起

ascensor　电梯，升降机，升运机，提升机

ascensor elétrico　电梯，电力升降机

ascensor hidráulico　液压升降机，水力升降机

aseguración　保险，保险业务

asegurado　被保险人，投保人；固定的，牢固的；被保险的

asegurador　保险人，保险商，保险公司，承保人；固定装置

asegurador de correa　皮带扣，皮带卡子

aseguramiento　固定，牢固；保障，保证；保险；通行证

asegurar　使固定，使牢固；保障；给…保险

asegurar contra accidentes　保事故险

asegurar contra derrame　保渗漏险

asegurar contra incendio　保火险

asegurar contra riesgos marítimos　保海损险

asegurar la vida　保人寿险

asegurar las mercancías　保货物险

asentadera　油石

asentador　沉淀池，沉淀槽，养路工；凿子

asentador de carriles　铁路铺路工

asentamiento　沉淀，沉积；地表沉陷；(移民的) 临时定居；安置，安放

asentamiento de la parafina　蜡沉降

asentamiento espontáneo　自然沉降，自发沉降

asentamiento humano　定居点

asentamiento informal　未得到许可的定居

asentamiento inicial　初凝，始凝点

asentamiento invasor　外来者非法侵占的定居点

asentamiento isostático　均衡沉陷

asentamiento marginal　边缘住区 (指那些缺少基本的居住条件，尚不适合居住的地区)

asentamiento no controlado　违章居住区

asentamiento por enfriamiento　冷却沉陷

asentamiento por gravedad　重力沉降

asentamiento precario　条件恶劣、无基本保障的定居点

asentamiento subterráneo　地下沉陷

asentar　使不动，使不漂浮；建立，记下；商定，达成协议，把…固定在底座上，给…加底座

asentar cañería de entubación　下套管

asentar cuña　坐卡瓦，卡瓦固定

asentar el polvo　降尘，抑尘

asentar la empacadura　封隔器坐封

asentar tapón　放置塞子

asentar tubería de revestimiento　下套管

aseptizar　灭菌，消毒，防腐

aserradero　锯木厂，制材厂；(大型) 锯机

aserrado　锯齿形的；锯工，锯法

aserrado de madera paralelo a un canto　纵切 (锯法)

aserrado en inglete　斜切 (锯法)

aserrado por cuartos　径切 (锯法)

aserrado transversal　横切 (锯法)

aserrador　锯木工人，锯木者

aserradora　机锯，锯床

aserradora de marquetería　螺纹锯床

aserradora en caliente　热锯

aserradora en frío　冷锯

aserradora portátil para rieles　轻便切轨机锯

aserradura　锯缝；锯屑

aserrar　锯，锯断

aserrín　锯屑，锯末

asesor　顾问的，咨询的；顾问

asesor fiscal　税务顾问

asesor jurídico　法律顾问

asesor técnico　技术顾问

asesoramiento　提供意见；咨询，询问；(提供的) 意见

asesoría　顾问职务；顾问办公室

asesoría técnica　技术支持顾问，技术顾问办公室

asfaltado　涂上柏油的；涂柏油，铺沥青；柏油路面

asfaltador　沥青摊铺机，铺沥青机

asfaltadora　铺沥青机，沥青摊铺机，浇灌沥青装置

asfaltaje　涂柏油，铺沥青

asfalteno　沥青烯，沥青质

asfaltero (buque)　沥青运输船

asfáltico　地沥青的，含沥青的，柏油的，沥青的

asfaltita　沥青岩，地沥青石

asfalto　沥青，柏油

asfalto aislante　钢缆油

asfalto al aire　吹气沥青

asfalto anticorrosivo　防腐沥青

A

asfalto burdo　粗沥青

asfalto colado　铺地沥青（混合料）

asfalto de destilación al vapor　蒸汽蒸馏的沥青

asfalto de escorias　渣状熔岩块沥青

asfalto de fraguado lento　慢干道路沥青

asfalto de petróleo　石油沥青

asfalto de roca　天然沥青，岩沥青

asfalto del Mar Muerto　死海沥青

asfalto destilado con vapor　蒸汽吹制沥青

asfalto diluido　稀释沥青

asfalto diluido de curado lento　慢干稀释沥青

asfalto diluido de curado mediano　中凝稀释沥青

asfalto diluido de curado rápido　快干稀释沥青

asfalto diluido de endurecimiento rápido　快速硬
　化的稀释沥青

asfalto directo　渣油沥青

asfalto emulsionado　乳化沥青

asfalto fluido　稀释沥青

asfalto insuflado　吹制沥青

asfalto lacustre　湖沥青

asfalto líquido　液态沥青

asfalto líquido para caminos　铺路沥青，铺路用
　柏油

asfalto mineral　石沥青

asfalto modificado　改性沥青

asfalto nativo　天然沥青

asfalto natural　天然沥青

asfalto oxidado　氧化沥青

asfalto para techo　屋顶沥青

asfalto rebajado　稀释沥青

asfalto residual　残留沥青，残余沥青

asfalto soplado　吹气沥青

asfalto sulfonado　硫化沥青

asfalto verde　环保沥青

asfasol　地沥青胶结料，沥青水泥

asfixiante químico　化学窒息剂

asideritas　石陨星，陨石，无铁陨石

asiderito　石陨星，陨石

asidero　柄，把手，提手，供手抓的地方

asiento　座位；基座，阀座，支座；底座；沉淀
　物，沉积物；下沉，下降

asiento basculante　可下落式靠背椅

asiento cambiable de válvula　可更换式阀座

asiento colgante　（高空作业用）吊椅，（绳系吊
　板的）高空作业台

asiento cónico　斜阀（门）座

asiento corredizo　滑动座

asiento de bomba　泵座

asiento de caldera　锅炉座

asiento de cañería　套管中的尾管座圈；套管鞋
　所坐地层

asiento de chaveta　键槽，电键座

asiento de cuñas　卡瓦座

asiento de de camino　路基（表）面，路床，路
　槽底（面）

asiento de la válvula　阀座

asiento de la válvula de admisión　进气阀座

asiento de la válvula de escape　排气阀座

asiento de motor　发动机架

asiento de resorte de válvula　阀簧阀座

asiento de sello　密封座

asiento de tubería　套管中的尾管座圈；套管鞋
　所坐地层

asiento de válvula　阀座

asiento de válvula de seguridad　安全阀座

asiento del resorte　弹簧座

asiento insertado de válvula　插入式阀座

asiento para chaveta　销槽

asignable　可分配的，可指定的，可转让的

asignación　分配，分派；指定，确定；任命，
　指派；薪金，分配到的金额

asignación a la reserva　拨入储备

asignación de carga de desperdicios　污染物允许
　排放量

asignación de fondos　拨款

asignación de ruta　规定路线

asignado　给定的，指定的，分配的

asignador　委托人

asignar valor　赋值

asignatario　遗产承受人

asignatura　学科，科目，课程；（讨论，研究，
　实验的）对象

asimetría　不对称（性，现象），不平衡（度）

asimétrico　不对称的，不平衡的，不齐的

asimilabilidad　同化性，可吸收性

asimilable　可同化的，可吸收的

asimilación　同化，同化作用，吸收，吸收作用

asimilación ambiental　环境的同化作用，环境的
　吸收作用

asimilación de hidrógeno　氢的吸收

asimilar　同化；使相似；使同化

asimilativo　有吸收力的；有同化力的

asimilatorio　吸收的，同化的

asincrónico　不同时的；异步的，非同步的，不
　同期的

asincronismo　异步性；时间不同，不同时性，
　时间不一致

asíncrono　异步，非同步

asintonizar　解调，去谐

asíntota　渐近曲线

asintótico　渐近线的，渐近的

asir　抓住，抓紧，抓牢

asismicidad　抗震性，耐震性

asísmico　无震的，非震的；抗震的，耐震的

asistencia　出席，参加，到场；援助，帮助，辅
　助；医疗

A

asistencia económica 经济援助

asistencia médica 医务治疗，医疗

asistencia médica gratuita 公费医疗

Asistencia Recíproca Petrolera Empresarial Latinoamericana (ARPEL) 拉丁美洲石油公司互助协会，拉美国家石油互助协会

asistencia social 社会救助

asistencia técnica 技术援助

asistencias 救济物资，生活费，津贴

asistente 出席的；助理的，辅助的；出席者；助理，助手

asistente de supervisor 监督人助手，监督人助理

asistente del gerente 经理助理

ASO (acuerdo de servicios operativos) 作业服务协议，操作服务协议，英语缩略为 OSA (Operating Services Agreement)

asociación 联合；协同，合作；社团，协会，联合会

Asociación Americana de Contratistas de Perforación de Pozos Petroleros (AACPPP) 美国钻井承包商学会，英语缩略为 AAODC (American Association of Oil well Drilling Contractors)

Asociación Americana de Geólogos de Petróleo (AAGP) 美国石油地质学家协会，英语缩略为 AAPG (American Association of Petroleum Geologists)

Asociación Americana de Higiene Industrial (AAHI) 美国工业卫生学会，英语缩略为 AIHA (American Industrial Hygiene Association)

Asociación Americana de Prueba de Materiales (AAPM) 美国材料试验协会，美国材料试验学会，英语缩略为 ASTM (American Society for Testing Materials)

Asociación Americana del Gas (AAG) 美国天然气协会，英语缩略为 AGA (American Gas Association)

Asociación Americana Independiente de Petróleo (AAIP) 美国独立石油协会，英语缩略为 IPAA (Independent Petroleum Association of America)

Asociación Británica de Alquitrán para Carreteras (ABAC) 英国公路沥青学会，英语缩略为 BRTA (British Road Tar Association)

Asociación Británica de Normas (ABN) 英国标准学会，英语缩略为 BSA (British Standards Association)

asociación calificada 有资质的学会

asociación comercial 商会

Asociación de Conservación Ambiental de la Industria Petrolera Internacional (ACAIPI) 国际石油工业环境保护协会，英语缩略为 IPIECA (International Petroleum Industry Environmental Conservation Association)

asociación de consumidores 消费者协会

asociación de crédito 信贷联盟

asociación de las compañías para asistir licitación 投标商协会

asociación de minerales 矿物共生组合，矿物共生

asociación estratégica 战略联盟

asociación interespecífica 种间联合

Asociación Internacional de Contratistas de Perforación (AICP) 国际钻井承包商协会，英语缩略为 IADC (International Association of Drilling Contractors)

Asociación Internacional de Contratistas Geofísicos (AICG) 国际地球物理承包商协会，英语缩略为 IAGC (International Association of Geophysical Contractors)

Asociación Internacional de Salud Ocupacional (AISO) 国际职业卫生协会，英语缩略为 IOHA (International Occupational Hygiene Association)

Asociación Nacional de Fabricantes (ANF) 全国制造商协会，英语缩略为 NMA (national manufacturers association)

Asociación Norteamericana de Libre Comercio (ANLC) 北美自由贸易协会，英语缩略为 NAFTA (North American Free Trade Association)

asociación sedimentaria 沉积组合

asociación sindical 工会

asociado 联合的，合伙的；会员，合伙人

asociativo 联合的，合伙的；相关的；协会的；结合的

asoleamiento 晒，日晒，日晒作用

asolvamiento 管道淤塞；堵塞，堵塞管子或孔隙等

asomo 露出(地面的部分)，露头；迹象，苗头

asonancia 符合，一致；谐和，共鸣

ASP(Alkalino/surfactante/polímero) (碱—表面活性剂—聚合物)三元复合驱，ASP

aspa 叉形木架；X形木架；X形符号；叉状物，X状物；绕线架；(矿脉的)交错点

aspadera 绞盘，绕线架

asparagolita 黄绿磷灰石

aspas 交叉联结，十字支撑

aspas flojas 叶片松动

aspas vibrantes 叶片振颤

aspeador 卷取机，拆卷机

aspecto 样子，外表；外观，景象；方面，侧面

aspecto de rocas sedimentarias en aguas poco profundas 浅海沉积岩相

aspecto de topografía 地貌

áspero 粗糙的，不光滑的；崎岖的，凹凸不平的

asperón 砂石，砂岩；(天然)磨石，砂轮

asperosidad 粗糙度，不平度；凹凸不平

aspersión 洒水，喷洒（法）

aspersor 喷灌器；喷雾器

aspersorio 喷灌器；喷雾器；洒水器

aspillar 测量（容器里的液体）

aspillera （墙壁上的）射击孔，枪眼；风道

aspiración 吸入，吸出，吸取，抽吸

aspiración de la bomba 泵吸入

aspiración de polvo 吸尘

aspiración del émbolo 活塞吸入

aspirador 吸尘器；抽气器，抽风扇，吸气泵，气吸管道；吸液器

aspirador de aire 排气机，抽风机

aspirador de gas 抽气机

aspirador de polvo 吸尘器

aspirador de tiro （锅炉）通风烟窗，吸风机

aspiradora 吸尘器；抽吸装置

aspirante 吸入的；申请人，谋求者，候补人员

aspirar 吸入，抽；要求，渴望

aspiratorio 吸气的，吸入的

aspirina 阿司匹林，乙酰水杨酸

aspite 火山，火口

asquete de gas 气顶

asquístico 未分异的，非片状的

asquistita 未分异岩，未分岩

ASSA（asuntos de salud, seguridad y ambiente）健康、安全和环境问题，英语缩略为 SHEA（Safety,Health and Environment Affairs）

ASSE（Sociedad Americana de Ingenieros de Seguridad）美国安全工程师学会，英语缩略为 ASSE（American Society of Safety Engineers）

ASSO（administración（ley）de seguridad y salud ocupacional）职业安全与健康法案，英语缩略为 OSHA（Occupational Safety and Health Act）

astaticidad 无向性，不稳定性

astático 无定向的，不恒定的，不稳定的

astatización 无定向化，无定向作用，非稳定性

astatizar 无定向化

ástato 砹

astenolito 熔岩浆体

astenosfera 软流圈，岩流圈

asteria 星彩石；星彩性

asterisco 星号（*），星状物

asterismo 星点，星群，（三）星标；星彩性，星状图形

asteroidal 星状的，小行星的

asteroide 星形曲线；小行星

astigmático 像散的，散光的，乱视的

astigmatismo 散光；像散性；像散现象

astigmatizador 散光镜

astil 柄，把手；天平杆，秤杆；（器物的）脚，支腿

astilar 无柱式的

astilla （木头、石头等）碎片；碎石

astilla de piedra 碎石

astilladura 裂成碎片，破裂，裂开

astillamiento 裂成碎片，破裂，裂开

astillar 使裂成碎片，使成碎屑，破裂，裂开

astillero 架台，管架，管排；造船厂，修船厂，船坞；木料场

astillero de construcción 造船厂

astillero de torre 钻井架管架，管排，钻井架二层台

astilloso 易裂的，裂片的，碎裂的；多碎片的

astrakanita 白钠镁矾

astralón 透明塑料，有机玻璃

astricción 限制，束缚；收敛作用，收敛，收缩

astrictivo 收敛性的，使收缩的，收缩性的

astringencia 收敛性，收敛作用；涩味

astringente 收缩的，收敛性的；收敛药，收敛剂

astroblema 陨星坑

astrofilita 星叶石

astroide 星形线

astrolabio 等高仪；星盘

astrolabio prismático 棱镜等高仪

astrolito 陨石

asumir 担任；承担；承认，接受

asumir la total responsabilidad 承担全部责任

asunto 事情，事务；营业，生意

asunto de trámite 事务性工作

asunto jurídico 法律事务

asunto público 公务

asunto urgente 当务之急；紧急事务

At 元素砹（astato）的符号

atabe （水管的）出气孔

atabladera 耙；刮路机

atacable 易受腐蚀的，易受浸蚀的；可起变化的

atacadura 扣紧，系好，系紧；阻塞，塞满

atacamita 氯铜矿

atacar 装填，填实（炮眼等）；把…填满压紧；攻打，进攻；侵害；破坏；扣紧，系好，系紧

atacarga 扎紧装置，扎紧管子的装置

atáctico 不规则的；无规的，无规立构的

atado 束缚的，被捆着的；捆，束，包

atador de carga 扎紧装置，扎紧管子的装置

atadora 打捆机

atadura 束缚，捆缚，系，拴；绳，索，带，捆扎用品

atadura de carga 货物捆扎用品

ataguía 围堰

ataguía aguas abajo 下游围堰

ataguía aguas arriba 上游围堰

ataguía de doble pared 双壁围堰

ataguiar 设立围堰

atajadizo 隔墙，隔板，隔开物

atajador 制动器，制动装置

atajar 抄近路；赶时间；拦截；阻塞；分割，分隔

atajo 近路，小道；捷径；切开；分割；分隔

atalaya 瞭望塔，岗楼，瞭望哨

atalayero 瞭望哨

ataludadora 内坡机，刮沟刀

ataludar 使（墙、土地）有坡度

ataluzar 使倾斜，使成斜坡，使有斜度

atanor 管道，水管

ataque 攻击，侵袭，（化学）腐蚀

ataque al ácido 浸蚀（加工），腐蚀加工，酸洗

ataque corrosivo 腐蚀（作用）

ataque de trueno 雷击

atar 捆，绑，拴，系，把…联系在一起，联结

atar con correas 用带子系（捆、扎、扣）好

atarazana 船坞

atarquinamiento 淤积，淤填，淤塞，淤泥沉积

atarquinar 使积满淤泥

atarrajar 刻螺纹于…，在…里面刻出螺纹

atascado 被堵住的，被阻塞的，被卡住的，塞满的

atascador 夯锤，捣锤，（炉用）推出机，（压力泵）柱塞，（压力机）压头

atascadura 装填，填塞物；夯实，捣固；填压法

atascamiento 堵塞，梗塞，交通堵塞，阻塞；卡钻

atascamiento de la sarta de perforación 钻杆卡钻或遇阻

atascar 堵塞（缝隙、小孔等），堵住（管道）；妨碍，阻碍

atasco 阻塞，堵塞，梗塞，交通堵塞；障碍，障碍物

atasco por gas 气栓，气塞

atasque 遇阻，遇卡，卡钻

ataviento 锚桩，绳锚，埋桩

ataxia 不协调，不整齐，运动失调，混乱，无秩序

atáxico 不整齐的，无秩序的

ataxito 镍铁陨石

atectónico 非构造的

atemperación 缓和，平息，冲淡；适应；调节；平衡；回火

atemperación del aire 空气中回火

atemperador 温度控制器，恒温箱，减热器，保温水管；中子能量调节器

atenuación 减弱，衰减，衰耗，变薄，变细，减轻，缓和

atenuación acústica 噪声衰减；声衰减

atenuación armónica 谐波衰弱

atenuación atmosférica 大气衰减

atenuación de distancia 距离衰弱

atenuación de espacio 空间衰弱

atenuación de imagen 图像衰减

atenuación de inserción 插入损耗

atenuación de microondas 微波衰减

atenuación de ruido 消除噪声，减少噪声，抑制噪声

atenuación del sonido 声衰减

atenuación equivalente de nitidez 等效清晰度衰减

atenuación óptima 最佳衰减，最佳阻尼

atenuación por interacción 互作用损耗

atenuación radio 射电衰减

atenuado 减弱的，衰减的；变细的，变薄的

atenuador 衰减器，衰耗器，遮光玻璃；增益调整器；减振器；屏蔽材料

atenuador automático 自动衰减器

atenuador de microondas 微波衰减器

atenuador de pistón 活塞式衰减器

atenuador fijo 固定衰减器

atenuador variable 可变衰减器

atenuante 稀释剂，衰减剂

atenuar 减轻，减弱

atermal 无热的，温的

atermalizar 使绝热

atermancia 不透辐射热性

atérmano 隔热的，不导热的

atérmico 隔热的，不导热的

aterrajado 攻丝，刻螺纹

aterrajador 螺纹加工机

aterrajador de tubos 管螺纹加工机，管螺纹机

aterrar （用土）埋，盖，堆（废渣）；靠岸，着陆

aterrizador 底架，飞机脚架，起落架，支重台车

aterrizaje 着陆，降落

aterrizaje de emergencia 紧急着陆

aterrizaje forzado 迫降

aterrizaje instrumental 盲目降落，仪表着陆

aterrizaje suave 软着陆

aterrizaje violento 硬着陆

aterrizar （飞机）着陆，降落；消磁

aterronar 使成块，使成土块

atesado 紧的，拉紧的

atesador 加劲杆，加强杆

atesador de correa 皮带张紧装置，皮带伸张器

atesar 使变紧，上紧；加密，固定，密闭，隔离

atibar 填满（矿井里的洞、坑）

atierre 塌方，塌陷，（塌方后的）矿渣，瓦砾

atierres 脉石

atiesar 使（变）硬，使（变）强劲，（使）变紧，固定

atíncar 硼砂, 硼酸钠

atirantado 撑牢的, 拉牢的, 支撑的, 拉紧的

atirantamiento 支撑, 支持（物）, 撑杆, 系杆, 肋材; 拉紧

atirantar 把…拉紧, 把…绷紧; 用桁架支撑

atizador 拨火棒, 通铁棒, 火棍

atmidometría 蒸发测定（法）

atmidómetro 蒸发计, 汽化计

atmólisis 微孔分气法

atmología 力汽学, 水蒸气学

atmometría 蒸发测定（法）

atmómetro 蒸发计, 蒸发表, 汽化计

atmósfera 大气层, 大气圈, 大气; 环境, 气氛; 大气压（压强单位）

atmósfera controlada 受控大气

atmósfera métrica 国际度量衡制气压, 公制气压

atmósfera normal 标准大气压, 标准大气, 常压

atmósfera protectora 保护气, 保护介质

atmósfera standard 标准大气压, 标准大气, 常压

atmósfera absoluta 绝对大气压

atmósfera estándar 标准大气压, 标准大气, 常压

atmósfera exterior 外层大气

atmósfera inestable 不稳定大气

atmósfera superior 高层空气, 高空

atmósfera técnica 工程大气压

atmosférica 大气干扰, 静电干扰

atmosférico 大气（压）的, 大气层的, 空气的, 常压的

atoaje （船舶）拖曳, 牵引

atochar 装满, 填高, 淤塞, 淤积

atol 环礁, 环状珊瑚岛

atolladero 泥潭, 泥坑, 烂泥地; 困境, 死胡同

atolón 环礁, 环状珊瑚岛

atomicidad 原子数; 原子价; 化合价

atómico 原子的; 原子能的; 原子武器的; 分裂为原子的

atomización 雾化（法）, 喷雾（作用）; 粉化（作用）; 原子化

atomizador 喷雾器, 雾化器; 原子化器

atomizador centrífugo 离心雾化器

atomizador de aceite 油雾喷射器

atomizador de aerosoles 气溶胶罐; 喷雾罐; 喷漆罐

atomizador de pintura 喷漆枪

atomizador por ultrasonido 超声波雾化器

atomizar 使分裂成原子; 把…喷成雾状, 使雾化; 把…分割开来; 分散

átomo 原子; 微粒; 微量

átomo de carbono cuaternario 季碳原子

átomo de carbono terciario 叔碳原子

átomo trazador 示踪原子

átomo-gramo 克原子

átomos de halógeno 卤族原子

atopita 氟锑钙石

atorado 塞满的, 被堵塞的, 被卡住的

atoramiento 阻塞, 堵塞, 闭合; 障碍物

atorar 堵塞, 阻塞

atornillado 用螺钉拧住的, 用螺钉固定的

atornillador 螺丝刀, 改锥

atornilladora 攻丝机

atornilladora mecánica 螺丝加工机床

atornillar 拧（螺钉）; 用螺钉拧住, 用螺钉拧牢; 攻丝

atóxico 无毒的, 非毒物性的

atracada （船舶）靠岸, 停靠

atracadero 停泊处, 停靠处, 码头

atracar 靠岸, 停岸

atracción 吸引力; 引力

atracción capilar 毛细管引力

atracción cohesiva 内聚力

atracción de la gravedad 地球引力, 重力, 重力引力

atracción eléctrica 电引力

atracción electrostática 静电引力

atracción gravitatoria 万有引力

atracción interiónica 离子间吸力

atracción local 局部吸引

atracción magnética 磁吸引, 磁引力

atracción mecánica 机械引力

atracción molecular 分子引力, 分子吸引力

atracción mutual 互相吸引, 相互引力

atracción newtoniana 牛顿引力

atracción nuclear 核引力

atracción química 亲合力

atracción universal 万有引力

atractivo 有吸引力的, 有力的; 引起注意的

atractriz （物理学）有吸引力的

atraer 吸引; 引起（注意、兴趣等）

atraer inversiones privadas 吸引私人投资

atrancado 卡塞的, 被卡住的, 卡住的

atrancar 把（门、窗）闩上; 把（路）封上; 堵塞, 卡住

atranco 泥潭, 泥坑; 堵塞; 困境

atrapador （机械手）抓手; 收集器, 捕集器; 闸门, 阀门

atrapador de agua 阻汽排水阀

atrapador de mandíbulas 颚式夹钳

atrapador de ondas 陷波器

atrapador de polvo 集尘器; 采花粉器

atrapadora de agua 凝汽器

atrapadora de arena 原油除砂器; 构筑隧道的

A

工人

atrapamuestras 岩心爪，岩心提取器，岩心抓，岩心捕捉器

atrapanúcleos 岩心爪，岩心提取器，岩心抓，岩心捕捉器

atrapar 捉住，捕获；圈闭

atrapatestigos 岩心爪，岩心提取器，岩心抓，岩心捕捉器

atraque 靠岸，停靠；停靠码头；对接

atrasado 落后的；延误的；迟到的；拖欠的

atrasado de pago 逾期支付的，延期支付的

atrasar 推迟，延期，推后；落后，落在后面

atraso 落后（状况）；（钟表）慢；拖欠，延误

atraso de imantación 磁滞

atraso de la chispa 点火滞后，延迟点火

atraso del encendido 点火滞后，延迟点火

atraso histerético 磁滞

atrasos 欠款，到期未付的款，未付清款项的尾数；待完成之工作

atravesado 横放着的，横着的；被刺穿的，打穿的

atravesar 横跨，横穿；穿过

atravesar carretera con tubería direccional 管道定向穿越公路

atravesar río con tubería direccional 管道定向穿越河流

atraviesamuros 绝缘瓷管

atrazina 阿特拉津，莠去津（一种除草剂）

atribuir 归因于，归咎于；具有，认为是

atributo 属性，特性，品质

atributo de alineación 列线属性

atrición 磨蚀，磨耗作用

atril de pruebas 试验架

atrincheramiento 堑壕，防御设施，挖壕沟

atritus 暗煤质

atritus opaco 不透明杂质煤

atropellar 碾过，踩过；推开，推倒

atruchado 斑点状的；（生铁表面）像鲑鳟鱼皮的

atutía 未经加工的氧化锌；氧化锌软膏

audesita 安山岩

audibilidad 听力，可闻度，可听性

audible 可听的，听得见的

audición 听觉，听力，试听，试演

audiencia 正式会见，接见；听众，观众；（法院的）审讯；地方法院

audífono 耳机，收话器，助听器

audio 音频；可听声

audioamplificador 声频放大器

audiofrecuencia 声频，音频

audiograma 闻阈图，听力图，听力敏度图

audiómetro 听力（听度，音波，测听）计，声音测量器

audiomonitor 监听器，监听设备

audión 三级检波管，三极管

audiooscilador 声频振荡器

auditivo 听力的，听觉的

auditor 审计员，查账员；法官，陪审员

auditoría 法官职务，审计员职务；审计，查账

auditoría a plazo fijo 定期审计

auditoría ambiental 环境审核，环境稽核认证，环境审计

auditoría contable 审计

auditoría de energía 能源审计

auditoría de seguridad STOP™ STOP 卡安全报告

auditoría del sistema de gestión ambiental 环境管理体系审核，英语缩略为 EMSA (Environmental Management System Audit)

auditoría detallada 详细审计

auditoría para la inspección de efectivo 现金检查审计

auganita 辉安岩，无橄玄武岩

auge 极点，顶点；极盛期；远地点

augelita 光彩石

augita 普通辉石，辉石，斜辉石

aumentable 可增长的，可扩张的，可提高的

aumentación 增大；扩张，增广

aumentador 增压器，助力器，加力装置；放大器；加强剂

aumentador de densidad de lodo 泥浆加重剂

aumentador de octanaje 辛烷增效剂

aumentador de pozo 钻井液加重剂

aumentador de presión 升压器，增压器

aumentador de viscosidad 增黏剂，加稠剂

aumentador de viscosidad de lodo 泥浆加稠剂

aumentar 增加，增长，增强；提高

aumentar a máxima capacidad 能力最大化

aumentar a máximo beneficio 利润最大化

aumentar de espesor 变厚，增加厚度

aumentar el espesor de la boca de tubos 油管端部加厚，油管端部增加厚度

aumentar la escala 增大比例，增加规模

aumentar la estrangulación 减小油嘴，减小油流

aumentar la lubricación 提高润滑性

aumentar la sensibilidad de un gravímetro 提高重力仪的灵敏度

aumentar máximo rendimiento 效益最大化

aumento 增加，增大，扩大，放大（率，倍数，能力）；上涨，提高

aumento abrupto en la tasa de penetración 穿透率激增，穿透率骤增

aumento de la cobertura forestal 增加森林覆盖面积

aumento de la demanda 需求增加

aumento de la productividad 提高生产率

aumento de los cultivos　增加作物种植面积
aumento de presión　压力升高
aumento de temperatura　温度上升
aumento de tipo de descuento　提高贴现率
aumento de valor　升值
aumento de viscosidad　黏度增加
aumento de volumen de producción　产量增加
aumento del consumo de combustible　燃料消耗增加
aumento del rigor de las normas　法规苛度增加
aumento en el nivel de tecnología　提高技术
aumento gradual del espesor de un estrato　地层厚度逐渐增大
aumento progresivo　递增，逐渐增加
aumento proporcional　递增，按比例增加
aumento súbito　激增，骤增
aumento súbito de la corriente　电流骤增
aurato　金酸盐
aureola　光轮，日晕，月晕；接触带
aúrico　（含，正，三价）金的
auricular　耳的，听觉的；耳机，听筒，受话器，收话器
aurífero　含金的，产金的
aurígeno　含金的，产金的
aurora　曙光，朝霞，晨曦，极光
auroso　（含，亚，一价）金的
ausencia　缺席；缺少，缺失
ausencia de información　缺失信息
ausencia injustificada al lugar　无故旷工，无故缺席
auspiciador　赞助商
auspicio　赞助；保护；主办；发起；征兆
austenita　奥氏体，碳丙铁
austenítico　奥氏体的
austenitización　奥氏体化
austeridad　节俭；紧缩；严厉
austeridad de crédito　信贷紧缩
austeridad de efectivo　现金压缩
austral　南半球的；南极的；南方的
australita　澳大利亚玻陨石
autarquía　经济独立，自给自足；绝对主权
autárquico　经济独立的，自给自足的；绝对主权的
auténtico　真的；确实的；可靠的，可信的；权威性的
autentificación　证实，证明，鉴定，认证
auticlástico　自碎的，原地破碎的
autigénico　内源的，内生的，自生的，本源的
autígeno　自生
auto-　前缀，意为"自身"、"自动"
autoabastecimiento　自足，自给自足
autoabsorción　自吸收
autoaccesorio　汽车附件

autoaceleración　自动加速
auto-activación　自动活化，自体促动作用
autoactuante　自动的，自作用的
autoadherente　自动粘接的，自粘的
autoalarma　自动报警
autoalineamiento　自调整，自定位
autoamortizable　自偿的，能迅速生利的
autoanalizador　自动分析器
autoanticuerpo　自身抗体
autoapoyo　自支撑结构
autoarrancador　自启动器
autobalanza　自动平衡（器）
autobarredora　街道清扫车
autobasculante　自动倾卸，自动卸料，自动卸载
autobias　自动偏移
autobiología　个体生物学
autobloqueante　自锁定的，自动锁定的，自锁合的
autobloqueo　自猝灭
autobote　汽艇，汽船
autocamión　载重汽车，卡车
autocarga　自具电荷；自装
autocargador　自动装载机，自动装卸车，自动装填器，自动送料机
autocartógrafo　自动制图仪，自动测图仪
autocatálisis　自动催化
autocatalítico　自催化的，自动催化的
autocebado　再启动，重新启动
autocentrador　自动定心卡盘
autoclástico　原地破碎的，自碎的
autoclausurante　自闭合的，自接通的
autoclave　高压灭菌器；蒸汽灭菌器，消毒蒸锅；高压锅；加压凝固室；蒸汽脱蜡罐；蒸压釜，耐压罐
autocohesor　自动粉末检波器，自动凝屑检波器
autocolimación　自动准直，自动对准，自动照准
autocolimador　自动瞄准仪，自动照准仪，自动准直管，自准直望远镜
autocompensación　自动补偿
autocondensación　自冷凝
autoconducción　自动传导，自体导电法
autoconmutador　自动交换机
autocontrol　自动控制
autoconvección　自动对流
autoconvertidor　自动变换器，自耦变压器
autocopista　复印机
autocorrección　自动校正
autocorrelación　自相关作用，自动交互作用
autocromo　彩色照相胶片，天然色照相胶片，彩色照片，彩色底片，投影底片，感影片；有彩色的，彩色照相的
autóctono　本地的，原地的，本处发生的；土

著的，固有的；本地人，土著人；原地岩，土著生物

autodefensa　自卫

autodegradable　可自我降解的

autodepuración　自动净化，自净作用

autodepuración natural　自净能力

autodesarrollo　自我发展

autodifusión　自行扩散，自弥漫

autodino　自差的，自拍的；自差，自拍，自差接收器，自差收音机

autodosificación　自动投配，自动配料

autodrenante　自动排泄的；自排水的

autodual　自对偶

autoecología　个体生态学

autoelevable　可以自动升起的，自升的

autoelevadizo　可以自动升起的，自升的

autoelevador　自动升降机，自动电梯

autoeliminación del légamo　自动脱泥

autoemisión　自动电子放射，自动发射，自动辐射

autoencendido　自发点火，预点火，提前点火

autoenclavador　自动锁定的

autoendurecedor　自动硬化的，空气硬化的

autoenfriamiento　自然冷却，自行冷却

auto-enfriamiento　自然冷却，自行冷却

autoengrasador　自动润滑器

autoequilibrador　自动平衡的，自动补偿的

autoestanco　自动封接的，自动封闭的

autoexcitable　自励的，自激的

autoexcitación　自激，自励磁

autoexcitador　自励发电机；自励的，自激的

autoexposición　（曝光时间）自动调节装置

autoextinción　自猝，自熄灭，自淬火；自动抑制

autofermentación　自发酵，自发酵作用

autofiltrador　自滤的，内部过滤的

autofinanciación　资金自给，自供资金

autofinanciamiento　自筹资金，资金自给；经济核算

autofocador　自动聚焦器

autofundente　自熔的，自助熔的

autogenerador　自生的，自己发生的

autogenésico　自生的，自成的

autogénesis　自生论，自然发生；自热

autogenético　自生的，自成的

autógeno　自生的，偶生的；自热的；自焊的，自熔的

autogestión　自行管理

autogiro　自转旋翼飞机，直升机；自动陀螺仪

autografía　自动测图，自动描绘，自动记录；笔迹

autográfico　自动绘图的，自动记录的；亲笔的，自署的

autógrafo　自动绘图仪；亲笔的

autoheterodina　自差线路收音机；自差，自拍

autoignición　自燃，自动点火

autoimpedancia　自阻抗，固有阻抗

autoindexación　自动变址

autoinducción　自动感应，自感应

autoinductancia　自身电感

autoinductivo　自动感应的

autoinductor　自感线圈，自感应器

autoinflación　自动充气，自动膨胀

autoinflamación　自燃

autointerferencia　自身干扰

autointoxicación　自身中毒

autoionización　自电离，自体电离，自电离作用

autolavado　洗车；（自动）洗车设备

autolavadora　自动洗涤机，自动擦洗机，自动洒水车

autolimpiador　自动清洁器

autolimpiante　自动冲洗的

autólisis　自溶（作用，现象），自体分解

autólisis　自溶作用，自溶现象，自体分解

autoluminescencia　自发光

automación　自动化，自动装置，自动操作

autómata　自动装置，自动机，自动监控器；机器人；自动售货机，自动售票机

automática　自动学，自动化技术；机器人（学）

automaticidad　自动性；自动化程度，灵巧度

automático　自动的，自动化的；自动装置；子母扣，摁扣

automatismo　自动性，自动作用；机器人属性

automatización　自动化，自动控制，自动调节

automatógrafo　自动记录器，点火检查示波器

autometamorfismo　自变质作用

automezclador　汽车式拌和机，混凝土拌和车

automicrómetro　自动千分尺

automoción　机械学，汽车学；汽车业

automodulación　自调制

automonitor　自动监控器，自动监测器

automotor　自动推进的，机动的，汽车

automotriz　自动的，机动的

automóvil　自动的，汽车的；汽车，自动车；车辆

automóvil blindado　装甲车

automóvil camión　运货（载重）汽车，载重汽车，卡车

automóvil de electricidad　电动汽车

automóvil de paseo　游览车，旅行汽车

automóvil ecológico　环保汽车

automóvil eléctrico　电动汽车，电动车

automóvil en circulación　通行车辆，营运车辆

automóvil pequeño　轻便货车，小汽车

automultiplicación　自动增值，自动增生

automultiplicación de fuerza　能量自动增值

autonivelador　自动平地机

autonomía　自治（权），自主性，自发性，自律；续航力，续航时间

autonómico　自治的，自主的，自己管制的

autónomo　自治的，享有自治权的，自主的

autooscilación　自振荡，自摆

autooscilador　自激振荡器

autooscilante　自激振荡的，等幅振荡的

autooxidación　自动氧化，自身氧化

autopista　高速公路

autopista informática　信息高速公路

autopolar　自配极的

autopolarización　自动偏移

autopoliploide　同源多倍体

autopotencial　自位势，自然电位，本征位势

autopropulsado　自动推进的，自走式的，自行的

auto-propulsado　自动推进的，自励的

autopropulsión　（机器的）自动推进；自己启动

autoprotección　自保护，自行保护

autoprotectivo　自保护式的

autopurificación　自净能力

autoregulación　自动调节

autoremodelación　自我改造

autoridad　权力（限，威），职权；当局，官方；管理局

autoridad internacional de los fondos marinos　国际海床管理局

autorización　授权；准许，许可，认可；批准，允许；许可证

autorización de exportación　出口许可证

autorización especial　特许，特别许可证

autorización legal　授权书

autorización para la ocupación del territorio (AOT)　土地占用许可证

autorizado　核准的，委任的，许可的；公认的，有权威的

autorizador　授权人；批准人；核准人

autorradar　自动跟踪雷达

autorradiografía　放射同位素显迹图；自动射线照相术；射线显迹法，放射自显影法

autorradiográfico　自动射线的，放射自显影的，放射性自身照相的

autorradiógrafo　自动放射照相法，自动射线照相，X光摄影，射线自显迹，自动自显影

autorradiograma　自动射线照相，自动射线摄影，放射自显影

autorreactor　自动反应器

autorreducción　自动还原

autorregulación　自动调节，自体调节

autorregulador　自调节的

autorriel　（单节）机动有轨车

autorrotación　自转，自动旋转

autosaturación　自饱和

autosellado　自动密封的；自行封口的

autosincronización　自动同步，自动整步

autosincronizante　自动同步的

autosíncrono　自动同步的

autosoma　常染色体，正染色体

autosostenimiento　自力更生

autosuficiencia　自给自足

autosuficiente　自给自足的

autotanque　油槽汽车，运液体汽车

autotécnica　汽车工程

autotécnico　汽车工程师

autotemplable　自身回火的，自动硬化的

auto-templable　自动硬化的，空气硬化的

autotetraploide　同源四倍体；同源四倍体的

autotransformador　自耦变压器

autotransmisor　自动传送机，自动发报机

autotrofía　自养，无机营养，自养性营养

autotrófico　自养的，无机营养的，自给的

autótrofo　靠无机物质生存的；自养的；自养生物

autotropismo　自向性，自养

autoverificador　自检，自校验

autovía　单节机动有轨车

autovolquete　自动倾卸车，自动翻斗车

autoxidación　自动氧化

autoxidador　自动氧化剂

Autuniense　奥顿阶（位于西欧的法国，相当于早二叠世早期）

autunita　钙铀云母

auxiliar　辅助的，附属的，次要的；副的；补充的，备用的；辅件，辅助设备；辅助人员

auxiliar filtrante　助滤剂

auxocromos　助色团

aval　（票据等的）背书，担保签名；担保；担保书

aval de oferta　投标保证书，投标保证金

avalador　作保人，担保人

avalancha　冰崩；雪崩；岩崩；崩塌

avalancha de escombros　岩屑崩落，岩屑滑动，岩屑滑移

avalancha de polvo　尘崩

avaluación　评价，鉴定；估价；估定的价格

avaluador　估价师，评价人

avaluar　估价；定价，计价，标价

avalúo　评估，定价，标价，估价

avalúo de mineral　矿物分析

avance　前进，推进；进展；提前，超前量；进料，馈送，馈给；预付款项

avance a mano　人工加料，人工进料，人工馈送

avance angular　角距

avance automático 自动送料，自动进料

avance de fase 相位超前

avance de frente 前缘推进

avance de glaciar 冰川推进，冰川扩展

avance de hielo 冰侵

avance de la admisión 进气导程；提前进气

avance de la chispa 提前点火，超前点火

avance de la perforación 钻进

avance de las aguas marginales 边水侵入

avance de línea 换行，走行

avance de penetración 钻孔进度

avance de peso 重力给料，自流喂送装置

avance de profundidad 全面进给法，横向进给（磨削）

avance de una interlínea 换行，走行

avance del desierto 沙漠蔓延

avance del encendido 提前点火

avance del escape 排气导程；提前排气

avance diario de perforación 钻井日进尺

avance fijo 恒定超前

avance frontal (AF) 前缘推进

avance glacial 冰川推进，冰川扩展

avance longitudinal 纵向送进，平行进给

avance manual 人工馈送，人工加料

avance normal 正常推进，正常进行

avance por piñón y cremallera 齿条齿轮传动

avance radial 径向进给，径向馈给

avance reciente 最新进展

avance transversal 横向送进，交叉进给，交叉供电

avanzada de onda 波前，波阵面

avanzado 先进的，进步的，走在前面的；（表示一个过程）后阶段的，晚期的

avanzar 前进，向前移动；进展，发展；预付，预支

avanzar de acuerdo con el cronograma planteado 按预定程序进行，按预定程序推进

avanzar la perforación 打钻，钻进

avellanado 扩钻成埋头孔，打埋头孔；埋头孔，钻口孔

avellanador 埋头钻，锥口钻，梅花钻

avellanar 锥形扩孔，打埋头孔

avenadora 喷砂机

avenamiento 排水，排泄，排空

avenamiento radial 辐射状排水系统

avenar 开沟排水，排水

avenida 大街，街道；大水，洪水

avenimiento 调解，和解，达成协议，取得一致；同意，接受

avenir 调解，调停，和解

aventador 扇子，蒲扇；橡皮阀门

aventadora 风选机，通风机

aventajar 赶上，超过，胜过，使处于优先地位

aventamiento 通风，送风；吹散，吹走；风选

aventurina 砂金石（一种含铁的长石），金星玻璃（一种嵌有黄铜粉的茶色玻璃）

avería （机器设备等的）故障，损坏；（商品等）损坏，毁坏，破损；海损

avería común 共同海损

avería de línea 线路故障

avería de motor 发动机失灵，停机

avería en el cabezal 井口故障或损坏

avería gruesa 共同海损

avería marítima 海损

avería parcial 单独海损，特别海损

avería particular 单独海损

avería simple 单独海损

avería trastorno 故障，失灵

averiado 受损的，临时出故障的，损害的，残废的，报废的

averiar 毁坏，损害，使发生故障；遭受海损

averiguación 调查

averiguador 调查的；调查者

averiguar 调查，查明，查清，了解

aves acuáticas 水禽

aves hibernantes 越冬鸟类

aves marinas 海禽

aves silvestres 野禽

aves zambullidoras 潜鸟

aves zancudas hibernantes （越冬的）涉水鸟，涉禽

aviación 航空；航空学

aviación civil 民用航空

aviación comercial 商用航空

aviajado 斜拱

avidez （化学）亲和力，亲和性，活动性

avión 飞机，航空器，飞行器

avión a chorro 喷气式飞机

avión a reacción 喷气式飞机

avión anfibio 水陆两用飞机

avión automático 无人驾驶飞机

avión civil 民用机，客机

avión comercial 民航机，运输机

avión de carga 货运机

avión de línea 航线飞机，定期班机

avión de pasajeros 客机

avión de propulsión a chorro 喷气式飞机

avión de salvamento marítimo 海上救助飞机

avión de tráfico 运输机

avión de transporte 运输机

avión de turbopropulsor 涡轮螺旋桨飞机

avión de turboreactor 涡轮喷气式飞机

avión para levantamientos fotográficos 摄影测量飞机

avión para todo tiempo 全天候飞机

avión prototipo 样机，模型机

avión sónico　音速飞机

avión supersónico　超音速飞机

avioneta　小飞机，轻型飞机

avisador　报信者，通报者；报警器

avisador de incendio　火警报警器

aviso　通知，布告；迹象；提醒，警告，告诫

aviso de embarque　装船通知

aviso de expedición　发货通知

aviso de salida　出口标志

aviso de seguridad　安全警示牌

aviso de vencimiento　到期通知

aviso escrito　书面通知

aviso por escrito　书面通知

aviso urgente　紧急通知

avivador　槽刨，凹刨；狭凹槽

avoirdupois　常衡（一种重量及测量体系）

avolcanado　火山性的，多火山的，火成的

axial　轴的，轴向的

axialidad　同心度，同轴度

áxico　轴的，轴向的

axífugo　远心的，离心的

axil　轴的，轴向的

axinita　斧石

axinitización　斧石化作用

axiolita　椭球粒

axioma　公理，自明之理，公认的原则；原理

axiomatización　公理化

axiómetro　方向指示器，舵位指示器

axonometría　轴测法；晶轴测定法，测晶学

axonométrico　三向投影的，不等角投影的；测井斜的

ayuda　帮助，援助；灌洗液

ayuda económica　经济援助

ayuda financiera　金融资助

ayudante　副手，助手；助教

ayudante de mecánica　机械师助手，保养工

ayudante de supervisor　监督助手，监督助理

ayudante del operador　（机器）操作工助手，操作员助手

ayudante del perforador　司钻助手，副司钻

ayudante del sondista en el sondeo con cable　电缆测井操作员助手

ayudante perforador　司钻助手，副司钻

ayunque　砧，铁砧

azabache　煤玉，煤精，石墨精，黑琥珀

azada　锄，锄头

azadón　长柄锄，锄；镐头

azadón de pico　丁字镐，鹤嘴锄

azanca　地下泉

azarcón　红铅，红丹，（天然）铅丹，四氧化三铅；朱色

azarnefe　雌黄

azeotropía　共沸性，恒沸性；共沸现象

azeotrópico　共沸的；恒沸点的

azeotropio　共沸点混合物，恒沸混合物；共沸曲线

azeotropismo　共沸作用，共沸现象

azeótropo　共沸物，共沸混合物

azida　叠氮化物

azida de plomo　叠氮化铅

azídico　叠氮化物的

azímico　不发酵的

azimut　平经，地平经度，方位角

azimut del epicentro　震中方位，震中方位角

azimutal　平经的，地平经度的，方位角的，方位的

azina　连氮，氮杂苯（类），吖嗪（染料）

azo　偶氮，偶氮基

azoado　含氮的

azoar　氮化

azoato　硝酸盐；硝酸根

azobenceno　偶氮苯

azocarmín　偶氮胭脂红

ázoe, azoe　氮

azoeosina　偶氮曙光红

azogado　涂有水银的；锡浴（槽），锡箔

azogamiento　涂上水银；水银中毒

azogar　涂以水银；熟化（石灰）

azogue　汞，水银；汞锡合金

azóico, azoico　硝石的；氮的；含氮的；无生的，无生代的；无生代

azoimida　叠氮酸

azolvamiento　（管道的）堵塞，淤塞，淤淀，淤积

azolve　（管道中的）淤泥，污垢

azometano　偶氮甲烷

azoproteínas　偶氮蛋白

azótico　含氮的

azotificación　固氮作用

azotometría　氮滴定法，氮量分析法

azotómetro　氮定量器，氮素计，氮气测定仪，定氮仪

azoxi　氧化偶氮基

azoxibenceno　氧化偶氮苯

azúcar　糖

azúcar invertido　转化糖

azud　水车；堤，堰

azuda　水车；堤，堰

azuela　斧子，锛子

azuela de carpintero　锛斧

azuela delantera　阔斧，劈斧，宽头斧

azuela recta　平斧，扁斧

azufrado　用硫磺处理过的，硫化的，含硫的；硫磺色的；用硫磺处理，硫化

azufrador　硫磺熏蒸器；硫磺喷雾器，硫化器

azuframiento　加硫，硫熏，硫化，硫化作用

A

azufrar 加硫，使硫化，用硫处理
azufre 硫，硫磺
azufre de mercaptano 硫醇硫
azufre elemental 元素硫
azufre en polvo 硫华
azufre fundido 硫磺
azufre nativo 天然硫
azufre orgánico 有机硫
azufre pirítico 黄铁矿硫
azufre puro 纯硫
azufre sublimado 硫华
azufre vegetal 石松粉，石松孢子（为易燃黄粉末）
azufre vivo 天然硫磺
azufrera 硫磺矿
azufroso 硫磺的，硫磺色的，含硫的
azul 蓝色的，蓝的；蓝色，青色；蓝颜料
azul aceite 油蓝
azul celeste 天蓝
azul de bromotimol 溴百里酚蓝

azul de cobalto 钴蓝，氧化钴
azul de cobre 铜蓝
azul de hierro 铁蓝
azul de mar 海蓝
azul de metileno 甲基蓝，四甲基蓝；亚甲基蓝，亚甲蓝
azul de París 天蓝色（颜料）
azul de potasio 钾碱蓝
azul de Prusia 普鲁士蓝，蓝色颜料
azul de ultramar 群青，佛青，深蓝色
azul marino 海蓝
azul metilo 甲基蓝
azul pavo real 孔雀蓝
azulado 蓝色的；带蓝色的
azulejo 蓝色的，带蓝色的；瓷砖，花砖
azulete 蓝色增白剂
azulino 带蓝色的，有点蓝色的，发蓝的
azurina 天青精
azurita 蓝铜矿；石青，蓝玉髓

B

Ba 元素钡（bario）的符号

babaza （动物或植物分泌的）黏液，浆液

babbit 巴比特合金，巴氏合金，巴合金

babbit de plomo argentífero 铝银巴氏合金

babilejo 抹子

babintonita 硅铁灰石

babor 左舷

baca （车顶上的）行李架

bacao 红树

bache （路上的）坑洼，水洼，洼地；空气陷坑，气潭

bache de aire 气阱

bacheo 平整（道路）

bacía 盆地，谷地

bacilariofitos 硅藻

bacilo 杆菌属，芽孢杆菌属

backs 平行石柱区

bacteria 细菌

bacteria acidógena 产酸菌

bacteria aerobia 好氧菌

bacteria anaerobia 厌氧菌

bacteria de corrosión 腐蚀细菌

bacteria del tétano 破伤风杆菌

bacteria diatomácea 硅藻菌，硅藻土菌

bacteria heterotrófica 异养细菌

bacteria nitrificante 硝化细菌

bacteria nitrogenada 硝酸细菌

bacteria productora de amoníaco 造氨细菌，生氨细菌

bacteria reductora de sulfatos 硫酸盐还原菌，硫酸盐还原细菌

bacterias tigmotáctica 趋触性的细菌

bactericida 杀菌的，杀菌性的；杀菌剂

bacteriología 细菌学

baddeleyita 斜锆石

badén （雨水冲成的）沟；（公路上的）截水暗沟；（路面的）坑洼

badilejo 抹子

baffle 挡板，隔板，阻遏体，障板

bagarra 平底煤驳

bagazo 亚麻籽壳；（葡萄、油榄、甘蔗等榨过后的）残渣

bahía 小海湾

bahía de hielo 冰凹湾

bahía mareal 潮汐盆地；蓄潮池；潮船坞

baileteo del líquido 液面晃动

bainite 贝氏体，贝蒽体

baivel 斜角规

baja 下降，下落；（价格）下跌；（因疾病、事故等）不上班，病假，事假；损失

baja de presión 压降，压力降

baja definición 低清晰度

baja frecuencia 低频，低频率

baja graduación API 低° API 数

baja porosidad efectiva 低有效孔隙度

baja presión 低压，低压力

baja tensión 低压，低电压；低张力

baja velocidad de corte 低剪切速率

bajada 下降，降低，落下；下坡；水落管

bajada de agua 水落管

bajada de temperatura 温度下降，降温，温降

bajada pluvial 落水管

bajada y subida del varillaje o entubación en el agujero 起下钻或起下抽油杆

bajamar 落潮，退潮；退潮期

bajante 降液管，落水管；排水管；落潮，退潮

bajante inclinado （有坡度的）下水管，下流管

bajante para basuras 垃圾道，垃圾槽

bajante recto 直的下水管，直的落水管，直的降液管

bajar 下，下来，下去；下降，减少；降价，跌价；下载

bajar al pozo 下钻

bajar cañería 下管，下管入井，将管子下入井中

bajar cuñas 下卡瓦

bajar el nivel de un líquido 液面下降

bajar el nivel del lodo en la tubería 往钻杆内打重泥浆，起钻前钻杆中泵入一段重泥浆

bajar la barrena 下放钻头

bajar la carga 卸载；降低负荷，降低负载

bajar la herramienta 下入工具

bajar la presión fluyente del bombeo 降低泵的流动压力

bajar la tubería a la zanja 将管线埋入（下入）沟里

bajar la tubería de perforación 下钻

bajar tuberías 下钻，下管

bajial 沼泽，湿地，泥沼，泥塘

bajío 浅滩，沙洲，洼地，洼地

bajío de marea del mar 海涂

bajista 卖空的，空头的；（证券交易）看跌的；空头，卖空投机者

bajo 低的；下面的；（地势）低注的；下游的；（温度等）低的；低地，注地，浅滩；底层

bajo arenoso 沙坝，河口沙洲

bajo carga 负载的，负压的

bajo cero 零下；零下的

bajo el agua 水下的，水底的，水中的

bajo en potasio 钾含量低的

bajo escurrimiento 俯冲，下插

bajo escurrimiento de pequeño ángulo 低角度俯冲

bajo estructural 构造低点，构造低地，构造注地

bajo fondo 浅滩，沙滩，沙洲，暗沙

bajo nivel del mar 海拔，海平面以下；水下的，海底的

bajo octanaje 低辛烷值

bajo rendimiento 低回报率

Bajocciense 巴柔阶（中生代侏罗纪中侏罗统地层，其时间大约在 171.6 到 167.7 百万年之前）

Bajociano 巴柔阶

bakelita 酚醛塑料，电木

bala 子弹，炮弹；射孔弹；（商品的）捆，包

bala de cañoneo 开孔弹，射孔弹

balaje 玫红尖晶石

balance 平衡；天平；决算表，资金平衡表，资产负债表

balance calórico 热平衡，热差额表，热量平衡

balance de caldeo 热平衡，热量平衡

balance de comercio de importación y exportación 进出口贸易差额

balance de comprobación 试算表

balance de efectivo 现金平衡

balance de energía 能量平衡

balance de flujo de material 物流平衡

balance de ingreso y egreso 收支平衡

balance de inyección y producción 注采平衡

balance de masa 质量平衡

balance de materiales 物质平衡，物料平衡，物资平衡

balance decimal 十进位天平

balance energético 能量平衡

balance entre el ácido y el álcali 酸碱平衡

balance fino 配平平衡

balance general 资产负债表，平衡表

balance general proyectado 预计资产负债表

balance hídrico de superficie 地表水平衡，地面水平衡

balance negativo en comercio 贸易逆差

balance neto 净平衡

balance positivo en comercio 贸易顺差

balance salino 盐均衡，盐平衡

balance térmico 热平衡，热量平衡

balance termodinámico 热力学平衡

balance volumétrico 体积平衡

balance económico 经济收支；经济分析报告；国际收支差额

balanceado 平衡的

balanceador 平衡器，平衡杆，平衡装置

balancear 摇摆，晃动，使平衡

balanceo 摇摆，晃动；平衡，稳定

balanceo neumático 气平衡抽油机

balancín 车前横档；平衡梁；平衡器；抽油机，简易抽油架

balancín compensador 平衡装置，平衡梁，补偿器

balancín de balanza compuesta 复合平衡抽油机

balancín de balanza por gas comprimido （压缩气）气动平衡抽油机

balancín de husillo 螺旋压机

balancín de la brújula （使罗盘等平衡的）平衡环，平衡架；万向常平架

balancín de larga carrera 长冲程抽油机

balancín de producción 抽油机，磕头机

balancín de reenvío 摇杆，摇轴

balancín de reloj 摆轮，平衡轮

balancín de tornillo 螺旋压机

balancín de válvula 汽阀摇臂，阀摇杆

balancín empuja-válvulas 摇臂，摇杆

balancín hidráulico 液压抽油机

balancín tipo cadena 链条式抽油机

balancín tipo viga viajera 游梁式抽油机

balanza 秤，磅秤；天平；差额；权衡，比较

balanza aerodinámica 空气动力天平

balanza analítica 分析天平

balanza automática 自动秤

balanza comercial 贸易状况；贸易差额

balanza comercial desfavorable 贸易逆差，入超

balanza comercial favorable 贸易顺差，出超

balanza comprobadora de pesos 校验天平

balanza de análisis 分析天平

balanza de comercio 贸易平衡；贸易差额

balanza de contrapeso 杠杆式天平

balanza de contrapeso para medir la densidad del lodo 用于测定泥浆密度用的杠杆式天平

balanza de cuchillas （天平的）刀形支承，刀口支承

balanza de Edward 爱德华天平，爱德华天然气密度天平

balanza de ensayador 试金天平

balanza de fluido de perforación 钻井液密度秤，浆泥天平

balanza de gas 气体天平

balanza de inducción 电感平衡器，电感平衡

balanza de Jolly 焦利天平，乔利天平

balanza de lodo 泥浆秤，泥浆密度秤，泥浆密度天平

balanza de muelle　弹簧秤

balanza de pagos　支付平衡，支付差额

balanza de peso　重量平衡

balanza de precisión　分析天平，精密天平

balanza de resorte　弹簧秤

balanza de torsión　扭秤，扭力天平，扭矩平衡

balanza de torsión de doble brazo o balancín　双臂扭秤

balanza de torsión de Eötvös　厄特弗斯（Eötvös）扭秤

balanza de torsión de un solo brazo　单臂扭秤

balanza de torsión magnética　磁扭秤

balanza de torsión registradora　带记录扭秤

balanza de Westphal　韦氏密度天平

balanza desfavorable　逆差

balanza electrodinámica　电流平衡，电动天平

balanza electrónica　电子秤

balanza favorable　顺差

balanza giratoria　旋转平衡

balanza hidrostática　液体密度计，密度天平，静水天平

balanza magnética　磁秤

balanza para lodo　钻井液密度秤，钻井液天平

balanza por gas comprimido　气动平衡

balanza romana　提秤

balanza tipo cigüeña　曲柄平衡

balanzas de resorte　弹簧秤，衡器

balastaje　道渣材料

balastar　铺设路基，铺道渣

balastera　道渣采石场

balasto　（铺路用的）石子，石渣，道渣；路基

balasto de grava　砾石路基

balasto de piedras troceadas　碎石路基

balastro　（铺路用的）石子，石渣，道渣；路基

balaustrada　栏杆，扶手

balconcillo astillero　猴台，架工操作台

balconcillo elevado　人行台，人行栈桥

balde　桶，水桶，提桶，吊桶

balde para alquitrán　沥青桶

balde para payloder　装载机铲斗

baldeador　冲洗器，净化器，冲洗者

baldear　（用桶）泼水冲洗；（用桶）汲水

baldosa　花砖，瓷砖

balear　射孔；枪击

balín　小口径子弹，铅弹

balinera　滚柱轴承

balistita　（含硝化纤维和硝化甘油的）巴里斯太火药

baliza　浮标，航标；信号标；灯标

baliza de distancia　距离标志

baliza infrarroja　红外信号标

balizador　浮标供应船

balizaje　入港税；（港口、机场）信号标

balizamiento　航标的设置；航标装置

balizas de aeródromo　机场方位标

ballesta　弩，石弓；弹簧钢板，汽车板簧

ballesta de vehículo　汽车弹簧钢板，汽车板簧

ballesta elíptica　双弓板弹簧，椭圆形板弹簧

balón　球；气囊；（货物）大包，大捆；球形玻璃容器，球体烧瓶

balón de aire　空气包，气囊

balón Engler　恩氏蒸馏瓶，恩氏长颈瓶

balón Hempel　汉培尔蒸馏瓶

balonamiento　鼓胀效应

balsa　蓄水池；木筏，木排，筏子

balsa con cabria　带有起重架的筏子

balsa de lodo　泥浆池，泥浆坑，污泥坑

balsa neumática　充气式救生艇皮筏

bálsamo　树胶；香树脂，香脂

bálsamo del Canadá　加拿大树胶

bálsamo natural　香树脂

balso　吊索

baltimorita　叶蛇纹石

bamboleo　晃动，摆动，摇晃，摇摆

banatita　含石英的二长石，辉英闪长岩

banca　木凳；银行业务；银行

banca de hielo　（地极的）冰原

bancada　大石凳；底座，机架，机床身

bancada de escote　槽形机座

bancada de torno　车床床身

bancal　梯田；垄，（海边的）沙堆，沙丘

bancarrota　倒闭，破产；垮台

banco　长椅，长凳；工作台，案桌；银行，（数据、资料）库；浅滩，沙洲

banco aluvial　冲积滩

banco central　中央银行

banco comercial　商业银行

banco coralígeno　珊瑚礁

banco coralino　珊瑚礁

banco de ahorros　储蓄银行

banco de ajustador　工作台，调式台

banco de arena　沙洲，沙滩

banco de barrenar　钻床

banco de baterías　蓄电池

banco de carpintero　（木工用的）工作台，案子

banco de conos　锥形沙洲

banco de coral　珊瑚礁

banco de cota fija　基准，基准点，基准程序；标准检查程序

banco de crustáceos　贝类床

banco de datos　数据库，资料库

banco de datos de perforación　钻井数据库

banco de derrumbe　滑坡阶地

banco de descanso　钻台值班房的临时休息凳，休息凳

banco de descuento　贴现银行

banco de emisión　发行银行
banco de ensayo　试验台
banco de estirado en caliente　（轧钢）冷床；（农业）温床
banco de exportación　出口银行
banco de fango　潮泥滩，泥坪，海滨泥地
banco de fomento　开发银行
banco de genes　基因银行
banco de germoplasma　种质资源库，胚质库
banco de giro　结算银行
banco de hielo　冰山
banco de inversión　投资银行
banco de liquidación　票据交换银行；清算银行
banco de marisco　贝类床
banco de material genético　基因银行，存储基因物质的银行
banco de memoria　存储体，数据总库
banco de observación de operaciones　钻台值班房的临时休息凳
banco de pago　付款银行
banco de petróleo　油带，集油带
banco de piedra　同种成分的岩层
banco de plasma germinativo　种质资源库，胚质库
banco de préstamos　放款银行
banco de pruebas　测试台，试验台(架)
banco de reembolso　偿付银行
banco de reposo　休息凳
banco de semillas　种子银行
banco de socorro　备用设备
banco de solvente　溶剂带
banco de taller　工作台
banco de trabajo　工作台
banco de trefilería　拉板机
banco de tubos de convección　对流管束
banco estirado en frío　冷拔机床
banco hipotecario　抵押银行
banco industrial　工业银行
Banco Interamericano de Desarrollo (BID)　美洲国家发展银行，英语缩写为 IDB (Interamerican Development Bank)
Banco Internacional para la Reconstrucción y el Desarrollo　(联合国)国际复兴开发银行（又称世界银行），英语缩写为 IBRD
banco mareal　潮坪，潮埔，潮滩
Banco Mundial　世界银行
banco óptico　光具座，光学试验台
banco orgánico　生物滩，有机质浅滩
banco para estirado　顶管机，推拔床
banco para estirado de tubos　顶管机，推拔钢管机
banco petrolífero　集油带，移动油带，油带
banco por acciones　股份银行

banco portátil　移动床
banco prominente　阶地
banco rocoso　沙洲，浅滩
banco submarino　海底沙坝
banda　条带；波段，频带；船舷
banda alta　高频带
banda ancha　宽（频）带，宽波段
banda baja　低频带，低波段
banda cruzada　交叉皮带，合带
banda de absorción　吸收频带
banda de amarre　捆扎用带材，扎带
banda de apriete　夹板
banda de desgaste　磨损带
banda de dispersión　分散频带
banda de esteras　履带
banda de frecuencia　频带，频率带，频率范围
banda de freno　闸带，刹车带，制动带
banda de guarda　防护频带
banda de hielo　冰夹层
banda de metal duro　钻杆接头表面的耐磨带，敷焊的硬合金圈
banda de onda　波段
banda de paso　滤过带，通带，通频带
banda de segregación　分凝条带
banda de seguridad　防护频带
banda de servicio　公务使用频率
banda de transmisión　传输频带，通频带
banda de transmisión de frecuencia　传输频带
banda de transmisión libre　自由通频带
banda dura　环形加硬层；钻杆接头表面的耐磨带；敷焊的硬合金圈
banda espectral　光频带
banda estrecha　窄带，窄频带
banda exploradora　扫描频带
banda lateral　边频带
banda lateral doble　双边（频）带
banda lateral única　单边（频）带
banda libre　空白段
banda para roldanas de acanalado múltiple en V　多条三角皮带，成组 V 形皮带
banda transportadora　传送带，输送机，传送装置
bandeado　间层的，层层的；有条纹的
bandeador　丝锥扳手，绞杆
bandeja　托盘；大盘子；隔底盘
bandeja recolectora de cortes　岩屑回收盒
bandeja antiderrame　防污染接油盒，防漏盘
bandeja circular　蒸馏塔盘
bandeja colectora del aceite　集油盘；油底壳
bandeja de aceite　油盘
bandeja de burbujeo　泡罩塔板，鼓泡塔盘
bandeja de cable　电缆槽
bandeja de carga　承载盘

bandeja de extracción　隔离盘
bandeja de exudación　渗出液回收盘
bandeja de fraccionamiento　分馏塔盘
bandeja de goteo de aceite　油样收集器，承油盘
bandeja de inmersión para probetas　沉浸试管托盘
bandeja de inyección　喷射塔盘
bandeja de orificios　多孔板塔盘，穿流孔板塔盘
bandeja de resudación　发汗盘
bandeja de turborejilla　叶轮式栅格板
bandeja desviadora　分流盘
bandeja fraccionadora　分馏塔盘
bandeja oscilante　摆动盘
bandeja para corte lateral　侧线抽出塔板
bandeja para recolectar lodo　泥浆回收盘
bandeja perfecta　理想板
bandeja recolectora de fluido　液体回收盘
bandeja tamizadora　筛板
bandeja vertedora　溢流堰塔盘
bandera　标志，标志位，特征；旗
banderillero　配带小旗的临时安全员（委内瑞拉油田钻机搬家现场常用）
banderín　小旗，三角旗
banderola　底色；旗（标，码），（测量用）觇板，标板
banket　含金砾岩层
banquear　平整（土地）；洗钱
banqueta　凳子；工作台，实验台；（下水道的）通道，检修道
banquina　路肩（公路两侧供车辆紧急停靠的地带）
banquisa　浮冰群，积冰，冰山
banzoato　苯（甲）酸盐，苯（甲）酸酯
banzoato de etilo　苯甲酸乙酯
bañar　与…接岸；冲刷；抹上，涂上；镀上
baño　（沐，蒸）浴；浴器，浴槽，浴盆；卫生间；（熔）池，槽，
baño ácido desincrustante　酸洗槽
baño congelador　冰浴，冷冻装置
baño de aceite　油浴（锅），油槽
baño de ácido　酸洗液
baño de AEDT　EDTA 处理剂浸泡处理，乙二胺四醋酸浸泡处理，乙底酸浸泡处理
baño de aire　空气浴
baño de aire comprimido　压缩空气浴
baño de arena　砂浴，沙浴；沙浴器
baño de barro　泥浴
baño de cinc　镀锌层
baño de emplomado　镀铅池
baño de estañado　镀锡池
baño de fijación　定影液
baño de galvanoplastia　电镀槽

baño de grasa　油池
baño de lodo　泥浴
baño de lubricante　润滑油池
baño de plata　镀银
baño de revelado　显影液
baño para revestir caños (o tubos)　管外涂层，管外镀层
baño para templar　淬化浴
baño termostático　恒温浴
baño-maría　水槽，恒温槽；（使用蒸汽进行）蒸腾
bao　（船舶）横梁
bao baranda　栏杆，扶手，扶栏
bao de los raseles　补强梁
baquelita　酚醛塑料；电木；胶木
bar　巴（压强单位）；酒吧间
baranda　栏杆；扶手
barato　廉价的，便宜的
barbertonita　水镁铬矿
barbierita　钠正长石
barbiquejo　安全帽固定绳
barbiturato　巴比土酸盐
barbitúrico　扎巴比土酸的
barca　小船，艇，舢板
barcaza　驳船，平底驳船，油驳船，油罐驳船
barcaza cisterna　油驳，油船
barcaza con mástil al costado　海上钻井驳船
barcaza de inmersión　潜水工作驳
barcaza de perforación　钻井驳船，钻探驳船
barcaza de petróleo　油驳船，油驳，油船
barcaza de servicio　供应船，补给船
barcaza de tendido　铺管船
barcaza de tendido submarino　埋管驳船
barcaza de transporte　驳船，运输船
barcaza grúa　起重机船，浮吊
barcaza insumergible　钻井浮船，自浮钻船
barcaza móvil　活动式驳船
barcaza para instalar tuberías subterráneas　埋管驳船
barcaza para soterrar o cavar zanjas en el lecho marino　埋管驳船
barcaza para tender tubería　铺管驳船，铺管船
barcaza parcialmente sumergible　局部潜入式驳船，部分潜入式驳船
barcaza petrolera　油驳，油船
barcaza remolcadora　供应船，补给船
barcaza sumergible　可潜式驳船
barcaza tiendetubos　铺管船
barco　船，舰
barco a motor　摩托艇；汽艇
barco bomba　消防艇，救火船
barco cisterna　油船
barco de cabotaje　沿岸航行贸易船

B

barco de calado profundo (operaciones costa afuera) (DDF) （海上作业用）深吃水浮式生产系统，英语缩略为 DDF（Deep Draft Floater）

barco de calado profundo para las operaciones costa afuera 海上作业使用的深吃水浮式装置，海上作业使用的深吃水浮式生产系统

barco de carga 货船

barco de guerra 军舰

barco de levantamiento 测量船，调查船，勘探船

barco de pasajeros 客轮

barco de perforación 钻井船，钻探船

barco de pesca 渔船

barco de recreo 游船；游艇

barco de tiro 放炮船

barco de transporte 运输船

barco de vapor 汽船

barco de vela 帆船

barco del práctico 引航船，领航船

barco descontaminante 污染清除船

barco en lastre 空船

barco nodriza 供应船，加油船

barco para realizar explosiones 放炮船

barco para remolque de barcazas 拖船，拖轮

barco perforador 钻探船，钻井船

barco petrolero 油轮

barco plano 平底船

barco recuperador de petróleo 油回收船，污油回收船

barco remolcador 拖轮，拖船

barco taller 工作船，作业船，工作艇

barcómetro 鞣液密度计

baremo de precios 价目表

baría 微巴（压强单位），巴列（气压单位）

baricéntrico 重心的

baricentro 重心，质（量中）心，引力中心

barimetría 重力测量

bario 钡

barión 重子

barisfera 重核层，地心圈，重圈

barita 重晶石粉，重晶石

barita activada 活化重晶石粉

barítico 含钡氧的，含氧化钡的

baritina 重晶石（混凝土）

baritocalcita 斜钡钙石

barján 新月形沙丘

barkhan 新月形沙丘

barlovento 上风方向，迎风面，逆风方向

barn 靶，靶恩（核反应截面单位）

barnio 钡

barniz （清，罩光）漆，凡立水；釉子

barniz aislador 绝缘清漆

barniz aislante 绝缘漆

barniz al óleo 清油漆

barniz cerámico 瓷釉

barniz común 树脂清漆

barniz con poco aceite de secado rápido 短油清漆，少油清漆

barniz copal 清漆酒精溶液

barniz de aceite 油基清漆

barniz de almáciga 乳香清漆

barniz de celulosa 涂布漆

barniz de desierto 沙漠漆

barniz de laca 虫胶清漆

barniz de laca fisurable para recibir la galga medidora 应力试验脆漆层

barniz de laminado 薄板上光漆

barniz de lijar 耐磨清漆

barniz de petróleo 光泽油，松香清漆，亮油

barniz graso 油基清漆，清油漆

barnizada 上漆；上釉

barnizado 上漆的；上釉的；上漆；上釉

barnizar 给…上漆；给…上釉

baroclinidad 斜压性

baroconmutador 气压开关

barodinámica 重型结构力学

barodinámico 重结构力学的

barógrafo 气压（记录）仪，自记气压计

barógrafo de sifón 虹吸气压计，虹吸气压记录器

barógrafo fotográfico 摄影记录气压计

barograma 气压记录图；气压自记曲线

baroid 取心时加入钻井液之重晶石与水凝胶

barolita 碳酸钡

barometría 气压测定法

barométrico 气压（表）的，测定气压的

barómetro 气压计，气压表；晴雨表

barómetro aneroide 膜盒（无液）气压计，无液晴雨表

barómetro de cubeta 槽式气压计，杯式气压计

barómetro de mercurio 水银气压计

barómetro de sifón 虹吸气压计

barómetro holostérico 固体气压计（即空盒气压表）

barómetro metálico 金属气压计

barómetro modelo Kew 寇乌气压计

barómetro normal 标准气压计

barómetro ponderal 称重气压计

barómetro registrador 气压记录器，自记气压计

barometrógrafo 气压自动记录仪，气压计

baromil 气压毫巴

baroscopio 验压器，气压测验器，大气浮力计

baróstato 气压调节器，恒压器

barotermógrafo 气压温度记录器，（自记）气压温度计

barotermograma　气压温度图

barotropia　正压性

barotrópico　正压的

barquilla　船形物；吊篮；计程仪，测程仪；吊舱；分离舱

barquilla motriz　发动机吊舱

barra　条，棒，杆，棍，尺，规，撬棒，（自行车）大梁；铁锭；（河口）沙洲

barra abarquillada　竹节钢

barra abreválvulas　开阀杆

barra acanalada　竹节钢筋

barra acodada　角材，角铁，角钢

barra antivuelco　（皮卡）防翻架

barra cabecera　横梁；标题栏

barra calibradora　卡尺

barra chata　扁材，钢板条

barra colectora　汇流条，导（电）条

barra collar　环，箍，接箍

barra compensadora　均力杆，均力杆

barra cortacaño　切管器手柄

barra costera　沙坝，河口沙洲

barra cuadrada　方杆，方铁条

barra de acero　钢棒，钢条

barra de acoplamiento　拉杆，连结杆，系杆

barra de alineación　对准用棒（杆）

barra de ángulo del acero　角钢，角铁

barra de apoyo　承重杆，支撑钢筋

barra de argolla　环首杆，环头铁杆，眼杆

barra de armazón de popa　艉构架

barra de bombeo　抽油杆

barra de bombeo hueca　空心抽油杆

barra de cambio de velocidades　变速杆，换挡杆，变速器杆

barra de cambios　变速杆，换挡杆，齿轮变速手柄

barra de canal　河道沙坝

barra de carga　承重梁

barra de colector　整流（器上的铜）条

barra de conexión　联接杆，连杆，游梁拉杆

barra de contrapeso　平衡杆

barra de control　控制棒

barra de corte　刀杆

barra de desembocadura　河口坝

barra de dirección　转向杆，方向杆

barra de distribución　母线，汇电板，导（电）条

barra de empuje de válvula　气门推杆，阀门顶杆

barra de escariado　镗刀杆，铣刀轴

barra de espacio　空格杆，间隔棒，空间杆

barra de estirar alambre　拉丝机，拉床

barra de fijación　锁紧杆，固定杆

barra de freno　刹把

barra de guía　导向杆

barra de hierro exagonal　六角钢

barra de horizonte　水平棒

barra de lastre　撞杆；加重杆，加重抽油杆

barra de meandro　曲流沙坝，蛇曲坝

barra de media habia　湾内沙坝，湾口坝

barra de metal　金属锭，金属铸块

barra de mina　冲钻

barra de ojo　眼杆，环首杆

barra de oro o plata sin refinar　未经精炼的金块或银块

barra de parrilla　炉条，炉排片

barra de patrón　鉴定棒

barra de percusión　敲打杆，撞击杆

barra de perforación　钻杆

barra de perforación antimagnética　无磁钻铤，防磁钻铤，防磁化的钻铤

barra de perforar　钻杆

barra de peso　加重杆，加重棒

barra de plomo para unir cristales　嵌窗玻璃铅条

barra de punta cuneiforme　楔形撬棍

barra de punta de escoplo　尖头撬棍

barra de resistencia　（电枢的）扎线

barra de rozadura　刀杆

barra de sección cuadrada　方形型材

barra de sección redonda　圆形型材

barra de sondeo　钻杆

barra de sondeo aprisionada　卡住的钻杆

barra de sondeo con recalque　加厚钻杆

barra de sondeo con unión lisa　平式接头钻杆，平接接头钻杆

barra de tensión　拉杆

barra de timón　舵杆

barra de tiro　拉杆，牵引杆

barra de torsión　扭杆

barra de tracción　拉杆，牵引杆

barra de tranvía　滑动游梁

barra del cabrestante　绞盘杆

barra del inducido　电枢条

barra dentada　齿杆，齿条

barra digitiforme　指状沙坝

barra en bucle　环形沙坝

barra en espiral　螺旋钻铤

barra en T　T型钢

barra en U　槽钢

barra en Z　Z型钢

barra enderezadora　弯钢筋板子

barra equilibradora　衡重杆

barra giratoria　方钻杆，传动钻杆

barra guía　导杆

barra hexagonal　六角钢

barra igualadora　衡重杆

B

barra imanada 磁棒，条形磁铁

barra kelly 方钻杆，传动钻杆

barra lisa 光杆

barra multietapas 分级箍

barra ómnibus 汇流条，导（电）条

barra para desconexión 卸扣杆

barra perforadora 钻杆

barra pulida 抽油杆光杆

barra punta de escoplo 撬棍

barra recolectora 母线；汇流条；用于清除水面石油的浮木挡栅或撇乳器

barra redonda del acero 实心圆钢

barra sacaclavos （拔大铁钉用的）爪杆，（带爪）撬棍

barra traviesa 横梁

barraganete 顶部肋板，（复）肋材

barranca 悬崖，峭壁；沟壑，峡谷；有坡度的河岸

barranca de falla 断层崖，断崖

barranca de falla con erosión 断层线崖，侵蚀断崖

barrancal 多峡谷的地区，多沟壑的地方

barranco 悬崖，峭壁；沟壑，峡谷；有坡度的河岸

barranquilla 冲沟，溪谷，细涧

barras paralelas 双杠

barreda 栅栏，围栏；木路障

barredera 扫路车，清洁车；清扫器

barredor 清洁工，擦拭器，刮子；清除剂

barredora 扫路车，清洁车

barredora-regadora 马路冲洗机

barredor-depurador 清除剂

barrena 钻；钻头；钻孔器；螺旋钻

barrena accionada por aire 风动凿岩机，风钻，空气钻，风动钻具

barrena adamantina 金刚石钻头，钢砂钻头

barrena afilada a máquina 采用机械方式修整或磨削过的钻头

barrena afilada por mecanizado 采用机械方式修整或磨削过的钻头

barrena anular 环形钻

barrena cilíndrica hueca 取心钻头，空心钻

barrena cola de pescado 鱼尾钻头

barrena con boca en cruz 十字钻头

barrena con filo en cruz 十字钻头

barrena con los agujeros de circulación obstruidos 水眼被堵塞的钻头，岩粉堵塞的钻头

barrena con punta de diamante 金刚石钻头

barrena cónica 牙轮钻头

barrena corriente 麻花钻头，螺旋钻头

barrena corta de mano 冲击钻头

barrena cortanúcleo 取心钻头

barrena de aletas 开眼钻头，翼状钻头

barrena de arrastre 刮刀钻头

barrena de banda 板式刮刀钻头

barrena de botón 球齿钻头，镶齿钻头

barrena de caracol 螺旋钻头，麻花钻头

barrena de cesto 带开口朝上的取岩样筒的钻头，带取样筒的钻头

barrena de chorro 喷射式钻头，带下水眼钻头，带喷口的钻头

barrena de cincel 冲击钻头，冲击式一字形钻头

barrena de circulación de agua para perforaciones geofísicas 物探用喷射式钻头，钻地震井用的喷射钻头

barrena de codos dentados 铣齿钻头

barrena de cola de pescado 鱼尾钻头

barrena de compacto policristalino de diamante (BCPD) 聚合晶体金刚石复合片钻头，聚晶金刚石复合片钻头（又称 PDC 钻头），英语缩略为 PDCB (Polycrystalline Diamond Compact Bit)

barrena de conos 牙轮钻头

barrena de cruz 十字钻头，星形钻头，梅花钻头

barrena de cuatro alas 四翼钻头

barrena de cuatro aletas 四翼钻头

barrena de cuatro fresas 四翼钻头

barrena de cuatro muelas 四牙轮钻头

barrena de cuchara 手摇扁钻

barrena de diamantes 金刚石钻头，金刚合金钻头

barrena de diámetro correcto 标准直径钻头

barrena de diámetro original 原尺寸钻头

barrena de discos 圆盘滚刀

barrena de espiga cilíndrica 直柄钻头，直柄钻

barrena de expansión 伸缩式钻头

barrena de explosión 扩孔钻

barrena de extensión 接长钻

barrena de fricción 刮刀钻头

barrena de fuste hueco 空心钻，中空螺旋钻

barrena de guía 导向钻

barrena de gusano 蜗杆钻，螺旋钻

barrena de impulsión 动力钻

barrena de inserto de disco adiamantado 镶齿式金刚石钻头

barrena de mano 手摇钻，手动钻孔器

barrena de pala 铲钻

barrena de paleta 木工扁钻

barrena de pecho 胸压钻孔器，手摇钻

barrena de percusión 冲击钻

barrena de perforación 钻头

barrena de perforación cola de pescado 鱼尾钻头

barrena de perforación lateral 侧钻钻头

barrena de pico de pato 鸭嘴钻

barrena de punta　带尖钻

barrena de punta de diamante　金刚石钻头

barrena de rodillos　牙轮钻头，滚子旋锥

barrena de sacamuestras　取岩心钻头，取心钻头

barrena de sonido　地钻，土钻

barrena de toberas　喷射式钻头，带喷口的钻头

barrena de tornillo　螺旋钻，麻花钻

barrena de tubo　管钻头

barrena de uña　鸭嘴钻

barrena dentada　锯齿钻头

barrena descalibrada　尺寸不合标准的钻头，直径不合规格的钻头

barrena desgastada　钝钻头，磨钝了的钻头

barrena embolada　泥包钻头

barrena en forma de cincel utilizada en formaciones blandas　软地层使用的冲击式一字形钻头

barrena en forma de pez　鱼尾钻头

barrena espiral　螺旋钻头，麻花钻头

barrena espiral de espiga cilíndrica　直柄麻花钻头

barrena excéntrica　偏心钻头

barrena giratoria　旋钻

barrena giratoria de disco　滚轮钻头，盘式钻头

barrena helicoidal　螺旋钻

barrena hueca　空心钻头

barrena impregnada de diamantes　孕镶金刚石钻头

barrena inicial　开眼钻头

barrena mecánica　动力钻

barrena neumática　风动凿岩机，风钻，空气钻，风动钻具

barrena para berbiquí　手摇曲柄钻

barrena para centrar　中心钻头，中心孔钻

barrena para formaciones duras　硬岩钻头

barrena para hoyos de poste　挖柱孔钻；浅井钻头

barrena para macho　螺孔钻，螺纹底孔钻

barrena para perforación de disparo　爆炸井钻机

barrena para perforaciones de voladura　炮眼钻机，爆破钻机

barrena para roca　凿岩钎头，凿岩钻头

barrena para roca usada con equipo rotativo　旋转式凿岩钻头

barrena para sacar muestras　取心钻头

barrena para taladro de chicharra　棘轮式手摇钻，棘轮扳钻

barrena percutente　冲击钻，顿钻

barrena perforadora　钻井用钻头，钻头

barrena piloto　领眼钻头

barrena primera　导向钻头

barrena principiadora　开眼钻头

barrena regulable　可调式钻头，伸缩钻头，直径可变的伸缩钻头

barrena rotativa　旋转式钻头，旋转钻

barrena rotatoria　旋转式钻头，旋转钻

barrena sacamuestras　取心钻头，取心钻

barrena sacanúcleos　取心钻头，取心钻

barrena sacanúcleos a cable　电缆取心钻，钢缆岩心钻

barrena sacatestigos　取心钻头，取心钻

barrena sacatestigos a cuerda de alambre　电缆取心钻，电缆取心钻头

barrena salomónica　麻花钻，螺旋钻

barrena simétrica　同心钻头

barrena taponada　堵塞的钻头，岩粉堵塞钻头

barrena tipo cesta　带开口朝上的取岩样筒的钻头，带取样筒的钻头

barrena tipo cola de pescado　鱼尾钻头

barrena tipo escoplo para perforación inicial　开眼钻头

barrena tricónica　三牙轮钻头

barrena trituradora　通过破碎进行打孔的钻头

barrena vaciada en media caña　鸭嘴钻

barrenador　钻机手，打眼工

barrenadora　镗床，凿岩机，钻孔机

barrena-fresa maciza　整体拉刀

barrena-fresa patrón　标准钻

barrenar　钻孔，打眼，钻探，开凿

barrenero　制钻商；钻商；钻机手，打眼工

barrenilla　钻，细钻

barrenita　手钻；手钻钻头

barreno　大钻，钻机，凿岩机，钻孔；炮眼，爆破眼

barreno ascendente　上向孔

barreno de ángulo alto　大斜度孔

barreno de cabeza cuadrada　方头钻

barreno de ensanchar　平底扩孔，扩孔

barreno de fondo de pozo　井底，井底口袋

barreno de roca　凿岩机

barreno exploratorio　探井

barreno hacia arriba　上向孔

barrer　扫，打扫；吹走，冲走；清除

barrera　栅栏，围栏；路障，障碍，壁垒

barrera contra incendio　防火堤，隔火墙

barrera coralina　珊瑚礁

barrera de arrecifes　堡礁（与海岸走向相平行的珊瑚礁）

barrera de contención　挡土墙

barrera de contención del petróleo　拦油栅

barrera de humo　烟幕

barrera de peaje　（收费桥梁或公路的）收费处，收费门

barrera de vapor　防汽层

barrera del calor　热障

barrera del sonido 音障，声垒

barrera flotante de contención 浮动式拦油栅

barrera glacial 冰川遮挡

barrera morénica 冰碛隔层

barrera parahielos 冰隔层

barrera térmica 热障

barreta 撬棍；小棒；（矿工等使用的）鹤嘴锄；丁字镐

barretear （用铁条等）加固；（用丁字镐）挖沟，挖洞

barricada 路障，街垒；挡墙

barrido 打扫，清除；扫描

barrido alterno 交替扫描

barrido arriba 升频扫描，向上扫描

barrido ascendente 升频扫描，向上扫描

barrido de frecuencia 扫频

barrido de gases de combustión 燃烧气清扫，燃烧气清除，扫气，除气

barrido de hoyo 井眼清理

barrido descendente 降频扫描，向下扫描

barrido electrónico 电子扫描

barrido hacia abajo 降频扫描，向下扫描

barrido horizontal 水平扫描

barrido lineal 线性扫描

barrido mecánico 机械扫描

barrido tramado 光栅扫描

barrido vertical 竖直扫描

barril 桶，木桶；桶（容量单位，美国相当于31.5加仑，英国相当于36法定加仑）

barril de aceite equivalente 桶油当量

barril de acero 钢桶

barril de amalgamación 混汞桶

barril de crudo equivalente (BCE) 石油当量桶数，原油当量桶，英语缩略为 BOE（Barrel of Oil Equivalent）

barril de frotación 滚转桶，（摆动式）滚磨筒

barril de petróleo 石油桶数

barril de petróleo a condiciones normales 标准状态下的石油桶数

barril disponible 可动用石油的桶数

barril en yacimiento 按桶计算的油藏储量；地层储量桶数

barril estadounidense 美式桶（相当于158.98升）

barril imperial (británico) 英桶（相当于159.11升）

barriles de aceite crudo 原油桶数

barriles de agua por día 日产水桶数，英语缩略为 BWPD（Barrels of Water Per Day）

barriles de agua por hora 每小时产水桶数，英语缩略为 BWPH（Barrels of Water Per Hour）

barriles de fluido por día 日产液桶数，英语缩略为 BFPD（Barrels of Fluid Per Day）

barriles de petróleo a condiciones normales 标准状态下的石油桶数

barriles de petróleo a las condiciones del yacimiento 地层条件下的石油桶数，油气藏条件下的石油桶数

barriles de petróleo diario (BPD) 日产油桶数，英语缩略为 BOPD（Barrels of Oil Per Day）

barriles de yacimiento 油藏储量桶数

barriles de yacimiento a granel 油藏总储量桶数

barriles en tanque de almacenamiento (BTA) 储罐桶数，英语缩略为 STB（Stock Tank Barrels）

barriles fiscales 储罐桶数

barriles por día 日产油桶数

barriles por día (b/d) 每天桶数，日产桶数，桶/日

barriles por día de operación 每开工日桶数，英语缩略为 BPSD（Barrels Per Stream Day）

barriles por día en equivalente de petróleo (BPDEP) 日产石油桶当量，英语缩略为 BPDOE（Barrels Per Day Oil Equivalent）

barrilete 桶；（木工工作台的）夹头，夹具；镜头筒

barrilete sencillo （石油）石蜡桶

barrilla 氧化钾，苛性钾，木灰

barrio （城镇的）区，行政区；市郊，郊区；居民区；（委内瑞拉）缺少基础设施的贫民区

barrio de vivienda precaria 破旧住宅的贫民区；棚屋；棚户区

barrio glaciárico 冰川地带

barrizal 泥浆池，黏土坑；泥泞的地方，泥沼地；泥潭

barro 泥，烂泥；黏土，陶土

barro blanco 陶土

barro calizo 灰泥，石灰泥浆

barro coloidal 胶体泥浆

barro con silicato de sodio 硅酸钠泥浆

barro de esmaltado 上釉的赤土陶器

barro de inyección 钻井泥浆，钻井液

barro de perforación 钻井泥浆，钻井液

barro grueso 强黏土

barro limoso 灰泥，石灰泥浆

barro refractario 耐火黏土，耐火泥

barro rojo 红泥浆，用单宁酸钠处理的黏土泥浆，红泥

barro trabajado 捣实黏土

barro vitrificado 陶化黏土，上釉黏土

barro volcánico 火山泥

barroso 泥浆的；泥泞的，多泥的；土色的

barrote 粗棒，粗棍；（用作加固的）铁条，横档

barrueco 异形珍珠；小结节，结核

basal 基部的，基座的，基底的，基础的

basáltico 玄武岩的

B

basaltiforme 玄武岩状的

basaltina 辉石

basaltita 拉长岩，无橄玄武岩

basalto 玄武岩

basalto analcítico 方沸石玄武岩

basalto prismático 柱状玄武岩

basamento 底，基底；底座，柱墩；建筑物的底部；基岩

basamento de un motor 发动机底座

basanita 碧玄岩；试金石

báscula 台秤，磅秤；（称车辆等重量的）桥秤，台秤

báscula automática 自动秤

báscula de hidrostática 液压秤

báscula de plataforma 地磅，台秤

báscula de precisión 精密天平

báscula electrónica 电子秤

báscula puente 称量台，地磅，桥秤

basculable 可倾斜的，倾动式的

basculador 翻斗卡车，自卸货车

basculador de vagones 自卸车

basculador de vagonetas de mina 矿用自卸车

basculante 倾倒器；翻斗车，自卸车

bascular 上下摆动；（自卸货车）翻斗倾倒

base 基础，基底，地基，底座；碱，盐基；基数，基线

base acuosa 水基

base cristalina 结晶基底，结晶质基底

base de aceite 油基

base de aceite mineral natural 天然矿物油基地；天然矿物油基

base de acero 钢制基础，钢制底座

base de agua 水基

base de ancla 锚底座

base de bomba 泵基础，泵底座

base de calentador 加热炉基础

base de contabilidad 会计基础

base de datos 数据库，资料库

base de depurador 除油器基础

base de deshidratador electrostático 静电脱水器底座

base de equipo 设备基础，基座

base de la capa intemperizada 风化层底面，风化层底界

base de la soldadura 焊缝根部，焊根

base de lubricación mediana 中等规模的润滑站

base de mesa giratoria 转盘底座

base de mesa rotante 转盘底座

base de mesa rotaria 转盘底座

base de operación 基线水位，基准（水平）面；作业基地

base de patín 滑橇底座，橇装底座

base de petróleo 油基

base de reparación 维修基地

base de separador 分离器基础，分离器底座

base de servicio 服务基地

base de tanque 罐基础

base de tope 套管头底座，套管联顶支座

base de válvula 阀座

base débil 弱碱

base del mástil 井架基座；桅杆基座

base del motor 发动机底座

base empedrada 石块铺地

base estructural permanente 永久导向基座

base fuerte 强碱

base guía provisional 井口导向盘

base imponible 纳税基数；课税基础

base intercambiable 交换性盐基

base lubricante 润滑基地

base material 物资基础

base negro 黑色基层

base nítrica 硝基

base nitrógeno 氮基

base oxigenada 盐基

base para centrífuga 离心机底座

base para distribuidor 配电盘座

base para instalar un motor 发动机基础，发动机底座

base teórica 理论基础

base trigonométrica 基线水位，基准（水平）面

base vidriosa del pórfido 玻斑基岩

bases piridínicas 吡啶碱

basicidad 碱度；碱性，基性度；盐基度

básico 基本的，根本的；碱性的，盐基的，基性的

basificación 基性岩化，碱性化，碱化

basificar 使基性岩化，使碱性化，使碱化

basilicón 松脂石蜡软膏

basimesostasis 粗玄基质

basita 基性岩（类）

bastardo 不纯的；退化的；变质的；变种的；混杂的

baste 绷，绗

bastidor 框，框架；（车辆的）底盘，车架；（机器的）底架；螺旋桨架

bastidor de arriostramiento 定距（隔）块

bastidor de bogie 转向架

bastidor de corredera 滑架

bastidor de envigado 联（结）梁

bastidor de las orugas 履带拖拉机底盘

bastidor de montaje 装配架

bastidor de motor 发动机机架

bastidor de servicio 工作指示盘

bastidor de torno 车床床身

bastidor de una máquina 机架

bastidor delantero 车辆前桥
bastidor en C 支架
bastidor en cuello de cisne 支架，鹅颈支架
bastidor estructural permanente 永久性基座
bastidor giratorio 旋转架，转座
bastidor tipo cajón 箱形底架
bastidor triangular 桁架，桁梁
bastidores en cruz 交叉连架
bastita 绢石
bastón 棒，杆；手杖，拐棍；变速杆，控制杆
bastón corredizo de bomba de lodo 泥浆泵拉杆
bastren 刨子，刮刀，铁弯刨
basura 废料，垃圾，垃圾堆
basura doméstica 家庭垃圾，家庭废弃物
basura en descomposición 腐烂中的垃圾，分解中的垃圾
basura entrante y saliente 废料进出；无用入出；无用数据输出输入
basura suelta 杂乱的废弃物，乱放的杂物
basurero 垃圾清理工；垃圾堆；垃圾箱
batea 托盘；槽，盆；方头平底船；敞篷货车，平板货车；方形构架
batea de aceite 油盘
batea tipo remolque （载重）平板拖车
batelero 给水总管，总水管
batería 电池（组），蓄电池
batería alcalina 碱性电池
batería aneroide 干电池
batería anódica 板极电池，阳极电池，乙电池
batería anódica B 极板电池，B 电池
batería atómica 核电池
batería auxiliar 备用电池，辅助电池
batería C C 电池，丙电池
batería central 共电式（中央）电池组
batería compensadora 补偿电池组
batería común 电源组，动力单元
batería de acumuladores 蓄电池组
batería de bocartes 捣矿机组
batería de cloruro （氯化）铅蓄电池
batería de combustible 燃料电池
batería de emergencias 备用蓄电池
batería de la lámpara termiónica 热离子电池
batería de pilas secas 干电池（组）
batería de plomo 铅电池组
batería de rejilla 栅板电池组
batería eléctrica 电池
batería elevadora 升压电池组
batería en cascada 级联电池组
batería nuclear 核电池
batería por diferencia de temperatura 温差电池
batería por energía solar 太阳能电池
batería seca 干电池
batería secundaria 二次电池，蓄电池组

batería solar 太阳能电池组
batería tipo corrosión 腐蚀电池
batial 半深海的
batidera 拍打器，搅拌器，捣棒
batido 打，拍，搅拌，锤击，锻伸，锻长
batido en frío 冷锤，冷锻
batidor 锤，夯具，夯实机，戳击器；搅拌器
batidor de hierro 铁锤
batidora 搅拌器，粉碎器
batidora eléctrica 电动搅拌器，电动粉碎器
batidura 炉渣
batiente 碰口条，门扇
batigrama 回音测深仪记录图，水深图
batilito 岩基，岩盘
batimetría 深度测量法，(海洋)测深学
batimétrico 测深的，深海测量的
batímetro (深海用)测深器，水深测量器
batimiento 脉冲，脉动，敲打，拍打
batir 打，戳；锤打，摧毁，推倒，摇动，搅动
batiscafo 深海潜水器，深潜水器，深潜艇
batisfera 探海球，深海球形潜水器
batisismo 地球深处地震(震源深度为300～700千米)
batista 细亚麻布；细薄棉布；细薄人造纤维织物
batitermógrafo 海水测温仪，温深仪
batitermosfera 海水测温仪，温深仪
batocromo 向红团
batolita 岩基
batolito 岩基
batolito pequeño circular 凸瘤；岩瘤
batómetro (深海用)测深器，水深测量器
baudio 波特，波特信号传递速率单位
baumé 波美标度；波美比重计
bauxita 铝土矿，矾土，铝矾土
bauxita sinterizada 烧结铝矾土
bavenita 硬沸石
baya para ensayo 试验棒，试验条
bayerita 拜三水铝石，三羟铝石
bayoneta 卡口，插杆，接合销钉
BB fracción BB 馏分，丁烷丁烯馏分，C4 馏分
BCDP (barrenas compactas de diamante policristalino) 聚晶金刚石复合片钻头，英语缩略为 PDCB (Polycrystalline Diamond Compact Bits)
BCP (bomba de cavidad progresiva) 渐进腔式泵，螺杆泵，英语缩略为 PCP (Progressing Cavity Pump)
BDPE (barriles diarios de petróleo equivalente) 日产石油当量桶数，英语缩略为 BPDOE (Barrels Per Day of Oil Equivalent)
be 元素铍 (**berilio**) 的符号
beckita 玉髓燧石

becquerel 贝可，贝克勒尔（放射性活度单位）
bedana 切刀，割刀，开裂工具
bedano 大凿子
bedelio 芳香树胶
beekita 玉髓燧石
begohmio 京欧姆，千兆欧（姆）
beidelita 贝得石
bel 贝（尔）（音量，音强，电平单位）
belemnita 箭石
belemnites 箭石，箭石属
belinógrafo 毕林诺图解
belio 贝（尔）（音量，音强，电平单位）
belita 斜硅钙石
beltina 甲壳纲动物化石
bementita 蜡硅锰矿
bencedrina 苯丙胺
bencénico 苯的
benceno 苯
benceno metilico 甲苯
benceno propileno 丙烯苯
benceno,tolueno y xilenos (BTX) 苯、甲苯和二甲苯
bencenoidico 苯环（型）的
bencenosulfonato 苯磺酸盐
bencenosulfónico 苯磺的
bencidina 联苯胺，对苯二氨基联苯
bencilacetilene 苯基乙炔
bencilalcohol 苄醇
bencilamina 苄胺
bencilbenceno 二苯甲烷
bencilideno 苄叉，苄亚甲基
bencilo 苄基，苯甲基
bencina 汽油（用于拉美一些国家，如智利）；挥发油（用作稀释剂）
bencina ligera 轻质汽油
bencina pesada 重质汽油
bencina propilena 丙烯基苯
beneficiado 受益人；受益的
beneficiar 救济；有益于，使受益
beneficiario 保险合同受益人；受益人，得利的人
beneficiario automático 自动受益人
beneficiario de patente 专利获得者
beneficio 利益，好处，福利；利润；开采（矿井）
beneficio adicional 附加利润
beneficio bruto 毛利，总利润
beneficio de los empleados 职工福利
beneficio de vida 生活津贴
beneficio del carbón 选煤
beneficio extrasalarial 工资外福利
beneficio líquido 净利，纯利
beneficio material 物质福利

beneficio neto 净利
beneficio por amalgamación 汞齐法，汞齐化处理
beneficio social 社会福利
benjuí 苯偶姻，安息香，二苯乙醇酮
béntico 海底的，底栖生物的，水底的
bentisal 深渊的；深海的
bentonita 膨润土，土粉，斑脱岩，斑脱土
benzalcloruro 苄叉二氯
benzalconio 苄烷铵
benzaldehído 苯甲醛
benzaldoximas 苯醛肟
benzamida 苯酰胺，苯甲酰胺
benzanilida 苯酰替苯胺
benzantraceno 苯并蒽
benzantrona 苯并蒽酮
benzedrina 苯丙胺
benzhidrol 二苯基甲醇
benzidina 联苯胺
benzoantraceno 苯并蒽
benzoato 苯甲酸盐，苯甲酸酯，苯酸酯，苯酸盐
benzocaína 苯坐卡因
benzofenona 二苯甲酮
benzoico 苯甲酸的，安息香酸的
benzoílo 苯甲酰，苯酰
benzoína 安息香酸，苯甲酸
benzol （粗）苯，安息油，工业苯，偏苏油
benzolismo 苯中毒
benzonaftol 苯甲酸萘酯
benzonitrilo 苄腈，苯基氰
benzopireno 苯并芘
benzopiridina 喹啉
benzoquinona 苯醌
BEP (barriles de equivalente en petróleo) 石油当量桶数，英语缩略为 BOE (Barrels of Oil Equivalent)
berbiquí 曲柄；手摇（曲柄）钻
berbiquí angular 弯把手摇钻
berbiquí de herrero 胸压手摇钻
berbiquí de manubrio 曲柄钻
berbiquí de pecho 胸压式手摇钻，曲柄钻
berbiquí de pecho a dos velocidades 双速胸压式手摇钻
berbiquí de violín 弓钻
berginización （煤的）加氢液化法
bergschrund 冰后隙，大冰隙
beribiquí de clavija 插头中心钻
berilia 氧化铍
berilio 铍
beriliuro 铍化物
berilo 绿柱石
berilonita 磷钠铍石

berkelio 锫

berkeyita 天蓝石

berlina 矿车

berlingado (冶金) 插树, (炼锡) 吹气

berma (城墙与壕沟间的) 护堤, 护道, 后滨阶地

berma lateral 侧护堤

bermellón 辰砂, 朱砂, 银朱, 硫化汞

bertrandita 硅铍石

berzelianita 硒铜矿

bes 贝斯 (重量单位, 1 磅的 2/3)

BES (bomba electrosumergible) 电潜泵

Bessemer 贝塞麦炼钢法, 酸性转炉法

Bessemer acero 贝塞麦钢

bessemerizar 用酸性转炉法吹炼

BEST (evaluador para incremento de presión en pozo cerrado) (生产井) 关井压力恢复评价方法, 英语缩略为 BEST (Buildup Evaluation Shutin Tool (production))

betacaína β - 优卡因

betafita 铌钛铀矿

betaína 甜菜碱

betanaftol β - 萘酚

betatrón 电磁感应加速器, 电子回旋加速器

betón 混凝土; 石灰混凝土

betón armado 钢筋混凝土

betún 沥青

betún asfáltico 黑沥青, 沥青岩, 石沥青

betún de Judea 地沥青

betún Judaico 地沥青

betún nativo 天然沥青, 原地沥青

betún natural 天然沥青, 原地沥青

betún semisólido 沥青膏, 半固体沥青

betún sólido 固体沥青

betunar 涂沥青于, 擦鞋油于

bevatrón 高能质子同步稳定加速器, 质子回旋加速器

BFPD (barriles de fluido por dia) 每天产液桶数, 桶液体 / 天, 日产液桶数, 英语缩略为 BFPD (Barrels Fluid Per Day)

Bi 元素铋 (bismuto) 的符号

bi- 前缀, 表示 "双的, 二的, 两个的" 之意

biácido 二元酸

biamperometría 双安培滴定法

biangular 双角的

biarticulado 双节的, 双铰 (链) 的

bias 偏动的

biatómico 二原子的, 双原子的, 二氢氧基的;

biaxial 二轴的, 双轴的, 有两轴的

biáxico (晶体) 双轴的, 具有两个光轴的

bibásico 二代的, 二元的, 二碱 (价) 的, 二盐基性的

bibencilo 联苄

biblioteca 图书馆, 藏书室, 书库

biblioteca de acceso directo 随机存取库

biblioteca de entrada 输入程序库

biblioteca de programas 程序库

biblioteca de rutina 例行程序库

biblioteca de salida 输出程序库

biblioteca de tareas 作业库

bicarbonado 碳酸氢盐

bicarbonado sódico 碳酸氢钠, 小苏打

bicarbonatado 含酸式碳酸盐的, 含碳酸氢盐的, 含重碳酸盐的

bicarbonato 碳酸氢盐

bicarbonato amónico 碳酸氢铵

bicarbonato de potasio 碳酸氢钾

bicarbonato de sodio 碳酸氢钠, 小苏打

bicarbonato sódico 碳酸氢钠, 小苏打

bicarburo 二碳化物

bicarburo de hidrógeno 乙烯

biciclodecano 双环癸烷

biciclohexano 双环己烷

biciclohexilo 双环己基

biciclononano 双环壬烷

biciclopentadieno 双环戊二烯, 二聚环戊二烯, 双茂

bicilíndrico 双圆柱的, 双柱面的; 双汽缸的

bicloruro 二氯化物

bicloruro de etileno 二氯乙烷

bicloruro de mercurio 二氯化汞

bicolor 双色; 双色的

bicóncava 双凹透镜

bicóncavo (透镜等) 双面凹的

bicónico 双锥 (形) 的

biconvexa 透镜状, 扁豆状; 透镜状的, 扁豆状的

biconvexo 双凸面的, 两面凸的

bicromatado 含重铬酸盐的

bicromático 二色性的, 双色的

bicromato 重铬酸盐

bicromato de potasio 重铬酸钾

bicromato potasico 重铬酸钾

bicromo 双色的

bicrón 毫微米, 10^9 米

bicuadrado 四次幂的, 双二次的

BID (Banco Interamericano de Desarrollo) 美洲开发银行, 英语缩略为 IDB (Interamerican Development Bank)

bidimensión 二维, 平面

bidimensional 二维的, 二度 (空间) 的, 平面的

bidireccional 双向 (作用) 的

bidireccional alternativo 半双工, 半双工的

bidón 大桶, 罐

bidón de aceite 大油桶

bidón de gasolina　大汽油桶

bidón de petróleo　石油桶

bidón de seguridad　安全罐

bidón metálico　金属筒，金属大桶

biela　连接杆，活塞杆

biela colgante　边杆，动轮连杆

biela de accionamiento　传动杆，操作杆

biela de acoplamiento　动轮连杆，边杆，平行杆

biela de dirección　转向连杆

biela de empuje　推杆

biela de mando　操纵杆

biela de motor　发动机活塞拉杆

biela de sonda　连杆，摇杆，连接杆

biela de suspensión　连杆，联杆，拉杆

biela del directriz　传动杆，驱动杆

biela del distribuidor　阀轴

biela del freno　制动联杆

biela del paralelogramo　平行杆

biela en retorno　回头连杆

biela maestro　主连杆

bielas gemelas　双连杆

bien　利益，好处；资产，财产（使用复数）；产品，货物（使用复数）

bienes acensuados　征税的不动产

bienes alodiales　免税产业

bienes comunes　公共财产

bienes de capital　资本资产（固定资产和专利权等）

bienes de consumo　消费财物（如家电、汽车等）

bienes de equipo　资本货物（指生产工业品所需的生产资料，如机器等）

bienes de importación　进口货（物）

bienes del medio ambiente natural　自然资产

bienes duraderos　耐用品

bienes finales　终极产品

bienes forales　租借产

bienes hipotecados　抵押财产

bienes inmuebles　不动产，房地产

bienes muebles　动产

bienes nacionales　国有资产

bienes naturales　自然资产

bienes nullíus　无主财产

bienes propios　自有资产

bienes públicos　公共财富

bienes raíces　不动产，房地产

bienes sedientes　不动产

bienes tangibles　有形资产

bienestar　安逸，舒适；福利，福祉

bienestar económico　经济福利

bienestar económico neto　净经济福利，英语缩略为 NEW（Net Economic Welfare）

bienestar social　社会福利

biesfenoide　（晶体）双楔；（晶体）双半面晶形

bifasado　双相的；双相

bifase　两相，双相，二相

bifásico　二相的，双相性的

bifenilo　联苯，联二苯，联苯基

bifenilo policlorado（BPC）　多氯联苯，英语缩略为 PCBs（Poly Chorinated Biphenyls）

bifilar　双线的，双丝的，双股的；双线导体

bifluoruro　二氯化合物

bifluoruro de amonio　氟化氢铵，英语缩略为 ABF（Ammonium Bifluoride）

bifocal　双焦的；双光的

bifurcación　（河流、道路等）分叉，分岔；分叉点，岔道

bifurcación de tubos　支管，（水平）烟道

bifurcado　叉形的

bifurcador　二分叉器，二分枝器

bigorneta　（铁）砧，砧座

bigornia　砧，（两头尖的）铁砧，角砧

bigornia pequeña　台（式铁）砧

bigornilla　小铁砧，台砧

bigote　炉渣口，炉渣口火焰；金属嵌线；渗入炉膛裂缝中的金属（复数）

bigotera　小圆规，卡钳；放液口，出渣口，出铁口，漏孔，分流孔

bihélice　双螺旋浆

bilabarquín　（厄瓜多尔）曲柄手摇钻

bilateral　双边（向，侧，通）的，双向作用的

bilboquete　球形接头

bilinear　双线性的，双直线的

bilitonita　勿里洞玻陨石

billete　便条；票；证券，票据，券，纸币

billete de banco　银行钞票

billón　万亿，百万兆，兆兆，10^{12}（注：美国英语中的 **billion** 是指十亿，千兆，10^9）

billones de pies cúbicos（BPC）　万亿立方英尺

bilux　双丝灯

bimetal　双金属（片），复合钢材

bimetálico　双金属片的

bimetalismo　（金、银的）复本位制

bimolecular　双分子的；有两个分子的

bimórfico　双流的，交直流的

bimotor　双发动机的；双发动机飞机

bimotórico　双发动机的，双马达的

binario　二，双，复；二元的，双态的；二进制的

binario en columna　竖式二进制数，竖式二进制码

binario en fila　行式二进制数，行式二进制码

binauricular　双路的，双声道的

binocular　双目的，双筒的，用两眼的；（双筒）望远镜（使用复数）

binóculo　双目（筒）镜；夹鼻眼镜

bínodo 双阳极的，双结点的
binomial 二项式的；双名的
binomio 二项式；双名法；二项式的
binomio de Newton 牛顿二项式定理
bio- 前缀，表示"生命"
bioactivación 生物活化（作用）
bioactivador 生物活性剂
bioactividad 生物活性
bioacumulación 生物积累
bioacústica 生物声学
bioaeración （污水等）活性通气法，生物通气
bioagricultura 生物农业
bioaumento 生物增多作用
biobasura 生物垃圾，有机物垃圾
bioburbuja 生物泡
biocalcareo 生物灰岩
biocatalizador 生物催化剂
biocenología 生物群落学
biocenosis 群落，生物群落
biociación 亚生物群落
biocibernética 生物控制学
biociclo 生物循环
biocida 杀生物剂，杀生物药剂，生物杀伤剂
bioclástico 生物碎屑的；生物碎屑岩
bioclimatización 太阳能室内空气调节
bioclimatógrafo 生物气候图
bioclimatología 生物气候学
biocombustible 生物燃料，生物质燃料
bioconversión 生物转化
biocorrosión 生物腐蚀
biodegradabilidad 生物降解能力
biodegradable 生物可降解的，能起生物递解分解作用的
biodegradación 生物降解，生物降解作用，生物递解分解作用
biodiesel 生物柴油
biodifusor 生态域（指一组相似的生域）
biodinámica 生物动力学
biodinámico 生物动力学的，生物动力的
biodiversidad 生物多样性
bioecología 生物生态学
bioelectricidad 生物电
bioelectromagnetismo 生物电磁
bioelectrónica 生物电子学
bioelemento 生物元素
bioenergética 生物能学
bioensayo 生物测定，生物鉴定，生物测试
bioestratigrafía 生物地层学；生物地层图
bioetanol de caña de azúcar 甘蔗制作的生物酒精，生物乙醇
biofacies 生物相
biofase 生物相
biofenilo 联苯基

biofiltración 生物过滤
biofísica 生物物理学
biofloculación 生物絮凝（作用）
biogás 生物气体，生物气，生物成因气体
biogene 生源
biogénesis 生源学；生物发生
biogenética 遗传工程
biogénico 生源的
biogeocenosis 生物地理群落
biogeografía 生物地理学，生物分布学
biohermita 生物礁岩，生物岩
biohermo 生物礁，生物丘，生物岩礁；珊瑚礁
biohermo rígido (resistente al oleaje) 脆性生物礁，耐浪击的生物礁
biohidrocarburo 生物碳氢化合物，生物烃
bioindicador （用来监测污染的）指示生物，指示生物群落
bioinformática 生物信息学
bioingeniería 生物工程
bioinstrumentación 生物检测
biólisis 生物分解（作用）
biolita 生物岩，生物成因岩
biolitita 生物灰岩，礁灰岩
biolito 生物结石
biología 生物学
biología matemática 数学生物学
biología molecular 分子生物学
biólogo 生物学家
bioluminiscencia 生物发光，生物发光现象；生物发的光
bioluminiscente 生物发光的
bioma 生物群，生物群落
biomasa 生物量，生命体，生物质
biomasa de algas 藻类生物量
biomasa vegetal 植物生物量
biomatemática 生物数学
biomecánica 生物力学
biomero 生物层段（一种生物地层单位）
biometría 生物统计学，生物测量学；寿命测定
biómetro 生物计；活组织二氧化碳测定仪
biomicrita 生物泥晶灰岩，生物微晶灰岩
biomineral 生物矿物
biomineralogía 生物矿物学
biomonitor （用于预测污染的）监测生物
bión 生物体（指独立单一的有机体）
biónica 仿生（电子）学，生物机械学
biopak 生物遥测器，生物舱
biopelícula 生物膜
biopiratería 生物剽窃，生物盗版
bioplasma 原生质，原形质
biopolímero 生物聚合物，生物高聚物
biopotencia 生物效能
bioprueba 生物试验，生物测试

bioquímica 生物化学，生（理）化学
bioquímico 生物化学的
bioreactor 生物反应器
bioremediación 生物处理，生物修补
bios 酵母促生物；生物活素类
biosfera 生命界，生物圈
biosíntesis 生物合成
biospora 生源体
biostasia 生物稳定相
biostroma 生物层
biot 毕奥（电流单位，等于10安培）
biota 生物群，生物区系，生物区域志
biota acuática 水生生物区，水生生物群
biota marina 海洋生物区，海洋生物群
biota marina de la zona de intermarea 潮间区海洋生物群
biota marina de la zona litoral 沿海海洋生物群
biota terrestre 陆地生物群，陆地生物区
biotecnología 生物工艺学，生物技术
biótico 生命（物）的，生物区（系）的
biotina 生物素，维生素H
biotipo 同型小种；生物型；纯系群
biotita 黑云母
biotitita 黑云母岩
biótopo 群落生境，生物小区
biotratamiento 生物处理
biotratamiento de la tierra 土地生物处理
biotrón 生物人工气候室（用于研究生物对环境变化的反应）
bioturbación 生物扰动，生物扰动作用
bióxido 二氧化物
bioxido carbónico 二氧化碳
bióxido de bario 过氧化钡
bióxido de carbono 二氧化碳
bióxido de cloro 二氧化氯
bióxido de estano 二氧化锡
bióxido de manganeso 二氧化锰
bióxido de nitrógeno 氧化氮
bióxido de titanio 金红石
biozona 生物带
bipás,bipas 旁通路，支路
bipirámide （晶体）双锥，双棱锥体
biplano 双翼飞机
bípode 两脚架
bipolar 双极性的，两极，地球两极（地区）的
bipolaridad 两极性
bipolarización 两极化，两级分化
bipolo 偶极，偶极子
biprisma 双棱镜
bipropelente 二元推进剂，二元燃料
BIRD（Banco Internacional de la Reconstrucción y el Desarrollo）（联合国）国际复兴开发银

行，英语缩略为IBRD（International Bank for Reconstruction and Development））
birradical 双游离基，二价自由基；二基团的，二元基的
birrectángulo 正两直角的
birrefrigente 双折射的
birrefringencia 双折射，二次光折射，重折率
birrefringente 双折射的，重折射的
birrotación 双旋光，变异旋光
bisagra 铰链，合页
bisagra al tope 平折页，平接铰链
bisagra cubrejunta 带式铰链
bisagra de paletas 带式铰链，带式折页
bisagra de tope 平折页，平接铰链
bisagra en T T型铰链
bisagra y cerrojo 链铰和搭扣
bisazo 双偶氮，四氮
bisecar 二等分；对切；对分
bisección 二等分，二分切割，平分（点，线）
bisectado 平分的，等分的
bisector （二）等分线，平面线，等分角线，二等分物
bisectriz 二等分线；二等分的
bisectriz aguda 锐角等分线
bisectriz obtusa 钝角等分线
bisectriz peróxido 中垂线
bisel 斜截面，斜面，斜角
biselación 斜截，斜切
biselado 斜截，斜切；斜截的，斜切的
biselado de soldadura 焊接坡口
biselador 倒角机
biselamiento basal 下超
biselamiento somital 顶超
biselar 斜削（切，截），对切，切削成削角；使成斜角，做成斜边
bisimetría 两对称（性），双对称（性）
bisimétrico 双对称的
bismalita 岩柱，岩栓
bismalito 岩柱
bismita 铋华
bismutina 三氢化铋，银铋矿，辉铋矿
bismutinita 辉铋矿
bismutita 泡铋矿
bismuto 铋
bismuto nucleico 核素铋
bisólita 绿石棉，纤闪石
bisulfato 硫酸氢盐，酸式硫酸盐
bisulfito 亚硫酸氢盐，酸式亚硫酸盐
bisulfuro 二硫化物
bisulfuro de carbono 二硫化碳
bisulfuro de hierro 二硫化铁
bita 系缆桩，系船柱，缆柱
bitácora 罗经柜

bitadura 锚链，锚缆
bitartrato 酒石酸氢盐
bitiocianato metileno (BTM) 二硫氰基甲烷
bitón 系缆桩，系船柱
bitownita 倍长石
bits de encuadramiento 分割位
bitulítico 沥青混凝土，沥青混凝土的
bitumástico 沥青（砂胶）的，潜脂的
bitumen 沥青，柏油
bitumen diluido libre de agua y sólido 不含固体和水的沥青稀浆
bitumen endurecido 硬化沥青
bituminado 铺沥青的；含沥青的
bituminífero （油）沥青（质）的，含沥青的
bituminización 沥青化
bituminizar 沥青处理，沥青化，使成沥青，使与沥青混合
bituminoso 沥青的，含沥青的
biuret 缩二脲
bivalencia 双化合价，双原子价，二价
bivalente 二价的
bivariante 二变量的，双变（量）的
bivector 双矢（量），二重矢量，平面量
bivectorial 双矢的
bivoltino 二化的
bizcocho 再生石膏
black jack 闪锌矿；粗黑煤油，烛煤；瘦煤
blackband 黑矿层，泥铁矿，黑泥铁矿，碳质铁矿
blaes 灰青碳质页岩
blancarte 贫矿砂，矿渣
blanco 白色的；淡色的；白色；目标，对象；空白处
blanco de ballena 鲸蜡
blanco de cinc 锌华，锌白，氧化锌
blanco de España 西班牙白（碳酸铅，碱式硝酸铋和白垩的通称）
blanco de plomo 铅白，碳酸铅白
blanco de tiro 靶；目标；终点
blanco lechoso 乳白色的
blando 软的，松软的，柔软的
blandura 柔软，松软
blanqueado 漂白，刷白，变白
blanqueador 漂白粉（剂）；使变白的，漂白的
blanquear 使变白，漂白；刷白，涂白
blanqueo 漂白，漂白作用
blanquete 漂白剂
blanquimento 漂白剂
blanquimiento 漂白剂
blanza de inducción 感应电桥
blastoporfirítico 变余斑状的；变余斑状，残斑状
blástula 囊胚

blenda 白锌矿，锌矿
blenda de zinc 闪锌矿
blindado 有防护的，装甲的，铠装的
blindaje 装上钢板，铁甲，盲障，掩体，屏蔽
blindaje antimagnético 磁屏，磁屏蔽
blindaje electrostático 静电屏蔽
blindaje magnético 磁屏蔽
block 地块，岩块，断块，区块
bloque 块（体，料，锭），石块，石料；区块；街区，总体，（内燃机的）汽缸组；汽缸
bloque activo 活动断块；有源组件；有效网络，有效块
bloque bajo 下盘，断层下盘
bloque central 中心断块
bloque cimero 天车
bloque cojinete 轴承座架
bloque colgante 上盘，断层上盘
bloque con contenido de crudo 含油区块
bloque conjunto del gancho 一体式游车大钩
bloque continental 大陆块
bloque corona de cinco poleas 五滑轮天车
bloque costa adentro 沿海区块，滨内区块
bloque de acarreo 漂块
bloque de alimentación 电源组
bloque de anclaje 地锚固定墩，锚固墩
bloque de asfalto 沥青块
bloque de cemento 水泥块
bloque de cilindros 发动机缸体，发动机机体
bloque de concreto de tubería 管墩
bloque de conexiones 隔板，隔离壁
bloque de control 控制程序块
bloque de corona 天车
bloque de corteza 地壳断块
bloque de datos 数据块；数据元
bloque de desarrollo 开发区块
bloque de desenganche 停泵装置
bloque de empuje 冲掩断块；推覆体；逆冲断块
bloque de enrayado 止轮楔
bloque de entrada 输入字块
bloque de falla 断块，断裂地块
bloque de falla no sometida a prueba 未勘探断块
bloque de fallas escalonadas 阶梯状断块，阶梯式断裂地块
bloque de fricción 摩擦闸瓦，摩擦闸块
bloque de hormigón armado de tubería 水泥管线墩
bloque de impresión 铅印，铅模，打印器
bloqueo de la cañería mediante cemento 固井灌肠
bloque de licencia 许可证区块
bloque de madera 垫木

bloque de malla 丝网混凝土块
bloque de montañas 山体块
bloque de muro 断层的下盘
bloque de parada 止轮楔
bloque de parada accidental 止轮楔
bloque de pozo 井区
bloque de rejillas 钢筋混凝土水泥墩
bloque de salida 输出字块
bloque de techo 断层的上盘
bloque de viviendas 公寓楼
bloque del aparejo 游动滑车
bloque del cuadrante a tipo de rodillo 滚子方补心
bloque del freno 刹车块
bloque del motor 发动机组
bloque deprimido 陷落地块
bloque descendido 下盘，下盘断块，沿倾向下落的断块
bloque diagrama 方块图，方框图；（展示地貌的）立体透视图
bloque elevado 上升地块，上升断块
bloque empujado 冲掩断块，推覆体，逆冲断块
bloque errático 漂块
bloque exploratorio 勘探区块
bloque fallado hundido 下降断块，陷落断块
bloque geológico 地质块，地质块体，地质块段
bloque hueco 空心砌块
bloque hundido 下落断块，地垫
bloque inferior 下盘，下倾断块
bloque levantado 上升地块
bloque limitado por diaclasas 节理块，节理岩块
bloque limitado por fallas 断块；断层限定断块
bloque magnético 磁块
bloque para matriz 滑块、模块，滑板，板牙
bloque rodante de cuadrante 方补心
bloque superior 上盘
bloque tectónico 构造断块，构造块，构造块体
bloque terminal 接线板
bloque viajero 游动滑车
bloque yacente 下盘，断层下盘
bloquear la formación 堵塞地层
bloqueo 封锁（设施），堵塞，阻塞，阻断，闭锁；（计算机）模块化；（无线电）干扰；冻结（款项）
bloqueo de agua 水堵
bloqueo de agua de fondo 底水封堵
bloqueo de arena 砂堵
bloqueo de bacterias 细菌堵塞
bloqueo de emulsión 乳状液封堵
bloqueo de fondo de pozo 井底堵塞
bloqueo de las carreteras 封堵公路

bloqueo de tubería 上紧管线，锁紧油管
bloqueo de un tubo de sondeo 卡钻，钻具被卡
bloqueo efectivo 有效封锁
bloqueo en el papel 无效封锁
bloqueo gaseoso 气栓，气塞
bloqueo por gas 气栓，气塞，气阻
bloqueo por vapor 汽锁
bloqueo químico de agua 化学堵水
bls 桶；桶数（**barriles** 的缩写）
bobina 线轴，卷轴；线圈
bobina abierta 开路线圈
bobina antagonista 补偿线圈，反接线圈
bobina astática 无定向线圈
bobina compensadora de zumbido 嗡声抑制线圈
bobina con núcleo de ferrita 铁氧体磁芯线圈
bobina con núcleo de hierro 铁芯线圈
bobina de acoplamiento 耦合线圈
bobina de ajuste 调谐线圈
bobina de alma de panal 蜂房（式）线圈
bobina de autoinducción 扼流圈，迟滞线圈
bobina de barrido 扫描线圈
bobina de campo 激励线圈，场（扫描）线圈
bobina de carga 加感线圈
bobina de chispa 电花线圈，电火花线圈
bobina de compensación 补偿线圈
bobina de derivación 衍生线圈
bobina de desconexión 脱扣线圈
bobina de detección 探测线圈
bobina de encendido 点火线圈
bobina de enfoque 聚焦线圈
bobina de exploración 探测线圈
bobina de filtrado 滤波器扼流圈
bobina de helmholtz 亥姆霍兹线圈，赫姆霍兹线圈
bobina de imantación 磁化线圈
bobina de incendio 点火线圈
bobina de inducción 扼流圈，感应线圈
bobina de inducido 电枢线圈
bobina de inductancia 感应器，电感线圈，电感器，感应体
bobina de modulación 扼流圈，抗流圈，阻流圈
bobina de polarización 极化线圈
bobina de reacción 电抗线圈，反作用线圈
bobina de reactancia 扼流圈，电抗线圈
bobina de receptor 接收器线圈
bobina de shunt 分流线圈，并绕线圈
bobina de sintonización 调谐线圈
bobina de soplado de chispas 消火花线圈，减弧线圈
bobina de tensión 电压线圈
bobina deflectora 偏转线圈

B

bobina del inductor 感应线圈

bobina desviadora 偏转线圈

bobina devanada sobre forma 模绕线圈

bobina exploradora 拾波线圈，探测线圈

bobina exploratoria 探测线圈，探查线圈

bobina híbrida 混合线圈

bobina inductora 激励线圈，场（扫描）线圈

bobina magnética 电磁线圈、磁力线圈

bobina móvil 动圈，可动线圈，可转线圈

bobina niveladora 平抛流属

bobina primaria 原线圈，初级线圈

bobina repetidora 转电线圈，中继继圈

bobina secundaria 二次线圈，次级线圈

bobina sin hierro 空心线圈

bobina térmica 热（熔）线圈

bobinado 缠绕的，弯曲的，曲折的；绕组，线圈

bobinadora 绕线机，卷线机

boca 出入口；口状物；孔，穴，洞，（工具的）锋，刃，刀口，开口

boca acampanada 喇叭口，锥形孔，漏斗口

boca de acceso 进人孔口，人孔，检修孔

boca de admisión 入口，进口

boca de aforo 测量孔；量油孔

boca de agua 给水栓，消防龙头

boca de alcantarilla 下水道口

boca de derrame 溢流口

boca de descarga 排放口

boca de desembocadura amalgamada 并生河口坝

boca de encendido 喷嘴

boca de encendido de aceite 燃油火嘴

boca de encendido de gas 燃气火嘴

boca de entrada 进口，入口

boca de fosa 矿口

boca de hogar （出）入口

boca de incendio 灭火龙头，消防龙头，消防栓

boca de inspección 检查孔，检修孔

boca de llenado 接管嘴，漏斗颈

boca de pozo 井口

boca de registro 观察孔，检查孔

boca de riego （地下水道的）浇水管接口

boca de río 河口

boca de salida 出口；输出口

boca de tenaza 钳口

boca de ventilación 排气孔，通风孔；换气孔

boca de visita 检修孔，观察孔

boca de visita de calentador 加热炉检修孔

boca del hoyo 井口

boca del trépano 钻头刀刃

boca inferior de llave 板手开口

boca para manómetro 压力表接口

boca para medición 计量口，计量孔，量油孔

boca para tomar muestras 取样孔

bocabarra 绞盘棒孔

bocal 坑口；井口；井口设施；（港湾的）狭窄入口处

bocallave 锁眼，锁孔

bocamejora 副井，辅助井

bocamina 矿井口

bocana 河口；（海湾或海峡的）入口处；入海口

bocarrena 晶洞，晶球

bocarte 凿石锤子；碎矿机，捣碎机

bocarte de mineral 矿石粉碎机，碎矿机

bocatoma 进口，入口，集水口；（灌溉渠的）放水口

bocazo 失效爆炸

boceladora 线条刨

boceto 草图，略图；粗样；草稿

bocina （汽车）喇叭，汽笛；喇叭筒；（孔、洞里面的）金属内衬

bocina de leva 轴衬

bodega 地下储藏室；货栈，仓库；（船上的）货仓，底层仓

bodega de herramientas 工具房

bodega eléctrica 电工房

bodega inferior 底舱

bodeguero 材料员

boghead 藻煤，沼煤，烟煤

bogie 转向架

bol 红玄武土，（胶状）黏土

bol arménico 红玄武土

bol de Armenia 红玄武土

bola 球（体，头，部），球状物

bola caliente 热球

bola de cojinete 轴承钢珠

bola de equilibrio 平衡球

bola de obturación 封堵球，堵塞球，密封球

bola flotante 浮球

bola para válvula 阀球

bola rápida 配重球吊钩

bola rápida dividida 可分开式配重球吊钩

bola rápida giratoria con cojinete de contacto angular 角面接触滚动轴承可旋转配重球吊钩

bola rápida no giratoria 顶部固定配重球吊钩

bola rápida no giratoria con gancho de ojo 顶部固定配重眼形吊钩

bola rápida no giratoria con gancho de seguro positivo 顶部固定配重球安全吊钩

bola rápida superior giratoria 顶部旋转配重球吊钩

bola rápida superior giratoria con gancho de ojo 顶部旋转配重眼形吊钩

bola rápida superior giratoria con gancho de

seguro positivo　顶部旋转配重球安全吊钩

bolardo　（双）系缆柱，系船桩

bolardo pequeño para embarcaciones pequeñas　小型货船使用的系船柱

bolas de plástico de copolímero estireno-divinil benceno　苯乙烯二乙烯苯微珠

boleíta　银铜氯铝矿

boletín　入场券；取款单；注册表；简报，通报，公报

boleto　车票；入场券

bólido　火流星，火球陨石

bolita（de mármol, vidrio）　大理石或玻璃的小球

bolívar　玻利瓦尔（委内瑞拉的货币单位）

bolométrico　（测）辐射热的

bolómetro　测辐射热计，辐射热测量计，辐射热计

bolómetro coaxial　同轴辐射热计

bolón　石块，石料

bolsa　包，口袋；交易所，证券交易所；矿穴，矿囊；（矿道中易爆或有毒的）气囊

bolsa de acciones　股票交易所

bolsa de aire　密封室，气囊，气穴

bolsa de gas　气囊，气袋

bolsa de mineral　小矿巢；矿产交易所

bolsa de respiración　呼吸袋

bolsa de trabajo　职业介绍所

bolsa de valores　证券交易所

bolsa lateral　侧气囊

bolsada　矿穴，矿囊，（矿道中易爆或有毒的）气囊

bolsillo　衣袋，口袋；钱包，钱袋

bolsillo de agua　水包

bolsillo mineral　矿囊，矿囊

bolsón　矿穴，矿囊，（矿道中易爆或有毒的）气囊；封闭洼地，宽浅内陆盆地；（加固拱顶的）铁箍

bolsón de gas　气窝，气袋

bomba　泵，唧筒，抽水机，炸弹；加油站（委内瑞拉）

bomba a chorro　喷射泵，射流泵

bomba a gas　气泵，鼓风机，吹风机

bomba a motor　动力泵，机动泵

bomba a motor para el lodo　电动泥浆泵

bomba a pistón　柱塞泵

bomba a reacción　喷射泵

bomba a vapor　汽泵，蒸汽泵

bomba a vapor de acción simple　蒸汽单作用泵

bomba accionada por línea de tracción　杆式泵

bomba accionada por línea de transmisión　杆式泵

bomba aceleradora　加速泵

bomba acelerante　加速泵

bomba alimentadora de agua　给水泵

bomba alimenticia　给水泵，进水泵

bomba alternativa　往复泵，活塞泵

bomba aspiradora　抽汲泵，空吸泵，抽气泵，真空泵

bomba aspirante　空吸泵，抽水泵

bomba aspirante e impelente　提升泵，加压泵

bomba aspirante impelente　压力水泵

bomba atómica　原子弹

bomba auxiliar　辅助泵

bomba auxiliar de agua contra incendios　消防水增压泵

bomba auxiliar para aumentar el vacío　真空泵

bomba calorimétrica　热泵

bomba centrífuga　离心泵

bomba centrífuga de una etapa　单级离心泵

bomba centrífuga de una sola entrada de succión　单吸离心泵

bomba centrífuga sumergible　潜水式离心泵，沉没式离心泵

bomba centrípeta　向心泵

bomba común　普通泵；公用泵

bomba con cabilla de producción　有杆泵

bomba con engranajes reductores de la velocidad del motor　齿轮减速泵

bomba con recubrimiento del cilindro de bombeo　衬管泵

bomba con varilla de succión　杆式泵，有杆泵

bomba conectada a un cigüeñal auxiliar　单拐多连杆抽油设备

bomba conectada a varillas de tracción　杆式泵

bomba contadora　计量泵

bomba criogénica　低温泵

bomba de acción directa　直动泵，蒸汽（往复）泵

bomba de acción simple　单动泵，单作用泵

bomba de accite de engrase　润滑油泵，机油泵

bomba de aceite　油泵

bomba de aceite combustible　燃料油泵

bomba de aceleración　加速泵

bomba de achique　排水泵，汲水泵

bomba de ácido　耐酸泵

bomba de agotamiento　排水机，排水泵

bomba de agua　水泵，抽水机

bomba de agua caliente　热水泵

bomba de agua de condensación　冷凝液泵

bomba de agua dulce　淡水泵

bomba de agua efluente　排污泵

bomba de agua industrial　工业水泵

bomba de agua salada　盐水泵

bomba de aire　抽气机，空气泵，气泵

bomba de aire húmedo　湿气泵

bomba de aire seco　干气泵

bomba de aleta（s）　叶轮泵，叶片泵

B

bomba de alimentación　给水泵，给油泵，进料泵

bomba de alimentación de aceite　供油泵

bomba de alimentación de agua　（锅炉）供水泵

bomba de alimentación de combustible　供油泵

bomba de alta presión　高压泵

bomba de arena　抽砂泵，砂浆泵，砂泵

bomba de aspiración　空吸泵，抽气泵，抽汲泵

bomba de aspiración del condensador　凝汽器真空泵

bomba de aumento de presión　增压泵

bomba de balancín　游梁式抽油泵

bomba de barrido　扫气泵

bomba de buque　船用泵

bomba de cable de acero　钢丝绳抽油机，钢缆抽油泵

bomba de cadena　链式泵

bomba de caja doble　双壳泵

bomba de cala　舱底水泵

bomba de calor　热泵

bomba de calor abierta　开放式热泵

bomba de camisa seccionada　分段式衬套泵

bomba de cangilones　链泵，连环水奎

bomba de carga　供给泵，供油泵，灌注泵，充填泵

bomba de caudal medio　定量泵，限量泵，计量泵

bomba de caudal visible　可视进料泵，开式供油泵

bomba de cavidad progresiva (BCP)　渐进腔式泵，螺杆泵，英语缩略为 PCP (Progressing Cavity Pump)

bomba de cavidad progresiva con dos tornillos　双螺杆泵

bomba de cavidad progresiva con tres tornillos　三螺杆泵

bomba de cebado　增压泵

bomba de cementación　注水泥泵，固定泵

bomba de centrífuga eléctrica　电动离心泵

bomba de chorro　喷射泵，射流泵

bomba de chorro forzado　喷射泵

bomba de cierre hidráulico　液封泵

bomba de cilindro corredizo　游动泵筒式深井泵

bomba de cilindro enterizo introducida con el tubo de producción　管式抽油泵

bomba de cilindro fijo　定筒杆式泵

bomba de cilindro interior　衬套泵

bomba de cilindro interior seccionado　分段式衬套泵

bomba de cilindro móvil　游动泵筒

bomba de cilindros con camisa　衬管泵

bomba de cilindros gemelos　双衬管泵

bomba de circulación　循环泵，环流（水）泵

bomba de circulación de aceite　循环油泵

bomba de circulación de agua　循环水泵

bomba de combustible　燃油泵

bomba de compresión　空气压缩泵

bomba de concreto　混凝土输送泵

bomba de condensación　冷凝泵

bomba de corte　剪切泵

bomba de cronómetro　定时炸弹

bomba de crudo residual　污油泵

bomba de cubo　斗式唧筒（泵）

bomba de curso alternativo　往复泵

bomba de desagüe　排水泵

bomba de descarga　排水泵，排气泵，卸油泵

bomba de descarga de petróleo　卸油泵

bomba de desplazamiento　排代泵

bomba de diafragma　隔膜泵

bomba de diafragma (paca-paca)　隔膜泵，叭咔泵

bomba de difusión　扩散泵

bomba de difusión de aceite　油扩散泵

bomba de doble　双缸泵，双联泵

bomba de doble acción　双作用泵，双动泵

bomba de doble acción y doble pistón　双缸双动泵

bomba de doble cuerpo　双壳泵

bomba de doble efecto　双筒泵，联式泵，双效泵

bomba de doble pistón　双缸泵

bomba de efecto retardado　定时炸弹

bomba de efecto único　单缸泵

bomba de eje tipo cantiléver　悬臂式泵

bomba de elevadora　提升泵

bomba de émbolo　活塞泵

bomba de émbolo buzo　柱塞泵

bomba de émbolo recíproca　往复式活塞泵

bomba de emergencia móvil　移动式应急泵

bomba de engranaje　齿轮泵

bomba de engranaje externo　外齿轮泵

bomba de engranaje interno　内齿轮泵

bomba de engranajes　齿轮（式）泵

bomba de engranajes giratorios　旋转齿轮泵

bomba de engranajes helicoidales　螺旋形齿轮泵

bomba de engrase　黄油泵，油脂泵，润滑脂泵

bomba de evacuación　真空泵

bomba de exhaustación　排水泵

bomba de extracción　抽水泵，排出泵

bomba de extracción de salmuera　盐水泵

bomba de extracción del fango　抽泥泵，泥浆泵

bomba de fluido de perforación　泥浆泵，钻井液泵

bomba de flujo axial　轴流泵

bomba de flujo mixto　混合泵，混流泵

bomba de fondo　潜水泵，深井泵

bomba de fondo de torre　塔底泵

B

bomba de fractura　压裂泵
bomba de gas　毒气弹
bomba de gasolina　汽油泵，燃油泵
bomba de grandes dimensiones　大口径泵
bomba de hélice　螺旋泵
bomba de hidrógeno　氢弹
bomba de hormigón　混凝土泵
bomba de impulso　脉冲泵，冲击泵
bomba de impulsores　脉冲泵
bomba de incendios　救火机，消防车；消防泵
bomba de inflar neumáticos　轮胎打气泵
bomba de inserción　插入泵
bomba de inyección　喷射（注油）泵
bomba de inyección de agua　注水泵
bomba de inyección de lodo　钻井泵
bomba de inyección de químicos　加药泵
bomba de inyección de vapor　注蒸汽泵
bomba de inyección del combustible　燃料注入泵
bomba de la unidad de cierre　闭合单元泵
bomba de larga carrera　长冲程泵
bomba de lavado　冲洗泵
bomba de lodo　钻井泵
bomba de lodo motorizada　电动钻井泵
bomba de lubricación　润滑剂泵
bomba de mano　手摇泵，手压泵
bomba de medición　计量泵
bomba de membrana　隔膜泵
bomba de mezcla　混浆泵
bomba de motor eléctrico　电动泵
bomba de movimiento alternativo　往复泵
bomba de oleoducto　输油管线泵，管道输油泵，输油管用泵
bomba de oxígeno　氧气瓶；氧弹
bomba de paletas　叶片泵
bomba de PC de alto contenido de nitrilo　高腈螺杆泵
bomba de petróleo　油泵
bomba de petróleo caliente　热油泵
bomba de petróleo pesado　重油泵
bomba de petróleo residual　渣油泵
bomba de pistón　活塞泵
bomba de pozo petrolífero　抽油泵，油井泵
bomba de pozo profundo　深井泵
bomba de precarga　预加压泵
bomba de presión de fondo　井底压力计
bomba de producción a través de la tubería de revestimiento　套管泵，无油管泵
bomba de producción por la tubería de revestimiento　套管泵，无油管泵
bomba de profundidad　深井泵
bomba de profundidad a émbolo para pozos de petróleo　深井抽油柱塞泵
bomba de profundidad para pozos de petróleo　深

井抽油泵
bomba de prueba　试压泵，测试泵
bomba de prueba hidrostática　试压泵
bomba de pulsos　脉动泵
bomba de recuperación　回收泵
bomba de reflujo　回流泵
bomba de reflujo de agua　回水泵
bomba de refrigeración　冷却泵
bomba de refuerzo　增压泵，升压泵
bomba de regulación　调节泵
bomba de reserva　备用泵
bomba de resistencia al ácido　耐酸泵
bomba de respaldo　备用泵
bomba de retrolavado　反冲洗泵，反洗泵
bomba de rosario hidráulico　链泵，连环水车
bomba de sacudidas　脉动（引射）泵
bomba de slurry　灰浆泵，水泥车
bomba de sobrealimentación　增压泵
bomba de sobrecompresión　增压泵
bomba de substancias químicas　化学剂泵
bomba de subsuelo　井下泵
bomba de succión　空吸泵，抽气泵，真空泵，抽水机
bomba de succión del cellar　灌注泵
bomba de superficie　地面泵
bomba de tiempo　定时炸弹
bomba de tornillo　螺杆泵
bomba de transferencia de crudo　转油泵，原油传输泵
bomba de tres cilindros　三缸泵
bomba de tubería de producción　油管泵
bomba de turbina　涡轮泵
bomba de un solo cilindro　单缸泵
bomba de una etapa　单级泵
bomba de vaciado　潜水泵，浸没泵
bomba de vacío　真空泵
bomba de vacío de veleta　滑片式真空泵
bomba de vapor　蒸汽泵
bomba de varillas　杆式泵
bomba de varillas con cilindro enterizo　全通径固定杆式泵
bomba de varillas con cilindro enterizo móvil　全通径移动杆式泵
bomba de varillas con cilindro interior móvil　游动泵筒杆式泵
bomba de vástago　杆式泵
bomba de veleta　滑片泵
bomba de velocidad constante　恒速泵
bomba de viga　梁式泵
bomba del acelerador　加速泵
bomba desarenadora　除砂泵
bomba dosificadora　分配泵，定量泵，配量泵
bomba duplex　双缸泵，两级泵

B

bomba eléctrica 电泵

bomba eléctrica sumergible 电潜泵

bomba electrosumergible 电潜泵

bomba electrosumergible y de cavidad progresiva 渐进腔式电潜泵

bomba en combinación 复合泵

bomba en línea 管道泵

bomba explosiva 过滤泵

bomba extractora 抽水泵，排出泵

bomba giratoria 旋转泵，转子泵

bomba hermética 封闭泵，密封泵

bomba hidráulica 水力泵，液压泵

bomba hidráulica tipo jet 射流泵

bomba hidroneumática 液压气动泵

bomba horizontal 卧式泵

bomba impelente 压力泵

bomba impulsora de petróleo 抽油泵

bomba insertable 插入泵

bomba introducida en la tubería de producción 管式泵

bomba inyectora de chorro de vapor 蒸汽喷雾泵，蒸汽喷射泵

bomba inyectora de combustible 燃料喷射泵

bomba macaroni 小直径管泵

bomba manual 手压泵

bomba mecánica 机械泵

bomba medidora de presión de fondo 井底压力测试泵

bomba mezcladora 搅拌泵

bomba Moineau 莫诺泵，单螺杆泵

bomba monocilíndrica 单缸泵

bomba montada sobre cojinetes 轴承泵

bomba móvil viajero 游动泵筒式深井泵

bomba multicelular 多级水泵

bomba multicilindro 多缸泵

bomba multietapa 多级泵

bomba neumática 空气泵，气动泵，气压泵

bomba nodriza 增压泵

bomba paca paca 巴嘎泵（委内瑞拉钻井现场用的一种用于排污水或倒泥浆的气动泵）

bomba para agua de alimentación 给水泵

bomba para aguas de lodos 钻井泵

bomba para barro de circulación 钻井泵，浆液泵

bomba para chorro de agua 喷泵，射流泵

bomba para combate de incendio 消防泵

bomba para completar carga 补充泵

bomba para gas 气泵

bomba para incendios 消防泵

bomba para la solución eliminadora de suciedad 排污泵

bomba para lubricación a presión 高压润滑油泵

bomba para oleoducto 管道输油泵，输油管线泵

bomba para perforación rotativa 机械泵，旋转泵

bomba para pozos profundos 深井泵

bomba para sellar fuga de bomba principal 封油泵

bomba Parr 巴尔（氏）泵

bomba pequeña a mano 手压泵

bomba Peters 彼得斯泵

bomba portátil 轻便水泵，移动式水泵；轻便泵，移动式泵

bomba pozo abajo 井下泵

bomba pre-post lubricación 预润滑—停机后润滑泵

bomba proporcionadora 定量泵，配量泵

bomba proporcional 配量泵

bomba quintuplex 五缸泵

bomba recíproca 往复泵

bomba reciprocante 往复泵

bomba reciprocante de doble acción y doble pistón 双缸双作用往复泵

bomba recogedora 抽出泵

bomba recolectora de espuma 消沫泵

bomba reforzadora 加压泵，增压泵

bomba Reid 雷德泵

bomba Reid para medir la presión del vapor 雷德蒸汽压力泵

bomba rotativa 回转泵，转轮（转子）泵

bomba rotativa de pistón excéntrico 偏心活塞回转泵

bomba rotatoria 旋转泵，回转泵

bomba simplex 单缸泵

bomba sin cabilla de pozo 无杆泵

bomba submarina 海洋潜水泵，海底泵

bomba sumergible 潜水泵，电潜泵

bomba super-cargadora （钻井）动力端

bomba tipo casing 套管泵

bomba tipo inserta 杆式泵

bomba tipo jet 喷射泵

bomba tipo pistón 柱塞泵

bomba tipo tubería 管式泵

bomba triple 三缸泵

bomba tubular 管式泵

bomba vertical 立式泵

bomba volcánica 火山弹

bomba volumétrica 容积式泵，正排量泵

bombana para ácidos 酸坛

bombas en serie 串联泵

bombas paralelas 并联泵

bombeabilidad 泵送能力，唧量，可泵性，抽送量

bombeable 可泵送的

bombeado con balancín 游梁式抽油机抽油的

bombeado excesivo 过度抽油的

bombeado mecánicamente 机械方式抽油的

bombeador 泵车，抽油机；司泵

bombeadora de concreto 混凝土输送泵

bombear 用泵抽；炮击，轰击

bombear agua 抽水

bombear con pozo cerrado 压回地层压井法，挤压法压井

bombear fluido de perforación al pozo 向井中打钻井液

bombear lodo 灌浆

bombear lodo dentro del pozo 循环泥浆

bombeo 抽汲，抽水，泵送，抽吸，泵唧

bombeo a base de desplazamiento 排代抽汲

bombeo a motor 动力抽汲

bombeo artificial 人工抽汲

bombeo con balancín 游梁式抽油机抽油

bombeo con bomba de vástago 杆式泵抽油

bombeo con cadenas reductoras de velocidad 链条减速抽油机

bombeo con poleas reductoras de velocidad 皮带减速抽油机

bombeo de agua a un yacimiento 油田注水，油藏注水

bombeo de lodo de perforación 循环泥浆

bombeo de varilla 有杆泵抽油

bombeo hidráulico 水力泵抽油，液压泵抽油

bombeo mecánico 机械抽油

bombeo mecánico por succión 有杆泵抽油

bombeo neumático 抽气，气举采油

bombeo neumático cerrado 循环气体气举采油

bombeo neumático continuo 连续流动气举采油

bombeo por cabilla de escurrimiento 有杆泵抽油

bomber 抽水，泵送，泵激

bombero 消防队员；水泵员；油泵手

bombiccita 晶蜡石

bombilla 抽水管，U形弯管，电灯泡

bombilla al vacío 真空管

bombilla eléctrica 电灯泡

bombillo （下水道、厕所的）防臭气阀；抽水管，U形弯管；轻便消防泵；锁舌；电灯泡

bombillo fluorescente 荧光灯

bombo 鼓轮，卷筒，滚筒

bombona 细颈大肚瓶；（装液化气等封闭的）钢瓶

bombona de acero 钢瓶

bombona de acero de nitrógeno 氮气瓶，氮气钢瓶

bombona de butano 丁烷瓶，丁烷钢瓶

bombona de oxígeno 氧气瓶

bomilla de lámpara 灯泡

bomilla eléctrica 电灯泡

bonderita 磷酸盐处理（层）

bonderización 磷酸盐（防锈）处理，磷化处理

bonete 帽，盖；阀帽，阀盖；阀罩，机器罩

bonete alado 片型上阀盖

bonete alado reductor de radiación 散热片型上阀盖

bonificación 改善，改进，改良；减价，打折扣；记入贷方

bonificación de tierras 土地改良

bonificar 改良，改进，改良；打折扣；把…记入贷方

bono 单据，凭证；购物券；借据，债券；（可享受某种服务、代替现金的）票券；贡献金（委内瑞拉指为获得油田开发权而支付的现金）

bono basura 垃圾债券，高风险的债券

bono de deuda 债券

bono de empréstito público 公债券

bono de ingreso 收益债券

bono de producción 生产奖金

bono del Estado 政府债券，国库券，公债券

bono del Estado a plazo 定期国库券，定期公债券

bono nocturno 夜间补助

bono nocturno por sobretiempo 夜间加班补助

BOP （preventor de reventones） 防喷器，英语缩略为 BOP（Blow Out Preventor）

BOP anular 环形防喷器

BOP de ariete doble 双闸板防喷器

BOP de ariete singlular 单闸板防喷器

BOP de ariete triple 三闸板防喷器

BOP de barra pulida 光杆防喷器，光杆防喷盒

BOP de RAM doble 双闸板防喷器

BOP de tipo anular 环形防喷器

BOP de tipo ariete 闸板防喷器

BOP interior 内防喷器

BOP tipo rams 闸板防喷器

boquera （水渠等的）放水口；下水道口

boquerel （加油站里的）加油软管

boqueta 通风口

boqueta de inyección 钻井液枪

boquilla 喷嘴，喷头；管嘴；弹药填充孔，引线孔；灯头

boquilla ciega 盲水眼

boquilla con válvula piloto 导阀嘴

boquilla de aceite lubricante 黄油嘴

boquilla de barrena 钻头喷嘴，钻头水眼

boquilla de combustible 燃油喷嘴，喷油嘴

boquilla de engrase 润滑油注油嘴

boquilla de inyección 喷油嘴

boquilla de irrigación 喷嘴

boquilla de reducción 异径短节，异径管接头

boquilla de regar 喷嘴，喷头，喷雾嘴

boquilla de taladro 钻头喷嘴

B

boquilla de velocidad sin carga　怠速喷嘴
boquilla del carburador　化油器喷嘴，汽化器喷嘴
boquilla del chorro　喷嘴
boquilla del electrodo　电极端，电极头，焊条端部
boquilla del quemador　燃烧器喷嘴，燃烧器嘴
boquilla embridada　凸缘喷嘴
boquilla hexagonal de reducción　六角异径短节
boquilla mezcladora　混合喷嘴
boquilla para barrenas　钻套
boquilla para manguera　软管喷嘴，水龙带喷嘴
boquilla para pulverizar　洒水喷嘴
boquilla quemadora　燃烧器喷头，喷灯喷头
boquilla redonda de reducción　圆形异径短节
boquilla reductora　大小头螺纹接套，大小头短节
boquilla rociadora　洒水器喷嘴
boquilla roscada　螺纹喷管
boracita　方硼石
boral　碳化硼烷
borano　（甲）硼烷，硼氢化合物，硼化氢
boratera　硼砂矿
borato　硼酸盐
borato de plomo　硼酸铅
borato de sosa　硼砂，四硼酸钠
borato de trimelito　硼酸三甲酯
bórax　硼砂，硼酸钠
bórax en polvo　硼砂粉
borboteador　起泡器，水浴瓶
borboteo　沸腾；起泡，气泡形成，飞溅
borda con borda　横靠；与…并肩；在…旁边
borde　边，缘，边沿，边缘，船舷
borde achaflanado　削边，角边
borde cercano　附近的边缘
borde continental　大陆边缘，陆缘
borde convergente　会聚边界
borde cortante　切削刃，刀口
borde de ataque　边缘
borde de clorita　绿泥石环边，绿泥石黏土膜
borde de desagüe de crudo　泄油边界
borde de entrada　前沿，前缘，（脉冲的）上升边，（叶片的）进气边
borde de escape　（机翼等的）后缘，（脉冲的）下降边，（叶片的）出气边
borde de fuga　（机翼等的）后缘，（脉冲的）下降边，（叶片的）出气边
borde de la soldadura　焊缝界界
borde de placa　板块边缘
borde de salida posterior　（机翼的）后缘
borde del delta　三角洲边缘
borde del mar　海边
borde delantero　前沿，前缘

borde ensanchador　扩眼刀刃
borde exterior　外缘
borde filoso　刀刃，刀形边棱
borde libre　干舷高，超高，出水高度（船的吃水线以上的船身），汽车底盘与地面之间的距离，
borde principal　前沿，前缘，（脉冲的）上升边，（叶片的）进气边
borde raído　磨损边，散口边
borde recto　直边
borde trasero　后沿，后缘
bordeador　卷边工具，折边机，卷边机
bordeador de tubos　管子卷边机
bordeador de tubos de caldera　锅炉烟道卷边工具
bordear　沿着边，贴着边
boreal　北风的；北方的
boricado　含硼酸的
bórico　含硼的，硼的
borne　接线柱；（绝缘）套管；端子
borne a la tierra　接地端子
borne de batería　蓄电池接线端子，电瓶卡子
borne de conexión　端子，接线柱
borne de pila　电池接线柱
borne de puesta a tierra　接地端子
borne de tornillo　接线柱
borne negativo　负极端子
borne positivo　正极端子
borne tipo condensador　电容式套管
bornear　使弯曲，弄弯；推开
borneo　弯曲，翘棱，弄弯，拗弯
borneol　冰片，龙脑，茨醇
bornita　斑铜矿
boro　硼
boroarseniato　硼砷酸盐
borofluoruro　氟硼酸盐
borohidruro　氢硼化物
borolanita　霞榴正长岩
boroscopio　管道镜，内孔镜，光学孔径仪
borra　棉绒；尘絮；硼砂
borra de algodón　棉纱头，废棉，回花
borrador　草稿，初稿；账簿；（擦字用的）橡皮
borraj　硼砂，月石
borrar　擦掉，抹去；使模糊；划掉，删除
boruro　硼化物
boruro de circonio　硼化锆
boruro de titanio　硼化钛
bósforo　海峡
bosque　树林，森林
bosque abierto　疏林
bosque artificial　人工林
bosque caducifolio　落叶林

bosque cerrado　密林，灌丛，密灌丛

bosque claro　疏林

bosque con pastaderos　混牧林；放牧林

bosque de coniferas　针叶林

bosque de galería　走廊林，沿岸林

bosque deciduo　落叶林

bosque en equilibrio ecológico　生态平衡林

bosque en estado natural　原始森林

bosque fluvial　河岸林

bosque irregular　异龄林

bosque maderable　木材林

bosque pastable　放牧森林

bosque petrificado　石化森林

bosque pluvial ecuatorial　赤道雨林

bosque primario　原始森林

bosque reservado　保留森林

bosque ripario　河岸林

bosque secular　古老的森林，树龄很大的森林

bosque tropical　热带雨林

bosque tropical húmedo y pluvioso　热带常雨林，热带雨林

bosquejo　初稿，草稿，画稿，概要，提纲

bosquejo de reconocimiento　勘察草图，踏勘草图

bosquete de pantano　沼泽林

bostonita　淡歪细晶岩，波士顿岩

bota agua　雨鞋

bota de agua antideslizante　防滑雨靴

bota de gas　大罐上的油气分离器

bota de goma　雨靴，胶靴

bota de neopreno　氯丁橡胶靴

bota de seguridad　工鞋，安全鞋，安全靴

bota PVC de caña alta　PVC 高简靴

botaaguas　雨挡

botador　起钉钳，起钉机，拔钉器

botador de válvula　阀挺杆，气门挺杆，气门挺柱

botadura　（船的）下水

botagua　（门、窗缝的）封口线条

botalón　吊杆；帆的下桁，帆杠；桩

botalón para tubería　管线桩

botalonear　给…打桩探定界，立桩标出

botánica　植物学

botánico　植物学的；植物学家

botar　扔，投；解雇

botar desperdicios　扔掉废物，丢垃圾

bote　小舟，小艇

bote de provisión　供应船，海洋钻探给养船

bote de servicio　服务艇，工作艇

bote neumático de salvamento　气动救生船

bote para transportar personal　交通艇，班船，载客船

bote salvavidas　救生艇

boteal　沼泽地；（由泉水形成的）多池塘的地方

botella　瓶，罐；博特亚（古液量单位，合 0.75 升）

botella de ácido　储酸瓶

botella de circulación　循环头

botella de efluvio　泻流瓶，引流瓶

botella de efusión　泻流瓶，引流瓶

botella de gas　储气瓶；汽缸

botella de Leyden　莱顿瓶

botella de oxígeno　氧气瓶

botella para lavaje de gas　涤气器，气体洗涤器

botella para muestras　取样瓶，样品瓶

botín de obrero　工鞋

botiquín　急救箱

botiquín de emergencia　急救盒，应急包

botiquín de primeros auxilios　急救盒，应急包

botón　纽扣（状物，电极）；按钮

botón de arranque　启动（按）钮

botón de contacto　接触开关

botón de control　控制按钮

botón de ensayo mineralógico　进行矿物试验的金属小球

botón de mando　旋钮

botón de manivela　曲柄销

botón de presión　自动复位按钮，控制按钮

botón de soldadura　点焊熔核

botón incrustado　嵌入式球齿，镶齿

botrioidal　葡萄串状的

botrioideo　葡萄串状的；葡萄串石

boucherizar　用蓝矾浸渍

boudin　石香肠

bournonita　车轮矿

bóveda　拱顶，拱式屋顶；拱顶建筑

bóveda de caldera　锅炉聚汽室

bóveda del hogar　炉室圆顶

boveda en caño　简形拱顶

bóveda salina　盐丘，盐穹

bowenita　鲍文玉

bowlingita　绿皂石

boya　浮标；浮子

boya Atlas　阿特拉斯式系泊装置

boya de amarre　系泊浮筒

boya de amarre convencional　常规系泊浮筒

boya de anclaje　锚标，锚位浮标，锚浮标

boya de campana　警钟浮标

boya de carga　装油浮筒

boya de datos　数据浮标

boya de espía　绞缆浮筒

boya de fondeo　系泊浮筒

boya de gas　气灯浮标

boya de gongo　警钟浮标

boya de medio canalizo　航道中心浮标

boya de naufragio　失事浮标

B

boya de torre　转塔浮筒
boya mono punto　单点浮标
boya radioemisora　声纳浮标
boya salvavidas　救生圈；救生带
boya sonora o de campana　装钟浮标
boyante　漂浮的；未满载的(船)
boyantez en el aire　空气浮力
boza　(船上的)掣索，缆索
BP (British Petroleum)　英国石油公司，英语缩略为 BP (British Petroleum)
BPC (billón de pies cúbicos)　万亿立方英尺
BPC (bifenilo policlorado)　多氯联苯，英语缩略为 PCB (Polychlorinated Biphenyl)
BPD (barriles de petróleo diario)　日产油桶数，桶油／日，英语缩略为 BOPD (Barrels of Oil Per Day)
BPD (barriles de petróleo por día)　日产油桶数，桶油／日，英语缩略为 BOPD (Barrels of Oil Per Day)
BPD (barriles por día)　每天桶数，日产桶数，桶／日，英语缩略为 BPD (Barrels Per Day)
BPDOE (barriles por día en equivalente de petróleo)　日产石油当量桶数，英语缩略为 BPDOE (Barrels Per Day Oil Equivalent)
Br.　元素溴 (bromo) 的符号
bradisismo　地壳的缓慢升降运动
braga　连体工衣
bramil　划线规
branchita　晶蜡石
branerita　钛铀矿
braquianticlinal　短背斜
braquieje　(晶体)短轴
braquipirámide　短轴棱锥
braquisinclinal　短向斜
brasilete　巴西木
braunita　褐锰矿，共析氮化铁
bravoíta　方硫铁镍矿
braza　英寻(西班牙长度单位，合 1.6718 米；水深单位，合 1.8288 米)，方英寻(木材量度，合 6 立方英尺)
brazal　套袖；臂环；支流，支渠
brazo　臂，胳膊；扶手；(机件的)联接杆，连杆，吊杆；枝状物；树杈；支流
brazo acodado de manivela　曲柄臂
brazo articulado para carga　(铰接式)装油臂，装油鹤管，输油臂
brazo de acceso　存取臂
brazo de accionamiento　变速杆，换挡柄
brazo de acoplamiento　连接臂，耦合臂
brazo de ataque　(杠杆)力臂，操作杆
brazo de balanza　平衡臂；均衡梁，摆梁
brazo de carga　装油鹤管，装油臂
brazo de cigüeña　曲轴臂

brazo de extensión　延伸臂
brazo de fijación　固定臂
brazo de gobierno　控制臂
brazo de grúa　吊杆
brazo de la dirección　转向杆
brazo de la grúa　起重机吊臂
brazo de la palanca de flexión　弯曲力臂
brazo de lectura　阅读臂
brazo de levantamiento　提手
brazo de mando　控制臂
brazo de manivela　曲柄臂
brazo de mar　海峡，海湾
brazo de palanca　力臂，力距
brazo de río　河的支流
brazo del ancla　锚臂
brazo del elevador　吊环，吊卡挂环
brazo del flotador　浮子臂
brazo flotante　浮动杆
brazo hidráulico　液压臂；(委内瑞拉)车载液压吊车
brazo muerto　牛轭湖，弓开湖，弓形湖
brazo oscilante　摆臂，摇臂
brazo regulador　控制臂
brazo volado　悬臂距
brazos para elevadores　吊环
brea　沥青，焦油；防水粗帆布；(船缝的)填塞物
brea asfáltica　沥青
brea crasa　松脂、焦油和黑沥青的等量混合物
brea de California　加利福尼亚树脂
brea fluida　柏油，焦油
brea líquida　柏油，焦油，沥青
brea mineral　地沥青，矿物焦油
brea natural　天然焦油
brea seca　松香，松脂
brecha　(墙壁、建筑物等处的)豁口，窟窿；裂缝；间隙
brecha de colapso por solución　溶解崩塌角砾岩
brecha de cueva　洞穴角砾岩
brecha de escurrimiento　流状角砾岩
brecha de falla　断层角砾岩，断错角砾岩
brecha de fricción　擦碎角砾岩
brecha osífera　含骨胳化石的岩层，骨层
brecha sedimentaria　沉积角砾岩
brecha volcánica　火山角砾岩
brent　英国布伦特油田原油(英国北海出产的高质石油，其价格作为欧洲石油的参考价格)
breñal　崎岖不平、荆棘丛生的地方
brequero　制动手，司闸员
breunnerita　铁菱镁矿
breve　简短的，短暂的
brida　法兰(盘)，凸缘，轮缘
brida aisladora　绝缘法兰

brida angular　凸缘角铁

brida ciega　盲法兰

brida ciega de lentes　眼镜盲板法兰

brida ciega para cañería　管线盲法兰

brida ciegatubos (tipo anteojos)　8 字形盲板，眼圈盲板

brida con cuello soldado　带颈对焊法兰

brida con junta a solapa　整体搭焊法兰

brida con orificio　孔板法兰

brida conjunta de anillo　环形连接法兰

brida corrediza　松套法兰，滑套凸缘

brida de acero forjado　锻钢法兰

brida de adaptación　变径法兰

brida de aislamiento　绝缘法兰

brida de amarre　锚定法兰

brida de ángulo　角形鱼尾板

brida de apriete　端子法兰

brida de árbol　轴法兰

brida de camisa　滑套式法兰，滑套凸缘

brida de cojinete　轴承法兰

brida de collar　接箍法兰

brida de cuello　对焊法兰

brida de descarga　出口法兰

brida de empalme　连接环

brida de encaje　平焊法兰

brida de enterada　入口法兰

brida de hierro　铁箍

brida de hierro colado　铸铁法兰

brida de hierro fundido　铸铁法兰

brida de la cámara de encauzamiento　管箱法兰

brida de la cámara de encauzamiento de un termopermutador　热交换器管箱法兰

brida de limpieza　清理口法兰

brida de mando　传动法兰

brida de metal maleable　锻铸法兰

brida de obturación　盲法兰，堵塞，闷头法兰

brida de orificio　孔板法兰，微孔法兰

brida de reducción　大小头法兰，异径法兰

brida de resorte　弹簧箍

brida de revestidor de superficie　井口大法兰

brida de seguridad　安全轮缘

brida de surgencia　采油树

brida de tambor　滚筒凸缘，滚筒盘

brida de tope　(火车) 制速器

brida de tubo　盲管道，封底管道

brida de unión　对接凸缘

brida de unión con solapa a tope　对焊环松套法兰

brida de vaciado　清理口法兰

brida del carrete　卷筒盘

brida del freno　闸凸缘

brida en escuadra　角形鱼尾板

brida enchufe para soldar　插焊法兰

brida grúa-cadena　护链槽

brida integral　整体法兰

brida lisa　无孔凸缘，管口盖板，管口盖凸缘，盲法兰

brida para conexión a soldadura　焊接法兰，对焊法兰

brida para soldar a tope　对焊法兰

brida roscada　螺旋凸缘，螺纹法兰

brida soldada　焊接法兰

brida soldada de enchufe　插入式焊接法兰

brida soldada deslizable　松套焊接法兰

brida soldada tipo placa　板式平焊法兰

brida sostenedora de la tubería de revestimiento　套管联顶法兰

bridar　在…上安装法兰

bridas gemelas　成对法兰，结合法兰，配对法兰

bridas gemelas con ganchos de anclaje　锚定成对法兰

bridas gemelas de amarre　锚定成对法兰

brigada　(执行某项工作的) 班，队，组；作业班

brigada de construcción de oleoductos　输油管线建设大队

brigada de perforación de pozo　钻井队

brigada de producción　生产大队

brigada de salvamento　救生队

brigada de topógrafos　测绘队

brigada hidrogeológica　水文地质队

brightstock　光亮油，重质高黏度润滑油料

brilladora　地板抛光机

brillantez　光泽；亮度

brillo　光亮，光泽

brillo anacarado　珍珠光泽

brillo ceroso　蜡光泽

brillo metálico　金属光泽

brillo nacarado　珍珠光泽

brillo vitreo　玻璃光泽

briqueta　煤砖，煤坯，煤饼

briqueta de carbón　煤饼

broca　钻 (头)，锥，凿子；鞋钉

broca a derechas　右旋钻

broca americana　螺旋钻，扳钻

broca barreno　岩心钻头，凿岩钻头

broca con fresas en cruz　四翼钻头，十字钻头

broca con inserciones de carburo de tungsteno　碳化钨钻头

broca con punta de diamante　金刚石钻头

broca cónica　锥形钻

broca de acero　钢冲

broca de albañilería　瓦工钻头

broca de aletas cambiables　可更换刮刀钻头，可更换翼状钻头

broca de berbiquí　手摇钻
broca de centrar　中心孔钻
broca de cuchillas cambiables　可更换刮刀钻头，可更换翼状钻头
broca de espiga cilíndrica　直柄钻头
broca de espiral de Arquímedes　螺旋钻
broca de guía　中心钻头
broca de labios rectos　直槽钻头
broca de punta　（钻头）横刃
broca de seguridad　安全钻头
broca de telón　中心钻
broca desmontable　可拆式钻头，活钻头
broca ensanchadora　扩眼钻头
broca ensanchadora para pozo piloto　领眼扩眼钻头
broca espiral　螺纹钻（头），扳钻，麻花钻
broca gastada　废钻头
broca helicoidal　螺旋钻
broca inglesa　中心钻
broca para centrar　埋头钻，锥口钻，锪钻
broca para macho　螺栓孔钻，螺栓底孔钻
broca para madera　木工钻头
broca para metal　金属钻头
broca plana　扁钻
broca postiza　可拆式钻头，活钻头
broca recambiable　可替换钻头
broca rectificadora　扩孔钻头，扩眼钻头
broca salomónica　螺纹钻（头），扳钻
broca tricónica　三牙轮钻头
brocal　井栏；矿井口；小段下水道
brocal de salida　（下水道的）出水口
brocantita　水胆矾
brocatel　杂色大理石
broceo　（矿脉的）枯竭
brocha　刷子
brocha de aire　喷颜色器
brocha de dos hileras　双排刷
brocha de encerar　上蜡刷
brocha dura　硬刷
brocha para laca　漆刷
brochal　托梁，承接架
brochantita　水胆矾
broche　按扣，别针
broche de relámpago　拉链
brochón　（粉刷用的）刷子
brockram　砂泥石灰角砾岩
brocólogo　钻头工程师
bromacilo　除草定
bromación　溴化作用；溴化处理，溴化
bromado　含溴的
bromal　三溴乙醛，溴醛
bromar　用溴（或溴化物）处理，使溴化
bromargirita　澳银矿

bromato　溴酸盐
bromato de plata　溴酸银
bromato de potacio　溴酸钾
bromato de sodio　溴酸钠
bromellita　铍石
bromhidrato　溴化物
bromhídrico　溴代醇的
brómico　溴的；含溴的；含五价溴的
bromito　溴银矿
bromlita　钡霰石
bromo　溴
bromobenceno　溴苯
bromofenol　溴苯酚
bromoformo　三溴甲烷，溴仿
bromonaftaleno　溴萘
bromuración　溴化作用
bromuro　溴化物
bromuro de amonio　溴化铵
bromuro de calcio　溴化钙
bromuro de cobre　溴化亚铜
bromuro de etilo　乙基溴
bromuro de metilo　甲基溴
bromuro de plata　溴化银
bromuro de potasio　溴化钾
bromuro de sodio　溴化钠
bromuro férrico　溴化铁
bromuro potásico　溴化钾
bronce　青铜，铜锡合金，铜与锌的合金
bronce al manganeso　锰青铜（合金）
bronce al níquel-estaño　镍锡青铜(合金)
bronce amarillo　黄（青）铜
bronce de alta resistencia　高强度青铜
bronce de aluminio　铝青铜
bronce de campanas　钟铜，铜锡合金
bronce de cañón　炮铜，锡锌青铜
bronce de níquel　镍青铜
bronce de oro　金青铜
bronce duro　硬青铜
bronce estatuario　雕像青铜
bronce fosforado　磷青铜
bronce fosforoso　磷青铜
bronce maleable　可锻青铜
bronce natural　普通青铜
bronce para cojinetes　轴承青铜
bronce rojo　铜粉
bronce silíceo　硅青铜
bronce Tobin　陶丙氏青铜
bronceado　青铜色的，古铜色的
broncesoldadura　铜焊，硬焊
broncita　古铜辉石
broncitita　古铜辉岩
broncoscopio　支气管镜检查
brookita　板钛矿

brotadero 渗出，渗流，渗漏

brotar 发芽，出土；涌出，冒出，流出

brote 出现，苗头；萌芽；幼芽

brote de fitoplancton 浮游植物增殖，浮游植物大量繁殖

broza 残叶，烂草；废物，渣滓；杂草丛

brucita 水镁石，氢氧镁石，天然氢氧化镁

brújula 磁罗盘，罗盘仪，指南针

brújula acimutal 方位罗盘，方位罗经

brújula azimutal 方位罗经

brújula brunton 布鲁顿罗盘，袖珍罗盘

brújula de azimut 方位罗盘，方位罗经

brújula de bitácora 罗经柜

brújula de bolsillo 袖珍罗盘

brújula de cuadro magnético 平板罗盘

brújula de declinación 磁偏计，方位计，偏角计

brújula de inclinación 矿用罗盘倾角仪，磁倾针

brújula de inducción 地磁感应罗盘

brújula de líquido 充液罗盘

brújula de minero 矿山罗盘，矿用罗盘

brújula de senos 正弦电流计

brújula de tangentes 正切电流计

brújula giroscópica 陀螺罗经，旋转罗盘，回转罗盘

brújula magnética 磁罗盘

brújula marítima 航海罗盘，船用罗盘

brújula prismática 棱镜罗经，三棱镜罗盘仪

brújula radiogoniométrica 无线电罗盘

brukita 板钛矿

bruma 雾，海雾

bruma industrial 工业烟雾

bruñido 擦亮的，磨光的；光泽

bruñidor 磨光机，抛光机

bruñir 擦亮，磨光

bruto 未经加工的，粗制的；总的；（收入或重量等）毛的

BS（búsqueda y salvamento） 搜索与营救，海上搜索与营救

BTA（barriles en tanque de almacenamiento） 储罐桶数，油罐桶数，英语缩略为 STB（Stock Tank Barrels）

BTM（bitiocianato metileno） 二硫氰基甲烷

BTX（benceno, tolueno y xileno） 芳烃（苯、甲苯和二甲苯）

bucaramangita 淡黄树脂

búcaro 芳香黏土

bucear 潜入水中，下潜，潜航

buceo por saturación 饱和潜水

buchita 玻化岩

bucle 圈头，环头，回路，循环，环路

bucle de realimentación 反馈电路，反馈回路

bucle de retroalimentación 回授电路，反馈回路，反馈环

bucle local 内部回路

bucle vertical 垂向环，垂直线圈，垂向回线

bucosidad （船的）负荷量

bufador （火山地区喷出烟雾和热气的）地缝，（火山区的）气孔，喷气孔

bufete 写字台，办公桌；律师事务所

buitrón 炉坑；灰槽；（银矿的）选矿场

buje 补心；（轮）毂，车轴（护挡），轮轴销；衬套

buje a rodillo para vástago de perforación 滚子式方钻杆补心

buje al ras 平齐补心

buje cuadrado 方补心

buje de ballesta 弹簧钢板衬套

buje de cojinete 轴瓦，轴衬

buje de eje 轴衬，轴壳

buje de impulso de vástago de perforación 方钻杆补心

buje de junta 方钻杆补心

buje de la junta kelly 方钻杆补心

buje de la mesa rotatoria 转盘补心

buje de pasador de émbolo 活塞销衬套

buje de perforación 钻井补心

buje de pivote 枢轴衬套

buje de reducción para grapa de anillo 套管补心

buje de resalto 带肩导套，中托司

buje de transmisión 传动补心

buje de vástago de válvula 阀杆衬套

buje del cuadrante 方钻杆补心，方瓦

buje del pasador 定位销衬套

buje del vástago 方钻杆补心

buje hexagonal 六角衬套

buje maestro 方补心，大补心，转盘方瓦补心

buje maestro de abertura cuadrada 方补心，转盘方瓦补心

buje mordaza para tornillo de avance 丝杠套筒

buje para kelly 方钻杆补心

buje para vástago de perforación cuadrado 方钻杆补心

buje para vástago de perforación octagonal 八角形方钻杆补心

buje principal 方补心，大补心，转盘补心，转盘方瓦补心

buje rodillo kelly 滚子方补芯

buje roscado 螺纹衬套

buje rotatorio 转盘补心

bujía （蜡）烛，烛台；火花塞；烛光

bujía a base de estearina 硬脂蜡烛

bujía blindada 屏蔽火花塞

bujía de alta tensión 高压火花塞

bujía de baja tensión 低压火花塞

bujía de encendido 火花塞，电花插头

bujía internacional　国际烛光（光强单位）

bujía metro　米烛光

bujía normal　正常烛光

bujía patrón　标准烛光

bujía pie　英尺烛光（光照度单位）

buldozer　（英）推土机

bullión　粗金属锭

bulón　螺栓，螺钉，插销，（门，窗）闩

bulón con cabeza y cuello cuadrados　轨条螺栓，轨道螺栓，鱼尾螺栓

bulón de acoplamiento　拉紧螺栓，下型箱定位螺栓

bulón de anclaje　地脚螺栓，系紧螺栓

bulón de autoapriete　自锁螺栓

bulón de cabeza biselada　装饰螺栓

bulón de cabeza fresada　埋头螺栓

bulón de chaveta　带销（螺）栓

bulón de cierre　棘轮栓，扩开螺栓

bulón de enganche　牵引螺栓

bulón de fundación　带销（螺）栓

bulón de prensaestopas　压盖螺栓

bulón de únion　夹紧螺栓

bulón empotrado　埋头螺栓

bulto　体积，隆起；包裹，提箱；主体部分

buna　丁钠橡胶，布纳橡胶

buna-n rubber　丁腈橡胶

buna-S rubber　布纳 -S 橡胶

bunker　燃料舱，煤舱；油槽船，贮仓，料仓

bunker C　重质燃料油，船或电厂用重油

buque　船，舰

buque a la carga　待装货的船

buque amarrado a torre　中心系泊定位（钻井）船

buque antiincendios　消防艇

buque auxiliar　辅助船

buque cable　海底电缆敷设船

buque carguero　货船

buque cisterna　油船

buque contenedor　集装箱船

buque de carga　货船

buque de investigación　（海洋）科学考察船

buque de línea　班船，定期船

buque de los combustible　成品油油轮

buque de pasaje　客运轮船

buque de perforación　钻井船

buque de pozo　凹甲板船

buque de profundidad　深海潜水器，深潜艇

buque de ruedas　明轮船

buque de salvamento　救助船

buque de transporte　运输船

buque de vapor　汽船

buque de vela　帆船

buque descontaminador　污染控制船，浮油回

收船

buque draga　挖泥船

buque dragador　挖泥船

buque en lastre　空船

buque en rosca　尚未安装机械的船

buque flotante para la exploración geológica del subsuelo marítimo　海洋地质勘探浮船

buque fluvial　内河航船

buque frigorífico　冷藏船

buque gemelo　同型船

buque insignia　旗舰

buque madre　母舰，母船

buque mercante　商船

buque mixto　机帆船

buque nodriza　供应船

buque nuclear　核动力舰

buque oceanográfico　海洋研究船，海洋科学调查船，海洋考察船

buque patrullero　巡逻艇

buque petrolero　油轮，油船

buque recolector　浮油回收船

buque regular　班船，定期船

buque remolque　驳船

buque submarino　潜水艇

buque taladro　钻井船

buque tanque　油轮

buque tanque para transporte de petróleo　油轮

buque transbordador　火车渡船

buque-tanque de casco doble　双壳油船

burbuja　气泡，水泡，泡沫；隔离的空间

burbuja de gas　天然气气泡

burbuja de gas en el lodo　（泥浆中）气显示

burbujeador　起泡器，鼓泡器

burbujeante　起泡的，冒泡的

burbujear　起泡，冒泡

burbujeo　起泡，气泡形成

burdo　粗的，粗糙的

burel　横纹，横条

bureta　滴定管，玻璃量杯

buril　雕刀，凿（子，刀），錾（子）

buril de punta redonda　圆雕刀

buril desincrustador　锅锈锤

buril forma diamante　平錾，平头凿

buril neumático　风錾，风镐，气锤

buril para grabar el damasquinado　镶嵌刻花刀具

buril para madera　角凿

buril para metales　平錾，平头凿

buril romo　圆头凿

buril triangular　三角凿

burilar　凿，錾，镌（刻），雕（琢）

burmita　缅甸硬琥珀

burnetizar　用氯化锌浸渍（木材），氯化锌防

B

腐处理

burro 钻杆架，搁架，有脚的架子
burro de revestidores 套管架
burro para sistema de bombeo 泵系统底架
bus 公共汽车；（电子计算中的）总线，汇流线
bus de control 指挥车，调度车
bus de datos 数据通路，数据路径
buscacañerías 管线探测仪
buscador 寻找者；勘探者；搜索软件；探测器；定位程序
buscador de agua 测水器
buscador de cañería 管线探测仪，管道定位器
buscador de oro 金矿探测仪；淘金者
buscafallas （线路）故障检查装置，探伤仪
buscafugas 探测漏气（漏液等故障）的仪器
buscahuella （汽车）车灯，聚光灯
busca-pérdida de corriente 测漏器检漏器，泄电指示器
buscar 找，寻找；寻求，谋求，探求
busco 潜坝，海底山脊；（运河）闸门口
búsqueda 寻找，搜索；勘查
búsqueda de datos 数据检索
búsqueda de información 搜集（油井）资料，信息检索
búsqueda de minerales preciosos 稀有矿物勘查
búsqueda de petróleo 石油勘查
búsqueda de retroceso 回索
búsqueda y salvamento (BS) 搜索与营救，海上搜索与营救
butadieno 丁二烯
butagás 丁烷气
butanero 液化石油气运输船，液化气运输船
butano 丁烷，天然瓦斯
butano mixto 混合丁烷
butano N 正丁烷
butano normal 正丁烷
butanol 丁醇
butanona 丁酮，甲乙基酮
butenino 丁烯炔
buteno 丁烯
butil fórmico 甲酸丁酯
butilacetileno 丁基己炔
butilbenceno 丁基苯
butilbenceno secundario 仲丁基苯
butilbenceno terciario 叔丁基苯
butilcarbinol 丁基甲醇
butildocosano 丁基二十二烷
butileicosano 丁基二十烷
butileno 丁烯
butileno isomérico 丁烯同分异构体
butílico 丁烯的；含有丁基的
butilo 丁基
butino 丁炔

butiraldehído 丁醛
butirato 丁酸盐，丁酸酯，丁酸根
butírico 丁酸的；产生于丁酸的；丁酸，酪酸
butirina 三丁酸甘油酯
butirolactona 丁内酯
buzamiento （地层或矿层）倾斜
buzamiento abajo 下倾
buzamiento agudo 陡倾，陡倾向，陡倾角
buzamiento anormal 异常倾斜
buzamiento aparente 视倾角，视倾斜
buzamiento arriba 上倾
buzamiento axial del anticlinal 倾伏背斜
buzamiento complementario 断层余角，偎角（断层、矿脉与垂直面所成的斜角）
buzamiento de deposición 原始倾斜
buzamiento de falla 断层倾斜
buzamiento depositado 沉积倾斜
buzamiento empinado 陡倾，陡倾向
buzamiento en cúpula 穹形倾斜，穹状倾斜
buzamiento en dirección contraria 反向倾斜，反倾斜
buzamiento en todas las direcciones 穹形倾斜，穹状倾斜
buzamiento falso 假倾角，假倾斜
buzamiento fuerte 急倾，高倾斜，陡倾斜，陡倾
buzamiento homoclinal 同斜倾斜
buzamiento inicial 原始倾斜
buzamiento inverso 反向倾斜
buzamiento invertido 倒转倾斜
buzamiento local 局部倾斜，地层局部异常倾斜，局部异常倾斜
buzamiento local en dirección contraria 反向局部倾斜
buzamiento moderado 平缓倾斜
buzamiento por desprendimiento basal 基底分离倾斜
buzamiento primario 原始倾斜
buzamiento pronunciado 急倾，陡倾斜，陡倾
buzamiento regional 区域倾斜
buzamiento suave 低倾角，缓倾斜，平缓倾斜，微倾斜
buzamiento y rumbo 倾角和走向
buzar （矿层或地层）倾斜
buzar hacia arriba （地层）上倾
buzo 潜水员；（衣裤相连的）工作服
buzón (bajantes de agua) 污水池，污水坑，渗井，污水渗井；排水口
by-pass 旁通，旁路，旁管，支管，支线，回绕管；分流（器）
byte 二进位组，字节，二进制字节
bytownita 倍长石

C

CA (corriente alterna) 交流电

cabalgamiento 逆掩断层；上冲断层

cabalgamiento horizontal 视横断距，视平错

cabalgamiento según la estratificación 层面冲断层

cabalgamiento vertical 视落差

caballaje 马力，功率

caballaje de sustento 输入功率

caballaje efectivo 输出功率，有效马力

caballaje hidráulico 水马力，液压功率

caballete 支架，拖架，人字架

caballete de bombeo 简易抽油架

caballete de montaje 安装用起重架，起重把杆

caballete en A A 形支架

caballete en H H 形支架

caballete portacojinete 轴承座，轴承架

caballete portapoleas 天车；定滑轮

caballito 接地电路，接地回路

caballo 马；马力；(矿脉中的)贫矿层

caballo auxiliar 辅助机

caballo de fuerza eléctrica 电功率，电马力

caballo-hora 马力小时

caballos al eje 轴马力

caballos de fuerza 马力，功率单位

caballos de fuerza al freno 制动马力，制动功率

caballos de fuerza de caldera 锅炉马力(锅炉蒸发量单位，等于 15.61 千克 / 小时)

caballos de fuerza efectiva 有效马力，有效功率

caballos de fuerza en la barra de tiro 牵引功率

caballos de régimen 额定功率

caballos de vapor 马力

caballos nominales 额定马力

caballos teóricos 理论马力

caballo-vapor 马力，功率，马力单位

cabasita 菱沸石

cabeceo 摇晃，颠簸

cabeceo del émbolo 活塞松动

cabecera 前端，上端，头部，最前面的部分

cabecera de cinta 传送带头

cabecera de río 河源头

cabecero de entubación 套管头

cabestrillo 悬带，挂带，吊腕带，吊具，吊索

cabeza 头，头部；上端，顶；井口；(某些机器的)主要部件，主体；头馏分(复数)

cabeza articulada 活络接头

cabeza buscadora 自导引装置；归航设备

cabeza chata 平头

cabeza colgadora de revestimiento a mordazas 卡瓦式套管悬挂器

cabeza de anclaje de entubación 套管接头

cabeza de balancín 抽油机驴头，游梁头

cabeza de barrena 铣头

cabeza de biela (连杆的)大端

cabeza de bomba 泵头

cabeza de borrado 抹磁头

cabeza de caballo 抽油机驴头，游梁头

cabeza de cable 绳帽，电缆(终端)接头

cabeza de cementación 固井水泥头

cabeza de cilindro 气缸盖

cabeza de circulación 循环头

cabeza de descarga 自喷井口装置

cabeza de émbolo 活塞头

cabeza de empaque 密封填料盒，防喷盒，填料盒

cabeza de enganche 垫块，辙尖枕木

cabeza de entubación con placa de anclaje 套管头底盘，套管联顶支座

cabeza de entubamiento 套管头

cabeza de escritura 读头

cabeza de gato 猫头

cabeza de inyección 注射头，注入头，喷头

cabeza de inyección para perforar a presión 高压水龙头

cabeza de la torre de perforación 井架顶

cabeza de lectura 读头

cabeza de línea 终点站；终端

cabeza de llave 钳头

cabeza de marea 潮水界限

cabeza de mula (抽油机)驴头

cabeza de perno 螺栓头

cabeza de pilón 捣矿机锤头

cabeza de pistón 活塞顶

cabeza de pozo 井口，井口装置，井口采油树

cabeza de pozo de inyección 注入井井口

cabeza de pozo submarina 水下井口

cabeza de prensaestopa 密封压盖，填料盖

cabeza de puente 桥头，桥端

cabeza de remache 铆钉头

cabeza de remache hemisférica 半圆铆钉头

cabeza de revestidor 套管头

cabeza de rotación 旋转接头

cabeza de sacanúcleos para formaciones duras 硬地层取心钻头

cabeza de sacanúleos 取心钻头

cabeza de sacatestigos　取心钻头

cabeza de seguridad　带阀的套管头

cabeza de seis lados　六角头

cabeza de soldadura　焊头，铬铁头

cabeza de surgencia　井口自喷装置

cabeza de tope　油管头

cabeza de tornillo　螺钉头

cabeza de tubería　油管头

cabeza de tubería con prensaestopa　密封填料盒式油管头

cabeza de tubería de producción　油管头

cabeza de tubería de revestimiento　套管头

cabeza de tubos　管道汇管

cabeza de unión de tubos libre　浮头

cabeza de válvula　气门头，阀头

cabeza del cilindro　气缸盖

cabeza del timón　承舵柱

cabeza divisora　分度头

cabeza elevadora　提引器，提丝

cabeza flotante　（换热器）浮头

cabeza giratoria　旋转头

cabeza golpeadora　桩帽；受锤桩帽；打入管用的顶帽

cabeza grabadora　录音头；录像头；记录头

cabeza lectora　放音磁头；读头

cabeza móvil　随转尾座

cabeza o receptáculo de guaya　钢丝绳帽

cabeza para cementación　水泥头

cabeza plana　平头

cabeza portabrocas　主轴箱，车头箱，（磨床）磨头

cabeza soporte de entubación　悬挂油管用油管头，油管挂

cabezal　枕头，靠枕；主轴箱，车床头；顶部，端部

cabezal amortiguador de enganche　闩锁式快装减振器

cabezal automático de roscar　自动模头，自动板牙头

cabezal barrenador　镗床主轴箱

cabezal bridado　法兰头

cabezal ciego　冒口

cabezal con prensaestopa　密封填料盒式套管头

cabezal cóncavo　凹头，凹顶

cabezal copiador　仿形头

cabezal de asiento　悬挂油管用油管挂，油管挂

cabezal de balancín　（抽油机）游梁头，驴头

cabezal de bomba　瓣阀箱

cabezal de cementación　水泥头

cabezal de columna　塔顶出口总管

cabezal de control　控制头，调节头

cabezal de destornillador　螺丝刀头

cabezal de detonación　点火头

cabezal de distribución　分配联箱

cabezal de exploración　扫描头

cabezal de fresada　铣头，镗刀盘，滚刀架

cabezal de golpes de superficie　受锤桩帽；打入管用的顶帽

cabezal de la torre de perforación　井架顶，井架顶部

cabezal de obturación　密封头，填料头

cabezal de perforación　钻头

cabezal de perforar　钻头；镗头

cabezal de pozo　井口，井口装置

cabezal de roscar　模头，板牙头，冲垫

cabezal de seguridad　安全盖

cabezal de seguridad para tubería de revestimiento　带阀的套管头，套管控制头

cabezal de sonda　探头，螺旋管塞

cabezal de sondeo　钻头，钎头

cabezal de succión　吸入集管，吸入总管，吸入管汇

cabezal de succión positiva neta　净正吸入压头，英语缩略为 NPSH（Net Positive Suction Head）

cabezal de torno　（车床）随转尾座

cabezal de tubería con prensaestpas　填料函式套管头

cabezal de tubería de revestimiento　套管头

cabezal de tubo　管头

cabezal de tubos　管子联箱

cabezal del anular　旋转头

cabezal del pistón　活塞顶

cabezal dinámico　动水头，动压头

cabezal en U　回弯管；回转弯头

cabezal fijo bombeado　泵盖

cabezal giratorio　钻井水龙头

cabezal muerto　冒口

cabezal múltiple　管汇，多支管，复式接头

cabezal obturador　密封头

cabezal obturador de control　密封控制头

cabezal obturador de controlador　密封控制头

cabezal para inyección de ácido　酸化井口

cabezal para taladrar　凿孔钻头

cabezal percusor　震击头，冲击头

cabezal pluritaladrador　多轴钻床主轴管

cabezal rotatorio　旋转头

cabezas de pozo agrupadas　丛式井井口

cabezote　（发动机）缸盖

cabida　容量

cabilla　木钉，木销，木栓

cabilla de acero　铁销子，铁栓

cabilla de control　撑螺栓

cabilla espiral　螺栓

cabina　机舱，客舱，船舱，驾驶室，工作间，（铁路）信号室，录井仪器房

cabina de control　控制室，机房，驾驶舱

cabina de lavado　洗手间
cabina de mando　驾驶舱
cabina de mud logging　录井仪器房
cabina de perforador　司钻房
cabina de señalador　信号箱，信号房
cabina direccional　定向仪器房
cabina estanca　加压舱，气密座舱
cabina flotante　浮式钻机
cabina hermética　密封舱
cabina insonorizada　隔音室
cabina telefónica　电话间，电话亭
cabinete de control del perforador　司钻房
cabirón　绞索盘
cable　钢索，钢丝，钢丝绳，电缆，电线；链
　（海上测距单位，含 1/10 海里）
cable a presión　充气电缆
cable acorazado　铠装电缆
cable aéreo　索道，缆道
cable aéreo portante　（架空）索道，缆道
cable agitador　松扣急拉绳
cable aislado　绝缘电缆
cable aislado con papel　纸绝缘电缆
cable alimentador　馈线电缆
cable armado　铠装电缆
cable bajo tensión　通电电线，火线
cable bajo yute　黄麻包皮电缆
cable blindado　屏蔽电缆，屏蔽线
cable cerrado　封闭电缆
cable coaxial　同轴电缆
cable combinado　组合电缆
cable con alma interna　钢丝绳，钢索
cable con alma interna independiente　独立钢丝绳
cable con camisa de plomo　铅包电缆
cable con carga discontinua　加感电缆
cable con conductores múltiples　束状电缆
cable con deguarnición trenzada　多股绞合电缆
cable con núcleo　带芯电缆，带芯铜线
cable con relleno de aceite　充油式电缆
cable concéntrico　同轴电缆
cable conductor　导线，引线
cable conector　跨接电缆，跨接线
cable contraviento　绷绳，稳索
cable de acero　钢丝绳
cable de acero delgado　细钢丝绳
cable de acero desnudo　无镀层的钢丝绳
cable de acero para perforación　钻井大绳
cable de acero preformado　预成形钢丝绳，预扎
　钢缆
cable de acometida　引入电缆
cable de alabeo　拖船索
cable de alambre　钢缆，钢丝绳
cable de alambre de acero　下套管钢丝绳
cable de alta tensión　高压电缆

cable de aluminio-acero　钢芯铝线
cable de amarre　锚索
cable de anclaje　锚索
cable de aparejo　提升钢丝绳
cable de apriete　松扣急拉绳
cable de aproximación　内拉索
cable de arrastre　拖索
cable de aterrizaje　着陆张线
cable de cabrestante　猫头绳
cable de cabrestante auxiliar　猫头绳
cable de cadena　巨型铁链；锚链
cable de cáñamo　棕麻绳
cable de cobre　铜电缆
cable de colchado a la derecha　右向逆捻钢丝绳
cable de comando a distancia　（用以通电报的）
　绝缘导线；(尤指）地下电缆，海底电缆
cable de comunicación　通信电缆
cable de conductor dividido　分心电缆，分股电缆
cable de control elétrico　电控电缆
cable de cuadrete　四芯电缆
cable de cuchareo　捞砂绳，提捞绳
cable de descarga　卸载拉绳
cable de disparo　放炮线，爆破线
cable de distribución　配电电缆
cable de draga　悬空缆
cable de empalme　跨接线，对接线
cable de enrosque　旋绳，大钳吊绳
cable de entrada　引入电缆
cable de entubación　下套管钢丝绳
cable de exparto　棕绳
cable de extracción　起重索
cable de freno　刹车导线，闸线
cable de gas　充气电缆
cable de herramientas　钻具吊悬钢丝绳
cable de iluminación　电灯线，照明电缆
cable de incidencia　倾角线
cable de la barrena　钻井大绳
cable de la bomba de arena　（顿钻用）捞砂绳
cable de la cabeza de gato　猫头绳
cable de la cuchara　捞砂绳，提捞绳
cable de la tubería de revestimiento　下套管钢丝
　绳；套管钢丝绳
cable de las llaves　大钳吊绳
cable de las llaves de desbloqueo　大钳吊绳
cable de las tenazas　大钳吊绳
cable de línea de transmisión　传输线电缆
cable de manila　马尼拉棕绳
cable de maniobras　猫头绳
cable de medición de profundidad　测绳，测线
cable de papel　纸绝缘电缆
cable de perforación　钻井大绳
cable de pistonaje　抽汲绳
cable de pistoneo　抽汲绳

cable de potencia 电缆，动力电缆、电源电缆
cable de puente 桥梁缆索
cable de puesta a tierra 接地电缆
cable de red 网线
cable de remolque 拖缆，纤，拖索
cable de retardo 延迟电缆
cable de retén 支索，钢缆
cable de retención 回接线；拉线
cable de retenida 绷缆，稳索
cable de sirgar 拖缆，纤
cable de sondeo 测井电缆
cable de soporte 备用绳
cable de sostén 承载钢索，受力缆
cable de suspensión 吊索，吊链
cable de televisión 电视电缆
cable de tierra 接地电缆，接地线
cable de torno 猫头绳
cable de torpedo 油井爆破筒导线，井底爆炸
  器导线
cable de torsión a la izquierda 绳股左捻钢丝绳
cable de torsión derecha 绳股右捻钢丝绳
cable de torsión derecha cruzada 右向逆捻钢
  丝绳
cable de tracción de retorno 引索；卸载拉绳
cable de transmisión 传动绳，传动钢索
cable de trenzado a la derecha 右捻钢丝绳
cable de trenzado cruzado 普通捻钢丝绳；交叉
  捻钢丝绳
cable de trenzado cruzado izquierdo 左向逆绞钢
  丝绳
cable de trenzadura directa 兰氏捻钢丝绳；平
  行捻钢丝绳；同向捻钢丝绳
cable de trenzadura izquierda 左捻钢丝绳
cable de trenzadura izquierda cruzada 左向逆捻
  钢丝绳
cable de trenzadura y torsión derecha 右向平行
  捻钢丝绳
cable de tres conductores 三线电缆
cable de un conductor 单心电缆
cable del malacate 绞车钢丝绳，绞车钢丝
cable del tambor 卷筒缆绳，滚筒钢丝绳
cable del torno de herramientas 牛轮索，大轮
  转索
cable deslizante 滑线
cable desmagnetizante 消磁电缆
cable eléctrico 电缆，动力电缆
cable elevador del tornillo alimentador 螺旋提
  升缆
cable en el fondo del mar 海底电缆
cable enterrado 地下电缆
cable envainado de plomo 铅包电缆
cable fijo en el malacate 快绳
cable flexible 软性电缆

cable flexible de emplame 跨接线
cable frío 耐寒电线
cable gemelo 双芯电缆
cable gland （西语和英语的混合习惯用法）电
  缆密封接头，格兰头
cable guía 导行电缆，导线
cable hidrófono 海上检波器拖缆
cable impregnado 绝缘浸渍电缆
cable intermedio 中间电缆
cable interurbano 长途电缆
cable ligero 软电缆
cable lleno de aceite 充油电缆
cable lleno de gas 充气电缆
cable marino 海底电缆
cable metálico 钢缆，金属电缆
cable mixto 混合电缆
cable móvil 快绳
cable muerto 死绳
cable múltiple 复电缆
cable no inductivo 无感电缆
cable para alumbrado 照明电缆，电灯线
cable para frenado 制动钢丝，闸线
cable para fuerza eléctrica 输电线，电力电缆
cable para levantar y mover utensilios 用以提升
  和移动工具的缆索
cable para medir 量绳
cable para perforación rotatoria 旋转钻井钢丝
  绳
cable para subir base 起（井架）底座大绳
cable para subir o bajar la cuchara o la bomba de
  arena 捞砂绳
cable para subir torre 起井架大绳
cable para tubería de producción y varillas de
  bombeo 起下油管和抽油杆用的钢丝绳
cable portátil 软电缆
cable preformado 预成形钢索
cable principal 主索，主缆
cable protegido 铠装电缆
cable retorcido 股绞金属线，(多股)绞合线
cable sacatestigos 取心电缆
cable sin fin 环索
cable sólido de acero 实心钢丝
cable sostén 固定绳
cable submarino 海底电缆
cable subterráneo 地下电缆
cable telefónico 电话线
cable telegráfico 电报电缆
cable tensionador 绷绳，稳索
cable tenso 张紧绳，斜拉索
cable tensor 绷绳，稳索
cable terminal 连接电缆
cable tipo 标准电缆
cable tractor 拖缆

cable trenzado　股绞电缆，股绞钢丝绳
cable veloz　快绳
cable vivo　快绳
cableado　敷设电缆，布线；电缆线路，总电缆；海底电缆
cableado oculto　隐蔽布线，暗线
cableado preformado　成行电缆
cablear　敷设电缆，布线；用电线连接
cablecarril　缆索滑车
cablegrafiar　打海底电报
cablegrama　海底电报，水线电报
cableoperador　电信操作员；电信公司
cablero　海底电缆敷设船，海底电缆修理船
cables coaxiales　同轴电缆
cabllete de extracción　卷扬提升机架，提升机架
cabllete portacojinete　轴承座，轴承架
cabo　顶端，尽头；柄，拉杆，连杆；绳，缆，索
cabo alquitranado　柏油防水绳，涂油绳
cabo blanco　（未经柏油浸泡的）白绳
cabo de alambre　钢丝绳
cabo de amarre　系船缆，系泊索，缆绳
cabo de anclaje　锚缆；绷绳
cabo de arrastre　拉索
cabo de conexión　（石油工程）千斤绳
cabo de cuadrilla　工长，领班，班长
cabo de escuadra　班长，小队长
cabo de esparto　棕绳
cabo de manila　马尼拉棕绳，粗麻绳
cabo de manila regular　普通马尼拉棕绳，粗麻绳
cabo de retenida de proa　船首缆，头缆
cabo de vida　安全绳
cabo manila de alta resistencia　马尼拉高强度棕绳
cabo manila para perforación　钻井用马尼拉棕绳
cabo muerto　拉索，拉缆
cabo para mandarria　榔头把儿，手锤柄
cabotaje　沿岸航行；沿岸贸易
cabreada　爬高，升高，攀登
cabreado　爬升的，攀登的
cabrestante　绞盘；卷扬机，绞车；猫头
cabrestante a vapor　蒸汽绞盘
cabrestante de elevación　小绞车，小型卷扬机
cabrestante de grúa　起重绞车
cabrestante de vapor　蒸汽绞盘
cabrestante eléctrico　电动绞车，电动卷扬机
cabrestante en A　A型吊架，A形起重机
cabrestante hidráulico　液压绞车，水力绞盘
cabrestante montacargas de cantilones　吊斗吊重机，箕斗提升机
cabrestante neumático　气动绞车
cabrestante para remolcar　拖缆机
cabrestante pequeño　小绞车，小型卷扬机
cabria　钻机井架，起重架；起重机，吊车
cabria de mano　手动绞车

cabria de perforación　钻机；钻塔
cabria de plataforma　钻井架；钻井平台
cabria de sondeo　石油钻塔，钻塔
cabria de vapor　蒸汽绞车
cabria en A　A型架，人字扒杆
cabria giratoria　转动吊车
cabria para achique y limpieza de un pozo　提捞和清油滑车
cabria remolcadora　拖缆吊车
cabria transportadora　集材拱架
cabriada　引导架
cabrio　单轮滑车
cabuyería　缆绳
cacarañeo　磨蚀，磨损
cacarañeo por la arena　地层出砂（对阀密封面的）损坏
cachicama　飞轮壳
cacodilato　卡可基酸盐，二甲胂酸盐
cacodilato sódico　二甲胂酸钠
cacodilo　卡可基，二甲胂基
cacoxeno　黄磷铁矿
cadastre　地籍图，水册，河流志
cadena　链子，链条，链状物；（化学）链；测链；电视网，（电台，电视台）联播，（报纸）联载
cadena abierta　开链
cadena alimentaria　食物链
cadena alimenticia marina　海洋食物链
cadena antiderrapante　防滑链
cadena antideslizante　防滑链
cadena argimensor　测链
cadena articulada　扣齿链，链轮环链
cadena calibrada　测链
cadena central　主链
cadena con los dos extremos tensos　悬链
cadena con pasadores　带销链
cadena con tornapuntas　日字环节链
cadena con travesaño　有挡环链；柱环节链
cadena de acción del freno　刹车链
cadena de acoplamiento　拉链，牵引链
cadena de afianzar　安全链
cadena de agrimensor　测链，工程测链
cadena de aleación para pluma de grúa　起吊用合金材质链钩
cadena de alta resistencia　高强度链条
cadena de amarre　捆紧链
cadena de ancla　锚链
cadena de anclaje　限位链，锁定链，锚链
cadena de aparejo diferencial　起重链，吊链
cadena de arrastre　拉链
cadena de cangilones　（挖土机的）铲斗链
cadena de cañón de escobén　锚管链
cadena de carbono de combustible　燃料碳链

cadena de carbonos　碳链
cadena de compensación　连接节
cadena de datos　数据链
cadena de desenroscar　旋链
cadena de distribución　链传动系统；销售网
cadena de doblar　弯曲链
cadena de enganche　拉链
cadena de engranajes　齿链
cadena de enroscar　旋链
cadena de eslabón con travesaños　有挡锚链
cadena de eslabones afianzados　有挡锚链，8字形链节链条
cadena de eslabones para la transmisión de fuerza　动力传送链
cadena de fabricación　生产线
cadena de golpeo　传动链，驱动链
cadena de Gunter　冈特测链，四杆测链
cadena de hidrocarburos　烃链，碳氢链
cadena de izar　升链
cadena de mando　传动链，驱动链
cadena de medición　测链
cadena de montaje　装配线，组装线
cadena de montañas　山脉，山系
cadena de montes submarinos　海山链
cadena de motriz　传动链
cadena de neumático　防滑轮胎链
cadena de oruga　履带链
cadena de producción　装配线，生产线，流水线
cadena de propulsión　驱动链
cadena de retén　锚链
cadena de rodillos　滚子链，滚柱链
cadena de rodillos articulada　套齿滚子链
cadena de rodillos de ancho sencillo　单排滚子链
cadena de rodillos de doble ancho　双排滚子链
cadena de seguridad　安全链
cadena de tiempo　正时链条
cadena de tracción　牵引链
cadena de transmisión　传动链
cadena de transmisión silenciosa　无声链，无声传动链
cadena de transporte de alta tensión　高张力链务
cadena de transporte para pluma de grúa　吊车用运输链钩
cadena del eje del torno auxiliar　总轴传动链
cadena impulsora　驱动链
cadena intermediaria de transmisión　中间传动链
cadena lateral　侧链；（聚合物中的）支链
cadena lineal　直链
cadena metabólica　代谢链
cadena ordinaria　测链，工程测链
cadena para engranaje　链轮环链；扣齿链
cadena para enroscar tubería　猫头链

cadena para erizo　扣子链
cadena para pluma de grúa　起吊用链钩
cadena primaria de transmisión del tambor　滚筒驱动链
cadena probada　防缠绕链条
cadena radiactiva　放射性链
cadena silenciosa　无声传动链
cadena sin fin　环链，循环链
cadena sincronizadora　正时链
cadena sincronizante　正时链
cadena sinfín　循环链，环链，无端链
cadena tipo margarita　菊花链，菊瓣链
cadena transmisora de la mesa rotatoria　转盘传动链条
cadena trófica　代谢链；食物链
cadena y engranaje impulsor　传动链条和齿轮
cadenas de mesa rotaria　转盘传动链条
cadeneta　垂曲线
cadión　试镉灵
cadmía　锌壳，锌渣；锌质炉瘤
cadmio　镉
caducar　（合同、文件等）失效，过期；到期；（权利、义务等）解除；（由于陈旧、磨耗等）损坏，毁坏
caducidad　失效；到期，期满
caduco　衰老的；失效的；过时的；不持久的
caer　落下，坠落；脱落；下垂，倾斜
caída　降落，下降；斜坡；落差，压差，压降；瀑布
caída bruta　总水头，总落差
caída catódica　阴极电压降
caída de agua　瀑布
caída de arco　电弧压降
caída de la cabilla　抽油杆掉落
caída de objeto　落物
caída de potencial　电压降；潜力下降
caída de potencial en la línea　线路电压下降
caída de presión　压降，压力下降，压力损失
caída de presión anular　环空压力下降
caída de presión en orificio　孔板压力下降
caída de tensión　电压降
caída de tensión del ánodo　阳极电压降
caída de una pesa　落重法；重物下落
caída de velocidad　速度下降
caída de voltaje　电压降
caída disponible　可用水头，有效水头
caída efectiva　有效落差
caída eficaz　有效水头
caída estática　静水头，静落差
caída global　总水头，总落差
caída libre　自由下落
caída neta　有效落差
caída útil　有效落差

C

caimán tenaza chico 鳄鱼夹
cainita 钾盐镁矾
cairngorm 烟晶
caja 箱，机箱，机壳；容器，舱，腔，小室；收款处
caja aislante 密封箱
caja antiexpelente de petróleo 防喷盒
caja atenuadora 衰减箱，静压箱，消声箱
caja colectora 承油箱
caja condensadora 冷凝套
caja de aceite 润滑油油箱
caja de acoplamiento 连接挂盒，联结盒，联结器箱
caja de acumulador 蓄电池箱
caja de agua （机车）水箱
caja de ahorros 储蓄所
caja de arena 砂箱，（翻砂用）砂型
caja de ayuste 电缆套管
caja de bornes 接线盒，出线盒，端子箱
caja de cambio de velocidades 变速箱
caja de cambios 变速箱
caja de camión 车体
caja de carga 填料箱
caja de cartón 纸箱
caja de chumacera angular 角型架座
caja de cigüeñal 曲轴箱
caja de cojinete de la cruceta 交叉轴承箱
caja de colador 过滤箱，过滤器
caja de conductos tubulares 管道分线匣，管道人孔
caja de conexiones 接线盒，电缆接头箱，分线箱
caja de derivación （电缆）分线盒，交接箱，配电盒
caja de diferencial 差速箱，差动齿轮箱
caja de distribución 接线盒，分线箱
caja de distribución eléctrica 接线盒
caja de distribuidor 滑阀箱
caja de eje （汽车的）轴箱
caja de eje trasero 后轴套，后桥壳
caja de embrague 离合器箱
caja de empalme de cable 电缆分线盒
caja de empalmes 接线盒，分线箱
caja de empaquetadura 填料箱
caja de engranajes 变速箱，齿轮箱
caja de engranajes de cambio 减速器
caja de engrase 滑脂盒，油脂箱，润滑油箱
caja de estopas 填料盒，防喷盒
caja de fogón 火室，燃烧室，炉膛
caja de fuego 火室，燃烧室，炉膛
caja de fusibles 保险丝盒，熔断丝盒
caja de grasa 滑脂盒，（车轴上的）油脂箱，润滑油箱

caja de guarnición 填料箱
caja de herramientas 工具箱
caja de humo （汽锅的）烟室
caja de inspección 观察孔，窥孔
caja de interrupción 电闸盒，转换开关盒，道岔箱
caja de interruptor 断流器箱
caja de la bomba 泵房
caja de la transmisión 传动箱
caja de lanzadera 梭箱
caja de lavado 洗矿槽，淘汰盘
caja de lodo 泥浆防喷盒
caja de los fusibles 熔断丝盒
caja de madera 条板箱，木箱
caja de moldeo 型箱，砂箱
caja de municiones 弹药箱
caja de pernos 螺栓盒；螺栓预留孔
caja de prensaestopa 轴封，密封盖，填料函
caja de recocer 退火箱，退火炉
caja de resistencias 电阻箱
caja de rodillos 滚轮箱，滚轮架
caja de seguridad 安全连接器
caja de transmisión 传动箱
caja de unión 联管箱；汇流箱
caja de válvula en cruce de caminos 交叉管路上的阀箱
caja de válvulas 阀箱
caja de velocidades 变速箱
caja de ventilación 通风井，通风管道
caja del acumulador 电池箱
caja del ascensor 升降机井
caja del catalizador 催化剂室，反应室，反应器
caja del cojinete 轴承罩
caja del diafragma 隔膜套
caja del eje 轴承
caja del freno 制动器箱
caja engrasadora 润滑油箱
caja esférica 球壳
caja estancadora 密封填料压盖；密封压盖；填料压盖
caja excitadora 励磁盒
caja fuerte 保险柜
caja intermedia 中型箱，中间砂箱
caja negra 飞行记录仪，黑匣子
caja para desconectar 钻头装卸器
caja para salida del lodo 泥浆出口盒
caja protectora de plomo para transportar material radiactivo 用于运输放射性物质的铅制屏蔽罐，放射性物料搬运箱，运送放射性物质的屏蔽容器
caja refrigerante 冷凝套
caja retenedora de inyección 澄泥箱
caja terminal 接线盒，出线盒，端子箱

cajas de humo　喷烟箱，烟道总管

cajear　打眼，凿眼

cajera　滑轮孔

cajero　出纳员，收款人；现金保管员

cajetín　小箱子；接线盒，接线箱

cajetín de dirección　转向机

cajetín de pared　墙面安装插座盒

cajón　大箱子，抽屉；机箱，柜，沉箱主体；墙段，隔墙

cajón de embalaje　装料箱

cajón de fundación　沉箱

cajón de municiones　弹药箱

cajón del lodo　泥浆防喷盒

cajón neumático de cementación　浮式沉箱

cajón neumático y sumergible　充气浮筒

cajón sumergible　沉箱

cajuela　座箱，行李架

cal　石灰，氧化钙，卡，卡路里

cal anhida　生石灰

cal apagada　消石灰，熟石灰，失效石灰

cal cáustica　生石灰，苛性石灰

cal dolomítica　白云石质石灰，镁石灰

cal grasa　浓石灰，富石灰，纯质石灰

cal hidratada　消石灰，熟石灰，湿石灰

cal hidráulica　水硬石灰

cal muerta　消石灰，熟石灰，失效石灰

cal viva　生石灰

cala　钻孔取样；取样口；船只的吃水深度；底舱，货舱

cala de prueba　试钻

cala del sedimento　沉积岩心

calabrote　钢缆，大索，锚链

calabrote de acero　钢缆

calabrote de espía　拉索，拖缆，曳引绳

calabrote metálico　钢缆

calada　渗透，湿透，浸透，穿透，刺穿；熄火停车

calado medio　平均吃水，平均水深

calado por contracción　收缩配合，烧嵌

calado sin carga　空载吃水

calador　探子探针；捻缝工具

calafatear　（用麻丝，纤维，黏性物）堵缝，填隙，嵌塞，凿密；铆接

calaíta　绿松石

calambre　夹（钳）；触电

calamina　异极矿，天然硅酸锌；菱锌矿；异极石；锌溶液

calamita　磁石；罗盘，指南针

calamocha　黄赭石

calamón　道钉，(装饰用）泡钉

calandra　汽车散热器护栅

calandrado　砑光，轮压；压光纸，轧光布

calandrar　把纸砑光，轮压，用砑光机砑光

calandria　碾光机，压光机，轮压机，轧布机

calas de cojinete　车链

calaverita　碲金矿

calazón　船的吃水深度；取水量，汲取量

calazón de corcho　空载吃水

calcado　追踪，跟踪；临摹，复制

calcador　跟踪仪；临摹工具，复制工具

calcantita　胆矾，蓝矾

calcar　跟踪，追迹，探测；描绘，复写

calcarenitas　灰屑岩

calcáreo　钙质的，含石灰的，石灰质的

calcáreo de conchilla　介壳灰岩

calcáreo orgánico　有机灰质岩

calce　楔子；垫木，轮箍；刃口钢

calce de fricción　摩擦块；摩擦闸瓦

calcedonia　玉髓

cálcico　含钙的，石灰的

calcícola　钙生植物

calciesparita　亮方解石

calcífero　含钙的，含碳酸钙的

calciferol　（麦角）钙化醇，骨化醇，维生素 D_2

calciferrita　钙磷铁矿

calcificación　钙化，钙化作用；沉钙，沉钙作用

calcificar　使钙化，使石灰化

calcífido　斑花大理石

calcilutita　钙泥岩，钙质细屑岩

calcímetro　石灰测定器

calcina　混凝土，煅烧产物

calcinación　煅烧，煅烧产物；烧石灰

calcinador de arcilla　黏土煅烧窑

calcinar　煅烧，焙烧；把…烧成石灰

calcio　钙

calcioborita　杂石膏重晶石

calcipelita　钙质泥岩

calcirrudita　钙质砾岩

calcita　方解石

calcita alta en magnesio　高镁方解石

calcita baja en magnesio　低镁方解石

calcita bituminosa　黑方解石；沥青灰岩

calcita férrica　铁方解石

calco　复制；模仿，仿效；复制品，摹图

calco azul　蓝图

calco-alcalino　钙碱性的

calcocita　辉铜矿

calcoestibina　硫铜锑矿

calcofanita　黑锌锰矿

calcofilita　云母铜矿

calcogenado　硫族的

calcolita　铜铀云母

calcomenita　蓝硒铜矿

calcopirita　黄铜矿

calcopirrotina　铜磁黄铁矿

calcosiderita 磷铜铁矿

calcosina 辉铜矿

calcosita 辉铜矿

calcostibita 硫铜锑矿

calcotriguita 毛铜矿（一种赤铜矿）

calcouranita 钙铀云母

calcrete 钙质结砾岩

calculado 计算好的，估计的；事先想好的，深思熟虑的

calculador 计算员；计算器；计算机，计算装置

calculador analógico 模拟计算机

calculador analógico mecánico 机械模拟计算机

calculador e integrador numérico electrónico 电子数字积分计算机

calculador integrador 混合计算机

calculador mecánico 机械计算机

calculador rotativo 旋转计算机

calculadora accionada por teclas 按键计算机

calculadora perforadora 穿孔计算机

calcular 计算；估算，估计，推测

calculista 设计的，计算的；设计者，计算者

calculista de sismógrafo 地震波计算仪

cálculo 计算，推测，预测；估计

cálculo algebraico 代数计算，代数演算

cálculo de buzamiento por la reflexión 反射测斜

cálculo de compensación 平差计算

cálculo de diferencias finitas 差分演算

cálculo de grado 等级评定；质量评定；定级

cálculo de probabilidades 概率演算

cálculo de variaciones 变分法，变分学

cálculo del valor de la gravedad 重力值计算

cálculo diferencial 微分学

cálculo gráfico 图解计算

cálculo infinitesimal 微积分学

cálculo integral 积分学，积分

cálculo operacional 运算微积

cálculo prudencial 估算，估计

cálculos de circuitos 环路计算

cálculos de combustión 燃烧计算

calda 加热；烧红铁块；添加燃料

calda a martillo hidráulico 用水力锤锻压焊接

calda a rodillo hidráulico 用水力锤锻压焊接

calda a temperatura del rojo oscuro （冶金学）暗红热（温度）

calda al rojo cereza （冶金学）桃红热

calda al rojo oscuro （冶金学）暗红热

calda de herrero 锻压焊接

caldear 加热，烧红；锻压焊接

caldeo 加热；采暖

caldera 锅炉，汽锅，蒸煮器；火山口

caldera alimentada a petróleo 烧油锅炉

caldera alimentada con gas 燃气锅炉

caldera auxiliar 辅助锅炉，副锅炉

caldera central 集中加热法，中心供热系统

caldera con camisa 套锅，夹层锅

caldera de alta frecuencia 高频加热

caldera de amalgamación 混汞盘

caldera de caja de fuego doble 双燃烧管锅炉

caldera de calefacción por nafta 燃油锅炉

caldera de calor de desecho 余热锅炉，废热锅炉

caldera de calor pérdido 余热锅炉，废热锅炉

caldera de fogón interior 单炉筒锅炉

caldera de gas 燃气锅炉

caldera de hundimiento 塌陷火口

caldera de locomotora 机车锅炉

caldera de pisos 多级锅炉

caldera de recuperación 废热锅炉

caldera de smog 火管锅炉，烟管锅炉

caldera de tambor 汽包锅炉

caldera de tubos 管式锅炉

caldera de tubos de humo 烟管锅炉

caldera de tubos de llama 火管锅炉

caldera de tubos transversales 横管锅炉

caldera de vapor 蒸汽锅炉，汽锅

caldera de vapor scotch 苏格兰蒸汽锅炉

caldera de vaporización instantánea 闪蒸锅炉

caldera eléctrica 电锅炉

caldera electrónica 电子加热

caldera en secciones 分节锅炉

caldera fundidora 熔炼坩埚

caldera horizontal 卧式锅炉

caldera marina 船用锅炉

caldera para la grasa de la ballena 鲸脂提炼锅

caldera para tubos de agua 水管锅炉

caldera por aire caliente 空气加温法

caldera por convección 对流加热

caldera por inducción 感应加热

caldera por radiación 辐射加热

caldera preliminar 辅助锅炉，副汽锅

caldera seccional 分段（分节）锅炉

caldera semitubular 分节锅炉

caldera sin volumen de agua trasero 干背火管锅炉

caldera somital 顶部塌陷火山口

caldera tipo locomóvil 机车式锅炉

caldera tubular 管式锅炉

caldera tubular de retorno 回焰锅炉

caldero 水壶，水汽锅

caldero a presión para grasa 黄油壶

caldero abierto 开口锅

caldero abierto para grasa 润滑脂开口锅

caldero de colada 熔勺

caldero de grasa 润滑脂锅

caldero de mezclar 混合搅拌锅
caledoniense 加里东的
calefacción 加热；取暖，暖气装置，供暖设备
calefacción al vapor 蒸汽加热
calefacción eléctrica 电热法
calefacción por aire caliente 热风供暖
calefacción radiante 辐射供暖
calefacción solar 太阳能加热
calefactor 暖气工人，加热工；加热器，加热炉，暖气设备
calentable 可加热的
calentado 加热的，烧热的；热烈的
calentado al blanco 白热的，炽热的
calentado al rojo 赤热的，灼热的，火热的，酷热的
calentado con gas 燃气的
calentado con petróleo 燃油的
calentado eléctricamente 电加热的
calentado previamente 预先加热的
calentador 加热器，加热装置，加热元件，加热炉
calentador a gas 煤气炉
calentador alimentador de agua para calderas 锅炉给水加热器
calentador con calefacción a ambos extremos 两头烧火加热炉
calentador con fuego a un solo lado 单程加热器，单端燃烧加热炉
calentador con vapor de escape 废汽给水加热器
calentador de aceite 油加热器，油加热炉
calentador de agua 热水器，水加热器
calentador de agua a fuego directo 直火加热锅炉
calentador de aire 空气加热器，热风炉
calentador de aire a fuego directo 直焰加热炉，明火加热炉
calentador de dos extremos 双程加热器，两端燃烧加热炉
calentador de espiral（serpentín） 盘管式给水加热器
calentador de fondo accionado por gas 井底气体燃烧器
calentador de guijarros 卵石加热器
calentador de inmersión 浸没式加热器
calentador de kerosene 煤油加热器
calentador de la carga con gas 废气燃烧加热器
calentador de material bituminoso 沥青加热器
calentador de tubos 管式加热器，管式加热炉
calentador del agua de alimentación 锅炉给水加热器
calentador del gas 煤气加热器，煤气暖炉
calentador del petróleo 石油加热炉
calentador del proceso 程序加热器

calentador dieléctrico 电介质加热器
calentador eléctrico 电炉，电热器
calentador inducido 感应加热炉
calentador infrarrojo radiante 远红外辐射加热器
calentador mediante vapor de sangría 蒸汽放热式加热器
calentador radiante 辐射式加热炉
calentador tratador 加热处理器
calentador tubular 管式加热器，管式炉
calentamiento 加热，变热，变暖
calentamiento a presión constante 等压加热
calentamiento con vapor 蒸汽加热
calentamiento de la atmósfera 大气变暖
calentamiento de la atmósfera terrestre 地表大气变暖
calentamiento de los océanos 海洋变暖
calentamiento de pozo 井筒加热
calentamiento eléctrico 电加热
calentamiento global 全球变暖
calentamiento por ácido 酸加热
calentamiento por conducción 传导加热
calentamiento por convección 对流加热
calentamiento por inducción 感应加热
calentamiento por resistencia 电阻加热
calentar 加热，加温，使活跃，促进
calera 石灰石的采石场；石灰窑
caleta 小海湾，小港口
calibración 校正，校准，标定，刻度
calibración de instrumentos 仪表校正
calibración de la mezcla aire-combustible 空气燃料比测定
calibración de medidor 计量器校准
calibración de tanques 油罐容积标定
calibrado 已校准的，标定的；校准，标定，调整；量测，测量
calibrador 校准器；测径器，定径机；（量，卡，线）规
calibrador americano de alambres 美国线规
calibrador Birmingham 伯明翰线径规
calibrador de alambre 线规；金属线规
calibrador de alineación 校正量规
calibrador de altura 深度计，水位计
calibrador de barrenas 钻头直径量规
calibrador de cajas 浮箱式水位计
calibrador de cinta 带式测量仪
calibrador de cuchilla 切削规
calibrador de cursor 滑动卡规，游标卡尺
calibrador de distancia 距离标定器
calibrador de espesor 厚度规
calibrador de espigas 销规
calibrador de exteriores 外径规
calibrador de filetes de tornillo 螺纹规

calibrador

calibrador de hoyo　井径仪
calibrador de interiores　内径规
calibrador de macho　塞规
calibrador de mecha　钻头规
calibrador de medidor　检验计量表
calibrador de micrométrico　千分尺
calibrador de mordazas　测径规
calibrador de paso de rosca　螺距规
calibrador de planchas　板规
calibrador de profundidades　深度规
calibrador de tanques　油罐容积标定装置
calibrador de trépanos　钻头规
calibrador de tubería　通径规，管校径规，管测厚仪
calibrador de verificación de piezas　测隙规
calibrador del hueco　测隙规
calibrador externo　外径规
calibrador interior　内卡钳，内卡尺
calibrador interno　内径规，委内瑞拉的油田现场常用 conejo 代替
calibrador maestro　主规，标准规，校准规
calibrador micrométrico　测微计，千分尺
calibrador para centrar　中心规
calibrador para herramientas　工具量规
calibrador pie rey　游标卡尺
calibrador Stubb para alambres　SWG 线规，英国线规
calibrar　测量…的口径（内径或厚度等）；校准，标定
calibrar un tanque　标定油罐容积
calibre　（各种筒、管等的）内径；量规，卡规
calibre a rosca　螺旋规，螺纹量规
calibre ajustado　划针盘
calibre anular　环规
calibre cilíndrico　泵缸塞规，圆柱塞规
calibre de altura　测高规，高度仪
calibre de cable　线规，线材号数
calibre de centrar　中心规
calibre de corredera　测径规，卡钳校对规
calibre de espeosr　厚度计，厚度规
calibre de exteriores　外卡规，外卡尺，外卡钳
calibre de fileteado　螺距规，螺纹量规
calibre de gruesos　外卡规
calibre de gruesos con tornillo micrométrico　螺旋测径器，千分卡尺
calibre de interior　内卡规，内卡尺，内卡钳，内测径规
calibre de interiores　内卡尺
calibre de interiores y exteriores　内外两用卡尺
calibre de mandíbulas　厚薄规，测径规
calibre de nonio　游标卡尺
calibre de pozo　井径仪
calibre de profundidades　深度计，测深规

calibre de rebajado　极限量规，极限规
calibre de roscado　中心规
calibre de tapón　圆柱塞规
calibre de tolerancia　极限量规，极限规
calibre de tornillo　螺距规，螺纹量规
calibre deslizable　卡尺，游标规，滑尺
calibre exterior　外径规
calibre grueso　厚度规
calibre interior　内径规
calibre interno　井径规，内径测量器，内径规，内卡钳
calibre micrométrico　测微计，千分尺
calibre neumático　空气压力表，气压计
calibre normal　内径杆规
calibre para alambres　线规
calibre para chapas　板规
calibre patrón　标准轨距
calicata　勘探，勘察；地基探测，挖洞探测
caliche　硝石；硝石矿；卡利许，硝石层，钙积层
calichera　硝石矿
calidad　质，质量，品质；资格，身份
calidad atmosférica　大气质量
calidad de ignición　发火性能，着火性
calidad de servicio　服务等级，服务质量
calidad del aire de las ciudades　城市空气质量
calidad precisa del crudo　精确原油品质，精确油品
caliente　热的；暖色的
californio　锎
caliper　井径仪
calitativo　性质上的，品质的；定性的，合格的
caliza　灰岩，石灰岩
caliza arcillosa　泥质灰岩
caliza bioclástica　生物所属灰岩
caliza dolomite　白云质灰岩，白云石质灰岩
caliza granulada bioclástica　骨粒灰岩
caliza granular　粒状灰岩，粒屑灰岩
caliza hidráulica　水硬石灰石
caliza lodosa　泥岩，粒泥灰岩，瓦克灰岩，粒泥状灰岩
caliza oolítica　鲕状灰岩
calma　平静，平稳；风平浪静，零级风
calmado　镇静的；回火的
calmar　使平静，镇静；镇静炼钢，回火，锻炼
calmar aceros　镇静炼钢，脱氧炼钢
calomel　甘汞，氯化亚汞，汞膏
calor　热，热能，热量
calor contenido　热含量，焓
calor de combustión　燃烧热
calor de compresión y expansión　排气热
calor de escape　废热，余热
calor de formación　生成热

— 135 —

calor de fragüe　凝结放热
calor de fusión　熔解热
calor de hidratación　水合热
calor de radiación　放射热
calor de reacción　反应热
calor de vaporización　汽化热，蒸发热
calor del líquido　液体热量
calor específico　比热容
calor específico molar　摩尔比热容
calor fusión　熔解热
calor irradiante　辐射热
calor latente　潜热
calor latente de vaporización　汽化潜热
calor liberado　释放出的热量
calor perdido　废热，余热
calor por conducción　传导传热
calor por convección　对流传热
calor por histéresis　磁滞热
calor por radiación　辐射传热
calor producido　放热，产生的热量
calor radiante　辐射热
calor recobrable　可回收的热量
calor recuperable　可回收的热量
calor rediante　辐射热
calor residual　余热，废热
calor rojo　赤热，炽热
calor sensible　焓，热函；显热
calor sensible de los gases　各类气体的焓
calor sobrante　余热，废热
calor solar　太阳热
calor total　总热量
calorescencia　灼热，炽热；热光，发光热线
calorgas　卡气；压缩混烃
caloría　卡，卡路里（热量单位）
caloría gramo　克卡
caloría grande　大卡，千卡
caloría media　平均卡
caloría pequeña　小卡，克卡
caloricidad　发热量，发热能力，热值，热容量
calórico　热能的，卡的；热质，热量
calorífero　传热的，导热的；加热装置，保暖设备
calorífero a vapor　蒸汽加热器，汽热机，汽暖设备
calorífero de aire caliente　空气加热器，热风炉
calorífero eléctrico　电炉，电热器
calorificación　发热，生热
calorífico　热的，产热的，发热的
calorífugo　隔热的，保温的，不燃的，耐火的
calorimetría　量热法，测热学
calorimétrico　量热的，热量测定的，热量计的
calorímetro　量热器，热量计，卡计
calorímetro de agua　水量热计，水卡计

calorímetro de estrangulamiento　阻塞测热计，节流量热器
calorímetro de vapor　蒸汽量热器
calorización　渗铝法，铝化处理，热镀铝
calorizado　渗铝的，铝化处理的
calza　（防止滑动或转动的）楔子，垫木
calza del freno　制动楔子
calzado　楔形的
calzar　楔入，加楔，楔牢
calzar una rueda　把轮子楔牢；给轮子加上防滑套
calzo　楔子，垫木；制动瓦，闸瓦
calzo de madera　木楔
cama de roca　含矿岩层
camacita　梁状铁
camada　一次生产量，一炉，一批，一群，一组
camada de tubos　管束
camada de tubos de un alambique　一组蒸馏管
cámara　商会；议会；（各类用途的）室，舱，间；气化室；车轮内胎；照相机，摄影机
cámara aerodinámica para el estudio de los remolinos　研究涡旋的空气动力室
cámara aneroide　真空膜盒
cámara antiariete　调压室
cámara bajo presión　密封舱
cámara blindada　屏蔽室
cámara colectora　收集池；集气室
cámara colectora de gases de horno　充气室；增压室
cámara colectora de horno　压力通风室；充气室；增压室
cámara con atomización　雾化室
cámara congeladora　冷冻室
cámara contra explosiones　防爆阻隔室
cámara de aceite　油腔，油室，储油器
cámara de aceleración del betatrón　加速器环型室
cámara de agua　水箱，硫化室
cámara de aire　气室，气腔；空气包
cámara de aire aisladora　气隔层；气套
cámara de alta presión　高压室
cámara de amortiguamiento　缓冲腔
cámara de asentamiento　沉降室
cámara de baja presión　低压室，低压舱
cámara de catalización　催化室
cámara de combustion　（发动机）燃烧室；炉膛
cámara de combustión de lecho fluidizado　流化床燃烧室
cámara de comercio　商会
Cámara de Comercio Internacional　国际商会，英语缩略为 ICC（International Commerce Chamber）
cámara de compresión　压力室，加压间，压

汽室

cámara de descompresión 减压室，减压舱

cámara de destilación instantánea 闪蒸室，闪蒸塔，闪蒸罐

cámara de emanación 射气箱

cámara de empacadura doble 带双分隔器的舱（室或筒）

cámara de ensayo de altura 高空试验室

cámara de equilibrio 调压室

cámara de escape 排气室

cámara de esclusa 船闸室

cámara de estancación 前舱

cámara de expansión 膨胀箱

cámara de expansión para deshidratar el gas 气液分离室

cámara de explosión （发动机）燃烧室，爆发室

cámara de filtros de bolsa 沉渣室；袋室

cámara de fusión 燃烧室，炉膛

cámara de ignición 点火室

cámara de inflamación 燃烧室

cámara de ionización 法拉第暗箱，电离室

cámara de levantamiento por gas 气举管筒

cámara de mando 控制室，操纵室，机房

cámara de motor 发动机缸盖

cámara de nivel constante 浮子室，浮子箱

cámara de observación 观测室

cámara de piloto 驾驶舱

cámara de plomo 铅室

cámara de precombustión 前室

cámara de purga 排气室，泄放室

cámara de reacción 反应室，反应堆；裂化反应室

cámara de refinería 精炼炉

cámara de remolinos 涡旋室

cámara de reposo 调压室

cámara de resudación de parafina 蜡发汗室

cámara de separación primaria 初级分离室

cámara de separación secundaria 二次蒸馏室，二次蒸馏塔

cámara de válvula 阀室

cámara de válvula fija 固定阀室

cámara de vapor 蒸汽室

cámara de vigilancia 监控摄像头

cámara del flotador 浮箱，浮标，浮子室

cámara del freno 制动气室

cámara del plénum 充气室，增压室

cámara del testigo 岩心筒

cámara eufriadora 冷藏室

cámara flash 闪蒸室

cámara hiperbárica 高压舱

cámara magmática 岩浆库，岩浆源

cámara magnética 磁性体岩浆储源，岩浆囊

cámara neumática 气室

cámara para fondo del pozo 井下摄像机

Cámara Petrolera de Venezuela （CPV） 委内瑞拉石油商会

cámara recolectora 收集站；汇管箱

cámara registradora 记录摄像机

cámara seca 干燥室，干燥箱

cámara superior 上气室，上箱

cámaras de acumulación （气体）聚集舱

cambiable 可变化的，可变换的；可兑换的，可交换的

cambiador 变换器，换向器，换流器；路闸，道岔；扳道工

cambiador de aniones 阴离子交换器

cambiador de calor 换热器，热交换器

cambiador de calor recuperador 再生式热交换器；交流热交换器

cambiador de canal 信道移动器

cambiador de frecuencia 变频器

cambiador de frecuencia rotativo 旋转变流器

cambiador de líquido a líquido 液液换热器

cambiador de posición de las escobillas 电刷摇移器

cambiador de temperatura 热交换器，换热器

cambiador de tomas 分接头变换器

cambiador intermedio de temperatura 中间冷却器

cambiar 交换；变换；更换；改变；兑换；换挡，变速

cambiar formato 重定格式，变更格式

cambiavía 跳接开关，转换器

cambija 水塔

cambio 交换，变换；变化；兑换；零钱；兑换率；变速器；

cambio atmosférico 大气变化

cambio audible de presión 声压变化

cambio climático 气候变化

cambio cualitativo 质变

cambio cuantitativo 量变

cambio de aceite 更换发动机润滑油

cambio de barrena 换钻头

cambio de dirección 转换方向，换向

cambio de engranaje 离合器换挡，齿轮换挡

cambio de etapa 阶段变换

cambio de fase 相差

cambio de litología 岩性变化

cambio de marcha （汽车的）变速器

cambio de mecha 换钻头

cambio de temperatura 温度变化

cambio de tipo de lodo 泥浆类型变化

cambio de velocidades 速度变化；换挡

cambio diagenético 成岩变化

cambio diurno 日变化

cambio en un gene o cromosoma 基因或染色体

变化，突变，变异
cambio gradual　渐变
cambio instantáneo　瞬变
cambio lateral de velocidad　横向速度变化
cambio químico　化学变化
cambio rápido　快速变换，快速变化
cambio repentino en flujo　流动的骤变
cambio secular　长期变化，缓慢变化，世纪性变化
cambio sincronizado　同步变化，同步啮合
cambios bioclimáticos　生物气候变化
cambios de clima　气候变化
cambios en el uso de la tierra　土地利用变化
cambios importantes en la textura de las rocas　交代变质，交代变质作用
cambios topográficos de llanuras a cerros　由平原到山丘的地貌变化
cambriano　寒武纪的；寒武系的；寒武纪；寒武系
cámbrico　寒武纪的；寒武系的；寒武纪；寒武系
camilla　担架，现场急救担架
camilla de altura variable　高度可调的担架
camilla de lona enrollable　可折叠帆布担架
camilla de lona enrollable con patas　带腿的可折叠帆布担架
camino　路，道路；行程，路线；路径
camino alquitranado　柏油路
camino atravesado　十字路，横路
camino carretero　公路
camino de datos　数据通路
camino de desvío　旁路，分路，支路
camino de herradura　移迹，行迹
camino de onda　波径，波的路径
camino de tablas　木板道，栈道
camino enripiado　砾石面路
camino macadamizado　碎石路
camino principal　大道，交通干线
camino real　大道，交通干线
camino transversal　副道，侧路
camión　卡车；载重汽车
camión aguatero　水罐车，运水车
camión articulado　铰接式卡车
camión automóvil　载重汽车
camión barredor-recolector　扫路集尘机
camión basculante　自卸车
camión cisterna　罐车，油罐车；水车
camión cisterna de cemento a granel　散装水泥运输车
camión cisterna de gasolina　油罐车
camión compactador　装有液压压紧设备的垃圾收集汽车
camión compactador con volquete de contenedor　带

翻斗的液压压紧垃圾收集汽车
camión con basculamiento en la parte lateral　侧卸式货车
camión con basculamiento en la parte trasera　后部卸料式货车
camión con brazo hidráulico　液压随车吊
camión con instrumentos para registros sismográficos　地震记录车
camión con remolque　拖车，挂车
camión de abastecimiento　供油车
camión de bomberos　消防车
camión de caja de descarga　自动倾卸车，翻斗卡车
camión de cemento　水泥搅拌车
camión de instrumentos registradores　仪器记录车
camión de obras　工程车
camión de plataforma　（后面装有绞车）的平板运输车
camión de registro　测井车
camión de reparaciones　修理车，急救车
camión de socorro　救险车，事故清障车
camión de transporte de personal　人员运输车
camión grúa　汽车起重机，随车吊
camión guinche　汽车起重机，汽车吊
camión hoist　车载式钻机载车
camión hormigonera　汽车式拌和机，混凝土搅拌车
camión liviano　轻型载重卡车
camión para repostar　加油车，水槽车
camión petrolero　油槽汽车，油罐车
camión pluma　汽车起重机，随车吊
camión remolque　拖车，挂车
camión roquero　矿石运输车
camión tanque　油罐车，罐车
camión tolva　自动翻斗车；水泥运输车，运灰罐
camión triturador　带有粉碎机的垃圾车
camión vacuum　带真空泵的罐车，真空罐卡车
camión vibrador　震源车
camión volcador　翻斗卡车
camión volteo　翻车
camionaje　货车运输；汽车运费
camionero　卡车司机，载重车司机
camioneta　轻型车，吉普车
camioneta pickup　皮卡
camisa　衬管；尾管；筛管，衬垫，衬料，内衬，衬筒，衬瓦，衬套；缸套；套筒；滑套；外防护套，金属网罩，散热罩
camisa calorífica　汽套，蒸汽加热套
camisa de agua　水套
camisa de agua del cilindro　汽缸水套
camisa de aire　（机器上防止传热的）气套；救

生衣

camisa de bomba 泵套
camisa de caldera 锅炉外壳
camisa de campana 喇叭口
camisa de chimenea 气套，气隔层
camisa de cilindro 汽缸套，缸套
camisa de circulación de agua 水循环套，水套
camisa de desgaste 防磨补心
camisa de eje 轴套
camisa de goma 橡皮套
camisa de vacío 真空泡
camisa de válvula 阀套
camisa de vapor 汽套，蒸汽加热套
camisa del anillo flotante espinodal 旋节浮式密封环套
camisa del contacto con el agua 湿式汽缸套，湿式缸套，湿套
camisa deslizante 滑动套筒
camisa exterior de cilíndro 汽缸套
camisa filtro 过滤筛管
camisa impermeable 隔绝层，防水套，防水衬里
camisa incandescente 气罩，气灯罩
camisa insertable 镶嵌式轴衬
camisa interior del cilindro 汽缸套
camisa lisa 无接箍平口接头衬管
camisa para bomba de inyección 钻井泵缸套
camisa perforada 筛管
camisa ranurada 割缝筛管
camisa refrigerante 冷水套
camisa seccionada 分段衬管
camisa tipo brida 法兰式衬套，凸缘衬套
camlock hembra Camlock 快速接头内螺纹端
camlock macho Camlock 快速接头外螺纹端
camón 凸轮；板条结构
campamentero 钻井现场营房勤杂工
campamento 驻地；营地
campamento petrolero 油田驻地
campana 钟形物，钟形罩，锥形口；锥体，排风罩；钟罩，炉盖
campana corrugada para pesca 皱纹摩擦打捞筒
campana de aire 气泡腔；气腔
campana de buceo 钟形潜水器，潜水钟
campana de burbujeo 气泡腔，气腔，（蒸馏）泡罩
campana de buzo 潜水钟，钟形潜水器
campana de gas 储气罐钟罩
campana de pesca 打捞筒，打捞母锥
campana de pesca combinada 综合打捞筒，复合式打捞筒
campana de pesca con aletas 带翼打捞筒
campana de pesca con cuñas 卡瓦打捞筒
campana de pesca con cuñas circulares 环形卡

瓦打捞筒

campana de pesca con garfios 喇叭口式打捞筒
campana de pesca en combinación 综合打捞筒，复合式打捞筒
campana de pesca por fricción 摩擦打捞筒
campana de pescar corrugada 皱纹摩擦打捞筒
campana de salvamento 打捞筒
campana de vidrio 钟形玻璃罩
campana extractora de humos 排烟机
campana golpeadora 震击打捞筒
campana neumática 气泡腔；气腔
campana roscada 母锥
campaniense 晚白垩世坎佩尼阶
campañas de exploración 勘探活动
campo 田野，农村；矿区，油田现场，野外；方面，领域；（物理）场
campo abierto 开阔田地，户外，露地
campo agotado 枯竭油田，边际油田
campo cíclico 循环场
campo coercitivo 磁矫顽力；磁滞现象
campo costa afuera 海上油田，近海油田，滨外油田
campo de absorción 吸收场；沥滤场
campo de contacto 触点组，触点排
campo de eliminación de las aguas negras 污水处理场
campo de flujo anular 环流场
campo de gas 气田
campo de gas condensado 凝析气田
campo de gas seco 干气田
campo de gravedad 重力场，引力场
campo de gravitación 引力场
campo de hielo 流冰群，大片浮冰；冰原；冰帽，冰冠，冰盖
campo de inducción 感应场
campo de petróleo 油田
campo de radiación 辐射场
campo de viento 风场
campo eléctrico 电场
campo electromagnético 电磁场
campo electrostático 静电场
campo escalar 标量场
campo estacionario 稳定场
campo estacionario cuarzoso 石英稳定场
campo geomagnético 地磁场
campo geomagnético internacional de referencia (IGRF) 国际标准地磁场，国际参考地磁场，英语缩略为 IGRF (International Geomagnetic Reference Field)
campo gigante 大型油田，大油田
campo giratorio 旋转磁场
campo gravífico 引力场，重力场
campo gravitacional 重力场，引力场

campo gravitatorio　重力场，(万有) 引力场

campo maduro　老油田，成熟油田

campo magnético　磁场

campo magnético de componente vertical　垂 直
　分量磁场

campo magnético regional　区域磁场

campo magnético terrestre　地球磁场

campo marino　海上油气田

campo mesónico　介子场

campo normal　正常场

campo nuevo　新油区，新油田

campo perturbador　干扰区

campo petrolero　油田

campo petrolero en el mar　海上油田

campo petrolero en la costa　近海油田，海岸上
　的油田

campo petrolífero　油田

campo petrolífero limítrofe　边界油田，接界油田

campo petrolífero marginal　边际油田

campo probado　已探明的油田

campo próximo　近场

campo residual　杂散场，杂散磁场，漏磁场

campo retardado　推迟场

campo uniforme　均匀场

campo vectorial　矢量场

campo visual　视场

canal　海峡，水道，航道，沟渠；地下水道，
　煤气管道；途径，渠道；柱槽，沟漕；(电子
　或电信) 频道，信道

canal abierto　明渠；开通道

canal activo　有源信道

canal asignado　指配频道

canal brazo　分支河道

canal de abastecimiento　引水槽，前渠

canal de acercamiento　引水渠

canal de aguas abajo　水电站尾水渠，退水器

canal de aguas arriba　上游进渠，引水渠

canal de aire　空气管道，通气道，导气管

canal de aspiración　吸气管道

canal de banda limitada　有限带宽通道

canal de conducción　通道；线槽；导流渠

canal de corriente portadora　载波信道

canal de datos　数据通道

canal de desagüe　排水道，排水沟，排水管，排
　水系统

canal de descarga　排泄道；溢洪道，溢流槽

canal de entrada　输入通道

canal de erupción　火山喉管

canal de erupción de un volcán　火山喉管

canal de flujo　液流通路；气流道

canal de inyección　钻井液槽

canal de llamas　烟道，烟管，烟路

canal de lubricación　润滑油槽

canal de Panamá　巴拿马运河

canal de pestaña　轮缘槽

canal de rango vocal　语音级通道，话频段信道

canal de salida　输出通道

canal de subida　上游进渠，引水渠

canal de Suez　苏伊士运河

canal de tanque　罐槽

canal del lodo　泥浆槽

canal distributario　分流河道，分支河道

canal entrenzado　辫状河道

canal largo y angosto　窄而长的通道 (管路或水
　路等)

canal maestra　河床；檐沟；主管道

canal navegable　航道

canal para agua　水槽，水道

canal sinuoso　曲流河道

canal submarino　海底峡谷

canal superior　上游河道

canal telefónico　电话信道

canal transversal　回转渠道，横向渠道

canales de poros　孔隙通道

canales de socavación　冲刷水道，刷槽

canaleta　沟槽，排水沟

canaleta de circulación　钻井液槽

canaleta de decantación　沉淀槽

canaleta de evacuación (de desechos)　废物排放槽

canaleta de inyección　钻井液槽

canaleta de lodo　泥浆槽

canaleta de protección　护坡槽

canalete de lodo　泥浆槽

canalización　开渠道，开运河；疏通，疏浚；
　管道；铺设 (油气) 管道

canalización de agua　总水管，输水管，水管线路

canalización de agua salada　盐水排出管

canalización de aire　空气管道，通风道

canalización de fluidos　流体窜槽

canalización de fuerza　输电线，电力输送线

canalización de fuerza hidráulica　总水管，水压
　主管，液压总管

canalización de gas　煤气管道化

canalización del cemento　水泥窜槽

canalización eléctrica　输电干线

canalización en circuito cerrado　环形管路

canalización enterrada　地下管道，接地导管

canalización principal　干线，干线管道

canalización subterránea　地下管道

canalizar　挖沟，开水道；疏通，疏浚；引导，
　疏导；铺设 (油气) 管道

canalón　渡槽，流水槽；瓦形帽

canalón de desagüe　污水管

canalón de tejado　檐槽

canasta　筐，篮；打捞篮；缆绳圈

canasta calibradora　套管校准及清理

canasta chatarrera 打捞篮
canasta de broca 钻头盒
canasta de cable 电缆槽
canasta de pesca 打捞篮
canasta de tuberías 钻杆盒
canasta del trépano 钻头打捞篮
canasta hidráulica de tuberías de perforación 液压钻杆盒
canasta pescadora 打捞篮
cáncamo 有眼螺栓，环首螺栓，吊环螺栓，羊眼圈
cáncamo con tuerca regular 环首带螺母螺栓
cáncamo con tuerca y tope 环首带肩螺栓
cáncamo de argolla 带环螺栓
cáncamo forjado 煅造吊环螺栓
cáncamo forjado sin cuerda 煅造环首铆钉
cáncamo mecánico con tope 环首带肩机械螺栓
cáncamo mecánico forjado 煅造机械环首螺栓
cáncamo sin cuerda 环首螺栓
cáncamo sin cuerda con tope 带肩环首螺栓
cáncamo tipo tornillo 环首螺栓
cancaneo （发动机在发动过程中发出的）噼啪声
cancelación 取消，撤销；废除；偿清，结清
cancha （堆放东西的）场地，院子；宽阔的河段
cancha de deslaves 尾矿堆
cancha de mineral 矿堆
canchal 乱石地，多岩石的地方
cancrinita 钙霞石
candado 挂锁
candado de gas 气塞，气栓
candado de seguridad 安全锁
candela 蜡烛；烛火（光强度单位）
candelero ciego 无环系缆桩
candelero de ojo 有环系缆桩
candidato 候选人，竞选人；候选物，选择物；应试者；试验对象
candita 铁镁尖晶石
canfano 莰烷
canfeno 莰烯
canfieldita 硫银锡矿
cangilón 叶片，（挖土机的）斗，铲；水罐
cangilón colector 铲斗，收集器
cangilón de draga 挖斗
cangilón de elevador 吊斗，升降机戽斗
cangilón de elevador mecánico 斗式装料机
cangrejo 矛；清管矛；打捞矛
cangrejo de tubería 套管矛
cangrejo golpeador 下冲打捞矛
cangrejo izquierdo para tubería 倒扣打捞矛
cangrejo pescador 打捞矛
cangrejo pescatubos 管柱打捞矛

cangrejo recuperable 可退打捞矛
canilla 水龙头；旋塞；活嘴
canoa de ripios 岩屑槽
canon 准则；标准；典范，规范；矿山租金；租金
canon de adición 重叠矿区使用费；附加矿税
canon de compensación 补偿税；赔偿金
canon de contaminación 污染税
canon de participación 矿区特许使用权益，专利权使用费，开采权使用费，矿税
canon de participación en la producción de un pozo 单井开采权益
canon del propietario 矿区使用费，矿税
canon exento de cargos 不承担费用的油气产量分享权益
canon sin gastos 免费权益
canon sin participación en los gastos 免费权益，免除矿税
cantalita 松脂流纹岩
cantara 校准桶，计量桶；液量单位（合16.13升）
canteador 石块修整工，打边工
cantera 采石场，石坑
cantera a cielo abierto 露天采石场
cantera de arena 砂坑，采砂场
cantera de granito 花岗石矿
cantera de grava 砾石场，采石场
cantera recuperada 恢复生态的采石场
cantería 石工艺，石方工程；石料，石板
cantidad 数量，分量；金额，款项；许多，大量
cantidad constante 常数，恒量
cantidad de agua retenida en el suelo 土壤的持水量，土壤的含水量
cantidad de electricidad 电量
cantidad de movimiento 动量
cantidad emitida de contaminantes 污染物排放量
cantidad llovida 降雨量
cantidad neccesaria 需要量
cantidades traza 痕量
cantiléver 悬臂梁；悬臂，伸臂
canto 角，缘，端，棱，棱角；（物体的）厚度；石块，卵石
canto biselado 倒棱
canto de cabeza 粗端
canto de la polea de remolque 滑轮（或皮带轮）轮钢
canto labrado 细琢石
canto rodado 滚石，粗砾，卵石
canto rodado mediano 中等大小的圆卵石
canto sin labrar 毛方石，粗方石块
cantonera 包角，护角；角桌，角柜；角钢法兰，角钢

cantonera de refuerzo　加劲角铁
cantos rodados　小圆石，粗烁
cañada　小山谷，小峡谷；溪谷，沟壑
cañada de marea　潮汐河流
cañado　一种液体度量单位（约合 37 公升）
cañadón　小深谷，山涧
cáñamo　大麻，大麻布
cáñamo sin peinar　生麻
cañería　管道，管材；管柱，管串
cañería aisladora　封隔管柱
cañería aisladora de agua　水层套管
cañería armada en fábrica　预制管
cañería colectora　集输管线
cañería conductora de inyección　泥浆管线
cañería de agua　水管
cañería de aislación　封隔管柱
cañería de bombeo　泵管线
cañería de conducción　导管
cañería de costura espiral　螺旋焊焊接管
cañería de desagüe　排水管道
cañería de descarga　出油管；排泄管；返出管
cañería de diámetros combinados　变径管柱
cañería de entubación　套管
cañería de entubación de acero sin costura　无缝钢套管
cañería de entubación para pozos de petróleo　油井套管
cañería de entubación remachada　铆接套管
cañería de expansión　扩张管线；伸缩管
cañería de flujo　出油管
cañería de gas　煤气管道
cañería de juntas enchufadas　插装套管
cañería de lubricación　润滑油管线
cañería de producción　油层套管，生产套管
cañería de recolección　集输管线
cañería de surgencia　输送管道，排出管
cañería de vapor　蒸汽管线
cañería derivada　套管，三通
cañería embridada　法兰连接管
cañería filtro　筛管，滤管；带眼衬管
cañería filtro ranurada　割缝筛管
cañería guía　导管
cañería lisa　无眼衬管
cañería maestra　输油管干线
cañería ratonera　鼠洞管，小管径管
cañería reforzada　加强管
cañería roscada　螺纹管
cañería telescópica　伸缩管
cañería troncal　输油管干线，总管
cañería troncal de gas　配气总管
cañería vertical de alimentación de inyección　（泥浆给进）立管
cañerías intermedias　技术套管，中间套管，中

层套管
cañero　水管工人
cañista　管道安装工
caño　短管；下水道；地道，坑道，巷道
caño acodado　肘管，弯头
caño atornillado　螺纹管
caño ciego　不带眼的管子
caño conductor　导管
caño de acero　钢管
caño de agua　水管
caño de aspiración　吸入管
caño de barro vitrificado　缸瓦管，玻化黏土管
caño de bombeo　油管，抽油管
caño de bombeo con extremos recalcados　加厚油管
caño de bombeo liso　平式油管
caño de carga de combustible　加油管；进料管
caño de combustible　燃油管
caño de conducción　管线管
caño de derrame　溢流管
caño de descarga　排泄管
caño de escape　排气管
caño de expulsión　气举管；排泄管；引出管
caño de hormigón　混凝土管
caño de lubricación　润滑油管线
caño de perforación　钻杆
caño de reboso　废水管，污水管，排泄管
caño de solapa soldada　搭焊管
caño de subida　气门；立管；提升管；升气管
caño de unión lisa　平式套管
caño de vapor　蒸汽管
caño en espiral　螺旋管；螺旋盘管，蛇管
caño estriado　内螺纹管
caño filtro　筛管
caño filtro de alambre　钢丝缠线的筛管
caño insertado　插接套管
caño liso　光面管，光滑管
caño para vástago de perforación　钻杆短节
caño perforado　圆孔筛管
caño perforado en el taller　工厂预制管
caño punzonado　带眼管，穿孔管，筛管
caño ranurado　割缝筛管
caño rayado　螺纹管
caño recalcado　加厚管，加厚套管
caño remachado　铆接管，铆合管
caño sin costura　无缝钢管，无缝管
caño soldado　焊接钢管，焊管
caño soldado a solapa　搭焊管
caño soldado a tope　对焊管
caño soldado en espiral　螺旋焊管
caño soporte de manguera　立管
caño tributario　支流管
caño-guía　导管

cañón 筒，管；枪筒，枪管；射孔枪；峡谷
cañón de escobén 锚链筒，锚链管
cañón de fusil 枪筒
cañón encajado 箱形峡谷
cañón escobén 锚链筒，锚链管
cañón perforador 射孔枪
cañón perforador de bala 子弹式射孔器
cañón portador 传送管射孔枪
cañón portador de balas 子弹射孔枪，子弹式射孔器
cañoneado 穿孔的，凿孔的
cañonear 射孔；放炮；爆炸
cañoneo 射孔，穿孔，造眼
cañoneo a chorro 射流射孔
cañoneo con balas 射孔弹射孔
cañoneo con cargas moldeadas 聚能射孔
cañoneo con chorros de agua a alta presión 高压水流射孔
cañoneo con método TCP 油管传输射孔
cañoneo convencional 常规射孔
cañoneo de alto impacto 高冲击射孔
cañoneo de chorro 聚能射孔，聚能喷流射孔
cañoneo de pozo 油井射孔
cañoneo hidráulico 液压射孔，液压穿孔
cañoneo por revestidor 套管射孔
cañoneo por tubería 过油管射孔
cañoneo tipo bala 子弹式射孔
cañoneo tipo chorro 聚能喷流射孔
cañoneo tipo hidráulico 液压射孔
cañoneo transportado por la tubería eductora 油管输送射孔，英语缩略为 TCP (Tubing Conveyed Perforation)
caoba 红木，桃花心木
caolín 高岭土，白陶土，瓷土
caolinita 高岭土，瓷土
caolinización 高岭石化作用
capa 层，表层，地层，岩层，矿层
capa acuática 水层
capa acuífera 含水层，蓄水层；含水地带，含水层组
capa aislante 绝缘层
capa alterada 风化层，风化壳
capa anticlínica 复背斜层
capa antioxidante 防锈层
capa barrera 势垒，阻挡层
capa basáltica 玄武岩层
capa cementada 水泥封固层
capa clave 标准层，标志层
capa competente 强岩层
capa conductora 传导层
capa contaminada 污染层
capa continental 大陆层
capa continental de arenisca rojiza 红层，红色岩层

capa de acabado 终饰层，罩面
capa de acarreos glaciáricos 冰碛层
capa de agua 水层
capa de agua penetrada por la luz （海水）光亮带，强光带，透光层
capa de agua subterránea 地下水层
capa de aire situada debajo de las nubes 云下层
capa de algas 海藻层
capa de almacenamiento 储集层
capa de apresto 内涂层，里衬
capa de arcilla 土层，底土
capa de arcilla debajo de una capa de carbón 煤层底部黏土层
capa de arcilla roja 红层，红色黏土层
capa de arena 砂层
capa de asiento 路基，地基
capa de baja velocidad (EBP) 低速层，低速带
capa de base 底积层
capa de Beilby 热熔层，伯尔比层
capa de cementación 胶结层
capa de cieno 泥层
capa de comparación 对比层；标准层，标志层
capa de conducción 传导（导电）层
capa de contacto 边界层，接触层，界面层
capa de contacto entre la atmósfera y el océano 大气海洋边界层，海—气边界层
capa de contactos paralelos 整合接触层
capa de de Heaviside 海氏层，E 电离层，不可压流边界层
capa de desgaste 表层
capa de detención （光电管）阻挡层
capa de esmalte de alquitrán 煤焦油瓷漆层
capa de espuma de resinas fenólicas 酚醛树脂泡沫层
capa de fermentación 表土层，耕土层
capa de flanco 背斜翼部地层
capa de gas 气顶，气帽
capa de hulla (carbón) 煤层
capa de humus 腐殖土壤，腐殖质
capa de imprimación 底漆层，底涂层
capa de ligazón 黏结层，沥青黏层
capa de mineral 矿层
capa de nieve 积雪层
capa de ozono 臭氧层
capa de parada （光电管）阻挡层
capa de petróleo 油层
capa de petróleo flotante sobre la superficie del mar 漂浮在海上的油膜
capa de referencia 标志层，标准层
capa de reflexión 反射层
capa de refuerzo 加固层
capa de reserva compacta 低渗透率储层

capa de techo 顶积层

capa de transición 跨界层，边界层

capa de turba 泥炭层

capa de velocidad 速度层，流速层

capa del cretácico 白垩纪层

capa del oligoceno 渐新世层

capa delgada 薄层

capa emplomada 钢板的薄涂层，镀铅锡钢板

capa endurecida 冷硬层

capa filtrante 过滤层，滤床

capa freática 潜水层，地下水层

capa frontal 锋面层

capa frontal deltáica 前积层

capa gasífera 气层

capa geológica 地层

capa gruesa 厚层

capa guía 标准层，标志层

capa horizontal 水平层

capa húmica 腐殖土壤，腐殖质

capa impermeable 不渗透层；盖层；防水层

capa impermeable sedimentaria 沉积盖层

capa imprimidora 底涂层，底漆层

capa incapaz 弱岩层，软岩层

capa inclinada 倾斜层

capa indetectable 隐蔽层，盲层，不能用折射地震法发现的岩层

capa índice 标志层

capa indurada 硬灰岩层，硬底

capa inferior 底层，下层

capa interfacial 界面层

capa intrusiva 侵入层

capa invertida 倒转地层

capa ionizada 电离层

capa ionosférica 电离子层

capa lenticular 透镜状层理，扁豆状层理

capa ligante 黏结层

capa límite 边界层，临界层，附面层

capa límite atmosférica 大气层边界

capa limítrofe 边界层，接触层，界面层

capa marina 海相地层，海床

capa meteorizada 风化层，风化壳

capa mineral 矿层

capa mineralífera 矿床，矿层

capa mineralizada 矿层

capa permeable 渗透层

capa petrolífera 含油层

capa petrolífera agotada （能量）衰竭层，枯竭油层

capa petrolífera económicamente explotable 有经济开采价值的油层

capa petrolífera explotable 可开采油层

capa petrolífera productiva 产油层，生产层

capa plegada 褶皱层

capa por capa 按层（勘探或开发等）

capa portadora de agua 含水层

capa preservativa de asfalto 沥青防护涂层

capa productiva 产层，产油层，出油层，生产层

capa productora 产油层，生产层

capa protectora 盖层；保护性涂层

capa protectora de asfalto 沥青防护涂层

capa reflectora 反射层

capa refractaria 耐火层

capa rocosa 岩层，盖层

capa rocosa debajo de terreno blando （软土下面的）硬质岩层

capa superficial 地表层

capa superficial del suelo 表土层，耕土层

capa superior 覆盖层，盖层

capa superior de los océanos 海洋上层

capa superior del mar 海洋上层

capa superior del suelo 表土层，耕土层

capa superpuesta 覆盖层

capa superpuesta por el proceso de transgresión 入侵超覆；海进交错；海侵超覆

capa terrestre 地壳，陆界

capa tumbada 倾覆层

capa vertical 垂直层

capacho （挖土机的）铲斗；灰浆兜

capacidad 容量，容积，法定能力，资格；生产能力；电容，负载量

capacidad absortiva 吸收能力，吸收量

capacidad aprovechada 已利用的能力，已利用的产能

capacidad asignada 额定容量，额定生产率，额定能力

capacidad biogénica 生态的容积能力，生态承载能力

capacidad calculada 设计能力

capacidad calórica 热容量

capacidad calorífica 热容量

capacidad colorante 着色力

capacidad de absorber 吸收能力

capacidad de absorción 吸收能力，吸收率

capacidad de absorción de ecosistema 生态环境的吸收能力

capacidad de almacenamiento 储存能力

capacidad de apacentamiento 承载能力

capacidad de asimilación 同化能力

capacidad de asimilación del mar 海洋的吸收承载能力

capacidad de autorregeneración del agua 水体的自净能力

capacidad de calcinación 烟灰值（表示灯用煤油燃烧特性）

capacidad de cálculo 设计计算能力

capacidad de calor 热容，热容量
capacidad de campo 油田产能
capacidad de carga 载重量，负荷电量，装载能力，载流容量
capacidad de carga de empuje interna 向内推力负荷，纵向负荷
capacidad de caudal 水资源承载能力
capacidad de cedencia 生产能力，生产量
capacidad de coloración 着色力
capacidad de descarga de yacimiento 油藏的供油气能力，油层产能
capacidad de diseño 设计能力
capacidad de ducto 管线输送能力
capacidad de endeudamiento 偿债能力
capacidad de flotación （物体在液体里的）浮性，浮力
capacidad de funcionamiento 可操作性，适用性
capacidad de intercambio de cationes 阳离子交换量
capacidad de la bomba 泵送能力
capacidad de logonios 信息容量
capacidad de memoria 存储容量，记忆容量
capacidad de modulación 调制能力
capacidad de presión 加压能力
capacidad de producción 生产率，生产能力
capacidad de producción de un yacimiento durante un período de 24 horas （油藏的）日产能，日生产能力
capacidad de recorrido 运行能力，移动能力
capacidad de recuperación 恢复能力
capacidad de recuperación de la naturaleza 大自然的自我恢复能力
capacidad de régimen 额定生产能力，额定工作能力
capacidad de reoxidación del agua 水的再氧化能力
capacidad de reserva fuera de funcionamiento 故障后系统的备用能力
capacidad de resistencia 持久极限；疲劳极限；耐久限度
capacidad de retención de agua del suelo 土壤的持水能力
capacidad de retención del agua 持水量，持水能力
capacidad de retención del calor (de los gases termoactivos) （温室效应气体的）吸热能力，截热能力
capacidad de sello 密封性
capacidad de sobrecarga 超载量，过载能力
capacidad de soporte 承载力，支承能力，承载能力，承载量
capacidad de sustento （环境的）承载能力
capacidad de temple 淬火性，淬透性，可硬化性

capacidad de transporte 载重量，负荷电量，装载能力，载流容量
capacidad de transporte de corriente 载流容量，电流容许量
capacidad de tratamiento 生产能力，处理能力
capacidad de tubos parados 二层台钻杆容量
capacidad de un tanque petrolero 油罐容量
capacidad del computador 计算机的运行能力
capacidad del malacate y mástil 绞车及井架的承载能力，大钩承载能力
capacidad del motor diesel 柴油机功率
capacidad del pozo vertedero 磨铣钻井能力
capacidad del yacimiento 油田产能
capacidad diaria 日加工能力，日处理能力
capacidad disponible 有效容量
capacidad eléctrica 电容，电容量
capacidad electroestática 电容性电纳
capacidad en amperios-hora 安培小时定额
capacidad específica 比容量，比电容，功率系数
capacidad estimada 额定能力，额定容量
capacidad evaporatoria 蒸发量，蒸发能力
capacidad financiera 融资能力；财力
capacidad inductiva espcífica 电容率，介电常数
capacidad irradiante 辐射本领
capacidad jurídica 法律能力
capacidad máxima de flujo 最大流量，最大流通能力
capacidad mutua 互电容
capacidad nominal 额定能力，额定容量，额定处理量
capacidad nominal a carga completa 满负荷容量，满负荷能力
capacidad normal 额定能力，定额率
capacidad operacional 作业能力，运转能力
capacidad parásita 寄生电容
capacidad perforante 钻探能力
capacidad por horas 小时生产能力
capacidad productora 生产能力
capacidad real 有效功率，实际产量
capacidad reflectora 反射能力
capacidad técnica 技术能力
capacidad térmica 热容量，比热容
capacidad terminal 最大容量
capacidad volumétrica 容积，容量
capacidades de afluencia de yacimiento 油藏注入能力
capacidades de influjo/afluencia 注水量和出水量
capacidades interelectródicas 极间电容
capacitación 培训
capacitación de recursos humanos 人力资源培训
capacitación personal 人员培训
capacitador 培训师；电容器，电容

capacitancia 电容，电容量

capacitancia rejilla-cátodo 栅极—阴极电容

capacitancia rejilla-placa 栅极—阳极电容

capacitancia térmica 热容

capacitar 使有资格，使胜任；使有能力；培训，培养

capacitímetro 电容测量器，法拉计

capacitivo 电容的，容性的

capacitor 电容器

capacitor de aceite 油质电容器

capacitor de aceite mineral 矿物油质电容器

capacitor de acoplamiento 耦合电容器

capacitor de papel impregnado en aceite 油浸纸质电容器

capacitor impregnado en aceite 油电容器

capacitor lleno de aceite 油浸电容器

caparazón 外壳，罩子，套子；遮盖物

caparazón externo del eslabón giratorio 水龙头外壳

caparrosa 硫酸盐，矾

caparrosa azul 硫酸铜，胆矾

caparrosa blanca 硫酸锌，皓矾

caparrosa rojo 红矾，(天然)硫酸亚钴

caparrosa verde 硫酸亚铁，绿矾

capas anuales 年轮

capas blandas dentro de estratos duros 硬性岩层中的软性夹层

capas concordantes 整合层

capas cruzadas 交错层的

capas de contactos paralelos 整合岩层

capas de la ionosfera 电离层

capas de valencia 价壳层

capas entrecruzadas 交错层

capas horizontales superiores 顶积层

capas múltiples 多层，复合层

capas sucesivas de rocas sedimentarias 地层，连续沉积岩层

capas superiores 顶积层

capas superiores de delta 三角洲顶层

capataz 工长，领班，工头，监工

capataz de carga 装载领班，上料领班，装油领班

capataz de revestimiento 上漆领班，涂料领班

capataz de soldadura 电焊领班

capaz 能容纳的；容积大的；有能力的；有资格的

caperuza (保护物体尖端的)盖，帽，罩，套；引擎盖；导流罩

caperuza de chimenea 通风帽，烟囱罩

caperuza de cierre 有头螺栓，有帽螺钉

capilar 毛细管的；毛细作用，毛细现象；毛细血管

capilaridad 毛细作用，毛细现象；毛细活性，毛细引力

capilarímetro 毛细管测液器

capilator 毛细管比色计

capilladora-imprimadora 除锈—涂底漆联合作业机

capillo del prensaestopas 填料函套，密封盒盖，格兰

capital 首要的，主要的；资本的；资本，投资，资金；首都，省会

capital activo 运营资本，流动资本

capital circulante 流动资本，周转资本

capital de riesgo 风险资本

capital en giro 流动资本

capital fijo 固定资本

capital humano 人力资本

capital invisible 无形资本

capital líquido 流动资本，游资

capital natural 自然资本，自然资产

capital ocioso 闲置资本

capital primitivo 原始资本

capital registrado 注册资本

capital social 公司资本

capital suscrito 认购股本，已认股本

capital variable 可变资本

capitalista 有资本的；资本主义的；资本家

capitán 工头，监工；船长；机长

capitán de altura 船长，机长

capitel 柱头，塔尖

capó 机罩，烟囱罩，保护罩，引擎顶盖

caporal 工头，监工；头目

capota (机器的)护盖，框架，罩子

capote 罩子，盖子

caprichos del clima 气候的变化无常

cápsido 壳体，衣壳

cápsula 帽；管帽，封盖；雷管，火帽；密封舱；胶囊；蒸发皿

cápsula de cobre para determinar gomas 胶质试验铜皿

cápsula de escape 脱离舱，逃脱舱

cápsula de evaporación 蒸发器

cápsula de porcelana 瓷质蒸发皿

cápsula de vidrio para determinar gomas 胶质试验玻璃皿

cápsula explosiva 雷管，起爆雷管

cápsula fulminante 雷管

cápsula salvavidas 救生球；逃生舱

captación 收集，汇集，集捕；接收，拾波；筑坝壅水

captación de datos 数据收集，数据采集

captación de fondos 吸引资金，募集资金

captación directa 直接拾波

captación en abanico 弧形爆炸法，弧形收集法

captador 收集器；拾波器，检拾器

C

captador de arena　除砂器，原油除砂器
captador de polvo　除尘器
captura　俘获；袭夺（河流）
captura de datos　数据收集，数据采集
captura de neutrones térmicos　热中子俘获
captura de protones　质子俘获
captura electrónica　电子俘获
captura estratigráfica　地层圈闭
captura incidental　误捕
captura máxima permisible　最大持续产量，英语缩略为 MSY（Maximum Sustainable Yield）
captura orbital　电子俘获，K 俘获
captura permisible　（可长期保持的）持续产量
capturar　袭夺；俘获；汇水；储油
capuchón　盖，帽，阀帽，机罩
capuchón de frasco　火帽，雷管
cara　面；正面；锋面；胎面
cara brillante　光面
cara de cañoneo　射孔相位角
cara de la arena　砂面
cara de la soldadura　焊缝表面
cara de una montaña　山面，山的斜坡
cara de una válvula　阀面，气门面
cara dorsal　背面
cara plana　平面
cara triturante de la barrena　钻头的刃面
caracol　旋梯；（帕斯卡）蜗线，蜗牛形曲线
carácter　性质，特性；字母，符号，标志
carácter adquirido　获得性，后天性
carácter digital　数字符号
carácter dominante　优性
carácter especial　（计算机）特殊字符
carácter inherente　固有特性，本性
carácter litológico　岩性特征
carácter recesivo　隐性
característica　特征，性能；特性曲线，特征函数；（对数的）首数，
característica ascendente　增长特性
característica de corto circuito　短路特征曲线
característica de detonación　抗爆性指标，辛烷值
característica de emisión　发射特性曲线
característica de ignición　发火性
característica de rejilla　栅极特性
característica de rejilla-placa　栅极—阳极特性
característica descendente　下降特性
característica dinámica　动力特性
característica distintiva de una sustancia　物质特性
caractística en cortocircuito　短路特征
característica estructural　结构特征
característica mecánica　机械性能
característica no lineal　非线性特性

característica tixotrópica　触变性质，触变特征
característica total　集总特性
características arquitecturales　结构特性
características de dilución　稀释性
características de emisión de una chimenea　烟筒排放参数
características de flujo　流动性能
características de los fluidos　流体特性
características de producción marginales　边际产量特点
características de relieve　地貌，地形要素
características del crudo　原油性质，原油特征
características del suelo　土壤性质
características estructurales　结构特征
características funcionales　性能特点
características geológicas　地质特征
características geológicas y petrofísicas　地质和岩石物性特征
características meteorológicas　天气类型，气象特征
características primarias　基本特征，原始特征
característico　特有的，独特的；特征的
caracterizabilidad　性能，特性
caracterización　特征化，特性说明，性能描写
caracterización de hidráulica en boca de pozo　井口流体特性
caracterización de yacimiento　油藏表征，储集层表征
carámbano　冰锥，冰柱
caramida magnética　磁石，磁体，磁铁
caramilla　异极矿；菱锌矿
carapacho　背壳，背甲
carátula　封面，封皮；扉页，书名页
carbamato　氨基甲酸酯（盐）
carbamida　尿素，脲
carbanión　负碳离子，阴碳离子
carbeno　碳烯；炭青质
carbetoxi　乙酯基
carbetoxilación　乙酯基化（作用），加入乙酯基
carbinol　甲醇
carbitol　卡必醇，二甘醇—乙醚
carbocoal　半焦
carbodinamita　硝化甘油炸药
carboducto　输炭管线
carbógenos　卡波金气体（由 95% 氧气和 5% 二氧化碳气体组成）
carbohidrasas　糖酶，碳水化合物分解酶
carbohidrato　碳水化合物
carbohielo　干冰，固态二氧化碳
carbol　苯酚，石炭酸
carbolato　苯酚盐
carbolato sólico　苯酚钠
carbólico　苯酚的，石碳酸的，煤焦油的

carboloy 碳化钨硬质合金
carbómetro 空气碳酸计，二氧化碳计，定碳仪
carbón 煤，炭；碳；碳精棒，碳电极
carbón activado 活性炭
carbón activo 活性炭
carbón aglomerable 黏结性煤
carbón aglutinante 黏结煤
carbón algal 藻煤
carbón amorfo 无定形碳，非晶碳
carbón animal 骨煤；骨碳
carbón antracita 无烟煤，硬煤
carbón antracitoso 无烟煤
carbón apagado 不成焦煤
carbón argiláceo 骨炭，骨煤，煤质岩页
carbón bituminoso 生煤，烟煤，沥青煤
carbón brillante 镜煤，亮煤，尤烟煤
carbón caneloide 烛煤
carbón continuo 连续碳
carbón coquificable 炼焦煤
carbón cristalizado 硬煤，无烟煤
carbón de algas 藻煤，烟煤
carbón de ampelita 烛煤
carbón de arranque 根炭
carbón de bola 卵形炭
carbón de bovey 褐煤
carbón de bujía 烛煤
carbón de calderas 锅炉用煤，锅炉煤
carbón de coque 焦炭
carbón de forja 锻煤
carbón de gas 高级烟煤，气煤
carbón de huesos 骨炭煤
carbón de lámpara de arco 弧光灯碳棒
carbón de leña 木炭
carbón de llama corta （燃烧时少烟的）硬煤
carbón de llama larga 长烟煤
carbón de madera 木炭
carbón de origen animal 有机碳
carbón de petróleo 焦炭；石油焦
carbón de piedra 石煤，块状无烟煤，硬煤
carbón de probeta 蒸馏炭，蒸馏罐碳精
carbón de tierra 石炭，石煤
carbón de turba 泥煤焦炭
carbón decolorante 脱色炭
carbón en nódulos 肥煤，沥青煤
carbón en polvo 炭粉
carbón estable 固定碳
carbón fijo 固定碳
carbón fino 碎煤，灰煤，小块无烟煤
carbón galleta 圆块煤
carbón grafítico 石墨
carbón graso 烟煤，软煤
carbón grueso 烟煤
carbón homogéneo 实心碳棒

carbón libre 游离碳，自由碳
carbón lignítico 褐煤
carbón luciente 镜煤，亮煤，无烟煤
carbón magro 低级不结块煤
carbón mate 不成焦煤
carbón menudo 煤屑
carbón mineral 石炭，石煤
carbón no aglutinante 不结块煤，非黏结煤
carbón no surtido 原煤
carbón obtenido a partir de la madera 木炭，生物炭
carbón prensado 煤砖
carbón pulverizado 粉煤，煤粉
carbón pulverulento 煤屑
carbón puro 纯煤
carbón seco 无烟煤
carbón sin clasificar 原煤
carbón vegetal 木炭
carbonáceo 含碳的，碳质的
carbonado 黑金刚石，墨玉
carbonar 烧成炭，使焦化，使炭化
carbonatación 碳酸盐法；碳酸化作用；碳酸饱和；碳化作用
carbonatado 含碳酸盐的
carbonatar 碳化，使与碳酸化合
carbonatita 碳酸盐岩
carbonato 碳酸盐，碳酸酯
carbonato amónico 碳酸铵
carbonato cálcico 碳酸钙
carbonato crudo de soda 黑灰，原碱
carbonato de amonio 碳酸钙
carbonato de bario 碳酸钡
carbonato de cal 碳酸钙，石灰石
carbonato de cal magnesífero 纯晶白云石
carbonato de calcio 碳酸钙，石灰石粉
carbonato de calcio con magnesio 镁质碳酸钙
carbonato de calcio dolomítico 白云石质碳酸钙
carbonato de calcio dolomítico en hojuelas 薄片状白云石质碳酸钙
carbonato de calcio en polvo fino 细碳酸钙粉
carbonato de calcio no colomitico 不含白云石碳酸钙
carbonato de calcio y magnesio 碳酸钙镁
carbonato de cobre 碳酸铜
carbonato de magnesio 碳酸镁
carbonato de manganeso 菱锰矿，蔷薇辉石，碳酸锰
carbonato de plata 碳酸银
carbonato de plomo 铅粉
carbonato de potasio 碳酸钾
carbonato de potasio caliente 热碳酸钾
carbonato de radio 碳酸镭
carbonato de soda (sodio) 碳酸钠，纯碱

C

carbonato de sodio anhídrido　脱水碳酸钠；纯碱
carbonato de sodio calcinado　钠碱灰；苏打灰
carbonato de zinc　碳酸锌，菱锌矿
carbonato insoluble　不可溶碳酸盐
carbonato sódico　碳酸钠；苏打灰；纯碱；苏
　打粉
carbonatos interdigitados　片状碳酸盐层，指状
　叠层碳酸盐
carbonatos minerales　碳酸盐矿物
carboneo　烧炭；装煤，加煤
carbonera　煤仓；煤矿
carbonera de carga　装车仓
carbónico　碳的，含碳的；由碳得到的
carbónidos　碳化物
carbonífero　含碳的，含煤的，石炭纪的，石炭
　系的
carbonífero inferior　晚石炭世，晚石炭统
carbonífero superior　早石炭世，早石炭统
carbonificación　煤化作用
carbonilación　羟基化作用
carbonilla　煤渣，炉渣；煤屑
carbonilo　羰基，碳酰；金属羰基合物
carbonilo sulfúrico　羰基硫化物
carbonita　焦炭
carbonitruración　碳氮共渗，氮化
carbonización　碳化，碳化作用，渗碳处理
carbonizado　碳化，碳化作用
carbonizar　使碳化，使与碳化合，渗碳，涂
　炭素
carbono　碳
carbono activo　活性炭
carbono de cementación　渗碳
carbono l4　碳 14 年龄，碳钟
carbono orgánico total (COT)　总有机碳
carbono terciario　叔碳
carbono total　总碳
carbonómetro　定碳仪；碳酸计
carbonoso　含碳的；似碳的
carboreactor　喷气发动机燃料，航空煤油
carborundo　金刚砂，碳化硅
carboseal　收集灰尘用润滑剂
carbotérmico　用碳高温还原的，碳热还原的
carboxilación　羟化作用
carboxílico　羟基的，含羰基的
carboxilo　羟基
carboximetilcelulosa (CMC)　羧甲基纤维素
carboximetilcelulosa de alta viscosidad　高黏度羧
　甲基纤维素
carboximetilo de celulosa　羧甲基纤维素
carburación　渗碳，渗碳作用；汽化，汽化作
　用；可燃混合气的形成
carburado　含碳的
carburador　汽化器；化油器；增碳器；渗碳器

carburador de corriente descendente　下吸式化
　油器
carburador de difusor　雾化汽化器
carburador de inyección　喷射式汽化器，喷射
　化油器
carburador de inyector　喷射式汽化器，喷射化
　油器
carburador de superficie　表面式化油器
carburador invertido　下行式汽化器
carburador vertical　上吸式汽化器
carburadores acoplados　双联汽化器
carburadores emparejados　双联汽化器
carburante　燃料剂；渗碳剂；增碳剂；（工业
　用）碳氢燃料
carburante residual　残余燃料
carburar　增碳，碳化；汽化，使与碳氢化合物
　混合
carburar el hierro　使铁与碳化合
carburina　硫酸碳
carburo　碳化物；碳化钙，电石
carburo aglomerado　烧结碳化物
carburo aromático　芳香烃；芳香碳氢化合物；
carburo cálcico　碳化钙，电石
carburo cementado　烧结碳化物
carburo de boro　碳化硼
carburo de calcio　碳化钙，电石
carburo de hidrógeno　碳氢化合物
carburo de hierro　碳化铁
carburo de níquel　一氧化三镍
carburo de silicio　碳化硅，金刚砂
carburo de tantalio　碳化钽
carburo de titanio　碳化钛
carburo de torio　碳化钍
carburo de tungsteno　碳化钨
carburo de uranio　碳化铀
carburo granulado　粒状电石
carburo sinterizado　烧结碳化物
carcarena　蚀损
carcasa　架子，构架；外壳
carcasa de radiador　散热器外壳
carcasa del combustor　燃料筒
carcasa rígida　刚性架，刚架构
cárcava　排水沟，渠道，沟壑，山涧
cárcel　闸门槽；胶合木板用的夹具
carda de afino　精整机
cardán　万向接头，万向节，活节连接器；平
　衡环
cardiograma　心电图
carenado　整流罩；流线，流线型，流线化
carente de oxígeno　缺氧的
carente de vida　无生物的，无机的
careta　面罩；防护面具
careta antigas　防毒面具

C

careta contra gas　防毒面具
careta para soldar　电焊面罩
carey　玳瑁；玳瑁壳
carfolita　纤锰柱石
carfosiderita　草黄铁矾
carga　装货，装载；加料，装弹药；税，赋；负荷，负载；充电
carga a granel　散装货
carga ácida　酸性进料
carga acumulada　存储电荷
carga adaptada　匹配负载
carga admisible　安全载荷，安全载重，容许负载
carga ambiental　环境负荷
carga anormal　非商品性石油产品；中间产品
carga artesiana　自流水头，承压水头
carga artificial　仿真负载
carga atómica　原子电荷
carga automática　自动加料
carga axial　轴向载荷
carga básica　基本负荷
carga bruta　新进料，原料
carga causada por el viento　风荷载；风阻
carga cíclica　周期性荷载，交变荷载
carga comercial　进料，原料；中间装置原料
carga concentrada　集中载荷
carga constante　静负荷，静载，恒载
carga continua de compensación　缓流充电，连续补充充电
carga corrosiva　酸性进料，腐蚀性进料
carga crítica　临界载荷
carga de aerosoles　气溶胶浓度；气溶胶含量
carga de alambique　蒸馏器进料
carga de alimentación　给料，填料，进料
carga de altura　高程水头
carga de alumbrado　照明负载，电光负载
carga de aplastamiento　临界荷载
carga de bombeo de balancín　游梁式抽油机负载
carga de calor　热负荷
carga de circuito　电路荷载
carga de cloro　氯化物负载
carga de cloruro　氯化物含量
carga de combustible　燃料添加
carga de contaminantes en el agua　（水体的）污染负荷
carga de deformación permanente　临界荷载
carga de derrumbamiento　破坏荷载，极限荷载，破坏负荷，断裂负荷
carga de empuje　推力荷载，轴向载荷
carga de estallido　爆破负荷
carga de evacuación　排气负荷
carga de fondo　底负荷，推移质
carga de fuel oil　渣油进料，燃料油进料

carga de fuga　泄漏量；泄漏载荷
carga de gancho　大钩载荷
carga de gasoil　渣油进料，瓦斯油进料
carga de gasolina　汽油进料
carga de inflamación　再充电，传爆装药
carga de la barrena　钻头负载
carga de la varilla　抽油杆负荷
carga de las alas　翼载荷
carga de líquido　液体进料
carga de pago　有效负载，有效载荷
carga de palier　承载应力
carga de peso　载重量
carga de polvo　积灰荷载，灰法负荷
carga de polvo de la estratosfera　平流层尘埃浓度
carga de pólvora　填装炸药
carga de presión　压头；（泵的）扬程
carga de presión del fluido　流体压头
carga de producto pesado　重质原料
carga de reciclo　回炼油
carga de repaso　回炼油
carga de rotura　致断负载
carga de ruptura　致断负载，击穿点
carga de seguridad　安全荷载，工作应力
carga de trabajo　工作负荷，作用载荷，工作量，有效负荷
carga de trabajo seguro　安全操作负荷
carga de tracción　拉伸载荷，张力载荷
carga de un río　河流负荷；河流泥沙量，河流挟带物含量
carga de vagón　车辆载荷
carga de velocidad　速度载荷
carga del cojinete　承载应力
carga del gancho　大钩负荷
carga del mineral arrancado　出碴，装岩，将矸石装入提升容器和运输设备的作业
carga delantera　前端装载
carga difícil de craquear　难裂化油料
carga dinámica　动力荷载，程序动态装入
carga efectiva　有效压头，有效扬程
carga eléctrica　电荷
carga electrostática　静电电荷
carga en funcionamiento　运行负载；活动负载
carga en movimiento　动载荷
carga en suspensión　悬浮负荷，悬荷；悬浮物；悬移质
carga en vacío　零电荷，空载
carga específica del electrón　电子荷质比
carga estática　恒载，静载荷
carga excéntrica　偏心负荷
carga excesiva　过载，超载
carga explosiva　爆破装药
carga ficticia　仿真载荷，等效载荷

carga fija 定荷载，恒载，静荷载

carga flotante 浮动充电

carga fluvial 推移质，底负荷

carga hidrostática 流体静压头，静水压头

carga indefinida 非商品性石油产品，中间装置原料，中间产品

carga inductiva 电感性负载

carga inflamable 易燃货物

carga inmóvil 静负荷，静载，恒载

carga interespacial （管内）空间电荷

carga iónica 离子电荷

carga latente 束缚电荷

carga límite 容许载荷，安全载荷；断裂应力，击穿点

carga límite de rotura 强度极限，极限强度，极限抗拉强度

carga límite de seguridad 容许载荷，安全载荷

carga limpia 成品油（如汽油等）装载

carga líquida 液体压头，流体高差

carga liviana 轻负载，轻载；空载

carga manométrica 静压头，静水头；静扬程

carga máxima 最大载荷，峰值负载

carga mecánica 机动加料

carga modelada 聚能射孔弹

carga móvil 动载荷；工作负荷；有效负荷

carga muerta 自重；静载，恒载

carga muerta de montaje 安装静载荷

carga muerta en operación 操作静载荷

carga negativa 负电荷

carga neta 净电荷

carga nuclear 核电荷

carga nula 零电荷，空载

carga parafinosa 含蜡的进料

carga parcial 部分荷载，局部负载

carga pesada 重质原料

carga pico 峰值负荷，最高负荷

carga plena 全负荷，全载

carga portadora 载波加载

carga positiva 正电荷

carga práctica 工作荷载，作用荷载

carga previa 预先加料，预装入；预加载

carga propia 静负荷，静载，恒载

carga radial 径向负载

carga rápida 快速充电

carga reactiva 无功负载

carga refractaria 难裂化油料

carga rentable 有效负载，净载重量

carga residual 残留电荷

carga rodante 活载，动荷载

carga salto 压头，水头

carga sucia 原油（或沥青）装载

carga suprayacente 上部负载

carga tensil axial 轴向拉力负荷

carga tensil sobre el eje 轴负荷

carga térmica 热负荷

carga útil 有效载荷，实用负载，作用载荷；自由载量，载重量

carga virgen 新鲜进料

carga viva 动载荷；工作负荷；有效负荷

cargabilidad de salida 扇出，输出，输出端数

cargadera 卷帆索

cargadero 装卸场，装货台，装油台

cargado 满载的，有负载的，荷重的；加料的；通电的

cargado por debajo 下部加料的

cargador 搬运工；装载机，装料器；加载器，输入器；充电器

cargador automático 自动装料机

cargador de acumuladores 充电机

cargador de batería 蓄电池充电器

cargador de cadena 履带式装载机

cargador de cinta magnética 磁带仓

cargador de la banda transportadora 皮带输送机，皮带式装载机

cargador de pila 充电器

cargador de ruedas 轮式装载机

cargador universal para celular 手机通用充电器

cargamento （从海路、陆路或空运的）一批货物；重量，负荷

cargamento de ida 出港货，出口货物

cargamento en barril 桶装运输

cargamento entrante 进港货，进口货物

cargamento limpio 干净油料

cargar 装载，加料，加载；充电，填充；记在账上；（计算机）装入，寄存

cargar el camión 装车

cargar en cuenta 收费，记在账上

cargar la tubería 装运管材；起钻前向钻杆中泵入一段重泥浆

cargas de colapso 极限载荷，破坏载荷

cargas imprevistas 临时费，杂费

cargo 装货，装载；重量；负担；借方；欠款；职务，职位；货船

cargo ambiental 环境税

cargo por contaminación del aire 空气污染费

cargo por estadía 滞期费，延期停泊费

cargo por retener o retrasar un cargamento 滞期费，延期停泊费

cargos por descarga de efluentes 排污费，排污税

carguero 货船；运输机；油轮

cariofileno 丁子香烯

carlinga （航海）桅座；机舱，驾驶舱，座舱

carmesita 铝铁硅盐

carminita 砷铅铁矿

carnalita 光卤石，杂盐石

carneola （含氧化铁的）石灰岩

carnet 证，证件；（工作，航行）日记，记录，值班记录

carnet de circulación 车籍卡

carniense 喀尼阶

carniola 光玉髓，肉红玉髓

carnotita 钒钾铀矿

carpa 遮蓬，帐篷

carpa de lona 帆布帐篷

carpeta 桌布，台布；卷宗，文件夹，活页夹；层，覆盖层

carpeta de asfalto 沥青涂层

carrera 路线；冲程，行程；路程；专业；职业；公路，街道

carrera ascendente 上行冲程

carrera completa （钻杆或钻机）起下作业；一次行程，往返

carrera corta 短程

carrera de admisión 进气行程，吸气冲程

carrera de aspiración 吸气冲程

carrera de barrido 清除冲程，扫气冲程；排泄行程，扫气行程

carrera de clasificación 额定行程

carrera de compresión 压缩行程

carrera de corredera 滑块行程

carrera de escape 排气冲程

carrera de expansión 膨胀冲程，作功行程

carrera de ida del pistón 排气冲程

carrera de impulsión 工作冲程，工作行程

carrera de la mesa 工作台行程

carrera de regreso 逆冲程；返行程

carrera de retorno （活塞的）回程

carrera de retroceso （活塞的）回程

carrera de retroceso del émbolo 返回行程，返回冲程，逆行程

carrera de sacada y bajada （钻杆或钻机）起下作业；一次行程

carrera de trabajo 工作行程

carrera de una válvula 阀行程

carrera de vuelta 返回行程，逆行程

carrera del émbolo 活塞冲程，活塞行程

carrera del émbolo cilindrada 活塞位移，活塞排量

carrera del encendido 点火冲程，动力冲程

carrera del vástago 连杆行程

carrera descendente 下行冲程

carrera en vacío 空行程

carrera larga 长冲程

carrera motriz 工作冲程，工作行程

carrera muerta 死冲程

carrera pasiva 空行程

carrera sin retroceso 死冲程

carreras por minuto 每分钟冲程数，英语缩略为SPM（Strokes Per Minute）

carreta de pantano 可在沼泽地行驶的车，沼泽车

carrete 线轴，卷轴，滚筒；卷缆车，卷盘

carrete auxiliar 辅助滚筒

carrete de abastecimiento 主滚筒

carrete de capitación 卷带轴，收线轮，卷带盘，滚筒

carrete de cuchareo 捞砂滚筒

carrete de inducción 感应线圈

carrete de la cuchara 捞砂滚筒

carrete de película 软片卷轴，卷片盘

carrete de perforación 钻井四通

carrete del cable de la cuchara 捞砂滚筒

carrete del cable del achicador 捞砂滚筒，提捞滚筒

carrete del casing 大绳滚筒

carrete del malacate 绞车滚筒

carrete espaciador 钻井四通，井口防喷装置下的四通

carrete para el alambre del torpedo （测井）鱼雷电缆滚筒

carrete para la cuerda de medición de profundidad 井深测量绞车

carretel 缆绳卷轴，钻井四通

carretel a motor 动力驱动绞车

carretel auxiliar 卸松螺纹猫头

carretel de conexión 上扣和紧扣猫头

carretel de desconexión 卸扣和松扣猫头

carretel de maniobras 猫头；用猫头起重；吊锚架

carretel manual 手动绞车

carretel para desenroscar 松扣和紧扣猫头

carretel para enroscar 上扣和紧扣猫头

carretel para manguera 软管卷筒

carretera 公路，大路

carretera de servicio 公路支线；专用路

carretilla 手推车，小车

carretilla corrediza 单梁天车上的小车，单轨小车

carretilla de rodillo 小机车，独轮台车

carretilla de ruedas 独轮台车，移动台车

carretilla eléctrica 电动车

carretilla elevadora 叉架起货机，叉式升降机

carretilla para basuras 手推垃圾车

carretilla para tubería de revestimiento 送套管手推小车

carretilla para tuberías 送套管手推小车

carreto inferior 下滚筒

carretón 小车，手推车，独轮车

carretón bajo 多轮轴矮平板拖车，大拖板

carretón de mano 手推车，手拉小车

carril 轨道，铁轨，导轨；车辙，轨迹

carril acanalado 有槽导轨

carril conductor　导轨
carril de dirección　导轨
carril de doble cabeza　双头钢轨，工字钢轨
carril de doble seta　工字钢轨
carril de zapata　阔脚轨，宽底轨
carril de zapata ancha　宽底钢轨
carril dentado　齿轨
carril en U　U 形钢轨
carril guía　导轨
carril móvil　转辙轨
carril plano　平头钢轨
carril Vignole　T 形钢轨
carrilada　轮辙，轮距
carrilada de pestaña　轮缘槽
carrilla　滑轮，滑车，辘轳；皮带轮
carrito　小推车
carrito a rodillos　平板车
carrito portatuberías　送套管手推车
carro　货车；(拉美) 车，汽车
carro cisterna para petróleo　油罐车
carro de excéntrica　偏心轮
carro de grúa　随车吊，汽车吊
carro de mano　手车，手推车
carro de perforación　钻机载车
carro de perforadoras múltiples　多功能钻井车
carro de plataforma　平台货车，无盖货车
carro de puente grúa　随车吊，汽车吊
carro de regar　喷水车
carro de remolque　拖车，挂车
carro de rodajas　带轨道的小推车
carro de rodillo　平板车
carro de torno　滑座，滑动刀架
carro del portaherramienta　刀架滑座
carro elevador　自动装卸车，绞车
carro fuerte　(载重物的) 平板车
carro pesado　重型载货车
carro plano　平台货车，无盖货车
carro portaherramienta　刀架滑座，工具箱；刀架滑台
carro portasierra　锯座
carro tanque　油罐车；洒水车
carro transportador　移动台
carrocería　(汽车) 车身，汽车车身制造工艺；车辆制造 (修配) 厂
carrolita　硫铜钴矿
carrucha　滑轮，滑车
carst　喀斯特，喀斯特区，溶岩，岩溶区
cárstico　喀斯特的，喀斯特地形的，溶岩地形的，岩溶区的
carta　信，信件；证书；凭据；地图，示意图，线路图
carta abierta　公开信
carta aeronáutica　航空地图

carta blanca　空白委托书
carta circular　通知；传单；通函
carta de compromiso　承诺书，承诺信
carta de constitución　章程
carta de crédito　信用证
carta de crédito permanente　循环信用证
carta de fletamiento　租船合同
carta de intención　意向书
carta de manifestación　表态书
carta de marear　海图
carta de navegación　导航图
carta de pago　收据
carta de porte　运单，托运单，运货单
carta de presentación　介绍信
carta de puntos　点图表，点阵图
carta de registro　记录带，记录纸
carta del tiempo　气象图
carta del tratado de energía　能源宪章条约
carta dinamométrica　测功图，测力图，示功图
carta estratigráfica　地层图
carta geográfica　地形图，地图
carta gráfica　图表
carta hidrográfica　水路图
carta institucional　章程，机构章程
carta magnética　地磁图
carta marina　航海图，海图
carta náutica　航海图，海图
carta seccional　剖面图
carta tectónica　构造地质图，地壳构造图
carta topográfica　地形图
cartabón　三角尺，三角尺；八角棱镜
cartel　广告，海报，招贴；挂图
cártel　卡特尔，企业联合
cartela　(记事) 卡片；隅撑，角撑板，加力片，结点板，连接板
cárter　外罩，外套，链罩，(机器) 罩，(发动机的) 箱；曲轴箱
cárter de aceite　承油盘，油底壳
cárter de engranajes　齿轮箱
cartilla de instrumento registrador　记录纸
cartografía　地图绘制；制图学
cartografía aérea　航测，航空测绘
cartografía de las zonas de riesgo　危险地区图，标识出危险区域的地图
cartografía de reconocimiento　勘测图；踏勘制图
cartografía detallada　碎部测图
cartografía fotogramétrica　摄影测绘
cartografía geofísica　地球物理图；地质测绘，地质填图
cartografía geológica　地质制图
cartografía marina　海洋制图
cartográfico　地图绘制的；制图学的，制图的

cartograma 统计图，图解

cartoguía 袖珍地图

cartometría （地图）测图术

cartómetro （地图）测图器

cartón 纸板箱，纸板盒，厚纸，卡片纸板；草图

cartón alquitranado 焦油纸，沥青油纸

cartón asfaltado para techos 防水油粘纸

cartón de amianto 石棉板

cartón de asbesto 石棉板

cartón de papel 纸板

cartón doble 麻丝板，马粪纸

cartón embreado 柏油板纸

cartón fuerte 麻丝板，马粪纸

cartón grueso 纤维板

cartón madera 硬质纤维板，加压纤维板；硬纸板

cartón ondulado 波纹纸板

cartón piedra 制型纸板，混凝纸浆

cartón prensado parafinado 纸板，木浆压制板

cartón yeso 石膏灰泥板

cartonaje 纸板制品

cartucho 盒，筒；弹药筒；打印机墨盒

cartucho de carbono 碳盒，墨盒

cartucho de cinta magnética 磁带盒

cartucho de dinamita 炸药筒

cartucho de fusible 熔丝链

cartucho de las turbinas 涡轮机室

cartucho de voladura 爆块管，弹筒

cartucho electrónico 电子线路短节

cartucho filtrante 滤芯，过滤元件

cartucho para la dinamita en un torpedo para pozos 井底炸药筒

cartucho químico 化学药筒

cartulina 纸板，卡纸

carveno 香芹烯

carvona 香芹酮

caryinita 砷锰铝矿

casa comisionista 代理公司，代理行

casa de análisis de lodo 泥浆分析室

casa de bombas 泵房

casa de fuerza 发动机房

casa de fuerza de top driver 顶驱动力房

casa de generadores 发电机房

casa de herramientas 工具房，工具库

casa de máquinas 动力间，发动机房，机械厂房

casa de materiales 材料房

casa de medidores 仪表室，计量间

casa de motores 发电机房，发动机房

casa del perro 钻台偏房，司钻休息室

casa desarmable 简易房屋，可拆装的房屋

casa matriz 母公司，总公司，总行

casa portátil 可移动的房屋；房车

casa prefabricada 预制房屋，活动房屋

cascada 瀑布；瀑布状物；级联，串级

cascada de regresión 消退的瀑布

cascajo 砾石，碎石；瓦砾，碎片

cáscara 壳；泥饼，井壁泥饼

cáscara de nueces 果壳堵漏剂

cascarillas 水垢，水锈；鳞片

cascarillas de laminación suelta 铁鳞脱落，氧化皮脱落

casco 头盔，安全帽；主体；船体

casco anticorrosión 防腐盖；防腐帽

casco antihumo （救火用）防毒面具

casco blanco 白色安全帽

casco de acero 钢盔

casco de encastre 卡瓦打捞筒

casco de hidratación 水合壳层

casco de radiador 散热罩，冷却罩

casco de seguridad 安全帽，安全头盔

casco guardapolvo 防尘罩

casco metálico 保护帽，钻工安全帽；井塞

casco protector 安全帽

casco protector para soldar 焊工用头盔护罩

casco respiratorio 防毒面具，呼吸器

casco tipo sombrero 大沿安全帽

cascodo 共阴共栅放大器

cascote 砂芯，填充料；碎砖，石渣

caseoso 酪状的，干酪样的

caseta 小房，岗亭；货摊；（现场的）更衣间

caseta de bomba 泵站

caseta de generadores 发电房

caseta de herramientas 工具房，工具库

caseta de los contadores 仪表室

caseta de perforador 司钻控制房

caseta de SCR SCR 房，可控硅房

caseta de vigilancia 现场保安房

caseta en la base de la torre 井场值班房

casi accidente 潜在事故

casilla 小屋，小房子；亭，岗亭

casilla de correo 邮政信箱

casilla de herramientas 工具房

casilla de la correa 传动皮带的防护罩

casilla de maniobra 信号箱，信号房，信号塔

casilla de vigilancia 保安值班房

casilla postal 邮政信箱

casillero 文件架，期刊架，组件屉；仓室，箱，库

casing 套管

casing cañoneado 套管井射孔

casing de fibra de vidrio 玻璃纤维套管

casing nipple 套管短节

casing superior 上部套管

casinita 钡水长石

casiterita 锡石

caso de derrame （原油）泄漏事故

caso de día de trabajo perdido（CDTP） 损失工作日案件，损失工作日情况，英语缩略为 LWDC（Lost Work Day Case）

caso de día de trabajo restringido（CDTR） 受限制工作日案件，受限制工作日情况，英语缩略为 RWDC（Restricted Work Day Case）

caso de dispersión simple 单散射过程

caso de ejemplo 事例，案例

caso de tratamiento médico（CTM） 医疗救治事件，英语缩略为 MTC（Medical Treatment Case）

caso fortuito 天灾；意外事件；不可抗力

caso imprevisto 意外情况

casos de contaminación 污染事件

casquete 衬垫，垫圈，密封垫，气顶，气帽，头盔，（保护器物尖端的）帽，罩，套

casquete de burbujeo 泡帽

casquete de gas 气顶

casquete de gas libre 自由气顶

casquete de la válvula 阀帽，阀盖

casquete gaseoso 气顶，气帽

casquete gasífero 气顶，气帽

casquete polar 极冠

casquete roscado 螺帽，螺母

casquete semiesférico a gajos 半球形封头

casquijo 砾石

casquillete de gas 气顶，气帽

casquillo 罩，套，帽，套环，灯口，插座，衬套

casquillo conectador 螺纹接合器

casquillo de acero forjado cerrado con ranura 闭端式铸槽接套

casquillo de acoplamiento 衬套，衬瓦，衬管，衬片

casquillo de barrena （钻头）变径套，钻套

casquillo de bayoneta 卡口帽，卡口灯座，插头盖

casquillo de bolas 球轴套

casquillo de bombilla 灯管，灯座

casquillo de cinc abierto con ranura 开端式锌槽接套

casquillo de cinc cerrado con ranura 钢丝绳闭式索节

casquillo de émbolo 柱塞皮碗

casquillo de goteo 防水密封接头

casquillo de lámpara eléctrica 灯座

casquillo de ocho pitones 八脚管座

casquillo de presión de acero 钢丝绳端紧固索节

casquillo de protección 管帽，桩帽，防护帽

casquillo del electrodo 电极帽

casquillo del empaque 密封垫压圈

casquillo del prensa estopas 压盖密封，压盖填料；填料盒压盖

casquillo del sello 封盖，密封压盖

casquillo hexagonal 六角紧定螺钉

casquillo para soldar 焊帽

casquillo roscado 螺帽；螺纹灯头

casquillo sujetacable 绳帽

castillejo 起重架，脚手架

castillete 井架；（各种用途的）支架

castillete de extracción（pozos de minas） 矿井支架

castillete de transmisión 输电塔

castillo de plomo （储藏放射性物质的）隐蔽容器，隐蔽罐

castina 灰石溶剂；牡荆碱

casual 偶然的，意外的，偶发的

catabolismo 分解代谢，异化作用，陈谢作用

catacáustica 回光线；回光面

cataclasis 岩石碎裂；碎裂作用

cataclasita 破裂岩

cataclástico 碎裂的，糜棱状的

cataclinal 顺斜的（指河床或河谷与岩层同一方向倾斜）

cataclismo （特大）洪水；灾变；突然休克

cataclismo natural 自然灾害

catadióptrica 反射折射学

catadióptrico 反射折射的；反射折射物镜

catafaro 反射镜

cataforesis 电透法；电泳，阳离子电泳

catalasa 过氧化氢酶，催化剂

catalejo 望远镜

catalina 链轮，链轮铣刀

catalíquidos 吸管，移液管

catálisis 催化，催化作用，催化剂，催化剂作用

catálisis heterogénea 多相催化，多相催化作用

catálisis homogénea 均相催化，均相催化作用

catálisis negativa 负催化，负催化作用

catálisis por contacto 接触催化，接触催化作用

catálisis positiva 正催化，正催化作用

catálisis superficial 表面催化，表面催化作用

catalítico 催化的，起催化作用的

catalizador 催化剂，催化器

catalizador agotado 废催化剂

catalizador de ácido fosfórico sólido 固体磷酸催化剂

catalizador de gel de óxido de cromo 氧化铬凝胶催化剂

catalizador de lecho fijo 固定床催化剂

catalizador de óxido metálico 金属氧化物催化剂

catalizador de platino 铂催化剂

catalizador granulado 丸状催化剂

catalizador líquido 液态催化剂

catalizador mezclado 混合催化剂

catalizador negativo 负催化剂

catalizador regenerador 再生催化剂

catalizador sintético 合成催化剂

catalizador sólido 固体催化剂

catalizador usado 废催化剂

catalogación （文件的）整理汇集，归档；编制目录

catálogo 目录，一览表，总目

catálogo de piezas de repuesto 备件目录，零件目录

catamorfismo 风化变质

catarometría 气体分析法

catarómetro 热导计，导热析气计

catarroca 压碎岩，碎裂岩

catastro 地籍图，水册，河流志

cataviento 风向指示器

catazona 深变质带

cateador 探矿者，勘探员

catear 找寻，谋求；（矿物）勘察，勘探

categoría 范畴；级别，种类，种类

catenación 链接，链状排列

catenaria 链，悬链线，垂曲线

cateo 勘探，探矿，地质考察

catetómetro 测高计；高差计

catetrón 有外栅极的三极管，汞气整流器

catilina 链轮；链轮铣刀

catión 阳离子，带正电荷的原子（或原子基因）

catiónicos de polímero 阳离子聚合物

cationtropía 阳离子移变

catódico 阴极的，负极的

cátodo 阴极，负极

cátodo activado 活化的阴极

cátodo caliente 热阴极

cátodo de calentamiento indirecto 旁热式阴极

cátodo de mercurio 汞阴极

cátodo de óxido 氧化物阴极

cátodo frío 冷阴极

cátodo hueco 空心阴极

cátodo líquido 液体阴极

cátodoluminiscencia 阴极电子激发光，阴极辉光

catógeno 分解的

catolito 阴极电解质，阴极电解液

católito 阴极电解液

catóptrica 反射光学

catóptrico 反射光学的，反射的，反射光的

catoptroscopia 反射镜检查

catoquita 沥青岩

cauce 河床，河道，沟渠

cauce reactivado 复原的河道，重新恢复的河道

cauce seco 干涸的河道，古河道

caucho 橡胶；轮胎

caucho acrílico 丙烯酸橡胶

caucho antiestático 抗静电橡胶

caucho artificial 人造橡胶

caucho convencional 普通轮胎

caucho de repuesto 备用轮胎，汽车备胎

caucho duro 硬橡胶；硬橡皮

caucho en hojas 生橡胶

caucho endurecido 硬橡胶；硬橡皮

caucho esponjoso 多孔橡胶，泡沫橡胶，海绵橡胶

caucho frío 冷聚合橡胶

caucho natural 天然橡胶

caucho nitrilo 丁腈橡胶，腈橡胶

caucho radial 子午线轮胎

caucho sintético 合成橡胶，人造橡胶

caucho vulcanizado 硫化橡胶，硬橡胶

cauchotina 生橡胶油

cauchuceno 生橡胶

caudal 流量，流率，通量；资金，财富

caudal de aire 气流，空气流量

caudal de avenida 洪水流量

caudal de circulación 循环流量，循环速度

caudal de estiaje 最小流量，最低流量，枯水期流量

caudal de evacuación 闸沟，泄水道

caudal de flujo 流量，流速

caudal de gas 气体流量，气体流速

caudal de inyector 喷雾器排量

caudal de recesión 消退排放量；枯竭排放量

caudal de régimen permanente 定常流，平稳流

caudal líquido 液体流动

caudal máximo 最大流量，峰流量

caudal mínimo 最小流量，最低流量

caudal por pozo 单井产量，单井流体产量

caudal posible de un pozo 油井产能，油井产出能力

caudal unitario 单位排放量

causante de detonación 起爆器

cáustica 焦散曲线；焦散面

causticar 使苛化，使具有苛性

causticidad 苛性，腐蚀性，碱度

cáustico 苛性的，腐蚀性的；散焦线；腐蚀剂，苛性碱，苛性药

caustificación 苛化，使具有腐蚀性

caustificar 使苛化，使具有苛性；使具有腐蚀性

caustobiolito 可燃性生物岩

cauterio 腐蚀剂，烧灼剂；烧灼器，烙器；腐蚀

cauterización 烧灼，烙；腐蚀

cauterizador 烧灼的，烙的

cauterizador eléctrico 电烙铁

cautín 焊铁，烙铁

cava （汽车库里的）修车地沟

cavadora 挖掘机

cavadura 挖掘，挖土作业，开凿
cavar 挖，掘；松土
cavazanjas 开槽机，挖沟机
caverna 山洞，洞穴；孔，洞
cavernoso 洞穴的；多孔的，海绵状的
cavidad 洞，孔，穴；井底加深部分，矿袋
cavidad de disolución 溶洞
cavidad de efecto acumulativo 折叠腔
cavidad de rellena de agua （充水）岩洞
cavidad en una roca 晶洞，岩穴
cavidad progresiva 渐进腔
cavidad progresiva de tornillo 螺杆渐进腔
cavidad rellena de agua o gas 含水或气体的孔洞
cavidad resonante 谐振腔，共振腔
cavitación 空化，空化作用；成洞，成腔；气蚀，空蚀
cavitación de bomba 泵的空化现象
cavitación laminar （流体力学）面气蚀
cavitar 成穴；空化；气蚀；成洞
cayo 小岛，礁石
caz 水沟，引水渠
caz de descarga 泄水渠
caz de tablones 放水沟，溜槽
cazoleta （机器的）外壳，外罩；盖；箱；框
CCI (Cámara de Comercio Internacional) 国际商会，英语缩略为 ICC (International Commerce Chamber)
CCL (craqueo catalítico líquido) 流化催化裂化
CCR (colocador del collar del revestidor) 套管接箍定位器，套管接箍测井
Cd 元素镉 (cadmio) 的符号；烛光 (candela) 的符号
CDA (convertidor de digital a analógico) 数模转换器，英语缩略为 DAC (Digital-to-Analog converter)
CDTP (caso de día de trabajo perdido) 损失工作日案件，损失工作日情况，英语缩略为 LWDC (Lost Work Day Case)
CDTR (caso de día de trabajo restringido) 受限制工作日案件，受限制工作日情况，英语缩略为 RWDC (Restricted Work Day Case)
CE (corriente eléctrica) 电流
Ce 元素铈 (cerlo) 的符号
cebadera （冶炼用）装料斗
cebado 点火，起爆；启动（注水，注油）；激励
cebado a alta tensión 高压点火
cebado a baja tensión 低压点火
cebado automático 自动点火；自动启动注油
cebador 雷管，导火器，起爆器；节流器，油嘴；节气门
cebador ajustable 可调油嘴，可调气门
cebador del carburador 化油器喷嘴
cebadura （启动之前给机械）加油，加水；（给

火炮、炮眼等）装填炸药；（气举装置的）启动阀，点火，发动
cebar 添加，填料，装填，灌注；点火；发动
cebo 填料；（起爆）雷管，起爆筒，引爆药，火帽
cebo con límite de tiempo 定时信管，限时熔线
cebolla 进气管；放水管，排水筒，莲篷头
cedazo 笋，筛；筛选机，选矿铲，簸分机；滤器
cedazo antiarena 防砂筛管
cedazo eléctrico 电筛
cedazo para filtro 滤网
cedazo vibratorio 振动筛
cedente 转让人；受托人
ceder 转让；让与；倒塌，塌陷；让步；松动，松弛
cedreleón 雪松油
cedreno 雪松烯
cedrol 雪松醇
cedróleo 雪松油
cedroleón 雪松油
cédula 证书；凭证，字据；执照
cédula de identidad 身份证
cédula de vecindad 身份证
cédula personal 身份证
cegado por agua 浸满水的，涝的
cegamiento por agua 被水泡糊的，浸过水的，水泡过的
ceilanita 铁镁尖晶石
ceja 凸缘；（车轮等的）外沿，沿边
celadonita 绿鳞石
celda 仓，箱，储藏室；细胞；晶格；单元，小格
celda de carga 测力传感器，张力控制器，张力调节器
celda de combustible 燃料电池
celda de dirección ortogonal 网格单元
celda de flotación 浮选槽
celda de torque 扭矩传感器
celda fotoeléctrica 光电池，光电管，光电元件
celda galvánica 原电池，自发电池，一次性电池
celemín 塞雷敏（干量单位，合 4.625 升）；地积单位（合 537 平方米）
celeridad 相速，相速度
celestina 天青石
celestita 天青石
cellar 钻台下的圆井或方井（钻井现场习惯直接使用的英语说法）
cellisca 冰凌；冻雨；雨夹雪
celobiasa 纤维二糖酶
celobiosa 纤维（素）二糖
celofán 玻璃纸，胶膜，赛璐玢

celoidina 火棉，火棉液，火棉胶
celosía 百页窗，屏风；格栅（复数）
celosolve 溶纤剂
celotex 纤维板，隔热板，隔音材料
celsiana 钡长石
celsio 摄氏温度
celsius 摄氏温度
celtio 铪
célula 细胞；气囊；电池，光电管；（计算机）单元，元件
célula ácida 酸细胞
célula asimétrica 不对称管
célula binaria 二进制单元
célula cromatófora 色素细胞
célula de capacidad 电容元件
célula de memoria 存储器单元
célula de resonancia 共振室，共振箱
célula emigrante 巨噬细胞，清除细胞
célula fotoconductora 电光导管
célula fotoeléctrica 光电池
célula fotoemisora 光电反射管
célula fotovoltaica 光生伏打电池
célula madre 母细胞，亲细胞
célula magnética 磁单元
célula original 母细胞，亲细胞
célula primaria en estado de blastómero 分裂球干细胞
célula principal 主细胞
célula solar 太阳能电池
célula unitaria 单元
celular 细胞的，细胞状的；蜂窝状的，多孔的；（计算机）单元的；单体的
celuloide 赛璐珞，明胶
celulosa 纤维，纤维素，细胞膜质；纸浆
celulosa hidrohixietílica 羟乙基纤维素
celulosa polianiónica 聚阴离子纤维素
celulosa polianiónica de baja viscosidad 低黏度聚阴离子纤维素
celulósico 纤维素的，纤维素塑料的
celuloso 由细胞组成的，多细胞的
cementabilidad 黏结性，胶结性
cementación 固井；胶结，胶结作用
cementación a intervalos 分级注水泥，多级注水泥
cementación a la llama 火焰淬火
cementación a liquido 液体渗碳
cementación a presión 挤水泥，挤水泥作业
cementación a presión para sellar pérdidas de perforaciones 挤水泥封堵作业
cementación bajo presión 挤水泥，挤水泥作业
cementación blanca 假渗碳处理
cementación de camisa de revestimiento 尾管固井

cementación de conductor 固导管
cementación de la tubería en el pozo 固井
cementación de pozo 固井
cementación del revestimiento 套管固井
cementación en puntos distintos 分级注水泥，多级注水泥
cementación forzada 挤水泥，挤水泥作业
cementación forzada con empacadura 封隔器挤水泥
cementación forzada con retenedor de cemento 水泥承转器挤水泥
cementación interrumpida 间歇注水泥
cementación líquido 液体渗碳处理
cementación por etapas 分级注水泥
cementación por gas 气体渗碳
cementación por la boca de fondo de la tubería 全井眼注水泥
cementación por tandas 批量注水泥，分批注水泥
cementación primaria 初次注水泥
cementación secundaria 二次固井
cementación total 全井眼注水泥，全井注水泥
cementación y empaquetadura 挤封，挤水泥并封隔
cementado 渗碳的，烧结的；胶结的，硬化的；渗碳，胶结，硬化
cementado en los poros 孔隙灌浆，孔隙胶结
cementador 灌水泥浆装置；黏结剂；固井公司，固井队工人
cementador removable 移动式灌浆装置
cementadora dump bailer 倒灰
cementar 对…渗碳；硬化；固井，注水泥，挤水泥
cementar tubería de revestimiento 套管固井
cementero 水泥的
cementita 渗碳体，碳素体
cemento 水泥，胶泥，胶结材料；胶合剂，胶接剂
cemento a base de resina sintética para cementación bajo presión 低压力合成树脂基固井水泥
cemento a granel 散装水泥
cemento a inyección forzada 挤水泥
cemento a presión 挤水泥
cemento aislante 保温水泥，隔热水泥
cemento aluminoso 矾土水泥
cemento amianto 石棉水泥
cemento armado 钢筋混凝土，钢筋水泥
cemento asfáltico 地沥青胶结料，地沥青胶泥，沥青水泥
cemento basura 垃圾水泥，使用垃圾作为水泥生料
cemento bituminoso 地沥青胶结料，地沥青胶泥，沥青水泥

cemento blanco 白水泥

cemento con sal 含盐水泥，盐水泥

cemento de agua fresca 清水生产的水泥（指未使用重复和循环用水生产的水泥）

cemento de almáciga 水泥砂胶，胶粘水泥

cemento de alta resistencia 高强度水泥

cemento de alta temperatura 高温水泥

cemento de alúmina de fraguado rápido 柳密尼特水泥（一种速凝水泥）

cemento de amianto 石棉水泥

cemento de escoria 矿渣水泥

cemento de expansión 膨胀水泥

cemento de fraguado lento 缓凝水泥，慢凝水泥

cemento de fraguado rápido 速凝水泥，快凝水泥

cemento de fragüe lento 缓凝水泥，慢凝水泥

cemento de fragüe rápido 速凝水泥，快凝水泥

cemento de puzolana 火山灰水泥

cemento de retención 缓凝水泥

cemento de unión 封口胶，密封油膏，油灰

cemento escorioso 矿渣水泥

cemento espático 晶石质胶结物

cemento especial 特殊水泥

cemento especial para pozos de petróleo 油井用特种水泥，油井水泥

cemento fraguado 凝固的水泥，硬化的水泥

cemento fundido 矾土水泥

cemento gelatinoso 胶质水泥

cemento gelificado 凝胶水泥

cemento hidráulico 水硬水泥

cemento inicial 用于封闭管道接口的含铅胶泥

cemento malcocido 粗制水泥

cemento natural 天然水泥

cemento óptimo 优质水泥

cemento para pozos 油井水泥

cemento plástico 塑性水泥

cemento Portland 普通水泥，硅酸盐水泥，波特兰水泥

cemento puro 净水泥，纯水泥

cemento refractario 耐火水泥，耐热水泥，热稳定水泥

cemento retardado 缓凝水泥，加有缓凝剂的水泥

cemento salino 含盐水泥，盐水泥

cemento seco 干水泥

cemento supersulfatado 高硫酸盐水泥

cemento tratado 改性水泥

cementos carbonados tardíos 加入碳酸盐晚强剂的水泥

cementos carbónicos tempranos 加入碳酸盐早强剂的水泥

cementoso 水泥的；水泥质的，有黏结性的

cenagal 泥塘，泥潭；沼泽

cenagoso 泥泞的；沼泽的

cenceñada 霜；结霜

cenceñada blanca 白霜

cení 锌铜合金

cenicero 炉坑，渣坑，除渣井；烟灰缸

cenicero de calderas 灰仓，灰斗，锅炉灰

cenicero industrial 工业炉坑，工业灰坑

cenit 顶点，极顶；天顶

ceniza 灰末，灰烬；矿渣，轧屑

ceniza de soda 碱灰，苏打粉

ceniza de sulfato 硫酸化灰分

ceniza fina 细小的烟灰，粉煤尘，飘尘

ceniza incombustible 未燃尽的粉尘，烟灰

ceniza negra 黑灰

cenizal 灰堆，倒灰坑；倒灰箱

cenizas azules 蓝色碱性碳酸铜

cenizas volantes 飞灰，烟灰，粉煤灰，飘尘

cenizas volcánicas 火山灰，火山渣，火山岩屑

cenomaniense 森诺曼，森诺曼阶

cenozóico 新生代的，新生界的；新生代，新生界

cenozona 组合带

centellear 冒火花，迸火星；闪耀，闪烁

centelleo 闪烁现象，闪烁，闪光

centenar 百，百个；数以百计，大量（复数）

centésima 百分点

centibar (centibario) 厘巴（气压单位）

centibelio 百分之一贝，百分之一贝尔

centígrado 百分度的，摄氏的；百分度

centígramo 厘克，百分之一克

centilitro 厘升，百分之一升

centímetro 厘米

centímetro cuadrado 平方厘米

centímetro cúbico 立方厘米

centímetro-gramo 厘米·克

centímetro-gramo-segundo 厘米—克—秒，厘米—克—秒单位制

centinela 岗哨，看门人，门卫；监视者

centipoise 厘泊（黏度单位）

centistoke 厘泡（动力黏度单位）

centrado 中心的，居中的；适应的；定圆心，对中点

centrado automático 自动定心

centrado de cuadro 水平中心调整

centrado de línea 垂直对中，竖直定心，中心调整

centrador 对中器，扶正器，定中心装置，居中装置

centrador de herramienta de pesca 卡瓦打捞筒

centrador de tubería de revestimiento 套管扶正器，套管找中器

centradora 对中机，定圆心机，对中键

central 总部，总站，总局；发电站；中心；中

心的，中央的；总的，主要的

central a vapor　蒸汽动力装置，火力发电厂

central de bombeo　泵站

central de bombeo de engranaje de fuerza mecánica　深井泵的动力装置站，机械齿轮泵中心

central de energía　发电站

central de fuerza　动力厂，发电站

central eléctrica　发电站

central eléctrica de combustible fósil　化石燃料发电站

central hidroeléctrica　水电站，水电厂

central mareomotriz　潮汐发电站

central térmica　热电厂，火力发电厂

central termoeléctrica　火力发电站，热电站

central　中心的；中央的；主要的；总部，总店，总局

centralita　电话总机；（化学）中定剂

centralización　集中化，中央集权，集于中心，聚集

centralización automática　自动定心，自动对中

centralización de la tubería　管柱居中

centralización de datos　数据采集，资料采集

centralización del revestidor　套管扶正，套管对中

centralizador　扶正器，找中器

centralizador de barras　抽油杆扶正器

centralizador de tubería de revestimiento　套管扶正器，套管找中器

centralizar　集中，形成中心，聚集，由中央统一管理

centrar　确定（平面或物体的）中心；对中；入扣，对扣

céntrico　中心的，中枢的，焦点的；有中心的，有焦点的，中心站的

centrífuga　离心分离机，离心器

centrífuga de botella　试管分离机

centrifugacia　离心分离作用

centrifugación　离心分离，离心沉淀；用离心机测定油中悬浮物和水的含量

centrifugación analítica　分析离心分离

centrifugación de la dilución　乳液分离

centrifugación diferencial　差异离心法

centrifugación gaseosa　气体分离法

centrifugado　离心分离，离心分离作用

centrifugador　离心的；利用离心力的，受离心作用的

centrifugadora　离心机；（离心机的）转筒；航天试验离心机

centrifugar　使受离心作用；使在离心机内旋转，用离心机分离

centrífugo　离心式的，离中的；离心式压缩机，离心泵

centríolo　中心粒，中央小粒

centrípeto　向心的；利用向心力的；受向心力作用的

centro　中心，中央；中枢，核心，中心站

centro activo　有效中心，活性中心

centro atractivo　引力中心

centro círculo　圆心

centro comercial　商业中心

centro de acción　活动中心

centro de análisis　分析中心

centro de atracción　引力中心

centro de balanceo　平衡点

centro de cáñamo　（钢丝绳中的）麻芯

centro de carena　浮力中心

centro de compra de desechos reciclables　可回收垃圾回收中心

centro de conmutación　转换中心

centro de control de tóxicos　有毒性物质监控中心

centro de costos　成本中心

centro de distribución　配电中心

centro de gravedad　重心

centro de henequén　（钢丝绳中的）麻芯

centro de información　信息中心

centro de la tormenta　风暴中心

centro de masa　质量中心，质心

centro de óptico　光学中心

centro de origen sísmico　震源

centro de población　居民点

centro de presión　压力中心，压强中心

centro de proceso electrónico de datos　电子数据处理中心

centro de relleno de GNL　液化气罐装中心

centro de rotación　回转中心，转动中心，旋转中心

centro de simetría　对称中心

centro de sinclinal　向斜中心

centro de soporte　支点

centro de trabajo　工作场所

centro de urbano　居民点

centro del ciclón　风暴中心，飓风中心

centro eléctrico　电气中心

centro negativo　负中心

centro óptico　光心

centro oriental　东部中心

centro potencial　潜在中心

centro regional　地区中心

centro simetría　对称中心

centro urbano　居民点

centrobárico　重心的；有重心的

centroclinal　向心的

centros de enlace de las ONG　非政府组织协调中心，非政府组织联络点

centrosfera 地心圆，地核，地心；中心球，中心体

ceolita 沸石

ceolitización 沸石化（作用）

cepillado 刨削，刷；刷过的，刨过的

cepilladora 刨床；（地面）整平机

cepilladora de carbón 刨煤机

cepilladura 刨削，刷

cepillar 刷；刨

cepillo 刷子，毛刷，电刷；刨子

cepillo de alambre 钢丝刷

cepillo de carpintero 木工刨子

cepillo de limpiar tubos 管刷

cepillo de taller 台刷

cepillo de ventilación 百叶窗；放气窗，放气孔

cepillo hundidor 硬毛刷

cepillo mecánico 刨床；（地面）整平机

cepillo ranurar 线脚刨

cepo 木墩；夹子，捕捉器；（绕丝用的）丝框，（安装桩子的）木接头

cepo de yunque 砧座，砧台

cepo del ancla 锚柱，锚杆

cera 蜡；石蜡；地蜡；上光用蜡；封闭蜡，蜡状物

cera amarilla 黄蜡

cera amorfa 无定形蜡

cera blanca 白蜡

cera de abeja 蜂蜡

cera de desecho 原油石蜡，粗蜡，未经过滤的石蜡

cera de esquís 滑雪板用蜡，滑橇用蜡

cera de filtro prensa 压滤器用蜡

cera de lustrar 擦车蜡

cera de parafina 石蜡

cera de petróleo 石油蜡

cera mineral 矿物蜡，地蜡

cera parafínica 石蜡

cera parafínica blanda 软蜡

cera parafínica bruta 含石油蜡，粗蜡，粗石蜡

cera parafínica refinada 精炼石蜡

cera sellar 密封蜡，封瓶蜡

cera sintética 人造蜡，合成石蜡

cera vegetal 植物蜡

cera virgen 原蜡；未加工蜡

ceracate 黄玛瑙

ceráceo 蜡状的，蜡质的

ceración 熔炼

cerametales 陶瓷金属

cerámica 陶瓷制品；陶瓷制造术

cerámica ferroeléctrica 铁电陶瓷

cerámica metálica 金属陶瓷

cerámica refreactaria 耐火陶瓷

ceramicita 陶土岩

cerámico 陶瓷的，陶瓷材料的，陶质的，制陶的

cerargirita 角银矿，氯化银矿

cerasita 樱石

ceraunia 箭石，黑曜岩

ceraunita 陨石

ceraunógrafo 雷电计，雷电记录仪

ceraunograma 雷电记录图

ceraunómetro 雷电仪

cercado 围起来的；围起来的场地；院子，园子；围墙，围栅

cercador 冲具，冲子

cercamiento 封入，包体

cercanías 周围；近郊

cercanías de costa 前岸，近海，海滩

cercano 临近的，靠近的；近似的，类似的

cercar 围住；包围

cercar el fuego 设立防火带

cercenar 切断，削去，截短；削减，减少，节约

cercha 拱心，拱架；型板；屋架；软尺；铁环；木架

cercha de tijera 剪式桁架

cercha en abanico 扇形桁架

cerciorar 对…肯定、断言、证实，使确信

cerco 环，圈，箍；环状物；围栅，围墙，树篱

cerco vivo 树篱

cerda 鬃；刷子毛；（未经梳理的）亚麻把，亚麻束

cereal 谷类，粮食；谷类植物的，谷物的

ceremonia 仪式，典礼

ceremonia de clausura 闭幕式

ceremonia inaugural 开幕式

céreo 含蜡的；蜡黄色的

ceresina 纯地蜡，白地蜡

ceresina de petróleo 石油地蜡

ceria 二氧化铈，氧化高铈，铈土

cerianita 方铈矿

cérico 高铈的，四价铈的

cérido 铈

cerilla 火柴；小蜡烛

cerilla de seguridad 安全火柴

cerina 蜡酸；脂褐帘石

cerio 铈

cerita 硅铈石，铈硅石

cermets 金属陶瓷，合金陶瓷

cernedor 筛子，分离筛；筛选机，筛分机

cernido 过滤的，滤波后的

cernidor 筛子；滤网；滤砂器；筛砂管；筛管；振动筛

cernidos 筛滤下来的杂质；筛余物

cerniduras 筛剩下的渣滓

cernir 筛，滤，筛分

cero 零；零度，零位，零值，零高度

cero absoluto 绝对零度

cero normal （申报数据的）正常零

cerogel 零凝胶

ceros a la izquierda 前导零；先行零

cerosina 纯地蜡

ceroso 象蜡的；蜡的，蜡状的，含蜡的，蜡质的

cerrado 关闭的，封锁的，密闭的，封装的

cerrador 任何可当锁用的东西

cerradura 锁定，锁住，门锁

cerradura antirobo 防盗锁

cerradura de combinación 暗码锁

cerradura de golpe 撞锁

cerradura de muelle 弹簧锁

cerradura de resorte 弹簧锁

cerradura de seguridad 保险锁

cerradura dormida 闭锁，死锁

cerramiento 阻挡，堵塞；水闸，筑坝拦水

cerramiento de malla 铁丝网围墙

cerramiento hermético de aceite 油封

cerrar 关闭，锁上；关掉（电器等的开关）；堵住，封住；阻挡，拦住；到期，截止，结束

cerrar el interruptor 合闸

cerrar el pozo 关井

cerrar la llave de elevadora de tubos 扣好（管子的）吊卡

cerrar la producción de un pozo 报废（生产井），关井，停产

cerrar un pozo 关井

cerrión 冰柱，冰锥

cerro 小山，山丘，山岗

cerro de detrito glacial 冰碛阜，冰砾阜

cerro de meseta 地垛，孤山

cerro glaciárico 冰碛阜，冰砾阜

cerro oceánico 海岭，洋脊，洋底脊

cerro sepultado 潜丘，潜山，埋藏山，埋藏丘

cerro testigo 残留山丘，残丘，残山

cerro troncocónico 残留山丘，残丘，残山

cerrojo 安全锁销，插销，闩，丁字形巷道

cerrojo de arrastre 制动螺栓

cerrojo de cabeza cuadrada 方头螺栓

cerrojo de la trampa del raspatubos 刮屑收集器闭合插销

certeza 肯定，确信；确实性，可靠性；准确性

certificación 证明；证实；确认；（邮件）挂号；证书

certificación de equipo 设备检测

certificación ocupacional 职业执照

certificado 挂号的；挂号邮件，证明，资质证书

certificado de acciones 股份证书

certificado de análisis 化验（合格）证书

certificado de aprobación 批准证书

certificado de averías 海损理算书

certificado de calidad 品质证明，质量证明

certificado de clasificación 等级证书

certificado de control de pozos 井控证

certificado de desinfección 消毒检验证书

certificado de ensayo (prueba) 检验证明书

certificado de expedición 结关证明，出港证书

certificado de origen 产地证明

certificado de pérdidas 货损证明

certificado de registro 注册证明

certificado de salida 结关（出港）证书

certificado de sanidad 健康证书

certificado de seguridad 保险证书

certificado de tonelaje 吨位证明书

certificado de vacunación 防疫证

certificado hipotecario 担保证书

ccerucita 碳酸铅白

cerulita 蜡蛇纹石

cerusa 铅白，铅粉，碳酸铅白

cerusita 白铅矿

cervantita 黄锑矿

cerviguera 山岗，山丘，小山

cesación 停止，中止，不再担任

cesar 停机，停止，停止作业，不再担任（职务等）；停止（支付等）

cesar de arder （发动机）燃烧中断，熄火

cese 停止，中止；停付（工资等的）通知书；停止（某种活动）的手续或文件

cese de operaciones en un pozo petrolero （油井）报废

cese rápido de la producción （油井）过早停止生产

cesio 铯

cesión 转让，让与

cesión de calor 热量释放

cesión de intereses 转让出权益，售出权益

cesionario 受让人

cesionista 转让人；让与人

cesta 篮，篓，筐，铲斗；打捞篮；吊笼

cesta de circulación inversa 反循环打捞篮

cesta de pesca 打捞篮

cesta pescarripio 打捞篮，小落物打捞篮

cesta recuperadora de circulación inversa 反循环打捞篮

cesto 篮，篓，筐；铲斗；打捞篮；吊笼

cesto de barrena 钻头取岩样筒

cesto de cementación 水泥伞，注水泥伞

cesto de pesca 打捞篮

cesto de pesca para despojos 打捞篮，小落物打捞篮

cesto del taladro 钻头取岩样筒

cetano 十六烷，鲸蜡烷

cetena 烯酮；乙烯酮
ceteno 十六碳烯，鲸蜡烯
cetilato 鲸蜡酸盐
cetilo 鲸蜡基，十六烷基
cetina 鲸蜡
ceto 酮
cetohexosas 己酮糖
cetol 鲸蜡醇，十六烷醇
cetona 酮；甲酮
cetona aromática 芳族酮
cetonas alifáticas 脂族酮
cetónico 酮的；甲酮的
cetonización 酮化作用
cetonizar 使酮化
cetosas 酮糖
ceviana 切线
CGPE (Corporación General de Petróleo de Egipto) 埃及国家石油公司，英语缩略为 EGPC (Egyptian General Petroleum Corporation)
chabasita 菱沸石
chaflanar 斜切，斜截；使成削角面
chalana 平底船，驳船
chalana cisterna 油驳船
chalana de perforación 钻井驳船，钻探驳船
chalcocita 辉铜矿
chalcofanita 黑锌锰矿
chalcolita 辉铜矿
chaleco antibalas 防弹背心
chaleco reflectivo 反光背心
chaleco salvavidas 救生衣
chaleco salvavidas inflable 充气式救生衣
chalibita 菱铁矿
chamosita 鲕绿泥石
champlainiense 香普兰统（中奥陶纪）
chamuscar 烧焦，燎
chancador 研碎的，磨碎的
chancadora 研碎机，捣碎机，粉碎机，碎石机
chancal 冰碛石
chanchito 清管器，冲棍
chanfle 斜面，倾斜
chango 架工
chapa 板，板材，片材
chapa corrugada 防滑板
chapa de acero 钢板
chapa de aleación ligera 轻合金板
chapa de aluminio 薄铝板，铝片
chapa de choque 缓冲板
chapa de cobre 铜板
chapa de cubetas 槽形板
chapa de estaño 白铁，白铁皮，镀锡铁皮，马口铁
chapa de hierro 铁片，铁板
chapa de hojalata 镀锡铁皮，白铁皮

chapa de identificación 标示牌，身份牌，铭牌
chapa de metal 金属板，金属片
chapa de metal galvanizado 镀锌薄钢板，白铁皮
chapa de refuerzo 角撑板，加固板
chapa de tanque 储罐钢板
chapa de unión 拼接板
chapa delgada 薄板
chapa fuerte 中厚钢板
chapa fundida currentiforme 导流罩
chapa galvanizada 镀锌铁板
chapa laminada 轧制钢板
chapa mediana 中型板材
chapa metálica 金属板，金属片
chapa nervada 带筋的板，带加强筋的板
chapa ondulada 波纹板，波形板
chapa ondulada de fibrocemento 波纹石棉板
chapa para forrar y techar galpones 厂房顶棚用板
chapa plana 平板
chapa protectora 挡板，护板
chapa recortada 冲压板
chapa taladrada 冲孔板，穿孔板
chapaleta 片状悬垂物；瓣阀
chapaleta neumática 气锁，气闸，空气闸，空气阀
chapapote 沥青，柏油；焦油
chaparrón 阵雨，暴雨；簇射
chapas laterales de un tanque 圈板，油罐的圈板
chapeado 装有金属板的；装有装饰板的；被覆镀的
chapear 用薄金属板或薄木板镶饰；覆镀，镀上
chapistería 薄板生产车间，薄板制造术；薄钢板，金属薄板
chapita 薄铁片，薄片
chapmanita 硅锑铁矿
chapopote 沥青，柏油（墨西哥）
chapopotera 渗至地面的油，油苗
chapoteo de aceite 润滑油起泡沫
chapupo 沥青，柏油（阿根廷，古巴，危地马拉）
charco 水坑，水洼
CHARM (evaluación y manejo de riesgos químicos) 化学危害风险评估和管理，英语缩略为 CHARM (Chemical Hazard Assessment & Risk Management)
charnela 铰链；合页，折页；接点；褶皱脊线
charnela anaclinal 背斜脊线
charnela sinclinal 向斜槽线
charol 清漆，釉
charpado 嵌接的；斜接的

charpar 嵌接；斜接

chasis （汽车等）底盘；(机器的）底座，底架

chata 平底船，平板车

chata cisterna para petróleo 运石油的驳船，运石油的平底船

chatarra 铁矿渣；废旧钢铁，废铁；破旧机器

chatarras de fundición 熔碴

chato 扁平的，不高的，平的

chattiense 恰特阶

chaveta 栓，轴钉，开口销，开尾销，楔形销子

chaveta con cabeza 弯头键，带头的栓

chaveta con hendidura 开口销，开口尾销

chaveta cónica 锥形销

chaveta de apriete 斜扁销

chaveta de eje 车轴小齿轮

chaveta de encastre de tambor 滚筒离合器键

chaveta de pasadores 销键

chaveta de resorte 开口尾销，弹簧销

chaveta de seguridad 保险销

chaveta de tracción 活动键，滑键

chaveta en cola de milano 燕尾销

chaveta hendida 开口销，开尾销

chaveta partida 开口尾销

chaveta ranurada 弹簧制销

chavetear 用销固定，搣牢

chavetera 销槽，键槽

chequear 查核，核对，检查，调查，检修（车辆机器）

chequeo 检查；调查，审查；查核；检修

chequeo mecánico 自动核对

chequeo regular de salud 定期体检

chernozem 黑钙土

chert 黑硅石

chesilita 蓝铜矿

chiastolita 空晶石

chicana 挡板，折流板，隔板

chicharra 蝉，蜂鸣器，蜂音器

chicharra eléctrica 电子蜂鸣器，电蜂鸣器

chicsan (chiksan) 高压旋转接头，活动弯头

chigre 绞盘车，起货机

chimenea 烟筒，烟囱，烟道；炉灶；直立通道；火山通道

chimenea (en torre de burbujeo) （泡罩塔的）烟道

chimenea central 主烟道；主巷道

chimenea de acceso 进孔，人孔

chimenea de aire 通风井，通风道，通风口，通风筒

chimenea de evacuación 放矿溜井，溜矿道；撤离出口

chimenea de fábricas 工厂的大烟囱

chimenea de ventilación 通风井，通风道，通风口，通风筒

chimenea del generador de vapor 蒸汽机的烟囱

chimenea enteriza 一体式烟道，一体式烟囱

chimenea para combustión de gases sobrantes 废气燃烧烟道，火把烟囱

chimenea para mineral 放矿溜井，溜矿道

chimenea parásita de volcán 火山寄生喷发口，寄生火山通道

chimenea principal de volcán 主火山通道

chimenea refrigeradora 冷却塔

chimenea secundaria de volcán 火山侧喷发口，侧火山通道

chimenea troncal de volcán 火山主喷发口，主火山通道

chimenea volcánica 火山管，火山的喷烟口

chinarro 鹅卵石

chinateado 碎石层

chinlón (nilón chino) 锦纶

chip de silicio 硅片

chip de transistor 晶体片

chirrido （车轮或门等）吱吱嘎嘎响；长而尖的声音

chiscarra 灰岩

chispa 火花，电花；闪光；瞬间放电

chispa avanzada 提前火花

chispa de descarga 火花放电

chispa eléctrica 电火花，火花放电

chispa retardada 迟火花

chispas amortiguadoras 猝熄火花

chispero 火星捕捉器，火花消除器，火花避雷器

chisporroteo 火星四射

chisque 火镰

chivo （委内瑞拉油田现场特指）修井机

chloantita 复砷镍矿

chocar 碰撞，相撞；冲突

chofer 司机

chompa 手钻，手摇钻

choque 碰撞，撞击；震动，振荡，冲突；冲击

choque acústico 声震

choque de arena 喷砂，喷砂清理

choque de llama 火焰冲击

choque de retorno 反冲，返回行程，回程

choque de retroceso 反冲，回程，返回冲程

choque del émbolo contra el fluido de la bomba 泵流体冲击

choque elástico 弹性碰撞

choque eléctrico 电击

choque hidráulico 液动节流阀

choque inelástico 非弹性碰撞

choque manual 手动节流阀

choque múltiple 多车相撞

choque violento 互撞

chorlito dorado 金斑行鸟

chorlo 黑电气石，黑电气石片岩；硅酸铝

chorlomita 钛榴石

chorrear 流出，涌出，喷出；淌，滴

chorreo 流出，涌出，喷出；淌，滴

chorreo con granalla 吹金属粒，喷丸（清理）

chorreo de pozo 井涌

chorro 喷出，涌出；（流出）一股，一连串；（钻头的）水眼，喷嘴

chorro de agua 水射流，射流

chorro de agua a presión 高压水注（用于清洗等）

chorro de aire 气吹；气喷净法

chorro de arena 喷砂，喷砂法

chorro de combustible 燃料喷射，燃料喷雾

chorro de corte 切割射流，开挖水射

chorro de fluido 射流

chorro de gases 气体射流

chorro de vapor 蒸汽射流，蒸汽喷射

chorro descendente 减弱的喷射流

chorro oscilante 摇式喷射

chorro radial 径流

chrismatita 黄蜡石

chubasco 阵雨，暴雨

chucho 开关，电闸，电门；转辙器

chuleta 拼料，填缝条，填料，填件

chumacera 轴承；轴承座；承座

chumacera a rodillos 滚柱轴承

chumacera anular 径向轴承

chumacera de balines 滚珠轴承

chumacera de camisa 套筒轴承

chumacera de empuje 止推轴承，推力架

chumacera de rodillos 滚柱轴承

chumacera del eje 曲轴轴承

chumacera del malacate 绞车大绳滚筒轴承

chumacera del malacate de la tubería de producción 生产井修井机大绳滚筒轴承

chumacera del poste de la rueda motora 轴柱轴承

chumacera del torno de herramientas 牛轮轴承

chumacera exterior 外置轴承

chumacera partida 对开轴承，拼合轴承

chumacera posterior del poste de la rueda motora 轴柱后轴承

chumacera recalentada 热轴

chumacería 托架轴承

chungite 次石墨

chupador 吸入的，吸收的；吸入器，吸管，吸盘

chupador hidráulico 液压吸入器

chupador móvil 活动吸管

chupar 吸，吮，嘬，吸收

chupón 橡胶吸盘，活塞；杆式泵

churrete 油污，油迹

chuto （委内瑞拉）拖车车头

chuto con batea 载重平板挂车

chuto con low boy 大拖板

chuto con plataforma 自动背车（车后平板上带绞车）

chuto con vacuum 真空罐车

chuto doble 重型拖车头

chuzo 撬棍，铁橇

CI (circuito integrado) 集成电路，英语缩略为 IC (Integrated Circuit)

cianación 氰化作用，氰化法

cianamida 氰胺，氨基氰

cianato 氰酸盐，氰酸酯

cianato de mercurio 氰化汞

cianato sódico 氰酸钠

cianea 天青石，青金石

cianhídrico 氢氰的

cianhidrina 氰醇

ciánico 氢的，含氰的

cianido 氰化物

cianina 花青（染料）

cianita 蓝晶石

cianoalcohol 氰醇

cianocarbono 氰基乙酸

cianocroita 钾蓝矾

cianoetilación 氰乙基化，氰乙基化作用

cianogenación 氰化作用

cianógeno 氰基，氰乙二腈

cianohidrinas 氰醇

cianometría （天空，海洋）蓝度测量法

cianotipo 氰印照相（法），蓝晒法，晒蓝图

cianotriquita 绒铜矿

cianuración 氰化，氰化作用，氰化法

cianurar 用氰化物处理

cianurato 氰尿酸盐；氰尿酸酯

cianuro 氰化物

cianuro activado 活性氰化物

cianuro de cobre 氰化铜

cianuro de hidrógeno 氢氰酸

cianuro de hierro 氰亚铁酸盐，亚铁氰化物

cianuro de oro 氰化金

cianuro de plata 氰化银

cianuro potásico 氰化钾

cianuro sódico 氰化钠

ciberespacio 计算机空间，网络空间，虚拟现实

cibernación 电脑化，自动控制，计算机控制化

cibernauta 网络用户

cibernética 控制论，控制学

cibernetista 控制论专家，自动化专家

CICD (Convención Internacional para Combatir la Desertificación) 防治荒漠化国际公约，英语

缩略为 ICCD (International Convention to Combat Desertification)

ciclación 环合，环化（作用），成环作用

ciclano 环烷烃

cíclico 周期的，循环的；环的，环状的；圆的

ciclización 环合，环化作用，成环作用

ciclo 周期，循环；环；（交流电、声波等的）周

ciclo abierto 开式循环

ciclo Alpino 阿尔卑斯造山运动

ciclo biogeoquímico 生物地球化学循环

ciclo biológico 生物循环

ciclo cerrado 闭式循环，闭路循环

ciclo combinado 热电联合生产，废热发电

ciclo completo 闭路循环

ciclo de absorción-refrigeración 吸收式制冷循环

ciclo de Beau de Rochas 四冲程循环，奥托循环

ciclo de Carnot 卡诺循环

ciclo de cuatro tiempos 四冲程循环

ciclo de diesel 狄赛尔循环

ciclo de erosión 侵蚀旋回，侵蚀循环

ciclo de funcionamiento 操作周期，运转周期

ciclo de funcionamiento de una refinería 炼厂的操作周期，炼厂的运转周期

ciclo de funcionamiento en paralelo 并行操作周期，并行运行周期

ciclo de histéresis 滞后回路，滞后环

ciclo de imantación 磁化循环，磁化周期

ciclo de las aguas 水循环；水文循环

ciclo de marcha 行程

ciclo de movimiento cortical 地壳运动旋回，地壳运动循环

ciclo de nitrógeno 氮循环

ciclo de operación 工作循环，工作周期，运行周期

ciclo de Otto 四冲程循环，奥托循环

ciclo de perforación 钻井周期，钻井循环

ciclo de pruebas 测试周期

ciclo de Rankine 兰金循环

ciclo de refrigeración por compresión 压缩式制冷循环

ciclo de regeneración 回热循环，再生循环

ciclo de relleno 间歇操作循环

ciclo de retiro 间歇操作循环

ciclo de seguridad （STOP 卡）安全循环周

ciclo de trabajo 工作循环，工作周期，负载循环

ciclo del carbono 碳循环

ciclo del combustible nuclear 核燃料循环

ciclo diurno 昼夜循环，（每）日循环

ciclo energético 能量循环

ciclo estático 静电循环

ciclo externo 生物地球化学循环

ciclo geomórfico 地貌旋回

ciclo glacial 冰川周期

ciclo hidrológico 水循环，水文循环

ciclo irreversible 不可逆循环

ciclo joule 焦耳循环

ciclo límite 极限环

ciclo litológico 岩石循环

ciclo lunar 太阴周

ciclo orogénico 造山旋回

ciclo Otto 四冲程循环，奥托循环

ciclo principal 大循环，大周期

ciclo reversible 可逆循环

ciclo secundario 小周期，短周期，小循环

ciclo sedimentario 沉积旋回

ciclo solar 太阳周

ciclo tectónico 构造旋回，构造循环

ciclo único anual de retiro/relleno 一年一次的（填料或催化剂）更换

ciclo vital 生活周期；生命周期

cicloadición 环加成（指不饱和分子化合成一环状化合物的反应）

cicloalcano 环烷，环烷属烃

cicloalqueno 环烯

ciclobutano 环丁烷

ciclodeshidrogenación de las parafinas 烷烃脱氢环化

ciclogiro 旋翼机

cicloheptano 环庚烷

ciclohepteno 环庚烯

ciclohexano 环己烷

ciclohexanol 环己醇

ciclohexanona 环己酮

ciclohexeno 环己烯

cicloidal 旋轮线的，摆线的，圆滚线的

cicloide 旋轮线，摆线，圆滚线

cicloinversor （交流电源用）双向离子变频器

ciclometría 圆弧测量法，测圆法

ciclómetro 转数计，周期计，里程计，旋转计数器；圆弧测定器

ciclón 气旋；暴风，龙卷风；低气压区，低压区；离心机，分离器

ciclonal 旋风的，旋涡的；低压的

ciclónico 气旋的，旋风的；低气压的

ciclonita 旋风炸药，黑索金炸药，高能炸药

cicloocteno 环辛烯

cicloolefina 环烯

cicloparrafinas 环烷

ciclopentano 环戊烷

ciclopetano 环戊烷

ciclopropano 环丙烷

ciclorama 圆形画景，半圆形透视背景

ciclos por segundo 周 / 秒

cicloscopio 轴转测速器；视野镜

C

ciclosilicato 环硅酸盐

ciclosis 胞质环流

ciclotema 回旋层

ciclotización 环合，环化作用，成环作用

ciclotomía 割圆，割圆法

ciclotómico 割圆的，割圆多项式的

ciclotrón 回旋加速器

cielo 天，天空；大气，空气；天气，气候；（某些东西的）顶部

cielo abierto 露天，户外

cielo de hogar 屋顶

cielo despejado 晴天

cielo raso 天花板

ciénaga 沼泽，泥塘，湿地

ciénaga cerca del mar 盐沼，盐碱滩

ciencia 科学；科学研究；理论知识，学科，专门技术；知识，技能

Ciencia Aplicada Asociada (CAA) 美国应用科学咨询公司，英语缩略为 ASA (Applied Science Associated, Inc.)

ciencia de materiales 材料学

ciencia del suelo 土壤科学

ciencia estadística 统计学

ciencia mecánica 机械学

ciencias abstractas 抽象科学

ciencias aplicadas 应用科学

ciencias biológicas 生物科学

ciencias de la información 情报学，信息学

ciencias del mar 海洋科学

ciencias del mar en general 海洋学

ciencias empresariales 商业经济研究，企业管理研究

ciencias exactas 精确科学

ciencias experimentadas 实验科学

ciencias geológicas 地球科学，地质科学

ciencias humanas 人文科学

ciencias naturales 自然科学

ciencias puras 纯科学

ciencias sociales 社会科学

cieno 淤泥；烂泥，泥浆；（废水池的）固体沉淀物

cieno ácido 酸性淤渣，酸渣，酸性污泥

cieno activado 活性污泥，活性泥

cieno de alcantarillado 地下水污泥，污水污泥

cieno del cárter 发动机油沉淀，发动机油渣

cieno endurecido 泥岩

cieno petrificado 粉砂岩

cieno pimienta 微粒悬浮酸渣

cieno residual 污泥

cierre 关，合；堵塞，塞住；停止；围墙，栅栏；闩，锁；搭扣，搭钩

cierre anticlinal 背斜闭合度

cierre asociado 伴生式共生圈闭

cierre automático 自动闭合

cierre completo 全封闭

cierre con gas 气锁

cierre con vidrio 玻璃焊封

cierre de aceite 油封

cierre de agua 水封

cierre de bayoneta （改进型气冷堆立管头部）插入式封盖

cierre de cremallera 拉锁，拉链

cierre de emergencia 防喷器；紧急断路

cierre de estructura 构造闭合，构造闭合度

cierre de la curva de nivel 等高线闭合

cierre de las aguas 堵水

cierre de pozo 关井

cierre de sifón 防气阀，空气收集器

cierre de válvulas en la cabeza de pozo 关井，关闭井口阀门

cierre definitivo 关闭，最终闭合

cierre del remolino 螺旋关闭阀

cierre del trazado 闭合

cierre del venteo 气锁

cierre eléctrico 电动开关，电动闭锁

cierre estructural 构造闭合，构造闭合度

cierre forzado 强制闭合

cierre gravimétrico 重力闭合

cierre hermético 密闭，封闭

cierre hidráulico 水封

cierre inicial 初关井

cierre local 局部闭合

cierre por grasa 润滑脂密封

cierre vertical 垂直闭合

cifra 数字；位数；数目；数额；密码，代号

cifra abstracta 抽象数，不名数

cifra de lectura 读出数

cifra decimal 十进位的数字，数字，位数

cifra global 总额

cifra significativa 有效数字

ciframiento 编码

cigüeña 曲柄，曲轴；摇把，摇柄

cigüeñal 曲柄，曲轴

cigüeñal hueco 空心曲柄

cigüeñal triple 三连曲轴

cigüeñuela 曲柄；摇把，摇柄

cilapo （墨西哥的）黑曜岩

cilindrada 汽缸容量，（汽缸的）换气容量，工作容积

cilindrada de émbolo 活塞排量

cilindrado 滚压，辗压；轧压，轧光

cilindrado basto 粗车削，粗加工

cilindrado fino 细车削，细加工

cilindrador 滚轧机，辗压机，压路机，路碾

cilindrar 滚压，辗压；轧压，轧光

cilíndrico 圆筒形的，圆柱的，圆柱体的；汽缸

的，滚筒的

cilindrita 圆柱锡石

cilindro 圆柱，圆筒；汽缸；泵体，筒体，辊，轧辊；滚筒

cilindro arrollador 滚筒，滚柱

cilindro circular 圆柱体

cilindro circular recto 直立圆柱

cilindro compresor 压路机

cilindro con camisa 有套汽缸

cilindro de acabado 精轧辊

cilindro de aire 压缩空气瓶，压汽缸，储气筒

cilindro de aire comprimido 汽缸

cilindro de aletas 肋式汽缸

cilindro de alta presión 高压汽缸

cilindro de apoyo 传动轧辊，空转轧辊，从动轧辊

cilindro de baja presión 低压汽缸

cilindro de bomba 泵缸，泵筒

cilindro de bomba alternante 泵缸套，泵衬筒

cilindro de coquificación 焦炭塔

cilindro de dirección 导辊

cilindro de freno 刹车汽缸

cilindro de fuerza 动力缸

cilindro de gas 气瓶

cilindro de inserción 插入式泵缸

cilindro de motor 发动机气缸

cilindro de nivelación 调平液缸

cilindro de oxígeno 氧气瓶

cilindro de sostén 支承轧辊

cilindro de terminar 精轧辊

cilindro de trabajo 传动辊

cilindro del émbolo 泵筒，泵缸，杆式泵

cilindro del émbolo de una bomba 泵缸，泵桶

cilindro del flotador 浮子箱

cilindro del freno 制动缸，刹车汽缸

cilindro descargador 小滚筒

cilindro endurecido 冷硬轧辊

cilindro escurridor （造纸）压胶辊

cilindro exterior 外筒

cilindro fijo 固定筒

cilindro fundido en bloque 整体铸造汽缸

cilindro graduado 量筒，刻度量筒

cilindro hidráulico 液压缸

cilindro horizontal 卧式汽缸

cilindro insertado 插入式泵缸

cilindro interior 衬套，缸套

cilindro laminador 压辊，压榨辊

cilindro maestro 主缸，主工作缸

cilindro maestro del freno 制动主缸

cilindro moderador 缓冲筒

cilindro motor 动力油缸

cilindro móvil 游动泵筒，游动工作筒

cilindro móvil de bomba 移动式泵缸

cilindro oblicuo 斜圆柱体

cilindro para coquificación 焦炭塔，焦炭鼓

cilindro para tochos 粗轧辊

cilindro primitivo 节圆柱

cilindro principal 主缸，主工作缸

cilindro rebajador 糙面滚筒，粗轧辊

cilindro recogedor 抽泥筒；捞砂筒，提捞筒

cilindro recto 正圆柱体

cilindro soporte 支承辊

cilindro triturador 轧碎机滚筒

cilindros coaxiales 同轴圆柱

cilindros desbastadores 挤渣轧辊

cillazadora 剪切机

cima 尖峰，尖端；山峰，顶峰，浪峰，波峰

cima del criadero 矿床顶

cimbra 震击器；拱鹰架；拱的内曲，拱模

cimbra de pesca 打捞用的震击器

cimbrado 拱形的，弓形的

cimbreo 横移，左右移动；摇摆，摇晃

cimeno 致花烃，百里香素，异丙基甲苯

cimentación 基础，基地，地基，底座，机座；奠基，建立

cimentar 给…打基础；建立，创立，创建，巩固

cimento 碎屑岩的基质

cimérica （侏罗纪末期的阿尔卑斯山脉）造山运动阶段

cimiento 基础，地基，地脚

cimiento de hormigón 混凝土基础，混凝土地基

cimiento de la torre 井架基础，井架底脚

cimiento de madera y acero 钢木基础

cimiento real 三合土

cimiento romano 水硬石灰

cimiento sedimentario 底积层

ciminita 橄辉粗面岩

cimofana 猫眼石

cimógeno 酶原的；产生酶原的；发酵的；使发酵的；酶原

cimógrafo 转筒记录器，自记波频计，自记波长计

cimograma 酶谱

cimolita 水磨土

cimómetro 频率计，波频计，波长计

cimoscopio 检波器，波长计

CIN（Comité Internacional de Negociaciones） 国际谈判委员会，英语缩略为 INC（International Negotiations Committee）

cinabarita 朱砂，辰砂

cinabrio 辰砂，朱砂

cinc 锌

cinc gris 锌灰

cinc sin refinar 粗锌，商品锌

cincado 镀锌的，镀锌层

cincar 粉末镀锌，锌粉热镀

cincar por subimación 粉末镀锌，锌粉热镀
cincel 錾子，凿子
cincel de arista plana 冷作用具
cincel de calafatear 捻缝凿，紧缝凿，堵缝凿
cincel de recalcar 凿密工具，捻缝凿
cincel dentado 细长凿，榫眼去屑凿
cincel desbastador 砍凿，刨子
cincel para cortar en frío 錾子，冷凿
cincel sacamuestras 取样工具
cincelado 凿，镂，雕
cincelador 雕刻师，雕刻工人
cinchar 加箍，系紧，用铁圈箍紧
cincho 环箍，箍筋，铁箍，拱肋
cincifero 含锌的，生锌的，产锌的
cincografía 制锌板术
cincógrafo 锌板画，锌板印刷品)
cincoso 含锌的，似锌的
cinemática 运动学
cinemático 运动学的，运动的
cinerita 火山灰石
cinescopio 显像管
cinescopio de color 彩色显像管
cinglador 锻铁机，镦锻机，锻锤
cinglar 锻铁，镦锻，压挤，压缩，挤压
cinómetro 运动测验器
cinta 带子，带状物；带状花纹，带状构造；纸带，色带，胶带，卷尺，皮尺
cinta adhesiva 胶布，橡皮膏
cinta aisladora 绝缘带，绝缘胶带
cinta aislante 绝缘带，绝缘胶带
cinta anti-resbalante del encuelladero 二层台防滑安全带
cinta de acero 钢尺，钢卷尺
cinta de agrimensor 卷尺，带尺，皮尺
cinta de aislar 绝缘带，绝缘胶带
cinta de control 控制带，测试带
cinta de control de carro 输送器控制带
cinta de embalar transparente 透明胶带
cinta de freno 刹车带，制动带
cinta de medición 测尺，量尺
cinta de medición de acero 钢卷尺，钢带
cinta de medir 测尺，卷尺，量尺
cinta de papel 纸带
cinta de raspadores （刮板运输机的）链板
cinta de seguridad 安全警示条，安全警示带
cinta duplicadora 母带，原版带
cinta eléctrica 电工胶布
cinta esmerilada 金刚砂卷带
cinta estratigráfica de arena 鞋带状砂层
cinta helicoidal 螺旋带
cinta maestra 母带，原版带
cinta magnética 磁带
cinta magnética digital de registro sonoro 数字录

音磁带
cinta metálica para medir el diámetro de un depósito 丈量（储罐等直径的）钢卷尺
cinta métrica 皮尺，卷尺
cinta operculada 部分穿孔纸带
cinta para tubería 油管尺
cinta peligro 安全警示带
cinta reflectiva 反光带
cinta semiperforada 半穿孔带
cinta transportadora 传送带
cintamétrica 皮尺
cintas elásticas 松紧带
cintas-largueros 脚手架上的横板；栏顶板
cinteada 条痕，薄纹理；矿脉
cintilaciones 闪烁现象，闪烁，闪光
cintilómetro 闪烁计，闪烁计数器
cintra 拱顶弧度，弓状，穹隆状
cintrado 弓状的，弧状的，穹隆状的
cintura 腰；束腰带
cintura salvavidas 安全带，保险带，救生带
cinturón 皮带，腰带；环状物；带状物；地带
cinturón de meandros 曲流河段，曲流带，河曲带
cinturón de plegamiento 褶皱带
cinturón de seguridad 安全带，保险带
cinturón de seguridad para encuellador 井架工安全带
cinturón industrial （城市周围的）工业区，工业地带
cinturón montañoso 山带，造山带
cinturón morénico 冰碛带
cinturón móvil 活动带
cinturón plegado 褶皱带
cinturón salvavidas 救生带
cinturón sísmico 地震带
cinturones de protección 掩护带，保护带
CIP (Comisión Interestatal de Petróleo) 州际石油契约委员会
cipo （纪念性的）石柱；石碑；路标；里程碑
cipolino 云母大理石
CIPR (Comisión Internacional de Protección radiológica) 国际放射性辐射防护委员会，英语缩略为 ICRP (International commission on Radiological Protection)
cipridina 凹星虫属
ciprina 符山石
ciprita 辉铜矿
circo 冰斗；圆形山谷；冰坑
circo colgante 悬冰斗
circo glaciar 冰斗
circo glaciario 冰斗
circón 锆石
circona 氧化锆

circónico 含锆的，似锆的

circonio 锆

circonita 锆石

circuitería （整机）电路；电路元件

circuito 区域；四周，周围；范围，界限；环形线，环形路；电路

circuito a tierra 接地电路

circuito abierto 开路，断路，开式回路

circuito adiamantado 金刚石衬底电路

circuito aéreo 高架线路

circuito amortiguado 猝熄电路

circuito anódico 阳极电路

circuito anular 环状电路，环路

circuito aperiódico 非周期振荡电路，无谐振电路

circuito aplicado 附加电路

circuito astable 不稳电路

circuito autoarrestre 自举（放大）电路，自益电路

circuito auxiliar 辅助电路

circuito bajo tensión 带电电路，放射性回路

circuito biestable 双稳态电路

circuito biestable T T形正反器

circuito bifilar 双线制电路

circuito bipolar 两极电路

circuito cerrado 闭合电路

circuito coaxial 同轴电路

circuito compensador de bajos 低频音增强电路

circuito compuesto 混成电路，复合电路，电报电话两用电路

circuito con vuelta por tierra 接地回路，地回电路

circuito de absorción 吸收电路

circuito de ánodo 阳极电路

circuito de antena 天线电路

circuito de aullador 嗥鸣电路

circuito de barrido 扫描电路

circuito de bloqueo 钳位电路

circuito de carga 负载电路

circuito de circulación 循环路线

circuito de conmutación 转换电路

circuito de control 控制电路

circuito de control de realimentación 反馈控制环路

circuito de control de volumen 音量（或流量）控制电路

circuito de cordón 塞绳电路

circuito de corriente continua 直流电路

circuito de cuatro hilos 四线制电路

circuito de desacoplo 去耦（合）电路

circuito de encendido 点火电路

circuito de enlace 耦合电路

circuito de entrada 输入电路

circuito de exclusión 闭锁电路，专门电路

circuito de explosión 点火电路

circuito de falla 故障回路；故障电路

circuito de fijación de base 箝位电路，脉冲限制电路

circuito de filtro 滤波器电路

circuito de fuerza 电源电路，电力网

circuito de grilla 栅极电路

circuito de ignición 点火电路

circuito de impulsos 脉冲电路

circuito de inyección 注入（水、气等）管路

circuito de llegada 输入电路，入局电路，入中继电路

circuito de lodo 泥浆管路

circuito de mezcla 混合电路

circuito de mezcladura 串联混合电路

circuito de microonda 微波电路

circuito de multivibrador 触发电路，双稳态触发电路，双稳态多谐振荡电路

circuito de placa 屏极电路

circuito de pruebas 检验电路

circuito de realimentación 反馈电路

circuito de red 网孔电路

circuito de regreso 回路，回流道

circuito de rejilla 栅极电路

circuito de relajación 张驰电路

circuito de resonancia 共振电路

circuito de retardo 延迟电路

circuito de retención 钳位电路

circuito de retorno 回路，回流道

circuito de retorno por tierra 地回电路，接地回路

circuito de salida 输出电路，输出回路

circuito de seguridad 保护电路

circuito de uso conjunto 共用户电路

circuito de volante 同步惯性电路

circuito decodificador 译码器电路

circuito del inducido 电枢线路

circuito derivado 分支电路

circuito descendente 下行路线

circuito desconectador 触发电路，触发器线路

circuito desmagnetizante 去磁电路

circuito directo 直通线路

circuito doble 加倍电路

circuito eléctrico 电路

circuito electrónico 电子电路

circuito en bucle 环形线路，回线，环线，圈线，周线（路）

circuito en contrafase 推挽（式）电路

circuito en paralelo 并联电路

circuito en puente 桥接电路，电桥电路

circuito en serie 串联电路

circuito en triángulo 三角形回路

circuito equivalente 等效电路
circuito escalar 定标电路，校准电路
circuito fantasma 幻想电路，幻想线路
circuito formador 成形电路，整形电路
circuito impreso 印刷电路
circuito incompleto 不闭合电路，开路
circuito inductivo 电感电路
circuito integrado (CI) 集成电路
circuito integrador 积分电路
circuito intermediario 中间电路
circuito iterativo 累接电路
circuito local 局部电路
circuito lógico 逻辑电路
circuito longitudinal 纵向电路
circuito magnético 磁路
circuito matriz 矩阵变换电路
circuito metálico 金属电路
circuito mixto 混成电路，复合电路，电报电话双用电路
circuito monoestable 单稳态电路
circuito multicanal 多音电路
circuito múltiple 倍增电路
circuito negativo 回路，回流道
circuito oscilante (oscilatorio) 振荡电路
circuito pasivo 无源电路
circuito polifásico 多相电路
circuito por conjunción "与"门电路，符合电路
circuito posterior 顺流向，下游
circuito primario 原电路，一次电路，初级电路
circuito principal 主电路，干线
circuito pro desplazamiento de fase 分相电路
circuito real 实线线路，实线电路，侧电路
circuito resonante 谐振电路，带通电路，接收器电路
circuito resonante paralelo 振荡电路，谐振电路，振荡回路
circuito secundario 二次回路，二次电路
circuito selectivo 选择性电路
circuito selector 选择电路
circuito sísmico 地震环线
circuito sismográfico 震波环线，地震道
circuito superpuesto 叠加电路，重叠电路
circuito transpositor 仿真电路，模拟电路
circuito triangular 三角形电路
circuitos de excitación 触发电路，激励电路，励磁电路
circuitos de excitación de regulación 励磁调节电路
circuitos de excitación del generador 发电机励磁回路
circuitos de pozos vertederos 注水井井网
circuitos de tubería de expansión 扩展管线
circuitos del hardware 硬件电路
circuitos excitación alternador 交流发电机励磁

电路
circuitos predifundidos (de puerta) 门阵列电路
circulación 循环；流动；交通；（资金等）流通，周转；传播，流传
circulación atmosférica 大气环流，大气循环
circulación automática 自动循环
circulación continua 连续循环
circulación de agua 水循环
circulación de aguas profundas 深海环流
circulación de datos 数据流，信号通过
circulación de la inyección de lodo （钻机）泥浆循环，钻井液循环
circulación de lodo （钻机）泥浆循环，钻井液循环
circulación de vapor 蒸汽循环
circulación de vehículos 交通，车辆通行
circulación del fluido 钻井液循环
circulación del reactivo 活性剂循环
circulación en bruto 总周转额
circulación en reserva 反循环
circulación expedida 自由循环，自由流通
circulación forzada 强制循环，压力环流，压力循环
circulación impelente 强制循环，压力环流，压力循环
circulación inversa 反循环
circulación invertida 反循环
circulación monetaria 通货
circulación natural del carbono 碳循环
circulación normal 正循环，正常循环
circulación por gravedad 自流循，重力循环
circulación por termosifón 热对流循环法，热虹吸管环流法
circulación rodada 车辆流通
circulación termohalina del océano 大洋热盐环流
circulador 循环泵，循环管，循环系统，环行器，环流器
circulador de aceite 油循环泵
circulador de agua 水循环泵
circulante 循环的；环流的；流通的；通行的；巡回流动的
circular 通知，公告；循环；通行；传播；周转，流通；发行
circular fluido de perforación 钻井液循环
circularidad 圆；圆形性；圆形；环形；环形性
círculo 圆，圈；圆周；环形物；阶层；界；社团；范围，领域
círculo acimutal 地平经圈，方位圈
círculo antártico 南极圈
círculo ártico 北极圈
círculo azimutal 方位圈；地平经圈；方位度盘
círculo coaxial 共轴圈

círculo concéntrico 同心圆
círculo de alineación 中星仪，经纬仪；子午环，子午仪
círculo de altura 地平纬圈，等高圈
círculo de cabeza 齿顶圆，外圈
círculo de confusión 模糊圈
círculo de convergencia 收敛圈
círculo de corona 齿顶圆，外圈
círculo de curvatura 曲率圆
círculo de declinación 赤纬圈
círculo de giro 回转圆，转向圆
círculo de latitud 维度圈
círculo de Mohr 莫尔图
círculo de reflexión 反射环
círculo de rodamiento 基圆
círculo de suspensión 平衡环
círculo declinatorio 赤纬圈
círculo dividido 圆度盘
círculo galáctico 银道圈
círculo generador （齿轮的）基圆
círculo geoestratégico 地缘战略圈
círculo geoestratégico de refinación 炼化地缘战略圈
círculo graduado 刻度盘，分度圈
círculo horario 时圈，子午仪
círculo inscrito 内切圆
círculo interior （齿轮的）齿根圆
círculo máximo 大圆
círculo menor 小圆
círculo meridiano 天文经纬仪，子午仪，子午环
círculo polar 极圈
círculo polar antártico 南极圈
círculo polar ártico 北极圈
círculo primitivo 基圆，初基圆
círculo repetidor 复测度盘
círculo tráfico 环形交叉，环形交通枢纽
círculo vertical 垂直圆，地平经圈
círculo vicioso 恶性循环
círculos concéntricos 同心圆
circumpolar 极地附近的；围绕天极的，环极的
circunferencia 圆周，圆周线；四周，周围
circunferencia de ahuecamiento （齿轮的）齿根圆
circunferencia interior 内圆
circunferencia primitiva （齿轮的）节圆
circunferencial 周边的；圆周的，环状的，绕的；末梢的
circunfluencia 回流，环流，周流；环绕
circunfluente 回流的，周流的，绕流的，环绕的，围绕的
circunlunar 绕月（旋转）的，环月的
circunnavegación 环球飞行，环球航行
circunnavegar 环球飞行，环球航行，环航（世界）

circunscripción 限定，局限；区域，范围
circunscrito 外接的
circunsolar 绕太阳的，绕日的；太阳周围的，近太阳的
circunstancia （事情发生的）形势，情节，情况；条件
circunstancia operacional 作业状况
circunvalación 围绕；环绕；环城工事
circunvalar 把…包围起来
circunvolución 盘绕，旋卷；（同轴）旋转，周转，涡线
cirrocúmulo 絮云，卷积云
cirroestrato 卷层云
cirrus 卷云；卷带孢子；卷须
cisco 炭块；黑黏土；黑烂泥
ciscón 煤渣
cisoide 蔓叶线
cisteína 胱氨酸，双巯丙氨酸
cisterna 地下蓄水池；（储水或油的）罐车，槽车；（船的）燃料槽；（油船上装油的）大油槽，油驳船
cisterna de almacenamiento 储槽
cisterna de expansión （油轮主油舱内的）夏季油舱，辅舱
cisterna remolque 油辆拖车
cisterna vagón （铁路上的）油槽车，油罐车
cisura 裂口，裂缝；沟
citocínesis 细胞质变动；胞质分裂
citogenética 细胞遗传学
citol 鲸醇
citomicrosoma 微粒体
citoquímica 细胞化学
citosoma 胞质体，细胞质体
citral 柠檬醛，橙花醛
citrato 柠檬酸盐
citrato de sodio 柠檬酸钠
cítrico 柠檬酸的
citrina 柠檬素；黄水晶，茶晶
citrón 柠檬
ciudad industrial 工业城市
ciudad marítima 滨海城市
ciudad satélite 卫星城
cizalla 大剪刀；剪床，剪断机，断线钳
cizalla a guillotina 双柱式剪切机
cizalla de alzaprima 杠杆式剪切机
cizalla de corte brusco 鳄鱼剪床，鳄口（杠杆式）剪切机
cizalla manual 手动断线钳
cizalla para barras 剪条机
cizalla para chapa 剪板机
cizallador 剪切工；剪板机
cizalladora 剪床；剪切机
cizalladura 切变；切力

cizalladura del viento 风的切变；风切向量
cizallamiento 剪切，剪断；切力，剪应变
cizallamiento angular 角度剪切
cizallar 剪切，剪断，切断；割，修剪
cladoforácea 刚毛藻属
claraboya 天窗，气窗
clarán 亮煤
claridad 明朗，清晰（度），清澈，透明；清楚，明白
clarificación 照亮；(液体) 澄清；提纯，阐明
clarificador 澄清器，净化器，净化剂；(无线电) 干扰清除器
clarificador centrífugo 离心澄清器
clarificante 澄清剂，净化剂
clarificar 澄清，沉淀；说明，弄清楚
clarolina 克拉罗林（一种石油中间馏分，用于天然气吸收油或溶剂油）
clase 种类，门类；等级，档次；身份；年级，班级；课
clase interactiva 互动课堂
clases de calidad del agua 水质分类
clasificación 分类，分级，分等；类别，级别；分类法
clasificación biológica de la calidad del agua 水质生物分类法
clasificación centrífuga 离心分级
clasificación de agentes contaminantes del mar 海洋污染物分类法
clasificación de los lagos 湖泊分类
clasificación de modelos 模型分类
clasificación de placas 牌照，号码的分类
clasificación de tierras 土地分类
clasificación del uso de la tierra 土地使用分类
clasificación digital 数字分类
clasificación electrónica 电子分类，电子归档
clasificación estructural 构造分类
clasificación mecánica 机械分级
clasificación periódica 周期分类
clasificación periódica de Mendelejeff 门捷列夫的元素周期表
clasificación por dimensiones 按尺寸分类，依大小排列
clasificación por mérito 评级
clasificación SAE 美国汽车工程师协会（SAE）标准
clasificación saprobia del agua 污水生物分类法
clasificación unificada del suelo （美国）统一土壤分类法
clasificado de base mixta 混合基分类
clasificador 分粒器，筛分器，分选机；分选工
clasificadora 分类器，分选机，分发机
clasificar 分类，选，拣；整理，排序
clasificar los desechos 垃圾分类

clasificar tubería 管材分类
clasolita 碎屑岩，岩屑岩
clastación 风化
clástico 碎屑；碎屑状的，碎片性的，碎屑的
clasto 岩石块，岩石碎片
clastos de sedimento 沉积碎屑
clastos desprendidos 风化的岩石碎片
clatrados 笼形（包合）物
cláusula 条款，项目，规定
cláusula adicional 附加条款
cláusula de arbitraje 仲裁条款
cláusula de aseguramiento 保险条款
cláusula de avería general 共同海损条款
cláusula de cesión de propiedad 转让条款
cláusula de coaseguro 共保条款
cláusula de compra garantizada 照付不议条款
cláusula de compromiso 承诺条款
cláusula de concesión 特许条款，特许经营条件
cláusula de daños 损失条款
cláusula de derrame 漏损条款
cláusula de desarrollo 开发条款
cláusula de fuerza mayor 不可抗力条款
cláusula de garantía 担保条款
cláusula de prolongación 延期条款
cláusula del pedernal 燧石条款
clavado 钉上的，固定不动的，镶嵌上的
clavadora 钉钉器，钉钉机
clavar 钉，钉牢，钉住；镶，嵌；扎，刺
clavar pilotes 打桩
clave 钥匙；密码；答案；说明，注释；关键
clave de fasaje 关键相量；键相位
clave 密码；答案；(解决问题的) 秘诀；主要的，关键的
clavera 钉眼，钉孔；钉帽模子；立界标处
claveteado 用饰钉装饰；顶上的
clavetear 钉 (住)，用钉加固；用钉装饰
claviforme 钉 (棍) 棒状的，棒状体的
clavija 栓，销，钉；(电器的) 插头
clavija banana 香蕉插头
clavija cónica de madera 木塞，木销子
clavija de ajuste 固定销，定位销
clavija de conexión 插塞，插头
clavija de contacto 插塞，插头
clavija de dos espigas 两芯插塞子
clavija de eje 销，轴销
clavija de ensayo (电工) 试验插头，试验放泄塞
clavija de escucha 监听键，耳机插塞
clavija de madera 木钉
clavija de prueba (电工) 试验插头，试验放泄塞
clavija de roble 木钉
clavija de tres tetones 三心插塞子

clavija del encendido 点火塞，火花塞
clavija fijadora 锁销，固定销
clavija hendida 开尾销；开口销
clavija maestra 中枢销，（转向节）主销；中心立轴
clavijero U形夹，U形钩；插头；插栓的部位
clavo 钉子；装饰钉；钉状物
clavo belloto 大钢钉
clavo de ala de mosca 扁头钉
clavo de alambre 圆铁钉
clavo de bomba 泵保险销
clavo de cabeza plana 平头钉
clavo de cabeza redonda 圆头钉
clavo de embarcación 船钉
clavo de gancho 钩钉
clavo de gota de sebo 圆帽钉
clavo de herradura 平头钉
clavo de herrar 马掌钉
clavo de moldeador 锚杆；地脚螺栓；锚栓
clavo de pie （小于20号的）普通钢钉
clavo de remachar 铆钉
clavo de rosca 螺丝钉
clavo de tercia （30厘米长的）大钢钉
clavo de tornillo 螺钉
clavo estaca （钉大梁的）长钉
clavo estaquilla （钉大梁的）长钉
clavo forjado 锻钉
clavo grande 长钉，大钉
clavo hechizo 长掌钉
clavo largo 大钉，长钉
clavo pequeño 小钉，平头钉
clavo romano 饰钉
clavo tabaque 小钢钉
clavo tablero 木板钉
clavo tachuela 平头钉
clazón en carga 荷载吃水
cleaveladita 叶钠长石
clema （带螺栓的）接电线件，接线件
clembuterol 增重剂
cleveita 钇铀矿
CLFP (combustión en lecho fluidizado presurizado o a presión) 加压流化床燃烧，英语缩略为 PFBC (Pressurized Fluidized Bed Combustion)
cliachita 胶铝矿，含铁铝土矿
clic en la banda 波段噪声
clidonógrafo 脉冲电压记录器，脉冲电压拍摄机，过电压摄测仪
clidonograma 脉冲电压记录图，脉冲电压显示照片
cliente 顾客，主顾
cliftonita 方晶石墨
clima 气候；气候区
clima árido 干燥气候，干旱气候

clima continental 大陆性气候
clima de radiación 辐射气候
clima local 地方气候，局部气候
clima marítimo 海洋性气候
climático 气候的
climatización 调节空气
climatizar 给…装上空调设备，给…装上空气调节设备
climatología 气候学；气候特性
climatología de las precipitaciones 降水的气候特性
clímax 高潮；顶点；顶极群落；顶极期
climograma 气候图，气象图
climosecuencia 气候序列，气候系列
clinoanfíbol 单斜闪石
clinoclasa 光线矿
clinoclasita 光线矿
clinocloro 斜绿泥石
clinoedrita 斜晶石
clinoeje 晶体斜轴，斜轴
clinoenstatita 斜顽火石
clinoferrosilita 斜铁辉石
clinógrafo 倾斜记录仪，测斜仪，坡面仪
clinógrafo giroscópico 陀螺测斜仪
clinógrafo magnético 磁针式测斜仪
clinohumita 斜硅镁石
clinométrico 测斜仪的，量坡仪的
clinómetro 测斜仪，量坡仪，倾斜计，倾角计
clinómetro a ácido 氢氟酸测斜瓶，氢氟酸测斜仪
clinopiroxeno 斜辉石
clinoptilita 斜发沸石
clinoptilolita 斜发沸石
clíper 巨型班机，特快客机；快速帆船
clíper transoceánico 越洋巨型飞机，越洋快速帆船
clitómetro 倾角仪
clivaje （矿石的）劈理
clivaje de corte 剪劈理
clivaje de disyunción 解理断
clivaje de flujo 流劈理，流状劈理
clivaje de fractura 解理
clivaje defectuoso 破劈理
clivaje pizarroso 板劈理
clivaje termolítico 热分解解理
cloaca 阴沟，排水管，下水道；污水池，垃圾坑
cloantina 砷镍矿
cloantita 复砷镍矿
cloche 离合器
cloche de cuñas 超越（斜撑）离合器，楔块离合器
cloche de rueda libre 超越离合器

clon 无性繁殖系，克隆，无性系，纯系
cloracetofenona 氯乙酰苯
cloracetona 氯丙酮
cloración 氯化作用，用氯消毒
clorado 被氯化的
clorador 氯化器，加氯器
clorador eléctrico 氯化电炉
cloral 氯醛，三氯乙醛；水合氯醛，结晶氯醛
cloral cristalino 水合氯醛，结晶氯醛
cloralasa 氯醛酶
cloramina 氯胺
cloranilina 氯苯胺
cloranilo 氯醌
clorar 用氯处理；加氯消毒
clorargirita 氯银矿
clorastrolita 绿星石
cloratado 含氯酸盐的
cloratita 氯酸盐炸药
clorato 氯酸盐
clorato cálcico 氯酸钙
clorato de bario 氯酸钡
clorato de cadmio 氯酸镉
clorato de potasa 氯酸钾
clorato de potasio 氯酸钾
clorato de sodio 氯酸钠
clorato magnésico 氯酸镁
clorato potásico 氯酸钾
clorato sódico 氯酸钠
clordano 氯丹
clorex 二氯乙醚
clorhidrato 氢氯化物，盐酸化物，盐酸盐
clorhídrico 含氢和氯的；含氯化氢的；盐酸的，氢氯酸的
clorhidrina 氯化醇；氯代醇
clórico 五价氯的；氯的；含五价氯的；含氯的；由氯制的
cloridización 氯化处理
clorimetría 氯量滴定法
clorímetro 氯量计
clorimida 二氯胺
clorinación 氯化作用；氯化处理，用氯消毒
clorinidad 氯含量
cloristosquisto 绿色变形岩石
clorita 氯泥石
clorita de color verde oscuro 斜绿泥石
clorita esquistosa 绿泥板岩
clorítico 含绿泥石的
cloritización 绿泥石化
clorito 亚氯酸盐
cloritoide 硬绿泥石
clorización 氯化作用
cloro 氯，氯气
cloroacetato 氯乙酸酯

cloroacetato de etilo 氯乙酸乙酯
cloroacetileno 氯乙炔
cloroacetofenona 氯乙酰苯，氯化苯乙酮
cloroacetona 氯丙酮
cloroamima 氯胺
cloroanilina 氯苯胺
cloroarsinas 氯胂三化氢
clorobenceno 氯苯，苯基氯
clorocarbono 氯烃
clorococales 绿藻目
cloroetano 氯乙烷
cloroeteno 氯乙烯
cloroetileno 氯乙烯
clorofeita 褐绿泥石
clorofila 叶绿素
clorofilita 绿叶石
clorofluorocarbonos 氯氟烃，氟氯碳化物
clorofluorocarbonado 含氯氟烃的
clorofluorocarbono 含氯氟烃
clorofórmico 氯仿的，三氯甲烷的
cloroformo 氯仿，三氯甲烷
clorohidrogenación 氢氢化作用
cloromicetina 氯霉素，氯胺苯醇
cloronaftaleno 氯萘
cloropicrina 三氯硝基甲烷，硝基氯仿
cloroprano 氯丁橡胶
cloropreno 氯丁二烯
clorosis 绿色贫血，褪绿病，萎黄病
clorotimol 氯代百里酚
clorotionita 钾氯胆矾
cloroxifita 绿铜铅矿
cloruración 氯化，氯化处理，氯化作用
clorurar 使氯化，氯化处理
cloruro 氯化物；漂白剂
cloruro alcalino 碱金属氯化物
cloruro amónico 氯化铵，卤砂
cloruro antimónico 氯化锑
cloruro arsenioso 三氯化砷
cloruro básico de plomo 钒地沥青
cloruro cálcico 氯化钙
cloruro cobáltico 氯化高钴
cloruro cúprico 氯化铜
cloruro cuproso 氯化亚铜
cloruro de alilo 烯丙基氯
cloruro de aluminio 氯化铝
cloruro de aluminio anhidro 无水氯化铝
cloruro de amonio 氯化铵
cloruro de bario 氯化钡
cloruro de benzal 苄叉二氯
cloruro de benzoílo 苯甲酰氯，苯酰氯
cloruro de cal 氯化石灰。漂白粉
cloruro de calcio 氯化钙
cloruro de calcio anhidro 无水氯化钙

cloruro de cinc　氯化锌
cloruro de cobre　氯化铜
cloruro de etileno　氯化乙烯
cloruro de etilo　乙基氯，氯乙烷
cloruro de hidrógeno anhidro　无水氟化氢
cloruro de mercurio　氧化亚汞
cloruro de metilo　甲基氯，氯甲烷
cloruro de oro　氯化金
cloruro de plata　氯化银
cloruro de plomo　氯化铅
cloruro de polivinilo (CPV)　聚氯乙烯，树脂
cloruro de polivinito　聚氯乙炔
cloruro de potasio　氯化钾
cloruro de sodio　氯化钠，食盐
cloruro de vinilo　氯乙烯
cloruro de zinc　氯化锌
cloruro férrico　氯化铁
cloruro magnésico　氯化镁
cloruro mercúrico　氯化汞
cloruro potásico　氯化钾
cloruro sódico　氯化钠，食盐
cloruros alcalino-terreos　碱土氯化物
closterita　皮拉藻烛煤
clotérmico　道氏热载体
Club de Mesa y Torre　ADDC 俱乐部联合会
　（美国和加拿大的石油界人士俱乐部组织）
CME (Consejo Mundial de Energía)　世界能源
　理事会（1924 年在伦敦成立的国际民间能源
　学术交流会）
CNR (corrección al nivel de referencia)　基准校正
coabsorción　共吸附
coacción　相互作用，共同行动；互应，协力；
　强制力
coacervación　积聚，堆积，凝聚，凝聚作用
coacervado　凝聚的；凝聚层，团聚体
coacervar　积聚，堆积；凝聚
coacervato　凝聚层
coactivación　共激活作用
coactivador　共激活剂，共活化剂
coactivar　共激活，共活化
coadaptación　互相适应
coadyuvante　助手，副手；增效剂
coagel　凝聚胶
coagulabilidad　凝结，凝结性
coagulable　可凝固的，可凝结的
coagulación　凝结，絮凝
coagulador　凝结剂，凝固剂，凝聚剂，凝结器
coagulante　使凝固的；凝固剂，促凝剂
coagular　使凝固，使凝结
coagulasa　凝固酶
coágulo　凝结物，凝结块，凝块
coalescencia　结合，合并；聚结，胶着
coalescente　聚结的；融合的

coalita　半焦炭，低温焦炭；焦炭砖
coáltar　煤焦油
coaltitud　天顶距，同高度
coaxial　同轴的，共心的，同中心线的
cobaltaje　（对零件进行）钴电解处理
cobaltamina　氨络钴
cobáltico　钴的；高钴的，三价钴的
cobaltífero　含钴的；产钴的
cobaltina　辉砷钴矿，辉钴矿
cobaltita　辉砷钴矿，辉钴矿
cobalto　钴
cobalto 60　钴 60（钴的放射性同位素）
cobaltocalcita　钴方解石
cobaltomenita　硒钴矿
cobaltoso　正钴的，二价钴的
cobertura　覆盖物；套，罩；掩护，掩盖；（交
　易所的）保证金
cobertura CMP　共中心点覆盖
cobertura de la línea de registro　记录线覆盖
cobertura de prueba　测试覆盖
cobertura del suelo　土被，地面掩盖物，地表
　盖层
cobertura múltiple　多次覆盖
cobertura ortogonal　交叉覆盖
cobertura parcial　局部覆盖，部分覆盖
cobertura periodística　媒体报道
cobertura sísmica　地震覆盖区
cobijadura　盖；覆盖物
cobre　铜；铜器
cobre afinado　精炼铜
cobre al berilio　铍铜合金
cobre al glucino　铍铜，铜铍合金（铍 2.25%）
cobre amalgamado　铜汞齐
cobre amarillo　黄铜
cobre añilado　蓝铜
cobre arsenical　砷铜（坤 0.1%~0.6%，其余铜）
cobre azul　蓝铜；蓝铜矿
cobre bruto　生铜
cobre carbonatado azul　蓝铜矿
cobre de cemento　沉积铜，沉淀铜，泥铜
cobre de roseta　精炼铜
cobre de soldar　紫铜烙铁
cobre del inducido　电枢绕组
cobre desoxidado　脱氧铜
cobre dorado　镀铜
cobre electrolítico　电解铜
cobre en barras　铜条
cobre en hojas　铜板
cobre en lingotes　铜锭
cobre en tiras　铜带
cobre fino　精炼铜
cobre fosforoso　磷铜
cobre gris　黝铜

cobre nativo 自然铜
cobre negro 黑铜
cobre oxidado 氧化铜
cobre piritoso 黄铜
cobre quebradizo 凹铜
cobre quemado 硫酸铜
cobre rojo 红铜
cobre seco 凹铜
cobre sulfurado 辉铜矿
cobre verde 孔雀石
cobreado 镀铜；包铜；镀铜的，包铜的
cobrear 给…镀铜；给…包铜
cobreño 铜的，铜制的；铜包的
cobresoldadura 铜钎焊
cobresoldadura eléctrica 电热铜焊，硬质合金电焊
cobrizado por soldadura 包铜的；敷铜箔的
cobrizo 铜包的；含铜的
cobro 收款，收税，收账；兑现；领工资
cobro contra entrega 货到付款
cobro de letras de cambio 兑现汇票
coca 古柯，高根；可卡因；（缆绳的）纽结，打结
cocción 煮，烧；焙，烧制
cocha 洗矿池；水坑，水塘，水池
cochada 煮，烧（仅在哥伦比亚使用）
coche de bomberos 消防车
cochino 清管器，收发球，隔离球
cochura 烧，烤，焙；烧制
cociente 商数
cocimiento 烧，烤，焙；汤药，煎剂；浸液
cocinilla 酒精炉；汽油炉
cocodrilo 鳄鱼；颚式夹钳
cocolitos 颗石，颗石藻；球石钙质超微化石
cocretáceo 早白垩纪，早白垩系
codal 一肘长的，肘弯的，肘状的；支持，加固；
codalamiento 支住；支撑，加固撑
codaste 船尾柱
codera 船尾系缆
codificación 编码，编程序，编制程序；译成电码；指示码群
codificación automática 自动编码
codificación de canal 信道编码
codificación directa 直接编码
codificación magnética 磁编码
codificador 编码器；译码器；把…编码的
codificar 编码，译成电码；制定法规，编纂
código 编码，代码，代号；规则；准则；法典，法规
Código Americano Normalizado para el Intercambio de la información（ASCII）美国信息交换标准码，英语缩略为 ASCII

（American Standard Code for Information Interchange）
código barrado （商品上的）条形码
código binario 二进制码
código civil 民法
código comercial 商法
código de barras （商品上的）条形码
código de cinco unidades 五位制电码
código de circulación 交通规则
código de color 色标，色码
código de comercio 商法
código de datos 数据码
código de modulación 调制码
código de operación 操作码，运算码
código de señales 信号符号；信号电码
código de trabajo 劳动法，劳工法
código en cadena 链式码
código genético 遗传密码
código lineal 线性码
código Morse 莫尔斯电码
código para calderas ASME 美国机械工程师协会（ASME）锅炉规范
código penal 刑法
código simbólico 符号码，符号代码
codillo 肘；肘形管
codímero 共二聚体
codirección 共同管理
codisolvente 潜溶剂，共存溶济
codo 肘，肘管，曲管；弯管接头，弯头
codo activo 活动弯头
codo articulado 弯头，旋转接头
codo compensador 胀缩弯头，伸缩节
codo con base 带支座弯头
codo de 180° 回弯管，U 形弯头
codo de ángulo recto 直角弯管
codo de árbol cigüeñal 曲柄弯头
codo de cruzamiento 四通
codo de hierro 联接板，节点板
codo de 180 grados 半圆弯管，回转弯头，U 形弯头
codo de manivela 曲柄半径
codo de palanca 摇把，手柄；弯曲
codo de radio grande 长半径弯头
codo de radio pequeño 短半径弯头
codo de ramas largas 长柄弯头，长半径弯头
codo de reducción 异径弯头，变径肘管
codo de retorno 回转弯头
codo de soporte de 90° 90°带支座弯头
codo de tubería 弯头，肘管弯头
codo de un cuarto 直角弯头，矩管
codo doblado 弯头
codo en ángulo recto 直角弯头
codo en U U 形弯头，回曲弯头

codo enchufe de soldadura　承插焊接弯头

codo escariador　起斜接头

codo liso　光面弯管

codo macho y hembra roscado　内外螺纹弯管接头

codo para ángulos entre tuberías adyacentes　肘管，弯管

codo para soldar　焊接弯头

codo para tubería　肘管弯头，弯头

codo PVC para aguas negras　下水管线用 PVC 弯头

codo roscado　螺纹弯头

codo roscado macho y hembra　内外螺纹弯头

codo vivo　直角弯管

codos 3D　弯头轴线的弯曲半径为管子公称直径 3 倍的一种弯头

codos de radio grande　大半径弯头

codos de radio pequeño　小半径弯头

coeficiente　系数；率，因子

coeficiente de absorción　吸收系数

coeficiente de absorción acústica　吸声系数，声吸收系数

coeficiente de absorción atómica　原子吸收系数

coeficiente de acidez　酸度系数，酸性系数

coeficiente de acoplamiento　耦合系数

coeficiente de acumulación　积累率

coeficiente de acumulación anual　年积累率

coeficiente de agregación　聚并系数

coeficiente de agregación anual　年聚并系数

coeficiente de agregación por día　日聚并系数

coeficiente de alargamiento　弹性系数

coeficiente de almacenamiento　井筒储集系数

coeficiente de amortiguación　阻尼系数，阻尼因子

coeficiente de amortiguamiento　衰变系数

coeficiente de amortización　偿还系数

coeficiente de amplificación　放大系数

coeficiente de atenuación　衰减系数

coeficiente de autoinducción　自感系数

coeficiente de bloque　方形系数

coeficiente de carga　负载系数，荷载系数

coeficiente de compactación　压缩系数

coeficiente de compresibilidad　压缩系数

coeficiente de compresibilidad isotérmica　等温压缩系数

coeficiente de contracción　收缩系数

coeficiente de conversión　换算系数

coeficiente de correlación　相关系数，对比系数

coeficiente de deflexión　偏转因数，偏移系数

coeficiente de difusión　扩散系数

coeficiente de difusividad hidráulica　水力扩散系数

coeficiente de dilatación　膨胀系数

coeficiente de dilatación cúbica　体胀系数

coeficiente de dilatación lineal　线胀系数，线膨胀系数

coeficiente de dilución　稀释率

coeficiente de dureza　硬度

coeficiente de eficacia de la precipitación　有效降水比

coeficiente de elasticidad　弹性系数

coeficiente de elasticidad a la tracción　杨氏模数

coeficiente de emisión　排放系数

coeficiente de error　误差系数

coeficiente de escorrentía　雨水与河水的比率

coeficiente de expansión　膨胀系数

coeficiente de expansión de volumen　体积膨胀系数

coeficiente de expansión lineal　线胀系数，线膨胀系数

coeficiente de frotamiento　摩擦系数

coeficiente de gasto　流量系数

coeficiente de imantación　磁化系数

coeficiente de inducción mutua　互感系数

coeficiente de interacción　相互作用系数，交相感应系数

coeficiente de Pearson　皮尔逊（相关）系数

coeficiente de penetración aerodinámica　气动阻力系数

coeficiente de Poisson　泊松比

coeficiente de ponderación　权重因数

coeficiente de producción　生产率

coeficiente de proporcionalidad　比例常数

coeficiente de reactancia　电抗因数

coeficiente de realimentación　反馈系数

coeficiente de reducción　减缩系数，折减系数，变换因数

coeficiente de reflexión　反射系数

coeficiente de resistencia　电阻系数

coeficiente de rotura　折断系数，断裂模数

coeficiente de rozamiento　摩擦系数

coeficiente de salida　流量系数

coeficiente de seguridad　保险系数，安全因数

coeficiente de sombra　阴影系数，阴影率

coeficiente de sustentación　升力系数

coeficiente de transferencia de calor　传热系数，热传递系数

coeficiente de transmisión　传输系数，透射系数

coeficiente de transmisión de calor　传热系数，热传递系数

coeficiente de utilización　利用率

coeficiente de viscosidad　黏滞系数，黏度系数

coeficiente dieléctrico　介电常数

coeficiente elástico　弹性系数

coeficiente friccional　摩擦系数

coeficiente negativo de temperatura　负温度系数

coeficiente pelicular　膜系数
coeficiente propulsivo　推进系数
coeficiente total　总系数
coeficiente total de transmisión de calor　总传热系数
coenzima　辅酶
coercibilidad　可压缩性
coercible　可压缩的，可压凝的；可强制的
coercímetro　矫顽磁力测量计
coerción　强制，强迫；矫顽性
coercitividad　矫顽磁性；矫顽磁力
coercitivo　限制的；抑制的；强制的
coercividad　矫顽力
coesencial　同素的
coetáneo　同时代的，同年龄的
coexistente　共存的，共处的；并行的，并发的；一致的，重合的
coextracción　共萃取，同时萃取
cofactor　余因子，辅因子，辅助因素
cofre　箱，柜，机架
cofre de distribución　配电箱
cofre de protección　保险柜
cofre de vapor　汽柜
cogedero　柄，把手，摇把
cogeneración　热电联合生产，废热发电
coger muestras de las paredes del estrato　井壁取样
cogestión　共同管理，共同经营
coherencia　（声波、光等的）相干性；连贯性；凝聚现象，内聚现象；内聚力，内聚性
coherente　相干的，相参的；同调的；连贯的；凝聚，内聚的
cohesión　凝聚，凝聚性；内聚，黏附，附着力
cohesión aparente　视凝聚力
cohesión molecular　分子内聚力
cohesionado　聚合的；内聚的；粘着的
cohesividad　内聚性
cohesivo　黏结的，黏性的，内聚的，有附着性的，有凝聚性的，有结合力的
cohesor　金属屑检波器，粉末检波器
cohesor automático　自动粉末检波器
cohesor de limaduras　金属屑检波器
cohete　火箭；信号火箭；升空烟火；爆破眼
coho　相干振荡器
cohobación　回流蒸馏
cohobar　回流蒸馏
coincidencia　符合，一致；相等，叠合素；同时发生
coincidente　符合的，一致的；同时发生的
cojín　坐垫，垫子，软垫；减振垫，缓冲垫
cojín de aire　气垫
cojín de presión　压力垫枕
cojinete　轴承，轴瓦，轴颈；轴箱；坐垫，垫

块；挡圈，护圈
cojinete a bolilla　滚珠轴承，球轴承
cojinete a bolilla de autoalineación　调心轴承
cojinete a bolilla de alineamiento automático　自动调心滚珠轴承
cojinete a rodillos　滚柱轴承
cojinete a rodillos cónicos　锥形轴承
cojinete amortiguado　减振轴承，缓冲轴承
cojinete antifricción　抗磨轴承，减摩轴承
cojinete antifriccionado　耐磨轴承
cojinete autoengrasante　自动对位轴承，自调轴承，调心轴承
cojinete axial　支撑轴承，止推轴承
cojinete Beusch　衬套轴承，滑动轴承
cojinete bipartido　并合轴承
cojinete central　中心轴承
cojinete con buje de bronce　青铜轮毂轴承
cojinete con poros calcáreos en la superficie　衬套轴承，滑动轴承
cojinete cónico de rodillos　锥形滚柱轴承，锥形滚子轴承
cojinete de agujas　滚针轴承，针式轴承
cojinete de aleta　铧翼
cojinete de antifricción　减摩轴承，抗磨轴承
cojinete de apoyo　游梁轴承，鞍形轴承
cojinete de apoyo radial acanalado　环形止推轴承
cojinete de bancada　主轴承，转轴
cojinete de berbiquí　曲轴轴承
cojinete de biela　连杆轴承
cojinete de bolas　滚珠轴承
cojinete de bolas con adaptador　带固接套滚珠轴承
cojinete de bolas de alineación automática　自动调心滚珠轴承
cojinete de bolas de empuje　止推滚珠轴承
cojinete de bolas radial　径向滚珠轴承
cojinete de bolas radioaxial　向心推力球轴承
cojinete de brazo　肘销轴承
cojinete de bronce　黄铜轴承
cojinete de camisa espinodal　旋节套筒轴承
cojinete de canaladuras　环形止推轴承
cojinete de carga axial　轴向载荷轴承
cojinete de cigüeñal　主轴承，转轴
cojinete de cobre　铜轴承
cojinete de cola　尾轴承
cojinete de collarín　轴颈轴承
cojinete de cono　锥形轴承
cojinete de contacto angular　向心止推滚动轴承，接触球轴承
cojinete de contacto plano　轴颈轴承，滑动轴承
cojinete de corona de torre　天车轴承
cojinete de deslizamiento　滑动轴承
cojinete de doble hilera　对排滚珠轴承

cojinete de dos mitades　对开式滑动轴承，并合轴承

cojinete de empuje　止推轴承，推力轴承

cojinete de empuje a rodillos　止推滚柱轴承

cojinete de empuje cónico de rodillo　推力圆锥滚子轴承

cojinete de empuje de bolas　滚珠推力轴承，止推滚珠轴承

cojinete de expansión　伸胀轴承

cojinete de fluido　流体轴承

cojinete de fricción　摩擦轴承

cojinete de guía　导向轴承

cojinete de la mecha para rocas　牙轮钻头轴承

cojinete de latón　黄铜轴承

cojinete de manivela　曲柄轴承

cojinete de metal blanco　巴氏合金轴承

cojinete de palier　轴颈支承

cojinete de pivote　枢轴承，轧辊轴承

cojinete de polea de corona　起重定滑轮轴承，天车轴承

cojinete de precisión　精密轴承

cojinete de rodillos　滚柱轴承，轴辊轴承

cojinete de rodillos cónicos　斜面轴承；锥形滚子轴承；锥形轴承

cojinete de rodillos coronado　滚柱轴承

cojinete de rodillos de alineación automática　调心滚子轴承

cojinete de rodillos de empuje　止推滚柱轴承

cojinete de rótulas　自动对位轴承，自调轴承，调心轴承

cojinete de soporte　轴颈支承

cojinete de soporte gaseoso　气体轴承，空气轴承

cojinete de terraja　扳牙；螺丝扳

cojinete de tubería de dos tirantes　双拉索轴承吊钩

cojinete del árbol de la máquina　主轴承，转轴

cojinete del árbol de levas　凸轮轴轴承

cojinete del árbol horizontal　主轴承，转轴

cojinete del cigüeñal　曲轴轴承

cojinete del contravástago　尾轴承

cojinete del eje de levas　凸轮轴轴承

cojinete del eje de mando　主动轴轴承，传动轴轴承

cojinete del eje de piñón　小齿轮轴承

cojinete del gorrón　径向轴承，轴颈轴承

cojinete del gorrón del pie de biela　连杆小头轴套

cojinete del pasador de articulación　十字头销衬套

cojinete del pasador de la cruceta　十字头销轴承

cojinete del taladro　（牙轮）钻头轴承

cojinete empuje　推力球轴承，止推轴承

cojinete en dos mitades　分离轴承，并合轴承，对开轴承

cojinete esférico　环形支座

cojinete estanco　密封轴承

cojinete exterior del árbol horizontal　外置轴承

cojinete frontal　前轴承

cojinete guía　导向轴承

cojinete liso　滑动轴承

cojinete maestro　主轴承

cojinete medio　轴瓦

cojinete oblicuo　斜架轴承

cojinete ordinario　托架轴承

cojinete piloto　导轴承

cojinete pivotante　斜垫轴承；自位衬垫轴承

cojinete poroso　多孔轴承

cojinete principal　主轴承

cojinete principal de la mesa rotatoria　转盘主轴承

cojinete principal delantero　前主轴承

cojinete principal trasero　后主轴承

cojinete radial　径向轴承，向心辐射式轴承

cojinete radial de extremo del disco　碟式径向滑动轴承

cojinete rail　轨座承

cojinete reforzado con metal blanco　巴氏合金轴承

cojinete riel　轨座承

cojinete seccional　剖分轴承，对开轴承，拼合轴承

cok　石油焦炭

cokificación　焦化，结焦

cokizar　使焦化，把…烧成焦炭

cola　尾，末端；尾管，插入管；排队，列队

cola de cadena para grúa　吊钩

cola de cochino　检波器引线，输出端；软电缆；锅炉外伸油管；盘管；猪尾管

cola de pato　鸠尾接合，鸠尾榫接头

cola de pez　鱼尾式钻头

cola de pino　采油树，采气树，井口装置

cola de ratón　打捞公锥

colabilidad　可铸性，铸造性能；（液态）流动性

colable　可铸的

colaboración　合作，协作；协助，帮助

colaborador　合作商，合作方，合作人；协作的，合作的

colación-filtración　渗透过滤

colada　一次生产量；一批，一组；熔化物

colada basáltica　玄武岩流

colada centrífuga　离心铸造，离心浇铸（法）

colada de fango　火山泥流

colada de fango y rocas　泥石流

colada de lava　熔岩流

colada en coquilla　激冷铁

colada en matriz　压铸件

colada hormigonada　（新拌的、未凝固的）混凝土

C

colado 铸造的，浇铸的；熔化的；过滤的

colado en moldes de arena 砂型铸造

colador 过滤器，筛子，滤网，滤管

colador de fondo 井底筛管

colador de lodo 振动筛

colador sacudidor del lodo 泥浆振动筛，泥浆摇筛机

colador trepidante para el lodo 泥浆振动筛

colador vibratorio 泥浆振动筛；振动器，振荡器

coladura 渗出，漏出，渗流

coladura continua （塞摩福流动床）连续渗滤

colapso 萎缩，虚脱，衰弱；停滞，瘫痪

colapso de tubería 套管挤压变形

colar 粗滤，过滤；漂白；铸造

colar en coquilla 冷铸

colas 尾渣，尾材，筛余物；渣滓，蒸馏残余物；尾矿

colateral 附属的，次要的；并联的，并行的，侧面的，旁边的

colatitud 余纬度

colchado 絮好的，铺好的；（绳子等）搓好的；絮棉的

colchadura 捻，搓，套，絮

colchadura a la derecha 绳股右捻，右捻（绳股）

colchadura a la izquierda 绳股左捻，左捻（绳股）

colchar 捻，搓；放置，铺，埋

colchón 垫子，衬层，填料；缓冲器，减振垫；前置液

colchón adicional de fluido 酸化顶替液

colchón de agua 水垫

colchón de aire 气垫

colchón de muelle 弹簧垫子

colcótar 褐红色铁氧化物，铁丹

colección 收藏品，收集物，文集；集聚；采集，收集

colección con fines de conservación 保存性收藏，保护性收藏

colección de programas 软件；程序系统

colectación 收集，采集，募捐，募集

colectar 收集，采集，募捐，募集；收（税）

colectividad 集体；集体性，集体状态

colectivo 集体的，共同的，收集的，聚合的；集流的

colector 集流渠；集电器，收集器；集电极，收集极

colector anticlinal 背斜圈闭

colector centrífugo 离心除尘器

colector ciclónico 旋风除尘器

colector de aceite 集油器，盛油杯，储油槽，油样收集器；废油坑，油池

colector de admisión 进气歧管

colector de agua 集水盘

colector de aire 集气器，气瓶

colector de arco 集电弓，弓形集电器

colector de arena 除砂器，拦砂阱

colector de aspiración 进气管

colector de barro 沉泥池

colector de basuras 倒垃圾管道

colector de cañerías 管汇，集合管

colector de combustible 燃料总管

colector de condensación 冷凝液收集管；冷凝液收集器

colector de condensado 凝气器，气阱，汽阱

colector de corriente 集电器

colector de drenaje 排水管，泄水管

colector de emanaciones 排烟罩，通风柜

colector de escape 排气管

colector de gas 气阱，气体收集器，滤气阀

colector de impurezas 浮渣收集器

colector de inyección 沉泥池

colector de lodo （井壁上的）滤饼圈

colector de lubricante fuera del cárter 干滑油槽

colector de polvo 集尘器

colector de sedimentos 集泥器，疏浚机

colector de solución 溶液储槽

colector de tubos 导管，集管

colector de vapor 集气管

colector desechable 一次性收集器

colector múltiple 集管中心，管汇

colector-cabezal 回弯管；回转弯头

colectores de cenizas volátiles 扬灰收集器

colemanita 硬硼钙石，硼酸钙

colesterol 胆固醇

colgadero 悬挂器，吊耳，吊钩，吊架，挂钩

colgadero de cable de acero 钢丝绳吊钩

colgadero de varillas de bombeo 抽油杆悬挂器

colgadero del émbolo buzo 活塞式吊钩

colgadero del tubo de producción 油管悬挂器，油管挂

colgadero para varillas asido a la cabeza del balancín 驴头上挂抽油杆的装置

colgador 悬挂器，吊耳，吊钩，吊架

colgador de barras 抽油杆悬挂器

colgador de dos tirantes para tubería 双拉索油管悬挂器

colgador de revestidor 套管悬挂器

colgador de tubería 吊管架，挂管钩

colgador de tubería de dos tirantes 双拉索管吊架

colgador de tubería de revestimiento 套管吊卡，套管挂，套管悬挂器

colgador de tubería para emergencias 应急管吊架

colgador del entubamiento 套管悬挂器

colgador hermético de plomo de la tubería calada 铅封衬管悬挂器

colgador para barra de bombeo 抽油杆悬挂器，方卡子

colgante 悬挂的，挂着的，垂着的；挂件

colimación 准直，对准；校准

colimador 准直仪，视准管，平行光管

colimar 照准，使准直，使成直线；平行校正；测试，观测

colina 小山，小丘，丘陵

colina abisal 深海丘陵

colina baja 低山

colindancia （土地的）接壤，毗连

colindante 接壤的，毗连的；邻接的

colindar con 与…毗邻，与…相连

colineación 直接变换

colineal 共线的，在同一直线上的；直排的

colisión 碰撞，撞击；碰撞事件；冲突

colisión elástica 弹性碰撞

colisión molecular 分子碰撞

colisionador 对撞机

collada 隘口；山口

collado 山岗，丘陵地，易通过的隘口

collar 箍，环，轴环，加强圈

collar de acoplamiento 连接法兰

collar de cementación 注水泥接箍

collar de chaveta 扁销，扁开尾销

collar de excéntrica 偏心环

collar de flotación 浮箍，套管浮箍

collar de flotación para cementar 注水泥浮箍

collar de mástil 中心架支套

collar de perforación 钻铤

collar de relleno diferencial 差压式灌注圈

collar de remolino para cementar 旋流注水泥接箍

collar de taladro 钻铤

collar de taladro con hendidura del cuña 带卡瓦槽钻铤

collar de taladro con hendidura del elevador 带吊卡槽钻铤

collar de taladro espiral 螺旋钻铤

collar de taladro no magnético 无磁钻铤

collar embutido 压环

collar flotador 浮箍，套管浮箍

collar giratorio para cementar 旋流注水泥接箍

collar obstructor 带挡圈的接箍

collar para circulación de lodo 泥圈

collar para fugas de tubería 防漏卡箍，堵漏卡箍

collar roscado 螺纹接箍

collar terraja fusiforme 塔式钻铤

collar universal 通用箍圈

collares en espiral 带螺旋形沟槽的钻铤

collarín 环，轴环，套环，套，筒，箍

collarín ajustable 可调节式颈椎校正套

collarín de barrena común 普通钻铤

collarín de barrena espiral 螺旋钻铤

collarín de circulación 带孔短接

collarín de dado 打捞母锥，打捞环

collarín de excéntrica 偏心环

collarín de perforación 钻铤

collarín de presión 气封套

collarín de refuerzo 加固环

collarín de seguridad 安全卡瓦

collarín de tope 止推垫圈，止推环

collarín del prensa estopas 密封压盖，密封套

collarín diferencial de llenado 差压式灌注圈

collarín giratorio 旋转颈接头

collarino 环形柱脚

colmatación 沉积；淤积，淤塞

colmatar 使沉积；使淤积

colmena 蜂窝；蜂窝器；整流格；整流器；蜂窝结构

colocación 安装，设置；安放，放置；位置控制；定位

colocación de desechos en el subsuelo 废物地下填埋处置

colocación de empaques 下封隔器

colocación de la primera piedra 奠基；奠基仪式

colocación de los álabes 装置叶片，安装叶栅

colocación del barco （钻）船定位

colocación simétrica de los sismógrafos 中间放炮排列

colocado 铺放的，铺好的；放置的，安放的

colocado en caliente 热铺

colocador del collar del revestidor 套管接箍定位器

colocar 放置，安放；安装；安置，安插

colocar armadura de control a un pozo 安装防喷器

colocar casing 下套管

colocar contravientos 拉绷绳（或牵索）

colocar cuñas 安装卡瓦

colocar en derivación 设置分流，分路

colocar material de relleno en una torre 对塔进行填料

colocar píldora de lodo pesado 造渣，泥化

colocar plataforma 安置甲板，设置平台

colocar rejilla 加栅栏

colocar sobre una base 放置在底座（或支架）上

colocar sobrepeso 放置平衡重块

colocar tapón de lodo pesado 造渣，泥化

colocar tubería de revestimiento 下套管

colocar un tapón 堵封，封堵

colocar un tapón de cemento 放置水泥塞

colocar una válvula 在…装阀

colodión 火棉胶，胶棉，硝棉胶

colofana 胶磷矿

colofanita　胶磷矿
colofonía　松香
colofonita　（淡绿色的或红黄色的）石榴石
coloforme　胶粒结构的
cologaritmo　余对数
coloidal　胶体的，胶状的，胶质的；稠性的，胶质性的
coloide　胶体；胶质；胶态；胶质的，胶体的，胶态的
coloide asfalténico　沥青质胶体
coloide bituminoso　固体分散胶溶沥青
coloide hidrófilo　亲水胶体
coloide líquido　溶胶
coloideo　胶体的，胶状的，胶质的，稠性的
coloidización　胶态化（作用）
colonia　殖民地；侨居地；侨民；群体，集群；菌落
colonización　殖民，殖民地化；定居，移生，移地发育
colonización agrícola　土地垦殖
color　颜色，色彩；颜料，染料
color a prueba de fuego　耐火染料
color agua　无色的，水白色的
color aparente　视在颜色，表观颜色
color cargado　深色
color complementario　互补色，余色
color cuello de pichón　浅灰色，浅灰而略带紫红的颜色
color de aplicación　表面色
color de apresto　底色
color de cera　蜡黄色
color de espectro solar　光谱色
color de las caldas　火色；热色
color de madera　木色
color de recocido　回火色，退火色
color de temple　回火色
color del iris　光谱色
color delicado　淡色
color después del lavado con ácido　酸洗后的颜色
color elemental　光谱色
color espectral　谱色
color estable　不褪色
color fundamental　原色，基色
color fusible　瓷釉色
color llamativo　鲜艳色彩
color local　自然色，专属色；地方特色
color naranja vivo　鲜橙色
color natural　天然色，自然色
color oscuro　深色
color permanente　不褪色
color primario　原色，基色
color saturado　饱和色
color Saybolt　赛氏色度

color vitrificable　瓷釉色
coloración　着色，配色，染色；色彩；颜料
coloración química　化学染料
colorado　红色的，发红的；有色的，带色的
colorante　染料；着色剂；色素；着色的，有颜色的
colorante ácido　酸性染料
colorante mineral　矿物染料
colorante vegetal　植物染料
colorantes activos　活性染料
colorantes sintéticos　合成染料
colorar　着色，染色
colorativo　着色的，上色的
coloreado　带颜色的，着色的，上色的
colorear　着色，染色
colores calientes　暖色
colores complementarios　互补色
colores de norma　标准颜色，标准色
colores espectrales　棱镜色彩
colores estándar　标准颜色，标准色
colores heráldicos　纹章色
colores primarios　三原色
colorimetría　比色法，比色试验，色度学，色度测量
colorimétrico　比色的，比色分析的
colorímetro　比色计，比色表，色度计
colorímetro Lovibond　劳维旁特色调计
colorista　着色师，彩色画家
colpa　铁丹
columbio　钶
columbita　铌铁矿
columna　柱子，圆柱；柱形物，塔；列；栏；柱管
columna adosada　暗柱，附墙圆柱
columna agrupada　簇状柱形图
columna aislada　隔离塔；独立柱（支撑在矩形的钢筋混凝土基础上的大型柱子）
columna aisladora　隔水（或油）套管，止水（或油）管柱
columna aislante　绝缘套管，绝缘套筒
columna anillada　环饰柱
columna ascendente　立式管，竖管，井管，上升管
columna atmosférica　常压塔
columna atmosférica de ozono　臭氧气柱
columna baromérica　气压计液柱
columna con rellenos　填充塔，填料塔
columna conductora　导管
columna de absorción　吸收柱，吸收塔，吸附塔
columna de agua　水柱
columna de agua amortiguadora　水垫
columna de anclaje　锚塔
columna de asentamiento　沉淀塔

columna de bandejas　板式塔

columna de barras de sondeo　钻杆柱

columna de bombeo　抽油管柱

columna de borboteo　气泡柱

columna de burbujeo　泡罩塔；鼓泡塔

columna de contacto　接触塔

columna de destilación　蒸馏塔，分馏塔

columna de destilación atmosférica　常压蒸馏塔

columna de destilación fraccionada　分馏塔

columna de destilación fraccionadora　分馏塔，精馏塔

columna de fluido　液柱，流体柱

columna de fluido alivianado　轻馏分塔

columna de fluido de perforación　钻井液液柱

columna de fraccionamiento　分馏塔

columna de gas　气柱

columna de herramientas　下井钻具

columna de lavado cáustico　碱洗塔

columna de mármol　大理石柱

columna de mercurio　水银柱

columna de observaciones　备注栏

columna de oxidación　氧化塔

columna de petróleo　油柱

columna de platos　板式塔

columna de sondeo　钻铤

columna de soporte　撑柱

columna de surgencia　喷出液柱

columna de tuberías　管柱

columna debutanizadora　脱丁烷塔

columna del volante　转向柱，转向盘轴

columna dórica　陶立克立柱

columna embebida（embutida）　暗柱

columna empacada con furfural　糠醛填充塔，糠醛填充柱

columna estabilizadora　稳定柱

columna estática　静态塔，闷塔

columna estratigráfica　地层柱，地层柱状剖面图

columna estriada　凹槽的柱子

columna fraccionadora　分馏塔

columna geológica　地质柱状剖面；地质柱状图

columna gótica　哥特式柱

columna hidrostática　水柱

columna inyectora de solución cáustica　碱洗塔

columna iónica　离子柱

columna izquierda　反扣钻具

columna líquida　液柱

columna maciza　实心柱

columna montante　立管

columna perforadora　钻杆柱，钻柱

columna reguladora　立管；疏水器；圆筒形水塔；压力管

columna separadora　分离塔

columna vertical de la atmósfera　垂直常压塔

columnario　柱的，柱状的，圆柱形的，圆筒形的

columnas basálticas　玄武岩柱

columnata　柱廊，柱列

columpio graduador de carrera　摆动行程放大器

columpio multiplicador del largo de la carrera　摆动行程放大器

coluro　二分圈，分至圈；分至经线，四季线

coluro equinoccial　二分圈，昼夜平分圈

coluro solsticial　二至圈

coluvial　崩积的

coluvión　崩积层，塌积物

coluvionamiento de lagos　河湖淤积

coma　逗号；小数点

coma binaria　二进制小数点

coma flotante　浮点，浮点法

comagmático　同源岩浆的

comancheano　卡曼奇纪的

comando　指令；命令，指挥

comba　弯曲；弧线，拱形

comba superior de un monoclinal　单斜顶部弯曲

comba superior de un terraplén　单斜顶部弯曲

combado　翘曲的，弯的，曲的，呈弧形的

combadura　弯曲；中凸形，反弯度；中间下垂

combar　使弯曲，翘起；使弯成弓形，拱起

combarbalita　（带有白色纹理的）青灰石

combinable　可结合的，可组合的；可配合的，可调整的；可化合的

combinación　结合，联合；化合，化合物；组合

combinación de alumbrado　混合灯光

combinación de cultivos　复种

combinación de sonidos　混合音响

combinaciones giroscópicas　陀螺组合

combinado　组合的，复合的；联合的；化合物，混合物，复合物

combinado metalúrgico　冶金联合企业

combinador　（电动机等的）控制器；（收音机等的）调节器

combinador principal　主控器

combinar　使混合，使组合，使联合；使化合；协调，调配

combinar con el aire　使气化，使呈气态，充气于，吹气

combinar con flúor　氟化聚合的

combinar en uno　使统一，使成套

combinatoria　组合学，组合数学

combinatorio　组合的，结合的，联合的，混合的，化合的

comburente　助燃剂；引燃物；助燃的，引燃的

combustibilidad　可燃性，易燃性

combustible　可燃的；易燃的；燃料，可燃物，燃烧剂

combustible agotado 废燃料，用过的燃料

combustible alternativo 代用燃料，替代燃料

combustible antidetonante 抗爆燃料

combustible aprobado por el API 达到 API 标准的燃料

combustible bunker 船用燃料油（这里不是指船上储存燃油的设施）

combustible cerámico 烧陶瓷用燃料

combustible coloide 胶态燃料

combustible de aviación 喷气发动机燃料，航空煤油

combustible de barco 船用油

combustible de brea 焦油燃料，沥青燃料

combustible de chorro 喷气燃料；航空燃料；喷气发动机燃料

combustible de cocina 厨房用燃油或燃气

combustible de cohete a chorro 火箭燃料

combustible de cohete a reacción 火箭燃料，推进剂

combustible de índice de octano elevado 高辛烷燃料

combustible de motor 发动机燃料

combustible de motores 汽车燃料，发运机燃料，马达燃料

combustible de norma 参比燃料

combustible de reacción 喷气燃料；航空燃料；推进剂

combustible de referencia 参比燃料

combustible derivado de desechos 废物衍生燃料（RDF）

combustible Orimulsión 奥里乳化油燃料

combustible diesel 柴油

combustible estándar 参比燃料

combustible exento de plomo 无铅燃料

combustible fluido 液体燃料

combustible fósil 化石燃料，矿物燃料

combustible fósil sólido 固体化石燃料，煤

combustible gaseoso 天然气燃料，气体燃料

combustible limpio 清洁燃料

combustible líquido 液体燃料，燃料油

combustible líquido extraído de carbón 煤焦油，煤炼油

combustible líquido extraído de esquistos bituminosos 页岩油

combustible líquido para horno 锅炉重油，炉用油

combustible liviano 航空煤油

combustible mineral 矿物燃料

combustible naval 船用燃料油

combustible no quemado y tóxico 有毒、未燃烧的燃料

combustible nuclear 核燃料

combustible obtenido de desechos 废物衍生燃料（RDF）

combustible para aviación 航空燃油，航空燃料油

combustible para buques 船用油，船用燃料油，船用锅炉燃料油，船用重油

combustible para cocinas 厨房用燃油，点炉用油

combustible para cohetes 火箭燃料

combustible para estufas 炉用油

combustible para motores 发动机燃料，马达用燃料

combustible para motores a chorro 喷气燃料；航空燃料；喷气发动机燃料

combustible para motores a reacción 喷气燃料；航空燃料；推进剂

combustible para tractor 拖拉机燃料

combustible para turbinas 汽轮机燃料，涡轮机燃料

combustible para vehículos viales 公路交通工具燃料

combustible poco o menos contaminante 清洁燃料

combustible primario de referencia 第一参比燃料，正标准燃料

combustible pulverizado 雾化燃料

combustible que contiene plomo 含铅燃料

combustible secundario de referencia 第二参比燃料，副标准燃料

combustible sin humo 无烟燃料

combustible sintético 合成燃料

combustible sólido 固体燃料

combustible sustitutivo 替代燃料

combustible vegetal 生物燃料

combustibles diversos 混合油燃料

combustibles obtenidos de la biomasa 生物燃料

combustibles oxigenados 含氧燃料

combustión 燃烧；（有机物的）氧化

combustión a carbón 使用煤燃烧，燃烧煤

combustión a presión en lecho fluidizado (CPLF) 增压流化床燃烧，英语缩略为 PFBC (Pressurized Fluidized Bed combustion)

combustión activa 快燃，速燃

combustión activada 正向燃烧

combustión al aire libre 露天焚烧

combustión atmosférica en lecho fluidizado 常压流化床燃烧

combustión completa 完全燃烧

combustión de alto y bajo nivel 温度交变燃烧

combustión de petróleo o aceite 油燃烧，烧油

combustión del gas 瓦斯着火

combustión detonante 爆燃

combustión en el sitio 现场火烧

combustión en el yacimiento 地下燃烧

combustión en lecho fluidizado 流化床燃烧

combustión entera 完全燃烧

combustión espontánea 自燃，自发燃烧

combustión estequiométrica 化学计量燃烧

combustión extinguida con nitrógeno 氮淬火燃烧

combustión húmeda 湿法燃烧；湿式燃烧法

combustión in situ 现场火烧

combustión incompleta 未完全燃烧

combustión interna 内燃

combustión inversa 反向燃烧

combustión libre 大气中燃烧，自由燃烧

combustión no estequiométrica 不按化学计量
  燃烧

combustión orgánica 有机燃烧

combustión perfecta 完全燃烧

combustión presurizada en lecho fluidizado
  (CPLF) 增压流化床燃烧，英语缩略为
  PFBC（Pressurized Fluidized Bed combustion）

combustión prolongada 迟燃，补燃，复燃，
  复烧

combustión retardada 滞火，缓燃

combustión seca 干燃烧

combustión superficial 表面燃烧

combusto 燃烧着的

combustóleo 燃料油，重质燃料油

combustóleo de barcos 船用燃料油，船用燃料

combustóleo de calefacción 锅炉重油，炉用油，
  燃料油

combustóleo de tractores 拖拉机用油

combustóleo del destilado 蒸馏燃料油

combustóleo para barcos 船用燃料油，船用
  燃料

combustóleo residual 残燃渣油

combustonar 燃料室，燃烧器

combustor anular 环形燃烧室

combustor de enfriamiento por ranuras 缝隙冷
  却式火焰筒

combustor retardado 补燃器；复燃室，后燃器

comenzar a circular 开始循环，开始循环流动；
  开始传播

comenzar la circulación 开始循环

comercial 商业的，贸易的；商人的；商业
  广告

comercialización 销售，市场出售

comercialización de petróleo 石油商业化，石油
  销售

comercializar 销售，市场出售；使商品化

comerciante 商人；商业的，贸易的

comercio 商贸，买卖，交易，贸易

comercio en productos agrícolas 农产品贸易

comercio interior 国内贸易

comestibilidad 可食性

comestible 可食用的，能吃的

cometer 委托，托付；给佣金；犯错误，犯罪

comida extensión jornada 加班或连班食物补助

comienzo 开始，开端；起源

comienzo de la era cuaternaria 更新世的；更新
  世，更新统

comisión 委托；任务，使命；委员会；代理；
  佣金，回扣；手续费

comisión de compra 购货佣金

comisión de consultoría 咨询费

comisión de descuento 贴现手续

comisión de geólogos 勘探队；勘探委员会

comisión de venta 销售佣金

Comisión Federal Reguladora de Energía (US)
  (CFRE) 美国联邦能源管理委员会，英
  语缩略为 FERC（Federal Energy Regulatory
  Commission（US））

comisión geológica 地质队；地质委员会

comisión gravimétrica 重力测量队；重力测量
  委员会

Comisión Interestatal de Petróleo (CIP) 州际石
  油契约委员会，英语缩略为 IOCC（Interstate
  Oil compact Commission）

Comisión Internacional de Protección Radiológica
  (CIPR) 国际辐射防护委员会，英语缩略为
  ICRP（International Commission on Radiological
  Protection）

comisión orgánica 组织委员会

comisión sismográfica 地震队；地震委员会

Comisión sobre el Desarrollo Sustentable (CDS)
  可持续发展委员会，英语缩略为 CSD
  （Commission on Sustainable Development）

comisionado 受委托的，受委任的；委员，代
  表，特派员；受托人

comisionar 委托，托付；派遣，委派；委任

comisionista 代理人，中间商，佣金商；经纪人

comisionista de aduana 报关经纪人

comisionista de compra 购买代理人，购买经纪人

comisionista de venta 销售代理人，销售经纪人

comisionista expedidor 发货代理人，海运代理人

comistión 混合，混合物

comisura 连合；接缝处，接合处

comisura estratigráfica 层理面，层面

comité 委员会

comité de ejecución 执行委员会

Comité de Salud, Seguridad y Competencia del
  personal (CCSSP) 健康、安全和人员培训委
  员会英语略写为 SHAPCC（Safety, Health and
  Personnel Competence Committee）

Comité de Seguimiento (OPEP) (OPEC) 监察
  委员会

comité ejecutivo 执行委员会

comité permanente 常务委员会

compacción 填密，填实；密封；包装

compacidad 紧密（性），结实（性），压实度

compactabilidad 可压实性，紧密度，压塑性，

compactación — 186 —

成型性

compactación 填密，填实；密封；包装；压实，压实作用

compactación diferencial 差异压实

compactación por gravedad 重力压实

compactado 压实的

compactado a fondo 充分压实

compactadora 压实器，压实机；夯具

compactadora pisoneta 路面压实机，夯实机

compactar 使紧密；使密集；使紧实；压缩

compactibilidad 压实性，可压实性；可塞紧，可夯实

compactible 可压实的；可塞紧的；可夯实的

compacto 密的，实的，密度大的，结构紧密的；影响力，冲击力

compaginar 协调，整理；安排（报纸的版面）

compañía 公司，商号

compañía aérea 航空公司

compañía afiliada 联营公司，附属公司

compañía anónima 股份公司

compañía asociada 联营公司，关联企业公司

compañía comanditaria 有限责任合伙公司

compañía de aviones 航空公司

compañía de coinversión 合资公司

compañía de comercio exterior 外贸公司

compañía de exploración 勘探公司

compañía de navegación 船公司

compañía de seguros 保险公司

compañía de transportes 运输公司

compañía de valores 证券公司

compañía del agua 自来水公司

compañía del gas 煤气公司

compañía dominatriz 控股公司，持股公司

compañía eléctrica 电力公司

compañía en comandita 两合公司，股份有限公司

compañía marítima 海运公司

compañía matriz 总公司，母公司；控制公司，持股公司

compañía multinacional 跨国公司，多国公司

compañía proveedora 供应公司

compañía transnacional 跨国公司

comparación 对比，比较，对照；相似，类似；拟合；匹配

comparación de configuraciones 模式匹配，型样匹配

comparación de configuraciones, formas o estructuras 配置、方式或结构的匹配

comparaciones históricas 历史拟合，历史匹配

comparador 比色仪；比较电路；（自动数据处理或控制系统中的）比较器

comparador cartográfico 雷达测绘版，地图比较装置

comparador de bobinas 线圈比较器

comparador de cuadrante 带有千分表的比较仪

comparador fotoeléctrico 光电比测器

comparador horizontal 水平比测器，水平比长仪

comparador óptico 光学比测器

comparador óptico-electrónico 电子光学比测器

comparador sónico 声波比较仪

comparar 比较，对照；比拟

comparascopio 显微比较镜

comparativo 比较的；相当的，对比性的

compartamentalización 分格，分块；区分，划分

compartimentación 分格，分块；区分，划分

compartimentar （用板）隔开，分成隔间；划区

compartimento (compartimiento) 隔间，格间，格子；隔舱，水密舱，防水船舱

compartimento estanco 围堰，隔墙；潜水箱；隔离舱

compartimiento 船仓，密封舱

compartimiento de succión 吸入室

compartimiento píldora 药品间

compás 罗盘，指南针；卡钳，测径器；圆规，两角规

compás apriódico 定指罗盘针

compás azimutal 方位（测量）罗盘

compás bailarín 圆规，卡尺，测径规

compás de calibre 卡钳；卡尺；变脚圆规

compás de dibujo 绘图圆规

compás de división 两脚规，分线规

compás de espera 休止；（事情）暂时搁置，暂时停顿

compás de espesores 测径规，外卡钳

compás de graduación 指示计

compás de gruesas 外卡钳

compás de interiores 内卡钳

compás de medidas 针规，分线规

compás de proporción 比例规

compás de proporcionar 比例规

compás de puntas secas 圆规；两脚规

compás de reducción 比例规

compás de resorte (puntas) 弹簧弓；针规，分线规

compás de ruta 驾驶罗盘

compás de varas （椭圆）量规，长臂圆规；梁规

compás deslizante 长臂圆规，横杆圆规

compás estroboscópico 频闪式测向仪

compás giroscópico 定向陀螺，航向陀螺仪，回转陀盘

compás interior 内卡钳，内卡

compás micrométrico 千分测径规

compasar （用分线规、卡钳）测量

compatibilidad 并存性，相容性，和谐；兼容性，并存性

compatibilidad ambiental　环境相容性

compatibilidad ascendente　向上兼容，向上兼容性

compatibilidad con el medio ambiente　与环境的相容性

compendio　提要，摘要，概略，大概，梗概；简编

compensación　补偿；赔偿；补偿物，赔偿物；票据交换；抵消；结算；（债权和债务）抵消

compensación automática　自动均衡

compensación automática de bajos　自动偏压补偿

compensación bancaria　银行结算

compensación bilateral　双边结算

compensación de apertura　孔径失真补偿

compensación de manivela　曲柄偏置角

compensación de movimiento　运动补偿；动态补偿

compensación de temperatura　温度补偿

compensación del valor　价值补偿

compensación isostática　地壳均衡补偿，均衡补偿

compensación termostática　温度补偿

compensado　平衡的，均衡的；得到补偿的，有补偿的

compensador　补偿的，赔偿的；补偿器，补助器，均衡器，调速器

compensador aerodinámico　气动平衡装置

compensador automático de junta fría　冷接点自动补偿器

compensador de compás　罗经自差补偿器

compensador de fase　延迟均衡器

compensador de mar de fondo　升沉补偿装置

compensador de tensión　均压器

compensador de vibraciones　谐振器

compensador del movimiento de la sarta　钻柱补偿器

compensador dinámico　平衡调整片

compensador elevador　平衡升压机，均压机 - 增压机

compensador-reforzador　平衡升压机，均压机 - 增压机

compensar　补偿，赔偿；调整偏差；抵消；弥补

compensativo　补偿的，代偿的

compensatorio　补偿的，代偿的

compensatriz　平衡装置，配重，稳定器

competencia　竞争，竞赛；权限，职权；资格

competente　胜任的，有能力的；应该做的，适宜的；足够的，充足的

competición　竞争；竞赛，比赛

competidor　竞争者，对手，比赛者；竞争的；比赛的

competitividad　竞争力

competitivo　有竞争力的

compilación　编制；（计算机）编码，编译程序；汇编，搜集；编辑物

complejidad　复杂性

complejo　由部件组成的，组合的；综合企业；合成体，合成物，复合体

complejo absorbente　吸附性复合体

complejo basal　基底杂岩

complejo de fallas　断层群，断层组合

complejo de núcleo metamórfico　变质核杂岩

complejo de núcleos　岩心群，岩心组合

complejo de plataforma marina de carbonato poco profunda　浅海碳酸盐台地组合，浅海碳酸盐台地杂岩

complejo de plataformas　复合平台型

complejo de pórfidos cuarcíferos y tobas asociadas　伴生凝灰岩的石英斑岩复合体

complejo petróleo-gas　油气藏

complejo petroquímico　石化企业

complejo productivo　生产层，产油带；产油区，采油区

complejo refinador　炼厂

complejos costeros inter y supra mareales　潮间—潮上滨线复合相

complejos costeros intermareales　潮间滨线杂岩，潮间滨线复合体

complejos costeros supramareales　潮上滨线杂岩，潮上滨线复合体

complementar　补充，补足，使完美

complementariedad　互余性，并协性；互为补充

complementariedad　互为补充，相互配合；互补性，并协性

complementario　辅助的；补充的，互补的

complemento　补足物；互为补充的东西；补助金；余角；余弧；补码；补数

complemento aritmético　余数

complemento de peso　（磅秤上）补充重量之物，相抵物，充数之物

complemento del buzamiento de falla　断层余角

completación　（油井）完成，完井；结束，完工

completación a baja presión　低压完井

completación a hueco abierto　裸眼完井法

completación con arena　砾石充填完井

completación de pozo　完井，完井作业

completación múltiple　多层完井

completación original　最初完井

completación selectiva　选择性完井

completación sencilla　单层标准完井

completamente roscado　全螺纹

completamiento con tuberías de revestimiento　下套管完井，套管完井

completamiento del hoyo　完井

completar　完成，结束，使完善

— 188 —

completar a hueco abierto 裸眼完井

completar un trabajo 完工，竣工

completo 完整的，完全的；整体的，全部的；全体成员

completo con todos sus accesorios 成套设备

componente 成分，组分；零件，元件；分力，分量；组成的，部分的

componente activo 有功效部分；活性组分

componente de aleación 合金成分，合金元素

componente de los desechos 废物成分

componente electrónico 电子元件

componente en fase 同相分量

componente entálpico 焓构成，焓组分

componente fuera de fase 非同相分量，异相成分

componente horizontal del campo magnético 地磁水平分力

componente índice determinante 关键组分

componente intermediario 中间组分

componente lógico 软件

componente oeste 气流的西向速度分量

componente perpendicular 垂直分量

componente principal 主成分，主要成分

componente tangencial 切向分量

componente vertical 垂直分量

componente volátil 挥发性组分

componentes abióticos del medio ambiente natural 介质

componentes del asfalto 沥青组分

componentes del taladro 钻机的组成部分

componentes físicos 物理组分

componentes olefínicos 烯组分

componentes simétricos 对称分量

componentes surfactantes 表面活性组分

componentes verticales 垂直部分，垂直分量

componer 构成，组成，修理，修补，整理；使恢复原状

comportamiento 行为，举止，表现；性能，特性；运行，完成，履行

comportamiento antidetonante en carretera （辛烷）正常行驶的抗爆性特征

comportamiento bajo inyección de agua 注水条件下的动态

comportamiento de afluencia 向井流动动态

comportamiento de campo 油田动态，油田生产动态，现场使用性能

comportamiento de esfuerzos y deformaciones 应力应变特性

comportamiento de fases 相特性，相态特性

comportamiento de los suelos en el deshielo 冻土融化规律

comportamiento de pozo 井动态，井的动态

comportamiento de producción 开采动态，生产动态

comportamiento de servicio 运转情况

comportamiento de yacimiento 油层动态，储层动态，储层性能，油藏动态

comportamiento del ozono 臭氧特性

comportamiento del proyecto piloto 先导试验情况；试验区动态

comportamiento durante el almacenamiento 储藏特性

comportamiento en condiciones actuales 目前条件下的动态

comportamiento newtoniano 牛顿特性，牛顿行为

comportamiento no newtoniano 非牛顿流体特性

comportamiento pegajoso del combustible 燃料油的黏性特性

comportamiento predictivo de recuperación 可预测的采油动态

composición 混合物，化合物；构成，组成，合成物；成份；组成人员

composición andesítica 安山岩成分

composición atmosférica 大气成分

composición de fuerzas 力的合成

composición de los piensos 饲料组成，饲料配合

composición de velocidades 速度合成

composición del alimento de los animales 动物的饲料组成，饲料配合

composición granítica 花岗岩成分

composición mineral 矿物组成

composición mineralógica 矿物组成

composición molar 摩尔组成

composición petrológica 岩石组成

composición química 化学成分

composite 合成材料

compostaje 堆制肥料，堆肥处理

composte 混合肥料，堆肥

compostura 构成，组成，合成；修理，整理，掺杂

compoundaje 混合物，化合物；复合，组合，混合；配料，配方

compoundaje en paralelo 并联

compoundaje en series 串联

compra 购买，采购；所购物品

compra a plazos 分期付款购买

compra al contado 现金购买

comprador 买东西的；买办的；买主，购买者

comprar 购买，采购

comprar al contado 现金买，现金购买

comprar al fiado 赊买

comprar al por mayor 大批买进

comprar al por menor 零买

comprar por kilos 论公斤购买

compraventa de derechos de contaminación 排污权交易；排污交易；排放交易

compraventa determinada 背对背交易

comprensión perfecta 完全压缩

compresibilidad 压缩系数，压缩性，压缩率

compresibilidad de isotérmica del gas 气体的恒温压缩系数

compresibilidad de la formación 地层压缩系数

compresibilidad de la roca 岩石压缩系数

compresibilidad del petróleo 原油压缩系数，原油压缩性

compresible 可压缩的，可浓缩的；压缩性的

compresímetro （测量压缩形变的）压缩计，缩度计，压汽试验器

compresión 压缩，压榨；压实

compresión adiabática 绝热压缩

compresión axial 轴向挤压，轴向压缩

compresión centrífuga 离心式压缩

compresión de datos 数据紧缩，数据压缩

compresión de encendido y apagado 通断切换压缩

compresión isotérmica 等温压缩

compresión modulada 调制压缩

compresión normal politrópica 正常多变压缩

compresión politrópica 多变压缩

compresión por etapas 分级压缩

compresión según la dirección del eje 轴向挤压，轴向压缩

compresión tangencial 切向压缩

compresivo 可压缩的；有压缩力的；起压缩作用的；压缩的

compresor 压缩机，压气机，压风机

compresor a motor 机动压缩机

compresor accionado por correas 皮带传动的压缩机

compresor alternativo 往复式压缩机；往复式压气机；活塞式压缩机

compresor axial 轴向式压缩机

compresor centrífugo 离心压缩机

compresor con motor a expansión de gas 气体膨胀驱动的压缩机

compresor de aire 压气机，空气压缩机

compresor de alta presión 高压压缩机

compresor de amoníaco 氨压缩机

compresor de ángulo 角式压缩机

compresor de arranque en frío 冷启动压缩机

compresor de barril 桶形离心压缩机

compresor de campana 钟形压缩机

compresor de doble efecto 双作用压缩机；双动压缩机；双动式压缩机

compresor de dos etapas 二级压缩机

compresor de flujo axial 轴流式压缩机

compresor de gas 气体压缩机

compresor de gas de alta presión 高压压气机

compresor de pistón 往复式空气压缩机，往复式压气机，活塞式压气机

compresor de simple efecto 单作用式压缩机

compresor de sobrealimentación 增压器，（预压用）压气机

compresor de tipo angular 角式压缩机

compresor de una etapa 单级压缩机

compresor de una sola etapa 单级压缩机

compresor de varios escalones 多级压气机

compresor eléctrico 电动压风机

compresor expansor 压缩扩展器，压伸器，展缩器

compresor frigorífico 制冷压缩机

compresor horizontal 卧式压缩机

compresor multietapa 多级压缩机

compresor neumático 空气压缩机

compresor para aumentar la presión del gas 气体升压器；气体输送压缩设备；压气设备

compresor plurietápico 多级压气机

compresor portátil 移动式压缩机，小型压缩机

compresor reciprocante 往复式空气压缩机；往复式压气机；活塞式压缩机

compresor refrigerant 制冷压缩机

compresor rotativo 旋转压缩机

compresor rotatorio 旋转压缩机，旋转式压缩机，旋转式压风机

compresor sencillo 单级压缩机

compresor supersónico 超声压气机

comprimible 可压缩的，可浓缩的；压缩性的

comprimido 压缩的，被压缩的；压扁的

comprimidor 压缩机，压气机，压风机

comprimir 压缩；压紧，挤压；使挤满

comprimir en etapas 分阶段压缩，分段压缩

comprobación 证明；证实；核实

comprobación de caminos de organigrama 路径检验；通路测试

comprobación de ramas de organigrama 路径检验；通路测试

comprobación de rendimiento 性能试验

comprobación electrónica 自行式电测井

comprobado 证实的；经校验的，探明的，可靠的

comprobador 检验的；检验器，检验仪

comprobador de engranajes 啮合检验机

comprobador lógico 逻辑探头

comprobante 证明的，可作证明的；证明，证件单据，凭单

comprobar 证实，证明，核实，验证，验算

compromiso 保证，诺言，承诺，承担义务

compromiso con la comunidad 对社区的承诺

compromiso obligatorio 有约束力的承诺

compromiso verbal 口头许诺

C

compuerta 水门，闸门
compuerta corrediza 滑动门，滑板；滑动水口
compuerta de carrera 滑动闸门
compuerta de cierre total 隔绝闸门
compuerta de dique （船坞等的）铁浮门，浮动坞门；水闸
compuerta de esclusa 船闸闸门；水泻闸门
compuerta de marea 海闸；潮闸
compuerta de mariposa 蝶阀，风门，混合气门
compuerta de tiraje 炉闸
compuerta de tiro 节气闸；炉闸
compuerta de toma 总水门，引水闸门
compuerta de vaciado 排泄阀
compuerta del tanque 油罐顶小门，油罐孔口
compuerta registro esférico 球形阀
compuerta reguladora 风门，节气闸，调节阀，挡板
compuesto 合成物，化合物，复合物，复合材料
compuesto aditivo 加成化合物，添加剂
compuesto aislante 绝缘混合剂
compuesto alcohilénico 烷基化合物
compuesto alifático 开链化合物，脂链化合物
compuesto alifático saturado 饱和脂族化合物
compuesto alquílico 烷基化合物
compuesto antidetonante 抗震油剂，抗爆剂
compuesto anular 环状化合物
compuesto aromático 芳香族化合物
compuesto binario 二元化合物
compuesto biodegradable 生物可降解化合物
compuesto cíclico 环状化合物
compuesto cristalino 晶体化合物
compuesto de cadena abierta 开链化合物
compuesto de carbono, hidrógeno y azufre 硫醇
compuesto de cieno 污泥堆
compuesto de dos o más metales 合金
compuesto de esmog 烟雾反应物
compuesto de niebla industrial 烟雾反应物
compuesto de nitrógeno 偶氮化合物
compuesto de variados tipos de biocidas 多种复配型杀菌剂
compuesto fenólico 胶木，配制绝缘材料，热塑性塑料
compuesto férrico 三价铁化合物
compuesto hidróxido de multi-metal 混合金属氢氧化物
compuesto lapidado 研磨膏
compuesto mineral 无机化合物
compuesto no saturado 不饱和化合物
compuesto obturador 密封胶，填缝料
compuesto orgánico 有机化合物
compuesto organoclorado 有机氯化合物
compuesto organoestánnico 有机锡化合物

compuesto organohalogenado 有机氟化合物；有机卤素化合物
compuesto organometálico 有机金属化合物
compuesto ozonogénico 产生臭氧物质
compuesto para asentar 研磨膏
compuesto para impregnación 浸渍化合物
compuesto para lubricar engranajes 齿轮油
compuesto para preservar cables de acero 电缆涂料
compuesto polar 极性化合物
compuesto químico 化合物
compuesto químico muy peligroso 高危险性化学品
compuesto saturado 饱和化合物
compuesto secundario 次级化合物
compuesto soluble 可溶性化合物
compuesto tóxico 有毒化合物
compuestos alifáticos 脂族化合物
compuestos amoniacales 氨化合物
compuestos arcillosos de la inyección 钻井用黏土
compuestos aromáticos 芳香族化合物
compuestos azoicos 偶氮化合物
compuestos cíclicos 环状化合物
compuestos de cadena larga 长链化合物
compuestos de coordinación 配位化合物
compuestos de metales pesados 重金属化合物
compuestos de telurio 碲化合物
compuestos diazoicos 重氮化合物
compuestos fenílicos 酚类化合物
compuestos heterocíclicos 杂环化合物
compuestos metalíferos 含金属化合物
compuestos nítricos 硝基化合物
compuestos nitrogenados 偶氮化合物
compuestos orgánicos 有机化合物
compuestos orgánicos volátiles 挥发性有机物
compuestos que contienen carbón 有机化合物，含碳的化合物
compuestos que contienen nitrógeno 含氮化合物
computación 计算，计算法；估算；信息学
computación gráfica 图解计算
computador 计算机，电脑；计算器；计算员，计算者
computador analógico 模拟计算机
computador automático 电子计算机
computador cliente 计算机客户端
computador de flujo 流体计算机
computador de juego de instrucciones complejas 复杂指令系统计算机（CISC）
computador de juego reducido de instrucciones 精减指令集计算机（RISC）
computador digital 数字计算机
computador electrónico 电子计算机
computador híbrido 混合计算机

C

computador mixto　混合计算机
computador secundario　辅助计算机，副机
computador servidor　计算机服务器
computadora　计算机，电脑
computadora de mesa　台式电脑，台式计算机
computadora doméstica　家用电脑，家用计算机
computadora electrónica　电子计算机
computadora personal　个人计算机
computadora portátil　便携式计算机
computadorización　计算机处理，用计算机操作
computadorizado　计算机处理过的，用计算机操作的
computadorizar　把（数据）进行计算机处理；用计算机操作
computar　计算，核算，估计
computarización　计算机处理，用计算机操作
computarizar　把（数据）进行计算机处理；用计算机操作
computerización　计算机处理，用计算机操作
computerizar　把（数据）进行计算机处理；用计算机操作
computista　计算员，计算者
cómputo　计算，计算法；估算
cómputo de orificio　孔板流量计量
común　共同的，共用的；常见的，普通的；居民
comunero　随和的，受欢迎的；公社的；（产业的）共有者
comunicación　联系，往来；通知，通告；通道，通路；交通；交通联系
comunicación aire-tierra　陆空通信联络
comunicación inalámbrica　无线电通信
comunicación lateral　旁路，迂回
comunicación por ondas electromagnéticas　电磁波通信
comunicación punto a punto　点对点通信，干线无线电通信
comunicación radiotelefónica　无线电通信
comunicación radiotelefónica en dos direcciones　双向无线电通信
comunicaciones industriales estándar　标准产业通信
comunicado　公告，公报，通告，声明，交通方便的
comunicador　通讯员；发信机，通话装置，通信设备
comunidad　相同，一致；（有共同利益的）团体，协会；（国家间的）共同体，社会；社区，集体；群落
comunidad animal　动物群落
comunidad béntica　底栖生物群落
comunidad biótica　生物群落
comunidad de bienes　财产共有制

comunidad de especies　生物群落
comunidad ecológica　生态群落
comunidad humana　人类群落
comunidad vegetal　植物群落
comunidades anteriores a la contaminación　污染前的群落
comunidades incrustantes　外侵群落，外部闯入的群落
comunidades locales　当地社区
con acanaladuras en espira　螺槽
con acanaladuras rectas　直槽
con bioxido de hidrógeno　过氧化氧
con camisa de vapor　带蒸汽夹套的
con cierre automático　自闭合，自接通
con cierres en los cuatro sentidos　四个方向均闭合的
con crestones　具鸡冠状突起的，脊状的
con flujo natural de pozo　以自喷形式
con fondo de cobre　船底包铜皮的；财务健全的，可信的
con holgura　松配合，间隙配合
con insuficiente contrapeso　欠平衡的
con motor de gasolina　汽油发动的
con múltiples lentes　多物镜的
con puntitos　有斑点的，如斑点般散布的，混杂的
con refrigeración por agua　水冷式的，水散热的
con ruedas　带轮子的，有轮的
con tierra　带接地的
conato de accidente　未遂事故
concatenación　连接，结合；串联，相互联系；链接，并置
concatenado　连结的，链状结合的，连环的，锁相的，相位同步的
cóncava　凹面，洞，坑，穴；凹度；凹陷性，凹性
concavidad　凹状（性；度；处，面）；成凹形
cóncavo　凹的，凹陷的；凹陷，凹面，凹部；井口工作面
concavoconvexo　凹凸的
concebir　构思，想象；理解；产生（想法）
conceder　给予，授予；准予，准许，同意；承认
concentrabilidad　可集中性；可浓缩性
concentrable　可集中的；可浓缩的
concentración　集中；聚集；集结，浓度，浓缩；集会，大会
concentración a nivel de tierra　地表浓度
concentración crítica micelar　临界胶束浓度
concentración de agentes contaminantes　污染物浓度
concentración de bacterias　细菌浓度
concentración de componentes en desperdicios　废

物的主要构成

concentración de descargas 污水排出口浓度

concentración de dióxido de azufre en la atmósfera 空气中的二氧化硫浓度

concentración de dióxido de carbono en la atmósfera 空气中的二氧化碳浓度

concentración de esfuerzos 应力集中

concentración de fondo 本底浓度，背景浓度

concentración de iones 离子浓度

concentración de las emisiones 排放浓度

concentración de partículas 微粒浓度，微粒量

concentración de plomo en las aguas 水中铅的浓度

concentración de polvo 含尘量，灰尘负荷

concentración de potencia 浓集势

concentración de smog 烟浓度

concentración del ácido 酸浓度

concentración electrostática 静电聚焦

concentración en el medio ambiente 在环境中的浓度

concentración en iones de hidrógeno 氢离子浓度

concentración mínima 阈值，界限值，门限值

concentración mínima de ozono 臭氧浓度极小值

concentración orgánica total (COT) 总有机碳含量，英语缩略为 TOC (Total Organic Concentration)

concentración salina 含盐度

concentración tóxica 毒物浓度

concentraciones del ambiente 环境浓度

concentrado 集中的，集合的；聚集的；浓缩的；富集的

concentrado de mineral 富含矿的，矿物富集的

concentrado de plomo 精铅矿，铅精矿

concentrador 稠化器，浓缩机；增稠剂，浓缩剂；选矿厂

concentrador de electrones 电子枪

concentrar 集中；聚结；集结；浓缩，增加……的浓度；(矿物) 富集，精选

concentricidad 同心，同心中心性

concéntrico 同心的；同轴的

concepción 概念，想法，设想，构思

concepto 概念；思想；意见，见解；(账目等的) 项目；名义

concepto de ingeniería 工程概念

conceptos interpretativos 概念说明，概念解释

conceptual 概念的

concertar 调整，使协调，使同意，使和解；协定，协议；核对，对照，使和解

concertar los esfuerzos 协同努力

concertina cuchilla extra larga 蛇腹型铁丝网

concertina cuchilla tipo arpón 叉型铁丝网

concesión 给以，准予；让步，退步；(政府给个人或企业使用土地或开发矿山等的) 特许权，经营权；租界，租借地

concesión comunitaria 社区特可；社区租地

concesión de tiro 放炮许可

concesión petrolera 石油勘探开采许可 (或租约；租地)

concesión situada en el límite del yacimiento 油气田边缘租地

concesionario 获得特许权的；被授与者，受让人，承让者

concha 贝壳，甲壳；贝壳状物

concha bancada 盖壳底座

concha de biela 连杆瓦

concha de cojinetes 轴瓦，轴承壳套

concha de crustáceo 甲壳类外壳堵漏剂

concha de moldeo 冷铸型，激冷模，金属型

conchero (海、河、洞穴边的) 贝冢

conchífero 含有大量化石贝壳的

conciencia 良心，道德心；意识，观念；觉悟；知觉，感觉

conciencia ambiental 环境意识

conciencia pública 公众意识

conciencia tecnológica 技术意识

conciliar 调解；使和好，使和解；使和谐，使协调

concluir 结束，完结，终止；得出 (结论)，推断，推论

conclusión 决议，决定；结论，推论；总结，概述

conclusivo 总结性的

concoidal 贝壳状的，蚌线的

concoide 贝壳状的；蚌线

concoideo 贝壳状的；蚌线的

concordancia 协调，一致，一致性，适应性，整合性

concordante 协调的，一致的；整合的

concordar 使一致，使协调；使和好，使和解；一致，协调

concreción 固结，凝结；凝结物，固结物；结核，结核体；具体化

concrecionado 凝固的，已凝结的；(地质学) 结核状的，含有凝块的

concrecionar 使固结，使凝结

concreciones discontinuas 间断结核

concrescencia 添加增长，添加生长

concrescencia de cristales 晶体生长，单晶生长

concretivo 凝结的，有凝固力的

concreto 混凝土；有形的，实在的；具体的；确切的

concreto aislante 绝缘混凝土

concreto armado 钢筋混凝土

concreto asfáltico 沥青混凝土

concreto reforzado 钢筋混凝土

concreto reforzado con acero 钢筋混凝土

concurrente 并发的，并行的，同时发生的；一致的，重合的

concursado 破产的；破产者

concurso 汇集；同时发生；竞赛；招标；招聘

concurso de precios 竞价

concurso de propuestas 招标通告

concurso público 招标

condensabilidad 可浓缩性；可液化性；可凝结性；可压缩性

condensable 可浓缩的；可液化的；可凝结的；可压缩的

condensación 凝析，凝聚，冷凝；凝结；液化；浓缩

condensación de datos 资料数据压缩处理

condensación en equilibrio 平衡冷凝

condensación equilibrada 平衡冷凝

condensación fraccionada 分级凝聚，分凝作用

condensación por enfriamiento 冷凝

condensación retrógrada 反凝析，逆向冷凝，反转凝析

condensación y vaporización retrogradas 反凝析和逆蒸发

condensacional 冷凝的，凝缩的

condensado 冷凝；凝析液，凝析油，凝析气；冷凝物；浓缩

condensado de gas 凝析气

condensado de reinyección 循环冷凝

condensado retrogrado 反凝析油

condensador 冷凝器，致冷装置；电容器，调相器；聚光器

condensador a chorro 喷射冷凝器

condensador a inyección 喷射冷凝器

condensador a reacción 喷水凝汽器，喷射冷凝器

condensador adicional 附加冷凝管；附加电容器

condensador aislante 隔直流电容器

condensador atmosférico 大气冷凝器

condensador aumentador 增强器；增压器；加力装置

condensador barométrico 大气冷凝器

condensador compensador 缓冲电容器

condensador con dieléctrico de mica 云母电容器

condensador con dieléctrico de papel 纸介质电容器

condensador con papel 纸介质电容器

condensador de absorción 缓冲电容器

condensador de aceite 油浸电容器

condensador de acoplamiento 耦合电容器

condensador de acoplo de antena 天线耦合电容器

condensador de aire 空气冷凝器

condensador de aire por enfriamiento 空气冷凝器

condensador de baja temperatura 低温冷凝器

condensador de bañera 浴缸式电容器

condensador de chorro 喷射冷凝器，喷射凝汽器，喷水凝汽器

condensador de commutación 整流电容器

condensador de contacto 表面式凝汽器

condensador de equilibrio 平衡电容器

condensador de filtrado 滤波电容器

condensador de filtrador 滤波电容器

condensador de fuerzas 储能器

condensador de goteo 蒸发凝汽器，冷凝器

condensador de inyección 喷射冷凝器，喷射凝汽器，喷水凝汽器

condensador de la corriente de cima 塔顶冷凝器

condensador de mariposa 蝶形电容器

condensador de mezcla 喷射冷凝器，喷射凝汽器，喷水凝汽器

condensador de mica 支线电容器

condensador de producto de cabeza 塔顶冷凝器

condensador de reflujo 回流冷凝器

condensador de rejilla 栅极电容器

condensador de serpentín en caja 箱内旋管式冷凝器

condensador de sintonía 调谐电容器

condensador de superenfriamiento 低温冷凝器

condensador de superficie 表面式凝汽器

condensador de vacío 真空电容器

condensador de vapor 蒸汽冷凝器

condensador diferencial 动差电容器

condensador eléctrico 电容器

condensador electrolícito 电解电容器

condensador en el aceite 油浸电容器

condensador en serie 串联电容器

condensador esférico 球形电容器

condensador estático 静电电容器

condensador fraccionador 分级冷凝器

condensador parcial 分馏柱，分凝器

condensador por superficie 表面式凝汽器

condensador primario 一次冷凝器

condensador resonante 谐振电容器

condensador shuntado 并联电容器，分路电容器，旁路电容器

condensador sumergido 浸管式冷凝器，浸管冷凝器

condensador tubular 管式冷凝器

condensador variable 可变电容器

condensador vibratorio 振动电容器

condensante 浓缩的，冷凝的

condensar 浓缩，缩合；使冷凝，使气体凝缩，使液化

condensativo 浓缩性的，缩合性的；冷凝性的

condición 本质，属性，特性；种类，等级；条

件；条款，细则
condición ambiental 环境条件
condición atmosférica 常压条件，大气条件
condición auxiliar 附加条件
condición de espuma 起泡沫条件
condición de estado estacionario 稳态条件，稳定状态条件
condición de extinción parcial 淬火状态
condición de gas pleno 全燃气状态
condición de niebla 雾化条件
condición de referencia 参考状态，标准状态；油库油罐（库存罐）状态；地面脱气原油
condición de trabajo 运行条件，运行状态
condición del material 物质属性
condición del yacimiento 油藏条件
condición estándar 标准状态；油库油罐（库存罐）状况；地面脱气原油
condición estática 静态条件
condición fiscal 油库油罐（库存罐）状况
condición inicial 原始条件
condición instantánea 瞬态
condición jurídica 法律地位；合法性
condición legal 法律地位；合法性
condición mecánica 力学条件
condición original del yacimiento 油田原始条件
condición sin carga 空载状态；空载条件
condiciones a pozo abierto 裸眼完井状况
condiciones aeróbicas 好氧条件，充氧条件
condiciones aisladas 隔绝条件下
condiciones climáticas 气候条件，气候情况
condiciones conducentes a error 可能影响操作错误的状态
condiciones de flujo irregular 紊流状态
condiciones de funcionamiento 操作条件，运行条件，工作条件
condiciones de la marcha (funcionamiento) 工作状况，运转状态，操作条件
condiciones de látigo 搅打状态
condiciones de operación 操作条件，工作条件，经营条件，运转情况
condiciones de pago 支付条件
condiciones de recepción 接收条件
condiciones de servicio 工作条件
condiciones de tormenta de cien años 百年一遇暴风雨条件
condiciones del fondo marino 洋底状况
condiciones del hoyo 井眼工况
condiciones del suelo 地面状况，地面条件
condiciones fisiográficas 地文条件；自然地理条件
condiciones insalubres 不卫生的条件，对身体不利的条件
condiciones límite 边界条件

condiciones no definidas 不明确的条件，不确定的状态
condiciones no óptimas 未达标条件，次等条件
condiciones para operar según las normas internacionales (CONI) 国际标准操作条件
condiciones superatmosféricas 超大气压条件下
condiciones termohigrométricas 温湿条件下
condrita 球粒陨石
condrodita 粒硅镁石
conducción 传导性，传导率，导热，导电；（管道）输送，引流
conducción de aceite 输油管道，油路
conducción de agua 给水干管，总水管；引水干渠
conducción de aire 通风管
conducción de calor 热传导，导热
conducción de corriente electrolítica 电解导电
conducción de energía 功率驱动；动力传动
conducción de gas 煤气总管
conducción eléctrica 电导
conducción electrolítica 电解电导
conducción electrónica 电子传导，电子导电
conducción en el dieléctrico 电介质电流
conducción marina 海上传输
conducción por cañería 管道输送
conducción por tubería 管道输送
conducción principal 干线，总管路
conducción suplementaria 增补输送
conducción térmica 热传导，导热
conducciones eléctricas 输电干线
conducido 管道中的，输送的
conducir 传导，传送；驾驶；运输，运送；引向，导致
conductancia 传导性，传导力，传导率；导电性，电导，导电率
conductancia acústica 声导
conductancia anódica 阳极电导
conductancia exterior 表面电导
conductancia mutua 互导，跨导
conductancia térmica 热传导性，热导
conductibilidad 传导率，传导性，电导率，电导性
conductibilidad de temperatura 导温率
conductibilidad eléctrica 导电性
conductibilidad magnética 导磁性
conductibilidad térmica 导热性
conductible 可传导的，能（被）传导的
conductímétrico 电导率测定的
conductividad 传导率，传导性，电导率，电导性
conductividad asimétrica 不对称导电性
conductividad de electricidad 电导率；导电性
conductividad de las rocas 岩石电导性，岩石传

导率

conductividad de tierra 大地电导率

conductividad del metal 金属传导性

conductividad eléctrica 电导率；导电性

conductividad magnética 磁导率，导磁性

conductividad molecular 分子电导率

conductividad térmica 热导率，导热性，热传
导率

conductivilidad acústica 声导率，传声性

conductivo 传导性的，有传导力的；传导的

conducto 渠道；管道；导管；(电线、电缆等
的) 管道；途径

conducto abierto 外露管道

conducto acodado 肘形弯管，弯头，弯管，弯
管接头

conducto aerodinámico 空气动力导管

conducto celular 导管；波导

conducto con placas de desviación 折流板导管

conducto de aceite 导油管；油路，油沟，油槽

conducto de aire 气眼，通风道，通风管

conducto de cable 电缆管道，电缆槽

conducto de desagüe 排水管

conducto de descarga 导管，输送管

conducto de enlace 交叉管，交输导管

conducto de escape de gases 排气通道

conducto de evacuación 导管

conducto de forma de hoja de trébol 苜蓿叶形导
管，三叶草形导管

conducto de humos 烟道

conducto de la barrena 钻头水眼

conducto de vapor 蒸汽管

conducto de ventilación 通风道，通风管

conducto fibroso 纤维管

conducto fibroso flexible 纤维软管

conducto flexible 软管

conducto para reducir la temperatura de los
gases 换热器板管

conducto paralelo de gas 平行气导管

conducto portacables 导线管

conducto principal 干线，管道干线

conducto ventilación 通风道，通风管，风管

conductometría 电导测定法，电导率测量

conductométrico 电导测定的

conductómetro 热导计，电导计

conductor 导体，导电体；导电的；传导的，
驾驶的；导管

conductor aislado 绝缘导线

conductor común 母线，总线

conductor de aceite lubricante 润滑油管

conductor de alimentación 馈电电缆，馈线

conductor de aluminio 铝线

conductor de cables retorcidos 多股绞合线，扭
绞电缆

conductor de cobre 铜线

conductor de compensación 均衡器；补偿器

conductor de encendido 导火线

conductor de fase 相线

conductor de línea 线路导线

conductor de masa 接地线，地线

conductor de retorno 回线

conductor de tierra 地线

conductor del lodo 泥浆管线

conductor eléctrico 导电体，导线

conductor en carga 带电导线

conductor flexible 软线，挠性线

conductor inactivo 短旁通管，闲置线路，空线

conductor inerte 短旁通管，闲置线路，空线

conductor marino 海上隔水导管

conductor múltiple 导线束

conductor neutro (neutral) 中性导体

conductor redondo 圆形导体

conductor térmico 热导体

conductor testigo 辅助导线

conductos al aire libre 外露管道

conductos de inyección de la barrena 钻头水眼

conductos del proceso 工艺流程

conectabilidad 连通性；连缀性

conectado 连接的，连结的；接通电源的

conectado al sistema y utilizable 联接到系统并
可直接使用的；联线的，联机的，联用的；在
线的

conectador 连接器，接头，接线器；插头，插
接件，插座；套管，接管头

conectar 连接，接合，接续；联系

conectar a tierra 接地

conectar con niple 用接头接上，用短节连接

conectar en paralelo 并联

conectar en serie 串联

conectar en tandem 串连

conectar por múltiple 集合管，管汇

conectar tubos 连接管线，接管子

conectar tubos roscados 将管子对扣连接，将螺
纹管连接

conectividad 结合性，连通性，连接性

conectividad de yacimiento 储层连通性，油层
的连通性

conectivo 连接的，接续的，连合的，联结的

conector 连接的；连接器，接头

conector angular 弯头连接

conector coaxial 同轴连接器

conector de cadena 吊链接头

conector de clavija 插塞式连接器

conector de eslinga tejida 吊索带接头

conector de salida 外接器，出口接头

conector del cabezal del pozo 井口连接器

conector del montante marino 隔水管连接器，

海水隔管连接器

conector giratorio abierto 开式旋转提环

conector giratorio cerrado 闭式旋转提环

conectores roscados 螺纹接头

conejo 通管器，清管器，通径规（油田作业现场的特定称谓）

conexión 联结，连接；接头，接口；一柱（钻杆、管子或套管）

conexión a fricción 磨口连接

conexión a presión 压力连接

conexión a tierra 接地

conexión a tierra electrostática 静电接地

conexión articulada 活节连接

conexión articulada para tubería de revestimiento 套管旋转头

conexión bronce de tubo 铜短节

conexión cola de pino 松树形连接

conexión conmutable 转换短节，变换接头

conexión de admisión 入口接管

conexión de asentamiento 联顶节

conexión de azufre 硫酸桥

conexión de barra 地线连接

conexión de brida 凸缘连接，法兰连接

conexión de carga lateral de ángulo recto 侧向直角连接

conexión de carril 轨端电气连接

conexión de circulación 循环头，循环短节

conexión de cristales de arcilla 砂晶接桥

conexión de dos partes entretejiendo los extremos 绞接，接绳；拼接

conexión de engranaje 离合联轴节

conexión de estrella 星形接法，Y 形接法

conexión de fácil desenganche 停动接头

conexión de hembra 内螺纹接头

conexión de hierro colado con reborde 法兰接合

conexión de levantar 提升短节，提丝

conexión de macho 外螺纹接头

conexión de manguera 软管接头，水龙带接箍

conexión de orejas 侧边接头

conexión de rosca 螺旋接头

conexión de secciones 终端接头

conexión de seguridad 安全接头

conexión de soldar 焊接连接

conexión de tubos roscados 管子的对扣连接

conexión de varilla 钻杆接头

conexión del alambre del acumulador 蓄电池接线

conexión del árbol de conexiones 连接采油树相关管线

conexión dentro de los límites de la batería 边界内接头

conexión eléctrica a tierra 接地

conexión embridada 凸缘连接，法兰连接

conexión en ángulo 蝶形接头

conexión en batería 菊花链

conexión en bucle 回线联接

conexión en circuito 循环链接

conexión en estrella y triángulo 星形—三角形接法

conexión en paralelo 并联

conexión en S S 形弯管，鹅颈形通风管

conexión en serie 串联

conexión en series paralelas 复联，串并联，并联—串联

conexión en T 三通连接，T 形连接

conexión en U U 形弯头

conexión en Y Y 形连接法

conexión entre la barrena y la tubería 钻头短接

conexión final 端接

conexión flexible 柔性连接；弹性接头，挠性连接器

conexión frontal 正面连接

conexión giratoria para tubería de revestimiento 套管旋转头

conexión hermética 密封连接

conexión hembra （石油钻杆）接头外螺纹

conexión inferior 下部连接

conexión inteligente 灵活连接

conexión lateral de carga en ángulo recto 侧向直角连接

conexión macho 外螺纹端

conexión macho cónica sin filetes 无螺纹锥管接头

conexión magnética 磁对接，磁闩

conexión para manguera de aire 气管线接头

conexión para tubería 管接头

conexión para tubo acanalado 沟槽式管接

conexión posterior 反面连接

conexión roscada 螺纹接头

conexión roscada de hierro colado 铸铁螺纹接头

conexión segura de cuadrante 方保接头

conexión sin rosca 磨口连接；接地接头

conexión sin rosca y a fricción 磨口连接；接地接头

conexión sin soldaduras 扭接，机械连接

conexión T T 形接头，三通接头

conexionador 连接物，连接器，连接管，接头，插头

conexionar 使联系，使联结

conexiones auxiliares 接头；配件；管件

conexiones de cabeza de pozo 井口连接

conexiones de fondo 底部钻具组合

conexiones de relleno 装油接头

conexiones de soldar 焊接管件

conexiones macho y hembra 外内螺纹接头

conexiones o conjuntos de fondo 井底钻具组合

conexiones para tubería 管件，管道配件

confección 制作；编制，制定；排版，拼版

confeccionado 现成的，制好的；预制的，预先准备的

conferencia 会议；讨论会；（学术）讲座，报告会

conferencia colectiva 电话会议

conferenciante 报告人，讲演人；参加会议的人

conferir 授予，给予；商量，协商，使赋有，使增添

confesar 说出，表明，承认，坦白；供认，招供

confiabilidad 可靠性，确实性，置信度

confiable 可信任的，可靠的，牢固的，确实的

confianza 信任，信赖；信心

confidencia 机密

confidencial 机密的，秘密的

confidencialidad 机密性，秘密性

configuración 外形，外表；模型，样式；配置，并网，布井系统

configuración de los álabes 叶片配置，叶片装置

configuración del consumo de energía 能源消费模式

configuración estructural 构造轮廓，构造形状

configuración geométrica 几何分布，几何布局

configuración Lee 李氏分割电极排列

configuración tipo bocina 喇叭状外形

configuración tipo campana 钟状外形

configuración tipo embudo 漏斗状外形

configuración Wenner 四电极法的电极组

confín 接壤的，交界的；边界，国境线；边远地区

confín del yacimiento 油藏边界

confinamiento 集水，蓄水；封拦，牵制

confinidad 邻接，毗连

confirmación 确认，证实，证明

confirmar 确认，证实，证明，批准，使生效

confiscar 充公，没收，查封，扣留

conflicto 冲突，争端；对抗，对立

confluencia （水或道路的）汇合，合流，汇流；汇流点，汇合点

confluente 汇合的，合流的，汇集的；融合的；汇流点，汇合点

conformabilidad 一致，适应，相似；整合性，贴合性

conformable 一致的，相似的，适合的；整合的，贴合的

conformación （构成整体的各部分的）配置，布局；结构，形态

conformación domal 穹隆构造

conformación en caliente 高温成形

conformación en frío 冷成形

conformación lutítica del yaimiento 页岩储集层

conformado 形成的，构成的，成型的；成形，成形加工

conformado en caliente 热成形，热加工

conformado en frío 冷成形，冷加工

conformado por distintos elementos 混合的

conformador 平地机，成形器；靠模机床

conformador máquina 牛头刨床，成形机

conformar 使成形，塑造，定形，做模型；使相符，使一致

conforme 符合…的，与…一致；依据，遵照

conformidad 相符，适应；相同，一致；同意，批准，认可

confricación 擦，搓，蹭

confricar 擦，搓，蹭

confrontación 对比，对照，核对，对质，对证；对抗

confrontar 核对，校对遇到，面对，正视；面对，相对

congelable 可凝结的，可冷冻的，可凝固的

congelación 冻结，冷冻；（资金或财产）冻结；中止，停止

congelado 凝固的，冻结的，结冻的；冰冻的

congelador 冷冻机，冷藏箱，冰箱，冷冻设备；冷藏工人

congelador de parafina 石蜡冷却器

congelar 使凝固，使凝结；使结成冰；冻结（资金或资产）

congestión 拥挤，拥塞，堆积

congestión en el suministro 供应过多，供应扎堆，供应过于集中

congestionamiento 拥挤，拥塞，堆积

congestionamiento de instalaciones 设备超出设计容纳，过度拥挤

conglomeración 成团，凝聚，堆集，密聚

conglomerádico 粒状岩的

conglomerado 堆集的，成团的，密聚的；砾岩的；集合体，聚合物；砾岩

conglomerado aurífero 含金砾岩层

conglomerado basal 底砾岩

conglomerado bien surtido 各类的聚集物

conglomerado cruzado 交错层聚集；交错层砾岩

conglomerado de abanico de aluvión 洪积扇砾岩

conglomerado de canto 竹叶状砾岩

conglomerado de cantos rodados 巨砾岩

conglomerado de filo 竹叶状砾岩

conglomerado de fondo 底砾岩

conglomerado de gránulos 小颗粒，小硬粒

conglomerado de guijas 粒状砾岩

conglomerado de peñas 粗砾岩

conglomerado estratificado 分层砾岩

conglomerado guijarroso 中砾砾岩

conglomerado masivo 块状砾岩

C

conglomerado torrencial 扇积砾

conglomerados de peñones apoyados en matrices 基质支撑砾岩

conglomerar 使凝结，使凝合；使聚集；使凝聚

conglutinación 黏合，粘连

conglutinante 黏合的，粘连的；黏合剂

conglutinar 使黏合，使粘连

congruencia 和谐性，相宜性，一致性；同余；全等，叠合

congruente 相同的，对应的，适合的，全等的，叠合的，同余的

cónica 圆锥曲线，二次曲线

conicidad 锥体，锥形，锥状

conicidad de un asiento (de válvula) 阀座角，锥形阀坐

cónico 圆锥的；圆锥形的，锥状的

coníferas 针叶树，松柏目植物

coniferina 松柏甙

conífero 针叶树的，松柏目的；产球果的；松柏目植物，针叶树

conificación 锥进，锥度，锥角，圆锥形的

conificación de agua 水锥，水锥进

conificación de gas 气锥进，气锥

conificado 成锥形的

coniforme 锥形的，锥状的

conileno 辛二烯

conímetro 尘度计（用于测定空气浮尘量）

conjugado 共轭的，偶合的；连接的，联结的

conjugar 共轭，配对，相配，配合；连接，联结；使变位

conjunto 连接；焊接；接缝；接头，钻杆接头；一柱（钻杆、管子或套管）；总体，全体

conjunto apilado 叠，组，一组管子；防喷器组

conjunto complementario 补集

conjunto cuña y sello 卡瓦和密封总成

conjunto de aparatos 整套设备

conjunto de apilamiento 堆栈

conjunto de arbustos 灌木林；萌生林，杂木林

conjunto de bloque de cilindros 汽缸体总成

conjunto de capas 多层

conjunto de compresión 整套压缩设备

conjunto de conductos de aspiración y retroceso del lodo 泥浆管线，泥浆管汇

conjunto de cuña 卡瓦密封圈装置

conjunto de datos 数据集

conjunto de diques 岩脉群，岩墙群

conjunto de dispositivos para impedir reventones 防喷器组合装置

conjunto de embrague 离合器总成

conjunto de estratos 沉积杂层

conjunto de estratos superpuestos 掩冲体，上冲体

conjunto de filtros 滤芯，过滤筒，滤清器芯子

conjunto de fondo 底部钻具组合

conjunto de freno 制动总成

conjunto de generador 发电机组

conjunto de hidrófonos 水中检波器组合，水下检波器排列

conjunto de manivela y contrapeso 曲柄和平衡锤组合

conjunto de máquinas 机组

conjunto de motor 发动机组

conjunto de motor y generador 发电机组

conjunto de palancas 杠杆组合

conjunto de plataformas 平台组

conjunto de prensaestopas 填料函组件

conjunto de sarta para pozo desviado 侧钻井钻具组合

conjunto de snubbing 不压井起下作业装置

conjunto de switches 开关总成

conjunto de tubos y válvulas de control de flujo 采油树，井口采油装置

conjunto de unión anular 环接组合，围缘接合

conjunto de válvulas para el compresor 压缩机阀总成

conjunto del convoy 拖船

conjunto flexible 柔性伸缩装置

conjunto magnétio 磁性体系，磁系

conjunto medio de la meseta canadiense 休伦群

conjunto rígido 刚性装置

conjunto sumergido 水下装置

conjunto 联合的，共同的；整体，团体

conmensurabilidad 可度量性；可衡量性；可公度性

conmensurable 可度量的；可衡量的，可公度的，有公度的

conmensuración 度量；衡量

conminución 磨细，轧碎，打小

conmoción 振动，动摇；地震

conmutabilidad 可变换；可换算；可抵偿

conmutable 可变换的；可换向的，可用开关控制的；可以抵偿的

conmutación 交换；转接，接通；折算，换算

conmutación de circuitos 线路转接

conmutación de líneas 线路转换

conmutación de mensaje 数据转换

conmutación electrónica 电子交换设备，电子式接线器，电子开关

conmutación estática 静态转换

conmutación sin interrupción 先接后断接点

conmutador 变换的，换向的；整流子，交换机

conmutador amortiguador （电路）缓冲开关

conmutador automático de tiempo 自动计时开关

conmutador bipolar 双极开关

conmutador de aceite　油开关，油断路器
conmutador de alteración　转换开关，变换开关
conmutador de cilindro　鼓形开关
conmutador de clavijas　插板，插接板；控制板，配线板
conmutador de contactos a presión　压力接触开关
conmutador de contactos deslizantes　滑动接触开关
conmutador de cuatro terminales　四通电路开关
conmutador de dos direcciones　双向开关
conmutador de mercurio　水银开关
conmutador de pedal　拨动式开关
conmutador de puesta en cortocircuito　短路装置
conmutador de ruptura brusca　快动开关，弹簧开关
conmutador de ruptura lenta　缓动断路器
conmutador de tomas　抽头切换开关，抽头变换器，分接开关
conmutador de tres direcciones　三路开关
conmutador de tres terminales　三通电路开关
conmutador eléctrico de palanca　扳扭开关，拨动式开关
conmutador electrónico　电子分配器，电子转换开关
conmutador en baño de aceite　油浴开关，油开关
conmutador giratorio　盘式开关
conmutador inversor　电流转向开关，转换开关
conmutador múltiple　复式交换机
conmutador oscilante　拨动式开关
conmutador paso a paso　步进制开关
conmutador reductor　调光器
conmutador rotativo　旋转开关
conmutador selector　选择器开关，波段开关，选线器
conmutador tridireccional　三路开关
conmutar　交换；换向，整流，变为直流电
conmutar corriente alterna en continua　把交流电变为直流电
conmutativo　交换的；变换的；代替的，对易的
conmutatriz　转换器，换流器，整流器，换能器
conmutatriz de fases　变相机
conmutatriz sincrónica　同步变流机
connarita　水硅镍矿
connellita　铜氯矾
connotación　内涵意义，隐含意义；转义；内涵，涵义
cono　圆锥，圆锥体，锥形物，火山锥；钻头牙轮
cono abrasivo　砂锥
cono adventicio　寄生（火山）锥
cono adventivo (parasitario)　侧火山锥
cono aluvial　扇状冲积地，冲积锥
cono complementario　（伞齿轮的）基锥
cono compuesto　复合火山锥

cono de agua　水锥
cono de aplanadores　辊锥角，牙轮
cono de barrena　钻头牙轮
cono de barro　泥火山形成的锥体，泥锥
cono de cenizas　火山灰锥
cono de deyección　岩屑锥
cono de embrague　离合器圆锥
cono de entrada　锥形孔，钟形套管
cono de erupción　火山锥，喷发锥
cono de escorias　火山渣椎
cono de explosión　火山锥，喷发锥
cono de fricción　锥形摩擦轮，摩擦锥
cono de Geyser　间歇泉泉华锥
cono de lava　熔岩锥
cono de luz　光锥，锥形光束
cono de revolución　回转锥面
cono de rodillos　牙轮
cono de señalización　安全警示墩
cono de silencio　静锥区
cono de sombra　影锥
cono de velocidades　变速锥，锥轮
cono de viento　风向袋
cono del taladro　牙轮钻头
cono hembra　母锥
cono macho　公锥
cono oblicuo　斜圆锥
cono parasitario　寄生火山锥
cono parasítico　寄生火山锥
cono piroclástico　集块火山锥，火山碎屑锥
cono radiante　辐射锥
cono recto　直立圆锥
cono secundario　侧火山锥
cono truncado　截头圆锥，圆锥台
cono volcánico　火山锥
conocer　认识，了解，熟悉；分辨，辨别，识别
conocimiento　认识，了解；收据，收条；提单，提货单
conocimiento de embarque　提单，提货单
conocimiento geológico　地质知识，地质理论
conodonto　牙形石（一种重要的化石标志物）
conoidal　圆锥的，圆锥形的
conoide　圆锥体的，似圆锥形的；圆锥体，圆锥形物
conoideo　圆锥体的，圆锥形的
conoscopio　锥光偏振仪
conquiforme　贝壳状的
consciente de la seguridad　有安全意识的
consecución　取得，获得；达到
consecuencia　后果，影响，推论；一贯性，连续性
consecuencias perjudiciales　有害作用，有害后果
consecuente　随之发生的，必然的；一贯的，始

终如一的；顺向的

consecutivo 连续的，接连的，连贯的；顺序的，依次相连的；结论的，结果的

consejo 委员会，理事会；董事会；咨询机关；劝告，忠告

consejo administrativo 理事会

consejo de administración 理事会，董事会

consejo de arbitraje 仲裁委员会

consejo directivo 指导委员会

Consejo Mundial de Energía (CME) 世界能源理事会，英语缩略为 WEC（World Energy Council）

consentimiento 同意，赞成，允诺，应许

consentir 同意，赞成，容许，准许

conserva 罐头；糖渍水果，蜜饯；保存物

conservación 保持，储藏；维护，保养；守恒，不灭

conservación de barión 重子守恒

conservación de bariones 重子守恒

conservación de carga 电荷守恒

conservación de energía 能量守恒

conservación de gas 地下储气；保护气藏

conservación de la energía 能量守恒，能量不灭

conservación de la fauna y de la flora silvestres 野生生物保护，野生动植物保护

conservación de la masa-energía 质能守恒

conservación de la materia 物质守恒，物质不灭

conservación de la paridad 宇称守恒

conservación de la vida silvestre 野生生物保护，野生动植物保护

conservación de las aguas 节水，水保持，水源保护

conservación de las especies 物种保护

conservación de las especies de flora y fauna 动植物物种保护

conservación de las especies silvestres 野生物种保护

conservación de leptones 轻子守恒

conservación de los recursos hídricos 水资源保护

conservación de masa 质量守恒

conservación de momentum 动量守恒

conservación de presión 压力保持

conservación de recursos 资源保护

conservación de selvas 森林保护

conservación del medio ambiente 环境保护

conservación del suelo 土壤保护；土壤保持

conservación fuera del lugar de origen 易地保护，迁地保护

conservación in situ 就地保存，原处保存

conservación refrigelada 冷藏

conservación y cuidado ambiental 保护和关爱环境

conservación y manejo sustentable 可持续保护和管理

conservación y ordenación de las aguas 水管理和保护

conservador 保存器，保护物；保护人，保存者，保管员

conservante 防腐剂；保存的，保护的；保管的

conservar 维持，保存，防护；制成罐头，糖渍

conservativo 保存的，有保存力的；守恒的，保持的

consigna 口号；指令，口令；行李寄存处

consignación 寄送，寄存；交付，发货，委托，托运

consignador 委托人，发货人，托运人

consignar 委托，交付，寄送；托运，运送，发货

consignatario 承销人，受托人，收货人

consistencia 坚固性，牢固性；黏稠性，黏稠度

consistencia de ungüento 软膏稠度

consistencia del gel 凝胶稠度

consistente 由…组成的；坚实的，牢固的；浓的，稠的

consistómetro 稠度计，稠度仪

consola 托架，落地式支架；支托，仪表板，控制台，面板

consola colgante 吊式轴承；轴吊架

consola de control 控制台

consola de control auxiliar 辅助控制台

consola de control remoto 远程控制台

consola de escuadra 角撑托架，角托，角形托座

consola del operador 手摇钻台架，钻台

consola del perforador 钻工操作台，司钻控制台

consola en escuadra 墙上托架

consola mural 墙上托架

consola para montaje 托架

consolidación 加固，牢固；巩固，加强；合并，汇总；（债务）转为长期

consolidación de arena deslizable 固砂

consolidación de la formación 地层固结，地层胶结

consolidación de la seguridad energética del país 巩固国家能源安全

consolidación de varios campos petroleros 联合开发几个油田，几个油田一体化开发

consolidado 压实的，固结的；合并的

consolidar 加强，巩固；压实，强化；联合，合并，统一

consolidar el desarrollo de varios campos petroleros 联合开发几个油田，一体化开发几个油田

consonancia 和谐，协调，调和；谐音；谐振，共鸣

consonante 和谐的，协调的；谐音的；辅音；和音

consorcio 财团，康采恩，联合企业；结合

consorcista 联营者，合资方

constancia 稳固性，恒定性，持久性；稳定度，恒存度

constantán 康铜，铜镍合金

constantano 康铜，铜镍合金

constante 不变的，恒定的，经常的；常数，常量，恒定值

constante absoluta 绝对常数

constante anisótropo 各向异性常数

constante arbitraria 任意常数

constante de amortiguamiento 阻尼常数，衰减常数

constante de atenuación 衰减常数

constante de compliance 柔顺常数

constante de conversión 转换常数；热功转换当量

constante de Curie 居里常数

constante de difusibilidad 扩散常数

constante de disociación 电离常数，离解常数

constante de elasticidad 弹性常数

constante de frecuencia 频率常数

constante de gravedad 万有引力恒量

constante de gravitación 引力常数，重力常数

constante de instrumento 仪器常数

constante de ionización 电离常数

constante de la densidad de viscosidad 黏度重力常数

constante de la velocidad de reacción 反应速度常数

constante de propagación 传播常数

constante de radiación 辐射系数

constante de tiempo 时间常数

constante de torque 转矩常数

constante de transmisión 传输常数，传导常数

constante de Verdet 维尔德常数

constante del dieléctrico 介电常数，介质常数，电容率

constante del galvanómetro 检流计常数

constante del gas 气体常数

constante dieléctrica 介电常数

constante elástica 弹性常数，弹性恒量

constante óptica 光学常数

constante solar 太阳常数

constante Stefan-Boltzma 斯蒂芬—波兹曼常数

constante viscosidad gravedad 黏度比重（密度）常数，黏度—密度常数

constante viscosidad-peso específico 黏度密度常数，粘度—密度常数

constantes concentradas 集总常数

constantes de desintegración 衰变常数

constatar 查明，表明，证实，肯定，确认

constitución 构成，组成；设立，成立；宪法，宪章，法规，章程；政体

constitución de la empresa de capital mixto 组建合资公司

constitución física de un cristal 晶体物理成分

constitución física o apariencia de un cristal 晶体的外表或物理构成

constitución química 化学成分

constituir 组成，构成，形成；创建，成立；设立

constitutivo 构成的，结构的；本质的，基本的，要素的

constituyente 成分，组件；构成…的，组成…的

constituyente de los silicatos 硅酸岩成分

constituyente del petróleo 石油的成分

constituyente orgánico 有机成分

constituyente principal 主成分，主要组分

constituyente trazador 痕量成分

constituyentes livianos 轻组分

constituyentes más livianos 挥发性组分，轻组分

constituyentes más volátiles 挥发性组分，轻组分

constituyentes volátiles 挥发性组分，轻组分

constricción 收缩，收敛；颈缩，缩颈

constrictor 收缩机；压缩器，压缩杆；收敛段

construcción 结构，构造；建筑，施工；建筑物，工程；建筑方法，建筑业

construcción aeronáutica 航空建筑业

construcción completamente metálica 全部金属结构

construcción completamente soldada 全焊接结构

construcción de ángulo （定向井）造斜

construcción de buques 造船业

construcción de manguera 压制管线

construcción de piedras 砖石建筑，砌石工程

construcción de plataformas para la extracción de petróleo 建造采油平台

construcción de un oleoducto paralelo a otro existente 建造与现有油管线平行的另一条管线；铺复线

construcción enteramente soldada 全焊接结构

construcción estandardizada 标准结构

construcción geométrica 几何作图

construcción naval 造船业

construcción pesada 整体结构，块状结构

construcción sobre tierra 上部结构，上层结构

construcción soldada 焊接结构

construcción sólida 整体结构，块状结构

construccional 建筑物的，建设上的，结构的，堆积的

constructivo 建设的，积极的；建筑的，构成的；作图的；推定的，解释的

constructor 建造的；制造者，建造者，施工

人员

constructor de buques　造船工人，造船厂
constructor mecánico　机械师
constructor naval　造船技师
constructora　建筑公司
construible　可以建造的
construido　建成的，组合的
construido a la medida　按规范建造的，按指标建造的
construir　建造，建设；修筑；制做；作图
construir ángulo　（井眼）增斜
construir conductos para líquidos o gases　敷设油气管线
construir inclinación　（井眼）增斜
construir un gasoducto　敷设气管线
construir un oleoducto　敷设油管线
consubstancialidad　固有性，特有性
consubstancial　特有的，固有的，天生的；同质的
consulta　咨询，协商；参考；查阅
consulta pública　公开咨询，公开协商
consultivo　协商的；咨询的，顾问的
consultoría de gestión　管理咨询
consumación　完成，结束，实现，成功；履行
consumar　成就，完成；履行，执行（契约或法律判决等）
consumidor　消耗的；消费者，用户
consumidor de detritus　食碎屑动物
consumidores primarios　初级消费者（生物学上指食草动物）
consumir　消耗，耗费；使用，用完
consumismo verde　绿色消费，对环境友好的消费
consumo　消耗，耗费；消耗量；消费额，费用
consumo de combustible　燃料消耗量，耗油量
consumo de diesel　柴油耗量
consumo de energía　动力消耗
consumo de energía eléctrica　电能消耗，电流消耗
consumo de energía primaria　一次能耗，一次能源消费
consumo de fuerza　能量消耗
consumo interno　民用消耗；内部消耗；国内消耗
consumo propio　家庭消耗，家庭消费
consustancial　特有的，固有的，天生的；同质的
consustancialidad　固有性，特有性
contabilidad　会计，会计学，簿记，账；统计，计算
contabilidad ambiental　环境会计，绿色会计报告
contabilidad ambiental monetaria　环境会计，绿

色会计报告

contabilidad de banco　银行簿记
contabilidad de costos　成本会计，成本计算，成本核算
contabilidad de industrial　工业簿记
contabilidad de los activos físicos　有形资产核算
contabilidad por partida doble　复式簿记
contabilidad por partida sencilla　单式簿记
contabilidad por partida simple　单式簿记
contabilización　记入账簿，入账
contabilizar　记入账簿，使入账；计算；算作
contable　可计算的，可数的；会计，出纳，簿记员
contacto　接触，联系；接点，触点；接触器
contacto a tierra　接地；接地装置
contacto agua-crudo　水—油接触面，水油界面
contacto agua-petróleo　水—油界面，水—油接触面
contacto con la arcilla　黏土接触
contacto conformable　整合接触
contacto de ácido y petróleo　油酸接触面
contacto de arenas　砂粒间接触
contacto de carbón　碳触点
contacto de clavijas　插头
contacto de cuña　闸刀式接点，刃形触点
contacto de filo　闸刀式接点，刃形触点
contacto de petróleo y agua　油水界面，油水接触面
contacto de puerta　门接点，门开关接点
contacto de reposo　静合接点，开路接点
contacto de temblador　断续器
contacto de tierra perfecta　接地触点，固定接地，直通地
contacto de trabajo　工作触点，闭合接点，闭合触点
contacto doble　双断开触点
contacto eléctrico　电气插头
contacto en punto muerto　空接点，空触点
contacto en punto tangencial　切点
contacto externo　外部接触；外接触
contacto falso　无触点
contacto gas petróleo　油气接触面
contacto gas-aceite　油气接触面
contacto húmedo　湿触点
contacto interfacial　分界面，接触面
contacto intrusivo　侵入接触
contacto normalmente cerrado　常闭触点
contacto para impresión　拉扭接点
contacto perfecto con tierra　接地触点，固定接地
contacto petróleo-agua　油水接触面，油水界面
contacto por mercurio　汞触点，水银连接，水银开关

contacto seco   干接触，干触点，干式接点

contactor   接触器，触点；电路闭合器，开关，断续器

contactor de chorro   喷射式接触器

contactor de tipo a bandeja   盘式接线器

contactor magnético   磁接触器，磁开关

contactos del ruptor   断流点

contactos platinados   断流点

contador   会计，簿记员，出纳员，计数员；计数器，计算器，计量器

contador de agua   水表，水量计，水流量计

contador de aire   空气流量表，气流计，气流表

contador de barriles   桶计数器

contador de centelleos   闪烁计数器

contador de cristal   晶体计数器

contador de desplazamiento   位移计；容积式流量计

contador de desplazamiento de gas   气体流量计

contador de desplazamiento positivo   正位移计；正位移液体计量器

contador de electricidad   电度表

contador de emboladas   泵冲计数器

contador de energía   能量计，瓦特计

contador de fluido   流量表，流量计；流速测定仪

contador de flujo   流量表，流量计；流速测定仪

contador de gas   煤气表，量气计

contador de impulsos   脉冲计数器

contador de intervalos   层间计时器

contador de iones   电离计数器

contador de la luz   电表

contador de mano   手持计数器

contador de orificios   孔板流量计；孔式流量计；节流式流量计

contador de petróleo   油量计

contador de pies   进尺计数器

contador de polvo   计尘器

contador de revoluciones   转速表

contador de revoluciones por minuto (RPM)   转速表

contador de tiempo   计时器

contador de tráfico   交通流量计；话务量计

contador de vatios-hora   能量计，瓦特计

contador dieléctrico   电介质测量器

contador eléctrico   电表

contador electrónico   电子计数器

contador en anillo   环形计数器

contador en pies   以英尺为单位的深度计数器

contador escintilación   闪烁计数器

contador Geiger   盖氏计量器

contador Geiger-Mtiller   盖—米二氏计数管

contador giroscópico   陀螺回转指示器

contador horario   小时计，计时器

contador integrador   综合计量仪

contador integrador de orificio   积分式锐孔流量计

contador integrador tipo orificio   积分式锐孔流量计

contador integral de orificio   积分式锐孔流量计

contador kilométrico   里程表，里程计，测距器

contador monofásico   单相位计

contador motor   电动机型仪表，电动机型积算表，电动式仪表

contador para corrientes trifásicas   三相电度表

contador polifásico   多相电度表

contador proporcional   正比计数器

contador público   会计师

contador rotativo   转子式流量计，转子式测速仪

contador tipo de desplazamiento   位移计

contador tipo ilativo   间接流量计

contador totalizador   积分计算仪

contaduría   会计，出纳；会计室，出纳处，统计局；会计学，簿记

container   集装箱，货柜

contaminación   传染，污染；感染，弄脏

contaminación a nivel del suelo   地面污染

contaminación acústica   噪声污染

contaminación ambiental   环境污染

contaminación atmosférica   空气污染，大气污染

contaminación atmosférica secundaria   二次空气污染

contaminación biológica   生物污染

contaminación causada por barcos   船舶污染

contaminación causada por la circulación de vehículos   交通污染

contaminación de ambiente   环境污染

contaminación de detritos nucleares   核废料污染，核废弃物污染

contaminación de gas   气体污染

contaminación de la capa freática   地下水面污染

contaminación de las aguas continentales   陆地水污染；内陆水域污染

contaminación de las aguas del mar   海水污染

contaminación de las aguas del mar por hidrocarburos   海上油污染

contaminación de las aguas litorales   沿海水污染

contaminación de los alimentos marinos   海产品养殖污染

contaminación de los mares   海洋污染

contaminación de los océanos   海洋污染

contaminación de los ríos   河流污染，江河污染

contaminación de residuos nucleares   核废料污染

contaminación de varios medios   交叉污染

contaminación del agua   水污染，水质污染

contaminación del aire   空气污染

contaminación del aire en locales cerrados   室内空气污染

contaminación del medio ambiente　环境污染
contaminación difusa　不定源污染
contaminación dispersa　不定源污染
contaminación excesiva　过度污染
contaminación física　物理污染
contaminación fotoquímica　光化学污染
contaminación fotoquímica de la atmósfera　大气的光化学污染
contaminación gaseosa　气体污染
contaminación interambiental　交叉污染
contaminación larvada　蔓延性的污染
contaminación nuclear　核废料污染，核污染
contaminación originada en tierra firme　陆地污染
contaminación persistente　持久性污染
contaminación por contaminantes sólidos　粒状物污染
contaminación por el mercurio　汞污染
contaminación por el petróleo procedente de los buques　油船漏油造成的污染
contaminación por gas　气体污染
contaminación por hidrocarburos　石油污染
contaminación por petróleo　石油污染
contaminación por ruidos　噪声污染
contaminación química　化学污染
contaminaicón radioactiva　放射性污染
contaminación térmica　热污染
contaminación transfronteriza　越界污染
contaminación zonal　区域污染
contaminado　被污染的
contaminador　污染的；污染物
contaminadores de superficie　表面污染物，地表污染物
contaminadores radiactivos　放射性污染
contaminante　污染物，污染剂，杂质；混油
contaminante del medio ambiente　环境污染物
contaminante generado por el hombre　人为污染物
contaminante natural　天然污染物
contaminante no reactivo　不起化学反应的污染物；非活性污染物
contaminante precurso　前体污染物
contaminante reactivo　活性污染物，起化学反应的污染物
contaminantes atmosféricos　空气污染物，大气污染物
contaminantes atmosféricos peligrosos　危险性空气污染物，危险性大气污染物
contaminantes atmosféricos sólidos　微粒污染物
contaminantes bioacumulativos　生物累积造成的污染物
contaminantes de aire peligrosos　危险性空气污染物（HAPS）
contaminantes en forma de gas　气体污染物
contaminantes gaseosos　气体污染物

contaminantes peligrosos　危险性污染物
contaminantes prioritarios　优先污染物；优先控制污染物；环境优先污染物
contaminantes tóxicos　毒性污染物
contaminar　污染，弄脏
contaminar el sistema　污染系统
contante　现金
contar　数，计算，点数；估算
contemporaneidad　同时代，同一时期；同时发生
contemporaneidad con la sedimentación　与沉积同时代，与沉积同时发生
contemporáneo　同时的，同期的，同生的；当代的
contención　挡住，制止，抑制；（海上浮油）封拦法
contenedor　容器；集装箱，货柜；包含的，含有的；制止的，抑制的
contenedor de aceite　存油器，油箱
contenedor de gas　储气器，储煤气柜
contenedor para la recogida de basura　垃圾收集箱，大型垃圾箱
contenedor para la recolección de basura　垃圾收集箱，大型垃圾箱
contenedor peligroso　存放危险物品的箱柜
contener　包括，含有；阻止，牵制
contenido　内容，所容纳的东西；含量，成分；包含的，含有的
contenido de aerosoles　气溶胶含量
contenido de agua　水分，湿度，含水量
contenido de agua del aire　空气中的水分含量
contenido de agua en petróleo　原油中的含水量
contenido de agua y sedimento　沉积物和水的含量，杂质含量
contenido de arena　含砂量
contenido de bacterias　细菌含量
contenido de buque　船舶载重量
contenido de calor　热含量，焓
contenido de carbono　含碳量
contenido de carbono aromático　芳香族碳含量
contenido de ceniza　灰分；含灰量
contenido de combustible　燃料含量，燃料量
contenido de fluido　流体含量
contenido de información　信息量
contenido de información estructural　结构信息量
contenido de los pozos negros　污水池中污染物含量
contenido de oro　含金量
contenido de ozono de la columna atmosférica　臭氧含量
contenido de petróleo total　总含油量，总石油含量
contenido de polvo　矿尘量

contenido de polvo de la estratosfera　平流层尘埃浓度

contenido de polvo en la atmósfera　大气中含尘量

contenido de sólido　固相含量

contenido efectivo de asfalto　实际沥青含量

contenido en agua　含水量，湿度

contenido energético del agua de suelo　土壤水总潜力

contenido máximo de cloro　氯的最大浓度

contenido olefínico　烯烃含量

contenido orgánico　有机物含量，有机质含量

contenido orgánico de los suelos　土壤中有机质含量，土壤中有机物含量

contenido salino　盐分，盐度

contenido total de agua　土壤水

contenido volátil　挥发物含量，挥发组分含量

conteo　估计，估价

conteo ascendente　计数，相加

conteo de rayos gamma　伽马射线计数，自然伽马计数率

contérmino　相连的，毗邻的，接壤的，有共同边界的；在共同边界内的

contextura　结构，组构，组织；纹理；织物；本质

contigüidad　接近，连接，相邻；接触传染性

contiguo　接近的，连接的；接触的

continental　大陆的；洲的

continente　大陆，洲，容器

contingencia　偶然性，可能性；偶然事故，可能发生的事

contingente　偶然的，意外的，可能的；偶然事故；定额，应征名额

contingente de importación　进口限额

contingente de mercancías　商品配额

contingente de suministro　供货配额

contingente　限额，配额意外事件；偶然发生的，意外的

continuación　延续，继续

continuación de las labores de rescate　救援工作继续

continuación descendente　向下延拓

continuar　继续，延伸，再继续，恢复

continuar perforando　继续钻进，继续钻井

continuativo　连续的，持续的

continuidad　连续性；继续性；连贯性

continuidad de arena productiva　生产层连续性

continuidad de cuerpos de arena　砂体连续性

continuidad de las estructuras　构造的连续性

continuidad de yacimiento　储层的连续性

continuidad en los estratos　岩层的连续性

continuidad operativa　操作连续性

continuo　连续的，不断的；延伸的，顺序的；直流的

continuum　统一体，连续体

contorción　弯曲，扭曲

contorneamiento　爬电

contornear　绕…而行，画轮廓，勾边，使与轮廓相符

contorno　轮廓图，外形线；周线，边界，围线；周围地区，近郊（复数）

contorno de presión　气压等高线

contorsión　扭曲，扭歪；扭曲构造

contorsionado　扭曲的，扭歪的

contra　反对，逆着，与…相反，防备，违背；面向，倚，靠着

contra-　表示反，逆；加强，加倍，回复，反应

contra caída　防坠落（装置）

contra documento　凭单

contra el declive　上倾，逆倾斜上行

contra el viento　逆风的

contra falla normal　逆正断层

contra firma　凭签署

contra goteo　防漏

contra la corriente　逆潮流的，反其道而行的

contra recibo　凭收据

contra reembolso　交货时付款

contra todo riesgo　承保全险，全险

contraanálisis　再化验，反化验

contraantena　地网；接地线

contraárbol　副轴；对轴；中间轴

contrabalancear　使平衡，抗衡；补偿，抵消

contrabalanceo　均衡；平衡器，平衡块，砝码，抵消

contrabalancín　摆锤，平衡臂

contrabalanza　平衡重量；抵消力

contrabando　走私，非法私运；走私物品，违禁品

contrabombeo　泵增压，加力

contrabuzamiento　反向倾斜

contrabuzamiento regional　区域反向倾斜

contracanal　支渠

contracarril　护轨，扶栏；拨水条

contracción　收缩，压缩；收缩物，收缩量，收缩率；收缩作用

contrachapado　分层的，层压的，胶合的；胶合板，层压板，夹板

contrachaveta　夹条，楔；扁栓，拉紧销

contraclavija　夹条，楔；超重杆，吊杆

contracodo　S 形弯管

contracorriente　逆流；反向电流，逆电流

contractable　可以收缩的

contráctil　有收缩性的，可收缩的

contractilidad　可收缩性；收缩力

contractivo　有收缩性的

contracurva 反向曲线；反向弯道

contrademanda 反要求；反诉；反索赔

contradeslizadera 护板；底板

contradestello 防闪烁的

contraeje 副轴；对轴；中间轴

contraeje de embrague 离合器副轴

contraeje de la transmisión 传动箱中间轴；传动副轴

contraeje de velocidades 传动箱中间轴

contraeje recto 普通副轴，直副轴

contraempuje 反推力；反冲；反击

contraer 收缩，紧缩；限于；承担（义务等）；负债

contraer en frío 冷缩

contraestampa 铆钉

contraexplosión 逆火；防爆

contrafilón 交切脉

contraflujo 逆流，对流，倒流，迎面流

contrafuego 灭火，防火墙，火隔

contrafuerte 护墙，扶壁，山的突出部

contrafuerte facetado 截切山嘴

contrafuerte labrado en facetas 截切山嘴

contrafuerza 支持；底板；备用设备；填背；支撑体

contragolpe 反击，回击；逆转；返程，反冲

contrahendedura 假劈理

contrahigiénico （河水）完全污染的，污染的；不卫生的

contralisios （气象学）反信风

contrallave 背钳

contraluz 逆光；逆光照片

contramanivela 回行曲柄

contramarca 附加记号，副标

contramarcha 逆行程；换向传动；回程

contramarcos （门、窗的）副框

contramarea 逆潮

contramedida 对策；对抗手段

contramedida electrónica 电子对抗

contramuestra 对等货样，回样

contraonda 间隔波，补偿波，间隔信号

contraorden 取消令；取消定单

contrapartida 补偿，弥补；抵消记入

contrapartida de las emisiones de carbono 碳排放补偿

contrapeado 胶合板

contrapedal 飞轮，自由轮离合器

contrapeldaño 楼梯踏步竖板

contrapendiente 反向坡度

contraperfil 反向剖面

contrapesar 使重量平衡；抵消，补偿

contrapeso 平衡重，平衡块，配重，衡重体；砝码，称砣；抵消力

contrapeso antivibratorio 谐振平衡

contrapeso de balancín 抽油机游梁平衡配重

contrapeso de cola del balancín 抽油机尾板平衡配重

contrapeso de las llaves de tenaza 液压大钳平衡块

contrapeso de línea de transmisión 拉杆平衡配重

contrapeso del cigüeñal 圆盘形曲柄

contrapeso equilibrador 平衡重，配重，平衡器

contrapeso graduable del balancín 抽油机游梁可调式平衡配重

contrapeso oscilante articulado （抽油机游梁）平衡配重

contrapeso para varillas de tracción 抽油杆平衡

contrapeso rotatorio 转盘式平衡装置

contrapeso saltón （抽油机游梁）平衡配重

contrapicado 俯瞰，俯瞰图

contraplaca 后支索，后拉索，后支条，背撑

contraplacado 胶合板

contraplacado metálico 木金合板，涂金属层板，夹金属胶合板

contrapozo 圆井

contrapozo marino （钻井）通海井，月池

contrapresión 反压力，平衡压力，回压，支力；出口压强

contraproducente 产生相反结果的，事与愿违的

contrapunta 机头座，（车床）尾顶尖，顶座，尾架，定心座

contrapunto 死点；尾架

contrapunzón 冲孔机垫块

contraquilla 竖龙骨；耐擦龙骨

contrarreembolso 货到付款，现款交货

contrarreloj 逆时针方向的

contrario 对立的，相反的；反对的；障碍，困难

contrario a las agujas del reloj 逆时针方向的

contrario al orden cronométrico 逆时针的

contra-rotativo 反转的，反向转动的

contrarreacción 负反馈

contrarremachador 铆钉

contrarrestar 超覆，超越；抵制；抵消，中和，消解

contrarroda （防护）挡板

contraseguro 再保险；分担

contrasello 副印

contraseña 密码，暗号；附加上标记

contraseña de paso 密码，口令

contrastado 检验过的，检定过的

contrastar 测量，测定，量尺寸，（精确）计量；检验，验定

contraste 对比，对比度；差，差异

contraste de densidades 密度差

contratación　订契约，立合同；雇用；聘请；买卖，交易

contratación de servicio　服务招标

contratación externa　外包，业务外包

contratante　订约人，缔约者；（签约的）甲方

contratar　订立合同；雇用，聘请

contratiempo　故障，事故，意外，不幸，灾祸

contratista　承包人，承包商，包工头，承揽人

contratista de perforación　钻井承包商

contrato　合同，契约

contrato a plazo　长期合同

contrato adicional　补充合同

contrato bilateral　双边合同

contrato de arrendamiento　租赁合同

contrato de comercio exterior　外贸合同

contrato de comisión　佣金合同

contrato de compraventa　买卖合同

contrato de crédito bancario　银行信贷合同

contrato de entrega　交货合同

contrato de exportación　出口合同

contrato de fletamiento　租船合同

contrato de flete　租船合同

contrato de importación　进口合同

contrato de perforación　钻井合同

contrato de perforación de tasa diaria　钻井日费承包合同

contrato de reembolso　偿还合同

contrato de reparto de la producción　产品分成合同

contrato de trabajo　雇用合同

contrato firme de compra　"照付不议"合同，绝对付款合同，无货亦付款合同

contrato llave en mano　整套承包合同，总承包合同，全包合同，交钥匙合同

contrato multilateral　多边合同

contrato unilateral　单方承担义务的合同

contratuerca　防松螺母

contravalor　等值，等价

contravapor　反向蒸汽，逆气

contravariante　逆变量，抗变量

contravástago T　导杆，活塞尾杆

contravena　交切脉

contraventana　百叶窗

contraventear　拉牵索防风

contraveta　岩脉；岩墙

contraviento de cable　绷绳，牵索

contraviento de torre　井架斜撑

contravientos　支撑；拉筋；X形拉条

contribución　贡献；出力；贡献金，贡献物；捐税

contribución industrial　工业税

contribución predial　土地税，不动产税

contribución territorial　土地税

contribuidor　捐款的，捐助的；纳税的；捐献人；捐助人；捐款人；纳税人

contribuir　缴税；捐款，作贡献有助于，促使

contribuyente　捐献的，做出贡献的；捐献人，纳税人

control　控制；指挥；支配，监督；控制器；开关

control a distancia　遥控

control a motor　电动机控制，电动机操纵

control aerodinámico　气动控制

control al azar　抽查

control al vacío　真空控制

control ambiental　环境控制

control antisurgencia　防喷控制

control asíncrono　异步控制

control atmosférico　常压控制

control automático　自动控制

control automático de frecuencia　自动频率控制

control automático de ganancia　自动增益控制

control automático de ganancia instantánea　瞬时自动增益控制

control automático de volumen　自动音量控制

control automático del nivel sonoro　自动音量控制

control biológico　生物控制

control central　中央控制，集中控制

control de agotamiento　衰竭控制

control de alimentación　进料控制

control de alto y bajo nivel　双位电平调节器；高低水位调节器

control de amplitud　幅度控制

control de arena　防砂，砂控

control de avance de perforación　钻进控制

control de calidad　质量检查，质量控制

control de carga　进料控制

control de cero　零位调整；调零装置，置零控制装置

control de combustión　燃烧控制

control de contraste　对比度调节

control de descarga en vertederos　废液倾倒控制

control de desechos　废弃物管理

control de elaboración　工艺程序控制

control de encendido y apagado　开关控制

control de estrangulación　节气门操纵，轭流控制

control de exportación　出口管制

control de fabricación　生产控制

control de flujo　流量控制

control de ganancia　增益控制

control de gases　扼流控制

control de hurto de combustibles　防范燃料偷窃

control de insectos　昆虫防治

control de la contaminación　污染治理，污染防治

control de la erosión　侵蚀控制，防止侵蚀

control de la perforación 钻井控制

control de la presión sobre la barrena rotatoria 旋转钻井压力控制

control de la velocidad 速度控制

control de las válvulas 阀控制

control de lutitas 控砂，控制泥岩

control de nivel 液面控制，水平调整，水平面调节

control de nivel de líquidos 液位控制

control de paridad par 偶数同位校验，偶数奇偶校验

control de paridad par-impar 偶数同位校验，偶数奇偶校验

control de pérdida de flujo 失水控制

control de perfil y aislamiento de agua 调剖堵水

control de placa oscilante 挡水板控制，纵向隔板控制

control de pozos 井控，防喷

control de presión 压力控制

control de presión de rango de hendidura 分程控压

control de procesos 过程控制，流程控制

control de realimentación 反馈控制

control de saturación 饱和度控制

control de sólidos 固控

control de sustancias tóxicas 有毒物质监控

control de tensión 电压控制

control de tensión adjustable 可调节电压控制

control de voltaje 电压控制

control de voltaje ajustable 可调节电压控制

control de volumen 容量调节，容积控制，音量控制

control de volumen automático 自动音量（容积）控制

control del avance del trépano 钻进控制，给进控制

control del flujo de retorno 钻井液返回流量控制

control del freno 刹车控制，制动控制

control del programa 程序控制

control demográfico 人口控制

control eléctrico 电控制

control eléctro-hidráulico 电动—液压控制

control electrónico 电子控制

control estructural 构造控制，结构控制

control flotante 浮点控制

control flotante de velocidad sencilla 单速浮点调节系统

control fotoeléctrico 光电控制

control horizontal 水平控制

control in situ 临检，现场检查

control integrado de las plagas 害虫综合治理

control lógico programable 可编程逻辑控制

control manual 手控，手动控制，人工控制

control mecánico 机械控制

control mecánico de la erosión 用机械方式控制腐蚀

control modulador 调节控制

control neumático 气动控制

control numérico 数控

control por radar 雷达控制

control primario 首要控制

control programado 程序控制

control proporcional 比例控制，线性控制

control puntual （对某一点或问题）针对性检查

control remoto 遥控，遥控装置

control remoto de BOP 防喷器司钻控制台

control remoto de choke manifold 节流管汇远程控制台

control remoto de los preventores 防喷器远控装置

control secuencial 顺序控制

control suplementario 辅助控制

control termóstatico 恒温控制

controlabilidad 可控性，控制能力

controlable 可控制的，可操控的，可管理的

controlado 受控制的，受操纵的，被调整的

controlador 控制器，操纵器，调节器；管理员，主管人，检验员，审计员

controlador automático 自动调节器

controlador de apagado de bomba 抽空控制装置

controlador de cuenta 计数控制器

controlador de filtrado 降失水剂

controlador de frecuencia 频率控制器

controlador de frecuencia variable 可变频率控制器

controlador de gas 气体调节器

controlador de la presión sobre la barrena rotatoria 钻进控制器

controlador de lutita deleznable 页岩抑制剂

controlador de nivel de líquido 液面调节器

controlador de pérdida de circulación 防漏失剂

controlador de refrigeración 冷却控制装置

controlador de superficie 地面控制人员；地面调节器

controlador de tambor 鼓形控制器

controlador de velocidad 调速器

controlador de velocidad de un motor 发动机调速器

controlador del Ph 酸度调节剂，pH 值控制剂

controlador eléctrico 电控制器

controlador electrónico de inyección para levantamiento por gas 电动气举装置

controlador electrotermo 电子温度控制器

controlador indicador 指示控制器

controlar 核对，检查；监督；控制；管理；抑

制，克制

controlar la erupción de un pozo 井控，控制井喷，压井

controlar un cabeceo 压井

controlar una amenaza de reventón 压井，控制井喷

controversial 有争议的，引起争议的

conuco 小块土地

convección 对流，传送，迁移

convección natural 自然对流

convectivo 对流的

convector 对流器；对流散热器；对流式放热器

convención 大会，会议；惯例，常规；协议，协定；一致，符合

convención colectiva petrolera (CCP) （委内瑞拉）石油集体劳工协议

convención internacional 国际惯例

convención marpol 防止船舶污染海洋公约

Convención Para la Preparación de Respuesta contra la Contaminación por Petróleo 石油污染的预防和应对国际公约 (OPRC)

convención petrolera 石油协定

convención sobre cambios climáticos 气候变化公约

Convención Sobre el Derecho del Mar (ONU) 联合国海洋法公约

convencional 常规的，例行的；约定的

convenciones internacionales 国际惯例

conveniencia 适合，合宜；便利，方便；符合，一致；协议

conveniente 适合的，相配的；一致的，相符的；方便的，便利的

convenio 协定，协议

convenio colectivo petrolero 石油集体协议

convenio comercial 商业协议，贸易协议

convenio de alianza estratégica 战略联盟合约

convenio de conservación 保护协议

convenio de desarrollo unitivo 联合开发合同

convenio de distanciamiento 井距协定

convenio de enfrentación 边界合同

convenio de ganancia compartida 产品分成协议

convenio de prorrateo 分摊协议

convenio sobre la diversidad biológica 生物多样性公约

convenio y garantía 协定和保证

convenir 共同商定，约定；一致认为，赞同；合适，适宜；相符合

convergencia 会合，汇合；会合处，交叉点；聚集；集中

convergencia local 局部收敛

convergencia regional 收敛域

convergencia uniforme 均匀收敛，一致收敛

convergente 会合的，汇合的；收敛的；会聚的，聚光的

convergir 会聚，会合，汇合；趋同；收敛

conversación multilateral 多边会议

conversión 变换，换算，反演，逆转；兑换；裂解，裂化

conversión a escala 定标，换算成标度

conversión de analógico a digital 模拟／数字转换，模／数转换

conversión de biomasa 生物质转化

conversión de datos 数据简化

conversión de deuda 债务转换

conversión de energía térmica oceánica 海洋热能转换 (OTEC)

conversión de la energía solar 光合作用，太阳能转换

conversión de tiempo y profundidad 时深转换

conversión de un líquido en vapor o spray 雾化

conversión del carbón amorfo en grafito 石墨化作用

conversión instantánea de agua a vapor 水—蒸汽瞬间转换

conversión profunda 深度转换

conversión "per pass" 单程转化率

conversor 转换器；转换程序

convertibidad 可转换性；兑换性

convertible 可转换的，可转化的，可转变的；可逆的

convertidor 转换器，变频器，变流器；

convertidor ácido 酸性转炉

convertidor analógico-digital 模拟—数字转换器，数模转换器

convertidor básico 碱性转炉

convertidor Bessemer 贝塞麦转炉，酸性转炉

convertidor catalítico 催化转换器

convertidor catalítico de efecto triple 三元催化反应器

convertidor catalítico de tres vías 三元催化反应器

convertidor con soplado lateral 侧吹转炉

convertidor de amoníaco 氨转化器

convertidor de digital-analógico (CDA) 数字／模拟转换器 (DAC)

convertidor de frecuencia 变频器

convertidor de señal 信号转换器

convertidor de torsión 变矩器

convertidor estático 整流器，传感器

convertidor para voltaje anódico 阳极电源整流器

convertidor Thomas 碱性转炉

convertir 使变为，使转化；折算，换算，兑换

convertir en piedra 石化，转化为石质，硬化

convexidad 凸，凸度；凸面，凸状

convexión 对流

convexo 凸的，凸状的，凸面的；连续凸函数的；凸点集的

convocatoria 召集、组织比赛等；会议等的通知，通知单；

convocatoria a licitación 招标，招标通知

convocatorio 召集的，召开的

convolución 回旋，旋转；匝，圈，转数；涡流；褶积，卷积

convoluto 盘绕的，回旋的

convoy 护航队；护送队；运输队；火车

convoy de barcazas 拖船

convulsión （地震引起的）震动，颤动，激变

convulsión orogenética 造山运动的突变

conyuntor 接电器，开关，通路器

cooperación 合作，协作

cooperación energética 能源合作

cooperación técnica internacional 国际技术合作

cooperación técnico-científica 科技合作

cooperativo 合作的，协同的；集体的

cooperita 硫铂矿

coordenada 坐标；坐标系

coordenada polar 极坐标

coordenada triangular 三角坐标

coordenada trilineal 三角坐标

coordenadas baricéntricas 重心坐标

coordenadas cartesianas 笛卡尔坐标，直角坐标

coordenadas celestes 天球坐标

coordenadas curvilíneas 曲线坐标

coordenadas en el espacio 空间坐标

coordenadas esféricas 球面坐标

coordenadas geográficas 地理坐标

coordenadas normales 简正坐标

coordenadas polares 极坐标

coordenadas rectangulares 直角坐标

coordenadas terrestres 地理坐标

coordinación 调整，配合；协调，协作；同等，对等；并列

coordinador 使协调的；协调员

coordinativo 调整的，协调的，同等的，配位的

coordinatógrafo 坐标制图器，X-Y 读数器，坐标尺

coorongita 弹性藻沥青

copa 杯；树冠；帽盔；套

copa de árbol 树冠

copa de asiento 密封皮碗

copa de cuero 皮碗

copa de cuero sintético 皮革碗，人造皮革碗

copa de émbolo 柱塞皮碗

copa de engrase 润滑脂杯，牛油杯

copa de lubricación 润滑油杯；油杯

copa de suabeo 抽汲皮碗

copa de válvula 阀帽

copa de válvula viajera 游动阀套

copa graduada （有刻度的）量杯

copa para pistón de extracción 抽汲皮碗

copa porosa para la extracción de substancias en solución 抽提套管

copal 柯巴树脂

copal del congo 刚果柯巴脂

copalita 黄脂石

copas de los árboles del bosque 林冠

copela 烤钵；烤钵底

copia 复制；备份；复制品

copia azul 蓝图，设计图

copia cianográfica 蓝图

copia de memoria （内存信息）转储，转存

copia de reserva 备份

copia de seguridad 备份，后备复印件

copia en limpio 眷写稿

copia heliográfica 蓝图，设计图

copiador 复制的，临摹的；描写器，仿形板；复制者，描图员

copiadora 复印机；翻拍机

copiar 抄写；复制；临摹；模仿

copilla aceitera 油杯

copilla de aceite 油杯

copilla de bomba 泵的皮碗，泵密封皮碗

copilla de engrase 润滑油杯

copilla grasera 润滑脂杯

copiloto 副驾驶员；自动驾驶仪

cople 垫圈

cople diferencial de llenado 压差式自动灌浆浮箍

cople flotador 浮箍

copo de grafito 石墨片，片状石墨（粉粒）

copolimerización 共聚作用，共聚合，异分子聚合

copolimerizar 使共聚合

copolímero 共聚物

copolímero alternado 顺序共聚物

copolímero butadieno-estireno 丁二烯—苯乙烯共聚物

copolímero de injerto 接枝共聚物

coprimero 互质的

coprocesador 协处理器，协同处理器

coprocesador matemático 数学协同处理器

coprolito 粪化石

copropietario 共有的；共有者，共同所有人

coque 焦炭

coque a partir del procesamiento del carbón 煤气焦炭

coque amorfo 无定形焦

coque compacto 固体焦

coque de alto horno 高炉焦炭

coque de fábrica de gas 煤气焦炭

coque de fundería 铸造焦炭，冲天炉焦炭
coque de fundición 铸造焦炭，冲天炉焦
coque de gasolina 石油焦
coque de partículas esféricas muy duras 硬石油焦粉碎颗粒，流化焦
coque de petróleo 石油焦
coque de tamaño de un huevo 小块焦炭
coque en agujas 针状焦炭
coque en galletas 小块焦炭，焦丁
coque en nódulos esféricos 球状焦，蛋丸石油焦
coque en pepitas 颗粒焦
coque esférico 球状焦，蛋丸石油焦
coque esponjoso 海绵状石油焦，海绵焦
coque menudo 碎焦，焦屑
coque nativo 天然焦
coque natural 天然焦
coque no quemado 未燃烧的焦炭
coque producido como subproducto 副产品焦炭
coque retardado 延迟焦化
coque triturado 碎焦炭
coque verde 生焦，绿焦，含油焦
coquefacción 炼焦，焦化
coquefactor 焦化装置；焦化厂；灵活焦化装置
coquería 炼焦厂，焦化厂
coquificable 具有焦性的，可炼焦的
coquificación 焦化，炼焦；积炭，结焦
coquificación de petróleo 石油焦化
coquificación fluida 流化焦化
coquificación retardada 延迟焦化
coquificador 焦化装置；焦化厂
coquificadora 焦化装置；焦化厂
coquificar 焦化，炼焦
coquilla 铸型，硬模，金属冷铸模
coquimbita 针绿矾
coquina 贝壳石灰石
coquización 焦化，炼焦；积炭，结焦；焦化过程，焦化处理
coquización retardada 延迟焦化
coquizador 炼焦炭的；炼焦器，焦化装置
coquizadora 焦化装置；焦化厂
coquizar 焦化；炼成焦炭
coracita 沥青铀矿
coral 珊瑚，珊瑚虫
coral hermatípico 造礁珊瑚
coralino 珊瑚的，珊瑚状的，珊瑚色的
coraza 套，壳，护板，保护物
coraza del autoclave 压热器（或反应釜）的保护套
corazón 心脏；心形物；岩心，核心，磁心
corazón central 中心核
corazón de cáñamo o de henequén 钢缆的麻芯
corazón de palma 钢缆的棕榈绳芯
corazonamiento 钻井取心

corazonamiento discontinuo 不连续取心
corazonar 取岩心；核化
corbato （蒸馏器的）冷却槽
corchete 领扣；卡子；钩头螺栓
corcho 软木，栓皮；软木塞
corcho fosilizado 淡石棉
corcho laminado 软木板
corda 细绳，索
cordaje 绳索，缆索，索具；（钻井用）钢丝绳，纤维绳
cordaje de manila 马尼拉麻缆索
cordaturas 岩屑，切屑
cordel 细绳
cordel de dondeo 测深绳
cordel de plomada 测深绳
cordel guía 准绳
cordelar 用绳子量；用绳子标界
cordelería 绳索，缆索；（钻井用）钢丝绳，纤维绳
cordierita 堇青石
cordillera 山脉
cordillera asfáltica 沥青脊
cordillera avolcanada 火山脉
cordillera montañosa 山脉
cordón 绳，索，缆；带，带子；带状组织
cordón de acabado 终结焊珠，最后焊道，完工焊道
cordón de obturación 填焊，致密焊缝，密封焊
cordón de rosca externa 外螺纹线
cordón de soldadura 焊缝
cordones estratigráficos 带状砂层
coriáceo 皮革的，皮革制的
corindón 金刚砂，刚玉
corindón artificial 人造金刚砂，电熔刚玉
cornalina 光玉髓，肉红玉髓
corneana 角页岩
cornelina 光玉髓，肉红玉髓
corneta 喇叭，报警器；角，角状物
cornetazo de alarma （钻井现场）钻井过程中出现井涌或井喷时发出的警报声
cornetita 蓝磷铜矿
corniola 光玉髓，肉红玉髓
cornisa 挑檐，飞檐，檐板；钻机天车
corona 花冠；日晕，（星体的）光晕；钻机天车
corona circular 圆环域
corona colectora de aceite 集油环
corona con punta de diamante 宝石钻头
corona cortadora de núcleos 岩心切割机钻头
corona cortante 钻具的切削头
corona de bomba 泵头
corona de diamante 金刚石钻头
corona de extremo 端环，短路环

corona de lavado　套洗鞋
corona de mástil　桅顶，桅头
corona de nieve　山顶覆盖积雪
corona de pluma　桅顶
corona de polea　轮缘，轮轨
corona de refuerzo　加强环
corona de retén　限动环
corona de rodanas　天车台
corona de rodillos　滚柱保持架，轧滚机座
corona de torre　定滑轮，天车；井架顶
corona dentada　冠齿轮，差动器侧面伞形齿轮
corona dentada cónica　冕状轮
corona dentada de la mesa　转盘环形齿轮
corona dentada de la mesa rotatoria　转盘环形齿轮
corona sacatestigos　取心钻头
coronadita　铅硬锰矿
coronamiento de la torre　天车台
coronar　加上冠，给…加顶；放在…的顶部
coronilla　顶，端；最高点；覆盖层
coronio　光轮质；氪
corophium volutator anfípodo　底栖穴居动物
corosil　铁硅合金
corotos　家什，杂物用具；小型设备（委内瑞拉）
corpa　生矿石
corporeidad　物质性，有形体性
corpóreo　物质的，肉体的，有形的
corpuscular　微粒的，粒子的；细胞的
corpúsculo　微粒，粒子；细胞，血球，小体
corradura　曲，弯曲，弯隆
corral de engorde　肥育场，围栏地，饲育场
corral de pesca　海洋养殖场
corrasión　刻蚀，动力侵蚀；刻蚀作用，动力侵蚀作用
correa　带，皮带，传送带；带状物
correa abierta　开口皮带
correa articulada　链带
correa conductora　传送带，运输带
correa cruzada en forma de 8　8字形交叉皮带
correa de balatá　巴拉塔胶带
correa de caucho　胶带，橡胶带
correa de caucho con borde enrústico　毛边胶带
correa de caucho con borde plegado　卷边胶带，折边胶带
correa de eslabones　链带
correa de lona cocida　缝合的帆布带
correa de lona pespuntada　缝合的帆布带
correa de oruga　履带
correa de pelo de camello　驼毛带
correa de tela　纤维带，帆布带
correa de transmisión　传动带
correa de ventilación　风扇皮带

correa de ventilador　风扇皮带
correa del freno（del tambor de cuchareo）　滚筒刹车带
correa en forma de V　三角皮带，V形皮带
correa en V　V形皮带，三角皮带
correa goma　橡胶带
correa para roldanas de acanalado múltiple en V　多条V形皮带，多条三角皮带
correa plana　平带
correa plana enteriza　循环式平带，环式平带
correa plana sin fin　循环式平带，环式平带
correa portadora　传送带，运输带
correa sinfín　环带，环形皮带
correa transportadora　传送带，运输带
correa trapezoidal　三角皮带，V形皮带
correaje　（用具或机器上的）皮带
corrección　校正，修正；改正；校对；修改；更正
corrección al nivel de referencia（CNR）　基准面校正
corrección barométrica　气压表校正
corrección cartográfica　地图改正
corrección combinada de Bouguer y aire libre　布格和空间改正
corrección de aire libre　自由空间校正
corrección de alturas　高程校正，海拔校正，标高校正
corrección de base　基线改正，基点改正
corrección de base del magnetómetro　磁力校正
corrección de Bouguer　布格校正
corrección de curvatura　曲线校正，曲率校正，星径曲率改正
corrección de deriva del gravímetro　重力漂移校正
corrección de fase　相位校正
corrección de flotabilidad　浮力校正
corrección de impulsos　脉冲校正
corrección de inclinación　纠斜
corrección de latitud　纬度校正
corrección de longitud　经度校正
corrección de sincronismo　同步校正
corrección de temperatura　温度校正
corrección de vástago　阀杆校正
corrección del índice　指标改正，指数校正
corrección del instrumento　仪器订正，仪表误差修正
corrección del polígono　图形平差
corrección dinámica　动态校正
corrección estática　静校正
corrección instrumental　仪器校正，仪表误差修正
corrección isostática　均衡改正
corrección magnética　磁力校正
corrección monetaria　货币矫正，币值调整

corrección para compensar la angulosidad　角度校正，角修正

corrección por buzamiento　倾角纠正

corrección por capa meteorizada　风化层校正；低速带校正

corrección por deriva　漂移校正

corrección por desviación　漂移校正

corrección por filtro　滤波器校正

corrección por flexión　挠曲修正

corrección por flotabilidad　浮力校正

corrección por la compactación　压实校正

corrección por la profundidad de la explosión　炮点校正，爆炸深度校正

corrección por latitud　纬度校正

corrección por tendido　排列校正

corrección por terreno　地形校正

corrección superficial　表层校正

corrección topográfica　地形校正

corrección total　总校正

correctivo　校正的，改正的；纠正的

correcto　正确的；符合规则的；正当的

corrector　校正的，改正的；校正器，校正电路，修改液；调整器；校对员

corrector de fase　相位校正器，相位移补偿器

corrector de frecuencia　频率校正器

corrector de impulsos　脉冲校正电路

corredera　滑轨，滑槽；滑阀；导杆；计程仪，测程仪；（钻机的）逃生滑道

corredera angular　目标夹角，进入角

corredera de cambio de velocidades　变速杆

corredera de expansión　伸缩杆

corredera del trépano iniciador　开钻启动导轨

corredera en V　V形导轨

corredera para el cable de la perforación inicial　开钻启动导轨

corredera resbaladiza de seguridad　安全滑道

corredera Stephenson　连杆运动

corredera transversal　横导轨

correderas　连杆；链节；链条

corredizo　滑动的，活动的，可移动的

corredor　走廊，过道；代理人，经纪人

corredor comercial　商业通道

corredor de aduana　海关经纪人

corredor de bolsa　股票经纪人

corredor de buques　船舶经纪人

corredor de cambios　票据经纪人，兑换商

corredor de seguro　保险经纪人

corredor marítimo　船舶经纪人，海运经纪人

corregido　校正过的，修正过的

corregido por arcillosidad　泥质含量校正过的

corregir　调整，改正，矫正；补救

corregir el curso　航向修正，方向修正

correlación　相关，对比，相互关系；对射

correlación con perfil de sismografía　与地震剖面对比

correlación continua　连续相关

correlación cruzada　互相关

correlación de estratos　地层对比

correlación de la información geológica　地质资料的对比

correlación de permeabilidad relativa trifásica del petróleo　石油的三相相对渗透率对比

correlación de pozos　井间对比

correlación de Vogel　沃格尔对比

correlación defasada　跳点对比

correlación discontinua　跳点对比

correlación entre los pozos　井间对比

correlación estratigráfica　地层对比

correlación litoestratigráfica　岩性地层对比

correlación litológica　岩性对比

correlación por puntos　跳点对比

correlación pozo a pozo　井间对比，井间相关

correlación y subdivisión de estratos　地层对比与划分，地层对比与细分

correlacionabilidad　相关性，可对比性

correlacionar　对比，相关

correlaciones de niveles subterráneos　地下地层对比

correlativo　相对的，相应的，相互关联的；互锁的

correlograma　相关图

correntada　急流，湍流

correntilíneo　流线型的

correntío　（液体）流动的

correntómetro　流速计，流向计

correo　邮局；邮件；邮递；邮车，邮船

correo aéreo　航空邮件

correo certificado　挂号信件

correo electrónico　电子邮件

correo urgente　急件

correoso　有弹性的，柔韧的

correr　奔，跑，迅速移动；（水、空气的）流动

correr cable de perforación　倒大绳

correr conductor　下导管

correr el registro　开始测井

correr revestidor de producción　下油层套管

correr revestidor de superficie　下表层套管

correspondencia　符合；一致；来往，对应；信件；通信；拟合

correspondencia biunívoca　一一对应

correspondencia unívoca　单值对应

corresponder　符合，一致；合适，自然应该；属于；轮到，由…负责，归…管

correspondiente　符合的，一致的；相应的，对应的；自然的

C

corretaje 经纪，掮客业；（经纪人）佣金，手续费

corrida 矿脉走向，外露矿脉

corrida de prueba 试车，试运行，试运转

corriente 流动的；现行的；流通的；水流，电流，气流，潮流

corriente abajo 顺流，下游；石油下游企业

corriente activa 有效电流

corriente alterna 交变电流，交流电

corriente alterna síncrona 对称交流电

corriente anérgica 无功电流，无效电流

corriente arriba 上游，上行；石油的上游企业

corriente artesiana 自流井，喷水井

corriente ascendente 喷出，上涌，上升流，涌升流

corriente bifásica 两相电流

corriente cataclinal 顺向河

corriente catódico 阴极电流

corriente circular 环流

corriente compuesta de petróleo y gas 原油和天然气混输

corriente constante 稳流，定型流，稳定水流

corriente continua 直流电

corriente convectiva 对流气流

corriente de absorción 吸收电流

corriente de agua 水流，河流

corriente de aire 气流；大气电流

corriente de aire invertida 逆通风，逆行气流

corriente de alimentación 馈电电缆，馈线

corriente de alta frecuencia 高频电流

corriente de carga 原料流

corriente de cima 塔顶馏出物

corriente de circulación 循环电流

corriente de contaminantes 污染物

corriente de convección 对流，对流，对流电流

corriente de corto circuito 短路电流

corriente de desechos 废物流；废液

corriente de electrodo 电极电流

corriente de fondo 底流，地下潜流，地下水流，地下径流

corriente de Foucaut 涡流，傅科电流

corriente de fuga 漏流，漏泄电流

corriente de gas 气体流，天然气流

corriente de gas de una torre 塔顶气流

corriente de gases y productor de evaporación 蒸发出塔顶气流

corriente de ionización 电离电流

corriente de lava 熔岩流

corriente de pico 峰值电流

corriente de propulsión 喷射流，推进流

corriente de rejilla 栅极电流，栅流

corriente de saturación 饱和电流

corriente de sobrecarga 过载电流

corriente de tierra 大地电流

corriente débil 弱电流

corriente descendente 下洗；下冲气流

corriente desvatada 无功电流，无效电流

corriente dieléctrica 介电电流

corriente difásica 双相电流

corriente diferencial 差动电流

corriente directa 直流电，直流

corriente ecuatorial de electrones en chorro 赤道电射流

corriente eléctrica 电流

corriente en chorro 射流

corriente en vacío 无功电流，无效电流

corriente estática 无定向电流

corriente estrecha y fuerte 急流；射流

corriente farádica 法拉第电流，感应电流

corriente fluida 流体流动，流体流

corriente fluvial 河流

corriente forzada 强制通风，压力通风

corriente fotoeléctrica 光电流

corriente galvánica 电动电流

corriente hacia dentro 内流

corriente hacia la costa 向岸流

corriente impetuosa 急流

corriente inducida 感应电流

corriente inestable 不稳定流动

corriente intermitente 间歇电流

corriente interrumpida 断续电流

corriente laminar 层流；层流流动；片流

corriente lateral 旁流

corriente local 局部电流

corriente longitudinal 纵向电流

corriente magnetizante 磁流

corriente mansa 缓流

corriente marina 海流

corriente monofásica 单向电流

corriente natural 接地电流，自然电流

corriente oceánica 洋流

corriente oscilatoria 振荡电流

corriente paralela 平行流，层流

corriente paramagnética 顺磁电流

corriente polifásica 多相电流

corriente pulsante 脉动水流；脉动电流

corriente pulsatoria 脉动电流；脉动水流

corriente radial 径流，径向流，辐射流，辐向流

corriente rápida 急流，湍流

corriente resaca 离岸流，退潮流

corriente retrógrada 向后气流

corriente secundaria 旁流，侧流，支流

corriente simple 单流；单向电流

corriente sinusoidal 正弦电流

corriente subfluvial 暗流，潜流

corriente submarina　海底潜流
corriente subsuperficial　潜流
corriente sumergente　沉降流
corriente superficial　地表流，表层流，表面海流，表面电流
corriente telúrica　大地电流，地电流
corriente termoeléctrica　热电流
corriente terrestre　大地电流，地电流
corriente transversal　横向流动
corriente trifásica　三相电流
corriente turbulenta　紊流；涡流
corriente vagabunda　杂散电流，漏泄电流
corriente variable　瞬变流动，不稳流动
corriente　流通的，流动的；经常的；流通，流动，流量
corrientes de densidad　密度流
corrientes de flujo de producción　自喷开采液流
corrientes de marea　潮流
corrientes de meandro　曲流河道
corrientes de producción　采出液流
corrientes del fondo marino　海底强流
corrientes entrelazadas　辫状河
corrientes parásitas　寄生电流
corrientes polifásicas　多相电流
corrimiento　滑动，移动，挪动；（液体等）排出，流出，溢出
corrimiento de terreno　滑坡
corrimiento en tiempo　时间流逝；时差
corrimiento horizontal　水平推力，横向推力
corrimiento horizontal de una masa de aire　大块空气的水平运动；平流
corrimiento magnético　蠕磁，蠕磁现象，磁蠕动，磁漂移
corroer　腐蚀，侵蚀，溶蚀；耗损
corroído　被腐蚀的，被侵蚀的
corrompido por las sustancias contaminantes　被污染物弄污的
corrosibilidad　可腐蚀性
corrosible　可腐蚀的
corrosión　腐蚀，侵蚀，锈蚀，溶蚀
corrosión a la hoja de cobre　铜片腐蚀
corrosión ácida　酸腐蚀
corrosión anular　环关腐蚀
corrosión atmosférica　大气腐蚀
corrosión bajo tensión　应力腐蚀，金属超应力引起的腐蚀
corrosión con ácido　酸腐蚀
corrosión de fluido　液体腐蚀
corrosión electrolítica　电解腐蚀
corrosión en forma de empeine　环关腐蚀
corrosión galopante　迅速腐蚀
corrosión galvánica　电蚀，电池作用腐蚀
corrosión intergranular　晶间腐蚀，内在粒状腐蚀

corrosión interna　内腐蚀，管内腐蚀
corrosión localizada　麻点腐蚀，凹痕，锈斑
corrosión por ácidos　酸性腐蚀
corrosión por frotamiento　磨蚀，摩擦腐蚀
corrosión telúrica　水土流失，土蚀
corrosividad　腐蚀性
corrosivo　腐蚀性的，侵蚀性的；腐蚀性物质，腐蚀剂

corrugación　波纹，波状；沟状，沟纹，起皱，皱纹
corrugado　波状的，褶皱形的，起皱的；竹节形的，成波纹的
corsita　球状闪长岩
corta　伐木，砍伐；砍伐期
corta de limpieza　卫生伐，合理地砍伐
corta selectiva　选伐，择伐
cortaalambres　钢丝钳，铁丝剪
cortabarras de sondeo　割管器，钻杆割刀，钻杆切割器
cortabarras de sondeo interior　钻杆内割刀
cortabilidad　可切割性
cortable　可切割的
cortacables　砍缆斧，钢丝绳割刀
cortacaños　截管器，切管机
cortacésped　剪草机，割草机
cortacircuito　断路，切断；断流器，切断开关
cortacircuito de distribución　布线熔丝
cortacircuito de solenoide　电磁开关
cortacorreas　传送带切割机
cortadera　（煅件的）切割刀
cortador　割刀，切机；切管机；（钻头）牙轮；刮蜡片
cortador cilíndrico　圆柱形铣刀
cortador de cabilla　钢筋切割机
cortador de cables　砍缆斧，钢丝绳割刀
cortador de circuito　断路器
cortador de colisión de tubería　撞击式切割器
cortador de guaya　钢丝绳切刀，钢丝绳切割机，钢丝切绳器
cortador de parafinas　刮蜡片，清蜡刀
cortador de tubería de perforación　油管或钻杆割刀
cortador de tubo　管线切割器，切管器
cortador exterior　外割刀
cortador external　外割刀
cortador internal　内割刀
cortador químico de tubería　化学切割器
cortador rotatorio de metales　铣刀，铣制刀具
cortador térmico de tubería　热切割器
cortador y chanfleador de caño　管子开坡口切割机，坡口机
cortador y chanfleador de tubo　管子开坡口切割

机，坡口机

cortadora　割刀；切管机；（钻头）牙轮

cortadora al oxígeno　氧气切割机

cortadora circular　圆盘剪

cortadora de correa　切刀；皮带切割机

cortadora de espigas　开榫机

cortadora de tubería　截管器，切管机

cortadora manual　手工刀具，手工裁切机

cortadores de guía　保径齿排

cortadura　切削，切割；剪切；切口；山谷，峡谷；（坑道的）扩展面

cortadura con soplete　火焰切割

cortadura por llama de gas　火焰切割

cortaduras　（切割、裁剪下的）剩余部分；碎片，碎块；切屑，钻屑

cortafierro　錾子，拐角凿子，削凿刀，扁尖凿

cortaflama　灭火器；油罐蒸气密封安全装置

cortafrío　冷凿

cortafrío con punta rómbica　菱形錾，菱形尖凿

cortafrío ranurador　扁尖凿

cortafuego　隔火墙，防火线，防火地带

cortahielos　破冰船；碎冰器

cortahierro de ranurar　拐角凿子，削凿刀，扁尖凿

cortahoyos lateral　偏铣刀；侧边切坯机；侧刀；侧牙轮

cortahumedades　防潮层

cortante　切割的；锋利的

cortante del viento　风切变，切变矢量

cortaplumas　随身小折刀，小刀

cortar　切，割，剪，砍；砍伐，采伐树木；切断，截断

cortar cable de perforación　割大绳

cortar el interruptor　断闸

cortar en medialuna　剪切成月牙状，新月形剪切

cortar una pieza perdida para removerla　段铣，分段磨铣

cortarasa　减退，凹陷

cortatestigos　岩心切刀

cortatubería　切管机；截管器

cortatubería exterior　钻杆外割刀

cortatubos　切管机，截管器

cortatubos biselador　坡口机

cortatubos de cadena　链式切管机

cortatubos de humo　烟管切割机

cortatubos de mano　手刀，手工刀具

cortatubos exterior　钻杆外割刀

cortatubos hidráulico　液压切管机，水压管道切割机

cortatubos por el exterior　钻杆外割刀

cortavapores　蒸汽阀

cortavidrios　玻璃割刀

cortaviento　（汽车）挡风玻璃

corte　切，割；切口；削减（费用等）；油中水和杂物的含量

corte absoluto　全封闭

corte acetilénico submergido　水下乙炔切割

corte al arco de metal　金属弧切割

corte al revestidor　切割套管

corte autógeno　（乙炔）气割，氧炔熔化

corte axial　轴向剖面，轴向断面，轴向切面

corte bajo　低含水

corte bajo el agua　火下切割

corte brusco　粗切削

corte cerrado　（石油）窄馏分

corte con arco metálico　金属弧切割

corte con gas　气割，氧炔切割

corte con límites estrechos de destilación　窄馏分

corte con sierra　锯切

corte de agua　含水率，含水量

corte de agua total　综合含水率

corte de camino　路堑

corte de carretera　路堑

corte de cola　底部馏分

corte de destilación ajustada　窄馏分

corte de energía　停电

corte de nafta　石脑油馏分

corte de petróleo　含油量，含油百分数，产液含油百分数，油浸，油侵

corte de pozo　油井记录，测井图

corte de queroseno　煤油含量，煤油馏分

corte de sierra　锯截口

corte debido a roce de un cable　因摩擦造成电线断路

corte del lodo　泥浆含量

corte del medio　中间馏分

corte en bisel　斜截

corte en bloques　堆叠切割

corte final　最后馏分；末端，端点

corte geológico de pozo　测井曲线，钻井日志

corte horizontal　平面图，顶视图

corte intermedio　中间馏分

corte lateral　侧馏分

corte liviano　轻馏分

corte longitudinal　纵断面，纵剖面

corte oxiacetilénico　氧炔切割，气割

corte para aceites lubricantes　润滑油馏分

corte para lubricante　润滑油馏分

corte pesado final　重质终馏分，尾部馏分

corte por arco eléctrico　电弧切割

corte por estratos　地层切片

corte sísmico　地震剖面

corte transversal　横断面，横剖面，横切面，横截面，截面

corte transversal de un dibujo　剖面图，剖视图

corte y recuperación de tubería 管道磨铣

cortejo 沉积体系域

cortejo de cuna de talud continental 陆地沉积体系域

cortejo de nivel alto 高位体系域

cortejo de nivel bajo 低位体系域

cortejo transgresivo 海进体系域

cortes 切屑，钻屑

cortes cerrados 窄馏分

cortes del trépano 切屑，钻屑

cortes estrechos 窄馏分

cortes livianos finales 轻馏分

cortes secuenciales de imagen de núcleo de una sección transversal 顺序截面岩心横剖面图

cortes terminados 最后馏分

corteza 皮，皮层；外表，表面；地壳

corteza continental 大陆地壳，陆壳

corteza de hielo 冰皮

corteza de nieve 雪壳

corteza esponjosa 松软的树皮

corteza oceánica 大洋地壳，海洋地壳

corteza permanentemente helada 永久冻土

corteza terrestre 地壳

cortina arrolladiza 卷式百叶窗

cortina de aire 风幕，空气幕

cortina de tierra 土坝

corto 短的；时间短的；不足的，短缺的

corto circuito 短路；漏电

corto plazo 短期

cortocircuito 短路；漏电

cortocircuito deslizante 滑动短路

cortocircuito perfecto 全短路

corvadura 弯曲，弯道，转弯处；拱顶，穹隆

corvo 弯曲的，曲线的，曲面的，曲形的；钩

cosa 事物，事情；用具，东西；目标

cosecante 余割

cosecante hiperbólico 双曲余割，双曲余割函数

cosecha 收获，收割；收获季节；收成，收获量；产物

cosecha deficiente 作物歉收；农作物歉收

cosecha oceánica 海洋食物资源开发

cosechador 收割机；收获的，收割的；得到的，获得的

cosechar 收割，收获；获得

cosedimentación 同时沉积作用，共沉降

coseno 余弦

coseno de dirección 方向余弦

coseno hiperbólico 双曲余弦，双曲余弦函数

coseno verso 余矢，余矢函数

cosmogenético 宇宙发生说的，宇宙发生论的

cosmotrón 质子同步加速器

costa 海岸，海滨；沿海地区

costa acantilada 陡崖海岸

costa adentro 近岸的，沿海的，滨内的；沿海，沿岸，靠近海岸

costa afuera （costafuera） 近海的，离岸，向海的

costa de falla 断层岸线

costa elevada 上升海岸

costa litoral 海岸线

costa pantanosa 沼泽海岸

costa playa 海滩

costado 边，侧面，侧翼；边件，侧部

costado de babor 左舷

costado de conexión de tubo roscado 螺纹管连接侧部

costados del yacimiento 油藏的侧翼

costas de dominio público 公众海滩

coste 费用，成本；代价

coste de fábrica 生产成本，造价

coste de la mano de obra 人工费用

coste de operación 作业费用，操作费用

coste de reparación y conservación 维修和保养成本，维修和保养费用

coste efectivo 实际成本

coste marginal 边际成本

coste por día 每日成本，日费

coste total 总成本

costilla 肋骨；排骨；船肋骨；翼肋；拱肋

costilla flotante 浮肋

costilla guía 导肋

costo 成本，费用

costo adicional 额外费用，附加成本

costo de extracción 开采成本

costo de fábrica 工厂成本，制造成本

costo de perforación 钻井成本

costo de producción 制造成本，生产成本

costo de tratamiento 治疗费；处理费

costo de vida 生活费

costo diario 每日成本，日费

costo directo 直接成本

costo efectivo 实际成本

costo excesivo 超支成本

costo incremental 边际成本，增额成本

costo inicial 初期费用

costo marginal 边际成本

costo marginal de desarrollo a largo plazo 长期边际成本 (LDMC)

costo no recuperable 未能回收的成本

costo original 原始成本，最初成本

costo total 总成本

costos concertados 协定成本

costos convenidos 协定成本

costos de construcción 造价

costos de disminución 折耗成本

costos de explotación 开采费用

costos de fabricación 生产成本

costos de instalación 安装成本，设置费，安装费用

costos de la protección del medio ambiente 环境保护成本，环境保护所需费用

costos de mantenimiento 维修费

costos de prevención 预防成本

costos de producción de petróleo de un yacimiento 原油开采成本

costos de recuperación 污染清除费用

costos de trabajo 作业成本，工作成本

costos del deterioro 劣化成本，损耗成本

costos externos 外部成本，外部费用

costos intangibles 无形费用（成本）

costos intangibles de perforación 无形钻井成本，难以确定的钻井成本

costos para el medio ambiente 环境成本

costos por la reparación o la eliminación de la contaminación ambiental 污染治理成本

costos resultantes 最后成本，实际成本

costra 外壳，硬壳，壳

costra de lodo 滤饼

costra de pared 井壁滤饼

costra de revoque 滤饼，泥皮

costra porosa 多孔滤饼

costras de laminación 轧制氧化皮

costura 缝，缝纫；缝口，接缝；线缝

costura de la correa 皮带接头

costura interior 内面接缝

costurón 大的接缝；盖缝条

COT (carbono orgánico total) 总有机碳

COT (concentración orgánica total) 总有机量

cota 标高，海拔高度，高程

cota de comparación 基标，基准面

cota de fondo (base) 底标高

cota de nivel de agua 水面高程，水平面高度

cota de seguridad 安全高度

cota de terreno natural 地面高程

cotana 榫眼；凿子

cotangente 余切

cotar 标出…的高度

cotejable 可比较的，可核对的

cotejar 匹配，拟合，比较，核对，对比

cotejo 核对，对照；比较；匹配；拟合

cotejo histórico 历史拟合

cotipo 全模（式）标本

cotización 报价，开价；（股票等）上市；行情，时价

cotizador 报价人，开价人

cotizar 报价，开价；估价，评价

covalencia 共价

covariancia 协方差，协变性；共离散；计量经济中的协变差

covelita 铜蓝，蓝铜矿

covolumen 协体积，共体，余容，分子的自体积

cp 百分之一泊，厘泊

CPU 中央处理器

CPV (Cámara Petrolera de Venezuela) 委内瑞拉石油商会

Cr. 元素铬（cromo）的符号

cracking 石油裂化，裂化，裂解

cracking catalítico 催化裂化

cracking catalítico fluido de un solo paso 单程化裂化

cracking catalítico Thermofor 蓄热器催化裂化，塞摩福流动床催化裂化

cracking con vapor 蒸汽裂解

cracking del aceite 油的裂化

cracking en fase mixta 混合相裂化

cracking por el método de fase de vapor 气相裂化

cracking por recorrido 单程裂化量

cracking térmico 热裂解

cracking termocatalítico 热催化裂解，热催化裂化

craqueador catalítico 催化裂化装置

craqueadora catalítica de reactor en el montante espejo 提升管催化裂化装置

craquear 使裂化，使裂解，加热分裂

craqueo 裂化，裂解

craqueo a coque 焦化裂化

craqueo a presión elevada 高压裂化

craqueo catalítico 催化裂解，催化裂化

craqueo catalítico fluido 流化床催化裂解

craqueo catalítico fluido de un solo paso 单程流化床催化裂解

craqueo catalítico líquido (CCL) 流化床催化裂解

craqueo catalítico Thermofor 塞摩福流动床催化裂化，蓄热器催化裂化

craqueo catalítico tipo fluido 流化床催化裂解

craqueo de gasóleo 粗柴油裂解

craqueo de la corrosión 腐蚀断裂

craqueo de poca intensidad 低度裂化，缓式裂化，轻度裂化

craqueo diferencial selectivo 局部选择裂化

craqueo en fase mixta 混合相裂化

craqueo en presencia de vapor de agua 蒸汽裂化

craqueo intenso 高度裂化

craqueo ligero 缓式裂化，轻度裂化

craqueo moderado 缓式裂化，轻度裂化

craqueo por un solo pasaje 单程裂化

craqueo sin residuo 非残油裂化

craqueo térmico 热裂化，热裂解

craqueo termocatalítico 热催化裂化

craqueo termolítico 热裂化

craso 多脂的，油性的，油滑的

cráter 火山口，环形山；焊口，焊接火口，焰口

cráter advenedizo 寄生火山口，寄生火口

cráter adventicio 寄生火山口，寄生火口

cráter central 中央火山口

cráter con lago de lava 熔岩湖火山口

cráter de explosión 爆炸坑，爆裂火山口

cráter de un meteorito 陨石坑

cráter inundado 火口湖，火山口湖

cráter meteórico 陨石坑

cráter parasitario 寄生火山口，寄生火口

cráter secundario 次级冲击坑，副冲击坑，次生冲击坑

cratícula 分光板

cratón 克拉通，稳定地块

creación 创造，创作；创建，设立；创造的作品，产品

creación de capacidad científica 科研能力建设

crecer 增长，增加；生长，长大；(河水等) 上涨，涨潮；增值

crecida (河水) 上涨

crecida repentina 暴洪，山洪暴发，洪水暴涨，暴雨成灾

creciente 不断增长的，成长中的；新月形的；涨水，涨潮，新月状物

crecimiento 生长，成长，增加，增长

crecimiento apical 顶端生长

crecimiento cero 零增长

crecimiento de la población 人口增长；种群生长

crecimiento del cristal 晶体生长，结晶

crecimiento del grano 晶粒长大

crecimiento elipsoidal 椭圆式隆起，成丘，堆起

crecimiento equidimensional 等距离隆起，成圆丘

crecimiento incontrolado 增长失控

crecimiento natural 自然增长

crecimiento nulo de la población 人口零增长

crédito 信用；信用证；信贷，信用贷款；赊欠，赊账，贷项

crédito hipotecario 抵押贷款，担保借贷

cremación de basura 焚烧垃圾

cremallera 齿条，牙条，拉链，导轨

crémor 酒石

crémor tartárico 酒石，酒石酸氢钾

creosol 甲氧甲酚

creosota 克鲁苏油，木馏油，木材防腐油

creosotación 灌注防腐油

creosotado 用杂酚油处理过的

cresil 羟甲基苯；甲苯基

cresílico 甲苯基的

cresol 甲酚，苯酚

cresta 山顶，山脊；波峰；最大值，峰值；(螺纹) 牙顶

cresta anticlinal 背斜山脊，背斜脊

cresta de anticlinal 背斜山脊，背斜脊

cresta de domo salino 盐丘脊

cresta de filete 齿顶，螺纹牙顶

cresta de la estructura 构造的高点或顶点

cresta de montaña 山脊

cresta de reflexión 反射峰值

cresta de vapor 蒸汽峰值

cresta del pliegue 褶皱的高点

cresta gasífera 气顶，气帽

cresta media 中脊

cresta monoclinal 单斜脊

cresta sinclinal 向斜山脊，向斜脊

crestón (岩层等的) 露头

creta 白垩；漂白土

creta nerítica 浅海白垩

cretáceo 白垩纪，白垩系；白垩纪的，白垩系的；含白垩的；白垩构成的

cretáceo inferior 早白垩纪，早白垩系

cretáceo superior 晚白垩世，上白垩统

cretácico 白垩纪的，白垩系的；白垩纪；白垩系；白垩纪岩石

cretácico inferior 下白垩统

cretácico superior 上白垩纪，上白垩系

cretón 露头

cría de mariscos 海鲜贝类养殖业

criadero 养殖场；苗圃，矿床，矿层

criadero de peces 养鱼场

criadero de petróleo 含油褶皱，含油矿层

criadero sedimentario 沉积矿床

criba 筛子；滤网；筛选器

criba de lodo 泥浆筛，泥浆泥浆筛 (振动筛)

criba de mano 手动筛

criba de vibración 振动筛

criba molecular 分子筛

criba oscilante 振动筛

criba para basura 拦废物筛，拦污栅

criba vibradora 振动筛

cribado 筛选的；筛分的；滤砂，脱砂，屏蔽

cribaduras 筛屑，筛渣，筛出的废物

cribar 筛，筛选；过滤

cric 千斤顶，(螺旋) 起重器，千斤葫芦

cric de cremallera 齿条式千斤顶

cric de piñón y cremallera 齿轮齿条千斤顶

cric de polea de cadenas 链式起重器

cric de tornillo 螺旋千斤顶，螺旋起重机

cric sencillo 手压千斤顶

cricondenbar 临界凝析压力

cricondentermis 临界凝析温度

cridero de mineral 矿体

crioaplantación 强霜冻侵蚀

C

criobiología　低温生物学
criocable　低温电缆，超导电缆
crioclasita　冻裂崩解
crioconita　冰尘
crioconservación　（医学或工业领域的）低温储藏；冷冻保存
criodesecación　低温晾干
criodeshidratación　冷冻干燥
crioelectrónica　低温电子学，低温电子元件学
criofísica　低温物理学
crióforo　凝冰器
criogenia　低温学，低温实验法
criogénico　低温的；冷冻的
criógeno　制冷剂，低温流体
criolita　冰晶石
criolitionita　锂水晶石
criololuminiscencia　低温发光
criomagnetismo　磁致冷
criometría　低温测定
criómetro　低温计
crioprotector　防冷冻剂
crioquímica　低温化学
crioscopia　（液体的）冰点测定；冰点降低测定
crioscopio　冰点测定器
criosfera　低温层；冰冻圈
criosistor　低温晶体管
criostato　低温恒温器
criotécnica　低温技术
criotrón　低温管
criotrónica　低温电子学
crioturbación　融冻泥流作用
criptobiótico　隐生的，潜生的；隐痕的
criptoclástico　隐屑的
criptocristalino　隐晶质；隐晶质的
criptolita　独居石
criptón　氪
criptonita　钛铁矿
criptovolcánico　潜火山
crique　千斤顶，起重器
crisis　危机
crisis de energía　能源危机
crisis de la vivienda　住房危机
crisoberilo　金绿宝石，金绿玉
crisoberilo esmeralda　猫眼石
crisocola　硅孔雀石
crisol　坩埚，熔料坩埚；高炉炉缸
crisol de arcilla refractaria　砂坩埚
crisol de horno　炉床，坩埚，炉膛
crisol de porcelana　瓷坩埚
crisol para acero　化钢炉
crisolita　贵橄榄石
crisolito　橄榄石
crisolito oriental　黄晶，黄玉

crisopacio　绿玉髓
crisoprasa　绿玉髓
crisopraso　绿玉髓，绿玛瑙
crisotilo　温石棉，纤蛇纹石
crisprasa　绿玉髓
cristal　水晶，石英晶体；玻璃；镜片；镜子
cristal acicular　针状晶体
cristal aforme　歪晶，畸形晶体
cristal amplificador　放大镜
cristal anórtico　三斜晶体
cristal biáxico　双轴晶体
cristal cuárzico　石英晶体
cristal cúbico　立方晶体
cristal de ágata　玛瑙玻璃
cristal de aumento　放大镜
cristal de cuarzo　石英晶体
cristal de hielo　冰晶
cristal de nivel　液面视镜；视镜
cristal de reloj　表玻璃，表面皿
cristal de roca　水晶，水晶石
cristal de sal　盐结晶体
cristal de seguridad　安全玻璃
cristal de ventana　窗格玻璃
cristal en suspensión　悬浮晶体
cristal esmerilado　磨砂玻璃，毛玻璃
cristal ferroeléctrico　铁电晶体
cristal gemelo　孪晶，双晶体
cristal hilado　玻璃纤维，玻璃丝
cristal imperfecto　不完整晶体
cristal inastillable　安全玻璃，不碎玻璃，防护玻璃
cristal iónico　离子晶体
cristal lenticular　扁平矿体
cristal líquido　液晶；液态玻璃，水玻璃
cristal mal formado　歪晶，畸形晶体
cristal natural　天然矿石，天然晶体
cristal objetivo　物镜透镜
cristal óptico　光学玻璃
cristal paramagnético　顺磁晶体
cristal piezoeléctrico　压电晶体
cristal piroelétrico　热电晶体
cristal poligonal　多面体晶体
cristal porfídico　斑晶
cristal rómbico　斜方晶
cristal sintético　合成晶体，人造晶体
cristal tártaro　酒石英
cristales anhédricos　他形晶
cristales anisométricos　不等轴晶体
cristales minerales　矿物晶体
cristalinidad　结晶度，结晶性；清晰度
cristalino　结晶的，晶体的，水晶的；清澈的；晶状体，水晶体
cristalita　微晶，晶体，晶粒

cristalito 微晶；雏晶

cristalizable 可结晶的

cristalización 结晶，晶化；结晶体；（计划、决定等）成形，具体化

cristalización irregular de los minerales 矿物共生秩序

cristalización superficial 表面结晶

cristalizado 晶体状的；结晶的

cristalizador 使结晶的，结晶的；结晶器

cristalizar 使结晶，使晶化；结晶；形成；具体化

cristaloblástesis 晶体形成

cristaloblástico 晶体形成的

cristaloeléctrico 电结晶的

cristalofísica 物理结晶学

cristalofísico 物理结晶学的

cristalogenia 晶体发生学，结晶发生学

cristalografía 晶体学，结晶学

cristalografía sintética 合成晶体学

cristalográfico 结晶学的，结晶状的，晶体状的

cristalograma 晶体衍射图，晶体绕射图

cristaloide 类晶体，准晶质

cristaloideo 类晶体的，拟晶体的，拟晶质的

cristaloluminiscencia 晶系发光

cristalometría 晶体测定

cristaloquímica 化学结晶学

cristobalita 白硅石，白石英，方英石

cristolón （研磨用）碳化硅

criterio 标准，尺度；判断力，鉴别力；观点，见解，意见

criterio de Reynold 雷诺准则

criterio previsor 预期观点

criterio selectivo 选择标准

criterio 标准，准则；鉴别力；见解，观点

criterios de admisión 申报标准，准入条件

criterios para la combustión in situ 火驱采油的标准

criticidad 临界性，临界状态

crítico 危急的；关键性的，决定性的；临界的

crocetano 四甲基十六烷

croche 转盘（委内瑞拉用口语）

crocidolita 青石棉，纳闪石

crocoisa 铬铅矿

crocoita 铬铅矿，赤铅矿

cromado 镀铬的，含铬的；镀铬

cromar 镀铬

cromascopio 色质镜

cromática 色学，颜色学

cromaticidad 色品度，染色性，色彩质量

cromático 有色的，色彩的；色差的

cromatismo 色差，色象差

cromato 铬酸盐

cromato de bario 铬酸钡

cromato de cesio 铬酸铯

cromato de cinc 铬酸锌

cromato de cobre 铬酸铜

cromato de hierro 铬铁矿

cromato de plomo 铬酸铅

cromato sódico 铬酸钠

cromatoblasto (cromatóforo) 载色体，色素细胞

cromatografía 色谱法，色层分析法，套色法，色层分离法

cromatografía ascendente 上向流色谱法

cromatografía de fraccionamiento 分配色谱法

cromatografía de gases 气相色谱法；炭采样管

cromatografía en fase gaseosa 气相色谱法，气相色层法

cromatográfico 色层的，色谱学的，层析的

cromatógrafo 色谱仪

cromatograma 色谱图

cromatólisis 铬盐分解；染色质溶解

cromatómetro 比色计

cromatoplasma 色素质

cromatrón 栅控彩色显像管，彩色电视摄像管

cromel 镍铬合金

crómico 铬的

cromilo 铬酰；铬氧基

crominancia 色度，色差，彩色信号

cromita 铬铁矿；亚铬酸盐

cromo 铬；铬矿石；氧化铬，镀铬层

cromo duro 硬铬镀层

cromo naranja 铬橙（涂料）

cromoferrita 铬铁矿

cromóforo 发色团，生色团

cromómetro 比色计

cromorradiómetro 颜色辐射计

cromoscopio 彩色显像管

cromospinela 铬尖晶石

cromotropía 异色异构现象

cromotungsteno 铬钨钢

cron 时（等于一百万年）

cronoestratigrafía 时间地层学

cronografía 年代学，编年学，年表；计时法

cronógrafo （记录式）计时器，记时器，精密计时计，记时仪

cronograma 时间安排表，进度表；计时图

cronograma de perforación 钻井安排时间表

cronología 年代学，纪年法，时序，年代表

cronología geológica 地质年代学

cronológico 编年的，按时间顺序的，按年代先后的

cronometrador electrónico 电子计时器

cronometraje 计时；测定时间

cronometraje de perforación 凿岩时间，钻井时间，钻进时间

cronómetro 时计；精密计时器；天文钟；秒表

cronómetro de desaceleración 减速计时表

cronómetro de Saybolt 赛氏比色计

cronómetro de vigilancia 监视计时器，监视时钟

cronopotenciometría 计时电势分析法

cronoscopio 瞬时计；计时器

crookesita 硒铊银铜矿

croquis 草图，略图，示意图；概略，概要，大意

croslinkeado 交联的

crown o matic 防碰天车（此为钻井现场习惯直接使用的英语说法）

cruce 交叉，相交；交叉点；十字路口；短路；交叉干扰

cruce aéreo de líneas 交叉气道

cruce de conductores 管线交叉，管线跨越

cruce de río 河流穿越，过河，穿越河流

cruce en arco 跨越，交叉，交叠，相交

cruce fluvial 河流穿越，过河，穿越河流

cruce perpendicular 垂直交叉，正交叉

crucero 交叉点；横梁，顶梁；解理；割理；井架；巡航舰队；巡航

cruceta （机器）十字头；钻用四通

cruceta de cabeza 十字头，小标题；直角机头；井口四通

cruceta excéntrica 偏心十头；偏心拉杆

cruceta para tubería de producción 油管卡盘

cruceta para tubería de revestimiento 套管卡盘

crucetas 剪刀撑系统

crudo 原油；未加工的，生的；未成熟的

crudo agrio 含硫原油，酸性原油

crudo aireado 风化原油

crudo amargo 含硫原油，酸性原油

crudo bituminoso 高黏重质原油，粗焦油，松馏油

crudo bruto 未加工的原油

crudo con alto contenido de agua 含水原油，湿油

crudo con azufre 含硫原油

crudo condensado 凝析油

crudo convencional 常规原油

crudo de activo 油公司可支配的份额原油

crudo de asfalto 残渣油，锅炉油

crudo de ático 阁楼油，顶存油

crudo de base asfáltica 沥青基础油，沥青基油料

crudo de base bituminosa 原焦油，高黏重质原油

crudo de base nafténica 萘油

crudo de caldera 残渣油，锅炉油

crudo de destilación primaria 拔顶原油

crudo de lutita 页岩油

crudo de participación 参股原油

crudo de petróleo 原油

crudo de petróleo desgasificado y desaguado 预处理过的原油，脱气脱水的原油

crudo de referencia 标准原油

crudo debutanizado 脱丁烷后的原油

crudo degradado 降解石油

crudo denudado 风化原油

crudo desalado 脱盐原油

crudo diluente 稀释油

crudo dulce 低硫原油，无硫油

crudo extrapesado 超重油

crudo híbrido 混合基石油

crudo ligero 轻质油

crudo liviano 轻质油，稀油

crudo mediano 中质油

crudo nafténico 环烷基原油

crudo no corrosivo 低硫原油，无硫油

crudo parafínico 石蜡基原油

crudo pesado 重质油，重油

crudo reducido 蒸馏后的原油；常压渣油

crudo reducido pesado 蒸馏后的重油

crudo sintético 合成油

crudos alterados 性质发生变化的原油

crudos dulces livianos 轻质低硫原油

crudos y derivados 石油及其衍生物

crustáceos 贝类动物，甲壳类动物

crustáceos de muda 甲壳类动物蜕壳

cruz 十字架；十字形物；树杈；圣诞树，采油树

cruz plegado 交错褶皱

cruzado 交叉的；重叠的

cruzamiento 交叉，相交，交叉点；十字路口

crystolón （研磨用）人造碳化硅

CSSCP（Comité de Salud，Seguridad y Competencia del Personal） 安全、健康和能力培训委员会，英语缩略为 SHAPCC（Safe，Health And Personnel Competence Committee）

CTM（caso de tratamiento médico） 就医事故

Cu 元素铜（cobre）的符号

cuaderna （船的）肋骨；构架，骨架

cuadernal 滑车组，游动滑车

cuadernal de poleas fijas 定滑轮组

cuadernal giratorio 凸轮式固定阻车器，转环滑车

cuaderno de trabajo 观察记录，工作记录

cuadra 街区；群体；营房

cuadrado 正方形的；平方的；正方形；方形物；平方；方钢，铸模，冲模

cuadrado medio 均方，平均平方

cuadrado medio residual 残余均方

cuadrado mínimo 加权最小二乘法

cuadrante 四分之一圆，扇形体；象限仪，四分仪；方钻杆；刻度盘

cuadrante acimutal 方位分度盘

cuadrante de la herramienta　钻具接头
cuadrante inferior　方入
cuadrante Kelly　方钻杆
cuadrante superior　方余
cuadrática　二次方程；二次式
cuadrático　正方形的；二次的，平方的
cuadratura　成四方形；求积分；求面积；转像差；90°相位差
cuadratura de fase　相位正交 90°相差
cuadrete　四心线组
cuadricón　二次锥面
cuadrícula　网格，方格
cuadrícula de acimut　等角网格
cuadrícula de simulación　模拟网格
cuadrícula de varillas　点样方
cuadriculado　分成方格的；光栅
cuadridimensional　四维的
cuadrilátero　四边形的，四边的；四边形
cuadrilla　队，班，组；帮，伙
cuadrilla de desembosque　砍伐队
cuadrilla de geólogos　地质探勘队
cuadrilla de levantamiento sísmico　地震队
cuadrilla de limpieza　清理队，清理队
cuadrilla de montaje　安装队
cuadrilla de montaje de cabria　钻机安装队
cuadrilla de perforación　钻井队
cuadrilla de perforadores　钻井队
cuadrilla de producción　采油队
cuadrilla de registros　测井队
cuadrilla de relevo　换班人员
cuadrilla de revestimiento　清理管表面和涂底漆的施工班组
cuadrilla de sismólogos　地震队
cuadrilla de soldadura　电焊班，电焊组，电焊服务队
cuadrilla de tendedores de tubería　对管班，铺管队
cuadrilla de trabajadores　一个班组工人
cuadrillas de dinamita　放炮队
cuadrinomio　四项式
cuadriplicado　四倍的；四重的；四次方的
cuadripolar　四极的
cuadripolo　四极
cuadripolo eléctrico　电四极
cuadrivalente　四价的；四价原子；四价元素
cuadro　四方形；图画，框架；图表，一览表；（控制、操作仪器等的）台，盘
cuadro conmutador　配电盘；电话交换台，总机
cuadro conmutador múltiple　复式交换机
cuadro de base　基础，方基墩
cuadro de bombas para fusibles　熔丝盒，熔丝断路器

cuadro de características　数据表，资料表
cuadro de control abierto　接线板；配电盘
cuadro de datos　数据表，资料表
cuadro de distribución　交换机；配电盘；开关柜
cuadro de llaves　挂钥匙的架
cuadro de maderos　木制框架
cuadro de maniobras　捞砂滚筒，转轮；控制单元，控制器
cuadro de medición　罐容表
cuadro esquemático del flujo　模式图，流程图
cualidad　特性，品质，质量
cualidad ambiental positiva　良好的环境质量
cualidad de filtración del lodo de perforación　钻井液滤失性
cualitativo　定性的；性质上的；质量的
cuanta　量子
cuántica　量子论
cuántico　量，额；量子的；量子论
cuantificación　确定数量；数量表示
cuantificación y certificación de las reservas　储量计算和认证
cuantitativo　数量的，量化的；定量性的
cuanto　量子
cuarcífero　石英质的，由石英形成的，含石英的
cuarcina　正玉髓
cuarcita　石英岩，石英砂，硅岩
cuarcita feldespática　长石砂岩质砂岩，长石石英岩
cuarcítico　石英岩的，由石英质组成的
cuarfeloide　石英长石类
cuarta　罗经点；象限仪
cuarta parte　四分之一
cuarteado　开裂的，裂开的
cuarteadura　开裂，破裂，裂缝
cuartear　把…分成四份；弄碎，解体，使开裂
cuarto　第四；四分之一（的）；一刻钟；房间
cuarto de galón　夸脱
cuarto de herramientas　工具房，工具间
cuarto de refrigeración　冷冻间，冷房
cuartón　小方木料；建筑木材
cuarzo　石英，水晶
cuarzo aconchado　嵌入石英，贯入石英
cuarzo ágata　金刚砂石，眼石
cuarzo ahumado　烟晶石英，烟水晶，墨晶
cuarzo amarillo　黄晶
cuarzo aurífero　金丝水晶
cuarzo bastardo　烟晶
cuarzo bruto　原生石英
cuarzo diorítico　石英闪长岩
cuarzo ensenado　嵌入石英，贯入石英
cuarzo fenuzinoso　铁石英
cuarzo fundido　熔凝石英

cuarzo hialino 水晶

cuarzo monzonítico 石英二长岩

cuarzo porfirítico 石英斑岩

cuarzo rosa 蔷薇石英

cuarzo rosado 蔷薇石英

cuarzo tallado 石英晶体，石英片

cuarzo topacio 黄晶

cuarzoarenita 石英砂屑岩，正石英岩

cuarzoso 含石英的，石英质的

cuasiátomo 准原子

cuasifisión 拟裂变

cuasiinstrucción 拟指令

cuasimolécula 准分子

cuasipartícula 准粒子

cuasireflexión 准反光

cuaternario 四个一组的；第四纪；第四系；第四纪岩石，第四系岩石

cuaternión 四元法；四元

cuatro grados de octanaje 四种辛烷值

cuatro juntas de la tubería de perforación （由四根钻杆组成的）立根

cuba 木桶；密封槽，油槽车，水槽车

cuba de absorción 吸收器；吸收装置

cuba de cianuración 氰化槽

cuba de condensado 冷凝容器

cuba de digestión 化污池，消化池

cuba de mezclar 混料桶

cuba de oxidación 氧化槽

cuba electrolítica 电解槽

cubatura 体积法

cubeta （实验室用的）浅盆，盘；水银槽；显影罐；地壳大面积下陷；盆地

cubeta cerrada 封闭盆地，闭合盆地

cubeta de cojinete 轴承外圈；轴承杯，轴承套

cubeta de decantación 沉淀槽

cubeta de escurrido de destilación 盛油杯，油样收集器

cubeta de grasa 滑脂盒，（车轴上的）油脂箱，润滑油箱

cubeta de hormigón 混凝土吊斗

cubeta de remojo 淬火槽

cubeta sedimentaria 沉积盆地

cubeta sinclinal 向斜盆地

cubicación 体积法，容积法

cubicación directa 罐内液面高度，油高；装油量

cubicación indirecta 排出量；罐顶至油面距离，空高

cubicaje 汽缸容量

cubicar 求立方，三乘，以体积计量；使成为立方体；铺方石

cúbico 立方体的；三次方的，立方的；立方晶系的

cubierta 罩子，套壳；屋顶；甲板；外轮胎；覆盖层，冲积层

cubierta de árboles 森林覆盖；树寇

cubierta de caucho 轮胎

cubierta de cilindro 缸盖

cubierta de cojinete 轴承壳，轴承箱

cubierta de embrague 离合器摩擦片衬片

cubierta de escotilla 舱室升降口；升降舱口

cubierta de nieve 雪盖层，积雪层，雪被

cubierta de resorte de válvula 气门弹簧盖

cubierta de seguridad 防护罩

cubierta de tiro 排气罩

cubierta de ventilador 风扇护罩

cubierta del ambiente 天篷

cubierta del filón 上盘，顶部

cubierta del vuelo 座舱盖

cubierta desprendida 脱落的护罩

cubierta flotante de tanque （罐子的）浮顶

cubierta forestal 森林覆盖

cubierta forestal mundial 世界森林覆盖

cubierta guardería térmica 防热护罩

cubierta herbácea 用草覆盖

cubierta impermeable 密封罩，防水罩

cubierta inferior 下部甲板

cubierta intermedia 内侧盖板

cubierta intermedia protegida 中间掩蔽板

cubierta muerta 尚未腐烂的植物覆盖层

cubierta orgánica 林地覆盖物，护根物

cubierta para aplicar a una torre recubierta de paneles 控制塔外罩

cubierta para helicópteros 直升机降落平台，直升机甲板

cubierta para terreno 地面覆盖

cubierta plana 平顶盖

cubierta principal 主甲板

cubierta superior 上甲板，顶甲板，上层轻甲板

cubierta térmica 隔热罩

cubierta vegetal 植被覆盖，植被

cubierta volcánica 火山覆盖层

cubierto 覆盖的；封闭的；托盘；棚顶

cubierto de acero 包钢的

cubierto de nieve 被积雪覆盖的

cubilete 圆筒，烧杯

cubilete de vertedero 带喷嘴的烧杯

cubilote 化铁炉，熔铁炉

cubilote de fundición 化铁炉

cubo 桶，（家用的）提桶；轮毂

cubo de acoplamiento 连接轴套

cubo de bayoneta 卡口插座

cubo de cuñas dentadas 油管卡盘

cubo de garras 油管卡盘，星形接头，卡盘

cubo de mordaza 卡箍

cubo de rueda　轮毂
cubo para extinguir el incendio　消防桶
cubo para mineral　矿斗
cubre placa　挡板
cubrejunta　拼接板，搭接板，对接搭板，平接盖板
cubreneumáticos　轮胎套，轮胎罩
cubrerradiador　散热器套
cubrerrueda　挡泥板，轮罩
cubrimiento　盖，罩，遮盖物；掩盖物
cubrir　铺，盖，罩；防御，掩护；抵偿；给…封顶
cubrir con carbón　煤层覆盖
cubrir con material aislante　使用绝缘材料覆盖
cuchara　勺子，勺形物；泥铲，抹子；抽泥筒，捞砂筒
cuchara común　普通捞砂筒；普通提捞筒
cuchara con válvula cónica　带突板球阀的捞砂筒
cuchara de carga a vacío　真空抽汲捞砂桶
cuchara de carga y descarga automática a presión　水力捞砂器
cuchara de excavadora　挖土机挖斗
cuchara de fundición　铁水包，浇铸包，铸勺
cuchara de grifos　起重钩
cuchara de succión　吸捞筒，泥浆或泥砂吸捞筒
cuchara descargadora　倾卸筒，卸倾水泥浆筒
cuchara en secciones　多段捞砂筒
cuchara estriadora　开细槽的铸勺；排屑槽，构槽
cuchara limpiapozos　清井捞筒
cuchara mecánica　大机械铲
cuchara para carbón　（运输或提取煤矿砂的）矿车
cuchara para extraer inyección　吸泥机
cuchara vertedora　倾卸筒
cuchara vertedora de cemento　倒水泥筒，水泥倾卸筒
cucharear　用勺等舀；提捞，抽泥，捞砂
cuchareo　提捞作业
cucharín de arrastre　刮刀
cucharón　大勺；装载斗
cucharón de colada　铸勺
cucharón de fundición　铸勺
cucharón de quijadas　蛤斗，蛤壳式抓斗，抓斗，蛤壳状挖泥机
cuchilla　刀，刀具，切削刀；机器上的刀片；山峰，山梁
cuchilla adiamantada　金刚石切割器，玻璃刀
cuchilla cortacable　割线刀具
cuchilla de roca　边缘基岩
cuchilla dentada　带锯齿的刀片
cuchilla en forma de serrucho　锯齿形山梁

cuchilla magnética　磁性翼片
cuchilla para fresar　铣刀，铣制刀具
cuchillo　刀，刀具；三角架，人字架
cucúrbita　长颈烧瓶；螺栓头
cuello　颈，颈部；柱颈；地颈，岩颈；鹅颈管；套环；接箍
cuello de boquilla　喷嘴颈；接管颈
cuello de botella　瓶颈；阻碍，障碍
cuello de cisne　鹅颈管，S形弯管
cuello de cisne para cabeza de inyección　鹅颈管
cuello de eje　轴环，轴颈；井筒锁口盘，井颈
cuello de etapas　分级接箍
cuello de flotación　套管浮箍
cuello de flujo　循环法兰
cuello de ganso　鹅颈管
cuello de la soldadura en ángulo　凹角焊喉
cuello de perforación　钻铤
cuello de pesca　打捞颈
cuello de poro　孔喉，孔隙喉道
cuello de pozo de visita　检修孔颈，人孔颈
cuello de roca　岩颈
cuello de tobera　喷嘴颈；接管颈
cuello de tubería vástago　钻铤
cuello del prensa estopas　格兰，密封压盖
cuello flotador　浮箍，阻流环
cuello parador　停箍
cuello volcánico　火山颈
cuenca　盆地；凹地，海盆；流域
cuenca artesiana　自流盆地
cuenca atmosférica　气域
cuenca Big Horn　大角盆地，毕葛红盆地
cuenca cabeza de venado　深盆地
cuenca cerrada　封闭盆地
cuenca colectora　汇水盆地，集水盆地，流域
cuenca compresiva　挤压盆地
cuenca continental　大陆盆地，内陆盆地
cuenca cratónica　克拉通盆地
cuenca de alimentación　排水区域，流域
cuenca de antefosa　前陆盆地
cuenca de antepaís　前陆盆地
cuenca de captación　汇水盆地，集水盆地，流域
cuenca de concentración　浓缩池；选矿槽
cuenca de depresión anterior　前渊盆地
cuenca de depresión frontal　前渊盆地
cuenca de desgarramiento　拉裂盆地，拉离盆地，拉张盆地
cuenca de falla　断层盆地，断陷盆地
cuenca de lago　湖盆，湖盆地
cuenca de las montañas　山间盆地
cuenca de pivote　枢孔
cuenca de polvo　风沙侵蚀区；周期干旱区
cuenca de represa　堤成盆地，堰围盆地

cuenca de retención 储留池，储水池，滞留池；储留槽

cuenca de río 河流盆地，流域

cuenca de sedimentación 沉淀池；沉积盆地

cuenca de subsidencia 沉陷盆地

cuenca de un río （江，河）流域

cuenca de una represa 堤成盆地，堰围盆地

cuenca de vertiente 集水区域，流域面积

cuenca deposicional 沉积盆地

cuenca entre bloques 断块盆地

cuenca eólica 风成盆地

cuenca extraccional 拉裂盆地

cuenca fluvial 流域；流域盆地

cuenca fracturada 断块盆地

cuenca hidrográfica 流域，流域盆地

cuenca hullera 煤田

cuenca marítima 大洋盆地，洋盆，海洋盆地

cuenca oceánica 大洋盆地，洋盆，海洋盆地

cuenca petrolífera 含油气盆地，含油盆地

cuenca receptora 集水盆地

cuenca secundaria 次盆地

cuenca sedimentaria 沉淀池；沉积盆地

cuenca submarina 深海异重流盆地

cuenca tectónica 构造盆地

cuenca transtensiva 转换挤压盆地，扭压盆地

cuencas de infiltración 渗水池

cuenco 凹面，凹处；（漂白用的）大盆；篮子

cuenta 计数；计算；账目；账单

cuenta abierta 未结算账目

cuenta anual 年账

cuenta aval 担保账户

cuenta común 共同账户

cuenta conjunta 共同账户，联合账目

cuenta corriente 活期存款，账户，往来账，经常项目

cuenta de recursos naturales 自然资源账户

cuenta de usario 用户账户

cuenta dieléctrica 绝缘垫珠，介电垫圈

cuenta electrónica de pulsaciones 电脉冲计数

cuenta externa 外汇账户；外部账

cuenta regresiva 倒计数，倒计时

cuenta stroke 泵冲计数器

cuentaemboladas 冲程计数器

cuentaemboladas de bomba 泵频率计，泵冲程计数器

cuentagotas 滴管，滴定管

cuentagotas de engrase visible 目视滴入润滑器，明给润滑器

cuentakilómetros 里程表

cuentapasos 计步器，里程表

cuentarrevoluciones 转速计；流速计

cuentavueltas 转数表

cuerda 绳子，绳索；导火索，导火线；发条

cuerda aloes 龙舌兰纤维

cuerda blanca 白棕绳

cuerda de áloe 龙舌兰绳索

cuerda de cola 钳尾绳

cuerda de plomada 铅垂线，垂直线；准绳

cuerda de tenazas 大钳吊绳

cuerda guía 牵引绳

cuerda sisal 剑麻绳，波罗麻绳

cuerno 角，角状物；感应测井曲线上高阻异常

cuerno de amarre 外伸支架

cuero 皮革，兽皮；（水龙头的）垫圈

cuero artificial 人造皮，假皮

cuero crudo 生皮，未经处理的皮

cuero de bomba 泵套

cuero de émbolo 密封皮碗

cuerpo 身体；机身，船体；外壳；主体，主要部分；团体

cuerpo aéreo 气体

cuerpo aislado 被绝缘体，包覆绝缘层

cuerpo compuesto 混合体

cuerpo de arena 砂体，砂岩体

cuerpo de bomba 泵体

cuerpo de bomberos 消防队

cuerpo de cabrestante 绞车筒

cuerpo de pasador 销轴

cuerpo de radiador 散热器外壳

cuerpo de servicio de extinción de incendios 消防队

cuerpo de tensor 花兰螺丝主体，花篮螺丝主体

cuerpo de una roca 矿石，矿物

cuerpo de válvula 阀体

cuerpo del cilindro 汽缸筒

cuerpo del prensaestopas 填料箱体

cuerpo dieléctrico 带电体

cuerpo diplomático 外交使团

cuerpo directivo 管理层，经理层

cuerpo efusivo 喷出体，溢流体

cuerpo elíptico 椭圆体

cuerpo eruptivo 喷发岩体

cuerpo gaseoso 气体

cuerpo geométrico 几何体

cuerpo ígneo 火成岩体

cuerpo ígneo inyectado 贯入火成岩体

cuerpo incluido 封闭体

cuerpo magnético 磁体

cuerpo mineral 矿体

cuerpo simple 元素，单体，元件

cuerpo sólido 固体

cuerpo superyacente 盖层

cuerpo terrestre 土层

cuerpo volcánico 火成岩体

cuerpos de arena lenticular 透镜状砂岩体

cuerpos extraños incluidos 包裹体

cuesta 斜面；斜坡
cuesta abajo 下坡；没落，衰退
cuesta arriba 上坡，上升的；上斜的
cuesta ascendiente 反向坡度
cuestión 问题；事情；疑难，困难；习题
cuestión intersectorial 跨区域的问题，相互交织的问题
cuestión previa 先决问题
cuestionable 可疑的；有问题的；可争论的
cuestionario 问题单，问题表；考题；调查表
cuestiones del medio ambiente 环境问题
cuesto 小山，丘陵，山冈
cueva 洞穴，山洞；（地下）储藏室，地窖
cueva de ceniza 灰槽，灰坑
cueva marina 海蚀洞
cuidado 小心，用心，注意；职责；照管
culata 枪托；炮尾；尾部，后部；汽缸盖
culata con las válvulas de admisión en un lado L形头汽缸，侧置汽门（汽缸）
culata de cilindro 汽缸盖
culata en L L形头汽缸
culata removable 可拆卸缸盖
culatín （钻头）接头部分，颈；柄；锚杆
culebrear 快速摆动，扭动
culm 炭质页岩
culmen （山脉的）最高峰；顶峰，顶点
culminación （油井等）完井；结束，完工；积顶点；褶升区；顶点；高潮
culminación a múltiples zonas 多层完井
culminación doble 双层完井，双管完井
culminación múltiple 多层完井
culminación selectiva 选择性完井
culombimetría 库仑测定法，电量测定法
culombímetro 库仑计，量电计
culombio 库仑（电量单位）
cultígeno 起源不明的植物；栽培种
cultivar 耕作，耕种；栽培，种植；养殖，培养
cultivo 耕种；栽培，种植；作物；养殖；培养
cultivo alternativo 轮种
cultivo anual 一年生作物
cultivo con cubierta orgánica 有机覆盖耕作
cultivo de siembra periódica 定期耕作
cultivo en fajas 防风间栽
cultivo energético 能源作物
cultivo marino 海洋养殖，海水养殖
cultivo mixto 混作
cultivo perenne 多年生作物
cultivo rotatorio 轮耕，火耕法
cultivo sedentario 定居耕种
cultivos extensivos alimenticios 密集型粮食作物
cultivos hortícolas 蔬菜作物
cultivos incipientes 新生有前景的作物
cultivos restauradores 补肥作物
cultivos vivaces 多年生作物
cumbre 山顶；顶峰，极点，最高点；最高会议，峰会
cumbre de la cordillera 山顶，最高峰
cumbre extraordinaria 特别峰会
cumbre para la Tierra 地球最高峰
cumeno 枯烯
cuminol 枯茗油
cumplimiento 执行，履行，完成
cumplimiento de los reglamentos de seguridad 履行安全规定
cumplimiento de una reglamentación o decisión 执行一项规定或决定
cumulativo 积累的；累积的，堆积的
cumulitos 玻质岩中包体，积球雏晶，雾状集球雏晶
cúmulo 积云；堆积，一堆
cúmulo de alisios 信风积云
cumulofírico 联合斑状的
cuna de motor 发动机架
cuna motora 发动机架
cuna para calzar 楔子，楔形石，楔形支持物
cuncita 紫锂辉石
cuneta 排水沟
cuneta de desagüe 排水沟
cuneteadora 挖沟机
cuña 楔子；楔形垫片，楔形物，卡瓦，尖灭，地层尖灭
cuña a fricción 摩擦卡瓦
cuña automática 自动卡瓦
cuña de aceite 润滑油楔
cuña correctora 校正楔，校偏楔
cuña de corredera 导向键，滑键
cuña de cuarzo 石英楔
cuña de entubación 套管打捞矛
cuña de la varilla de perforación 卡瓦
cuña de perforación （钻井）卡瓦
cuña de portamecha 钻铤卡瓦
cuña de revestidor 套管卡瓦
cuña de seguridad 安全卡瓦
cuña de tres piezas 三片式卡瓦
cuña de varias piezas 多片式卡瓦
cuña del collar de perforación 钻铤卡瓦
cuña delgada 薄垫片，夹铁
cuña desviadora 造斜器；用造斜器侧钻
cuña desviadora recuperable 可回收造斜器
cuña diafragma 楔形填隙片
cuña metálica 夹铁
cuña mordaza 卡瓦
cuña neumática 气动卡瓦
cuña para D.P. y D.C. 钻杆钻铤卡瓦
cuña para excéntrica 偏心轮销

C

cuña para tubería de perforación 钻杆卡瓦
cuña para tubería de producción 油管卡瓦
cuña para tubería de revestimiento 套管打捞矛
cuña salina 盐水楔
cuña sedimentaria 沉积楔，沉积楔状体
cuñas articuladas 铰接式卡瓦
cuñas articuladas de acción automática 铰接式自动卡瓦
cuñas articuladas para barras de sondeo 铰链式钻头卡瓦
cuñas articuladas para caños de entubación 铰链式套管卡瓦
cuñas de acero 滑动夹
cuñas de centralización 扶正块
cuñas de corrección 校正楔
cuñas de retenida 动力卡瓦
cuñas para barras de sondeo 钻杆卡瓦
cuñero 钻台工
cuño 铸模；模具，模子；痕迹
cuota 份额，份数，定额，定量
cuota de mercado 市场份额
cuota de producción 产量配额，配产
cuota de producción del pozo 油井配产
cuota del comprador 购买者的限额
cuota suplementaria 探井最大许可有效采油率
cupilla 开口销
cupla 环，箍，接箍，束套
cupla de arranque 启动曲柄扭矩
cupla de cañería de entubación 套管接箍
cupla de cementación 注水泥接箍
cupla distribuidora de inyeccion 泥圈
cupla flotadora 浮箍
cupla para tubería 管道接头
cupo 定额，名额；工作份额；配给额
cupón （食品等）配给券；票证；礼券，购物优惠券；（债券、股票等）息票
cupón de interés 股息单
cúprico 正铜的，二价铜的；含铜的
cuprífero 铜的，含铜的
cuprita 紫铜；赤铜矿
cuproferrato N-亚硝基苯胲
cuproníquel 铜镍合金
cuproso 铜的，铜色的
cuprotungstita 铜钨华
cúpula 穹顶，圆屋顶；领导人；决策机构
cúpula de la estructura 构造的高点或顶点
cúpula gaseosa 气顶
cúpula gasífera 气顶，气帽
cúpula salina 盐丘，盐穹
cúpula salina achatada 浅成盐丘
cúpula salina profunda 深成盐丘
curado debajo de agua de mar （木材）海水浸法
curie 居里（放射性强度单位）

curio 铜；居里（放射性强度单位）
curso 水的流向，流程；过程，发展；学年，班级；教程，课程
curso carbonatado 碳酸钙化过程
curso de agua 水流，水渠，水道
curso de agua con mareas 潮汐河水道
curso intersectante 交叉进程；交叉课程；跨行发展
curso natural de desgaste 自然磨耗层
curso superior 上游
cursor en ángulo 转向滑块（滑座）
curtición con sales de cromo 铬鞣
curva 曲线；弯曲，弯曲部分；肘板，肘材
curva adabática 绝热曲线
curva algebraica 代数曲线
curva ancha en una línea costera （海岸线或江岸线的）弯曲部；海湾
curva básica del perfilaje eléctrico 自电势，自然电位
curva característica 特征曲线
curva catenaria 悬链线
curva cáustica 焦散曲线
curva cerrada 闭合曲线
curva cíclica 循环曲线
curva compensada 光滑曲线
curva convexa 凸曲线
curva cúbica 三次曲线
curva de 180° 180° 弯曲
curva de absorción 吸收曲线
curva de adaptación 拟合曲线
curva de afluencia 向井流动曲线
curva de altitud 高度曲线
curva de altura 高程曲线，高度曲线
curva de amplitud 振幅曲线
curva de contacto 相切曲线
curva de corrección 修正曲线
curva de decantación 沉积曲线
curva de declinación 下降曲线，递减曲线，衰减曲线
curva de descomposición 衰减曲线
curva de desintegración 衰减曲线
curva de destilación 蒸馏曲线
curva de dilatación 膨胀曲线，扩展曲线
curva de distribución nocturna del ozono 夜间臭氧垂直方向的分布曲线
curva de efluencia 流出曲线
curva de elevación 高程曲线
curva de equilibrio 平衡曲线
curva de equilibrio termodinámico 热动态平衡曲线
curva de escape 排气曲线
curva de expansión 膨胀曲线
curva de extensión 拉伸曲线

curva de filtración　滤波器响应曲线，过滤曲线
curva de filtro de sismógrafo　地震仪过滤曲线
curva de flujo　流动曲线，流量曲线
curva de flujo fraccional　相对渗透率曲线、含水饱和度函数曲线
curva de frecuencia　频率曲线
curva de funcionamiento　性能曲线，工作特性曲线
curva de fusión　熔解曲线，熔化曲线
curva de gradiente　梯度曲线
curva de gran pendiente　硬曲线，锐曲线，陡曲线；急弯
curva de gravedad　抛物曲线
curva de igual espesor　等厚线
curva de igual espesor en las formaciones geológicas　等厚线图，等厚线
curva de imantación　磁化曲线，B−H 曲线
curva de isla　岛弧
curva de neutrones　中子测井曲线
curva de nivel　等高线，等值线
curva de nivel cerrada　闭合等值线
curva de nivel de la estructura　构造等高线
curva de nivel de referencia　基准面
curva de nivel isoclinal　等倾线；等磁倾线
curva de nivel isógona　等磁偏线；等偏角线；等偏线；同向线
curva de paso　交叉线，转线路
curva de penetración profunda　深探曲线
curva de permeabilidad　势能曲线
curva de porcentaje medio　中百分曲线
curva de potencial　产能曲线；势能曲线；位能曲线
curva de potencial espontáneo　自然产能曲线
curva de potencial natural　自然产能曲线
curva de presión　压力曲线
curva de presión térmica　温压曲线
curva de producción　生产剖面图，生产曲线，产量曲线
curva de punto de flexión　挠曲曲线
curva de rayos　射线曲线
curva de rayos gamma　自然伽马曲线
curva de registro　测井曲线
curva de rendimiento　效率曲线
curva de resistividad　电阻率曲线
curva de respuesta　响应曲线，灵敏度特性曲线
curva de retorno　半圆弯管，回转弯头，U 形弯头
curva de saturación　饱和曲线
curva de sedimentación　沉积曲线
curva de selector de frecuencia　频率过滤曲线
curva de solubilidad　溶解度曲线
curva de temperatura　温度曲线
curva de temperatura y presión　温压曲线
curva de tensión eléctrica　电压曲线

curva de tiempo y distancia　时距曲线
curva de tubería　（管子）弯头，肘管弯头
curva de vaporización　闪蒸曲线；蒸发曲线
curva de velocidad　速度曲线
curva de viscosidad media porcentual　黏度中比曲线
curva de voltaje　电压曲线
curva de volumen　容积曲线
curva del porcentaje medio de peso específico　相对密度—中百分曲线
curva del verdadero punto de ebullición　实沸点蒸馏曲线
curva doble-logarítmica　双对数曲线
curva dromocrónica　时距曲线，行程时间曲线．
curva dromocrónica normal　正常走时曲线
curva dromocrónica vertical　垂直走时曲线
curva elipsoidal　椭面曲线
curva elipsoide　椭面曲线
curva en evolvente de círculo　渐开曲线
curva estructural　等高线；等值线
curva exponencial　指数曲线
curva formada por estiramiento　拉弯曲线
curva gravimétrica　重力曲线
curva hipsométrica　高程线，陆高海深曲线，高度深度曲线
curva inversa　反曲线，反向曲线
curva isobárica　等压线
curva isoclinia　等斜曲线
curva isócrona　等时差曲线
curva isodinámica　等磁力线
curva isogama　重力等值线
curva isogénica　等基因系
curva isopaca　等厚线
curva isostática　等压线
curva isotérmica　等温线
curva lisa　平滑曲线，平滑弯曲
curva logarítmica　对数曲线
curva logística　逻辑曲线
curva maestra　指数曲线
curva marcada　标记曲线
curva normal　标准曲线
curva para tuberías　管线弯管
curva piezométrica　水力梯度线
curva plana　平直曲线
curva poligonal　多角曲线
curva pronunciada　硬曲线，锐曲线，陡曲线；急弯
curva termostática　恒温曲线
curva tipo derivada　导数曲线
curvado　弯曲的，弧形的，曲面的
curvadura según la cara ancha　（波导管的）平面弯曲
curvar　使弯曲，弄弯

curvas de fuerza magnética　磁变曲线
curvas de indicador　示功图，指示图表
curvas de nivel de la estructura　构造等高线
curvas de nivel equidistantes　等距曲线
curvas tipo de Gringarten　格林卡登样板曲线
curvatubos　弯管器；弯管机
curvatura　曲线；弯曲，弯曲部分；曲率，
　曲度
curvatura de álabe　叶片曲率
curveado hacia adelante　前弯式的，前曲的
curvígrafo　绘曲线器，曲线描绘器
curvilíneo　曲线的；由曲线组成的；用曲线表
　示的；弯曲的

curvímetro　曲线测长仪
curvo　弯曲的，弓形的
cúspide　山尖，山顶；尖顶，顶端；锥尖；齿
　尖；顶峰
CUT (hora de Greenwich)　格林威治时间，英语
　缩略为 CUT (Coordinated Universal Time)
cutinita　角质煤素质
CVO (compuestos volátiles orgánicos)　挥发性有
　机物
CVP　（Corporación Venezolana del Petróleo）
　委内瑞拉对外石油公司（PDVSA 的全资子公
　司）

D

dacita 英安岩，石英质中长石

dacrón 涤纶，的确良

dado 衬圈，衬垫；轴衬，轴瓦；板牙

dado cortador 切模，板牙

dado de acuñar 滑块，滑铁，板牙

dado de rodillo 衬辊

dado de tenazas 大钳牙板

dado de terraja para filetes de pernos 螺栓螺纹用板牙

dado para terraja de tubos 管用板牙；管子螺纹攻

dador （电子）施主；施主性杂质；授与人，让与人；期票签发人；供体

dafnita 铁绿泥石

damajuana 细颈大肚瓶

dámper （汽车的）减振器，缓冲器

danalita 铍榴石

danburita 赛黄晶

daniense 达宁阶（或译成丹麦阶）

dañado 受损坏的，受损伤的，受破坏的

daño 故障，损坏；损害，破坏，伤害

daño a la formación 地层损害

daño al medio ambiente 环境污染，环境损害

daño al yacimiento cerca de la boca de pozo 对井口附近的油藏造成的损害

daño de draga 疏浚污染

daño mecánico 机械损伤，硬伤

daño provocado por las emisiones 排放造成的损害

daño superficial 表皮效应，趋肤效应；井壁污染

dar 交给，提供，给予；提出，举出；散发；发出；发表，公布

dar fianza 提供担保

dar manivela 摇摇把，摇把子

dar torque 拧紧，上扣

darafio 拉法（法拉的倒数）

darapskita 钠硝矾，钠硝钒

darcio 达西（多孔介质渗透率单位）

dársena 内港，人工港；码头；船坞

dársena mareal 蓄潮池，潮船坞，潮汐船渠

dasímetro 球密计，气体密度测定仪

data 日期，年月日；贷方

datación 注明日期

datación de la Tierra 地球年龄的确定，地球年龄的计算

dato 材料，资料；数据；文件，论据，证据

dato de facies 岩相数据

dato gravimétrico 重力数据

dato inicial 原始数据

datolita 硅硼钙石

datomación 自动数据处理

datos a tratar 待处理的资料，原始数据

datos autoecológicos 个体生态数据，环境生态数据

datos científicos 科学数据

datos de núcleos 岩心资料

datos de pared lateral 井壁数据

datos de perfiles 测井数据

datos del tanque de prueba 测试罐数据

datos en bruto 未经处理的数据，原始数据

datos estadísticos 统计资料

datos geológicos 地质资料

datos gravimétricos del pozo 井下重力仪数据

datos indirectos 间接资料

datos maestro 自数据

datos no procesados 原始数据

datos para diagrafía de núcleos 岩心资料

datos personales 个人材料；个人简历

datos primarios 原始资料

datos sin procesar 未经处理的资料，原始数据

daturina 曼陀罗碱

davidita 铈铀钛铁矿

daviesita 柱氯铅矿，异极矿

de acción automática 自动的，自作用的

de acción rápida 快速的，速动的，高速的，灵敏的

de acuerdo 同意；根据，依照

de ajuste propio 自动调整的，自我调节的

de alineación automática 自动照准的

de alineación propia 自动照准的

de alto rendimiento energético 高效节能的

de aluvión 冲积的，淤积的

de amplio espectro 宽范围；宽量程；宽频

de área 区域的，平面的

de arriba 头上的，上面的，架空的

de autocomprobación 自检验的

de automultiplicación de fuerza 自激的，自供电的，自馈的

de base 基层的，基础的

de canales múltiples 多信道的，多路的

de canto 在…边缘，边端的

de cavidades irregulares 晶洞状的，洞隙的

de centralización automática 中心自动调正的，

自对中的
de chorro 喷射的，喷流的
de cierre hidráulico 液封的
de circulación doble 双流的
de circulación simple 单流的，直流的
de colección 聚集的，收集的，集输的
de compensación automática 自供电的；自校平衡的
de cuatro pasos 四通的，四向的，十字形的
de cuatro vías 四通的，四向的，十字形的；（钻头）四翼的
de datos 数据收集的，信息获取的
de degradación ligera 轻度降解的，轻微退化的
de derecha a izquierda 逆时针方向地，自右向左地
de desmultiplicación doble 双级减速的，复式减速的
de dirección 定向的，指向的，方向的
de doble dirección 双向的
de doble efecto 双作用的，双动的
de dos dimensiones 二维的；平面的
de dos elementos 由两个东西组成的；双重的，二元的
de dos fases 两相的
de dos partes 由两个东西组成的；双重的，二元的
de enfoque exterior 外聚焦的
de enlace cruzado 交联的
de evaporación 蒸发的，挥发的
de extremos abiertos （套管或油管端部）两端开口的或无接箍的
de extremos lisos 平端口的；管子未加厚端部的
de fase codificada 相位编码的
de fines múltiples 多种用途的；多目的；多效的
de fondo 基本上的，本质上的；井底的
de forma aerodinámica 流线型的
de fuego directo 直接加热的
de fuelóleo 烧油的；燃料油的
de funcionamiento neumático 气动的，空气操纵的
de Gauss 高斯（磁通量密度单位）的
de grano mediano a grueso 粒度中至粗的
de granos angulosos 粗砂质的，砂砾的
de grava 多砾的，多小石的，砾质的，由砾石组成的
de hierro 铁的，铁制的
de hierro laminado 铁板的，由铁板制成的
de igual espesor 等厚度的
de igual tiempo 等时（线）的
de igualamiento automático 能自动校正的，有自我平衡功能的
de interés 有兴趣的，关注的

de la cuenca 盆地的，流域的
de línea corriente 流线型的
de líneas 线状的，直线的，线性的
de lubricación automática 自动润滑的
de madera 木头的，木制的
de mala calidad 质量次的，品质差的
de manera esparcida 分散的；稀疏的
de mar adentro 海上的，离岸的，向海的
de marea 潮汐的，潮间的，潮水的
de media luna 半月形的；新月形的，镰刀形的
de movimiento propio 自移的，自动的
de norma 标准的，规格化的
de oeste a este 自西向东的
de paredes perforadas 井壁有孔的，井壁射孔的
de paso sencillo 单程的，直通的
de poca densidad forestal 森林覆盖率低的
de propulsión mecánica 电动机驱动的
de punta 直立的，垂直的
de quita y pon 可移动的，可拆卸的
de reborde 镶边的，带法兰的
de reconsideración 复议的
de reducción doble 双级减速的，复式减速的
de reparación 补救的，修补的
de resorte 弹簧加压的，弹簧加载的
de seguridad garantizada 故障防护的，故障自动保险的；安全保障的
de sentido único 单向的，单行的，单路的
de servicio ligero 轻型的
de servicio liviano 轻型的
de servicio pesado 重型的
de simple efecto 单作用的
de tamaño mediano 中等体积的，中等大小的
de techo irregular 顶部不规则的
de techo plano 平顶的
de término medio 平均的
de tierra 土质的
de tipo combinado 跨式的；组合式的
de tipo patrón 标准的，规格化的，样板式的，符合规格的
de torsión 扭曲的，扭力的；转矩的
de tres vías 三通的，三向的，三用的
de un paso 单程的，直通的，一次通过的，直流的
de una etapa 单级的，单段的
de una parte a otra 从一端到另一端的
de una sola pasada 一次通过的，一次完成的
debajo 在…之下，在下面，在底下
debajo de la empacadura 在封隔器以下
debajo del lecho de océanos profundos 在深海海底以下
deber 责任，义务；债务；应该，必须；欠（债等）；把…归因于

debido 应有的；适当的，妥善的

débil 弱的；软弱的；松软的

debilitar 削弱，减弱；使…变软弱，使弱化

débito 债务，欠债；借方；借记，借入

debituminización 脱沥青；脱沥青作用

DEC（densidad equivalente de circulación） 当量循环密度，英语缩略为 ECD（Equivalent Circulating Density）

decaborano 十硼烷，癸硼烷

decadencia Beta β 衰变，贝塔衰变

decadieno 癸二烯

decaedral 十面体的

decaedro 十面体

decagonal 十边形的，有十边的

decágono 十边形，十角形

decagramo 十克

decahidrato 十水合物

decahídronaftaleno 十氢化萘，萘烷

decaimiento （放射性物质等）衰减，衰变；能量消减；衰落

decaimiento Beta β 衰变，贝塔衰变

decaimiento de la presión 压力降落

decalador de fase 移相器

decalaje 位移；偏移；倾角差，翼差角

decalaje de fase 相位移

decalaminado 除去锈皮，去氧化皮

decalaminar 除去锈皮，去氧化皮

decalar 交错，叉排，错列

decalina 萘烷，十氢化萘

decano 癸烷

decantación 沉淀，倾析；缓倾；沉淀分取

decantación en frío 低温沉淀

decantación por gravedad 重力沉降

decantador 沉淀池，沉降池，沉积槽；缓倾器；澄析器，倾析器

decantador de sal 盐沉清器

decantar 滗，倾析

decapado 除锈，除垢，浸渍，冲洗，酸洗

decapado al ácido 酸洗

decapado al chorro 冲洗，喷洗

decapado con ácido 酸蚀，酸洗

decapado con arena 喷砂清理，喷砂除锈

decapado electrolítico 电解浸洗

decapador 焊剂，焊药

decapadora 刮刀，削器，刮除机；氧化皮消除机

decapante 酸浸剂，涂层消除剂，除垢剂，去膜剂

decapar 除锈，去除…的氧化层，消去… 的油漆层；稀酸浴

decapar por ácido 酸洗，酸浸

decarbonater 除去二氧化碳，除去碳

decarbonización 脱碳，除碳

decarbonización por propano 丙烷脱碳，丙烷脱碳法

decarbonizar 脱碳，除碳

decarboxilación 脱羧基，脱羧，脱羧作用

decarburación 脱碳，除碳，减少水中碳酸盐

deceleración 减速，降速，负加速度

decelerar 减速，减速运转，降速；减低

decelerómetro 减速计

decibel 分贝（表示功率比和声音强度的单位）

decibelímetro 分贝表，电平表

decibelio 分贝（表示功率比和声音强度的单位）；方（响度级单位）

decigramo 分克（0.1 克）

decilacetileno 十二炔

decilitro 分升（0.1 升）

decimal 十进制的，以十作基础的，小数的；（十进）小数，十进制

decimal codificado en forma binaria 二进制编码的十进制

decimal natural codificado en binario 自然二进制编码的十进制

decimétrico 分米的

decímetro 分米

decino 癸炔

decinormal 1/10 当量的，分当量的

decisivo 有决定意义的；决定性的；明确的，确定的

declaración 宣布，宣告；宣言，声明；表明；供词，证词；（关税等的）申报

declaración de aduana 申报单，报关单；报关

declaración de confidencialidad 保密声明

declaración de la renta （向税务部门）申报收入

declarante 作证的，招供的；证人；报关人，申报人

declinación 下倾，倾斜，偏斜；偏差，磁偏角

declinación Beta β 衰变

declinación de presión 压力下降

declinación magnética 磁偏角

declinante 倾斜的，下倾的；衰退的，衰弱的

declinatorio 磁偏计，倾角计；测斜仪

declinómetro 磁偏计，方位计，偏角计；测斜仪

declive 倾斜，坡度；坡，斜坡

declive arriba 上倾

declive continental 陆坡，大陆斜坡

declive de cañería 倾斜管线

declive de la formación 地层倾角

declive de subida 上升；升坡

declive regional 区域倾斜

declividad 下斜，下坡；坡度，梯度

declividad límite 极限坡度

decloración 脱氯，脱氯作用

declorinación 脱氯

decodificador 解码器，译码器
decoloración 漂白；脱色，褪色
decoloración por aire 空气清洗；汽提
decoloración superficial 表面变色，表面失色
decolorado 漂白的；脱色的
decolorante 退色剂，漂白剂
decompresor 减压器，减压装置
decomutación 反互换
decomutador 反互换器
deconvolución 解卷积，反褶积
decrecer 衰退，衰减，减退，减少
decrecimiento 减少；减退
decrecimiento de una perturbación 扰动的逐渐减弱
decrementímetro 减幅计，衰减测量器，衰减计
decremento 减少；减退；减量；衰减率减量
decremento logarítmico 对数衰减；对数减量
decreto 法令，政令；规定，决定；判决，裁决
Decreto de Respuesta Ambiental, Integral, Indemni-zación y Responsabilidad（CERCLA）美国《综合环境反应、赔偿和责任法》，英语缩略为 CERCLA (Comprehensive Environmental Response, Compensation, and Liability Act)
dedal 顶针，顶箍；手指套；套环，穿线环
dedo 手指，指状物，爪
dedo frío 指形冷冻器，冷凝管
dedos de la tarima de tubería 钻杆排放指梁
dedos del muelle de tubería 钻杆排放指梁
deducción 推断，演绎；扣除；分流
deducción geológica 地质反演
deducido 已推断出的；已扣除的
deducido de diagrafías 测井导出的
defasadas 异相，不同相
defasado 有相位差的
defasaje 相位差
defasamiento 相位差
defecación 澄清，提净，过滤；去污
defecador 澄清器，过滤装置
defecto 缺陷，瑕疵；欠缺，缺少，不足
defecto de masa 质量亏损
defecto encontrado 发现的缺陷
defectograma 探伤图
defectos de fábrica 出厂缺陷，制造缺陷
defectoscopio 探伤仪
defectuoso 有缺陷的，有缺点的，有毛病的；欠缺的
defender 保护，保卫，捍卫；防御
defensa 保护，保卫；防御，防护；防御物，护栏，防护板，防冲物，护板，垫材，（河岸的）加固部分
defensa antigas 毒气防御，防毒
defensa de orillas 护岸

defensa de pata en plataformas marinas （海上平台的）支柱防碰护板
defensa de riberas 护岸工程，护坡工程
defensa legítima 正当防卫
defensa marítima 海堤，防波堤
definición 定义，定界；确定；清晰度，分辨率
definición operacional 操作定义，作业定义
definitivo 最终的，最后的，决定性的，确定的
deflacción 风蚀
deflación 通货紧缩；价格持续下跌
deflagración 爆燃，爆燃作用；迅速燃烧
deflagrador 爆燃的，迅速燃烧的；爆燃器，起爆装置
deflección 偏差，偏移；偏差角，偏移角
deflección asimétrica 非对称偏转
deflectómetro 挠度计，弯度计
deflector 偏导器，致偏板；导流片，导向装置，导风板；偏转仪
deflector de aceite 抑油圈，挡油圈
deflector de aire 空气偏导器，空气导流板
deflector de chapa 偏转板
deflector del calor 隔热挡板，隔热板
deflector desviador 转向器，折向器，偏向器，偏导器
deflectores-desviadores de goma 橡胶隔圈
deflegmación 分馏，分凝
deflegmador 分馏柱；分馏塔
deflegmar 分馏
deflemador 分馏柱
deflexión 偏离，偏差，偏转；挠曲
deflexión magnética 磁偏转
defloculación 反絮凝，反絮凝作用，抗絮凝作用
defloculante 反絮凝剂，散凝剂，胶体稳定剂，悬浮剂
deflocular 反絮凝，反团聚，散凝
defoliador 脱叶剂，落叶剂
defoliante 脱叶剂，落叶剂
deforestación 森林滥伐，滥伐林木，砍掉树木
deforestar 砍伐森林，采伐…的森林
deformación 变形，走形；失真，畸变，弯曲，翘曲；形变；应变
deformación anelástica 塑性变形
deformación angular 角变形
deformación armónica 谐波失真
deformación de amplitud 振幅失真
deformación de frecuencia 频率失真
deformación de tubería 管子受压变形
deformación dúctil 塑性变形
deformación elástica 弹性变形
deformación excesiva 过度应变；过度变形
deformación frágil 脆性变形
deformación mecánica 机械应变

deformación permanente 永久变形

deformación permanente de la tubería 管材的永久变形

deformación plástica 塑性变形

deformación por cizallamiento 剪应变，剪切变形，切应变，剪切应变

deformación por tracción 拉伸应变

deformación por unidad de longitud 单位长度的形变

deformaciones de la corteza terrestre 地壳形变

deformados por efectos de movimientos térmicos 热运动造成的变形

deformar 使应变，变形；扭歪；拉紧

deformar permanentemente 永久变形，永久应变

deformómetro 应变仪，变形测定器

degasificar 脱气，除气

degeneración 退化，衰减；变质；负反馈

deglaciación 冰川减退，冰川消融

degradable 可降低的；可降级的；（废料等）可降解的

degradación （能量）降级，（能谱的）软化；降解；降级；失去原有品质

degradación biológica 生物降解，生物降解作用

degradación de desechos 废弃物的降解，垃圾的降解

degradación de la calidad del agua 水质污染

degradación de la capa de ozono 臭氧层破坏

degradación de los suelos provocada por el hombre 人为原因造成的土壤退化

degradación de tierra 土地退化

degradación del crudo 原油降解

degradación del destilado 蒸馏物的降解

degradación del suelo 土壤退化

degradado 被降级的；被降解的；受到侵蚀的

degradar 使退化；使降解；降低；剥蚀

dehesa 牧场；荒地，不毛之地

dehidrociclización 脱氢环化，脱氢环化作用

dehidrogenación 脱氢作用

deionización 消离解作用，除去离子，去离解

deisobutanizador 脱异丁烷塔

dejar 留下；放弃，离开；留给，让与，委托；让，听任

del ambiente 环境的，周围的

del lado del viento 上风面，迎风面，向风的，逆风的

del medio 中间的，平均的

del mismo nivel 同一水平的，同水准的

del subsuelo 地下的，地面下的

del viento 风的，风成的

delantal 围裙；挡板；护墙；冲积裙

delantal aluvial 冲积裙

delantal para soldador 电焊围裙

delantero 前面的，前部的，正面的

delco （内燃机的）点火系统，配电器

deleznamiento 熟化；潮解

delga 整流器铜条，整流条，整流片

delga de colector 整流器铜条，换向片

delgado 瘦的，薄的，细的

deliberación 细想，仔细考虑；商讨，商议；审议；预先决定

delicado 易损坏的；棘手的，难办的；精密的；灵敏的

delicuescencia 潮解，溶解；融化

delicuescente 潮解的，溶解的，容易吸收湿气的

delicuescer 潮解，溶化；冲淡，稀释

delimitación 划界，定界，标界；限定，确定

delimitado 有限的；已定界的

delimitar los altos estructurales 界定构造高点

delineación 画草图，勾画，勾画轮廓

delineación del subsuelo 地下构造描绘

delineador 制图员，绘图员，起草人，起草者

delineante 制图员，绘图员，起草人，起草者

delineante topográfico 地形制图员，地形绘图员

delinear 画草图，勾画，勾画轮廓

delinear los anticlinales 标出背斜构造

deliva continental 大陆漂移

delta （河口）三角洲；（三相电的）△接法

delta aportado por olas 冲溢三角洲，浪成三角洲

delta arcual 弧形三角洲

delta continental 内陆三角洲

delta cuspidado 尖形三角洲

delta de cabecera de bahía 湾头三角洲

delta de marea 潮汐三角洲

delta de marea de inundación 洪积三角洲

delta digitado 鸟足状三角洲

delta en arco 弧形三角洲

delta encorvado 弧形三角洲

delta estuarino 河口三角洲

delta glacial 冰川三角洲

delta lobulado 舌状三角洲，浆叶形三角洲，朵状三角洲

deltaico 三角形的；三角洲的

demanda 要求，请求；需求，需求量；起诉，诉状

demanda bioquímica de oxígeno (DBO) 生化需氧量，生物化学需氧量，英语缩略为 BOD (Biochemical Oxygen Demand)

demanda de oxígeno del sedimentos (DOS) 底泥耗氧量，英语缩略为 SOD (Sediment Oxygen Demand)

demanda de oxígeno nitrogenado o nitrogenoso (DON) 含氮氧需求量，英语缩略为 NOD

(nitrogenous oxygen demand)

demanda máxima 最大需要量，需求高峰期

demanda neta de agua 净用水量

demanda química de oxígeno（DQO） 化学需氧量，英语缩略为 COD（Chemical Oxygen Demand）

demanda total de oxígeno（DTO） 总需氧量，英语缩略为 TOD（Total Oxygen Demand）

demandado 被告；被告的

demandar 要求，请求；控告，起诉；询问，提问

demantoide 翠榴石（绿色透明的钙铁榴石）

demarcación 划界，分界；边界，划定的土地；管辖区

demersal 在海底的，近海底的

demetildodecano 二甲基十二烷

demodulación 解调

demodulador 解调器，检波器

demoledora （混凝土路面）捣碎器

demoler 拆除，拆毁，推倒，摧毁，破坏

demora 耽搁，拖延；耽误，延误；方位

demora del tiempo 延时

demora del tiempo de detección 感应延时；拾波延时

demostración 证实，证明，表明；展览，陈列

demostración abreviada 简要介绍

demulsibilidad 反乳化度，乳化分解性

demulsificación 脱乳化，脱乳作用，破乳，反乳化

demulsificador 破乳剂，反乳化剂

demulsificante 反乳化剂，破乳剂，脱乳剂

demulsificar 抗乳化，反乳化

demulsionar 抗乳化，反乳化

demultiplexador 多路信号分离器，多路输出选择器

demultiplexor 多路信号分离器，多路输出选择器

demultiplicación （程度或速度等）倍减；缩减，递减

dendrita 树枝石；枝蔓晶；树枝晶

dendrítico 树枝状的，多枝的，多枝状的

dendrocronología 年轮学，树轮年代学

dengue 登革热

denímetro 密度表，密度计，液体密度计

denominador 分母；命名者

densidad 密度；强度；浓度，稠密

densidad en masa 堆密度

densidad absoluta 真密度，绝对密度

densidad aparente 容重，视密度

densidad API 美国石油协会密度指数，API 度

densidad API elevada 高 API 度

densidad API reducida 低 API 度

densidad atmosférica 大气浓度

densidad Baumé 波比密度

densidad circulante equivalente（DCE） 当量钻井液密度，当量循环密度，英语缩略为 ECD（Equivalent Circulating Density）

densidad compensada 密度补偿测井

densidad crítica 临界密度

densidad de almacenamiento óptico （CD/VCD/DVD 等）光存储密度

densidad de cañoneo 射孔密度，孔密

densidad de carga 负载密度

densidad de consumidor 用户密度

densidad de corriente 电流密度

densidad de corriente eléctrica 电流密度

densidad de escáner 扫描密度

densidad de flujo dieléctrico 电位移；静电通密度；电感应强度

densidad de flujo magnético 磁感应强度

densidad de grabación 存储密度，记录密度

densidad de la cubierta de copas 林冠密度

densidad de la inyección 泥浆比重，钻井液密度

densidad de la línea de registro 道密度

densidad de la población 人口密度；种群密度

densidad de la población animal 动物密度

densidad de la población ganadera 牲畜密度

densidad de la Tierra 地球密度

densidad de lodo 钻井液密度

densidad de masa 质量密度

densidad de potencia 功率系数，功率密度

densidad de pozos 井密度，布井密度

densidad de registro 记录密度

densidad de rocas 岩石密度

densidad de temperatura 温度密度

densidad del agua 水密度

densidad del aire 空气密度

densidad del lodo 钻井液密度

densidad electrónica 电子密度

densidad específica 密度

densidad húmeda 湿容量

densidad natural 天然密度

densidad óptica 光密度，光学密度

densidad pulposa 浓浆密度

densidad relativa 相对密度

densidad seca 干容量

densidad superficial 表面密度

densidad total 总密度

densidad verdadera 真密度

densidad volumétrica 体积密度

densificación 密实化，致密化，压实；增浓，稠化

densificador 密化器；增浓剂，稠化剂；压紧器，凝缩器

densificante 加重材料；加重剂

densificar 使浓缩；致密，使密实；增浓，稠

化，使变稠

densimetría 密度测定法

densímetro 密度计，浓度计，比重计

densímetro de Twaddell 特沃德尔密度计

densímetro fotoeléctrico 光电密度计

densitensímentro 密度—压力计

densitometría 显像测密术，测光密度术，密度测定法

densitómetro 光密度计，显像密度计，密度计，浓度计

densivolúmetro 体积密度计

denso 稠密的，密实的，致密的；重的，浓的

dentado 有齿的；锯齿状的，有凹口的；齿孔；齿眼线；啮合

dentellado 锯齿状的，有凹口的，(外形) 参差不齐的

dentro 在…内部，在里面，在内部

dentro de la jurisdicción 在行政管辖区内

dentro de un glaciar 冰川内的

dentro de un lapso establecido 在规定的时段内

denudación 剥蚀，剥蚀作用；剥落，露出

denudación eólica 风蚀，风蚀作用

denudado 溶蚀的；剥落的

denudar 剥蚀；剥落；露出

denunciar 揭露，检举，控告；废除，废止；通告，宣告；表明，说明

denuncio 开矿特许权的申请；报矿

departamento de compras 采购部门

departamento de hacienda 财务部门；税务部门

departamento de ventas 销售部门

dependencia lineal 线性相关

dependiente 从属的，依附的；营业员

deplección 枯竭，衰竭

deposición 沉淀，沉积；沉淀物，沉积物，水垢；镀层

deposición de hollín 烟尘沉淀

deposición de lacas 漆状沉积

deposición de sal 盐的沉积

deposición eléctrica 电镀层，电解沉淀，电沉积

deposición electrolítica 电解沉淀，电沉积

deposición en masa 大量堆积，大量沉积

deposición húmeda 湿沉降，湿沉积

deposición uniforme 均匀沉积

depositación 沉积，沉淀；淤积；沉积物；沉积作用

depositado 沉积的；沉积物

depositario 保管人；司库；出纳员；保管的，受托的；存放的

depositivo de desimantación 去磁器，退磁器

depósito 存放，寄存，储存；仓库，储藏室；池，箱，盛器；沉积物；沉淀；矿层，矿床

depósito a granel 散装仓

depósito a la intemperie 露天储库

depósito abisal 深海沉积

depósito abismal 深海沉积

depósito ácido 酸性沉积

depósito activo 活性淀积

depósito al aire libre 露天沉积

depósito aluvial 冲积土层；冲积物

depósito aluvial conglomerádico 粒状岩冲积层

depósito artificial 人工水库；蓄水池

depósito asfáltico 沥青矿床

depósito auxiliar 辅助燃油箱；辅助仓库

depósito auxiliar de combustible 应急燃料箱

depósito carbonado 积炭，碳沉积，煤烟附着

depósito clarificador 沉淀池，澄清池

depósito contaminante 污染性沉积物

depósito continental 陆相沉积

depósito de aceite 油箱，油槽，油罐

depósito de aceite combustible 燃料箱

depósito de agua 水槽，水箱，水罐

depósito de agua caliente (凝汽器的) 热水井，凝结水箱

depósito de agua tratada 清洁水池，净化水水池

depósito de aguas calientes a profundidad intermedia 中深热液矿床

depósito de aire 气囊，储气器

depósito de almacenamiento 仓库，储存箱，储仓

depósito de arena 砂层

depósito de arena lenticular 扁豆状砂沉积，透镜状砂层

depósito de canal 河道沉积

depósito de carbón 煤仓，煤箱

depósito de cátodo 阴极沉淀

depósito de caverna 洞穴土，洞穴沉积

depósito de ceniza volcánica 火山灰层

depósito de cenizas 粉灰沉淀；灰坑

depósito de combustible 油库；燃油箱，燃料舱

depósito de combustible presurizado 加压密封油罐

depósito de compuerta corrediza 带滑动门的仓库

depósito de concentración mecánica 机械沉积

depósito de crudo sintético 合成原油储罐

depósito de decantación 沉降罐，沉淀罐

depósito de decantación de residuos 尾浆沉降罐

depósito de desechos 填埋坑；废物填坑

depósito de desechos radiactivos 放射性废物处置库

depósito de equipajes 行李寄存处

depósito de escamas 结垢，水垢

depósito de extracción por destilación drenaje 抽出塔盘

depósito de gas 储煤气柜，储气罐，储煤气罐

depósito de gas de condensación retrógrada 反凝析气藏

depósito de gasolina 汽油库；汽油箱

depósito de grasa 油脂罐；油脂桶；油脂槽

depósito de hidrocarburos 油气藏

depósito de inundación 漫滩沉积

depósito de litoral 沿海沉积

depósito de lodos 泥浆池；泥浆坑；泥浆箱

depósito de lutolita de cono diaclásico 决口扇泥岩沉积

depósito de lutolita lacustre 湖泊泥岩沉积

depósito de llanura de inundación 泛滥平原沉积

depósito de material en polvo 粉状材料储仓

depósito de material granulado 颗粒状材料储仓

depósito de materiales 堆料场

depósito de mercancías 商品仓库，货栈

depósito de meteorización 风化沉积

depósito de mineral 矿床；矿物沉淀

depósito de origen fluvial 河流沉积

depósito de oxígeno 氧气罐

depósito de polvos 吸尘器；防尘套

depósito de residuos 残积沉积物，残留矿床，残余沉积

depósito de roca sedimentaria 沉积岩沉积

depósito de sal 盐类沉积，盐矿床

depósito de sedimentación 沉积盆地；沉淀池

depósito de sedimento orgánico 有机沉积

depósito de sedimentos marinos 海相沉积，海洋沉积，海成矿床，海积物

depósito de superficie 表生矿床

depósito de turbidita 浊积岩储层

depósito de vapor 蒸汽锅筒

depósito de vapor vivo 蓄气器

depósito de ventisquero 冰碛物，泥砾土

depósito de víveres 供给容器

depósito del aire comprimido 压缩空气储罐

depósito del petróleo líquido 湿油槽

depósito del petróleo refinado 精炼油槽

depósito del radiador 散热器水箱

depósito deltaico 三角洲沉积

depósito desprendible 可抛油箱；副油箱

depósito detrítico 碎屑沉积，碎屑矿床

depósito detrítico suelto 碎屑沉积

depósito diluvial 洪积土层，洪积层

depósito dinamometamórfico 动力变质矿床

depósito electrolítico 电解沉淀

depósito en aguas litorales 沿海沉积

depósito en carga 自重输油箱

depósito en presión 压力容器

depósito eólico 风成沉积，风成矿床，风积物

depósito estratificado 层状油藏，成层矿床

depósito estuarino 海湾沉积

depósito evaporítico 蒸发盐沉积

depósito fluvial 河流沉积，河成沉积

depósito fluviomarino 河海沉积

depósito fragmentario 碎屑沉积

depósito frigorífico 冷藏库

depósito glacial 冰川沉积

depósito glaciofluvial 冰河沉积；冰水沉积

depósito gomoso 胶质沉积

depósito hermético 密封罐，密封容器

depósito hermético a presión 压力密封罐

depósito heteromósico 异境沉积

depósito heterópico 异相沉积

depósito heterotáxico 异列沉积

depósito hidrogénico 水成沉积

depósito húmedo 湿沉降

depósito inorgánico 无机沉淀

depósito lacustre 湖相沉积，湖泊沉积

depósito lanzable 可弃油箱；副油箱

depósito lenticular de petróleo 扁豆状油藏

depósito limoso 粉砂沉积

depósito litológico 岩性油藏

depósito litoral 滨海沉积，沿岸沉积，海滩沉积

depósito losa de almacenamiento 封闭储集层

depósito marino 海相沉积，海洋沉积，海成矿床

depósito mecánico 机械沉积，动力沉积

depósito mezclado sin formar estratos definidos 不成层沉积

depósito mineral 矿床，矿藏

depósito mineral de superficie 表生矿藏

depósito morénico 冰碛沉积

depósito móvil 移动式储罐；移动式油品分配罐

depósito natural 天然资源储藏

depósito no estratificado 不成层的沉积

depósito orgánico 有机沉积

depósito pelágico 深海沉积物

depósito petrolífero 储油池，储油库，油罐，储油器

depósito piroclástico 火山碎屑沉积

depósito pirógeno 火成矿床

depósito por avance 入侵矿床

depósito potamogénico 河流沉积

depósito preglacial 冰期前沉积物

depósito principal 主仓库，主配给站

depósito profundo en el mar 深海沉积

depósito regulador 配水塔，调剂站

depósito residual 残余沉积，残积物，残留矿床，残积矿床

depósito salino 盐类沉积，盐矿床

depósito seco 干燥库

depósito sedimentario 沉淀物，沉积物

depósito sedimentario superior 顶积层

depósito submarino 海底沉积物

depósito subsidiario 附属仓库

depósito subterráneo 地下仓库；地下矿藏

depósito superficial 表层沉积

depósito terrestre 陆相沉积

depósito tipo efluvio 喷流沉积

depósitos a trochemoche 不成层沉积

depreciación 折旧，贬值；跌价，减价

depresión 沉陷，坳陷；降低，下降

depresión angosta 凹槽

depresión bárica ecuatorial 赤道低压；赤道槽

depresión cárstica 喀斯特洼地

depresión continental 内陆低地

depresión del horizonte 水平面凹陷

depresión eólica 风蚀盆地

depresión estructural 构造盆地；凹谷

depresión formada por el viento en terrenos arenosos 风蚀盆地

depresión oceánica 海槽

depresión pantanosa 底碛洼地；滩槽

depresión semilunar 半月形凹陷

depresión V V形谷地，V形盆地

depresiones en el terreno 沉陷，洼地；坑

depresor 抑制剂，缓冲器，阻浮剂；阻尼器，缓冲器

depropanización 脱丙烷

depruación de aceite 精制油

depruación en seco 干洗，干式清洁

depuración 洗净，净化，滤清；提纯，精炼

depuración de desechos 废物净化

depuración de gases 气净化

depuración de gases de chimenea 烟道气净化

depuración de la información 信息精选，信息筛选

depuración de las aguas negras 污水处理，污水净化

depuración del agua 水的净化，水净化

depuración natural de contaminantes 污染物的自然净化

depurado 净化的，纯净的；精炼的

depurador 使净化的，使纯净的；净化器，提纯器；净化剂

depurador centrífugo 离心净化器，离心净化机

depurador de aceite 滤油器，润滑油滤清器

depurador de aceite lubricante 润滑油精制器；润滑油再生装置

depurador de aire 空气过滤器

depurador de aire autolimpiador 空气自动净化器

depurador de alta presión 高压洁净器，高压净化器

depurador de filtro 过滤式净化器，沉渣室

depurador de gas 气体洗涤器

depurador de gasolina 汽油滤清器

depurador de oxígeno 去氧剂

depurador lavador 洗涤器

depurador por agua 水洗器，水洗塔

depuradora 净化器，清洗器；提纯器

depuradora de contraflujo 逆流式清洗器，逆流式清洗塔

depurar 纯化，净化，滤清，精炼，提纯

depurar los gases de la chimenea 烟道气净化

derecho 权利；法律；右边的

derecho a contraer compromisos 承担义务的权利

derecho a la vía 通行权

derecho a un medio ambiente habitable 享受宜居环境的权利

derecho administrativo 行政法

derecho civil 民法

derecho comercial 商法

derecho común 普通法，习惯法

derecho consuetudinario 习惯法，不成文法

derecho criminal 刑法

derecho de abandono 委付权

derecho de apropiación 占用权

derecho de autor 版权，著作权

derecho de avería 海损法

derecho de captura (渔业) 捕获权

derecho de extracción 开采权

derecho de hipoteca 抵押权

derecho de paso 通行权

derecho de patentes 专利权

derecho de propiedad 产权，所有权

derecho de reproducción 版权

derecho de residencia 居住权

derecho de reunión 集会权

derecho de reventa 转卖权

derecho de servidumbre 地役权，通行权

derecho de venta exclusiva 独家经营权

derecho de vía 能行权，地面通过权，地段权

derecho escrito 成文法

derecho financiero 财政法

derecho fiscal 税收法

derecho internacional 国际法

derecho internacional positivo 强制执行的国际法律

derecho internacional público 国际公法

derecho intransferible 不可转让的权利

derecho laboral 劳动法

derecho marítimo 海事法，海商法

derecho mercantil 商法

derecho municipal 城市法

derecho natural 自然法

derecho no escrito 不成文法

derecho obrero 劳动法

D

derecho penal　刑法

derecho positivo　（由国家权力机关制定或认可的）实在法

derecho procesal　诉讼程序法

derecho público　公法

derechos　税金；关税；费用

derechos ambientales　环境税；环保税

derechos arancelarios　关税

derechos de aduana　关税

derechos de anclaje　停泊费，船舶进港费

derechos de emisión subastables　可拍卖的排放权利

derechos de entrada　进口税，输入税

derechos de exportación　出口税

derechos de importación　进口税

derechos de matrícula　登记费

derechos de mineraje　（矿区）使用税

derechos de paso　通行费，过路费

derechos de puerto　停泊费，船舶进港费

derechos de registro　注册费

derechos de remolque　牵引费，拖船费

derechos de timbre　印花税

derechos del terreno　土地税

derechos específicos　从量税

derechos industriales　工业特许使用权费

derechos minerales　采矿税

derechos mineros　开采费，采矿税

derechos pagados por el concesionario de un permiso de exploración　贡献金，租矿费（因获得开采权交纳的费用）

derechos pasivos　（职工的）养老金，退休金

derechos petroleros　石油税；采油权

derechos por pieza　从量税

derechos portuarios　停泊税

deriva　背离，偏离；偏航；漂移，偏移

deriva continental　大陆漂移

deriva glacial　冰川漂移

derivación　推导，导出；派生；分支，支流，支线；偏移，偏差；起源，由来；旁路；推导；导数，微商

derivación central　中心抽头，中心引线

derivación conductora　旁路，旁通，分路，分支

derivación del orificio　旁通口

derivación intermitente　油井间歇喷油；间歇流油

derivación particular para gas　气体旁通

derivaciones　派生物，衍生物

derivada　导数，微商，从变量；衍生物，诱导剂

derivada diferencial de una ecuación　公式微分

derivado de la destilación del petróleo　石油蒸馏衍生物

derivado del metano　亚甲基

derivado del radón　氡子体

derivado intermedio　侧馏分，侧线馏分

derivado lateral　侧馏分，侧线馏分

derivado metálico del mercaptano　硫醇盐

derivado no saturado　不饱和衍生物

derivado　衍生的，由…产生的；衍生物，派生物

derivador　转向器，换向器；分流器，折流器，偏滤器

derivados celulósicos　纤维素衍生物

derivados de petróleo　石油产品

derivados nafténicos　环烷衍生物

derivados orgánicos　有机衍生物

derivados orgánicos de silicio　硅的有机衍生物

derivar　使分路，使分流；派生；从…引出，把…引向；求…的导数

derivativo　衍生的，派生的；衍生物；诱导剂

derivo　来源，起源

derivómetro　测偏仪，测漂移器；偏差计，漂移计

derrabe　（矿井）崩坍

derramadero　倒废料的地方，倒垃圾的地方

derramamiento　流出，溢出，流散，泄漏；（消息的）传播；散开，分散

derramar　使溢流，倒出；倒散开

derrame　泄漏，流出，溢出；流出部分；洒落部分

derrame accidental de contaminantes　污染物事故性溢漏

derrame accidental de hidrocarburos　溢油事故

derrame de petróleo　溢油，漏油

derrame en pozo　井喷

derretido　融化的；熔化的

derretimiento　融化；熔化

derretir　使融化；使熔化

derribo　（建筑物的）拆除，推倒；（拆除下来的）废旧建筑材料；废墟

derribos de glaciar　冰川的崩落

derrocadora　碎石机

derrota　（航海）航向；航线；道路，路径

derrubiar　河水冲刷；侵蚀

derrubio　（河水的）冲刷；侵蚀；冲积土，淤积土

derrubios glaciarios　冰川冰碛；冰碛

derrumbadero　悬崖，陡坡

derrumbamiento　倒塌，坍塌；滑坡，崩溃；（价格）暴跌

derrumbamiento de tierra　山崩；地滑；崩塌，塌方

derrumbamiento del pozo　井塌

derrumbar　使倒塌，使坍塌；产生桥塞；油井

桥堵

derrumbe　滑坡；坍塌，塌落

derrumbe del hoyo　井壁坍塌，井塌

derrumbe del pozo　井壁坍塌，井塌

derrumbo　悬崖，陡坡

desabastecimiento de gasolina　停止供应汽油

desabsorción　解吸附作用

desaceitar　使去油，使脱脂；除去…的油脂

desaceleración　减速，降速，负加速度；制动

desaceleración económica mundial　世界经济减速发展，世界经济发展速度减缓

desacelerar　使减速

desacentuador　校平器，频率校正线路，去加重电路

desacidificar　脱酸作用，酸中和作用

desacoplado　解耦的；脱开的

desacoplamiento　去耦，退耦；拆离，脱开

desacoplar　拆开，分开，脱开，解开；去耦合，解耦合

desacoplar la tubería　卸开管线

desacople　脱扣，脱落；断开

desacople de embrague　离合器分离

desacoplo　去耦，退耦；分离

desactivación　减活化，减活化作用

desactivado　去活化的，减活化的

desactivador　减活化剂，钝化剂

desactivador de metales　金属钝化剂，金属减活化剂

desactivar　使失效；去活化

desadaptador　失配器，解谐器

desaerador　除气器，油气分离器，脱气塔

desaereado　脱气的

desaereador　除气器，脱气器

desagotar　抽空；耗尽，竭尽

desaguadero　排水渠，下水道

desaguadero abierto　开放式排水渠

desaguador　脱水器，除水器

desaguador de vapor　蒸汽脱水器

desaguar　除水，脱水；排水

desagüe　排水，放水；排水渠，下水道

desagüe artificial　人工排水

desagües de las aguas negras　污水管道，下水道

desagües de los ríos　河流排放

desagües del alcantarillado　污水管道，下水道

desagües industriales　工业排水

desahogar　减压，放松；释放，解脱，卸掉

desaireación　排气，通风；脱氧

desaireador　除气机，空气分离器；脱气塔

desalabear　弄直，弄平

desalación　脱盐作用，脱盐，去掉盐分；淡化

desalación de las aguas　水脱盐，水淡化

desalación de petróleo　石油脱盐

desalación del agua de mar　海水脱盐，海水淡化

desalación eléctrica　电脱盐

desalador　脱盐剂；脱盐设备，脱盐装置

desaladura　除去盐分，去掉盐分

desalar　除去盐分；使变淡；淡化（海水）；使脱盐，去盐

desalazón　除去盐分，脱盐，去盐

desalcalización　脱碱，脱碱作用

desalineación　不对准；不重合，不一致；不成直线，非直线性；角度误差

desalineamiento　不对准；不重合，轨迹不正；非直线性；角度误差

desalinización　脱盐，淡化

desalinización de las aguas marinas　海水淡化

desalinizador　脱盐剂，脱盐设备，去盐分器

desalinizar　脱盐，减少盐分

desalojado　被移出的；被驱逐出的

desalojamiento　撤离，离开；排出；逐出，撵出

desalojar　离开，撤离（某地）；排出（水、空气）；把…逐出，把…撵走

desalojo　排出（水、空气）；抽空；离开；撤离

desalquitranado　脱焦油的

desalquitranador　脱焦油器，脱焦油设备

desalquitranar　脱焦油，去除…的沥青

desanchador de fondo　井下扩大器

desaparición de la vegetación　植被的消失，失去植被

desaparición de lodo de perforación　泥浆漏失

desaparición de lodo de perforación en terrenos fracturados　泥浆在裂缝地层中漏失

desaparición de los bosques　森林的消失

desaparición del agujero en la capa de ozono　臭氧层空洞的复原

desarborización　砍伐森林，毁林

desarcillador　除黏土器

desarenador　除砂器

desarenador de inyección　钻井液除砂器

desarenador de lodo　泥浆除砂器

desarenador del fluido de perforación　泥浆除砂器，钻井液除砂器

desarenador eléctrico　电动除砂器

desarenador vibratorio　振动除砂器

desarenamiento　清除砂子

desarenar　除砂，清砂

desarmable　可拆开的，可拆除的

desarmado　分解的，拆卸的，被拆除的

desarmar　拆卸，拆开，拆掉

desarme　拆开；解除武装，裁军；停用

desarme de la sarta de perforación　将钻杆立根拆卸下来

desarme para hacer reparaciones　拆卸检修

desarrollado　发展的，发达的

desarrollar　展开；发展，发扬，扩大，开发；展开；阐述，详谈

desarrollo　开发，开采；发育，生长；发展，进展；开展，进行

desarrollo bacteriano　细菌滋长，细菌繁殖

desarrollo centrado en la población　以人为本的发展

desarrollo costa afuera　近海开发，海上开发

desarrollo de arriba a abajo　自上而下的开发，自上而下的发展模式

desarrollo de lo más básico a lo menos básico　自上而下的开发，自上而下的发展模式

desarrollo de plataforma direccional　定向平台的开发

desarrollo inviable　不可行的开发，无法持续的发展

desarrollo no sostenible　不可持续的发展

desarrollo seguro　安全开发，可靠发展

desarrollo sostenible　可持续发展

desarrollo sustentable　可持续发展

desarrollo sustentable de la nación　国家的可持续发展

desasfaltación　脱沥青，脱沥青过程

desasfaltación por propano　丙烷脱沥青

desasfaltado　脱沥青的

desasfaltaje　脱沥青

desasfaltar　脱沥青

desasfaltización　脱沥青过程，脱沥青

desasimilación　异化，异化作用；相异

desastre ecológico　生态灾难，生态灾害

desastres causados por el hombre　人为灾害

desastres naturales　自然灾害

desatado　松的，脱去捆绑的

desatar　解开，松开，使熔化，使融化

desatascador　撅子；手压皮碗泵；疏通剂，疏通粉

desatornillador　螺丝刀，改锥

desaturación　盐浸作用；减饱和作用，稀释

desaturado　用盐水泡过的

desaturar　用盐水泡；减小饱和度，冲淡，稀释

desazolve　清淤

desazufrado　（原油）脱去硫的，含硫极少的

desazufrar　脱硫，去硫

desazufrar el petróleo　石油脱硫

desbalance　不平衡，失衡

desbarbe　整平，修整，去毛刺

desbastado　粗加工的，毛坯的

desbastador　粗加工机具；修边机，砂轮修整器，磨光器

desbastar　粗切，粗削，粗加工

desbaste　削光；初轧，粗铣开坯

desbaste por chorro de arena　砂蚀，砂削；喷砂处理

desbenzolado　脱苯的

desbloqueo　解除封锁；扫除障碍；解冻；松开螺钉，卸扣；除去，清除

desbloqueo de una formación　除去水堵

desbobinadora　开卷机，展卷机

desbordamiento　溢流，横流，溢出；充满，过剩

desborramiento　完成工序前最后的去边清理

desbroce　（垃圾、枯枝败叶的）清除，场地清理；垃圾，污垢

desbrozar　清除枯枝败叶；清扫道路；清除垃圾

desbutanizador　丁烷馏除器，脱丁烷塔

desbutanizar　脱丁烷，除丁烷

descabezado　顶部馏分

descabezamiento　拔顶，蒸去轻馏分，从石油中蒸馏出轻质馏分

descabezar　拔顶，蒸去轻馏分

descalcificación　去钙，脱碳酸钙

descalcificar　去钙，脱钙，除去…的石灰质

descalibrado　不符合尺寸的，不符合标准的

descamación　脱皮，脱屑，剥落，剥离

descamar　去鱼鳞；脱屑，剥落，剥离；去锈，除氧化皮

descansapiés　脚凳；搁脚架

descansillo　楼梯平台

descanso　休息；支柱；支座；平台；轴台

descanso contractual　合同规定的休息日补助

descanso del balancín　绳式顿钻游梁前臂下方的保险立柱

descanso legal　法律规定的休息日补助

descanso trabajado　休息日在岗工作补助

descaptación　除油，脱脂

descarbonador　脱碳剂

descarbonatación　脱去二氧化碳，除去碳酸

descarbonatar　除去二氧化碳，除去碳酸

descarbonización　脱碳，脱碳作用，去碳，除碳法

descarbonización del acero　钢脱碳

descarbonización por disolventes　溶剂脱碳

descarbonizacion por propano　丙烷脱碳，丙烷脱碳法

descarbonizador　脱碳剂

descarbonizar　脱碳，去碳

descarboxilación　脱羧基

descarburación　去碳，脱碳，脱碳作用

descarburar　脱碳，去碳

descarga　卸货，卸载；放出；（液体等）排出；放电

descarga aperiódica　非周期放电

descarga atmosférica　大气放电

descarga controlada de desechos en vertederos

有控制地进行垃圾填埋

descarga de agua rebosada 溢出污水的排放

descarga de chispas 火花放电

descarga de contaminadores 污染物的排放

descarga de contaminantes por los barcos 船载污染物的排放

descarga de desechos 废物的排放，排废

descarga de efluentes 污水的排放

descarga de mercancías 卸货

descarga de presión 压降，压力降落

descarga de retorno 反向放电

descarga de sólidos a chorro 固相射流排放

descarga del final de la tubería 管线终端的排放

descarga deliberada 蓄意排放，蓄意倾倒

descarga disruptiva 击穿放电，火花放电

descarga eléctrica 放电

descarga en cepillo 刷形放电

descarga en la atmósfera de contaminantes 污染物向大气排放

descarga en los mares 海洋倾倒

descarga espontánea 自身放电

descarga fluvial 河流流量

descarga gaseosa 气体放电

descarga libre 自由放电

descarga luminosa 辉光放电

descarga oscilante 振荡放电

descarga oscura 无光放电，暗放电

descarga por el extremo 终端排放

descarga radiante 刷形放电

descarga recurrente 周期放电

descarga sin compactar 未压实的填埋

descarga sin control 无节制地倾倒，无控制地倾弃

descarga térmica 放热，放热量

descarga tipo chorro 喷射状排出

descarga tradicional 传统填埋，传统倾倒处理

descargadero 卸货场，卸货处

descargador 排气装置，排放管；放电器；火花隙；卸货工人

descargador estático 静电放电器

descargadora 紧急溢流道，紧急溢水口，紧急溢道

descargar 卸货；放电；排放，抽空

descargar el camión 卸车

descargar el gas 放空气，排气

descargar presión 减压，释放压力

descargas de aguas calientes 热废液排放

descargas de centrales nucleares 核电站的排放物

descargas de gas 气体排放

descargas promiscuas 无节制排放，无控制倾倒

descartar 舍弃，放弃；拒绝，排斥；排除

descebado 失去爆炸能力的

descebar 使失去爆炸性，取出雷管的

descendente 下降的，向下的，逆降的

descender 降落，下降，降低；向下流；衰退；使贬值

descender en vertical 俯冲；下潜

descenso 下降，下滑；下坡；（价格）下跌

descenso de nivel 水平下降；液面下降

descenso de presión 压力下降

descenso de temperatura 温度下降，温度降低

descenso de un fluido 液位的下降，液位减退

descenso del caudal 流量下降

descenso del nivel de agua 水位下降

descenso perjudicial de la productividad 产量的不利下滑

descensor 缆索滑车

descentración 偏离中心，偏斜

descentrado 不在正中的；偏斜的

descentramiento 偏心，偏离中心，中心偏移

descentrar 使不在正中，使偏离；使失去平衡

desceración con disolvente 溶剂脱蜡

descifrable 可破译的；可解释的

descifrador 译码员，回译机，判读器

desciframiento 翻译，译解，破译，解释

descifrar 解译，解释，辨认

descincificación 失锌现象，脱锌作用，除锌作用，腐蚀去锌

desclavador 拔钉器，起钉器

desclorinación 脱氯，除氯

descobreado 除铜的；除铜，脱铜

descohesión 散屑，溶散；减聚力，解粘聚

descohesor 散屑器

descoloración 褪色，脱色作用

descoloramiento 变色，褪色，漂白

descolorante 褪色剂，退色剂，漂白剂

descolorar 使脱色，漂白

descolorímetro 脱色计

descolorimiento 变色，褪色，漂白

descolorir 使脱色，漂白

descolorización 脱色，脱色作用；漂白，漂白作用

descompactación 消除压实；松散

descomponedor 分解器，分解者，分解体

descomponer 分解，腐烂；分化，瓦解，衰变，蜕变

descomposición 分解，降解；还原；衰变，腐烂

descomposición anaeróbica 缺氧分解

descomposición autoacelerada 自加速分解

descomposición de calor 热分解

descomposición de compuestos orgánicos 有机化合物的分解

descomposición de contaminantes atmosféricos 空气污染物的降解

descomposición de fuerzas 力的分解

descomposición de la materia orgánica 有机化合物的分解

descomposición de señal de aceleración 加速信号的分解

descomposición espectral 光谱分解

descomposición primaria 原始分解

descomposición química por el calor 高温化学分解

descomposición térmica 热分解

descomposición térmica catalítica fluida 流体催化热分解

descomposición térmica molecular 分子热分解

descompresión 降压，泄压，减压

descompresor 减压器，减压装置

descomprimir 减压，降压，泄压，解除压力

descompuesto 分解的，解体的；腐烂的；毁坏的，损坏的

descompuesto en el aire 风化的；暴露在空气中分解的

desconcentrador 反浓缩器

desconchar 使脱落，使剥落

desconche 脱落，剥落

desconectado 切断的，拆开的，不连接的

desconectador 断路器，断开器，切断开关

desconectador de barrena 钻头装卸器，钻头拧下器

desconectar 使不连接，拔去电源插头；切断，断开

desconectar tubería 卸下管线

desconexión 切断电源；不相连，分离，断开；拆卸；断路

desconexión de tubería 松扣，倒扣

descongelación 除霜；解冻；解除（资金等）冻结

descongelado 解冻的，融化的；缓和的

descongelador 防冻装置，除冰装置；防冻剂

descongelar 解冻，融化；缓和

desconocido 不了解的，不认识的，陌生的；不为人所知的

descontaminación 消除污染，减少污染；净化，去污

descontaminación del agua 水污染的消除，减少水污染

descontaminación del aire 空气污染的净化，减少空气污染

descontaminante 净化剂，污染消除剂；消除污染的

descontinuidad 不连续（性，点），间断（性，点），断续（性）

descontinuo 不连续的，间断的，断续的，中断的；相间的

descontrol 失去控制；无秩序，混乱

desconvolución 反信号

descoquificación 除焦

descoquificación hidráulica 水力清焦

descoreador 除气器，脱氧器

descortezamiento 脱皮，涂膜剥落；铸件表皮去皮

descortezar 剥去…的皮，去壳

descostrador 锅炉防垢剂

descostramiento 除锈，除垢，除鳞，除氧化皮

descostrar 除垢，除去锈皮，除鳞，去氧化皮

describir 描述，描绘

descripción de fósil 化石描述

descripción de núcleos 岩心描述

descripción de yacimiento 油藏描述，储层描述

descripción esquemática 简要描述，概略描述，图解描述

descripción precisa de yacimiento 油藏精细描述

descripciones de núcleo de pared 井壁岩心描述

descubierto 暴露的，无遮盖的，无掩蔽的

descubrimiento 发现，找到；发现物

descubrimiento de petróleo 发现石油

descubrimiento importante 重要发现

descubrir 发现，找到

descubrir petróleo 发现石油，找到石油

descuento 折扣；贴现

descuidar 忽视，不注意，玩忽

desdoblamiento 展开，铺开；摊平

desdoblar 展开，铺开

desecación 干燥，烘干，晒干，弄干；干燥状态，干裂状态

desecado 弄干的，烘干的

desecador 干燥器；干燥剂

desecador de aire 空气干燥器，空气干燥机

desecante 干燥剂，除湿剂

desecar 弄干，晾干，烘干；使干燥，使脱水

desechable 可弃置的，可随意处理的；一次性使用的

desechar 排除，排斥；拒绝，不采纳；废置

desecho 废品，废料，残渣

desecho ácido 酸性废物

desecho no tratable 不能处理的垃圾，无法处理的垃圾

desechos aprovechables 可再利用废物；可回收废物

desechos atómicos 原子能（工业）废物

desechos brutos 未经任何处理的垃圾；原始垃圾

desechos cianurados 含氰废物

desechos con sustancias nutritivas 富含养料的垃圾，富含营养物的废料

desechos crudos no tratados 未经任何处理的垃圾

desechos de algodón 棉纱头，废棉

desechos de cañoneos　射孔留下的（弹片、碎石等）残渣

desechos de dióxido de titanio　二氧化钛废料；赤泥

desechos de dragado　疏浚废物，疏浚废弃物

desechos de embalaje　包装废料

desechos de fabricación　包装垃圾；生产制造过程中造成的垃圾

desechos de fundición　废铁，废料

desechos de hierro　废铁，铁屑，碎铁

desechos de jardín　庭园废物；庭园垃圾

desechos de las hulleras　煤矿废物

desechos de madera　废木，木材废料制品

desechos de minería　尾矿

desechos de perforación　岩屑，钻屑

desechos en el oceano　海洋垃圾

desechos forestales　森林废料

desechos industriales　工业废弃物，工业废料

desechos líquidos　废液，废水

desechos nucleares　核废料

desechos nucleares de vida corta　短寿命核废料

desechos poco activos　低放射性废物

desechos pulverulentos　粉状废料

desechos putrescibles　易腐烂的废物，易分解的废物

desechos radiactivos　放射性废弃物，放射性废物

desechos ricos en nutrientes　富含养料的垃圾，富含营养物的废料

desechos separados　尾渣，筛余物，石屑

desechos sólidos　固体废料，固体废弃物

desechos sólidos no productivos　无生产用途的固体废料

desechos triturados　被粉碎的废物

deselectrizar　切断，断电，断路，去能；使放电

desembalado　已拆包的，已开箱的；拆包，拆箱

desembalar　拆包，打开，拆箱

desembarazar　清除，清障，腾出，腾空

desembarcadero　码头；船埠；停泊处

desembarcar　卸船，卸货，下船，上岸

desembarque　卸船；下船

desembarrancar　使（搁浅的船只）浮起

desembarrar　清除污泥

desembocadura　河口；入海口；街口，路口

desembocadura de río　河口

desembolso　花费，支出；花费的款项，支付的金额

desembragado　脱节的，脱扣的，脱离啮合的

desembragar　脱节，脱扣，脱离啮合；（汽车）脱开离合器

desempañador　刮子，擦污器

desempeño　履行，执行；担任职务；才干

desempeño de la presión　压力作用

desempernar　打开，取下螺栓，松栓

desempolvado　除过尘的，脱尘的，除灰的

desempolvador　除尘器

desempolvadura　除灰，除尘

desempolvar　除灰，脱尘

desemulsibilidad　反乳化，反乳化作用，浮浊澄清作用

desemulsificación　脱乳，破乳，反乳化

desemulsificador　反乳化剂，破乳剂，乳液澄清器，脱乳剂

desemulsionado　反乳化

desemulsionante　反乳化剂，反乳化器

desemulsionar　脱乳，破乳，反乳化

desencajar　使断开，使脱离；拆散，松开，拆开

desencallar　使（搁浅的船只）浮起；（海上）打捞

desencapadora　矿山表层剥离机

desencofrar　拆除（矿井、坑道的）支架

desenergetizar　去电源，断电，去除激励

desenfoque　焦点不准，偏焦，影像移位

desenganchador　停钩接头

desenganchar　脱钩，卸下；分解，分离；拆散，松脱；拆开

desenganche　断开，断路，脱钩，脱扣，跳闸；停止，关闭

desengranar　使脱离啮合；使轮齿脱开；使（离合器）分开

desengrasador　去脂器；脱脂剂

desengrasante　脱脂剂

desengrasar　脱脂，除脂，除油

desengrase　脱脂，除脂，除油，除去油垢

desengrase de metales　金属脱脂；清除金属油渍

desengrase por vapor　蒸汽脱脂

desenlodado　污泥被清除的；清洗过的；冲刷过的

desenlodador　脱泥机

desenlodamiento　除污泥

desenlodar　擦去…上的污泥，清除…上的污泥

desenrollar　打开，展开（卷着的东西）

desenrollar un cable de un tambor　松刹把放钢丝绳（给进钻头），下放钻具

desenroscado　拧开的，螺栓松开的；解开的，旋开的

desenroscar　拧下螺钉，旋开；解卡，拧松，倒转后解松

desenroscar la tubería　拧松管道螺钉；倒扣，解卡

desenrosque　卸螺钉，旋开；拧出（螺栓）

desenrosque con explosivos　爆震倒扣，爆震

松扣

desenrosque de tubería de perforación 钻杆卸扣

desenrosque por cable disparador 爆震倒扣，爆震松扣

desensibilización 减感，退敏作用；减敏性，灵敏度降低

desensibilizador 退敏剂；减感器

desensibilizar 减少感光度，降低灵敏度，钝化

desensortijar 使变直，使变直松开

desentubación 卸下套管

desentubar 卸下套管

desenvolvimiento 进行，发展，扩大；打开，解开

desequilibrado 不平衡的，失调的，不稳定的，不匹配的

desequilibrado de impedancias 阻抗失配的

desequilibrio 不平衡，失衡

desequilibrio dinámico 动态失衡

desertificación 荒漠化，沙漠化

desertización 荒漠化，沙漠化

desescarchador （车窗玻璃）除霜器，防冻器，融冰器

desescombrar 清除瓦砾，清除，扫除

desescombro 清理管沟，清除瓦砾

desescoriado 冲洗；洗井；出渣

desescoriar 排渣，除渣，倒渣；结渣，成渣，渣化

desescorificar 烧结，烧炼，烧成熟料；从…清除熔渣；烧成渣块

desesmaltado 脱去瓷釉的，脱去搪瓷的；不光滑的

desespumación 去沫

desespumador 去沫剂，去泡剂，消泡剂

desestablilidad 不稳定性

desestablilización 不稳定

desestablilizador 使不稳定的

desestearinado 脱脂酸酯

desfasado 有相位差的，相移的；异相的；延迟的，滞后的

desfasador 移相器

desfasador digital 数字移相器，电子移相器

desfasador múltiple 分相器

desfasaje 相移，移相

desfasamiento 相移，相位移，相位差

desfase 相位差，相位移，延迟，滞后

desferrificar 使脱铁，除铁

desfervescencia 止沸，退热；退热期

desfibrado 分离纤维

desfiguración del medio ambiente 破坏环境，毁损环境

desfiladero 山谷；隘道

desfiladero sedimentario 沉积缺失；沉积山谷

desflegmación 分馏

desflegmador 分馏的；分馏塔

desflegmar 分馏

desflemador 分凝器

desflemadora 干烘窑

desflemar 分凝

desfloculador 反絮凝离心机，反絮凝机；悬浮剂

desfluorescencia 去荧光

desfogado 通风的，排泄的，喷出的

desfogar 使（火等）喷出；消化，熟化（石灰）

desfogue （炉子等）喷火；（石灰）熟化

desfondadora 耙路机，松土机，粗齿锯

desfondar 凿孔于，凿穿；深耕，深翻

desforestación 滥伐，毁林

desfosforizado 脱磷

desganchar 使脱钩，使解扣

desgarrador 松土机，耙路机

desgarramiento 撕破，扯碎，撕裂

desgarre 撕破，撕裂，裂缝；口子

desgarro 撕破，撕裂，裂缝；口子

desgasador 脱气装置，除气器；脱气剂，吸气剂

desgaseado 除气的；脱氧的；除气，去气

desgaseador 除气器；除气剂

desgasificación 脱气作用，脱气，除气，去气，去气作用，排气

desgasificado 除气，去气，排气；除气的

desgasificador 除气器，排气器，脱气装置；脱气剂，脱气剂

desgasificador de vacío 真空除气器，真空排气器

desgasificar 除气，脱气

desgastado 磨损的，耗损的，消耗的

desgastado por la intemperie 风化的

desgastador 磨光锉

desgastar 磨损，耗损；消耗

desgastar por la acción del tiempo 风化，老化

desgastar por rozamiento 研磨，磨损

desgaste 磨损，老化，风化，侵蚀；耗损，消耗

desgaste abrasivo 划痕，磨痕，擦痕

desgaste de imagen 图像撕裂

desgaste de las rocas 岩石风化，岩石溶蚀，岩石风蚀

desgaste de los cojinetes 轴承磨损

desgaste del asiento 底座磨损

desgaste diferencial 差异风化，微分风化

desgaste electrolítico 电解腐蚀

desgaste excéntrico 偏磨

desgaste ocasionado por la intermperie 风雨侵蚀，气候老化

desgaste prematuro 过早磨损，过快磨损

desgaste por acción química 化学风化

desgaste por corriente de agua sulfatada　硫化液体的腐蚀

desgaste por fricción　磨损，磨耗；摩擦

desgaste por frotamiento　磨损，磨耗；摩擦

desgaste por roce de cable　电缆磨损

desgaste y redistribución del suelo　土壤的浸蚀及再分配

desgausamiento　消磁

desgausar　消磁，使去磁

desglosar　分解，分类，细分

desglose　细分，分开研究

desgomar　使脱胶，去胶

desgrasar　脱油脂；去除油污

desgrase　除去油脂；清除油渍

desguace　拆毁，拆除；刮削（加工）

desguarnecer　取下，拆下（重要部件）；卸下；撤去防护

desguarnir　放（缆绳）；解（锚链）

desguazador　切片机，切割机

deshacer　毁坏；拆开，拆除；分割；损坏；使融化，使溶解

deshelador　除冰器；防冻剂

deshelar　解冻，除冰

desherbar　除草，除莠

desherrumbrado　除掉铁锈的

desherrumbramiento　除铁锈

deshidratación　脱水，脱水作用；失水

deshidratación de petróleo　原油脱水

deshidratación del cieno　污泥脱水

deshidratación eléctrica　电脱水，电脱水作用

deshidratación en vacío　真空去湿，真空脱水

deshidratación prematura de la lechada　灰浆过早脱水

deshidratado　脱水的，去湿的

deshidratador　脱水器，干燥机；脱水剂

deshidratador de petróleo　原油脱水器

deshidratador eléctrico　电脱水器

deshidratador mecánico para gas　气液分离器

deshidratante　除水器，脱水器；干燥剂

deshidratar　脱水，去水，除水

deshidroalogenación　脱氢卤化，脱卤化氢，脱卤化氢作用

deshidrocloración　脱氯化氢，脱氯化氢作用

deshidrogenación　脱氢，脱氢作用

deshidrogenación catalítica　催化脱氢

deshidroisomerización　异构脱氢反应

deshielo　融化，解冻

deshornadora　炉用推钢机，推出机

deshuesamiento　去骨；去核

deshumectador　干燥器，干燥装置；减湿剂，减湿器

deshumectar　减湿；使干燥，脱水

deshumedecer　除湿，减湿，使干燥

deshumidificación　减湿，湿度降低；脱水，干燥

deshumidificador　干燥装置，脱水装置，减湿器；减湿剂

deshumidificar　减湿，脱水

desierto　沙漠，荒漠

desierto frío　寒漠

desierto salino y alcalino　盐碱地

desilicación　脱硅，脱硅作用，去硅作用

desimanación　去磁，去磁作用，消磁，退磁

desimanador　去磁器，消磁装置

desimanar　消磁，使退磁

desimantación　去磁，去磁作用，消磁，退磁

desimantar　使去磁，退磁，消磁

desincorporado　脱离的，分离的

desincorporar　使脱离，使分离

desincronización　不同步，失步

desincronizado　不同步的

desincronizar　去同步，失步，同步破坏

desincrustación　除垢，除锈

desincrustador　去垢器，水垢净化器

desincrustante　除垢剂，除水垢剂，水垢溶化剂

desincrustante de calderas　锅炉防垢剂，锅炉除垢剂

desincrustar　去垢，除垢

desinfección　杀菌，杀菌法，消毒，消毒作用，消毒法

desinfectante　消毒剂；杀菌剂；消毒的，杀菌的

desinfectar　消毒，杀菌

desinflado　放气的，瘪气的；减压的；通货紧缩的

desinflar　放气，减压

desintegración　分裂，分解，瓦解；（原子）蜕变，衰变

desintegración atómica　原子蜕变

desintegración catalítica　催化裂化

desintegración catódica　阴极崩解

desintegración de la materia orgánica　（有机物的）分解，腐烂

desintegración de las rocas en pequeñas partículas de tierra　岩石风化

desintegración de una sustancia radiactiva　放射性元素的衰变

desintegración molecular　分子裂化

desintegración nuclear　核分裂

desintegración por calor　热裂解，热胀缩破裂

desintegración radioactiva　放射性衰变

desintegración térmica　热裂

desintegrador　破碎机，分解器；解磨机

desintegrador catalítico　催化裂化器，催化裂化装置

desintegrador de arenas　松砂机

desintegrador de átomos 原子击破器

desintegrar 裂解，破裂，瓦解；使蜕变，使衰变

desintonización 失调，失谐

desintonizado 失调的，失谐的

desintonizador 解调器；动力减振器

desintonizar 解调，去谐

desintoxicación 解毒

desionización 消离解作用，去离解作用

desionizador 脱离子剂

desionizante 消电离的

desionizar 消离解，去离子

desisobutanizador 脱异丁烷塔

deslastrado 卸掉压载的

deslastre 卸掉压载，卸掉压载压舱物

deslavable 可侵蚀的，易蚀的

deslavar 侵蚀，腐蚀，冲蚀，冲刷；使退色；削弱

deslave （河水的）冲刷；侵蚀；冲积土，淤积土

deslaves desarenados 不含砂的渣滓

desleible 可溶解的，可稀释的

desleimiento 溶解，稀释；稀释的溶液

desleir 使溶解，稀释

deslice 滑，滑动

deslignificación 去木质，去木质作用

deslimador 脱泥机，除泥器；沉砂池，沉淀池

deslimizador 脱泥机，除泥器；沉砂池，沉淀池

desliz 滑，滑动，滑行

desliz horizontal 水平滑动

deslizadera 滑块，滑轨，滑槽，滑动部件；导轨

deslizadera del tipo de fricción 摩擦滑块，摩擦卡瓦，摩擦滑套

deslizadera en V V形导轨

deslizadera triangular V形导轨

deslizadores 滑动部件

deslizadores salvavidas 安全滑车

deslizamiento 滑行，滑动，滑移，滑行运动

deslizamiento cortante 剪切滑动

deslizamiento de escombros 岩屑滑动

deslizamiento de faldeo 山崩，塌方

deslizamiento de falla 断层滑动

deslizamiento de la estratificación 层面滑动

deslizamiento de taladro 溜钻

deslizamiento de terreno 滑坡

deslizamiento de tierra 地滑，塌方，土崩，滑坡

deslizamiento de traslación 平移滑动，直移滑动

deslizamiento del precio 价格下滑

deslizamiento del suelo 土壤滑动，塌方

deslizamiento flexural 曲滑，弯曲滑动，挠褶

滑动

deslizamiento plástico 塑性流动

deslizamiento total 总滑距

deslizante 滑动的，活动的，可移动的

deslizar 使滑动，使滑过，使滑移

deslizar el equipo perforador 移动钻井设备

deslizar taladro 整拖钻机

desmagnetización 去磁，消磁

desmagnetizador 去磁器，消磁器

desmagnetizante 去磁的，消磁的

desmagnetizar 消磁，去磁，使退磁

desmalezar 清除杂草灌木，除去荆棘

desmantelamiento 拆除（设备）；搬走（家具）

desmantelamiento de instalaciones nucleares 核设施的拆除

desmantelamiento del monopolio 解除专卖权，取消专卖权，消除垄断

desmantelar 拆除，拆卸

desmenuzable 易碎的，易粉碎的

desmenuzamiento 粉碎，精磨，弄成细屑，弄碎

desmenuzar 弄碎，把…弄成细屑

desmercaptanización del gas 气体脱硫

desmercaptización 脱硫操作，脱臭

desmetanizadora 脱甲烷塔，甲烷馏除器

desminar 脱矿质，去矿化，软化

desmineralización 去矿化（作用），阻成矿（作用），脱矿质作用

desmineralizador 脱矿质器；脱矿质剂

desmineralizar 去矿化，脱矿质

desmochar 削去…的上端，砍去…的上部；截去…的角

desmodulación 解调，反调制，去调幅

desmoldador 汽提塔

desmoldar 从模子中取出，剥落，拆除

desmoldear 拆开，脱模，剥离

desmoldeo 拆开，脱模，脱芯

desmontable 可拆分的，可拆卸的，可拆卸搬动的；可折叠的

desmontable en el campo 可现场拆分的

desmontado 拆开的；卸下的

desmontador 拆卸器具，撬棍

desmontaje 拆卸，拆下；砍伐，清除（灌木等）；平整土地；拆毁（楼房等）

desmontaje de la sarta de perforación 拆卸钻杆柱

desmontaje del taladro 钻机拆卸

desmontar 拆卸；砍伐（山林等）；平整（土地、路基等）；拆毁（楼房等）

desmontar la tubería 拆卸管子

desmontar y montar motor 发动机的拆装

desmonte 平整土地；砍伐；拆毁（楼房等）

desmonte sin control 无节制地采伐森林；无节

制地清除

desmoronadizo 易瓦解的，易碎的，易倒塌的

desmoronamiento （逐渐地）破坏，毁坏；倒塌，衰落，崩溃，瓦解

desmovilización 复员，遣散

desmulsionabilidad 反乳化度，乳化分解性

desmulsionable 反乳化的

desmulsionamiento 反乳化（作用）

desmulsionante 破乳剂

desmulsionar 反乳化

desmultiplexador 多路分配器，多路解编器，多路输出选择器，分路器，解编器

desmultiplicación 倍减；递减

desmultiplicación de engranajes 齿轮减速

desmultiplicación doble 二级减速

desnaftadora 石脑油涤气塔

desnatación 撇油；从石油中蒸馏出轻质馏分

desnatado 蒸馏出轻质馏分的；去脂的

desnatador 撇油器

desnatar 使脱脂；撇去，撇渣；从石油中蒸馏出轻质馏分

desnaturalización 变性，变性作用；取消国籍；非自然化，改变本性；反常性

desnaturalizante 变性剂

desnaturalizar 取消国籍；使非自然化，改变本性；使变性

desnitración 脱硝，脱硝作用

desnitrificación 脱氮，除去氮气，脱去氮的化合物

desnitrificación bacteriana 细菌去氮；用细菌分解硝酸盐

desnitrificador 脱氮剂

desnitrogenación 去氮法

desnivel 不平坦，不在一个水平线上；差别，不同；高差，落差，位差

desnivelación 高低不一，不平衡；斜交，歪斜失真

desnudación 剥蚀，溶蚀，侵蚀，磨蚀作用；剥露，裸露；滥伐，瘠化

desobstrucción 清障，疏通，腾出

desobstruir 清除障碍；疏通

desocupado 空着的，闲着的

desodorante 除臭的；除臭剂，去臭剂，脱臭剂，防臭剂

desodorante 除味器，脱味器；除臭剂

desodorar 脱去臭气，去臭

desodorización 除臭

desoldeo 脱焊

desorción 解吸，退吸，解吸附作用，解吸收作用，解吸作用

desorción de solventes 溶剂解吸

desorden 混乱，杂乱；不规则，失调，紊乱，不正常

desorganizador 破坏组织的；使混乱无序的

desorientado 迷失方向的；错误的；无取向的，不定向的

desovadero 产卵期；（鱼类等两栖动物）产卵的地方

desove 产卵；产卵期

desoxidación 去氧，去氧作用，还原作用

desoxidante 脱氧剂，去氧剂，还原剂

desoxidar 脱氧，除氧，去氧；还原

desoxigenar 除去…的氧气，除去…中的游离氧

desozonizar 脱臭氧

despachador 油品分输器；调度员，发送员

despachador de petróleo 油品分输器；油品调度员

despachar 办理，处理；出售；派遣；发货，寄发

despacho 处理，办理；接待，营业；办公时间，营业时间；办公室，事务所

despacho de aduana 清关，通关

desparafinación 脱蜡，熔蜡

desparafinación al benzol ketona 酮苯脱蜡

desparafinación catalítica 催化脱蜡

desparafinación con disolvente 溶剂脱蜡

desparafinación con urea 尿素脱蜡

desparafinación de absorción 吸附脱蜡

desparafinación en cetona benzol 酮苯脱腊

desparafinación en ketona benzol 酮苯脱腊

desparafinación por acetona-benzol 丙酮—苯脱蜡

desparafinación por MEK 甲乙酮脱蜡

desparafinación por propano 丙烷脱蜡

desparafinar 脱蜡，去蜡

desparramado 分散的；稀疏的

desparramador 撒布机，喷洒车；铺展剂

desparramar 使散开，扩散；散布，散射

despedazar 把…撕成碎片，弄碎

despedazar sarta 将油管卸开

despegue （飞机）起飞；点火起飞

despejado 清除干净的；空旷的

despejar 弄空，腾出；清除；澄清，使明朗化

despejo 清除，清场；腾出

despentanizador 脱戊烷塔

despentanizar 脱戊烷

despeñadero 陡峭的；悬崖，峭壁

desperdiciar 浪费，挥霍；错过；未很好地利用

desperdiciar el tiempo 浪费时间

desperdicio 浪费，挥霍；未很好利用；错过

desperdicio de gas de levantamiento 气举造成的气浪费及遗失

desperdicios 废物，残留物，废料

desperdicios altamente radiactivos 高放射性废料

desperdicios de producción sólida 固体废物；筛余物

desperdicios de refinería 炼厂废物

desperdicios del cribado 固体废物；筛余物

desperdicios industriales 工业废料

desperdicios líquidos 废液；液状污物

desperdicios orgánicos 有机废物

desperdicios vegetales 植物残渣

despetrolizador 汽提塔

despetrolizador de catalizador usado 废催化剂汽提塔

despetrolizador del catalizador 催化剂汽提器

despetrolizar el catalizador 催化剂汽提

desplazamiento 排水，排水量，排液，排出量，置换，顶替，取代；移动，迁移，挪动，移位

desplazamiento a presión 压力传动，压力驱动

desplazamiento angular 角位移

desplazamiento aritmético 算术位移，算术转换

desplazamiento cíclico 循环移位

desplazamiento circular 循环移位

desplazamiento completo 满载排量

desplazamiento con miscibles 混相驱，混相驱动

desplazamiento con polímeros 聚合物驱油

desplazamiento continental 大陆漂移，大陆位移

desplazamiento de bomba 泵排量

desplazamiento de falla 断层位移

desplazamiento de fase 相移；相位移

desplazamiento de hidrocarburos en las formaciones geológicas 油气运移

desplazamiento de inclinación 倾向滑距

desplazamiento de la estratificación 顺层滑动，层面滑动

desplazamiento de línea de registro 记录线偏移

desplazamiento de masa 整体位移

desplazamiento de materiales debido a la gravedad （因重力造成的）块体移动；块体运动；物质坡移

desplazamiento de petróleo por gas 气驱

desplazamiento de rumbo 走向滑动，走向移位

desplazamiento de una falla hacia abajo 断层下落

desplazamiento de una mancha aceitosa 浮油的迁移

desplazamiento del agua del suelo 土壤水分运动

desplazamiento del aire 排气量

desplazamiento del émbolo 活塞位移，活塞排量

desplazamiento del flujo de completacion 替完井液

desplazamiento del petróleo bruto a través de los poros de las rocas 原油在油岩孔隙中的运移

desplazamiento descendente 活塞位移；下拉现象；下推

desplazamiento dieléctrico 介质位移

desplazamiento dieléctrico detrás de la intensidad de un campo eléctrico （电介质）滞后作用，磁滞现象

desplazamiento eléctrico 电位移

desplazamiento en línea 行偏移，行位移，行间置

desplazamiento gravimétrico 重力滑落

desplazamiento horizontal 水平位移

desplazamiento horizontal caliente 水平热采

desplazamiento lateral 横向断错；横向移位

desplazamiento paralelo 平行位移

desplazamiento por agua 水驱

desplazamiento por fase miscible 混相驱，混相驱动

desplazamiento por irrigación 冲洗驱油

desplazamiento positivo 正排量；水平位移

desplazamiento relativo 相对位移

desplazamiento salino 盐析

desplazamiento según el buzamiento 倾向落差

desplazamiento sucesivo 逐次替换

desplazamiento vertical 垂向驱替，纵向驱替，垂直位移，竖向位移

desplazamiento vertical de una falla 断层滑断，断层垂直滑动

desplazar 排出水量；移动；顶替，取代

desplazar la imagen en dirección vertical 垂直调整图像

desplegar 展开，铺开，排列；布置，部署

despliegue 安放，布置，排列（检波器）

despliegue de detectores 安置检测器

despliegue de geófonos 安放检波器，布置拾震器

despliegue en abanico 扇形方式排列

despliegue en arco 扇形方式排列，弓形方式排列

despliegue en cruz 十字形排列

despliegue en I I形排列

despliegue en T T形排列

desplome 倾斜，倒塌；崩溃，坍塌

desplome de montaña 山体滑坡

desplome gravitacional 重力滑坡，重力崩溃，山崩，地滑

despojado 剥去的，卸下的，拆开的；萃取过的

despojador 汽提塔，卸开器

despojamiento 剥，脱，拆开；洗提，汽提

despojar 剥落，脱去；取走；剥下

despojar el catalizador 催化剂汽提

despojar un líquido de un componente 汽提液体成分，萃取液体成分

despojos 剩余物；废旧建筑材料；（供出售的）贫矿石

despojos de planta 工厂废料

despojos piroclásticos 火山碎屑

despolarización 去极化，消偏振

despolarizador 去极化的，消偏振的；去极剂

despolarizar 使去极化，使消偏振

despolimerización 解聚

desportillar el revestidor 切削套管

despreciable 微不足道的，不足取的，可忽略的

desprender 拆开；揭下；使分离，使剥落，使脱落；散发，放出

desprenderse hundimiento 坍塌；滑动沉陷；脱落，崩落

desprendibilidad 可拆卸性，脱渣性

desprendible 可拆去的，可摘取的

desprendido 坍塌的，崩落的

desprendimiento 拆开，拆卸；分离，分开，脱落；（土、岩石）崩塌，塌方；溶脱，解吸；（气体）散发，发出

desprendimiento de calor 放热，散热

desprendimiento de fragmentos angulosos 棱角状碎片的脱落

desprendimiento de gases 气体释放

desprendimiento de ripios 砂土崩落

desprendimiento de tierras 滑坡

desprendimiento de un iceberg 裂冰，冰崩解

desprendimiento por flexura 弯曲褶皱

desprendimiento por vapor 汽提，蒸汽抽提

despropanización 脱丙烷

despropanizador 丙烷馏除塔，脱丙烷器

despropanizadora 丙烷馏除器，丙烷馏除塔

despropanizar 脱丙烷

desrecalentador 减热器，过热降温器，过热蒸汽降温器

desrecalentamiento 降温，过热后冷却

desrecalentar 降温，过热后冷却

desresinación 脱树脂

destapar 揭开，揭去盖儿，揭掉…的覆盖物

destellar 放射（光），闪光，闪烁，闪耀

destello 闪光，闪烁，闪耀；光芒，光彩；信号光

destello doble 双闪

destemplar 退火；热处理；退火处理

destilable 可蒸馏的

destilación 蒸馏，分馏；馏出物；蒸馏作用

destilación a presión 加压蒸馏

destilación al vacío 真空蒸馏，减压蒸馏

destilación al vapor 汽提，蒸汽抽提

destilación al vapor de agua 蒸汽蒸馏

destilación atmosférica 常压蒸馏

destilación azeotrópica 共沸蒸馏

destilación de efecto múltiple 多效蒸馏

destilación de petróleo 原油蒸馏

destilación destructiva 干馏

destilación directa 直馏

destilación en corriente de vapor de agua 蒸汽蒸馏

destilación en vacío 真空蒸馏

destilación en vaso cerrado 干馏

destilación estabilizadora 汽提

destilación extractiva 萃取蒸馏

destilación fraccionada 分馏，分馏作用

destilación inicial 粗蒸馏

destilación intermitente 分批蒸馏

destilación isotérmica 等温蒸馏

destilación molecular 分子蒸馏，高真空蒸馏

destilación pirogénica 高温蒸馏，裂化蒸馏，热裂蒸馏

destilación por cochadas 分批蒸馏，间歇式蒸馏

destilación por craqueo 裂化蒸馏

destilación por evaporación instantánea 闪蒸；急骤蒸馏

destilación por evaporación instantánea en equilibrio 平衡闪蒸

destilación por expansión instantánea 闪蒸；急骤蒸馏

destilación por lotes 间歇式蒸馏，分批精馏

destilación por norma ASTM 美国材料试验学会规定的油蒸馏性质试验，恩氏蒸馏

destilación primaria 蒸去轻馏分，粗蒸馏

destilación primaria inicial 从石油中蒸馏出轻质馏分，粗蒸馏

destilación relámpago 闪蒸，快速蒸馏，急骤蒸馏

destilación seca 干馏

destilación selectiva 选择性蒸馏

destilación simple 粗蒸馏

destiladera 蒸馏锅；蒸馏器；蒸馏室

destilado 蒸馏的；蒸馏液，馏出物；精华

destilado a presión 压滤馏分；加压馏出物

destilado a presión atmosférica 直馏馏分，常压馏分

destilado a presión bruto 粗馏常压馏分，粗馏加压馏分

destilado a presión no tratado 未处理的常压馏分，未处理的加压馏分

destilado a presión sin tratar 未处理的常压馏分，未处理的加压馏分

destilado bruto 粗馏分

destilado bruto a craqueo 裂化粗馏分

destilado de aceite de parafina 石蜡油馏分

destilado de alquitrán 焦油馏分

destilado de cracking 裂化馏分

D

destilado de craqueo sin tratar 未处理的裂化馏分

destilado de parafina 链烷烃馏分

destilado de petróleo 石油馏分

destilado de petróleo crudo 原油馏分

destilado íntegro 直馏馏分，常压馏分

destilado mediano 中间馏出物；中间馏分

destilado medio 中间馏分

destilado para lubricante 润滑油馏分

destilado para motores 发动机用轻油

destilado parafínico 含蜡馏分，高蜡馏分

destilado ralo de petróleo 石油馏分

destilado reformado 裂化馏分

destilado semiasfáltico-parafinoso 含蜡残油，蜡尾

destilador 蒸馏器，蒸馏锅；除泥器

destilador de alto vacío 高压真空蒸馏设备

destilador de parafina 石蜡馏分蒸馏设备

destilador de vacío 真空蒸馏设备，真空蒸馏器

destilador Engler 恩氏蒸馏器

destilador para asfalto 沥青蒸馏锅，沥青蒸馏设备

destilador tubular 管式蒸馏釜，管式蒸馏炉，管式蒸馏炉釜

destiladora 蒸馏器，蒸馏设备

destiladora atmosférica 常压蒸馏设备

destilados fraccionarios 分馏馏分

destilados livianos 轻馏分，轻馏出油

destilados superiores descabezado 顶馏分，轻油

destilar 蒸馏，馏出；过滤

destilatorio 蒸馏室；蒸馏器；用于蒸馏的

destilería 炼厂，炼油厂；蒸馏厂，蒸馏所；酿酒厂

destilería completa 完全型炼厂（石油全部加工及润滑油生产联合工厂）

destilería de petróleo 炼油厂

destinación 指定，确定；委派，委认，认命

destinar 使用于，指定某人从事；委派，指派，把…派到

destorcedor con cojinete de contacto angular 角面接触轴承旋转吊钩

destorcedor de cadena 锚链转环

destorcedor de quijada 旋转叉

destorcedor forjado 铸造转环

destornillador 螺丝刀，起子，改锥

destornillador de estrella 十字螺丝刀

destornillador eléctrico 电动螺丝刀

destornillador en T T形螺丝刀

destornillador tipo cruz 十字螺丝刀

destornillador tipo estrella 十字螺丝刀

destornillador tipo plano 一字螺丝刀

destornillar 旋出（螺钉）；拆卸

destrabador 震击器，下击器，冲击锤

destrabador de tijeras 震击器

destrabar 使分开，使分离；去掉…的绊索

destrenzar un cabo 解开绳索

destrozar 弄坏，弄碎；毁坏，摧毁

destrucción 破坏，损坏；摧毁；损失

destrucción de basura 垃圾销毁，垃圾粉碎处理

destrucción de bosques 破坏森林

destrucción de desechos 废弃物粉碎处理

destrucción de desperdicios 废弃物粉碎处理

destrucción del riesgo 危害消除，风险消除

destrucción forestal 破坏森林

destruir 破坏，损坏；摧毁；消灭

destufador 脱硫设备

destufar 脱硫

desulfuración 脱硫，脱硫作用

desulfuración catalítica 催化脱硫

desulfuración catalítica Gray 格雷催化脱硫法

desulfuración con cloruro de cobre 氯化铜脱硫法

desulfuración del aire 空气氧化脱硫醇

desulfuración por propano 丙烷脱硫

desulfurador 脱硫塔，脱硫装置

desulfurador del gasoil 瓦斯油脱硫装置

desulfurar 使脱硫

desulfurar el petróleo 原油脱硫

desulfurar por aire 空气氧化脱硫醇，空气氧化脱臭

desulfurización 脱硫，除硫，除硫作用

desulfurización del crudo reducido 重油脱硫

desulfurizador 脱硫塔，脱硫剂

desulfurizar 除硫，脱硫，去硫

desunir 使分离，使分开，使断开

desuso 不用，废弃，（法律）已不执行

desvanecedor 衰落的，削减的；褪色的；（照片）晕映器

desvanecer 使消散；驱散；使变淡，变弱，使消除

desvaporación 止汽化（作用），蒸汽凝结

desvaporizador 余汽冷却器，蒸汽—空气混合物凝结器

desventaja 不利，不足；缺点，缺陷

desvestida de taladro 钻机拆甩

desvestir 拆卸，解体，拆甩（钻机等设备）（委内瑞拉钻井现场特定用法）

desviación 偏位，偏离，倾斜，脱离；支线，分支；离差，偏角

desviación a tope 全刻度偏转

desviación angular 角位移

desviación asimétrica 对称偏转

desviación azimutal 方位偏差

desviación de frecuencia 频率摆动

desviación de la vertical 垂线偏差，偏离垂直类

desviación de pozo　井眼弯曲，井斜；侧钻，偏斜钻进
desviación de una falla　断层位移
desviación del cauce　河道分叉
desviación del guía barrenas　造斜
desviación del hoyo　井眼弯曲，井斜
desviación desmedida del hoyo　油井偏移
desviación estándar　标准离差
desviación horizontal　水平位移
desviación interna　内部导流；内部偏移
desviación magnética　磁偏角
desviación media　平均偏差，平均偏斜度
desviación pata de perro　曲折点；狗腿点；造斜点
desviación porcentual　偏差率
desviación típica　标准偏差
desviacion uniforme　标准偏差
desviación vertical　垂直位移
desviadero　支线，岔线，副线
desviador　偏转板，导流板，导流片
desviador anular　环形挡板，挡环
desviador de admisión　进口导流板，进口气流导板；（货车驾驶室）导风板
desviador de aguas de tormentas　暴雨溢流装置
desviador de canal　引流渠，折流渠
desviador de la cabeza flotante　浮头挡板
desviador de perforación　钻井转向系统；钻井造斜器
desviador de seguridad para el lodo　泥浆挡板
desviador de trépano y sarta　（钻井）造斜器
desviador de vapor　蒸汽挡板
desviador silenciador　消音器
desviar　使偏离，使改变方向
desviar el paso alrededor de un sitio dado　旁路；分路迂回
desviar la perforación　侧钻
desviar un pozo　侧钻井
desvío　偏差，偏离；侧线；侧钻；旁道
desvío de hoyo　侧钻，（在井壁上）斜钻新眼
desvío de maniobras　岔道，铁路侧线
desvío ferroviario　岔道，铁路侧线
desvío permitido　允许偏差，允许误差
desvío suplementario　环形线路；回路，回线
desvíómetro　倾角记录仪；测斜仪；偏移测量仪，偏差计，漂移计
desvíómetro registrador　倾角记录仪；测斜仪
desvitrificación　脱硫作用，脱硫现象
desvolvedor　扳手
desvulcanización　反硫化
desvulcanizador　脱硫器，反硫化器
desyerba　除草
detallar　详述，详尽描述，细说；零售
detalle　细节，详情；细部；细目账，详细单

据；零售
detallista　零售商
detección　检测，探测；检波
detección cuadrática　平方律检波
detección de corrosion de la tubería　钻杆腐蚀检测
detección de defectos　探伤
detección de discordancias　不整合探测
detección de fallas　断层探测
detección de fracturas　裂缝探测
detección de fugas　检漏
detección de grietas　探伤
detección de punto libre　卡点测井
detección por placa　极板检波
detección por rejilla　栅极检波
detección radioactiva　放射性检测
detección sónica　伴音检波
detección submarina　潜水艇探测
detectar　（用仪器）探测，检测；对…检波
detectar un problema　故障检测，故障检查
detector　探测器，探测元件；检测器；检波器；（雷达的）扫描器
detector acústico　声波探测器
detector con amortiguamiento de aceite　油阻检测器
detector de agua　测水器
detector de amortiguamiento electromagnético　电磁阻检测器
detector de amplitud　振幅检波器
detector de antimonio　锑检波器
detector de argón　氩检测器
detector de cañería　管线探测器，管线探测仪
detector de fase　鉴相器
detector de fuga de gas　气漏探测器
detector de fugas　漏泄检测器，检漏仪
detector de gas　气体探测器，气体探测仪
detector de gas inflamable　可燃气体探测器
detector de gas portátil　便携式气体探测器
detector de germanato de bismuto　锗酸铋探测器
detector de grisú　沼气探测器
detector de H$_2$S　硫化氢探测器
detector de huecos　绝缘检漏仪，涂层检漏仪，管道绝缘检漏仪
detector de humedad　湿度检定器
detector de humo　烟雾探测器
detector de incendios　火灾探测器
detector de llama　火焰检测器，火焰探测器
detector de metales　金属探测器
detector de microondas　微波检测器
detector de minas　探矿器
detector de multigas　多气体探测器
detector de ondas　检波器

D

detector de oxígeno 测氧仪

detector de polarización negativa 偏置探测器

detector de reluctancia 磁阻检波器

detector de trayectoria 示踪探测器

detector de tubería 管线探测器，管线探测仪

detector de vibraciones 振动检波器，振动检测器

detector de virutas de metal 铁屑探测器

detector electromagnético 电磁检波器，电磁检测器

detector en serie 串联探测器

detector inductivo 电感式传感器

detector piezoeléctrico 压电检波器

detector portátil 便携式探测器

detector sísmico 地震探测器；检波器

detector térmico 热丝检测器，热线式检波器，热探测器

detector térmico de gas 热丝气体检测器

detector ultrasónico 超声波探测仪

detector ultrasónico de defectos 超声波探伤仪

detectores múltiples 复合型探测器，多检测器组合

detención 阻止，阻挡，拦截；中止，中断；扣留；逮捕

detenedor 关闭装置；制动器；塞，阀

detener 阻止，阻挡，使停止，使中断；扣留，留住

detener una fuga 阻止泄露，堵塞漏洞

detener una pérdida 中止损失，阻止一处泄漏

detenido 被捕的；停滞的，中断的；悬而未决的

detergencia 去垢力，去垢性；去污力，净化力；洗净，脱垢

detergente 洗涤剂，清洁剂，去垢剂；去垢的，洗净的，净化的

detergente biodegradable 可生物降解的洗涤剂，软性洗涤剂

detergente industrial 工业洗衣粉，工业去垢剂

detergente no degradable 不可生物降解的洗涤剂，硬性洗涤剂

deterioración 变质，退化，恶化

deteriorar 损坏；损伤，毁坏；磨损

deterioro 损坏；损伤，变坏

deterioro biológico 生物变质，生物退化

deterioro de la formación 地层退化，地层损坏

deterioro del medio ambiente 环境退化，环境质量下降

determinación 决定；确定；测定；推断

determinación amperimétrica 电流测定

determinación colorimétrica 比色测定

determinación colorimétrica de carbón 碳类物质的比色测定

determinación de azufre 硫含量测定

determinación de azufre en el petróleo 测定石油中硫的含量

determinación de carbón 碳含量试验

determinación de la densidad 密度测定

determinación de posición 定位

determinación de profundidad 井壁取样器

determinación teórica 理论测定

determinado 明确的，具体的，确定的

determinador 固定器，固定仪

determinador de buzamiento 倾角测定仪

determinador de posición 定位设备

determinante 决定性的，限定性的；决定物；决定因素；行列式；方阵；定子，因子

determinante antisimétrico 斜对称行列式

determinante continuante 连分数行列式

determinar 测量，量定；确定；规定，限定；判决

determinar la capacidad de un tanque 测量罐容

detersivo 有清洁力的，洗净性的；洗涤剂，清洁剂，去垢剂

detonación 引爆；爆炸，爆破；爆震，爆炸的巨响；（内燃机）爆鸣

detonaciones sismográficas en pozos 地震测井

detonador 引爆的，起爆的；雷管，起爆管，起爆剂，引燃剂

detonador de tiempo 定时炸弹

detonador eléctrico 电雷管

detonancia 引爆，爆震；爆炸声

detonancia en posición límite 边界线爆震

detonante 爆炸装置，爆炸物，引爆物，放炮器；起爆的，引爆的

detonante de gas 气爆震源

detonar 引爆，起爆；爆炸

detorsión 松弛，扭伤；扭歪，扭曲

detoxificación 无毒化，解毒作用

detracción 除去，减去；分离；偏离

detrás de 在…后面

detrición 剥蚀现象，剥蚀作用；磨损，损耗

detrimento （轻微的）损坏；损害，伤害

detrimento del bienestar humano 对人类福祉造成损害

detrimento del medio natural 对自然环境造成损害

detrítico 岩屑的，碎屑的

detritos 岩屑，钻屑，碎石，碎屑，废料

detritos de cañoneos 射孔碎屑

detritos de derrumbe 塌方碎屑，滑坡碎石

detritos de granito 花岗岩冲积物

detritos glaciales 冰水沉积

detritos orgánicos 有机残余物

detritos piroclásticos 火山碎屑

detritus 岩屑，碎石，碎屑，废料

deuda ecológica 环境欠债，生态欠债

deudor hipotecario 抵押负债人

deutérico （地质）后期的，岩浆后期的，初生变质的，浅部岩浆的

deutérido 氘化物

deuterio 氘，重氢

deuterización 氘化，氘化作用

deuterizado 氘化的

deuterón 氘核，重氢核

deuteruro 氘化合物

deutón 氘核，重氢核

deutóxido 氧化氘，二氧化氘

devanadera 卷（线）轴，绕线筒，绕线架；卷线机，绞车

devanado 缠绕的；绕线，卷线，绕组，缠绕；线圈

devanado bifilar 双线绕法，双线线圈

devanado bipolar 双极绕组

devanado compound 复绕组，复励绕组

devanado de ardilla 鼠笼式绕组

devanado de arranque 启动绕组

devanado de cadena 链形绕组，链形绕法

devanado de caja de ardilla 鼠笼式绕组

devanado de campo 磁场绕组，励磁绕组，激励绕组

devanado de excitación 磁场绕组，励磁绕组，激励绕组

devanado de fases hemitrópicas 半节绕组

devanado de focalización 聚焦线圈

devanado de resorte 偏压线圈，辅助磁化线圈

devanado de tambor 鼓形线圈，鼓形绕组，鼓形绕法

devanado del estator 定子绕组

devanado del inducido 电枢绕组

devanado del inductor 激励绕组，励磁绕组，磁场绕组

devanado detector 拾波线圈，拾音线圈

devanado diametral 整节距绕组

devanado diferencial 差动绕组

devanado doble 并绕，复绕组

devanado en anillo 环形绕组

devanado en derivación 并绕线圈

devanado en disco 圆盘式绕组

devanado en espiral 螺旋绕组，螺旋绕法

devanado en serie 串联绕组

devanado espiral 螺旋绕组，螺旋绕法

devanado imbricado 叠绕组，叠绕法

devanado inductor 激励绕组，励磁绕组，磁场绕组

devanado mixto 混联绕组，串并联绕组

devanado múltiple 复叠绕组

devanado no inductivo 无感绕组

devanado no inductor 无感绕组，无感绕法，双线无感线圈

devanado ondulado 波形绕组，波状绕组

devanado primario 原绕组，一次绕组，初级绕组

devanado secundario 次级绕组

devanado semisimétrico 半对称绕组

devanado sencillo 简单绕组，单式绕组，单排绕组

devanado simétrico 对称绕组

devanador 缠绕的，卷绕的；绕轴，绕圈，卷轴；卷缆车；绕线筒

devanadora 绕线器，绕线机，卷绕机，绕取机

devanados concéntricos 同轴绕组，同心绕组

devanar 卷，绕，缠，缠绕

devastar 破坏，摧毁，毁灭

devoniano 泥盆纪的，泥盆系的；泥盆纪，泥盆系

devónico 泥盆纪的，泥盆系的；泥盆纪，泥盆系

dextrana 葡聚糖，右旋糖酐

dextrina 糊精

dextrinasa 糊精酶

dextrinización 糊精化

dextrogiral 右旋的

dextrorrotatorio 右旋的，向右旋转的，顺时针方向旋转的

dextrorso 右旋的，向右旋转的，正旋的，顺时针方向旋转的

deyección 碎石，碎屑，岩屑

día de descanso 休息日

día de operación 开工日，工作日

día de pago 付款日

día de trabajo 工作日，办公日

día feriado 节日，（非周末的）法定假日

día hábil 工作日，有效日

día mareal 潮汐日

día útil 工作日，有效日

diabantita 辉绿泥石

diabasa 辉绿岩

diabásico 辉绿岩性质的，辉绿岩的

diabático 透热的

diablo 清管器；刮管器

diacetato 双乙酸盐

diacetilo 双乙酰，联乙酰

diacetina 二醋精

diaclasa 正方断裂线；岩石裂缝；节理；构造裂隙

diaclasa columnaria 柱状节理

diaclasa cubierta 隐节理，潜节理

diaclasa de cizalla 剪节理

diaclasa de condensación 冷凝节理

diaclasa de corte 剪节理

diaclasa de tracción 张性节理

diaclasa diagonal 斜节理

diaclasa direccional　走向节理
diaclasa entrecruzada　交错节理
diaclasa estratigráfica　层状节理
diaclasa horizontal primaria　原生水平节理
diaclasa longitudinal　纵裂，纵节理
diaclasa oblicua　斜节理
diaclasa oculta　盲节理
diaclasa principal　主节理
diaclasa rumbo　走向节理
diaclasa tensional　张力解理
diaclasa transversal　倾向节理
diaclasado　有节的，有关节的，有接缝的，连接的
diaclasamiento　接点，接缝；接点处，接合处
diaclinal　横切褶皱的，垂直构造走向的，垂直走向的
diacroísmo　二色性，分光特性，二色现象
diactínico　透光化线的
diactinismo　透光化线，透光化线性能
diactor　直接自动调整器
díada　二单元组；二价基；二价原子；二价元素；（计算机）双位二进制；并矢，并向量
diadoquita　磷铁华
diaesquistoso　二分的，分浆的；分浆的岩石
diafanidad　透明度；透彻度
diáfano　透明的，精致的
diafonía　电话干扰，串音，串线，串扰；交调失真
diaforita　异辉锑铅银矿
diafragma　隔膜，膜片；隔板；孔板；光圈
diafragma de goma　橡胶膜
diafragma de seguridad　安全隔膜
diafragma resonante　共振膜
diafragmar　装以隔膜；调整光圈
diafragmático　隔膜的；膜片的，振动膜的；光阑的
diaftoresis　（岩石）逆变质作用
diaftorita　退化变质岩
diagénesis　成岩作用；（晶体等的）原状固结
diagenético　成岩作用的
diaglomerado　横向密集砾岩
diagnóstico　诊断；诊断结论；调查分析
diagnóstico de errores　诊断错误
diagnóstico de pozo de bombeo　泵抽井诊断，抽油井诊断
diagnóstico de régimen de flujo　流动期诊断，流动段诊断
diagnóstico inicial　初步诊断
diagometría　导电性测定，导电性测定法
diagómetro　电导计
diagonal　对角线的；斜的；对角线；斜构件，斜撑
diagonales cruzadas　交叉拉条；交叉撑条

diagrafía　测井；测井设备；测井方法
diagrafía con electrodo de guarda　屏蔽电极测井
diagrafía de amplitud　声幅测井，振幅测井
diagrafía de densidad　密度测井
diagrafía de densidad y neutrones　密度和中子双侧向测井，双侧向测井
diagrafía de magnetismo nuclear　核磁测井
diagrafía espectral　能谱测井
diagrafía geofísica　地球物理测井
diagrafía nuclear　核测井
diagrafía sónica　声波测井
diágrafo　绘图器；分度尺；放大绘图器；分度画线仪
diagrama　简图，图表，曲线图；一览表
diagrama circular　（电工学）圆图
diagrama de aceleración　加速度图
diagrama de acumulación　累积曲线图
diagrama de análisis de falla（DAF）　失效评定图，失效分析图
diagrama de Argand　阿根德矢量图，阿根德图
diagrama de caudales　流量图，流程图
diagrama de circulación　流程图，程序框图
diagrama de conexiones　连接图
diagrama de Cox　柯克斯图，柯克斯蒸气压图
diagrama de curvas de nivel　等高线图
diagrama de diaclasas　节理图解
diagrama de difracción　衍射图
diagrama de directividad　方向图
diagrama de elaboración　流程图，作业图
diagrama de enlace　中继（系统）图
diagrama de equilibrio　平衡图，（合金的）相图
diagrama de fase　相位图
diagrama de flujo　流程图；作业图；生产过程图解
diagrama de flujo en bloque　方块流程图
diagrama de frecuencia　频率图
diagrama de fuerzas　作用力示意图，力图
diagrama de instrumental de control　仪表控制图
diagrama de instrumental de operación　仪表流程图
diagrama de intensidad de campo　场强分布图，场密度分布图
diagrama de la carga　荷载图
diagrama de la relación presión-volumen　压容图
diagrama de lubricación　润滑系统图
diagrama de Mollier　摩里尔图
diagrama de Nyquist　奈奎斯特图
diagrama de operación　流程图，作业图
diagrama de pozo　测井图，钻井剖面，钻孔柱状图
diagrama de principio　逻辑（线路）图
diagrama de producción　流程图，生产流程图

diagrama de proximidad　邻近测井图

diagrama de puentes　连接图，电桥电路图

diagrama de puntos　点图

diagrama de radiación　辐射图

diagrama de radiación de antena　天线辐射图，天线方向图

diagrama de radiación toroidal de antena　环形天线辐射图

diagrama de Rankine　兰金循环图

diagrama de Smith　阻抗圆图，史密斯圆图

diagrama del bobinado　绕组图

diagrama del indicador　示功图，指示符图

diagrama direccional　（电磁学）方向性图

diagrama en bloque　方块图，方框图

diagrama estereográfico　立体图，直方图

diagrama funcional　功能图，工作原理图

diagrama logarítmico　对数图

diagrama normalizado　标准图

diagrama petrofábrico　岩组图

diagrama polar　极坐标图，极线图

diagrama por bloques　方块框图，框图

diagrama presión-volumen　P-V 图，压力—比容图，压力—容积图

diagrama térmico　温度图

diagrama vectorial　矢量图

diagramador　绘图员，绘图仪

diagramático　图解的，图表的

dial　标度盘，刻度盘，拨号盘，调谐度盘

diálaga　异剥石

dialcohílico　二烃基的

dialdehído　二醛

diálisis　渗析，透析，渗出

dialítico　渗析的，透析的

dializado　渗析物，透析物；渗析液，透析液

dializador　渗析器，透析器

dializar　渗析，透析

dialkeno　二烯烃

dialogita　菱锰矿

dialqueno　二烯烃

dialquil　二烃基的，二烃烷基的

dialquil sulfato　二烷基硫酸盐，二烃基硫酸盐

dialquilamina　二烃基胺

dialquilo　二烃基

diamagnético　抗磁的，反磁的，抗磁性的；抗磁体

diamagnetismo　抗磁性，反磁性；抗磁力；抗磁现象

diamagnetizar　使抗磁

diamagneto　抗磁体，反磁体

diamagnetómetro　抗磁性测量器

diamantado　钻的，钻石制成的，金刚石似的

diamante　钻石，金刚石；金刚钻

diamante basto　天然金刚石

diamante bruto　天然金刚石

diamante de vidrio　金刚石刀

diamante industrial　工业金刚石

diamante negro　黑金刚石，黑玉

diamante para perforar　钻井用的金刚石

diamante policristalino　聚晶金刚石

diamante rosa　玫瑰状钻石

diamantina　金刚铝，白刚玉

diamantino　金刚石的，钻石制的，金刚石制的，钻石般的

diametral　直径的，沿直径方向的

diámetro　直径，对径，径

diámetro admitido doble de la altura de punta　（车床）床面上最大加工直径

diámetro aparente　视直径

diámetro atómico　原子直径

diámetro conjugado　共轭直径

diámetro crítico　临界直径

diámetro de tubo　管径

diámetro del agujero　孔径

diámetro del cañón　射孔枪直径

diámetro del hoyo　井径

diámetro del proyectil　射孔弹直径

diámetro del tubo　管径

diámetro eficaz　有效直径

diámetro exterior　外径

diámetro externo　外径

diámetro externo nominal　额定外径

diámetro interior　内径

diámetro mayor　（螺纹）外径，大直径

diámetro menor　小直径，（螺纹）内径

diámetro molecular　分子直径

diámetro nominal　标称直径，公称直径

diamictita　混积岩，复成分岩，混粒岩

diamida　联氨，肼

diamidina　联脒

diamina　二元胺；二胺

diamino　二氨基

dianegativa　透明底片

diapiro　底辟，刺穿构造，挤入构造

diapiro de lutitas　页岩底辟

diapiro de sal　盐刺穿，盐底辟，刺穿盐丘

diapiro salino　刺穿盐丘，底辟盐丘

diapositiva　透明正片（如幻灯片），反底片

diario　日记，日志；日报；日记账；每日的，天天的，日常的

diario de sondeo　探测日志，钻井日志

diario del perforador　钻井日志

días de instalación　安装期间

días trabajados diurnos　白班工作天数

días trabajados mixtos　夜班工作天数（指下午和上半夜这段时间）

diásporo　硬水铝石

diaspro　碧玉

diástema　（地层）小间断；沉积暂停期

diastrofismo　地壳运动；地壳运动形成的地层

diastrofismo alpino　阿尔卑斯造山运动

diastrofismo larámico　拉拉米造山运动

diastrofismo laurentiense　劳伦造山运动

diastrofismo nevádico　内华达造山运动

diastroma　（两个）地层裂开

diatermanidad　透热性，导热性

diatérmano　透热的，热射线可以透过的

diatoma　硅藻属

diatomáceo　含硅藻的，硅藻土的

diatomea　硅藻

diatómico　双原子的，二元的，二价的

diatomita　硅藻土，硅藻岩

diatreme　火山道

diaxial　二轴的；双轴的，双向的

diazoación　重氮化，重氮化作用

diazoamina　重氮氨

diazoato　重氮酸盐

diazobenzol　重氮苯酚

diazocompuesto　重氮化合物

diazoicación　重氮化作用

diazoico　重氮的，重氮基的；重氮化合物

diazoimida　叠氮酸

diazometano　重氮甲烷

diazonio　重氮基

diazosulfonato　重氮磺酸盐

dibásico　二元的，二碱价的；二代的；含两个可置换氢原子的，含两个羟基的

dibencilo　联苄基，二苄基，重苄基

dibenzilo　联苄基，二苄基，重苄基

dibenzoílo　苄基，苯甲基

dibenzotiofenos　硫芴，二苯噻吩，二苯并噻吩

diborano　乙硼烷

dibromuro　二溴化物

dibromuro de etileno　二溴乙烯

dibujante　画工，画匠；制图员；描绘者；绘画的，描绘的

dibujar　绘画，制图

dibujo　绘画；图画，图案

dibujo de detalle　详图，细部图

dibujo de ejecución　施工（详）图，加工图

dibujo de projecto　工程图

dibujo de sección　断面图，剖面图

dibujo de taller　施工（详）图，生产图，工程图，加工图

dibujo industrial　机械制图；工程画

dibujo perspectiva　透视图

dibujo topográfico　地形图

dibutil　二丁基的；联丁基的

dibutilamina　二丁胺

dibutildecano　二丁基癸烷

dibutilnonano　二丁基壬烷

dibutilo　二丁基，联丁基

dicarbocianina　二碳化氰

diccionario gráfico　图解词典

diceteno　双烯酮

dicetonas　二酮，二酮体

dicianuro　二氰化物

dicíclico　二环的，双环的

diciclohexilo　二环己烷

diciclopentandieno　二氯丙烷

dickita　地开石

diclona　二氯萘醌

diclorobenceno　二氯苯，二氯代苯

diclorodietilsulfuro　二氯二乙硫醚，芥子气

diclorodifeniltricloroetano　二氯二苯三氯乙烷，滴滴涕（英语缩略为 **DDT**）

diclorodifluorometano　二氯二氟甲烷

diclorometano　二氯甲烷；甲叉二氯

dicloropentano　二氯戊烷

dicloruro de propileno　氯丙烯

dicroico　二向色性的；二色性的

dicroísmo　二向色性；二色性

dicroíta　堇青石

dicromático　二色的，二色性的

dicromatismo　二色性

dicromato　重铬酸盐

dicrómico　重铬酸的，重铬的

dicroscopio　二色镜

diedro　二面角；二面的，由两个平面构成的

dieléctrico　电介质的；不导电的，绝缘的；介质，电介质，绝缘材料

dieléctrico anisotrópico　各向异性电介质

dieléctrico perfecto　理想介质

dielectrómetro　介质测试器，介电常数测试器

dieno　二烯烃

diente　牙齿；齿儿；尖端；（工具等的）齿，爪

diente cortante　刀齿，切削齿

diente de barrena　钻头齿

diente de engranaje　齿轮齿

diente de engranaje lateral　侧齿轮齿

diente de rueda　轮齿

diente de sierra　锯齿

diente de tenaza　钳牙；牙轮

diesel　柴油机的，内燃机的；柴油机；内燃机；柴油

diesel con especificaciones Euro 4　欧 4 标准柴油

diesel industrial　工业柴油

diesel industrial con bajo contenido de azufre　硫含量低的工业柴油

diesel marino　船用柴油；船用柴油机

diesel oil　柴油

diesel oil de alta graduación cetánica　高十六烷柴油

diesel para barcos 船用柴油

diesoleo 柴油

diéster 二元酸酯，双酯

dietanol amina 二乙醇胺

dietil 二乙基的

dietil carbinol 二乙基甲醇

dietilamina 二乙胺

dietilbenceno 二乙苯

dietilcetona 戊酮

dietildodecano 二乙基十二烷

dietilenglicol 二甘醇

dietileno glicol 二甘醇

dietilhexano 二乙基己烷

dietilo 二乙基的

dietiloctano 二乙基辛烷

dietriquita 锰铁锌矾

dietzeíta 碘铬钙石

difásico 二相的

difenil 二苯基的

difenilacetileno 二苯乙炔

difenilamina 二苯胺

difenilaminocloroarsina 二苯胺氯胂，亚当氏毒气

difeniletano 二苯乙烷

difeniléter 二苯醚

difeniletileno 二苯乙烯

difenilglioxal 苯偶酰；二苯基乙二醛

difenilguanidina 二苯胍

difenilmetano 二苯甲烷

difenilo 二苯基，联二苯

difenilsulfona 二苯砜

difenol 联苯酚

diferencia 差异，不同；差额；分歧

diferencia básica 基本差别

diferencia de altitud 高度差

diferencia de altura 高差

diferencia de base 基本差别

diferencia de densidad 密度差

diferencia de fase 相差，相位差

diferencia de nivel 水平差；位差

diferencia de potencial 电势差，电位差

diferencia de potencial eléctrica 电位差

diferencia de presión 压差

diferencia de presión estática 静态压差

diferencia de presión productiva 生产压差

diferencia de temperatura 温度差

diferencia de temperatura media 平均温差，平均温度差

diferencia de temperatura media logarítmica 对数平均温差，对数平均温度差

diferencia de tensión 应力差

diferencia de tiempo 时间差，时差

diferencia del ánodo 阳极电压降

diferencia entre la presión estática y dinámica en el fondo de un pozo 井底静压与动压差；生产压差，压力差

diferencia entre temperaturas 温差

diferencia normal de potencial 正常电位差，正常势差

diferenciación 区别；差别，不同；区分，分辨；微分，微分法

diferenciación espacial 空间离散化

diferenciación logarítmica 对数微分

diferenciación magmática 岩浆分异作用

diferenciador 微分器，差示器，差动装置

diferencial 差别的，区别的；微分的；微分；差动装置；差速器，差动器；微分

diferenciar 区别，分辨，区分；（求）微分，求导（数）

diferencias de registros 记录偏差

diferencias finitas 有限差，有限差分

diferente 不同的，相异的，各不相同的，各种各样的；另外的

diferentes estructuras moleculares de un compuesto químico 同分异构体，异构物；同质异能素

diferido 推迟的，延期的

diferir 推迟，延迟；不同，相异，有区别

difícil 困难的，艰难的，不容易的

dificultad 困难，艰难；障碍；困境；故障

difluencia 分溢，分流；扩散，流散，流出，溢出

difluente 流出的，溢出的；扩散的

difosfato 二磷酸

difosgeno 双光气，氯甲酸三氯甲酯

difracción 衍射，绕射

difracción de cristal 晶体衍射

difracción de neutrones 中子衍射

difracción electrónica 电子衍射

difracción esférica 球面绕射

difracción múltiple 多次衍射

difractar 绕射，折射，衍射；使分散，使偏转

difractivo 绕射的，衍射的

difractograma 衍射图

difractometría （晶体）衍射测量，衍射学

difractómetro 衍射计，绕射计

difractor 绕射体

difractor de puntos 点绕射体

difrangente 产生衍射的

difundido por diálisis 通过渗析扩散的

difundir 传播；扩散；漫射

difusibilidad 扩散性，弥漫性

difusímetro 散射计，散射测定计

difusiómetro 扩散率测定器

difusión 扩散，漫射；散布，传播

difusión axial 轴向扩散

D

difusión de la información 信息散布，消息传播
difusión de la luz 光散射
difusión de un contaminante 污染物的扩散
difusión elástica 弹性散射
difusión gaseosa 气体扩散
difusión hacia atrás 向后散射，反向散射
difusión inelástica 非弹性散射
difusión por turbulencia 涡流扩散
difusión térmica 热扩散
difusión turbulenta 涡流扩散
difusividad 扩散能力；扩散性；扩散率
difusividad térmica 热扩散率，热扩散系数，热传导系数
difusivo 扩散的，散漫的，散布性的
difuso 扩散的；弥漫的；漫射的；不具体的，不明确的
difusor 扩散器，漫射器；扩压器
digestión 消化，消化作用，蒸煮，煮解；浸提
digestión del fango residual 污泥消化，污泥消化法
digestor 浸煮器，蒸炼器，浸提器，蒸解器
digitación 指进
digital 指状的；数字的，数字显示的，计数的
digitalización （数据）数字化
digitalización de imágenes 图像数字化
digitalizar 使（数据）数字化
dígito 数字，计数单位；数字的
dígito binario 二进制数字
dígito de comprobación 校验数位
dígito de signo 符号数位
dígito de verificación 检验数位，校验数位
diglicerol 双甘油
diglicolamina 二甘醇胺，二乙二醇胺
dihidrato 二水合物，二水物
dihidrocloruro 二盐酸化物，二氢氯化物
dihidrol 二聚水
dihidroxiacetona 二羟基丙酮
diisoamilo 二异戊基
diisobutilo 二异丁基
diisopropanol amina 二异丙醇胺
diisopropilo 二异丙基
dilatabilidad 膨胀性，膨胀率，延伸性
dilatable 可膨胀的，可扩张的
dilatación 膨胀，扩张
dilatación lineal 线膨胀
dilatación térmica 热膨胀
dilatación térmica de los océanos 海洋热膨胀
dilatación volumétrica 体积膨胀
dilatado 膨胀的，扩大的，放大的；漫长的
dilatador 膨胀箱；扩张器
dilatancia 膨胀性，扩张性，触稠性，胀流性
dilatante 膨胀性的，扩张性的；胀流性体，触稠体

dilatar 使膨胀，使扩大，使扩张；延长，拉长；扩散
dilatometría 膨胀测量法
dilatométrico 测膨胀的，膨胀测定的
dilatómetro 膨胀计
dilatómetro óptico 光学膨胀仪
dilatorio 延期的，拖延的，缓办的
dilema 二难推理，二刀论法；（进退两难的）困境
dilucidador 稀释液，稀释剂
dilución 稀释；稀释物，冲淡物；稀度，淡度
diluente 使稀释的，冲淡的；稀释剂，冲淡剂
diluido 淡的，稀薄的，稀释的
diluir 使溶解；冲淡，稀释
dilutor 稀释液，稀释剂
diluvial 大洪水的；洪积层的
diluviano 洪水的；像洪水的；洪积层的；洪积的
diluvio 洪水；倾盆大雨
diluvión 洪积物，洪积层；大洪水
diluvium 洪积物，洪积层；大洪水；洪积世，洪积统
diluyente 稀释剂，冲淡剂；使溶解的，使稀释的；冲淡的
diluyente de lodo 泥浆稀释剂，泥浆减稠剂
diluyente para asfalto 沥青稀释剂
diluyente para pintura 油漆稀释剂，涂料稀释剂
dimensión 尺寸，尺度，线度；维，度，元；因次，量纲
dimensión de amplitud 宽度
dimensionabilidad 维数
dimensional 尺寸的，有尺度的；量纲的，因次的，维量的；面积的
dimensionamiento 确定大小（规模、范围等），测尺寸
dimensionar 量尺寸，定尺度
dimensiones externas 外廓尺寸
dimensiones standard 标准尺寸
dímero 二聚的；二聚体，二分子聚合物
dímero de butadieno 丁二烯二聚物
dimetil 二甲基的；二甲基，乙烷
dimetilamina 二甲胺
dimetilanilina 二甲基苯胺
dimetilbenceno 二甲苯
dimetilbutano 二甲基丁烷
dimetildecano 二甲基癸烷
dimetildocosano 二甲基二十二烷
dimetileno 二亚甲基
dimetil-éter 二甲醚
dimetilgloxima 丁二酮肟
dimetilheptano 二甲基庚烷
dimetilhexano 二甲基己烷

dimetilisopropilheptano　二甲基异丙基庚烷
dimetilmetano　二甲基甲烷，丙烷
dimetilnonano　二甲基壬烷
dimetilo　乙烷
dimetilo dicloro vinillo de fosfato　二甲基二氯乙烯基磷酸酯
dimetiloctadecano　二甲基十八烷
dimetilolurea　二甲醇脲
dimetilpropano　二甲基丙烷
dimetiltetradecano　二甲基十四烷
dimétrico　正方的，四角形的；四方晶系的
diminuto　细小的，微细的；详细的
dimorfismo　二态性，二形性；双晶现象；二形
dimorfita　硫砷矿
dimorfo　二态的，二形的；双晶的
dina　达因（力的单位）
dinágrafo　内应力测定仪
dinámetro　测力器，测力计；倍率计，放大率计
dinamía　达因（力的单位）
dinámica　动力学；原动力，动力；动态
dinámica de la atmósfera　大气动力学
dinámica de los ecosistemas　生态系动力学
dinámica de los sistemas ecológicos　生态系动力学
dinámica del globo　地球动力学
dinámica del rotor　转子动力学
dinamicista　动力论的；动力论者
dinámico　力的，动力的；动态的；动力学的；有活力的
dinamita　甘油炸药，硝甘炸药
dinamita amoniacal　硝铵炸药
dinamita gelatinosa　胶质硝酸甘油炸药，胶质炸药
dinamita goma　胶质炸药
dinamitación　爆破，爆炸，放炮；射孔
dinamitación de un pozo　油井爆破作业；油井射孔
dinamitar　用炸药炸，炸毁
dinamitería　爆破工程，爆破作业
dinamitero　爆破工；地震放炮工
dinamitero de sismógrafo　地震放炮工
dinamo, dínamo　发电机（尤指直流发电机）；电动机
dinamo abierta　开式发电机，敞开式发电机
dinamo auxiliar　备用电机
dinamo bimórfica　交直流发电机
dinamo cerrada　铠装发电器
dinamo compensador　补偿式发电机
dinamo compound　复绕电动机，复励发电机
dinamo de autoexcitación　自激电动机
dinamo de derivación　并励发电机
dinamo de doble excitación　双绕线圈发动机

dinamo de excitación mixta　复绕发电机，复激发电机
dinamo de excitación separada　他励发电机
dinamo de vapor　蒸汽发电机
dinamo de volante　飞轮式发电机
dinamo excitada en derivación　并激发电机，并绕发电机
dinamo hipercompuesta　过复励发电机
dinamo hipercompundada　过复励发电机
dinamo para buques　船用发电机
dinamo shunt　分绕发电机，并励发电机
dinamo trifilar　三相发电机
dinamo volante　飞轮式发电机
dinamoeléctrico　电动的，机电的
dinamometamórfico　动力变质的
dinamometamorfismo　动力变质，动力变质作用
dinamometría　测功法；测力法
dinamométrico　测力计的，功率计的；测功法的
dinamómetro　测力计，功率计，电力测功仪
dinamómetro de absorción　阻尼式测力计
dinamómetro de bombeo　电泵测功计
dinamómetro de contrapeso　绳测功器
dinamómetro de freno　轮轫功率机，制动测功仪
dinamómetro de transmisión　传动式测力计
dinamómetro eléctrico　电测力器，电功率机
dinamómetro friccional　阻尼式测力计
dinamómetro hidráulico　液压测力器，水力功器
dinamoscopia　动力测验法
dinamoscopio　动力测验器
dinamotor　电动发电机
dinas　砂石，硅石
dinatrón　负阻管，四级管；介子
dinitrado　二硝基的
dinitrobenceno　二硝基苯
dinitrofenol　二硝基酚
dinodo　倍增器电极，二次放射管，打拿极
dinoflagelados　腰鞭毛虫，腰鞭毛目
dinómetro　变速箱，齿轮箱
diodo　二极管
diodo de bloqueo　箝位二极管
diodo de germanio　锗二极管
diodo doble　双二极管，李二极管
diolefina　二烯，二烯烃，二烯属
diolefina alifática　脂族二烯烃
diolefina grasa　脂族二烯烃
dioplasa　透视石，绿铜矿
diópsido　透辉石
dioptasa　透视石，绿铜矿
dioptra　屈光度；屈光率单位；照准器，照准仪；瞄准器
dioptría　屈光度，折光度，折光单位
dioptría prismática　棱镜屈光度

D

dióptrica 屈光学，折射光学
dióptrico 屈光学的，折射光学的
dioptrio 屈光度；屈光率单位；照准器，照准仪；瞄准器
dioptrómetro 屈光度计
dioptroscopia 屈光测量法
diorita 闪长石，闪绿石
diorita cuarcífera 石英闪长岩
dioxano 二氧杂环乙烷
dióxido 二氧化物
dióxido de azufre 二氧化硫
dióxido de carbono 二氧化碳
dióxido de manganeso 二氧化锰
dióxido de nitrógeno 二氧化氮
dioxido de sulfuro 二氧化硫
dióxido de titanio 二氧化钛
dioxina 二噁英，二氧芑
dipirita 针柱石；磁黄铁矿
dipiro 针柱石
díplex 同向双工，双信号同时同向传送
diplodoco 梁龙
diplofase 二倍期，双倍期，双元相，二倍体阶段
diploide 二倍体的，双倍体的；双的，重的，二倍的；二倍体
diploidización 二倍化，双倍化
diploma 文书，公文；文凭，学位，证书
diploma de honor 荣誉证书
diplosis 加倍作用
dipolar 两极的，偶极的
dipolo 偶极，偶极子，对称振子，偶极天线；双极点；双合价
dipolo circular 圆弧形偶极子
dipolo eléctrico 电偶极子
dipolo magnético 磁偶极子
dipolo molecular 分子偶极子
dipropenilo 联丙烯
dipropildecano 二丙基癸烷
dipropilo 二丙基
dipropiloctano 二丙基辛烷
dique 堤，堰，坝；船坞；防护物，障碍物；岩墙，岩脉，挡板，屏障
dique a contrafuertes 支墩坝
dique a gravedad 重力坝
dique a vertedero 溢流坝
dique aligerado 空心坝
dique alimentador 进料围堰；补给脉，供应岩浆的岩墙通道
dique anular 环形围堰；环状岩墙，环状岩脉
dique arbotante 支墩坝
dique circular 环形围堰；环状岩墙，环状岩脉
dique de arena 砂堤
dique de carena 干（船）坞

dique de cierre de aguas 小水坝，小水沟，堰
dique de colas 尾渣堰
dique de desvío 分流坝
dique de flotación 湿船坞，泊船坞，系船船坞
dique de guía 导流坝
dique de hielo 冰坝
dique de marea 潮水坞
dique de presa 围堰，防水堰
dique de río 河堤
dique de roca ígnea 火成岩围堤；火成岩墙，火成岩脉
dique de seguridad 安全堤
dique de tierra 土坝
dique flotante 浮坞
dique longitudinal 顺坝
dique múltiple 多重堤，重复岩墙
dique natural 天然堤
dique pegmatítico 伟晶岩堤
dique provisional 临时堤坝
dique provisorio 临时坝
dique radiante 放射状岩墙
dique seco 干船坞
dique sumergible 溢流坝
dique tajamar 围堰
dique terraplén 堤道
dirección 管理；方向；方位；地址；（矿层或矿脉的）走向
dirección absoluta （计算机文件系统的）绝对路径；（内存的）绝对地址
dirección de rotación 转动方向
dirección de tiros 射孔方位；发射方向；发射控制
dirección de una falla 断层走向，断层方向
dirección de vena 矿脉走向
dirección del buzamiento de las reflexiones (sísmica) （地震波的）反射倾向
dirección del deslizamiento 滑移方向，滑动方向
dirección del viento 风向
dirección efectiva 有效地址
dirección hacedera 可行方向
dirección horizontal 水平方向
dirección IP IP 地址
dirección irreversible 不可逆转向，单向行驶
dirección modificada 修正后的地址
dirección por radar 雷达跟踪
dirección real 真实地址
dirección recta （方向）成一直线
direccional 有方向性的，指向的，定向的；归航的，归来的
direccionalidad 方向性，定向性，指向特性
directiva 指示，命令；领导班子，领导机构；指南，准则

directividad　方向性，指向性

directivo　领导的，指导的；(控制译码的) 指令，命令，(程序中的) 伪指令；领导成员，董事会成员

director　领导的；准线的；准线；领导者；负责人；指导者；局长；董事

directorio　指导性的；领导机构；指导；指南，手册；地址录，地址簿

directorio telefónico　电话簿

directriz de entradas　进口导流叶片

directriz　准绳；指示，指导方针，准则；纲领

dirigente　领导的；领导人

dirigibilidad　可操纵性；灵活性

dirigible　可操纵的，可控制的；飞艇，飞船

dirigido　受控制的，受操纵的，可控制的

dirigido a mano　人工操纵的

dirigido de este a oeste　东西走向的

dirigir　使对准某一方向，使向某一方面转动；指导；驾驶

disanalita　铌钙钛矿

discal　平圆盘的，盘状的

discernir　识别，辨别，分清

disciplina　训练；纪律，军纪；学科，科目

disciplina de la exploración petrolífera　石油勘探学科

disciplina geofísica　地质学科

disciplinario　训练上的，纪律的；学科的

disco　圆盘，轮盘，磁盘，碟，圆片；唱片

disco abrasivo　砂轮，磨轮

disco analizador　扫描盘

disco compacto　压缩盘；光盘

disco con cuchillos　圆盘刀

disco de apriete　填密环，垫圈

disco de distribución　配电盘

disco de embrague　离合器摩擦片，离合器盘

disco de esmerilar　(金刚) 砂轮

disco de excéntrica　偏心轮

disco de fricción　摩擦片，摩擦盘

disco de la tubería de producción　油管盘

disco de lijado　砂轮片

disco de mando　传动盘

disco de mando del embrague　离合器主动盘

disco de manivela　曲柄盘

disco de monoestrato　单层盘

disco de orificio　孔板；节流孔板；锐孔板

disco de perforadora　组合铣刀，刀盘

disco de polvo flotante　浮式粉末冶金盘

disco de pulido　抛光轮

disco de señales　路标盘，圆盘路标，圆盘信号

disco de talla lateral　侧盘刀

disco director　涡轮导流盘

disco flexible　柔性塑料磁盘，软塑料磁盘，软盘，软磁盘

disco frágil　易碎盘 (安全装置)

disco giratorio　旋转盘

disco granuado diferencial　隔板，分度板

disco intermedio　垫圈；中间 (体) 盘

disco macizo　实心圆盘

disco magnético　磁盘

disco para brunir el cobre　磨轮，抛光轮

disco para pulir　抛光轮

disco para válvula　阀盘

disco pulidor　抛光轮

disconformidad　不一致，不相称，不对应；(地质学) 假整合，角度不整合

discontinuidad　不连续，间断，间断面；(地震波速度) 突变面；不连续性

discontinuidad de Moho　莫霍面，莫氏面

discontinuidad de Mohorovicic　莫霍洛维奇不连续面 (简称莫霍面或莫氏面)

discontinuidad elástica　弹性不连续性

discontinuidad sedimentaria　沉积不连续

discontinuo　不连续的，中断的

discordancia　不整合；不一致，分歧

discordancia angular　角度不整合

discordancia de gran magnitud　大规模不整合

discordancia erosiva　侵蚀不整合

discordancia erosiva menor　微侵蚀不整合

discordancia local　局部不整合

discordancia paralela　平行不整合

discordancia regional　区域不整合

discordancia sedimentaria　沉积不整合

discordante　不一致的，不调和的，不和谐的，不整合的

discrasita　锑银矿

discrepancia　差异，不同，不符合；分歧

discrepancia permitida　允许的差异，容许偏差，容许限度

discretizado　离散化的

discretizar　离散化

discreto　谨慎的；分离的，不连续的；离散的

discriminación　辨别，分辨，区别；歧视，不公平待遇

discriminador　鉴别器，鉴频器，鉴相器；判别式函数；辨别者；辨别的，区别的

discriminante　判别式；判别的

discriminar　区别，鉴别，分辨；歧视

disector　析像管；解剖器；解剖者，分析者

disector de imágenes　析像管，析像器

disectrón　析像管

diseñador　设计者；制图者

diseñar　设计，绘制设计图

diseño　设计；草案，方案，图样，设计图，平面图

diseño acústico　音质设计，声学设计

diseño asistido por computador　计算机辅助设计

D

diseño comparativo　比较设计
diseño computarizado　计算机辅助设计
diseño continuo　连续设计
diseño de hoyo　井身设计
diseño de inundación miscible　混相驱油设计
diseño de mina　矿山设计
diseño de producto　产品设计
diseño de refinería　精炼厂设计，炼油厂设计
diseño de un sistema　系统设计
diseño de válvula　阀门设计
diseño funcional　功用设计
diseño gráfico　图解设计
diseño lógico　逻辑设计
diseño para una prueba de restauración　压力恢复测试设计
diseño Seisloop　地震环线设计
disfrazar　假装；掩盖，隐瞒
disfunción　不正常工作，故障；功能失调，性能不良
disfuncional　功能失调的
disgregación　分开，分散，分散作用；解散
disgregar　使分开，使分离，使解体
disiciliciuro　二硅化物
disilano　乙硅烷
disilicato　二硅酸盐
disimetría　不对称，不对称性，不对称现象；（化学）不齐，偏位
disimétrico　不对称的；不齐的
disipable　易挥发的；易蒸发的
disipación　消散，消除；消耗，驱散；耗散
disipación de ánodo　阳极耗散
disipación de energía　能的散逸，能量散逸
disipación de placa　板极耗散，屏极耗散
disipador　吸热部件
disipador de calor　吸热器
disipador térmico　吸热设备，吸热器
disipar　驱散，使消散；消除，打消；浪费
disjunto　不相交的，分离的，拆散的，拆开的，不连贯的
diskette　软盘；磁盘，软磁盘
dislocación　错位，脱节；（地质学）断层；断错；滑距
dislocación ascendente　（地质学）隆起，上投
dislocación cilindrada　（水，气，油等的）排（出）量
dislocación circular　断层坑
dislocación descendente　下落地块，正断层
dislocación periférica　环形断层
dislocación rumbeante　倾向断层
dislocamiento　脱臼；脱位；拆散；分裂，解体
dismicrita　扰动泥晶灰岩，鸟眼灰岩，扰动微晶灰岩
disminución　减少，缩减，降低

disminución considerable　大量减少
disminución de amplitud　幅度衰减
disminución de la capa de ozono　臭氧层逐渐变薄
disminución de la temperatura de la tierra　激冷效应；地球温度降低
disminución de viscosidad mediante craqueo　裂化减黏
disminución gradual de cobertura　覆盖面逐步减少
disminuidor de la filtración　降滤失剂
disminuir　减少，减弱，缩小
disminuir de espesor　尖灭，地层尖灭，变薄
disminuir el caballaje　降低额定值
disminuir la presión en la entubación　降低抽汲压力，降低套管压力
disociación　分解，离解，溶解，分裂，分解作用，离解作用
disociación catalítica　催化分解
disociación electrolítica　电解离解，离解，离解作用
disociación térmica　热解离
disociación termocatalítica　热催化裂化，热催化分解
disociar　分解，分离，溶解；分裂，解散
disódico　二钠的，分子中有两个钠原子的
disodilo　硅藻腐泥；挠性褐煤；硅藻腐泥褐煤
disolubilidad　溶解度，可溶解性
disoluble　可溶解的，可分解的，可融化的；可取消的
disolución　溶解，溶蚀，溶化；溶液；橡胶胶水
disolución de caucho　橡胶胶水
disolución electrolítica　电解溶解
disolución saturada　饱和溶液
disolución y desgaste de un metal por reacción química　（金属因化学反应导致的）腐蚀，侵蚀
disolutivo　有溶解力的
disolvente　溶剂；溶媒，溶化药
disolvente de barniz　除漆剂
disolvente del caucho　橡胶溶剂
disolvente neutral　中性溶剂
disolvente orgánico　有机溶剂
disolvente para parafina　石蜡溶剂
disolver　使溶解，融化；取消，解除，废除
disonancia　不调和，不协调，非谐振
disparadero　扳机；触发器
disparador　扳机；触发器，触发电路，触发管；卸锚扣；爆炸工；油井射孔工
disparadora　喷砂机；引爆器；发爆机
disparar　射击；射孔
disparar buzamiento abajo　下倾激发

disparidad 不同点，不一致，不等，不平衡；（定位，几何）差异

disparo 射击；发射；（机械的）启动件

disparo con los detectores dispuestos en línea recta 折射法地震勘探

disparo simétrico para determinación de echados 中间放炮排列

disparos de recuperación 恢复炮

disparos para circulación Puncher 穿孔作业

disparos para el registro de ondas refractadas 折射法地震勘探，折射地震勘探，折射法勘探

disparos para registros de ondas reflejadas 反射地震勘探

disparos por pie 每英尺射孔数，孔/英尺

dispensador de agua 饮水机

dispensador de hielo 制冰机

dispersador 分散剂；泡罩；扩散器

dispersancia 分散力

dispersante 分散剂；色散器；分散的

dispersante de base aceite 油基分散剂

dispersar 使分散，使散开，使色散

dispersar una mancha de petróleo 使油斑分散

dispersión 散开，分散；驱散；色散，频散；散射；分散质，分散体；离散度，离差

dispersión acústica 声频散

dispersión atmosférica 大气散射

dispersión de arcilla 黏粒分散（性），黏土分散

dispersión de desplazamiento 偏移散射

dispersión de gas 气体散射

dispersión de la luz 光散射

dispersión de niebla （人工）消雾

dispersión de plaguicidas 农药飘散

dispersión de puntos sin desplazamientos 零炮检距散射

dispersión de ranuras 隙缝泄漏，槽壁间漏磁

dispersión electródica 电极耗散

dispersión en abanico horizontal 扇形散射，扇形水平散射

dispersión magnética 磁散射，磁漏

dispersión molecular 分子散射

dispersión normal 正常色散

dispersión por cizallamiento 切变分散，剪切分散

dispersión térmica longitudinal 纵向热散射

dispersivo 色散的；弥散的；频散的；分散的

disperso 分散的，散开的

dispersoide 分散胶体体系；分散胶体；分散质

dispersor 扩散器；分散剂

dispersor de energía 消能装置，能量耗散器

disponibilidad 可利用，可支配，可利用性，有效利用率，有用性

disponibilidad de combustible 燃料保障，燃料的可用性或可得性

disponibilidad de mano de obra 劳动力来源，劳动力的可用性或可得性

disponible 可利用的，可支配的，有用的，现有的；可供应的

disposición 布置，排列；命令，规定；处置，处理

disposición de agua de cloacas 污水处理

disposición de basuras 垃圾处理

disposición de la sarta 井内管柱结构

disposición de las válvulas 阀的布置

disposición de los detectores 检测器的布置

disposición de los estratos 分层

disposición de residuos 废物的处理

disposición del crudo 原油处理

disposición del equipo 设备配置

disposición dispersa de instrumentos sismográficos 地震仪器的分散布置

disposición en pozo profundo 深井处理

disposiciones uniformes 统一规定（或条款）

dispositivo 装置；设备；元件

dispositivo absorbente de vibraciones 减振器

dispositivo adicional 附加设备，附加装置

dispositivo antidesvanecedor 自动音量控制器

dispositivo antiparásitos 噪声抑制器，消声器

dispositivo apresador 抓取装置，夹紧装置

dispositivo automático 自动装置

dispositivo contra parásitos 抗寄生害虫装置

dispositivo de absorción Newton 牛顿流体吸收试验仪，牛顿流体吸收试验机

dispositivo de ajuste （齿隙）调整装置

dispositivo de autocalibrado 自动校准器

dispositivo de aviso 指示器，信号装置

dispositivo de centrado 定中心装置

dispositivo de conducción 导航设备

dispositivo de control 控制装置，操纵装置，控制器

dispositivo de desconexión 断开装置，解扣装置

dispositivo de desenganche 切断装置，关闭装置

dispositivo de desenganche de línea de transmisión 传递线路切断装置

dispositivo de detención 制动装置，止动器，锁止装置

dispositivo de disparo 放炮装置，射孔装置

dispositivo de distribución 配电装置，分配装置

dispositivo de encendido 点火装置

dispositivo de espejo 反射镜装置

dispositivo de fijación 锁止装置，固定装置

dispositivo de frenado 制动器，制动装置

dispositivo de guiado 导航设备

dispositivo de ignición 点火装置

dispositivo de iluminación 发光装置，光源

dispositivo de limpiado 清洁设备

dispositivo de mando 控制装置，控制元件

D

dispositivo de medición　测量装置

dispositivo de paro　关闭装置

dispositivo de perforación　钻井设备

dispositivo de pesca de acción magnética　磁力打捞工具

dispositivo de prelavado　预洗涤装置；预涤气装置

dispositivo de presión de aire　空气压力表，空气压力计，空气压强计

dispositivo de repetición　循环装置，自动重复装置

dispositivo de reproducción　拷贝装置，仿形装置

dispositivo de reproducir　拷贝装置，仿形装置

dispositivo de retención de polvos　挡尘器，防尘器

dispositivo de seguridad　安全装置，防护装置

dispositivo de sujeción　夹持装置

dispositivo de terrajado　攻丝装置

dispositivo de tiro　发射装置

dispositivo de toma de corriente　集流器

dispositivo de vaciado rápido　投（抛）弃装置，放油装置

dispositivo electrónico　电子仪器

dispositivo explorador　（电视）析像装置

dispositivo igualador　拉平装置；水准装置

dispositivo medidor　测量装置

dispositivo para coquificación demorada　延迟焦化装置

dispositivo para craqueo catalítico　催化裂化装置

dispositivo para dejar caer la bola en la tubería　投球装置

dispositivo para la polimerización　聚合装置

dispositivo para manejo del gas　天然气控制装置

dispositivo para separar el gas y el petróleo　油气分离器

dispositivo retardatario de coquificación　延迟焦化装置

dispositivo simétrico　对称装置

dispositivo terminal　终端装置

dispositivos de estabilización　稳定装置

dispositivos de registro espectral por rayos gamma　伽马能谱测井装置

dispositivos de registro por bombardeo de neutrones　脉冲中子测井装置

dispositivos de regulación　调整装置

dispositivos de seguridad instalados en la cabeza de un pozo　井口安全装置

dispositivos dieléctricos de registro　介电测井装置

dispositivos para gases de escape　排气装置

dispositivos para reducir la contaminación　污染控制设备

disprosio　镝

disquete　软盘

disquetera　磁盘驱动器

disrupción　电路中断，电路破裂；分裂，爆裂；破坏；击穿

disruptivo　分裂性的，破坏性的，爆炸性的，摧毁性的；击穿的

distance ring　隔环，隔离环，隔离垫圈；定距环

distancia　距离，间距；（时间）间隔；差距

distancia a fallas sellantes　封闭断层的距离

distancia a sotavento　顺风距离

distancia angular　角距

distancia aparente　视距

distancia cartográfica　图上距离

distancia cenital　天顶距

distancia costafuera　海上距离

distancia crítica　临界距离

distancia de despegue　起飞距离

distancia de desplazamiento　位移距离，移距

distancia de explosión　炮点距

distancia de implantación　留间隔

distancia de interrupción　断开距离

distancia detector-disparo　炮检距

distancia disruptiva　火花隙

distancia en millas　英里距离，里程英里数，英里数

distancia en pendiente　斜距离，倾斜距离

distancia entre apoyos　墩距，支点距

distancia entre cuernos　角隙，角形火花隙

distancia entre detectores　检波器距，检波器距离，检波器间距

distancia entre detonaciones　炮间距，炮点距

distancia entre dos puntos de carga y descarga　运输距离，搬运距离

distancia entre ejes　轴距

distancia entre electrodos o contactos de ruptura　火花隙

distancia entre geófonos y puntos de disparo　炮检距

distancia entre la cabeza del pozo y el nivel del fluido en el pozo　液位，液面深度

distancia entre polos　极间隔，极距

distancia entre puntas　中心间距

distancia epicentral　震中距

distancia explosiva de las chispas　火花隙

distancia focal　焦距，震源距

distancia horizontal　水平距离；水平错距

distancia inclinada　斜距离，倾斜距离

distancia interpolar　极距，磁极距，极间隔

distancia libre en los dientes de un engranaje　齿轮间隙

distancia media de transporte　平均运程，平均

运距

distancia real 实距

distancia recorrida 路程，行程

distancia vertical entre la parte superior de un anticlinal o domo y el fondo 背斜或穹隆构造的闭合高度

distancia vertical entre los planos de nivel 等值线间距，等值线间隔

distanciamiento 间距，井距；节距；跨距

distancias entre pozos 井距，井间距

distancias prescritas entre pozos 规定的井距，井间距

distanciometría 遥测技术，远距离测量术，测距术

distanciométrico 遥测的，远距离测量的

distanciómetro 遥测计，测距仪，测远计

distena 蓝晶石

distensibilidad 膨胀性，扩张度

distensible 膨胀性的，会膨胀的

distensión 膨胀（作用），胀大，延长，扩张

distinto 各别的，性质不同的，有差别的；清楚的，明晰的

distorsión 扭曲，变形；失真，畸变；投影偏差

distorsión armónica 谐波失真，非线性失真

distorsión de amplitud 振幅畸变

distorsión de apertura 孔径失真

distorsión de armónicas 谐波失真，谐波畸变

distorsión de atenuación 振幅失真

distorsión de campo 磁通分布畸变，场畸变，磁场失真

distorsión de exploración 扫描（图像）畸变

distorsión de fase 相位畸变，相变

distorsión de frecuencias 频率失真

distorsión de imagen 图像失真

distorsión de intermodulación 互调失真

distorsión en baja frecuencia 低频失真

distorsión no lineal 非线性失真

distorsión oblicua 歪斜失真

distorsión plástica 塑性变形

distorsión tipo Boudinage 香肠状扭曲

distribución 分配，分送，分发；分布，布局

distribución binomial 二项式分布

distribución binómica 二项式天线阵

distribución compacta de redes fluviales 河网密布

distribución de agua 供水系统

distribución de amplitud 振幅分布

distribución de la arena agregada 挤入砂体的分布

distribución de Bernoulli 伯努利分布

distribución de corriente 电流分配

distribución de desplazamiento 偏移分布

distribución de desplazamiento de línea de registro 测线炮检距分布

distribución de detectores 检波器布置，检波器分布

distribución de electrodos 电极分布

distribución de energía 供电

distribución de fluidos 流体分布

distribución de frecuencia 频率分布

distribución de la carga 负荷分配

distribución de la precipitación 降雨分布

distribución de presión 压力分布

distribución de presión cerca del pozo 近井地带压力分布

distribución de saturación de fluido 液体饱和度分布

distribución de saturaciones 饱和度分布

distribución de vector de línea de registro 测线向量分布

distribución de velocidades 速度分布

distribución del calor 热分布

distribución dipolo-dipolo 偶极—偶极排列

distribución eléctrica 配电

distribución en red 网络分布，网状分布

distribución espaciotemporal (del ozono) （臭氧）时空分布

distribución espectral 光谱分布，频谱分布

distribución normal 正态分布

distribución normal logarítmica 对数正态分布

distribución por levas 凸轮装置

distribución por parrilla 网络分布，网状分布

distribución sinusoidal 正弦曲线分布

distribución trifilar （电工学）三线制

distribución uniforme 均匀分布

distribución vertical 高度分布；垂直方向分布

distribucíon espacial 空间分布；空间布局

distribuidor 销售者；批发商；分发者，分配者；（内燃机中的）配电器；分配器，配电盘；滑阀

distribuidor de encendido 接合器，断续器

distribuidor de gas en bombona 罐装煤气经销商

distribuidor en D D形滑阀

distribuidor giratorio 旋转阀

distribuidor rotatorio 回转阀

distribuidores múltiples 管汇

distribuir según el trabajo 按劳分配

distribuir según la necesidad 按需分配

distributario 分布的，分配的；分发的；分流的

distributivo 分配的；分发的

distrito 区，行政区；县

distritos petroleros 产石油地区，石油生产地区

disturbio 扰动，干扰，紊乱

disturbio electroestático 静电干扰

disturbio residual 剩余扰动，余扰

disturbios magnéticos atmosféricos 天电干扰，大气干扰

disubstitución 双取代作用，二基取代作用

disubstituido 双取代的，二基取代了的

disuelto 融化的，溶化的；溶解的

disulfanato 二硫盐酸

disulfato 硫酸氢盐，焦硫酸盐；含两个硫酸根的化合物

disulfuro 二硫化物

disulfuro de carbono 二硫化碳

disyunción 分离，分裂；隔离；析取

disyunción prismática 柱状节理

disyuntivo 分离的，断开的；析取的

disyunto 分离的，分开的，隔开的；不相交的，分离的

disyuntor 分离器，断路器，开关，电路保护器

disyuntor automático 自动断路器，自动开关

disyuntor de aceite 油开关，油断路器

disyuntor de antena 天线断路器

disyuntor de doble dirección 双投断路器

disyuntor de máxima 超载开关

disyuntor de mínima 欠载开关

diterpenos 双萜

ditionato 连二硫酸盐

ditroito 方钠二霞正长岩，方钠霞石正长岩

diurno 白天的，昼间的；每天的

divalencia 二价

divalente 二价的

divergencia 发散；离散，散开；辐散，趋异；散度；分开，分叉

divergencia esférica 球面发散

divergente 渐散的，发散的，扩散的，辐射的；相异的，分歧的；岔开的

diversidad 不同，差别，差异；多种，多样，多样性；发散性

diversidad biológica 生物多样性

diversidad biológica de las zonas costeras 沿海生物多样样

diversidad biológica marina 海洋生物多样性

diversificación 多样化，不同；多种经营

diversificar 使不同，使变化，使多样化；增加产品品种，多种经营

diverso 互异的，(性质、种类)不同的，各种各样的，变化多的

dividendo 被除数；股息，股利

dividendo activo 股息，红利

dividendo de acciones 股票红利，股票股息

dividendo pasivo 债息

dividir 分，划分；分开，分割；使分裂；除，等分

divinilacetileno 二乙烯基乙炔

divisa 标记；外币，外汇

divisibilidad 可分性；可除性，可整除性

divisible 可分的；可整除的

división 分开，划分；分隔；分界；分配，分派；隔开物，分界线；除法

división de aguas 分水脊；分水界；分水岭；分水线；流域分界线

división del tiempo 时间分割，时间分片

división regional del medio ambiente 环境区域分部；环境区划

división sexagesimal 六十分制分度

división upstream 上游部门，上游部分

divisiones de una escala 刻度，分度

divisor 分配器，分隔器；除数；除法器；隔板，间隔物

divisor de colunma 行分裂器

divisor de decádas 十进位除法器

divisor de fase 分相器

divisor de frecuencia 分频器，分频管

divisor de fuerza 功率分配器，分功率器

divisor de tensión 分压器

divisor de voltaje 分压器

divisoria 分界，分界线，分水岭

divisoria continental 大陆分水岭

divisoria de aguas 分水界；分水岭；分水线；流域分界线

divisoria de las aguas freáticas 地下水分水岭

divulgación 传播，普及；公布

divulgación de información 信息传播，信息披露

divulgador 传播的，普及的；公布者，传播者，普及者

divulgar 传播，披露，普及；公布

diyoduro 二碘化物

diyoduro de platino 碘化铂

doblado 弯的，弯曲的；折叠的；起伏不平的(地面)

doblado en arco 拱弯曲的，背斜弯曲的

doblador 二倍器，乘二装置；折叠机，弯曲机

doblador de barras 弯条机，钢筋弯折机

doblador de carriles 钢轨弯曲机

doblador de frecuencia 倍频器

doblador de tensión 倍压器

doblador de tubo 弯管机

dobladora de cabilla 弯钢筋机

dobladora de rieles 轨道弯曲机

dobladora de tubo 弯管机

dobladura 折叠，重折；折痕，折缝

dobladura en forma de pata de perro 狗腿，狗腿状弯曲

dobladura residual 残余弯曲应力

doblar 使增加一倍；折叠；使弯曲，折弯；绕过；拐弯

doble　两倍的，双重的，双层的；两倍；折叠；复制品，复写件

doble aprovechamiento　两用，两种效用

doble charnela　双铰链，双合页

doble efecto　双动，双作用

doble encendido　双重点火（装置）

doble enlace　双键

doble fila de bolas　双排（滚珠）滚道

doble finalidad　两用

doble helicoidal　矢尾形接合，交叉缝式

doble inducción　双感应测井，双感应测井工具

doble laterolog　双侧向测井，双侧向测井工具

doble mando　双重控制

doble pared　双层墙壁

doble sección　双截线

doble unión　双根焊接，双管焊接，双管连接

doble vía　双线线路

doblegable　可弯曲的

doblegadizo　易弯曲的

doblegado　弯曲的，折弯的

doblegamiento　弯曲，折弯

doblegar　弯曲，折弯；使屈服

doblete　假宝石；电子对；双合透镜；（光谱）双重线；成对物，偶极子

doblete magnético　磁偶极子

doblez　褶子；褶痕；折缝；弯曲，狗腿状；转折

doblez de pata de perro　狗腿状弯曲，转折弯曲

doblez en frío　冷弯成形

doblez pata de perro　狗腿状，狗腿度

docena　一打，十二个

dócil　易加工的，可塑造的

docimasia　矿石分析；验矿法

docimasista　矿石分析员；验矿员

docimástica　矿石分析；验矿法

docimástico　检查的，鉴定的，法定检验的

dock　港口；码头；码头仓库

docosano　二十二烷

documento　资料，文件；文献；证件；单据

documento anexo　附件

documento de administración ambiental (DAA)　环境管理文件，英语缩略为 EMD (Environmental Management Document)

documentos aduaneros　关关凭证

documentos contra aceptación　承兑交单

documentos de carga　装货单据

documentos de descarga　卸货单据

documentos de embarque　装船单据

documentos de saldo　结算单据

dodecadieno　十二烷二烯

dodecaedro　十二面体

dodecaedro regular　（晶体）五角十二面体

dodecaedro rómbico　菱形十二面体

dodecágono　十二角形的；十二边形

dodecano　十二烷

dodecanolactano　十二烷内酰胺

dodeceno　十二烯

dodecil sulfato de sodio　十二烷基亚硫酸钠

dodecilbenceno　十二烷基苯

dodecino　十二碳炔，十二炔

dohexacontano　六十二烷

doile　铆接用具，铆钉托

doladera　阔斧

dolador　石工；凿子，切石机

dólar　美元；元（加拿大、澳大利亚、新西兰等国家或中国香港地区的货币单位）

dolarenita　碎石结构的白云岩

dolerita　粒玄岩，粗玄岩

dolerita traquítica　粗粒玄武岩；粗玄岩

dolerofanita　褐铜矾

dolina　（洞穴底下沉形成的）漏斗状岩洞，斗淋，灰岩坑

dolomía　白云石，白云岩；白云质大理石

dolomía ferruginosa　铁白云石

dolomita　白云石，白云岩；白云质大理石

dolomita sucrosa　糖粒状白云岩

dolomítico　含白云石的，白云质的

dolomización　白云石化，白云石化作用

domar　治理，利用

domeikita　砷铜矿

domeiquita　砷铜矿

doméstico　家常的，日常的，家用的；国内的，国产的

domicilio　住址，住所；法定住所；原籍；公司的正式地址

dominante　统治的，主导的，专制的；突出的；常见的

dominar un pozo　压井

dominio　统治，控制；所有权，支配权；领域，范围；疆域

dominio de flujo　流域，流域范围

dominio de tiempo　时间域

dominio minero　矿区

domo　穹顶，圆屋顶；（晶体）坡面；穹地，穹丘；（蒸汽锅炉等的）干汽室

domo de asentamiento profundo　深部穹隆

domo de gneis　片麻岩穹隆

domo de mediana profundidad　中深度的穹丘

domo de penetración　刺穿穹丘

domo de sal　盐丘，盐穹

domo del basamento enterrado　地下基底隆起

domo del vapor　汽室

domo exhumado　剥露穹丘

domo exógeno　外成穹隆

domo gasífero　气顶，气顶盖

domo lacolítico　菌状穹隆

domo poco profundo　浅部穹隆，小穹隆

domo profundo　深部穹隆，深穹隆

domo salino　盐丘，盐穹

domo salino achatado　浅盐丘；浅部穹隆

domo salino penetrante　刺穿型盐丘

domo salino profundo　深成盐丘

domo traquítico　粗面岩穹丘

dopentacontano　五十二烷

doplerita　（泥炭沼中的）弹性沥青，天然沥青

dorado　镀金；镀金层；涂金层

dorado galvánico　电镀金

dorsal　背部的，脊背的；（陆地或海洋里的）山脉

dorsal de granito　花岗岩山脉，花岗岩山脊

dorsal oceánica　海岭，洋脊

dorso　背，脊背，背部；背面，反面

dos direcciones　双向

dosificación　定剂量，剂量测定；滴定法

dosificación del peso de tubería de perforación　（钻具的）悬重大小

dosificación polarográfica　极谱测定

dosificador　剂量计，定量器

dosificador de alimentación　进料流量计

dosificador de fluidos　注流体量计；钻井液量计

dosificar　测定剂量

dosimetría　剂量学；剂量测定（法），计量学；放射量测定法

dosimétrico　剂量测定的，计量的

dosímetro　剂量计，剂量器；放射量计；液量计，剂量测定装置

dosímetro de irradiaciones　辐射剂量计

dosis　剂量，用量

dosis de lechada de cemento　水泥浆用量，灰浆用量

dosis de radiación absorbida (DRA)　辐射吸收剂量，英语缩略为 RAD（Radiation Absorbed Dose）

dosis diaria　日剂量

dosis equivalente　剂量当量

dosis equivalente efectiva　有效剂量当量

dosis umbral　阈剂量，极限剂量

dotación　装备，配备，给予；捐赠

dotación de personal　人力资源，人力

dotación física　有形装备

dotación lógica　软设备

dotación neta de agua　净供水量

dotetracontano　四十二烷

dotriacontano　三十二烷

DP (disparos por pie)　每英尺射孔数，孔/英尺

DPIA (declaración preliminar de impacto ambiental)　关于环境影响的初步声明，英语缩略为 DEIS（Draft Environmental Impact Statement）

draga　挖泥机，疏浚机；挖泥船

draga a balde　抓斗式挖泥船

draga aspiradora　吸扬式挖泥船

draga aspirante de arena　吸砂船，采砂船

draga autopropulsora　自航式挖泥船

draga cavadora　拉铲挖掘机

draga chapadora　（有泥仓的）自航式挖泥船

draga con cadena de cangilones　链斗式挖泥船

draga de almeja　抓斗式挖泥船

draga de arcaduces　链斗式挖泥船

draga de arrastre　拖铲挖泥船

draga de bomba centrífuga　吸扬式挖泥船

draga de cable　拉铲挖土机，绳斗铲

draga de cangilones　链斗式挖泥船

draga de cuchara　抓斗式挖泥船

draga de cuchara con cántara　抓斗泥舱式挖泥船

draga de cucharón　单斗式挖泥机，铲斗式挖泥船

draga de escala　铲斗式挖泥船

draga de pala　单斗式挖泥船

draga de palanca　铲斗式挖泥船

draga de rosario　铲斗式挖泥船

draga de succión　吸扬式挖泥船

draga de succión con cabezal cortador　绞刀式挖泥机，旋桨式挖泥船

draga de succión y arrastre　耙吸式挖泥船

draga de tolvas　（装仓）自航式挖泥船

draga retroexcavadora　反铲式挖泥船

draga retroexcavadora de oruga　履带式反铲挖泥船

dragado　疏浚的；疏浚，挖泥

dragador　挖泥船

dragadora　挖泥机，疏浚机；挖泥船

dragalina　拉铲式挖掘机

dragar　疏浚（河道、港湾），挖泥

dralón　丙烯酸纤维，丙烯腈类纤维

dravita　镁电气石

dren　引流管，引流器；排水管，排水沟

dren inferior　暗渠，地下沟道，排水管

drenabilidad　排水能力

drenable　可排水的，可流出的

drenaje　排水，排流；排水设备，排水系统；引流法，导液管；下水道系统，排水系统

drenaje acostillado　格状水系

drenaje de aceite　泄油，排油，放油

drenaje de combustible　燃料排放

drenaje de mina　矿井排水

drenaje de petróleo　泄油

drenaje de terreno　地面排水；地面排水沟；土壤排水管

drenaje de tubería de producción　油管放泄器，

油管泄油器，抽油管泄油器

drenaje de tubería interna de producción 油管内部引流

drenaje del suelo 土壤排水

drenaje dendrítico 枝状排水

drenaje diferencial 高差排水

drenaje epigenético 上遗水系

drenaje excesivo de pantanos 湿地过度排水

drenaje palingenético 再生水系

drenaje por acción de la gravedad 重力驱动，重力泄油，重力驱油

drenaje por autoexpansión 衰竭驱动

drenaje por bombeo 泵排水；泵排油

drenaje por expansión 气顶，膨胀驱

drenaje por expansión del casquete de gas 气顶驱动

drenaje por gravedad 重力驱动，重力泄油，重力驱油

drenaje por gravedad asistido por vapor 蒸汽辅助重力泄油（SAGD）

drenaje vertical 垂直排流

drenar 排水；引流

drumlin 鼓丘

drusa 晶簇，晶洞

drúsico 晶簇状的

drusiforme 晶簇状的

DST (prueba de formación) 地层测试，英语缩略为 DST（Drill Stem Test）

dual 双的；二重的；二体的，二元的

dualidad 二重性，对偶性，二象性；二元性，双关性；二体

dualina 双硝炸药（硝化甘油和硝化锯屑各占50%）

dualismo 二重，二元论，二元性

dualístico 二元论的，两重的，对偶的

ducha de emergencia 应急淋浴，应急喷头

ducter 微阻计，微阻测量器

ductibilidad 延展性，可锻性，可塑性

dúctil 可延展的，有弹性的；易拉长的，易变形的，韧性的

ductilidad 延展性，韧性，可锻性，可塑性

ductilometría 测延术

ductilómetro 延性计，延性测定计，延度计

ducto 管道；导管；管路

ducto de purga 放气管，通气孔

ducto de transmisión 传输管道

ducto de ventilación 通风管道，烟道

dueño 主人；物主

dueño del pozo (油)井的主人；油井操作方

dufrenita 绿磷铁矿

duftita 硫砷铝矿

dulce 甜的，淡的，不咸的，不酸的；原油含硫极少的，原油脱硫的

dulcificación 使变甜；脱硫；脱臭

dulcificante 使甜的；甜味剂；脱硫剂

dulcificar 使甜；脱硫

dulcina 甘素

dulcita 己六醇

dumontita 水磷铀铅矿

duna 沙丘，沙堆，沙垅

duna de yeso 石膏沙丘

duna fija 固定沙丘

duna migratoria 流动沙丘

duna móvil 流动沙丘

duna semifija 半固定沙丘

dunas de arena formadas por la acción del viento 沙坝，沙堤

dundasita 白铝铅矿

dunita 纯橄榄岩

duodinatrón 双负阻管

duodiodo 双二极管

duolateral 蜂房式的

duoplasmatrón 对等离子管

duoservo 双力作用的

duotriodo 双三极管

dúplex (电极等)双向的，双工的；二重的，复式的；(冶金)双炼法

dúplex diferencial 差动双工

dúplex por adición 增流双工

duplexita 硬沸石

duplicación 复印，复制；成倍，加倍

duplicado 复本，抄件；复制品；复制的

duplicador 复写器，复印机；二倍器；复制器

duplicador de frecuencia 倍频器

duplicador de voltaje 倍压器

duplicar 使加倍，使成双；复制，复印

durabilidad 持久性，耐久性

durable 经久的，耐用的；可持续的，持久的

duración 持续，耐久；持续期，持续时间；使用期，使用寿命

duración de arrendamiento 租赁期限

duración de la insolación 日照时间

duración de un impulso 脉冲长度

duración del cojinete 轴承寿命

duración en servicio 使用寿命，使用期限

duradero 经久的，耐用的；可持续的，持久的

dural 杜拉铝，硬铝

duraloy (制造耐高温部件的)铬铝合金

duraluminio (制造飞机等的)杜拉铝，硬铝，铝钢

duramen (木料)心材，木心

dureza 硬度，刚度，韧度

dureza a indentación 压痕硬度

dureza a la abrasión 耐磨硬度

dureza al rayado 划痕硬度

dureza Brinell 布氏硬度

dureza carbonática　碳酸盐硬度

dureza del escleroscopio　回跳硬度

dureza esclerométrica　回跳硬度

dureza específica de corte de herramienta　切削强度

dureza para el corte　切削硬度

dureza secundaria　次生硬度

dureza según la escala Brinell　布氏硬度值，布氏硬度数

durmiente　横梁；枕木

durmiente de acero　钢枕

durmiente de apoyo　排架座木；底梁

durmiente longitudinal　桁条，纵桁，纵梁

duro　硬的，坚硬的；（部件等）不好使的，不灵便的

durómetro　硬度计，硬度测定器

dutchman　用以塞孔补缺的零片；衬垫

Dy　元素镝（disprosio）的符号

E

e/s (entrada-salida) 输入输出，英语缩略为 I/O

eastonita 铁叶云母

EAT (escala de ambiente de trabajo) 工作环境标准，英语缩略为 WES (Work Environment Scale)

ebonita 硬质胶，硬橡胶

ebullición 沸腾；泡沸，汽泡生成

ebullición espumante 泡沸

ebullioscopia 沸点测定法，沸点升高测定法

ebullioscopio 沸点测定计

ebullometría 沸点测定（法）

ebullómetro 沸点测定计

EBV (estrato o capa de baja velocidad) 低速层，低速带

echado 矿层倾斜

echado de la formación 地层倾角

echado inverso 倾角反向，倾斜反向，倒转倾斜

echar a andar 开始，起步，起程，启动

echar a andar en ralentí 怠速，空转，空载

echar el ancla 抛锚

echar el cerrojo 插上（门、窗等的）插销，上门

echar espuma 产生泡沫，起泡，发泡

eclímetro 测斜仪，测斜器

eclogita 榴辉岩

eco 回声，回波，反射波，反射信号

eco- 含"生态"之意

eco artificial 人造回波

eco coherente 相干回波

eco de radar sin causa visible 杂散反射，异常回波

eco múltiple 多重回音

eco permanente 固定目标反射，固定目标的回波

ecoamigable 对生态环境友好的，不妨害生态环境的

ecoamistoso 对生态环境友好的，不妨害生态环境的

ecocatástrofe 生态灾难

ecocidio 生态灭绝，生态破坏

ecoclima 生态气候

ecoclino 生态倾差

ecodesarrollo 生态发展

ecoefectividad 生态效益

ecoeficiencia 生态效率

ecogestión 生态管理

ecogoniómetro 声呐

ecografía 超声波检查；超声波图

ecográfico 超声波检查的，超声波检查术的

ecografista 超声波检查医生

ecógrafo 超声波仪器；回声深度记录仪

ecograma 回声深度记录；音响测深图

ecoindustria 生态工业

ecología 生态学

ecología animal 动物生态学

ecología de las plantas 植物生态学

ecología de las poblaciones 居群生态学

ecología de los cultivos 农作物生态学

ecología genética 物种生态学，遗传生态学

ecología holística 注重整体的生态学，深生态学

ecología humana 人类生态学

ecología urbana 城市生态学

ecología vegetal 植物生态学

ecológicamente racional 对环境无害的，合乎环境要求的

ecologismo 生态保护主义

ecologista 保护生态主义者，从事生态保护活动的人；生态学家；生态的，生态学的

ecologizar 使保护生态

ecólogo 致力于生态研究的人，从事生态保护的人

ecometría 回声探测法

ecómetro 回声计，回声测距仪，回声测深机

ecómetro de impulso 脉冲回声测距仪

econometría 计量经济学

ecónometro 炉气碳酸计，烟气分析仪

economía 经济，经济状况；节约，节省开支

economía aplicada 应用经济学

economía cuantitativa 数量经济学

economía de la información 信息经济

economía de libre mercado 自由市场经济

economía de mercado 市场经济

economía de mercancía 商品经济

economía dinámica 动态经济学

economía dirigida 指导经济

economía industrial 工业经济学

economía laboral 劳动经济学

economía matemática 数理经济学

economía mixta 混合经济

economía monoproductora 单一经济

economía mundial 世界经济

economía nacional 国民经济

economía planificada 计划经济

E

economía social　社会经济

economías de mercados emergentes（EMES）　新兴的市场经济，英语缩略为 EMES（Emerging Market Economies）

economicidad　经济效益

económico　经济的；经济学的；经济实惠的，节省的；消耗少的

economista　经济学家，经济专家

economizador　节省的，节约的，积蓄的；节省燃料（或原料）的装置

economizador de aceite　油回收器

economizador de combustible　节油器，燃料节省器

economizador de lodo　泥浆护罩，泥浆防溅盒

economizador de petróleo　油回收器

economizador de petróleo para tubería　（管道用）油回收器

economizar　节省，节约，积蓄

Ecopetrol（Empresa Colombiana de Petróleos）　哥伦比亚石油公司

ecosfera　大气层（从地面向上 13000 英尺）；生态圈，生物域

ecosistema　生态系统，生态系，生态区系

ecosistema de agua dulce　淡水生态系统

ecosistema sin explotar　自然生态系统

ecosistemas colindantes　相邻生态系统

ecosonda　回声测深仪，音响测深机

ecosonda sónica　回声测深仪

ecosondador　回声探测器，回声测深仪，回声探测仪

ecospecie　生态种

ecotasa　环境污染税

ecotipo　生态型

ecotono　群落交错区

ecotoxicidad　生态毒理，生态毒物特性

ecotóxico　对生态环境有毒害的

ecotoxicología　生态毒理学，生态毒物学

ecuación　方程，方程式，等式；差

ecuación adiabática　绝热方程

ecuación auxiliar　辅助方程

ecuación azimutal　方位方程

ecuación bicuadrada　四次方程，双二次方程

ecuación binomia　二项方程

ecuación calorífica　热方程

ecuación característica　特征方程

ecuación composicional de continuidad　组分连续性方程

ecuación constitutiva　本构方程

ecuación cuadrática　二次方程

ecuación de Boltzman　玻耳兹曼方程

ecuación de difusibilidad　扩散方程

ecuación de energía　能量方程

ecuación de estado　状态方程，状态方程式

ecuación de Fanning　范宁方程

ecuación de flujo multifásico　多相流方程

ecuación de flujo radial　径向流方程

ecuación de la ley de potencial　幂律方程

ecuación de Mises　米泽斯方程

ecuación de onda　波动方程

ecuación de pleno flujo para pozos de gas　气井产能方程，气井最大产能方程

ecuación de primer grado　一次方程

ecuación de regresión　回归方程，回归方程式

ecuación de resolución　预解方程

ecuación de segundo grado　二次方程

ecuación del flujo fraccional　分流方程

ecuación diferencial　微分方程，微分方程式

ecuación diferencial de retardo　延迟微分方程

ecuación exponencial　指数方程

ecuación indeterminada　不定方程

ecuación integral　积分方程式

ecuación irracional　无理方程式

ecuación linear　线性方程，一次方程式

ecuación no lineal　非线性方程

ecuación numérica　数字方程式

ecuación paramétrica　参数方程

ecuación personal　人为误差，个人观测系统误差，个人公式

ecuación química　化学反应方程式

ecuación reducible　可约方程

ecuación secular　特征方程

ecuación simultánea　联立方程式

ecuaciones de estado　状态方程

ecuador　赤道；平分球面圆

ecuador geodésico　大地赤道

ecuador magnético　磁赤道，地磁赤道

ecuador terrestre　地球赤道

ecualización　均衡

ecualizador　均衡器，均压器，均值器，补偿器

ecualizador de atenuación　衰减均衡器

edad　年龄，年纪；生命中的一个阶段；（地层的）时期，时代，阶段

edad absoluta　绝对年龄

edad de la Tierra　地球年龄

edad de piedra　岩石年龄；石器时代

edad de la roca　岩石年龄

edad del hielo　冰期，冰川期，冰河时代（在新生代的第四世）

edad geológica　地质年代，地质年龄，地质时代

edad glacial　冰河时期；冰期

edad isotópica　同位素年龄

edad pérmica　二叠纪，二叠系

edad promedio　平均年龄

edad real　实际年龄

edad relativa　相对年龄

edafología　土壤生态学

edafólogo　土壤生态学家

edafón　土壤微生物

Edeleanu　爱德林精炼法

edición　出版；版本，版次

edición anotada　注释版本

edición revisada　修订稿

edificio　建筑物，大楼，楼房，大厦

edificio de acero desmontable o en secciones　拼装式钢结构建筑物

edificio de estructura de acero　钢结构建筑物

edingtonita　钡沸石

editar　出版，发行；编订，编注；编辑

editor　出版的，发行的；出版者，发行者

edogoniales　鞘藻目

educción　推断，推论，演绎

eductor　喷射器，引射器，气举管

EEG（empaque externo de grava）　管外砾石充填，英语缩写为 EGP（External Gravel Pack）

EFC（empaque de flujo cruzado）　窜流封隔，英语缩写为 CFP（Cross Flow Pack）

efecte de emisión irregular　散粒效应

efecte de inercia　惯性作用

efectividad　有效，功效

efectivo　有效的，起作用的；真实的；现金，现款

efectivo en caja　库存现金

efecto　作用，效力，影响，效应；结果，后果；票据，证券

efecto ambiental　环境影响，环境效应

efecto atruchado　斑点效应，（表面）斑迹现象

efecto bancario　银行汇票，银行票据

efecto calorífico　热效应

efecto capilar　毛细作用，毛细管作用

efecto chimenea　烟囱效应

efecto contaminante　污染效应

efecto cortante　剪切作用

efecto cromatográfico　色谱效应

efecto de alabeado　翘曲作用，弯翘作用

efecto de almacenamiento　井筒储集效应

efecto de antena　天线效应

efecto de arrastre　牵引作用，牵引效应

efecto de barrido　净化作用

efecto de bloque de hielo　冰块效应

efecto de borde　末端作用，末端效应，边缘效应

efecto de cabeceo　航向效应

efecto de chimenea　烟囱效应

efecto de choque　冲击效应

efecto de chorro　喷射效应

efecto de compresión　挤压效应

efecto de constricción　夹紧效应，收缩效应

efecto de corrosión　腐蚀效应

efecto de costa　海岸效应

efecto de daño　损害效应

efecto de desmagnetización　去磁作用，退磁作用

efecto de eco　回波，回声

efecto de enfriamiento　激冷效应

efecto de erosión de hielo　冰蚀作用

efecto de escala　规模效应

efecto de estimulación de producción　增产效果

efecto de extremidad　末端效应

efecto de flexión　弯曲效应

efecto de flotabilidad　浮力效应

efecto de flotación　浮力效应

efecto de fotomagnético　光磁效应

efecto de glaciar　冰川作用

efecto de hinchazón　膨胀效应

efecto de interferencia　干扰效应

efecto de intermodulación　互调制效应

efecto de invernadero　温室效应

efecto de inyección de agua　注水效果

efecto de ionización　离解作用

efecto de Jamin　贾敏效应

efecto de Joule-Thomson　焦耳—汤姆逊效应

efecto de Kelvin　趋肤效应，表皮作用

efecto de la capa límite　界面层效应

efecto de la denudación　剥蚀作用

efecto de la intrusión de aguas marginales　边水水侵效应

efecto de la topografía accidentada　地形负载效应，表土厚度效应

efecto de linde　边界效应

efecto de mallado　网格效应，格点效应

efecto de manta　覆盖效应

efecto de marea　潮汐效应

efecto de memoria　存储效应，记忆效应

efecto de merma　缩减作用

efecto de onda　波浪影响

efecto de pantalla　屏蔽效应

efecto de perforación　钻孔效应，钻井效应

efecto de pistoneo　抽汲作用

efecto de presión　压力效应

efecto de propagación　传播效应

efecto de protección　保护作用

efecto de proximidad　邻近效应

efecto de punto muerto　空圈效应

efecto de Raman　喇曼效应

efecto de reacción　反作用

efecto de retardo　延迟效应

efecto de riesgo　风险效应

efecto de saturación　饱和效应

efecto de sedimentación　沉积作用

efecto de separación　分离效应，分离作用

efecto de sombra　阴影效应

efecto de temperatura　温度效应

E

efecto de tierra　地面效应
efecto de tirabuzón　开塞效应
efecto de truncado　截断效应
efecto de túnel　隧道效应
efecto del borde　边界效应
efecto del contrapeso　平衡效果
efecto del esfuerzo aplicado　应变效应
efecto del pisón　冲压效应
efecto del porcentaje de frecuencia　百分频率效应
efecto del solvente　溶剂效应
efecto desviador　致偏效应
efecto detergente　洗净作用，去垢效应
efecto diferido　延迟效应
efecto directo　直接作用
efecto ecológico　生态影响
efecto espumante　发泡作用
efecto estérico　位阻效应
efecto estroboscópico　频闪效应
efecto Faraday　法拉第效应
efecto fotoconductivo　光电导效应
efecto fotoeléctrico　光电效应
efecto genético　遗传效应
efecto instantáneo　瞬时效应
efecto Jamin de trabado　贾敏效应
efecto joule　焦耳效应
efecto jurídico　法律效力
efecto legal　法律效力
efecto material　物质效应
efecto negativo　反效应，逆效应，反作用，有害影响
efecto Nernst　能斯脱效应
efecto nocivo　有害影响；有害效应
efecto paramagnético　顺磁效应
efecto pelicular　表皮效应
efecto perjudicial　有害影响
efecto piezoeléctrico　压电效应
efecto piroelétrico　热电效应
efecto por interpolación en malla　网格效应，格点效应
efecto recíproco agua-efecto invernadero　水与温室效应交互作用
efecto retardado　延迟效应
efecto retroactivo　追溯效力
efecto secundario　副作用；次要影响
efecto sinérgico　协合效应，协同效应
efecto subletal de las sustancias contaminantes　污染物的非致死效应
efecto superficial　表皮效应，趋肤效应
efecto térmico　热效应
efecto termoeléctrico　热电效应，温差效应
efecto topográfico　地形效应，地形影响
efecto total　总功率

efecto transitorio　瞬变效应
efecto umbral　临界效应，阈效应
efecto útil　生产率
efector　效应因子，效应基因；效应物
efectuar　实行，履行，进行；运算
efervescencia　起泡，发泡，泡沸腾
efervescente　起泡的，沸腾的
eficacia　效率；效力；功效
eficacia relativa　相对效率
eficaz　有效的，有作用的，灵验的；现行的
eficiencia　效应；效能，功效；能力；效率
eficiencia adiabática　绝热效率
eficiencia de bandejas　板板效率，塔板效率
eficiencia de barrido　波及效率
eficiencia de bomba　泵效
eficiencia de colección de polvo　集尘效率
eficiencia de combustión　燃烧效率
eficiencia de conformidad　波及系数
eficiencia de conversión　转换效率
eficiencia de costos　成本效率
eficiencia de craqueo　裂化效率
eficiencia de despojamiento　解吸效率，汽提效率
eficiencia de empuje　驱动效率
eficiencia de empuje al crudo　驱油效率
eficiencia de láminas de torre　塔板效率
eficiencia de la producción　生产效率
eficiencia de las perforaciones　射孔穿透效率
eficiencia de motogenerador　发电机效率
eficiencia de perforación　钻井效率
eficiencia de recolección　收集效率，捕集率
eficiencia de recuperación　采收率，开采效率
eficiencia de remoción　去污率，去除率；排除效率
eficiencia de separación　分离效率
eficiencia de transmisión　传动效率
eficiencia de tratamiento　处理效率
eficiencia de un ordenador　计算机效率
eficiencia del tiempo consumido por un ciclo　周期时间效率
eficiencia energética de los automóviles　汽车的能量利用效率
eficiencia hidráulica　水力效率，液压效率
eficiencia mecánica　机械效率
eficiencia operacional　作业效率，作业时效
eficiencia térmica　热效率
eficiencia total　综合效率，总效率
eficiencia total de bandejas　总塔板效率
eficiencia volumétrica　容量效率，体积效率
eficiencia volumétrica de barrido　体积波及效率，体积波及系数
eficiencia volumétrica de bomba　泵容积效率
eflorescencia　风化，粉化；起霜；皮疹

eflorescente 风化的；花状的，开花的
eflorescer 风化；粉化；起霜
efluencia 流出，发出，排出
efluente （液体、气体等）流出的，散发的，外流的；（地下含水层的）水流；支流；流出物，排出物
efluente de agua desechable 废水排放
efluentes calientes 暖排放物
efluentes de chimenea 烟囱排放物
efluentes de escape 出口排放物
efluentes gaseosos 废气，尾气
efluentes industriales 工业废物
efluentes térmicos 热排放物
efluir （液体、气体等）流出；排出，外流；散发
eflujo 流出，发出，射出；流出物，发出物，射出物
efluvio 散发物，气味，气息；无声放电
efusiometría 隙透测定法
efusiómetro （气体）扩散计，渗透计，隙透计
efusión 流出，溢出；涌出，喷发；泄流；隙透
efusión de basalto 玄武岩浆喷发
efusión de lava 熔岩流，岩浆流
efusión por grietas 裂缝喷溢熔岩流,，裂隙式熔岩流；裂隙水
efusivo 流出的，喷出的，涌出的；射流的
egirina 霓石
EIA (evaluación del impacto ambiental) 环境影响评价，英语缩略为 SEI (Study of Environmental Impact)
eicosadieno 二十烷二烯
eicosano 二十烷
eicosano normal 正二十烷
eicoseno 二十烯
eicosino 二十炔
eidógrafo 缩放仪
eifeliense 艾斐尔，艾斐尔阶（中泥盆世早期）
einstenio 锿
eje （轮，车，心）轴，心棒，(轴) 杆，驱动桥；轴线
eje accesorio 附轴
eje acodado 曲柄轴
eje anticlinal 背斜轴
eje auxiliar 副轴
eje buzado 俯仰轴，倾伏轴
eje cardán 万向轴
eje cardán motor 万向传动轴
eje cardán motriz 万向传动轴
eje cardán propulsor 万向传动轴
eje central 中心线，中轴线
eje cigüeñal 曲轴
eje coordenado 坐标轴
eje de abscisas 横坐标轴

eje de apoyo 枢轴，支点，支轴
eje de balanceo 平衡轴；翻滚轴
eje de cabeza de gato 猫头轴
eje de cambio de velocidades 变速轴
eje de cardán 万向轴
eje de carreteles 线轴；缆绳卷轴
eje de cigüeña 曲柄轴
eje de cilindrado 进给轴
eje de contramarcha 回转副轴
eje de coordenadas 坐标轴
eje de descarga 输出轴，排放轴
eje de descarga de bomba 泵输出轴
eje de diámetro creciente 扩口轴
eje de embrague 离合器轴
eje de empuje 推力轴
eje de espín 转轴
eje de freno 刹车轴
eje de gato 猫头轴
eje de hélice 传动轴，螺桨轴
eje de inclinación 倾斜轴
eje de la mesa rotativa 转盘轴
eje de la rueda motora 主轴
eje de la rueda motriz 主轴
eje de la soldadura 焊缝中心线，焊接轴线
eje de las equis 横坐标轴
eje de levas 凸轮轴
eje de mando 传动轴
eje de manivelas 曲柄轴
eje de ordenadas 纵坐标轴
eje de piñón 齿轮轴
eje de plegado 褶皱轴
eje de propulsión 传动轴
eje de quilla 轴线，中纵线
eje de rotación 转动轴
eje de rótula 关节销，钩销，万向接头插销
eje de sección en T 十字轴
eje de simetría 对称轴
eje de tornillo 螺旋轴
eje de transmisión 传动轴；(汽车等的) 主动轴，驱动轴
eje de un pliegue 褶皱轴
eje del diferencial 半轴
eje del expansor 膨胀机轴，扩张器轴
eje del freno 制动器轴
eje del malacate de herramientas 滚筒轴
eje del malacate de las tuberías de producción 滚筒轴
eje del penacho 羽流中心线
eje del pliegue 褶皱的轴
eje del tambor 滚筒轴，(提升机的) 绞筒轴
eje del tambor auxiliar 辅助滚筒轴
eje del torno auxiliar 辅助绞车轴
eje del torno de herramientas 绞车滚筒轴

E

eje delantero　前桥，前轴

eje director　前轴，准线

eje doble　双轴

eje eléctrico　电轴

eje en cruz　横轴，十字轴

eje enteramente flotante　全浮式轴

eje estructural　构造轴

eje fijo　静轴，定轴，不转轴

eje flotante　浮轴

eje focal　焦轴

eje geométrico　几何轴线

eje giratorio　旋转轴

eje helicoidal　螺旋轴

eje hueco　空心轴，管轴，套筒轴

eje hueco cuadrado　四方钻杆

eje hueco hexagonal　六方钻杆

eje imaginario　虚轴

eje impulsor　推动轴，推进轴

eje intermedio　中间轴，（车辆）半轴

eje lateral　横轴线

eje libre　不连轴

eje loco　从动轴，被动轴

eje longitudinal　纵轴

eje maestro　主轴

eje magnético　磁轴

eje mayor　长轴

eje menor de una elipse　（椭圆）短轴

eje motor　驱动桥，转动轴

eje motor con manivelas a 90°　十字轴

eje muerto　静轴，不转轴，从动轴

eje neutral　中性轴

eje neutro　零轴，中性轴，中性线

eje normal　法线轴，（飞行器的）垂直轴

eje oblicuo　斜轴

eje óptico　视轴；光轴

eje oscilante　摇臂轴，摇轴

eje panal　蜂窝轴

eje partido　分轴

eje pasivo　静轴

eje polar　极轴

eje portador　负载轴

eje portafresas　刀轴，铣刀杆，刀具心轴

eje posterior (trasero)　后桥，后轴

eje principal　（椭圆）长轴，主轴

eje principal de transmisión　传动主轴，变速箱主轴

eje propulsor　主动轴，驱动轴

eje real　实轴

eje reductor de engranaje　齿轮减速器轴

eje secundario　副传动轴，副轴

eje separador　分离轴

eje simétrico　对称轴

eje sinclinal　向斜轴

eje sísmico　地震轴

eje tectónico　构造轴

eje transversal　十字轴，横轴

eje trasero　后轴，后桥

eje vertical　立轴，垂轴

ejecución　实行，执行，履行

ejecución de prueba　试运行，试运转

ejecución de tarea　执行任务

ejecución del plan　执行计划

ejecución en paralelo　并行操作，并行运行

ejecución seca　空运行，试运行，试运转，试操作

ejecutar　实行，实施，贯彻；（依法）执行；执行（指令）；将（程序）输入

ejecutivo　执行的，实施的，行政的；经理，主管人员

ejecutor　执行的，实行的，实施的；执行人，实行人，实施人

ejemplar　典型的，标准的；样本，样品；本，册

ejemplo　典范，样板；例子，例证，实例

ejercicio　开业，从事；行使，施加；锻练，运动；演习；财政年度

ejercicio de incendio　消防演习

ejercicio financiero　财政年度

ejercicio fiscal　结账期间，财务期间，会计（结账）期间

ejercicio práctico　实习

ejercicio social　营业年度

ejercicios para extinción de incendios　消防演习

El Niño　厄尔尼诺海流，"厄尔尼诺"现象

elaboración　加工，加工制造；制订，拟订；编制数据

elaboración de datos　编制数据

elaboración de petróleo　炼油，原油加工

elaboración de señales numéricas　数字信号处理

elaboración del acero　炼钢，熔化，熔炼

elaboradora de hormigón automática　自动混凝土搅拌车

elaiometría　油密度检验

elaiómetro　油密度计

elaiotecnia　油料加工术

elasmosa　针碲矿

elasmosauro　板龙，薄片龙

elastancia　倒电容

elástica　弹力，弹性，弹性层

elasticidad　弹性，弹力；伸缩性，灵活性；（随价格和销售变化的）需求弹性

elasticidad consumo/ingreso　弹性收入或消耗

elasticidad de torsión　扭转弹性

elasticidad limitada　弹性限度

elasticimetría　弹性测量，弹力测量

elasticímetro　弹性测量仪，弹力测量计

elástico　有弹性的；可伸缩的；灵活的

elástico igualador　平衡弹簧

elastogel　弹性冻胶

elastómero　弹性体，高弹体，弹性材料

elastometría　弹力测定法

elastómetro　弹性测定器，弹力计，弹性计

elastoplástico　弹塑性的；弹性塑料

elastorresistencia　弹性电阻

elaterita　弹性沥青

elaterita bituminosa　硬黑沥青脉

elaterómetro　气体密度计；（气体）压力计

elayometría　油密度检验

elayómetro　验油密度计，油密度计

elayotecnia　油料加工术

elbaíta　锂电气石

ele　角铁，角钢；弯管，弯头

ele de reducción　导径弯头

elección　选择，挑选；推选，选任

elección del emplazamiento de un sondeo　确定井位

electreto　驻极（电介）体

electricidad　电，电流；电力，电学

electricidad atmosférica　天电，大气电

electricidad de contacto　接触电

electricidad de frotamiento　摩擦电

electricidad de precipitación　降水电；降水电学

electricidad dinámica　动电，动电学

electricidad estática　静电，摩擦静电

electricidad friccional　摩擦电

electricidad galvánica　伽伐尼电，伏打电，由原电池产生的电

electricidad latente　束缚电荷

electricidad magnética　磁电；磁电学，电磁学

electricidad negativa　负电

electricidad para la iluminación　照明用电

electricidad positiva　正电

electricidad resinosa　负电

electricidad terrestre　大地电

electricidad vítrea　正电

electricista　电工，电气专家，电气技术员；从事电气工作的

eléctrico　电的，电气的，用电的，电动的；充电的，导电的

electrificación　起电，充电，电气化

electrificación por inducción　感应起电

electrizante　使起电的，使带电的

electrizar　使起电，使通电，使充电，使带电

electro　电镀，电铸，电版（印刷化）；金银合金

electro de retención　吸持电磁铁

electroacústica　电声，电声系统；电声学

electroacústico　电声的；电声学的

electroafinidad　电亲和力

electroanálisis　电解分析

electrobasógrafo　电运转记录器

electrobomba　电动水泵

electrocapilaridad　电毛细管现象

electrocauterio　电烙铁，电烙器；电灼术

electrochorio　（大气电离层中的）电喷流

electrocinética　电动力学

electrocobreado　电镀铜的

electrocorrosión　电解腐蚀

electrocromatografía　电色谱法

electrocromo　变色玻璃

electrocronógrafo　电动精密计时器

electrodeposición　电解镀层，电镀，电解沉淀

electrodesintegración　（原子）电蜕变，电衰变

electrodiálisis　电渗析

electrodializador　电渗析器

electrodinámica　电动力学

electrodinámico　电动的，电动力学的

electrodinamismo　电动力

electrodínamo　电动的，机电的

electrodinamómetro　电力测功计，电功率计

electrodisolución　电解溶解法

electrodispersión　电分散作用

electrodo　电极；电焊条

electrodo acelerador　加速电极

electrodo bipolar　双极电极

electrodo blindado　屏蔽电极

electrodo compuesto　复合焊条

electrodo de alta tensión　高强度焊条

electrodo de carbón　碳电极

electrodo de carbono　碳电极，碳极，碳精电极

electrodo de control　控制电极

electrodo de energización　激励电极

electrodo de gotas　滴液电极

electrodo de línea　线电极

electrodo de masa　地电极

electrodo de mercurio　水银电极，汞电极

electrodo de placa　阳极

electrodo de potencia　功率电极

electrodo de potencial　电位电极

electrodo de punto　点电极

electrodo de referencia　参比电极

electrodo de tensión　电位电极

electrodo de vaso poroso　多孔玻璃电极

electrodo desnudo　裸焊条，裸电极

electrodo despolarizante　退极化电极，去极化电极

electrodo explorador　探查电极，探测电极

electrodo impolarizable　不极化电极

electrodo lavado　裸露电极

electrodo móvil　移动电极

electrodo negativo　负电极

electrodo no polarizado　不极化电极

electrodo normal de hidrógeno　标准氢电极

E

electrodo para la medición　测量电极
electrodo para soldadura　电焊条
electrodo para soldar　焊接电极，电焊条
electrodo positivo　正电极
electrodo potencial　电位电极
electrodo primario　初级电极
electrodo revestido　涂剂焊条，涂料焊条，药皮电焊条；敷料电极
electrodo secundario　副电极
electrodoméstico　（电器）家用的；家用电器
electrodomésticos de línea blanca　（通常为白色的）大型家用电器（如冰箱、洗衣机等）
electrodos de enlace　键电子
electroendosmosis　电内渗
electroenlace　电接
electroerosión　电火花加工
electroespectrograma　光电谱图
electroestañado　电镀锡
electroestática　静电学
electroestático　静电的，静电学的
electroexplosivo　电启爆炸药，电控引爆器
electroextracción　电积金属法，电解冶金法
electrofilia　亲电子能力
electrofílico　亲电子的
electrófilo　亲电子试剂
electrofiltración　电滤，电滤作用，电过滤
electrofiltro　电滤尘器
electrofísica　电物理学，电子物理学
electrofisiología　电生理学，生理电学
electrofluido　电流体
electrófono　有线电话；电子乐器，电唱机
electroforesis　电泳，电泳现象
electroformación　电冶，电铸，电成形
electróforo　电起盘
electrofotografía　电子照相术
electrofotograma　电子照相
electrogalvánico　电镀锌的
electrogalvanizado　电镀的，电镀术的；电镀，电镀术；电镀锌
electrogás　电气的
electrogenerador　发电机
electrógeno　发电的；发电机
electrogoniómetro　相位指示器
electrografía　记记录术，电刻术；电谱法
electrografo　电子记录器
electrohorno　电炉
electroimán　电磁（铁，体，起重机）
electroimán apantallado　铠装电磁体
electroimán de alzar　起重机磁铁
electroimán de campo　场磁铁
electroimán de levantamiento　起重机磁铁
electrokimografía　电计波器，电波动记录器
electrokimógrafo　动电计（测流仪器）

electrólisis　电解，电蚀；电分析，电分析法
electrólisis capilar　毛细电解
electrolítico　电解的，电解质的；电解溶液的
electrolito　电解质，电解液
electrolito coloidal　胶态电解质
electrolito inmovilizado　固体电解质
electrolización　电解，离解
electrolizador　电解的；电解池，电解槽；电解装置
electrolizar　电解
electrología　电学，电疗学；电疗法，电蚀法
electrólogo　电学专家
electroluminiscencia　场致发光，电致发光，阴极射线发光，电荧光
electroluminiscente　场致发光的，电致发光的，阴极射线发光的
electromagnética　电磁，电磁学
electromagnético　电磁的，电磁体的
electromagnetismo　电磁法
electromagnetismo aéreo　航空电磁法
electromagneto　电磁体，电磁铁
electromagnetrometría　电磁学，电磁
electromecánica　电机学；电动机械学；机电学
electromecánico　机电的，电机的，电动机械的
electromerismo　电子异构，电子异构现象
electrometalurgia　电冶金学，电冶
electrometría　量电法，测电术，电测法，电位计测量术
electrométrico　量电的，测电的，电位计的
electrómetro　静电计，静电测量器，量电表，电位计
electrómetro absoluto　绝对静电计
electrómetro capilar　毛细管静电计
electrómetro de balanza　绝对静电计
electrómetro de cuadrante　象限静电计
electrómetro de hilo　悬丝静电计
electrómetrode cuadrantes　象限静电计
electromicrómetro　高精密度静电计
electromigración　电迁移法
electromotor　电动机，发电机
electromotriz　电动的，起电的
electromóvil　电瓶车，电动汽车
electrón　电子
electrón de valencia　价电子
electrón equivalente　等效电子
electrón libre　自由电子
electrón metastático　移位电子
electrón negativo　负电子
electrón positivo　正电子
electrón primario　原电子
electrón secundario　二次电子
electrón volt　电子伏特
electronegatividad　负电性，阴电性，电阴性

electronegativo　负电的，阴电的

electrones retrodispersados　反射层电子

electroneumático　电动气动的，电—气动的

electrónica　电子学；电子学设备，电子仪器

electrónica aeroespacial　宇航电子学

electrónica cuántica　量子电子学

electrónica física　物理电子学

electrónico　电子的，电子学的

electronvoltio　电子伏特

electrón-voltio　电子伏特

electroósmosis　电渗透，电内渗现象，电离子透入法

electropintura　电涂

electropirómetro　电阻高温计

electroplaca　电板

electroplateado　电镀

electroplaxo　电板

electropositivo　正电的，阳电的，阳电性的，正电性的

electropulido　电解抛光，电抛光

electroquímica　电化学

electrorrecubrimiento　电镀，电镀术

electrorrefinación　电提纯

electrorrefinado　电解精炼，电精炼

electroscopio　验电器，测电笔，静电测量器

electroscopio de condensador　积分验电器

electroscopio de hojas de oro　金箔验电器

electrosensibilidad　电敏性

electrosensible　电敏的

electrosincrotón　电同步加速器

electrosíntesis　电合成

electrosol　电溶胶，电胶液

electrosoldadura　电焊

electrostática　静电学

electrostático　静电的，静电学的

electrostatografía　静电摄影术

electrostricción　电致伸缩，电致伸缩应变

electrotanasia　触电死亡

electrotaxis　趋电性

electrotecnia　电工学，电工技术，电气工艺学

electrotécnico　电工技术的，电工学的；电工技术员

electroterapia　电疗，电疗法

electrotermia　电热学

electrotipo　电板，电铸板

electrovalencia　电价；电价键，离子键

electrovalente　电价的

electroválvula　电阀阀；电阀门

elektron　镁铝合金

elemento　要素；元素；成分，组成部分；成员；元件，零件；材料，工具，手段（复数）

elemento activo　激活元素，活性元素

elemento adicional　添加剂

elemento aritmético　算术元素，运算元件

elemento bimetálico　双层金属片

elemento característico　特性要素

elemento constitutivo　组成部分

elemento constituyente　组成部分

elemento de adición　加合化合物，加合物，加成化合物

elemento de anticoincidencia　异元件，异门

elemento de batería　原电池，蓄电池

elemento de datos　数据元素，数据项，数据元

elemento de imagen　像元，图像要素，像素

elemento de máquina　机械元件

elemento de producción　生产要素

elemento de resistencia　电阻元件

elemento del medio ambiente　环境要素

elemento electrónico　电子元件

elemento estable interno　内在稳定因素

elemento extraño　外来因素

elemento filial　子原素

elemento filtrante　过滤介质

elemento finito　有限元

elemento galvánico　原电池

elemento integrante　组成部分

elemento metálico　金属元素

elemento parásito　寄生元件

elemento peligroso　危险因素

elemento petrogenético　造岩元素

elemento raro　稀有元素

elemento sellante　密封元件

elemento tectónico　构造单元，构造要素

elemento térmico　热元件

elemento trazador　示踪元素

elementos de corte de los cortavarillas y cortatubos　切管器刀片

elementos de juicio　（判断的）依据

elementos de plegado　褶曲要素，褶皱要素

elementos esenciales de geología　地质基本要素

elementos megatectónicos　大型构造要素

eleolita　脂光石

eleometría　油密度检验

eleómetro　油密度计

eleoplasto　造油体

eleosoma　油质体

eleotecnia　油料加工术

elevación　上升，举起，提高；高程，标高，海拔；（正，立）视图

elevación a potencia　乘方，自乘

elevación acotada　点高程

elevación alterna　交替举升

elevación artificial de la bomba de varillas　油杆泵人工升举（工艺）

elevación de la superficie por deposición sedimentaria　（河床或河谷的）填积，加积，加积作用

E

elevación del agua en forma de cono 水锥，水锥进

elevación del precio 提价

elevación del terreno 地面高程

elevación delantera 正视图

elevación en el extremo 侧视图

elevación estructural 构造高点

elevación estructural subterránea 地下构造高点

elevación inercial 惯性高点

elevación lateral 侧面图，侧视图

elevación por presión continua de gas 连续气举

elevación por presión intermitente de gas 间歇气举

elevación por trinquete 通过棘爪提升

elevación posterior 后视图

elevación real 实际高度

elevación relativa 相对高程

elevación sobre el nivel del mar 海拔

elevación total 总水头，总压头

elevado 升高的，提高的，高架的

elevador 吊卡；升降机，提升机；升降舵；电梯

elevador a mordazas para tubería de revestimiento 卡瓦式套管吊卡，卡瓦式套管提引器，卡瓦式套管提升机

elevador automático a cuñas 自动卡瓦式吊卡

elevador de agua 抽水工具，提水工具

elevador de agua por presión hidráulica 水锤泵，水锤扬水机

elevador de aire 空气提升机

elevador de alimentación 补给用冒口，进料提升管

elevador de araña 卡盘

elevador de cangilones 斗式提升机

elevador de cierre central 中开闩吊卡

elevador de cierre lateral 侧开式吊卡

elevador de cuña 卡瓦式吊卡

elevador de guaya 小吊卡

elevador de manga de succión 抽吸水龙带提升装置

elevador de mina 矿井提升机

elevador de palanca 臂式升降机

elevador de potencial 增压机，升压器

elevador de revistidor tipo puerta lateral 带侧门套管吊卡

elevador de tensión 增压机，升压器

elevador de tensión invertible 可逆增压机

elevador de tubo de producción 油管吊卡

elevador de válvula 气阀挺杆

elevador de varillas de bombeo 抽油杆吊卡，泵杆吊卡

elevador del entubamiento 油管吊卡

elevador eléctrico 增压器

elevador helicoideo 螺旋升降机

elevador hidáulico 液压升降机

elevador móvil 移动式吊车

elevador neumático 气动提升机，气压提升机

elevador para barras 抽油杆吊卡

elevador para barras de bombeo 抽油杆吊卡，泵杆吊卡

elevador para D.P. y D.C. 钻杆钻铤吊卡

elevador para tubería 吊卡

elevador para tubería de perforación 钻杆吊卡

elevador para tubería de revestimiento 套管吊卡，套管提引器，套管提升机

elevador para varillas de succión 抽油杆吊卡

elevador para vástago perforador 钻杆吊卡

elevador plano 平式吊卡

elevador tipo cuña 卡瓦式吊卡

elevalunas （汽车的）玻璃窗升降把手

elevar 举起，升高，吊装，提升；提价

elevar a máxima capacidad 最大提升载荷

elevar a máximo beneficio 效益最大化

elevar a máximo rendimiento 效率最大化

elevar de calidad 提高质量

elevar de grado 提高等级

elevar el octanaje 提高汽油标号，提高汽油辛烷值

elevón 升降副翼

eliminable 可消除的

eliminación 消除，排除，取消，除去，淘汰

eliminación de capas 地层缺失

eliminación de ceros no significativos 零的消除，消零，清零

eliminación de cieno 污泥清除

eliminación de desechos 废物清除

eliminación de desechos en aguas profundas 深海废弃物清除

eliminación de desechos peligrosos en el mar 海上有害废弃物的清除

eliminación de desechos sólidos 固体废弃物处理，垃圾处理

eliminación de fango 污泥清除

eliminación de gomas 脱胶

eliminación de olores 除臭

eliminación de óxidos de azufre 脱硫，去硫，除硫

eliminación de óxidos de nitrógeno 脱氮，除氮

eliminación de rebote 去抖动，消除抖动，去除抖动

eliminación de residuos 废弃物处理，排废，废物清除

eliminación de residuos sólidos 固体废弃物处置，固体废弃物处理，垃圾处理

eliminación de sustancias 排放，排泄

eliminación del agua salada 盐水处理，油层产

出水处理，污水处理

eliminación del polvo　除尘

eliminación en el subsuelo　地下处置，地下排放

eliminación en tierra　地表排放

eliminación rápida　快速消除

eliminador　消除的，清除的；除去的，淘汰的；消除器

eliminador de lodo　除泥器，刮泥器

eliminador de oxígeno　除氧剂

eliminar　清除，除去；淘汰；消除；排除；消去

eliminar fallas　排除故障

eliminar impurezas　净化，精炼

elinvar　埃林瓦尔铁镍铬合金，镍铬恒弹性钢

elipse　椭圆，椭圆形

elipse de polarización　极化椭圆

elipsógrafo　椭圆规

elipsoidal　椭球形的，椭圆体的，椭球的

elipsoide　椭圆体，椭圆面

elipsoide de deformación　变形椭球体

elipsoide de referencia　参考椭球，基准椭球

elipsoide de revolución　旋转椭球

elipsoide de rotación　旋转椭球

elipticidad　椭圆率，扁率，椭圆度

elíptico　椭圆的，椭性的

élitro　鞘翅

elongación　伸长，伸展，延长，延伸；延伸率；距角，大距

elongación apriódica　非周期伸长

elongación del resorte　弹簧的伸长率

elpasolita　钾水晶石

elpidita　斜钠锆石

elucidar　澄清，阐明，解释，诠释，诠注

elución　洗提

elutriación　淘析，淘洗，淘选

elutriador　淘析器，洗提器，沉淀池，砂子洗净器

eluviación　淋溶，淋溶作用

eluvial　沉积的，残积的

eluvio　残积层，风积细砂土

eluvión　残积层，残积物，淋溶层，风积细砂土

eluyente　洗出液

emanación　发源；发出，散发（物）；流溢，流出；放射（物），辐射

emanación de radio　镭射气

emanación manadero de petróleo　油苗

emanaciones de gas　气苗；煤气泄露

emanaciones nocivas　有害散发物

emanaciones radiactivas　放射性物质

emanómetro　射气测量仪，射气仪

emanón　射气

embalador　包装工，打包商；打包机，压紧机

embalaje　包装，打包，装箱；包装物；包装费

embalaje de tablas　板条箱

embalaje y envío　包装发运

embalar　打包，装箱，包装；(使车、船)加速

embalastar　给某物装上压舱物

embalsadero　水坑，水塘

embalsamiento　积水，蓄水；水积池塘

embalsar　蓄水，积水

embalse　水库；蓄水

embalse artificial　人工水库

embalse de agua subterránea　地下水库，地下水储体

embalse de alimentación　食品（或饲料）储藏容器

embalse de oxidación　氧化池，氧化塘

embalse regulador　调节水库，调节池

embancar　形成浅滩，形成沙洲；(船)搁浅；(河道、湖泊等)淤塞

embanque sedimentario　淤积，淤塞，淤淀

embarazar　妨碍，阻碍；使为难，使拘束

embarbillado　用榫头接合；用榫头接合的

embarbillar　用榫头接合

embarcación　船只；上船，乘船；装船；航行时间

embarcación de apoyo　辅助船，支援船

embarcación de emergencia　紧急支援船

embarcación de servicio a pozos　油井服务船

embarcación de servicios múltiples　多功能服务船，多用供应船

embarcación flotante de perforación　钻探浮船

embarcación multiservicio　多功能服务船，多用供应船

embarcadero　码头

embarcadero flotante　浮码头，浮动码头

embarcador　装船工

embarcar　把…装上船（火车等）；使…上船（火车等）

embarco　上船（火车或飞机等）；装船（火车或飞机等）

embargable　可扣押的，可查封的，可禁运的

embargador　查封者，扣押他人财物者；查封的；扣押的

embargar　阻碍，阻止；禁运；扣押（物品），查封

embargo　扣押，查封；禁运，禁止船只开出

embarque　上船（火车或飞机等）；装船（火车或飞机等）

embarque anticipado　提前装船

embarque combinado　混合装运，混合装船

embarque de crudo　将原油装上油轮，将原油装船

embarque de lancha　装船

embarque de mercancías　装货

embarque de productos refinados　将成品油装

上船

embarque fuera de plazo　超期装船

embarque parcial　分批装运，分批装船

embarrar　抹泥于；（用泥等污物）弄脏；用棍棒撬

embarre de tanque　放油后计量罐罐壁上附着的油量，计量罐罐壁上附着的油量

embaulamiento　河道疏浚，河道取直加深；管道化

embeber　吸收（液体）；吸干；浸湿，泡湿，蘸湿

embetunar　涂沥青于

embije　弄脏，弄污，沾上油污

embisagrar　使铰接，装铰链，用转轴或合叶连接

emblema　标志，符号；徽章；象征

embobinador del cable　帮助绕绳的滚轴

embocadero　（河流、运河等的）入口，水口，河口

embolada　活塞的冲程，活塞移动一次所抽出（或压入）的量

embolada ascendente　上冲程

emboladas por minuto　泵冲程数／分钟

embolamiento　糊钻，泥包

embolamiento de barrena　钻头泥包

embolamiento de broca　钻头泥包

embolamiento de mecha　钻头泥包

embolar　泥包钻头，糊钻，阻塞，堵塞

embolar la barrena　泥包钻头，糊钻

embolar la mecha　泥包钻头，糊钻

embolita　氯溴银矿

émbolo　活塞，柱塞；栓子；杆式泵

émbolo activado　主动活塞，制动活塞

émbolo auxiliar de compresión　（压缩机）备用活塞

émbolo de bomba　泵柱塞

émbolo de bomba de desplazamiento　容积泵柱塞

émbolo de succión　抽子，栓子

émbolo impulsor　主动活塞，制动活塞

émbolo macizo　实心活塞

émbolo neumático　气动活塞

émbolo reciprocante de bomba　往复泵柱塞

émbolo recíproco de bomba　往复泵柱塞

emboque　（承压条件下通过弹性密封装置）下入或起出管子，不压井起下管柱，带压修井

embotado　变钝的

embotadura　钝，变钝

embotar　把…弄钝，使不锋利

embragar　用吊绳捆、扎、箍；（用离合器）连接，啮合

embrague　离合器；传动，联结，连接

embrague a mandíbulas　牙嵌离合器，爪式离合

器，颚式离合器

embrague automático　自动离合器

embrague centrífugo　离心离合器

embrague cónico　锥式离合器

embrague cónico de fricción　摩擦锥轮离合器，锥形摩擦轮离合器，摩擦锥轮离合器

embrague corredizo　滑动离合器

embrague de aire　空气离合器

embrague de banda　带式离合器

embrague de cono　锥式离合器

embrague de contramarcha　反向离合器

embrague de cuñas　楔块离合器

embrague de dientes　牙嵌离合器

embrague de disco　圆盘式离合器，盘式离合器

embrague de disco seco　干片离合器，干盘式离合器

embrague de discos múltiples　多片离合器

embrague de fricción　摩擦离合器，阻力传动器

embrague de fricción con expansión interna　内胀式摩擦离合器

embrague de fricción cónica　锥形摩擦离合器

embrague de fricción de disco　盘式摩擦离合器

embrague de fricción del tipo de tambor　鼓式摩擦离合器

embrague de fricción maestro　主摩擦离合器，主要摩擦离合器

embrague de garras　爪式离合器

embrague de mando de la mesa rotatoria　转盘驱动离合器

embrague de marcha atrás　反向离合器

embrague de mordaza　颚式离合器，牙嵌离合器

embrague de platillo único　单盘离合器，单片离合器

embrague de quijada　颚式离合器

embrague de retroceso　反向离合器

embrague de reversión　反向离合器

embrague de rueda libre　滑轮离合器

embrague del coche　汽车离合器

embrague efectivo　强制离合器

embrague espiral　螺旋离合器

embrague garras　爪式离合器

embrague hidráulico　液力离合器

embrague inverso　反向离合器

embrague maestro　主离合器，总离合器

embrague maestro de fricción　主摩擦离合器，主要摩擦离合器

embrague magnético　磁性离合器

embrague mordaza　牙嵌式离合器

embrague neumático　空气离合器

embrague pluridiscos　多片离合器

embrague positivo　刚性离合器

embrague reversible　反向离合器

embrague unidireccional　单向离合器

embrear　用柏油（焦油、沥青）涂

embrechitas　浸渗混合岩

embridado　带凸缘的，折边的；带法兰的，装有法兰盘的

embridar　在…上安装法兰，用法兰连接

embudo　漏斗；漏斗状的洞

embudo de alimentación　进料漏斗

embudo de explosión　火山口，马尔式火山口

embudo de lava　熔岩隧道，熔洞

embudo de Marsh　马氏漏斗

embudo de mezclador de lodo　混合漏斗

embudo de reducción　减速器，减压器，减压阀，扼流圈，节流器

embudo de viscosidad Marsh　马氏漏斗

embudo separador　分液漏斗

embutido　嵌入的，埋置的；镶，嵌，冲压，模压；

embutidor　起钉钳，起钉机，冲压工人，模压工人

embutidor de clavos　起钉钳，起钉机

embutidora　冲压机

emergencia　浮现，浮出水面；不测事件，紧急事情；紧急情况

emergente　露出水面的，浮现的，出现的；危险的，紧急的

emerger　浮现，出现，出来；露出水面

emersión　浮现，出现；露头；（与海平面相比）陆地相对升高，上升

emetina　依米丁，吐根碱

emisario　排水管，溢洪道，使者，密使

emisión　（光、热、电波、声音等）发出，射出；（票证等）发行

emisión acústica　声输出

emisión alfa　α（射线）辐射

emisión de acciones　股票发行

emisión de bono　债券发行

emisión de cátodo　阴极发射

emisión de electrones　电子发射

emisión de gas　瓦斯泄出

emisión de infrarroja　红外线发射

emisión de material peligroso　危险物品泄放

emisión de neutrones　中子辐射

emisión de partículas　粒子发射

emisión de positrón　正电子发射，阳电子发射

emisión de radio　射电发射

emisión de residuos　废弃物排放

emisión en directo　实况转播

emisión en el medio ambiente　排入环境中，倾弃于环境中

emisión en la atmósfera　排入环境中（如水、大气等）

emisión ocasional　偶然排放

emisiones de arranque en caliente　热启动排放

emisiones de arranque en frío　冷启动排放

emisiones de gas con efecto invernadero　温室效应气体排放

emisiones del núcleo de un átomo　原子的核辐射

emisiones fugitivas　易散性排放；短时排放

emisiones perjudiciales para el ozono　对臭氧有害的（气体）排放

emisiones producidas por la combustión　燃烧排放

emisiones tóxicas de los hornos de coque　炼焦炉有毒物质排放

emisividad　发射率，放射率，放射能力，辐射率

emisor　发射机；发射体，发射极；广播电台，无线电发射机

emisor alfa　α发射体

emisor de chorro de vapor　蒸汽喷嘴，蒸汽流发射器

emisor de sonido　声波发射器

emisor de ultrasonidos　超声波发射器

emisor inmóvil de contaminación　固定污染源

emisora　广播电台

emitir　发射，发出；广播，播送，播放；发行；发布，发表

emitir vapores　放散蒸汽，蒸发

empacado　包装的，打包的，捆扎的；打包，包装，捆扎

empacador　封隔器；包装者，包装工

empacador con pernos　销钉式封隔器

empacador de la tubería de revestimiento　套管封隔器

empacador de rotación　旋转密封封隔器

empacadora　打包机，包装机

empacadura　堆积，填塞，填料，包装，捆包；封隔器；密封圈，垫圈

empacadura anular　环形垫

empacadura de algodón　棉织物垫片

empacadura de asentamiento　坐封封隔器

empacadura de cámara　缸盖密封

empacadura de copa　皮碗式封隔器

empacadura de fondo　沉沙封隔器

empacadura de goma　橡皮垫，橡皮垫圈，橡皮垫片

empacadura de goma en plancha　橡胶板垫片

empacadura de grava　砾石充填封隔器；砾石充填

empacadura de hueco　通径封隔器

empacadura de la tubería calada　衬管封隔器

empacadura de obturación　封隔器

empacadura de producción　投产封隔器，采油封隔器

empacadura de prueba　试压封隔器

E

empacadura de subsuelo 井下封隔器

empacadura del asiento de la válvula 阀座垫圈

empacadura hidráulica 水力封隔器

empacadura mecánica 机械封隔器

empacadura metálica 金属垫片，金属垫圈，金属密封垫

empacadura para émbolo de bombeo 泵柱塞密封

empacadura permanente 永久式封隔器

empacadura recuperable 可回收型封隔器

empacadura removible 可取出封隔器

empacar 包装，打包，捆扎；封隔，封堵

empalmador del cabezal del pozo 井口连接器

empalmadura 连接，联接；连接点；连接物；榫头，榫接

empalmar 使联结；连接、衔接（绳索、管道等）

empalmar a cola de milano 用燕尾榫接合，把…制成鸠尾榫

empalmar la tubería de un pozo 连接井管

empalme 连接，联结，平接；连接点；（铁路、公路等的）交接处

empalme a espiga 榫接

empalme a media madera 榫接，嵌接

empalme a tope 平接

empalme de alineación automática 自动调整联轴节

empalme de bayoneta 插销式离合器

empalme de columna 柱式接头

empalme de correa 皮带接头

empalme de cremallera 啮合榫接头

empalme de eje 联轴节

empalme de inglete 斜面接合，斜角连接

empalme de manguera 软管接头，水龙带接箍

empalme de manguito 套筒接头

empalme de transmisión 传动联轴器

empalme de un cable 电缆接头

empalme dentado 锯齿状接合

empalme en bucles 环形连接

empalme en cola de milano 燕尾接合

empalme flexible 绞编接头，挠性联轴节

empalme giratorio 旋转接头

empalme hermético 密封连接

empalme sencillo 简单连接

empalme simple 平接

empalme telescópico 套接

empantanar 使成为沼泽；使淹没；使成泥潭；陷入困境

empañetar con lodo 造壁

empapado en aceite 油浸的

empapar 使浸透；使沾湿，使湿透；吸，吸收（水分等）

empaque 包装，打包，装箱；包装用物

empaque a presión sin circulación 高压压实

empaque con grava 砾石充填，填砾

empaque con láminas 用薄板包装

empaque de anclaje para tubería de revestimiento 套管锚定封隔器

empaque de arena 沙袋，砂粒充填，填砂柱

empaque de arena de agua fresca 清水砂砾充填

empaque de cara completa 全垫片，宽垫片，全平面垫片

empaque de desperdicios 废弃物封装

empaque de fibra 纤维填料；纤维衬垫；纤维包装

empaque de flujo cruzado (separador) (EFC) 串流阻流件（分离器），越流阻流件（分离器），英语缩略为 CFP (Cross Flow Pack (separator))

empaque de grava 砾石充填，砾石填塞

empaque de grava de hoyo abierto 裸眼井砾石充填

empaque de lino 麻布包装物

empaque de pipe ram 闸板防喷器前密封

empaque externo de grava 管外砾石充填

empaque laminado 填密片，封密片

empaque moldeado 模压填料，模压包装材料

empaque para exportación 出口包装

empaquetado 填密的；包装，打包

empaquetador 包装的，打包的；包装工，打包工；封隔器

empaquetador de anclaje 卡瓦封隔器

empaquetador de pared 挂壁式封隔器

empaquetador para ensayador de capas 地层测试器封隔器

empaquetador para tubería perdida 尾管封隔器

empaquetadura 包装，打包；填塞（管道、罐体等连接处的接口使之密封），填塞料，垫圈，垫片；封隔器

empaquetadura a presión 压力坐封封隔器

empaquetadura anular 环形垫，垫圈

empaquetadura chata 扁平封装

empaquetadura con coraza rellena de asbesto 石棉肋密封垫片

empaquetadura con nervadura de asbesto 石棉肋密封垫片

empaquetadura con nervadura interior de asbesto 石棉内肋密封垫片

empaquetadura con sello de plomo 铅封封隔

empaquetadura contra la grasa 滑脂油封

empaquetadura corrugada con amianto 石棉波纹垫片

empaquetadura corrugada doble 双层波纹垫片

empaquetadura de amianto 石棉垫片

empaquetadura de amianto con nervadura interior 内嵌加强筋的石棉垫片

empaquetadura de amianto en plancha 石棉平板垫片

empaquetadura de asbesto 石棉垫料，石棉填充，石棉包装

empaquetadura de cáñamo 纤维填料，麻填料

empaquetadura de corcho 软木衬垫，软木密垫

empaquetadura de cuero 皮垫，皮垫圈

empaquetadura de fibra 纤维垫，纤维填料

empaquetadura de fondo 井底堵塞器，井底封隔器

empaquetadura de fricción 减振器，缓冲器，阻尼器

empaquetadura de goma 橡皮垫圈，橡皮垫片，橡皮垫料

empaquetadura de goma en plancha 橡胶板式垫片

empaquetadura de la torre 填料塔密封垫片

empaquetadura de lino 亚麻密封垫片

empaquetadura de material plástico 塑料密封垫片

empaquetadura de planchas de metal corrugadas 波纹金属板垫片

empaquetadura del casquillo 压盖密封；压盖填料

empaquetadura del émbolo buzo 柱塞密封

empaquetadura del limpiavástago 刮油器

empaquetadura del pistón de la bomba de lodo 钻井泵活塞密封环

empaquetadura del vástago 活塞杆密封

empaquetadura elástica 弹性密封

empaquetadura en plancha 填密片，封密片，密封填料

empaquetadura en rollo 盘条形填料；密封法兰

empaquetadura espiral 螺旋形垫料

empaquetadura fluida 液封

empaquetadura hidráulica 水封；水力密封

empaquetadura hidráulica de fricción 液力阻尼器

empaquetadura limpiadora de tubería de producción 油管刮油器

empaquetadura limpiadora de varillas de bombeo 抽油杆刮油器

empaquetadura metálica 金属垫片；金属密封填料；金属包装

empaquetadura moldeada 模压填料；模压包装

empaquetadura para cabeza prensaestopa de pozos 油井封隔，油井环空封隔，油井环空封隔物

empaquetadura para el ancla del entubamiento 锚定封隔器，卡瓦封隔器

empaquetadura por cierre hidráulico 水封，液体密封

empaquetadura resistente al agua 防水密封垫；防水包装

empaquetadura semimetálica 半金属垫片

empaquetamiento 打包，包装；填塞

empaquetar 打包，包装；使挤满；填塞；使密封

emparchador 补片

emparejador 装配工

emparejamiento de equipos 设备配套

emparejar 使一样，使同等，使具有同一水平；成对，配对

emparrillado para piso 格栅板，篦子板

empastamiento （在某物上）涂以糊状物；泥包；糊上（钻头）

empatar 连接，接合，衔接，系上；捆住，拴住

empate 连结，接合；捆住，栓住

empate de cable 扎带

empate de pesca 打捞落物，打捞落鱼

empatronar 检验，检定（度量衡等）

empedrado 铺上石头的；用石头铺；石铺路面，砾石路面

empedrado de base 底石

empedrador 铺路机

empegado 防水帆布，油布；用沥青等涂抹的

empegadura 涂层；涂树脂，涂沥青；树脂涂层，沥青涂层

empenta 支柱，撑棒；支撑物

empentar 打通（坑道、巷堑等）

empernado 螺栓连接的，螺栓上紧的；螺栓连接

empernar 用螺栓固定，栓接，拧紧，上螺栓

empezar 开始，着手做，开始做

empinadura 陡度，斜度，斜率

empírico 经验的，实验的，以实验为根据的

empirismo 经验主义

emplaste 速凝石膏浆

emplasto 灰泥；膏药

emplazamiento 召见；传唤；确定地点，安排地方；位置，地点

emplazamiento de la fuente sísmica 震源点

emplazamiento de sondeo 探测点

emplazamiento del dique 坝址

emplazamiento dinámico 动态定位

emplazar 安放，安置；召见，召唤；传讯

empleado 雇员，员工

empleador 雇主，雇用者

emplear 用，使用，应用，利用；雇用，任用，录用

emplectita 硫铜铋矿

empleo 用，使用；雇用，任用；工作，职位，职务

emplomado 用铅皮覆盖的；用铅条固定的；用铅焊的

emplomadura 铅皮覆盖，铅条固定，铅焊；铅皮；铅条；铅封

emplomar 用铅皮覆盖，用铅条固定，用铅焊；给加铅封

empobrecimiento de la tierra 土地退化

empobrecimiento del suelo 土壤贫乏，土壤耗损

empotrado 埋入的，嵌入的，埋置的；被嵌固的

empotramiento 砌在墙内；固定在地上

empresa 公司，企业

empresa asociada 联营公司，联营企业

empresa colectiva 集体企业

empresa comercial 商业公司，贸易公司

empresa conjunta 联合企业，合办企业

empresa de capital mixto 合资公司

empresa de contabilidad 会计事务所

empresa de ingeniería y planificación 规划设计公司

empresa de inversión 投资公司

empresa de inversión extranjera 外资企业

empresa de investigación 研究公司

empresa de propietario único 独资企业，个体企业

empresa de servicios públicos 公共服务公司，公用事业公司

empresa de transporte de servicio público 公共运输公司

empresa extranjera 外国公司

empresa fiduciaria 信托公司

empresa filial 分公司，分部，分支机构

empresa industrial y comercial 工商企业

empresa intensiva de mano de obra 劳动密集型企业

empresa matriz 母公司

empresa minera 矿业公司

empresa mixta 合资公司（委内瑞拉使用）

empresa naviera 航运公司，船运公司

empresa petrogasífera 油气公司

empresa subsidiaria 子公司

empresa transnacional 跨国公司

empresarial 公司的，企业的，企业主的

empresario 雇主；老板；企业主；企业家

emprestar 借出；借入

empréstito 借贷；贷款

empréstito a corto plazo 短期贷款

empréstito a largo plazo 长期贷款

empréstito a mediano (medio) plazo 中期贷款

empréstito amortizable 分期偿还借款

empréstito con bajo interés 低息贷款

empréstito estatal 公债，国债，公共贷款

empréstito exterior 外债

empréstito fiduciario 信用贷款

empréstito garantizado 担保贷款

empréstito irredimible 不能偿还的贷款，永久性贷款

empréstito público 公债，国债，公共贷款

empujador axial 轴向推进器

empujadora 推土机，开土机

empujadora de ripios 推废料机，废料推土机

empujadora niveladora 推土机，筑路机

empujar 推，推动；推送，促使，催促

empujar tubería a presión （承压条件下通过弹性密封装置）下入或起出管柱，不压井起下管柱

empujaválvula 推阀杆

empuje 推，推动；（墙、柱子等承受的）压力；推力

empuje a la tubería 顶管

empuje al crudo 驱油

empuje artificial por agua 人工水驱

empuje axial 轴向推力

empuje con gas enriquecido 富化气驱动

empuje de agua 水驱，水压驱动

empuje de agua caliente 热水驱

empuje de agua natural 天然水驱

empuje de capa de gas 气顶驱动

empuje de casquete gaseoso 气顶驱动

empuje de flujo tipo tapón 段塞驱

empuje de gas caliente 热气驱

empuje de gas en solución 溶解气驱，溶气驱

empuje de gravedad 重力驱动

empuje de hielo 冰推

empuje de punta 轴向推力

empuje débil de agua 不活跃水驱

empuje elástico 弹性驱动

empuje estático 静推力

empuje hidráulico 水力传动，液压传动；水驱，水压驱动

empuje hidráulico de fondo 底水驱动

empuje hidráulico lateral 边水驱动，边水驱

empuje hidrostático 水驱，水压驱动

empuje horizontal 水平推力

empuje lateral 横向推力，侧压力

empuje longitudinal 轴端推力，轴向推力

empuje natural combinado 复合驱，复合驱动，混合驱，混合驱动

empuje polifásico 混相驱

empuje por agua 水驱

empuje por expansión del casquete de gas 气顶驱，气顶驱动

empuje por gas 气驱

empuje por gas disuelto 溶解气驱

empuje por gas en solución 溶解气驱

empuje por gas libre 游离气驱动

empuje por gravedad 重力驱动

empuje radial 辐向推力，径向推力

empuje térmico 热驱动	en combinación 复合的，组合的，联合的
emulsibilidad 乳化性	en concordancia con 与…一致
emulsible 可乳化的，乳浊状的	en conformidad con 根据，依据，遵照，按照
emulsificación 乳化，乳化作用	en construcción 在建设中的，在建的
emulsificador 乳化器，乳化剂	en contacto 接触的，联系的
emulsificante 乳化剂；乳浊液的；乳胶体的；乳化性的	en copos 絮凝的，丛毛状的
emulsificante de agua en petróleo 油包水乳化剂	en corriente 运转中，进行中
emulsificante de petróleo en agua 水包油乳化剂	en cruz 交叉，成十字状
emulsificante primario 主乳化剂	en curso 正在进行的，进行中
emulsificar 乳化，使乳化	en directo 现场直播的，实况转播的
emulsión 乳状液，乳浊液，乳剂，乳胶	en el campo 在野外，在现场
emulsión asfáltica 乳状沥青，沥青乳状液	en el centro 在中部，在中心
emulsión asfáltica de rotura lenta 慢裂乳状沥青	en el comienzo 初期
emulsión asfáltica de rotura media 中裂乳状沥青	en el exterior 在国外；在外部的
emulsión asfáltica de rotura rápida 快裂乳状沥青	en el lugar 就地，当场
emulsión de aceite en agua 水包油乳化液	en el lugar de origen 在原处，原位的
emulsión de agua en aceite 油包水乳状液	en el mismo plano 共面的，同一平面的
emulsión de agua en petróleo 油包水乳状液	en el plano 在平面上
emulsión de petróleo 油品乳化液，油乳胶	en el punto de saturación irreducible 在残余饱和度…，在残余饱和点
emulsión de petróleo y agua 油—水乳状液	en el sentido de las agujas del reloj 顺时针的，顺时针方向的，右旋的
emulsión de rotura rápida 易破坏乳状液	en el sitio 就在原地，就地，现场
emulsión estable 稳定乳状液	en el vacío 在真空中，真空地，用真空的方法
emulsión fotográfica 感光乳剂	en equilibrio 保持平衡（状态）
emulsión inversa 反乳化油，水包油，水包油乳状液	en escalón 排成梯队的
emulsión invertida 逆乳化液，油包水乳化液	en espiga 交叉缝式，穗状的
emulsión nuclear 核乳胶	en espiral 螺旋状的
emulsión petróleo en agua 水包油乳化液，水包油乳状液	en estrella Y 形接法，星形连接
emulsionabilidad 乳化性	en existencia 在储存中
emulsionado 乳化的，被乳化的	en fases concordantes 同相（的）
emulsionadora 乳化器	en fases discordantes 异相（的）
emulsionamiento 乳化，乳化作用	en favor 有利于
emulsionante 乳化剂；使乳化的	en forma de anillo 环环形的
emulsionar 使成乳剂，使乳化	en forma de cinta 带状的
emulsivo 乳化性的；乳胶体的；乳浊液的	en forma de cúspide 尖的，有尖端的
emulsoide 乳胶体；乳浊液	en forma de lente biconvexa 凸镜状的，透镜状的，扁豆状的
emulsor 乳化器	en forma de listón 似门闩的，闩状的
en abanico 呈扇形	en forma de lúnula 新月形的
en absoluto 绝对地	en forma de onda 波状的
en ángulo 呈角状	en forma de U U 形的
en baño de aceite 油浸的	en forma de V V 形的
en bloque 呈块状的，整个的	en formato facsímil electrónico（PDF） 以电子传真的（PDF）格式
en borde 边缘的，周围的	en funcionamiento 开业中，营业中，正在工作中，在运转中，投产
en bruto 原始状的，天然的，原生的，未经加工的	en general 一般地；总体地
en caso de falta u omisión 在缺失的情况下	en horas de menor consumo 非峰荷时间
en caso de urgencia 在紧急状态下	en la dirección del buzamiento 向倾斜方向，向倾向
en circuito 接通	en lata 罐装的
en círculo 呈圆形，呈环状	en línea 在线的

E

E

en marcha 运行着的，使用中的，正在工作的

en masa 总体上，整个地；大量地，大批地

en movimiento 在运转着，在运动中，正在工作的

en neutro （机动车挂）空挡的

en ocasiones 有时

en operación 操作中的，施行中的，进行中的，运转中的；生效的

en paquete 一揽子方式的，包干方式

en paralelo 并联的

en parte 部分地

en pepitas 块状的

en placas 板状的，片状的

en polvo 粉状的

en presencia de 在…面前，当…的面

en proporción 按比例

en relación con 关于，涉及

en remolino 涡旋地，旋涡地

en reposo 静止的

en saledizo 悬伸，悬空

en sentamiento longitudinal 横向地，沿宽度方向

en sentido contrario a las agujas del reloj 逆时针的，逆时针方向的，左旋的

en sentido cronométrico 顺时针的，顺时针方向的，右旋的

en sentido de 在…方向

en sentido del viento 顺风地，顺风的

en sentido inverso de las agujas del reloj 逆时针方向的

en series 成系列的，成批的，大量的；串联的

en servicio 在使用中，使用中，在工作中

en sitio 就地，就在原地；地下条件的，地下原始状态的

en su lugar 原地，在（施工）现场，在原位置

en suspensión 悬浮状态的，悬浮的

en suspenso 暂停，未定

en talud 向上倾斜的，在斜坡上的

en tandem 串联

en tierra 陆上的，岸上的

en toma （齿轮）互相啮合

en trámites 在办手续时，在申办中

en tránsito 在运输中；在途中，在运送途中

en vacío 空载，无负荷；在真空中，真空的

en venta 出售的

en vez de 代替；而不是

en zigzag 之字形的，锯齿形的；交错的，参差的

enaceitar （往某处）涂油，上油

enacerar 钢化，使坚硬

enajenación 转让，出让，转卖

enajenado 已转让的，已出让的

enajenador 转让的，出让的；（财产）让渡人

enajenar 转让，出让，转卖

enantaldehído 庚醛

enantiomerismo 对映形态；旋光异构现象

enantiomorfo （左右）对形体，对映体，镜像体

enantiotropía 对映异构现象，对映现象，互变现象

enantiotropismo 对映（异构）现象

enantiotropo 互变性的，双变性的

enarenación 铺砂，喷砂，搀沙石灰；砂纸打磨，砂磨

enarenamiento del pozo 油井出砂

enarenar 铺砂，喷砂清理；用砂纸打磨，砂磨

enargita 硫砷铜矿

encaballar 使复叠，使互搭，扣上，闩上；扣好吊卡

encabezamiento 户口登记；（信函、文件等的）抬头，开头；（书籍的）标题

encabillar 用定缝销钉钉，用木钉钉

encachado 石板层，混凝土层；石板路面

encadenamiento 用链条拴住；束缚，妨碍；连接，连贯

encajada caliente 热装配

encajadora de tubería de revestimiento 下套管导引工具

encajar 镶，嵌，插，套；使正好合上，使正好嵌入，使相配

encaje 镶，嵌，插，套；装配，（部件的）拼合，沟，槽，孔；（银行的）库存现金

encaje de cojinete 轴承罩

encaje de ranura 卡槽式接合

encaje hidráulico 液压装配

encajonamiento 装进箱；打基础；加固墙

encajonar 包装，装进箱，放进盒；（给建筑物）挖沟打地基，用扶壁加固

encalado 抹石灰，粉刷

encaladura 粉刷；刷白；石灰处理

encalar 用石灰抹，粉刷；用石灰处理

encalladero 容易搁浅的地方，困难，障碍

encalladura 搁浅，陷处困境

encamisado 换上新内衬

encañada 峡谷；隧道

encapado （矿层）未露出地表的

encapsulación 包胶，包胶囊；密封，封装

encarar 使面对面；面对，正视，对付；对比，对照

encargado 委托人，代理人；负责人

encargado de pozos de bombeo 司泵，泵工

encargado del vigilancia de las instalaciones 现场巡查人员；巡线工

encargar 委托，托付订购，订货；负责

encargo 委托，托付；订货，定购；负责，承担；职务

encargo adicional (suplementario) 补充订货

encargo de muestra 定购样品

encarrilar (滑车的绳索)脱出了滑槽

encasquillar (在器物上)加金属帽,在…上加金属护套

encastrado 埋入的,嵌入的,埋置的,被嵌固的

encastrar 让(齿轮等)相咬,使啮合;把(某物)砌入、埋入、嵌入(墙等里面)

encastre (齿轮等)相咬,啮合

encastre a bayoneta 扣接

encastre de la mesa rotativa 转盘链轮

encauchado 涂上橡胶液的;上胶不透水的;涂胶雨衣,雨衣

encauchar 给…涂上橡胶液;用橡胶涂,涂胶,上胶

encauzamiento 开辟(水道),(将流水)引入;(使河道变窄增加水的深度的)堤岸;引导

encauzamiento de condensados en las bandejas de burbujeo 泡沫盘上的冷凝液导流通道

encauzamiento de gases en las bandejas de burbujeo 泡沫盘上的气体导流通道

encauzar 开辟(水道),(将流水)引入;使顺着渠道流;引导

encendedor 点火器,打火机;引爆装置;点火的

encendedor de gas 天然气火炬,天然气燃烧器

encender 点燃,点着;放火烧;使接通电源;启动(发动机等);激发,激起

encender un fuego 点火

encendido 点燃的;点火装置,点火器;(发动机等)点火,启动

encendido adelantado 提前点火

encendido anticipado 预点火,过早点火

encendido atrasado 延迟点火

encendido avanzado 提前点火

encendido de explosión 放炮,引爆

encendido de un motor 启动发动机

encendido eléctrico 电发火

encendido espontáneo 自燃

encendido manual 人工点火

encendido por acumulador 蓄电池点火

encendido por bujía 火花点火

encendido por compresión 压缩点火

encendido por magneto 磁电点火

encendido prematuro 早期点火,预燃,预点火,早点火

encendido retardado 延迟点火

encerado 打蜡的;打蜡;蜡布,防水油布,苦布

encerador 打蜡工人

enceradora (电动)打蜡机

enceramiento 涂蜡,上蜡,打蜡

encerrado 封闭的,封闭式的,内封的,附入的,关闭的

encerrar 收存,保存;关押,监禁,禁闭

enchapado 金属覆盖的,镀金属的;镶板;外覆的金属板;薄板镶饰,饰面

enchapado al cromo 镀铬的

enchaquetado 有套的,加套的,装在套内的

encharcada 水洼,水坑,水潭

encharcado 积水成洼的;淹的,涝的,水浸的

enchavetamiento 键槽;形成键槽

enchavetamiento del hoyo 井控

enchavetar 用销子(楔子)固定(螺栓等)

enchufacollar 接箍打捞工具

enchufacuello 接箍打捞工具

enchufador de collar 接箍打捞工具

enchufar 套接(管子);插入,插入插头(接上电源)

enchufe (管子的)接头;插头,插座

enchufe ahorquillado 叉状插头

enchufe bipolar 两用插座,两极插头

enchufe clavijero 插头

enchufe de acceso 插头

enchufe de base 插座

enchufe de campana 钟形打捞筒,钟形打捞工具

enchufe de campana con cuñas dentadas 钟形卡瓦打捞筒

enchufe de empuje 震击式打捞筒

enchufe de lodo 泥浆防喷盒

enchufe de mandril 捞管器,打捞挤扁或破裂套管用的打捞筒

enchufe de pared 墙上插座

enchufe de pesca 打捞筒,打捞母锥

enchufe de pesca de fricción y corrugado 皱纹摩擦打捞筒

enchufe de porta-lámparas 灯头插座

enchufe de recarga 转换插座

enchufe de tres clavijas 三孔插座,三脚插座

enchufe del cable de acero 钢丝绳帽

enchufe desprendedor 可退打捞筒

enchufe excéntrico de pesca 偏心打捞筒

enchufe giratorio 旋转接头

enchufe hembra 插座

enchufe macho 插头

enchufe para tubería de revestimiento 套管打捞筒

enchufe para varilla de bombeo 抽油杆打捞筒

enchufe para varilla de succión 抽油杆打捞筒

enchufe pescatubo 油管打捞筒

enchufe porta-lámparas 灯头插座

enchufe rígido 刚性打捞筒

enchufe sólido para cable 电缆刚性打捞筒

enclavamiento 连锁装置,互锁,联锁;用钉子

E

enclavar
钉住

enclavar 用钉子钉住；放置，安放，安置；刺穿，穿透

enclavar cañería 固定管材；放置管材

enclave 飞地；包体；孤立的小块地区

enclavijado 销子连接

enclavijar 销牢，钉紧，拧紧，栓接

encobrado 包铜的，镀铜的，含铜的；包铜，镀铜

encobrado electrolítico 电镀铜法

encobrar 用铜（皮）包，用铜板盖，镀铜

encofrado 巷道支柱；（在矿井、坑道）搭木支架；（矿井、坑道的）木支架；模板

encofrado de lodo 泥渣分离箱

encogimiento 缩水；收缩，缩回；缩减，缩小

encomendamiento 托付，委托

encordar 穿绳，装绳，滑车装绳

encorvado 弯曲的，弄弯的

encorvadura 弯曲；偏向；狗腿（井身局部段突然弯曲）；弯曲的井架腿；管接口的折角

encorvadura en ángulo recto 直角弯曲

encorvar 弄弯，使弯曲

encostramiento 结块，结滤饼

encrinita 海百合灰岩

encuadernación 装订，装订式样；书皮，封面

encuadernación en rústica 平装

encuadernador 装订工人；订书钉

encubrir 盖住，遮盖，掩饰

encuelladero 二层台，架工操作台，猴台

encuelladero de revestidor 套管平台，套管扶正台

encuelladero de revestimiento 套管平台，套管扶正台

encuelladero para cuádruples 立根

encuellador 井架工

encuellamiento 对扣

encuesta 调查；民意测验；民意测验记录（或结果）

encuestar 调查；进行民意测验

encuñamiento 楔入，楔固

endecágono 十一边形，十一角形；十一边形的，十一角形的

endelionita 车轮矿

endentado 锯齿形的；啮合的

enderezado 矫直的，弄直的

enderezador 矫直器，调直机，直管器；管子整形器

enderezador de vástago 钻杆矫直器

enderezador hidráulico de barras de sondeo 液压钻杆矫直器

enderezador hidráulico de vástagos 液压钻杆矫直器

enderezadora 矫直器，直管器，调直机

enderezamiemto 弄直；复原，正位

enderezar 使直，弄直；立起，扶直；调整，纠正，补救

endo- 前缀，含有"内部的，里面的"之意

endoble （每周交接班时赶上的）连续两班；连班

endógeno 内成的，内生的

endomórfico 内变质的；内容矿物的；包裹晶的；矿物（或岩块）中产生的

endomorfismo 内变质，内变质作用，自同态

endomorfo 内容体，内容矿物

endosfera 地心

endosmómetro 内渗计

endósmosis 内渗透，内渗现象

endosmótico 内渗的

endotérmico 吸热的，吸热反应的；内热的

endulzamiento （水的）软化；脱硫，脱硫作用

endulzamiento cúprico Linde 林德铜脱硫法

endulzamiento del agua 水软化

endulzamiento Perco por cobre 培柯铜盐脱硫

endulzamiento por hipoclorito 次氯酸盐法脱硫

endulzamiento por inhibidor 抑制剂脱臭法

endulzar 脱硫；使变甜

endulzar el petróleo 原油脱硫

endulzar por aire 空气氧化脱硫，空气氧化脱臭

endurecedor 硬化剂

endurecedor de cemento 水泥硬化剂

endurecer 使变硬，使坚固；变坚固，变硬，硬化

endurecido 硬化的，固结的

endurecido a la llama 火焰淬火的

endurecido al aire 空气淬火，空气硬化，气冷硬化

endurecimiento 坚硬；变硬，硬化；淬火

endurecimiento superficial 表面硬化，表面淬火，表面渗碳硬化

eneágono 九边形，九角形；九边形的，九角形的

energía 能，能量，能源；效能，效力；力气，力量

energía absorbida 吸收的能量

energía alternativa 替代能源

energía aparente 表观功率

energía atómica 原子能

energía calorífica 热能

energía cinética 动能

energía complementaria 余能

energía convencional 常规能源

energía de enlace 结合能，键能

energía de fusión 聚变能

energía de impulso 驱动能量

energía de las olas 波能

energía de traslación 平动能，平移能
energía del mar 海洋能量
energía del movimiento molecular 分子动能
energía del yacimiento 储层能量，油层能量
energía desarrollada 有效能量，实际能量
energía dinámica 动能
energía disponible 有效能，可利用能
energía eléctrica 电能
energía electromagnética 电磁能
energía en las horas de menor consumo 非峰值
　能量，非最大能量
energía eólica 风能
energía errática 流动能，移动能，不稳定能
energía específica 比能
energía geotérmica 地热能
energía gravitacional 重力能
energía hidráulica 水能
energía hidroeléctrica 水电能量
energía interna 内能
energía interna específica 比内量
energía ionizada 电离能
energía libre 自由能
energía libre de baja superficie 低表面自由能
energía libre de la superficie líquida 液面自由能
energía libre de superficie 表面自由能
energía mareal 潮汐能，潮能
energía mareomotriz 潮汐能，潮能
energía mecánica 机械能
energía natural 天然能量
energía natural del yacimiento 油藏的天然能量
energía neta en caballos 有效马力
energía nuclear 核能
energía potencial 势能，位能
energía potencial gravitacional 重力势能
energía primaria 一次能源，原始能量
energía química 化学能
energía radiada 辐射能
energía renovable 可再生能源
energía secundaria 二次能源
energía solar 太阳能
energía superficial 表面能
energía térmica （由燃烧而得的）热能
energía térmica residual 剩余热能，残余热能
energía utilizable 可利用能源
enérgido 活质体，活动质
energizar 使…通电，供给…能量；使…磁化，
　使（电磁体）励磁
enfermedad 疾病；弊病
enfermedad ocupacional 职业病
enfermedad profesional 职业病
enfilar 使排成行；把…对准；穿线于；把…穿
　成串
enfilar el cable de perforación 穿大绳；装绳

enflejado 带状的，有条纹的
enfocado 调焦，聚焦
enfocador 检像镜，取景器
enfocar 使聚焦，调整（透镜、镜头等的）焦
　距；把光投向，使光线对准；分析，研究
enfoque 对焦点，聚焦；对准光线，光线投向；
　分析，研究，观察
enfoque de ecuación del estado 状态方程分析
enfoque ecosistémico 生态系统分析，生态系统
　聚焦
enfoque electrostático 静电聚焦
enfoque esférico o microesférico 微球测井，微
　球测井工具
enfoque por etapas 分阶段研究
enfoque previsor 预见性研究
enfriadera 冷却器
enfriadero 冷却室；冷藏库
enfriado 被冷却的
enfriado por aceite 油冷的，油冷式的
enfriado por agua 水冷
enfriado por aire 气冷
enfriador 冷藏库，冷却室；冷却装置；冷冻机
enfriador atmosférico 常压冷却器
enfriador de agua 水冷却器
enfriador de aire 空冷器，空气冷却器
enfriador de cortina 帘式冷却器
enfriador de espiral en caja 箱内旋管式冷却器
enfriador de gas 气体冷却器，煤气冷却器
enfriador de parafina 石蜡冷却器
enfriador de serpentín en caja 箱内旋管式冷却
　器，箱内蛇管式冷却器
enfriador de tubos doble 串心管冷却器
enfriador del catalizador 催化剂冷却器
enfriador del motor 发动机冷却单元
enfriador interetapa 中间冷却器
enfriador intermedio 中间冷却器
enfriador reactor 反应器冷却器
enfriador tubular 管式冷却器
enfriamiento 激冷，速冻，冷淬
enfriamiento a presión constante 等压降温，恒
　压冷却，近等压冷却
enfriamiento al aire 风力冷却
enfriamiento con aceite 油冷，用油冷却
enfriamiento de la atmósfera 大气冷却
enfriamiento de las válvulas 气门冷却，阀门
　冷却
enfriamiento en el recipiente de agua fría 在冷水
　容器中冷却
enfriamiento forzado 强迫冷却
enfriamiento intermedio de los gases de escape 废
　气的中间冷却，排出气的中间冷却
enfriamiento por agua 水冷，水冷法
enfriamiento por aire 气冷，风冷却，空气散热

E

enfriamiento por evaporación 蒸发冷却，蒸发冷却法

enfriamiento por hidrógeno 氢冷却

enfriamiento por radiación 辐射冷却

enfriamiento por submersión 淬火，急冷

enfriamiento rápido 淬火，急冷，骤冷

enfriamiento súbito 淬火，急冷，骤冷

enfriar 冷却，使变冷

enganchado 钩住的，挂住的，钓住的

enganchador 井架工，架工

enganchar 钩，钓，把…挂在（钩）上；使（水管等）有倾斜度

enganchar al elevador 扣好吊卡

enganchar una varilla a los elevadores 扣好抽油杆吊卡

enganche 钩住；钩子，车钩

enganche automático 自动挂钩

enganche de arranque 启动器锁销

enganche de rosca filete 螺纹连接

enganche directo 直接连接的

enganche magnético 磁闭锁，磁性闩锁

enganche por choque 撞击扣接

engarce （用金属丝）串起；镶嵌

engarfar 钩住，把…挂在钩上；把…穿成串

engargante （轮齿的）啮合

engargolado （拉门等的）滑槽，槽道；舌槽式接合，企口结合

engargoladura 舌槽式接合，企口结合；槽，沟

engargolar 使舌槽式接合，使企口式接合

engatillado （金属板的）拼接；咬接；（使用夹具的）固定件

engatillar 使（金属板）咬口接合，（用夹具等）夹紧；夹住，固定

engomado 含胶的，胶粘的

engomar 用胶水粘；上胶；胶接，胶合，给…上浆

engoznar 给…装上绞链；用绞链接合

engranado 齿合的，啮合的，齿轮传动的

engranaje （齿轮的）啮合；齿轮；齿轮传动装置；（一部机器的）齿；连接

engranaje a tornillo sin fin 螺旋齿轮，蜗轮传动装置；螺杆传动机构

engranaje anular de la mesa 转盘齿圈

engranaje biselado 伞齿轮，锥齿轮，斜齿轮

engranaje cilíndrico 直齿圆柱齿轮

engranaje compensador 差动齿轮；补偿装置

engranaje conductor 太阳齿轮

engranaje cónico 斜齿轮

engranaje cónico 锥形齿轮，斜齿轮

engranaje cónico de dentado espiral 螺旋齿轮

engranaje cónico en ángulo recto 等径伞齿轮

engranaje cónico helicoidal 螺旋伞齿轮，螺旋锥齿轮

engranaje corredizo 滑动齿轮

engranaje de alta velocidad 高速齿轮

engranaje de ángulo 斜齿轮

engranaje de arranque 启动齿轮，启动装置；启动卡爪

engranaje de baja velocidad 低速齿轮

engranaje de bomba 泵齿轮

engranaje de cambio de marcha 变速齿轮，变换齿轮

engranaje de cambio de velocidad 变速齿轮

engranaje de cola de pescado 人字齿轮

engranaje de dientes angulares 双螺旋齿轮，人字齿轮

engranaje de dientes de espuela 正齿轮，直齿圆柱齿轮

engranaje de dientes helicoidales 斜齿轮，螺旋齿轮

engranaje de dientes interiores 内啮合齿轮

engranaje de dientes rectos 正齿轮，直齿轮

engranaje de distribución 正时齿轮

engranaje de distribución del encendido 定时齿轮，定时机构

engranaje de espinas de arenque 人字齿轮

engranaje de espuela 正齿轮

engranaje de evolvente 渐开线齿轮

engranaje de fricción 摩擦齿轮；摩擦传动装置

engranaje de hipérbola 双曲线齿轮

engranaje de impulsión 主动齿轮，传动齿轮

engranaje de inversión de marcha 回动齿轮，反向齿轮，逆动齿轮

engranaje de la mesa rotativa 转盘齿轮

engranaje de mando 主动齿轮，传动齿轮，传动机构

engranaje de mando de la bomba 泵传动齿轮

engranaje de marcha atrás 换向齿轮，回动齿轮，倒车齿轮

engranaje de multiplicación regulable 变速齿轮

engranaje de piñón 行星齿轮，小齿轮

engranaje de piñón de mando 主动小齿轮

engranaje de piñón y cremallera 齿轮齿条装置

engranaje de primera velocidad 低速齿轮

engranaje de reducción 减速装置；减速齿轮

engranaje de reducción en el eje trasero 后轴减速齿轮

engranaje de retroceso 回动装置；回动齿轮

engranaje de rueda helicoidal 蜗轮传动装置

engranaje de tornillo sin fin 蜗轮，螺旋齿轮传动

engranaje del ábol de levas 驱动齿轮

engranaje del eje de levas 凸轮装置，凸轮轴齿轮

engranaje del motor 电动机齿轮，发动机齿轮

engranaje desmultiplicador 减速齿轮

engranaje diferencial 差动齿轮

engranaje doble helicoidal 双螺旋齿轮

engranaje en ángulo 伞齿轮，锥形齿轮，锥齿轮

engranaje en bisel 伞齿轮，斜齿轮

engranaje epicicloidal 外摆线齿轮，外摆线形齿轮

engranaje espina de arenque 人字齿轮

engranaje espina de pez 人字齿轮

engranaje espiral 斜齿轮，螺旋齿轮

engranaje helicoidal 螺旋齿轮，斜齿轮

engranaje hipoidal 准双曲面齿轮

engranaje impulsor 主动齿轮，传动齿轮

engranaje interior 内啮合齿轮

engranaje intermedio 二挡齿轮，中速齿轮，中间齿轮

engranaje interno 内齿轮

engranaje inverso 换向齿轮，反向齿轮，回动齿轮

engranaje inversor 回动齿轮，逆动齿轮，回动装置，反向齿轮

engranaje lateral 半轴齿轮，侧面齿轮

engranaje loco 空转齿轮，惰轮

engranaje para cadena de rodillos 滚子链轮，滚柱链轮

engranaje planetario 行星齿轮，行星式齿轮

engranaje principal 大齿轮，主齿轮

engranaje recto 正齿轮

engranaje reductor 减速装置，减速齿轮

engranaje reductor de velocidad 减速装置，减速齿轮

engranaje regulador del encendido 定时齿轮，定时机构，同步齿轮

engranaje satélite 行星齿轮

engranaje secundario 副齿轮

engranaje trabador 锁定装置，锁定齿轮

engranaje transmisor 主动齿轮，传动齿轮，传动机构

engranar 使啮合；使连贯，使相连

engrane 齿轮装置；传动装置；(齿轮的)传动，啮合

engrapadora 订书机

engrapar 用卡钉钉住，用两脚钉钉住，用扒钉固定

engrasación 擦油，涂油，润滑

engrasadera 油杯，滑脂杯

engrasado 润滑剂；滑脂枪；润滑脂注入器；润滑工

engrasador 注油的；加油工；注油器，润滑器，油壶

engrasador a presión 黄油枪，滑脂枪，润滑脂枪，挤黄油器

engrasador de aguja 针孔润滑器，针孔油枪

engrasador de caudal (goteo) visible 可视给油润滑器

engrasador de caudal variable 可给油润滑器

engrasador de copa 滑脂杯

engrasador de pistola 黄油枪，滑脂枪，润滑脂枪

engrasadora 黄油枪

engrasar 给…擦油，涂油于；使润滑；使沾上油污

engrasar roscas 给螺纹涂油

engrase 涂油，擦油，上油；润滑；润滑油，润滑剂

engrase a presión 压力润滑，加压润滑

engrase exagerado 过度润滑

engrase forzado 压力润滑

engrase por anillos 油环润滑法

engrase por mecha 油绳润滑法

engrase por presión 强制润滑，加压润滑

engravar 用砾石铺 (路等)

engravilladora 铺砂机

engredar 涂漂白土于

engrilletar 用链环连接，用铁环连接

engrosamiento 变厚，变粗；加厚，增厚

engrosar 使变厚，使变粗；使增厚

enhebrar 穿绳，穿线于；穿 (珠子等)

enhebrar el cable 穿绳，装绳

enhirita 含水矿物

enjarciar (给船只) 装上索具

enjaretado 格子，框格，栅格，笆条，木板栅栏

enjebe 明矾

enjimelgado 成对的，耦合的，连接的

enjimelgar 使偶合，耦合，匹配，连接

enjuagar 洗，涮，漂，漱

enjuagar tubería de perforación 清洗钻杆

enjuague 漂清，冲洗；漱口水，漱口杯

enjugador 擦拭器，刮水器；烘干器；干燥器，烘箱

enjugador automático (汽车) 刮水器，雨刷

enjugador de cable (电缆或钢丝绳) 橡胶刮油器；电缆 (或钢丝绳) 刮子

enjugador de tubería 油管橡胶刮油器；管材刮子

enjugador de tubería vástago 钻杆橡胶刮泥圈，钻杆刮子

enjugar 把…弄干，擦干；使干燥；清偿 (债务)，弥补 (赤字)

enjunque 压载，压舱物；装压载，装压舱物

enlacado 上漆，漆涂层，漆沉积

enlace 联系，联系物；联系人，中间人；键，键合；(原子的) 聚合

enlace compatible 通用链节

E

enlace común 总线；共用连接
enlace cruzado 交联，交联作用
enlace de anotaciones 记录中继线
enlace de comunicación 通信联络
enlace de transmisión de datos 数据传输线路，数据传送装置，数据链路
enlace de valence 价键
enlace de valencia （化合）价键，价键耦合
enlace doble （化学）双键
enlace electrovalente 电价键，离子键
enlace fatal 死锁（现象）
enlace final 端键
enlace insaturado 不饱和键
enlace iónico 离子键
enlace lógico 逻辑联系
enlace polar 极性键
enlace químico 化学键
enlace semicíclico 半环键
enlace semipolar 半极性键
enlace terminado en clavija 端接插塞中继线
enlace triple 三键
enlaces de correa 皮带接扣
enlaces dobles conjugados 共轭双键
enlaces organosulfurados 有机硫键合
enlazar 联结，连接，使联系在一起，束，系，相衔接
enlodar 泥封，灌泥浆，造壁
enlucido impermeable a los gases 气封
enmascarar 戴面罩，戴面具，掩饰，伪装
enmendar 改正，修正，修改，调整，矫正，补偿，弥补
enmohecer 使生锈，报废，变成废物
enmohecimiento 发霉；长锈，衰退；失效
enneadecágono 十九边形
ENOS (oscilación sur de El Niño) 厄尔尼诺—南方振荡现象，英语缩略为 ENSO (El Nino Southern Oscillation)
enquiciar 使铰接，使入槽，把（门、窗等）放入转轴眼里
enrarecimiento （氧气）稀少，（空气）稀薄，变薄，稀释
enrarecimiento del aire 空气稀薄
enrarecimiento del oxígeno 缺氧，亏氧；氧气稀少
enrasar 整平，砌平，修平，使（溶液）在同一水平
enrasar una vasija 使容器刚好装满
enredadera 攀缘的，攀缘植物，蔓生植物
enrejado 围有（铁）栅栏的；（门、窗等的）格栅，铁栅
enrejado de protección de escalera de torre 井架安全保护笼，钻塔楼梯保护栅栏
enrejado de seguridad 安全保护笼，安全防护

栅栏
enriquecer 使…富裕；使丰富；使肥沃，富集，浓缩
enriquecimiento 丰富，充实；浓缩，增加…的浓度（或含量）；富集；富化
enriquecimiento secundario 次生富集作用
enrollado 盘成螺旋形的，盘绕的，旋卷的，卷着的
enrollador 盘管机，卷线机；卷轴，线轴；卷的，使成卷状的，缠绕的
enrollador de manguera 卷管机
enrollamiento 卷，成卷状，缠绕
enrollamiento helicoidal 螺旋形绕卷，螺旋形缠绕
enrollar 卷，使成卷状，缠，绕，缠绕
enromar 使钝，使不锋利
enromar la mecha 使钻头钝化，弄钝钻头
enroscado 有螺纹的
enroscadura 使呈螺旋形；拧（螺钉）；缠绕，攻丝，扣纹
enroscar 使呈螺旋形；拧（螺钉）；缠绕，盘绕
enroscar la tubería de revestimiento 接套管单根
enroscar la tubería o vástago 接钻杆或抽油杆单根，接单根
enroscar un tubo a una columna de barras de sondeo 接单根
enroscar una junta 连接钻杆，上钻杆
enrosque de revestimiento 套管螺纹
enrosque de tubería de perforación 钻杆上扣
ensamblado 组装的，组配的；榫接工程
ensamblador 装配器；接合工，装配工
ensambladura 榫接，拼合
ensambladura a cola de milano 鸠尾结合，鸽尾结合
ensambladura a pico de flauta 斜嵌连接
ensambladura biselada 斜接
ensambladura de almohadón 榫齿接合
ensambladura de bayoneta 插销接合
ensambladura de caja y espiga 交叉连接，十字形连接
ensambladura de inglete 斜（面）接合
ensambladura francesa 嵌接，斜接
ensambladura lengüeta y ranura 企口结合
ensambladura machiembrada 企口接合，舌槽接合
ensambladura media madera 半嵌槽舌接合
ensamblaje 接合；榫接；拼接；组装，装配，（计算机）汇编
ensamblaje de fondo de pozo 底部管柱结构，井底部钻具组合，底部钻具组合
ensamblaje de freno 刹车总成
ensamblaje de pozo inferior (EPI) 井底钻具组

合，底部管柱结构

ensamblaje de taladro　安装钻机

ensamblaje en sitio　现场连接，现场组装

ensamblajes pendulares　柔性组合

ensamblar　安装，装配，组装；接合，拼装，榫接

ensamblar a cola de milano　鸠尾榫接，鸠尾接合

ensamble　接合；榫接；拼接

ensamble de eslabón principal　子母环

ensamble eslabón principal soldado　强力子母环

ensamble sacamuestras　连接取心装置

ensanchable　可扩张的，可扩展的，可膨胀的，可扩大的

ensanchador　扩眼钻头，扩孔钻头；扩孔器，扩眼器

ensanchador de agujeros　扩孔器，扩眼钻头

ensanchador de barras de acero　扩管器，钢管扩口器

ensanchador de caños　胀管器，扩管器

ensanchador de doble aleta　双翼扩眼器

ensanchador de fondo　井底扩眼器

ensanchador de tres aletas　三翼扩眼器

ensanchador de tubos　胀管器，扩管器

ensanchador hueco　空心扩眼器

ensanchador para pozo piloto　领眼扩眼器

ensanchador redondo　圆形扩眼器

ensanchador rotatorio　旋转扩眼器

ensanchamiento　加宽，扩展；扩孔，铰孔，扩眼

ensanchamiento de la entrada de un tubo　扩管，管口扩展

ensanchamiento del hoyo　扩眼

ensanchamiento y perforación simultánea del hoyo　随钻扩眼，井随钻扩眼（RWD）

ensanchar　加宽，扩展；（钻井）扩眼

ensanchar el fondo　井底扩眼

ensanchar el hoyo hasta un tamaño deseado　将井眼扩至预定大小

ensanchar una perforación　钻井扩眼

ensanchatubos　扩管器，管子扩口器

ensanche　加宽，扩展；扩充；扩大的部分；扩展部分

ensanche de banda　频带扩展

ensanche del hoyo　扩眼

ensartamiento　连接管柱形成升下管柱串

ensartar　把…穿成串；穿线子；把…刺穿

ensayador　试验器，检验器，测试器

ensayador de absorción de un serpentín　蛇管吸收作用测试器

ensayador de absorción Newton　牛顿（流体）吸收试验装置

ensayador de aceite　油测试仪，检油器

ensayador de capas　地层测试器，地层试验器

ensayador de la formación por la tubería vástago　钻杆（地层）测试器，地层测试器

ensayador Pensky Martens　宾斯基—马丁油品闪点测定仪

ensayador portátil de absorción con aceite　通过油做检定的便携式吸收测试器

ensayador Riehlé　里尔测试仪

ensayar　试验；检验，测定；演习，排练，教练

ensayo　鉴定，试验；测试；排演，排练

ensayo a baja temperature　低温试验

ensayo a compresión　抗压试验

ensayo a escala natural　自然规模的试验

ensayo a fuego　火试金；火试验，耐火试验

ensayo a la tracción　拉力试验，抗拉试验，拉伸试验，张力试验

ensayo a plena surgencia　完全放喷试验

ensayo al choque　碰撞试验

ensayo audible　声频测试

ensayo con ondas de choque　冲击波试验

ensayo crítico　破坏性试验

ensayo cualitativo　定性测试

ensayo de abrasión　耐磨试验，磨损试验

ensayo de acumulación　蓄压试验

ensayo de adherencia　黏结试验

ensayo de aislamiento　绝缘试验

ensayo de alargamiento　扩管试验

ensayo de aplastamiento　压扁试验

ensayo de aptitud　适应性试验，性能试验

ensayo de arranque　扯裂试验

ensayo de calidad　质量鉴定

ensayo de choque　冲击试验，撞击试验

ensayo de corrosión　腐蚀试验

ensayo de desmulsiónable　反乳化试验

ensayo de detonancia　爆震率测试，抗暴性测试

ensayo de disrupción　耐（电）压试验

ensayo de doblado（plegado）　弯曲试验

ensayo de duración　使用期限试验

ensayo de dureza　硬度试验

ensayo de emulsión　乳剂试验

ensayo de escurrimiento　凝固点试验，倾点试验

ensayo de evaporación　蒸发试验，汽化度测定

ensayo de fatiga　疲劳试验

ensayo de flexión　弯曲试验

ensayo de floculación　凝絮试验

ensayo de floculación de los aceites lubricantes　润滑油絮凝试验

ensayo de fluencia　蠕变试验

ensayo de flujo lateral a pozo abierto　裸眼井侧流试验

ensayo de formación　地层测试

ensayo de fuerza de tracción　拉动试验，牵引

试验

ensayo de inflamación 燃烧试验

ensayo de laboratorio 实验室试验，室内实验

ensayo de materiales 材料试验

ensayo de maza caediza 落锤试验

ensayo de minerales 矿石分析

ensayo de oxidación 氧化试验

ensayo de penetración 针入度试验，针入度测定，贯入试验

ensayo de percusión 冲击试验，撞击试验

ensayo de pérdida 漏失测试，漏失试验

ensayo de perforación 穿孔试验，钻孔试验

ensayo de permeabilidad 渗透性试验，渗透试验

ensayo de petróleo al plumbito sódico 检硫试验

ensayo de pilas 电池测试

ensayo de plegado alternativo en sentido inverso 回弯试验

ensayo de pliegue 弯曲试验

ensayo de porosidad 孔隙性试验

ensayo de pozo 试井，油气井测试

ensayo de precipitación 沉淀试验

ensayo de producción 试油，试采

ensayo de producción potencial 产能测试

ensayo de protección 保护试验，防护试验

ensayo de punzonado 扩孔试验

ensayo de PVT (presión-volumen-temperatura) 高压物性试验

ensayo de reacción exotérmica por ácido 酸热试验

ensayo de recepción 验收试验

ensayo de receptancia 敏感性试验

ensayo de reducción Kauri Kauri 还原试验

ensayo de resiliencia 冲击试验

ensayo de resistencia al calor 耐热试验，热试法

ensayo de resistencia al choque 冲击试验，撞击试验，抗击试验

ensayo de resistencia al martillo-pilón 落锤试验

ensayo de resistencia de flexión (doblado) 弯曲试验

ensayo de rotura 破坏性试验

ensayo de sedimentación y agua 储罐或容器底部沉淀及水封试验

ensayo de solubilidad 溶解性试验

ensayo de surgencia libre 敞喷测试，敞喷试验

ensayo de templabilidad 淬透性试验

ensayo de tracción 拉力试验

ensayo de vibración 振动试验

ensayo dieléctrico 介质试验

ensayo dinámico 动态试验

ensayo en carretera 行车试验

ensayo en crisol abierto 开杯闪点试验

ensayo en frío 冷态试验，凝冻试验

ensayo en laboratorio 室内试验

ensayo en montaje 安装调试

ensayo estático 静态试验

ensayo físico 物理试验

ensayo límite 断裂试验

ensayo negativo 负结果，反试验

ensayo no destructivo 无损试验，非破坏性试验

ensayo por cuchareo 提捞试验

ensayo por pistonaje 抽吸试验

ensayo por tamizado 筛分试验，筛分分析

ensayo por vía húmeda 湿试法

ensayo por vía seca 干法化验

ensayo práctico 实用性试验

ensayo Reid de tensión de vapor 雷德蒸气压试验

ensayo selectivo 选择性试验

ensayo sobre carretera 行车试验，路面试验

ensayo sobre el terreno 地面试验，田间试验

ensayo taladrado 钻孔试验

ensayo térmico 热试验，加热试验

ensayo ultrasónico 超声试验

ensayo Waters de carbonización Waters 碳化试验

ensenada 海湾，河湾，港湾

ensenada larga del mar 峡湾，海湾

ensenado 凹形的，内弯的

ensillada 鞍形山

ENSO (oscilación sur de El Niño) 厄尔尼诺—南方振荡现象，圣婴现象，英语缩略为 ENSO (El Nino Southern Oscillation)

ensortijamiento 弯曲，弯折；(绳索等的) 纽结，打结，绞缠

enstatita 顽辉石，球陨石

ensuciamiento 结垢；弄脏，变污，玷污

ensuciar 弄脏，弄污，污染；玷污

entablado 地板；木板架；木结构；用木板盖的，用木板加固的

entabladura 木板盖，木板围；用木板加固

entablar 铺以厚板，在…上铺板；用板固定

entable 木板盖，木板围；用木板加固

entalingar 拴住 (锚)，用钩链连接

entalladura 雕，刻，雕刻；榫，榫眼；切口

entalpía 焓，热函 (热力学单位)；(单位质量的) 热含量

entalpía de reacción 反应焓

entalpía de transición 转变焓

entalpico 焓的，热含量的

entarimar 用木板铺，给…铺地板

enterizo 全部的，整个的；由整根 (块) 构成的，整料的

enterrado 埋藏的，掩埋的，藏匿的

enterramiento 埋藏；接地

enterramiento a poca profundidad 浅层掩埋；

浅层地下填埋处理

enterramiento electrostático　静电接地

enterramiento en los fondos marinos　海底埋藏；海底埋设

enterramiento por empuje　推力埋藏；推力掩埋

enterrar　把…埋在地下，埋藏，藏匿

enterrar la basura　垃圾填埋

enterrar tubería　将管线埋入地下；管子埋设

entesamiento　增强，增加强度；绷紧

entibación　支撑；支撑架

entibación provisional　临时支撑

entibiadero　冷却场，冷却室

entibo　支柱，台，墩；坑木，支架；基础；依靠；依托

entidad　实体，存在；单位，组织，集体，机关

entidad de investigación　科研实体

entidad intergubernamental　政府间机构

entidades taxonómicas en peligro de extinción　遭受危险的生物种，濒危物种

entornillar　拧紧，旋紧；使成螺栓状

entorno　环境，周围状况

entorno extensional　扩张环境

entorpecido　阻碍的，妨碍的，阻止的，抑制的

entrada　进入；加入；入口，进口；门票；收入，进项；输入

entrada de aceite　进油门

entrada de admisión de combustible　燃料进口

entrada de agua　入水口，进水口

entrada de aire　进气口，进气孔；进气

entrada de alimentación　进料口

entrada de combustible　燃料进口

entrada de crudo　进油口；原油入口；进油

entrada de datos　数据输入，数据进入项

entrada de equipos　设备入口；进设备

entrada de fluido　进液口；进液

entrada de gas　进气口；进气

entrada de hombre　人孔，检修孔；罐液观测孔

entrada de marea　进潮口，入潮口

entrada de operación　营业收入

entrada en el sistema　记入，注册，登记；进入系统

entrada en vigor　生效

entrada larga del mar　峡湾

entrada ponderada　加权输入

entrada repentina de gas　井涌，轻微井喷

entrada y salida de la tubería de revestimiento　套管的进出；套管的下入与起出；起下套管

entrada/salida　输入/输出；进口/出口；进/出

entramado　木架构，框架；（金属板的）交错

entrampamiento　圈闭；捕获，捕集

entrampamiento anticlinal　背斜圈闭

entrampamiento de falla　断层圈闭

entrampamiento del hidrocarburos　油气圈闭

entrar　进入；加入，参加

entrar en la formación petrolífera　钻进含油地层，钻进油层

entrar en producción　投产，投入生产

entre etapas　阶段间的

entre paréntesis　括弧内的词语，作为插入成分地，附带说明地

entre pozos　井间的

entrecierre　互锁，联锁，联锁装置；连接，联结

entrecrecimiento　交互生长，共生，交生

entreeje　轴距

entrefase　界面，接口

entrega　递交，交给，交出；交付，交货

entrega a domicilio　送货上门

entrega de estaca en sitio　现场交桩

entrega de la garantía　交付保证金或保函

entrega de la mercancía al costado del buque　船边交货

entrega de los derechos de aduana　海关退税

entrega en el campo　就地交货

entrega personalizada　专人交付；专递

entregar　递交，交给，交出；交付，交货

entregar petróleo　交出原油

entrehierro　（电子）空气隙，（电磁）隙；空隙

entrelaminado　交织的；（地质学）互层的，层间的

entrelazar　安装，连接，联结

entremezclado　混合，掺合，搅拌

entrenado　训练过的，受过训练的

entrenamiento　培训，训练，教练；教练员，训练人

entrenamiento de control de pozo en sitio　现场井控培训

entrerrosca　螺纹接管，螺纹管接头

entrerrosca de cobre de la manguera　铜胶管接头

entrerrosca de la manguera del rey　胶管接头，倒刺接头

entrerrosca hidráulica de la manguera　液压胶管接头

entresaca　挑出，选出，挑选；使变薄，使变稀疏

entronque　连接，接合，相通；汇接点，衔接处，交叉点

entropía　熵，热力学函数

entropía de activación　活化熵

entropía de mezcla　混合熵

entubación　安装管子；下套管

entubado　下完套管的，套管完井的

entubado de retención　下套管

entubamiento　管，管材，管道；套管，油管，水管，导管

entubamiento superior　上部套管

E

entubamiento tipo macarrones 小口径油管，小口径套管；小直径管

entubar 下套管；（在某处）安装管子

entubar a presión 承压条件下下套管，强行下管

entubar en flotación 浮法下套管

entubar tubería con zapato flotador 带浮鞋下套管

enturbiamiento del agua 水的混浊度

envaina 大锤

envasado 装成罐的，罐储的；装入容器；装袋，装箱

envasador 封隔器

envasar 把…装入（适于运输和保存的容器里）

envase 装入，包装；（适于运输和保存的）包装容器

envase cilíndrico 圆筒状容器，圆柱形容器

envase de hojalata 白铁听，镀锡铁皮罐

envase de lata 易拉罐包装；罐头，听，铁筒；白铁听

envase de muestra 取样桶，取样罐

envase de plexiglás 有机玻璃容器

envase para almacenar y transportar químicos 便于储存和运输化学品的包装容器

envase para homogeneizar 均质器，均化器

envases de cristal (o vidrio) para laboratorio 实验室用玻璃器皿

envejecimiento 陈旧，衰老；老化，陈化

envejecimiento acelerado 加速老化，超老化

envenenamiento 中毒；放毒；毒死

envenenamiento accidental 事故性中毒，无意中毒

envenenamiento de las aguas 水中毒

envenenamiento por gas 煤气中毒

envenenamiento por plomo 铅中毒

envergadura 跨度；幅面，范围；规模

enviado 代表，使者，特使，派出的；邮寄的

enviado especial 特派员，特使

enviado por el fabricante 由厂家邮寄的，由制造商邮寄的

enviado por tubería (cañería) 由管道传输的

enviar 派，派遣，差遣，把…送至，使抵达；邮寄

enviar cochino 发射清管器

enviar y recibir el cochino 清管，扫线

envío 派，派遣；发送，发运，邮寄，运抵之物；邮寄之物

envío contra reembolso 付款发送

envío de datos 发送数据；输出数据

envoltura 覆盖物，包装物；包装纸；封套，管外套，外壳

envoltura de eje 轴壳，桥壳，轴盒

envolvente 包封的，包裹起来的；包络线；包络面

envolvente de fase 相包线，相封袋

envolver con cinta 用带子包裹，用带子缠绕

envuelta 覆盖，盖上；覆盖物，包覆材料，套，罩

envuelta calorífuga 保热套

enzima 酶

enzunchar 给…加箍，给…上加固带

EO (afloramiento externo) （岩石等）露出地表；露头

EOA (evento oceánico anóxico) 海洋缺氧事件

eoceno 始新世，始新统；始新世的，始新统的

eolación 风蚀，风蚀作用

eolianita 风成岩

eólico 风的；风成的，风积的，风蚀的

eolípila 气转球；焊灯，喷灯

eolítico 始石器时代的

eolito 始石器，原始石器

eolización 风成作用

eolotropía 各向异性；有方向性

eolotrópico 各向异性的

eón 极漫长的时期；极长时期，万古；千万年，宙（地质年代）

Eón Arcaico 太古宙；太古宇；太古代

Eón Fanerozoico 显生宙；显生宇

Eón Hadeico 冥古宙；冥古宇

Eón Proterozoico 元古宙；元古宇；元古代

Eopaleozoico 始古生代，早古生代；始古生代的，早古生代的

eosforita 磷铝锰矿

eosina 曙红，四溴荧光素

Eötvös corrección 艾特维斯改正，艾维改正，厄缶改正

eozoico 始生代；始生代的

eozoon 原生物

EPI (ensamblaje de pozo inferior) 井底部钻具组合，井底管柱结构，英语缩略为 BHA (Bottom Hole Assembly)

epicentral 震中的，中心的

epicentro 震中，震源，中心，集中点

epiciclo 天轮；周转圆

epicicloidal 圆外旋轮线的，外摆线的

epicicloide 圆外旋轮线，外摆线

epicicloide esférica 球面外摆线

epicicloide plana 圆外旋轮线，外摆线

epiclástico 外力碎屑的，表生碎屑的，外生碎屑的

epiclorhidrina 表氯醇（用于橡胶制造等）

epicontinental 陆表的，陆缘的，陆架的，浅海的

epidiorita 变闪长岩

epidosita 绿帘石岩

epidota 绿帘石

epidotización 绿帘石化作用

epigénesis 后生作用，表生作用，外成作用；后成说，渐成说

epigenético 表成的，后成的，外生的，外成的

epilimnio, epilimnion 变温层，温度跃层

epimagma 外岩浆

epimerización 差向（立体）异构化

epímero, epimero 差向（立体）异构体，差位（立体）异构体

epírico 大陆边缘的，陆缘的

epirocas 浅带变质岩，浅海变质岩

epirogénesis 造陆作用，造陆运动

epirogenia 造陆运动，造陆作用

epirogénico 造陆的

epirroca 浅带变质岩，浅海变质岩

episodio 事件，情节，故事；插曲，片断

episodio de contaminación 污染事故，污染事件

episodio de contaminación atmosférica 大气污染事件

epistilbita 柱沸石

epitaxia （晶体）取向附生，外延附生

epitermal （矿脉、矿床）浅成热液的

epitérmico 超热（能）的

epizona 浅带，浅成带，浅变质带

EPM (emboladas por minuto) 冲程／分，每分钟冲程数，每分钟冲数，英语缩略为 SPM (Strokes Per Minute)

época 时期；年代；时代，期，纪，世（地质年代）

Época Eoceno 始新世；始新统；始新系

Época Glacial 冰川世，冰期

Época Holoceno 全新世；全新统

Época Interglacial 间冰期

Época Mioceno 中新世；中新统

Época Oligoceno 渐新世；渐新统

Época Paleoceno 古新世；古新统

Época Pleistoceno 更新世；更新统

Época Plioceno 上新世；上新统

Época Postglacial 后冰期

epoxi 环氧基树脂，环氧树脂；环氧的，环氧化物的

epoxi azul 蓝色环氧树脂

epóxido 环氧化物

epoxietano 环氧乙烷

EPP (equipo de protección personal) 个体防护装备，英语缩略为 PPE (Personal Protective Equipment))

epsomita 泻盐矿

eptano 正庚烷，庚烷

eptodo 七极管，五栅管

ecuación algebraica 代数方程

equiángulo 等角的，角度不变的

equiatómico 等原子的

equiaxial 等轴的

equicohesivo 等内聚的

equiconvergencia 同等收敛性

equidad 公正，公平；（条约各方之间的）平等

equidensidad 等密度，等（光学）密度线

equidiferencia 等差

equidimensión 等尺寸，同大小

equidimensional 等大的，等量纲的，等尺度的

equidireccional 等方向的

equidistancia 等距离

equidistante 等距的，等距离的

equidistrbución 等分布

equifinal 同样结果的，等效的

equifinalidad 异因同果，等效

equifrecuencia 等频

equigranular 等粒的，等粒状的；等粒状，粒度均匀状

equilátero 等边的，等侧的，两侧对称的

equilibrado 平衡的，均衡的

equilibrado electrónico 电子平衡法

equilibrado neumáticamente 气动平衡的

equilibrador 平衡物，均衡器；平衡梁，衡杆

equilibradora 均衡器，平衡器臂

equilibrante 平衡的

equilibrar 使平衡，使保持平衡，使均衡；使均匀，使协调

equilibrar los depósitos de petróleo o agua en un buque 平衡船内的油舱或水舱

equilibrio 平衡（性，状态），均衡，稳定，相称

equilibrio absoluto 绝对平衡

equilibrio adiabática （气象）绝热平衡

equilibrio biogeológico 生物地理平衡

equilibrio biológico 生物平衡

equilibrio calorífico 热量平衡

equilibrio de fase 相平衡

equilibrio de impulsión 动量平衡，冲力平衡

equilibrio de líquido y vapor 液汽平衡

equilibrio de vaciado inyección-producción 注采平衡

equilibrio del horno 炉平衡

equilibrio del ozono 臭氧平衡

equilibrio dinámico 动平衡，动态平衡

equilibrio ecológico 生态平衡

equilibrio entre sólido y líquido 固液平衡

equilibrio hidrófilo 亲水亲油平衡值，HLB 值 (Hydrophilic Lipophilic Balance) 值

equilibrio hidrosalino 水盐平衡

equilibrio indiferente 随遇平衡，中性平衡

equilibrio inestable 假平衡

equilibrio integral 综合平衡

equilibrio material 物质平衡，物料平衡，物资平衡

E

equilibrio mecánico 机械平衡

equilibrio metaestable 亚稳平衡

equilibrio neutral 随遇平衡，中性平衡

equilibrio químico 化学平衡

equilibrio radiactivo 放射性平衡

equilibrio secular 长期平衡，久期平衡，永恒平衡

equilibrio temático 争论点平衡，课题平衡，问题平衡

equilibrio térmico 热平衡

equilibrio termodinámico 热力学平衡

equilibrio verdadero 真平衡，真稳定平衡

equilibrio volumétrico de los fluidos de un yacimiento en producción 油田开发过程中的液体体积平衡，在产油藏中的流体体积平衡

equilibristato 平衡计

equimolecular 等分子数的，克分子数相等的，等分子的

equinoccio 二分点，昼夜平分时

equinopsina 刺头碱

equipado con un dispositivo reductor de la contaminación 配套减少污染装置的

equipamiento 配备，装备，(必需品的)供给；设备；(装备的)器材，用品

equipamiento auxiliar 辅助设备，外围设备

equipamiento de fondo del pozo 井底钻具组合

equipamiento de la plataforma de perforación 钻井平台装备

equipamiento eléctrico 电器设备

equipar 装备，配备；为…提供用品

equiparar 匹配，比较，对比；相提并论

equipartición 均分

equipo 配备，装备；用品，器械，用具，组，队，班子

equipo a presión 承压设备

equipo antigas 防毒器材

equipo autoelevable de perforación 自升式钻机，自举式钻井装置

equipo auxiliar 辅助设备，备用设备

equipo auxiliar de taladro de perforación 钻机辅助设备，钻机备用设备

equipo combinado de perforación 两用钻机，复合式钻机，冲击旋转联合钻机

equipo completo 成套设备

equipo congelador por intercambio 交换式致冷装置

equipo criogénico 致冷装置；低温设备

equipo crítico 关键设备

equipo de absorción 吸收装置

equipo de arranque 开采设备，回采设备

equipo de autocontenido 正压式空气呼吸器

equipo de bombeo 抽油设备，泵送设备

equipo de calentamiento 加热设备

equipo de carga y transporte 装运机

equipo de cementación de múltiples etapas 多级注水泥设备

equipo de cementación de pozos 固井设备

equipo de cinta 磁带驱动设备

equipo de circulación 循环设备，循环装置

equipo de combinación 复合式装置，复合式设备（钻机上，常指复合式钻机）

equipo de combustión 燃烧设备

equipo de combustión para quemar combustibles 易燃品燃烧设备

equipo de compactación liviano 轻型压路机，轻型压实装置

equipo de compresores 压缩机组，压缩机装置

equipo de control 控制设备

equipo de control de dirección 导向工具，导向仪

equipo de control de sólidos 固控设备

equipo de control supervisor 监控设备

equipo de día 日班，白班

equipo de elevación 起重设备

equipo de encendido 点火器，点火装置

equipo de enfriamiento por chorro de vapor 蒸汽喷射致冷设备

equipo de entrada 输入设备

equipo de experimentación 实验设备

equipo de exploración 勘探装备，勘探设备

equipo de forja y laminado 锻压设备

equipo de fractura 压裂设备

equipo de hinchamiento lineal 线性膨胀设备

equipo de inhalación manual 人工呼吸器

equipo de levantamiento artificial 人工举升设备，人工举升装置

equipo de levantamiento y rotación 提升和旋转设备

equipo de limpieza de hoyo 洗井设备

equipo de mantenimiento 维修队；维修设备

equipo de núcleo 取心设备，岩心钻具

equipo de orientación 定向设备

equipo de oxígeno con bombona 带氧气瓶的供氧设备

equipo de pavimentación 摊铺设备

equipo de perforación 钻井设备，钻井装置，钻探设备，钻机；钻井队

equipo de perforación a percusión 顿钻设备

equipo de perforación accionado mecánicamente 机械驱动钻机

equipo de perforación autoelevadiza 自升式钻井设备

equipo de perforación con motogeneradores 电动钻机，装有电动发电机的钻机

equipo de perforación eléctrico 电力钻机

equipo de perforación para extraer núcleos 取心

钻机，取岩心钻机

equipo de perforación para hoyos de diámetro reducido 小井眼旋转式钻机，小井眼钻机

equipo de perforación para pozos de explosión 炮井钻机，爆炸井钻机，爆孔钻机

equipo de perforación portátil 轻便钻机，轻便钻探设备

equipo de perforación rotativa 回转钻进设备，旋转钻井设备

equipo de perforación sumergible 坐底式钻井平台，坐底式钻井船

equipo de primeros auxilios 急救设备

equipo de producción 采油设备，生产装置

equipo de prospección 勘探设备

equipo de prospectores 勘探队

equipo de protección contra sobrevelocidad 限速器

equipo de protección personal (EPP) 个人防护装备，英语缩略为 PPE (Personal Protection Equipment)

equipo de protección respirada 呼吸器

equipo de protección respiratoria 呼吸保护器，呼吸保护装置

equipo de prueba 试验装置，测试器

equipo de radar 雷达设备

equipo de reacondicionamiento de pozos 修井设备

equipo de recipientes de sedimentación 沉降器

equipo de recolección y transferencia de crudo y gas 油气集输设备

equipo de recompletación de pozos 修井设备

equipo de reflexión 反射设备，反射装置

equipo de refracción 折射设备

equipo de registros 记录设备

equipo de registros de onda sísmica 地震检波器，地震波记录装置

equipo de rehabilitación 修井设备

equipo de relevo 备用设备

equipo de reparación 修井设备，修井机

equipo de reparación modular 模块化修井设备（多用于海上采油平台）

equipo de reparación y terminación de pozos 修井及完井设备，修井及完井装置

equipo de reserva 备用设备

equipo de respiración autónoma 自主增压呼吸器

equipo de respuesta a incidentes (IRT) 事故应急小组，事故反应组

equipo de salida 输出设备

equipo de sandblasting 喷砂除锈设备

equipo de servicio 服务设施；服务设备；维修设备

equipo de servicio de limpieza de pozos a vapor 蒸汽洗井装置，蒸汽清井设备；蒸汽清井服务队，蒸汽洗井服务队

equipo de servicio y reparaciones de pozos 服务及修井设备；服务及修井队

equipo de soldadura 焊接设备

equipo de soldadura con argón 氩弧焊接设备，氩弧焊接机

equipo de soldadura de arco eléctrico 电弧焊机

equipo de soldadura eléctrica con corriente alterna 交流电焊接设备

equipo de sondeo 钻机；钻探队

equipo de succión operado con motor eléctrico 电动抽真空机

equipo de superficie 地面设备

equipo de taladrado 钻孔设备

equipo de taller 车间设备，工场设备，机修厂设备，修配厂设备

equipo de terminación de pozos 完井装置，完井设备

equipo de termocupla 热电偶设备

equipo de trabajo 工具，设备，设施；工作组

equipo de transcripción de datos 数据新录设备

equipo de transferencia de masa 传质设备

equipo de transmisión de datos 数据传输设备

equipo de transporte 运输设备；车队

equipo de tratamiento 处理装置，加工设备

equipo de tratamiento de fluido de perforación 钻井液处理设备

equipo de trineo 橇装设备

equipo de vigilancia 地质探测器

equipo eléctrico 电气设备

equipo eléctrico de soldadura por la corriente directa 直流电焊机

equipo eléctrico móvil de soldadura 移动式电焊机

equipo elevador 绞车，提升机

equipo en sitio 现场设备

equipo físico （计算机）硬件，硬设备

equipo general 通用设备

equipo giratorio 旋转设备，旋转装置

equipo impulsado a motriz 原动设备，动力传动装置

equipo iniciador de pozos 开眼钻机

equipo mecánico 机械设备

equipo motogenerador 内燃机发电机组

equipo motriz 电源组，供电组，供电部分

equipo motriz frontal 前置动力设备，前端动力装置

equipo nocturno 夜班班组

equipo para boca de pozo 井口设备，井口装置

equipo para cementación por etapas 分级注水泥设备

equipo para combustibles pulverizados 消耗粉

E

状燃料的设备，粉状燃料设备

equipo para elaboración 工艺设备，加工装置

equipo para entubar a presión 强行下入管柱设备，带压下管设备

equipo para envasado de grasa （密封轴承的）填脂设备，油脂充填装置

equipo para fabricación 制造设备，加工设备

equipo para hacer rollos 卷板机

equipo para iluminación 照明设备

equipo para iluminación con proyectores 泛光照明设备

equipo para indicación a distancia 远距离指示设备

equipo para levantamientos sísmicos 地震爆破设备，地震勘探仪器

equipo para limpieza con chorro de arena 喷砂除锈机

equipo para mantenimiento de pozos 油井维护设备，修井机；油井维修队

equipo para perforación inicial 开眼钻机

equipo para perforación rotativa 回转钻进设备，旋转钻井设备

equipo para perforaciones de diámetro reducido 小井眼钻机，小口径钻机

equipo para preparación de grasa 润滑脂生产设备

equipo para probar muestras de formaciones 岩心试验装置

equipo para probar núcleos 岩心分析设备，岩心试验设备

equipo para prueba hidrostática 流体静压测试装置

equipo para recuperación de azufre 硫磺回收装置

equipo para regulación a distancia 远程控制设备

equipo para remoción de coque 除焦设备

equipo para sacar núcleos 取心设备

equipo para suabeo 抽汲设备

equipo para terminación de pozo 完井设备

equipo perforador a patas 升降式钻机，自举式钻探平台，自升式钻井平台

equipo perforador portátil 轻便钻机

equipo perforador rotativo 旋转钻机，转盘钻机，回转钻进设备

equipo perforador semisumergible 半潜式钻井平台，半潜式钻井船，半潜式钻井设备

equipo perforador sismográfico 地震钻机

equipo portátil de perforación 轻便钻机

equipo portátil de pulseta 顿钻钻机

equipo protector 防护设备

equipo registrador 记录设备

equipo registrador del sismógrafo 地震记录设

备，地震仪记录设备

equipo rotatorio 旋转设备

equipo sellador 密封装置

equipo semisumergible de perforación estabilizado por columnas 依靠柱子达到稳定的半潜式钻井装置

equipo submarino 海底设备

equipo subsuperficial 井下设备

equipo terminal 终端设备

equipo terrestre 陆上设备

equipoderancia 等重；重量相等

equipolente 均等的，平行同向的，等力的，相等的

equiponderancia 平衡，等重

equiponderante 平衡的，等重的

equipotencia 等电位

equipotencial 等电位的，等势的

equiprobabilidad 等概率，几率相等

equiprobable 等概率的，几率相等的

equirreparto 均分

equiseñal 等信号

equitativo 公平的，公道的，公正的

equivalencia 相等；等价，等值，等量；等效

equivalencia de anilina 苯胺当量

equivalente 相等的；等效的；当量的；相等，相等物；当量

equivalente anilínico 苯胺当量

equivalente anilínico cero 零苯胺当量

equivalente anilínico negativo 负苯胺当量

equivalente anilínico positivo 正苯胺当量

equivalente de agua 水当量

equivalente de Joule 焦耳当量

equivalente de neutralización 中和当量

equivalente de petróleo 油当量

equivalente de referencia 基准等效值

equivalente directo de radiación 等效直接辐射

equivalente eléctrico 电当量

equivalente electroquímico 电化当量

equivalente en agua 水当量

equivalente en carbón 煤当量，燃料当量

equivalente en toneladas de petróleo (ETP) 吨石油当量，英语缩略为 TOE（Tons of Oil Equivalent）

equivalente gramo 克当量

equivalente mecánico de la luz 光功当量

equivalente mecánico del calor 热功当量，热的机械当量

equivalente térmico 热当量

Er 元素铒（erbio）的符号

era 纪元；年代，时代；阶段；代（地质年代）

Era Cenozoica 新生代；新生界

era geológica 地质年代表

Era Mesoproterozoica 中元古代；中元古界

Era Mesozoica 中生代；中生界

Era Neoproterozoica　新元古代；新元古界
Era Paleoproterozoica　古元古代；古元古界
Era Paleozoica　古生代；古生界
Era Pensilvania　宾夕法尼亚纪
Era Proterozóica　元古代；元古界
erbio　铒
ERD (perforación de alcance extendido)　延伸钻井，
　英语缩略为 ERD (Extended Reach Drilling)
erector　安装者；（拖车的）升降架，架设器
eremacausis　慢性氧化，缓燃腐化
ergímetro　电力测量计；测功计
ergio　尔格（能量或功的单位）
ergobasina　麦角巴生
ergógrafo　测功计
ergograma　测功图
ergómetro　测功计
ergón　尔格子（能量量子）
ERIA (evaluación regional del impacto ambiental)
　区域环境影响评价，英语缩略为 REIA
　(Regional Environmental Impact Assessments)
erinita　墨绿砷铜石，翠绿砷铜矿
eriómetro　衍射测微器；微粒直径测定器
erionita　毛沸石
erioquita　硅磷铈石
eritreno　丁二烯，二乙烯，刺桐烯
eritrina　钴华，砷钴石
eritrita　钴华，砷钴石
eritritol　赤丁四醇，赤藓糖醇
eritrosina　赤藓红，四碘荧光素，新品酸性红
erizo　链轮，牙盘
erosión　侵蚀，腐蚀，溶蚀，风蚀，剥蚀；水土
　流失
erosión acelerada　加速侵蚀，加速流失，加速
　剥蚀
erosión biológica　生物侵蚀
erosión causada por la acción abrasiva de materias
　sólidas　（固体物质的）磨蚀；刻蚀作用
erosión costera　海岸侵蚀
erosión de cavitación　气蚀，空（隙腐）蚀
erosión de lavado　冲蚀
erosión de marea　浪蚀
erosión de riberas　河岸侵蚀，岸边侵蚀
erosión de rocas　岩石风化
erosión de viento　风化作用，风蚀
erosión del lecho de los ríos　河岸侵蚀
erosión del oleaje　海蚀，海蚀作用，浪蚀
erosión del suelo　水土流失，土壤侵蚀
erosión descendente　向下侵蚀，下切侵蚀
erosión diferencial　差异侵蚀，分异侵蚀
erosión en capas　表面侵蚀，表层侵蚀
erosión en cárcavas o barrancos　沟蚀，冲沟
　侵蚀
erosión en surcos o zanjas　细沟冲刷，细沟侵

蚀，细流侵蚀；沟蚀作用
erosión eólica　风蚀
erosión fluvial　河流侵蚀，流水侵蚀
erosión glacial　冰蚀，冰川侵蚀
erosión hidráulica　水蚀，水力冲蚀
erosión hídrica　流水侵蚀，水蚀作用
erosión interna　内侵蚀，层内侵蚀
erosión marina　海蚀，海蚀作用
erosión mecánica　机械侵蚀
erosión normal　常态侵蚀，正常侵蚀，自然
　侵蚀
erosión pluvial　雨蚀
erosión por deslizamiento　滑塌侵蚀，厚层流失
erosión por el viento　风蚀
erosión por fricción　磨蚀
erosión por las olas　浪蚀
erosión por lluvia　雨蚀
erosión por oleaje del mar　海蚀
erosión por surcos　细沟冲刷，细沟侵蚀；沟蚀
　作用
erosión química　化学侵蚀
erosión subterránea　地下侵蚀；潜蚀
erosión térmica　热侵蚀
erosión terrestre　土地流失，土地侵蚀
erosionado　受到侵蚀的，冲蚀的；腐蚀的；风
　化的
erosional　腐蚀的，侵蚀的，冲刷的
erosionar　风化，剥蚀，侵蚀，使侵蚀；使磨
　损；使腐蚀
erosivo　腐蚀的；冲刷的
erradicar　根除，消除，把…连根拔起
errático　反复无常的，不稳定的；流动的；漂
　移性的，移动的
erróneo　不正确的，错误的
error　误差；错误，过失
error absoluto　绝对误差
error accidental　偶然误差，随机误差
error acumulado　累计误差
error aleatorio　随机误差
error aparente de dirección　明显的方向误差，
　明显的导向偏差
error craso　严重错误
error cuadrantal　象限误差
error de ajuste del índice　指示误差，指数误差，
　指标误差
error de cálculo　计算误差
error de cero　零误差
error de cierre　闭合差，闭合误差
error de código　代码错误
error de colimación　指示误差
error de compás　罗经误差
error de datos　数据误差
error de emplazamiento　位置误差

error de enlace　闭合差
error de la aguja　罗盘误差
error de máquina　机器误差
error de medición　测量误差
error de muestra al azar　随意抽样误差
error de noche　夜间误差
error de polarización　极化误差
error de posición　位置误差
error de propagación　传播误差
error de redondeo　含入误差，化整误差
error de sintonización　调谐误差
error de situación　地点误差，由地物引起的误差
error de temperatura　温度误差
error de truncamiento　截断误差，含项误差，截尾误差
error debido a la escora　倾斜误差
error del sistema　系统误差
error esférico　球面过剩
error estándar　标准误差
error fortuito　偶然误差
error humano　人为误差
error inestable　不稳定误差
error inherente　固有误差
error inicial　初始误差
error intrínseco　固有误差
error máximo　最大误差
error medio　平均误差
error medio al cuadrado　均方误差
error nocturno　夜间误差
error octantal　八分仪误差
error paralático　视差，判读误差
error permisible　容许误差，允许误差
error personal　人为误差
error por defecto　亏差
error por exceso　盈差
error porcentual absoluto medio　平均绝对百分误差，平均绝对误差百分率
error porcentual relativo medio　平均相对百分误差，平均相对误差百分率
error probable　概率误差，或然误差，可能误差
error probable de cierre　可能闭合差
error relativo　相对误差
error residual　残差，残余误差，漏检故障
error resultante　合成误差，总误差
error semicircular　半圆误差
error sistemático　系统误差
error típico　标准误差
errores de compensación　补偿误差
errores residuales　残差
erstedio　奥斯特（磁场强度单位）
erubescita　斑铜矿

erupción　（火山等的）喷发，喷出；自喷油井，喷油
erupción de la cima　顶部喷发
erupción lateral　侧面喷发
erupción peligrosa de un pozo　危险性井喷
erupción por grietas　裂隙喷发
erupción volcánica　火山爆发，火山喷发
eruptivo　喷发的；（火山）爆发的，喷出的
ES (embarcación de servicios)　多用供应船
ESAE (extracción por solvente y aglomeración esférica)　溶剂萃取和球状团聚，英语缩略为 SESA (Solvent Extraction and Spherical Agglomeration))
esbozo　草图，草稿，草案，轮廓线，略图；梗概，概略
escachar　压坏，压扁；打破，打碎
escala　比例，比例尺；刻度，标度；等级；规模，大小；梯子
escala americana de calibres para alambres　美国线规，美式线规，英语缩略为 AWG (American Wire Gage)
escala anemométrica　风级；风速计刻度
escala arbitraria　任意标度，任意刻度
escala barométrico　气压计刻度
escala centésima　百分标，百分刻度
escala centesimal　摄氏温度刻度
escala centígrada　摄氏温标，百分刻度
escala comercial　商业规模
escala de ambiente de trabajo (EAT)　工作环境量表，英语缩略为 WES (Work Environment Scale)
escala de Attenberg　Attenberg 粒级标准，粒级表，Attenberg 分级标准
escala de Baumé　波美度
escala de Beaufort　蒲福风力等级
escala de calibres　基准尺，标准尺度
escala de cinta　卷尺
escala de colores　颜色标度，色标
escala de contaje por décadas　十进位定标器
escala de corteza　地壳尺度范围
escala de cuerda　软梯
escala de dureza　硬度表
escala de dureza (Mohs)　（莫氏）硬度标示法
escala de ebullición limitada　窄沸程
escala de extensión　伸缩梯
escala de gravedad del petróleo crudo　原油 API 标度，API 刻度
escala de indicador de posición　位置指示器刻度，示位器刻度
escala de intensidades　（地震）强度计，度分级
escala de mapa　地图比例尺
escala de marea　潮位计，潮位水尺，测潮仪，验潮仪

escala de medición　量程

escala de medición de viento　风级

escala de medidas　量度，比例尺

escala de Mercalli　麦加利地震烈度表，墨加利地震烈度表，默加利地震烈度表

escala de Mohs　莫氏硬度表

escala de octanajes　辛烷值标度

escala de Reaumur　列氏温标

escala de registros y núcleos　测井曲线及岩心图

escala de representación　绘图比例尺；制图比例尺；图像比例

escala de Richter　里克特震级表，里氏震级表，里希特震级表，里氏震级

escala de Ringelmann　林格耳曼氏图（用以检查烟的浓度）

escala de sensibilidad　灵敏度分格，敏感性范围

escala de tapones　塞、插头、丝堵、管塞、堵头或水泥塞的大小

escala de temperatura　温标

escala de temperaturas en grado centígrados absolutos　绝对温标，开尔文温标（刻度）

escala de tiempo　地质年代表；时标，时间比例尺，时间比例

escala de viento　绳梯，软梯

escala de viscosidades　黏度范围

escala Fahrenheit　华氏温标

escala fluviométrica　水位标

escala geológica de tiempo　地质年代表，地质时标

escala graduada　比例尺，分度尺

escala gráfica　图示比例尺

escala granulométrica de Wentworth　温氏粒级表，温氏粒级测定表

escala Kelvin　开氏温标

escala limnimétrica　（测量海潮的）标尺，水位尺

escala logarítmica　对数标度，对数刻度；对数比例

escala logarítmicoa　对数尺度，对数比例

escala Mercalli　麦加利震级，麦氏震级

escala métrica　（米）尺

escala móvil salarial　工资浮动计算，工资浮动计算法

escala natural　自然比例尺，自然尺度；原大，自然量

escala normal de gasolina　汽油标准范围

escala Rankine　兰金温标，兰氏温标

escala relativa　相对尺度，相对比例，相对标度

escala relativa de tiempo geológico　相对地质年代表

escala Richter　里克特震级表，里氏震级表，里氏震级

escala tectónica　构造规模

escala termométrica　温标，温度标尺

escala termométrica absoluta　绝对温标

escala transversal　横向比例尺

escala vertical　垂直比例尺，竖向比例尺

escala vertical exagerada　放大垂直比例尺

escala volumétrica　体积刻度

escaladar　（用梯子）爬高，攀登；成梯形，逐渐上升

escalado　按比例缩小；分频

escalador　升降梯，自动升降机

escalar　纯量的，无向量的；梯状的，分等级的，攀越，爬上；缩小比例

escaleno　（三角形）不等边的，不规则的；（锥体等）斜轴的

escalenoedro　（不规则的）十二面晶体

escalera　梯，梯子，悬梯；阶梯；楼梯；梯状物

escalera ascensora　自动扶梯

escalera automática　自动扶梯

escalera de bomberos　云梯，消防梯

escalera de caracol　螺旋楼梯，螺旋式楼梯，旋梯

escalera de escape　逃生梯，太平梯

escalera de gancho　云梯，消防梯

escalera de incendio　火灾逃生梯，太平梯

escalera de la torre　井架梯

escalera de salvamento　逃生梯

escalera de tanque　罐梯

escalera de tijera　人字梯

escalera doble　人字梯

escalera espiral　螺旋楼梯，螺旋式楼梯，旋梯

escalera mecánica　自动扶梯

escalera plegable　活梯，折梯

escalera rampante　斜梯

escalera vertical　直梯

escalímetro　比例尺

escalmo　楔，栓，销子，楔子

escalón (escalera)　台阶，梯级；级别

escalón de falla　断层阶地

escalón de fractura　断层崖，断崖

escalonamiento　分阶段，分级，分段

escalonamiento de fallas　阶状断裂作用

escalonar　分段设置，分级放置；分阶段递增（或递减）

escama　鳞，鳞片；鳞状物；片状粉末，絮状体

escama de laminado　轧制氧化皮，轧制铁鳞，轧钢皮，轧屑

escama de mica　云母片

escamas de forja　锻铁鳞

escamas de grafito　片状石墨粉粒

escamas de parafina　鳞状蜡

escamiforme　鳞片形的

escamoteable　可收缩的，收缩式的；可取消的

escamoteo 缩进，回缩，收缩；取消，收回

escandallar 用测深锤测量；给…定出价格；抽检

escandallo 测深锤；定价，标价；抽检

escandillón 标准尺，型板

escandina 氧化钪

escandio 钪

escaneador 扫描仪

escanear 扫描

escaneo 扫描

escaneo combinado 组合扫描

escaneo direccional 定向扫描

escaneo por láser 激光扫描

escáner （电视、雷达等的）扫描设备，扫描器；扫描仪

escanógrafo 扫描器，扫描仪

escanograma 扫描电子显微图

escantillón 标准尺，型板；样本草图；材料尺寸

escapado frente montañoso 山前出露

escape 逸出，漏失；排出；排气阀，排气管

escape accidental （放射性物质的）意外泄露

escape de aire 排气孔，放气口，通风眼，排气口

escape de gas 喷气，漏气，气体排放；放气口

escape de línea 出口管线，排出管线，泻油管

escape de petróleo 井喷，原油泄漏

escape en pluma caliente 热焰释放，热柱喷发

escape en pluma individual 单股流释放

escape libre 自由排气

escape magnética 磁漏

escape rápido 快速逃生，快速排气

escapes sólidos de chimenea 烟道气中的固体，烟道排出的固体物质

escapolita 方柱石

escapolitización 方柱石化

escarceo （水的）波纹，波痕；微波，小浪，细浪

escarceos de oscilación 摆动波痕

escarcha 霜，冰霜；霜冻

escarcha perenne 永冻地区，永冻层，永久冻土

escariado 绞孔，扩孔，绞孔的，扩孔的

escariador 扩眼钻头，扩眼器；绞刀，扩孔钻；绞床；井壁刮刀

escariador circular 圆形铰刀，圆铰刀

escariador de cañerías 刮管器，清管器

escariador de fondo 井下扩孔器，井下扩眼器，井下扩眼钻头

escariador de la parafina 刮蜡片，刮蜡器

escariador de las paredes de un pozo 井壁刮削器，井壁刮刀，井壁泥饼清除器，井壁刮泥器

escariador de pared de expansión hidráulica 液压扩张的井壁刮刀，液力撑开的扩眼器

escariador de rodillos 牙轮扩眼器

escariador hueco 空心铰刀，校直并眼扩眼器

escariador para oleoductos 输油管线清理器，输油管刮管器

escariador piloto 导向扩孔器，领眼扩眼器；导向扩眼钻头

escariador recto 直槽绞刀，直刃绞刀

escariador rotatorio 旋转绞刀

escariadora 绞孔机，拉床，坐标镗床

escariar 绞，扩；扩孔，绞孔

escarificadora 松土机

escarificadora dentada （筑路用）翻土机，挖土机，除根机

escarpa 陡崖，悬崖，陡坡，峭壁；海底陡坡

escarpa de falla 断层崖

escarpa de falla compuesta 复合断层崖，复式断层崖

escarpa de fractura 断层崖，断崖

escarpa de meandro 曲流崖

escarpa de pie de monte 山麓断崖，山麓崖，山麓马头丘

escarpa en abanico 冲积扇断崖

escarpado 陡峭的，倾斜的

escarpadura 陡坡，峭壁

escarpar 锉；使成斜坡，把…劈成斜坡

escarpe 陡坡，峭壁；斜切口；斜连接

escarpia 挂钩

escarpia de carril 钩头道钉

escasez 缺少，不足；缺乏

escaso （数量）少的，不足的；缺少…的

escatol 粪臭素

escayola （做模型用的）石膏；石膏绷带；粉饰灰泥

eschinita 易解石

escisión （原子）分裂，裂变

escisión del átomo 原子裂变

escisión nuclear 核裂变

esclerómetro 硬度计

escleroscópico 硬度计的，测硬度的

escleroscopio 测硬器，（回跳，肖式）硬度计

esclusa （运河等的）船闸，水闸

esclusa de aire 气栓，气塞，气阻，气锁，充气浮筒

esclusa de cabecera 进水闸门阀，进水闸阀，进水闸板阀

esclusa de emergencia 应急闸门

escoba 笤帚；长柄刷；扫路机

escoba eléctrica 电刷

escobén 链孔，索孔；锚链孔

escobén del ancla 锚链孔

escobilla 刷子；电刷

escobilla colectora 集电刷

escobilla de carbón 炭刷

escobilla de prueba　测试刷

escobilla limpiatubos　管刷，管道刷

escobillón　带把刷子；枪炮刷；长把扫帚

escobillón para limpiar tubos de caldera　锅炉管线清理刷

escobillón para tuberías de producción　油管刷

escobillón para tuberías de revestimiento　套管刷，套管抽子

escofina　粗锉，粗锉刀；刮刀；落井钻杆顶部接箍修整工具

escofina cortapared　井壁刮刀

escofina mediacana　半圆形粗锉，半圆形刮刀

escofinar　用粗锉刀锉

escoger　挑，捡，选

escolecita　钙沸石

escollera　护岸，防波提；水下基础

escollo　礁，暗礁，生物礁

escollo de erosión　冲蚀残丘

escolta　护卫队；陪同者；（钻机搬家时的）领队车，护卫车

escoltar　护卫，护送，陪同，押送

escombrera　瓦砾堆；废料堆；矿渣堆

escombro　角砾，碎石，粗石；碎砖，废料，矿渣

escombro de granita　花岗砂岩，花岗岩冲积物，花岗质砂岩

escombro glacial　冰水沉积

escombros de derrumbe　山体滑坡碎石

escopeta　火枪，猎枪

escopeta de aire comprimido　气枪，地震勘探用的气枪

escopeta de lodo　泥浆枪

escopleador　大凿子

escoplear con la gubia　凿；凿槽；凿孔

escoplo　凿子，錾子

escoplo perforador　冲击钻头，冲击式一字形钻头

escopómetro　视测浊度计

escopulito　羽雏晶

escoria　矿渣，炉渣，溶渣，铁渣，火山岩渣

escoria básica　碱性渣

escoria de metal　铁渣

escoria erosiva　有腐蚀力的矿渣

escoria volcánica　火山渣

escoriación　磨损，磨蚀；擦伤，磨破

escoriador de fondo　井底刮刀

escorial　炉渣堆，煤渣堆，熔渣堆

escorificación　渣化，结渣，成渣

escorificador　渣化物；渣化皿；试金坩埚

escorificar　使成熔渣；使渣化；铅析（贵金属）

escorodita　臭葱石

escorrentía　（山坡上的）流水侵蚀；（河床等）溢出的水流

escorrentía de aguas subterráneas　地下水径流，地下水出流

escorrentía laminar　坡面径流，片状水流；片流

escorrentía superficial　超覆漫流，陆上径流，地表散水流

escotadura　凹槽，凹处；豁口，缺口

escotilla　舱口，进口

escotilla de aforo　罐顶取样孔

escotilla de medición　（罐的）计量口，计量孔

escotilla de perforación　月形开口；月池（在半潜式钻井平台和自升式钻井平台中常见）

escotilla para introducir el medidor　量油孔

escrepa de empuje　推土机

escritorio　写字台，办公桌；文件柜

escritura　证（明）书，契约，议定书

escritura de transferencia en bloque　信息整块传送储存

escritura notarial　公证人证书

escuadra　矩尺，三角板；角铁；角状物；（军队）班，小队

escuadra abordonada　圆头角钢

escuadra con espaldón　（测量用）定线器

escuadra de centro　求心矩尺

escuadra de diámetro　中心角尺

escuadra de reborde　矩尺，验方角尺

escuadra de reflexión　光学角尺

escuadra de rodete　圆头角钢

escuadra de sombrete　（测量用）定线器

escuadra en T　丁字尺

escuadra falsa　斜角规，分度规

escuadra plegable　斜面；斜角；斜角规

escuadra prisma　棱镜角，棱柱角

escuadra transportador　斜角规，万能角尺

escuadrado　成直角的

escudo　徽章；护板；锁眼盖；保护，保卫

escudo continental　大陆地盾

escudo lateral　（电机）末端屏蔽，端置

escudo laurentiense　劳伦地盾（位于加拿大东南部）

escudo precámbrico　前寒武纪地盾

escudo precámbrico cristalino　结晶前寒武纪地盾

escudo protector　护罩，挡板，安全罩

escudriño　察看，细看；查询，追究

escurridero　瓶子沥干架，盘碟沥干架，沥干场

escurrido　滴水的，滴干的，滴干；甩干

escurridor　滤器；沥干架；滴水器；甩干器

escurrimiento　倒干净，拧干，滴干，沥干，滴淌；滑脱

escurrimiento del cemento　水泥流失

escurrimiento subterráneo　地下潜流，地下水流

escurrimiento supercrítico　超临界流，急流

escurrimiento uniforme　等速流，均匀流

escurrir 控干，倒干净；拧干，沥干；使滑下
escuterudita 方钴矿
esencia 本质，实质；要素，精华
esencial 原发的，本质的；基本的，精华的
esexita 碱性辉长石，碱性辉长岩
esfalerita 闪锌矿
esfena 榍石
esfeno 榍石
esfenoidal 楔形的，楔状的；蝶骨的
esfenoide 蝶骨；半面晶形
esfenóidica 楔状结晶
esfenolito 岩楔
esfera 球体；地球，天体；范围，领域；表盘；表面
esfera de acción 作用范围，行动范围
esfera de actividad 活动范围
esfera de influencia 影响范围，势力范围
esfera de ozono 臭氧层
esfera de vidrio 玻璃球，玻璃珠
esfera del medio ambiente 环境场
esfera hueca 空心球体
esfera separadora de tandas 管输油品分隔球
esfera terrestre 地球；地球仪
esférico 球的，球形的，球体的，球面的；天体的
esferidad 球度，球形度；球体，球状
esferoidal 球状的；球体的，回转扁球体的
esferoide 球体，球状体，回转扁球体
esferometría 球径计；球面曲率计
esferómetro 球径计；球面曲率计
esferulitas 球状微晶粒，球粒
esferulítico 球粒状的
esferulito 球粒
esfigmomanómetro 血压计
esfigmómetro 脉博计；血压计
esfuerzo 力，力气；努力，尽力
esfuerzo axial 轴向应力
esfuerzo cíclico 周期（发生的）应力
esfuerzo circunferencial axial 轴向周应力
esfuerzo cizallante 剪切应力
esfuerzo compresivo 挤应力，压应力
esfuerzo concentrado 集中精力
esfuerzo cortante 剪力，剪切力
esfuerzo de atracción eléctrica 电应力
esfuerzo de cizalladura 剪应变
esfuerzo de cizalle 剪应力，剪切力
esfuerzo de cohesión 结合强度，结合力
esfuerzo de compresión 压应力
esfuerzo de compresión del revestidor 套管压应力
esfuerzo de corte 剪切应力，剪力，剪切力
esfuerzo de deslizamiento 滑动应力，滑应力
esfuerzo de escurrimiento 滑动应力，滑应力

esfuerzo de flexión 弯曲应力，扳弯应力
esfuerzo de flexión axial por compresión 破裂应力
esfuerzo de operación 操作应力，作业应力
esfuerzo de pandeo 压曲应力，压弯应力
esfuerzo de rompimiento 断裂应力
esfuerzo de rotura 断裂应力
esfuerzo de suelo 土壤应力
esfuerzo de superficie 表面应力
esfuerzo de tensión 拉伸应力，拉应力，张应力
esfuerzo de tiro 射击应力，发射应力；投掷应力
esfuerzo de torsión 扭应力
esfuerzo de torsión de enroscado 上扣扭力
esfuerzo de tracción 拉伸应力，牵引力
esfuerzo electroestático 静电应力
esfuerzo electromagnético 电磁力，电磁应力
esfuerzo gel 静切力，胶粘力
esfuerzo hidrostático 流体静应力，静水应力
esfuerzo inicial 初始应力，初应力
esfuerzo interno 内应力
esfuerzo máximo de torsión 最大扭应力
esfuerzo mecánico 机械应力
esfuerzo medio 平均应力
esfuerzo normal 法向应力，正应力
esfuerzo permisible 许用应力
esfuerzo por compresión 压缩应力，压应力
esfuerzo principal 主应力
esfuerzo remanente 残余应力，剩余应力
esfuerzo residual 残余应力
esfuerzo restante 残余应力，剩余应力
esfuerzo tangencial 切向应力，切应力
esfuerzo tensional 张应力，拉应力
esfuerzo térmico 热应变
esfuerzo torsional sobre la barrena 钻头扭距
esfuerzo umbral 极限应力，阈限应力，临界应力
esfuerzos alternados 交变应力
esfuerzos cíclicos 周期应力
esfuerzos repetidos 交变应力，重复应力
eskebornita 铁硒铜矿
esker 冰河沙堆，蛇形丘，蛇丘
eslabón 链环，滑环，连接环，环节，环扣
eslabón ajustable con placa guiadora en cada extremo 末端都带有导向板的可调式链环
eslabón compensador 偏置链节；奇数链接头链节
eslabón conector 连接环，联结环，联结套钩
eslabón conector de aleación 双环扣，蝴蝶扣
eslabón de cadena 链节，锚链节
eslabón de cambio rápido 快速调换链节，快速变换链节
eslabón de conexión a pasador 插销式联接环

eslabón de conexión común　通用式连接环

eslabón de elevador de tubería　吊环

eslabón de pernos　螺栓式连接环；铰链销环

eslabón de quijada doble　双头羊角扣

eslabón de quijadas simétricas　H 形扣

eslabón de repuesto　备修链节

eslabón de rodillo　带辊链节，滚柱链节

eslabón del balancín　平衡器连接，摇杆连接

eslabón del elevador　吊环，吊卡挂环

eslabón en C　C 形链环

eslabón giratorio　动力水龙头；转环

eslabón grillete　U 形连接钩

eslabón maestro　闭合链节；主连接环；吊环

eslabón para acortar de la cadena　链条调解器

eslabón para elevador　吊环，吊卡挂环

eslabón principal　主环

eslabón principal soldado　焊接型环

eslabón sin soldadura　无缝吊环

eslabón sin soldadura para eslinga　梨形无缝吊环

eslabón tipo heimlink　海姆链接

eslabón tipo pera de aleación　梨形合金吊环

eslabonamiento　串连，连结，联系，贯穿；套环成链

eslinga　吊索，吊带，吊绳，套索

eslinga con pata cuádruple　四腿吊具

eslinga con pata doble　双腿吊具

eslinga con pata sencilla　单腿吊具

eslinga con pata triple　三腿吊具

eslinga de izamiento　吊带

eslinga de seguridad　安全绳

eslingar　（用吊索等）吊，吊运

esmaltar　给器物上釉；上珐琅浆；上搪瓷于；装饰，点缀

esmalte　瓷釉，珐琅；上釉制品，珐琅制品

esmalte asfáltico　上沥青，沥青涂层

esmaltín　大青（氧化钴、钾碱、硅石制成的蓝玻璃）

esmaltina　砷钴矿

esmaragdita　绿闪石

esmectita　蒙脱石，微晶高岭石

esmeralda　祖母绿，绿宝石，翡翠，绿刚玉

esmeralda de Brasil　绿电气石

esmeralda de níquel　翠镍矿

esmeralda litinífera　绿锂辉石

esmeralda oriental　绿刚玉

esmeraldita　绿闪石

esmeril　刚玉砂，金刚砂

esmerilador　打磨工，磨砂工；砂轮机

esmerilador portátil　手砂轮机，手提式砂轮机

esmeriladora　打磨机；砂轮机，磨床，金刚砂磨床

esmeriladora de bolas　球磨机

esmeriladora de válvulas　气门研磨机

esmeriladora portátil　手砂轮机，手提式砂轮机

esmeriladura　砂轮，磨轮；磨机，磨床

esmerilaje　磨，打磨；研磨

esmerilar　打磨，用金刚砂打磨；调整，校正

esmitsonita　菱锌矿

esmoladera　磨石；砂轮

esonita　钙铝榴石

espaciado　分开的，有间隔的；间隔，间距；源距，跨距

espaciado de detectores　检波器间距，检测器间距

espaciado de pozos en forma triangular　三角形井网井间距

espaciador　垫片，垫环，垫圈；隔离环，隔离圈；隔离物

espaciador de campanas　钟形隔套

espaciador de copas　杯形隔套

espaciador de electrodos　电极隔板，电极隔片

espaciador de empaquetadura del émbolo buzo　柱塞密封隔套

espaciador de resorte　弹簧隔片

espaciador líquido　隔离液

espacial　空间的，立体的；间隔的

espaciamiento　间隔，间距；排列；布置

espaciamiento adimensional de pozos　无量纲井距

espaciamiento almohadilla a almohadilla　垫片到垫片的距离，垫片到垫片的间距

espaciamiento de electrodos　电极间距，电极距

espaciamiento de la rejilla　网格步长，网格间距，网距

espaciamiento de pozos　井距，井间距

espaciamiento dipolar　偶极子间距，偶极间距

espaciar　使有间隔；使散开，使分散；散布，传播

espacio　空间，地方；间隔，距离；余地，位置

espacio abierto　开放空间，开放空地；开放孔隙，粒间孔隙

espacio aéreo　大气层，大空间；领空，空域

espacio anular　（井筒）环形空间，环空

espacio anular de inyección　注入环空

espacio cerrado　封闭空间，密封间

espacio confinado　封闭空间

espacio de aire　气隙，空隙

espacio de aire rarificado　真空空间

espacio de asentamiento　沉降空间

espacio de electrodo　电极距

espacio de incidencia　关联空间

espacio de memoria　存储空间，存储量

espacio de poro　孔隙空间

espacio de tiempo　时间步长，时间节距

espacio del compresor　压缩机间隙

espacio intergranular 粒间孔隙，粒间空隙

espacio intersticial 空隙，间隙，孔隙空间，空隙空间

espacio libre 裕度，容许量；开放孔隙

espacio libre de un tanque 油罐空高，罐留空间，油罐损耗

espacio libre de una válvula 阀间隙，阀余隙

espacio libre del émbolo 活塞余隙，活塞间隙

espacio muestral 采样间距；抽样间隔

espacio nocivo 有害距离；危害性空间

espacio para depósito 存储空间

espacio pequeño en una formación rocosa 岩层中的小孔隙

espacio residual （汽缸）余隙；残留空隙

espacio simétrico 对称空间

espacio tiempo 时空（关系）

espacio uniforme 一致空间

espacio vacío （储）空气；孔隙，空间

espacio vectorial 矢量空间

espacioso 宽阔的，宽广的，宽敞的

espacio-tiempo absoluto 绝对时空

espagueti 漆布绝缘管，绝缘套管；意大利面条

espaldón 榫；（挡水、土的）防护堤，防护墙

espalerita de zinc 一种硫化锌矿石

espalmo （船的）护底漆

espalto 助熔矿石；晶石

espantainsectos （钻机）驱虫风扇

esparadrapo 橡皮膏，胶布

esparagmita 破片砂岩

esparcido 撒开的，分散开的，扩散的

esparcidor de aceite 甩油环，甩油杯

esparcimiento 撒，撒开；（液体）扩散；散布，传播

esparcimiento de fango cloacal 下水道污泥清理，污水软泥清理

esparcir 撒，撒开，散开，使（液体）扩撒；散布，传播

espárrago 法兰镙钉，大螺钉

espárrago de fijación 防松螺栓

espartalita 红锌矿

espático 像晶石的，晶石状的；薄层状的

espato 晶石

espato azul 天蓝石

espato calizo 方解石；亮方解石

espato de Islandia 冰洲石

espato de zinc 菱锌石

espato ealcáreo (calizo) 方解石，灰石

espato flúor 氟石，萤石

espato perla 白云石，白云岩

espato perlado 珍珠白云石

espato pesado 重晶石

espato salinado 纤维石

espatofluor 荧石，氟石

espátula 抹刀，刮刀，刮铲；油漆刀，调色刀

especialidad 特性；专长，专业化，专门化

especialista ambiental certificado 有资质的环境专家

especialista en glaciares 冰川学家

especialización 专门化，特殊化

especializado 专业化的，有专长的；专化的

especie 种类，类型；物种

especie anádroma 溯河性生物

especie autógena 自生生物

especie pionera o precursora 先驱生物

especies amenazadas 遭受危险的生物种，濒危物种

especies autóctonas 乡土种，土生土长的物种

especies compartidas normalizadas y esperadas 标准化期望共同种，英语缩略为 NESS (normalized expected shared species)

especies de animales y de plantas en peligro 濒危动植物物种

especies en peligro 濒危物种

especies endémicas 地方性种，特有种，土著种

especies extinguidas 灭绝物种

especies extintas 灭绝物种，灭绝种

especificación 规格；规范；说明书，明细单；技术要求

especificación de calidad 质量规格

especificación de diseño 设计要求

especificación de la producción 生产技术条件

especificación de operación 操作规程

especificación del proyecto 设计规范，设计任务书

especificación detallada 详细说明

especificación normalizada 标准规范

especificación técnica 技术说明

especificaciones ASME ASME（航空矿产测量和勘探）规范

especificaciones de la obra 施工规范，操作规程

especificaciones del proyecto 项目技术要求，项目详细说明；项目施工规范

especificaciones para la licitación 投标要求，投标详细说明

especificaciones para tuberías 管材的技术要求

especificaciones tecnológicas 技术规范

especificar 规定，精确测定；详细说明技术规格；拟定技术条件

específico 特有的；特定的；特效的；比率的

espécimen 样品，样本，样机，试样；标本

espécimen de núcleo 岩心样品，岩心取样

espécimen de roca 岩样

espector de rotación 转动光谱

espectral 谱的，光谱的

espectro （光，频，波，能）谱

espectro acústico 声谱

espectro atómico　原子光谱
espectro básico　基本光谱
espectro característico　特征光谱
espectro continuo　连续谱
espectro de absorción　吸收光谱
espectro de antineutrino　反中微子能（量）谱
espectro de captura de electrones　中子俘获光谱
espectro de color　色谱
espectro de difracción　衍射光谱
espectro de emisión　发射光谱
espectro de energía　能谱
espectro de frecuencia　频谱
espectro de frecuencias de impulsos　脉冲频谱
espectro de masa　质谱
espectro electromagnético　电磁光谱
espectro infrarrojo　红外波谱
espectro luminoso　可见光谱
espectro magnético　磁谱
espectro radioeléctrico　射频谱
espectro solar　太阳光谱
espectro ultrahertziano　微波（波）谱
espectro ultravioleta　紫外光谱
espectro visible　可见光谱
espectrobolómetro　分光测热计
espectrofluorimetría　分光荧光法
espectrofluorímetro　分光荧光计，荧光分光计
espectrofosrímetro　分光磷光光度计
espectrofotoeléctrico　分光光电作用的
espectrofotometría　分光光度测定法
espectrofotómetro　风光光度计
espectrografía　摄谱学，摄谱仪使用法，光谱分析
espectrográfico　摄谱术的
espectrógrafo　摄谱仪，分光摄像仪，光谱仪
espectrograma　（光，频）谱图，谱照片，光谱照片
espectrolita　闪光拉长石
espectrometría　光谱测定法
espectrométrico　光谱测定的，分光仪的，光谱仪的
espectrómetro　分光计，光谱仪，分光器
espectrometro analítico　谱频分析仪
espectrómetro colectivo　质谱仪，质谱分析器，质谱分光计，质谱分析仪
espectrómetro contador　计数能谱计
espectrómetro de absorción　吸收分光计，吸收光谱分析仪，吸收光谱仪
espectrómetro de masa　质谱仪
espectrómetro de rayos　射线分光计
espectrómetro global　质谱仪，质谱分析器，质谱分光计，质谱分析仪
espectropolarímetro　分光偏振计
espectroquímica　光谱化学

espectroradiómetro　分光辐射度计
espectrorradiometría　分光辐射度学，光谱辐射测量法
espectroscopia,espectroscopía　分光镜的使用；光谱学；频谱学
espectroscopía de rayos gamma　伽马能谱测井，伽马能谱测井工具
espectroscópico　分光镜的；分谱学的
espectroscopio　分光镜，光谱仪
espectroscopio electrónico　电子分光镜
especulación　思索；推测；理论；投机买卖
especular　思索；推测；观察；经营买卖；投机买卖
especularita　镜铁矿
espejo cóncavo　凹面镜
espejo convexo　凸面镜
espejo de falla　断层擦面，擦痕面，断层擦痕面，断层擦面
espejo de fricción　擦痕面
espejo de los Incas　黑曜岩
espejo electrónico　电子镜
espejo fuente　爆炸反射面
espejo selector de franja　带状选择镜像
espejo ustorio　取火镜，凸透镜
espejuelo　小镜子；透明石膏，结晶石膏；云母
espera de fragüe de cemento　等候水泥凝固，候凝，候凝期
esperanza de duración　使用能力，服务能力，耐用性
esperanza matemática　期望值；（根据概率统计求得的）预期数额
esperrilita　砷铂矿
espesador　浓缩器，浓缩机，浓液机
espesamiento　变厚，加厚，稠化；变浓，变稠
espesamiento de los aceites　涂油，浸油
espesante　增稠剂；（使溶液）变稠材料
espesar　使变浓，使变密，使变稠
espesartita　锰铝榴石，闪斜煌岩
espeso　浓的，密的，厚的，稠的
espesor　（固体的）厚度，壁厚；（流体等的）浓度，稠度，密度；浓密
espesor cortical　地壳厚度，外皮厚度，外壳厚度
espesor crudo　毛厚度，总厚度
espesor de capa　地层厚度，层厚
espesor de cuerpo de arena　砂体厚度
espesor de intervalo　层段厚度
espesor de la cáscara　滤饼厚度
espesor de la costra　滤饼厚度
espesor de la zona productiva　产层厚度
espesor de revoque　滤饼厚度
espesor de un estrato　地层厚度，层厚
espesor del manto de nieve　降雪深度
espesor efectivo　有效厚度

espesor en pies de la zona de agua　以英尺为单位的水层厚度

espesor en pies de la zona de petróleo　以英尺为单位的油层厚度

espesor explotable del reservorio de hidrocarburos　产层可采厚度，油气层可采厚度

espesor laminado　薄层厚度

espesor medio de pared　平均壁厚

espesor mínimo　最小厚度

espesor neto　净厚度，有效厚度

espesor neto de arena　纯砂岩厚度，有效厚度

espesor neto de arena petrolífera　净油砂厚度

espesor nominal　公称厚度，规定厚度

espesor nominal de la pared　公称壁厚

espesor promedio　平均厚度

espesor relativo　相对厚度

espesura　厚，厚度；浓，稠；密，密实；稠密；

espículas de esponja　海绵针状物，海绵骨针

espiga　钉，销，杆，柄，心轴；无头钉；舌片，键，榫销；内管柱接头

espiga de escariadora　铰刀轴，刀具轴

espiga de trépano　牙轮钻头

espiga de una herramienta　工具的齿、牙等

espiga del gancho　钩柄

espiga roscada　螺栓，双头螺钉

espigar　钉住；别住；扣牢

espigón　（器物的）尖端，顶端；防波坝，折流坝；舌片，键

espilita　细碧岩

espina de pescado　鱼刺；交叉缝式；鱼骨式（布井）

espinazo　脊骨，脊柱，拱顶石，塞缝石

espinazo oceánico　海岭，洋脊，洋底脊

espinela　尖晶石

espira　螺线，螺旋线；螺环；（螺线、螺旋线的）圈

espiración　吐气，呼气

espiraculo　气孔，气门；（鲸类的）喷水孔

espiral　螺旋线的，螺旋形的，蜷线，螺线

espiral portamecha　螺旋钻艇

espiral portamecha corto　螺旋短钻艇

espirífero　石燕属

espíritu　酒精（溶液），精剂

espíritu alcohólico　酒精

espíritu de empresa　企业精神

espíritu de petróleo　（用于油漆的）石油溶剂，白节油

espíritu de sales descompuesto　焊酸

espiroidal　螺旋形的

espita　活栓；弯管旋塞；龙头，放液嘴

espodita　（火山的）岩浆

espodumen　锂辉石

espodúmena　钾辉石

espodúmeno　钾辉石

espoleta　引线，引信，雷管，导火索

espoleta de explosión retardada　延时引信，延发引信

espoleta de percusión　着发引信

espoleta de proximidad　近炸引信

espoleta de seguridad　熔断丝，安全熔线

espoleta de tiempo　定时信管，限时熔线

espolón　防波堤；山嘴，尖坡；倾伏褶皱，倾斜褶皱

espolón arenoso　喷砂嘴

espongina　海绵硬朊

espongiolita　海绵岩

esponita fibrosa　发盐，铁明矾，羽明矾

esponja　海绵（状物，体结构）；海绵块；海绵金属；泡沫材料

esponja de platino　铂绒

esponja de vidrio　玻璃海绵

esponja metálica　海绵状金属

esponjoso　海绵状的，松软的；多孔的；吸水性的

esponsor　主办者；赞助者

espontáneo　自发的，特发的，自生的，自然的

esporádico　（事例等）孤立的，个别的；（疾病）偶发的，非流行的

esporinita　孢囊煤素质

esporofítico　孢子体的

espuela　踢马刺，刺激物；刺激，鞭策

espuma　泡沫；浮渣，渣滓

espuma apagadora　灭火泡沫，泡沫灭火剂

espuma contra incendios　泡沫灭火剂，灭火药沫

espuma de caucho　多孔橡胶，泡沫橡胶，海绵橡胶

espuma de hierro　铁渣

espuma de mar　海泡石

espuma de nitro　硝石硬壳

espuma extintora　灭火泡沫，泡沫灭火剂

espuma fluoroproteínica　氟蛋白泡沫

espuma ignífuga　灭火泡沫，泡沫灭火剂

espuma rígida　硬泡（硬质泡沫塑料的简称）

espumación　产生泡沫，起泡沫

espumado　撇渣，撇去泡沫，撇取浮沫

espumador　撇沫器

espumaje　大量泡沫，大量浮渣，大量浮沫

espumamiento　起泡，发泡

espumante　泡沫发生剂，起泡沫剂，起泡沫的，促成泡沫形成的

espumar　发泡，起泡；撇去…上的泡沫

espumoso　起泡沫的，多泡沫的；泡沫状的；变成泡沫的

esqueleto　（建筑物等的）骨架，框架，架构，（器物的）构架

esqueleto atómico 原子晶格，原子点阵

esquema 图解，略图，图表，示意图；简介，说明，提纲，概要，轮廓；结构，框架

esquema alámbrico 配线图，布线图，接线图，线路图，装配图

esquema básico de flujo de la refinería 精炼厂基本流程示意图

esquema de conexiones 电路图，接线图，装配图

esquema de las cargas 荷载图

esquema de notificación de químicos costa afuera 海洋化学通知流程，海上化学物质通知流程，英语缩略为 OCNS (Offshore Chemical Notification Scheme)

esquema de reciclado 再循环示意图，再生示意图

esquema funcional 方块图，结构图

esquema gráfico 图表

esquemático 图解的，概略的，轮廓的

esquiascopia X 线透视检查法；视网膜镜检查法

esquicio 草稿；素描，速写

esquina 角，街角，墙角，弯角，壁角

esquinal 角铁，角钢；楼房的角，方石形成的角

esquinero 角桌，角柜，角架

esquinero de torre 井架大腿

esquirla 碎片，碎块

esquisto 片岩，板岩，页岩

esquisto alumbroso 明矾片岩，矾片岩

esquisto arcilloso 页岩，泥岩

esquisto arenoso fósil 砂质页岩，云母砂岩

esquisto básico 基性片岩

esquisto bituminoso 油页岩，含沥青页岩

esquisto bituminoso perteneciente al devoniano medio 属于中泥盆纪的油页岩

esquisto cristalino 结晶片岩

esquisto cuarzoso 石英片岩

esquisto de petróleo 油页岩

esquisto desmoronable 膨胀页岩，易塌页岩

esquisto escurridizo 易塌页岩

esquisto lutítico 似页岩片岩

esquisto pizarroso 泥板岩

esquisto talcoso 滑块石

esquistosidad 片理，劈理，片岩性

esquistosidad de fractura 破劈理，破裂劈理

esquistosidad de plano axial 轴向面劈理

esquistosidad paralela a la estratificación 层面劈理，顺层劈理

esquistosidad transversal 横向劈理

esquistoso 片岩的，板岩的，页岩的

esquitosidad 剥理，叶理

esquizoficeas 裂殖藻纲

essonita 钙铝榴石

estabilidad 稳定性，稳固性；耐久性；稳定，稳固

estabilidad cinética 动力稳定性，运动稳定性

estabilidad de espuma 泡沫稳定性

estabilidad de frecuencia 频率稳定度

estabilidad de la perforación 井眼稳定性，钻进稳定性

estabilidad de registro eléctrico 测井仪器稳定性

estabilidad de un ecosistema 生态系统的稳定性

estabilidad de volumen 容积不变

estabilidad direccional 方向稳定性

estabilidad lateral 横向稳定性

estabilidad longitudinal 纵向稳定性

estabilidad mecánica 机械稳定性

estabilidad química 化学稳定性

estabilidad térmica 热稳定性

estabilización 稳定，致稳；稳定作用

estabilización de crudo 原油稳定，原油稳定作用

estabilización de petróleo de presión subatmosférica 负压原油稳定，负压原油稳定作用

estabilización del cambio 汇率稳定

estabilización giroscopica 陀螺稳定

estabilizador 稳定器，平衡器；扶正器

estabilizador automático 自动稳定器

estabilizador de camisa 套筒式稳定器

estabilizador de cola 水平安定面，（水平）尾翼

estabilizador de columna de tubería 钻管柱稳定器，钻柱稳定器

estabilizador de compensación 补偿稳定器

estabilizador de cuchilla soldada 焊接翼片式稳定器

estabilizador de equilibrio 平衡锤，平衡稳定器

estabilizador de espuma 泡沫稳定剂

estabilizador de manómetro 压力计稳定器

estabilizador de perforación 钻杆稳定器

estabilizador de tensión 稳压器

estabilizador de voltaje 稳压器

estabilizador giroscópico 陀螺稳定装置

estabilizador o ecualizador de freno 刹带平衡器

estabilizador para tubo de revestimiento 套管扶正器

estabilizador preliminar 初加料稳定装置；预闪蒸塔

estabilizar 使稳定，使牢固，使稳固

estabilizar extensas masas inestables de lutita 使大片不稳定泥屑岩体稳定

estabilizar formaciones de lutita 使泥屑岩地层稳定

estabilizar la destilación 使蒸馏稳定

estable 稳定的，恒定的；稳态的，平衡的；牢固的

E

establecer 建立，设立，创办；规定；确立，确定

establecimiento 建立，设立，创立；规定，法规；机构

establecimiento comercial 商店，商号

establecimiento de redes de celdas elásticas 弹性面元划分

estaca 桩，木桩，桩标；棍棒，大棒

estaca de prueba 测试桩

estaca de sostén para varillas de tracción 拉杆支撑桩

estaca indicadora 指示桩

estaca para contravientos 绷绳桩子

estacar 打桩立界

estación 季节，时节；停留，逗留；停留处；车站；电台

estación a granel 批发油库

estación árida 干旱季节，干季

estación automática de bombeo 自动泵站

estación auxiliar de bombeo 增压泵站，升压泵站，前置泵站

estación auxiliar de rebombeo 接力泵站

estación base 基站

estación central 总站；总厂；中心电站；发电站

estación central de bombeo 中心泵站

estación climatológica 气象站，测候所

estación contra incendios 消防站

estación de aforos 观测站；流量测量站；水文站

estación de almacenamiento 储油站，油库

estación de aparcamiento 停车场

estación de base 基站，基准站

estación de bomba neumática 气动泵站

estación de bombas 泵站

estación de bombeo 泵站，抽水站

estación de bombeo de cabecera 终端泵站

estación de bombeo de petróleo 输油泵站，输油站

estación de bombeo de un oleoducto 管道泵站

estación de bombeo neumático 气动泵站，风动泵站，空气泵站

estación de bomberos 消防站

estación de calentador 加热站

estación de carga 仓库；补给站；铁路的货站

estación de cierre 闭合站，关闭站

estación de compresión （天然气）加压站，增压站

estación de control 控制站

estación de descarga de presión 泄压站

estación de deshidratación 脱水站

estación de distribución 配电站；（气体）储配站，配气站；分配站

estación de distribución centralizada de flujo caliente 集中供热站

estación de distribución de gas 配气站

estación de distribución de servicio 修理站，服务站

estación de elevación 泵站，抽水站

estación de enlace 联轨站，枢纽站

estación de entrega 交油站，交付站，交货站

estación de fluido de perforación 钻井泥浆站，钻井液站

estación de flujo 计量接转站，转油站，集油站，油气分离站

estación de flujo y almacenamiento 联合站

estación de fuerza 发电站

estación de fuerza motriz 动力站，动力间；发电厂，发电站

estación de gasolina （汽车）加油站

estación de gravímetro 重力测量站，重力测点

estación de impulsión 增压站

estación de ingreso 输入站

estación de mayoreo 散装油库，配油站

estación de medición de entrega 交接计量站

estación de observación 监测站，观测站

estación de observación de ozono 臭氧观测站

estación de peaje （过桥费、高速公路等）收费站

estación de poligonal 导线站

estación de prueba de gas y crudo 油气计量站

estación de recolección de crudo 集油站

estación de recolección de gas 集气站

estación de recompresión 气体二次增压站

estación de reducción 放（污）油站

estación de referencia 参考台，基准站

estación de refuerzo de rebombeo 升压泵站，接力泵站

estación de seguimiento 跟踪站

estación de servicio 服务站；加油站；修理站，维修站

estación de servicio de gas natural vehicular 车用天然气加气站，车用天然气服务站

estación de suministro 供应站

estación de término 终点站

estación de trabajo 工作区，工作站

estación de transbordo 转运站

estación de vigilancia de la contaminación de fondo 井底污染监测站；本底污染监测站；背景污染监测站

estación fija aeronáutica 固定导航站

estación final 管道末站；终端站

estación generadora 发电站

estación gravimétrica 重力测量站，重力测点

estación mareográfica 验潮站

estación principal de bombeo 主泵站

estación radiométrica 辐射测量站

estación recolectora 集油站，矿场储罐区，收集站

estación recompensadora 接力泵站

estación reguladora de la presión 调压站，压力调节站

estación repetidora 中继站，广播转播台

estación seca 旱季，干旱季节

estación servicio de combustible 加油站，燃料供应站

estación sismográfica 地震台站

estación sismológica 地震台站，地震观测站

estación submarina de flujo 海底集油站

estación terminal 终端站，终点站

estación terminal de bombeo 终端泵站

estación termoeléctrica 热电站

estación transformadora 变电站

estacionamiento 逗留，停留；停放，停车；停车场

estacionamiento en línea （大街边与人行道平行的）划线停车位置

estacionar 安放，停放

estacionar en retroceso 车头朝外停放

estacionar en reversa 车头朝外停放

estacionario 停滞的，不动的，静止的

estadal 埃斯塔达尔（长度单位，合 3.334 米）

estadía 滞留，停留；（船舶的）滞留期，滞留费

estadía de estancamiento 静止期；（地质）静衡期

estadía de nivel alto 高水位期

estadía de nivel bajo 低水位期

estadio 运动场，体育场；埃斯塔迪奥（英国长度单位，合 201.2 英尺）

estadiómetro 测距仪；自记经纬仪

estadística 核计，统计资料；统计学

estadística de costo 成本统计

estadística del comercio exterior 外贸统计

estadística del orden 顺序统计

estadística económica 经济统计

estadística gráfica 统计图表

estadística laboral 劳动力统计

estadística matemática 数学统计

estadístico 统计上的，统计学的，统计员，统计学家

estado 状态，状况，条件；（账目）清单；州；政府，国家

estado absoluto 绝对状态

estado aeróbico 有氧条件

estado alotrópico 同素异形状态

estado atmosférico 空气状况，大气状况

estado burbujeante de la economía 经济出现泡沫的状况，泡沫经济状况

estado calmado 静态

estado coloidal 胶态

estado comparativo 对比状态

estado costeño o costero 沿海地区

estado crítico 临界状态

estado de alarma 紧急状态

estado de cuenta 结算表，账单，账目表

estado de cuenta de costo 成本账单，成本支出账目表

estado de ejecución 执行情况

estado de emergencia 紧急状态

estado de equilibrio 平衡状态

estado de esfuerzos 应力状态

estado de gastos 费用表，费用计算书

estado de no equilibrio 非平衡状态

estado de preparación 准备情况

estado de resultado 收益计算书，损益表

estado del mar 海情；海况

estado del pozo 井况，油井现状

estado estacionario 静止状态；恒稳态，定态；稳定状态，稳态

estado financiero 财政状况，财务状况，资信状况；财务报表，财务决算书

estado físico 健康状况；生理状况；物质形态，态

estado físico actual del pozo 目前井内状况

estado fundamental 基态

estado gaseoso 气态

estado inestable 不稳定状态

estado insaturado 不饱和状态

estado isomérico 同质异构状态

estado líquido 液态

estado metamíctico 位变异构状态

estado natural 自然状态

estado original 原始状态

estado polvoriente 尘污，污染度

estado semi-permanente 拟稳态

estado sobresaturado 过饱和状态

estado sólido 固态

estado supercrítico 超临界状态

estado técnico 技术状态

estado virgen 天然状态，自然状态，原始状态

estado virtual 潜伏状态，虚态

estalación 等级，级别

estalactita 钟乳石

estalactita con desviaciones 不规则石笋，斜生石笋

estalagmita 石笋；石笋状

estalagmometría 滴重法

estalagmómetro （表面张力）滴重计

estallabilidad 可爆炸性

estallable 可爆炸的

estallar 爆炸，爆裂；（波浪）破碎；爆发，突然发生

estampa 插画，插图，图片；版画；模子，印模

estampación de chapas 薄板冲压

estampilla 印，印章，图章；邮票；印花税票

estanado 镀锡的，锡焊的，包马口铁的

estancado 不流动的，停滞的；专卖的，专营的

estancamiento 不流动，停滞；不景气；专卖，专营

estancar 使停顿，使停滞；积存，停滞

estanco 密闭的，隔绝的，不透的

estanco a la humedad 防湿的

estanco a los gases 不透气的，气密，密封的

estanco al agua 防水的，水密的

estanco al aire 不透气的，气密的，密封的

estanco al gas 气密的，不透气的，不漏气的

estanco al goteo 不透水的

estanco al polvo 防尘的

estanco al vacío 真空密闭的，密闭真空的

estanco al vapor 不透汽的，汽密的

estándar internacional 国际标准

estándar 标准的，合规格的；本位的；标准，规范

estandarización 标准化，符合标准；趋于一致，标准化生产（或制造）

estandarización del producto 产品标准化

estandarizar 使标准化，使符合标准；按标准检验

estanflación 滞涨（指经济停滞、通货膨胀伴随发生）

estanifero 含锡的

estannamina 氢化锡

estannano 锡烷

estannato 锡酸盐

estannato potásico 锡酸钾

estannato sódico 锡酸钠

estánnico 锡的，正锡的，四价锡的

estannífero 含锡的；含锡物

estannina 自然硫化锡

estannita 正锡酸盐，黄锡矿

estannoideo 似锡的

estannolita 自然氧化锡

estannoso 亚锡的，二价锡的

estannuro 锡化物

estanque 池塘，水塘，储水池；（储油等用的）池

estanque artificial 人工池塘，人工水池

estanque colector 集水池

estanque contra incendios 消防水池

estanque de agua 水塘，水池

estanque de aireación 曝气池，充气池

estanque de asentamiento 沉积盆地；沉淀池，沉降罐

estanque de decantación 沉积池，沉淀池，沉降罐，沉淀罐

estanque de deposición 沉淀池，澄清槽

estanque de estabilización 稳定池

estanque de estabilización de desechos 废物稳定池

estanque de gasolina 汽油池

estanque de lodo 钻井液池

estanque de relaves 尾矿池，尾煤沉淀池

estanque de retención 储留池；储水池；滞留池

estanque de sedimentación 沉降罐，沉淀罐

estanque de sedimentación por gravedad 重力沉降池，重力沉淀池

estanque de tratamiento de aguas residuales 废水处理池，污水处理池

estanque interdunas 丘间洼地

estanque recolector de fangos 淤泥收集池，泥浆收集池

estanquedad 紧密性，致密度，密封度，气密性

estantería （有多层隔板的）架子，带隔板的家具

estantería para tubos 钻杆架，管架，管排

estaño 锡

estaño de tributilo 三丁基锡

estaño en galápagos 锡锭

estaño fosforado 磷锡合金

estaño para soldar 焊锡

estaquilla 木钉，木栓；无帽长钉；长钉

estaquilla de tallo 木钉，木栓

estar de acuerdo 同意

estar de guardia 值班

estar en reserva 待命

estar en vigor 生效，有效

estar recubierto por 上覆的

estarlita 蓝锆石

estárter 开关，电闸

estárter de luminiscencia 引燃开关

estárter térmico 热控开关

estasfurtita 纤硼石

estasimetría 稠度测量法

estatamperio 静电安培，静安

estatculombio 静电库仑

estatfaradio 静电亨利

estática 静力学

estaticización 静态化

estático 静的；静力学的；天电的

estatohmio 静电欧姆

estator 定子，固定子，（电容器）定片，静子，导叶

estator de toberas 涡轮导向器

estatorreactor 冲压式喷气的；冲压式喷气发动机

estatoscopio 微动气压计，自计微气压计；灵敏高度表，高差仪

estatuto 章程，规程，条例，法令，法规

estatvolt　静电伏特

estaurolita　十字石（一种硅酸铝铁矿）

estauroscopio　十字镜

estaurótida　十字石

este　东，东方，东面；东部，东部地区；东方的，东面的

este nordeste　东东北部；东东北风

este sudeste　东东南；东东南风

este sureste　东东南；东东南风

estearato　硬脂酸盐，硬脂酸酯，硬脂酸根

estearato bárico　硬脂酸钡

estearato de aluminio　硬脂酸铝

estearato de hierro　硬脂酸铁

estearato de litio　硬脂酸锂

estearato de plomo　硬脂酸铅

estearato de sodio　硬脂酸钠

esteárico　硬脂的，用硬脂做的，硬脂酸的，十八（烷）酸的

estearina　硬脂精，三硬脂精，甘油（三）硬脂酸脂

esteatita　块滑石；皂石；（绝缘用的）滑石瓷

estefanita　脆银矿，脆银

estelita　钨铬钴（硬质）合金

estemple　支柱，撑柱；巷道横梁

estepa　大荒原，荒凉的大草原

estepal　石玉

estequiometría　化学计算（法），化学计量（法，学，成分），理想配比法

estequiométrico　化学计算的，理想配比的

éster　酯，酯类

éster acético　乙酸乙酯

éster ácido　酸酯

éster amílico　戊酯

éster celulósico　纤维素酯

éster de ácido hidrolizable　可水解酸酯

éster de perácido　过酸酯

éster metílico　甲酯

estercorita　磷纳铵石

esterculiáceo　梧桐科的

esterelita　英闪玢岩，英微闪长岩

estéreo　立体的，立体声的；立体；立体声

estereocaucho　立体橡胶

estereodinámica　固体动力学

estereoespecificidad　立体定向性

estereofluoroscopia　（电子）立体荧光术

estereofotografía　立体摄影术，立体照相学，体视照相术

estereofotogrametría　立体摄影测量（学，法）

estereograma　实体图；立体照片

estereoisomeros　立体异构体

estereoisometría　立体异构，立体异构现象

estereometría　体积测量法，测体积学，立体测量学

estereómetro　体积计；立体测量仪

estereometrógrafo　立体测图仪

estereomicrómetro　立体测微仪

estereomicroscopia　立体显微术

estereoquímica　立体化学

estereorradián　立体弧度，球面度

estérico　空间（排列）的，位的；酯的

esterificación　酯化（作用）

estéril　无结果的，无效的；贫瘠的；无菌的，消过毒的；（矿床中无矿的部分）脉石

esterilización　封存；消毒，灭菌（作用）

esterilización de capitales　资本封存

esterilizador　止繁殖剂，杀菌剂，消毒剂；消毒器

esterilizador químico　化学消毒剂；（灭虫的）化学不育剂

esterlina　英币的

estero　（潮水漫溢的）河滩；水洼；泥塘；沼泽

esteroides　甾族化合物，甾质，类固醇

esterol　甾醇，固醇

esterona　甾酮，固酮

estetoscopio　听诊器；金属探伤器

estibiado　含锑的

estibiarsénico　锑砷矿石

estibina　锑化氢，锑化三氢

estibio　锑

estibnita　辉锑矿

esticción　静摩擦力

estigmador　消像散器

estilbeno　芪，均二苯代乙烯

estilbestrol　己烯雌酚

estilbita　辉沸石

estileno　苯乙烯，聚苯乙烯

estilolito　缝合岩面

estilonomelana　黑硬铁绿泥石

estimabilidad　可估量性，可估价性；可尊重，可重视

estimación　估价，算价；评定，评估

estimación de la reserva　储量估算，储量预测

estimación presupuestaria　预算，概算

estimación prudente　保守估计

estimador　估计者，评价者；估计量，估计值；估值器

estimar　估价，评价，估量；重视，看重，尊重

estimulación　刺激，激发；鼓励，激励；增产措施

estimulación cíclica de vapor　循环蒸汽吞吐，循环蒸汽吞吐增产

estimulación cíclica y continua de vapor　不间断循环蒸汽吞吐，不间断循环蒸汽吞吐增产

estimulación con vapor　蒸汽吞吐，蒸汽吞吐增产

estimulación de pozo　井的增产措施

estimulación de producción （生产井）增产措施

estimulación por inyección cíclica de vapor 蒸汽吞吐增产法，周期注蒸气增产法，循环蒸汽吞吐增产

estimulación y prueba por zona 分层上增产措施及策试

estímulo 激励，鼓励，鞭策；刺激物；刺激；增产措施

estipulación 商定；口头协定；（条约的）条款，规定

estipular 规定，商定，约定

estirabilidad 可拉性，可延伸性

estirado 拉伸的，延伸的

estirado en caliente 热拉的

estirado en duro 硬拉的

estirado en frío 冷拉的，冷拔的

estirador 拉伸机，伸展器，扩展器

estirar 拉长，拉直

estireno 苯乙烯

estopera 密封盒，防喷盒，填料盒；密封，油封

estopera de la rueda 轮毂油封

estrangulación 节流，扼流，节气

estrangulador 阻气门，节流门；节流阀，扼流圈

estrangulador graduable 可调节油嘴，可调节节流器，可调节阻流器

estrangulador limitador 节气门，限流器，节流器

estrangulador regulador de flujo 可调节油嘴，节流嘴

estrangulamiento 节流，扼流，阻流

estrangular 阻塞；使节流，扼流，调节（节流阀，风门）

estrás 假钻石，斯特拉斯假金钢石，富铅晶质玻璃

estrategia 战略，策略

estrategia de comunicaciones 通信战略，通信策略

estrategia de extracción a cielo 露天开采策略

estrategia de mercado 市场策略

estrategia de negocio 经营策略

estrategia de venta 销售策略

estrategia del desarrollo 发展战略

estrategia energética 能源战略

estrategia mundial de la conservación (EMC) 世界资源保护战略，英语缩略为 WCS (World Conservation Strategy)

estrategia técnica 技术战略，技术策略

estrategias de drenaje 排水处理对策，排泄策略

estratificación 层（次，理，叠），成层（现象，作用），层叠形成，劈理

estratificación clasificada 粒级层理，序粒层理，粒级层，序粒层

estratificación cruzada (entrecruzada) （地质学）交错层

estratificación cruzada por marea 潮汐层理

estratificación cuneiforme (lenticular) 透镜状层理，扁豆状层理，透镜化层理，扁豆体化层理

estratificación de graduación normal 正粒级层理，正序粒层理

estratificación de los estratos 地层成层；地层层理

estratificación de un terreno 地层成层；地层层理

estratificación del yacimiento 油藏分层；油藏成层作用

estratificación diagonal 交错层理，交互层理

estratificación diagonal del ángulo bajo （低角度）交错层理，交互层理

estratificación entrecruzada 交错层理

estratificación entrecruzada de playa 海滨交错层理，海滨交错层

estratificación entrecruzada eólica 风成交错层理，风成交错层

estratificación falsa o aparente 假层理

estratificación horizontal 水平层理，水平层面

estratificación lenticular 透镜层，透镜体

estratificación ondulada 波纹层理

estratificación regresiva 海退超覆，退覆

estratificación resultante del flujo y reflujo 潮的涨落造成的分层，潮的涨落造成的成层作用

estratificación secundaria 次级层理

estratificación térmica 热力成层作用，温度分层

estratificación torrencial 流水层理

estratificaciones cruzadas 交错层理

estratificado 有层次的，分层的，成层的，复层的，层状的

estratificar 使成层，使分层，成层堆积

estratiforme 成层的；层状的

estratigrafía 地层学，地层地质学，区域地层

estratigrafía acústica 声波地层学

estratigrafía de tiempo 时间地层学

estratigrafía paleomagnética 古地磁地层学

estratigrafía secuencial 连续地层学

estratigrafía sísmica 地震地层学

estratigráfico 地层的，地层情况的；地层学的

estratigrafista 地层学家

estratígrafo 地层学家

estrato （地，岩，矿）层，薄片；层云

estrato acuífero 水层，含水层

estrato acuoso 水层，含水层

estrato aislado 隔离层

estrato aluvial 冲积层

estrato anticlinal 背斜层

estrato arenoso 砂层

estrato atmosférico 大气层

estrato bajo 低层

estrato calcáreo 灰岩层，石灰岩层

estrato carbonífero 煤层

estrato carbonífero explotable 可开发煤层，可采煤层

estrato con contenido de agua 含水层

estrato con contenido de gas 含气层

estrato cuña 尖灭层，尖灭地层

estrato de acuífero 产水层，出水层，水层

estrato de acuífero de sobrepresión 超压水层

estrato de arena 砂层透镜体；砂层

estrato de arenisca 砂岩层

estrato de baja velocidad (EBV) 低速层，英语缩略为 LVL (Low Velocity Layer)

estrato de carbón 煤层

estrato de flanco 侧翼地层

estrato de gas 气层

estrato de guía 标准层，标志层

estrato de nódulo 小结节层

estrato de roca 岩层

estrato delgado 薄层

estrato entrecruzado 交错层

estrato erosionado de viento 风化层

estrato filtrante 过滤层

estrato fosilífero 含化石地层

estrato frontal 前积层

estrato geológico 地层

estrato guía 标志地层

estrato guijoso 砾石层

estrato hendido 裂缝地层，开裂地层

estrato impermeable 不透水层，非渗透层

estrato impermeable de cobertura 盖层

estrato inclinado 倾斜层，倾斜地层

estrato incompetente 软岩层，弱岩层

estrato índice 标准层，标志层

estrato intruso de lutita 页岩夹层

estrato invertido 倒转层，倾覆层

estrato lutítico 页岩地层

estrato madre 生油层，源层

estrato marino 海相地层

estrato monoclinal 单斜层

estrato objetivo 目的层

estrato permeable 渗透层

estrato perturbado 受扰层

estrato petrolífero 油层

estrato plegado 褶曲层，褶皱层

estrato productivo 生产层，产油层，出油层

estrato productor 生产地层，产层

estrato resistente 耐剥蚀岩层

estrato sedimentario 沉积层，沉积地层

estrato sedimentario marino 海相沉积层，海洋沉积层

estrato sinclinal 向斜地层，向斜层

estrato subyacente 下部岩层

estrato superior 上覆层，覆盖层

estrato suprayacente 上部岩层

estratocúmulo 层积云

estratopausa 平流层顶

estratosfera 平流层，同温层

estratosférico 同温层的，平流层的

estratovolcán 层状火山，成层火山

estrechar 使变窄小，使变狭窄；使紧密

estrechez 狭窄，窄小；(时间) 紧迫；拮据；困境

estrechez de oferta 供应短缺

estrecho 窄的，窄小的；紧的，瘦的；海峡，狭窄通道

estrecho de mar sumergido 入海口，峡海湾，峡湾，狭海湾

estrecho del mar 海峡

estrella 星，星体，天体；星形，星形物

estrella para tubería de producción 油管卡盘

estrellado 星状的，星形的；布满星辰的；撞碎的，摔碎的

estrés calórico 热应激反应

estría 柱身凹槽，柱身突筋；线条，条纹；槽，条痕，擦痕

estría de lubricación 油槽，润滑油槽，油沟

estría glacial 冰川擦痕

estriación 条纹，条痕，细沟，线条；条纹组织，层理

estriación glaciar 冰川擦痕

estriaciones por derrumbe 地滑擦痕，滑坡擦痕

estriado 有条纹的，成纹的，有沟痕的

estriar 使有条痕，使有条纹；在…开细槽，刻凹纹于

estribación 山嘴，坡尖，山鼻子

estribo (车辆的) 脚踏板；(固定接头的) 槽形铁；小铁环；护墙，扶壁；山嘴，山坡

estribo de colina 山麓，底坡

estribo de cuchara 捞砂筒上的提环

estribo de elevador de tubería 油管吊环

estribo de la biela 连杆环

estribo de soporte 轭；叉臂；卡箍

estribo de sujeción 钩环，联接环，锁紧卡环

estribo Pitman 连杆环

estripeador 剥离剂；剥离器；剥线器；拆卸器；汽提塔，解吸塔

estripear 剥离；去色；解吸，气提

estrobo 绳套，索环

estroboscopia 频闪观测法，闪光测频法

estroboscopio 频闪观测器，闪光测频仪，频闪仪，示速器

estrobotrón 频闪放电管

estromatita 叠层混合岩

estromatolita 叠层石
estromatolito 叠层石
estronciana 氧化锶
estroncianita 菱锶矿，碳锶矿
estroncio 锶
estropear 损坏，毁坏，使不运转；重新搅拌（灰泥）
estructura 结构；构造；机构，组织；架构，构架
estructura abajo 下部构造；沿构造倾斜向下
estructura abierta 敞开，开放，空旷
estructura acuñada 尖灭，地层尖灭，变薄
estructura almohadillada 窗棂构造，栅状构造
estructura anticlinal 背斜构造
estructura aplastable 压扁结构
estructura arquitectural 总体结构
estructura arriba 沿构造向上；上部构造
estructura atómica 原子结构
estructura brechosa 角砾构造
estructura bruta 总体构造
estructura con capacidad de carga 承载结构，承载构架
estructura concéntrica 同心构造
estructura cono entre cono 叠锥构造
estructura convexa 隆起构造，凸状构造
estructura cristal 晶体结构
estructura cristalina 晶体结构
estructura cristalina ordenada 有序化晶体结构
estructura de acero 钢结构
estructura de aislamiento 绝缘结构；保温结构
estructura de arco de tubería para cruzar el río 用于跨越河流的管道拱形构架
estructura de bloque geológico 地质断块构造
estructura de buzamiento uniforme 单斜构造
estructura de capital 资本构成
estructura de cono 锥形构造
estructura de consumo 消费结构
estructura de corriente lineal 线流结构，线形流动结构，线形流状构造
estructura de cubierta 盖层构造
estructura de datos 数据分类
estructura de derrumbamiento 塌陷构造
estructura de echelon 雁行构造
estructura de energía 能源结构
estructura de escama 鳞片构造
estructura de estratificación 成层构造，层理构造
estructura de estrato 地层构造
estructura de falla 断层构造
estructura de fenocristales alineados 线斑状构造
estructura de fluencia 流型结构，流动结构，流状构造，流动构造
estructura de fluido 流动构造，流动结构，流状构造

estructura de flujo 流动构造，流动结构
estructura de flujo laminar 流面构造，板状流动构造
estructura de flujo lineal 线流构造，流线构造，层流构造
estructura de la corteza terrestre 地壳构造，地壳结构
estructura de la organización de estandarización 标准化组织机构；标准化组织结构
estructura de lutita 泥屑岩构造
estructura de madera 木结构
estructura de mercado 市场结构
estructura de metamorfosis 变质构造
estructura de organización 组织机构
estructura de pizarra 板岩构造，页岩构造
estructura de placa 板块构造，板状构造
estructura de poro 孔隙结构
estructura de puente colgante para cruzar el río 用于跨越河流的悬桥构架
estructura de roca 岩石结构
estructura del consumo de energía 能源消费结构
estructura del coque 焦炭结构
estructura del tipo anticlinal 背斜型构造
estructura deslizable 滑动构造
estructura diapírica 刺穿构造
estructura direccional 方向构造，定向构造
estructura disimétrica 不对称结构
estructura domal o bóveda 构造高点
estructura en A 金字塔式结构；A 形构架
estructura en abanico 扇形构造
estructura en construcción 建筑结构
estructura en flor 花状构造
estructura en forma de abanico 扇状构造，扇形构造
estructura en forma de abanico compuesta 复合扇状构造
estructura en forma de escalón 阶梯构造，梯状构造
estructura en forma de lenteja 扁豆状构造，透镜状构造
estructura en línea 缆索结构；线状结构
estructura en vetas 脉状构造
estructura en X 砂钟构造，砂漏构造
estructura escoriácea 渣状结构
estructura especial 空间晶格；空间点阵
estructura esquistosa 片状构造
estructura estratificada 层状构造，分层构造，成层构造
estructura estratigráfica para el almacenamiento de gas 地下气藏构造
estructura fija 固定结构

estructura física　机械构造；物理结构
estructura flotante　浮动构造；浮动结构
estructura fluida　流状构造，流动构造
estructura gasífera　储气构造
estructura geológica　地质构造
estructura global　总体结构
estructura gnéisica　片麻状构造
estructura granular　粒状构造，粒状结构
estructura híbrida　混合结构
estructura imbricada　覆瓦构造
estructura inferior　井架底座，底层结构；下部结构
estructura interna del cuello de poro　孔喉内部结构，孔喉内部构造
estructura invertida　倒置结构，反转构造
estructura irradiante　辐射状组织
estructura iterativa　叠合结构
estructura lamelar　叠片构造，压层构造
estructura laminada　板状构造
estructura laminar　片状结构，层状结构，层状构造，层纹构造
estructura lineal　线状构造；线性结构
estructura magnética　磁结构
estructura mallada　网状构造，筛状构造，格状构造，网状结构
estructura mamilar　乳头状构造
estructura microscópica　微观结构，微细结构
estructura molecular　分子结构
estructura molecular anular　环状分子结构
estructura néisica　片麻岩构造，片麻状构造
estructura ojiforme　眼球构造，眼球状构造
estructura periférica　周边结构，外围结构；周边构造，外围构造
estructura perlítica　珍珠岩构造，珍珠构造
estructura petrolífera　储油构造，含油构造
estructura policristalina　多晶结构
estructura poral　孔隙式样，孔隙结构
estructura porfirítica　斑状构造，斑岩构造
estructura preexistente　先前存在的构造，预先存在的构造
estructura primaria　原生构造，初生构造
estructura principal　构架，框架，骨架；主要结构；主要构造
estructura productiva comprobada　已探明的产油构造，已探明的具有生产能力的构造
estructura radiada　放射状构造
estructura reloj de arena　砂钟构造，砂漏构造
estructura reniforme　肾状构造
estructura reticular　网状构造，网状结构
estructura sedimentaria　沉积构造
estructura seudoporfirítica　假斑状构造，假斑状结构
estructura singenética　同生构造

estructura subterránea　地下构造
estructura superficial　表层构造，表面构造，表面结构，地表建筑
estructura técnica　技术结构
estructura tipo cadena　链状结构
estructura tipo nariz　鼻状构造
estructura tipo trineo　橇装结构
estructura tubular　管状结构，管筒结构，管结构
estructura vesicular　多孔构造，多泡构造
estructura vítrea　玻璃状结构，玻璃状构造
estructura volcánica　火山构造
estructural　结构的，构造的，建筑的，组织的
estructuras de estratificación cruzada (torrencial)　交错层理构造
estructuras dentríticas trenzadas　流痕构造
estructuras entrelazadas　辫状构造，辫状结构
estructuras ínter y supramareales　潮间／潮上带构造
estructuras paralelas　平行结构
estuarino　江河口的，港湾的；港湾沉积的；海湾，河口
estuario　（潮水漫溢到的呈漏斗形的）河滩；河口湾
estuario fluvial　河口湾
estuche　盒，箱，包，套子
estuche de herramientas　工具包
estudiar　学，学习；研究，考虑；仔细观察
estudio　学习，研究；论文，专著；勘查
estudio académico　学术研究
estudio aerotopográfico　航空测量，航测
estudio catastral　地籍测量，土地测量
estudio de barrenos múltiples　多点测斜
estudio de corrosión　腐蚀研究，侵蚀观测
estudio de estandarización　标准化研究
estudio de estrategia　战略研究
estudio de factibilidad　可行性研究，前景评价
estudio de factibilidad preliminar　初步可行性研究
estudio de impacto ambiental (EIA)　环境影响研究，英语缩略为 SEI (Study of Environmental Impact)
estudio de inyección en cresta　顶部注气研究
estudio de las aguas subterráneas　水文地质研究，地下水研究
estudio de los recursos terrestres　陆地资源研究，陆地资源测量
estudio de materia　材料研究
estudio de operabilidad de riesgos (EOR)　危险和可操作性研究，英语缩略为 HAZOP (Hazard and Operability Study)
estudio de programa　规划研究
estudio de rocas reales　实体岩石研究

estudio de suelo 土壤研究

estudio de susceptibilidad 敏感性研究

estudio de temperatura 温度研究；温度测量

estudio de topografía computarizada 地形的计算机层息技术研究

estudio del producto 产品研究

estudio dinamométrico de un pozo 油井测功器研究

estudio documental de referencia 参考文献研究

estudio edafológico 土壤生态学研究

estudio geoeléctrico 地电测量

estudio geofísico aéreo 航空地球物理学研究，航空地球物理测量

estudio geológico 地质研究

estudio geológico de roca 岩石地质研究

estudio gravimétrico 重力测量，重力调查，重力研究

estudio magnético 磁力测量，磁法测量，磁法勘探

estudio para determinar la ubicación o emplazamiento 选址研究，定位研究

estudio petrofísico en arenas de crudo pesado con producción rápida de agua 重油砂岩中早期产水的地层物性研究

estudio petrográfico 岩相学研究，岩相研究

estudio por registros eléctricos 电测，电法测井，电测研究

estudio sismográfico 地震仪观测，地震检波器观测

estufa 炉，火炉，炉子；加热炉，烘箱，干燥箱

estufa de desinfección 加热消毒器

estufa de gas 煤气取暖炉

estufa de kerosene 煤油炉

estufa para exudación de parafina 石蜡热熔炉，蜡发汗炉

estufa para resudamiento de parafina 石蜡热熔炉

etanal 乙醛

etano 乙烷

etano nitrilo 乙腈

etanoato 醋酸盐，乙酸盐

etanoato de etilo 醋酸乙酯，乙酸乙酯

etanodiol 乙硫醇

etanol 乙醇，酒精

etanolamina 乙醇胺

etanolurea 乙醇脲

etapa 阶段，时期；级；阶；期

etapa amplificadora 放大级

etapa de bomba 泵级数

etapa de extracción 萃取级数

etapa de inundación 水侵期间，水淹阶段；洪水泛滥期间

etapa de producción 采油阶段

etapa erosionada de viento 风化阶段

etapa experimental 先导性试验阶段，试验区试验阶段

etapa piloto （钻井的）领眼阶段

etapa primaria de producción 一次采油阶段

etapa productiva 生产期

etapa Vidoboniense 文多邦阶

etapa Werfeniana 韦尔丰阶

eteno 乙烯

éter 醚，乙醚

éter absoluto 纯乙醚

éter acético 乙醚

éter amil metilo terciario 甲基叔戊基醚

éter amílico 戊醚

éter anhidro 无水乙醚

éter butílico normal 正丁醚

éter de petróleo 石油醚

éter decílico normal 正癸醚

éter etílico 乙醚，二乙醚

éter fórmico 甲酸乙酯

éter metil 甲醚

éter metílico 甲醚

éter sulfúrico 硫醚

éter vinílico 乙烯基醚

eterificación 醚化（作用）

etil- （前缀）乙烷基，乙基

etil alcohol 酒精，乙醇

etilacetileno 乙基己炔

etilacetona 戊酮

etilación 乙基化（作用）

etilamina 乙胺

etilato 乙醇盐

etilbenceno 乙苯，乙基苯

etilbenzol 乙苯

etilbuticetona 甲基乙基（甲）酮

etilciclohexano 乙基环己烷

etildecano 乙基癸烷

etildiacetileno 乙基己炔

etilefedrina 乙基麻黄碱

etilendiamina 乙二胺

etilene 亚乙基，乙烯

etilenglicol 乙二醇，乙基乙二醇；甘醇

etileno 乙烯，次乙基；烯烃

etiletanolamina 乙基乙醇胺

etilheptano 乙基庚烷

etílico 乙烷基的，含乙烷基的，含酒精的

etilideno 乙叉，亚乙基

etilidina 乙叉（基）

etilihexano 乙基己烷

etilismo 酒醉，酒精中毒

etilizador de gasolina 汽油乙基剂（用于增加汽油的抗爆性能）

etilmorfina 乙基吗啡

E

etilnonano 乙基壬烷

etilo 乙基，四乙铅

etilocelulosa 乙基纤维素

etiloctadecano 乙基十八烷

etiloctano 乙基辛烷

etilómetro （血液中）含酒精量测定器

etilpenteno 乙基戊烷

etiltetradecano 乙基十四烷

etiltioetano 乙硫基乙醇

etilundecano 乙基十一烷

etimercaptano 乙硫醇

etinilo 乙炔基

etino 乙炔

etiqueta 商标，标签

etiquetado 标标志的，贴标签的

etiquetado con indicaciones ecológicas 环保标志

etiquetar 贴标签；贴商标

etites 鹰石，泥铁矿

etnobotánica 民族植物学

etología （个体）生态学，行为学

etoxi 乙氧基的；含乙氧基的

etoxido 乙醇盐

ETP (equivalente en toneladas de petróleo) 吨石油当量，英语缩略为 TOE (tons of oil equivalent)

eucairita 硒铜银矿

eucaliptol 桉树脑，桉油精

eucinesia （地质）运动力正常

euclasa 蓝柱石

euclorina 优氯（氯与二氧化氯的混合物）

euclorine 碱铜矾

eucriptita 锂霞石

eucrita 钙长辉长岩（陨石）

eudialita 异性石

eudidimita 双晶石

eudiometría 气体测定法，空气纯度测定法

eudiómetro 量气管，测气计；空气纯度（或含氧量）测定管

EUE (tubo con extremos exteriores de mayor espesor) 管材外加厚，英语缩略为 EUE (External Upset Ends)

eufótico （海洋）透光层的

eufótida 绿辉长岩，糟化辉长岩

eufriador 冷却器（机，装置，设备），致冷装置；冷却剂；冷藏库

eufriador de aceite 滑油冷却器

eufriador de agua 水冷却塔

eufriador del aire 空气冷却器

eufriador serpentín 蛇管冷却器

eugenol 丁子香酚，丁子香色酮

eugeosinclinal 优地槽

euhedral 自形的

eukairita 硒铜银矿

eulitita 闪铋矿

eumanita 板钛矿

eupateoscopio 有机体热量耗散测量仪，热耗仪

euploidía 整倍体

euro 欧元；东风

europio 铕

eustatismo 海面高程变化，海面升降，海面进退

eutéctica 低共熔点，易熔质

eutéctico 低共晶的，低共熔的，易熔的

eutectoide 共析体，类低共熔体，易熔质

eutroficación 富营养化，养分富集

eutroficación del agua 水的富营养化

eutrófico 富养分的，含营养物的

eutrofización （水体的）加富过程，（水体的）富营养化过程

eutropía 异序同晶（现象）

euxenita 黑稀金矿

euxínico 静海的，闭塞环境的，静海相的

EV (electrón-voltio) 电子伏特 (electrón-voltio) 的符号

evacuación 腾出，空出，搬出；疏散，撤出，撤离；排泄，排出

evacuación de basuras 垃圾处理，处理垃圾

evacuación de basuras domésticas 生活垃圾处理

evacuación subterránea 通过地下填埋或回灌方式处理

evacuador 排出器；排泄管；真空泵

evacuador de cenizas 排灰器

evacuar 排液，排泄；腾出，撤出，搬空；使…疏散

evacuar desechos 倾倒废物

evaluación 估值，估价；评价，鉴定

evaluación ambiental 环境评估，环境评价

evaluación ambiental preliminar (EAP) 初步的环境评估

evaluación bit por bit 逐位评价，按位评价

evaluación cualitativa del trabajo 工作评定，职责评估技术

evaluación de bienes 资产评估

evaluación de campo de crudo 油田评价

evaluación de campo del impacto ambiental 油田环境影响评估

evaluación de contabilidad 会计评估

evaluación de daños 损害评估

evaluación de explotabilidad 可开发性评价

evaluación de fluido 流体评价

evaluación de formación 地层评价

evaluación de funcionamiento 动态评价

evaluación de la calidad atmosférica 大气质量评价

evaluación de la cementación 固井质量评价

evaluación de las alternativas 替代方案评价

evaluación de métodos analíticos　分析方法评价

evaluación de petrofísica　岩石物性评价，岩石物理测井评价

evaluación de proyecto　项目评价

evaluación de riesgo　风险评估

evaluación de trabajo　工作鉴定

evaluación del impacto ambiental (EIA)　环境影响评价，环境影响评估，英语缩略为 EIA (Environmental Impact Assessment)

evaluación del peligro　危险评估

evaluación del petróleo crudo　原油评价

evaluación del sistema　系统评价

evaluación económica　经济评价

evaluación financiera　财务评价

evaluación integral del medio de ambiente　环境综合评价

evaluación regional del impacto ambiental (ERIA)　区域环境影响评估，英语缩略为 REIA (Regional Environmental Impact Assessments)

evaluación técnica　技术评估

evaluación técnica y económica　技术商务评估

evaluación y manejo de riesgos químicos (EMRQ)　化学危险评估和管理，英语缩略为 CHARM (Chemical Hazard Assessment and Risk Management)

evaluación y monitoreo de calidad de agua　水质监测与评价

evaluador de incremento de presión en pozo cerrado (producción)　生产井关井压力恢复评价

evaluar　估值，定价；评价，鉴定

evaporable　可蒸发掉的，易蒸发的，挥发性的

evaporación　挥发，蒸发；消失，消散

evaporación de una solución　（溶液）干燥，去湿，干化

evaporación en dos etapas　两级蒸发

evaporación en vacío　真空蒸发

evaporación instantánea　闪蒸，急骤蒸发，骤蒸

evaporación instantánea al vacío　真空闪蒸，真空骤蒸

evaporación instantánea de la muestra　样品闪蒸

evaporación instantánea en equilibrio　平衡闪蒸法

evaporación múltiple　多重蒸发

evaporación natural　自然蒸发

evaporación por acción del tiempo　自然干燥

evaporación previa　预闪蒸

evaporador　蒸发器，汽化器，蒸馏釜，蒸发装置，挥发器

evaporador al vacío　真空蒸发器

evaporador de efecto mútiple　多效蒸发器

evaporador en vacío　真空蒸发器

evaporar　使蒸发，使挥发，使气化；使消失

evaporatividad　蒸发能力

evaporatorio　蒸发性的；蒸发剂

evaporimetría　蒸法测定法

evaporímetro　蒸发计，汽化计

evaporita　蒸发盐，蒸发岩

evaporización instantánea　闪蒸

evaporizar　使气化，使蒸发；喷洒，使成雾状

evaporómetro　蒸发计，汽化计

evapotranspiración　蒸发蒸腾作用；土壤水分蒸发蒸腾损失总量

evapotranspirómetro　（土壤水分）蒸发蒸腾测定器

evasión　规避；（资金等的）抽逃

evasión de impuesto　避税

evasión fiscal　逃税

evasor fiscal　逃税漏税者

evento　偶然事件，意外事件；发生的事，事件

evento de buzamiento　倾斜事件

evento de dispersión inelástica de rayos gamma　伽马射线的非弹性散射事件

evento oceánico anóxico (EOA)　大洋缺氧事件，英语缩略为 OAE (Oceanic Anoxic Event)

evento repentino　突发事件

evento volcánico　火山活动，火山现象，火山作用

eventual　偶然的，意外的，不测的，临时的；临时工

evidencia　明显，显著；确定性，可靠性；凭证，证据

evidencia de pago　付款凭证，付款证据

evidencia original　原始凭证，原始证据

evidencia válida　确凿的证据

evitador de gas　防气装置，除气装置

evitar　防止；避免，避开，回避，躲避

evitar riesgos　回避风险

evolución　演变，进化，发展；演化

evolución tectónica　构造演变

evolucionar　演变，发展，进化；打转，旋转，转动

evoluta　渐屈线，包法线

evolvente　渐伸的，内旋的；渐伸线，切展线，渐伸线函数

ex situ　工地外，厂区外

exacloroetano　六氯乙烷

exactitud　精确性，精确度，严密性

exacto　精确的，准确的，确切的

exaedrito　六面体式陨铁

exafásico　六相的

exafluoruro　六氟化物

exagonal　六边形的

exágono　六边形，六角体

examen　检查，审查；测量，勘查；考试，考核

examen de las muestras de formaciones　岩心检

验，岩心研究，地层取样检验

examen de películas en sísmica de reflexión 地震波反射记录胶片的检验

examen de pruebas del contenido de la formación por medio de la tubería de perforación 钻柱测试，钻杆测试，英语缩略为 DST (Drill Stem Test)

examen físico 体检

examen posterior al accidente 事故后复查，事故后检查

examinación de cortes 岩屑检验，岩屑检定

examinación litológica 岩性检查，岩性检定

examinador 审查员，检查人；主考人

examinar 检查，审查；细查，研究；考试，测验

exaración 冰川侵蚀

excavación 开挖，挖掘，采掘，掘进，坑，洞，穴；坑道

excavación a cielo abierto 露天采矿，露天开采

excavación inicial (de poca profundidad) 井口圆井

excavación para drenaje de agua 渗滤坑

excavaciones de lombrices 生物钻孔，虫孔

excavador 挖的，掘的，开凿的；挖掘者，开凿者

excavadora 挖掘机，挖沟机，掘凿机

excavadora a motor 动力铲，机铲，掘土机

excavadora a rueda de cagilones 斗轮式挖掘机

excavadora acarreadora 轮式铲运机，平地机

excavadora de arrastre 拉铲挖土机，索斗铲，拉铲

excavadora de ruedas 轮式挖掘机

excavadora hidráulica 液压挖掘机

excavadora mecánica 动力铲，机铲，掘土机

excavar 挖，掘，开凿，刨

excavar en escalones 阶梯式挖掘

excedente 超出的；过多的；多余的，剩余的；剩余，剩余物，剩余额

excedente 过量的，多余的，超过的；剩余，盈余，过量

excentración （机械方面的）偏心

excéntrica 偏心器，偏心轮，离心圈

excéntrica corazón 心形偏心器

excéntrica de (para) marcha adelante 进程偏心轮

excéntrica de inversión o de cambio de marcha 倒行偏心轮

excentricidad 离心率，偏心率；偏心距

excéntrico 偏心的，离心的；呈偏心运动的，（轨道）不正圆的

excepción 除去，作为例外；除外，例外

exceso 过分（量，度）；超过，剩余（物），过剩量

exceso de aire 过多的空气，过剩空气，空气

过剩

exceso de capacidad 生产能力过剩

exceso de peso 超重

exceso de producción 生产过剩

exceso de utilidades 超额利润

exceso de velocidad 超速，过额定转速

excitación 刺激，扰动，干扰；激励，励磁

excitación en serie 串激

excitación impulsiva 碰撞激发，冲击波激发

excitación independiente 单独激励，他励

excitación por choque 碰撞激发

excitación por impulsión 冲击激励

excitador 激励器，励磁机，激发器，主控振荡器

excitar 刺激；使激励，激起（电流）；激发（原子、光谱等）

excitatriz 激励器，励磁机，主控振荡器

excitrón 汞气整流管，激励管

excluir 把…排除在外，不包括

exclusión 排除，排斥；不包括

exclusión de arena 防砂

exclusivo 专用的，唯一的，专门的；排除的，排斥的

excoriación （皮肤）擦伤，擦破；表皮脱落

excoriar 擦伤，擦破

excusado 免税的；无须的，不必要的

exención 免除，豁免；豁免权

exención de impuesto 免税

exento de toda avería 免受所有伤害；免受所有损害

exfiltración 渗漏，泄漏

exfoliación 剥离，落屑；分层，层离

exfoliado 片状的，鳞片状的

exfoliador 使片状剥落的；使鳞片样脱皮的；使表皮脱落的

exfoliar 使片状剥落，使鳞片样脱皮，使表皮脱落

exhalación 散发出，呼出；散发物（如气体、蒸气、气味等）

exhalar 散发出，呼出

exhaustor 排气机，排气装置

exhibición 展示，展览，阵列；展览会；展览品

exigencia 强求，苛求；要求，需要

exigir 要求，强求，苛求；需要，必须

exílico 已基的

eximir 免除，解除，豁免（责任、义务等）

eximisión 免除，解除，豁免

exinita 壳质煤素质

existencia 存在，存有；存货（常用复数）

existencia de seguridad 后备库存清单

existencia en cañería 管道内积存油，管道余留存量

existencia en patio de tanques 库存量，罐区存油

existencia en tubería 管道内积存油，管道余留存量

existencias de aceite lubricante 库存润滑油

existencias de depósito 库存

exodo 六极管

exogénesis 外生；外生作用

exogenético 外生的，外成的，外源的，外动力地质作用的

exógeno 外因的

exomórfico 外变质的

exomorfismo 外变质，外变质作用

exósfera, exosfera 外大气圈，外大气层，逸层，外逸层

exósmosis, exosmosis 外渗

exotérmico 放出热量的，发热的，放能的

expandidor 扩张器，扩管装置

expandidor de tubos 胀管器

expandir 扩展，扩大，增加；扩张，增长

expansibilidad 可扩张性，可膨胀性；膨胀度

expansible 可膨胀的，膨胀性的，易扩张的

expansión （气体的）膨胀；扩展，扩张，（生产和需求的）增长

expansión adiabática 绝热膨胀

expansión binomial 二项式展开式

expansión cósmica 宇宙膨胀

expansión cúbica 体积膨胀

expansión de arcilla 黏土膨胀

expansión de gas en solución 溶解气膨胀

expansión de hielo 冰膨胀

expansión de isoterma 等温膨胀

expansión de la capa de gas 气顶膨胀

expansión de la roca y del agua congénita 岩石和原生水膨胀

expansión del desierto 沙漠的扩展

expansión del penacho （山坡）积雪的扩展

expansión impulsada del fluido 流体驱动膨胀

expansión interna 内部膨胀

expansión isentrópiea 等熵膨胀

expansión isotérmica 等温膨胀

expansión politrópica 多变膨胀

expansión superficial 面面膨胀

expansión térmica 热膨胀

expansión urbana 城市的扩张

expansividad 体胀系数，扩大性，延伸性，膨胀性

expansor 扩张器，扩管装置

expansor reciprocante 往复膨胀机

expectación matemática 数学期望

expectativa 期待，期望；（得到某物的）可能

expectativa de vida 预期寿命

expedición 寄送，发给；远征（队），考察（队），探险（队）

expedición científica 科学考察

expedición de licencias 办理许可证，办理执照

expedición de sismólogos 地震队

expedición directa 直接发运

expedición parcial 分批发货，分运

expediente 案子；案卷材料；诉讼

expedir 办理，审理；签发，发给（证件等）；寄送，寄发

expeler 喷出，排出；逐出，驱逐

expeler a chorros de pozo 井喷

expendio de gasolina 加油站

experiencia 经历，阅历；经验，体会，感受

experiencia de trabajo 工作经验

experiencia de vida 生活经验

experimentación 实验，试验；实验法

experimentación científica 科学实验

experimentador 实验者

experimentar 实验，试验；进行试验；尝试

experimento 实验，试验

experimento científico 科学实验

experticia 专门知识，专长，经验；专门鉴定，鉴定报告

experto 专家，内行，老手；有经验的，老练的

expiración （一段时期之）终止，期满，满期

expirar 期满，届满，（期限）终止；消逝，消失；死亡

explanación 平整，解释，阐明

explanada 平地，空地

explanadora 平路机，推土机

explanadora de arrastre 拖平式平地机

explanadora de motor 电动平地机

explicación 解释，说明，讲解，教授；理由，原因

exploración 勘探，勘查，勘测，探查；扫描

exploración aérea 航空勘探

exploración a riesgo 风险勘探

exploración aguas arriba 上游勘查

exploración barrido de trama 光栅扫描

exploración cónica 锥形扫描

exploración costafuera 海上勘探

exploración de crudo y gas 油气勘探

exploración de la mina 矿藏勘查

exploración de petróleo 石油勘探

exploración de profundidad 深部勘探

exploración de radioisótopo 同位素扫描

exploración detallada 详探

exploración electrónica 电子扫描

exploración entrelazada 隔行扫描

exploración geofísica 地球物理勘探

exploración geológica 地质勘查，地质勘探

explotación geotérmica 地热开发

exploración gravimétrica　重力勘探

exploración helicoidal　螺旋扫描

exploración linear　直线扫描

exploración lógica　逻辑调查，逻辑探测

exploración petrolera　石油勘探

exploración por el método de radioactividad　放射性勘探

exploración por sectores　扇形扫描

exploración por taladro　钻井勘探

exploración preliminar　踏勘，普查，草测

exploración progresiva　逐行扫描

exploración radioactiva　放射性勘探

exploración rectilínea　直线扫描

exploración sísmica　地震勘探

exploración sismográfica　地震勘探

exploración y desarrollo progresivo　滚动勘探开发

exploración y producción　勘探开发

explorador　探测器；考察者，勘探工作者，探险者；勘探公司

explorador de punto móvil　飞点扫描器

explorador electrónico　电子扫描器

explorar　对…进行勘探，勘查，考察，探险；侦察，摸底；扫描

exploratorio　探索性的，试探性的；考察的；探察器，探针

explosímetro　气体可爆性测定仪

explosión　爆炸，爆裂，爆发，爆破；（内燃机等内燃料）燃烧膨胀

explosión amortiguada por aire　气垫爆破

explosión atrasada　延时爆破，延迟爆发

explosión de gas　瓦斯爆炸

explosión de gases de combustión　气体燃烧爆炸

explosión de una válvula de gas　气阀爆炸

explosión dentro de pozo　井下爆炸

explosión en abanico　扇形爆破，扇形排列法地震勘探

explosión en arco　扇形爆破；扇形排列法地震勘探；弧形排列折射法地震勘探

explosión en el aire　空中爆炸

explosión fitoplanctónica　浮游植物激增

explosión freática　准火山爆破，类火山爆发，潜水水汽爆发

explosión generadora de ondas　生波爆炸，波生成爆炸

explosión retardada　延迟爆炸，延迟爆发

explosión volcánica　火山爆发

explosividad　爆炸性

explosivo　爆炸的，会爆炸的，爆炸性的；爆炸物，炸药

explosivo de alto poder　高能炸药，烈性炸药

explosivo de baja potencia　低爆速炸药

explosivo de gran potencia　高能炸药，烈性炸药

explosivo de plástico　塑胶炸药；塑性炸药

explosivo de seguridad　安全炸药

explosivo fabricado por nitración del hexógeno　六素精制成的炸药，三亚甲基三硝基胺制成的炸药

explosivo lento　低效炸药，低爆速炸药

explosivo moldeado　成形炸药，聚能炸药；聚能射孔弹

explosivo nitro　硝基炸药

explosivo plástico　塑性炸药，塑性高爆炸药

explosivo sólido　固体炸药

explosor　信管，雷管，引信，爆炸装置

explosor eléctrico　电放炮器，电动放炮器

explotabilidad　可开采性，可利用性

explotable　可开发的，可利用的，可剥削的

explotación　开发，开采；利用，经营

explotación a cielo abierto　露天开采

explotación abusiva　过度开发，过度开采

explotación compuesta　综合开发

explotación de condensado con inyección de gas　通过注气开发凝析油

explotación de petróleo　石油开发，石油开采

explotación de petróleo pesado　重油开采，重油开采

explotación del yacimiento por bacterias　微生物开发油田，利用微生物开发油藏

explotación en canteras　露天开采，露天采掘

explotación en descubierto　露天开采

explotación excesiva　过度开发，过度开采

explotación forestal　森林开发

explotación integral　整体开采

explotación maderera　木材开发，为商业目的而进行的伐木

explotación por gradas　梯级开采

explotación por inyección　注水开发，注气开发，注蒸汽开发；通过注入气、蒸汽、水等方式开发

explotación por método minero　应用矿场法开发，应用矿场法开采

explotación secundaria　二次开采，二次开发，二次采油

explotado excesivamente　过度生产的，过度开发的，过度开采的

explotador　开发的，开采的；开发者，开采者，利用者

explotar　开发，开采；剥削；（从中）获利；爆炸

explotar la potencialidad　挖潜，挖掘潜力

explusión de hidrocarburos　排烃

exponencial　指数的，幂的，阶的；指数，幂

exponente　说明的，标志的；说明者；代表者；例子；典型；指数；差；比

exponer　阵列，展出，使曝光，阐明，说明，

陈述，申述

exportación 出口（商品），输出（品）

exportación de capital 资本输出

exportador 出口商，输出者，出口人；出口的，输出的

exposición 暴露，曝光，曝光时间，展出，陈列，展览会，展览品；方位

exposición circulante 流动展览

exposición comercial 商业展览，商业展览会

exposición de comercio 商业展览，商业展览会

exposición del impacto ambiental 环境影响说明，环境影响报告，环境影响评介

exposición y venta de nuevos productos 新产品展销

exposímetro 曝光计，曝光表

exposímetro digital 数字式曝光表

expresión 表达，陈述，表示，表现；表达方式

expresión algebraica 代数式

expresión algébrica 代数式

expresión analítica 分解式

expresión bilinear 双线性式

expresión cuadrática 二次表达式

expresión fraccionaria 分数式

expresión topográfica 地形显示，地形表示法

expreso 快速的；明确的，清楚的；快件，急件；特快专递件，快车

expreso aéreo 航空快递邮件，空运包裹

exprimir 榨，榨出，压榨，榨取；尖灭，地层尖灭，变薄

expropiación 征用，被征用之物

expropiar 征用

expulsador de aire 空气喷射器，气动弹射器

expulsanúcleos 岩心推取塞，岩心顶取器，岩心通条

expulsar 排出，放出；驱逐，赶出，开除；打扫，除垢

expulsatestigos 岩心推取塞，岩心顶取器，岩心通条

expulsión de aire 空气喷射，喷气

expulsivo 驱除剂，排除剂，驱除的，排出的

exsecante 外正割

exsicación 干燥法，干燥作用，除湿作用

extendedor 减轻剂

extender 展开，铺开，扩展，扩大

extender el área de extracción 提高（原油）采收面积

extendido 展开的，铺开的；摊开的；薄的

extensibilidad 可延伸性，伸长率，延伸度

extensible 可延伸的，可伸展的

extensimetría 应变测定

extensimétrico 测张力的，测伸长的

extensímetro 伸长计，延伸仪

extensión 伸长，延长；广度，范围；扩张，推广；外延，移距；（电话）分机

extensión analítica 解析延拓

extensión boscosa 森林，林区，多林带

extensión de agua 水域面积

extensión de certificado de permiso 许可证延期

extensión de contrato 合同延期

extensión de la línea de succión 延长吸入管线

extensión de la pluma 延长起重吊杆，延长挺杆，延长起重臂

extensión de los estratos 岩层的扩展，岩层的延伸

extensión de mar 海底扩张，海洋扩张；海洋面积

extensión de terreno 土地面积

extensión de tierra 土地面积；土地扩张

extensión del cabezal con sello hermético 防喷管，防溅盒

extensión del mango de una llave 加力杠，加长管钳把的管子

extensión del plazo para el trámite 延长办手续期限

extensión del yacimiento 油藏的分布

extensión en acres 英亩数，亩数

extensión horizontal de la formación 地层水平边界，地层水平界面

extensión productiva 生产面积，生产区域；开采面积，含油面积

extensión progresiva 滚动扩边

extensivo 宽广的，大范围的；延伸的，扩大的；粗放的

extenso 宽阔的，广大的，宽敞的

extensómetro 伸长计；变形测定器

extensor 延展器

exterior 外部的，外面的，外表的，外来的；对外的；外国的；外部，外面，外表

exterior liso 外表光滑；外平式

externo 外部的，外面的；外来的；外国的；（药物）外用的

extinción 熄灭，猝灭，灭绝；期满失效，偿清

extinción de incendio 灭火

extinción paralela 平行消光

extinción paulatina del bosque o de los bosques 森林逐渐消亡

extinguidor 灭火器；使熄灭的，使消失的

extinguidor a base de CO2 二氧化碳灭火器

extinguidor de arco 角形避雷器，防闪络角形件

extinguidor de espumas 泡沫灭火器

extinguidor de fuego 灭火器

extinguidor de incendios 灭火器

extinguidor de llamas 火焰消除器，阻火器，灭火器，火焰阻止器

extinguir 扑灭，熄灭，消亡；取消，终止（权力、义务等）；失效，期满

extintor　灭火器；使熄灭的，使消失的

extintor con llantas　轮式灭火器

extintor contra incendio　灭火器

extintor de arco　电弧猝熄器

extintor de chispas　火花消除器

extintor de espuma　泡沫灭火器

extintor de incendio　灭火器

extintor de polvo　干粉灭火器

extintor de polvo químico　干粉灭火器

extintor de polvo químico seco　干粉灭火器

extintor de polvo seco　干粉灭火器

extintor portátil　便携式灭火器

extirpar　把…连根拔起，拔除；摘除，消除

extra　极好的，优质的；额外的，外加的；附加工资，额外收入；额外开支

extracción　拔出，抽提，萃取，提取，提炼；抽出物，提取物；开方，求根

extracción analítica　分析萃取

extracción artificial por gas　通过气举方式采油，气举采油

extracción continua　连续开采

extracción continua de testigos　连续取心

extracción convencional del núcleo　常规取心

extracción de agua　采水，抽水

extracción de aire　抽气

extracción de azufre　脱硫，脱硫作用

extracción de cenizas por vía húmeda　液体灰分提取法

extracción de crudo por recirculación de gas　气体循环气举采油，循环气体气举采油

extracción de escombros　清理管沟；清理塌方；出渣

extracción de fenol　除酚法，除酚

extracción de fondo　泄料，放空，吹净

extracción de la sarta　起出管柱

extracción de la tubería junto con las varillas de succión　起出油管和抽油杆

extracción de los aromáticos　芳烃提取，芳香族提取

extracción de muestras　取样

extracción de núcleo　取岩心

extracción de núcleos con broca de diamante　用金刚石钻头取心，金刚石取心

extracción de núcleos de pared　井壁取心，井壁取样

extracción de partículas　粉尘清除

extracción de petróleo　原油生产，原油开采

extracción de petróleo mediante optimización en la recuperación　提高采收率法采油

extracción de petróleo primaria　一次采油

extracción de petróleos livianos por recirculación del gas en el yacimiento　气体回注开采轻质油

extracción de testigos　取岩心

extracción electrolítica　电解提取

extracción hidráulica del carbón　水力清焦

extracción maderera　木材砍伐

extracción mejorada　强化开采，提高采收率，强化采油

extracción neta de agua　水的净提取

extracción por agua　水驱采油，水压驱动（边水驱动）采油

extracción por aire　空气升液法采油，气举采油

extracción por bombeo　泵抽法采油，抽汲采油

extracción por disolución　溶解法提取，浸析提取，淋滤提取

extracción por disolvente mixto　混合溶剂抽提，混合溶剂提取

extracción por disolventes　溶剂法，溶剂提炼，溶剂萃取

extracción por dos disolventes　二重溶剂抽提，二重溶剂萃取

extracción por energía natural　天然能量开采

extracción por gas　气举，气举采油

extracción por gas en varias etapas　多级气举采油，分段气举采油，多阶段气举采油

extracción por percolación　渗滤法提取，渗流法提取，渗漏法提取

extracción por solvente o disolvente　溶剂萃取，溶剂抽提，溶剂提取

extracción por solvente y aglomeración esférica (ESAE)　通过溶剂和球形聚结作用提取

extracción primaria　一次采油

extracción secundaria　二次采油

extracción selectiva durante la explotación　开发过程中的选择性开采

extracción solvente　溶剂萃取法

extracción terciaria　三次采油

extracción vigorizada　强化采油

extracción y recolección　采集

extracelular　细胞外的

extraclasto　外来碎屑，外碎屑

extracorriente　额外（感应）电流，暂时电流

extracorto　（无线电）超短的

extracto　提取物，萃取物；摘要，选录

extracto de codificado　编码文摘

extracto de operaciones　报表，结算单

extracto de saturno　铅白

extracto tebaico　阿片水提液

extractor　提取器，萃取器，抽提塔，抽出器

extractor a contracorriente de etapas múltiples　多级对流萃取器

extractor centrífugo　离心萃取器

extractor de aire　排风扇；抽风器；通风设备

extractor de asientos de válvula　阀座拉拔器

extractor de bujes　衬套拔出器，补心拉拔器

extractor de camisa de cilindro　缸套拔出器，缸

E

套拉拔器

extractor de camisas 缸套拔出器，衬套拉拔器

extractor de chavetas 拔销器，销子拉拔器

extractor de disolvente 溶剂提炼器

extractor de émbolos 活塞拔出器

extractor de estrangulador de fondo 井底节流器拔出器，井底油嘴拔出器

extractor de gas 抽气器，集气装置，天然气提取装置

extractor de gorrones de pie de biela 活塞销拔出器；肘节销拔出器

extractor de herramientas 工具拔出器

extractor de humedad 湿气分离器

extractor de humos 排烟机，抽油烟机

extractor de muestra profunda 井底取样器

extractor de muestras 取样器，采样器，采样工

extractor de neblina de aceite 油雾去除器

extractor de neblina o niebla 除雾器，脱湿器

extractor de núcleos 岩心提取器，岩心退取器

extractor de pasadores de articulación 肘节销拔出器

extractor de testigos 岩心退取器，岩心提取器

extractor neumático 空气升液器

extraer 拔出，取出，抽出，提取，萃出，开采出；求（根），开（方）

extraer datos de la memoria 取指令；抽提内存数据，数据回放

extraer la madera de existencias de bosques 森林蓄积伐木；从森林存量中伐木

extraer la tubería y varillas de succión 起出油管和抽油杆

extrafuerte 重型的，重载的，大功率的，重负荷的；耐损耗的，坚固的

extragrueso 超厚的

extralimitación 越权，超越许可范围

extralimitación ambiental 因考虑环境问题带来的其他问题

extranjero 外国的，外国人的；外国人；外国，国外

extranuclear （原子）核外的

extraño 外人的；古怪的，奇怪的；局外的，无关的

extraordinario 非常的，特别的，非凡的；格外的，超时的

extrapesado 超重的

extrapolación 推断，推知；外推法，外插法

extrapolar 推断；外推，用外推法求

extratermodinámica 超热力学

extravasación 流出；(熔岩)喷出

extremo 末端的，尽头的；过分的，过度的；末端，尽头，终点，极端

extremo ciego 堵塞端，死端，封闭端

extremo de aspiración （泵的）吸入端

extremo de cabeza 首端

extremo de cable rápido 快绳端

extremo de descarga 排出端

extremo de descarga de una bomba （泵的）出料端，排出端

extremo de energía líquida de bomba de lodo 泥浆泵液力端

extremo de entrada 首端，进口端

extremo de garra 爪端，钳端

extremo de la culata 汽缸盖端，尾端，后端

extremo de la tubería （管子的）末端，尾部

extremo de motor de bomba de lodo 泥浆泵动力端

extremo de succión 吸入端

extremo expulsor de bomba de lodo 泥浆泵的出口端，泥浆泵的排放端

extremo fijo 定端，固接端

extremo móvil 膨胀端，扩口端；可动端

extremo muerte 空端，闭端

extremo posterior 后端

extremo recalcado 加厚端

extremo resaltado 加厚端

extremo roscado 有螺纹的一端，螺纹端

extremo superior 顶端

extremo trasero 尾端，后部

extrínseco 非固有的，非本质的；外来的，体外的；含杂质的

extrudir 把（金属、塑料等）挤压成，压制

extruido en frío 冷挤压的

extrusión 挤压（成形），压出，压制；压制品；喷出，喷出物（如熔岩）

extrusión de toma 进口喷出

extrusivo 喷出的，挤出的，喷发的

extrusor 剂压的，压制的

extrusor de barras 蜗压机，螺旋挤压机

extrusora 挤出机，挤压机

exudación 渗出，缓慢流出；渗出物；渗出液，流出物

exudación de petróleo 油苗

exudar 使渗出，分出；使发散

exuviación 蜕皮

eyacular 喷射，射出，排放

eyacular gases a través del tubo de escape 通过排气管排放废气

eyección 喷出，放射；出坯，推顶；排斥，驱逐

eyección de chorro 射流

eyección de chorro de pintura 喷涂

eyectar （发，喷，注）射，喷出；驱逐，排斥

eyector 喷射器，喷射泵，射流抽气泵，喷（油）嘴

eyector a chorro 射汽式抽气器，射水式抽气器

eyector a vapor 蒸汽喷射器

eyector de aire 空气喷射器，气动弹射器；抽气

器，空气抽出器

eyector de cenizas　排灰器，冲灰器

eyector de chorro de vapor　射汽抽气器

eyector de compensación　补偿喷嘴

eyector de dos etapas　两级喷射器

eyector de vapor　蒸汽喷射器

eyector de vapor para eliminar gases　用于除气的蒸汽喷射器

eyector hidráulico　水力喷射器

eyector principal　主喷嘴，（汽化器的）高速用喷嘴

eyector simple　简单喷射器

F

F.E.M（fuerza electromotriz） 电动势

FAB（franco a bordo） 船上交货；离岸价，英语缩略为 FOB（Free On Board）

fábrica 工厂，制造厂；生产，制造，建筑物，砖结构

fábrica central 总站；总厂

fábrica de ceras 制蜡装置，制蜡厂，石蜡制造厂

fábrica de gas 天然气处理装置；气体发生装置；煤气厂

fábrica de parafina 制蜡装置，石蜡制造厂

fábrica de productos químicos 化工厂

fábrica siderúrgica 钢铁厂

fabricación 制造，生产，制作；建造

fabricación asistida por computadora 计算机辅助制造

fabricación continua（continual） 连续生产，流水作业

fabricación en masa 成批生产

fabricación en obra （现场）组装、装配、制作

fabricación en serie 整批制造，成批生产

fabricado 生产的，制造的

fabricado a la medida 按要求的尺寸制造（或制作）的，定制的

fabricado a la orden 按订单要求制造（或制作）的，定制的

fabricado por encargo 受用户委托制造的，定制的

fabricante 生产者，制造者，装配者，生产商

fabricante de equipo 设备、器材或装备的制造商

fabricante de herramientas 工具生产者

fabricante del vehículo 汽车生产商

fabricar 生产，制造；建造；加工，制作

fabril 工厂的，制造的，生产的

facelita 钾霞石

faceta （多面体的）面；（宝石的）琢面；（事物的）方面，侧面

facetas trapezoidales 梯形面，不规则四边形的面

facete （多面体的）面，（宝石等的）刻面，切面

facies 外貌，外观；相，岩相

facies arena conglomerádica 含砾砂岩相

facies contiguas 邻相

facies de indicios fósiles 痕迹化石相

facies de la cuenca 盆地相

facies detrás del arrecife 后礁相，礁后相

facies flucio lacustre 湖相

facies lacustres 湖相，湖沼相

facies marinas 海相

facies petroleros 油相

facies sedimentarias 沉积相

facies sísmicas 地震相

facilidad 容易，方便；轻便性；便利条件

facilidad de aceleración 加速性能，（汽车等的）突然加速能力

facilidad de maniobra 机动性，可控性，可操纵性，可运用性

facolita 扁菱沸石

facolito 岩脊，岩鞍

facsímil 传真，传真通信；复制品，影印（本）

factibilidad 可行性，实际可能性

factible 可行的，可以办到的，行得通的

factor 因素；因数，系数，率；乘数，商；代理商，经纪人

factor abiótico 非生物因素

factor ambiental 环境因数

factor anisótropo 各异向性因数

factor básico de riesgo 基本风险因素

factor bifásico 总地层体积系数

factor biótico 生物因素

factor calibrado 校准因子

factor climático 气候因素

factor complementario 互补因子

factor constante de equilibrio 平衡常数

factor constante del gas 气体常数

factor constante para la conversión de la presión 压力换算常数

factor de abanico de fricción 范宁摩擦系数，范氏摩擦系数

factor de absorción 吸收因子

factor de acoplamiento 耦合系数

factor de amortiguamiento 阻尼因数，阻尼因子

factor de amplificación 放大因数

factor de amplitud 振幅系数

factor de apantallamiento 屏蔽因数

factor de aprovechamiento 方向性系数；占空系数

factor de atenuación 衰减系数，衰减因素，衰减因数

factor de atenuación y dilución 衰减稀释系数

factor de audibilidad 可闻系数

factor de calidad 品质因数，质量因数，品质因素

factor de captación 接收效应，拾音系数

factor de captura 俘获因子

factor de caracterización 特性因数

factor de carga 负载系数，负载因数，荷载因数

factor de comprensibilidad del gas 气体压缩系数

factor de compresibilidad 压缩系数，压缩因子，压缩因数

factor de compresión 压缩系数

factor de contracción 收缩系数，收缩因数

factor de conversión 转换因子

factor de conversión 换算系数，转换因子，换算因数

factor de conversión de temperatura 温度换算系数

factor de corrección 校正系数

factor de corrosión punteada 点蚀系数

factor de cresta 波顶因数，峰值因数

factor de daño 表皮系数，表皮因子

factor de daño pelicular 表皮系数，表皮因子

factor de demanda 需用因素，需用率

factor de deposición 结垢因素，结垢因数

factor de derivación 偏差系数

factor de desviación 歧离因数，偏离系数

factor de devanado 绕线系数，绕组系数

factor de dilución 稀释系数

factor de diseño 设计系数，设计因子

factor de disipación 功耗因数

factor de disminución 缩减系数，收缩率

factor de dispersión 泄漏因数

factor de distorsión 失真系数，失真度

factor de distribución 分布系数

factor de diversidad 差异因数，不等率

factor de elasticidad 弹性系数

factor de emisión de toxicidad 毒性排放系数，毒力排放系数

factor de escala 比例因子

factor de espacio (绕组) 占空系数；叠层系数，方向性系数，空间系数

factor de evaporación 蒸发系数

factor de extracción 采收率

factor de filtración 渗透系数；渗滤系数

factor de flotación 浮力系数，浮力因数

factor de fluidez 流动系数

factor de flujo 流体系数

factor de fondo 深层因素

factor de forma 形状系数，形状因数，波形因数，波形系数

factor de formación 地层系数

factor de frecuencia 频率因子

factor de frecuencia máxima utilizable 最大使用频率系数

factor de fricción 摩擦系数，摩擦率

factor de fricción Moody 莫氏摩擦系数

factor de fuerza (转换器) 张量系数，力因数

factor de impedancia 阻抗系数

factor de incremento 增长系数

factor de inducción 感应系数

factor de interacción 互作用系数

factor de membrana fitrante 滤膜因素

factor de operación 运转因数，运转因素

factor de percolación 渗流系数，渗流因子

factor de pérdidas 损耗系数

factor de potencia 功率因数

factor de punta 峰值函数，峰值系数

factor de reacción 反应因子，反馈因数

factor de recobro 采收率，开采效率

factor de recuperación 采收率

factor de reducción esférica 球面折算系数，球面折算率

factor de reemplazo 更换系数

factor de reflexión 反射系数，反射率

factor de relleno 填充因数，填充系数

factor de reserva 储备系数，安全系数

factor de retención 悬持系数，举持系数

factor de retención de líquido 持液率

factor de riesgo ambiental 环境风险因素

factor de rozamiento 摩擦系数，摩擦率

factor de ruido 噪声因数

factor de saturación 饱和系数，饱和因数

factor de seguridad 安全系数，安全因素

factor de sensibilidad de tubería dinámica 动态管材敏感度因子

factor de servicio 运转系数，使用系数

factor de seudo-daño 视表皮系数

factor de severidad 强度系数；严重程度因子；苛性度因素

factor de simultaneidad 供电因素

factor de sobretensión 放大因数

factor de suciedad 污垢系数，生垢因数

factor de supercompresibilidad 超压缩因数，超压缩性系数，超压缩性因数

factor de trampa estructural 构造圈闭因素

factor de transferencia (焊接) 合金过渡系数，转换效率

factor de transmisión 传导因数，传输因数，透射因数

factor de utilidad 利用率，利用系数

factor de utilización 利用率，利用系数

factor de valor 价值系数

factor de volume 体积系数，体积因子，体积因数

factor de volumen de formación (FVF) 地层体

积系数，地层体积因子

factor de volumen de formación de petróleo 原油地层体积系数

factor de Watson 华特生系数

factor del volumen del gas en la formación 天然气地层体积系数

factor del volumen del petróleo en la formación 原油地层体积系数

factor estérico 位阻因素

factor físico 自然因素

factor físico constante 物理常数

factor para conversión de viscosidades 黏度换算系数

factor pelicular 表皮因子，表皮系数

factor piramidal de salida 扇出（英语译为 fan-out，是定义单个逻辑门能够驱动的数字信号最大输入量的术语）

factor potencial 功率因数

factor reactivo 无功功率因素

factor Rh 猕因子，RH 因子

factor Rhesus 猕因子，RH 因子

factor térmico 热比，热因子

factor volumétrico de formación 地层体积系数，地层体积因子

factor volumétrico del petróleo 原油体积系数

factor volumétrico total 总体积系数

factorial 阶乘的，因子的；阶乘，级乘，析因

factorización 因子分解

factorizar 因子分解，把…分解因子

factura 发票；货单；账单

factura comercial 商业发票

factura proforma 形式发票

facturación 开货单，开账单；开发票；托运

facturador 开货单人，开发票人；托运人

facturar 开发票，开货单；计费，收费；托运（行李、货物等）

facultad 能力，本领，官能；权力；学院，系

facultad (capacidad) de sobrecarga 超载量，过载能力

facultad absorbente 吸收能力，吸收率

facultades giratorias 旋转功能

facultar 授权

facultativo 机能上的，能力上的；任意的，可选择的；兼生的

fadometro 褪色计

fahlbanda 黝矿带，稀疏硫化物浸染带

fairchildita 碳酸钾石石

fairfieldita 磷钙锰石

faja 狭长条，带状条，狭长地带

faja anticlinal 背斜带

faja con anillo doble 双环吊带

faja de cal 石灰带

faja de corrimiento 冲断层带

faja de encuellador 井架工安全带

faja de estratas plegadas 褶皱带

faja de lona para sostener tubería （吊管用）帆布吊带

faja de protección 保护带，防护带

faja de seguridad 安全带；护腰

faja de sobrecorrimiento 上冲断层带，掩冲带

Faja del Orinoco （委内瑞拉）奥里诺科重油带

faja empujada 冲断层带

faja estructural 构造带

faja hundida 沉降带

faja móvil 活动带，(构造)活动带

faja orogénica 造山带

faja perturbada 扰动带，变动带

faja plegada 褶皱带

falda 山坡，山腰，斜坡；活塞裙

falda de colina 山麓，底坡，小丘

falda de montaña 山麓，底坡，小丘

faldeo 丘陵坡，小山坡，山腰

faldeo de erosión 冲蚀坡，侵蚀坡

faldespato potásico 钾长石

faldespato sódico 钠长石

faldespato verde 天河石

faldespato vitreo 透长石，玻璃长石

faldón de émbolo 活塞裙

falla 断层；矿脉中断；缺点，瑕疵；未尽责，未履行诺言；故障

falla a bisagra 枢纽断层，挠转断层

falla a tijera 剪状断层

falla abierta 开断层，开口断层

falla abisagrada 枢纽断层，挠转断层

falla acostada 上冲断层，掩冲断层

falla antitética 相反组断层，对偶断层

falla arcual 弧形断层

falla axial 轴向断层

falla causada por la formación de burbujas en un motor 发动机因气阻造成的故障

falla compleja 复断层

falla compresional 挤压断层，压性断层

falla con ángulo abierto 直角断层

falla con ángulo cerrado 缓角断层，平倾断层

falla con buzamiento mayor de 45° （倾斜大于45度的）陡角断层，高角断层，大角断层

falla con desplazamiento oblicuo 斜向断层，斜向位移断层

falla con desplazamiento vertical 垂直位移断层

falla conforme 整合断层

falla conjugada 共轭断层

falla corriente 正断层

falla cruzada 横断层

falla cubierta 隐伏断层

falla cuneiforme 拱楔断层，拱顶断层

falla de aislación　封闭断层；绝缘遗漏或损坏处

falla de ángulo menor　缓角断层，平倾断层

falla de arrastre　拖曳断层

falla de bajo escurrimiento　俯冲断层

falla de bajo salto　低落差断层

falla de bisagra　枢纽断层，摈转断层

falla de buzamiento　倾向断层

falla de cabalgamiento　超覆断层，逆掩断层，冲断层，重叠断层

falla de compresión　挤压断层，压性断层

falla de corrimiento　冲断层

falla de corte　剪切断层，剪断层

falla de cuña　拱楔断层，拱顶断层

falla de desgarre　扭断层；摈断层

falla de despegue　滑脱断层

falla de desplazamiento horizontal　水平位移断层

falla de dirección sinestral　左旋断层

falla de discordancia de dislocación　不整合断层

falla de encendido　熄火，启动失败

falla de escurrimiento　冲断层

falla de estratificación　层面断层

falla de estrato　层面断层

falla de extracción　取出故障；起钻故障

falla de flanco　翼部断层

falla de gran ángulo　陡角断层，大角断层，高角断层

falla de instrumento　仪器故障

falla de la máquina　机器故障

falla de la tubería de producción　油管故障

falla de motor diesel　柴油机故障

falla de pequeño ángulo　缓角断层，平倾断层

falla de pivote　枢纽断层，枢转断层，枢扭断层

falla de rebote　反弹故障

falla de recubrimiento　超覆断层

falla de rumbo　走向断层

falla de rumbo-desplazamiento　走向滑断层，走向滑动断层

falla de sarta　井下油管（抽油杆）故障

falla de sobreescurrimiento　逆掩断层，掩冲断层，上冲断层

falla de soldadura　焊接缺陷

falla de subsuelo　隐伏断层

falla de tensión　张断层

falla de tracción　拉伸断层

falla de zona de subducción　俯冲断层

falla del borde anticlinal　背斜边缘断层

falla del borde de yacimiento　油藏边缘断层

falla del buzamiento　倾向断层

falla deleznable　脆性断层

falla descendente　下落断层

falla diagonal　倾斜断层，斜断层，斜交断层

falla diagonal de buzamiento　倾向滑动斜交断层，倾向滑动斜断层

falla diagonal oblicua　斜断层，斜交断层

falla diagonal rumbo　走向斜断层

falla diagonal rumbo-deslizante　走向滑动斜交断层，走向滑动斜断层

falla direccional con movimientos dextral　右旋断层

falla directa　正断层

falla elástica　弹性失效

falla en ángulo recto　直角断层

falla en clave de arco　拱楔断层，拱顶断层

falla en espigación　枢纽断层，摈转断层

falla en espigón　枢纽断层，摈转断层

falla en filas paralelas cruzadas en diagonal　雁列断层，斜列断层，雁行断层；平行梯状断层

falla en pivote　枢转断层，枢扭断层

falla en zig zag　交错断层，平行梯状断层

falla epianticlinal　背斜边缘断层，背斜上部断层，同背斜断层

falla escalonada　雁列断层，雁行断层；梯状断层

falla escarpada　断层崖，断崖

falla estratigráfica　层面断层，顺层断层

falla girada　旋转断层，摈转断层

falla giratoria　旋转断层，摈转断层

falla inclinada　倾斜断层

falla inferida　推断断层，推断的断层；可能存在的断层

falla inversa　逆断层，逆冲断层

falla inversa de alto ángulo　高角度逆断层

falla inversa de ángulo bajo　低角度逆断层

falla invertida　逆断层，逆冲断层

falla latente　潜在破坏，潜在损伤

falla limitante marginal　边界断层

falla longitudinal　纵断层

falla longitudinal de buzamiento　走向纵断层

falla longitudinal de rumbo　走向纵断层

falla longitudinal de rumbo-deslizante　走向滑动纵断层

falla longitudinal oblicua　斜向纵断层

falla maestra　主断层

falla marginal　边缘断层，外缘断层

falla menor　小断层

falla múltiple　复断层，叠断层，组合断层

falla normal　正断层

falla normal antitética　反向正断层，对偶正断层

falla normal escolonada　梯状正断层，雁行正断层

falla oblicua　斜断层，斜交断层

falla paralela a la estratificación　层面断层，顺层断层

falla paralela a la inclinación　倾向断层

F

falla paralela al buzamiento y rumbo del estrato 层面断层，顺层断层

falla paralela al rumbo del estrato 走向断层

falla periférica 环周断层，外缘断层

falla perpendicular 正交断层；垂直断层

falla pivotal 旋转断层，挠转断层

falla plegada 褶皱断层

falla por desgarramiento 挠断层

falla por empuje 冲断层带，上冲断层

falla por flexión 弯曲断层

falla por gravedad 重力断层

falla por rotación 旋转断层，挠转断层

falla por separación 分离故障

falla probable 推断的断层，推断断层，可能存在的断层

falla ramificada 分枝断层

falla regular 正断层

falla reversa 逆断层，逆掩断层

falla rotada 旋转断层

falla rotativa 旋转断层，挠转断层

falla rumbo-deslizante 走向滑动断层

falla sedimentaria 沉积断层

falla sintética 同向断层

falla sobrepuesta 超覆断层

falla structural 构造断层

falla subsidiaria 小断层

falla superpuesta a un anticlinal 背斜超覆断层

falla supuesta 推断的断层，推断断层

falla tectónica 构造断层

falla tijera 剪状断层，旋转断层

falla tipo contracción 收缩断层

falla trampa 断层圈闭

falla transformante 转换断层

falla transversal 横断层，横推断层，走向平推断层

falla transversal de buzamiento 倾向横推断层

falla transversal de rumbo 走滑倾向断层

falla transversal oblicua 倾向滑动断层，倾向滑断层

falla transversal rumbo-deslizante 走向滑动倾向断层

falla vertical 垂直断层

falla volteada 倒转断层

fallado 断层的，断裂的；有故障的

fallamiento 故障，损坏，失效，断裂，断裂作用

fallamiento de extensión 张性断裂，拉伸断裂作用

fallamiento inverso 逆向断层作用，逆向断裂作用

fallas cruzadas 断层群，断层组合

fallas de lutitas 泥岩小断层

fallas en filas paralelas cruzadas en diagonal 雁列断层群，雁列断层

fallas escalonadas 阶状断层组合，阶梯状断层组合

fallas lístricas 铲状断层，铲状断层组合

fallas obturadoras 封闭断层组合，充填断层组合，密封断层组合

fallas paralelas 平行断层，平行断层组合

fallas periféricas 环周断层组合，外缘断层组合

fallas radiales 辐射状断层组合，辐射状断层

fallas sellantes 封闭断层组合，密封断层组合

fallo de funcionamiento 故障，失灵，性能不良

falsa brecha 假裂口，假裂缝

falsa escuadra 斜角规

falsarregla 斜角规

falsificación 假造，伪造，篡改；失真，畸变；伪造品，赝品

falsificar 假造，伪造，篡改，歪曲

falso 假的，伪装的；虚拟的，虚构的；仿造的

falta de coincidencia 不一致，不符合

falto 缺少的，缺乏的；不足的，短缺的

falúa 小艇，汽艇，小船

famatinita 脆硫锑铜矿

familia aromática 芳香族

fanal 信号灯；灯罩，钟形玻璃罩

fanal de tráfico 交通管理色灯

fanerita 显晶岩

fanerítico （火成岩、变质岩等的）显晶质的

fanerocristal 斑晶，显斑晶

fanerocristalina 显晶质

fanerocristalino （火成岩、变质岩等的）显晶质的

fanerozoico 显生宙；显生的

fangal 湿地，沼泽；泥坑，泥潭

fanglomerado （地质学）扇积砾

fango 泥浆，淤泥

fango activado 活性污泥，活性泥

fango activado tratado con fenol 经苯酚处理的活性泥

fango cloacal 阴沟污泥

fango de arcilla 黏土泥

fango de dragado 挖泥；疏浚时挖出的泥

fango de las aguas negras 下水道污泥，阴沟污泥

fango de limpieza de alcantarillas 从下水道中清理出的污泥

fango de minerales 矿泥

fango decantado 被清理出的污泥

fango legamoso 淤泥，稀泥，软泥

fango lodoso 软泥，淤泥

fango marino 海泥，深海软泥

fango medio pastoso 中等软度的淤泥

fango mineral 矿泥

fango obtenido al dragar ríos 疏浚河流时挖出的

淤泥

fango residual 软泥，淤泥

fangolita 泥岩

fangoso 多泥的，泥泞的；淤泥质的

fanoclástico 等粒碎屑的

fanotrón 热阴极充气二极管

faquelita 钾霞石

farad (**F**) 法［拉］（电容单位）

faraday 法拉第（电容量单位，约等于 96540 库仑）

farádico 法拉第的；感应电的

faradímetro 感应电流计，法拉计

faradio (**F**) 法［拉］（电容单位）

faradización （突出海面的）礁石，（耸立地面的）岩石，（矿物）露头

farallón （突出海面的）又高又陡的礁石，（在地面上）又高又陡的岩石；露头

fardo 大捆，大包，打好的大包

farero 架工

farmacéutico 药物的，医药的；药剂师，药剂员；药商

farmacia 药（物，剂）学，制药；药房

farmacolita 毒石

farmacolito 毒石

farmacosiderita 毒铁矿

farnesol 麝子油醇，金合欢醇

faro 灯塔；（汽车）前灯；信号标，信号，标志

faro aéreo 航空信标

faro baliza 信标；标志灯，标志桩

faro de acetileno 乙炔灯信标，乙炔灯塔

faro de aeródromo 航空站信标，机场信标

faro de automóvil 汽车前灯

faro de color rojo 红色信标

faro de destellos 闪光信号灯

faro de neón 氖光灯信标

faro de ruta 导航灯

faro flotante 灯塔船

faro marcador 标志信标

faro titilante 闪光标灯，闪光信号

farringtonita 磷镁石

FAS (franco al costado del buque) 船边交货价格，船边交货价，英语缩略为 FAS (Free Alongside Ship)

fasaíta 斜辉石

fase 相；相位；周期；岩相；阶段，时期；方面，侧面

fase aluvial 冲积相

fase avanzada 超前相位

fase cerca del mar 滨海相

fase continental 陆相

fase continua 连续相；连续相位

fase costanera 海岸线，滨线

fase cristalina 结晶相

fase de agua 水相

fase de agua líquida 液态水相

fase de combustión 燃烧阶段

fase de cuenca 盆地相

fase de desarrollo 开发阶段，发展阶段

fase de desplazamiento 驱替相

fase de ejecución 实施阶段

fase de empuje 驱替相

fase de entrampamiento 圈闭相

fase de espuma 泡沫相

fase de exploración 勘察阶段，找矿阶段，勘探阶段

fase de gas 气相

fase de hidrocarburo 烃相

fase de hidrodesulfuración al vapor 蒸汽加氢脱硫阶段

fase de lago 湖相

fase de llano del delta 三角洲平原相

fase de perforación 钻井阶段，钻探阶段

fase de perforación de pozos adicionales 补充井钻井阶段

fase de petróleo 油相

fase de producción 生产期，生产阶段

fase de relación 相关相

fase de río 河流相

fase del delta 三角洲相

fase del mar profundo 深海相

fase del tiro 射孔相位角

fase descontinua 不连续相

fase diagenética 成岩相

fase dispersa 分散相

fase doble 双相

fase empujada 驱替相

fase emulsionada 乳化相

fase eruptiva 喷发阶段

fase específica 特定相

fase externa 外相

fase glaciar 冰川相

fase húmeda 润湿相

fase inmovible 非流动相

fase interna 内相

fase líquida 液相

fase litoral 沿岸相，滨海相

fase malténica 石油脂相

fase marina 海相

fase mínima 最小相位

fase no humectante 非润湿相

fase no viscosa 非粘性相

fase opuesta 反相

fase partida 分相

fase rica en solvente 富溶剂相

fase sedimentaria 沉积相

fase sólida 固相

F

fásico 相的，相位的
fasímetro 相位计
fasímetro electrónico 电子相位计
fasitrón 调频器，调频管
fasmayector 静像发射管
fasómetro 相位计
fasor 相量
fasotrón 回旋加速器
fatiga 疲劳；应变，应力
fatiga de compresión 压（缩）应力
fatiga de corrosión 腐蚀疲劳，腐蚀劳损
fatiga de flexión 挠应力
fatiga de metal 金属疲劳
fatiga debido a mellas 裂缝疲劳
fatiga del metal por corrosión 腐蚀劳损，腐蚀劳
  劳
fatiga por corrosión 腐蚀劳损，腐蚀疲劳
fatiga por flexión 弯曲疲劳
fatiga por rozamiento 磨蚀疲劳
fatiga térmica 热疲劳
fatigámetro 应变计，张力计
fatigar 使疲倦，使疲劳，使劳累
faujasita 八面沸石
fauna （某一地区的）动物（群），动物区系；
  动物志
fauna béntica 海底动物，底栖动物，水底动物
fauna del suelo 地表生物
fauna demersal 近海底生活的动物，底栖动物，
  水底动物
fauna intersticial 底层水生动物
fauna neártica 新北区动物区系
fauna prehistórica 史前动物
fauna y flora bentónicas 底栖生物，底栖动植物
fauna y flora marinas 海洋生物，海洋动植物
fauna y flora palustres 湖沼生物，湖沼动植物
fauna y flora silvestres 野生动植物
faunizona 动物群岩层带
favorecer 帮助，救助；支持，赞同；有利于
fax 传真
fayalita 铁橄榄石
FBR (factores básicos de riesgo) 基本风险要素，
  英语缩略为 BRF (Basic Risk Factors)
FCCAN (formato de comunicación costa afuera
  normalizado) 海上化学品统一通知格式，
  英语缩略为 HOCNF (Harmonized Offshore
  Chemical Notification Format)
FDTP (frecuencia de daños de tiempo perdido)
  停工时间伤害频率，停工时间损害频率，英语
  缩略为 LTIF (Lost Time Injury Frequency)
Fe (hierro) 铁，元素铁的符号
fecha 日期，日子；天，日
fecha de aprobación 批准日期
fecha de caducidad 失效日，到期日，截止日

fecha de cierre 结算日期；截止日期；船舶截止
  收货日期
fecha de culminación 竣工日
fecha de emisión 发行日期，发表日期
fecha de entrega 交货日期，交付日期
fecha de entrega de oferta 报价日期
fecha de la entrada en vigor 生效日期
fecha de patente 专利日期
fecha de retención 扣发日期
fecha de solicitud 申请日期
fecha de vencimiento 到期日，截止日
fecha límite 最后限期，截止日期
fecha otorgada 发布日期，（合同、文件等）签
  署日期
fecha tope 最后限期，截止日期
fecha vencida 失效期，过期日
fécula 淀粉
federación 结成联盟，结成联邦；联盟，联邦；
  联邦政府；联合会
FEECAMN (Foro de Expertos en Exploraciones
  Costa Afuera del Mar del Norte) 北海海上勘
  探权威论坛，英语缩略为 NSOAF (North Sea
  Offshore Authorities Forum)
feldespático 长石的；含长石的
feldespatización 长石化
feldespato 长石
feldespato alcalino 碱性长石
feldespato común 正长石
feldespato de cal 钙长石
feldespato de potasio 钾长石
feldespatoide 似长石
feldespatos de plagioclasa 斜长石类，斜长石群
félsico 长英质的，长英的
felsita 致密长石，霏细岩
fem inducida 感生电动势
fémico （矿物）深色的
femtoampere 毫微微安
femtómetro 飞母托米，飞米（长度单位，尤用
  以计量原子核的距离）
femtovolt 毫微微伏
fenacita 似晶石，硅铍石
fenantreno 菲
fenaquita 硅铍石
fenato 苯酚盐，酚盐，碳酸盐
fenato sódico 苯酚纳
fencol 葑醇
fencona 葑酮
fenestra 内窗层，内围层，内露层
fenetidina 氨基苯乙醚，苯乙定
fenetilalcohol 苯乙醇
fenetol 苯乙醚，乙氧基苯
fenicado 含苯酚的
fenicita 红络铅矿

fénico 酚的，苯酚的
fenicocroíta 红络铅矿
fenil 苯基
fenilacetileno 苯乙炔
fenilacetonitrido 苄基氰
fenilacroleína 肉桂醛
fenilalanina 苯丙氨酸
fenilamina 苯胺
fenilazobenceno 偶氮苯
fenilbenceno 联苯，联二苯
fenilbenzoilcarbinol 安息香酸，苯甲酸
fenilbutadieno 苯丁二烯
fenilbutazona 苯基丁氮酮
fenilcetona 二苯甲酮
fenildecano 苯基癸烷
fenilendiamina 苯二胺
fenileno 苯撑；次苯基
feniletileno 苯亚乙基
feniletilmalonilurea 苯乙基丙二酰脲，苯巴
　比妥
fenilhexadieno 苯肼（一种用作检测糖和醛类的
　化学试剂）
fenilhidracina 苯肼
fenílico 苯基的
fenilmetano 甲苯；二苯甲烷
fenilnonano 苯基壬烷
fenilo 苯基
fenilpentano 苯基戊烷
fenilpropanolamina 苯丙醇胺
fenilpropeno 苯丙烯
feniltiocarbamida 苯基硫脲，苯硫脲
feniltiourea 苯基硫脲，苯硫脲
fenilundecano 苯基十一烷
fenindamina 苯茚胺，抗敏胺
fenobarbitona 苯巴比妥
fenoclástico 粗显碎屑的，斑屑的
fenoclastos 斑屑
fenocristal 斑晶，显斑晶
fenol 苯酚，酚，碳酸
fenol anhidro 无水苯酚
fenol derivado del tolueno 甲酚，甲苯酚
fenolftaleína 酚酞
fenólico 苯酚的，酚醛的
fenología 物候学，物候现象
fenómeno 现象，征兆，罕见的事物
fenómeno de contacto 接触现象
fenómeno de la naturaleza 自然现象
fenómeno del medio ambiente 环境现象
fenómeno electromagnético 电磁现象
fenómeno electroquímico 电化学现象
fenómeno normal 正常现象
fenómeno piezoeléctrico 压电现象
fenómeno químico-físico 化学物理现象

fenómeno superficial 表面现象
fenómeno tectónico 构造地质现象，构造现象
fenomenología 现象学，表象学
fenoplástico 酚醛塑料
fenotipo 有共同表现型的生物群体；表现型
ferbam 福美铁
ferberita 钨铁矿
ferghanita 水钒铀矿
fergusonita 褐钇钽矿，褐钇铌矿
feria 交易会，博览会；市场，集市
fermentación 发酵，发酵作用
fermentación acética 醋酸发酵
fermentar 使发酵；发酵，酝酿
fermento 酵素，酶
fermio 镄
fermión 费密子
fermorita 锶磷灰石
fernandinita 纤钒钙石
férnico 费镍古，费臬古，铁镍钴合金
ferrato 高铁酸盐，铁酸盐
férreo 铁的，含铁的，似铁的；铁类的
ferrería 炼铁厂，铁工厂，翻砂厂
ferrete 硫酸铜；烙印铁
ferretería 铁厂，铸造厂，翻砂厂；五金商店；
　金属器具
ferrianfíbol 高铁闪石
ferricianuro 铁氰化物
ferricianuro potásico 铁氰化钾
ferricianuro sódico 铁氰化钠
férrico 正铁的，含铁的，三价铁的
ferrierita 镁碱沸石
ferrífero 含铁的，含有三价铁的
ferrimagnetismo 铁氧体磁性
ferrimolibdita 高铁钼华，水钼铁矿
ferrinatrita 针钠铁矾
ferrisicklerita 铁磷锂矿
ferristor 铁磁电抗器
ferrisulfa 硫酸亚铁
ferrita 自然铁，纯粒铁，铁氧体
ferrítico 铁素体的，铁氧体的
ferritina 铁蛋白
ferrito 铁酸盐
ferritremolita 高铁透闪石
ferritungstita 高铁钨华
ferro 铁的，含铁，含亚铁的
ferro cromo 铁铬合金，铬铁（合金）
ferro silicio 硅铁（合金），硅钢
ferro vanadio 钒铁（合金）
ferroacero 半钢，钢性铸铁
ferroactinolita 铁阳起石
ferroaleación 铁合金
ferroaluminato 铁铝酸
ferroaluminio 铁铝合金，铝铁（合金）

ferroan-dolomita 含铁白云石
ferroanfíbol 低铁闪石
ferroaugita 富铁辉石
ferroboro 硼铁（合金）
ferrocarril 铁路，铁道；铁路系统；列车
ferrocarril aéreo 高架铁道，架空铁道
ferroceno 二茂铁
ferrocerio 铈铁（合金）
ferrocianhídrico 氰亚铁酸的，亚铁氰酸的
ferrocianuro 氰亚铁酸盐；亚铁氰化物
ferrocianuro de hierro 亚铁氰化铁
ferrocianuro férrico 亚铁氰化铁
ferrocianuro potásico 黄血盐，亚铁氰化钾
ferrocianuro sódico 黄血盐钠，亚铁氰化钠
ferrocolumbio 铌铁，铁铌（合金）
ferroconcreto 钢骨水泥，钢筋混凝土
ferrocromo 铬铁合金，铁铬合金，铬铁
ferrodolomita 铁白云石
ferroelectricidad 铁电（现象）
ferroeléctrico 铁电体的，强电介质的
ferroespinela 铁尖晶石
ferrofósforo 磷铁，铁磷合金
ferrogabro 铁辉长岩
ferrogusita 橄榄白榴岩
ferrohormigón 钢筋混凝土
ferromagnesiano 镁铁质的；铁镁质，镁铁质
ferromagnésico 含铁和镁的
ferromagnético 铁磁性的，强磁性的
ferromagnetismo 铁磁性
ferromanganeso 铁锰合金，铁锰，锰铁
ferrometal 贵金属和铁的合金
ferrometría 铁素体（含量）测定法
ferromolibdeno 钼铁合金，铁钼合金
ferroniobio 铌铁（合金）
ferroníquel 镍铁，铁镍合金
ferrorresonancia 铁磁共振
ferrosilíceo 硅铁（合金），硅钢
ferrosilicio 硅铁（合金）
ferrosilita 铁辉石
ferroso 铁的，含铁的；二价铁的，亚铁的
ferrotitanio 钛铁（合金）
ferrotungsteno 钨铁（合金）
ferrovanadio 钒铁（合金）
ferrovía 铁路
ferruccita 氟硼纳石
ferrugíneo 铁的，含铁的，铁质的；铁锈色的
ferruginoso 铁的，含铁的，铁质的；铁锈色的
ferrumbre 铁锈，锈斑，铁锈色；锈菌
ferrumbroso 生锈的，多锈的，铁锈色的
fersmanita 硅钛钙石
fersmita 铌钙石
fértil 肥沃的，富饶的，多产的
fertilización 施肥，土壤改良

fertilizante 肥料（尤指化学肥料）；使肥沃的
fertilizante completo 完全肥料
fertilizante fosfatado 磷肥
fertilizante nitrogenado 氮肥
fertilizante orgánico 有机肥料
fertilizante orgánico refinado 有机堆肥
fertilizante potásico 钾肥
fertilizante químico 化肥
fertilizante refinado 堆肥
fertilizante sintético 合成肥料
férula neumática 气动夹板
festón 花环，花彩；齿形边饰
festones de estratificación cruzada 花彩弧状交错层理
fétido 有臭鸡蛋味的，有硫化氢味的，有臭味的
fiador 赊销人，保证人，担保人；门闩；（防止物体活动的）部件，栓，销
fiador atravesado 横向销栓
fiador de embrague 离合器止动器
fiador de resorte 弹簧挡，弹簧销
fiador de tuerca 防松螺母，对开螺母
fiador del freno 刹车挡块
fianza 保证，担保；保人；保证金，押金；抵押品
fianza de arraigo 不动产抵押
fianza de avería 破损担保，海损担保
fianza de fiel cumplimiento 履约保函；履约保证金
fianza laboral 劳工保函；劳工保证金
fibra 纤维；（植物的）须根
fibra acrílica 丙烯酸纤维，丙烯酸类纤维
fibra animal 动物纤维
fibra artificial 人造纤维
fibra cerámica 陶瓷纤维
fibra de algodón 棉纤维
fibra de cristal 玻璃纤维
fibra de cuarzo 石英丝，石英棉
fibra de madera 木纤维
fibra de plomo 铅纤维，铅丝
fibra de torsión 扭丝
fibra de vidrio 玻璃纤维，玻璃丝
fibra del amianto 石棉纤维
fibra microcelulósica 纤维堵漏剂
fibra mineral 矿物纤维
fibra natural 天然纤维
fibra neutra 中性纤维
fibra óptica 光纤，光导纤维，纤维光学
fibra poliester 涤纶纤维
fibra química 化学纤维
fibra sintética 合成纤维
fibra textil 纺织纤维
fibra vegetal 植物纤维

fibra vulcanizada　硬化纤维，硬化纸板，钢纸

fibroblástica　（岩石）纤维变晶状的

fibrocemento　石棉水泥板

fibroferrita　纤铁矾

fibrolita　夕线石

fibroso　含纤维的，纤维性的，能分成纤维的

ficha hembra　塞孔，插口，插座

ficha técnica　数据表，数据单，数据一览表

fichero　卡片（总称）；卡片箱，卡片柜；（计算机）文件；数据集，数据组；数据存储器

fichero de datos　数据卡

fichtelita　白脂晶石，菲希特尔石

ficticio　假的，伪装的；虚构的，臆造的

fideicomisario　（财产）受托理的，信托的，遗产受托人，财产受托人

fideicomiso de administración　管理信托

fideicomiso de sociedad anónima　股份公司信托，公司信托

fíder　馈电线，电源线

fiducia de empresa　公司信托

fiducial　基础的，可靠的，有信用的；参考点；（统计学）置信

fiduciario　信用的，信托的，受信托的；受托人

fieltro　毡，毛毡，毡制品

fieltro asfaltado　油毛毡，沥青毡

fieltro de asbesto　石棉毡，石棉毛布

fierro　铁

fierro angular　角铁

fierro canal　槽铁

fierro fundido　铸铁

figura　形状，外形；图表，插图，图形，图案

figura de interferencia　干涉图

figura de ondas sísmicas　地震波形图

figura poligonal　多边形，多角图

figuración　用形象表示，勾画，塑造；想象

figuración estructural　构造形态，构造特征

figurar　图示，描绘，勾画，代表，象征，表示

figuras de corrosión　浸蚀像

fijación　固定，钉住；定影；安装，装配，沉淀，凝结

fijación de nitrógeno　固氮作用

fijación de precios　定价，作价

fijación del ázoe atmosférico　固氮（作用）

fijación y encapsulación　固定和封装

fijado　固定的，定位的；定影，定像

fijador　固定的；发胶；定影剂；固色剂，固着剂；填缝工

fijador de tuerca　锁紧螺母，止动螺母

fijador del cemento　水泥承转器，注水泥定位器

fijar　插入，钉入；使固定，使牢固；确定，决定；定影

fijar el alcance normal　确定正常范围（目标等）

fijar la capacidad normal　确定额定容量

fijar la potencia normal　确定额定功率

fijar posición de pozo　确定井位，钻探定位，定井位

fijeza　稳定，不变；稳定性

fijo　固定的，不动的，定位的；凝固的，不易挥发的；固定收入

fila　行，排，列；横列，横排，队列

filamento　细丝，丝状物，灯丝，丝极

filamento de carbón　碳丝

filamento metálico　金属细丝

filástica　（绳索的）股

filástica de plomo　铅毛，铅绒，铅丝

filete　线条，条纹；细线条饰，铅条，嵌线，压边条；螺纹

filete acme (de tornillos)　梯形螺纹

filete cuadrado　方螺纹

filete cuadrangular　方螺纹

filete de tornillo　螺纹

filete de tornillo invertido　反向螺纹

filete de tubo　管螺纹，管端螺纹

filete fluido　河川径流

filete métrico internacional　公制螺纹

filete milimétrico　公制螺纹

filete Sellers　赛勒螺纹

filete triangular　三角螺纹

fileteado　带螺纹的，有螺纹的；螺纹

fileteado cruzado　错扣，螺纹错扣（指螺纹未依正常程序作业，造成不正常双螺纹线，导致交错螺纹）

fileteadora　攻丝机，车螺纹刀具

filetear　使成螺旋状，加工螺纹；加饰线，加嵌条

filetear con plantilla　用螺纹梳刀刻螺纹

filetero　车螺纹工具

filiación　登记，注册；登记表，注册卡；履历表；关系，联系

filial　（企业、机关等）分支的；分支机构，分部，分行

filiforme　丝状的，线状的，纤维状的

filipsita　钙十字沸石，斑铜矿

filita　千枚岩，硬绿泥石，鳞片状矿物

filo　刀口，利刃；平分线，平分点；（山的）最高峰

filo cortante　切削刀

filo de la herramienta　刀具切削刃

filo de montañas paralelo al rumbo del estrato　与地层走向平行的山脊，走向脊

filo de roca　基岩边缘

filo de trépano　钻头削刀

filón　矿脉，岩脉

filón acintado　带状矿脉

filón arcilloso　脉壁黏土

filón capa　层间岩席

filón ciego　无露头矿脉

filón cubierto de minerals　矿脉

filón de arcilla　黏土薄夹层

filón de inyección　岩脉，岩墙

filón de minerales　岩层，矿层

filón de plata　银矿脉

filón flotante　矿砾，飘流矿石

filón intrusivo　侵入脉，侵入岩脉

filón metalífero　金属矿脉

filón paralelo a la estratificación　顺层状脉

filón principal　巨矿脉；母脉

filón ramal　支脉

filón ramificado　枝状矿脉，分枝式矿脉

filón rico　富矿脉

filón sin afloramiento　无露头矿脉

filón situado entre las capas de una roca esquistosa　片岩层间脉，片岩层间侵入脉

filoncillo　细矿脉

filonita　千枚糜棱岩

filoso　开口的，开刃的，有刀口的

filosofía　哲学，哲学体系；人生观

filosofía de negocio　经营哲学

filtrabilidad　过滤性，滤过率；可滤性

filtrable　可滤过的，可过滤的

filtración　过滤（结构，作用），滤除；渗漏，渗透

filtración a través de la arcilla　黏土过滤

filtración acelerada　加速过滤

filtración al vacío　真空过滤

filtración bajo presión　加压过滤

filtración centrífuga　离心过滤

filtración de arena　砂滤

filtración de asfalto　沥青苗

filtración de gas　气体泄露，瓦斯外洩

filtración de petróleo　油气苗，原油渗出

filtración de ribera　岸滤

filtración digital　数字过滤

filtración en frío　低温过滤

filtración graduada　分段过滤

filtración intermitente　间歇过滤

filtración magnética　磁漏

filtración por contacto　接触过滤，接触过滤法

filtración por etapas　分段过滤

filtración por percolación　渗滤过滤

filtración por vacío　真空过滤（作用）

filtración refinada　精细过滤，精确过滤

filtración superficial　表面过滤

filtrado　被过滤的，滤过的；滤液，滤过的水

filtrado acoplado　匹配滤波

filtrado de lodo　泥浆滤液

filtrado instantáneo inicial　初期瞬时滤失

filtrado lento por arena　慢速砂滤

filtrador　过滤的；过滤器，过滤层，过滤纸

filtraje de paso de altas frecuencias　低阻滤波器，高通滤波器

filtrante　过滤的；用来过滤的

filtrar　过滤，滤清，滤除；渗入，透出

filtro　滤料，滤纸；过滤器；滤波器；滤色镜，滤光片

filtro a cristal　晶体滤波器

filtro a presión　压滤机，压滤器

filtro acústico　消声器，声滤波器

filtro adaptado　匹配滤波器

filtro al vacío　真空过滤机，真空过滤器，真空滤器

filtro antialias　去假频装置

filtro anti-interferencia　抗干扰滤波器，抗干涉滤光器

filtro antirruido　抗噪声滤波器

filtro aritmético　数字滤波器

filtro barredor　扫描过滤器

filtro birrefringente　双折射滤光器

filtro centrífugo　离心过滤器

filtro ciclón　旋风过滤器

filtro compuesto　复合过滤器

filtro de aceite　机油滤子，机油滤清器

filtro de aceite de paso completo　全通径滤油器

filtro de agua　滤水器

filtro de agua potable　饮水机，饮用水过滤机

filtro de aire　空气过滤器，空气滤清器，滤气网

filtro de aire del tipo de aceite　油型空气滤清器

filtro de aire en baño de aceite　油浴空气滤清器

filtro de aplanamiento　平滑滤波器

filtro de arena　砂滤池，砂滤网，砂滤器，滤砂器

filtro de arena a presión　压力滤砂器，压力砂滤器

filtro de aspiración　吸滤网，吸入滤网

filtro de banda　带通滤波器

filtro de banda eliminada　带阻滤波器

filtro de cartucho　筒式过滤器

filtro de cáscaras de nuez　核桃壳过滤器

filtro de cavidad　空腔滤波器

filtro de celosía　格型滤波器

filtro de combustible　燃料油滤清器

filtro de corriente rectificada　整流波过滤器，检波过滤器

filtro de corte bajo　低阻滤波器，低截滤波器

filtro de cristal　晶体滤波器

filtro de derivación o de paso　旁通过滤器

filtro de desacoplo　去耦滤波器

filtro de diesel　柴油滤子，柴油滤清器

filtro de dirección　定向滤波器

filtro de entrada　输入滤波器

filtro de entrada capacitiva　电容输入滤波器
filtro de entrada inductiva　电感输入滤波器
filtro de escotadura　陷波滤波器，阶式过滤器
filtro de escurrimiento　淋水过滤器，滴水器
filtro de gasoil　柴油滤子，柴油滤清器
filtro de grava　砾石充填，砾石填塞
filtro de grava empacador　砾石充填
filtro de gravilla　砾石堵塞，砾石隔油砂
filtro de hendidura　陷波滤波器，阶式过滤器
filtro de hojas　叶滤器，叶状滤器
filtro de interferencias　干扰抑制器
filtro de limpieza automática　自净器
filtro de línea　线路滤波器；管道过滤器
filtro de lodo　泥浆筛，泥浆振动筛
filtro de luz de día　昼光滤光器
filtro de mascarillo　过滤式防尘罩滤芯
filtro de membrana　膜滤器
filtro de muesca　陷波滤波器，阶式过滤器
filtro de ondulación　波纹滤波器
filtro de paso alto　低阻滤波器，高通滤波器
filtro de paso bajo　低通滤波器，高阻滤波器
filtro de paso banda　带通滤波器
filtro de pedregullo　砂滤层，砂过滤器
filtro de polvo　滤尘器
filtro de ranuras　陷波滤波片，带阻滤波器
filtro de ruidos　静噪滤波器
filtro de salida　输出滤波器
filtro de succión　吸滤网，吸入滤网
filtro de todo paso　全通滤波器
filtro de vacío　减压过滤器，真空过滤器，真空滤器
filtro de zona　带通滤波器，克里斯欣森滤光器
filtro de zumbido　交流声滤除器，平滑滤波器
filtro del combustóleo　燃料过滤器，燃油滤清器，滤油器
filtro del lubricante　润滑油滤清器
filtro desparafinador　蜡滤器，去蜡过滤器
filtro direccional　分向滤波器
filtro eléctrico　电滤波器
filtro en celosía　格型滤波器
filtro entonado　陷波滤波片
filtro intermedio　级间过滤器，中间过滤器
filtro invertido　反向过滤器，倒置过滤器，反滤器
filtro iterativo　迭代滤波器
filtro magnetostrictivo　磁致伸缩滤波器
filtro mecánico　机械过滤器
filtro micrónico　微孔过滤器
filtro óptico　滤光片
filtro para aceite lubricante　润滑油滤清器
filtro para aire　空气滤清器，气滤机，滤气器，空气过滤器
filtro para combustible　滤油器，燃料过滤器

filtro para fuel oil　滤油器，燃料过滤器
filtro para oleoducto　输油管道过滤器
filtro para pozos　水井过滤器，油井筛管，井下筛管
filtro para salmuera　盐水过滤器
filtro pasa-altos　低阻滤波器，高通滤波器
filtro pasa-bajos　低通滤波器，高阻滤波器
filtro percolador　渗滤器，沥滤器
filtro percolador de las aguas cloacales　滴滤池
filtro por gravedad　重力滤槽，重力滤器，自流滤器
filtro preliminar　预滤器
filtro prensa　压滤机，压滤器，失水仪
filtro prensa API portátil　便携式 API 滤失量测定仪
filtro previo　预滤器，前置滤器；前置滤波器
filtro rápido de arena　快速砂滤器，快速砂滤层，快速砂滤池
filtro rotativo　旋转式滤波器
filtro rotatorio　旋转式过滤机
filtro rotatorio de desceración　脱蜡旋转过滤器
filtro seco　干式过滤器
filtro selectivo　选择性滤波器
filtro separador de aceite　汽油分离器
filtro separador de agua　水分离过滤器
filtro tipo cono　锥型过滤器
filtro unidireccional　单向过滤器
fimmenita　赤杨花粉泥炭
fin　结束，完结，终止；目前，宗旨；尽头，末尾
final　最终的，最后的；结束，结果，结局；端，尽头
finalización　结束，完结；竣工
finalización de un pozo　完井
finalizar　完成，结束；完工
financiamiento　筹集资金，提供资金
financiamiento de proyecto　项目融资
financiar　提供资金给…；为…筹措资金；资助
financiero　财政的，金融的，资金的；财政家，金融家
finca　农场，庄园；田产，地产，不动产
finiglacial　冰河期结尾阶段
finiquitar　结算，结清（账目）；结束，了结
finiquito　结算，清算；结账单据，账单；（合同结束时支付给被雇人员的）结算金
finito　有限的；有限制的
finnemanita　砷氯铅矿
fino　精美的，精致的，上好的；细的，薄的
fino cristal　微晶
fiordo　峡湾
fiorita　硅华
firma　署名，签名；签字，签署；公司，商行，商号

firma de convenio　合同签字，协议签字

firma en blanco　签了名的空白介绍信（或票据、证件）

firmado　签了字的，签过名的；签字人

firmante　签署人；签字人；签字的

firmar　签名，签字；签署，签发

firmar un acuerdo preliminar　草签；签署初步协议

firme　稳固的，坚实的；坚实土层，硬土层；地基，路基

firmeza　稳固性，坚定性，硬度

firmoviscosidad　固黏性

fiscal　国库的，财政的；财政官，检查官

fiscalización　检查；监视，监督，指责

fiscalizar　检查，检察；监视，监督

física　物理学；物理性质，物理现象

física atómica　原子物理学

física teórica　理论物理学

físico　物理的，物理学的；物质的，有形的；自然的，自然界的

físil　易分裂的，可裂变的，分裂性的；可剥裂的

fisilidad　劈度，可劈性，易裂性，可裂变性

fisiografía　地文学，自然地理学；（区域）地貌学

fisión　（核的）裂变，分裂

fisión atómica　原子核分裂，原子裂变

fisión nuclear　核裂变，核分裂

fisionar　使分裂；使裂变，裂解（质谱）；分裂繁殖，裂殖

fisura　裂缝，裂隙，裂纹，龟裂

fisura de filete　裂缝，裂隙，裂纹

fisura de la falla　断层裂缝

fisuración　破裂；生成裂缝，裂化，龟裂

fisuración en frío　冷裂

fiteral　植物煤素质

fito-　前缀，表示"植物"

fitobentos　底栖植物

fitoecología　植物生态学

fitogenética　植物遗传学

fitolita　植物岩，植物化石

fitolito　植物化石，植物岩

fitomasa　植物胚胎学，活体植物量

fitomedicina　植物医学

fitopantología　植物病理学

fitoquímica　植物化学

flajotolita　黄锑铁矿

flama　火焰，火舌

flanco　侧，侧面；褶皱翼，背斜的翼；（螺纹平的）齿侧面，齿腹

flanco anticlinal　背斜翼

flanco de anticlinal　背斜翼

flanco de carga　承载侧

flanco de falla　断层翼

flanco del pliegue　褶皱翼

flanco estirado　拉伸侧

flanco invertido　倒转翼

flanco normal　垂直翼，正常翼

flanco sinclinal　向斜翼

flange　法兰，法兰盘；凸缘，边缘，轮缘，轮壳；折边，翻边，镶边，卷边

flange soldable　焊接法兰

flap de compensación　配平补翼

flauta de producción　衬管，尾管

flavanilina　黄苯胺

flavano　黄烷

flecha litoral　堰洲嘴

flechas de dirección　（汽车）方向指示器

flector　膜片式联轴节，十字接头；弯曲力矩

fleje　箍，圈，环，铁环，铁箍

fleje de fondo　立式油罐第一圈钢板；活塞下裙部胀圈

fleje de hierro　铁环，铁箍

fletamiento　租船，租船契约，租船公司

fletar　租，包（船、飞机、车等）；往船上装货

flete　租船费，运费；（船、飞机、车辆等）装载的货物

flete a plazo　期租船

flete aéreo　空运费

flete de ida　销出运费，销货运费

flete entero　全部运费

flete férreo　铁路运费

flete ferroviario　铁路运费

flete fluvial　内河运费，河运运费

flete global　包干运费

flete marítimo　海运运费

flete muerto　空舱费

flete pagado　运费付讫

flete temporal　期租船；临时运费

flexibilidad　柔软性，挠性，易弯性，伸缩性，屈曲性；灵活性

flexibilidad de operación　操作弹性

flexibilidad de unidades　组件挠曲性

flexible　柔韧的，易弯曲的；可弯曲的；挠性的，软线，软管

flexible de inyección　钻井液软管

flexicoker　灵活焦化装置

fleximetro　挠度计，弯曲应力测定计

flexión　弯曲，挠曲，扭曲；曲率，拐度

flexión del rayo　射线折转

flexión diapírica　底辟，挤入构造

flexión elástica　挠曲，挠度

flexión en frío　冷弯曲

flexión invertida　交变弯曲

flexión por rotación　旋转弯曲

flexión térmica　热弯曲

flexional 可弯曲的，挠性的

flexionar 使弯曲，使挠曲

flexómetro 挠度仪，挠曲计

flexura 褶皱，挠曲；单斜挠褶

flinkita 褐砷锰矿

flint 燧石玻璃；燧石，火石

floculación 絮结（作用），絮凝（作用）；絮状沉淀法

floculador 絮凝器

floculante 絮凝剂，凝聚剂

floculante químico 化学絮凝剂

flocular 絮凝，絮结；沉淀

floculente 絮凝的，絮结的

floculento 絮凝的，含絮状物的，绒聚的；絮凝剂

flóculo 絮片，絮凝物，絮状沉淀

flogisto 燃素

flogopita 金云母

flojo 松的，松驰的，不紧的；不结实的，不牢的

flokita 发光沸石

flor 花；精华；华（某些矿物的氯化层或升华层）

flor de antimonio 锑华

flor de azufre 硫华

flor de cinc 锌华

flor de cobalto 钴华

flor de hierro 文石华，霰石华，铁华

flor de níquel 镍华

flora （某一地区或某一时期的）植物群；植物区系

flora espontánea 自播植物，自然播种植物

flora y fauna bentónicas 底栖生物群，底栖动植物群

floración de algas 藻类大量繁殖

florecimiento de algas lacustres 湖泊藻类大量繁殖

florencio 钷

florencita 磷铝铈石

florescencia planctónica （浮游生物大量繁殖引起的）水花，浮游生物大量繁殖

floridina 漂白土

floroglucina 间苯三酚

flota 船队，舰队；机群；车队

flota de reparto 派送船队，送（油、货等）船队

flotabilidad 浮力，浮动性；（河道的）浮载性

flotabilidad de reserva 储备浮力

flotable 可漂浮的，可浮选的；可行驶木筏的

flotación 漂浮，浮动；浮选（法）；（货币、汇率等）浮动

flotación colectiva 混合浮选

flotación de aceite 浮油选矿

flotación de reserva 预（留）浮力，储备浮力

flotación diferencial 差异浮选

flotación en aceite 全油浮选

flotación en carga （电子学）浮载线；（船只）载重线

flotación en lastre 空载水线

flotación por aire disuelto 溶解气浮选

flotación por colchón de aire 气垫漂浮，通过气垫漂浮

flotado 浮动的，漂浮的；转石

flotador 漂浮的；漂浮物，浮体；浮子式流量计

flotador avisador 警戒浮标

flotador de bastón 杆式（测流）浮子

flotador de bola 滚球轴承

flotador de extremo de ala 翼尖浮筒

flotador de la mecha 钻头浮

flotador de válvula 阀门浮子

flotador del carburador 汽化器浮子

flotador del medidor 计量罐液面用的浮子

flotador esférico 浮球阀，球状浮体

flotador oceanográfico 海洋浮标

flotante 漂浮的，浮动的，不固定的；不带电荷的

flotante del carburador 汽化啤子

flotante y errante 浮游生物，漂浮生物

flotar 浮，漂，漂浮，浮动

fluato 氟化物

fluctuación （在水上）波动，起伏；漂荡；（价格的）波动，浮动

fluctuación de amplitud 振幅波动

fluctuación de antena 电子束摆动（在荧光面上）

fluctuación de avión 飞机（反射）颤动干扰

fluctuación de frecuencia 频率波动

fluctuación de los impulsos 脉冲抖动

fluctuación de precios 价格浮动

fluctuación de temperatura 温度波动

fluctuación del eco 回声波动

fluctuación en la presión 压力波动

fluctuación en tiempo 时间变化；时间变动

fluctuación pasajera 短暂波动，瞬态波动，暂态波动

fluctuar （在水上）波动，起伏；漂荡；（价格等）波动，浮动

fluellita 氟钻石

fluencia 流动，流出；泉眼，泉源；蠕变；爬电

fluencia de partículas 粒子蠕变

fluencia elástica 弹性流，弹性流动

fluencia energética 能量流，能量流量

fluente 流动的，流出的，自喷的

fluidal 流体的

fluidez 流动性；流度；流动

fluidez cero 凝固点

F

F

fluidez cinemática 运动流度

fluidez estable 倾点温度的稳定性

fluididad 流动性

fluidificación 流动，畅通；熔解

fluidificante 使变成流体的

fluidificar 使流动，使畅通，使液化，使流态化，使变成流体

fluidímetro 流度计，流量指示器

fluidización 流态化（作用），液体化；流化床技术；沸化

fluidizado con líquido 液体化的，流动化的

fluidizador 强化流态剂

fluido 流动的，流体的，液体的；流体（包括液体和气体）；电流

fluido a base de polímeros 聚合物钻井液

fluido a contracorriente 相向流，逆向流，逆流

fluido altamente conductivo del pozo de sondeo 高传导性井内流体

fluido anti-hielo 防冻液

fluido anular 环空液体

fluido arrastrado por la arena 由砂曳出的流体

fluido bentonítico resultante 膨润土液

fluido con base de petróleo 油基液

fluido con sólidos en suspensión 固相流体，固相钻井液

fluido de completación 完井液

fluido de completación para matar pozos 压井液

fluido de cortar 切削液

fluido de corte 润切液

fluido de desplazamiento 顶替液，驱替液

fluido de empaques 液垫

fluido de empaquetador 封隔器以上的液体，封隔液

fluido de emulsión inversa 逆乳化液，逆乳状液

fluido de emulsión invertida 逆乳化液，逆乳状液

fluido de fase única 单相流

fluido de fractura 压裂液

fluido de hoyo fluyente 流动状态下的井筒流体，流动的井底流体

fluido de la formación 地层流体

fluido de la ley de potencia 幂律流体

fluido de matar pozo 压井液

fluido de microburbujas 微泡流体，微泡流

fluido de perforación 钻井流体，钻井液

fluido de perforación a base de agua 水基钻井液，水基泥浆

fluido de perforación a base de petróleo 油基钻井液，油基泥浆

fluido de perforación con base hidráulico 水基钻井液

fluido de perforación convencional 常规泥浆，常规钻井液

fluido de perforación de agua salada 盐水泥浆，盐水钻井液

fluido de poco sólido sin disperación 不分散低固相钻井液

fluido de polímero 聚合物钻井液

fluido de polímero sin disperación 不分散聚合物钻井液，无扩散聚合物钻井液

fluido de potencia 动力液

fluido de pozo de lavado 洗井液

fluido de producción 产出液

fluido de reparación 修井液

fluido de sondeo 钻井液，钻探泥浆

fluido de terminación 完井液

fluido de tetraetilo de plomo 四乙铅液

fluido de tratamiento 处理液

fluido del freno 刹车液，刹车油，制动液

fluido del yacimiento 储层流体

fluido desplazado 被驱替流体

fluido desplazante 驱替液，顶替液

fluido dominante 压井液

fluido elástico 弹性流体

fluido eléctrico 电流

fluido electrolítico 电解液

fluido específico 特定钻井液

fluido espumoso 泡沫钻井液

fluido estratificado 分层流体

fluido fluyente 流动流体

fluido fracturante 压裂液

fluido gelatinoso 凝胶压裂液

fluido hidráulico 动力油，传动油，液压油

fluido homogéneo 单相流体

fluido imcompresible 不可压缩流体

fluido imponderable 不可称量流体

fluido incomprimible 不可压缩流体

fluido lubricante 润滑介质，具有润滑作用的流体

fluido mineralizado 矿化液，成矿流体

fluido Newtoniano 牛顿流体

fluido no corrosivo 抗腐蚀流体，非腐蚀性流体

fluido no Newtoniano 非牛顿流体

fluido para frenos 刹车液

fluido para reacondicionamiento de pozo 修井液

fluido perfecto 理想流体

fluido plástico 塑性流体

fluido portador 携带液；携砂液；载热流体；运载流体

fluido refrigerante 冷却剂，冷却液

fluido salobre 微咸液体，含盐流体

fluido saturado de perforación 饱和泥浆，饱和钻井液

fluido sin sólidos en suspensión 无固相流体，无固相钻井液

fluido supercrítico 超临界流体

fluido tapón 段塞流

fluido térmico 热流体，热液

fluido viscoso 黏性流体，黏滞流体

fluido viscoso para matar un pozo 黏性压井液

fluido volátil 挥发性流体

fluidómetro 流度计，黏度计

fluímetro 流量表，流速计，流动性测定仪

fluir 流，流动，流出

flujo 流动，流出，流出物；涨潮；助熔剂；（电磁）通量

flujo abierto 敞喷；畅喷，畅流

flujo abierto absoluto（AOF） 绝对无阻流量，英语缩略为 AOF（Absolute Open Flow）

flujo advectivo 平流

flujo artesiano 自流，自流水流；自喷

flujo ascendente 上流，上升流，上升气流

flujo axial 轴向流动，轴对称气流

flujo bifásico 两相流

flujo bilineal 双线性流

flujo calibrado 标定流量，校准通量

flujo caliente 暖流

flujo calórico 热流

flujo calorífico 热流

flujo comercial 贸易流量

flujo continuo 流线型流（动）

flujo continuo y uniforme 稳定流，稳恒流动，稳定流动，稳流

flujo corriente 不稳态流，瞬态流动，暂态流

flujo crítico 临界流

flujo cruzado 窜流，层间窜流，层间越流

flujo cruzado aumentado 增强的窜流，增强的层间越流

flujo cruzado mejorado 增强的窜流，增强的层间越流

flujo de aire 空气流，气流

flujo de arco 弧形流

flujo de barro 泥流；泥石流

flujo de burbuja 泡流，泡状流

flujo de caja 资金流，现金流

flujo de campo 磁力线，磁通量；磁性溶剂

flujo de carga 负荷流

flujo de contaminantes 污染物流量

flujo de corriente 河流流量

flujo de corriente no mareal 非潮汐流

flujo de crudo y gas 油气流

flujo de datos 数据流

flujo de descarga de gas 排气流

flujo de desechos 废液流

flujo de efectivo （公司、政府等的）现金流转，现金流量；现金流

flujo de electrones 电子流

flujo de entrada 入口流量；进入流；流入物

flujo de escape 漏流；泄漏流

flujo de escombros 泥石流；岩屑流

flujo de estacionario 稳定流

flujo de estado inestable 不稳定状态流

flujo de estrangulación 节流流量

flujo de fango 泥流；泥石流

flujo de filtración 漏流；泄漏流

flujo de fondo de pozo 井底流体

flujo de fractura 压裂液

flujo de fuga 漏泄流，漏流

flujo de la ley de potencia 幂律流

flujo de la marea 潮流，潮汐流

flujo de las aguas 水流

flujo de lava 熔岩流

flujo de lodo 泥流；泥石流

flujo de los materiales 物流，物料流动

flujo de pulsos 脉动流

flujo de régimen no permanente 不稳定流，非稳定流，非定常流

flujo de régimen permanente 平稳流，定常流，稳定流

flujo de repose 溢流

flujo de retorno 钻井液返回流量

flujo de río reverso 倒流河

flujo de salida 出口流出物；流出物；出流

flujo descendente 下降流

flujo directo 通流，直流

flujo dúctil 韧性流动

flujoducto 出油管线，生产管线

flujo en espiral 螺旋流

flujo entre los estratos 层间流动；层间流

flujo esférico 球形流

flujo espumoso 泡流，泡沫流

flujo estratificado 分层流

flujo fraccional del gas 气体馏分

flujo grama 流程

flujo helicoidal 螺旋流

flujo hipercrítico 超临界流

flujo inductor 感应流

flujo inestable 不稳定流

flujo inferior 底流；地下水流，地下径流

flujo inicial 初流，初流动，一开；初始产量，初始流量

flujo intermitente 间歇流动，间歇性流动；断续流动

flujo intermitente al brotar del pozo 井的间喷，井的间歇自喷

flujo inverso 回流，倒流

flujo invertido 逆流

flujo irregular 不均匀流

flujo isotermo 等温流，等温流动，恒温流动

flujo laminar 层流

flujo laminar sobre la tierra 地表径流，地表流失

flujo lateral 侧流，横向流动；侧向流量
flujo limitado 限流
flujo lineal 线流；线性流
flujo líquido 液流；液体流量
flujo luminoso 光通量
flujo magnético 磁通，磁通量
flujo máximo de agua permitido 允许最大水流量
flujo medio de potencia acústica 平均声能通量
flujo mixto 混合流
flujo modelo 典型流；模型流
flujo monofásico 单相流；单相流动
flujo multifísico 多相流；多相流动
flujo natural 自流，自喷
flujo natural de pozo 油井自喷
flujo natural intermedio 间歇自喷
flujo no dirigido 不定向流
flujo permeable 渗流
flujo permeable bifásico 两相渗流
flujo permeable polifásico 多相渗流
flujo persiana 径向流动
flujo plástico 塑性流；塑性流动
flujo polifásico 多相流，混相流
flujo polifásico vertical 垂直多相流
flujo por aspiración 吸入流
flujo por cabezada 间歇自喷
flujo por gravedad 重力流动，重力流
flujo radial 径向流动，径向流
flujo radiante 辐射通量
flujo rápido 急流
flujo regulado 调节流量
flujo secundario 支流
flujo seudo-estacionario 拟稳态流
flujo seudoviscoso 假黏性流
flujo subsónico 亚音速流（动）
flujo subterráneo 地下潜流，地下水流
flujo supercrítico 超临界流
flujo superior 溢流
flujo supersónico 超音速流（动）
flujo tapón 活塞式流动，段塞式流动，塞流动
flujo térmico 热流，热流量，热通量
flujo térmico-paleo 古热流，古热流量
flujo tipo bala 段塞流；夹栓流动
flujo tipo neblina 雾状流
flujo tipo tapón 活塞式流动，段塞式流动，塞式流动
flujo total 总流量
flujo tranquilo 静流
flujo transversal 窜流，层间越流
flujo trifásico 三相流
flujo turbulento 湍流，紊流
flujo uniforme 等速流，均匀流

flujo útil 有效流量
flujo variable 变速流，不均匀流，不稳定流
flujo vertical 垂直流；纵向流动
flujo viscoso 黏流，黏滞流，黏性流，黏滞流动
flujómetro 流量表，流量计，流速计，磁通量计
flúme 峡沟
fluoborato 氟硼酸盐
fluoborato sódico 氟硼酸钠
fluoborita 氟硼镁石
fluocirita 氟铈石
fluóforo 发光体
fluolita 萤石
flúor 氟；荧石，助熔剂；发光体
flúor espato 萤石，氟石
fluoracetato 氟乙酸盐
fluoracetato sódico 氟代醋酸钠
fluoración 加氯作用；氟化作用
fluoralcano 氟代烷
fluoranteno 萤蒽，荧蒽
fluorapatita 氟磷灰石
fluoreno 芴
fluoresceína 荧光素，荧光黄
fluoresceína sódica 荧光素钠
fluorescencia 荧光性，荧光物
fluorescencia de los rayos X X射线荧光
fluorescencia del petróleo 石油荧光；油的荧光
fluorescente 荧光的，有荧光性的
fluorhidrato 氢氟化物
fluorhídrico 含氢和氟的；含氟化氢的；氢氟酸的
fluórico 氟的，含氟的
fluorimetría 荧光测定法；荧光分析
fluorímetro 荧光计
fluorina 萤石，氟石
fluorita 萤石，氟石
fluorización 加氯作用，氟化作用
fluorización del agua potable 饮用水氟化反应，饮用水加氟
fluorobenceno 氟化苯
fluorocarbono 碳氟化合物
fluorocarburo 碳氟化合物，氟塑料
fluorocummingtonita 氟镁铁闪石
fluoroformo 三氟甲烷，氟仿
fluoróforo 荧光团
fluorofosfórico 氟磷酸的
fluorofotómetro 光电光度计
fluorografía 荧光图照相术
fluorometría 荧光测定法；荧光分析
fluorómetro 荧光计
fluoroscopia 荧光学，（X射线）荧光检查，荧光屏透视法
fluoroscópico 荧光镜的，荧光检查法的，X线

透视的

fluoroscopio 荧光镜，透视屏；荧光检查器

fluorosilicato 氟硅酸盐

fluorosilicato de cobalto 氟硅酸钴

fluorosis 氟中毒，氟中毒现象

fluorotane 氟烷

fluortriclorometano 三氯氟甲烷，三氯一氟甲烷

fluoruro 氟化物

fluoruro de antimonio 锑华

fluoruro de calcio 氟化钙

fluoruro de hidrógeno 氟化氢

fluoruro de hidrógeno anidro 无水氟化氢

fluoruro de manganeso 氟化锰

fluoruro de plata 氟化银

fluoruro de zinc 氟化锌

fluoruro estannoso 氟化亚锡

fluoruro férrico 氟化铁

fluoruro mercúrico 氟化汞

fluoruro potásico 氟化钾

fluoruro sódico 氟化钠

fluosilicato 氟硅酸盐

fluosilícico 氟硅酸的

flute 沟槽；竖沟

fluvial 河的，河流的；河成的，冲积的

fluviátil 河流的，河成的，河中的，生于河中的

fluvioglacial 冰水的，河流冰川的

fluvioglaciar 冰水生成的，河冰生成的

fluviógrafo 水位计

fluviolacustre 河湖的，河湖生成的

fluviomarino 河海的，河海成的，河海生成的

fluviómetro 水位计，流速计

fluvioterrestre 河陆两栖的

fluxión 流动，不断变化；微分，流数，导数

fluxómetro 磁通量计；辐射通量测量计

fluyendo presión de cabezal 井口流压

fluyente 流动的，流出的

flysch 复理层，厚砂页岩夹层；复理岩

Fm 元素镄（fermio）的符号

FOB （Entregado a Bordo）船上交货价，离岸价格，英语缩写为 **FOB**（Free on Board）

focal 焦点的，在焦点上的，有焦点的；焦距

focalización 聚焦，调焦

focalización magnética 磁聚焦

focalizar 聚焦，聚束，定焦点，对光

focímetro 焦点计，焦距测量仪

foco 焦点，焦距；调焦，聚焦；（地震的）震源；光源，热源

foco actínico 光化焦点

foco acústico 聚声点

foco concentrado 点源，污染点源

foco de combustión 燃烧源

foco de incendio 火灾隐患

foco de riesgos 危险点，风险源

foco eléctrico 电光源

foco fijo 固定焦点；固定（污染）源

foco frío 冷源

foco magmático 岩浆库，岩浆房

foco real 实焦点

foco sísmico 震源

foco virtual 虚焦点

focometría 测焦距术，焦距测量

focómetro 焦距计，焦距（测量）仪

focos coniferinas 共轭点

focos conjugados 共轭焦点

foenicocroíta 红铬铅矿

fogón 炉膛；火炉，炉；火堆

fogonazo 火光，火焰

foliáceo 叶的，叶状的；由叶状薄片组成的

foliación 长叶，发叶；发叶期；叶理

foliado 具有叶子的；叶片状的

folleto 小册子，宣传印刷品

fomentar 加热，加温；热敷，热罨；促进，助长，发展

fondeadero 泊地，锚地

fondeado 停泊的，抛锚的；资金充足的，有钱的

fondear （对河、海等）进行水底勘查；检查，搜查（船只）；停泊，抛锚

fondeo 搜查走私品；深入调查，抛锚，停泊

fondo 底，底部；水底，井底；背景；财产，资金（常用作复数）

fondo abombado 碟形底

fondo acumulado 公积金

fondo arriba 底朝上的；井底至井口的钻井液行程

fondo barroso 泥底，泥底质

fondo básico 基本资金

fondo bloqueado 冻结资金

fondo común 共同基金

fondo de ahorro 储蓄基金

fondo de amortización 偿还基金

fondo de barril 油桶底部

fondo de capital circulante 周转资金

fondo de crédito 信贷基金，信贷资金

fondo de depreciación 折旧基金

fondo de empresa 企业基金

fondo de los océanos 海底，洋底，洋床

fondo de operaciones 作业资金，操作资金，营运资金

fondo de pozo 井下，井底

fondo de primer anillo 立式油罐第一圈钢板；活塞下裙部胀圈

fondo de rosca 螺纹根，螺根

fondo de rotación 周转金

fondo de saco 死路，死胡同；死端

fondo del achicador 捞砂筒底部，提捞桶底部

F

fondo del hoyo　井底
fondo del mar　海底
fondo del río　河底
fondo en efectivo　现金资金
fondo falso　假底，活底；假基岩；假湖底，假海底
fondo fangoso　泥底，泥质底
fondo fluctuante　不稳定河床，游荡性河床，动床
fondo fluido　流动资金
fondo gomoso　（油料的）胶质油脚，胶质底部沉积物
fondo histórico　历史背景
fondo marino　洋底，海床，海底
fondo metropolitano　城市基金
fondo mudable　不稳定河床，游荡性河床，动床
fondo oceánico　海底，洋底
fondo para el consumo　消费基金
fondo posterior　后挡板，护板，背面板
fondo reembolsable　偿还基金
fondo rotativo　周转资金
fondos bloqueados　冻结资金，冻结资产
fondos del viscorreductor　减黏裂化装置底部残渣，减黏裂化装置底部沉积物
foneidoscopio　声音振动示波器
fonendoscopio　扩音听诊器
fono de presión　水下地震检波器，压力检波器，水听器
fono de velocidad　速度检波器
fonoalternador　声发电机
fonoautógrafo　声波记振仪
fonocanalizador　声波方向测定仪
fonocaptor　拾声器，检波器
fonolita　响岩，响石
fonolita (fonolito)　响岩
fonolita leucítica　白榴响岩
fonometría　声强测量法，测声术
fonómetro　测声计，声强计
fonón　声子
fonoquímica　声化学
fonorreceptor　感声器，音感受器
fonotelémetro　声波测距仪
fonovisión　电视电话，有线电视
fontanero　管道工
foración　下沉，下陷，沉没，凹下
foraminado　有洞的，多孔的；网形的
foraminífero　有孔虫目的；有孔虫
forastero　外地的；异乡的，他国的；外来种；外地人；外国人
forbesita　砷钴镍矿
forcemetro eléctrico　电动扭矩表
Forest Marble　树景大理岩

forestación　绿化，造林
forestar　在…造林，使成为森林，植树
forja　锻（造，制，冶，炼）；锻造厂，锻工车间，炼铁厂，煅铁炉
forja de acero　锻钢
forjable　可锻造的，可锻的
forjado　锻造的，打制的；锻造，打制；锻件；构架，框架
forjado a troquel　压模铸；压铸
forjado bruto　软钢锻件，铁锻件
forjado en frío　金属冷加工
forjadura　锻造，锤炼，打制
forjadura a martinete　落锤锻，落锤锻造
forjar　锻造，锤炼，打制；建造
forjar con martinete de báscula　落锤锻造
forjar en caliente　热锻
forjar en frío　冷锻
forma　形状，形态，外形；形式，方式，方法；模子，模型
forma arbitraria　任意形式
forma cíclica del hexano　环己烷
forma de bobinar　绕线模
forma coadyutoria　辅助方式
forma de cuarto creciente　新月形状，上弦月形状
forma de cúspide　尖形
forma de deposición　沉积地形
forma de erosión　侵蚀模式；侵蚀方式
forma de estructura　构造形状，构造形式
forma de los estratos　地层形态
forma de onda　波形
forma de onda característica　特征波形
forma de ondas sísmicas　地震波形
forma de operación　操作方式，作业方式
forma de rosca　扣型
forma de uso　使用方法
formación del Cretáceo　白垩系地层
formación deleznable　脆性地层
forma estructural　构造形式，构造形态
forma ondulada　波状起伏
forma ondulada de depresiones en el terreno　波纹状凹陷
formación permeable　渗透性地层
forma polinómica　多项式形式
forma terrestre　地貌，地形
forma terrestre costera　海岸地貌
forma terrestre de denudación　剥蚀地貌
forma terrestre de lutita　页岩地貌，泥屑岩地貌
forma terrestre de roca kárstica　岩溶地貌，岩溶地形
forma terrestre erosionada　侵蚀地貌
formabilidad　可成形性，可模锻性
formación　形成；地层，岩层，岩组；形状，

外形；培养，训练

formación abrasiva　研磨性地层

formación adyacente　围岩层

formación aflorante　露头岩层

formación anular　环形物，环的形成

formación blanda　软地层，软岩层

formación cavernosa　蜂窝状地层

formación compacta　致密层

formación con inclusión de minerales　宿主地层，主体地层

formación condordante　整合地层

formación coralina　珊瑚礁地层

formación de arco eléctrico　飞弧，形成电弧，跳火，闪络

formación de arena extraviada　钻井中不期而遇的砂层，偶然出现的砂层

formación de arrecifes　生物礁地层

formación de cavidades abovedadas　黏土水晶桥键

formación de cono　锥形地层；做成圆锥形，锥面形成

formación de contorno　边界地层

formación de coque　结焦，焦化；形成焦炭

formación de cúspides　形成水舌，形成水锥

formación de dedos　指状地层

formación de delta　三角洲形成

formación de depósitos carbonosos　含碳沉积地层；碳沉积物的形成

formación de emulsión　乳化层

formación de escasa permeabilidad　致密层，低渗透率地层，低渗透性地层

formación de estrías　冲蚀层

formación de gas compacta　低渗透率气层，致密气层

formación de hielo　结冰；冰层，冰原

formación de incrustaciones　结垢

formación de la vena　矿脉层

formación de lengüetas　舌进

formación de marea roja　形成赤潮

formación de pared　造墙

formación de plankton　浮游生物繁盛，浮游生物增殖

formación de prueba　测试层

formación de puentes　（盐或砂）桥地层

formación de roca sedimentaria　沉积岩地层

formación de toma de agua　吸水层

formación del arco　飞弧，发弧光

formación del plio-pleistoceno　上新至更新世地层

formación del subsuelo　地下建造，地下地层，地层

formación dura　坚硬岩层，硬地层

formación durísima　特硬地层

formación en capas　多层地层

formación en concordancia　整合地层

formación estratigráfica atrapada　地层圈闭

formación evaporática　蒸发岩地层

formación filiforme　鞋带状地层，细绳状地层

formación friable　破碎地层

formación gelatinosa　黏性地层

formación geológica　地质层组，地质岩系，地质建造

formación geológica petrolífera　含油地质层系

formación glaciárica　鼻尾丘地层，鼻山尾地层

formación horizontal　平卧地层；水平地层

formación impermeable　不透水层，非渗透层，不渗透层

formación ladrona　漏失层，吸水性强的地层，钻液漏失层

formación lateral　侧翼地层

formación no consolidada　非胶结地层，疏松地层，松散层，疏松层

formación objetivo　目的层，目标层

formación objetivo para inyección de agua　注水目标层

formación paragenética　共生层

formación pegajosa　黏性地层

formación petrolífera　含油地层，油层

formación piamontina　山麓带地层

formación predominante　主要岩层，最厚岩层

formación primaria　基底岩

formación productiva　产层，生产层

formación productora　生产地层

formación profunda　深层地层

formación recipiente　储油气的岩层

formación serpenteante　蜿蜒状地层，蛇形地层

formacion sin arcilla　不含泥质地层

formación suave　软地层

formación subyacente　下伏岩层

formación suprayacente　上覆岩层

formación susceptible a derrumbes　坍塌岩层；有洞穴的岩层

formación terrestre　地层

formador　成形器，整形器，形成器

formador de impulso　脉冲整形器，脉冲形成器

formal　形式的，表面的；正式的

formaldehído　甲醛

formalidad técnica　技术程序

formalina　福尔马林，甲醛溶液

formamida　甲酰胺

formanita　黄钇钽矿

formante　共振峰，主峰段，主要单元

formar　形成，构成，组成；组织，建立；培训，造就

formar capas　形成层系

formar cocas　打结；扭接

formar cono de agua 形成水锥
formar espuma 产生泡沫，发泡
formar moldura de media caña 倒角，倒棱，切角
formar parte de 构成…的一部分
formar paso a paso 逐步形成
formar una papilla 形成泥浆或矿浆
formar una pulpa 形成泥浆或矿浆
formas cuadráticas 二次型，二次式
formas lineales 线性形式，齐式
formatear 使格式化；安排形式；排列程序
formato 版式，开本；格式，规格，(数据或信息安排的）形式
formato de comunicación costa afuera normalizado (**FCCAN**) 海上化学品统一通知格式，英语缩略为 HOCNF (harmonized offshore chemical notification format)
formato de presentación 表示格式
formato facsímil electrónico (**PDF**) PDF 电子文档格式（由 Adobe 公司开发的一种可移植文档格式）
formiato 甲酸酯，甲酸盐，蚁酸盐
formiato de butilo 甲酸丁酯
formiato de potasio 甲酸钾
formiato de sodio 甲酸钠
formiato sódico 甲酸钠
formilo 甲酰
formoamida 甲酰胺
formol 甲醛溶液，福尔马林
formón (木工用的刀身扁而薄的）凿子；打孔器
formón dentado 细长凿，齿状凿，榫眼去屑锉鉴
formonitrilo 氰氢酸
fórmula (公式，方程，分子，结构，化学）式，定则，方案，格式；处方；表格
fórmula álgebra 代数公式
fórmula aproximativa 近似公式
fórmula cuadrática 二次方程
fórmula de flujo 流量公式
fórmula de Kutter 库特公式
fórmula de molécula 分子式
fórmula de recursión 递推公式，递归公式，循环公式
fórmula de Walther 瓦尔特公式
fórmula de Wieser 维塞尔公式
fórmula del cálculo 计算公式
fórmula empírica 经验公式
fórmula en blanco 空白表格
fórmula estructural 结构式
fórmula molecular 分子式
fórmula química 化学式
fórmula racional 有理化公式，有理式
fórmula Weymouth 魏莫斯公式
formulación 公式化的表述，公式化；提出，表

达；配制
formular 用公式表达；开处方，制定配方；(系统地）阐述，表达，提出
formulario 公式的；例行的；表格；定式
formulario de contrato 合同格式
formulario de química 化学公式集
formulario en blanco 空白表格
fornalla 炉，熔炉；炉子
Foro de Expertos en Exploraciones Costa Afuera del Mar del Norte (**FEECAMN**) 北海海上勘探权威论坛，英语缩略为 NSOAF (North Sea Offshore Authorities Forum)
forrado 有衬里的，有衬垫的
forrado con caucho 内衬橡胶的，橡胶衬里的
forrado con goma 内衬橡胶的，橡胶衬里的
forrado con hule 内衬橡胶的，橡胶衬里的
forrado de plomo 衬铅的
forrar 给…加衬理，衬；包，裹，加护面
forrar con cinta 用带子捆住，用带子包住
forro 衬里，衬层；护皮；尾管，衬管，缸套
forro aislante en secciones 段间绝缘衬套
forro ciego 封隔衬管，无眼衬管
forro de caldera (锅炉）保热套
forro de caucho del economizador 节油器橡胶套
forro de cilindro 缸套，汽缸套
forro de embrague 离合器摩擦片衬片
forro de freno 刹车片，制动衬片，刹带衬
forro de lona 帆布保护层，帆布套
forro de tela 布衬里
forro de tela de vidrio para tubería 管材的玻璃纤维衬套
forro hincado 固定住的衬套
forro metálico 金属保护层，金属套
forro metálico del pozo de la turbina (涡轮机）储池衬板，储池金属衬板
forro ranurado 割缝衬管，长孔衬管，割缝筛管
forro refractario 耐火材料衬里，耐火衬里
forro tejido para frenos 刹车片，大车鼓式刹车片
forsterita 镁橄榄石
fortaleza 承受力，耐力；力量；要塞，堡垒
forzado 强制的，强迫的，加压的
forzamiento 强迫，强行，强制；挤压
forzamiento continuo 连续挤水泥；连续挤压
forzamiento de arena 固砂
forzamiento del cemento 挤油泥
forzamiento directo con rames cerrados o sin empacadura 关防喷器挤压，井口挤压
forzamiento intermitente 间歇挤水泥
forzamiento interrumpido por etapas 间歇挤水泥，分段加压挤水泥
forzar 强迫，强制；使用强力；强使加快；强

占；挤压，加压

forzar un taco a presión neumática para limpiar la tubería 清管作业，扫线作业

fosa 坑，窝，洼地；凹处；油池，土油池

fosa abisal 海沟，深渊

fosa agrietada 裂谷，断陷谷

fosa anterior 前渊，陆外渊，外地槽

fosa causada por un hundimiento 地面塌陷坑

fosa de almacenamiento 蓄水池，储留池

fosa de colada 铸坑

fosa de fluido de perforación 泥浆池，钻井液池

fosa de hundimiento en forma de embudo 沉降漏斗

fosa de lodo 泥浆池，泥浆坑，污泥坑

fosa de peñascos 漂砾沟

fosa de pruebas 试坑，探坑

fosa de quemado 燃烧坑

fosa de reflexión 反射池

fosa de reserva 备用池；备用土油池

fosa de reserva de fluido 备用钻井液池

fosa de sedimentación 沉淀池

fosa de succión 吸水坑，吸浆池

fosa glacial 冰川槽，冰蚀槽

fosa hendida 裂谷，断陷谷

fosa marginal 边缘坳陷，边缘凹陷

fosa marina 海沟，深渊

fosa oceánica en la concavidad de un arco insular 岛弧后的海渊

fosa posterior 后渊

fosa rajada 裂谷，断陷谷

fosa sedimentaria estrecha 狭长的沉积凹陷

fosa séptica de oxidación 污水氧化塘

fosa submarina 海沟，海槽

fosa tectónica 地壳构造沟，地堑

fosa tectónica debido a falla 断层槽，断层裂谷，断裂谷

fosa tipo interceptor 拦截池

fosa tipo interceptor de crudo 撇油池，隔油池，拦截池

fosfatación 磷化处理

fosfatado 含磷酸盐的，含磷酸酯的；金属表面磷酸盐防锈处理

fosfático 磷酸盐的，(含)磷的

fosfátido 磷酯

fosfatización 用磷酸盐处理；磷化

fosfato 磷酸盐，磷酸酯；磷肥

fosfato ácido 酸式磷酸盐

fosfato alcalino 碱式磷酸盐

fosfato cálcico 磷酸钙

fosfato de cal 磷酸钙

fosfato de roca 磷钙土，磷灰岩

fosfato mineral 矿物磷酸盐，矿物磷酸酯；含磷岩，磷块岩

fosfato sódico 磷酸钠

fosfato trisódico 磷酸三钠

fosfina 磷化氢，碱性染革黄棕，膦

fosfinato 次磷酸盐

fosfito 亚磷酸盐

fosfito dialcohílico 二烃基亚磷酸盐

fosfoferrita 铁磷锰矿

fosfofilita 磷叶石

fosfolipina 磷酯

fosfonato 膦酸酯

fosforato 磷酸盐

fosforescencia 磷光(现象)，磷火

fosfórico 磷的，含磷的

fosforimetría 磷光分析

fosforismo 慢性磷中毒

fosforita 亚磷酯肟酸；磷钙土，磷灰岩

fosforización 磷化作用，增磷

fosforizado 磷化的

fósforo 磷，火柴

fósforo amorfo 红磷

fósforo blanco 白磷

fósforo rojo 红磷

fosforógeno 磷光激活剂

fosforografía 磷光摄影

fosforoscopio 磷光镜，磷光计

fosforoso 含磷的，亚磷的

fosfuranilita 磷铀矿

fosfuro 磷化物，磷酯

fosfuro de galio 磷化镓

fosgenita 角铅矿

fosgeno 光气，碳酰氯

foshagita 变针硅钙石

fósil 化石的，似化石的；化石

fósil característico 标准化石，特征化石

fósil clave 标准化石，主导化石

fósil de amonites 菊石化石

fósil de huella 痕迹化石

fósil de nautiloides 鹦鹉螺化石

fósil de plantas 植物化石

fósil de trilobites 三叶虫化石

fósil guía 指示性化石，标志化石

fósil indicador 指示性化石

fósil índice 标准化石；指示性化石

fósil marino 海洋生物化石，海相化石

fósil viviente 活化石

fosilífero 含化石的

fosilización 石化，石化作用；变成化石；固化，硬化

fosilizar 变成化石

foso 坑，穴，沟，槽，渠；护沟；海渊

foso de acondicionamiento 处理坑，净化池；检修坑

foso de agua salada 卤水塘，盐泉，卤泉

foso de asentamiento　沉淀池，沉降坑
foso de cable　电缆沟
foso de combustión　燃烧池
foso de desperdicios　废物坑
foso de lodo　泥坑，泥浆池
foso de mezclado　混合池
foso de mezclar　混合池
foso de reserva　备用（泥浆）池，（泥浆）储备池
foso de ripio　岩屑坑
foso de succión　吸水坑，吸浆池
foso de tierra　土质钻井液池
foso del arco　放电室
foso del lodo de perforación　钻井液池，泥浆坑，污泥坑
foso para lodo　泥浆池
foto　照片
fotoactínico　（发出）光化射线的；能产生光化作用的
fotoactivo　光激活的，光敏的
fotoalidada　像片量角仪
fotobulbo　光电管
fotocalcar　照相复印，影印，晒图
fotocalco　影印（画），照相复制品：晒蓝图
fotocartógrafo　投影测图仪
fotocatálisis　光催化（作用），光化催化，光接触作用
fotocátodo　光电阴极，光阴极
fotocelda　光电管元件
fotocélula　光电池，光电管
fotocélula de capa de detención　阻挡层光电管
fotocinesis　趋光性
fotoclinómetro　摄影测斜仪，照相井斜仪
fotoconducción　光电导，光电导性
fotoconductividad　光电导性；光电导率
fotoconductivo　光电导的
fotoconductor　光电导的；光电导体，光电导元件
fotoconvertidor　光转换器
fotocopia　摄影复制品，复印件
fotocopiadora　摄影复印机，复印机
fotocopiar　摄影复制，复印，影印
fotocorriente　光电流
fotocromía　彩色照相术
fotodegradable　可光降解的
fotodescomposición　感光分解，感光分解作用，光致分解，光解
fotodesintegración　光致分裂
fotodetector　光电探测器
fotodinámico　光动效应的；光动力的，光促的
fotodiodo　光电二极管，半导体光电二极管
fotodisociación　光离解，光解，光解作用，光化学离解
fotoelasticidad　光弹性，光致弹性
fotoelástico　光弹性的

fotoelectricidad　光电学，光电现象
fotoeléctrico　光电的，光电效应的
fotoelectrón　光电子
fotoelectrónica　光电子学
fotoemisión　光电发射
fotoemisividad　光发射能力
fotofisión　光致裂变，光致核裂变
fotófono　光电话机，光音机，光通话，光声变换器
fotoforesis　光泳（现象），光致迁动，光致单向移动
fotóforo　（尤指海洋动物的）发光器官
fotogénico　发光的，发磷光的，由于光而产生的
fotógeno　发光的，发磷光的
fotogeología　摄影地质学
fotogeología aérea　航空地质学
fotogoniómetro　像片量角仪
fotograbado　照相制版法，照相凸版（印刷）
fotograbar　照相制版，用照相制版复制
fotografía　摄影学，照相术
fotografía aérea　航空摄影，航摄照片
fotografía analítica　分析摄影（术）
fotografía de núcleo de perforación　岩心图
fotografía de satélite　卫星测图
fotografía en colores　彩色照相术
fotografía estereoscópica　立体照相术
fotografía estroboscópica　频闪摄影术
fotografía panorámica　鸟瞰图，全景图
fotografiar　照相，摄影
fotográfico　摄影的，照相的；照相用的；摄影师
fotograma　黑影照片；测量照片，摄影测量图
fotogrametría　摄影地形测量学，摄影测量学，摄影测绘
fotogrametría aérea　航空摄影测量制图（学）
fotogrametría terrestre　地面摄影测量（学）
fotogramétrico　摄影测量（学）的
fotogrametrista　摄影测绘者
fotoionización　光电离，光化电离（作用）
fotolámpara　光电管
fotolisis　光分解（作用）
fotolito　光解质
fotología　光学
fotoluminiscencia　光致发光，光激发光
fotomagnético　光磁的
fotomapa　空中摄影地图
fotómetro　光度计，曝光表，测光表
fotomicrografía　显微照相术，显微摄影术
fotomicrográfico　显微照相的
fotomicrógrafo　显微照相，显微照片
fotomicroscopia　显微照相术
fotomicroscopio　照相显微镜，显微照相机

fotomontaje 合成照片，合成照片术

fotomultiplicador 光电倍增器；光电倍增管

fotón 光（量，电）子，辐射量子

fotonastia 感光性

fotoneutrón 光敏中子，光中子

fotonuclear 光核的，光致核反应的

fotoperspectógrafo 摄影透视仪

fotopila （储存太阳能以用作燃料的）光电堆

fotoplano （由空中拍摄的照片制成的）照片地图

fotopositivo 正趋光性的，光正性的，正光电导的

fotoprotón 光质子

fotoquímica 光化学

fotorreacción 光化反应，光致反应

fotorresistencia 光敏电阻，光导层

fotorresistor 光敏电阻器，光电导管

fotosensibilización 光敏作用；光感状态；光感作用

fotosensible 光敏的；对光敏感的，感光的

fotosensor 光敏元件，光敏器件；光传感器；光电探测器

fotosfera 光球，光球层

fotosíntesis 光合作用；光能合成

fotostato 直接影印机；直接复印照片；用直接影印机复制

fototeodolito 照相经纬仪，测照仪，照相量角仪

fototermoelasticidad 光热弹性

fototermometría 光测温学，光计温术

fototermómetro 光测温计，光计温器

fototopografía 像片图；摄影测量术

fototransistor 光敏晶体管，光电晶体管

fototropismo 光色互变（现象）；向光性，趋光性

fototubo 光电管

fototubo de gas 充气光电管

fototubo multiplicador 光电倍增管

fotoválvula 光电管

fotovaristor 光敏电阻，光电变阻器

fotovoltaico 光电的，光致电压的，光生伏打的

fourchita 钛辉沸煌岩

fourmarierita 红铀矿

fowlerita 锌锰辉石

foyaíta 流霞正长岩

FP (fondo de preinversión) 预投资基金，英语缩略为 PRIF（Pre Investment Facilities）

Fr 元素钫（francio）的符号

fracasar 失败，落空；破碎，粉碎；（船因触礁）撞碎

fracaso 失败，落空；失败的事情，倒霉的事情；跌落，倒塌

fracción 分裂；部分，碎片；分数，小数，零

数；馏分，分馏物（常用复数）

fracción atmosférica marginal 进入大气污染物源于矿物燃料的部分

fracción BB 丁烷—丁烯馏分

fracción butano-butileno 丁烷—丁烯馏分

fracción continua 连分数，连分式

fracción de alta ebullición 高沸点馏分

fracción de bencina ligera 轻质汽油馏分，轻质石油挥发油馏分

fracción de bencina pesada 重质汽油馏分，重质石油挥发油馏分

fracción de destilación ligera 轻蒸馏物

fracción de destilación pesada 重蒸馏物

fracción de gas 气体馏分

fracción de gasoil 粗石油馏分，柴油

fracción de gasóleo pesado 重柴油馏分

fracción de la porosidad total ocupada por la lutita dispersa 分散细屑页岩在岩石孔隙中所占的总百分比

fracción de petróleo 石油分馏（物）

fracción de punto de ebullición elevado 高沸点馏分

fracción de vacío 空隙度；空隙率

fracción decimal 十进（制）小数，十进（制）分数

fracción derivada del petróleo 石油衍生物组分，石油馏分

fracción final 终馏分

fracción ligera 初馏分，轻馏分

fracción liviana de gasolina (nafta) 汽油轻馏分

fracción liviana de petróleo 石油轻馏分

fracción lubricante 润滑油馏分

fracción lubricante parafínica estable 稳定的石蜡基润滑油馏分

fracción media 中间馏分

fracción molar 摩尔分数

fracción parafínica 烷烃（石蜡）馏分

fracción periódica 循环小数

fracción pesada 重馏分

fracción representativa 分数式比例尺，数字比例尺，有代表性的部分

fracción útil de un fenómeno periódico 周期现象的有用部分

fracción volátil 挥发性馏分

fracción volumétrica 体积分数

fraccionable 可分的，可分割的；可分裂的；可分馏的

fraccionación 分馏，分馏法

fraccionado 分裂的；分式的，分数的，用分数表示的；分馏的

fraccionador 分馏塔，分馏器，分馏柱；分割的；使分馏的

fraccionador catalítico 催化分馏装置

F

fraccionadora 分馏器

fraccionadora con discos y roscas 盘环分馏器

fraccionadora de dos cortes 二段分馏器

fraccionamiento 分馏，分馏过程

fraccionamiento de parafina 蜡分馏

fraccionamiento previo 预分馏

fraccionar 分裂；分馏，精馏，分离

fraccionar petróleo 分馏石油

fraccionario 部分的，零碎的；分数的；分式的；小数的；分馏的，分级的

fracciones aromáticas 芳烃馏分，芳香族馏分

fracciones aromáticas del petróleo 石油芳烃馏分

fracciones de brea extraídas 抽提的沥青馏分

fracciones de muy reducida amplitud de destilación 蒸馏范围非常窄的馏分

fracciones de peso molecular y punto de ebullición alto 重质终馏分，尾部馏分

fracciones del petróleo 石油馏分

fracciones del volumen de gas 气体体积馏分，英语缩略为 GVF（Gas Volume Fractions）

fracciones ligeras 轻质馏分

fracciones livianas 轻馏分，轻质烃

fracciones livianas de petróleo 石油轻质馏分

fracciones livianas de primera destilación 首次蒸馏轻质馏分

fracciones pesadas 重质馏分

fracciones pesadas de petróleo 石油重质馏分

fracciones volátiles 轻质馏分，挥发性馏分

fractura 破裂，破碎；断口，裂缝；折断，挫伤

fractura concoidea 贝壳状裂缝，贝壳状裂痕

fractura conoidal 圆锥形裂缝

fractura curvilínea 弯曲裂缝，曲线形裂缝

fractura de copa 杯状断口

fractura de corte 剪切断裂，剪切破裂，剪切裂缝

fractura de extensión 拉伸破裂，张性破裂，延伸断裂

fractura de flujo limitado 限流压裂

fractura de gas 气体压裂

fractura de gas de alta energía 高能气体压裂，英语缩略为 HEGF（High Energy Gas Fracturing）

fractura de grano fino 细晶状断口

fractura de grano grueso 粗晶状断口

fractura de la formación 地层压裂

fractura de retracción 收缩裂缝

fractura de roca de manera fatigada 岩石疲劳破裂

fractura de tensión 张力裂隙，张性破裂，张力断裂

fractura demorada 延迟断裂，延迟性碎裂

fractura escalonada 阶状断裂，阶状断层

fractura esquistosa 板岩劈理

fractura explosiva 爆炸压裂

fractura fibrosa 纤维状断口，纤维状裂缝

fractura frágil 脆性断裂

fractura hidráulica 水力压裂

fractura multizona 多层压裂

fractura oblicua 斜断口，斜破裂

fractura pizarrosa 板岩劈理

fractura por anular de pozo 井环空破裂

fractura por tensión 拉伸断裂

fractura por zona 分层压裂

fractura rocosa 岩石裂隙

fractura rectangular 正方断裂线

fracturación 断裂；破裂，碎裂；龟裂；压裂

fracturación con arena 加砂压裂

fracturación de la formación 地层压裂，地层破裂

fracturación de la roca almacén 储层压裂

fracturación hidráulica 水力压裂，（采矿）高压水砂破裂法

fracturación por secciones 分段压裂

fracturado 断裂的，破裂的

fracturamiento 压裂，断裂作用

fracturamiento con ácido 酸化压裂，酸压

fracturamiento de estratos 地层压裂，地层造缝

fracturamiento de la formación 地层压裂，地层破裂

fracturamiento hidráulico 水力压裂，水压致裂

fracturar 使破裂，使断裂，使折断

fragancia 芳香，香味，香气

frágil 脆的，易碎的，易损坏的

fragilidad 脆，脆性，易断性，脆裂

fragilidad ácida 酸性脆裂

fragilidad de revenido 回火脆性

fragilidad del acero por el hidrógeno 钢的氢脆

fragilidad en caliente 热脆性

fragilización 脆化，脆变

fragilizar 使变脆，脆化

fragmentación 分裂，破裂，破碎；分成部分；（文件）分段

fragmentación de un iceberg 冰裂，冰崩，冰山崩裂

fragmentar 使成碎片，使破裂，使分裂；使分成部分

fragmentario 碎块的，碎片的，片断的；不完全的，不完整的，部分的

fragmento 碎块，碎片，碎屑；残迹；残存部分

fragmento orgánico 有机碎屑

fragmento rocoso 岩石碎片

fragmentos de braquiopodos 腕足动物碎块

fragmentos de derrumbe 滑坡碎屑，塌方碎块

fragmentos de roca 岩屑，岩石碎块，岩石碎片，岩石碎屑

fragmentoso 碎屑的，碎屑状的，碎块的

fragua 锻炉；锻铁炉，锻造车间，铁匠工场

fragua para barrenas 钻头制造厂

fraguado （灰泥、水泥等的）凝结，凝固；煅造，打铁

fraguado inicial 初凝，始凝点，水泥初凝

fraguado instantáneo 水泥瞬凝，骤凝，急凝

fraguado prematuro 过早凝固

fraguado rápido 快凝，快结

fraguado repentino 水泥骤凝，急凝

fraguado térmico 热硬化性的；热固的

fraguador 锻工

fraguar 锻造；（水泥等）凝固，硬化

francio 钫

franclinita 锌铁尖晶石，锌铁矿

franco 自由的，不受约束的；免税的

franco a bordo (FAB) 船上交货价格，离岸价，英语缩略为 FOB (Free On Board)

franco a domicilio 进口国住所交货价

franco al costado del buque (FAS) 船边交货，船边交货价，英语缩略为 FAS (Free Along Side Ship)

franco de comisión 免佣金，免手续费

franco de impuesto 免税的

franco de porte 运费已付的；邮资已付的；邮资免付的

franco de todo gasto 免除一切费用的

franco en fábrica 工厂交货，工厂交货价

franco hasta gabarra (FOS) 目的港船运交货价格，英语缩略为 FOS (Free on Steamer)

franco sobre muelle (FOQ) 码头交货价格，英语缩略为，FOQ (Free on Quay)

francobordo 干舷，干舷高；出水高度

francolita 结晶磷灰石

franja 条，带，道，束；缘饰，饰带，条纹

franja capilar 毛细带，毛细上升带，毛细作用带

franja costera 海岸带边界；海岸带，沿海带

franja de interferencia 干涉条纹

franja de sedimentos 沉积带

franja intermedia 带通，通带；传动带

franja litoral 海岸带边界，潮间带边界

franja profesional 专业类别

franja undosa 波段，频带

frankeita 辉锑锡铅矿

franklinio 弗兰克林，静库仑数

franklinita 锌铁尖晶石，锌铁矿

franquear 免除（赋税）；穿过，越过；打通；使畅通

franquía 结关单，结关手续

franquicia （邮资、关税等）除免；（使用品牌、出售产品的）特许合同

frasco （细颈，长颈，曲颈，烧）瓶

frasco con tara 称瓶

frasco cónico 锥形烧瓶

frasco cuentagotas 滴瓶

frasco de crital 玻璃瓶

frasco de Dewar 杜瓦瓶，金属保温瓶

frasco de filtración 过滤瓶

frasco de lavado 洗涤瓶

frasco de vidrio redondeado y de cuello largo 卵型瓶，圆形长颈琉璃瓶

frasco para gas 液化气瓶

fratás 抹子；刮尺

fratasar 抹平（墙）

freático 潜水的，地下水的；准火山的

freatofitas 潜水湿生植物

frecuencia 频（率，数），周频；（发生）次数，出现率

frecuencia acústica 声频，音频

frecuencia alta 高频

frecuencia angular 角频率

frecuencia asignada 分配的（工作）频率，规定的（工作）频率

frecuencia audible 声频

frecuencia auditiva 声频

frecuencia baja 低频

frecuencia bruta 总频率

frecuencia crítica 临界频率，阈频率

frecuencia crítica portadora 截止频率

frecuencia de alimentación 电源频率

frecuencia de audio 声频，音频

frecuencia de campo 场频

frecuencia de chispa 火花放电振荡频率

frecuencia de corte 截止频率

frecuencia de cuadro 场频

frecuencia de daños de tiempo perdido (FDTP) 损失工作日事故频率，英语缩略为 LTIF (Lost Time Injury Frequency)

frecuencia de grupo 群频率

frecuencia de imagen 帧频

frecuencia de impulsión 脉冲频率

frecuencia de impulsos 脉冲频率

frecuencia de intermodulación 互调制频率

frecuencia de línea 行频

frecuencia de modulación 调制频率

frecuencia de onda fundamental 基波频率

frecuencia de ondulaciones 波纹频率

frecuencia de oscilación 波动频率，振荡频率

frecuencia de potencia mitad 半功率频率

frecuencia de rebosamiento 溢出频率

frecuencia de recurrencia 脉冲重复频率

frecuencia de referencia 基准频率

frecuencia de repetición 重复频率

frecuencia de repetición de impulsos 脉冲重复频率

F

frecuencia de reposo （频率调制时）中频，未调制频率

frecuencia de resonancia 共振频率，谐振频率

frecuencia de tiempo perdido por daños (FTPD) 损失工作日事故频率，英语缩略为 LTIF (Lost Time Injury Frequency)

frecuencia de vibración 振动频率

frecuencia del sonido 声频

frecuencia efectiva de corte 有效截止频率

frecuencia extra alta (UHF) 超高频，英语缩略为 UHF (Ultra High Frequency)

frecuencia extrabaja 超低频

frecuencia fundamental 固有频率

frecuencia imagen 影像信号频率，图像频率，视频

frecuencia impulsora 主振频率

frecuencia instantánea 瞬时频率

frecuencia intermedia (media) 中频

frecuencia intermediaria 中频

frecuencia lateral 边频，旁频

frecuencia máxima 最大频率

frecuencia máxima utilizable 最大使用频率

frecuencia media 中频，中间频率

frecuencia modulada 调频

frecuencia modulada (FM) 调频，英语缩略为 FM (Frequency Modulation)

frecuencia musical 声频

frecuencia muy alta 甚高频

frecuencia muy baja 甚低频

frecuencia natural 自然频率

frecuencia normal 标准频率

frecuencia óptima de trabajo 最佳工作频率

frecuencia óptima de tráfico 最佳通信频率

frecuencia portadora 载波频率

frecuencia propia 固有频率

frecuencia pulsada 拍频

frecuencia radioeléctrica 射电频率，无线电频率

frecuencia resonante 共振频率

frecuencia s de banda lateral 边频

frecuencia s de potencia mitad 半功率频率

frecuencia superada 超高频

frecuencia supersónica 超音频

frecuencia teórica de corte 理论截止频率

frecuencia total de accidentes registrables (FTAR) 可记录总伤亡频率，英语缩略为 TRIF (Total Recordable Incident Frequency)

frecuencia ultraacústica 声频上频率，超声频

frecuencia ultraalta 超高频，特高频

frecuencia ultraelevada (UHF) 超高频，英语缩略为 UHF (Ultra High Frequency)

frecuencia vertical 帧频，场频，垂直频率

frecuencia vocal 声频

frecuencial máxima utilizable 最大可用频率

frecuencímetro 频率计

frecuencímetro electrónico 电子频率计

frecuente 频繁的，经常的；常见的，惯常的

freibergita 银黝铜矿

freininita 砷钙钠铜矿

fremontita 钠磷锂铝石

frenado 刹车，制动；制动的，刹住车的

frenado atmosférico 大气制动

frenado de recuperación （电力）再生制动

frenado diferencial 差动制动

frenado dinámico 动力制动

frenado eléctrico 电力制动

frenado magnético 电磁制动

frenado regenerador （电力）再生制动

frenado reostático 电阻制动

frenador 制动器，闸，刹车

frenaje 刹车，制动

frenar 制动，施闸，刹车；使减速，阻滞

frenero 司闸员，制动司机

frenillo 缆，绳索，短绳

freno 闸，刹车，制动器

freno a las cuatro ruedas 四轮制动器

freno a vapor 蒸汽制动器，汽闸

freno aerodinámico 气闸，风闸，空气制动器，空气制动机

freno al pie 脚踏闸，脚踏式制动器

freno al vacío 真空制动器

freno antiderrapante 防滑制动器

freno automático 自动闸，自动制动器

freno auxiliar 辅助刹车

freno auxiliar hidráulico 液压伺服刹车，液压继动闸

freno continuo 连续制动器

freno de acción interna 内胀闸

freno de accionamiento mecánico 机械制动器

freno de aceite 油刹车

freno de agua 水刹车

freno de aire 气动制动装置，气动制动器，气动刹车

freno de aire comprimido 气闸，压缩空气刹车，气压制动器

freno de alta torsión 高扭矩抽动器，高扭矩刹车

freno de automóvil 汽车制动器

freno de auxilio 紧急刹车，紧急制动器

freno de banda 带式制动器，带式刹车

freno de cable 索闸，张索制动器

freno de carril 轨道制动器

freno de cinta 带闸，带式制动器；带状测功器

freno de collar 带闸，带式制动器

freno de cono 锥形制动器，锥形闸

freno de contrapedal 倒轮式刹车，脚刹车，倒轮制动

freno de corriente de Foucault　涡流制动器

freno de corrientes parásitas　涡流制动器

freno de cubo　轮毂制动器

freno de cuerda　绳索制动器

freno de cuña　胀闸

freno de disco　圆盘闸，圆盘制动器

freno de doble efecto　双效刹车

freno de electroimán　电磁制动器

freno de embrague　离合器制动器

freno de emergencia　紧急制动刹

freno de expansión　胀闸

freno de expansión interna　内张型制动器

freno de fricción　摩擦制动器，摩擦闸

freno de hélice　螺旋桨制动器

freno de mano　手闸，手制动器

freno de pedal　脚踏闸

freno de pie　脚踏闸

freno de seguridad　安全制动器

freno de solenoide　电磁（线圈）制动器，摩擦闸

freno de tambor　滚筒刹车，主刹车；鼓式制动器

freno de urgencia　紧急刹车，紧急制动器

freno de vacío　真空制动器

freno de zapata　闸瓦制动

freno del cabrestante de la cuchara　捞砂绞盘刹车

freno del malacate de las tuberías de producción　大绳滚筒刹车，起油管绞车刹车

freno del tambor de cuchareo　捞砂桶刹车

freno del tambor del malacate　绞车滚筒刹车

freno del torno de herramientas　滚筒刹车

freno delantero　前刹车

freno dinámico　动力刹车

freno dinamométrico　测功设备刹车，测力装置刹车

freno duoservo　双向伺服制动器，双向伺服刹车

freno eléctrico　电力制动器

freno electromagnético　电磁制动器（刹车）

freno electroneumático　电动气动制动器

freno en V　V形制动器

freno hidráulico　液力闸，闸式水力测功器

freno hidráulico de paletas　液压测力器，水力测功器

freno hidroautomático　水力刹车，液压制动装置

freno hidromecánico　液压机械制动器

freno hidroneumático　液压气动制动器

freno interior　内蹄制动器

freno magnético　电磁制动器

freno neumático　空气制动器，气闸

freno sobre rueda　轮闸，车轮制动器

freno solenoide　螺线管制动器

freno trasero　后刹车

frenos en las cuatro ruedas　四轮刹车

frente aluvial　冲积前缘

frente atmosférico　气团，大气锋

frente de aire　气团，气锋

frente de arranque　采掘面，挖掘面

frente de calor　热前缘

frente de choque　振动前沿

frente de colina　山前

frente de condensación　凝结前缘，冷凝前缘

frente de crudo　原油前缘

frente de deyección　熔岩前缘，岩屑前缘

frente de empuje　驱替前缘

frente de evaporación　汽化前缘

frente de explosión　爆炸前沿

frente de filón　矿脉前缘

frente de hielo　冰锋

frente de invasión de agua　水侵前缘

frente de invasión de gas　气侵前缘

frente de inyección de agua　注水前缘

frente de la torre de perforación　井架正面，钻机前门

frente de llama　火焰锋，火焰前缘，火焰锋面

frente de onda　波前

frente de pliegue　褶皱前缘

frente de vapor　蒸汽前缘

frente de veta　矿脉前缘

frente del delta　三角洲前缘

frente montañoso dúplex　复式山前带

frente o contacto aguapetróleo　油水界面

frente profundo　前渊，前渊坳陷，山前洼地

freón　氟氯烷（冷却剂）；氟三氯甲烷，氟利昂

fresa　铣刀，铣割器，钻刀钻头

fresa angular　角铣刀，梅花钻

fresa cilíndrica　圆柱形铣刀，平侧两用铣刀

fresa circular　回转刀，圆盘刀具

fresa con volante　飞刀，横旋转刀，高速切削刀

fresa cónica　锥形钻头，绞刀

fresa cónica angular　斜角铣刀，角铁切断机，圆锥指形铣刀，斜切刀

fresa cortadora　铣割器

fresa de acanalar　线脚切割机，成形刀具

fresa de alisar　镗孔刀

fresa de ángulo　斜角铣刀

fresa de barrena　铣刀钻头

fresa de costado　侧面铣刀

fresa de cuchillas extensibles para tubería de revestimiento　可伸展式套管铣

fresa de cuchillas insertables　可插刀片式铣刀

fresa de disco　平侧两用铣刀，三面刃铣刀

fresa de dos caras　平侧两用铣刀，三面刃铣刀

fresa de escariar　镗孔刀

F

fresa de espiga 立铣刀，（刻模）指铣刀
fresa de filetear 螺纹铣床
fresa de fondo plano 平底铣鞋
fresa de forma 成形铣刀（刀具）
fresa de forma cóncava 凹半圆成形铣刀
fresa de forma convexa 凸半圆成形铣刀
fresa de fresadora cepilladora 平面铣刀
fresa de perfil constante 铲齿铣刀，螺旋钻
fresa de perfilar 成形刀具
fresa de placa de carburo 硬质合金刀具，碳化物刀具
fresa de punta redonda 圆头铣刀
fresa de ranurar 铣槽刀具
fresa de tres cortes 平侧两用刀，三面刃铣刀
fresa del taladro 钻头牙轮
fresa desviadora 侧钻开窗铣鞋
fresa en ángulo 角铣刀，角钢切断机
fresa en punta 立铣刀，（刻模）指铣刀
fresa ensanchable para caños de entubación 扩张式套管铣鞋
fresa ensanchable para tuberías de revestimiento 扩张式套管铣鞋
fresa espiral 螺旋铣刀
fresa estriadora 槽铣刀，开槽刀具
fresa helicoide 涡轮铣刀
fresa matriz 滚（铣）刀
fresa para engranaje 齿轮铣刀
fresa para filetear 螺纹铣床
fresa para retornear 铲齿铣刀
fresa para trazar helicoides 槽铣刀，开槽刀具
fresa para tubería de revestimiento 套管铣刀，套管铣鞋
fresa perfilada（perfiladora） 成形铣刀
fresa plana 端铣刀
fresa plana de dos bordes cortantes 倒棱（角）工具
fresa plana de dos filos 倒棱工具
fresa rectificadora 磨削铣，校正铣刀
fresabilidad 可切削性，切削加工性，机械加工性能
fresable 可切削的
fresado 铣；磨碎了的
fresador 铣工
fresadora 铣床，切削机，研磨机，切割刀头
fresadora a mano 手动铣床
fresadora cepilladora 刨式铣床
fresadora copiadora 仿形铣床
fresadora de banco 台式铣床
fresadora de columna 柱式铣床
fresadora de fabricación 生产型铣床
fresadora de grabar 刻模铣床
fresadora de perfilar 仿形铣床
fresadora de reproducir 制锻模铣床，靠模铣床

fresadora de roscas 螺纹铣床
fresadora horizontal 卧式铣床
fresadora múltiple 组合铣床
fresadora para formaciones duras 硬地层钻头
fresadora para trabajos generales 万能铣床
fresadora simple 普通铣床
fresadora universal 万能铣床
fresadora vertical 立式铣床
fresar 铣削，铣平，切削
fresnel 菲涅耳（频率单位）
friabilidad 脆性，易碎性
friable 脆的，易碎的
fricción 摩擦，摩擦力，摩阻；切向反作用
fricción cinética 动摩擦
fricción de contacto metálico 金属接触摩擦
fricción de deslizamiento 滑动摩擦
fricción de rodamiento 滚动摩擦
fricción del embrague 离合器摩擦
fricción dinámica 动摩擦，动态摩擦
fricción estática 静摩擦
fricción excesiva 过度摩擦
fricción líquida 液相阻力
fricción magnética 磁力摩擦
fricción pelicular 表面摩擦
fricción rotacional 滚动摩擦
fricción superficial 表面摩擦，表面摩擦力
friccional 摩擦的，由摩擦而产生的
frigorífero 冷冻的，制冷的；冷藏的；冷藏库，冷藏室；冰箱
frigorífico 冷却的，致冷的；冷藏库，冰箱
frío 冷，寒冷；寒冷的；冷的；冷淡的
frío helado 冰冷的
frío intenso 极冷的；严寒
frisa 封闭器，阻塞器，紧塞具
fritamiento 致冷效应
frondelita 锰绿铁矿
frontal 前面的，正面的；横梁
frontera 边界，国界，边境，国境；界线，界限；（建筑物的）正面
frontera climática 气候分界线，气候分水岭
frontera común 分界面，接口，接触面
frontera con flujo constante 恒压边界，定压边界
frontera cretáceo-terciaria 白垩系与三叠系界线
frontera del yacimiento 油藏边界
frontera impermeable 不渗透边界
frontera mantenida a presión contante 恒压边界，定压边界
frontero 前面的，对面的，相对的
frontón 井下作业面；（海岸的）陡崖，陡壁；人字山头
frotación 摩擦
frotación de sello 密封摩擦

frotadura 擦，摩擦
frotamiento 擦，摩擦
fructífero 富有成果的，有成效的；结果实的
ftaleína 酞
ftálico 酞的
ftalimida 酞酰亚胺
ftalocianina 酞花青
ftalonitrilo 酞腈；苯二甲腈
FTAR (frecuencia total de accidentes registrables) 总记录事故频率，英语缩略为 TRIF (Total Recordable Incident Frequency)
fucilazo 无声闪电，热闪
fucosterol 岩藻甾醇
fucoxantina 岩藻黄质
fucsina (碱性) 品红，洋红
fucsita 铬云母
fuego 火；火灾，失火；灯塔；烽火
fuego artificial del yacimiento 火烧油层
fuego de alarma 烽火，火警
fuego de señal 火信号
fuego espontáneo 自燃
fuego fatuo 磷火，鬼火
fuego superficial 表面燃烧
fuel oil 燃料油，液态燃料
fuel oil diesel 柴油
fuel oil para calderas (de buques) 船用锅炉燃料油
fuellar 彩色滑石
fuelle 风箱，鼓风袋，鼓风机
fuelle de aire 吹管，喷灯
fuelle de fragua 铸铁鼓风机
fuel-oil ligero (el aceite combustible ligero) 轻质燃料油
fuel-oil pesado (el aceite combustible pesado) 重质燃料油
fuelóleo residual 残余燃料油
fuente 喷泉，泉水，源泉；来源；水道口，水栓；排泄口
fuente alterna de energía 可替代能源
fuente alternativa de energía 可替代能源
fuente artesiana 自流泉，涌泉
fuente contaminante 污染源
fuente de agua 水源
fuente de alimentación 电力供应，动力供应
fuente de alimentación de ánodo 阳极电源；正极馈电源
fuente de barrera 堰塞泉，堤泉
fuente de contaminación 污染源
fuente de contaminación a barlovento 上风污染源
fuente de contaminación atmósfera 大气污染源
fuente de contaminación del lado del viento 上风污染源

fuente de contaminación difusa 污染源
fuente de corriente 电源，电流补充
fuente de electricidad de emergencia 应急电源
fuente de electricidad de protección catódica 阴极保护电源
fuente de electricidad sin interrupción 不间断电源
fuente de emisión difusa 扩散源，发射源，排放源
fuente de emisiones creada por el hombre 人类 (污染) 排放源
fuente de energía 能源
fuente de energía nueva y renovable 新能源和可再生能源
fuente de energía para el taladro 钻井动力系统，钻机动力源
fuente de energía sísmica 震源
fuente de fractura 裂隙泉
fuente de ladera 山腰泉
fuente de neutrón 中子源
fuente de origen 起源，来源
fuente de radiación 辐射源
fuente de señal 信号源
fuente de sonido 声源
fuente del seísmo 震源
fuente del sísmo 震源
fuente eléctrica 电源
fuente emisora de neutrones 中子发射源
fuente fija 固定 (污染) 源，点源
fuente fija de combustión 固定燃烧源
fuente individual 污染点源
fuente lava ojo 洗眼器
fuente localizada 局部源
fuente móvil 流动源，流动污染源
fuente no localizada 非局部源
fuente puntual (污染或疾病等发生的) 点源
fuente puntual hipotética 假定点源
fuente puntual virtual 潜在点源；实际上的点源
fuente radiactiva 放射源
fuente radiométrica 辐射源
fuente sísmica de fondo de pozo 井下地震震源，井下震源
fuente termal 温泉，热泉；热源
fuera 外面，在外面；在…之外
fuera de alineamiento 不对准 (直线)，不对中
fuera de borda 船舷外的
fuera de circuito 电路外的
fuera de control 失控的
fuera de estructura 构造外
fuera de fase 异相的
fuera de fondo 离开井底，提离井底
fuera de la costa 海上
fuera de operación 不运转的；失效的
fuera de servicio 脱机，暂停服务

fuerte 结实的，坚固的，牢固的；（金属等）坚硬的

fuerza 力，力量；动力；效力；功率；压力；阻力；电，电流，电力

fuerza aceleratriz 加速力

fuerza activa 主动力

fuerza adhesiva 附着强度，胶粘强度，粘着力

fuerza aparente 视在力

fuerza aplicada 作用力，施加的力，外力

fuerza ascensional 提升力，举重力，升举能力

fuerza capilar 毛细管力，毛细力

fuerza centrífuga 离心力

fuerza centrípeta 向心力

fuerza coercitiva 矫磁力，矫顽磁力

fuerza colineal 共线力

fuerza compensadora 复原力，恢复力，纠斜力

fuerza comprensiva 挤压力

fuerza compresora 压缩力

fuerza contraelectromotriz 逆电动势

fuerza contraria a la estabilización 不稳定力，易变力

fuerza contraria a la restitución 不稳定力，易变力

fuerza cortante 剪力，剪切应力

fuerza de adherencia 黏合力

fuerza de arrastre con cable 钢丝绳拉力，电缆拉力

fuerza de astatización 不稳定力，无定向作用力

fuerza de atracción 引力

fuerza de campo coercitivo (reductor) 矫顽磁力，抗磁力，矫顽力，强制力

fuerza de carga lateral 侧向负荷力

fuerza de centralización 扶正力

fuerza de cizallamiento 剪力，剪切应力

fuerza de cohesión 黏结力

fuerza de Coriolis 科里奥利力，地球自转偏向力

fuerza de corrida 奔跑力

fuerza de corte 剪切力，切力

fuerza de degradación 衰减力

fuerza de estabilización 稳定力

fuerza de estatización 不稳定力，易变力

fuerza de flexión 弯曲力

fuerza de flotación 浮力

fuerza de gravedad 重力

fuerza de impacto de chorro 喷射冲击力，射流冲击力

fuerza de inercia 惯性力

fuerza de inicio 起动力，启动力

fuerza de la marea 潮水力

fuerza de labilización 不稳定力，易变力

fuerza de los enlaces químicos 化学键的强度

fuerza de marea 潮汐力，起潮力

fuerza de presión 压力

fuerza de reculada 反冲力，反作用力

fuerza de restitución 恢复力

fuerza de retroceso 反弹力，反作用力

fuerza de rotura 屈服强度

fuerza de rotura mínima especificada 额定最小屈服强度，英语缩略为 SMYS (Specified Minimum Yield Strength)

fuerza de superficie 表面力，面积力

fuerza de sustentación 升举能力，提升量

fuerza de tensión 张力，拉伸力

fuerza de tiro 发射力；射击力；投掷力

fuerza de torsión 扭力

fuerza de trabajo 劳动力

fuerza de tracción 牵引力，拖曳力

fuerza de tracción al gancho 拉杆牵拉力，（挂钩处的）牵引力

fuerza de vapor 蒸汽动力

fuerza del ácido 酸强度，酸浓度

fuerza del frenado 制动作用力

fuerza del viento 风力

fuerza dieléctrica 电介质强度，介电强度

fuerza diesel eléctrica 柴油电力

fuerza efectiva 有效力，实际功率

fuerza eficaz 有效力

fuerza elástica 弹性力，弹力

fuerza eléctrica 电力

fuerza electromotriz 电动势

fuerza en la barra de tiro 双向拉力

fuerza estabilizadora 稳定力

fuerza externa 外力

fuerza giratoria 圆周力，切线力，转动力

fuerza giroscuópica 回转力

fuerza hidráulica 水力

fuerza impulsiva 推动力

fuerza interior 内力

fuerza interna 内力

fuerza lateral 横向力

fuerza magnética 磁力

fuerza mayor 不可抗力

fuerza mecánica 机械力

fuerza molecular 分子力

fuerza motor 原动力

fuerza motriz 原动力，推动力

fuerza motriz a engranaje para bombeo 联合抽油机

fuerza multiplicada 倍率，放大率

fuerza natural 自然力

fuerza orogénica 造山力

fuerza persiana 径向力

fuerza por unidad de área 压强

fuerza portadora (portante) 承载力，支撑能力，载重量

fuerza propulsiva 推进力

fuerza propulsora 推进力

fuerza reactiva 反作用力

fuerza repulsiva 推斥力

fuerza resultante 合力，总作用力

fuerza retardatriz 减速力

fuerza sustentadora 承载力，支撑能力

fuerza tangencial 切向力

fuerza tectónica 构造力，构造作用力

fuerza tensorial 张量力

fuerza termoeléctrica 温差电动势，热电功率

fuerza termoelectromotriz 温差电动势

fuerza total 合力

fuerza total del magnetómetro 总磁强

fuerza viscosa 黏滞力

fuerza vital 活力

fuga （气体或液体）泄漏；漏电

fuga a tierra 通地漏泄

fuga a través de cacarañas 蚀疤渗漏，砂眼渗漏

fuga a través de corrosión 腐蚀性漏失

fuga a través de picaduras 孔洞漏失

fuga al cárter 窜漏（指汽缸和活塞之间运动时流体的渗漏）

fuga de agua 出水口，出水道；漏水

fuga de aire 漏气

fuga de contaminantes 污染物泄漏

fuga de corriente 漏电

fuga de fluido 液体泄漏，钻井液渗漏

fuga de divisas 逃汇

fuga de gas 漏气

fuga de la válvula 阀漏失

fuga de magnetismo 磁漏

fuga de metano 甲烷泄漏

fuga de petróleo 原油泄露，井喷

fuga de presión 泄压

fuga eléctrica 漏电

fuga magnética 磁漏

fuga parcial 部分漏失

fugacidad 挥发性，逸性；短暂

fugitómetro 褪色度试验计

fulcro （杠杆的）支点，支架，（托）轴架

fulgor 光辉，光彩，光泽

fulgurita 闪电熔岩

fulmicotón 强棉药，硝棉，火药棉，火棉

fulminante 爆燃的，起爆 的；暴发性的；起爆剂，雷管

fulminante de dinamita 甘油炸药，硝甘炸药

fulminante eléctrico 电雷管

fulminato 雷酸盐；雷粉，炸药，爆发粉

fulminato de mercurio 雷粉，雷（酸）汞

fulmínico 爆炸性的

fulveno 富烯

fumagina 烟霉

fumarola （火山区的）喷气孔，喷孔

fumigación （为消毒、杀虫等）烟熏，熏蒸；烟熏消毒法

fumigación química 化学熏蒸消毒；化学烟熏消毒法

fumigador 烟熏者，熏蒸者；烟熏器，熏蒸器

fumigante 熏蒸消毒剂，烟熏剂；熏蒸剂，熏剂

fumosidad 烟，烟素

fumoso 冒烟的，多烟的

función 作用，用途；机能，功能；函数；职能，职责，职务

función aditiva 加性函数

función algebraica 代数函数

función básica 基本函数；基本功能

función bi-exponencial 双指数函数

función circular 圆函数

función circular inversa 反三角函数，反圆函数

función complementaria 余函数

función cuadrática 二次函数

función de congelación 冰冻功能

función de correlación cruzada 互相关函数

función de costo 成本函数

función de densidad 密度函数

función de dos variables 二元函数

función de error 误差函数

función de onda 波函数

función de potencia 幂函数

función de probabilidad de densidad 概率密度函数

función de saturación 饱和系数

función de seguro 闩函数；锁存功能

función estándar 标准函数

función exponencial 指数函数

función impar 奇函数

función lineal 线性函数，一次函数

función lógica 逻辑函数

función objetiva 目标函数

función periódica 周期函数

función poligonal 多角形函数

función potencial 势函数

función propia 特征函数，本征函数

función recurrente 递归函数

función sencilla 单一功能

función senoidal 正弦函数

función sigmoidea S 形函数，硬限幅函数

función simbiosis 符号函数

función simétrica 对称函数

función sumable 可和函数

función térmica 热函数

función trigonométrica 三角函数

función uniforme 单值函数，均匀函数

funcionalidad 功能度；函数性；官能度；实用

funcionalidad completa 完全官能度；完全功

F

能度

funcionalidad reducida 退化官能度

funcionamiento （机器等）运转；行使职能；作用，功能；运算

funcionamiento conjunto de varios motores 柴油机并车

funcionamiento de inyección de agua 注水动态

funcionamiento de la empresa 企业运转

funcionamiento de pozo 油井动态

funcionamiento de producción 采油动态；生产动态

funcionamiento de producción por unidad 单元开采动态；单元生产动态

funcionamiento de refracción sismológica 地震折射作用

funcionamiento del movimiento 搬运作用

funcionamiento del vapor 蒸汽带动

funcionamiento en dúplex 双工制，双工运行

funcionamiento en paralelo 并行操作；并联供电

funcionamiento en vacío 空转

funcionamiento integrado 综合性能

funcionamiento intermitente 间歇运行

funcionamiento irregular 异常运行

funcionamiento normal 正常运转

funcionamiento seguro 安全运转

funcionar （机器）运转，运行，工作；行使职能，行使职责

funcionario 官员，（政府机关）工作人员；公务员

funciones de presión y derivadas 压力及导数函数

funda 覆盖物，套，罩；外壳，机壳，封皮

funda del cabezal 井口罩，井口头

fundación 兴建；建立，创办；机构章程；基金，基金会；地基，地脚

fundación corrida 连续底座

fundación cristalina 结晶基底，结晶质基底

fundación ensanchada 扩展基础

fundación escalonada 阶式底座，阶形基础

fundación sobre enrejado 格排基础

fundación sobre pilares 桩基

fundador 创立的，创始的；创始人

fundamental 基础的，基本的，根本的；主要的，极其重要的

fundamento 地基，地脚，基础；起源，根源

fundente 助熔剂；助熔的

fundente de flujo estacionario 稳定流助熔剂

fundente decapante para soldar 焊剂

fundente para soldadura 焊接助熔剂

fundería 熔铸车间，铸造车间，铸造厂

fundería de acero 铸钢厂，铸钢车间

fundería de hierro 铸铁厂，铸铁车间

fundible 可熔化的，易熔的

fundición 溶化，融化，熔化，铸造车间，铸造厂；铸铁，生铁；铸造

fundición afinada 精炼生铁

fundición aleada 合金铸铁，铸铁合金

fundición atruchada 麻口生铁

fundición blanca 白铁，白口铸铁，白口生铁

fundición bruta 生铁，铸铁

fundición colada al descubierto 明浇铸造，地面浇铸，敞浇铸件

fundición de acero 炼钢厂，钢铁厂；铸钢车间

fundición de afino 锻冶生铁

fundición de aire caliente 热风高炉生铁

fundición de dúctil 延性铸铁

fundición de hierro 生铁铸造，铸铁；铸铁工厂

fundición de latón 镀锡铁皮铸造车间，白铁皮铸造厂

fundición de moldeo 铸锭，铸铁

fundición de segunda fusión 二次熔化铸铁

fundición de viento frío 冷风生铁

fundición dura 硬生铁

fundición en arena seca 干砂铸造法；干砂熔化

fundición en bloque 块铸

fundición en cáscara 冷铸造

fundición en coquilla 冷铸造

fundición endurecida 冷硬铁，激冷铸铁

fundición gris 灰铸铁，灰口生铁

fundición hecha en molde abierto 开放型浇铸，敞开式铸造，明浇

fundición líquida 铁水

fundición moldeada 马口铁，杂晶铸铁，麻口铸铁

fundición negra 黑铸铁

fundición nodular 球状铸铁

fundición parcial de una roca 岩石的部分熔化

fundición templada 冷硬铸铁

fundición truchada 麻口铸铁，杂晶铸铁

fundición veteada 带铁

fundido 熔化的，熔融的；铸造的，浇铸的；（灯泡、电器装置）烧坏的

fundido en arena 砂铸，翻砂

fundidor 熔炉，熔化器；铸（造）工，翻砂工，熔炼工

fundidor de mineral 熔铸工，冶炼者

fundidora a presión 压铸机

fundir 熔化，融化，溶化；铸造、浇铸；熔合；合并，联合

fundo 庄园，田产

fungicida 杀真菌剂，灭菌剂，杀菌剂；杀真菌的

funiforme 索状的，带状的；用缆索带动的；架空索道，缆车

furacin crema 呋喃西林霜剂

furano 呋喃

furfural 糖醛，呋喃甲醛

furgoneta 厢式送货车

furol 糠醛

fusán 丝炭，乌煤

fuselación 流线型化

fuselado 流线的，层流的；（航空）整流罩，成流线型

fuselaje （飞机的）机身

fuselaje aerodinámico 流线形机身

fuselaje de nariz 圆头，圆端

fuselar 使呈流线型

fusibilidad 可熔性，熔性，熔度

fusible 熔丝；熔断丝盒

fusible 易熔的；熔丝，熔断丝，熔断器，可熔片

fusible con alarma 报警熔丝

fusible de cartucho 熔丝管

fusible de cinta 带状熔断器

fusible de seguridad 熔断丝，安全熔线

fusible de tapón 插头熔线

fusible eléctrico 熔断丝，电熔丝

fusible renovable 可再用熔断丝

fusiforme 纺锤形的，两端尖的，流线形的，梭形的

fusinita 丝炭煤素质

fusinización 丝炭化

fusión 熔解，熔化；熔断；聚变；（企业等的）联合；合并

fusión cáustica 碱熔（法），苛性碱熔解

fusión completa 完全熔化

fusión de empresas 企业合并

fusión en el vacío 真空熔化（分析）

fusión fracciónada 分步熔化

fusión incipiente 初熔

fusión nuclear 核聚变

fusión parcial 部分熔融

fusionador 聚结剂；聚结器；聚合剂

fusionar 熔化；使融合，使合并

fusisómetro 熔化温度测量仪，熔点测定器

fuslina 矿物熔炼场

fusor 熔炼器

fuste 木材；杆，矛杆；柱身

fuste de pasador 销子柄，插销杆

futuro 未来的；前景，前途；期货

F

G

gabari 量规，塞尺；样板，模型；外形尺寸，外廓

gabarra 平底船，平底货船，驳船

gabarra automática 自航驳，机动驳船

gabarra auxiliar 补给船

gabarra de almacenamiento 储运（原油等）的驳船

gabarra de grúa 起重船，浮式起重机

gabarra de perforación 钻井船，钻探驳船

gabarraje 驳运费；驳船运送

gabarras de vías acuáticas internas 内陆水道驳船

gabro 辉长岩（基性岩）

gadolinio 钆

gadolinita 硅铍钇矿

gafa 钩子，挂钩；两脚钉，扒钉，镉子；眼镜（复数）

gafas de seguridad 安全护目镜

gafas protectoras 护目镜，防护镜，防尘眼镜

gafas protectoras de soldador 焊工护目镜

gahnita 锌尖晶石

galactita 漂白土；针纳沸石

galápago de metal 金属锭

galatites 漂白土

galato 棓酸盐，棓酸酯，五倍子酸盐，五倍子酸酯

gálbano 阿魏脂，古蓬香脂，波斯树脂

galena 方铅矿，硫化铅

galena argentífera 银方铅矿

galena falsa 闪锌矿

galenobismutita 辉铅铋矿

galería 走廊，门廊，过道，陈列室；巷道；坑道，地道

galería de acceso 人行走道

galería de achique 排水廊道

galería de avance 平巷，巷道

galería de captación （渗流）集水管道

galería de desagüe 排水（巷）道

galería de desviación 分流通道

galería de dirección 导坑

galería de drenaje 排水廊道

galería de mina 矿道

galería de ventilación 通风平巷，风巷，风道

galería inferior 下部通道，下部巷道

galería superior 上部巷道，上部平巷

galería transversal 横向巷道

galga 制动器，刹车杠；（量，卡，线）规，量具，测量仪表，计量器

galga de espesores 厚薄规，厚度计，塞尺

galga de medición 量规

galga de nivel de aceite 油位测量杆

galga de profundidad 深度规，测深规

galga micrométrica 测微计

galga normal de los alambres （英国）标准线规

galga patrón 标准量规，标准计，标准轨矩

galgas de flejes resistentes 应变仪，应变片，电阻片

gálibo de carga 测载器，装载限界

gálico 五倍子的

galio 镓

galmei 异极矿；硅锌矿

galón 加仑（液量单位）

galones por mil pies cúbicos 加仑/千立方英尺

galones por minuto (GPM) 加仑/分，每分加仑数

galones por segundo (GPS) 加仑/秒，每秒加仑数

galotanato 丹宁酸盐

galotánico 丹宁酸的，鞣酸的

galotanino 丹宁酸，鞣酸

galpón 棚子，棚屋；砖瓦厂，砖坯厂；工棚

galpón de cargas 货棚，仓库

galpón de coches 车库

galpón del equipo perforador 井场值班房，钻井队值班房

galpón para limpieza de tambores 滚筒清洗棚

galvánico （电池）电流的，电镀的，镀锌的，伽伐尼

galvanismo 由原电池产生的电，（伽伐尼）电流，流电（学）

galvanización 通电流；电镀，镀锌；电疗

galvanización en caliente 热镀锌，热电镀

galvanizado 镀锌的，电镀的，电镀

galvanizador 电镀的；电镀工

galvanizar 给…镀锌；给…电镀；用（伏打）电流刺激

galvano 电铸复制

galvanocáustico 电烙术的；电烙术

galvanográfico 电流记录图；电流记录图的

galvanoluminescencia 电解发光

galvanomagnético 电磁的

galvanomagnetismo 电磁现象；电磁学

galvanometría 电流测定，电流测定法

galvanométrico 电流计的，检流计的，电流测

定的

galvanómetro　电流计，电流测定器，电表

galvanómetro a hilo　弦线电流计，弦线检流计

galvanómetro aperiódico　非周期电流计

galvanómetro astático　无定向电流计

galvanómetro balístico　冲击式电流计

galvanómetro de aguja　磁针电流计

galvanómetro de bobina móvil　动圈式电流计

galvanómetro de cuerda　弦线电流计

galvanómetro de reflexión　镜检流计，镜式电流
计，反射式电流计

galvanómetro de tangentes　正切电流计

galvanómetro de torsión　扭转电流计

galvanómetro diferencial　差绕电流计

galvanómetro senoidal　正弦电流计

galvanoplasta　电镀专家；电铸法专家

galvanoplastia　电镀；电铸法

galvanoplástica　电镀；电铸术

galvanoplástico　电镀的，电镀的；电铸法的

galvanoquímica　电化学

galvanoquímico　电化学的

galvanoscopio　验电器

galvanostato　恒流器

galvanostega　电铸专家；镀锌专家

galvanostegia　电铸；镀锌

galvanotaxis　趋电性

galvanotecnía　电铸术；镀锌术

galvanotipia　电铸制版术，制电版术

gama　色域；范围，规模，幅度；量程，波段，
波幅

gama darcy　达西范围

gama de frecuencias　频率范围，频率挡

gama de longitudes de onda　波段

gama de materiales　材料系列

gama de onda　波段

gama de temperaturas　温度范围，温度幅

gamilo　（微量化学的浓度单位）克密尔

gamma　伽马（磁场强度单位）；微克（重量单
位，百万分之一克）；γ 位；（照片、电视图
像的）反差系数，灰度系数

gammaexano　六六六（杀虫剂），六氯化苯

gammagrafía　自然伽马测井，γ 射线测井；γ
射线照相术

ganador　赢利的，赚钱的；得胜者；赢利者

ganancia　利润，赢余，收益，盈利

ganancia bruta　毛利

ganancia de decibel　分贝增益

ganancia de inserción　（电子学）插入增益

ganancia de potencia disponible　可用功率增益

ganancia en una dirección　单项收入

ganancia líquida　净利，纯利

ganancia neta　净利润，净收入，纯收益

ganar　赚（钱）；获胜，取胜；获得，赢得

gancho　钩子；吊钩；钩状物；衣架；衣夹

gancho con seguro de cierre positivo　闭销吊钩，
安全吊钩

gancho corredizo　滑移钩

gancho corredizo con extremo de ojo　眼型滑钩

gancho corredizo con extremo de quijada　羊角
滑钩

gancho corredizo para eslinga sintética　吊带滑
移钩

gancho de amarre con extremo de ojo　眼型抓钩

gancho de amarre con extremo de quijada　羊角
抓钩

gancho de amarre con ojo　眼型抓钩

gancho de amarre con quijada　羊角抓钩

gancho de aparejo　提引钩，滑车钩

gancho de aparejo para tubería de revestimiento
套管大钩，套管吊钩

gancho de botalones　鹅颈钩

gancho de carga　吊货钩

gancho de cola　尾钩

gancho de doble extremo　双头吊钩

gancho de espiga　直柄吊钩

gancho de espiga tramo estándar　标准长度直柄
吊钩

gancho de espiga tramo mayor　加长直柄吊钩

gancho de grúa　起重机吊钩

gancho de izaje　吊钩

gancho de latón　黄铜钩

gancho de maniobra para tubería de producción
油管大钩，油管吊钩

gancho de ojo　眼钩，眼型吊钩

gancho de ojo con seguro de cierre positivo　眼型
闭销吊钩

gancho de ojo para cadena con seguro integrado
带闭销链用眼型钩

gancho de ojo para eslinga　环眼吊钩

gancho de ojo para fundición　带眼铸造钩头

gancho de pared　壁钩

gancho de perforación rotatoria　旋转钻井大钩

gancho de pesca　打捞爪，打捞卡爪

gancho de quijada para cadena con seguro integrado
带闭销羊角链钩

gancho de reemplazo　可更换吊钩

gancho de retenida　拉线钩，牵索大钩

gancho de salvamento　打捞爪，打捞卡爪

gancho de seguridad　安全大钩，带保险销的大
钩，安全钩

gancho de tracción　提引钩，提升钩，起重吊钩

gancho disparado　快速脱钩装置

gancho external　外打捞钩

gancho forjado　锻造钩

gancho giratorio　旋转吊钩

gancho giratorio con cojinete a bolas　滚珠轴承

G

转钩，球轴承转钩

gancho giratorio con seguro de cierre positivo 旋转闭销吊钩

gancho giratorio de seguridad （气动绞车用的）可以旋转、钩口有安全自锁装置的钩，旋转式安全钩

gancho giratorio para cañería de bombeo 油管转钩，油管旋转大钩

gancho giratorio para entubación 安装管子用的旋转大钩，下套管旋转大钩

gancho internal 内打捞钩

gancho operado hidráulicamente 液力操作大钩

gancho para barril 油桶钩

gancho para cadena 链钩

gancho para eslinga de tela 吊索带吊钩

gancho para levantar 提引钩，提升钩，起重吊钩

gancho para maniobrar caños o tubos 吊管钩

gancho para pescar la cuchara 打捞提捞桶的大钩；捞砂筒的打捞卡爪

gancho para trépanos 钻头打捞钩

gancho para varillas de succión 抽油杆吊钩

gancho pescabarrenas 钻头打捞钩

gancho pescacuchara 捞砂筒的捞钩

gancho resorte 弹簧钩

gancho rotatorio 旋转钩，大钩

gancho tipo espiga 直柄吊钩

gancho tipo quijada para eslinga 羊角吊钩

gandola 运输用的平板卡车

gandingas （洗过的）碎矿石；精矿，精煤，精砂

ganga 脉石，废屑；尾矿，矿渣

ganga estéril 尾材，尾渣，石屑

ganister 致密硅岩，硅石；硅质涂料；硅火泥

ganofilita 辉叶矿

ganomalita 硅钙铅矿

ganzúa 撬锁铁钩，撬锁工具；钩扳手，钩形扳手

garabato 吊钩，钩子，钩形物

garaje 车库，车房；汽车修理厂

garajista 车库主；车库管理员

garante 保证人，担保人；担保的，保证的

garantía 保证，担保；保证金；抵押品，担保物，抵押物；保修单

garantía de calidad 质量保证

garantía de cumplimiento 履约担保

garantía de seriedad de la oferta 投标保函

garantizador técnico 技术保证人

garantizar 保证；肯定；保障，保修；为（某人）担保，做…的保人

garbillar 筛；筛选（矿石）

garfa 爪，脚爪；（接触导线的）线夹

garfio 铁钩，铁抓钩，两爪铁扣

garfio del freno del malacate 绞车刹带

garfio en S S形钩

garfio para izar madera 木材抓钩

garganta 喉咙，咽喉；山谷，峡谷，隘道；（河流等）狭窄部分；（滑轮等的）槽沟；绝缘子颈

garganta de poro 孔喉，隙间喉道，孔间通道

garganta poral 孔喉，隙间喉道，孔间通道

gárgol 凹槽，槽沟

garita de guardia 门房，保安房，保安岗亭

garita de vigilancia 门房，保安房，保安岗亭

garnierita 硅镁镍矿

garra 爪；爪形手；爪钩；爪形器具；伞形锚钩

garra de correa 皮带扣，皮带夹子

garra para caños 捞管爪

garra para tubería 捞管爪

garra roscada 螺纹爪

garrucha 滑车，滑轮

garrucha combinada 复合式滑轮，滑轮组

garrucha de engranaje 齿轮滑车

garrucha de la cuchara 捞砂筒滑轮

garrucha fija 定滑轮

garrucha movible 动滑轮

garrucha simple 单体滑车

gas 气，气体；煤气；可燃气；汽油

gas a ventas 用于销售的天然气

gas absorbente 吸收气

gas absorbido 吸留气

gas acetileno 乙炔气

gas ácido 酸气，酸性气体

gas agrio 酸气，酸性气体

gas amargo 含硫气体

gas amoníaco 氨气

gas arrojado 排出气，火炬气

gas asfixiante 窒息性毒气

gas asociado 伴生气，伴生天然气

gas azul 水煤气，氰毒气

gas azul de agua 蓝水煤气，水蓝煤气

gas blanco 一氧化碳

gas butano 液化石油气，丁烷气

gas carbónico 碳酸气，二氧化碳

gas carburado 加烃煤气

gas comburente 燃气

gas combustible 可燃气体，气体燃料，气态燃料，燃料气

gas comprimido 压缩气体

gas comprimido en botellas o en cilindros 瓶装气，瓶装气体

gas corrosivo 腐蚀性气体

gas costa afuera 近海天然气

gas crudo 未净化气体，未经处理的天然气

gas de absorción 吸附气，吸收气

gas de aceite　石油气

gas de agua　水煤气

gas de agua carburado　加烃水煤气，增碳水煤气

gas de aire　风煤气（含空气的煤气、电灯、取暖等用）

gas de alambique　蒸馏气，釜馏气

gas de alimentación　进气

gas de alto horno　高炉煤气

gas de alumbrado　照明气

gas de barrido　吹扫气

gas de boca de pozo　井口气

gas de carbón　煤气，煤成气

gas de carga　原料气；进气

gas de carga de alimentación　原料气，进气，进料气

gas de chimenea　烟道气

gas de circulación　循环气

gas de ciudad　城市煤气

gas de cola　尾气，废气

gas de combustión　燃烧气，烟道气

gas de condensación　凝析气

gas de condensación retrógrada　反凝析气

gas de desecho　废气

gas de desperdicio　废气

gas de destilación　蒸馏气

gas de destilería　蒸馏气

gas de efecto invernadero　导致温室效应的气体；温室气体

gas de entrada　进气

gas de entubación　套管气，套管头气

gas de escape　废气，排出气，烟道气

gas de escape de los motores　发动机排出的废气

gas de evaporación　蒸发气

gas de explosión　爆炸气体，爆炸后产生的气体

gas de expulsión　排出气

gas de formación　地层天然气，地层随原油产出的天然气

gas de gasógeno　发生炉煤气，发生炉气体

gas de generador　发生炉煤气

gas de guerra　毒气

gas de hornos de coque　焦炉气

gas de hulla　煤气

gas de inyección　注入气，注入气体

gas de las aguas residuales　沼气

gas de los pantanos　沼气，甲烷

gas de madera　木（煤）气

gas de nafta　石脑油气

gas de pantanos　沼气

gas de petróleo　石油气

gas de petróleo liquificado (GPL)　液化气，液化石油气，英语缩略为 LPG (Liquified Petroleum Gas)

gas de pozo　井口气，油井气

gas de pozo de petróleo　井口气，油井气

gas de purga　吹扫气体

gas de recolección　收集的气体

gas de reducción　还原气

gas de reemplazo　补充气，补给气

gas de salida　出气，排气

gas de síntesis　合成煤气，合成气

gas de solución　溶解气

gas de trabajo　工作气，工作气体

gas de ventilación　通风气体

gas de vertedero　填埋气体，垃圾填埋气

gas del respiradero　排出气；通风口气体

gas desazufrado　脱硫气

gas desespumante　气体去沫剂，消泡剂，去泡剂

gas despojado de condensables　脱油干气

gas diluyente　稀释气体

gas disuelto　溶解气，溶解气体

gas doméstico　民用气

gas dulce　无硫气，甜气，脱硫气

gas embotellado　瓶装液化气

gas en bombona　瓶装气体，钢瓶气；罐装瓦斯，罐装液化气

gas en botella　瓶装气，罐装气

gas en condiciones normales de presión y temperatura　常温常压气体

gas en solución　溶解气

gas en traza　微量气体，痕量气体

gas endulzado　脱硫气

gas envasado　瓶装气体

gas estacional　季节性（使用的）气体，季节煤气，季节性煤气

gas etileno　乙烯气

gas evaporado　蒸发气，汽化气

gas exotérmico　发热气体

gas expelido　排放气

gas extráneo　外来气

gas extraño　外来气

gas final　尾气，废气

gas freático　准火山气体

gas grisú　甲烷，沼气；矿井瓦斯，矿坑气

gas hidráulico　水煤气

gas hidrocarburo　烃气，气态烃

gas hilarante　笑气，一氧化二氮

gas húmedo　湿气

gas ideal　理想气体

gas iluminante　照明气

gas imperfecto　非理想气体

gas inactivo　不活泼气体，惰性气体

gas inerte　惰性气体

gas innato al estrato　地层天然气，地层随原油产出的天然气

gas inofensivo 无害气体

gas intergaláctico 星系际气体

gas inyectado 注入气体

gas ionizado 电离气体

gas libre 游离气，游离气体，自由气体

gas licuado 液化气

gas licuado de petróleo (GLP) 液化石油气

gas licuado de refinería (GLR) 液化炼厂气，液化炼制气，英语缩略为 LRG (Liquefied Refinery Gas)

gas lift 气举

gas lift en etapas 多级气举

gas lift intermitente 间歇气举

gas liquidable del petróleo 液化石油气

gas líquido 液化气，液化气体

gas magro 贫气

gas maloliente 臭气；恶臭的气体；难闻的气体

gas mortífero 致命的气体

gas miscible 混相气

gas monoatómico 单原子气体

gas mostaza 芥子气

gas motriz 原动气

gas natural 天然气

gas natural ácido 酸性天然气

gas natural comprimido (GNC) 压缩天然气，英语缩略为 CNG (Compressed Natural Gas)

gas natural con azufre 含硫天然气，酸性天然气

gas natural crudo 未精制的天然气，原天然气

gas natural dulce 脱硫天然气，低硫天然气

gas natural húmedo 湿气，湿性天然气

gas natural licuado (GNL) 液化天然气，英语缩略为 LNG (Liquid Natural Gas)

gas natural no asociado 非伴生气

gas natural no corrosivo 低硫天然气，无腐蚀性天然气

gas natural rico 富气

gas natural seco 干气，干天然气

gas natural sintético 合成天然气

gas natural vehicular (GNV) 车用天然气，英语缩略为 NGV (Natural Gas for Vehicles)

gas no asociado 非伴生气

gas no hidrocarbúrico 非烃类气体

gas noble 惰性气体，稀有气体

gas nocivo 有毒气体

gas ocluido 吸留气，吸留气体

gas oil 瓦斯油，粗柴油，油品

gas oil liviano 轻瓦斯油

gas olefiante 成油气

gas olefínico 生油气，成油气

gas ópticamente activo 旋光性气体

gas oxigenado 富氧气体

gas para el consumo urbano 城市煤气，城市家用煤气，照明气

gas para la venta 可销售的气，商品气

gas parafínico 石油尾气

gas percolado 渗透气，渗滤气

gas perdido 废气

gas perfecto 理想气体

gas Pintsch 高温裂解气体

gas pobre 干气，贫气

gas portador 载气

gas precursor 前驱气体，前冲气体

gas primario 原生气

gas producido por una veta carbonífera 煤层气，英语缩略为 CBM (Coal-Bed Methane)

gas propulsor 气体推进剂

gas radioactivo 放射性气体

gas raro 稀有气体，惰性气体

gas reactante 活性气体，反应性气体

gas rectificado 脱油干气，已脱除汽油的干气

gas reinyectado 回注气，回注气体

gas residual 残余气，残余气体

gas residual disuelto 残余溶解气

gas reticular 晶格气，格子气

gas rico 富气

gas rico en azufre 高含硫气体

gas seco 干气，贫气

gas secundario 次生气

gas sellante 密封气体

gas sintético 合成气

gas sintetizado 合成煤气，合成气

gas succionado al sacar tubería 起钻抽吸产生的气体

gas sulfuroso 含硫气体

gas tóxico 有毒气体，毒气

gas transportable 管输天然气；可运输的天然气

gas usado 废气，使用过的气

gas utilizado 使用过的气，用过的气

gas venteado 放空气体，火炬气

gasa 纱，纱布，(线，纱，金属丝) 网；白热纱罩；抑制栅极

gasa de alambre 铁丝网，金属丝网

gaseiforme 气态的，气状的

gaseoducto 煤气管道；天然气管道；输气管线

gaseoso 气态的，气状的；含气的

gases ligeros acumulados en la cima de la columna 塔顶气体，(聚积在塔顶部的) 轻质气体

gasfíter 煤气装修工；管道装修工；水管工人

gasfitero 管道安装工

gasífero 含气的

gasificación 气化；气化过程；气化作用；(在液化中) 充二氧化碳

gasificación de aceite 油气化

gasificación de petróleo 石油气化，油品气化

gasificación del carbón 煤的气化，煤气化

gasificación subterránea 地下气化

gasificador 燃气发生器，气化器，煤气发生炉

gasificar 使气化，使转化成气体；为（液体）充二氧化碳

gasificar el carbón 使煤炭气化

gasista 气的；煤气的；煤气装修工

gasístico 气的，气体的；煤气的

gasocentro 加气站

gasoducto 煤气管道；天然气管道；输气管道

gasoducto para gas natural 天然气输气管道

gasoducto troncal 输气管道干线

gasógeno 气体发生器；（车辆等的）煤气发生器；洗涤汽油，照明汽油（汽油和酒精混合物）

gasógeno de acetileno 乙炔发生器

gasohol 乙醇的汽油溶液

gasoil 瓦斯油，粗柴油

gasoil liviano 轻瓦斯油

gasoil pesado 重柴油

gasoleno 汽油

gasóleo 瓦斯油，粗柴油，汽油

gasóleo de vacío 真空瓦斯油，减压瓦斯油

gasóleo liviano 轻瓦斯油

gasóleo pesado 重柴油

gasolina 汽油

gasolina aditivada de 92 octanos 带添加剂的92号汽油

gasolina alta 高级汽油，优质汽油

gasolina bruta 粗汽油

gasolina con aditivos 带添加剂的汽油

gasolina cruda 粗汽油

gasolina de absorción 吸收汽油

gasolina de alta calidad 高级汽油

gasolina de alto octanaje 高辛烷值汽油

gasolina de aviación 航空汽油

gasolina de cracking 裂化汽油

gasolina de craqueo 裂化汽油，裂解汽油

gasolina de craqueo térmico 热裂化汽油，热裂解汽油

gasolina de destilación 直馏汽油

gasolina de piroescisión 裂化汽油

gasolina de plomo (con antidetonante) （含有抗爆剂的）含铅汽油

gasolina de polimerización 聚合汽油

gasolina de polimerización catalítica 催化聚合汽油

gasolina de reformación 重整汽油

gasolina debutanizada 脱丁烷汽油

gasolina depurada 精制汽油

gasolina emulsionada y gelificada 乳化凝固汽油，凝固汽油

gasolina enriquecida con oxígeno 富氧汽油

gasolina equilibrada 平衡汽油

gasolina estabilizada 稳定汽油

gasolina incolora 无色汽油

gasolina liviana 轻质汽油

gasolina mezclada 混合汽油，调合汽油

gasolina natural 天然汽油

gasolina no estabilizada 不稳定汽油

gasolina normal 标准汽油

gasolina obtenida por proceso Gyro 杰罗汽油；杰罗法制得的汽油

gasolina para automóvil 车用汽油

gasolina para mezcla 调和汽油

gasolina pesada 重质汽油

gasolina pirolítica 热解汽油

gasolina polímera 叠合汽油，聚合汽油

gasolina popular 普通汽油

gasolina premium 高级汽油

gasolina pura 高纯度汽油

gasolina refinada 精炼汽油

gasolina reformada 重整汽油

gasolina sin plomo 无铅汽油，不加铅汽油

gasolina sintética 人造汽油，合成汽油

gasolina súper 优质汽油

gasolina tratada 处理过的汽油

gasolina tratada con solución doctor 用博士液处理过的汽油（用铅酸钠溶液去掉硫醇的汽油），博士法精制的汽油

gasolinera 汽艇；加油站

gasometría 气体定量分析，气体定量分析法

gasométrico 气体定量分析法的

gasómetro 气量计；煤气表；煤气储气罐，储气瓶

gasón 碎石膏块；土坷垃

gasoscopio 气体检验器

gastable 可以消耗的，可以损耗的

gastamiento 磨损，消耗；用尽

gastar 磨损；损坏；花费；消耗；用尽

gasto 消耗；花费，支出，开销；（水、气、电等的）流量

gasto crítico 临界流量

gasto de acarreo por camiones 货车运输费，货车运费

gasto de aceite 耗油率，耗油量

gasto de agua 耗水量，水量消耗

gasto de calor 耗热量，热量消耗

gasto de porte por camiones 货车运输费，货车运费

gasto de régimen permanente 平稳流

gasto de un curso de agua 水的流量

gasto extra-presupuesto 预算外开支

gasto no medido 未计量的费用

gasto suplementario 附加费用

gasto unitario 单位流量

gastos de administración　管理费
gastos de amortización　摊销费，折旧费
gastos de compostura　修理费
gastos de correo　邮资，邮费
gastos de demora　滞期费，滞纳金
gastos de entrenamiento　训练费，培训费
gastos de establecimiento　固定费用
gastos de explotación　开采费用
gastos de instalación　基本建设费用，安装费
gastos de mantenimiento　维修费，维护费
gastos de operación　作业费，操作费
gastos de restauración　复原费用，修复费用
gastos de transporte　运输费，交通费
gastos de viaje　差旅费，旅行费
gastos estructurales　经常开支，管理开支
gastos extras　超支，额外的费用
gastos falsos　杂费，从属费用
gastos fijos　固定开支，经常开支
gastos generales　管理费用，总务费用
gastos generales u ordinarios　一般管理费用；经常性费用
gastos imprevistos　应急费，意外开支
gastos judiciales　诉讼费
gastos menudos　杂费
gastos operativos　作业费用，操作费
gastrolito　胃石
gastrópodo　腹足纲；腹足纲软体动物的
gástrula　原肠胚
gatera　导缆孔；（斜屋面上的）透气孔
gatillo　触发器，触发电路，启动器，启动装置，启动信号
gatillo doble　双脉冲触发信号
gato　起重机，千斤顶；铁钩子；夹具
gato circular　圆轨千斤
gato de bombeo　抽油机，简易抽油架
gato de caimán　卧式千斤顶
gato de cremallera　棘齿型千斤顶，齿条式千斤顶
gato de cremallera y palanca　齿条杠杆式千斤顶
gato de husillo　螺旋千斤顶
gato de inclinación　斜举升千斤顶
gato de locomotora　机车吊机，机车起重机
gato de palanca　杠杆千斤顶；杠杆式千斤顶，杠杆起重机
gato de pistón　活塞千斤顶
gato de tornillo　螺旋千斤顶，螺旋起重机
gato de trinquete　棘爪型起重器，棘爪型千斤顶
gato hidráulico　液压千斤顶，液力起重器
gato manual　手动千斤顶
gato mecánico　机械千斤顶
gato neumático　气压千斤顶，气力起重器
gato para tubería　对管夹具，立根撬杠
gato para tubería de revestimiento　套管千斤顶

gato rodante　移动式千斤顶
gato sencillo　普通手动千斤顶
gausio, gaussio　高斯（磁感应强度单位，磁通量密度单位）
gausiano, gaussiano　高斯的
gausiómetro, gaussiómetro　高斯计，（以高斯，千高斯表示的）磁强计
gaza　绳索套；绳耳，绳扣
GCR（gerencia de control de riesgo）　风险控制管理，英语缩略为 RCM（Risk Control Management）
Gd　元素钆（gadolinio）的符号
Ge　元素锗（germanio）的符号
GEACCM（grupo de expertos en aspectos científicos sobre contaminación marítima）　海洋污染科学专家联合小组，GESAMP（Group of Experts on the Scientific Aspects of Marine Pollution）
geanticlinal　地背斜
GEI（gases de efecto de invernadero）　温室气体，温室效应气体
gehlenita　钙铝黄长石
géiser　间歇喷泉，间歇泉
geiserita　硅华
gel　胶，凝胶体，凝胶，冻胶，胶滞体
gel activado　活性胶，活化胶
gel de ceniza　火山灰凝胶
gel de crudo　稠化原油，胶化油
gel de sílice　硅胶，二氧化硅凝胶
gel densificado　稠化胶体
gel elástico　弹性冻胶
gelamonita　胶状炸药
gelatina　明胶；白明胶；动物胶；凝胶
gelatina explosiva　甘油凝胶；胶质炸药
gelatinado　明胶的，胶的，胶状的
gelatiniforme　胶状的
gelatinización　胶凝；胶凝作用；凝胶化
gelatinizado　胶化的
gelatinizante　凝胶剂
gelatinizar　使成胶状；使成明胶；使胶化；在…上涂明胶
gelatinoso　胶状的，凝胶的；含明胶的
gelificación　冻结，凝结，胶结；胶凝作用，胶化作用
gelificar　使成胶状，使成凝胶体
gelignita　葛里炸药，炸胶，硝酸爆胶，硝铵炸药
gelinita　炸胶
gelisol　冻地，冻土，永冻土
gema reina　钻石
gemelo　孪生的，双生的；双的，成对的；双料的；双筒望远镜（复数）
gemíneo　交流耦合的
gen　基因
gen dominante　显性基因

gen recesivo　隐性基因

gene　基因

genecología　遗传生物学

generación de energía eólica　风能发电

generación de fondos　筹集资金

generación eólica　风力发电

generación espontánea　自然发生，生物自生

generación hidroeléctrica　水力发电

generación termoeléctrica　热电发电，热力发电

generador　使产生的，生成的；发电机，发生器，发送器

generador a turbina　涡轮发电机

generador acetileno　乙炔发生器

generador acústico　发声器，声换能器

generador armónico　谐波发生器

generador de acetileno　乙炔发生器

generador de agua dulce　软水器，水软化装置

generador de arco　弧光发生器

generador de barrido　扫描发生器，扫描振荡器

generador de base de tiempos　时基发生器

generador de dos corrientes　双流发电机，交直流发电机

generador de corriente alterna　交流发电机

generador de corriente continua　直流发电机

generador de dientes de sierra　锯齿波发生器

generador de energía eléctrica　发电机

generador de forma de onda　波形发生器

generador de gas　煤气发生器，气体发生器，煤气发生炉

generador de impulsos　脉冲发生器

generador de inducción　感应发电机

generador de llamada　铃流发电机，铃流振荡器

generador de ondas　脉冲发生器

generador de ondas de audiofrecuencia　音频振荡器

generador de plasma　等离子体发生器

generador de señal　信号发生器，信号机，测试振荡器

generador de sincronización　同步发电机

generador de sobrecorrientes　冲击发生器，浪涌发生器

generador de trama　条形信号发生器，栅形场振荡器

generador de ultrasonidos　超声波发生器

generador de ultravioleta　紫外线发生器

generador de vapor　蒸汽发生器，蒸汽锅炉

generador de vapor a fondo de pozo　井下蒸汽发生器

generador de vapor de paso continuo　直流蒸汽发生器

generador de vapor de un sólo paso　直流蒸汽发生器

generador diesel　柴油发电机

generador eléctrico　发电机

generador eléctrico suplente　备用发电机

generador electrostático　静电发电器，静电振荡器，静电发动机

generador marcador　标志（信号）发生器

generador monofásico　单相发电机

generador piromagnético　热磁发电机

generador polifásico　多相发电机

generador polimórfico　双流发电机，交直流发电机

generador volante　飞轮式发电机

generadores gemelos　双发电机，双发生器

general　普通的，一般的，普遍的；通常的，常规的；全面的，总的；（职位、机构等）首席的，级别最高的；大体的，笼统的

generalizar　普及，推广；概括出，归纳出；使一般化，使广义化

generar　产生，发生（电、热、光、摩擦力等）；引起，导致，造成

generatriz　母点，母线；母面；生成元；发电机

generatriz asincrónica　感应电动机

generatriz de polos salientes　凸极发电机

generatriz de rueda hidráulica　水轮发电机

generatriz heteropolar　异极发电机

generatriz homopolar　单极发电机

generatriz monofásica　单相发电机

género　类，属；种类；式，方式，样式；商品；纺织品

génesis　（事物的）形成，发生；起因；起源；创始

genética　遗传学

genética vegetal　植物遗传学，植物遗传育种学

genoma　基因组，染色体组

genómero　基因粒

genotipo　遗传型，基因型

geo-　含"地球，土地，地质"之意（用于前缀）

geoacústica　地声学

geoanticlinal　地背斜，大地背斜

geobío　在地球上生存的动植物

geobiología　地生物学（一门研究动植物地理分布的学科）

geobiótico　生活在陆地的

geobotánica　地植物学（一门研究植物地球分布的学科）

geobotanista　地植物学家

geocéntrico　地心的，以地球为中心的，由地心出发观测的

geocentrismo　地球中心说

geocerita　硬蜡

geocidio　地球的毁灭

geociencia　地球科学，地学，地质科学

geocline　地斜，地形差型

geocorona　地冕（主要由氢组成的大气层的最外层）

geocronología　地质年代学

geoda　晶洞，晶球，晶洞状物；空心石核

geodesia　大地测量学，普通测量学，测地学；最短线，短程

geodésico　大地测量的

geodesta　大地测量学者，测量员，勘测员；测量器

geodético　大地测量的；具地球曲率状曲线的；短程的，最短线的

geodímetro　光速测距仪，光电测距仪

geodinámica　地球动力学

geodinámico　地球动力学的

geoeconomía　地缘经济学，地球经济学

geoelectricidad　大地电，地电

geoeléctrico　地电的

geoesfera　地圈，地球圈

geoestacionario　与地球旋转同步的，对地静止的

geoestratégico　地理位置具有战略意义的

geofísica　地球物理学

geofísica aérea　航空地球物理学

geofísica de campo　油田地球物理学，矿场地球物理学

geofísico　地球物理学家；地球物理工作者；地球物理学的

geófono　小型地震仪，地震检波器；地音探测器，地声测听器

geofotogrametría　地面摄影测量术

geogenia　地球成因学

geogénico　地球成因学的

geognosia　地球构造学，构造地质学

geognosta　地球构造学家，构造地质学家

geognóstico　地球构造学的，构造地质学的

geografía　地理，地理学；地区，区域；地形，地势，地貌

geografía botánica　植物地理学

geografía económica　经济地理

geografía física　自然地理

geografía histórica　历史地理学

geografía humana　人文地理学

geografía política　政治地理学

geografía zoológica　动物地理学

geográfico　地理的，地理学的；地区性的

geógrafo　地理学家，地理学工作者

geohidrología　地下水水文学，水文地质学

geoide　地球体，地球形；大地水准面

geoisotermas　等地温线，地内等温线

geología　地质学

geología agrícola　农业地质学

geología aplicada　应用地质，应用地质学

geología areal　地区地质，区域地质，区域地质学

geología de campo　野外地质学，野外地质

geología de desarrollo　开发地质学，采油地质学

geología de petróleo　石油地质学

geología de superficie　地表地质学；地表地质

geología del subsuelo　地下地质学；地下地质，深部地质

geología económica　经济地质学

geología estructural　构造地质学；构造地质

geología estructural comparada　对比构造地质学

geología física　普通地质学，物理地质学

geología geotectónica　大地构造地质学

geología histórica　地史学

geología petrográfica　岩相地质学，岩类地质学；岩相地质

geología regional　区域地质学，区域地质

geología tectónica　构造地质学；构造地质

geología y exploración de petróleo　石油地质勘探学；石油地质勘探

geológico　地质的，地质学的

geologizar　研究地质，作地质调查

geólogo　地质学家，地质学工作者

geólogo de petróleo　石油地质工作者，石油地质学家

geólogo estructural　构造地质学家

geomagnética　地磁学

geomagnético　地磁，地磁场的

geomagnetismo　地磁，地磁学

geomática　地理信息学

geomecánica　地质(球)力学

geomembrana　地质处理用膜

geómetra　几何学家，几何学者

geometral　几何学的，几何图形的；按几何级数增长的

geometría　几何学；几何形状

geometría algebraica　代数几何学

geometría analítica　解析几何学

geometría de prospección de resistividad　电阻率测量几何学，电法测量几何学，电阻率勘探几何学

geometría del espacio　立体几何

geometría del hoyo　井身结构

geometría descriptiva　画法几何，投影几何

geometría elíptica　椭圆几何学

geometría esférica　球面几何学

geometría plana　平面几何学

geometría porosa　孔隙几何形状

geometría proyectiva　投影几何

geometría pura　纯粹几何学

geométrico　几何的，几何图形的，几何学的；精确的，准确的

geometrodinámica　几何动力学

geomorfía　地貌学，地形学

geomorfogénesis　地形发生学

geomorfología　地貌学，地球形态学，地形学

geomorfología matemática　数学地貌学

geomorfológico　地貌学的，地形学的

geomorfólogo　地貌学家

geonavegación　地标航行

geonet　土工网；地理网

geonomía　植物地理学

geonómico　植物地理学的

geopolítica　地缘政治学，地理政治学；根据地缘政治学制定的政策；（国家特定资源等的）地理和政治因素

geopolítico　地缘政治的，地理政治的；地缘政治学的

geopotencial　地重力势，重力势，位势

geoquímica　地球化学

geoquímica de isótopo　同位素地球化学勘探

geoquímico　地球化学的

geored　土工网；地理网

georejilla　大地网格；土工格栅

geosere　地史（地质期）演替系列

geosfera　陆界；地圈

geosinclinal　地槽，地向斜；地槽的，地向斜的

geosinclinal Appalachian　阿巴拉契亚地槽

geosinclinal circuncontinental　环陆地槽

geosinclinal continental　大陆地槽，陆缘地槽

geosinclinal Cordillera　科迪勒拉地槽

geosinclinal intracratónico　克拉通内地槽

geostático　耐地压的，土压的

geostrófico　地转的，因地球自转而引起的

geotaxis　向地性，趋地性

geotécnia　土工技术，土工学，土力学

geotécnica　地质技术学

geotécnico　土工技术的，土工技术学的

geotecnología　地下资源开发工程学，地质工艺学

geotectoclinal　大地构造槽

geotectología　大地构造学

geotectónica　大地构造学

geotectónico　地壳构造的，大地构造的

geotermal　地热的，地温的，地热（或地温）产生的

geotermia　地热学

geotérmico　地温的，地热的

geotermómetro　地温计（一种测量钻孔或深海沉积层中温度的温度计）

geotextura　地表结构，地体结构

geotropismo　向地性，趋地性

gerencia　经营，管理；经理职务，经理办公室

gerencia ambiental　环境管理

gerencia de administración de SSA　HSE 管理，健康、安全与环境管理

gerencia de calidad del SSA　HSE 质量管理，健康、安全与环境质量管理

gerencia de control de riesgo（GCR）　风险控制管理，英语缩略为 RCM（Risk Control Management）

gerencia de recursos　资源管理

gerencia de yacimiento　油藏管理

gerencia integrada de yacimiento　油藏综合管理

gerente corporativo de protección ambiental　公司环保经理

gerente de plataforma　平台经理

gerente del campo　基地经理，油田经理

gerente del proyecto　项目经理

gerente general　总经理

gerente suplente　代经理

germanato　锗酸盐

germanio　锗

germanita　锗石；亚锗酸盐，二价锗酸盐

germaniuro　锗化物

germarita　紫苏辉石

germen　芽，胚芽；胚原基；细菌，病菌；起源，根源，起因

germicida　杀菌的；杀菌剂

gersdorfita　辉砷镍矿

gestión　经营，管理；张罗，办理

gestión "de punta a punta"　点到点管理，点对点管理

gestión ambiental　环境管理

gestión de datos　数据管理

gestión de los residuos sólidos　固体废弃物管理

gestión de residuos　废弃物管理，废物管理

gestión de seguridad　安全管理

gestión forestal　森林管理，林业管理

gestión industrial　工业管理

gestor　经办的，办理的，管理的；经办人，管理人，代办人；（企业、公司）经理，经营者

gestor de negocios　产业代管人；生意经营者

géyser　间歇泉

giba　驼背，驼峰，隆起；曲线顶点；峰值

gibbsita　水铝矿，三水铝石

giga　十亿，千兆

giga-　表示"吉咖"，"千兆"，"十亿"

gigabit　千兆比特（磁盘容量单位）

gigaciclo　千兆周

gigahertzio　千兆赫（千兆周／秒）

gigametro　千兆米，十亿米，百万公里

gigantón　十亿吨（TNT）级

gigavatio　千兆瓦

gilbert　吉伯（电磁单位制中的磁通势单位）

gilbertio　喷泉，间歇泉

gilsonita　硬沥青

giobertita　菱镁矿

gipsita　土石膏

girador　（汇票的）开票人；翻转机；旋转器

girador de junta kelly　方钻杆旋扣器，方钻杆旋

转器

girante 转动的，旋转的，回转的

girar 使转动；汇款，开出（汇票）；回转，环动

girar a la derecha 转向右侧，向右转

girar en vacío 空转

girar sin avanzar 自旋，原地旋转

girasol 向日葵；青蛋白石

giratoria 回旋器，旋转器

giratorio 转动的，旋转的，环动的

giro 转动，转圈，转向；汇款，汇票，营业额

giro a la derecha 右转弯

giro a la izquierda 左转弯

giro a la vista 即期汇票

giro postal 邮政汇票

giro telégrafo 电汇

girocompás 电罗经，螺旋形罗盘，陀螺仪，回转罗盘

girodino 旋翼式螺旋桨飞机

giroédrica 偏面的

giroestabilizador 陀螺稳定器，回转稳定器

girofaro 闪光信号灯；警灯

girofrecuencia （电子等的）回旋频率，旋转频率

girohorizonte 陀螺地平仪

giromagnético 回转磁的，旋磁的

girómetro 陀螺测速仪，陀螺测试仪

giropéndulo 陀螺摆

giroplano 旋翼机，旋升飞机

giroscópico 回转的，回旋的；陀螺的

giroscopio 陀螺仪，回转器，旋转机

giroscopio aleatorio 无定向陀螺仪

giróscopo 陀螺仪，环动仪，回转仪，回转器，回旋器，旋转机

girostática 陀螺静力学，回转仪静力学

giróstato 回转仪，回转轮，陀螺仪

girotrón 振动陀螺仪，陀螺振子，回旋管

gismondita 水钙沸石

glaciación 冰蚀，冰川作用，冰川现象

glaciación continental 大陆冰川作用

glaciación pleistocénica 更新世冰川作用

glacial 冰的；冰状的；使结冰的；寒冷的，冰冷的

glaciar 冰河，冰川；冰川的

glaciar colgante 悬冰川

glaciar de barro 泥冰川，泥川

glaciares modernos 现代冰川

glaciarismo 冰川现象；冰河学，冰川学；冰川期

glacifluvial 冰水的，河流冰川的

glacioeólico （沉积物）由冰川和风力作用形成的

glaciología 冰川学，冰河学，冰川期

glaciológico 冰川学的，冰河学的

glaciólogo 冰川学家

glaciómetro 测冰仪

glacis 斜坡，缓坡；缓冲地带

glándula 腺

glaserita 钾芒硝

glauberita 钙芒硝

glaucodoto 钴硫砷铁矿

glaucofana 蓝闪石

glaucolita 海蓝柱石

glaucolítico 海蓝柱石的

glauconífero 生砂，湿砂，新砂，海绿石砂

glauconita 海绿石

glauconítico 海绿石的

gleba 地垒，脊状断块

gleba elevada 脊状断块，地垒

gleba tectónica 断块，断裂地块

gley 潜育土，潜育层，灰黏土，灰黏土层

glicerato 甘油酸盐

glicérico 甘油的

glicéridos 甘油酯

glicerilo 甘油基

glicerina 甘油，丙三醇

glicerinas poliéteres 聚醚甘油

glicerocola 甘油胶

glicerofosfato 甘油磷酸盐

glicerol 甘油，丙三醇

glicerotanino 甘油丹宁酸

glicidol 缩水甘油，甘油醇，甘油酒精

glicina 甘氨酸，氨基醋酸

glicobiarsol 甘苯肿铋

glicociamina 胍基醋酸

glicocola 甘氨酸，氨基乙酸

glicol 乙二醇，甘醇

glicol dietileno 二甘醇，二乙二醇，二乙二醇醚

glioxal 乙二醛

glioxalasa 乙二醛酶

glioxalina 咪唑

global 总的，总计的，全部的；综合的；全球的，全世界的

globalización 全球化；总体性；概括性，总括法，综合法

globo 球，球状物；地球；地球仪；球形玻璃灯罩；气球；航空气球

globo aerostático 载人气球，航空气球，浮空球

globo cautivo 系留空球

globo celeste 天球仪

globo cometa 风筝气球，系留气球

globo de fuego 火流星，流火，陨石，火球

globo de lámpara 圆灯罩

globo de sondeo 探测气球

globo dirigible 飞艇，可操纵气球

globo hidrógeno 氢气球

globo libre 自由气球

globo meteorológico 气象气球
globo piloto 测风气球
globo sonda 探测气球；探空气球
globo terráqueo 地球，地球仪
globo terrestre 地球，地球仪
globo sonda para diagrafía 绘图探测气球
globosidad 球状，球形
globoso 球形的
globular 球状的，小球的；由滴点集成的
globulita 球雏晶
glóbulo 血球，血细胞；小球，小球体；小丸剂
glóbulo blanco 白细胞
glóbulo rojo 红细胞
glóbulos asfálticos 沥青球，柏油球
glóbulos de metal en las escorias 矿渣中的金属颗粒；熔渣中的金属小球
gloria imperecedera 不朽的荣誉
glorieta 环形交叉，环形交通枢纽；街心广场
GLP (gas licuado de petróleo) 液化石油气，英语缩略为 LPG (Liquefied Petroleum Gas)
GLR (gas licuado de refinería) 液化炼厂气，英语缩略为 LRG (Liquified Refinery Gas)
glucina 氧化铍（耐火材料）
glucinio 铍
glucógeno 粮原，肝糖
gluconato 葡萄糖酸盐，葡糖酸盐
glusida 糖精
glutamato 谷氨酸盐
glutamato monosódico 谷氨酸钠
glutamato sódico 谷氨酸钠
glutinosidad 黏性，黏度，黏质
glutinoso 黏的，黏性的，有黏性的
gmelinita 钠菱沸石
GNC (gas natural comprimido) 压缩天然气，英语缩略为，CNG (Compressed Natural Gas)
gneis 片麻岩
gnéisico 片麻状的，片麻岩的
gneisoide 片麻岩状的
GNL (gas natural líquido) 液化大然气，英语缩略为 LNG (Liquefied Natural Gas)
GNV (gas natural para vehículos) 车用天然气，英语缩略为 GNV (Gas Natural Vehicular)
GNV (gas natural vehicular) 车用天然气，英语缩略为 NGV (Natural Gas for Vehicles)
goa 生铁块，铸铁块
gobernador 统治者，管理者；地方长官；（某机构或部门中的）政府代表；控制器，调节器
gobernador de velocidad 调速器，速度调节器
gobernar 管理，治理；控制，操纵；领导，指挥；修整，修理；执政，当权
goetita 针铁矿
golfo 海湾，鸿沟，深渊

gollete 颈项，瓶颈
golpe 击，打，碰，撞；（敲打、碰、撞所造成的）损伤（或后果）；（意外的）不幸，打击，灾难；冲程
golpe de agua 水锤，水击
golpe de aspiración 吸入冲程
golpe de expulsión 排气冲程
golpe de fluido 流体冲力
golpe de pistón 活塞冲程
golpe de retardo 后冲，反冲
golpe de retroceso 回甩冲力，回退冲力
golpe de viento 阵风
golpe eléctrico 电击
golpeador 大铁锤，撞锤；撞针，冲击仪
golpear（连续）击，打，拍，敲，碰，撞；使受打击，使受冲击
golpedazo junto con taladro 随钻震击
golpeteado 击打的
golpetear 连续敲击，连续碰撞
golpeteo 连续敲击，连续碰撞；（发动机）气缸发出的达达声
golpeteo del pistón 活塞敲缸
golpeteo producido en un motor de gasolina 汽缸（积炭）引起的爆震
goma 树脂，树胶；（橡胶）轮胎；橡皮筋
goma antiresbalante 防滑胶垫
goma arábica 阿拉伯树胶
goma copal 硬树脂，芳香树脂
goma de achique 抽汲胶皮
goma de balón 低压大轮胎
goma de cuerdas 绳织轮胎
goma de guanidina 胍胶
goma de tela 帘布轮胎
goma elástica 天然橡胶
goma espumosa 多孔橡胶，泡沫橡胶，海绵橡胶
goma kauni 贝壳松脂，栲树脂
goma laca 虫胶，紫胶
goma limpiadora 刮油器胶皮
goma para limpiatubos 清管器胶皮碗
goma para pistón （钻井泵用）活塞皮碗
goma sintética 合成橡胶，人造橡胶
goma xántica 黄原胶
gomaespuma 泡沫橡胶，海绵橡胶，多孔橡胶
gomespuma 泡沫橡胶，海绵橡胶，多孔橡胶
gomífero 产树胶的，产橡胶的
gomista 橡胶制品商
gomorresina 树胶脂
gomosidad 胶黏性，附着性
gomoso 胶状的，胶质的，有黏性的；含树胶的，树胶状的
gonio 无线方向性调整器
goniógrafo 角测绘仪

G

goniometría 角度测定，测角术，测向术

goniómetro 角度计；测向器，天线方向性调整器，无线电方位测定器

goniómetro cristalográfico 接触测角仪

goniómetro de espejo 旋光器，光直角定规

gorro 帽状物；阀帽，阀盖，机罩，引擎顶盖

gorrón 轴颈，辊颈，枢轴，中心销

gorrón acanalado 带环轴颈

gorrón de clavija del cigüeñal 曲柄销，拐轴销

gorrón de eje 轴颈

gorrón esférico 球体耳轴

gorrón frontal 端轴颈，端枢

gorrón de gancho 转向主销

gorrón de manivela 曲柄销，拐轴销

gorrón de manivela del cigüeñal 曲柄销，拐轴销

gorrón de muñequilla del cigüeñal 曲柄销，拐轴销

gorrón de pie de biela 肘节销，活塞销，游梁拉杆销

gorronera 轴颈壳

goshenita 白玉，玫瑰玉

goslarita 皓矾

gota 滴，滴状物，点滴，一点儿，极少量

gota de resina 树脂滴

gota sésil (prueba de materiales) 悬滴，悬滴法（测量材料张力的一种方法）

gotas de las nubes 云滴

goteadero 滴水器

gotear 滴，滴落

goteo 滴落；滴流

goteo de aceite 油滴

goteo de petróleo 油滴

gotera （屋顶、墙等）滴水，漏水，渗水；漏洞，漏水处，漏水痕迹

gotero 滴管，移液管，滴注器

gotícula 小滴，微滴，熔滴

gotita 小滴，微滴，熔滴

gozne 铰链，折页，合页，门枢，节点

gozne en H H 形铰链

GPL (gas de petróleo liquificado) 液化石油气，英语缩略为 LPG (Liquefied Petroleum Gas)

grabación geofísica 地球物理记录

grabado 刻，雕刻，镌刻；雕刻术，蚀刻；浸蚀，侵蚀，溶蚀

grabar 刻，雕刻，镌刻，录音，录像；蚀刻，浸蚀，侵蚀，溶蚀

graben 地堑

graben de falla ordinaria 正断层地堑

graben sobrepasado 跨覆地堑

grabenfosa 地堑

gradación 渐进；依次进行；递增，递减，次第，层次

gradación de los minerales 矿石品位，矿石品级

gradiente （温度、压力等的）梯度；梯度变化曲线；斜率；斜坡

gradiente adiabático 绝热梯度，绝热陡度

gradiente anormal 异常梯度

gradiente continuo 连续坡度

gradiente de energía 能量梯度

gradiente de fluido 流体梯度

gradiente de fractura 破裂梯度

gradiente de potencial 电位梯度，势梯度，位梯度

gradiente de presión 压力梯度

gradiente de presión de la formación 地层压力梯度

gradiente de temperatura 温度梯度

gradiente de tensión 电压陡度

gradiente de tiempo 时间梯度

gradiente de velocidad 流速梯度

gradiente freático 水面坡度，地下水位坡降

gradiente geotermal 地热梯度，地温梯度

gradiente geotérmico 地热梯度，地温梯度

gradiente hidráulico 水力坡度，水力梯度，水力坡降

gradiente lateral de la velocidad 横向速度梯度

gradiente local 局部梯度

gradiente magnético 磁场梯度

gradiente normal de presión 正常压力梯度

gradiente piezométrico 流压梯度

gradiente real 实际梯度

gradiente regional 区域梯度

gradiente térmico 热梯度

gradiente térmico vertical 减温率，温度垂直减度，温度直减率

gradiente vertical de la temperature 温度垂直减率，温度垂直梯度，温度下降率

gradilla 梯子；砖模，坯模；（实验室的）试管架

gradiómetro 梯度仪，坡度计

gradiómetro magnético 磁力梯度仪

gradiómetro vertical 垂直梯度仪，垂直坡度计

grado 台阶，阶梯；程度，等级；度，度数；学位，学衔

grado API API 度

grado centesimal 百分度

grado centígrado 摄氏度，摄氏

grado de acero 钢级

grado de afinidad 相似度；亲和力程度

grado de agudeza 曲率

grado de Celsius 摄氏度，摄氏

grado de centralización 集中度

grado de compatibilidad 相容性程度，兼容程度

grado de contaminación 污染程度，污染等级

grado de curvatura　弯曲度，狗腿度

grado de dureza　硬度级别

grado de humedad　湿度

grado de inclinación　倾斜度，弯曲度

grado de metamorfismo　变质程度，变质级

grado de precisión　准确度

grado de pureza　精度

grado de Rankine　兰金度数，兰金温度数，华氏绝对温标

grado de redondez　圆度

grado de reservas recuperadas　采出程度，采收率

grado de saturación　饱和度

grado de selección　分选度

grado de solidez　硬度级别

grado de temperatura　气温，温度

grado de temple　回火度，韧度

grado de vacío　真空度

grado Engler　恩氏度，恩氏黏度，恩氏黏度单位

grado Fahrenheit　华氏温度，华氏度（1 °F ＝ 0.556℃）

grado Kelvin　开氏温度

grado Rankine　兰金温度，兰金度数，兰金温度数，华氏绝对温标

grado-día　度—日，度日

gradómetro　梯度仪，坡度计

graduable　可调的，可调整的，可调节的；可分度的，可分级的

graduación　调节；测量（某物的）度数；标出刻度；分等级，分层次

graduación cetánica　十六烷值，十六烷品级

graduación del magnetómetro　磁力仪分标度，磁力仪刻度

graduado　刻度的；分等级的；大学毕业的，获得学位的；基础学业证书

graduado en pulgadas　英寸刻度的，以英寸刻度的

graduador　分度器，刻度机

gradual　逐渐的，渐进的；平缓的，不陡峭的，逐渐上升的

graduar　调节；测量（某物的）度数；（在仪表上）标出刻度，分度；给…划分分度级，使分等级，使分层次；授予…学位

graduar la presión　设定压力

gráfica　（统计表上的）曲线，曲线图；图，图表

gráfica de instrumento　记录图表

gráfica de presión-volumen　压力—体积图

gráfica de tiempo y profundidad　时深图

gráfica duallogarítmica　双对数图

gráfica semilogarítmica　半对数图

graficado　绘图，标图

graficador　绘图员；绘图仪；绘图机；图形显示器；地震剖面仪

gráfico　图解，图表；曲线图；书写的，图示的，印刷的

gráfico de abanico　扇状图

gráfico de carga　负载曲线，负荷曲线

gráfico de caudal　流量图

gráfico de diaclasas　节理图，节理图解

gráfico fluviométrico　水文曲线

gráfico de indicador　示功图，指示图，指示符图

gráfico de perforación　钻探剖面图

gráfico de presión　压力曲线图

gráfico de producción　生产曲线

gráfico de puntos　布点图，点位图版

gráfico de registro　记录图表

gráfico doble logarítmica　双对数图，双对数曲线

gráfico hidráulico　水文曲线

gráfico registrador　记录图表

gráfico tiempo-distancia　时距图

gráfico utilizado en granulometría de representación vertical　直方图，柱状图解，矩形图

grafitar　使石墨化，涂石墨，充石墨

grafítico　石墨的；石墨做成的

grafitización　涂石墨；石墨化处理

grafito　石墨，黑铅粉，炭精

grafito coloidal　胶体石墨

grafito cristalino　晶质石墨

grafito de poca porosidad　不透性石墨

grafito escamoso　片状石墨

grafito fabricado　人造石墨

grafito natural　天然石墨

grafito nodular　球状石墨

grafito sintético　合成石墨，人造石墨

grafito utilizado como lubricante　石墨润滑剂

grafitoso　含石墨的

grafo　图解，图表；图形

grafo planar　平面图形

grafómetro　测角器，圆周罗盘

grafostática　图解静力学

grama marina　海草

gramatita　透闪石

gramil　划线器

gramo　克（重量单位）

gramocaloría　小卡，克卡

grampa　两脚钉；卡箍，夹箍，卡子；对管器，对口器

grampa a cuñas　提升卡，卡盘

grampa cabeza　防喷器

grampa contra fugas　堵漏卡箍

grampa de alambre　线夹，接线端子

grampa de correa　引带扣

grampa de electrodo　电极夹

grampa de seguridad　安全夹钳

grampa para cable　钢丝绳卡子

grampa para cañería　管卡，管夹

grampa para manguera　软管夹，水龙带卡子

grampa para seguridad　安全卡夹

grampa tapa-fugas　堵漏卡箍

gran caloría　大卡，千卡，千卡热量单位

gran transportador de crudo　超级油轮，特大油轮

grana　胭脂虫；胭脂虫粉；暗红色；籽，种子

granada　手榴弹，灭火弹

granalla　颗粒状金属

granalla de carbón　炭粉金属

granallado　喷丸（清理）；喷珠硬化，喷射（加工硬化法）

granallar　喷丸（表面强化），做喷丸处理

granangular　广角的

granate　石榴石；深红色

granate almandino　铁铝榴石，贵榴石

granate noble　铁铝榴石，贵榴石

granate oriental　铁铝榴石，贵榴石

granate sirio　铁铝榴石，贵榴石

granatita　白榴石；十字石（一种硅酸铝铁矿）

grande　大的，巨大的；伟大的；广博的；大量的

granete　中心冲头

granipórfido　花斑岩

granitado　像花岗岩（granito）的

granítico　花岗岩的，由花岗岩做成的

granitiforme　花岗石状的

granitita　黑云花岗岩

granitización　花岗岩化，花岗岩化作用

granito　花岗岩，花岗石

granito veteado　片麻岩，花岗岩

granitoide　似花岗石状的

granizo　冰雹，雹子

grano　细粒，颗粒；（矿砂的）粒径，粒度；晶粒

grano abierto　粗粒，粗大晶粒

grano cerrado　细晶粒

grano clástico　碎屑颗粒

grano de arena　砂粒

grano esquelético　骨粒，骨骼颗粒

grano fino　细粒

grano gordo　粗粒，粗大晶粒

grano grueso　粗粒

grano medio　中粒；中等粒度

grano mineral　矿物颗粒，矿粒

grano semianguloso　次棱角状颗粒，略有棱角颗粒

granoblástico　花岗变晶状的

granodiorita　花岗闪长岩

granofírico　花斑状的，花斑岩的

granófiro　花斑岩，文象斑岩

granosidad　粒度，颗粒性

granoso　颗粒的；含颗粒的；粒状的，似颗粒的

granulación　形成粒状，粒化，成粒作用；颗粒，细粒

granulación fina　细粒，极小粒子

granulación gruesa　粗粒，大粒度

granulado　成粒的，粒状的，晶粒的

granulador　碎石机

granuladora　碎石机，轧碎机；成粒机，制粒机；粒化器

granulita　麻粒岩，变粒岩

granulítico　粒状的

granulito　麻粒岩，变粒岩

granulometría　颗粒测定法，粒度测定术，测粒术，颗粒分析

granulométrico　颗粒测定的

granulómetro　颗粒测量仪，粒度计

granulosa　淀粉胶质，淀粉糖，细菌淀粉

granuloso　粒状的，粒状结构的，粒面的

granzas　碎石；（金属）碎屑

grapa　两脚钉；扒钉；铜子；订书钉；夹钳，夹板，夹具

grapa a cuñas　提升卡，卡盘

grapa de anclaje　锚卡，固定卡

grapa de anclaje para lecho de ríos　河底管线固定卡

grapa de banco　台钳

grapa de correa　皮带扣

grapa de fijación　固定夹

grapa de tensión　耐拉线夹

grapa del freno　刹带

grapa fist grip　双鞍式钢丝绳卡头

grapa forjada para cable　锻制钢丝卡子

grapa para cable　钢丝绳卡子，电缆卡子

grapa para cable de acero　钢丝绳卡子

grapa para fijación de tubo　管子固定夹，管卡

grapa para manguera　软管夹，水龙带卡子

grapa tapa-fuga　堵漏卡箍

grapa tapafugas para tubería　堵漏管箍，堵漏管夹

grapadora　订书机

graptolites　笔石纲（古生代化石）

grasa　脂肪，油脂，润滑油；炉渣，钢渣

grasa a base de aluminio　铝基润滑脂

grasa a base de plomo　铅基润滑脂

grasa a base de soda　钠基润滑脂

grasa bituminosa　沥青油脂

grasa consistente　稠脂，稠结润滑脂膏，润滑（干）油，黄油

grasa de ballena　鲸油，鲸脂

grasa de camisa　滑套用润滑油

grasa de engranajes 齿轮油

grasa de impregnación para cables 电缆油

grasa de rosca 螺纹脂, 螺纹润滑剂

grasa de ruedas dentadas 齿轮润滑油

grasa en bloque 高熔点润滑脂, 块状润滑脂

grasa especial para roscas 螺纹润滑剂

grasa fibrosa 纤维润滑脂

grasa industrial 黄油, 工业用润滑油

grasa lubricante 润滑脂

grasa negra 黑色润滑脂, 黑润滑膏

grasa para cojinete 轴承润滑脂

grasa para cuero 皮革油脂, 皮革润滑脂

grasa para ejes 轴用润滑脂

grasa para el revestidor 套管螺纹脂

grasa para rosca 螺纹润滑剂, 螺纹脂

grasa usada 用过的油脂, 废油脂

grasera 黄油嘴, 黄油枪

grasera de mano 手动黄油枪

grasera neumática 气动黄油枪

grasera tipo botón 手压式注油器

graseza 油脂性, 多脂, 油腻

grasiento 有油污的, 有油垢的; 含有脂肪的; 油脂过多的

graso 脂肪的, 油脂的, 油腻的; 油脂性

graso alifático 脂肪族的, 脂族的

grasoso 有油污的, 有油垢的; 含有油脂的; 油脂过多的

gratificación 酬劳, 赏钱; 奖金, 附加工资

grauvaca 硬砂岩, 杂砂岩

grava (铺路用的) 碎石, 砾石; (河床里的) 卵石; 砾, 砂砾; 砂砾层

grava de cantera 采石坑砾石; 坑砾石

grava de cantos rodados 粗砾, 卵石, 圆石块, 大鹅卵石

grava de cantos rodados grandes 巨砾层

grava fluvial 河砾

grava gruesa 粗砾, 粗砂砾, 粗砾石

grava guijarrosa 砾石层

grava guijosa 砂砾, 细砾

grava provechosa 富矿砂, 含矿泥砂

gravamen 负担; 税; 不动产税

gravedad 重力, 引力; 万有引力, 地心引力; 严重性

gravedad absoluta 绝对重力

gravedad absoluta real 绝对重力, 实际绝对重力

gravedad aparente 视密度, 视重力

gravedad API API 密度, API 度, 美国石油学会标准重度

gravedad Baumé 玻美密度

gravedad cero 失重

gravedad de agua 水重力

gravedad de gas 天然气相对密度

gravedad de petróleo 石油重度

gravedad específica 密度

gravedad normal 正常重力, 标准重力, 正常重力值

gravedad regional 区域重力

gravedad relativa 相对重力

gravera 卵石矿; (拌着沙的) 碎石, 砾石

gravífico 引力的, 重力的, 地心吸力的

gravilla 碎石, 砾石

gravilla de revestimiento 砂砾盖面

gravimetría 重力测定, 密度 (比重、引力场) 测定; 重量分析, 重量分析法

gravímetro 重力仪; (密度) 计, 重差计

gravímetro astático 不稳定重力仪, 无定向重力仪

gravímetro dinámico 动态重力仪

gravímetro no astático 稳定型重力仪

gravímetro nonastático 稳定型重力仪

gravímetro registrador 记录式重力仪

gravitación 引力, 重力; 引力作用, 地心引力, 万有引力

gravitacional 重力的, 万有引力的

gravitar 受引力作用, 重力沉降; 下降, 沉陷

gravitario 万有引力的, 引力作用的, 地心吸力的

gravitativo 重力的, 受重力作用的, 引力的

gravitómetro 比重计, 密度计, 重力仪

gravitón 重 (力) 子, 引力子

gray 戈瑞 (吸收剂量的国际制单位, 相当于 1 焦耳每千克); 二进制码

greda 漂白土, 泥灰岩

gredal 有漂白土的地方; 含漂白土的

gredoso 含漂白土的, 白垩 (纪, 系, 质) 的

greisen 云英岩

greita 细裂纹

gres 陶土, 砂石

gres de construcción 褐色砂岩

gridistor 栅极晶体管, 隐栅管

grieta 裂缝, 裂隙, 裂纹, 缝隙

grieta de desecación 干缩裂缝

grieta de exfoliación 页状剥落裂痕

grieta de glaciar 冰隙

grieta de la falla 断层裂缝

grieta en la capa preservativa 保护层裂缝

grieta fina 微细裂纹, 细裂纹

grieta marginal 边缘裂隙

grieta producida por el sol 干裂, 晒裂, 干裂缝

grietoso 有裂缝的, 热裂的; (化学) 裂化的

grifo (水管) 龙头, 活门, 开关, 旋塞, 管闩, 阀门

grifo calibrador 水位标尺, 水位表, 水位指示器; 水表

grifo contra incendios 消防栓, 灭火塞

grifo de admisión 进给旋塞，进给阀门

grifo de admisión del aire 进气阀门

grifo de alimentación 给水旋塞

grifo de boca curva 弯嘴旋塞，水龙头，活门

grifo de calibración 仪表开关，试水位旋塞

grifo de cinco vías 五通旋塞；五通塞门

grifo de descarga 水龙头，活门

grifo de drenaje 排污旋塞，放水旋塞，放泄塞

grifo de engrase 油旋塞，润滑油开关

grifo de extinción de fuegos 消防栓，灭火塞

grifo de flotador 浮球旋塞，浮球阀

grifo de nivel de aceite 试油位旋塞

grifo de paso cuádrupe 四通阀

grifo de perforación 钻井水龙头

grifo de prueba 试验旋塞，试栓

grifo de punzón 针阀

grifo de purga 排气阀，排气旋塞

grifo de purga de sedimentos 沉淀物排出阀，钻井泵排出阀

grifo de seguridad 安全旋塞

grifo de toma de agua al mar 船底阀，海水阀

grifo de tres vías 三通旋塞，三通阀

grifo del indicador 仪表开关，试水位旋塞

grifo separador 减压旋塞，减压开关，去压管门

grilla 护栅；格子，网格

grilla de gas 供气网

grillete 铁环，环扣，钩链

grillete del ancla 锚环

grillete giratorio 旋转钩环

grillete giratorio libre 松配旋转钩环

grillete para ancla 锚环

grillete reforzado 高强度钩环

gris 灰色的，灰白色的

grisú 沼气，甲烷；矿井瓦斯

grisumetría 矿井瓦斯测量法

grisúmetro 矿井瓦斯测量计

grisunita 硝酸甘油，硫酸镁，棉花炸药

grisuscopio 气体指示物，气体指标

grit 粗砂；粗砂岩；硬渣

GRL（relación gas-líquido） 气液比

grosor 厚度，粗细

grosor de la estratificación 地层厚度

grosularita 钙铝榴石

grúa 起重机，吊车；自带起重机的牵引卡车；机动升降台架

grúa a mano 手摇起重机

grúa a vapor 蒸汽起重机

grúa alzacápsalas 移动升降台，樱桃夹式起重机，车载升降台

grúa ascendente （随建筑物的升高而上升的）攀缘式起重机

grúa atirantada 牵索起重机，牵索桅杆起重机，拉索式人字起重机

grúa basculante 摇臂起重机

grúa camión 汽车吊，汽车起重机

grúa cantiléver 悬臂起重机

grúa con imán de alzar 磁力起重机

grúa con montaje en patín 滑橇绞车，滑橇提升机

grúa corredera 桥式起重机，移动式起重机，天车

grúa de almeja 抓斗式起重机

grúa de arbolar 桅杆式起重机，柱形塔式起重机

grúa de auxilio 打捞起重机，救援吊车

grúa de brazo 挺杆式起重机，摇臂起重机，旋臂吊机

grúa de brazo horizontal 转臂式起重机，悬臂吊机，摇臂吊车

grúa de caballete 龙门起重机，龙门吊车，门式起重机

grúa de cable aéreo 架空钢缆吊车

grúa de cadena 链式起重机，链式升降机

grúa de carrie 机车吊机，机车起重机

grúa de columna 塔式起重机

grúa de consola 悬臂起重机

grúa de construcción 建筑用起重机

grúa de contrapeso 平衡起重机

grúa de contravientos de cable 牵索起重机，牵索桅杆起重机，拉索式人字起重机

grúa de electroimán 电磁起重机

grúa de locomóvil 机车吊机，机车起重机

grúa de mandíbulas 抓斗式起重机

grúa de maniobra de los trépanos 水上吊车，浮式起重机

grúa de mano para cable de acero 钢丝绳手动卷扬机，钢丝绳手动绞车

grúa de monorriel 单轨吊车

grúa de montaje 装配吊车，安装用起重机

grúa de orugas 履带式起重机，爬行式起重机

grúa de palo 桅杆式起重机

grúa de pared 墙上起重机，沿墙起重机

grúa de pescante 转臂式起重机，旋臂吊机

grúa de portada 门式起重机，龙门吊车

grúa de pórtico 门式吊车，龙门起重机

grúa de poste 桅杆式起重机

grúa de puente 龙门吊，桥式起重机，龙门起重机

grúa de puente de buque 甲板起重机

grúa de socorro 救援起重机

grúa de tijera 人字起重架，柱形塔式起重机

grúa de todo uso 活动式起重机

grúa de tomo 塔式起重机

grúa de torre 塔式起重机

grúa derrick　动臂起重机，转臂吊机

grúa fija　固定起重机

grúa flotante　浮吊，水上起重机，起重船

grúa giratoria　旋臂起重机，旋转式起重机

grúa giratoria de torre　塔式旋转起重机

grúa hidráulica　液压起重机

grúa industrial　工业吊车，工业起重机

grúa lateral　侧面吊运起重机

grúa locomotora　机车起重机，机车吊

grúa locomotriz　机车起重机，机车吊

grúa móvil　移动式起重机

grúa para herramientas　工具起重机

grúa pivotante　旋臂起重机

grúa pórtico sobre pilares　桥式吊车，桥式起重机

grúa puente　桥式起重机

grúa rodante　移动式起重机

grúa sobre orugas　履带式起重机

grúa telescópica　伸缩式起重机

grúa Titán　（自动）巨型起重机，台上旋回起重机，桁架桥式起重机

grúa viajera　移动式起重机

grueso　粗糙的，厚的；厚度，粗细

gruísta　吊车司机

grumo　凝块，结块；簇，串，块，堆，团

grumo de petróleo　油凝块

grumoso　有凝块的，有结块的，团块状的

grupo　群；组；类；班；集体，团体；集团；（元素周期表上的）族

grupo abeliano　阿贝耳群，交换群

grupo carboxilo　羧基

grupo cíclico　循环群

grupo conjunto de fallas　断层束，断层群

grupo conmutativo　可换群，交换群

grupo conmutatriz y motor　电动变流机，电动机—发动机组

grupo consultivo　顾问团，顾问组

grupo consultor　顾问团，顾问组

grupo consultor estratégico del medio ambiente (GCEMA)　环境战略顾问团，英语缩略为 SAGE（Strategic Advisory Group on the Environment）

grupo convertidor　电动发电机组

grupo de bombeo　泵组

grupo de caldeo　供暖机组

grupo de carga　蓄电池充电池组

grupo de electrógeno　发电机组

grupo de estudio　研究组；特别工作组，特别任务班子

grupo de expertos　专家组，专家团

grupo de expertos en aspectos científicos sobre contaminación marítima (GEACCM)　海洋污染问题专家组，海洋污染科学专家联合小组，英语缩略为 GESAMP（Group of Experts on the Scientific Aspects of Marine Pollution）

grupo de generador　发电机组

grupo de lámpara　白炽电灯组

grupo motopropulsor　电机驱动装置

grupo de motor y generador　电动发电机组

grupo de ondas　波列，波系

grupo de potencia para bomba　泵动力装置组

grupo del árbol de navidad　采油树总成

grupo directivo　领导班子，领导小组

grupo electrógeno　发电机组

grupo electrógeno diesel　柴油发电机组

grupo especial　特别工作组，特别任务班子

grupo motobomba　电动泵组

grupo motogenerador　电动发电机组

grupo motor　电动机组

grupo móvil de poleas　游动滑车

grupo operativo　操作组，工作组，生产组，运行组

grupo sanguíneo　血型

grupo turboelectrógeno　涡轮发电机组

grupo turboalternador　涡轮交流发电机组

grupo turbodínamo　涡轮直流发电机组

grupos interesados　相关团队，相关派别

grupos taxonómicos　分类群

gruta　岩洞，洞穴

GSP (gerencia de la seguridad de procesos)　工艺安全管理，英语缩略为 PSM（Process Safety Management）

guájar　悬崖陡壁

gualdrilla　洗矿槽板

guanajuatita　硒铋矿

guante　手套

guantes anti-corte　抗切割手套

guantes con puntos de PVC　点胶手套，PVC 点胶手套

guantes con puntos de PVC en ambos lados　双面点胶劳保手套，PVC 双面点胶手套

guantes de algodón　棉线手套

guantes de carnaza　劳保皮手套，普通皮手套

guantes de cuero para soldador　焊工皮手套

guantes de cuero de medio-dedo　半指皮手套

guantes de cuero y lona　帆布皮手套

guantes de goma　橡胶手套

guantes de hilo　线手套

guantes de hilo sin puntos de PVC　不带 PVC 胶点线手套

guantes de nitrilo　腈纶手套

guantes de operador　操作工手套

guantes de PVC　PVC 手套

guantes de tela　布手套

guantes de vaqueta　牛皮手套

guantes desechables　一次性手套

G

guantes dieléctricos 绝缘手套

guantes para soldador 焊工手套

guantes forrados 带衬面手套

guantes tejidos 针织手套

guantes tejidos de algodón 棉线手套，织物手套

guantes tejidos de hilo de algodón 棉线手套

guantes tejidos sin costuras de hilo con puntos de PVC 一体无缝点胶线手套

guaracú 玄武岩

guarda 保管人，看守人；保管，看守；钥匙槽；防护装置

guarda correas 皮带罩

guarda de coto 猎场看守人，森林保护员

guarda de oleoductos 管道巡查工，护管道工

guarda de ruedas （屋角的）护墙石

guarda rosca para cañería 管护丝

guarda rosca para tubería 管护丝

guardaaguas 防水板；护墙

guardabanderas 信号员

guardabarrera 道口看守员

guardabarros 泥浆防喷盒；（车辆的）挡泥板

guardabarros delantero 前挡泥板

guardabarros trasero 后挡泥板

guardabosque 护林员

guardabrisa （蜡烛的）挡风罩；（汽车的）挡风玻璃；风挡

guardacabo 索端嵌环，索眼环，钢丝绳套环

guardacabo abierto 开式嵌环

guardacabo cerrado sólido 一体式钢丝绳嵌环

guardacabo estándar para cable 标准钢丝绳套环

guardacabo reforzado para cable 重型钢丝绳套环

guardacadena 链罩

guardacarril 护轨

guardachoques 保险杠，防冲器，车挡，挡板

guardacoches 停车场管理员

guardacuerpos 栏杆，扶手，栏栅，围栏

guardaderrumbes 防止塌陷的加固装置，防止塌陷的封隔装置

guardador 保管的；保管人；保护人，监护人

guardafango 挡泥板，车辆挡泥板

guardafuegos 防火墙

guardaguas （舷窗或舷门的）防水板

guardahielo 冰挡，挡冰栅

guardahilos 电话线维修工，扳道工

guardahúmo 挡烟帆

guardalado 栏杆

guardaladrón （门的）插销

guardalmacén 仓库看守人，仓库管理员，仓库保管员

guardamancebo 舷梯扶索；扶手绳；安全绳

guardapolvo 防尘罩

guardar 看管，看守；保存，保管；保持，维持；遵守，履行

guardarraíl 扶手；护栏

guardarropa 衣帽间，存衣处；衣柜，衣橱

guardarrosca 护丝，螺纹保护器，护丝帽

guardarroscas para barras de sondeo 钻杆护丝

guardaviento 防风罩

guardería 看守员（或看管员）的工作；看守费用；幼儿园

guardia 守卫，警卫；（尤指工作时间之外的）值班；警卫队，保安队；卫兵，哨兵，警察，武装警察

guardia de seguridad 治安警察

guardia de tráfico 交通警察

guardia municipal 城市警察

guardia nacional 国民警卫队

guarnición 垫料，填料，衬圈，垫圈，密封垫片，环圈

guarnición de caucho 橡皮垫

guarnición de cojinete 轴承套，轴承衬套

guarnición de cuero 皮革填料

guarnición de culata de cilindros 汽缸盖密封垫

guarnición de fibra 纤维衬垫

guarnición de freno 闸衬，刹车垫，制动衬带

guarnición de prensaestopas 压盖填料，密封垫

guarnición espiralóidea 迷宫式密封，曲折轴垫

guarnición estanca 水密封垫

guarnición impermeable 气密封垫

guarnición metálica 金属填料，金属衬垫

guarnición metaloplástica 软金属填料

guasa 衬垫，垫圈

guata 棉胎，棉絮，填块，软填料

guaya 钢丝，电缆，钢丝绳

guaya de guía 牵引绳

guaya de perforación 钻井大绳

guaya de seguridad 保险绳

guaya fina 细钢丝；（委内瑞拉油田现场用于开关气举阀的）钢丝绞车

guaya muerta 死绳，死线

guaya para winche 绞车用钢丝绳

guayacán 愈疮木

guayaquilita 富氧块脂

guayule 银胶菊

gubia 半圆凿，弧口凿

guía 向导，导游；指导；指南，索引；路标，路向牌；（运输货物的）许可证，导火索，导爆线；导杆，导向装置

guía de admisión 进口导向装置，进气导向装置，入口导向装置

guía de antena 引线孔，导引片

guía de carga 运货单

guía de herramientas 工具指南，工具手册

guía de la cruceta 十字头导板

guía de la válvula de admisión　进气门导管

guía de la válvula de escape　排气门导管

guía de la válvula móvil　游动阀导管

guía de ondas　波导管

guía de válvula　阀导管，气门导管

guía de varillas　抽油杆导向器

guía del cable de las poleas　钢丝绳导向器

guía inferior　下导向器

guía para arrollamiento de cable　帮助绕绳的滚轴

guía para barra de bombeo　抽油杆导向器，泵杆导向器

guía para el cable　钢缆导向器，电缆导向器，钢丝绳导向器

guía para enchufe de pesca　打捞筒导向装置

guía para macho pescador　打捞公锥导向器

guía superior　上导向器

guiabarrena　钻头导向器

guiador　引导的，指导的；引导人，指导人

guíaondas　波导管

guíaondas articulado　脊形波导管

guíaondas fungiforme　哑铃形波导管

guíaondas revirado　扭型波导管

guiar　带领，引领，引导，导向，指导；输送，传导；驾驭，驾驶

guiasondas　钻头导向器

guija　小圆石，鹅卵石，卵石，小漂砾

guijarro　卵石，砾石，铺路石

guijarro estriado　擦痕卵石

guijarroso　多卵石的（地方）

guijo　（铺路用的）碎石，砾石，卵石；轴颈

guijoso　多卵石的；卵石的

guillotina　剪断机，切断机

guimbalete　（抽水机的）压水杆，压杆，液压制动器

guinche　绞车，卷扬机；起货机

guinche de grúa　起重绞车

guinche de limpieza　清井绞车，洗井绞车

guinche de mano para cable de acero　手动钢丝绳绞车，手动钢索绞车

guinche de mina　矿山绞车，矿道绞车

guinche de producción　生产绞车

guinche neumático　气动绞车

guinche para tubo de succión　吸入管绞车

guinche portátil　便携绞车，轻便绞车

guinche sobre patines o trineo　滑橇绞车，橇装绞车

güinchero　绞车操作工；起货机工人

guindaleza　粗缆绳；长缆绳

guindaste　框架，门形架；绞盘，辘轳；（桅杆侧的）帆索栓座

guindo　斜面，斜坡

guiñada　偏向，偏航

guión bajo　下划线

gumbo　贡博黏土，强黏土，坚硬黏土（湿润时形成黏性泥的土壤）

gúmena　粗缆，粗绳

gumífero　产树胶的

gummita　脂铅油矿（含有铀、钍和铅的含水氧化物）

gunita　（喷浆用）水泥砂浆

gurbio　（铁器）弯的，呈弧形的

gusanillo　（金属的）螺旋线圈；金丝，银丝

gusanillo de cobre　铜捻线

gusanillo de taladro　螺旋钻头，麻花钻头

gusano　蠕虫，肉虫，软体虫；蚯蚓

gutiámbar　黄胶

guyot　海底平顶山，平顶海山，桌状海丘

G

H

ha (hectárea) 公顷

haber 贷方；资产，财产

hábil 有能力的，能干的；熟练的；适合的；有（法定）资格的

habilidad 能力，才能，本领；手艺，技能

habilitación 使有能力，使适用；给予资格；提供（资金）

habilitado 出纳员，财务人员；有资格的，合格的

habilitar 使有资格，使有技能；安排，准备；提供

habitación 住，居住；住所，寓所；房间

habitáculo 住所，寓所；（动、植物）可生长的地方

habitante 居住的；居民，住户；栖居（某地的）动物

hábitat （动物的）栖身地，（植物的）产地；住处，栖息地；动植物的生息环境，动植物的生长环境

hábitat riberano 河岸生境，湖滨生境

hábitat subacuático 水下生境，水下栖息地

hábito 习惯，习性；（实践获得的）经验，才能；晶体习性（即晶质固体中晶体的大小和形状）

hábito regional 区域习惯

habitual 习惯的，惯常的，习以为常的

hacedero 可行的，做得到的；合理的；可用的，适宜的

hacer 做，做出，制造；建造，建筑；收拾，整理；进行，从事；使得

hacer ajustes 进行校准，进行调整，进行校正

hacer arrancar 启动（机器，发动机）

hacer balancear 使摆动，使摇晃

hacer calicatas 打洞探测，钻孔探测，勘察，勘探

hacer circular 使循环，使环行；使流通，使流行

hacer cumplir la ley 使履行法律，强制执行法律

hacer descender la herramienta 下工具，使下入工具

hacer el inventario 编制（商品等的）目录，开清单

hacer ensayos de producción 进行试油；进行试采

hacer entrega 交付

hacer escapar 排出，排干，排空

hacer estallar 使爆裂，使爆发

hacer estrecho 使变窄

hacer experimentos 进行试验，做实验

hacer frente 使面向，使朝着，使面对；正视，对付

hacer funcionar 使工作，使运行，使运转

hacer girar 使转动，旋转；使流通，使周转

hacer hoyo 打井，钻井；挖洞

hacer lodo 配制泥浆

hacer máquina atrás 倒车

hacer marketing 商品推销，营销

hacer menos violentas las vibraciones o golpes 减振，防震

hacer mezcla 混合

hacer montaje 装配

hacer muescas 开槽沟，开凹口

hacer oscilar 使摆动，使动荡

hacer peligrar 危害，使陷入危险

hacer penetrar atornillando 拧进去，把…拧入

hacer pruebas de producción 进行试油；进行试采

hacer publicidad 做广告

hacer quiebra 破产

hacer réplica de algo 复制，重复

hacer retroceder 使后退

hacer rodar 使滚动

hacer rosca 切削螺纹

hacer señal 发出信号

hacer serpentear 使蜿蜒，使弯弯曲曲行进

hacer trabajo de ajuste 调整，调节，调准，调正，校准，对准，配准

hacer un ensayo a pozo abierto 进行裸眼井试验，实施裸眼井测试

hacer un viaje 起下钻

hacer un viaje redondo 起下钻

haces de tuberías 管柱的立根

hacha 斧，斧头；火把，火炬

hacha de mano 手斧

hacha de pico 鹤嘴锄

hacha para caso de incendio 消防斧

hachurado 表示地形、断面等的影线，晕线，蓑状线

hacia 朝，向，往，向…方向；接近，大约

hacia abajo 向下，向下的

hacia adelante 向前，前面的

hacia adentro 向内，向中心

hacia afuera 向外，外表上，表面上；往海外

hacia arriba　向上，上升，向上游；在上面，在更高处

hacia atrás　向后，向后的，反向的，逆向的

hacia dentro　向内部的，朝里的

hacia derecha　向右

hacia el este　向东，朝东

hacia el extranjero　向外，往海外

hacia el mar　向海，朝海，向海的，朝海的

hacia el norte　向北，朝北

hacia el oeste　向西，朝西

hacia el sur　向南，朝南

hacia fuera　向外的，外面的，外侧的

hacia la tierra　向陆，朝陆，向陆的

hacienda　庄园，田产；财产，资产；国家财产，国民收入；财政部

hacienda de fundición　冶炼厂

hacienda pública　国家财产，公共财富

hacienda social　公司财产

hacker　计算机迷；非法闯入他人计算机系统者，黑客

hafnio　铪

halado　拖运，拉，牵引；牵引费，拖船费

halar　拉索，牵缆，拽，拉；提出，从井内提出

halar la mecha　起钻，提钻，从井内提出钻头

halita　岩盐，石盐类，天然的氯化钠

hallar　遇到，碰到；找到；发现

hallazgo　碰到，找到，发现；找到的东西，拾到的物品

hallazgo de importancia　重要发现

halo　光环，光轮，晕圈；晕，光晕

halocarbono　卤代烃，卤碳，卤化碳，卤化烃

halocarburo　卤代烃，卤碳，卤化碳，卤化烃

haloclina　（海洋的）盐度跃层

halocromía　加酸显色，卤色化

halocromismo　加酸显色，卤色化作用

halófilo　适盐的，喜盐的

halófito　盐生植物，盐土植物

halófobo　避盐的，嫌盐的

haloformo　仿卤

halogenación　卤化作用

halogenado　含卤素的

halogenar　使卤化

halogénico　卤素生成的，海盐的

halógeno　卤素的，卤化物的；生盐的，造盐的；卤素

halogenuro　卤化物，卤素；卤化物的

halogenuro alcalino　卤化碱，碱（金属）卤化物

halogenuro de plata　卤化银

halografía　卤素学，卤类学

halógrafo　卤素学家，卤类专家

haloideo　卤族的，含卤素的，似卤的；卤化物，

卤素盐，海盐

haloisita　埃洛石

halómetro　盐量计

halón　哈龙；卤化物

halón ignífugo　哈龙类灭火剂，哈龙灭火剂

halotano　氟烷，三氟溴氯乙烷（一种麻醉药）

halotecnia　制盐术

halotriquita　铁明矾

haluro metálico　金属卤化物，金属卤素

haluros　卤化物，卤化矿物

hamada　石漠，石质荒漠，（荒漠中的）石滩

haplito　简单花岗岩，细晶岩

hardbanding　钻杆耐磨带（委内瑞拉油田现场习惯使用的英语说法）

hardenita　细马氏体，硬化体

harina　粉，粉末；粉状物

harina de pescado　鱼粉

harina de roca　岩粉

harina de sílice　硅粉，石英粉

harina del trépano　钻屑

harina fósil　硅藻土

harmotoma　交沸石

harpillera　粗麻布，麻袋布，打包麻布

harpolito　岩镰

hartita　晶蜡石

hartleyite　烟煤，碳页岩

hasteno　燧石，黑硅石

hastial　山墙，三角墙；建筑物的正面；坑道壁，矿井壁

hauerita　褐硫锰矿，方硫锰矿

hauina　蓝方石

hauinita　蓝方石

hausmanita　黑锰矿

haya　山毛榉

haz　捆，扎，束，把；光束，束流

haz atómico　原子束

haz convergente　集光束

haz de abanico　扇形射束

haz de electrones　电子束

haz de fallas　断层束，断层群

haz de geófonos　检波器排列

haz de tubería en pie　靠在排放的管柱，靠在指梁上排立的立根；立根

haz de tubería en pie en el astillero　靠在指梁上排立的立根

haz de tubería en pie en la plataforma de enganche　靠在指梁上排立的立根；立根

haz de tubos　管束

haz de tubos en pie en la torre　钻台上立着排放的立根

haz electrónico　电子束

haz laser　激光束

haz radárico　雷达波束

H

HCOA (ley de comunicación de riesgos o ley de derecho de conocimiento del trabajador) 风险告知法或劳动者知情权法，英语缩略为 HCOA (Hazard Communication Act, 也可以表述为 worker right-to-know laws)

He 氦，元素氦 (Helio) 的符号

hebilla 箍，扣；搭口，带口

hebra （绳、线等的）股；（木材、纺织材料等的）纤维；纤维状物；丝，细丝，丝状物；（木材的）纹理；矿脉

HEC (hidroetil celulosa) 羟乙基纤维素

hecho 完成的，做成的；事实，事件行为，业绩

hecho a mano 手工造的

hecho a máquina 机器加工的，机制的

hecho en secciones 分段制作的，分区制造的

hecho por el hombre 人工制作的，手工制造的

hechura 作品，制造物；手艺，工艺，工作质量；加工费，手工费；外形，式样

hectárea 公顷

hectano 一百烷

hecto- 表示"百"

hectogramo 百克

hectolitro 百升

hectómetro 百米

hectómetro cuadrado 百平方米

hectómetro cúbico 百立方米

hectovatio 百瓦特（功率单位）

hedenbergita 钙铁辉石

helable 可以冰冻的

helada 冰冻，结冰，起霜，霜冻

helada blanca 霜，白霜

helada del suelo 地面霜

heladera 制冰机；冰箱

heladizo 易结冰的

helado 寒冷的，冰冷的，结冰的；冷饮，冷食

helador 使结冰的；非常冷的

heladura （木材的）冻裂；（木材的）质地松软

helamiento 冰冻，结冰

helar 使冰冻，使结冰，使冷凝，使凝结；冷冻，冷藏；冻伤

helecho 蕨类植物，蕨类，蕨

helena 桅头电光

helenita 弹性地蜡

heleoplancton 池沼浮游生物

helero 山上积雪；冰川

helero colgante 悬冰川

heliantina 甲基橙

hélice （轮船或飞机等的）螺旋桨；螺旋线，螺旋面；螺旋饰

hélice aérea （飞机）螺旋桨

hélice aérea de paso variable 变距螺旋桨

hélice con engranaje reductor 齿轮降速螺旋桨

hélice contrarotativa 反向旋转螺旋桨

hélice de freno 制动螺旋桨

hélice de paso constante 定距螺旋桨

hélice de paso regulable 调距螺旋桨

hélice de paso reversible 反距螺旋桨

hélice de propulsión 推进式螺旋桨

hélice propulsora 推进式螺旋桨

hélice tractora 牵引式螺旋桨

hélico 螺旋面的

helico 螺旋的，螺旋形的（用于前缀）

helicoidal 形成螺旋的，具螺纹的，螺旋状的；螺旋面的

helicoide 螺旋面，螺圈

helicóptero 直升机，直升飞机

heligmita 不规则石笋，斜生石笋

helio 氦

helio líquido 液态氦

heliodora （产于非洲纳米比亚的）金绿柱石

heliodoro 一种绿玉

heliófilo 阳生的（指动物、植物需充足阳光下生长的）

heliofito 阳生植物（指在充足阳光下茂盛生长的植物）

heliomotor 太阳能发动机

helión 氦核，α 质子，α 粒子

heliosfera 日光层（指 750 ~ 1250 英里高度的大气层）

heliotecnia 日光能技术

heliotropo 鸡血石；回光仪

heliox 氦氧混合气（含 98% 氦和 2% 氧，供潜水员在深水中维持呼吸用）

helipuerto 直升机机场

helitransportado 用直升机运输的

helofito 沼生植物

helvetiense 海尔微阶，海尔微

hemafibrita 红纤维石

hematita 赤铁矿，赤铁矿粉，赤血石，红铁矿

hematita activada 活化赤铁矿粉

hematita especular 镜铁矿

hematita parda 褐铁矿

hematita roja 赤铁矿，低磷生铁

hematites 赤铁矿

hematoxilina 苏木精，苏木素

hembra （凹凸配件中的）凹件；凹部；有插孔的部件；（部件的）孔眼；母的，雌的

hembra de la enchufe 插座

hembra de tornillo 螺母

hembrilla 眼螺栓，环首螺栓，螺圈；插销眼

hemera 极盛时期

hemicelulosa 半纤维素

hemiciclo 半圆形；半圆形大门，半圆形建筑

hemicoloide 半胶体

hemicristalino 半结晶的，半晶质的

H

hemiedría 半对称，半面体
hemiédrico （晶体）半面的
hemiedro 半面形结晶
hemiesferoidal 半球形的
hemigraben 半地堑
hemihidrato 半水化合物
hemimórfico 异极的，异极象的，异极晶形的
hemimorfismo 异极象
hemimorfita 异极矿
hemipelágico 半远洋的，近海的，半海洋的
hemisférico 半球形的，半球状的
hemisferio 半球体；（活动的）范围，领域
hemisferio austral 南半球
hemisferio boreal 北半球
hemisferio occidental 西半球
hemisferio oriental 东半球
henchidura 装满，塞满，注满，吸满
henchimiento 填缝木料；装满，塞满，注满，吸满
henchir 装满，塞满，注满，吸满
hendedura 裂缝，裂隙，裂口；槽沟，轮槽
hender 劈开，砍开，冲开，裂开，破开；冲破，划破
hendibilidad 劈度，可劈性；易裂性，可裂变性
hendible 可裂变的，可劈开的，可砍开的，可破开的
hendido 分裂的，裂开的
hendidura 劈开，劈裂；裂缝，沟，槽，（岩石的）劈理，（矿物、晶体的）解理
hendidura de impacto 碰撞裂缝，冲击裂隙
hendidura en el lodo 泥裂
hendidura en la roca 岩石裂缝
hendimiento 劈，裂开，裂口；裂变
hendimiento del núcleo atómico 原子核裂变
hendir 劈开，砍开，冲开，裂开，破开；冲破，划破
heneicosano 二十一烷
heneicoseno 二十一烯
henequén 一种龙舌兰；龙舌兰纤维
henhexacontano 六十一烷
henpentacontano 五十一烷
henrio 亨，亨利（电感单位）
hentetracontano 四十一烷
hentriacontano 三十一烷
hepatita 沥青重晶石
hepta-, hept- 表示"七"
heptacontano 七十烷
heptacosano 二十七烷
heptadecano 十七烷
heptadecanol 十七醇
heptadeceno 十七烯
heptadieno 庚二烯

heptadiino 庚二炔
heptaedro 七面体
heptagonal 七边形的
heptágono 七边的；七边形
heptametilnonano 七甲基壬烷
heptano 庚烷
heptano normal 正庚烷
heptatriacontano 三十七烷
heptavalente 七价的
heptilo 庚基
heptino 庚炔
heptodo 七级管
heptóxido 七氧化物
heraldo 先驱者；预报者；报信者，使者
herbicida 除莠剂，灭草剂，除草剂
herbívoro 食草动物；（动物）食草的
herciano 赫兹波的
hercinita 铁尖晶石
hercio 赫，赫兹（频率单位）
hermeticidad 密封，密闭；（理论的）严密性
hermético 密封的，不透气的，密闭的，严实的
hermético a la luz 不透光的
hermético a los gases 不漏气的
hermético al aceite 不漏油的，不透油的
hermético al agua 不漏水的，不透水的，防渗的；水密的
hermético al aire 密封的，气密的；不透气的，不漏气的
hermético al gas 不透气的，气密的，不漏气的
hermético al vapor 不透汽的，汽密的
hermetismo 密封，密闭，严实；（理论的）严密性
herradura 马蹄铁；马蹄铁状物，马蹄形物
herraje （器物上面的）包铁，镶铁
herramentista 工具制造工，（制造、维修、校准机床的）机工；工具制造厂
herramienta 工具，车刀；器械
herramienta a prueba de chispa 无火花工具
herramienta acabadora 切槽工具，终饰插刀
herramienta acodada 偏刀
herramienta adiamantada 金刚石刀，金刚石修整器；钻石针头
herramienta al carburo aglomerado 硬质合金刀具，烧结碳化物刀具
herramienta alisadora 整形工具；修光工具，抛光工具
herramienta alisadora de rebordes 钻杆接头端面整形工具
herramienta bajante 送入工具，下入工具，下送工具
herramienta con pastilla de carburo 硬质合金刀具，碳化物刀具

herramienta con ranura en forma de J　有钩形槽的工具

herramienta cortante　切削刀具，有刃口刀具

herramienta de acabado de agujeros　完井工具

herramienta de ajuste　调节装置

herramienta de asentamiento　坐封工具

herramienta de cable　钢绳冲击钻具，顿钻具，绳索钻具

herramienta de cementación de etapas múltiples　多级注水泥工具，多阶段注水泥工具，分级注水泥工具

herramienta de corte　开槽工具，切口工具；榫槽刨

herramienta de corte lateral　侧刀

herramienta de cruce　变换接头，转换工具

herramienta de desbastar　刨床刀具

herramienta de empacar　充填工具

herramienta de empacar el prensaestopas　充填工具

herramienta de empalmar　联结工具，连接工具

herramienta de filetear　车螺纹刀具

herramienta de filo　切削刀具，有刃口刀具

herramienta de forma　成形刀具，样板刀具，定形刀具

herramienta de fresaje　铣具

herramienta de fresar　铣具

herramienta de geodirección　地质导向工具

herramienta de inserción　送入工具，坐封工具，坐放工具

herramienta de lavado　冲洗工具

herramienta de mano　手工工具，手动工具

herramienta de moletear　滚花刀具，滚花刀

herramienta de monitoreo de yacimiento　储层监测工具，油藏监测工具

herramienta de orientación direccional　定向工具，定方位的定向工具，方位定向工具

herramienta de perforación　钻具

herramienta de perforación petrolera　石油钻井工具

herramienta de perforar　镗刀

herramienta de pesca　打捞工具

herramienta de punta de diamante　金刚石刻刀

herramienta de registro　测井仪

herramienta de rescate　打捞工具

herramienta de rescate accionada hidráulicamente　液压打捞工具

herramienta de salvamento　打捞工具

herramienta de sondeo　探测工具，钻探工具

herramienta de torno　车刀

herramienta de trocear　切削刀具

herramienta desviadora　侧钻工具，套管开窗工具，偏斜钻进工具

herramienta eléctrica　电动工具

herramienta eléctrica para cortar roscas hembras　电动攻丝

herramienta en forma de "J"　J形工具；倒钩器，有钩形槽的工具

herramienta hidráulica　液压工具，液压机具

herramienta inyectada a bomba　泵送工具

herramienta mecánica　机床，机械工具

herramienta neumática　风动工具，气动工具

herramienta para cementación de pozo　固井工具

herramienta para centrar　中心冲头，定心冲压机

herramienta para colocar tubería revestidora de fondo　尾管安放器，尾管坐放工具，尾管坐入工具

herramienta para desviar　侧钻工具，偏斜钻进工具

herramienta para manipulación de tubería de revestimiento　套管操作工具

herramienta para poner tubo de revestimiento　下套管工具

herramienta para renurar interiormente　凹槽车刀

herramienta para sondeo　钻探工具，探测工具

herramienta pivotante　飞刀，横旋转刀，高速切削刀

herramienta registradora　测井仪

herramienta tajante　切削刀具

herramientas de taller　车间使用的各类工具

herrería　锻工厂，锻工车间，铁厂

herrero　铁工，铁匠

herrín　锈，铁锈

herrón　铁环；垫圈

herrumbrado　生锈的，锈的，发锈的

herrumbre　锈，铁锈；铁味，铁锈味；锈菌，锈病

herrumbroso　生锈的，锈的；铁锈色的

hertz　赫兹（频率单位）

hertziano　赫兹的

hertzio　赫，赫兹

hervidor　蒸煮器，锅炉，（汽力）热水器，热水储槽

hervidor de inmersión　浸没式加热器，浸入式热水器

hervir　煮，煮沸；沸腾，汽化，冒泡

hervor　沸腾，滚沸，鼓泡，煮沸

herzenbergita　硫锡矿

hesita　碲银矿，天然碲化银

hesonita　钙铝榴石，桂榴石

hessonita　钙铝榴石，桂榴石

heterocíclico　杂环的；杂环化合物的

heterociclo　杂环；杂环化合物

heterocigosis　杂合现象；异形接合性

heterocigote 杂合子

heterocigótico 杂合的

heterocigoto 异形配子的；异形配子

heterocinesis 异化分裂

heterocronía 异时现象；时间差异

heterocronismo 异时发生

heterocrono 差同步的，异等时的

heterodino 外差法；外差振荡器；外差式接收器

heterogene 异基因

heterogeneidad 非同性，异质性，不均一性，多相性

heterogeneidad entre formaciones 地层的非均匀性，层间的非均质性

heterogeneidades de roca 岩石的非均质性

heterogéneo 多种多样的；由不同成分组成的；不均一的，多相的

heterogenita 水钴矿

heteroión 杂离子，离子—分子复合体

heterolítico 异类岩的，异粒岩的

heterolito 锌黑锰矿

heteromorfia 异形；异型；多晶现象；异态性

heteromórfico 异像的，异性的，多晶的

heterópico （沉积层）异相的；呈多面的

heteropolar 异极的，有极的

heterosfera 非均质层，异质层

heterosita 异磷铁锰矿

heterostático 异位差的

heterotopo 异原子序元素；同量异序元素；异位素，异序元素

heterotrófico 异养的

heulandita 片沸石

hewetita 针钒钙石

hexa- 表示"六"或"己"

hexaclorobutadieno 六氯丁二烯

hexacloroetano 六氯乙烷

hexaclorofeno 六氯酚；菌螨酚

hexacloruro de benceno 六氯化苯，六氯环己烷，六六六

hexacontano 六十烷

hexacoral constructor de arrecifes 造礁珊瑚

hexacoralario 六放珊瑚亚纲的；六放珊瑚

hexacosano 二十六烷

hexadecano 十六烷

hexadeceno 十六稀

hexadecino 十六炔

hexadieno 己二烯

hexadiino 己二炔

hexaedro 六面体

hexaedro regular 正六面体

hexafásico 六相的

hexafluoruro 六氟化物

hexagonal 六边形的，六角形的；六方晶的

hexágono 六边形，六角形

hexagrama 六角星形；六线形

hexahexacontano 六十六烷

hexametilbenceno 六甲苯，六甲基苯

hexametileno 己撑，环己烷，六甲撑

hexametilenotetramina 六甲撑四胺，六亚甲基四胺

hexametiletano 六甲基乙烷

hexametiltetracosano 六甲基二十四烷

hexano 己烷

hexano normal 正己烷

hexatriacontano 三十六烷

hexatrieno 己三烯

hexavalencia 六价

hexavalente 六价的

hexeno 己烯

hexilo 己基，六硝炸药

hexino 己炔

hexodo 六极管

hexoesterol 己雌酚

hexoestrol 己雌酚

hexógeno 六素精

hexona 六碳碱；异己酮

hexosa 己糖

hexosamina 己糖胺，氨基己糖

hez 沉渣，沉淀物

Hf 元素铪（hafnio）的符号

Hg 元素汞（mercurio）的符号

HG (herramienta de geodirección) 地质导向工具

HI (índice de heterogeneidad a nivel de poro) 孔隙结构非均质性指数

hialino 透明的，玻璃状的，玻基斑状的；玻璃质

hialino cristalina 过玻璃质

hialita 玻璃蛋白石，玉滴石

hialo- 表示"玻璃样的"，"透明的"

hialoclástico 玻碎的，玻质碎屑的

hialoclastita 玻质碎屑岩

hialofana 钡冰长石

hialopilítico 玻晶交织的

hialoplasma 透明质

hialotecnia 玻璃工业

hialotekita 硼硅钡铅矿

hialótero （利用电火花的）玻璃钻孔器

hiato 裂缝，裂隙；裂口，空隙；裂孔，孔

hiato de erosión 侵蚀缺失，侵蚀间断

hiato sedimentario 沉积缺失

híbrido 杂交的，混合的；杂交品种；混杂物，混合物；合成物；混杂岩

hidatogénesis 水成作用，液成作用

hidatógeno 水成的，水作用形成的

hidenita 翠绿锂辉石

hidrácido 氢酸，含氢酸

hidracina 肼，联氨

hidracinólisis 肼解，肼解作用

hidractivo 水力驱动的

hidramida 羟基胺，醇胺

hidrante 消火栓，水龙头，消防栓

hidrargilita 三水铝石；银星石

hidrargírico 汞的，水银的

hidrargiro 汞，水银

hidratabilidad 水合性

hidratable 能水合的

hidratación 水合，水合作用

hidratado 水合的，与水结合的

hidratador 水化器；使水合的

hidratante 使水合的；润肤膏

hidratar 使水合，使成水合物

hidrato 水合物，含水物

hidrato amílico 戊醇

hidrato de amonio 氨水

hidrato de cal 熟石灰

hidrato de calcio 熟石灰

hidrato de carbono 碳水化合物

hidrato de sodio 氢氧化钠，苛性钠，烧碱

hidrato sódico 氢氧化钠

hidráulica 水力学，应用液体力学

hidráulica aplicada 应用水力学

hidráulica de perforación 钻井液水力学

hidráulica subsuperficial 地下水力学

hidraulicidad （水泥）水凝性

hidráulico 水力学的；水力的，液压的；水硬的；水力学家，水利工程师

hidrazidas 酰肼

hidrazoatos 叠氮化物

hidrazonas 腙

hídrico 水的，与水有关的；含氢的，含羟的；水生的，湿生的

hidrindeno 二氢化茚

hidriódico 氢离子的

hidrión 氢离子；质子

hidro- (hidr-) 表示"水"，"液体"，"流体"；表示"氢的"，"含氢的"，"氢化的"

hidroacabado 加氢补充精制

hidroavión 水上飞机

hidrobiología 水生生物学

hidrobiotita 水黑云母

hidrobromado 溴氢化作用

hidrocalumita 水铝钙石

hidrocarbonado 碳酸氢盐的；碳酸氢盐

hidrocarbónico 烃的，碳氢化合物的

hidrocarburo 烃，碳氢化合物，油气

hidrocarburo alifático 脂族烃

hidrocarburo anular 环烃

hidrocarburo cíclico 环烃

hidrocarburo clorado 氯化碳氢化合物，氯代烃类

hidrocarburo comerciable 商业性油气，可销售的油气

hidrocarburo de anillo 环烃

hidrocarburo de cadena 链烃

hidrocarburo de cadena abierta 开链烃

hidrocarburo de cadena lateral 侧链烃，支链烃

hidrocarburo de cadena ramificada 支链烃

hidrocarburo líquido 液态烃

hidrocarburo no saturado 不饱和烃

hidrocarburo parafínico 烷烃，石蜡族烃，链烃，饱和链烃

hidrocarburo policíclico 多环烃

hidrocarburo policíclico alifático 脂族多环烃

hidrocarburo saturado 饱和烃

hidrocarburos aromáticos 芳香烃

hidrocarburos de petróleo 石油碳氢化合物，油烃，石油烃

hidrocarburos in situ 地下油气，原地油气

hidrocarburos remanentes 剩余油气

hidrocelulosas 水解纤维素（用以造纸和丝光棉等）

hidrocerusita 水白铅矿

hidrociánico 氢化氰的

hidrocianuro 氢氰化合物

hidrociclón 水力旋流器

hidrocincita 水锌矿

hidrocinemática 流体动力学

hidrocinética 水动力学，流体动力学

hidroclorato 氢氯化物，盐酸化物，盐酸盐

hidroclórico 含氯化氢的；盐酸的；氢氯酸的

hidroclorofluorocarbonos (HCFC) 氢氯氟烃

hidrocloruro 盐酸盐，盐酸化合物，氢氯化合物，氯化氢

hidrocoro 水播的

hidrocraqueo 加氢裂化

hidrodesintegración 加氢裂化，加氢裂化作用

hidrodeslizador 滑行艇

hidrodesmetalización (HDM) 氢化脱金属作用；加氢脱金属（过程）

hidrodesulfuración (HDS) 氢化脱硫，氢化脱硫作用

hidrodesulfurizadora 加氢脱硫装置

hidrodinámica 流体动力学，水动力学

hidrodinámico 流体的，流体动力学的，水力的，液力的

hidrodinamómetro 流速计，水速计

hidroelectricidad 水电

hidroeléctrico 水电的，水力发电的

hidroenergía 水能源

hidroenfriar 水冷，用水冷却

hidroestabilizador 水上安定面，水上稳定器

hidroestable （物质等）在水中具有稳定性的，

不会在水中失去其特性的

hidroestática　水静力学，流体静力学

hidroextractor　离心干燥机；脱水机

hidrófana　水蛋白石

hidrofilacio　地下湖

hidrofilia　水授粉，水媒

hidrófilo　吸水的，吸湿的；喜水的；亲水的；水生的

hidrofito　水生植物

hidrófobo　恐水的；抗水的；防水剂

hidrófono　水听器，水下测音器；（水管）漏水检查器

hidroformación　液压成形

hidroformador　液压成形机

hidróforo　采水样器

hidrófugo　防潮的，防水的；防潮物质，干燥剂

hidrogel　水凝胶

hidrogenación　氢化，加氢，氢化作用，加氢作用

hidrogenación a alta presión　高压氢化作用

hidrogenación aromática　芳香氢化

hidrogenación de olefinas　烯烃加氢作用

hidrogenado　含氢的；氢化的，加氢（处理）的

hidrogenar　使与氢化合；用氢处理；使氢化，加氢处理

hidrogenasa　氢化酶

hidrogeneración　水力发电

hidrogénesis　水源学

hidrogenión　氢离子

hidrógeno　氢

hidrógeno activo　活性氢

hidrógeno arsenioso　砷化氢

hidrógeno arseniurado　砷化氢，砷化三氢

hidrógeno atómico　原子氢

hidrógeno carburado　碳酸氢盐，重碳酸盐

hidrógeno comprimido　压缩氢

hidrógeno fosforado　硫化氢

hidrógeno interestelar　星际氢

hidrógeno líquido　液体氢

hidrógeno pesado　重氢

hidrógeno sulfurado　硫化氢

hidrogenoide　类氢

hidrogenólisis　氢解，氢解作用，用氢还原

hidrogeología　水文地质学

hidrogeológico　水文地质学的

hidrogeólogo　水文地质学家

hidrogeoquímica　水文地球化学

hidrognosia　水质学

hidrogogía　引水技术

hidrografía　水文地理学；水文学；水道测量术；水道图，水文图；（一个国家或地区的）

水文地理

hidrográfico　水文地理学的；水文（地理）的；水道（测量术）的

hidrógrafo　水文（地理）工作者；水道测量者；水文学家；水文（测量）记录计

hidrograma　水的过程线，流量过程线

hidrohalita　冰盐

hidrojet　高压清洗机；（船上的）水力喷射设备（使船快速前进）

hidrol　二聚水分子

hidrolasa　水解酶

hidrolavadora　水力清洗机

hidrolimpiadora　液力清洗机

hidrolisis　水解，水解作用；加水分解

hidrólisis alcalina　加碱水解

hidrolita　水生岩；水解质

hidrolítico　水解的，加水分解的

hidrolizable　可水解的

hidrolizado　水解沉积物；水解的

hidrolizar　使水解

hidrología　水文学，水理学

hidrológico　水文学的，水理学的

hidrólogo　水文学家，水理学家；水文（水理）工作者

hidromagnesita　水菱镁矿

hidromagnetismo　磁流体动力学

hidromático　液压自动传动（系统）的

hidromecánica　水力学，流体力学

hidromecánico　液体力学的；液压机械的

hidrometalurgia　湿法冶金（学）；水冶

hidrometeoro　水汽凝结体，水汽现象

hidrometeorología　水文气象学

hidrómetra　液体密度测定员，液体密度测定专家

hidrometría　液体密度测定法

hidrométrico　液体密度测定的；液体密度计的

hidrómetro　液体密度计，浮计，石油密度计

hidrómico　水云母的；水云母

hidromineral　矿泉水的

hidromolysita　水铁盐

hidromoscovita　水钾云母

hidromotor　水压发动机，液压马达

hidrona　钠铅合金；单体水分子

hidroneumática　液压气动学

hidroneumático　液压气动式的，液压—空气的，水气并用的

hidronio　水合氢离子

hidroperóxido　氢过氧化物，过氧化氢物

hidroplastia　化学涂覆

hidroprensa　水压机

hidroquinona　氢醌，对苯二酚

hidroscopia　地下水勘探

hidroscopio　地下水勘察仪

hidroseparador 水力分离器，分水机

hidrosfera 水圈，地球水面，地水层，（大气中的）水气

hidrosilicato 氢化硅酸盐，硅酸盐水合物

hidrosol 液悬体，水悬胶体

hidrosoluble 水液性的，可溶于水的

hidrostática 水静力学，流体静力学

hidrostato （汽锅）防爆装置，警水器；水压调节器，液体防泼器

hidrosulfato 硫酸氢盐，硫酸化物，酸性硫酸盐

hidrosulfito 亚硫酸氢盐，连二亚硫酸盐

hidrosulfúrico 含氢和硫的，硫化氢的

hidrosulfuro 氢硫化物

hidrosulfuroso 连二亚硫酸的，低亚硫酸的

hidrotalcita 水滑石

hidrotaquímetro 水速仪

hidrotaxia 向水性，趋湿性

hidrotecnia 水利工程学，水利技术

hidroterapia 水疗法

hidrotermal 热液的，水热作用的

hidrotérmico 热液的，热水作用的，水热的

hidroterminación 加氢补充精制

hidrotimetría 水硬度测定法

hidrotimétrico 水硬测定法的

hidrotímetro 水硬度计，水硬度测定器

hidrotratado 加氢处理的，氢化处理的

hidrotratador 水硬度计，水硬度测定器

hidrotratadora 加氢处理装置

hidrotratamiento 加氢处理，氢化处理

hidrotroilita 水单硫铁矿

hidrotropismo 向水性，感湿性

hidrotropo 助水溶物（能增加某些微溶于水的有机化合物的溶解度）

hidroviscoreducción 临氢减粘，加氢减粘

hidroxiácido 含氧酸，羟基酸，醇酸

hidróxido 氢氧化物

hidróxido áurico 氢氧化金

hidróxido de aluminio 氢氧化铝

hidróxido de amonio 氢氧化铵

hidróxido de cal 氢氧化钙

hidróxido de calcio 氢氧化钙

hidróxido de magnesio 氢氧化镁

hidróxido de potasio 氢氧化钾，苛性钾

hidróxido de sodio 氢氧化钠

hidróxido estannoso 氢氧化亚锡

hidróxido metálico 金属氢氧化物

hidróxido platínico 氢氧化铂

hidróxido sódico 氢氧化钠，苛性钠

hidróxidos ferrosos 氢氧化亚铁

hidroxietilcelulosa 羟乙基纤维素

hidroxilamina 羟胺，胲

hidroxilapatito 羟磷灰石

hidroxilasa 羟化酶

hidroxilo 羟基

hidroxipropil almidón 羟丙基淀粉

hidroyector 液力喷射器，射流抽气泵

hidrozincita 水锌矿

hidruro 氢化物

hidruro de calcio 氢化钙

hidruro de estaño 锡烷，氢化锡

hidruro de litio 氢化锂

hidruro de sodio 氢化钠

hidruro de zirconio 氢化锆

hielo 冰，冰块；冰冻，结冰

hielo a la deriva 浮冰

hielo carbónico 干冰，固体二氧化碳

hielo continental 大陆冰盖，内陆冰川

hielo de chispas 潜冰，屑冰

hielo de fondo 底冰

hielo esponjoso formado en el fondo del agua 冰礁

hielo flotante 浮冰

hielo frappé 碎冰

hielo marino 海冰

hielo paleocrístico 古结晶冰，古老冰

hielo picado 碎冰

hielo seco 干冰，固体二氧化碳

hierro 铸铁；铁；自然铁；铁器

hierro abarquillado 波纹铁，瓦垅铁

hierro acanalado 槽钢，U形铁

hierro aerolítico 陨铁

hierro afinado 熟铁，精炼铁

hierro al carbón de leña 木炭生铁

hierro al cromo 铬铁合金，铁铬合金，铬铁

hierro al molibdeno 钼铁

hierro al níquel 镍铁

hierro al titanio 钛铁

hierro albo 烧红的铁

hierro alfa α铁

hierro angular 角铁，角钢

hierro angular de refuerzo 加固角铁

hierro antiherrumbroso 不锈铁，不锈钢

hierro Armco 阿姆克工业纯铁

hierro arriñonado 肾矿石

hierro atruchado 麻口铁

hierro batido 熟铁，锻铁

hierro beta β铁

hierro blanco 铸铁

hierro colado 铸铁，生铁

hierro comercial 商品型钢，商品条钢，商品铁

hierro comercial en barras 小型型钢

hierro con acritud 脆性铁

hierro cromado 铬铁

hierro crudo 生铁

hierro cuadradillo 方铁

hierro cubierto con zinc 马口铁，白铁

hierro de bordura　角铁
hierro de bulbo　球头角铁
hierro de cadena　链环
hierro de canal　槽钢
hierro de contornear　整锯器，锯齿修整器
hierro de desecho　废铁
hierro de doble T　工字铁
hierro de forja　熟铁，锻铁
hierro de lupia　生铁
hierro de níquel　铁镍矿
hierro de pantanos　沼铁矿
hierro de paquetes　束铁
hierro de primera calidad　优质铁
hierro de soldar　焊铁，烙铁
hierro del comercio　商品型钢，商品条钢
hierro del inducido　衔铁
hierro del macho　芯铁
hierro doble T　工字铁
hierro dulce　熟铁，锻铁
hierro empaquetado　束铁
hierro en ángulo　角铁，角钢
hierro en barra　条铁，型铁，铁条
hierro en cintas　条铁
hierro en doble T　工字钢
hierro en I　工字钢
hierro en lingotes　铁锭
hierro en planchas　铁板
hierro en T　T形铁，丁字钢
hierro en U　槽钢，U形铁
hierro en Z　Z形铁，Z字钢
hierro enfriado　激冷铁，冷淬铁
hierro espático　菱铁矿
hierro especular　镜铁
hierro esponjoso　海绵铁
hierro esquinal　角铁，角钢
hierro fangoso　沼铁矿
hierro forjado　熟铁，锻铁
hierro fraguado　锻铁
hierro fundido　铸铁
hierro fundido negro　黑色铸铁
hierro galvanizado　镀锌铁，白铁，马口铁
hierro gris　灰口铁
hierro homogéneo　软铁，低碳钢
hierro laminado　薄铁皮，薄铁板，轧制钢
hierro magnético　磁铁矿，磁铁
hierro maleable　可锻铁，可锻铸铁
hierro manganésico　锰铁
hierro meteórico　陨石铁
hierro moteado　麻口铁
hierro móvil　动铁
hierro olivino　铁橄榄石
hierro oxidado　氧化铁
hierro pantanoso　沼铁矿

hierro pentacarbonilo　五羰铁
hierro perfilado　型铁，型钢
hierro pirofórico　自燃铁
hierro plano　箍钢，带钢，扁钢
hierro poroso　海绵铁
hierro pudelado　搅炼锻铁
hierro puro　极软钢，低碳钢
hierro quebradizo al rojo　热脆钢
hierro quebradizo en caliente　热脆铁
hierro quebradizo en frío　冷脆铁
hierro redondo　圆钢
hierro refrigerado　激冷铸铁，冷硬铸铁
hierro rezago　废铁，废钢铁
hierro semicircular　半圆形铁
hierro silicio　硅铁
hierro tetracarbonilo　四羰烙铁
hierro tierno　冷脆铁
hierro titanado　钛铁矿
hierro truchado　麻口铁
hietógrafo　雨量计
hietograma　雨量（分布）图
hietómetro　雨量表，雨量器
hietoscopia　雨量测定
higiene　卫生学，保健学；清洁，卫生
higiene del medio ambiente　环境卫生
higiene mental　心理健康
higiene nuclear　辐射防护学
higiene privada　个人卫生
higiene pública　公共卫生
higiénico　卫生学的；卫生的，保健的，有利于健康的
higienista　卫生学的，保健学的；卫生学家，保健专家；卫生（保健）工作者
higrodeico　图示湿度计
higrógrafo　（自记）湿度计，湿度记录仪
higrología　湿度学
higrometría　（空气）湿度测定学；测湿法
higrométrico　测湿度的；湿度的；对湿度敏感的；（易）吸湿的
higrómetro　湿度计，湿度表
higrómetro de absorción　吸收湿度表，吸收湿度计
higrómetro de cabello　毛细管湿度表
higrómetro registrador　（自记）湿度计，湿度记录仪
higroscopia　（空气）湿度测定学；测湿法
higroscopicidad　吸湿性，吸水性，水湿性，吸湿度
higroscópico　收湿的，吸湿的；湿度计的
higroscopio　湿度器，测湿器
higrostato　湿度调节器，恒湿器
higrotermógrafo　温湿计，湿温自记器
hilado　线状的；线，丝，纱；挤压加工，挤压

成形
hilado en caliente 热挤压
hilado en frío 冷挤压
hilera 队，排，行；（金属）抽丝机，拉丝机；管子铰板
hilera de cojinetes 板牙扳手，螺纹铰板
hilera mecánica 拉丝机
hilo 线，纱；金属丝，导线，电线
hilo aislado 绝缘线
hilo aislante 绝缘线
hilo conductor 导线
hilo de acero 钢丝
hilo de bobinado 线圈线，绕组线
hilo de cobre 铜丝
hilo de estaño 焊锡丝
hilo de puente 跨接线，搭线
hilo de retorno 回线
hilo de tierra 地线
hilo de toma de tierra 地线
hilo de unión 接合线，焊线
hilo desnudo 裸线
hilo estirado en frío 冷拉钢丝
hilo flexible 软线；保险丝，熔丝
hilo fusible 熔丝，熔断线
hilo galvanizado 镀锌线
hilo metálico 金属丝
hilo metálico tejido 钢丝网
hilo neutro 中性线
hilo resistente 电阻线
hilo reticular 交叉瞄准线，叉丝
hilogénesis 物质起源
hilología 材料学
hilos cruzados 叉丝
hilos de estadía 视距丝
hilos de retículo 十字丝
hilos de termopar 温差电偶线
hilos trenzados 绞合线
hincador 锤，夯，打桩机，打入工具
hincar 打进，埋入，深入，塞进，插入
hinchar contra la pared del revestidor 坐封在套管壁上
hinchable 可充气的
hinchamiento 鼓胀，膨胀，溶胀；隆起；肿胀
hinchamiento de lutita 页岩膨胀
hinchar 使充满气，使膨胀；使涨水
hinchazón 肿块，大疙瘩；鼓包
hincón （岸边的）系船柱；界桩
hiperabsorción 超吸附法
hipérbola 双曲线
hipérbola conjugada 共轭双曲线
hipérbola equilátera 等轴双曲线
hiperbólico 双曲线的；双曲线函数的
hiperboloide 双曲线体，双曲面

hipercarga 超荷
hipercompresor 超压缩机，超压气机
hipercompundar 过复励，过复绕
hipercrítico 超临界的
hipercubo 超正方体
hiperdisco 管理磁盘
hipereléptico 超椭圆的
hiperenergía 高能
hiperespacio 超空间，多维空间
hiperestático 超静力学的
hipereutéctico 过共晶的，超低共熔体的，过低熔的
hiperestenita 紫苏辉石岩；紫苏岩
hiperesteno 紫苏辉石
hipereutectoide 过共析体，超低共熔体
hiperflujo 最大流，强力流
hiperfrecuencia 超高频
hipergeométrico 超几何的
hiperinflación 极度通货膨胀，超通货膨胀
hiperita 辉长苏长岩；橄榄苏长岩
hiperlumínico 超光速的
hiperploide 超倍体
hiperpolarización 超极化
hiperpuro 超纯的
hipersensibilidad 过敏性
hipersensibilización 超敏感，促过敏作用
hipersensor 超敏断路器
hipersonido 高超音速
hipersorpción 超吸附法
hiperstena 紫苏辉石
hipertermal 高温
hipertónico （化学）高渗的
hipervelocidad 超高速
hiperviscosidad 超高黏度，超高黏性
hipocentro （地震的）震源
hipocicloidal 圆内旋轮线的，内摆线的
hipocicloide 圆内旋轮线，内摆线
hipoclorito 次氯酸盐
hipoclorito cálcico 次氯酸钙
hipoclorito de calcio 次氯酸钙
hipoclorito de sodio 次氯酸钠
hipocristalino 半晶质，次晶质
hipofosfato 连二磷酸盐
hipofosfito 次磷酸盐
hipofosfórico 连二磷酸盐的
hipofosforoso 次磷酸的
hipogénico 深成的；（矿物等）上升水形成的；上升的
hipógeno 地下生成的，深成的；内力的；深生岩
hipolimnion 湖下层滞水带，湖底静水层，均温层
hipomagma 深岩浆

hipomoclio　支点

hipomoclion　支点

hiposulfato　连二硫酸盐

hiposulfito　连二亚硫酸盐；连二亚硫酸钠

hiposulfito de soda　硫代硫酸钠

hiposulfúrico　连二硫酸的

hiposulfuroso　连二亚硫酸的

hipoteca　抵押，抵押品

hipotenusa　（直角三角形的）斜边，弦

hipótesis　假说，假设，前提，猜测

hipótesis alternativa　备择假设

hipótesis de Wegener　魏格纳大陆漂移说，魏格
纳假说，魏格纳学说

hipótesis dinámica　动态假说，动态假设

hipotónico　低渗的

hipovalorar　低估

hipsografía　比较地势学；地形起伏，地势；
（地图上的）地形起伏部分；地势图

hipsógrafo　测高仪

hipsometría　测高术，测高法

hipsométrico　测高术的

hipsómetro　沸点测高器，沸点测定表，沸点测
高仪；三角测高仪

histéresis　滞后，滞后现象，滞后作用

histéresis dieléctrica　介质滞后

histograma　直方图，矩形图

histograma de grado de los núcleos de pared　井
壁岩心粒度直方图

histograma de grado de núcleos convencionales
常规岩心粒度直方图

histograma radioactivo de un pozo　放射性测
井图

historia　历史；历史学；（事物的）发展过程，
沿革；（个人的）经历

historia de evolución　演化史，进化史，演变史

historia de perforación del pozo　钻井井史

historia de presión　压力变化曲线，压力变动
情况

historia de presión contra tiempo　压力—时间
历史

historia de producción　生产史，开采量变化
曲线

historia de producción de fluidos　产量变化情况，
流量史，生产史，采油曲线

historia geológica　地质历史

historial　历史的，历史上的；（事件等的）详细
记载；履历

historial del pozo　井史

historial personal　个人履历

hitación　立界标，立路标

hito　界标，路标，里程碑；靶子，目标

HLEM (sistema electromagnético de circuito cerrado
horizontal)　水平线圈电磁法，英语缩略为

HLEM (Horizontal-Loop Electro-magnetic Method)

Ho　元素钬（holmio）的符号

HOCM (lodo de petróleo pesado)　严重油侵泥浆，
英语缩略为 HOCM (Heavy Oil-Cut Mud)

hodógrafa　矢端曲线

hodómetro　计距器；计步器；路程计，（汽车的）
里程表

hodoscopio　描迹仪；宇宙射线描迹仪

hofmanita　晶蜡石

hogar　炉子，炉灶；火堆，篝火；家，家园；
家庭；住宅

hogback　猪背岭

hoja　（植物的）叶；（金属、木材等的）薄片；
（纸张等的）页，张；（层状物的）层；刀刃，
刀片

hoja compuesta de datos maestros　主要数据表

hoja cortante　刀刃，刀形边棱，刃口

hoja de alumnio　铝箔

hoja de cobre　薄铜板，镀铜层

hoja de control　控制图，控制表

hoja de estaño　锡箔，锡纸

hoja de datos　数据表，数据单

hoja de filtro　滤叶

hoja de flujo esquemático　简要流程图

hoja de palastro　钢板，铁板，铁片

hoja de ruta　路单，运货单

hoja de segueta　锯条

hoja del colador　过滤片

hoja magnética　磁片

hoja metálica　金属片

hoja volcánica　火成岩席

hojas de seguridad de los materiales　材料安全性
数据表

hojalata　白铁，白铁皮，镀锡铁皮，马口铁

hojalatería　白铁工场，白铁铺；白铁制品商店

hojalatero　白铁匠；白铁制品商

hojarasca　枯枝败叶；过分茂密的枝叶

hojoso　枝叶茂密的；叶片状的，叶状的

hojuela　金属箔片；（复叶的）叶瓣

holgura　（机械上两个部件之间的）空隙，间
隙，游隙

holgura del compresor　压缩机间隙

holístico　整个的，完全的，全体论的

hollín　煤点，烟子，油烟子

holmio　钬

holoáxico　全轴的

holoceno　全新世，全新统；全新世的，全新
统的

holocristalino　全晶质，全结晶；全晶质的

holoédrico　全对称的

holoedro　全面体

holohialino　全玻质，（岩石）全玻璃质的

holómetro　测高计

H

holostérico 全固体的

holotipo 全型；正模标本

hombre de piso 钻工，钻台工

hombre de planta 钻工，钻台工

hombrillo 肩，肩状物

hombro 肩，肩状物

hombro de la broca 钻头台肩

hombro del trépano 钻头台肩

homeomorfismo 异质同晶（现象）；连续函数，拓扑映射

homeóstasis 体内平衡，内环境稳定；（社会组织等内部的）稳定

homeostato （研究一个系统复杂性的）同态调节器

homeotipo 同型，同模标本

homocinética 球笼

homoclinal 均斜的，同斜的，单斜的，同斜层的；同斜层，单斜层，均斜层

homoclinal fallado 断裂单斜层

homogeneidad 同质，均匀性

homogeneización 均质化，均质化作用

homogeneizador 均质器，均化器

homogéneo 同种类的，同性质的，由同质成分组成的；均匀的，均一的

homología 同系（现象）；相应，类似；同种，同源，同调；异体同形

homólogo （化合物）同系的；相应的，类似的；同调的，同义的，同行

homosfera 均质层

homotaxia （地层等的）排列类似

homotecia 同位相似，位似

homotérmico 恒温的，同温的

homotético 同位的，相似的

honda 投石器；弹弓，吊索，吊绳

hondear 探测（海底、港口等的海深）

hondilla （带钩的）吊绳

hondón 底，底部；洼地，凹地，凹处；针眼

hondonada 洼地，凹地

hongo 真菌，真菌类植物；（船上带菌状盖的）通风管的出口

hongo atómico 蘑菇云

honorario 酬金，谢礼，津贴；荣誉的，名义的

honorarios de consultoría 咨询费，顾问费

hora 小时，钟点；时间，时刻，时机；时区，标准时间

hora de Greenwich 格林威治标准时间

hora límite 时限

hora punta 高峰时间

hora solar media 平太阳时，平均太阳时

hora universal coordinada 协调世界时

horadación 打穿，穿透；打洞，钻入，钻孔

horadado 已钻的；打穿的

horadar 打穿，穿透；钻眼

horario 时间的，小时的；时刻表，时间表；钟表；（钟表的）时针，短针

horas adicionales 附加小时

horas de sobretiempo 加班时间

horas extraordinarias 加班时间

horas extras 加班时间

horas suplementarias 加班时间，超限时间，加班加点

horizontal 水平的，地平的；横向的；（机器等）卧式的；地平线，水平线，横线

horizontalidad 水平状态，水平性质，横置状态

horizontalidad del hoyo 井眼的水平状态

horizonte 地平，地平线；天际；视地平；水平线；层面，层位；地层

horizonte acuífero 含水层，蓄水层

horizonte aparente 视地平线

horizonte artificial 假地平，人工地平

horizonte clave 主要土层，关键土层，标志层，键层

horizonte de baja velocidad 低速层，低速带

horizonte de baja velocidad sísmica 地震波的低速带

horizonte de correlación 对比层

horizonte de imagen 像地平线

horizonte de referencia 基准面，基准地平，基准平面

horizonte de referencia de lutolita 泥岩标志层

horizonte de reflexión 反射层

horizonte de refracción 折射层

horizonte fantasma 假想标准层，假想基准面，假想层

horizonte geológico 地质层位

horizonte guía 标准层位，标志层；基准面，基准地平，基准平面

horizonte imaginario 假想标准层，假想基准面，假想层

horizonte madre 生油层，源岩层，矿源层

horizonte matemático （天球）地平圈，真地平圈

horizonte natural （天球）地平圈，真地平圈

horizonte petrolífero 产油层，含油层

horizonte productivo 生产层，产油层，生产层位

horizonte racional （天球）地平圈，真地平圈

horizonte reflector 反射层

horizonte sensible 视地平，视水平；可见地平

horizonte visible 视地平，视水平；可见地平

horizontes preterciarios 第三纪前的地层

hormazo 碎石堆

hormigón 混凝土

hormigón acorazado 钢筋混凝土

hormigón armado   钢筋混凝土
hormigón celular   泡沫混凝土
hormigón ciclópeo   块石混凝土
hormigón coloidal   胶体混凝土
hormigón de cemento   混凝土
hormigón de escorias   矿渣混凝土
hormigón de fibrocemento   纤维性混凝土
hormigón de grano fino   微粒混凝土
hormigón en masa   大体积混凝土，大块混凝土
hormigón hidráulico   水硬混凝土
hormigón ligero   轻混凝土
hormigón premoldeado   预制混凝土
hormigonado   混凝土工程
hormigonera   混凝土搅拌机
hormigonera automóvil   混凝土搅拌车，车载式混凝土搅拌机
hormigonera sobre camión   车载式混凝土搅拌机
horn   角峰
hornablenda   角闪石
hornabléndico   角闪石的
hornablendita   角闪石岩
hornaguera   沥青（褐）煤
hornalla   大炉子；炉灶
hornblenda   角闪石
hornblendita   角闪石岩
hornfelsa   角岩，角页岩
hornillo   炉灶，轻便炉；（开矿的）炮眼；（埋在地下待爆的）炸弹箱
hornillo de gas   煤气炉
hornillo de kerosén   煤油炉
hornillo de soldar   焊炉，焊接炉
hornillo eléctrico   电炉
horno   炉，窑，灶；各种炼金属炉；小炼铅炉
horno a carbón   煤炉，烧煤的炉子，燃煤炉
horno alto   高炉
horno continuo   连续式加热炉
horno Cowper   热风炉
horno Cowper para la producción del etileno   用于生产乙烯的热风炉
horno cuadrado para carburación   渗碳箱
horno de afinar   精炼炉
horno de aire   空气炉，鼓风炉
horno de alimentación automática   自动给料火炉
horno de antecrisol   前炉
horno de arco   电弧炉
horno de balsa   槽炉
horno de cal   石灰窑
horno de calcinación   熔解炉，煅烧炉
horno de carbón   炭窑
horno de carbonización   碳化炉，焦化炉
horno de carbonizar   碳化炉，焦化炉

horno de conductor   传送带式炉
horno de coquificación   焦化炉
horno de crisol   坩埚炉
horno de cuba   高炉；鼓风炉
horno de destilación   蒸馏炉，蒸馏炉釜
horno de fundición   熔炉
horno de fusión   熔炉，熔炼炉
horno de gas   煤气炉，天然气炉
horno de inducción   感应电炉
horno de manga   化铁炉，冲天炉，低压高炉
horno de microondas   微波炉
horno de mufla   隔焰炉，蒙烊炉，回热炉，膛式炉，马弗炉
horno de pudelar   搅炼炉
horno de recocido   回火炉
horno de reformación   重整炉
horno de regeneración del catalizador   催化剂再生炉
horno de resudación   热析炉
horno de reverbero   反射炉，反焰炉
horno de secar   烘箱，烘干炉
horno de solera abierta   平炉
horno de solera móvil   活底炉
horno de tiro natural   自然通风炉，鼓风炉
horno de tosdadillo   反射炉
horno eléctrico   电炉，电烤箱
horno holandés   荷兰灶
horno Martín   平炉，马丁炉
horno neumático   空气烘箱
horno para acero   炼钢炉
horno para combustible pulverizado   使用粉末燃料的炉子
horno para fundir plomo   炼铅炉
horno para tratamiento térmico   热处理炉
horno secador de aire   空气烘箱
horno Siemens Martín   平炉，马丁炉
horno tubular   管式炉
hornsteno   角岩，角石
horquilla   叉形支棍，叉形木柱；丫杈；叉子；叉形接头
horquilla de cambio de velocidades   换挡叉，变速器换挡叉
horquilla de desacople de embrague   离合器分离叉
horruras   污垢，（液体里的）沉淀物；（洪水在河床留下的）淤泥
horsfodita   锑铜矿
horst   地垒
horst de plegado   褶皱地垒
horsteno   燧石，黑硅石
hortícola   园艺的，园艺学的
horticultor   园艺家；园艺师，园艺学家
horticultura   园艺学，园艺

hotel 旅馆，饭店；(独门独院的) 住宅，府邸；别墅

hotel flotante 浮式住宿船

hoya 大坑；盆地；苗圃；(河流的) 流域

hoya colectora 汇水盆地，集水盆地；汇集地，集水区

hoya de captación 汇水盆地，集水盆地；汇集地，集水区

hoya de falla 断层槽，断裂谷

hoya estructural 构造谷

hoya glacial 冰川谷

hoya hidrográfica 分水界，分水岭，分水线

hoya tectónica 构造谷

hoyo 土坑，洼地；(钻井的) 井眼，井身

hoyo abajo 井底，底部井眼

hoyo abierto 裸眼，裸眼井

hoyo apretado 井径缩小的井眼，缩径钻孔

hoyo con tubería de revestimiento 套管井，下套管井，下套管的井

hoyo de almacenaje 储料坑

hoyo de alquitrán 焦油坑

hoyo de campana 钟形坑

hoyo de desarrollo 开发井

hoyo de descanso 井底口袋

hoyo de disparo 炮井

hoyo de producción 生产井

hoyo de ratón 小鼠洞，井底部小直径井眼

hoyo del soldador 焊接坑

hoyo desnudo 裸露井段，裸眼

hoyo en diámetro 尺寸合乎要求的井眼

hoyo entubado 套管井，下套管井

hoyo guía 领眼，导向钻孔，定位孔

hoyo inicial de un pozo 下表层套管的井眼，地表层井段，下表层套管的钻孔，地表钻孔

hoyo intermedio 中间井

hoyo para el ancla de la tubería 锚孔；管子锚孔

hoyo piloto 领眼，导向钻孔，定位孔

hoyo revestido con tuberías 下套管井，已下套管的井

hoyo seco 干井，干孔

hoyo sin revestimiento 裸露井段，裸眼

hoyo superficial 下表层套管的井眼，地表层井段，下表层套管的钻孔，地表钻孔

hoyo tuerto 弯曲井眼，斜井眼，弯曲钻孔，斜孔，弯曲孔

huacha 垫圈

hubnerita 钨锰矿

hueco 洞，孔；井眼，钻孔，空位，空缺；空的，空心的

hueco a pleno diámetro 贯眼，全井眼

hueco abajo 井下，底部井眼，井底

hueco abierto 裸露井段，裸眼

hueco de descanso 井底口袋；鼠洞

hueco de ratón 鼠洞

hueco desnudo 裸眼井

hueco grande 大井眼

hueco para depositar tubos 鼠洞，放置管材的鼠洞

hueco revestido 套管井，下套管的井，下套管的钻孔，已下套管的钻孔

huelgo (两个零件之间的) 空隙，游隙，容差

huelgo axial 轴向间隙

huelgo negativo 余容差，过盈

huelgo positivo 正容差，间隙

huelgo radial 径向间隙

huella 脚印，足迹，踪迹，轨迹；航迹，痕迹

huella de derrumbe 滑痕

huella de riachuelo 流痕，细沟流痕，细流痕

huella metálica 条痕

huellas de lluvia 雨痕

huellas onduladas 波痕

huésped 客人；房客，寄主，宿主

huésped intermedio 中间宿主

huevo 蛋；卵；鸡蛋；蛋形物，卵形物

huinche 绞车，卷扬机，(钓杆上的) 绕线轮

huinche a engranaje 齿轮传动式绞车

hule 橡胶；胶布，油布，漆布

hule sintético 合成橡胶，人造橡胶

hulla 煤，烟煤

hulla antracitosa 无烟煤

hulla aglutinante 黏结 (性) 煤

hulla conglutinante 炼焦煤，焦性煤

hulla de caldera 锅炉煤

hullla grasa 烟煤，肥煤

humareda 烟雾，烟云

humeante 烟雾弥漫的；气雾腾腾的

humectabilidad 潮湿度；湿润度

humectable 可润湿的

humectación 弄湿，加湿

humectador 湿润器，加湿器

humectante 润湿剂，湿润的，致湿的

humectar 使湿润，弄湿

humedad 潮湿；湿润，湿度；湿气，潮气

humedad absoluta 绝对湿度

humedad del vapor 蒸气干度

humedad específica 比湿

humedad no aprovechable 无效水分，不能利用的水分

humedad relativa 相对湿度

humedal 湿地

humedecer 使湿润，使潮湿，把…弄湿

humedecido 弄湿的，湿润的；加湿，增湿

humedecimiento 弄湿，回潮，返潮

húmedo 潮湿的，湿润的；湿度大的；天然气含大量重烃组分的

humero 烟囱；烟道

humero interno　内烟管，内烟道；室内烟道

húmico　腐殖的，黑腐的

humidificación　湿润，增湿，湿化，湿润性，增湿作用

humidificador　增湿器，湿润器

humidificar　使湿润，使潮湿，弄湿，调湿

humidímetro　湿度计

humidistato　恒湿器，保湿箱，湿度调节器

humífero　含腐殖质多的，富于腐殖质的

humificación　腐殖化，腐殖质形成，腐殖化作用

humita　硅镁石

humo　烟，烟尘，烟雾；蒸汽，气；烟状物

humo de acetileno　乙炔黑

humo de carbón　炭黑

humo fuliginoso　黑烟，乌黑的烟雾

humo nocivo　有毒烟雾

humo-niebla de destilería　炼厂烟雾

humoso　有烟的；冒烟的，冒气的；有蒸汽的

humus　腐殖质，腐殖土，腐殖土壤

humus ácido　酸性腐殖质

humus en bruto　粗腐殖质

hundido　倒塌的，坍塌的；下沉的，沉没的；埋入的，插进的

hundimiento　倒塌，坍塌，下沉，沉没；埋入，陷入；（计划等）落空

hundimiento de la superficie　地面坍塌，地表塌陷

hundimiento de la tierra　地塌，塌方

hundimiento regional　区域沉降

hundimiento térmico　热沉，热沉陷

hundir　使倒塌，使坍塌；使下陷；使下沉；使破产，使倒闭，使垮台

huntita　碳酸钙镁石

huracán　飓风（十二级风）；狂风，风暴

huraco　孔，洞

hureaulita　红磷锰矿

hurmiento　酵母，发酵剂

hurón　清管器

husillo　（压力机等的）螺杆，蜗杆；（纺织用的）纬纱管；排水沟

huso　纱锭，锭子，纱管；滚筒，鼓轮；（机床上的）轴，杆

huso esférico　球面二角形

huso horario　时区

hutchinsonita　红铊铅矿

huttonita　硅钍石

hydrofining　加氢精制，氢化提净

hyperón　重子的基本微粒

hz　赫兹（**hertz**）的符号

I

iceberg 冰山，海洋中的冰山，流冰

icefield 冰原

ichnofacies 遗迹化石相，遗迹相

icnografía （建筑物的）平面图

icnolita 化石足印

icnología 化石足迹学，足迹化石学

icono （代表所指谓事物的）指号；图符

iconófono 可视电话机

iconogeno 显像剂，显影剂

icor 岩精，溢浆

ICR (ingeniería de control de riesgos) 风险控制工程学，英语缩略为 RCE（Risk Control Engineering）

ictiolita 鱼化石痕迹

ictiolito 鱼化石

ictiología 鱼类学

ICY (índice de calidad del yacimiento) 储层性质指数，英语缩略为 RQI（Reservoir Quality Index）

idea 概念；理念；观念；想法，念头，主意；印象，看法

idear 对…形成概念；设想；构思；设计

identidad 同一性；一致性；相同性；本体；身份；恒等式，恒等

identidad de yodo 碘值

identificación 辨别，识别，认出；确定身份；身份证明；认为等同，视为一致

identificar 辨认，识别；确定…的身份；把…视为相同，认为…等同于

idioblástico 自形变晶的

idioblasto 细胞原体；自形变晶

idiocromático （矿物等）自色的，本色的

idiógeno 同成的，同生的

idiomorfo （矿物等）自形的

idiostático 同位差的，同势差的，同位的，同电的

idocrasa 符山石

idrialina 辰砂地蜡

idrialita 辰砂地蜡，绿地蜡

IE (interferencia electromagnética) 电磁干扰

IFP (índice de flujo del pozo) 井的生产指数，油井产率，油井的生产指数

ígneo 火成的；靠火力的，熔融的

ignición 燃烧；烧红；发火，点火，引燃

ignición autógena 自燃，自动着火

ignición de combustible 燃料燃烧

ignición por compresión 压缩点火

ignifugado 防焰的，耐火的，不易燃的

ignífugo 不燃的；防火的；防火材料

ignimbrita 熔结凝灰岩

ignito 有火的；燃烧着的

ignitor 发火电极，引燃电极

ignitrón 点火管，引燃管，放电器，点火器

igual 一样的；相似的；相称的，相符的，与…一致的

igual salario por igual trabajo 同工同酬

igual retribución 同样待遇，同样薪水

igualación 平衡，均等化，平均

igualador 均压器；均衡器；均值器

igualador de atenuación 衰减补偿器

igualador de camino 平路机，（路面）平整机

igualador de fase 相位均衡器

igualador de línea 路线均衡器

igualador de presión 均压器，均压装置

igualador de retraso 延迟均衡器

igualador del freno 制动器前后平衡装置

igualadora 平衡机，平衡发电机

igualar 使相等，使相同，使一样；使平坦，使光滑；订立（服务）合同

igualdad 相等；相同，平等，均等，一致，一律，等式；平坦

igualitario 平等的；平等主义的；平均主义的；平均主义者

igualitarismo 平等主义，平均主义

IH (índice de heterogeneidad) 异质性指数

IH (índice de hidrógeno) 含氢指数，氢指数

ijolita 霓霞岩

ilegalidad 非法性，违法性；违法行为

ilegalizar 使违法，使非法

ilícito 非法的，违禁的；违法行为，侵权行为

ilimitado 无界的，无限的，无止境的，游离的，自由的

iliquidez 非现金，非流动资金

illita 伊利石，伊利水云母

ilmenita 钛铁矿

ilmenítico 钛铁矿的，铌钛矿的

ilmenorrutilo 黑金红石

iluminable 可被照明的

iluminación 照亮，照明；照明度；灯彩，灯饰

iluminación artificial 人工采光

iluminación concentrada 点光源照明，局部照明

iluminación crítica 临界照明度

iluminación de alta eficiencia 高效照明

iluminación de socorro （事故）信号灯

iluminación difusa 漫射照明
iluminación directa 直接照明
iluminación eléctrica 电光（照明）
iluminación estroboscópica 电子闪光
iluminación fluorescente 冷阴极光
iluminación indirecta 间接照明
iluminación intensiva 泛光照明，泛光灯
iluminación por acetileno 乙炔灯
iluminación por fluorescencia 荧光灯
iluminación por gas 煤气灯
iluminación por incandescencia 白炽灯
iluminación por luminiscencia 发光灯
iluminación por luz negra 黑光，不可见光
iluminación proyectada 强力照明，泛光照明
iluminación uniforme 均匀照明
iluminador 照明的，照亮的；施照体，发光器，发光体
iluminador del indicador de nivel de agua 水位计发光器
iluminancia 照度，施照度，光通量密度
iluminante 施照体，发光物，发光体；发光的
iluminar 照亮，照明；给…装上彩灯；上色；开发（地下水）
iluminómetro 照度计，流明计
imagen 像，肖像；映像；图像；影像
imagen accidental 意外像，后像
imagen acústica 声像
imagen aérea 空间像，虚像
imagen brillante 明亮图像
imagen de satélite 卫星图像
imagen eco 双像，重影，回波图像
imagen eléctrica 电像，电位起伏图
imagen falsa 重像
imagen fantasma （电视图像的）重像，幻象
imagen latente 潜像
imagen negativa 负像
imagen nítida 清晰图像
imagen ortoscópica 无畸变图像
imagen positiva 正像
imagen real 实像
imagen virtual 虚像
imagenes cuadrimensionales 四维影像
imágenes de pozo 成像测井，成像测井工具
imágenes ultrasónicas 超声波成像测井，超声波成像测井工具
imán 磁铁，磁石，磁体
imán apagador 熄弧磁铁
imán artificial 人造磁铁
imán bipolar 两极磁铁
imán circular 圆磁铁
imán compensador 补偿磁铁
imán corrector 磁铁校正器，补偿磁铁
imán de campo 场磁体，场磁铁

imán de herradura 马蹄形磁铁
imán de láminas 叠层磁铁
imán de pesca 打捞磁铁
imán director 控制磁铁
imán en barra 磁棒，条形磁铁
imán inductor 场磁体
imán lamelar 薄片磁铁
imán levantador 起重机磁铁
imán natural 天然磁铁
imán permanente 永久磁铁
imán portante 吸持电磁铁
imán supraconductor 超导磁体
imanación 磁化，起磁
imanación transversal 交叉磁化
imanado 有磁性的，有磁力的
imanador 使磁化的，使起磁的，使有磁力的；磁化机，起磁机，导磁体
imantar 使磁化，使起磁，使有磁力
imbibición 吸收，浸湿，湿透；渗吸；吸涨
imbibir 渗入，吸入，吸收
imbricación 瓦状叠覆，鳞状叠覆；紧密相连，一环扣一环
imbricado 叠盖的；鳞甲状的；叠瓦状的；覆瓦状的；鳞覆的
imerinita 钠透闪石
imida 酰亚胺
imidazol 咪唑；咪唑的衍生物
imidazolilo 咪唑基
imina 亚胺
imino 亚胺基
iminoácido 亚氨基酸
iminocompuesto 亚胺化合物
imitación 模仿，模拟；仿造，仿制；仿制品
imitador 仿效者，模仿者；模仿的，仿效的，仿制的，仿造的
imitar 模仿，仿效，模拟；仿造，仿制
impactar 碰撞，冲击，撞击；影响
impacto 命中，击中；弹痕；冲击，影响，效果
impacto de los costos 成本影响
impacto ecológico 生态影响
impacto sobre los recursos 对资源的影响
impacto externo 外部冲击
impagado 未支付的；未支付
impago 未支付；未拿到报酬的；未领到欠款的
impalpable 感觉不到的；感触不到的；极细的，细微的，薄的
impedancia 阻抗；全电阻
impedancia acústica 声阻抗
impedancia acústica característica 特性声阻抗
impedancia acústica por unidad de superficie 单位面积声阻抗，声阻抗率

impedancia amortiguada　阻挡阻抗
impedancia anódica　阳极阻抗
impedancia característica　特性阻抗
impedancia de carga　加载阻抗
impedancia de entrada　驱动点阻抗，输入阻抗
impedancia de estator　定子阻抗
impedancia de imagen　镜像阻抗
impedancia de placa　板极阻抗
impedancia de radiación　辐射阻抗
impedancia de transferencia　转移阻抗
impedancia dinámica　动态阻抗
impedancia imagen　镜像阻抗
impedancia infinita　阻挡阻抗
impedancia iterativa　累接阻抗，交等阻抗
impedancia mecánica　力阻抗，机械阻抗
impedancia mutua　互阻抗
impedancia negativa　负阻抗
impedancia propia　自阻抗，固有阻抗
impedancia sincrónica　同步阻抗
impedancia superficial　表面阻抗
impedancia terminal　终端阻抗
impedancias conjugadas　共轭阻抗
impedancímetro　阻抗仪
impedimento　妨碍，困难；阻碍物，制止物
impedimentos a la importación　进口限制
impedir　阻止，制止，阻挡，阻挠；阻碍，妨碍
impedir el encendido　阻止火灾，灭火
impedir reventones　防止井喷，阻止井喷
impedómetro　阻抗计，阻抗测量仪
impelente　推进的，推动的，促进的；推进器，叶轮，转子
impeler　推进，推动；激励，驱动
impenetrable　不可通过的；不能穿过的，不透性的；透不过的
impensa　经费，费用
imperceptible　感觉不到的；难以觉察的
imperdible de seguridad　安全别针
imperfección　不完全性，不完美性；不完整，不完美，缺陷，疵点
imperfecto　不完善的，不完美的，不完全的；有缺陷的，有缺点的
imperialismo　帝国主义
imperialista　帝国主义的；帝国主义者
impericia　无经验，不熟练；无能
impermeabilidad　不渗透性，不透水性，隔水性；防水，密封
impermeabilización　防水处理
impermeabilizado　密封过的；做过防水处理的
impermeabilizador　防水布，防水材料，隔水层
impermeabilizante　防水材料，隔水材料
impermeabilizar　使不透水，使防水，涂防水物料
impermeable　雨衣；不可渗透的，不透水的，防水的；密封的

impermeable a la lluvia　防雨的
impermeable a los gases　不透气的，气密的，密封的
impermeable al aceite　不透油的
impermeable al agua　防水的，水密的，绝湿的
ímpetu　动力，推动力，冲力；精力，活力；动量
impiderreventones　防喷器
impiderreventones de ariete　闸板防喷器
implantar　建立；实施，施行；把…嵌入，埋置于；移植
implemento　工具，器具
implosión　爆聚，内爆，向心爆炸，向心挤压
impolarizable　不能极化的，不能偏振的
imponer　课税，征收（赋税）；存款，汇款，强加，施加
imponible　应该征税的；可以征税的
imporoso　无孔隙的，无孔的
importación　输入，输入品，进口货，进口商品
importación con franquicia aduanera　免税进口
importación libre　直接进口
importación permanente　永久进口
importación con franquicia arancelaria　免税进口
importación temporal　临时进口
importador　进口的，输入的；进口商
importe　金额，价值，总数
importe bruto　总额
importe de la factura　发票金额
importe total　总额
impositivo　征税的，赋税的，税收的
impracticable　不能实行的，行不通的，不实用的
impregnación　注入，浸渍，浸透；充满，饱和
impregnación de aceite　油渍
impregnación de barniz　漆浸渍
impregnación en vacío　真空浸渍
impregnaciones de petróleo　油浸
impregnado　浸渍的，浸泡的；浸润的；饱和的
impregnado de aceite　油渍的
impregnado de petróleo　油湿的，油浸的
impregnador　浸渍槽；浸渍剂
impregnante　浸渍剂
impregnar　浸泡，浸润，浸满，浸透；使饱和，使充满
impregnar con metanol　甲基化；用甲醇浸泡
impresión　印痕，印次，印刷，印刷品，印象
impresión azul　蓝图，设计图
impresión Baumann　硫印，硫磺检验法
impresión de fósil　化石印痕
impresión de lluvia　雨痕
impresión de ola　波痕，浪痕

impresión en policromía　彩色印刷

impresora　打印机

impresora matricial de puntos　点阵打印机，点矩阵打印机

impresora por líneas　行打印机，行式打印机

impresora por puntos　点阵打印机

imprevisto　意外；偶然事故；意外的，未预见到的

imprimación　涂底漆，打底色；底料，底色，底漆；防腐层

improductivo　不生产的；无收益的；无成效的

improductivo de interés　不生息

impsonita　英普逊焦沥青，焦性沥青，脆沥青岩

impuesto　税，捐税；强加的

impuesto a la contaminación　污染税

impuesto adicional　附加税

impuesto al valor agregado　增值税

impuesto de la renta progresivo　累进工资税，累进收入税

impuesto de pigou　庇古税，皮固税

impuesto de producción　采掘税，开采税

impuesto de salida　出口税

impuesto del timbre　印花税

impuesto diferencial　差别税

impuesto directo　直接税

impuesto ecológico　生态税

impuesto por contaminación del aire　空气污染税

impuesto progresivo　累进税

impuesto proporcional　比例税

impuesto regresivo　递减税

impuesto sobre beneficios extraordinarios　超额利润税

impuesto sobre bienes inmuebles　不动产税

impuesto sobre consumos específicos　特殊消费税

impuesto sobre el patrimonio　资产税

impuesto sobre el valor añadido (IVA)　增值税

impuesto sobre el volumen de negocios　营业税

impuesto sobre ingresos extraordinarios　额外收入税

impuesto sobre la renta　所得税

impuesto sobre la renta de las personas físicas　个人所得税

impuesto sobre la renta empresarial　企业所得税

impuesto sobre las emisiones de carbono　碳排放税，碳税

impuesto sobre ventas al por menos　零售税

impuestos locales　地方税

impuestos varios　杂税

impuestos vencidos　到期未缴税款

impugnar　反驳，驳斥，抨击；（通过上诉）表示反对

impulsado　从动的，被驱动的

impulsado a motor　发动机驱动的

impulsado por aire comprimido　压缩空气驱动的

impulsado por cable　钢索传动的

impulsado por cadena　链传动的

impulsado por motor　发动机驱动的，机动的

impulsado por vapor　蒸汽带动的，汽动的

impulsador　推动的，推进的；促进的，激励的；推进器

impulsar　推动，推；促使，促进；增强；促使，迫使

impulsión　动力，推动力；推动，驱动；脉冲，脉动

impulsión de cadena　链条传动

impulsión directa　直接传动

impulsión eléctrica　电驱动；电脉冲

impulsión en las cuatro ruedas　四轮驱动

impulsión hacia lo alto　向上推进，抬高

impulsión hidráulica　水力传动，液压传动

impulsión modulada　调制脉冲

impulsión por cadena　链条传动

impulsión por correa　皮带传动

impulsión por maroma　钢索传动，粗绳索传动

impulsión por tornillo sin fin　蜗杆传动

impulsividad　冲动作用，脉冲作用；推进力

impulsivo　推动的；脉冲的

impulso　冲击，推动；推力，冲力，冲量；脉冲

impulso barrera　阻塞脉冲

impulso de activación　启动脉冲

impulso de alta frecuencia　高频脉冲

impulso de borrado　消隐脉冲

impulso de habilitación　启动脉冲

impulso de radiofrecuencia　射频脉冲

impulso de recomposición　复位脉冲

impulso de sincronismo　同步脉冲

impulso elástico　弹性脉冲

impulso eléctrico　电驱动；电脉冲

impulso electromagnético　电磁脉冲

impulso fraccionado　开槽帧同步脉冲，槽脉冲，缺口脉冲

impulso gatillo de disparo　触发脉冲

impulso de igualación　均衡脉冲

impulso intensificador de brillo　照明脉冲

impulso invertido　倒脉冲

impulso para equipo perforador　钻机驱动

impulso para equipo perforador rotativo　转盘钻机驱动，回转钻进设备驱动，旋挖钻机驱动

impulso previo　前脉冲；前震

impulso transitorio　瞬变脉冲

impulsor　推动的；推进的；促进的，激励的；推进器

impulsos numéricos　脉冲信号

impureza　不纯；不洁；掺杂；杂质；混杂物；

不纯物

impurezas en suspensión 悬浮杂质

impuro 不纯的；不洁的；掺杂的

imputable 可支付的；可归罪的

imputación 归咎于，归因于；估算

imputación de costos 费用估算，成本估算

imputación de impuestos 税收估算，估算税费

in sólidum 连带地，共同负责地

inacabado 未完成的

inacción 不活动，呆滞，闲置

inactividad 不活动，不活跃；闲置；静止性，非活动性；钝性；不活泼性；不旋光；非放射性

inactividad del mercado 市场呆滞，市场不景气

inactivo 不活跃的，不活动的；静止的；闲置的

inadaptabilidad 不适应性

inadecuación 不适当，不恰当

inadecuado 不适当的，不恰当的

inadhesividad 无黏附性，无黏附度

inadmisible 不能接受的，不能承认的

inalámbrico 无线的，不用电线的；无线电的

inalterable 不变的，不可改变的；不动声色的

inalterado 未变的，未发生变化的；未改变的

inamortiguado 无阻尼的，无衰减的；等幅的

inamovible 不活动的，不可移动的

inanublable 无阴影的

inaplicable 不适当的，不相称的，不配的，不相干的

inapropiado 不适当的，不恰当的，不合适的

inasentado 不稳定的，易变的，未固定的；未解决的

inastillable 安全的，保险的

inatacable 耐腐蚀的

inatacable por ácidos 防酸的，抗酸的

inauguración 开始，开幕式

incandescencia 白炽，白热；火热，炽热

incandescente 白炽的，白热的；火热的，灼热的，炽热的

incapacidad 无能，不合格，不熟练，机能不全；无资格

incapacidad absoluta 完全没有能力，完全无行为能力

incautación 没收，充公，查收

incautar 没收，扣押，查封；霸占

incendaja 引火物

incendio 大火，火灾

incendio de bosque 森林火灾

incendio de bosque de monte 山林火灾

incendio de la superficie marina (ISM) 海面火灾，海上大火

incendio de malezas 灌木火灾，草木丛火灾

incendio de matorrales 灌木火灾，草木丛火灾

incendio de un pozo de petróleo 油井火灾

incendio destructivo 猛烈的火灾，破坏性的火灾

incendio forestal 森林火灾

incendio intencionado 放火，纵火

incentivo 刺激的，鼓励的；刺激，鼓励，奖励

incentivo a la exportación 出口奖励，鼓励出口

incentivo a la inversión 投资鼓励，刺激投资

incentivo fiscal/tributario 税收奖励，税收刺激，财政刺激，财政鼓励

incentivo por fichaje 高额聘用金；丰厚见面礼

incentivo progresivo 渐进式鼓励，层进式鼓励

incentivo salarial 奖励工资

incentivos materiales 物质刺激

incertidumbre 不确定性，不可靠性

incidencia 偶发事件，事故；影响；发生率；关联，接合；入射

incidencia normal 垂直入射，正入射

incidencia oblicua 倾斜入射，斜入射

incidencia rasante 掠入射

incidencias del sondeo 钻井事故，钻探事故

incidente 意外的，偶然的；入射的；插曲；意外事件，偶发事件，事故

incineración 煅烧；焚化，焚烧；烧尽

incineración catalítica 催化燃烧

incineración de basura 垃圾焚烧

incineración de desperdicios 垃圾焚烧

incineración en el mar 海上焚烧

incineración recuperativa 再生式焚烧，回热式焚烧

incipiente 开始的，最初的，初期的

inclinable 易倾向…的，倾向于…的，赞成…的；可使倾斜的

inclinación 倾斜；斜度，倾角；弯下；倾向，趋势

inclinación crítica 临界倾角

inclinación de grandes bloques de tierra 地倾斜

inclinación de la brújula 磁倾斜

inclinación de onda 波前倾斜

inclinación de un estrato 地层倾角

inclinación de una falla 断层余角，断层倾斜

inclinación de una vena 矿脉倾角

inclinación del eje 轴倾角

inclinación del eje delantero 前轴倾斜

inclinación del pozo 井斜

inclinación dragada 拖曳倾斜

inclinación fuerte 急倾，陡倾斜

inclinación hacia adelante 前向倾斜

inclinación hacia dentro 内向倾斜，内倾度

inclinación lateral 横倾，横向倾斜

inclinación longitudinal 纵倾，纵向倾斜

inclinación magnética 磁倾角，磁倾斜

inclinación máxima permisible (允许的) 最大

坡度，最大纵坡

inclinación media　中等倾斜，中等倾斜度

inclinación mínima　最小倾斜，中等倾斜度

inclinación posterior　后倾角

inclinación principal　原始倾角，原始倾斜

inclinacion regional　区域倾斜，局部倾斜

inclinación verdadera　真倾角，真倾斜

inclinado　倾斜的，弯曲的；倾向于…的

inclinado a la investigación　以研究为导向的

inclinado a la seguridad　以安全为导向的

inclinador　倾斜仪，倾角仪，倾斜器；使倾斜的

inclinar　使倾斜，偏斜，弄斜，斜置

inclinómetro　倾向仪，倾角仪；测斜计，测斜仪

incluido　包括的，算入的，计入的

incluidos todos los gastos　一切费用包含在内的

incluir　包含，包括，把…放进，把…引入，把…包括在内

inclusión　放进，列入；包括；内含物，参杂物；友谊，联系

inclusión gaseosa　气体夹附

incoagulable　不能凝固的，不会凝结的

incoagulado　未凝固的，未凝结的

incobrable　不能收回的

incógnita　未知数；迷

incógnito　未知的，不认识的

incoherente　无关联的，无条理的，杂乱无章的，无胶黏性的；松散的

incoloración　无色

incoloro　无色的，平淡无奇的

incombinable　不能结合的；不能化合的

incombustibilidad　不燃性

incombustible　耐火的，不燃的

incombusto　未燃烧的；未烧坏的；（耐火砖等）未煅烧的

incomerciable　不畅销的，不易卖出的

incomparabilidad　不可比性

incomparable　无比的，不能比较的，不可比的

incompatibilidad　不相容性，不能并存，性质相反；配伍禁忌

incompatible　不相容的，不能共存的；（职务）不能兼任的；配伍禁忌的

incompetencia　不合格，不合适；无法定资格

incompetente　不合格的，不胜任的，不适合的；无法定资格的；弱岩的，软岩的

incompetitividad　缺少竞争力

incompleto　不完全的，不完整的，未完成的

incompresibilidad　不可压缩性，非压缩性

incompresible　不可压缩的，不能压缩的

inconcordancia　不整合

incondensable　不能凝缩的，不冷凝的

incondicional　无条件的，绝对的

inconducente　不导致…的；不传导的，绝缘的

inconductible　不传导的，不导电的，绝缘的

inconel　铬镍铁合金，因康镍合金

incongelable　不冻的，耐寒的

incongruencia　不调和，不和谐，不一致，不相容性

incongruente　不调和的，不适宜的

inconmutable　不能交换的

inconsistente　不稳定的，疏松的；根据不足的

incontrolado　无法控制的

inconvertibilidad　不能交换性，不可转化性，不可逆性

inconvertible　不能交换的，不可改变的，不能兑换的

incorporación　添加；掺和；并入；报到；到职

incorporado　参加的，加入的；结合成社的，组成公司的

incorporar　使结合，使合并，吸收，记入

incorpóreo　无形的，非物质的

incorrección　不正确，错误；不妥当

incorrecto　不正确的，错误的；欠妥的

incorrosible　抗腐蚀的，不腐蚀的，不锈的

incorruptible　不腐烂的，不腐败的

incoterms　国际贸易术语解释通则，国际贸易术语

incrementación de reservas y optimización de producción　增储上产

incrementador　增黏剂；增效剂；增速器；增加者

incrementador de transmisión　齿轮增速器，传动增速器

incremental　增加的，逐渐增长的，递增的

incrementar　增长，发展，扩大

incrementar el factor de recobro　提高采收率

incrementar precio　提高价格

incremento　增加，增长；扩大，扩展；增长量，增加数；增数

incremento de la inclinación　增斜

incremento de presión　压力增加，压力上升

incremento en la velocidad de penetración　钻进速度提高

incremento de inversión　投资增长

incremento de sueldo　收入增加，工资增长

incremento del patrimonio　资产增益

incrustación　镶嵌，嵌入，镶嵌物；水锈，水垢；（物体表面的）硬壳状物

incrustación de sílice　硅华

incrustado　镶嵌的，嵌入的；结水垢的；镶嵌，嵌入

incrustante　结硬壳的，结硬垢的，有积垢的

incubadora　恒温箱，恒温器

incumbencia　责任，（利害）关系，任务，工作

incumplido　未完成的，未履行的

incumplimiento　不执行，不履行
incumplimiento de contrato　违约
incumplimiento de la entrega prometida　未按期交货
incumplimiento de pago　拒绝付款，未履行付款义务
incumplimiento de un trámite　未办理手续
incumplir　不履行，不执行，违背
incumplir contrato　违约
incumplir derecho　违法
incumplir el pago　拒绝付款，未履行付款义务
incumplir norma　违法
incurrente　流入的，进水的
incurvación　弯管，弯头，弯道，转弯；挠曲
indagación　调查，查询
indagar　调查，打探，查询
indagatorio　调查的，侦查的
indebido　不必要的；不恰当的；不法的，非法的
indeformable　不变形的，不走样的，刚性的，坚硬的，不易弯的
indemne　未损坏的，未毁坏的
indemnidad　未受损伤，未受伤害，无恙
indemnidad de cuarentena　检疫未见异常
indemnidad por rotura　破损赔偿
indemnizable　可重获的；可恢复的
indemnización　赔偿，补偿，赔偿费；赔偿物
indemnización de seguros　保险赔偿
indemnización doble　加倍赔偿，双倍赔偿
indemnización global por despido　一次性付清的解雇费
indemnización por accidente　事故赔偿
indemnización por daños y perjuicios　损害赔偿
indemnización por despido　解雇费
indemnización por fallecimiento del asegurado　被保险人死亡抚恤金
indemnización por rescisión del contrato　解除合同赔偿
indemnización y gratificaciones al personal　职员补偿及奖金
indemnizar　赔偿，补偿
indeno　茚
indentación　刻痕，凹痕，压坑
independiente　自立的；独立的；自主的；单独的，无关联的
indesgastable　耐磨损的，抗磨损的
indestructible　不可毁灭的，耐久的
indestructibidad　不灭性，不可毁性
indesviable　不能引开的，难使转向的
indeterminable　无法确定的，不能解决的
indeterminación　不确定，不固定，模糊
indexación　编索引；索引；变址；下标，附标；指数化
indexado　指数化的，按指数计算（偿付）的

indexar　使指数化
indialita　印度石
indicación　指示；（指示器上的）读数，显示；说明；标明；示意；标记
indicación audible　音响指示，可闻信号
indicación de petróleo　油显示
indicación de procedencia　（某地因产品名而带来的）地产专利权，原产地标记
indicación del rumbo　方位指示
indicación del sentido　测向，指向探测
indicación directa de hidrocarburos　直接烃类显示，直接油气显示
indicaciones de falla　断层指示
indicaciones para el empleo　使用手册
indicado　指示的，指出的，表明的，象征的，适合的
indicador　指示器，显示器，示踪器；跟踪器；定位器；指标，指数
indicador a presión del vapor　蒸汽压力计
indicador automático de ruta　自动导航仪
indicador azimutal　方位指示器
indicador biológico　生物指示剂
indicador cronológico　年代指示物，年代标志
indicador de aviso　信号装置
indicador de azul de bromofenol　溴酚蓝指示剂
indicador de carga　测载计，指重表，载荷指示器
indicador de caudal　流量表，流量计
indicador de cero　零位指示器
indicador de combustible　燃料表，油量计，油规
indicador de confianza de los consumidores　消费者信任指数
indicador de consumo máximo　最大需量指示器
indicador de control　监测器
indicador de corriente　流速计
indicador de cortocircuito　短路线圈测试仪
indicador de deformación　应变计，应变仪
indicador de deriva　井斜指示器
indicador de deslizamiento lateral　侧滑指示器
indicador de desviación　倾角仪，倾角测量仪
indicador de diafragma　膜片式压力计，薄膜压力计
indicador de dos plumas　双笔记录仪
indicador de emboladas de las bombas de lodo　泥浆泵泵冲表
indicador de fase　相位计
indicador de flujo　流量计，流量表
indicador de fuerza de torsión　扭矩仪，扭矩表
indicador de gas　气体指示物，气体指标
indicador de gasolina　燃料表，油量计，油规
indicador de gasto de aceite　油位指示器
indicador de inclinación longitudinal　倾斜俯仰指示器

indicador de inclinación lateral　倾斜指示器

indicador de la capacidad de endeudamiento　偿债能力指数

indicador de la coyuntura　短期经济指数，市况（行情）指标

indicador de la contaminación　污染指示物

indicador de la dirección del viento　风向指示器；风向标

indicador de la presión del aceite　油压指示器

indicador de la presión en la bomba de lodo　泥浆泵压力表

indicador de la velocidad rotatoria　(转盘)转速指示表

indicador de mercurio　汞压力计，汞测压计

indicador de nivel　液面指示器；水准仪，水平规

indicador de nivel a flotador　浮标液面指示器，浮标式液面指示器

indicador de nivel de aceite lubricante　润滑油油位指示器

indicador de nivel de combustible　油量计；燃油表

indicador de nivel de líquidos　液面计，液面表，液面指示器

indicador de nivel de llenado　注油液面指示器

indicador de nivel de vidrio　玻璃液面计，玻璃液位计，玻璃看窗

indicador de nivel del tanque　油罐液面指示器

indicador de pendiente　倾斜仪，量坡仪，梯度计

indicador de pérdidas a tierra　漏电探测器，接地探测器

indicador de peso　指重表；(电缆)张力指示器；钻压表

indicador de peso Martin Decker　马丁戴克指重表

indicador de pH　pH 值指示剂

indicador de placas　膜片式压力计，薄膜压力计

indicador de polaridad　极性指示器

indicador de potencia　功率指示器

indicador de presión　压力表，压力计，压强计

indicador de presión del aceite　油压表，机油压力表

indicador de profundidad　深度指示器；下深计数器

indicador de progreso real　真实发展指标，真实发展指数

indicador de radar　雷达显示器

indicador de rarefacción　虹吸气压计

indicador de reflexión　反射计

indicador de RPM de la mesa rotaria　转盘转速表

indicador de secuencia de fases　相序指示器

indicador de sentido de corriente　(电)极性指示器

indicador de sintonización de rayos catódicos　阴极射线调谐指示器

indicador de temperatura　温度计，温度表

indicador de temperatura del agua　水温表，水温计

indicador de torque　扭矩指示器，转矩指示器，扭矩表

indicador de torque de la mesa rotaria　转盘扭矩指示器，转盘扭矩表

indicador de torque de las llaves de potencia　动力大钳扭矩指示器

indicador de torsión　扭力计，扭矩计

indicador de vacío　真空计，真空表

indicador de velocidad　示速器，速度表

indicador de velocidad de aire　空速指示器，空速表

indicador de velocidad de la mesa rotatoria　转盘速度计，转盘转速表

indicador de vidrio de nivel de agua　玻璃水位计

indicador de viscosidad　黏度计，测黏计，黏度测定计

indicador de volumen　声量指示器

indicador del aceite　油量计，油位表

indicador del nivel de aceite　油量计，油位表

indicador del nivel de aceite tipo bayoneta　插入式油面计

indicador del nivel de agua　水位标，水位计

indicador del punto libre　自由点指示仪，自由点指示器

indicador ecológico　生态指示生物，生态指示物

indicador económico　经济指标

indicador en forma de dial　刻度盘指示器

indicador inalámbrico　无线指示器

indicador luminoso　灯光指示器

indicador monocromo　单色指示剂

indicador universal　通用指示剂，万能指示剂

indicador visual　目测指示器

indicador visual de altitud　高度目测指示器

indicador de confianza de los consumidores　消费者信任指数

indicador de la capacidad de endeudamiento　偿债能力指数

indicador de la coyuntura　短期经济指数，市况（行情）指标

indicadores del desarrollo sostenible　可持续发展指标

indicadores financieros de solvencia　偿债能力指标

indicadores sociales　社会指标

indicante　指示的，表示的

indicar　标明，指明；表明；指示，说明

indicativo　指示性的，表示性的

indicatriz　指数轨迹，指示量，特征曲线

índice （表、仪器的）指针；记号，标志；目录，索引；指数，比率

índice absortivo 吸收指数，吸收系数，吸收率

índice alfabético 按字母排列的目录（或索引）

índice antidetonante 抗爆指数

índice de acetilo 乙酰值

índice de acidez 酸值

índice de arrastre （频率）牵引数

índice de bromo 溴值

índice de calcinación 煅烧值

índice de calidad del agua 水质指数，水质指标

índice de calidad del yacimiento （ICY） 油藏品质指数

índice de carbono 碳值；碳数

índice de carga 荷载率

índice de cavitación 气蚀系数

índice de cetano 十六烷指数

índice de ceteno 十六烯指数

índice de cobre 铜值

índice de contaminación 污染指数

índice de coquización 焦化指数，焦值

índice de crudo movible 可动油指数

índice de crudo producible 可动油指数

índice de demulsibilidad de Herschel 赫歇尔反乳化数值

indíce de desarrollo 开发指标，发展指数

índice de diesel 柴油指数

índice de dilución 稀释比

índice de dispersión 分散速率，分散率

indíce de empuje 驱动指数

índice de empuje hidráulico 水驱指数

índice de emulsión 乳化值

índice de emulsión con vapor 水蒸气乳化度

índice de erosión del suelo 土壤侵蚀指数

índice de fluido 流量，流率；流体指数

índice de fluido libre 自由流体指数

índice de flujo del pozo （IFP） 井的生产指数

índice de Hehner 亥钠值

índice de heterogeneidad （HI） 异质性指数；非均匀性指数

índice de hidrógeno （IH） 含氢指数，氢指数

índice de infiltración 渗入指数，渗透指数

índice de inyección 注入量，注入率

índice de mercado 市场指数

índice de mercurio 水银指数，汞指数

índice de mezcladura 混合指数

índice de mortalidad 死亡率

índice de nafteno 环烷烃指标

índice de natalidad 出生率

índice de neutralización 中和值

índice de octano 辛烷值

índice de oxidación 氧化数

índice de oxidrilo 羟基值

índice de peligro 危害指数

índice de penetración 针入度指数，穿透指数

índice de penetración de la barrena 钻头钻进速度，钻头穿透指数

índice de peróxido 过氧化值

índice de perturbación 干扰指数

índice de Prandtl 普朗特数

Índice de Precios al Consumidor （IPC） 消费者价格指数

índice de precios de consumo 消费物价指数

índice de precipitación 沉淀值

índice de productividad （IP） 生产率指数

indíce de propulsión 驱动指数

índice de referencia 参考指数

índice de refracción 折射率，折光指数

índice de refracción modificado 修正折射率，修正折光指数

índice de rendimiento 品值，品度值

índice de respuesta al clima de invernadero 温室气候反应指数

índice de saponificación 皂化值

índice de saturación 饱和指数

índice de saturación de Langelier 兰格利尔饱和指数

índice de siniestralidad 受损率

índice de viscosidad 黏度指数

índice de viscosidad-gravedad 黏度—比重（密度）常数

índice de yodo 碘值

índice del costo de vida 生活费用指数

índice diesel 柴油指数

índice Ester 酯值

índice general 总指数

índice bursátil 交易所指数，证券市场指数，股市指数

índice de base fija 固定基期指数

índice de cotización 股票行市指数，股票牌价指数

índice de credibilidad 信誉指数

índice de frecuencia 频率指数

índice de ingreso marginal 边际收入指数，收入边缘化指数

índice de precios al consumo （IPC） 消费物价指数，消费价格指数

índice de precios al por mayor 批发价格指数

índice de precios industriales 工业价格指数

índice Dow Jones 道·琼斯股票价格指数，道·琼斯平均价格指数

índice Dow Jones de valores industriales 道·琼斯工业股票价格指数

índice en cadena 连锁指数，联系指数

índice Nikkei 东京 225 种股票平均价格指数，日经指数

índice ordinario de la Bolsa de Nueva York　纽约证券交易所平均指数

índices macroeconómicos　宏观经济指数

índices ponderados　加权指数

indicio　征兆，迹象，苗头；痕迹

indicio de gas　气显示，气苗

indicio de hidrocarburos　油气显示

indicios de petróleo　油显示

indicios de petróleo en los afloramientos　油苗

indicolita　蓝电气石

indígena　本地的，土著的；自古以来就住在本地的；本地人，土著

indio　铟；印度人的；印第安人的；印第安人，印度人

indio al plomo　铅铟

indirecto　间接的，迂回的，曲折的

indisolubilidad　不溶解性，不均匀性；永久性

indisoluble　难溶解的；不能分解的；稳定的，永恒的

individual　个体的，单独的，个别的；独特的，专用的

indivisibilidad　不可分割，除不尽

indivisibilidad del contrato　合同的完整性

indivisible　不可分割的，完整的

indización　编索引；索引；加下标，附标；指数化，指数法

indización de los precios　价格指数化

indización de riesgos　风险指数化

indizar　指数化；把…编入索引

índole　本性，性质

inducción　引起，导致；归纳，归纳法；感应

inducción de alta frecuencia　高频感应

inducción eléctrica　电感应

inducción electromagnética　电磁感应

inducción electrostática　静电感应

inducción magnética　磁感，磁感应

inducción mutua　互感应，互感

inducción nuclear　核感应

inducción propia　自感应

inducción residual　残余磁感

inducido　感应电路；感应圈；（电机的）电枢，转子，衔铁；感应的

inducido al tambor　鼓形电枢

inducido articulado　活节式衔铁

inducido centrado　平衡式衔铁

inducido de disco　盘形电枢，圆板衔铁

inducido de jaula　鼠笼转子；鼠笼式转子

inducido de un dinamo　发电机的电枢，电动机的电枢

inducido equilibrado　平衡式衔铁

inducido sin núcleos　空心电枢，空心衔铁

inducir　引起，导致，促使；归纳出，得出；使感应

inducir a producción　完井投产，新井投产

inducir a producción por gas o aire comprimido　气举采油

inductancia　电感；电感线圈；感应体；感应器

inductancia aparente　表观电感

inductancia concentrada　集总电感

inductancia de conexiones　引线电感

inductancia de fuga　漏电感

inductancia distribuida　分布电感

inductancia incremental　增量电感

inductancia mutua　互感，互感系数

inductividad　电感性；感应性；诱导性

inductividad específica　电容率

inductivo　归纳的，归纳法的；感应的；电感性的

inductómetro　电感计

inductor　感应器，电感器，电感线圈；诱导体，诱导剂

inductor de tierra　地磁感应器

inductor terrestre　地磁感应器

industria　工业，产业；行业；企业

industria aeronáutica　航空工业

industria agropecuaria　农牧业

industria alimentaria　食品业，食品工业

industria automovilística　汽车工业

industria basada en recursos naturales　资源依托型产业

industria básica　基础工业

industria contaminadora　污染型工业

industria de costos crecientes　成本递增型产业

industria de extracción forestal　森林采伐业

industria de fabricación　制造工业

industria de la construcción　建筑业

industria de petróleo　石油工业

industria de plástico　塑料工业

industria de servicios　服务业

industria de transformación　加工工业

industria del transporte　运输业

industria estancada　停滞产业，夕阳产业

industria estatal o nacionalizada　国有工业，国营产业

industria fabril　制造业

industria forestal　森林工业

industria hotelera　旅馆业

industria ligera　轻工业

industria limpia　清洁型工业，无污染工业

industria maderera　木材业，木材加工业

industria manufacturera　制造业

industria maquiladora　加工工业

industria metalmecánica　金属机械工业

industria metalúrgica　冶金业

industria militar　军事工业

industria naciente o incipiente　新兴工业，新生

工业

industria oleícola 橄榄油业

industria pesada 重工业

industria pesquera 捕渔业

industria petrolera 石油工业

industria petroquímica 石化工业，石油化学工业

industria resinera 树脂工业

industria sebera 油脂工业

industria siderúrgica 钢铁工业

industria turística 旅游业

industrial 工业的，产业的；工业家，实业家，工业企业主

industrialismo 工业主义，实业主义

industrialización 工业化，产业化

industrialización de petróleo 石油工业化

industrializar 使工业化，实行工业化；工业加工，加工制造

inecuación 不等，不等式

ineconómico 不经济的，不实用的，不节省的

ineficacia 无效，无效力

ineficaz 无效的，不灵验的；疗效不好的；工作效率低的

ineficiencia 无效，无效力，无用，效率低

ineficiente 无效的；效能差的；不称职的

inejecución 未履行，未执行，未实施

inelasticidad 缺乏弹性，无弹性

inelástico 无弹力的，非弹性的，无伸缩性的

inercia 惯性，惯量，惰性，惰力

inercia en las ventas 滞销

inercia térmica 热惰性，热滞后

inercial 惯性的，惯量的，不活泼的，反应慢的

inerte 惰性的，不活泼的；不起化学作用的，无反应的，中和的

inertidad 惰性，惯性，反应缓慢性，稳定性

inestabilidad 不稳定性，不安定性，多变性

inestabilidad tectónica 地壳不稳定性

inestabilidad termodinámica 热力学不稳定性

inestabilidad cíclica 周期性不稳定

inestabilidad económica 经济不稳定

inestabilidad política 政治不稳定

inestabilidad del tipo de cambio 汇兑率不稳定

inestable 不稳定的；易变的；易分解的

inestimable 难估量的，无法估计的；极贵重的，无价的

inevitable 不可避免的

inexactitud 不精确，不准确；不真实，不确切；误差

inexacto 不精密的，不准确的；错误的，有误差的

inexpansibilidad 不可膨胀性

inexperto 无经验的；不老练的；非专业人员；外行

inexplorado 未勘查过的

inexplosible 不爆发的，不破裂的

inextensibilidad 非延伸性，无伸展性，不可伸长性

inextensible 不能扩张的，不能伸展的，伸不开的

infalsificable 不能伪造的，不能歪曲的

infección 感染，传染

inferencia 推断，推测，推理，推论

inferencia estadística 统计推理，统计推断

inferior 下方的，下部的；下位的，下等的，下级的

inferior al promedio 低于平均数的

infestación 传染，污染；侵扰；充斥，遍布；危害，毒害

infiernillo 酒精炉；电炉；火锅

infiltración 渗透；渗入；浸润，潜入，混进

infiltración de gas en el lodo 泥浆气侵

infiltración ecónomica 经济渗透

infiltrar 使（液体）渗入，透过；使潜入，使混进；使浸润

ínfimas ganancias 利润很低，薄利

ínfimo 很低的，最低的；很小的，很少的；很坏的，最坏的

infinidad 无限，无穷大；无数，大量

infinitesimal 无穷小的，无限小的；极小的

infinito 无限的，无穷的，无尽的，无边的，无数的

infinitud 无限，无穷，无限量

inflable 可充气的；可膨胀的，可隆起的

inflación 膨胀，打气；通货膨胀

inflación contenida 被抑止的通货膨胀

inflación de costes subyacentes 潜在的成本膨胀

inflación de demanda 需求膨胀

inflación de un solo dígito 个位数的通货膨胀，轻度通货膨胀

inflación desenfrenada 无法控制的通货膨胀，恶性通货膨胀

inflación encubierta 潜在通货膨胀，隐蔽性通货膨胀

inflación galopante 无法控制的通货膨胀，恶性通货膨胀

inflación moderada 温和通货膨胀

inflación motivada por aumentos salariales 工资推动的通货膨胀

inflación por aumento en los costes 成本推动型通货膨胀

inflación por tirón de la demanda 需求拉起型通货膨胀，需求拉动型通货膨胀

inflación subyacente 潜在通货膨胀，隐蔽性通货膨胀

inflacionario 膨胀的，通货膨胀的，由通货膨胀引起的

inflacionista 通货膨胀的；通货膨胀论者

inflado 膨胀的，凸出的，充过气的

inflador 增压泵，充气机，打气筒

inflamabilidad 易燃性，燃烧性

inflamable 易燃的，易着火的

inflamación 点火，引燃，燃烧

inflamación en vaso abierto 开杯燃烧，开杯点火

inflamación espontánea 自燃

inflamador 点火器，发火器，触发器，引火剂

inflamar 点燃，使燃烧；激起；使红肿，使发炎

inflar 充气，使膨胀；使鼓起

inflexbilidad 不弯曲，不挠，刚性，刚度

inflexible 不可弯曲的；刚性的

inflexión 弯曲，挠曲；（射线）偏移；（数学）拐折，回折（点）

influencia 影响，作用，效应；感应，反应

influencia en el medio ambiente 环境影响

influencias oceánicas 海洋影响

influente （因干旱蒸发而失去水量的）河流；流入的，进水的

influir 影响

influjo 影响，作用；满潮，涨潮；进水量，流入物

influjo de gas 气侵

influjo del agua 水侵

influyente 有影响的；能起作用的

infografía 电脑绘图；电脑图

infográfico 电脑绘图的

infopista 联网（系统），信息高速公路

información 通知，告知；报告，消息，信息，报道，情况；情报

información de propiedad privada 私有信息

información general 一般信息，基本信息

información geológica 地质资料

información geofísica 地球物理信息

información sobre análisis de núcleos 岩心分析数据

información sobre el rendimiento 收益方面的信息

información subterránea 井下资料，地下信息

información comercial 商业情报

información confidencial 机密情报，保密信息

información de primera mano 一手资料

información detallada 详细情报

información pública 公开的情报，众人皆知的消息

informacionalización 信息化

informador 通报的，报道的；提供信息（消息、情报）者

informal 非正式的，不规则的，非形式的

informante 通报的，报道的；提供信息（消息、情报）者

informar 通知，告知；向…报告，向…传递信息；使具有形体；使具有特性；通报，报告；提出主张，发表意见；答辩

informática 信息学，信息科学

informática de la gestión 管理信息学

informático 有关计算机科学（或技术）的；掌握计算机的；计算机专家

informativo 情报的，提供资料的，供给消息的

informatización 计算机的使用；计算机化

informatizar 用计算机处理，使计算机化

informe 通报，报导，报告；消息，情报，情况；申辩，陈述

informe anual 年报，年度报告

informe bursátil 交易所行情

informe comercial 营业报告；商务报告

informe de avería 海损报告

informe de auditoría 审计报告，查账报告

informe de auditoría con reservas 持有异议的审计报告

informe de auditoría limpio 无异议的审计报告

informe de auditoría sin reservas 无异议的审计报告

informe de capacidad financiera 资信报告

informe de existencias 盘存报告，存货报告

informe de destilería 炼厂报告

informe de gestión 经营报告，管理报告

informe de inspección 检测报告

informe de la visita hecha al cliente 客户寻访报告

informe de las ventas 销货账，销售报告书

informe de perforación 钻井报告

informe de pruebas 试验报告

informe de resultados 工作完成情况报告，经营结果报告

informe de viabilidad 可行性报告

informe diario 日报

informe diario de perforación 钻井日报表，钻井日报

informe económico 经济报告，经济报表

informe financiero 财务报告，财务报表

informe mensual 月报

informe pericial 专家报告

informe sobre la economía mundial 全球经济情况报告

informe sobre la marcha del proyecto 项目进展报告

informe sobre riesgos en préstamos internacionales 国际信贷风险报告

informe trimestral 季度报告

informes técnicos 技术资料，技术数据，技术报告

infracción 违反，侵害

infracción de una garantía 违反保证

I

infracción de una ley 违反法律
infracción del contrato 违反合同
infractor 违反者
infraestructura 基础设施，基础结构
infraestructura física 物质基础设施
infraestructura social 社会基础结构
infrarrojo 红外线的，红外的；红外区的；产生红外辐射的
infrarrojo próximo 近红外线的
infraseguro 保险不足，不足额保险
infrasónico 亚音频的，次声的
infrautilizado 利用不足的，未充分利用的
infravaloración 低估价值，估价过低
infrayacente 下伏层；下伏的
infringir 违犯，违反；不履行（诺言等）
infringir la ley 违法
infringir la norma vigente 违反现行规定
infructuoso 无益的，徒劳的，无成果的
infundado 无根据的，无理由的
infusibilidad 不可熔化性，难溶性
infusible 不可熔化的，难以熔化的
infusorio 纤毛虫纲的；纤毛虫的；纤毛虫（如草履虫、喇叭虫等）
ingeniería 工程，工程学，工程技术，工艺，工艺技术
ingeniería arquitectural 建筑工程，建筑工程学
ingeniería civil 土木工程，土木工程学
ingeniería de control de riesgos（ICR） 风险控制工程
ingeniería de funcionamiento 服务工程
ingeniería de perforación 钻井工程（学）
ingeniería de sistemas 系统工程，系统工程学
ingeniería de telecomunicación 通信工程，通信工程学
ingeniería genética 遗传工程，遗传工程学
ingeniería geológica 地质工程，地质工程学
ingeniería hidráulica 水利工程，水利工程学
ingeniería industrial 工业工程，工业管理学
ingeniería mecánica 机械工程，机械工程学
ingeniería química 化学工程，化学工程学
ingeniería sismorresistente 抗震工程，抗震工程学
ingeniería, procura y construcción（IPC） 工程设计、采购和建设，工程设计、采购和施工
ingeniero 工程师，技师
ingeniero asistente 助理工程师
ingeniero auxiliar 助理工程师
ingeniero ayudante 助理工程师
ingeniero civil 土木工程师
ingeniero de lodo 泥浆工程师
ingeniero de lodo de perforación 钻井泥浆工程师
ingeniero de logging 测井工程师

ingeniero de minas 采矿工程师
ingeniero de perforación 钻井工程师
ingeniero de petrofísica 测井工程师
ingeniero de petróleo 石油工程师
ingeniero de pozo direccional 定向井工程师
ingeniero de producción 生产工程师，采油工程师
ingeniero de sísmica 地震工程师
ingeniero de sistemas 系统工程工程师
ingeniero de taladro 钻井工程师
ingeniero de transporte 运输工程师
ingeniero de yacimiento 油藏工程师
ingeniero direccional 定向工程师
ingeniero electricista 电气工程师；电机工程师
ingeniero eléctrico 电气工程师
ingeniero en destilación 炼化工程师
ingeniero en jefe 总工程师
ingeniero en refinación 炼化工程师
ingeniero geólogo 地质工程师
ingeniero hidráulico 水利工程师
ingeniero industrial 工业管理师，工业工程师
ingeniero jefe 总工程师
ingeniero junior 初级工程师
ingeniero mecánico 机械师
ingeniero pertrolero 石油工程师
ingeniero practicante 实习工程师
ingeniero químico 化学工程师
ingeniero sénior 高级工程师
ingeniero técnico 工程技术员
ingeniero de diseño 设计工程师，设计师
ingeniero de obra 建筑工程师
inglete 成45°角斜接；斜接，斜角连接
ingletear 以45°角组成
ingravidez 失重，失重性，失重状态，失重现象
ingrediente 配料；佐料；成分；（构成的）要素，因素
ingresar 存入，放入；收入，进账；加入，参加；进入
ingresar en cuenta 存入账户
ingreso 进入，加入；入会（入学）仪式；存入（款项）；收入，进账
ingreso de datos 数据输入，数据进入项
ingresos accesorios 额外的收入
ingresos adicionales 额外收入
ingresos antes de deducir los impuestos 税前收入
ingresos anticipados 预收收入，预收款
ingresos anuales 年收入
ingresos brutos 总收入，毛收入
ingresos de Estado 国家收入
ingresos de operación 营业收入
ingresos derivados de inversiones 投资收益
ingresos devengados 应计收益，应得收益，应得未收收益

ingresos efectivos 实际收入，净收入

ingresos fijos 固定收入

ingresos fiscales 财政收入，国库收入；税收收入

ingresos internos 国内收入

ingresos monetarios 现金收入

ingresos netos 纯收入

ingresos operativos 营业收入

ingresos personales disponibles 个人可支配收入

ingresos por exportaciones 出口收入

ingresos por intereses 利息收入

ingresos por operaciones ordinarias 营业收入

ingresos por trabajo personal 个人劳动所得

ingresos por transferencias （生产要素的）转让收益，转移收益

ingresos presupuestarios 预算收入

ingresos retenidos 留存收益

ingresos totales 总收入

ingresos teóricos 名义收入

ingresos y egresos en efectivo 现金收支

inhábil 不适宜的，不适当的；笨拙的；不办公的

inhabilitación 剥夺资格，失格，不合格；剥夺权利

inhabilitar 使丧失资格；使无能力

inhabilitar para el ejercicio de una profesión 取缔…职业，使无法从事某项职业

inhabilitar una tarjeta de crédito 使信用卡作废

inhalador 吸入器

inhalante 吸入的

inhalar 吸入

inherente 固有的，内在的

inhibición 抑制，约束，阻止；不闻不问，不参与

inhibido 防止的，抑制的

inhibidor 抑制的，阻止的；抑制剂，阻化剂

inhibidor de ácido 酸缓蚀剂

inhibidor de arcillas 黏土抑制剂

inhibidor de corrosión 防腐剂，防蚀剂，缓蚀剂，抗腐蚀剂

inhibidor de corrosión por ácido 酸腐蚀抑制剂

inhibidor de detonancia 抗爆剂

inhibidor de lutita 页岩抑制剂

inhibidor de oxidación 氧化抑制剂，抗氧化剂

inhibidor de parafina 石蜡抑制剂

inhibidor natural 天然抗氧剂

inhibir 阻止，抑制，约束；阻止（法官）继续审理

inhibitorio 有阻化性的，禁止的，抑制的

inhomogeneidad 非均质性，不均一性，异质性，不均匀性

iniciación 开始，着手，发生

iniciación de la circulación 开始循环，恢复循环，使钻井液循环

iniciación de operación 开工；开始作业

iniciador 发起的；开创的；发起人，开创人，创始人

inicial 起初的，初始的，原始的，开头的

inicializar 初始化

iniciar 开始；着手；开始实施

iniciar la perforación 开钻

iniciar la perforación con trépano 开钻

iniciar perforación de un pozo con mecha 开钻，开始钻井

iniciar un turno 开始轮班

iniciar acciones judiciales 提起诉讼

iniciar una investigación 开始进行一项调查

inicio 开始，开端，起初

inicio de las operaciones de perforación 开钻仪式，开钻

ininflamabilidad 不燃性

ininflamable 不易燃的，不着火的

ininterrumpción 连续，不中断

ininterrumpido 连续的，不中断的，不停的

ininvertibilidad 不可逆性，不可回溯性，不可倒置性

ininvertible 不可逆的，单向的，不能翻转的

iniquidad 不公正，不公平；不公正行为

injerencia 干扰，干涉，干预

injusticia 不公正，不公道；不公正行为

injusto 不公平的，不公正的

inlandsis （北极的）大冰团

inmaleable 无展性的，不可锻的，不可压制的

inmaterial 非物质的，无形的，摸不着的

inmediación 挨近，邻接，靠近，邻近

inmediaciones 周围，近郊

inmediatez 临近；挨近，靠近

inmediato 紧挨的，紧接的，最靠近的；直接的；立即的；即时的

inmensidad 无法计量性，无数，广阔，无垠

inmersión 沉浸，浸没

inmersión autónoma 自携水下呼吸器的潜水

inmersión con bombona de aire 自携水下呼吸器的潜水

inmersión con botellas de aire 自携水下呼吸器的潜水

inmersión en caliente 热浸

inmersión en un líquido 浸渍法

inmersión libre 湿式潜水

inmersión profunda 深海潜水

inmersor 浸渍的

inmigración 移居；（外来的）移民

inmiscibilidad 不溶混性，难混溶性，不可混合性

inmiscible 不易混合的，不溶混的，非互溶的

inmisión 激起；启发，启示

inmobiliaria 建房公司；租售房屋公司

inmobiliario 不动产的

inmóvil 静止的，不动的，固定的

inmovilidad 不动，固定，不变

inmovilización 固定，冻结；变（流动资本）为固定资本；限制财产自由转让

inmovilización de capital 搁置资本，冻结资本

inmovilizado 冻结的，呆滞的；非流动资产；沉没成本，隐没成本

inmovilizado material 有形固定资产

inmovilizador 锁扣装置

inmovilizar 使不动，使固定，限止…的行动；使变为固定资本；限制财产自由转让

inmueble 不动产，房地产；房屋，大楼

inmune 免除的，豁免的；免疫的；有免疫力的，不受…伤害的，不受影响的

inmune a la contaminación 不受污染影响的

inmunidad 免除；豁免权；免疫，免疫力，免疫性；不受伤害，不受影响，抗干扰性

inmutabilidad 不变性，不易性

innegociable 不能交易的；不能谈判的

innovación 改革，革新，创新；革新的东西

innovación científica y tecnológica 科学技术革新

innovaciones seguras 安全创新，安全革新

innovador 引进改革的；搞革新的；创新的

innovar 革新，改革，创新

inobservancia 不遵守，违反

inocuidad 无毒；无害；不好不坏；乏味

inocuo 无毒的，无害的；不好不坏的；乏味的

inocuo para el ozono 对臭氧无害的，不破坏臭氧层的

inodoro 无嗅的

inofensivo 无害的；不伤害人的

inorgánico 无机的，无机物的，无组织体系的，非自然生长所形成的

inosculación 交接，结合；网结；吻合

inosilicato 链状硅酸盐

inoxidabilidad 不锈性，抗氧化性，耐腐蚀性

inoxidable 不生锈的，抗锈的；不氧化的

inquilinato 租赁（房屋）；租赁权；房租税

inquilino 房客；承租人；寄居动物；寄食昆虫

inquirir 询价；调查

insatisfacción 不满，不平，令人不满的事

insatisfacción laboral 对工作不满

insatisfecho 不满意的，未得到满足的

insaturable 不能饱和的，无法饱和的

insaturado 不饱和的，非饱和的，未饱和的

inscribición 登记，注册

inscribir 登记；报名，注册

inscripción 登记，注册，报名；公债券；公债薄

inscripción de la propiedad intelectual 知识产权登记

inscripción en el registro mercantil 在工商管理局注册登记

inscripto 已注册的，已登记的；内接的，内切的

insecticida 杀虫剂；杀虫的

insecto 昆虫；虫

insecto xilófago 食木虫，蛀木虫，蚀木虫

insecuente 斜向的

inseguridad 不安全；无保障；无把握；不可靠；不牢靠；动摇

inselberg 岛状山，岛山，孤山，残山

insensible 不灵敏的，不敏感的，（对光，接触等）感觉迟钝的

inserción 插入，嵌入；刊登，登载；附着；结合，连接

inserta 插头，塞子；衬垫，垫圈

insertado 插入的；着生的；附着的

insertador de tubería contra presión 强行下入管柱工具

insertadora 插入物，插件，隔板

insertar 插入，嵌入，使加入，使被接纳

insertar tubería 下油管，下套管

insertar una cláusula 插入条款，补充条款

inserto 插入的；嵌入的

inservible 不能使用的，无用的

insignificante 无意义的；微不足道的；无价值的；不重要的；极少量的

insípido 无味的，没有味道的

insistencia 坚持，坚决要求

insistir 坚持，坚决要求；坚决认为，坚持努力，坚持下去

insolación 晒，日晒；日射病，中暑；日照，日射率，光照时间

insoldable 无法焊接的

insolubilidad 不溶性，不可解性

insoluble 不溶解的，难以溶解的；不能解决的

insoluble en el agua 不溶于水的

insoluto 未支付的

insolvencia 无力偿付债务，破产

insolvencia legal 合法破产

insolvente 无偿付能力的；无偿付能力的人，破产人

insondable 深不可测的

insonorización 隔音；降低噪声

insonorizado 隔声的，不透声的，防声响的，防噪声的，消声的

insonorizador 消音器

insonoro 隔音的；不响的；无声的，寂静的

inspección 检查，观察；审查，勘查

inspección acústica 声波检测

inspección aduanera 边检，海关检查

inspección al azar 随机抽查

inspección de avería 海损检验

inspección de herramientas de mano 手动工具检测

inspección de mercancías　商品检验
inspección de tuberías　管材检测
inspección de unidades de cargas e izamientos　载重和提升设备的检测
inspección de vigilancia　监管，监察
inspección fiscal　税收稽查
inspección geológica　地质调查
inspección ocular　目视检查
inspección por expertos　专家检验
inspección por muestreo　抽样检查，抽样检验
inspección por partículas magnéticas　磁粉检验，磁粉探伤
inspección rutinaria　例行检查，常规检查
inspección sanitaria　卫生检查
inspeccionar　检查，检验
inspector　监工，监督，管理人；检查员，检验员
inspector de aduanas　海关检查员
inspector de control　商检员，督查员
inspector de enseñanza　教学监督员
inspector de hacienda　财务（或税务）检查员
inspector de trabajo　工作检查员，工作视察员
inspector técnico　技术检验员
inspector aduanero　海关检查员
inspector de tributos　税务稽查员
inspector general　总监察员，督察长
inspectoscopio　检查镜，X光透视违禁品检查仪
inspiración　吸入，吸气；灵感；启示
inspirador　吸入器；吸气器；喷气注入器
inspirómetro　吸气测量计
inestabilidad　不稳定性，不安定性
instalación　设备，装备，安装，装配；设施；厂矿，工场
instalación al aire libre　露天装配
instalación auxiliar　辅助设备，辅助装置
instalación auxiliar de propulsión　集输增压辅助设施
instalación completa　成套设备
instalación costa afuera　海上设施，海上设备
instalación de abastecimiento de energía　发电站
instalación de acondicionamiento de aire　空气调节器
instalación de almacenamiento　存储设施
instalación de bombeo　泵装置
instalación de concentración　选矿工场
instalación de corriente alterna　交流电设备
instalación de corriente continua　直流电设备
instalación de cracking　裂化装置
instalación de craqueo　裂化装置
instalación de craqueo catalítico　催化裂解装置，催化裂化装置
instalación de depuración　提纯装置，提纯设施，净化厂
instalación de desmineralización del agua del mar

海水淡化装置
instalación de destilación　蒸馏装置
instalación de ensacado de coque　焦炭装袋设备，焦炭包装入袋装置
instalación de estabilización　稳定装置
instalación de extracción　开采装置
instalación de lavado de minerales　洗矿工场；洗矿装置
instalación de líneas eléctricas　电力设施
instalación de mando　指挥装置
instalación de perforación　钻井设备
instalación de producción petrolera　采油设施，油田采油站
instalación de purificación　净化装置
instalación de recolección　油气集输设施
instalación de seguridad　安全设施
instalación de selección　筛选设备
instalación de separación de gas　气体分离器，气体分离装置
instalación de socorro　救助装置
instalación de sondeo　探测设备
instalación de tratamiento　处理装置
instalación de tratamiento de desechos　废物处理装置
instalación de tratamiento totalmente cerrada　全封闭式处理装置
instalación de vacío　真空装置
instalación dentro del pozo　井内设施
instalación depuradora　净化装置
instalación eléctrica　电力装置
instalación en tierra firme　陆上设施，陆上设备
instalación exterior　外部装置
instalación flotante de calado profundo para las operaciones costa afuera　海上作业使用的深吃水浮式装置，海上作业使用的深吃水浮式生产系统
instalación frigorífica　冷冻厂，致冷设备
instalación modernizada　翻新的设备
instalación móvil de sondeo que opera en aguas poco profundas　浅海作业的升降式钻机组
instalación para almacenamiento de petróleo　储油设备，石油储存设备
instalación para filtrar el gasóleo　柴油过滤器
instalación para la obtención de betún　提取沥青装置
instalación para perforación　钻探设备，钻井设备
instalación por telemando　遥控装置
instalación reglamentada como peligrosa　定为危险级的设备，危险设备
instalación reglamentada como restringida　规定为限制级的设备，限制级别（使用）设备
instalación del equipo　安装设备
instalación industrial　工业设备

I

instalaciones complementarias 装置外设施；配套设施

instalaciones de almacenamiento 仓储设施，仓库设备

instalaciones desocupados 闲置的设备

instalaciones portuarias 港口设备

instalado 铺放的，铺好的；安装的

instalar 安装，设置；设立；安放，安顿，安置，使安家；使定居

instalar el equipo de perforación 钻机安装；钻机装配

instalar la cabria 装配钻机，安装钻机

instancia 要求，请求；申请，诉讼手续，审理

instantánea 快速曝光照片，快照

instantáneo 瞬时的，瞬态的，即刻的；（食品）速溶的，即时的

instante 瞬息，霎时，即刻

instante de detonación 爆炸瞬间，激发时间，爆炸瞬时

instante de disparo 爆炸瞬间，激发时间，爆炸瞬时

instante de explosión 爆炸瞬间，爆炸瞬时

instante de tiro 爆炸瞬间，爆炸瞬时

instauración 建立，创立；恢复，重建

instaurar 建立，创立；恢复，重建

instilación 滴注，滴入，（逐渐）灌输

institor 代理人，经纪人

institución 建立，设立；机关，公共机构；政体；制度；法制；习俗

institución comercial 贸易机构

institución de fideicomiso 信托公司

institución del seguro 保险公司

institución fiduciaria 信托机构，信托公司

institución financiera 金融机构

institución no lucrativa 非营利机构

institucional 公共机构的；政府机关的；体制的；制度的；具有官方性质的

institucionalismo 制度主义

institucionalizado 制度化的

institucionalizar 制度化

instituir 建立，设立；制定

instituto 学会，协会；研究所，研究院；学院

Instituto Americano de Minería, Metalurgia, e Ingenieros de Petróleo (AIME) 美国采矿、冶金和石油工程师学会，英语缩略为 AIME (American Institute of Mining, Metallurgical and Petroleum Engineers)

Instituto Americano del Petróleo (API) 美国石油学会，英语缩略为 API (American Petroleum Institute)

Instituto Británico de Normas (BSI) 英国标准研究所，英语缩略为 BSI (British Standard Institute)

instrucción 教学，教育；训练；指令，指示，命令；（机器等）使用说明，操作指南（复数）

instrucción activa 活动指令

instrucciones de servicio 业务须知，业务指南

instrucciones para la obra 工程指令

instrucciones de embalaje 包装说明

instrucciones de envío 发运通知

instrucciones de montaje 安装说明

instrucciones para el uso 使用说明

instructor 教育的，指导的，训练的；训练指导员，指导者，教员

instruir 指示，教育；通知，通告

instrumentación 仪器；（行政管理上）作必要工作

instrumento 器械，仪器；器具；手段，办法，途径；证书，证明文件，证券；票据

instrumentos abretubos 开管工具，胀管工具

instrumento captador de presión 压敏仪表，压敏仪器，压敏设备

instrumento corredizo 活动装置，移动装置

instrumento de arista viva 有刃刀具

instrumento de arrastre 牵引工具，拖拽工具

instrumento de control 控制仪表

instrumento de depuración 净化仪器；提纯仪器

instrumento de ensayo 测试工具，测试仪器

instrumento de medición 测量仪器，量具

instrumento de orientación 定向工具

instrumento de pago 支付工具

instrumento de pesca 打捞装置，打捞工具

instrumento de precisión 精密仪器

instrumento de puesta a punto 故障消除器

instrumento de puntería 瞄准装置

instrumento de seguridad 安全工具

instrumento digital 数字仪器

instrumento electrónico 电子仪器

instrumento fresador 铣具

instrumento graduador 校准仪

instrumento para bajar la barra 投棒器，投杆器

instrumento para medir presiones 压力表，压力计

instrumento portátil 便携式仪器

instrumento registrador 记录仪

instrumento señalizador de orientación 定位信号装置

instrumento suplementario 辅助仪器，备用仪器

instrumento totalizador 积算仪器，积分器

instrumento de crédito 信用凭证；信用证券，信用票据

instrumento de física 物理仪器

instrumento de pago 支付手段

instrumento electrónico-óptico 电子光学仪器

instrumento financiero　金融手段，金融票据
instrumentos de navegación　导航仪器
instrumentos giroscópicos　回转仪，回转式罗盘
instrumentos derivados　派生证券
instrumentos negociables　可转让证券，流通
　票据
insuficiencia　不充分；不足；机能不全；不胜
　任，无能
insuficiencia de liquidez　流动资金不足
insuficiencia de peso　短重
insuficiencia de reservas　储备不足
insuficiencia en el embalaje　包装不善
insuficiente　不足的，不充分的
insuflación　吹入；吹入法
insuflador　吹入器；送风机；鼓风机；吹风器
insuflador centrífugo　离心式鼓风机
ínsula　岛，岛屿
insular　海岛的，岛屿的；在岛上生活的；位于
　岛上的
insumergibilidad　不沉性
insumo　投入；投入物，投入量；原材料
intacto　无损伤的，完好的；未动用的
intangible　无形的
integrabilidad　可积分性
integrable　可积分的
integración　积分，积分法，求积；整合，合
　成；一体化，集成化
integración aproximativa　近似积分
integración comercial　贸易一体化
integración diagonal　斜向一体化，对角一体化
integración económica　经济一体化
integración horizontal　横向一体化
integración monetaria　货币一体化
integración por descomposición　分解求积法
integración por partes　分部积分法
integración por reducción　归约积分
integración progresiva　前向一体化，前向合并
integración regional　区域一体化
integración regresiva　后向一体化，后向合并
integración territorial　领土完整
integración vertical　纵向一体化，纵向合并
integrador　积分器，积分仪，积分机，积分电路
integrador cartográfico　帧型计算机，图解式计
　算机
integrador múltiple　多重积分器，复合求积仪
integrador y calculador numérico electrónico　电
　子数值积分计算器
intégrafo　积分仪
integral　完整的，整体的；整的，整数的；积
　分的；积分
integral determinada　定积分
integral indeterminada　不定积分
íntegramente　全部地，一体地

integranado　被积函数，被积式
integrante　组成整体的
integrar　使结合，使并入；使一体化；求积分
integridad　完整性，整体性，综合性
íntegro　完整的，一体化的
integrodiferencial　积分微分的
intemperie　气候变化；恶劣天气
intemperización　风化作用，风雨侵蚀
intemperización de las rocas　岩石风化
intensidad　强度，烈度；电流强度
intensidad acústica de referencia　基准声级
intensidad calorífica　热强度
intensidad de arranque　起动电流强度
intensidad de campo　场强
intensidad de campo eléctrico　电场强度
intensidad de campo perturbador　射频噪声场
　强度
intensidad de campo radioeléctrico　射电场强度
intensidad de corriente admisible　载流容量，安
　全载流量
intensidad de la bruma industrial　工业烟雾浓度
intensidad de la luz　光的强度
intensidad de radiación　辐射强度
intensidad de trabajo　劳动强度
intensidad de un terremoto　地震强度
intensidad del sonido　声强，声音强度
intensidad del viento　风的强度
intensidad luminosa esférica　球面发光强度
intensidad magnética　磁场强度
intensidad magnética horizontal　水平磁力强度，
　水平磁强
intensidad magnética vertical　垂直磁力强度
intensidad máxima de señal　最大信号强度
intensidad media de radiación　平均辐射强度
intensidad radioeléctrica　无线电强度
intensidad sonora　声强
intensidad vertical　垂直强度，垂向强度
intensidad de capital　资本集约程度，资本密
　集度
intensidad de mano de obra　劳动集约度，劳动
　密集度
intensificación　激烈化，强化
intensificación de capital　资本强化，资本密集化
intensificador　加强的，强化的；加紧的；加剧
　的；增强器；增强剂；强化器
intensificar　加强，强化；加紧，加剧
intensímetro　声强计，X射线强度计
intensivo　加强的；集中的，密集的，集约的
intenso　强烈的，剧烈的；极度的；紧张的；激
　烈的
interacción　相互作用，交互影响，交相感应，
　干扰
interacción entre especies　种间相互作用

I

interacción interespecífica 种间相互作用

interacción océano-atmósfera 海洋—大气相互影响

interaccionar 相互作用，相互影响

interactividad 相互作用性；互交性，人机对话性

interactuar 相互联系；人机联系；人机对话

interamericano 美洲国家间的

interastral 星际的，星间的

interatómico 原子间的

interbancario 银行间的，银行同业的

interbloqueado 互锁的，联锁的

intercalación 插入，夹杂；夹层；隔行扫描

intercalaciones de arcilla 黏土夹层

intercalaciones de areniscas 砂岩夹层

intercalaciones de estratos 交错层，地层交错

intercalaciones de lignitos 褐煤夹层

intercalaciones de lutita 泥岩夹层，夹杂泥岩

intercalado 置在…之中的；间生式的，插入式的；夹层的，间层的

intercalar 添加，夹入，插入

intercambiabilidad 可交换性，互换性，可替代性

intercambiable 可交换的，可互换的

intercambiador （公路的）互通式立体交叉；交换道；交换器；交换剂；交换机

intercambiador de aniones 阴离子交换器，阴离子交换剂

intercambiador de calor 换热器；热交换器

intercambiador de calor con vapor 蒸汽热交换器，蒸汽换热器

intercambiador de calor de casco y tubo 管壳式换热器

intercambiador de calor de líquido a líquido 液体对液体热交换器，液液换热器，液—液换热器

intercambiador de iones 离子交换剂，离子交换器

intercambiador de líquido 液—液交换器

intercambiador de temperatura 热交换器

intercambiador indirecto de calor 间接式换热器

intercambiar 交换，互换，交流

intercambiar contratos 交换合约，合同互换

intercambiar informaciones 交流信息

intercambiar notas 交换备忘录

intercambiar opiniones 交换意见

intercambio 交换，交流；易货贸易，交易

intercambio comercial 贸易往来，通商

intercambio compensatorio 补偿贸易

intercambio de calor 热交换

intercambio de experiencias 交流经验

intercambio de informaciones 交换情报（资料）

intercambio de señales 信号交换

intercambio de valores desiguales 不等价交换

intercambio de valores iguales 等价交换

intercambio electrónico de datos 电子数据交换

intercambio indirecto de calor 间接式热交换；间接换热，间接热互换

intercambio térmico 热交换，换热

intercambio de bienes 商品互换

intercambio de contratos 合同互换，合约交换

intercambio de impresiones 交换意见，交流看法

intercambio de notas 备忘录交换

intercambio desigual 不等价交换，不平等交换

interceptor 捕捉器；分隔器

interceptor de aceite 捕油器，集油槽

interceptor de aire 捕气器

interceptor de arena 泥砂采集器，拦砂装置

interceptor de gasolina 汽油捕集器

interceptor de placa corrugada (IPC) 波纹板隔油器，英语缩略为 CPI (Corrugated Plate Interceptor)

interceptor de placa paralela (IPP) 平行板隔油池，平行板拦截式油分离装置，英语缩略为 PPI (Parallel Plate Interceptor)

interceptor de sedimento 沉积阱

intercesión 仲裁，调停，调节

intercomunicación 互相来往，通路，互通，双向通信

intercomunicador 对讲机；内部通话系统，内部通话设备

intercondensador 中间电容器，中间冷凝器

interconectado 互连的，互联的

interconectar 相互连接，使横向连接，使互相联系，互联，内连

interconexión 相互连接；相互联系；（电站、电网与生产中心的）互连

interconvertibilidad 可互相兑换性

intercristalino 内结晶；结晶内的，晶间的

interdependencia 互相依赖，（内部）相依性

interdependiente 相互依赖的

interdigitación 交错接合，交错对插，交错联结，指状交叉

intereje （汽车等的）轴距

interelectródico 电极间的

interenfriador 中间冷却器，中间冷却剂

interenfriamiento 中间冷却

interés 兴趣，兴致；关心，关怀；好处，利益；利息

interés a corto plazo 短期利息

interés a largo plazo 长期利息

interés acreedor 存息，存款利息

interés acumulado por pagar 应计利息，应计未收利息

interés acumulativo 累积利息，累加利息

interés anticipado 预付利息

interés cobrado por adelantado 预收利息，预付利息

interés compuesto anual 年复利

interés de aplazamiento de valores en bolsa 期货

溢价

interés de mora 延期利息，延期交割费

interés del comprador 消费者权益，买方权益

interés deudor 贷款利息

interés devengado 应记利息

interés económico 经济利益

interés en minerales 矿产权益

interés fijo 固定利息

interés hipotecario 抵押利息

interés interbancario 银行间拆放利息

interés legal 法定利息

interés moratorio 拖付利息，迟付利息

interés preferencial 优惠利率，银行贷款优惠
利率

interés público 公共利益，公益

interés real 实际利息

interés simple 单利

interés vencido 到期利息

interespecífico 种间的

interestratificación 间层排列；间层，夹层，互层

interestratificado （地质）互层的，层间的；镶
嵌的，混合的

interetapa 级间

interface 连接装置；接口

interface estándar 标准接口

interfacial 界面间的，面间的，层间的

interfase 分界面，相界面；界面，面际（相与
相之间的临界）

interfase aire-agua 气水界面

interfase de petróleo y agua 油水界面

interfase estándar 标准界面

interfase mar-aire 大气海洋界面，气、海界面

interfásico 级间的，级际的，中间的

interfaz 界面，分界面，交界面；接触面；接
口，接口件，接口设备；连接装置

interfaz de gráficos informáticos 计算机图形
接口

interfaz mar-hielo 海—冰分界面

interfaz normalizada 标准接口

interferencia （电波、声波等）干扰，干涉；妨
碍，打扰

interferencia de línea de alta tensión 高压线干扰

interferencia electromagnótica 电磁干扰

interferencia magnética 磁干扰

interferencia radioeléctrica 无线电干扰

interferencial 干涉的，干扰的

interferente 有干扰现象的；生产干扰现象的

interferir 干扰，扰乱，阻塞

interferograma 干涉图（照片）

interferometría 干扰量度学；干涉测量（法）

interferómetro 干扰仪，干涉仪

interferómetro laser 激光干涉仪

interferón 干扰素

interfluvio 河间地，江河分水区，分野

interfono （办公楼等）内部电话装置；内部通
话机；对讲电话机；内线自动电话机

interformacional 层间的，层组间的

intergaláctico 星系际的

interglaciar 间冰期的

intergranular 颗粒间的，粒间的

interhalógeno 卤间化合物；卤间化合物的

interino 临时的；临时代理职务的；做临时性
工作的；（职位等）临时性质的

interior 内部的，内地的；国内的，内政的；
内部，内室；内地

interior a ras 内平扣型，内平式

interior liso 内平扣型，内平式

interlaminado 层间的，板间的，薄层相间的

interlock 连锁；连结；连锁装置

intermareal 潮间的；（海洋）落潮与涨潮之
间的

intermediación 调解，调停；中介

intermediación financiera 金融中介

intermediar 调解，调停

intermediario 中间的，居中的；中间体，媒
介物；中间商，调停人；半成品，中间产品
（复数）

intermediario comerciante 中间商

intermediario financiero 金融中介人

intermedio 中间的，居中的；中型的；间隙，
间隔；间歇

intermetálicos 金属互化物，金属间化合物

intermitencia 间歇性；周期性；间歇，间断，
断断续续

intermitente 间歇的，中断的，断续的；周期
性的；（汽车）方向指示灯

intermodulación 相互调制，交调

intermolecular （作用于）分子间的

internacional 国际的，国际上的；超越国界的；
世界（性）的

internalización 内在化

interno 内部的；国内的；内用的；（企业的）
公交车；（电话）分机

interpenetración 互相渗透，穿插

interpolación 插入，内插，插植，插入法，内
插法；插入物

interpolado 内插的，插入的

interpolado linealmente 线性插入的，线性内
插的

interpolador 插入器，内插器

interpolar 把…夹入，把…插入；中断，
插（值），内插；交错；隔行扫描；极
间的

interpolímero 共聚体，共聚物，合聚物，互
聚物

interpolo 极间极；整流极

interponer （两者之间）放置，插入；设置（障碍）；提出（上诉）

interponer recurso de apelación 上诉

interponer una demanda 提出申诉，起诉

interponer una querella 提出申诉，起诉

interposición 插入，介于；干预，调停；提出（申诉）

interpretación 解释；理解；表达；口译

interpretación cualitativa 定性解释

interpretación cuantitativa 定量解释

interpretación de datos 数据解释

interpretación de la sismología 地震解释

interpretación de los registros de pozos 测井解释

interpretación de mapas 读图

interpretación de prueba de presión 试压解释，压力测试解释

interpretación de registros 测井解释

interpretación de señales 信号解释

interpretación técnica 技术性说明

interpretación errónea 误解，曲解；误译

interpretación geológica 地质解释

interpretación judicial 法律解释

interpretador 译印机，解释程序；解释的；翻译的

interpretar 解释，说明

intérprete 译印机；解释程序；解说者；表示者；译员，口译者

interpuesto 插入的，穿插的；居间的

interrefrigerador 中间冷却器

interrelación 相互关联，相互关系

interrogar 询问；质问；审问

interrumpible 中断的，可中断的；有阻碍的

interrumpido 中断的，被打断的；断开的，不通的，断续的，间歇的

interrumpilidad 可中断性，中断率

interrumpir 中断；使暂停；挡住

interrumpir la comunicación 切断通信，使不接通

interrumpir la corriente 断电，断流

interrupción 中断，暂停；打断

interrupción de operaciones 中断业务

interrupción de servicios eléctricos 断路，跳闸，切断电路

interrupción de suministro 供货中断

interrupción del negocio 中断交易

interrupción del servicio 中断运行，中断服务

interrupción en el transporte 运输中断

interrupción en la sedimentación 沉积间断

interrupción momentánea 临时故障

interruptor 中断的；打断的；开关，电门，断续器

interruptor a distancia 遥控开关

interruptor a mano 手动开关

interruptor a presión 压力开关，压力继电器

interruptor antifarádico 抗电容开关

interruptor automático 自动转换开关，自动开关

interruptor automático electrónico 电子自动开关

interruptor auxiliar 辅助开关

interruptor bipolar 双极开关

interruptor centrífugo 离心断路器，离心式开关

interruptor colgante 悬吊开关

interruptor colgante de pera 梨形悬吊开关

interruptor colgante de suspensión 悬吊开关

interruptor compensado de la excitación 消磁开关

interruptor conmutador de barras 十字开关

interruptor giratorio 旋转开关

interruptor permutador 转换开关

interruptor de acción retardada 时限开关，延时开关

interruptor de aceite 油开关，油断路器

interruptor de aire 空气断路器，空气开关

interruptor de antena 天线转换开关

interruptor de arranque 启动开关

interruptor de botón 按钮开关

interruptor de botón pulsador 按钮控制开关，按钮开关

interruptor de cadena 拉线开关

interruptor de cerradura 锁定开关

interruptor de conexión momentánea 瞬时开关

interruptor de control 控制开关

interruptor de cordón 拉线开关

interruptor de corto circuito 短路开关

interruptor de cuchilla 刀形开关，闸刀开关

interruptor de derivación 分路开关

interruptor de desmagnetización 去磁开关

interruptor de doble ruptura 双刀开关

interruptor de dos cuchillas 双刀开关

interruptor de dos direcciones 双向开关

interruptor de efecto alejado 遥控开关

interruptor de encendido 点火开关

interruptor de excitación 消磁开关

interruptor de escalones 步进开关

interruptor de flotador 浮控开关

interruptor de lámpara 照明开关

interruptor de llamada 呼叫开关

interruptor de mando por motor 电动开关

interruptor de mano 手动开关

interruptor de mercurio 水银开关

interruptor de motor 电动机驱动开关

interruptor de palanca 杠杆（操纵）开关

interruptor de palanca articulada 拨动式开关，搬钮开关

interruptor de pie 脚踏开关

interruptor de poste 柱式开关，杆上开关

interruptor de presión diferencial 压差开关

interruptor de puerta 门接触开关
interruptor de puesta en marcha 启动开关
interruptor de regulación de la intensidad luminosa 光度调节开关
interruptor de resistencia 电阻开关
interruptor de resorte 弹簧开关
interruptor de retroceso 可逆开关
interruptor de ruptura brusca 速断开关，瞬动开关
interruptor de ruptura doble 双刀开关
interruptor de ruptura rápida 急断开关
interruptor de ruptura simple 单刀开关
interruptor de sección 分段开关
interruptor de seccionamiento automático 自动分段开关
interruptor de seguridad 保险开关，安全开关
interruptor de solenoide 电磁开关
interruptor de techo 拉线开关
interruptor de tiro 拉线开关
interruptor de tres vías 三路开关
interruptor de vacío 真空开关
interruptor de varillas 联动开关
interruptor distribuidor 断通开关，电流断续器
interruptor disyuntor 断路器
interruptor eléctrico 电开关
interruptor eléctrico automático 自动电开关
interruptor electrolítico 电解断续器
interruptor electromagnético 电磁开关
interruptor electrónico 电子开关
interruptor en aceite 油开关
interruptor estanco 防水开关
interruptor fusible 熔断器，熔断丝
interruptor general 总开关，主控开关
interruptor giratorio 旋转开关
interruptor hidráulico 液压开关
interruptor horario 定时开关
interruptor neumático 空气开关，空气断路器
interruptor para servicio exterior 室外开关
interruptor para servicio interior 室内开关
interruptor periódico 断路器，断续器
interruptor permutador 转换开关
interruptor pluridireccional 多路开关
interruptor principal 主开关，主电门
interruptor reversible 可逆开关，换向开关
interruptor seccionador 隔离开关
interruptor trifásico 三相开关
interruptor tripolar 三极开关
interruptor unipolar 单极开关
intersección 横断；直交，相交，交叉，道路交叉口
intersectar 交叉，交会
intersolubilidad 互溶性
intersticial 空隙的；裂隙的；间隙的；间歇的，间隔的

intersticio 间隙；空隙；裂隙；间歇，间隔
intersticio del suelo 土壤孔隙
intervalo 间隔，空隙，间隙；期间；范围
intervalo abierto 开区间
intervalo audible 可闻范围，可听范围
intervalo de decadencia 衰减范围，衰变期
intervalo de muestreo espacial 空间采样间隔
intervalo de producción 生产层段，生产井段，产油层段
intervalo de temperatura 温度范围
intervalo de temperatura de ebullición elevada 高沸点温度范围
intervalo entre grupos 组距
intervalo entre las ondas 波间距
intervalo entre líneas fuente 炮间距
intervalo entre líneas receptoras 检波器间距
intervalo entre los suministros 交货间隙
intervalo escogido 目的层段，选择层段
intervalo estratigráfico 地层间隔，地层间距
intervalo para reinyección 转注层段
intervalo perforado 射孔井段，射孔段，射孔层段
intervalo petrolífero delineado 划定的含油层段
intervalo productor 生产层段，生产井段，采油层段
intervalo productor múltiple 多个生产层段
intervalo somero 浅层，浅层段
intervalo vertical 垂直间距，垂直距离
intervalómetro 间隔时间读出仪，时间间隔计，间隔调整器；爆光节制器
intervalos de pago 付款间隔期
intervención 干预；调解，调停；检查，查账，审计
intervención ambiental 环境评估
intervención de cuentas 查账
intervención de precios 物价管理，物价管制；价格审查
intervenir 参加，参与；影响，发生作用；调停；干涉；查账；审计
intervenir en un pozo con presión 带压修井
intervenir cuentas 查账，审计
intervenir una letra 信件检查，信件审查
interventor 审计员，查账员；干预者，调停者
intervisibilidad （测量上的）通视
interyacente 横在两物之间的；横在两物之间的横置物
interyacente de lutita 页岩夹层
intoxicación 中毒；毒化
intoxicación accidental 意外中毒
intoxicación alcohólica 酒精中毒
intoxicación alimenticia 食物中毒
intoxicación de los suelos 土壤中毒

intoxicación por alimentos　食物中毒

intraatómico　原子内的

intraclástico　碎屑内的

intraclasto　内碎屑，内屑

intraconexión　内连，内引线

intracontinental　陆内的

intracratónico　克拉通内的，稳定陆块内的

intraespecífico　种内的

intraformacional　层内的；层组内的

intragénico　基因内的

intragranular　颗粒内的；粒内的

intramolecular　分子内部的；分子内的

intransferible　不可转让的

intransigente　不让步的，不妥协的

intransmutabilidad　不能变形；不能变化；不能嬗变；不能蜕变

intranuclear　核内的；原子核内的，细胞核内的

intratelúrico　地内的；地内形成的；出现于地内的；地下岩浆期的

intrínseco　固有的，内在的，本质上的

introducción　引进，引入，输入；介绍，引荐；序言，导言

introducción de datos　数据输入，数据进入项

introducción de tubería　下套管，下油管

introducción de tubería a presión　强行下钻；带压下套管

introducción de nueva tecnología　引进先进技术

introducir　把…引入；插入，放入；套上，戴上；输入，引进；介绍

introducir tubería　下套管，下油管

introducir de contrabando　偷运进来

introducir de forma escalonada　逐步采用，逐步引进

introducir en el mercado　投放市场，引入市场

introductorio　引入的，引进的；引荐的；引见的

intromisión　干预，干涉，插手

intrusión　侵入，侵入体，侵入岩；闯入，侵入；干预，干涉

intrusión acuífera　水侵，水侵进

intrusión compuesta　复合侵入，复侵入体，复合侵入岩体

intrusión de agua　水侵，水侵量

intrusión de agua salada en acuíferos　盐水入侵，咸水入侵，海水入侵

intrusión de arena　砂侵入，地层砂侵入

intrusión de sal　盐侵

intrusión del magma　岩浆侵入

intrusión ígnea　火成侵入，岩浆侵入

intrusión salina　盐侵

intrusismo　非法开业，非法营业

intrusivo　侵入的，侵入形成的，侵入岩形成的

intruso　闯入的，侵入的

intumescencia　膨胀，肿大，隆起

intumescencia de lutita　泥岩膨胀

inundación　泛滥，淹没；水灾；洪水；大量；注水，水驱，注水开发

inundación a chorro　喷射注水，喷注

inundación artificial　人工水淹，漫灌

inundación artificial por línea de pozos　线性注水，直线注水

inundación con aire　空气驱

inundación con gas　气驱

inundación de avenida　片流

inundación del yacimiento con sustancia química　向油田注化学物（采油）

inundación piloto　试注水，注水试验

inundación por agua　灌水

inundación por vapor　蒸汽驱油，注蒸汽

inundación repentina　暴洪，山洪暴发，洪水暴涨，暴雨成灾

inundación sin precedentes　史无前例的洪水

inundado　水淹的，淹没的；灌水，注水

inundador　浸泡器

inundar　淹没，使泛滥；灌注；漫灌，使充满，充斥；注水，水驱，注水开发

inundar el mercado　充斥市场

inusual　不常用的，非常规的，破例的，异乎寻常的

inútil　无用的，无益的，徒劳的

inutilidad　无用

inutilidad física total　全残，完全丧失生活能力

inutilizar　使无用，使失效，使报废；使不能利用

invadido por agua　水淹的，水侵的

invalidación　无效，失效

invalidar　使无效，使失效，宣布…无效

invalidez　残废，丧失工作能力；无效力，失效

invalidez de una oferta　发盘无效

invalidez parcial　部分丧失工作能力，半残

invar　殷钢，因瓦（镍铁）合金

invariancia　不变性；恒定性

invariante　不变的，恒定的；不变式，不变量，不变形

invasión　入侵，侵入；涌入，大批进入；水侵

invasión de agua　水侵，突水，突然侵水

invasión de fluido　流体侵入

invasión de lodo　泥浆侵入

invasión gasífera　气侵

invasión por las zonas industriales　工业区侵占

invasor　入侵的；侵犯的；进犯的；入侵者，侵略者

invención　发明，创造；发明物，创造物；捏造，虚构，谎言

invendible　非卖的，不能卖的；滞销的

inventario　盘存，清点；存货，库存；存货清单，财产目录

I

inventario de bienes　财产清单
inventario de líquido　液体存量
inventario final　期末存货
inventario forestal mundial　世界森林蓄积量
inventario inicial　期初存货
inventario al valor de mercado　按市场价格盘存（法）
inventario contable　明细账，明细账目
inventario de apertura　期初存货
inventario de cierre　期末存货，期末库存
inventario de existencias básicas　存货盘点报表
inventario de productos acabados　制成品库存
inventor　发明的，创造的；发明者，创造者
invernáculo　暖房，温室
invernadero　暖房，温室；过冬的地方
inversamente proporcional　反比的
inversión　倒置，反向，（数学）反演，求逆；转换；换流；投资，投资额
inversión automática　自动倒转
inversión de capital　资本投资
inversión de corriente　电流反转
inversión de empuje　反向推力
inversión de fase　反相，相位改变
inversión de fluidez　油类倾点温度的不稳定性
inversión de marcha　逆转，倒退
inversión de matriz　矩阵求逆，矩阵逆，矩阵逆转
inversión de polaridad　极性倒转，磁极倒转，磁极反向
inversión de polos　极性变换
inversión de temperatura　逆温，温度逆增，温度倒转，逆向增温
inversión de una falla　断层反演
inversión de una formación　地层反演
inversión de velocidad　速度倒转，速度反演
inversión del gas　气态烃的转化
inversión del magnetismo　磁反向
inversión directa　直接投资
inversión en proyecto de producción　采油项目投资，生产项目投资
inversión en valores　有价证券投资
inversión extranjera　外国投资
inversión indirecta　间接投资
inversión internacional　国际投资
inversión lineal generalizada　广义线性反演
inversión matricial　矩阵求逆，矩阵逆，矩阵逆转
inversión privada　私人投资
inversión térmica　逆温，温度逆增，温度倒转，逆向增温
inversión termoeléctrica　温差电反转，热电反转
inversión bruta　总投资，投资总额
inversión contratada　协议投资

inversión de renta fija　固定收益投资
inversión directa extranjera　外国直接投资
inversión efectiva　实际投资
inversión en cartera de valores　债券投资，证券投资
inversión especulativa　投机性投资
inversión negativa　负投资
inversión realizada　已实施的投资，实际投资
inversiones en acciones　证券投资
inversiones públicas　公共投资
inversiones financieras　金融投资
inversionista　投资的；投资者
inversionistas extranjeras　外国投资者
inversivo　投资的；反向的，倒转的，颠倒的；反演的
inverso　反向的，倒转的，逆向的；相反的
inverso de la potencia　逆功率的
inversor　换流器；反相器，电流换向器；换向器；投资者
inversor de fase　倒相器
inversor de interferencia　噪声限制器
inversor de polaridad　（信号，电流，电压）极性转换开关
invertebrado　无脊椎动物；无脊椎的；无生气的
invertibilidad　可逆性
invertible　可逆的，被翻过来的，被颠倒的，相反的
invertido　倒转的，倒置的，倒相的，反用的
invertidor　（转换，闭合）开关，电路闭合器，电闸；转换器；路闸
invertidor de marcha　换向开关
invertidor de polaridad　极性转换开关
invertir　使反向；使倒转；使转向；使颠倒，倒置；投资；反演
invertir la circulación del pozo　（洗井或钻井）反循环
invertir a corto plazo　短期投资
invertir a largo plazo　长期投资
invertir el orden　颠倒顺序
investigación　（科学，学术）研究，调查研究；探查，勘测；探索
investigación científica　科学研究
investigación de campo　油田勘查，油田调查
investigación de mercados　市场调查
investigación del sitio　场地勘察，现场调查，就地踏勘
investigación del subsuelo　地下调查，地下普查
investigación oceanográfica　海洋考察
investigación operativa　运筹学
investigación sismográfica　地震调查
investigaciones meteorológicas oceánicas　海洋气象研究

I

investigador 调查的；调查研究的；深入研究的；研究员；调查者

investigar 调查，调查研究；深入研究；勘查

investigar averías 故障查找，故障测查

inviable 无法实现的，难以实现的，不能实现的；行不通的

invierno austral 南半球冬季

invisible 看不见的，无形的，隐蔽的；未反应在统计表上的

invitación 邀请；请柬，请帖

invitación a licitar 邀请投标函；招标函

invitación para la presentación de ofertas 邀请发盘

invitaciones selectivas a licitar 选择性招标；选择性邀标

involución （器官的）退化；（器官的）复旧；（功能）衰退；倒退，退化

inyección 注射；喷射；投入；注射液，针剂；注水；注水开发；泥浆，钻井液

inyección alterna 交替注入

inyección alterna de vapor de agua 周期注蒸汽，蒸汽吞吐法

inyección cíclica de vapor 蒸汽吞吐；蒸汽吞吐法

inyección con aire para explotación secundaria 二采注空气

inyección con base de petróleo 油基泥浆

inyección con emulsión de petróleo 混油乳化泥浆，乳化原油泥浆

inyección continua de vapor 连续蒸汽驱

inyección de ácido 挤酸，注酸

inyección de AEDT 注乙二胺四醋酸

inyección de agua 注水

inyección de agua por gradiente-salinidad 按矿化度梯度注水，按盐度梯度注水

inyección de aire 加气，注气

inyección de aire comprimido 注入压缩空气

inyección de cemento 挤水泥浆，挤水泥，灌水泥

inyección de combustible 燃料喷射，注油

inyección de espuma 泡沫驱油

inyección de fluidos alcalinos 碱性驱油法

inyección de gas 天然气回注；灌气；注气

inyección de lodo fresco 注入淡水泥浆

inyección de perforación 钻井泥浆

inyección de polímeros 注入聚合物，聚合物驱油

inyección de sorbente en el hogar (de las calderas) 向锅炉注入吸附剂

inyección de vapor 注汽，注蒸汽

inyección de vapor de agua en pozos poco profundos 浅井注汽，浅井注水蒸气

inyección de vapor mediante el método "huff&puff" 蒸汽吞吐法

inyección de vapor para la recuperación secundaria 二采注蒸汽

inyección directa 直接喷射

inyección en el espacio anular 环空注入

inyección en el suelo 土壤灌注

inyección forzada 挤注

inyección gasífera 气侵钻井液

inyección gasificada 气侵钻井液

inyección inversa 反注

inyección nativa 自造浆，天然泥浆

inyección presurizada de combustible líquido 液体燃料喷射，加压灌注液体燃料

inyección profunda 深井注水，深井注入，深井灌注

inyección profunda de desechos peligrosos 有害废弃物深度填埋

inyección química 化学剂注入，注化学剂

inyección química de desemulsificantes 注破乳化学剂

inyectado 注入的，喷射的

inyectado a bomba 用泵注入的

inyectar 注入，注射；喷射

inyectar a presión 挤注

inyectar agua 注水

inyectar gas 注气

inyectar vapor 注蒸汽，注汽

inyectividad 注入能力

inyector 注入器；注射器；喷射器；注水器；喷油器，电喷头；喷灯

inyector de aceite 机油喷嘴

inyector de ácido 注酸器，酸喷枪

inyector de agua de caldera 锅炉给水注入器

inyector de baja 发动机慢转喷油嘴

inyector de barro 压浆泵，泥浆枪

inyector de carburante 燃料喷管，燃料喷嘴

inyector de cemento de multietapa 分级注水泥器

inyector de combustible 燃料喷射器，注油器

inyector de grasa 注油枪，滑脂枪

inyector de lodo 泥浆枪，泥炮，泥枪

inyector de pozo horizontal 水平井注入井

inyector de rastreadores 示踪剂注入井，示踪剂注入器，示踪注入井

inyector de retorno 回油式喷嘴

inyector de turbulencia 旋流式雾化器

inyector para caldera 锅炉注水器

inyector vertical 垂直喷油嘴

iodado 含碘的

iodargirita 碘银矿

iodo 碘

iodobromita 卤银矿

iodoformo 三碘甲烷，黄碘，碘仿

iodurar 使碘化，碘化处理
ioduro 碘化物
ioduro de plata 碘化银
ioduro de potasio 碘化钾
ion 离子
ion dipolar 两性离子，阴阳离子
ion gaseoso 气体离子
ion híbrido 两性离子，阴阳离子
ion hidróneo 氢离子
ion metálico 金属离子
ion molecular 分子离子
ion negativo 负离子，阴离子
ion poliatómico 多原子离子
ion positivo 正离子，阳离子
ion sulfato 硫酸根离子
iones complejos 络离子，复离子
iónico 离子的
ionita 褐水碳泥，泥状有机质混合物
ionización 电离作用，离子化
ionización atmosférica 大气电离
ionización de gas 气体电离
ionización esporádica （散在的）E 电离层
ionizado 电离的；发生电离现象的
ionizador 电离剂，电离器；使电离的
ionizante 电离剂，游离的
ionizar 使离子化，使电离
ionosférico 电离层的，离子层的
ionófono 离子扬声器；阴极送话器
ionoforesis 离子电泳作用
ionograma 电离图（电离层探测仪作出的记录）
ionómero 离聚物，离子交联聚合物
ionometría X 线量测量法
ionómetro X 射线强度计，氢离子浓度计，离子计
ionosfera, ionósfera 电离层
ionosonda 电离层探测仪，电离层探测装置
IP（índice de productividad） 生产率指数，生产指数
IPC（interceptor de placa corrugada） 波纹板隔油池
iperita 芥子气
IPIECA（International Petroleum Industry Environmental Conservation Association） 国际石油工业环境保护协会
IPP（interceptor de placa paralela） 平行板隔油池
Ir 元素铱（iridio）的符号
ir a la deriva 漂移，漂流；漂泊
Irak 伊拉克
Irán 伊朗
iridescencia 虹色，晕彩，晕色，放光彩
iridescencia del petróleo crudo 原油彩膜，水面有油时的特殊彩色

iridiado 含铱的
irídico 铱的，四价铱的
iridio 铱
iridiscencia （变换斑斓的）彩虹色；晕彩；虹色；灿烂的光辉
iridiscente 虹色的，彩虹色的
iridosmina 铱锇矿
iridoso 亚铱的，三价铱的
iris 虹膜；贵蛋白石（一种宝石）；彩虹，虹
irradiación （光、热等的）发射；发光；放热；照射，辐射；影响，扩散
irradiación accidental 辐射事故，放射事故
irradiación en reactor 反应堆辐射
irradiación iónica 离子辐射
irradiación ionizante 电离辐射
irradiación isotópica 同位素辐照
irradiación por pila 反应堆辐射
irradiado 照射的，辐射的
irradiador 辐射体，照射源；辐照器
irradiante 辐射状的，有射线的
irradiar 发射（光、热等）；（用 X 射线等）照射；辐射；辐照
irrealizable 无法实现的；不能变卖（变现）的
irrecuperable 不可复原的；不能恢复的
irreducible 不能缩改的，不能缩小的；不能复原的，不能转化的；不可约的
irrefutable 不能反驳的，无可辩驳的
irregular 不规则的，无规律的；不定期的；反常的，不稳定的
irregularidad 不规则性，不匀度，无规律，不合规定；奇异性，奇点
irrelevante 不重要的，非实质的；琐碎的
irreparable 无法修补的；无法弥补的；难以挽回的
irrescatable 不能赎回的，不能兑现的，不可救药的
irrespirable 不适于呼吸的；（空气）难以呼吸的，不干净的
irresponsable 不负责任的，没有责任的，不承担责任的
irretroactividad 无追溯效力，无追溯性
irreversibilidad 不可逆性；不可还原；不能倒转
irreversible 不可逆的，单向的，不能翻转的，不可改变的
irrevocable 不可撤销的；不能挽回的；不可作废的；不可改变的
irrigación 浇灌；冲洗剂
irrigador 灌溉用具；冲洗器
irrigar 浇灌，灌溉；冲洗，注洗
irritación 刺激；过敏；（轻度）红肿或发炎；取消，废除
irritación de los ojos 眼睛过敏，眼睛发炎

írrito 废除的，无效的

irrompible 不会破损的，不可破坏的，不易破碎的，不破裂的

irrupción 闯入；涌入；侵入；突然出现

irrupción de gas 蒸汽突破，汽窜

irrupción de rastreador 示踪剂突破；出现示踪剂

irruptor 闯入的；涌入的；侵入的；突然出现的

IRT (equipo de respuesta a incidentes) 事故反应组，事故应急组

isalobara 等变压线

isalobárico 等变压线的

isaloterma 等变温线

isentrópico 等熵的

iserina 钛铁矿砂

iserita 钛铁矿砂

isla 岛，岛屿；街区；(道路等的) 安全岛，安全区

isla artificial de producción 生产人工岛，采油人工岛

isla de barrera 堡礁岛，障壁岛

isla de perforación 钻井安全区，钻井安全岛

isla de producción 生产人工岛，采油人工岛

isla peatonal 行人安全岛

islam 伊斯兰教，回教；穆斯林；伊斯兰国家，伊斯兰世界

islario 对海岛的描述；海岛图

islas arcuales 弧形列岛

isleo (与大岛毗邻的) 小岛；(与周围自然环境不同的) 孤岛

isleta 小岛，小岛状物，(大马路的) 安全岛

islote 小岛 (尤指小火山岛)；荒岛；(海里的) 大礁石

ISM (incendio de la superficie marina) 海上火灾

iso- 含"相同，同等，均匀，(同分) 异构"之意

isoaglutinación 同族凝集 (作用)

isoamil acetado 香蕉水

isoamilo 异戊基

isoanomalía 等异常线

isóbara, isobara 等压线；同量异位素

isobárico 等压 (线) 的；同量异位的；等比重的

isobaro, isóbaro 等压 (线) 的；同量异位的；同量异序的

isobasa 等基线

isobata 等深线

isobatiterma 等温深度线 (或面)

isobato 等深的

isobutano 异丁烷

isobutanol 异丁醇

isobutileno 异丁烯

isobutílico 异丁烯的

isobutilo 异丁基

isocalórico 等卡热的，等热量的；(化学反应) 恒温的

isocarbónica 等固定碳线，等含碳线

isocasma 极光等频率线

isocatálisis 等催化 (作用，现象，反应)

isoceráunico 等雷雨的 (指雷暴活动的频率或强度相对的)

isocianato 异氰酸盐

isocianida 异氰化物，异腈；胼

isocianina 异花青

isocíclico 同素的；碳环的

isóclina 等 (磁) 倾线

isoclinal 等斜的，等倾的；等斜线，等倾线，等向线

isoclino 等倾的，等倾线的

isoconcentración 等浓度

isócora 等容线，等体积线

isócoro 等容的，等体积的

isocoste 等值，等成本

isocromático (光) 等色的；单色的，一色的

isócrona, isocrona 等时线

isocronismo 等时性，同步

isócrono 等时的，同时完成的

isodiamétrico 等径的，等直径的

isodínama 等磁力线

isodinámico 等力的，等磁力的

isoédrico (晶体) 等面的

isoeléctrico 等电位的，零电位差的，等电的

isoelectrónico 等电子的

isoentálpico 等焓的

isoentrópico 等熵的

isoestático (地壳) 均衡的，均匀的，等压的

isoestructural (晶体) 同构的

isoeugenol 异丁子香酚

isofena 等物候线；(植物的) 等始开花线

isófota 等照度线

isofoto 等照度的

isofotómetro 等光度线记录仪

isogala, isógala 等重力线，重力等值线，等伽线

isogama 等重力线，等磁力线，等磁场强度线

isogeoterma 等地温线；地下等温线；地热等温线

isogeotérmico 等地温的，等地温线的

isógiro 同消色线；等旋干涉条纹

isogónico 等角的；等偏角的

isógono (晶体) 等角的；等偏角的

isografo, isógrafo 求根仪

isograma 等值线图，等值线

isohalina (海洋) 等盐度线

isohelia 等日照线

isoheptano 异庚烷

isohexano 异己烷

isohídrico 等氢离子的；等水的；等氢的

isohidrocarburos 异构烃

isohieta 等降水量线，等雨量线

isohieto 等降水量的，等雨量的

isohipsa 等高线

isohipso 等高的

isohume 等温度线，等水分线

isoinhibidor 同效抑制剂

isolateral 等边的，同侧的

isolíneas 等量线，等值线

isolítica 等岩性线

isólogos 同构异素体，同构体

isomagnético 等磁力的；等磁的

isomería 同分异构现象；同质异能性

isomérico 同质异能的；异构的，同分异构的

isomerismo （同分）异构（现象）；同质异能现象；异构现象

isomerización 同分异构化作用；异构化；异构化作用

isómero 同分异构体，同分异构物；异构体，异构物；同分异构的，异构的

isometría 等容；等轴；等距；等海拔高度

isométrico 等体积的；等轴（晶）的；立方的；等距的；等径的；等角的

isomórfico 类质同象的；同形的；同构的；同态的

isomorfismo 同形性；同构；同晶性；同态生；同态现象

isomorfo 类质同象的；同态的，同形的；同晶形的，同晶的；同构的

isonefa 等云量线（在图上云量相等各点的连线）

isonefo 等云量的

isooctano 异辛烷

isopaca 等厚线

isopaca de arena petrolífera 油砂等厚线

isópaco 等厚的，等厚线的

isopáquica 等厚线

isopáquico 等厚的，等厚线的

isoparafina 异链烷烃，异石蜡烃

isoparafínico 异链烷烃的；异石蜡烃的

isopentano 异戊烷

isoperimétrico 等周的

isoperímetro 等周的，等圆周的

isópico 等相的，相同的

isopiécica 等压线

isopleta 等值线；等浓度线

isopluvial 等雨量线

isópodo 等足目动物的；等足目动物

isopolimorfismo 等多晶形，等多晶现象；等多形性

isopora 地磁等年变线

isopreno 异戊二烯

isopropanol 异丙醇

isopropilamina 异丙胺

isopropilbenceno 异丙苯，异丙基苯

isopropilciclohexano 异丙基环己烷，异丙基己撑

isopropilheptano 异丙基庚烷

isopropilhexadecano 异丙基十六烷

isopropílico 异丙基的

isopropilo 异丙基

isoradioactiva 放射性等量线

isorradial 等放射线

isósceles （三角形或梯形）等腰的

isoscopio 同位素探伤仪

isosensibilidad 等敏感度

isosísmica 等震线

isosísmico 等震的；等震线的

isosista 等震线

isosmótico 等渗压的

isospin 同位旋

isospondilio 等锥目的；等锥目动物

isóspora 同形孢子

isostasia 地壳均衡（说）；（压力）均衡

isostata 等密度线

isostático 均衡的，均衡说的；等压的

isosuperficie 等值面，等效面

isotaca 等风速线

isotáctico 全规的，全同立构的

isoterma 等温线，恒温线

isotermal 等温的；等温线的

isotérmico 等温的；恒温的

isotermo 等温的；恒温的；恒温卡车（或车厢）

isotónico 等渗的，等压的；等张的

isotono, isótono 同中子异荷素的；同中子异荷素，等中子（异位）素

isotopía 同位素性质，同位素现象

isotópico 同位素的；合痕的

isótopo 同位素

isótopo radioactivo 放射性同位素

isótopos de radium 镭同位素

isotriacontano 异三十烷

isotrón 同位素分析器

isotropía 各向同性（现象），全向性；均质性

isotrópico 各向同性的；单折射的

isotropismo 各向同性；各向同性现象

isótropo 各向同性的；等轴性的

isovector 等矢量

isovelocidad 等速性

isovolumétrico 等容的，等体积的

ístmico 地峡的

istmo 地峡；峡

itabirita 带状石英赤铁矿，铁英岩

itacolumita 可弯砂岩

itaitai 镉中毒

italita 白榴石

I

ítem 条，项；条目；条款；补充，增补；单
元；信息单位

itemizar 逐条记载，详细登录

iteración 重复，重述；迭代

iterativo 重复的，重述的；迭代的

iterbio 镱

itinerario 道路的，路程的；旅程，行程，路
线；游览图，旅行指南

itria, itría 氧化钇

ítrico 钇的，含钇的

itrio 钇

itrocerita 钇铌钽铁矿

itrotantalita 铈钇矿

IV （índice de viscosidad） 黏度指数

IVA （impuesto sobre el valor añadido） 增值税

IVA （impuesto al valor añadido） 增值税

izado 升，升起

izador 卷扬机，升举器，绞车

izador del botalón 臂式吊车

izamiento 升，升起

izamiento de cargas 吊起装载物，提升装载物

izar 绞起，提升，吊起

J

jabalcón　支柱，撑杆，支杆；抗压构件；托座

jabalconar　支撑，支承；用支柱支撑；加托座于

jabaluna　碧玉石

jabón　肥皂，胰子，脂肪酸碱

jabón blando　软皂

jabón de montaña　皂石

jabón de piedra　硬皂，钠皂

jabón de sastre　划粉；皂石

jabón de tocador　香皂

jabón en polvo　皂粉

jabón industrial　工业用皂

jabón transparente　透明肥皂

jaboncillo　香皂，药皂；划粉；皂石，滑石；肥皂粉

jabonoso　皂性的，肥皂般的；含肥皂的

jabuey　（人工或流水造成的）水塘，水井，水沟

jácena　大梁，主梁

jacilla　（留在地上的）痕迹

jacinto　红锆石，锆石

jacinto de Ceilán　锆石

jacinto de Compostela　紫晶

jacinto occidental　黄玉

jacinto oriental　红宝石

jacobsita　锰尖晶石

jade　玉，玉石

jadeíta　硬玉

jadeitita　（多半由硬玉构成的）变质岩

jalar　拖，拉，牵引

jalar el equipo al pozo　将设备拖到井场

jalatocle　（洪水、河水或暴雨）淤积的泥沙地

jalbegue　粉刷，刷白；灰浆

jalca　（安第斯山脉中的）高地

jalón　标尺，标杆，测杆，界标，路标

jalón de mira　视距尺，测杆

jalonamiento　立界标，立路标，设标志

jameo　（火山岩浆流过留下的）火山坑

jamesonita　羽毛矿

jamiche　碎料堆，碎石堆

jamurar　排出，汲出

jaquel　方格

jarcería　索具

jarlita　氟钴钠锶石

jarosita　黄钾铁矾

jasmona　茉莉酮

jaspe　碧玉，水苍玉；花纹大理石

jaspe negro　试金石，碧玄岩

jaspe oriental　鸡血石

jaspe sanguíneo　鸡血石

jasperoide　似碧玉岩；碧玉状

jaspilita　碧玉铁质岩；条带状铁建造

jaspón　（白色或红黄色）粗粒大理石

jaula　笼子；栏架；（车库的）分间；（电梯等）箱状装置；罐笼

jaula centradora para cañería de entubación　套管扶正器

jaula de cojinete　轴承笼，轴承箱

jaula de enchufe　套接套管

jaula de extracción　采矿罐笼

jaula de inserción para tubería de revestimiento　插接套管

jaula de seguridad　安全笼；保护笼；安全升降机

jaula de válvula　阀套筒，阀笼，阀箱

jaula de válvula de bombeo　泵阀套筒

jaula del émbolo　活塞套筒

jaula para la subida y bajada　升降机

jebe　矾，明矾

jefe　首领，首脑，头目；上司；老板

jefe adjunto　领导助理，二管事，副主管

jefe de administración　行政长官（或首长）

jefe de bomberos　消防队长

jefe de cuadrilla de oleoductos　输油管道队队长

jefe de cuadrilla de perforación　钻机长，钻井工地主任，钻井队长

jefe de equipo de sondistas　大班司钻，主司钻

jefe de equipo de taladro　钻井队长

jefe de Estado Mayor　参谋长

jefe de Gobierno　首相；政府首脑

jefe de grupo　队长

jefe de máquinas　总机械师

jefe de oleoducto　管道监督

jefe de perforación　钻机长，钻井队长

jefe de personal　人事处长

jefe de producto　（从生产到销售的）产品负责人

jefe de sondeo　钻探负责人

jefe de taller　车间主任

jefe de ventas　销售部经理，销售部主任

jergón　绿锆石；草垫

jeringa　注射器

jeringa de engrase　黄油枪，挤黄油器（一种用压力将滑脂压入轴承中的小工具）

jeringa para aceite　注油器

jet　喷射流；喷气发动机；喷气式飞机

jet fuel　喷气燃料，喷气发动机燃料，航空煤油

jeta 水笔头，水嘴

jornada 旅程，行程；工作日，一天的工作时间

jornada de ocho horas 八小时工作日（制）

jornada de trabajo 工作日，劳动日

jornada de tres turnos 三班制工作日

jornal 日工资，日薪；工作日，人工

jornalero 日工，短工，散工，临时工

josefinita 镍铁矿

joule 焦耳（米千克秒单位制功或能量的单位）

jubilación 退休；退休金

jubilado 退休的，领养老金的；退休者，领养老金的人

juego （物品的）套，副；（合页等两个活器物之间的）轴，连接装置；（铰链等ращ的）转动，开合；间隙，空隙，余隙

juego axial 轴向间隙；轴隙

juego de apilamientos 堆栈，堆

juego de arriete 闸板总成

juego de bolas 滚珠轴承

juego de bombas 泵组装置

juego de collarines cervicales blandos 软质垫料颈椎校正器

juego de collarines cervicales duros 硬质垫料颈椎校正器

juego de conecciones 管汇

juego de curvas 曲线族，一组曲线

juego de ejes 轴系

juego de fresas 成套铣刀

juego de herramientas 成套工具

juego de herramientas para perforación 下井仪器串

juego de herramientas para sondeo 下井仪器串，带地层测试器的管柱

juego de plantillas para rosca 螺距规

juego de punzones 一套锥具

juego de recambio 成套备件

juego de resortes 簧片组

juego de ruedas 货车；载重汽车；卡车；手推车；运货车

juego de válvulas 一组阀门；管汇

juego de varillas 抽油杆串，抽油杆柱

juego del cilíndro 汽缸余隙

juego del émbolo 活塞余隙，活塞间隙

juego del pistón 活塞余隙，活塞间隙

juego entre dientes 齿隙

juego lateral 侧隙，侧向间隙，轴端余隙

juego longitudinal 轴向间隙，轴端余隙

juego radial 径向间隙，径隙

juego terminal 轴向间隙，轴端余隙

juez 法官，审判员；裁判员；仲裁人；鉴定人

julio 七月；焦（耳）

juncia 高莎草；莎草

junción 接口，接合，接缝，接合处

jungla 丛林，密林；大森林，丛莽

junquerita 一种菱铁矿

junta 结合，连接；接口，接缝，接合处，合缝处，联轴节；节理；（管子）接头；衬垫，填充物；（河流）汇合处；理事会，委员会

junta a escuadra 斜接口，斜节理

junta a ras 平接接头，齐口接头，平式接头

junta a recubrimiento 搭接，叠接，搭接缝

junta a rótula 肘接；弯头接合

junta a tope 对头接，对头接合

junta a tope con cubrejunta 对接，对抵接头，对焊

junta a tope con dos series de roscas 螺纹卡套接头

junta abarquillada 波纹式接头

junta abatible 绞接，链接

junta abocinada 扩口接头，喇叭形接头

junta acampanada 喇叭形接头

junta acodada 弯头套管；球节，球窝接头

junta acodillada 弯头接合，肘节连接

junta angular 角接头，斜接头

junta articulada 铰链接合；肘接，铰接

junta automotriz de perforación 钻井动力水龙头或顶驱

junta biselada 斜接

junta cardán 万向节，万向接合，铰链接头

junta cardánica 万向节，万向接头

junta charpada 嵌接，斜接

junta ciega 无缝接头，无间隙接头；盲法兰，管口盖板

junta compensadora 伸缩缝，伸缩接头

junta compuesta 组合连接

junta con abrazadera 套筒连接，套筒接合

junta con abrazadera de expansión 胀紧套筒连接

junta con brida 法兰接头

junta con brida para soldar 焊接用法兰接头

junta con fuga 渗漏的接缝

junta con manguito 套筒连接，套筒接合

junta con manguito de expansión 胀紧套筒连接

junta corrediza 伸缩缝，伸缩接头

junta de aceite 油封

junta de ajuste por contracción 伸缩接头

junta de bayoneta 卡口式连接，销形接合，插销节

junta de bisagra 铰链接头，合页接头

junta de bola 球节，滚珠接头，球窝接头，球窝连接

junta de bordes 嵌接

junta de brida 法兰接合，法兰联轴节

junta de canto 边缘接缝，边缘连接，边缘焊接头

junta de cardán 卡登接头，万向接头，万向联

轴节
junta de casquillo 球窝接合
junta de charnela 铰链接头，合页接头，转向
接头；铰链连接
junta de codillo 肘接，弯头接合，肘节
junta de collarín 法兰接合，法兰接头
junta de comercio 商会
junta de correa 皮带接头
junta de cruce 转换接头；变换接头，交叉接头
junta de dilatación 伸缩接缝，伸缩接头，胀缩
接头
junta de doble bisel 鞍形接头，鞍状接头
junta de empotramiento 啮接
junta de enchufe 套筒接合，龙头接嘴；滑动
接合
junta de enchufe acampanado 套筒连接
junta de enchufe con chaveta 插管接头，套管接
合，连接管接合
junta de espigas 榫齿接合，榫钉缝，暗销接合
junta de estanquidad 气密焊缝
junta de expansión 伸缩接头；胀缝；膨胀缝；
伸缩缝
junta de extremidades 叠接，搭接接头，搭
接缝
junta de hembra 内螺纹接头
junta de inserción 插入式接头
junta de inserción para tubería de revestimiento
插接套管，套接套管
junta de macho 外螺纹接头
junta de manguito 球窝接合
junta de montaje 现场连接接头
junta de pasador 销连接
junta de pernos 螺栓接合
junta de puente 架接
junta de rótula 球窝接合，旋转接合，转接
junta de sobrecarga 过载（保护）接头；耐磨
接头
junta de solapa 搭接，叠接，搭接接头，搭
接缝
junta de solape 搭接，互搭接合，叠接，搭接
接头，搭接缝
junta de tope 对接，对抵接头，对焊接头
junta dentada 榫齿接合，啮合接，弯合，榫接
junta deslizante 滑动接头，伸缩结合，伸缩式
连接
junta directiva 指导委员会，董事会
junta elástica 弹性接合，弹性关节
junta en bisel 斜接
junta en caliente 热接合
junta en chaflán 斜节理
junta en cola de milano 燕尾接合
junta en escuadra 弯头套管
junta en frío 冷接头

junta enrasada 平贴接合，平缝，齐平接缝
junta ensamblada 榫接，啮合（扣）
junta entrante 暗接
junta entre dos arcos 端接合，直角接合
junta esférica 球窝接头
junta esmerilada 磨口接头
junta esquinada 弯管接头，弯头连接
junta estanca 气密接缝
junta estañada 焊接（接缝）
junta flexible 挠性接头，挠性连接，柔性接头
junta fría 冷缝
junta giratoria 旋转接合，旋转接头，活动
弯头
junta guarnicionada 堵塞缝，包垫接头
junta hermética al agua 水密接缝
junta hermética al vapor 汽密接缝
junta hidráulica 水密接头
junta horizontal 水平缝；水平接头
junta integral 整体接头
junta kelly 方钻杆接头
junta lisa 平接接头，齐口接头，平式接头
junta llena 盲法兰，无空凸缘，管口盖板；无
间隙接头
junta machihembrada 舌槽接合，企口接合
junta maestra 主节理；主要接头
junta mayor 主节理；主要接头
junta móvil 活动连接，活节
junta notarial 公证人委员会
junta Oldham 十字联轴节
junta plana 对接接头，对接
junta plomada 填铅接合
junta principal 主节理；主要接头
junta remachada 铆接，铆钉接合
junta rotatoria de perforación 钻井水龙头
junta salteada 错缝接合，间砌法
junta sin rosca 无螺纹接头
junta solapada 叠接，搭接缝
junta soldada 焊接接头；焊缝；焊接，熔合
连接
junta soldada al tope 对焊接头；对接焊接头
junta soldada de recubrimiento 搭焊接头
junta soldada en ángulo 角焊接头；填角焊缝
junta telescopiada 套筒连接，伸缩连接
junta telescópica 套筒式接头，可伸缩接头；起
升架，伸缩节；套管接合
junta traslapada 搭接
junta tubular integral 管状整体接头
junta universal 万向接头，万向联轴节，万向节
junta universal de trasiego de crudo 倾注原油使
用的万向接头
juntar 使连接，连接，接合，使并在一起；汇
集，聚集
juntar con engrudo 粘贴，裱糊，涂胶

J

juntar con pernos 用螺栓固定，栓接

juntas broncesoldadas 钎焊接头

juntas cruzadas 错列接缝，错缝

juntas intergranulares 晶界，颗粒间界

juntas níquel 镍接头

juntas roscadas del revestidor 套管螺纹接头

junteo 接合；汇接点，接点

juntera 修边刨

junto 整个的，会聚在一起的

juntura 接合点，接合处，接缝，接口；接合，混合；组合；关节

juntura de pestaña 盘兰连接

juntura montante 竖缝，竖接缝

juntura para manguera 软管接头

jurásico 侏罗纪的，侏罗系的；侏罗纪，侏罗系

jurásico superior 上侏罗纪

jurásico temprano 早侏罗世

jurídico 法律上的；法学上的；司法的；审判的

jurisconsulto 法学家，法理学家，法律专家；法律顾问；律师

jurisdicción 司法权，审判权，裁判权；权限，管辖范围；（行政划分的）管辖区域，职权范围；当局

jurisdicción arbitral 仲裁权

jurisdicción competente 有裁决权的法庭

jurisdicción forzosa 强制性裁判权

jurisdicción militar 军事当局

jurisdicción ordinaria 普通审判权

jurisdiccional 司法权的，审判权的，裁判权的；权限内的，管辖范围内的

jurispericia 法学，法律学，法理学

jurisprudencia 法学；法律体系；（某一方面的）法律，法规；判例，案例

jurista 法学家，法理学家，法律专家；律师；（某物的）永久所有者

juro 永久所有权；一种永久性津贴，年金

jusgentium 国际法，万民法，各国共同采用的法律

justicia 公正，公平；正义，正义性；天理，公理；权利；道理；司法；审讯；审理，审判；惩办；司法机关；司法权；司法人员

justicia civil 民事裁判

justificación 辩护，辩解；辩护词；正当的理由，验证有道理；有说服力的证据

justificante 清单，账单，凭单；票据，支票，汇票，发票；证书，证据

justipreciador 评价人，鉴定人

justipreciar 正确估价，正确评价

justo 公平的，公正的；正义的；合法的；（数量、重量、尺寸等）准的，刚好的；精确的

justo a tiempo 及时，正好，恰好

juvenil 青年的，青春时期的；青少年的；青少年运动员

juventud 青春，青年时期；青年人，青年一代；（事物的）初期，早期

K

ka 千安，千安培（kiloamperio）
kabaíta 隙地蜡
kainita 钾盐镁矾
kalium 钾
kallirotrón 负阻抗管，负电阻管
kampilita 磷砷铅矿
kansaniense 堪萨斯冰期
kaolín 高岭土，瓷土
kaolinita 高岭石
kaón 介子
kapok 木棉
karbate 卡巴特，卡尔贝特无孔碳（碳和石墨
　　制品，用耐蚀剂浸渍，在高压下不渗漏液体，
　　作耐蚀衬里材料）
karst 喀斯特，溶岩；喀斯特区，溶岩区
kárstico 喀斯特的，溶岩的
kasolita 硅铅铀矿
Kazajstán 哈萨克斯坦
kelly 方钻杆
kelp 海草；巨藻；大型褐藻；海草灰
kelvin 开，开氏温度，开氏温标
Kenia 肯尼亚（东非国家）
kenotrón 高压整流二极管
kentallenita 橄榄二长岩
keratófiro 角斑岩
kernita 四水硼砂（一种无色或白色的结晶体）
kerógeno 干酪根，油母，油母质，油母沥青，
　　油母岩
kerosén 煤油，火油；石蜡油
kerosén de jet 航煤；煤油型喷气燃料
kerosene 煤油，火油；石蜡油
kerosene de turbina de aviación（KTA） 航　空
　　煤油
keroseno 煤油，火油；石蜡油
keroseno de aviación 航空煤油
kerosina 煤油
kersantita 云斜煌岩
ketona 酮
keuper 考依波；考依波阶
kgf（kilogramo-fuerza） 千克力
kgm（kilográmetro） 千克米
kieselgur 硅藻土
kieserita 硫镁矾，水镁矾
kiliárea 千公亩，十公顷
kilita 辉橄霞斜岩
killas 泥板岩，板岩，片板岩
kilo 千克，公斤

kilo- 表示"千"
kiloamperio 千安，千安培
kilobar 千巴（压强单位）
kilobit 千位；千比特（量度信息单位）
kilobyte 千字节（略作 kb.）
kilocaloría 千卡，大卡
kilociclo 千赫；千周
kilociclos por segundo 千赫每秒；千周每秒
kilociroe 千居里（放射性强度单位）
kilodina 千达因
kiloelectrón- volt. 千电子伏特
kilográmetro 千克米，公斤米
kilogramo 千克
kilogramo-fuerza 千克力
kilogramo-metro 千克—米；公斤米，千克米
kilogray 千格令（英、美两国的质量单位）
kilohercio 千赫（兹），千周
kilojulio 千焦（耳）
kilolibra 千磅
kilolitro 千升
kilometraje 千米制；以千米计算；以千米计算
　　的行程；按千米计算的运费，按千米计算的
　　旅费
kilometraje adicional （钻机搬家时）按附加千
　　米数计算的运费
kilométrico 千米的，公里的；以千米计算的
kilómetro 千米，公里
kilómetro cuadrado 平方公里，平方千米
kilómetros por hora 公里每小时，千米每小时
kilopascal 千帕，千帕斯卡
kilopondio 千克力
kilotex 千特克斯
kilotón 千吨，一千吨 TNT 当量，千吨级当量
kilotonelada 千吨，千吨级当量
kilovatio 千瓦，千瓦特
kilovatio hora 千瓦时，（电）度
kilovolt 千伏，千伏特
kilovoltamperio 千伏安
kilovoltímetro 千伏计，千伏表
kilovoltio 千伏，千伏特
kilovoltio-amperio 千伏—安培，千伏特—安培
kilowatio 千瓦，千瓦特
kilowatt-hora 千瓦时
kimberlita 金伯利岩，角砾云母橄榄岩
kimeridgiense 启莫里支，启莫里支阶
kinescopio 显像管，电子显像管
kinetics 动力学，运动学

kit 配套元件；成套工具，成套用具

kit de empacadura 密封修理包

kit de termostato 节温器修理包

kit de turbocargador 增压器修理包

klippe 飞来峰，孤残层，飞来层，蚀残掩冲体

klistron，klistrón 速调管，调速管

klistron oscilador 速调管振荡器

klistron reflex 反射速调管

km. 公里，千米

km./h 千米／小时

know-how 技能；技术

kokenmodingo （史前时期）贝壳的堆积物；贝丘

KOP (punto de arranque de desviación) 造斜点，英语缩略为 KOP（Kick Off Point）

koroseal 氯乙烯树脂；科拉喜（一种合成橡胶）

kovar 柯伐（镍基合金），铁镍钴合金

kr 元素氪（Kriptón）的符号

kriptón 氪

kunzita 紫锂辉石

kurtosis 峰态，峭度，尖峰值，尖锋值

L

La 元素镧 (lantano) 的符号

label 标签牌，标签记，标签号，名牌，厂牌，商标

lábil 不稳定的，不安定的，活泼的，易变的；滑动的，易滑脱的

labilidad 不稳定，不稳定性，易变性，易滑性

labio alto 上盘，顶板，顶壁

labio bajo 下盘，底板

labio de falla 断层翼部，断层壁

labio empinado 陡峭翼，峭壁

labio hundido 下降盘

labor 劳动，工作，采掘；翻耕

laboral 劳动的，工作的

laborante 劳动的，干活的；手工业者，手艺人

laborar 努力，操劳，争取，耕，犁

laboratorio 实验室，化验室；制药厂；试验点，试点

laboratorio de campo 工地试验室

laboratorio de ensayos 试验室

laboratorio de investigación 研究实验室

laboratorio de normalización 标准实验室，标准化实验室，规格化实验室

laboratorio de pruebas 试制车间

laboratorio de unificación 标准实验室，标准化实验室，规格化实验室

laboratorio integrado de campo (LIC) 油田综合实验室，现场综合实验室

laborear 加工；开采，采掘

laboreo 加工；开采，采掘

laboreo de carbón 采煤，掘煤

laboreo de gran fondo 深井开采

laboreo de subnivel 分段回采，分段采矿

laboreo hidráulico 水力开采，水力冲采

laboreo por subpisos 分段回采，分段采矿

laboreo subterráneo 地下开采

laboreo superficial 露天开采法

laborero 工长，作业班长，鞣革工

labra (石料、木材等的) 加工

labrabilidad 可加工性，机制性，机械加工性能

labradorita 拉长石，富拉玄武岩

labrar 加工，制作；修琢，打磨，表面加工

laca 虫胶，虫漆，虫脂，紫胶，漆；清漆，漆器

laca aromática 芳香漆

lacas celulósicas 纤维素漆

lacolítico 岩盖的

lacolito 岩盖

lacolito concordante 层间岩盖

lacrador 火漆印

lactamas 内酰胺

lactato 乳酸盐，乳酸酯

lactida 丙交酯，交酯

lactima 内酰亚胺

lactón 乳胶纤维

lactona 内酯

lactopreno 聚酯橡胶

lactrón 生橡胶线

lacunosus 网状云

lacustre 湖的，湖泊的，湖沼的；湖栖的，湖生的，湖成的

ládano 岩蔷薇胶 (亦译作劳丹树脂)

ladear 使倾斜，使侧倾

ladeo 斜，倾斜，侧倾

ladera 山坡；斜坡；河边，河岸

ladera cubierta de guijarros y piedras 山麓碎石堆

ladera de la parte superior de una colina 山脊，坡顶

ladería (小块的) 山坡平地

lado 边，侧，翼，岸；(多边形或角的) 边；(多面体的) 面

lado de abajo 下侧，下落翼，下降盘

lado de la soldadura en ángulo 角焊缝侧边，填角焊缝侧边

lado del crédito 贷方

lado del debido 借方

lado del deudor 借方

lado del haber 贷方

lado externo del camino 路边

lado hacia tierra firme 向陆侧，向陆地一侧，朝陆一侧，向陆一侧

lado interno 内侧

lado posterior 尾端，背面

lado pulido 磨光面，抛光面

ladrillal 砖厂

ladrillar 砖厂；用砖铺 (地面)

ladrillo 砖；砖形物

ladrillo aislante 隔热砖

ladrillo asfáltico 沥青块

ladrillo azulejo 瓷砖

ladrillo colorado 红砖

ladrillo común 普通砖

ladrillo cuadriculado 方格砖

ladrillo de arcilla 黏土砖

ladrillo de arcilla refractaria 耐火砖，黏土质耐火砖

ladrillo de vidrio 玻璃砖

ladrillo hueco de arcilla 黏土空心砖

ladrillo jaquelado 方格砖

ladrillo prensado 压制砖

ladrillo refractario 耐火砖

ladrillo silicio 硅砖，矽砖

ladrón 取样器；（河流、沟渠等的）泄水口；接线板

ladrón de aceite 取油样器

lagareta 水坑，水洼

lageniforme 葫芦状的，葫芦形的

lago 湖，湖泊

lago alcalino 碱湖

lago de agua dulce 淡水湖

lago de agua salada 咸水湖

lago de circo 山间小湖，山上小湖，冰斗湖

lago de cráter 火山口湖

lago de erosión 侵蚀湖

lago de fractura 构造湖

lago de glaciar 冰川湖

lago de Karst 岩溶湖，喀斯特湖

lago de lavas 熔岩湖

lago deltaico 三角洲湖

lago distrófico 无滋养湖，无营养湖

lago eutrófico 滋育湖，富营养湖

lago intermitente 间歇湖

lago marginal 冰缘湖

lago mesotrófico 中等滋育湖

lago oligotrófico 寡营养湖，缺养分湖

lago rico en carbonato sódico 碱湖

lago rico en nutrientes 滋育湖，富营养湖

lago salado 盐湖

lago salado con una alta proporción de sodio en el agua 碱湖，湖水中碱含量高的盐湖

lago temporario 临时湖

laguna 水塘，池塘；小湖；潟湖

laguna costera 海岸潟湖，滨海潟湖，沿海环礁湖

laguna de decantación 倾析池，沉积池

laguna de oxidación 氧化池，氧化塘

laguna de sedimentación 沉积池

laguna solar 太阳能水池，太阳池

lagunal 潟湖的

lagunar 水洼儿；花格平顶

lagunazo 水洼

lagunero 小湖的，池塘的；看池塘的人

lagunoso 多小湖泊的，多池塘的

lahar 火山泥流，泥流

laja 石板，板石；平缓的浅礁；（磨洗用的）细砂；陡坡地

lama 淤泥，河泥，塘泥；细砂，矿尘淤；沙质粘土；（金属的）薄片，薄板，板材

lamedal 泥潭，烂泥坑，泥塘

lamedura （波浪）轻轻拍击；（河水）轻轻冲刷

lameira （溪水或泉水浇灌的）草地，牧场；湿地

lamela 瓣，鳃，小瓣；壳层

lamelar 片状的，叶片状的；层状的，薄层状的

lameliforme 薄片状的

lamer 冲洗；（波浪）轻轻拍击；（河水）轻轻冲刷

lámina 层，矿层；薄片，薄板，板材；板，片

lámina acuífera 水层，含水层

lámina asfáltica 沥青层

lámina calibradora 测量标尺

lámina corrugada 防滑钢板，波纹板

lámina corrugada de metal 金属波形板，波形金属薄片

lámina de acero 钢板

lámina de agua 水层，含水层

lámina de calzar 垫片，薄垫片，填隙片

lámina de casco 船壳板，外壳板

lámina de chapa gruesa 厚铁板

lámina de cinc 锌板

lámina de cobre 铜板，镀铜层

lámina de corrimiento 冲掩岩片，推覆体

lámina de empaque 填密片，封密片，密封填料

lámina de forro exterior 船壳板，外壳板

lámina de hierro 铁皮，铁片，薄铁皮，薄铁板

lámina de metal 金属片，金属薄板

lámina de metal galvanizado 镀锌铁皮，白铁皮

lámina metálica 金属片，金属薄板

lámina para llenar espacio 垫片，薄垫片，填隙片

lámina termoplástica reforzada 加强型热塑片材

laminable 可展的，易展的；能捶打成薄片（薄层）的，能辗压成薄片的

laminación （金属材料的）轧制；（金属）轧成薄片；层状结构，板状结构

laminación cruzada 交错层理，交错纹理

laminación de arcilla 黏土夹层

laminado 轧成薄片的，轧成薄板的；包有金属薄片的；（金属材料的）轧制，压延，轧制品

laminado de acero 薄钢板，轧钢

laminado en caliente 热轧的；热轧

laminado en frío 冷轧的，冷滚压的；冷轧，冷滚压，常温滚压

laminado transversal 交错层状的

laminador 轧钢厂，轧钢机；（金属材料的）轧制工；轧制的，压延的

laminador en frío 冷轧机

laminador perforador 穿孔机

laminar 薄层的，薄板的，薄铁片的，层状的，

L

片状结构的，由薄片组成的；轧制，压延

laminar acero　轧钢

laminarización　层化，层状

láminas cruzadas　交错层，交错层理

láminas de pirita　黄铁矿薄层

laminero　轧制薄板的；给…包金属的；轧制工人；包金属片工人

laminilla　薄片，壳层，菌褶；瓣；层，片

laminoso　层状的，薄片状的；由薄片（或层状体）组成的

lamoso　多淤泥的

lámpara　灯，灯具，照明用具；电子管，真空管

lámpara ahorradora de energía　节能灯

lámpara antiexplosiva　防爆灯

lámpara de argón　氩灯

lámpara circular　圆形灯

lámpara con envuelta de cuarzo　石英灯

lámpara de aceite　油灯

lámpara de acetileno　乙炔灯

lámpara de advertencia　警告灯，报警灯

lámpara de alcohol　酒精灯

lámpara de ámbar　琥珀色灯

lámpara de arco　弧光灯

lámpara de arco eléctrico　电弧灯

lámpara de arco excitado en derivación　并联弧光灯

lámpara de centelleo　闪光灯

lámpara de cuarzo　石英灯

lámpara de descarga　放电管

lámpara de filamento eléctrico　白炽灯

lámpara de gas　煤气灯

lámpara de iluminación indirecta　间接光灯

lámpara de incandescencia　白炽灯

lámpara de llamada　呼叫灯

lámpara de los mineros de seguridad　矿灯，（矿工用）安全灯

lámpara de luz solar　日光灯

lámpara de mano　手电筒

lámpara de neón　氖灯，霓虹灯

lámpara de petróleo　石油灯

lámpara de radio　电子管，收音机灯泡

lámpara de soldar　焊接喷灯

lámpara de torre　井架灯

lámpara de tres electrodos　三极电子管

lámpara de tungsteno　钨丝灯

lámpara de vapor de mercurio a alta presión　高压水银汽灯

lámpara de xenón　氙气灯

lámpara eléctrica　电灯

lámpara emisora　发射管，发送管

lámpara en vacío　真空管

lámpara florescente　荧光灯

lámpara incandescente　白炽灯

lámpara inundante　泛光灯，探照灯

lámpara para alumbrado　照明灯

lámpara para soldar　焊接灯，喷灯，吹管

lámpara proyectante　泛光灯，探照灯；投射灯，投影灯

lámpara testigo　指示灯，信号灯

lamparero　制灯人；卖灯的人，灯具商；修灯人

lamprobolita　角闪石

lamprofillita　闪叶石

lamprófiro　煌斑岩

lamprófiro mica　云母煌斑岩

lana　羊毛；毛线，绒线；毛料，毛织品

lana aislante　绝热棉

lana de acero　钢丝绒

lana de cristal　玻璃绒，玻璃毛

lana de escoria　矿渣棉，渣绒

lana de plomo　铅毛

lana de roca　石纤维，矿毛

lana de vidrio　玻璃绒，玻璃毛

lana mineral　矿渣棉，石纤维，渣绒，矿毛

lana pétrea　石纤维，矿毛，石毛

lanado　多绒毛的

lanarquita　黄铅矿

lancha　船，艇，舟，驳船；板石

lancha a motor　摩托艇，气艇，机动艇

lancha bombardera　炮艇

lancha de pesca　渔船

lancha motora　摩托艇，气艇，机动艇

lancha patrullera　巡逻艇

lancha remolcadora　拖船，驳船

lancha salvavidas　救生艇

lancha torpedera　鱼雷艇

lanchaje　船运；船运费

lanchar　石板采石场；产石板的地方

lanchero　船的驾驶员；船主

lanchón　平底船，驳船，座艇

lanciforme　矛尖状的，狭而尖的

landa　荒原

langita　蓝铜矾

lanolina　羊毛脂

lantánidos　镧系元素的；镧系元素，镧系，镧族

lantano　镧

lanza　喷嘴，喷头；喷枪；矛，长矛

lanza de agua　水枪

lanza de cemento　水泥喷枪

lanza de chorro　喷枪，喷射器，泥浆枪

lanza de la válvula del fondo de la cuchara　捞砂筒下部的活门

lanza para manguera　软管喷嘴，水龙带喷嘴

lanzabengalas　信号枪

lanzaespuma　泡沫喷枪

lanzafuegos　喷火器，火焰喷射器

L

lanzallamas　喷火器，火焰喷射器

lanzamiento　投掷；跳入；（船的）下水；（初次）投放；发行；发射

lanzamortero　水泥喷枪

lanzar　投，抛，发射，投射，喷射；投放

laña　锔子，夹子

lapacha　水坑，水洼

lapachar　沼泽地，低湿地

lapidadora automática　自动研磨机

lapidario　宝石的；石碑的；宝石工，玉石工，宝石商；金刚石切割器，玻璃刀

lapídeo　石头的

lapidícola　石栖的

lapidificación　成岩，成岩作用，石化作用

lapidificar　使化成石头，使化成岩石，使石化

lapidífico　石化的

lapidoso　石头的，像石头的

lapilli　火山砾

lapislázuli　青金石，天青石

lápiz　石墨；铅笔，铅芯

lápiz de plomo　石墨

lápiz electrónico　电子笔

lápiz encarnado　赭土

lápiz estilográfico　自动铅笔

lápiz fotosensible　光笔，光感应笔

lápiz óptico　光笔

lápiz rojo　赭土

lápiz termométrico　检温棒

lápiz tinta　墨水笔

lapizar　石墨矿，石墨产地；用铅笔画；用铅笔勾勒；草拟

laplaciano　拉普拉斯算子，调和算子

lapso　（时间的）经过，流逝；期间，时期；过失，差错

lapso de tiempo　时间跨度，时间间隔

lapso de tiempo geológico　地质时期；地史时期

lapso de vida　寿命，存在时间，寿命期限

lapsus　（由于疏忽而犯的）过失，失误，差错

lapsus cálami　笔误

laptop　便携式电脑

laque　套索

laqueado　涂漆的，上了漆的

lardalita　歪霞正长岩

largar　放开，松开，解开，释放；发射；启航

largo　（长度、距离）长的；时间长的；长度

largo de una junta　单根长度

largo plazo　长周期，长期，远期

largomira　望远镜

largor　长度；平面长度的距离

larguero　（床、门、窗等的）帮，侧柱；（桌子活动版面的）横撑木；（飞机的）翼梁；（汽车底盘的）纵梁；（桥梁的）桁梁；（矿井用的）坑木

larguero de asiento del motor　发动机底座架

larguero del piso de taladro　钻台横梁

larguero principal　钻台主基木

larjita　斜硅钙石

larva　（甲壳类、两栖类和昆虫的）幼虫，幼体

larvado　（疾病、危险等）隐性的，隐伏的，潜在的

larviquita　歪碱正长岩

láser　激光，莱塞；激光器，激光发射器

láser fluoroscópico aerotransportado (LFA)　机载激光荧光系统

lástex　橡皮线，松紧带

lasto　（款项等的）代偿字据，垫付字据

lastra　石板；平滑的长石板

lastrabarrena　钻铤

lastrabarrena acanalado　带槽钻铤，螺旋钻铤

lastrado　加压载；装压舱物，有负载的

lastrar　使稳定，使平衡，装镇重物，装底货

lastre　（船或气球等用的）压载，压载物，压舱物，镇重物

lastre de tubería　管线固定卡

lata　罐，听，铁盒，铁筒，马口铁，镀锡铁皮

lata de aceite　油壶，小油桶，油桶

lata de grasa　油脂罐，黄油罐，润滑脂罐

lata de reserva de gasolina　简便油桶

latastro　柱墩

latebra　洞穴，巢穴；藏身处，隐蔽所

latebroso　隐蔽的，隐藏的

latencia　潜伏，潜在；潜在期，潜伏期

latente　潜伏的，潜在的；不易察觉的；隐性的；休眠的

lateral　旁边的，侧面的；横向的，旁侧的；（干道的）支路；人行便道，侧边

laterita　红土，砖红壤；红土带

laterítico　红土的，红壤的

laterización　红土化作用，砖红壤化作用

laterodiagrafía　侧向测井

lateroposición　侧向位置，侧方位

lateropulsión　侧向推进

látex　乳液；胶乳；乳胶液，橡浆

latido　振动，摆动，偏动

latigueo de las varillas de tracción　抽油杆撞击，抽油杆撞击井壁

latita　安粗岩

latitud　纬度；宽度，幅员，面积；气温带

latitud alta　高纬度

latitud baja　低纬度

latitud elevada　高纬度

latitud geodésica　地理纬度

latitud geográfica　地理纬度

latitud magnética　磁纬，地磁纬度

latitud Norte　北纬

latitud polar　极地纬度

latitud Sur　南纬

latitud topográfica　同 latitud geodésica

latitudinal　纬度的，纬度方向的

latón　黄铜

latón blanco　白铜

latón blando　软铜

latón cobrizo　红（色黄）铜

latón corriente　黄铜

latón de aluminio　铝黄铜

latón de galápagos　黄铜锭

laumonita　浊沸石

lauratos　月桂酸，月桂酸盐

laurdalita　歪霞正长岩

laurencio　铹

laurentiense　劳伦，劳伦群

laurilo　月桂基，十二烷基

laurionita　羟氯铅矿

laurviquita　歪碱正长岩

lautarita　碘钙石

lava　熔岩，火山岩；洗矿，选矿

lava ácida　酸性熔岩

lava acordonada　绳状熔岩

lava alcalina　碱性熔岩

lava almohadillada　枕状熔岩

lava basáltica　玄武质熔岩

lava cordada　枕状熔岩

lava elipsoidal　椭球状熔岩，枕状熔岩

lava en bloque　块状熔岩

lava ojos de emergencia　应急洗眼器（洗眼器也
　可以写成 lavaojos 或 lava-ojos）

lava riolítica　流纹岩熔岩

lava viscosa　黏性熔岩

lava volcánica　火山岩浆

lavabilid　可洗性，可耐洗性，洗涤能力

lavacoches　汽车洗车工

lavacristales　擦玻璃工

lavado　洗矿，洗选；洗涤，清洗，冲洗，擦
　洗；褪色的

lavado ácido　酸洗

lavado con agua　水洗

lavado de arena　冲砂

lavado de gases de chimenea　烟道气净化

lavado de remojo　浸泡洗涤

lavado del carbón　洗煤，选煤

lavado del gas　洗气

lavado del impulsor　叶轮冲洗，叶轮清洗

lavado del mineral　淘洗矿石

lavado del propulsor　叶轮冲洗，叶轮清洗

lavado por decantación　淘洗，淘选；淘洗法；
　淘析法

lavado por infiltración　浸渗冲洗

lavado por percolación　渗透清洗；渗滤冲洗

lavado por soplo　吹洗

lavado previo　预洗，预洗涤

lavador　洗涤器，清洗机；洗衣机

lavador ciclón　旋流式洗涤器

lavador de arena　洗砂机，洗砂设备

lavador de gas　洗气器；洗气器；气体净化器

lavador de mineral　洗矿机

lavador por pulverización　喷射式清洗机

lavadura　清洗，洗涤，涮洗；洗选（矿石）；
　（洗矿后剩余的）渣滓

lavadura de falda　坡面冲刷

lavadura de granito　花岗岩冲积物

lavaje　冲洗，洗选，冲刷，清洗，洗涤；溶蚀，
　冲蚀

lavaluneta　挡风玻璃自动清洗器

lavandería　洗衣房

lavaparabrisas　（汽车挡风玻璃上的）刮水器，
　雨刷，雨刮

lavar　洗，洗涤，清洗；洗刷，擦洗；洗选
　（矿石）

lavar a presión las paredes de un pozo　高压冲洗
　井壁，喷射清洗井壁

lave　洗选

lávico　熔岩的

lavija　销钉，销子；插头

lawrencio　铹

lazo　（捆、绑、扎东西用的）绳儿，带，绳结；
　套索；联系，纽带；（道路的）弯道

lazulita　天蓝石

LCRR（ley de conservación y recuperación de
　recursos）　资源保护和回收法

leadhillita　硫碳酸铅矿

leberquisa　磁性黄铁矿

lechada　灰浆；乳剂，乳浊剂；纸浆；泥浆；
　矿浆

lechada de cal　石灰浆

lechada de cemento　水泥浆

lechada de cola　尾浆

lechada gelificada de arena y agua　稠化水泥浆，
　稠化水泥砂浆

lecho　层；地层，岩层；河床，海床，岩床，
　湖底，海底；底盘，底座

lecho adsortivo　吸附层

lecho competente　坚硬岩层，强岩层

lecho de filtración　过滤层，滤层，渗滤层；滤
　床，滤池，滤垫

lecho de grava　砾石层

lwcho de lutita　页岩床

lecho de prueba　试验床

lecho de roca　岩床

lecho de un arroyo　河床，溪底

lecho de un filón　原岩

lecho del río　河床

lecho fijo　固定床，固定床层

L

lecho filtrante 过滤层，滤床，滤层，渗滤层

lecho fluido 流化床

lecho incompetente 软岩层，弱岩层

lecho lacustre 湖成层，湖床

lecho marino 海底，海床

lecho natural 天然层，自然层

lecho rocoso 岩层，岩石层

lecho seco de arenas auríferas 含金干河谷

lechoso 乳状的；有浆的，有乳液的

lecontita 钠铵矾

lector 读者；审阅者；读数器，读卡器，阅读器；输入机

lector de cinta magnética 磁带读数器，磁带机，读带机

lector digital 数字扫描器

lector optical 光扫描器

lectotipo 选型，选模，补选模式标本

lectura 读，阅读；读物，阅读材料；读出，读数据

lectura de cinta métrica 卷尺读数，检尺读数

lectura de instrumentos 仪表读数，仪器读数

lectura de mapas 读图

lectura de medición 读表，读量规

lectura de mira 标尺读数

lectura dispersa 分散读入

lectura errónea 错误读数

lectura gravimétrica 重力读数

lectura no destructiva 非破坏读出

leer 读，阅读；读懂，看懂；觉察；读出，读数据

leer registros 读数，读测线，读记录

legajo 测井图，测井曲线；卷宗，案卷，文卷

legajo de pozos 单井测井图，单井测井曲线

legal 法律上的；属于法律范围的；法律规定的，法律认可的；符合法律的，合法的；依照法律的；司法的

legalidad 合法性；法制；法律性；法律地位；合法地位

legalismo 墨守法规，条文主义，文牍主义

legalización 合法化，批准，认可，证明

légamo 淤泥，稀泥，烂泥

legislable 可以立法的；应该立法的

legislación 立法，法律的制定（或通过）；（一个国家的）法律；法律学

legislador 立法的；立法者，立法机关成员

legítimo 合法的；正当的，合理的；真正的，纯的；正统的

legua 里（西班牙里程单位，合5572.7米）

leguminosas 豆科，豆科植物

leguminoso 豆类的，豆荚的；豆科植物的；类似豆科植物的

Lejano Oriente 远东

lejía 灰水，碱水，碱液；洗涤剂，漂白剂，去垢剂

lejía de potasa 氢氧化钾，钾碱

lengua 舌，舌头；（天平的）指针；舌状物，狭长状物；语言；消息，情报；译员

lengua del agua 海岸，河岸，湖岸；（漂浮物体的）吃水线

lengua de arena unida a la costa 沙嘴，岬，海角

lengua de hielo 冰川舌

lengua de tierra 地峡

lengua de tierra unida a la costa 沙嘴，岬，海角

lenguaje 语言；言词；术语；行话

lenguaje convenido 暗语，代号

lenguaje de ensamblado 汇编语言

lenguaje jurídico 法律语言，法律用语

lenguaje natural 自然语言

lengüeta 舌状物；（水压或气压的）舌片键，榫梢

lengüeta calibradora 测厚规，厚度计

lenificar 使缓和，缓解；减缓，减轻（痛楚）

lente 透镜，镜片；透镜体；单片眼镜；（代替光学玻璃的）电磁设备；放大镜；镜头

lente aplanática 消球差透镜，齐明透镜

lente astigmático 像散透镜，散光镜

lente biconvexa 双凸透镜

lente cóncavo 凹透镜

lente concavoconvexo 凹凸透镜

lente converger 会聚透镜

lente convexa 凸透镜

lente de agua dulce 淡水透镜体

lente de arena 砂透镜体，砂岩透镜体，砂质透镜体

lente de aumento 放大镜

lente de gas 气体透镜

lente electromagnética 电磁透镜

lente objetivo 物镜

lente ocular 接目镜，目镜

lente para supervisor claro 透明安全防护镜

lente para supervisor oscuro 深色安全防护镜

lente petrolífero 透镜状油藏

lentejón alargado de mineral 扁豆形矿体，透镜状矿体

lentes bicóncavos 双凹透镜

lentes biconvexos 双凸透镜

lentes cilíndricos 柱面透镜

lentes convergentes 会聚透镜

lentes de seguridad 安全眼镜，护目镜

lenticular 双凸的，双凸透镜状的；透镜的；扁豆状的

lenticularidad 透镜状产状，扁豆状成层特性；扁豆体化，透镜状

lentilla 接触透镜，角膜眼镜，隐性眼镜

lento 慢的，缓慢的，迟钝的；曝光慢的

lepidocrocita 纤铁矿

lepidocrosita 纤铁矿

lepidolita 锂云母

lepidomelana 铁黑云母

leptinita 麻粒岩；变粒岩

leptita 长英麻粒岩

leptómetro 比黏计

LESQN（lista europea de substancias químicas notificadas） 欧洲新化学物质名录

lesión 损害，损伤，损失

lesna 锥子

letra 字母；活字，铅字；字体；笔迹；书信；票据，汇票

letra abierta 空白票据，空白汇票

letra bancaria 银行汇票

letra de cambio 汇票

letra de guarismo 阿拉伯数字

letra de pago 支付票据

letra inicial 词首字母

letra negrilla 黑体字

letra de orientación 关键字

letrero 路牌，路标；招牌，招贴；海报，布告；标签

letrero de anuncio 布告牌

leucita 白榴石

leucitoedro 白榴石体

leucitófido 白榴斑岩

leucobases 无色母体

leucocompuestos 无色化合物

leucocrático 淡色的

leucocrato 淡色（火成）岩

leucófido 糟化辉绿岩

leucopetrita 蜡状煤

leucopterina 白蝶呤

leucoxeno 白钛石

leucozafiro 刚玉

leva 凸轮，偏心轮；凸轮轴

leva de admisión 进气凸轮

leva de disco 盘形凸轮

leva de escape 排气凸轮

leva en forma de corazón 心形凸轮

leva giratoria 旋转凸轮

leva oscilante 摆动凸轮

leva simétrica 对称凸轮

levadura 酵母，发酵粉

levantado 举起的，抬起的，升高的

levantado por gas 气举的

levantador 升运机，提升机，起重机

levantamiento 举起，抬起，隆起，提升，提高；竖起，建造；（物体表面的）突起，隆起；测量，勘测

levantamiento a gas 气举

levantamiento a plancheta 平板仪测量

levantamiento aerogravimétrico 航空重力测量

levantamiento aeromagnético 航空磁测，航磁测量

levantamiento altimétrico 地形测量

levantamiento artificial 人工举升

levantamiento artificial a gas (por gas) 人工气举

levantamiento catastral 地籍测量，土地测量

levantamiento con método eléctrico 电法测量

levantamiento con separación fija desplazable 等距测量，等距测量电磁法，等距电磁法

levantamiento continuo por gas 连续气举

levantamiento de detalle 详查，详测

levantamiento de la válvula 气门升程，阀门升程

levantamiento de línea base 基线测量，基线勘测

levantamiento de mapas 测图，绘图，制图

levantamiento de mapas de pozo 绘制井图，测绘井图

levantamiento de planos 测图，绘图，填图，制图

levantamiento de planos con la brújula 用罗盘绘图

levantamiento de planos de pozo 绘制井图，测绘井图

levantamiento de planos geofísicos aéreos 绘制航空物探图

levantamiento de planos geológicos 地质测绘，地质制图

levantamiento de reconocimiento 草测，踏勘测量，普查

levantamiento de resistividad 测量电阻率

levantamiento de una poligonal 导线测量

levantamiento del terreno 隆起，地面隆起

levantamiento electrónico 电子测量

levantamiento en tandem 等距测量

levantamiento en tierra 陆地测量，土地测量

levantamiento expeditivo 初测，踏勘

levantamiento geodésico 大地测量

levantamiento geofísico 地球物理制图；地球物理测量，地球物理探测，地球物理勘探

levantamiento geofísico de alta resolución 绘制高分辨率地球物理图

levantamiento geológico 地质勘测，地质调查

levantamiento gravimétrico 重力测量

levantamiento intermitente por gas 间歇气举

levantamiento magnético 磁测，磁法测量，地磁测量，磁法勘探

levantamiento magnético regional 区域性磁测

levantamiento magnetométrico 磁力调查

levantamiento planimétrico 平面测量

levantamiento por el método de reflexión 反射波法地震勘探，反射波测量，反射法勘探

levantamiento preliminar 初测，踏勘

levantamiento sísmico 地震测量，地震勘探

levantamiento sísmico de reflexión 反射地震勘探

levantamiento sísmico de refracción 折射法勘探，折射地震勘探

L

levantamiento sísmico tridimensional　三维地震测量

levantamiento sismográfico en abanico　扇形排列法地震勘探

levantamiento sismológico　地震调查，地震勘探

levantamiento taquimétrico　视距测量

levantamiento topográfico　地形测量，地形勘测

levantamiento topográfico marino　海洋地形勘测

levantamiento vertical　垂直举升

levantar　抬起，举起；抬高，提高；竖起，立起；修建，修筑；绘制（地图、平面图等）；拆除；撤销，解除

levantar armazones　搭构架，搭支架

levantar con gato　用千斤顶顶起

levantar el cuadrante　抬起方钻杆，上提方钻杆，提升方钻杆

levantar el tren de varillaje y la barrena　提升钻头和管柱

levantar la sesión　休会，结束会议

levantar mapas　绘图，制图，测图

levantar un plano　测量，勘测；绘图

levantaválvula　起阀器

leve desplazamiento del eje　轻微偏离中轴

levigación　淘析，淘洗，淘选；漂洗

levigador　淘洗装置

levógiro　逆时针的，逆时针方向的；左旋的

ley　法则，定律；法律，法规；法学；常规，惯例；（商品质量、重量、尺寸的）标准；（矿砂中金属的）含量，成色

ley adiabática　绝热定律

ley aditiva　加法定律

ley adjetiva　程序法

ley antidumping　反倾销法

ley antimonopolio　反托拉斯法

ley civil　民法

ley comercial　商法，贸易法

ley contra la contaminación　反污染法

ley de bases　总则

ley de Boyle　波义耳定律

ley de conservación　守恒定律

Ley de Conservación y Recuperación de Recursos (LCRR)　资源保护和恢复法案（美国）

ley de Dalton　道尔顿定律

ley de Darcy　达西定律

ley de derecho a conocer　知情权法

ley de derecho de conocimiento del trabajador　劳工者知情权法

ley de emergencia　紧急法，应急制度

ley de especies en peligro de extinción　濒危物种法

ley de exención　豁免法

ley de Faraday　法拉第定律

ley de Fick　菲克定律

ley de higiene pública　环境卫生法

ley de Hilt　希尔特定律

ley de Hooke　虎克定律

ley de la conservación de la masa　质量守恒定律

ley de la oferta y la demanda　供求规律，供求定律

ley de la selva　弱肉强食定律

ley de los gases　气体定律

ley de los grandes números　大数定律

ley de movimiento　运动规律

ley de Ohm　欧姆定律

ley de Pascal　帕斯卡定律

ley de patentes　专利法

ley de periclinal　削钠长石层

ley de potencia　幂定律，幂次定律，幂律

ley de probabilidad　概率论

ley de prorrateo　配产法规

ley de protección ambiental (LPA)　环境保护法

ley de protección de la calidad del aire　空气净化法案，空气清洁法（美国）

ley de riesgo y seguridad ocupacional　职业病危害与安全法

ley de similitud　相似定律

ley de Stokes　斯托克斯定律

ley de transportes en común del petróleo　石油公共运输法

ley de un metal　金属成色

ley de una aleación　合金的成色，纯度

ley de valor　价值规律

ley exponencial　指数定律，幂定律

ley física de los gases　气体物理定律

ley nacional del ambiente　国家环境政策法

ley natural　自然法则；自然规律；自然法

ley orgánica　组织法，建制法

ley orgánica del trabajo (LOT)　劳工法，劳动法

ley penal del ambiente (LPA)　环境刑法

ley periódica　周期律

ley periódica de Mendelejeff　门德列夫元素周期定律

ley senoidal　正弦定律

ley universal　普遍规律

leyenda　图例；插图说明，（图片等的）说明

leyenda geológica　地质图例

lezna　锥子

lezna de marcar　划针

LGN (líquidos de gas natural)　天然气液，天然气凝析液

Li　元素锂（litio）的符号

lías　（早侏罗纪的）里阿斯统；（早侏罗纪的）里阿斯岩石

liásico　（早侏罗纪的）里阿斯统的；（早侏罗纪的）里阿斯岩层的

liatón　细麻绳，细茅草绳

liberación 解放；释放；（赋税的）解除，免除；（债务的）清偿收据；（关税的）豁免

liberación de calor 热释放，放热，释热，释放热

liberación de deuda 免除债务

liberación de fondos 资金解冻

liberación de gases 放气，排气

liberador de tubería 管子解卡器，管子解卡剂

liberal 自由的；大量的

liberalización 自由化

liberalización de mercado de trabajo 劳动市场自由化

liberalización del comercio 贸易自由化

liberar 解放；释放；解除，免除（某人的义务、债务等）；解脱，摆脱（义务、债务等）

liberar la presión 泄压

liberar líquido o gas 排出液体或气体

liberar presión lentamente 缓慢降低（或释放）压力

libertad （行动、选择等的）自由；（政治上的）自由；独立自主

libertad de cambio 外汇自由兑换

libetenita 磷铜矿

libra 磅（重量单位）；镑（货币单位）

libra esterlina 英镑

libra por pie (libras-pies) 英尺磅

librado 受票人

librador 出票人，开票人

librador de crédito 贷款人

librador de una letra 汇票开票人

libramiento de un cheque 开支票

librante 出票人，开票人

libranza 汇票，票据，支付单，付款通知单；开具

libranza postal 邮政汇票

libra-pie 英尺—磅；英尺磅

librar 解救，使免除，使解除；寄托，寄予；宣布，发布；签发（支票、汇票、委托书等）；展开，进行；（职工）空闲，公休，放假

librar tubería o cañería aprisionada 取出卡住的油管或钻杆

librar un cheque 开支票

librar un giro 开汇票

librar una letra 开汇票

libras por galón (LPG) 磅/加仑，英语缩略为 PPG (Pounds Per Gallon)

libras por pulgada cuadrada (LPPC) 磅/英寸²，磅每平方英寸，英语缩略为 PSI (Pounds per Square Inch)

libras por pulgada cuadrada absoluta (LPCA) 绝对磅/英寸²，绝对磅每平方英寸，英语缩略为 PSIA (Pounds per Square Inch Absolute)

libras por pulgada cuadrada manométrica (LPCM) 磅（表压）每平方英寸，英语缩略为 PSIG (Pounds per Square Inch Gage)

libre 自由的，自然的；独立的；畅通的；游离的；空闲的，空着的；免费的，免税的，免除…的

libre a bordo (LAB) 船上交货价，离岸价

libre cambio 自由贸易，自由兑换

libre de alquitrán 不含焦油的，不含沥青的

libre de asfalto 不含柏油的，不含沥青的

libre de daños 残损不赔的

libre de derechos de aduana 免付关税的

libre de deuda 无债的

libre de flete 运费已付的

libre de franqueo 邮资已付的

libre de goteo 防滴漏水的，防滴式的

libre de gravamen 免税的

libre de impuestos 免税的

libre de incrustaciones 不含水垢的

libre de porte 运费已付的

libre de toda avería 无任何损坏的，免受所有损害的

librecambio 自由贸易；（海关的）自由贸易制度

libremente apoyado 自由支承的

libreta 本子，簿子；笔记本；记事本；储蓄存折

libreta de ahorros 存折

libreta de campo 工地记录本，野外工作记录本

libro 书，书籍；账簿，登记簿，台账

libro de actas 会议记录本

libro de actas de asambleas de accionistas 股东大会会议记录簿

libro de caja 现金账簿，出纳簿

libro de cheques 支票簿

libro de cuenta 账簿

libro de facturas 发票簿

libro de inventarios 存货簿

libro de jurisprudencia 法律汇集

libro de órdenes 说明书，指令手册

libro diario 日记账，流水账

libro mayor 总账簿，分类账簿，分户账簿

LIC (laboratorios integrados de campo) 油田综合实验室，英语缩略为 IFL (Integrated Field Laboratories)

licencia 批准，准许；许可，特许；批准书，执照，许可证

licencia de fabricación 生产执照

licencia de importación 进口许可证

licencia de obras 建筑许可证

licenciado 领有执照的，注册的；持有执照者，持有许可证者；硕士；学士

licitación 出价，投标；招标

licitación internacional 国际招（投）标

licitación pública 公开拍卖，公开（招）投标

licitación pública internacional 国际公开（招）

L

投标

licitador 出价人，投标者

licitante 出价者，投标者；（在拍卖中）出价的，投标的

licitar （拍卖中）出价，投标；拍卖

licor 含酒精饮料；烈性饮料；酒，液体

licor de decapado 酸洗液，稀酸液

licor negro 黑液

licuable 可液化的，可融化的，可溶化的，可熔化的

licuación 液化；熔化；液化作用，熔化作用

licuar 液化，使液化；溶解，熔化，熔析

líder （政党、社团的）领袖，首领；（体育比赛等）领先的，居首位的；（报刊的）社论

lidita 燧石，燧石板岩，立德炸药，黄色炸药，苦味酸炸药

liga 带子；结扎带；混合，熔合；混合物，合金；社团，协会，集团，同盟，联盟

ligador 黏合剂，黏结剂

ligadura 捆扎，捆扎带，连接物，联结物，联系；联结，连测，联测

ligar 捆，绑，扎，缚；使熔合，使结合；连接，联结

ligazón 联合，结合，联系；复肋材，肘材

ligereza 轻快；柔性，轻便性

ligero 轻的；轻便的；轻快的，敏捷的，灵巧的，迅速的

lignina 木质，木素，木质素

lignito 褐煤

lignito de poco espesor 薄煤层

lignosulfonato 木质素磺酸盐

lignosulfonato de calcio 木质素磺酸钙

lignosulfonato sin cromo 无铬木质素磺酸盐

lija 砂纸，砂皮纸

lijado 磨光，打光

lima 锉，锉刀；锉平，锉光；加工，修饰

lima bastarda 粗齿锉，粗板锉

lima cilíndrica 圆锉，圆柱形锉

lima cola de rata 鼠尾锉，细圆锉刀

lima de cuadradillo 方锉

lima de triángulo 三角锉

lima media caña 半圆锉

lima muza 纹纹锉

lima plana 扁锉

lima rabo de rata 鼠尾锉，细圆锉刀

lima semiredonda 半圆锉

lima triangular 三角锉

limado 锉平的，磨光的；润色过的；锉，锉平，锉光

limador 锉的；锉工；粗纹圆锉

limadora 牛头刨床

limaduras 锉屑，（锉下的）金属屑

limaduras de hierro 铁屑，铁粉

limatón 粗纹圆锉

limbo （物体的）边，缘；边缘；（分度规、测角器的）刻度边，分度弧

limburgita 玻基辉橄岩

limitación 限制，限定；界限，极限；边界，局限性，缺陷

limitación de la descarga de agentes contaminantes 污染物排放限制

limitado 有限的，受限制的，限定的；有尽的，不多的

limitador 限制器，限幅器；起限制作用的

limitador de cascada 级联限制器

limitador de corriente 电流限制器

limitador de picos de audiofrecuencia 音频限幅器

límite 界线，边界；限度，范围；限制，限定；限额；极限

límite arcilloso 泥质含量截止值

límite cretáceoterciario 白垩纪—第三纪边界

límite de aguante 疲劳极限

límite de audición 听阈，听力极限

límite de compresión 压缩极限

límite de contracción 缩限，收缩极限

límite de destilación 馏程

límite de destilación de elevada temperatura 高温馏程

límite de detección mínimo 最低探测极限

límite de ebullición 沸程，沸腾范围

límite de elasticidad 弹性极限，弹性限度

límite de explosión 爆炸极限

límite de falla 断层边界，断层界，断错边界

límite de fatiga del metal 金属疲劳极限

límite de formación 地层边界

límite de la vegetación arbórea 树线，森林边界线

límite de las nieves 雪线

límite de permeabilidad 渗透界限，渗透范围

límite de resistencia 耐久极限，持久限度

límite de resistencia de materiales 材料耐久极限，材料耐用极限

límite de responsabilidad 责任范围

límite de rotura 断裂点，破损点，破损强度

límite de temperatura 温度极限

límite de tolerancia 容许极限，允许极限

límite de velocidad 速度范围，速度极限

límite elástico 弹性极限，弹性限度

límite exterior 外边界

límite geológico 地质界限，地质边际

límite inferior 下限

límite líquido 液限

límite plástico 塑性下限，塑限

límite productivo 含油边界

límite seguro 安全限度，安全极限，安全限制

límite superior　上限，顶点

limítrofe　界限的，极限的；接壤的，毗连的

limnético　湖泊的，湖栖的，湖沼的；湖泊生物的，湖沼生物的

limnígrafo　自记水位仪

limnímetro　水位仪

limnobiología　湖泊生物学，湖沼生物学，淡水生物学

limnometría　水位测量

limo　软泥，污泥，泥浆，腐殖土

limo aluvial　冲积的淤泥

limo calcáreo　钙质泥土，石灰质泥土

limo de avenidas　冲积物，含矿土

limo de derrubios　冲积泥土，淤积泥土

limolita　粉砂岩

limolita arcillosa　泥质粉砂岩

limonita　褐铁矿

limonítico　褐铁矿的

limoso　泥的，泥泞的，淤泥的

limpiabarras　刮泥器

limpiabilidad　可清洗性，可弄干净

limpiacables　钢丝绳刮子，电缆擦拭器

limpiador　清扫的，清洗的；清洁工；清洁器；除垢器；清洁剂

limpiador automático　自动清除器，自动清洗器，自动清扫机

limpiador de aire　空气滤清器，空气洗涤器

limpiador de barrena　钻头清洗器，钻头清洁器

limpiador de cable　钢丝绳刮子，电缆擦拭器

limpiador de espuma　撇渣器，撇沫器

limpiador de fluido de perforación　除浆器，泥浆清洁器

limpiador de lodo　刮泥器

limpiador de rosca　螺纹清洗器；螺纹清洁剂

limpiador de tuberías　清管器

limpiador de tuberías de perforación　钻杆刮泥器

limpiador de tubo　清管器

limpiador de tubo de caldera　锅炉清管器

limpiador de varillas　钻杆清洗器

limpiador químico　化学清洁剂，化学洗涤剂，化学去污剂，化学纯化剂

limpiaguayas　钢丝绳清洗器

limpiamiento　清除，清洁，打扫

limpiaparabrisa　（汽车挡风玻璃的）刮水器，雨刷

limpiar　使清洁，打扫，清洗，清除；使除掉，免除

limpiar a chorro　吹扫，喷扫

limpiar con cochino　清管

limpiar con diablo　清管

limpiar con soplete de arena　喷砂清理

limpiar con taco　清管

limpiar por inundación　冲洗，冲刷

limpiar un pozo　洗井

limpiatubería　刮泥器，刮油器，清管器

limpiatubos　钻杆刮泥器；清管器

limpiatubos para tuberías de producción　油管清管器

limpiavarillas　钻杆刮泥器，抽油杆刮油器

limpieza　清洁，清扫，清洗，清理；洁净度，纯净；修整

limpieza con chorro de agua　用水冲洗

limpieza con chorro de agua a presión　射流洗井

limpieza con chorro de arena　喷砂清理，砂磨

limpieza con disolventes y productos químicos　化学清洗，化学洗涤，化学脱垢

limpieza con escobillón　用刷子清洗

limpieza con vapor　水蒸气清洗

limpieza corriente　常规清理作业

limpieza de arena　冲砂

limpieza de bodega　船舱清洗

limpieza de derrames　溢漏物的清除

limpieza de fondo de pozo　井底清洗，清洗井底

limpieza de la basura　清除垃圾

limpieza de las paredes de un pozo　清洗井壁

limpieza de tanques　清罐，储罐清洗

limpieza del hoyo　洗井，清洗井眼

limpieza del pozo　清洗井眼，洗井

limpieza en seco　干洗，干法净化

limpieza insuficiente　不充分清洗

limpieza por aspiración　（真空）吸尘

limpieza por chorro de arena　喷砂清理，喷粒处理

limpieza por irrigación　用水冲洗

limpieza por vapor　蒸汽清洗，蒸汽吹洗

limpieza química　化学清洗，化学洗涤，化学脱垢

limpio　清洁的，干净的；纯净的，无杂质的；清澈的，透明的

linarita　青铅矾

linde　地界，边界，分界线

lindero　接连的，毗邻的；接近的，近乎的；分界线；地界，界桩，界标

lindgredita　钼铜矿

línea　线，线条，线路；赤道线；轮廓；路线；行，排，列，串，系列；种类

línea a nivel　等高线，水平线

línea abscisa　横坐标

línea aclínica　零倾线，无倾角线，无倾线

línea activa　作用线，工作线，有效线，有效线路

línea adiabática　绝热曲线，绝热线

línea adicional　附加线，辅助线

línea aérea　航空线

línea agónica　零偏线，无偏线

línea alta　高压线

L

línea alternativa 比较路线	**línea de comprobación** 验证校准线
línea anti-expelente 防喷管线	**línea de comunicación** 通信线
línea aritmética (de partes iguales) 等分线	**línea de conducción** 管道，输送线
línea artificial 仿真线，人工线	**línea de conexión** 通信线路，直达连接线，联络线
línea atmosférica 大气压力线	
línea axial 轴迹，轴线	**línea de contacto** 接触线，切线
línea base 底线，基线，基准线	**línea de contacto de formación** 地层接触线
línea base de lutita 页岩基线	**línea de contorno** 等高线，等值线；轮廓线
línea básica 基线，底线	**línea de control de efluente** 节流管汇
línea bifurcada 分支线路	**línea de cosmos** 宇宙线，宇宙射线
línea central 中线，中心线，轴线	**línea de costa** 海岸线，滨线，海滨线
línea cero 零线，基准线	**línea de costa antigua** 废弃海岸线，古老海岸线
línea coaxial 同轴线	**línea de costa deltaica** 三角洲岸线，三角洲滨线
línea continua 实线	**línea de costa neutral** 中性滨线
línea convergente 辐合线，会合线	**línea de costa ondulada** 锯齿状滨线
línea coordenada 坐标线	**línea de demarcación** 分界线，界线
línea costanera 海岸线，河岸线	**línea de desalojo** 岩屑排出管路
línea costera 海岸线，滨线，海滨线	**línea de descarga** 排水管，放喷管线
línea curva 曲线	**línea de dirección** 定位线，方向线
línea de abscisa 横坐标	**línea de dislocación** 断层线
línea de achicar 捞砂绳，提捞绳	**línea de doble curvatura** 螺旋曲线
línea de agua 水管线，水线；吃水线；海岸线；水位	**línea de emergencia** 应急管线
	línea de energía eléctrica 电力线，输电线，电源线
línea de agua de flotación 吃水线	
línea de agua ligera 空载吃水线	**línea de escarcha** 冰冻线；结霜线
línea de alimentación 装油管线，灌注管线；供油管线，配气干线，填料绳；馈线，补给线	**línea de estrangulación** 压井管线
	línea de explosión 引火线，放炮的引火线
	línea de falla 断层线
línea de alimentación positiva 正馈电线	**línea de fe** 准标，基准符号，基准标记，信标，坐标点；视准轴
línea de alivio 放喷管线	
línea de alta marea 高潮线	**línea de flotación** 吃水线
línea de alta presión 高压管线	**línea de flujo** 输送流体（油、水、气等）的管线；流线，出口管线
línea de alta tensión 高压线	
línea de anclaje 锚绳	**línea de flujo de lodo** 泥浆导流管
línea de apoyo 支索	**línea de fuego** 引火线，放炮的引火线，防火线
línea de arena 捞砂绳；砂层线，砂岩层线；砂线	**línea de fuerza magnética** 磁力线
	línea de huella 痕迹线
línea de arrastre 拉索，拖线；拖痕	**línea de igual declinación magnética** 等磁偏线
línea de arrastre marina 海洋拖缆，海上拖缆	**línea de igual densidad sísmica** 等震线
línea de articulación 铰合线	**línea de igual intensidad gravimétrica** 等重力线，重力等值线
línea de bajamar 低潮线	
línea de base 底线，基线，基准线	**línea de igual intensidad magnética** 等磁力线
línea de bombeo 泵送管线	**línea de igual salinidad** 等盐度线
línea de buzamiento 倾向线，倾斜线	**línea de imantación** 磁化线
línea de campo eléctrico 电场线	**línea de isopermeabilidad** 等渗透率线
línea de campo magnético 磁场线	**línea de isoterma** 等温线
línea de captación 集油管，集输管线，集油管线	**línea de las nieves permanentes** 永久雪线
línea de carga 载重线，载货吃水线	**línea de llegada** 终点线
línea de carga máxima 最大载重水线，最大载货吃水线	**línea de llenado** 灌浆管线
	línea de los nodos 交点线
línea de cementación 固井管线	**línea de maniobra** 操作线，控制线
línea de cierre provisional 临时切断线，临时截止线	**línea de matado del pozo** 压井管线
	línea de matar el pozo 压井管线
línea de colimación 准直线，视准线，视准轴	

L

línea de mira　视线，瞄准线
línea de montaje　装配线，装备流水线，装配作业线
línea de nieve　雪线
línea de nivel　水平线；液面线；水准线
línea de oleaje　冲流线，波浪线
línea de orientación　定向线，方向线；定位线
línea de pendiente　坡度线
línea de playa　滩线，海岸线
línea de pleamar　高潮线
línea de plomada　测锤线，铅锤线
línea de posición　定位线
línea de presión hidráulica　液压管线
línea de producción　生产线，流水线；出油管
línea de productos　产品系列
línea de proyección　投影线
línea de puntos　虚线，点线
línea de puntos y rayas　点划线，点划相间虚线
línea de quilla　中心线，轴线，中纵线，首尾线
línea de rayado　刻线，标线
línea de referencia　基准线，基线
línea de registro de la prospección sísmica　（地震勘探的）测线，地震勘探记录线
línea de retardo sónico　声延迟线
línea de salida　出口管线
línea de seguridad　安全绳
línea de separación　边界，界线
línea de soporte　支撑线
línea de succión　上水管
línea de superficie　地面管线
línea de tiempo　时线，时代线
línea de tierra　地平线，接地线，地面线
línea de transferencia　转油线；转接线路
línea de transmisión　传输线
línea de transmisión de energía eléctrica　电力传输线路
línea de tubería　管线
línea del arrastre marino　海上拖缆
línea del cheque　校验线，检查线
línea del desviador de flujo　防溢管，导流管
línea del gas combustible　气体燃料管线
línea del horizonte　地平线
línea del viento　风向线
línea directa　（电话）直达线，直线
línea discreta　离散线
línea divergente　辐射线，发散线
línea divisoria de aguas　流域分界线，分水界，分水岭，分水线
línea divisoria entre dos sectores nacionales de un océano o mar　中线，（两国之间海上或大洋的）分界线
línea ecuatorial　赤道（线）
línea eje　枢纽线，脊线，轴线，中心线

línea eléctrica　电力线，输电线
línea entera　全线
línea entre regiones de diferente intensidad　等震线
línea equinoccial　赤道（线）
línea equipotencial　等电位线，等势线
línea equipotencial normal　正常等电位线，正常等势线
línea espectral　光谱线
línea estranguladora　节流管线
línea estructural　构造线
línea floja　松弛线，松绳
línea fronteriza　边线，边界
línea fundamental　基线
línea geodésica　大地线，测地线
línea hiperbólica　双曲性直线
línea horizontal　横线
línea isanomala　等距线
línea isogamas　磁力等值线，磁力等异常值
línea isóbara　等压线
línea isobárica　等压线
línea isóclina　等斜线；等磁倾线，等倾线
línea isoclinal　等斜线，等倾线
línea isocoste　等成本线
línea isócrona　等时线
línea isodinámica　等磁力线，等力线
línea isogeotérmica　等地温线，地下等温线，地热等温线，地热等值线
línea isógona　等磁偏线，等方位线；同风向线
línea isogónica　等磁偏线，等方位线
línea isogramas　等值线
línea isopaca　等厚线
línea isoquímena　等冬温线
línea isosísmica　等震线
línea isosista　等震线
línea isótera　等夏温线
línea isoterma　等温线，恒温线
línea isotérmica　等温线
línea lineal　直线，线性线
línea llena　实线，全线
línea magnética　磁力线
línea media　中线
línea mediana　中线
línea meridiana　子午线，南北线；经线
línea muerta　死线，死绳；不毛线，无矿线，不可逾越的界线
línea multifásica　多相线
línea natural　天然线，自然线，固有线
línea neutra　中立线，中性线
línea oblicua　斜交线
línea para matar el pozo　压井管线
línea perpendicular　垂线
línea piezométrica　测压线

L

línea principal　干线，主线，正线
línea por minuto　行每分，行／分钟
línea que sigue la falla　断层线
línea quebrada　虚线，折线
línea rápida　（游动钢丝绳）快绳
línea recta　直线
línea resonante　谐振线
línea sin corriente　闲置线路，空线
línea sin distorsión　无失真线路，无畸变线路
línea sísmica　地震测线
línea sísmica bidimensional　二维地震测线
línea sísmica tridimensional　三维地震测线
línea sobrecabeza　架空电线，架空明线，架空线
línea soporte　支撑线；备用线
línea tangente　切线
línea telefónica　电话线路
línea transversal　截线
línea trigonométrica　三角线
línea troncal de tubería del petróleo　油管干线
línea uniforme　均匀线
línea veloz　快绳
línea vertical　垂直线
línea visual　视线
línea viva　活绳，装满油的管线
lineación　线理
lineal　线的，直线的；线形的，线状的；线性的
linealidad　线性，直线形性，直线度，直线性；
　线状
linealización　直线化，线性化
linealizado　线性化的，线性的
lineamento　外貌，轮廓；略图，概况；轮廓特
　征，线性特征
lineamiento　外貌，轮廓；略图，概况；轮廓
　特征，线性特征；（政策、方针等的）思路，
　构思
linear　线状的，线形的；细长的；划线，用线
　表示；勾勒出，草拟
lineariedad　线性，直线形性，直线度，线性度，
　直线性
líneas cruzadas　交叉线
líneas isogamas　磁力等值线，磁力等异常值
líneas isogramas　等值线
líneas paralelas　平行线
líneas por minuto　行每分，行／分钟
lingote　压载物，铸块，坯料；金属锭，金属块
lingote de acero　钢锭
lingote de hierro　铁块
lingote de metal　金属锭，金属块
lingotera　铸模
linguete　制动爪，制子，止回棘爪，卡爪，棘
　爪，掣子
lino　亚麻；亚麻纤维；亚麻布；麻布，麻线
lino fósil　石麻，石绒，石棉

lino mineral　石麻，石绒，石棉
linterna　手电筒，塔灯；提灯，手灯
linterna de inspección　检查灯
linterna de proyección　放映机；投影仪；幻灯
　机；幻灯
linterna eléctrica　手提电灯
linterna flamenca　带遮光罩的提灯
linterna mágica　幻灯机；幻灯
linterna sorda　带遮光罩的提灯；有遮光装置的
　提灯
lío　捆，卷，包
liofilización　（低压）冻干
liofilizador　使冻干的；低压冻干器
liolisis　液解作用，溶解
liosorción　吸收溶剂，吸收溶剂作用
lipasa　脂酶
lipofílico　亲油的，亲脂的
lipoideo　脂肪性的，类脂的
liquefacción　液化作用，变成液态，溶解，溶
　化；稀释
liquidabilidad　清偿能力
liquidable　可液化的；可清偿的；可减价处理
　的；可结算的
liquidación　液化；熔析；清算，偿还，清仓处
　理；结束，了结
liquidación mensual　月结账
liquidación de avería　海损理算
liquidador　清算人，理算人；稀释剂，液化剂
liquidez　液态，流动性；(拥有)流动资产；资
　产折现力，资产货币互换力；清偿能力
líquido　液体的，液态的，流动的，液力的；易
　变现的，净的，纯的；流动资金，液体，液
　态，流体
líquido acidificante　酸化液
líquido antibactería para lava-ojos　洗眼台用清
　洁剂
líquido antidetonante　抗爆液
líquido condensado　凝析液
líquido corrosivo　酸洗液，浸洗液
líquido de empaque　封隔液
líquido del freno　刹车液，制动液
líquido empaquetador　封隔液
líquido de inflación　膨胀液
líquido enfriador　冷却液
líquido excitador　激活液体，活性液体
líquido imponible　（财产等的）应纳税值（额）
líquido miscible　混合液体
líquido newtoniano　牛顿液体
líquido no corrosivo　不锈液，抗腐蚀液
líquido obturador　密封液
líquido oleoso　油状液体
líquido sobrenadante　浮液
líquidos a granel　散装液体

líquidos anisótropos 各向异性液体，液晶
líquidos asociados 伴生液
líquidos de gas natural (LGN) 天然气凝析液
líquidos de lavado 洗液
líquidos del gas 液化石油气
líquidos del gas natural 天然气凝析液，气体汽油
líquidos en mezcla 混合液体
liso 平滑的，光滑的，平坦的；（岩石的）平滑面
lisoloide 液固胶体，内液外固胶体
lista 表格，一览表，目录，清单，名单，价目单
lista básica 基本目录，基本清单
lista de comprobación 检验单
lista de embalaje 包装清单，装箱单
lista de empaque 包装清单，装箱单
lista de entrega de materiales 材料提交单
lista de espera 等候名单，等待名单
lista de exportación 出口货单
lista de materiales 材料单，材料清单
lista de pagos 工资单，工资表
lista de precios 价格清单
lista de propiedades 财产登记表
lista del censo electoral 选民登记名单
lista electoral 候选人名单，提名名单
lista negra 黑名单
listado 有条纹的，条纹图案的；打印清单；条纹，色条
listo 准备就绪的，做好准备的
listo para entrar en servicio 运行准备就绪，开工准备就绪，做好运行的准备
listo para funcionar 运行准备就绪，做好运行的准备
listo para la puesta en marcha 运行准备就绪，投产准备就绪，开工准备就绪
listo para operación 作业准备就绪，运转准备就绪
listón 板条；木条
listonado 加护条的，加饰条的；板条做成的构件
listoncito de madera 小木条，小板条
lístrico 铲状的，凹形的
litantrácido 类褐煤
litargirio 密陀僧，一氧化铅，铅黄
lite 诉讼
lítico 石质的，石的；结石的
litificación 岩化，岩化作用
litificado 岩化的，石化的
litificar 岩化
litigio 诉讼，官司；争议，争执，争吵
litina 氧化锂，锂氧
litio 锂
litiofilita 锂磷石
litito 平衡石；石陨石

litmus 石蕊
litocálamo 芦苇化石
litoclasa 岩石裂隙，石裂隙，石裂缝
litocola 黏石胶
litodensidad 岩石密度
litodensidad compensada 岩性补偿密度测井
litofacies 岩相
litofascies fluvial 河成岩相，冲积岩相
litófilo 亲岩的，适石的，喜石的
litofisuras 岩石裂缝
litofita 石生植物
litogenesia 岩石生成学，造岩学
litogénesis 岩石成因，成岩作用，岩石成因论，岩石形成作用
litográfico 平版的，平版印刷品的；石印的，石印术的
litología 岩性；岩性学
litología de la formación 地层岩性
litológico 岩性的，岩石的，岩石学的
litólogo 岩性学者
litomarga 密高岭土
litometeoro 大气尘粒（包括尘埃、烟、花粉、沙粒等）
litopón 锌钡白，立德粉（一种白色颜料）
litoral 滨海的，沿岸的；海岸，海滨，沿海地区；沿岸沉积岩；沿岸地带
litoral marino 海岸
litoral protegido 受保护的海岸
litósfera, litosfera 陆界，岩石圈，岩石层
litosfera oceánica 海洋岩石圈，洋壳
litosiderita 石铁陨石
litosol 石质土
litótopo 岩境，稳定沉积区，岩性地层单位
litro 升（容量单位）
livianas 轻馏分，轻质烃
liviano 轻的，不重的；薄的；轻质的
lixiviable 浸出的，可沥滤的
lixiviación 浸滤作用，沥滤，淋洗
lixiviación en montón 堆浸
lixiviación en pila 堆浸
lixiviación microbiana 微生物浸出，微生物浸矿
lixiviado 浸滤法，浸析法，沥滤法，浸提法
lixivialidad 可沥滤性，可滤取性，可滤去性
lixiviar 浸出，浸析，淋滤，沥滤
llama 火焰，火苗；大羊驼，原驼
llama de oxidación 氧化焰
llama de retorno 回焰
llama interior 内焰
llama neutral 中性焰
llama oxiacetilénica 氧炔焊炬，氧乙炔焊炬
llama oxidante 氧化焰
llama reductora 还原焰
llamada 通话；请求，要求

L

llamada de larga distancia　长途电话
llamada de socorro　呼救信号
llamada local　市内电话，本地电话
llamamiento　号召，呼吁；请求，要求
llamamiento conjunto　联合要求；联合请求
llamar　呼叫，打电话；召集，召唤，集合
llamar a licitación　招标
llamarada　火焰，火苗；作为信号的篝火
llamazar　沼泽地
llameante　冒火苗的，燃烧着的
llamear　燃烧，冒火苗
llampo　矿石屑
llana　泥铲，抹子，镘子，修平刀；（纸的）光面，正面；平原，平川
llana de aplanar　压平器，扁平拉模
llana de madera　木质抹子
llanada　平地，平川
llanadora　平路机，平地机
llanca　孔雀石；孔雀石饰物
llano　平的，平坦的；扁平的；平原，平川，平地
llanos de arena　砂坪
llanta　瓦圈；轮辋，轮箍；（汽车等的）轮胎，车胎
llanta acanalada　深槽轮辋
llanta de goma　橡胶轮胎
llanta de hierro　铁制轮箍，铁制轮缘
llanta de oruga　履带
llanta neumática　充气轮胎
llanura　平原，平川；平整，平坦，平整
llanura abisal　深海平原，深海底大盆地
llanura aluvial　冲积平原
llanura con depresiones glaciáricas　多冰穴平原
llanura con marmitas glaciáricas　多冰穴平原
llanura continental　大陆平原，陆上平原
llanura costera　海岸平原，沿岸平原，沿海平原，海滨平原
llanura cubierta de hierba　草原，大草原
llanura de aluvión　冲积平原
llanura de crestas de playa　海滩低脊平原
llanura de estuario　江河口平原，河口平原
llanura de inundación　泛滥平原，洪积平原
llanura de lago　湖平原
llanura de lava　熔岩平原
llanura de lodo　潮泥滩，泥坪，泥质潮滩，滨海泥坪
llanura de marea　潮坪，潮埔，潮滩
llanura de pie de monte　山麓冲积平原，山麓平原
llanura deltaica　三角洲平原
llanura estrecha entre montañas　山间平原
llanura estuarina　江河口平原，河口平原
llanura glaciárica　冰川平原

llanura inundable　泛滥平原，洪积平原
llanura madura　壮年切割平原，成熟平原
llanura mareal　潮坪，潮滩
llanura pequeña　小平原，小平川
llanura progradante　海滩低脊平原，潮间平原，滨海平原
llanura troncal　侵蚀平原，准平原
llave　钥匙，电键，按钮；龙头，旋塞，开关；扳手，扳子，扳钳
llave a botón　按钮开关
llave acodada　弯头扳手
llave ajustable　活动扳手
llave allen　内六角扳手
llave allen tipo L　L 形内六角扳手
llave allen tipo T　T 形内六角扳手
llave automática　自动旋塞，自动开关
llave bifurcada　叉形扳手
llave centradora　中心校正扳手，定心扳手，校中扳手
llave ciega　死堵，盲油嘴
llave combinada　（两头分别为呆扳手和梅花扳手的）两用扳手，组合扳手
llave con mordaza desgastada　板口磨损的扳手
llave cuadrada　方颈扳手，方形扳手
llave de alteración　变换开关，转换开关
llave de apriete de trinquete　棘轮扳手
llave de barras de bombeo　抽油杆钳，抽油杆扳手
llave de boca　扳手，套筒扳手
llave de boca ajustable　开口大小可调的扳手
llave de boca fija　开口扳手，呆扳手
llave de bola cromada　镀铬球阀
llave de broches　棘轮扳手
llave de cable　电缆钳
llave de cadena　链钳
llave de cadena para tubería　链式管钳
llave de cambio de banda　波段开关
llave de cañón　套筒扳手
llave de casing　套管钳
llave de caucho　轮胎扳手
llave de cierre　旋塞阀，小型旋塞阀，管塞，关井阀
llave de codo　弯头扳手
llave de contacto　（机器的）启动钥匙，接触开关
llave de control de efluente　节流阀
llave de copa　套筒扳手
llave de correa　带式扳手
llave de cremallera　活动扳手
llave de desagüe　排放旋塞，排泄开关
llave de desenroscar　卸扣大钳，卸螺纹大钳
llave de doble curva　S 形扳手
llave de dos bocas　双套筒扳手

llave de enclavamiento　止动键，锁键

llave de enroscar　上紧螺纹管钳

llave de enrosque　上紧螺纹管钳

llave de escape　排放旋塞，排泄开关

llave de estrella　梅花扳手，闭口式扳手

llave de fuerza　动力大钳

llave de fuerza de torsión　扭矩扳手，转矩扳手

llave de gancho　钩扳手，钩形扳手

llave de grifo　旋塞扳手

llave de herramienta　工具扳手

llave de impacto　拧紧扳手，套筒扳手

llave de la barra cuadrada　方钻杆旋塞，方钻杆旋塞阀

llave de macho　旋塞

llave de montaje　上紧螺纹管钳

llave de mordaza　颚式管钳，鳄式管钳

llave de muletilla　套筒扳手

llave de paso　（管道上的）阀门，龙头，开关，管闸

llave de potencia　液压大钳

llave de purga　放气旋塞；排放旋塞，排泄开关

llave de respiración　通风阀，放气阀，放气旋塞，放气龙头

llave de rosquete　棘轮扳手

llave de tenaza　夹钳

llave de tenazas en forma B　B 型大钳

llave de torque　扭矩扳手，转矩扳手

llave de trinquete　棘轮扳手

llave de tubo　管钳

llave de tuerca　螺母扳手

llave de tuerca ajustable　活动扳手

llave de varilla de succión　抽油杆扳手

llave dentada　颚式管钳，鳄式管钳

llave dentada de mordaza　颚式管钳，鳄式管钳

llave eléctrica　电动扳手

llave en forma S　S 形扳手

llave enroscadora　上扣扳手，上紧螺纹管钳

llave enteriza de herramientas　内置的工具扳手；嵌入式的工具扳手；钻铤扳手

llave española　两头都是呆扳手的扳手

llave fija　死扳手，呆扳手

llave guía　上扣钳，外钳

llave hexagonal　内六角扳手

llave hidráulica　液压钳

llave hidráulica de doble agarre　正反向液压钳

llave indicadora　示功器旋塞

llave inglesa　活动扳手，万能螺旋扳手

llave maestra　万能钥匙，总钥匙

llave manual　手工扳手，手动扳手

llave mixta　多用扳手

llave neumática　气动扳手

llave para caños　管钳

llave para centrar　中心校正扳手，校中扳手

llave para conectar tubería　接管子用大钳，上扣钳

llave para enroscar las varillas　上紧螺纹管钳

llave para enroscar y desenroscar varillas de perforación　钻杆上扣和卸扣大钳，钻杆大钳

llave para rueda de camión　卡车轮子扳手

llave para tubería de producción　油管钳

llave para tubería de revestimiento　套管钳

llave para tuberías　管钳

llave para tubo　管钳

llave para varilla de bombeo　抽油杆钳，抽油杆扳手

llave portacaños　运管钳，管吊钳

llave portatubos　运管钳，管吊钳

llave reversible　双向扳手

llave reversible de trinquete　双向棘轮扳手

llave reversible para barras y cañería　双向管钳

llave rotativa　大钳，钻杆钳

llave Stillson　管钳，活动扳手，可调管扳手

llave torsiométrica　扭矩扳手，转矩扳手

llave tubular　套筒扳手

llavero　钥匙圈，钥匙环，钥匙链；管钥匙的人

llaves boll weevil　重型短大钳

llavetero　键槽，销槽

llegada　到达，抵达，达到，实现；（赛跑的）终点；（水、气等的）入口

llegada de agua　给水，进水口

llegada de aire　供气，进气口

llegada del vapor　蒸汽供给，蒸汽入口

llegada sísmica　震波到达

llenaderas　灌油桥台，装油栈桥，装油栈台

llenado　充满，装满，填满，满载；注入油

llenado del depósito　加燃料，装燃料，加注燃料

llenado por presión diferencial　压差填充，压差注入

llenado preliminar de una bomba con líquido para eliminar vapores　泵的启动注水

llenador　填充物，填充剂，填充器，填隙料，填缝料，填板

llenador de aceite　加油口，注油孔；加油器

llenar　充满，装满；填充，填写

llenar de barro la barrena　钻头泥包

llenar el pozo　填井

llenar un depósito al máximo　填装到某容器的最高位

llenazo　满座，满员，客满

llevar　带走，带去，搬运，导致，引向；通往，通到；管理，经营

llevar a bordo　装船，带上船；船运

llevar adelante　推进

llevar al plano　策划，标绘

lloradero　泄水孔，排气孔；油苗，渗流

llovizna　小雨，毛毛雨，蒙蒙细雨

lluvia 下雨，雨，雨水

lluvia ácida 酸雨

lluvia artificial 人工降雨

lluvia de polvo 尘雨

lluvia no contaminada 没有被污染的雨，未受污染的雨

lluvia radiactiva 放射性微粒回降

lluvia torrencial 暴雨，瓢泼大雨

Lm （光通量单位）流明（lumen）的符号

LMW polímero anfótero 低分子两性离子聚合物

lobulado 裂片状的，具裂片的；叶片状的，具叶的，叶状的；有叶的

lobular 叶的

lóbulo （物件上的）波形突出部位；叶；裂片

locación 租借，租赁

local 地方的，区域的，局部的；本地的，市内的；本机的；地方，场所

localidad 城镇，村庄；地方，场所；位置，部位

localidad costera 沿海位置，滨海位置

localizabilidad 可局限性，可定域性，可定位性

localizable 可找到的，可确定位置的

localización 确定位置，定位；地方化，局部化

localización acústica 声波定位

localización de averías 故障查找，故障测查

localización de entrada de agua 查找进水处，进水处定位

localización de errores 清除误差；故障查找

localización de la perforación 井场，钻井工地，井位

localización de pozo 定井位，确定井位；布井；井位

localización del objetivo 目的层的位置

localizador 定位器，定位信标；（着陆）指向标；探测器

localizador de agua 测水器，试水器

localizador de averías 障碍位置测定仪，探伤仪

localizador de cañerías 探管器，探管仪

localizador de cuello 接箍定位器

localizador de guaya 钢丝绳定位器

localizador de punta libre 自由点定位器

localizador de tubos 探管器，探管仪

localizador de uniones 接头定位器

localizar 使地方化，使受制于局部；找出或确定某物的位置；找出，找到

loch （苏格兰的）湖；狭长的海湾

loción 洗涤，洗净；洗液，洗涤剂，洗发液；溶液；涂剂

loco 松动的，松散的，松弛的，未紧固的；失灵的

locomoción 运动，移动；运输，交通

locomotor 运动的，移动的；能自行移动的；有运转能力的；运输的

locomotora 机车，火车头

locomotora de diesel 柴油机车，内燃机车

locomotora de motor generador 电动发电机机车

locomotora de orugas 履带车

locomotora de vapor 蒸汽机车

locomotora diesel-eléctrica 内燃电力传动机车

locomotora eléctrica 电动机车

locomotriz 运动的，有运动力的

locomóvil 可移动的；自动推进的，自行移动的；牵引机

locotractor 轻型机车，轻型牵引车

locus 轨迹；位点

locutor 播音员，广播员

lodero 泥浆工

lodo 污泥，烂泥，淤泥；（钻井用的）泥浆；（抹机器等连接处缝隙的）胶浆

lodo a base de aceite 油基泥浆

lodo a base de agua 水基泥浆

lodo a base de arcilla 黏土基泥浆

lodo a base de emulsiones inversas 逆乳化钻井液

lodo a base de petróleo 油基泥浆，油基钻井液

lodo ácido 酸性污泥

lodo aereado 充气泥浆

lodo cálcico 钙处理泥浆，钙泥浆

lodo con aceite 油基泥浆

lodo con barita 添加重晶石粉的泥浆

lodo con base de aceite 油基泥浆

lodo con base de agua 水基泥浆

lodo con base de petróleo 油基泥浆

lodo con gas 气侵泥浆

lodo con polímero 聚合泥浆，聚合物泥浆

lodo con surfactantes 加表面活性剂的泥浆

lodo contaminado de cemento 水泥侵泥浆

lodo convencional 常规钻井液，常规泥浆

lodo cortado por gas 气侵泥浆

lodo de acondicionamiento 调节泥浆；混合泥浆

lodo de alta densidad 高密度泥浆（一般用于压井）

lodo de baja densidad 低密度泥浆

lodo de bajo contenido de sólidos 低固相含量泥浆

lodo de circulación 循环泥浆

lodo de crudo pesado 严重油侵泥浆

lodo de emulsión inversa 逆乳化泥浆

lodo de emulsión invertida 逆乳化泥浆

lodo de inversión 油包水钻井液

lodo de nafta 石脑油酸渣

lodo de perforación 钻井泥浆，钻探泥浆，钻井液

lodo de petróleo 油基泥浆；油泥

lodo de sumidero 残留泥浆

lodo del tanque　塘泥；沉淀池底部泥浆

lodo densificado　加重泥浆

lodo emulsificado　乳化泥浆

lodo endurecido　硬化的泥浆

lodo fresco　淡水泥浆，清水泥浆

lodo inhibido　抑制性泥浆，阻化泥浆

lodo invertido　油包水钻井液

lodo metalífero　含金属泥

lodo mezclado con gas　气侵泥浆

lodo nativo　井内自造泥浆，自造浆，天然泥浆

lodo ordinario　常规泥浆，普通泥浆

lodo parafínico　石蜡泥

lodo pegajoso　强黏土，黏性地层，黏泥

lodo precipitado　沉淀泥，淤泥

lodo residual　残留泥浆

lodo rojo　红泥浆，红泥

lodo salino　含盐泥浆

lodo suave en el fondo de un lago　（湖底）软泥

lodo tratado　处理过的泥浆

lodo viscoso　稠泥浆，黏泥，黏性泥浆

lodolita calcárea　泥岩

lodoso　泥泞的，淤泥的，多烂泥的

loess　黄土，风成黄土

logaritmación　对数计算；数字的对数处理

logarítmicamente normal　对数正态的

logarítmico　对数的

logaritmo　对数

logaritmo común　普通对数

logaritmo integral　积分对数

logaritmo ordinario　普通对数

logaritmos neperianos　自然对数，讷皮尔对数

lógica　逻辑，逻辑性，条理性；原理；逻辑学；推理法

lógica de conjuntos difusos　模糊逻辑

lógica informática　计算机逻辑；信息逻辑

lógica matemática　数理逻辑

lógica negativa　负逻辑

lógica neumática　气动逻辑

lógica poliequivalente　模糊逻辑

lógica simbólica　符号逻辑

logicial　（电子计算机的）软件，软设备；程序系统

lógico　逻辑的；逻辑学的；合乎逻辑的；有逻辑头脑的；逻辑学者

logística　后勤；后勤学；数理逻辑，符号逻辑；计算术（尤指算术）

logístico　后勤的；后勤学的；数理逻辑的，符号逻辑的；计算的，算术的

logómetro　电流比率计，比率计

lolingita　斜方砷铁矿

lomo　脊背，背部；书脊；刀背；田垄；折口；折痕；小丘，小山岗

lomo de asno　猪背岭

lomo de caballo　马脊岭

lomo de montaña　山脊

lomo de nieve　（为风所吹集的）雪堆；雪脊

lomo de perro　急斜山脊，猪背岭

lona　帆布；粗麻布，打包麻布；粗麻布袋

lona impermeable encerada　涂蜡的防雨帆布；防水帆布

lona mineral　矿棉，矿毛，石纤维

loneta　薄帆布；白色厚针织品

longímetro　测尺，皮尺

longitud　长，长度；经度，经线；黄经

longitud de columna de líquido　液柱长度

longitud de desgarradura　裂开长度

longitud de embolada　冲程长度

longitud de enroscado　旋拧长度

longitud de onda　波长

longitud de la sección horizontal　水平段长度

longitud de onda fundamental　基波波长

longitud de onda propia　固有波长

longitud de onda umbral　临界波长

longitud de perforación en pies　进尺，钻井进尺

longitud de pistón　活塞长度

longitud de rosca　螺纹长度

longitud de roscado　旋拧长度

longitud de tubería tendida　管道敷设长度

longitud del cable　电缆长度，钢丝绳长度

longitud en pies　以英尺表示的长度

longitud en pies de una perforación　进尺，钻井进尺

longitud focal　焦距，震源距

longitud geodésica　大地经度

longitud instalada　敷设长度

longitud total　全长，总长

longitudinal　纵向的，纵长的，轴向的；经度线的

longitudinal de la línea de un barco　船的纵长

longuera　狭长地块

lopolito　岩盆

lorca　水下岩石间的洞

losa　石板，铺路石板；瓷砖，长砖

losa de horno　石板，扁石，薄层砂岩

losilla　小石板，小瓷砖

lote　份，份额；（商品等的）一批；一块（地）

lote de productos　一批产品

lote de programa　程序包

LPA (ley de protección ambiental)　环境保护法，英语缩略为 EPA (Environmental Protection Act)

LPA (ley penal del ambiente)　环境刑法

LPCA (libras por pulgada cuadrada)　磅／英寸²，磅每平方英寸，英语缩略为 PSI (Pounds per Square Inch)

LPCM (libras por pulgada cuadrada manométrica)　计示磅／英寸²，磅每平方英寸，英语

缩略为 PSIG（Pounds per Square Inch Gage）

LPG（libras por galón）磅／加仑，英语缩略为 PPG（Pounds per Gallon）

LPPC（libras por pulgada cuadrada）磅／英寸²，英语缩略为 PSI（Pounds per Square Inch）

Lu 元素镥（lutecio）的符号

lubricación 润滑，加润滑油

lubricación a presión 加压润滑，压力润滑

lubricación automática 自动润滑

lubricación por alimentación forzada 压力润滑，加压润滑

lubricación por goteo 液滴润滑

lubricación por mecha 油绳润滑

lubricación por salpique 飞溅润滑

lubricación puro 纯润滑剂

lubricador 防喷管，防溅盒；润滑剂；注油器，滑润器；油壶

lubricador con tubo de vidrio 玻璃管加油器

lubricador de alimentación forzada 压力润滑器，压力加油器

lubricador de gota visible 目视滴入润滑器，明给润滑器

lubricador de lodo 泥浆压井器

lubricador transparente 目视滴入润滑器，明给润滑器

lubricador visible 目视滴入润滑器，明给润滑器

lubricante 润滑油，润滑剂；润滑的，使润滑的

lubricante de corte 切削液，切削油

lubricante elaborado con aceite vegetal y tensioactivos 用表面活性剂和植物油配制的润滑剂

lubricante liviano 轻质润滑油

lubricante para cable 电缆润滑剂

lubricante para chasis 底盘润滑剂

lubricante para cilindros 气缸润滑油

lubricante para ejes 轴油，轴用润滑油

lubricante para las roscas de las tuberías 管材螺纹脂，螺纹润滑油

lubricante para máquinas frigoríficas 制冷机润滑油

lubricante para material ferroviario 铁路轨道润滑油，铁路润滑油

lubricante para roscas 螺纹润滑油，螺纹脂

lubricante para transmisión 传动装置润滑油

lubricante para válvulas 阀门润滑剂，阀门润滑油

lubricante para válvulas de motores 发动机气门润滑油

lubricante pesado 重质润滑油

lubricar 润滑，加油，加润滑油，注油

lubricativo 润滑性的

lubricoso 光滑的，不稳定的

lubrificación 润滑法，润滑作用，注油，油润

lubrificante 润滑油，润滑剂

luces bajas（车头投照路面的）近光灯，照地灯

luces de aterrizaje（飞机跑道上的）地面灯

luces de navegación 航行灯，巡航灯

luces de tráfico 交通指挥灯；交通管理彩色灯（即红绿灯）

lucha 斗争，奋斗；争论，争辩，冲突

lucha antiparasitaria 寄生虫害防治，寄生害虫控制

lucha contra el incendio 消防，防火

lucha contra la contaminación 污染控制，减少污染，污染防治

lucha contra la contaminación atmosférica 空气污染控制，大气污染控制

lucha contra la contaminación del agua 水污染控制

lucha contra la desertificación 防治沙漠化，防控沙漠化

lucha contra la langosta 防控蝗虫

lucha contra las plagas 病虫害防治，害虫控制

lucha contra los derrames de petróleo 漏油控制，防控漏油

luchador 斗士；奋斗者；冲突的人；搏斗者

luchar contra la contaminación 防治污染，防控污染

lucidor 发光的，发亮的

lucífilo（动物或植物）趋光（性）的

lucrativo 有利可图的，赚钱的

lucro 利润，赢利，赚钱，发财

ludiense 路德，路德阶

ludimiento 摩擦；擦

ludión 浮沉子

lugar 地点，地方；场所，位置；区域，空间；职位，地位；名次

lugar de destino 目的地

lugar de origen 原产地

lugar de pago 付款地点，支付地点

lugar de salida 出发地

lugar ocupado por las especies 小生境，小栖息地

lumbrera 发光体（如太阳等天体）；天窗，舷窗；(机器上的) 气门，气孔

lumbrera de admisión 送风口，进气口

lumbrera de escape 排气口，出气口

lumen 流明（光通量单位）

luminancia 亮度，发光率

luminar 发光的星体

lumínico 光的；发光素

luminiscencia 发冷光；冷光

luminiscencia catódica 阴极电子激发光，阴极辉光

luminiscencia de cátodo 阴极（电子）激发光

luminiscente 发冷光的；冷光的

luminosidad 光度，亮度，照度；辉点

luminosidad azul 蓝辉光

luminosidad catódica 阴极电辉

luminosidad residual 余辉

luminoso 发光的；发亮的，光亮的

luminotecnia 照明技术

luminotécnico 照明技术的；照明技术专长的；照明师，照明技师

lumnita 留母尼特

luna 月球，月亮

lunado 半月形的

lunar 月球的，太阴的；半月形的，似月的

lúnula 半月形

lupa 放大镜

luquete 硫磺引火线；球截形拱顶

lustrar 使有光泽，擦亮，抛光，上光研磨

lustre 光泽，光彩，光亮，光洁；鞋油

lustre grasoso 油脂光泽，脂肪光泽

lustre nacarado 珍珠光泽

lustre vítreo 玻璃光泽

lustro 五年时间，五年；挂灯，吊灯

lustroso 有光泽的，光亮的，光洁的，光滑的

lutecio 镥

lúteo 污泥的

lutidinas 二甲基吡啶

lutita 泥岩，细屑岩，泥屑岩，页岩

lutita aluminosa 明矾页岩

lutita babosa 膨胀性页岩，坍塌性页岩，崩溃性页岩

lutita bituminosa 沥青页岩

lutita carbonífera 碳质页岩，炭质页岩，碳质泥岩

lutita de barrera 泥岩遮挡层，泥岩隔层

lutita derrumbable 坍塌性页岩，崩溃性页岩

lutita desmoronable 易塌页岩，易坍页岩

lutita desmoronada 易塌页岩，易坍页岩

lutita diatomácea 硅藻页岩

lutita expansible 膨胀性页岩

lutita físil 易剥裂页岩

lutita floja 黏土页岩，泥质页岩

lutita fosilífera 含化石页岩

lutita hinchable 膨胀性页岩

lutita intrusa 薄页岩夹层，页岩夹层

lutita litificada 泥岩

lutita negra 黑色页岩

lutita petrolífera 油页岩，油母页岩

lutita pirobituminosa 焦沥青页岩

lutítico 页岩的，页岩质的，页岩状的

lutolita 泥岩

lutolita interestratificada 互层泥岩，泥岩夹层

lux 勒，勒克斯，勒克斯照度单位；米烛光，米—烛光（照明单位符号为 lx）

luz 光，光线；灯；跨度，跨距，跨长；内宽，内径；间隙，空隙，间距；光源

luz acromática 消色差光，白光

luz ambiente 环境光

luz artificial 人造光

luz cenicienta 地球反照，地照

luz de carretera 远光灯，大灯，头灯，前灯

luz de cruce （汽车的）近光灯

luz de detección 检测灯，检查灯

luz de emergencia 应急灯

luz de extremidad 边界灯

luz de frenado （机动车尾部的）停车灯，刹车灯

luz de la válvula 阀间隙，阀余隙

luz de neón 霓虹灯，氖灯

luz de tubos en pie de la torre 靠在指梁上排立的立根，钻塔底部排立的管束

luz de vía 方向指示灯

luz de viraje 方向指示灯

luz del émbolo 活塞余隙，活塞间隙

luz del levantaválvula 阀挺杆间隙，气门挺杆间隙

luz difusa 泛光，泛光灯

luz entre dientes de engranajes 齿轮的齿间余隙

luz incidente 入射光

luz indicadora 指示灯

luz intermitente 闪光（信号）灯

luz lateral 侧光，边灯，侧面照明

luz máxima 最大间距，最大间隙，最大空隙

luz mínima 最小间距，最小间隙，最小空隙

luz natural 天然光（指白光、闪电光等）

luz negra 不可见光，黑光（指紫外线或红外线）

luz neta 净跨度

luz refleja 反射光

luz ultraviolácea 紫外线光

luz visible 可见光

LX 勒克斯（lux）的缩写符号

L

M

maar 小火山口，低平火山口

Maastrichtiana 麦斯特里希特阶

MAC（múltiple actuador compartido） 多层共享传动器

macadam 碎石路；碎石路面

macadam asfáltico 沥青碎石路

macadam de asfalto 沥青碎石路

macadán 碎石路；碎石路面

maceración 浸渍作用，浸软

maceta 木锤，槌；（工具的）柄，把；（瓦工、石工用的）锤子

machaca 套管传送装置

machacadora 破碎器，粉碎机，磨碎机，研钵

machacar 捣碎，碾碎；弄伤

machihembrado 榫接的，使榫眼和榫头连接的

machihembrar 榫接，使榫眼和榫头连接

machihembrar a cola de milano 用鸠尾榫接合

macho 公的；阳的，凸形的；凸件，阳件，插入件；插头

macho de acabado 平底螺纹攻，精丝锥，攻丝锥

macho de arcilla 泥芯

macho de aterrajar 丝锥，螺纹攻

macho de pesca 打捞公锥

macho de roscar 丝锥，螺纹攻

macho de terraja plegable 伸缩式丝锥，伸缩式螺纹攻

macho de válvula 阀芯

macho para roscar tuercas 螺帽丝锥，螺母丝锥

macho para tuercas 螺帽丝锥，螺帽螺纹攻

macho pescador 打捞公锥

macho rotatorio fusiforme 打捞公锥；斜丝锥

machón 壁柱；支墩

machonga （哥伦比亚）黄铜矿，黄铁矿

machuelo 公锥，打捞矛

machuelo arrancabarrena 打捞公锥

machuelo arrancasondas 打捞公锥

machuelo cónico 丝锥

machuelo piñón 打捞公锥

macizo 实心的；牢固的；实心物体；基座

macizo continental 大陆地块

macizo de anclaje 锚桩；锚定件

macizo de asiento 底座，机座，底板，基板

macizo intrusivo 侵入岩体

macizos del basamento 基底岩体

macla 双晶

macolla 簇，束，丛；丛式井平台

macro 宏观指令，大指令

macro- 表示"大的"；"长的"；"宏观的"；"巨型的"

macroclástico 粗屑的

macrocristalino 粗晶，粗晶质，大块结晶

macroescala 大规模，宏观尺度

macroestructura 宏观结构

macrofósil 巨体化石，大化石

macrofunción 宏观指令，大指令

macroinstrucción 宏指令

macromolécula 大分子，高分子

macromolecular 大分子的，高分子的

macropartícula 大粒子，大颗粒

macroporo 大孔隙，宏观孔隙

macroscópico 宏观的，大范围的；低倍放大的，巨观的

macrosísmico 强震的

madera 木头，木材，木料

madera aglomerada 刨花板，木屑板；建筑板

madera alburente 白木质，边材

madera armada 包铁木材，加铁箍的木材

madera aserrada 锯好的板材；锯制板

madera aserradiza 锯制板

madera blanca 松木，松木木材

madera blanda 软木材，软木，软材

madera conglomerada 刨花板，碎纸胶合板

madera contrachapada 胶合板，层压木板

madera de construcción 建筑用木料，建筑木料

madera de hilo 四面加工的木材

madera de pulpa 造纸木材，制浆木材

madera de sierra 锯好的板材，板材

madera de trepa 有花纹的木材

madera dura 硬木，硬木材

madera en blanco 未上漆的木材

madera en rollo （未去皮的）树干，树身，原木

madera enchapada 胶合板，夹板

madera enteriza 方木

madera fósil 硅化木

madera laminada 胶合板，层压木板，夹板

madera para la producción de energía 薪材，薪炭材

madera para pasta 造纸木材，制浆木材

madera plástica 塑木

madera preciosa 贵重木材

madera rolliza （用作电线杆等的）圆材

madera serradiza 锯好的板材

maderaje 木构件，木料

maderamen 木构件，木料

maderería 木材厂；储木场

maderero 木材商；木工，木匠

madero 木材，圆木；木料（指木板，条木，木块）

madero barcal 原木；圆木

madero cachizo 易锯的原木

madero de suelo 梁；檩；桁条

madurez 成熟；成熟度；壮年，壮年期；壮年期地形

maestro 主要的；杰出的；老师；大师；师傅；精于某项手法的人

maestro de aguañón 有经验的水利工程施工员

máfico 铁镁质的，含铁镁的

maga de toma de núcleo 取心筒

Magdaleniense 马格达林期的；马格达林期

magma （有机物或矿物的）稀糊；稠液；岩浆；浮浆剂，乳剂

magma básico 基性岩浆

magma eruptivo 熔岩

magma granítico 花岗岩岩浆

magma juvenil 原始岩浆，母岩浆

magma primario 原始岩浆，母岩浆

magmático 岩浆的，糊状的，稠液的

magmatismo 岩浆作用，岩浆活动；岩浆生成论

magnalio 镁铝合金

magnesia 氧化镁，镁氧矿，镁土，菱镁矿

magnesia blanca 白镁氧

magnesia calcinada 氧化镁，苦土

magnesiano 含氧化镁的，含镁氧的

magnésico 镁的

magnesio 镁

magnesita 海泡石，二水合硅酸镁；菱镁矿

magnética 磁力学，磁性元件，磁性材料

magnético 磁石的，有磁性的，磁化的

magnético ecuador 无倾线，地球赤道

magnetismo 磁性，磁学，磁力，磁力现象；吸引力

magnetismo inducido （电磁）感生磁性，感应磁性

magnetismo nuclear 核磁

magnetismo permanente 恒磁，永久磁性

magnetismo remanente 剩磁，剩余磁性

magnetismo remanente residual 残磁，剩余磁场

magnetismo terrestre 地磁；地磁学

magnetita 磁铁矿，磁铁石，反尖晶石

magnetizabilidad 磁化能力，磁化强度，可磁化性，磁化率

magnetización 磁化，起磁，磁化作用；磁化强度

magnetización cíclica 循环磁化

magnetización de roca 岩石磁化

magnetización permanente 永久磁化

magnetización remanente 剩余磁化，残余磁化强度

magnetizar 使磁化，使起磁，使有磁性

magneto 磁电机，永磁发电机

magnetodinámico 永磁的，恒磁的

magnetoelasticidad 磁致弹性

magnetoelectricidad 磁电，磁电学

magnetoeléctrico 磁电的

magnetofluido 磁体流

magnetófono 磁带录音机

magnetomecánica 磁力学，磁机械学

magnetometría 磁力测定，地磁测量，测磁强术；测磁学

magnetómetro 磁力仪，磁秤，磁强计，地磁仪

magnetómetro de precesión nuclear 核子旋进磁力仪

magnetómetro de vapor de cesio 铯磁力仪，铯蒸气磁力仪

magnetómetro de vapor de rubidio 铷蒸气磁力仪

magnetómetro discriminador de flujo 磁通门磁力仪

magnetómetro registrador 可记录磁力仪，可记录式磁力仪

magnetómetro Schmidt 施密特磁强计

magnetómetro vertical 垂直磁力仪

magnetomotriz 磁力作用的，磁动力的

magnetón 磁子

magnetosfera （围绕地球或其他行星的）磁层

magnetostricción 磁致伸缩，磁致形变

magnetotelúrico 大地电磁的，地球磁场的

magnetrón 磁控（电子）管

magnitud 量，数量；巨大，宏大；量值

magnitud despreciable 可忽略值

magnitud escalar 标量

magnitud vectorial 矢量

malacate 绞车，提升机

malacate de herramientas 提升工具用小绞车

malacate de la cuchara 捞砂滚筒，提捞滚筒

malacate de las tuberías de producción 油管绞车

malacate neumático 风动绞车，气动卷扬机，气动提升机，气动提升绞车

malacate para ancla 起锚绞车，锚机

malaquita 孔雀石

malaquita azul 蓝铜矿，石青

malaquita verde 孔雀石

maleabilidad （金属的）可展延性，可锻性，韧性

maleable 有压延性的，可锻的；易加工的；容易成形的

maleato 马来酸盐，马来酸酯

malecón 堤，坝，堰；防波堤；（铁路的）路基

maleta 旅行箱，手提箱；（汽车后部的）行李箱

maletín de primeros auxilios 急救箱

maleza　荆棘，灌木丛

maleza desértica　荒漠杂草

malfuncionamiento　不正常工作，故障，失灵，性能不良

malgastar　挥霍，浪费

malla　网眼，网孔；网，网状物；（振动筛的）筛布；目（即每平方英寸上多少个孔）

malla de la rumbera　振动筛筛布

malla de la zaranda　振动筛筛布

malla de líneas levantadas　测线网格

malla de red　筛网目数

malla de tamiz　筛网目数

malonato de etilo　丙二酸二乙酯

maltenos　马青烯

mampara　屏风；屏，帷

mampara de cubrefuego　遮火板

mampara de seguridad　安全墙

mamparo　舱壁，隔离壁，隔板

mampostería　毛石工程

mampostería en seco　干砌墙

mampostería ordinaria　泥灰墙

mamut　猛犸象，毛象

manadero　流出的，涌出的，冒出的；源泉，源头

manadero de petróleo　油苗

manantial　泉，泉水，源泉，源头，根源，出处

manantial artesiano　自流泉

manantial ascendente　自流泉，涌泉

manantial de falla　断层泉

manantial de fisura　裂隙泉，裂缝泉

manantial de grietas　裂隙泉，裂缝泉

manantial de iones　离子枪

manantial de petróleo　油苗

manantial termal　温泉，热泉

mancha　污渍，污痕，污点，（物体表面或颜色等特别的）小块

mancha catódica　阴极辉点

mancha de aceite　油污，油渍

mancha de petróleo　油斑

manchado　有污点的，有斑点的

manchado de hierro　铁锈斑驳的，有铁锈的

manchar　弄脏，弄污，使有污渍

manchón　大污痕，大污迹，大污渍

mancomunidad　联合体，联邦，共同体；联合，协同

mandado　命令，指令；差使，任务；采购，购买；受差遣的人

mandar　命令；指挥；托付；寄送；派遣；管理，治理

mandarria　长柄大锤

mandarria de bronce　铜锤

mandarria de hierro　铁锤

mandatario　受托人，代理人；管理者

mandato　命令，指示；委托代理契约；指令；指令信号

mandíbula　颌骨；（昆虫的）颚；（鸟的）喙；爪；虎钳牙，夹片

mandil　石围裙，冲积裙，泉华裙

mando　传动，驱动，统治权，指挥权；操纵装置；传动机构

mando a distancia　遥控；远程控制

mando Bendix　本迪克斯驱动装置，（启动机）惯性式离合器

mando de cadena　链条传动，链传动机构

mando de las válvulas　阀门控制

mando del ventilador　通风机传动装置，风机传动装置

mando directo　直接传动，直接驱动

mando electrónico　电子传动

mando final　最终操纵装置

mando hidráulico　水力传动，液压传动

mando inalámbrico　无线操纵

mando invertible　可反转控制，双向控制

mando por correa　皮带传动

mando por transmisión　传动装置

mando rotatorio　转盘传动，旋转传动

mandril　心轴；芯棒；顶杆；（车床等的）夹盘，卡盘；轴柄

mandril a rodillos　滚柱涨管器

mandril acanalado　带槽的胀管器

mandril de bombeo neumático　气举阀工作筒

mandril de bordear tubos　管子卷边器，管子卷边工具

mandril de campana　钟形卡盘

mandril de cilindrado　胀管器

mandril de deriva　偏移心轴，斜轴

mandril de expansión　胀管机，扩管机，胀管器

mandril del equipo de bombeo neumático　气举工作筒

mandril del montante　（海底）取油管，（海底）取油立管

mandril desabollador　管子整形器，管子胀子

mandril electromagnético　电磁卡盘

mandril ensanchador　扩大器，扩张器，胀管器，扩管器，膨胀机

mandril expandidor　扩大器，扩张器，胀管器，扩管器

mandril neumático　气动卡盘

mandril para enderezar tubos　管子整形器，胀管器

mandril para tubería de revestimiento　胀管器，套管修整器

mandril para tubos　管子整形器，胀管器

mandril para tubos de humo　排烟管胀管器

mandril universal　万能卡盘，万能卡头

mandrilado　镗；镗的

mandriladora 镗床

mandrino de fresado 铣刀轴

manecilla 扣，钩；夹子；（钟表、天平等的）指针，把手，柄

manejo 操纵，操作；使用，掌握；控制；驾驶；管理

manejo al granel 散装运输；散装货物装卸；流水输送（作业）

manejo brusco 粗处理；野蛮装卸

manejo de datos 数据（资料）管理

manejo de desechos 废物管理，废弃物处理

manejo de desechos peligrosos 危险废弃物管理，危险废弃物处理

manejo de emergencia 应急控制

manejo de fluido 液体管理

manejo de la planificación territorial 国土规划管理

manejo de los residuos sólidos 固体废物管理

manejo de materiales 材料管理

manejo del riesgo 风险管理

manga 水龙带，软管；通风管；软管状物，筒状物

manga con aislamiento 绝缘套

manga de agua 水管

manga de aire 风向袋

manga de bastón corredizo （钻井泵）拉杆密封，（泥浆泵）拉杆盘根

manga de expansión 膨胀套筒

manga de incendio 消防水龙带

manga de inyección 注入软管，泥浆软管，钻井高压水龙带

manga de maniobra 机动套筒头

manga de plástico 塑料套管

manga de riego 浇水软管，灌溉软管

manga de viento 风向袋

manga para soldador 电焊套袖

manganato 锰酸盐

manganato potásico 锰酸盐钾

manganesa 二氧化锰；软锰矿

manganesia 二氧化锰；软锰矿

manganeso 锰

manganeso de los pintores 氧化锰

manganeso gris 水锰矿

mangánico 似锰的，三价锰的，六价锰的

manganina 锰镍铜合金

manganita 水锰矿，亚锰酸盐

manganosita 方锰矿

mangla 岩蔷薇胶

manglar 红树林；（热带沿海长有树丛的）滩涂地

mango 柄，把手；芒果树；芒果

mango de la barrena 钻头手柄，钻头把手

mangonoso 亚锰，二价锰

manguera 水龙带，软管；通风筒；海龙卷

manguera contra incendio 消防栓，消防水带

manguera de agua contra encendios 消防水龙带

manguera de aire 空气软管，送风管

manguera de aspiración 吸入软管（指吸水、烟、空气等）

manguera de bombero 消防水龙带，消防胶管

manguera de cementación 注水泥软管

manguera de conexión 连接软管

manguera de descarga 出口软管，泄水软管

manguera de goma 胶管

manguera de inyección 泥浆软管，钻井高压水龙带

manguera de inyección de lodo 泥浆水龙带

manguera de perforación 钻井水龙带

manguera de presión 高压管线

manguera de soldar 焊接软管

manguera de vapor 蒸汽软管，输送蒸汽用软管

manguera del lodo 泥浆水龙带

manguera distribuidora 分配管

manguera flexible 软管，挠性管，挠性软管

manguera hidráulica 液压管线

manguera para agua 水龙带

manguera para incendios 消防水龙带

manguera para perforadora rotatoria 钻井水龙带

manguera para vapor 蒸汽软管

manguera prensada 压制过的管线

manguera reforzada para equipo rotatorio 高压钻井水龙带

manguera reguladora 节流软管

manguera rotatoria 回转高压胶管

manguerote de lodo 方钻杆水龙带

mangueta U 形管；侧柱，（汽车的）转向节；杠；支柱，撑杆；（车轴的）轴心

manguito 衬套，衬管，套筒，套管；离合器

manguito adaptador tubular 异径接头，大小头短节

manguito con tuerca 带螺母套筒

manguito corredizo 滑动套筒

manguito de aceite 油衬套

manguito de acoplamiento 连接套筒，电缆连接套管，接筒连接器

manguito de acoplamiento flexible para ejes 挠性联轴器

manguito de acoplamiento para cadena de rodillo 滚子链联轴器

manguito de celulosa comprimida 纤维素滤纸筒

manguito de cilindro 缸套

manguito de combinación 组合连轴器

manguito de conexión 连接套管

manguito de dos roscados machos de diferentes calibres 两头带外螺纹的大小头短节

manguito de eje 轴套

manguito de fricción　摩擦套筒

manguito de pesca　打捞筒

manguito de reducción　异径接头

manguito de reducción para tubería de revestimiento
套管异径接头

manguito de tarraja　丝锥接套，螺纹攻丝接头

manguito deslizante　滑套，滑筒，滑动套筒

manguito para unir o acoplar dos tuberías　管
接头

manguito protector de rosca　螺纹护环，护丝帽

manguito reductor　异径管接头，变径管接头

manifestación　表明，声明；游行，示威

manifestación superficial de petróleo　油苗，原
油渗出地表

manifiesto　宣言，声明；船货物清单，舱单，
运输单

manifiesto de carga peligrosa　危险品舱单，危
险品货物舱单，英语缩略为 DCM（Dangerous
Cargo Manifest）

manigua　杂草丛生地，丛林

manija　把，柄；（门、窗）拉手

manilla　（器物的）把手，柄

maniobra　操作，操纵；索具

maniobra de cambiar de dirección　换向，转向

maniobrabilidad　机动性，可控性；易驾驶性，
易操纵性

maniobrable　机动的，可调动的；易驾驶的，
易操纵的

maniobrar　操作；驾驶；演习，操演

manipulación　（仪器、设备等的）操作，操纵；
使用

manipulación con dos frecuencias　双源频率键控

manipulación de datos　数据处理

manipulación por saltos　跳跃键控

manipulador　操作器，控制器

manipulador inversor　换向开关

manipular　操作，操纵；经营（生意等）

manivela　曲柄，摇把；拉手，把手

manivela acodada　肘形曲柄，肘形摇把

manivela de arranque　启动曲柄，启动摇把

manivela de contrapeso　带平衡重曲柄，均衡
曲柄

manivelas gemelas　双曲柄

mano　手；边，侧；（钟表的）指针；（漆的）
涂层

mano de ballesta　填缝铁条

mano de obra　劳力，人工，人手

manojo　把，捆，叠

manometría　压力测量法，测压法

manométrico　测压的；用压力计测量的

manómetro　压力计，压力表，压强计

manómetro al vacío　真空计

manómetro aneroide　无液压力计

manómetro de agua　水压表，水压计

manómetro de aire　空气压力计

manómetro de aire consola super choke　（阀位控
制箱）气压表

manómetro de consola perforador　钻工控制台
压力表

manómetro de consola super choke open/close
（阀位控制箱）阀位开／关表

manómetro de control remoto　远控台压力表，
遥控压力表

manómetro de cuadrante　度盘式压力表

manómetro de diafragma　膜式压力计，膜片式
压力计

manómetro de fondo de pozo　井下压力计

manómetro de gas　气体压力计

manómetro de la bomba de inyección　钻井泵压
力表

manómetro de lectura a distancia　遥控压力表，
远程压力表

manómetro de lodo　泥浆压力表

manómetro de mercurio　水银压力计

manómetro de neumáticos　轮胎气压表

manómetro de placas　薄膜式压力计

manómetro de presión　压力表，压力计

manómetro de presión de aceite　油压表，油压计

manómetro de presión de bombeo de lodo　泵压表

manómetro de reflejo　反射式液位计

manómetro de reflexión　反射式液位计

manómetro de super choke　（阀位控制箱）气压表

manómetro de vacío　真空表

manómetro del aceite　油压表

manómetro del choke manifold　节流管汇压力表

manómetro del damper de bomba　（空气包上
的）压力表

manómetro diferencial　差动压力计

manómetro en U　U 形管压力计

manómetro indicador　压力指示器，压力指示计

manómetro normal　标准压力表

manómetro para gas　气压计

manómetro para la presión controlada　受控压力表

manómetro para tubo de producción　油管压力表

manómetro reductor　减压器

manómetro registrador　流量记录器，压力自记器

manóstato　恒压器，稳压器，压力稳定器

manquito de husillo　轴套

mantener　保持，维持；供养

mantener ángulo　稳斜

mantener inclinación　稳斜

mantener la presión del reservorio　保持油藏压力

mantenimiento　维护，保养

mantenimiento centrado en confiabilidad（MCC）
以可靠性为中心的维修，英语缩略为 RCM
（Reliability Centered Maintenance）

mantenimiento de bombas de tornillo 螺杆泵保养

mantenimiento de inyector 电喷头保养

mantenimiento de presión 压力保持

mantenimiento mayor （设备等）大修，大保养

mantenimiento preventivo 预防性保养，定期检修

mantenimiento rutinario 日常维护，例行维修

mantisa （对数的）尾数

manto 地幔；矿层；覆盖（物）；（软体动物等）套膜

manto acuífero 地下蓄水层，含水层

manto de agua （地质学）水平线

manto de arcilla 黏土层

manto de arena 砂层

manto de basalto 玄武岩层

manto de corrimiento 逆冲推覆体

manto de escurrimiento 逆冲推覆体

manto de espuma 泡沫覆盖层

manto de hielo 冰原，冰盖

manto de hielo continental 大陆冰原，大陆冰盖

manto de hielo polar 极地冰原，极地冰盖

manto de la Tierra 地幔

manto de lava 熔岩层

manto de nieve 积雪层，雪盖层，雪被

manto de sobrecorrimiento 逆掩层

manto de sobreescurrimiento 逆掩层

manto freático 含水层

manto glacial 冰盖层

manto horizontal 水平覆盖层

manto ígneo 火成岩层

manto petrolífero 油层

manto salino 含盐薄矿层

manto sobreescurrido 推覆体

manuable 易操作的，易掌握的，便于使用的

manual 用手（操作）的，手工（做）的；手册，教本，账本

manual de instrucciones 说明书

manual de seguridad 安全手册

manubrio 把手，拉手，柄，曲柄；（汽车的）方向盘

manufactura 手工制品，机制品；工业产品；工厂；制造业

manufacturar 制造，生产，加工

manufacturero 制造的，生产的；工业的；从事制造业的

manutención 保持，保存；抚养，供养

mapa 地图

mapa acotado 等值线图

mapa aéreo 航测图，航摄图

mapa con curvas de nivel 等高线图

mapa de auto-organización 自组织映射，英语缩略为 SOM（Self-Organizing Maps）

mapa de base 底图，基本底图

mapa de base con polígono 带有测线的底图

mapa de carreteras 交通图，道路图

mapa de las concentraciones 浓度分布图

mapa de contorno 等值线图，等高线图

mapa de curvas de nivel 等值线图

mapa de desviación 偏差图；井斜图

mapa de elementos sensibles 敏感元素图

mapa de espesores 等厚图

mapa de estructura 构造图

mapa de facie sedimentaria 沉积相图

mapa de isoaltura 等高线图

mapa de isogamas 等磁力线图

mapa de isópacas 等厚图

mapa de isopáquica 等厚线图，等厚图

mapa de líneas de igual permeabilidad 等渗透率图

mapa de líneas de igual porosidad 等孔隙度图

mapa de líneas de nivel 等高线图

mapa de orientación 方位图，方向图；一览图

mapa de reconocimiento 踏勘图，勘测图，草测图

mapa de referencia 索引图

mapa de relieve 地形图，地势图，立体地形图

mapa de sección estructural 构造剖面图

mapa de segunda derivada 二次导数图

mapa de situación de pozo de sondeo 井位分布图

mapa de superficie 地面图

mapa de ubicación de agujero de sondeo 井位分布图

mapa del subsuelo 地下地貌图，地下构造图，地下地质图

mapa estructural 构造图

mapa físico 地形图

mapa fisiográfico 自然地理图，地文图

mapa geoeléctrico 地电图

mapa geognóstico 地质构造图

mapa geológico 地质图

mapa índice 索引图

mapa isogónico 等磁偏线图，等方位线图，等偏线图

mapa isolítico 等岩性图

mapa isópaco 等厚图

mapa isópaco total del yacimiento 储层总厚度等厚图

mapa isopáquico 等厚图

mapa litológico 岩性图

mapa paleogeológico 古地质图

mapa político 行政区域图

mapa sísmico 地震图

mapa topográfico 地形图

mapear 测绘，绘图，制图；在地图上标出

mapeo de conectividad de yacimiento 油藏连通图，英语缩略为 RCM（Reservoir Connectivity

M

Mapping)

mapeo sísmico 地震图，地震等值线图

maqueta 模型，设计模型

maqueta a escala 比例模型，尺度模型，刻度模型

máquia de fotocalcado azul 晒图机

maquiladora 加工厂；装配厂

maquillero 装卸机械工

máquina 机器，机械；机械装置；机车

máquina a vapor para perforación 蒸汽驱动的钻机

máquina afiladora de barrenas 钻头修整机

máquina al arco con protección de gas inerte 惰性气体保护电弧焊机

máquina alisadora de montante fijo 固定镗床，固定钻孔机

máquina alternativa 往复式发动机

máquina biseladora 切斜口机

máquina calculadora 计算机

máquina centrífuga 离心机

máquina cizalla de chapa 剪板机

máquina claveteadora 钉钉机

máquina combinada 复合式机器；组合式蒸汽机

máquina compensadora 平衡器

máquina compound 组合式蒸汽机

máquina cortadora 剪切机，裁剪机

máquina cortadora de tubería 切管机

máquina curvadora 弯边机

máquina de acabado 整理机，精整机；完工切削机

máquina de acoplamiento directo 直耦机组

máquina de afilar 研磨机

máquina de agujerear 钻孔机，打眼机

máquina de amalgamación 混汞器，(混汞)提金器

máquina de balanceo (轮胎)平衡机

máquina de barnizar tubería 管子涂敷机

máquina de calcular 计算机

máquina de carvar carriles 弯轨机

máquina de cinglar 初轧机，开坯机；挤压机

máquina de combustión interna 内燃机

máquina de condensación 冷凝蒸汽机

máquina de copiar 仿形铣床

máquina de cortar 剪切机

máquina de curvar 弯筋机，弯管机，折弯机，折床

máquina de curvar tubos 弯管机

máquina de dar forma 仿形铣床

máquina de dentar los engranajes 刨齿机

máquina de émbolo reciprocante 往复式发动机

máquina de embutir 挤压机

máquina de engrasar tubería 漆管机，管线涂漆机

máquina de enroscar 螺纹车床

máquina de ensayo de dureza 硬度试验设备，硬度测验设备

máquina de envolver tubería 包管机

máquina de expansión 膨胀机

máquina de hielo 制冰机

máquina de inyección vertical 立式注塑机

máquina de limpiar tubos 清管机

máquina de movimiento alternativo 往复式发动机

máquina de pistón reciprocante 往复式发动机

máquina de plegar chapas 弯板机

máquina de proyectar arena 抛砂机

máquina de recortar chapas 冲压机

máquina de roscar 螺纹车床

máquina de roscar pernos 螺栓攻丝机

máquina de taladrar 钻孔机，钻孔机，钻床

máquina de toma directa 直耦机组

máquina de tracción 拉丝机，拔管机，拔桩机

máquina de vapor 蒸汽机

máquina de vapor a expansión 膨胀蒸汽机

máquina de vapor atmosférico 常压蒸汽机

máquina de vapor con válvula corredera 滑阀式蒸汽发动机

máquina de vapor de doble expansión 两级膨胀复式蒸汽机，双膨胀蒸汽机

máquina detonadora 引爆器

máquina dinamoeléctrica 电动发电机

máquina dobladora 折弯机，弯管机，弯筋机

máquina eléctrica 发电机

máquina elevadora 升降机，吊车

máquina elevatoria 起重机

máquina enfriadora 冷却器，冷凝器，制冷机

máquina esmeriladora 磨床，砂轮机，研磨机

máquina fresadora para ensanchar el agujero 镗孔机

máquina herramienta 机床

máquina hidráulica 液力机械；抽水机，水泵

máquina limadora 成形机

maquina motriz 原动机

máquina neumática 气泵，抽气机

máquina para cortar tubos 切管机

máquina para enderezar tubos 管子矫直机，管子校直器

máquina para ensayo de penetración 触探机

máquina para extraer cañerías y varillas 拔管机，起管器，起油管和抽油杆装置

máquina para hacer ladrillos 制砖机

máquina para hacer rosca 车螺纹机

máquina para hacer tornillos 螺纹车床，螺钉机，螺杆机

máquina para limpiar tubos 管道清理机，清管机

máquina para recubrir tuberías 管子涂敷机

máquina para reparación de pozos　修井机
máquina para secar arena　烘砂器
máquina para tallar　切割机
máquina para tapar latas　封口机，压盖机
máquina perforadora　钻探机，钻机
máquina perforadora rotativa　回转式钻机，转盘钻机，旋转钻机
máquina plegadora hidráulica de chapas　液压折板机
máquina rebordadora　摺缘机，卷边机，折边压床
máquina reparadora de barrenas　钻头修整机
máquina roladora de lámina　卷板机
máquina roscadora de tubos　管子套丝机，管螺纹机
máquina simple　简单机械
máquina sin condensación　排气蒸汽机
máquina síncrona　同步电动机
máquina soplante　鼓风机
máquina térmica　热力发动机
máquina Thompson　汤普逊摩擦试验机
máquina trituradora　研磨机，磨床
maquinaria　机器，机械，机器设备；机械制造；机器结构；机件
maquinaria de construcción　施工设备；施工机械
maquinaria de perforación　钻井机械，钻探机器
maquinaria y equipo pesado　重型设备
maquinilla　小机器，小器械
maquinismo　机械化，使用机械操作
maquinista　技工，机工，机械师；机器制造者
maquinización　机械化
maquinizar　使机械化
mar　海，海洋；内海
mar abierto　公海，远海，开阔海
mar abisal　深海，海渊
mar adentro　外滨，近海
mar ancha　公海
mar antiguo　古海洋
mar cerrado　内海，封闭海
mar continental　陆表海，内陆海
mar epicontinental　陆缘海，浅海
mar jurisdiccional　领海
mar marginal　边缘海，陆缘海
mar profundo　深海，深水，远洋
mar remanente　残海
mar secundario　边缘海，陆缘海
mar semicerrado　半封闭海
mar sin salida　封闭海
mar territorial　领海
mar transgresivo　侵陆海
maranita　空晶石
marbete　标签，签条，商标
marca　记号，标记；商标，牌子；最高纪录；

marca comercial　商标
marca de agua　水位标志，水印
marca de comercio　商标，品牌
marca de marea　潮汐线
marca de oleaje　波痕
marca de pleamar　高潮线，高潮标记，高潮线标记，高水位标志
marca de referencia　索引标志；参考标记
marca laborada por las cuñas de agarre　卡瓦痕，卡瓦刻痕
marca registrada　注册商标
marcación　做标记，做记号
marcación aparente　实测方位，观测方位；方位角
marcación magnética　磁方位角
marcado　有标记的；明显的；做标记，做记号
marcado con líneas　做线型标记
marcador　做标记的，做记号的；（度量衡的）检验员；记分牌；标记笔
marcador de límite　边界指示标，机场标志板
marcador en abanico　扇形记分器，扇形计示器，扇形指点标
marcadores de tiempo estratigráficos　地层时间标志层
marcar　做记号，做标记，标出，划出；拨（电话号码）
marcas de escarceo　波痕
marcas de tiempo　时标，时间标记
marcas por cuñas　卡瓦痕，卡瓦刻痕
marcasita　白铁矿，二硫化铁，黄铁矿
marcha　走，动身；（汽车的）排挡；游行示威；（机器）运转
marcha atrás　倒（车）挡；向后退
marcha en paralelo　并行运行
marcha lenta del tambor　滚筒低速挡
marchamar　（海关）在…上盖戳，盖已检标记章
marchamo　（海关等的）已检标志
marchar en vacío　怠速运转，空载运转
marchitez　凋残，萎蔫，枯萎
marchitez final　极限凋萎点
marco　框，框子，框架；范围，圈子；界限；度量衡原基
marco base del portapoleas de corona　井架天车台
marco de pozo de visita　人孔颈口
marco de referencia　参考标架；参照系；参照标准
marco de superficie (pozos de minas)　（矿井）井架
marco regulatorio　规章制度
marco tectónico　构造轮廓，构造格架，大地构造轮廓，大地构造格架
marco tectónico regional　区域大地构造框架
marcos entrecruzados　交叉框架
marea　潮，潮汐，潮流，潮水

M

marea alcalina 碱潮
marea ascendente 涨潮
marea creciente 涨潮
marea de apogeo 远地点潮，远月潮
marea de tormenta 风暴潮
marea descendente 退潮，落潮
marea entrante 涨潮
marea gravimétrica 重力潮
marea llena 满潮
marea menguante 落潮，退潮
marea muerta 小潮，平潮，滞潮
marea negra 黑潮
marea parada 平潮，滞潮
marea roja 赤潮
marea saliente 落潮，退潮
marea solar 日潮，太阳潮
mareal 潮的，潮汐的，潮水的
marejada 大浪，巨浪；波涛
maremoto 海啸，海底地震
mareógrafo 验潮计，自记潮位仪，验潮仪，自记验潮仪
mareógrama 潮汐曲线
mareómetro 潮位计，测潮仪
mareomotor 潮汐推动的
mareomotriz 潮汐推动的
marés 砂岩
marga 泥灰岩，泥灰土；制砖用的一种黏土
marga arenosa 砂质泥灰岩
marga fosilífera de origen marino 海相含化石泥灰岩
margajita 黄铁矿
margal 泥灰地
margarita 珍珠云母；雏菊
margarito 串珠雏晶
margen （河、路等的）边，岸；余地；限界；幅度；利润
margen bruto 商品销售毛利
margen continental 大陆边界区，大陆边缘，陆缘
margen de beneficio 利润余额
margen de funcionamiento 工作范围，有效距离
margen de los intereses 利息差幅
margen de peso 负载限度
margen de seguridad 安全限，安全限度
margen de venta 销售利润
margen efectivo 有效范围
margen elástico 弹性限度
margen mínimo de error 误差极限，误差限度
margen pasivo 被动陆缘
marginal 边缘的，边界的，边际的；页边的；次要的
marginalidad 边际，界限
margoso 泥灰质的，泥灰岩的

marguera 泥灰层；泥灰地
marialita 钠柱石
maricultura 海上养殖
mariega 野草，杂草，荆棘
marienglás 透明石膏
marino 海的，海生的，海产的；海员，水手，水兵
mariposa 蝶，蝴蝶；蝶形螺母；蝶形阀，双瓣阀
mariposa del carburador 汽化器蝶形阀
mariscos 海生贝壳动物；海鲜
marisma 海滨沼泽
marisma de marea 潮沼，滩涂
marítimo 海岸的，海运的，海港的，靠海的；船舶的
marjal 湿地，洼地，低洼地；沼泽地
marlita 泥灰岩
marmita 锅，压力锅，高压锅
mármol 大理石；大理石制品
mármol artificial 人造大理石
mármol brecha 角砾质大理岩
mármol brocatel 杂色大理石
mármol de trazar 划线台，平台，平板
mármol esquizado 斑纹大理石
mármol estatuario 雕刻用大理石，白云大理石，汉白玉
mármol gateado 猫眼纹大理石
mármol lumaquela 贝壳纹大理石
mármol magnesiano 镁质大理石
mármol ónice 细纹大理石
mármol serpentino 蛇纹大理石
marmolería 大理石制品，大理石构件；大理石雕刻工场
marmolina 人造大理石；大理石粉
marmolita 淡绿蛇纹石
maroma 粗绳索
marquesita 白铁矿
marquetería 镶嵌细工，嵌木细工
martensita 马丁散铁，马氏体
martillar 用锤敲击
martillar en frío 冷加工
martilleo 锤打
martillo 锤子；震击器
martillo con boca esférica 圆头锤
martillo de bola 圆头锤
martillo de carpintero 平头钉锤，木工锤
martillo de forja 锻锤
martillo de geólogo 地质锤
martillo de madera 木锤，木夯
martillo de minero 矿工锤
martillo de orejas 羊角锤
martillo disparador 杵锤，夹板锤
martillo golpeador 震击器；震击锤

martillo hidráulico 液压锤，水力震击器
martillo hidráulico adaptable 自适应液压打桩锤
martillo mecánico 机械锤，机械震击器
martillo mecánico tipo tubular 管式气举阀打捞工具
martillo neumático 气锤
martillo para aplanar 打平锤
martillo para remachar 铆钉锤，铆接锤，铆锤
martillo perforador 手持式凿岩机，轻型凿岩机
martillo pilón a vapor 蒸汽锤
martinete 落锤，汽锤，打桩锤；打桩机
martinete a vapor 蒸气锤
martinete de báscula 杆锤，轮锤
martinete de caída libre 落锤
martinete forjador 模锻压力机
martinete hinca-pilotes 打桩机
martita 假象赤铁矿
martonita 马当炸药
masa 团，块，堆，群；质量；接地；（原子）质量数
masa anaerobia 厌氧菌群
masa atómica 原子量
masa continental 陆块，大陆块
masa crítica 临界质量
masa de agua 水体
masa de aire 气团
masa de aire polar 极地气团
masa de equilibrado 平衡重量，质量平衡
masa de inercia 惯性质量
masa de lodo 泥浆结构
masa de roca 岩体，岩块
masa de terreno 基质
masa específica 密度
masa firme 稳定质量
masa gravitatoria 引力物质
masa inercial 惯性质量
masa inerte 惯性质量
masa molecular 分子量
masa monetaria 货币供应量
masa rocosa del yacimiento 油藏岩体
masa terrestre 陆块，地块
mascagnita 铵矾
máscara 面罩，面具，防护面具
máscara antigás 防毒面具
máscara contra gases 防毒面具
máscara contra polvo 滤尘呼吸器
máscara de cabeza 面罩，面具
máscara de escape 逃生面罩
máscara de filtro 防毒面具
máscara de gas 防毒面具
máscara de gas con caja de filtro 带过滤箱式防毒面具
máscara de manguera 软管面罩，软管呼吸器

máscara de seguridad 安全面具，安全面罩
máscara de subred 子网掩码
máscara para polvo 防尘面具
mascarilla 口罩
mascarilla de doble filtro 双层过滤式防尘罩
mascarilla desechable 一次性口罩
mascarilla desechable para adulto 成人一次性口罩
mascarilla reusable 可反复使用防护口罩
mascarilla y tanque de oxígeno 面罩和氧气瓶
mascarilla con filtro 过滤式防尘罩
maser 微波激射器，（微波）量子放大器
masicote 天然一氧化铅，铅黄，黄丹
masilla （填塞孔缝用的）油灰，泥子；油灰状黏性材料
masilla asfática 沥青玛琋脂
masivo 大量的，大剂量的
mastica 胶，树脂，胶粘剂，胶泥，油灰，封泥，胶粘水泥
masticino 乳香脂的，玛琋脂的；乳胶的
mástil 桅杆，旗杆，支柱；轻便井架，桅杆式井架
mástil abatible 折叠式井架；折叠式桅干
mástil con contravientos 绷绳稳定的轻便井架，拉线电杆
mástil de anclaje 锚柱，锚杆
mástil de extensión 伸缩式井架；伸缩式吊杆；伸缩式桅杆
mástil de grúa 起重拔杆，起重桅
mástil de guinche 起重拔杆，起重桅
mástil de montaje 安装用起重架，安装拔杆
mástil de radar 雷达天线杆，雷达桅
mástil de secciones enchufadas 伸缩式井架；伸缩式吊杆
mástil de señales 信号柱，信号杆
mástil de sondeo 轻便井架，桅杆式井架
mástil del poste 单杆桅；杆式井架
mástil en A A形井架，人字拔杆
mástil en forma de A A形井架，人字拔杆
mástil en voladizo 悬臂式桅杆；折叠式井架
mástil móvil telescópico con pistones elevadores hidráulicos 液压伸缩式井架
mástil para tender cañería 悬臂铺管机，铺管吊杆
mástil plegadizo 伸缩式轻便井架，伸缩式桅杆
mástil portátil 便携式井架，便移式井架，轻便井架
mástil reticulado 构架式井架，格构抱杆
mástil telescópico 伸缩式轻便井架，伸缩式桅杆
mástique 乳香脂，玛琋脂；乳胶，胶粘剂
mástique asfáltico 沥青玛琋脂
mata 灌木；灌木丛；草类植物丛；林地；冰铜
mata-chispa de motor （发动机排气管处的）消

火花装置

matachispas 火花罩，消火花器

matafuego 灭火器；消防队员

matamoscas 灭蝇剂；灭蝇器具；苍蝇拍

matar el pozo 压井

mata-yuyos 除草剂，灭草剂

materia 材料，原料，物质，物资；物体，实体；学科

materia acústica 声学材料，隔声材料

materia bituminosa 沥青材料

materia bruta 原材料，原料

materia disuelta 溶解物，溶质

materia extraña 杂质，外来的物质

materia granulosa 颗粒物质

materia inerte 填料

materia inorgánica 无机物，无机物质

materia mineral 矿物质

materia mineral precipitada 矿物沉淀物

materia orgánica 有机材料

materia particulada 微粒物质

materia prima 原材料

materia prima de carga 进料原料

materia prima para lubricantes 滑润油原材料

materia refractaria 耐火材料

materia saponificable 可皂化物

materia soluble 可溶物

materia tóxica 有毒物，毒药

materia viva 生命物质，活质

materia volatizable 挥发性物质

material 材料，原料；设备，装置，器材，器械

material abrasivo 磨料，研磨剂

material absorbente 吸收性材料，吸收剂

material activo 活性材料

material aislante 绝缘材料

material aumentador de peso 加重材料，加重物质，加重剂

material auxiliar 辅助材料

material cementador 胶结物

material cementante 胶结材料

material de apoyo 支持材料（或文件）；压裂工艺中的支撑剂

material de apoyo para la fracturación hidráulica 水力压裂支撑剂

material de base 基本原料

material de carga 进料

material de derrumbe 滑坡堆积物

material de impregnación 饱和剂，饱和物

material de juntura 接合密封材料，填料

material de obturación 封堵剂，堵漏材料

material de pérdida de circulación 封堵剂，堵漏材料

material de producción 生产用料

material de relleno 填充物

material de reserva 备用材料

material defectuoso 有缺陷材料

material densificante 加重材料，加重物质，加重剂

material depositado fuera del cauce 洪积物

material depositado por corrientes de agua 冲积物，淤积物

material depositado por un glaciar 冰川沉积物

material detrítico 碎屑物，碎屑物质

material dieléctrico 电介物质

material espesante 稠化剂

material frágil 易碎物质

material granular 颗粒状材料

material obturante 封堵剂，堵漏材料

material para pérdida de circulación (MPC) 封堵剂，英语缩略为 LCM (Loss of Circulation Material)

material para seguridad 安全材料

material para techos 屋顶防水材料

material paramagnético 顺磁性物质，顺磁性材料

material parental 母质

material perforable 可钻材料

material pesante 重质材料

material piroclástico 火成碎屑物

material plástico 塑性物资，塑料材料

material putrescible 易腐烂材料

material puzolánico 火山灰材料

material radiactivo dañino 有害的放射性物质

material radiactivo 放射性材料

material residual 残留物资，残积物

material semejante a la tiza 类似白垩粉的物质

material siliciclástico 硅质碎屑物

material termofraguable 热固材料

material tubular 管材，管类材料

materiales aniónicos 阴离子材料

materiales antitérmicos 隔热材料，绝热材料

materiales catiónicos 阳离子材料

materiales de cementación 胶结物，胶结物质

materiales de lodo 泥浆材料

materiales desviadores 衍生材料

materiales fibrosos 纤维材料

materiales incombustibles 耐火材料，抗火材料

materiales nocivos 有害材料

materiales para sellar 封堵剂，堵漏材料

materiales petroquímicos 石油化工材料

materiales radioactivos naturales (MRN) 天然放射性材料，英语缩略为 NORM (Naturally Occurring Radioactive Materials)

materiales refractarios 耐火材料

materiales termoaislantes 热绝缘材料

materiales tubulares para áreas petrolíferas 石油专用管材，英语缩略为 OCTG (Oil Country

Tubular Goods）

materias aislantes　绝缘材料

materias de mayor tamaño　大尺寸物资，大体积材料

materias en fusión　熔化物

materias orgánicas　有机物

matizador　掩蔽剂

matlockita　氟氯铅矿

matorral　荆棘丛生的荒地；灌木；茂密的灌木丛

matraca　棘轮

matraz　长颈瓶，烧瓶

matraz de boca angosta　窄口长颈瓶

matricial　矩阵的

matrícula　名册，登记册；注册，登记；（汽车的）牌照

matrícula de buques　船舶登记，船舶注册

matriz　模型，铸型，矿石，矿脉，母岩；矩阵；母体的；主要的，总的

matriz aleatoria　随机矩阵

matriz arcillosa　泥质基岩

matriz cero　零矩阵

matriz de areniscas　砂岩骨架

matriz de división　指数模

matriz de estampa　冲压模

matriz de fresa　刀坯

matriz de la barrena　钻头基体

matriz de la barrena de diamantes　金刚石钻头基体

matriz de la roca　岩石基体，岩石基质

matriz de terraja　挤压机

matriz estocástica　随机矩阵

matriz flexible　灵活阵列

matriz modelada　成形模

matriz nula　零矩阵

matriz para estampar　型模块

matriz para remachar a mano　铆钉模

maucherita　砷镍矿

máxima　格言，箴言，座右铭；行为准则，基本原理

máxima frecuencia utilizable　最高可用频率

maximización　求最大值，达到最大值，达到最大极限

maximizar　求出（函数）的最大值；使更大，使更多

máximo　最大的，最高的，最多的；极限，最大限度，最大值

máximo crítico　临界极大值

máximo de agua　油井固井中最高水灰比

máximo de gravedad　重力最大值

máximo gravimétrico　重力最大值

máximo magnético　磁力最大值

máximo nivel de contaminantes（MNC）　最大污染程度，英语缩略为 MCL（Maximum Contaminant Level）

maxwell　麦，麦克斯韦（磁通量单位）

mayor valor presente neto　最大净现值

mayorista　批发商；批发的

maza　锤；打桩机，落锤；轮毂

maza de fraga　打桩机

maza de martinete　落锤，打桩机

maza de vapor　蒸汽锤

MBE（medida del bienestar económico）　经济福利尺度，英语缩略为 MEW（Measure of Economic Welfare）

MCC（mantenimiento centrado en confiabilidad）以可靠性为中心的维修，英语缩略为 RCM（Reliability Centered Maintenance）

MDF（multiplexión de división de frecuencia）　分频多路复用，英语缩略为 FDM（Frequency Division Multiplexing）

MDP（motor de desplazamiento positivo）　容积式马达，英语缩略为 PDM（Positive Displacement Motors）

meandro　河曲，曲流；弯道

meandro divagante　河漫滩ами流，漫滩曲流

meandro serrado　深切曲流

meandro viejo　牛轭湖，U 形河曲

mecánica　力学，机械学

mecánica analítica　分析力学

mecánica cuántica　量子力学

mecánica de fluidos　流体力学

mecánica de gases　气体力学

mecánica de materiales　材料力学

mecánica de suelos　土壤力学

mecánica estadística　统计力学

mecánica newtoniana　牛顿力学

mecánica ondulatoria　波动力学

mecánica pura　力学

mecánico　机械的，力学的；技工，机械工，机修工；机械师

mecánico de auxilio　机械助手

mecánico de reparaciones　维修技工，修理工

mecánico en jefe　机械工长

mecánico principal　机械工长

mecanismo　机械装置，机构；方法；作用；机制

mecanismo articulado　连接装置，联动装置

mecanismo de acceso　存取机构，存取机理

mecanismo de acciones solidarizadas　联动装置，联动机构

mecanismo de anclaje　坐封工具，坐放工具

mecanismo de apoyo　支持机构

mecanismo de arranque　启动器，启动机，启动程序

mecanismo de avance　输入机构，进给机构，送料机构，供应装置

M

mecanismo de compensación 补偿机制；补偿装置
mecanismo de control 控制装置
mecanismo de desenganche 脱扣机构，跳闸机构
mecanismo de dirección irreversible 不可逆转向装置
mecanismo de empuje de gas en solución 溶解气驱机理
mecanismo de empuje del yacimiento 油藏驱动机理
mecanismo de empuje por gas disuelto 溶解气驱机理
mecanismo de expansión 膨胀装置
mecanismo de extracción 萃取机理
mecanismo de fondo del pozo 井底钻具组合，井底管柱结构
mecanismo de impulso 驱动机构，传动装置
mecanismo de inversión de marcha 回动装置，换向机构
mecanismo de mando 驱动机构，传动装置
mecanismo de producción 生产机理
mecanismo de propulsión 驱动机构，传动装置
mecanismo de transporte 运输机理
mecanismo elevador 提升装置
mecanismo habilitador 启动装置
mecanismo neumático de avance 风动给料装置
mecanismo perenne 长效机制
mecanismo reductor 减速装置
mecanismo subsuperficial 井底钻具组合，井底管柱结构
mecanización 机械化
mecanizar 用机械装备，使机械化；加工
mecanoelectrónico 机电的
mecate 麻绳，绳子
mecate de vida 安全绳，救生索
mecate manila 棕绳
mecedero 搅拌器
mecha 导火线，火药线，火绳；钻头
mecha a inyección 喷射式钻头，带喷口的钻头
mecha cebadora 火帽，雷管
mecha con punta roma 钝钻头
mecha con retardo 延时引线
mecha cónica 锥形钻头
mecha de arrastre 刮刀钻头
mecha de avance 火帽，雷管
mecha de barrena 木螺钻，麻花钻嘴，（螺旋）钻头
mecha de barrena de perforación inicial 开眼钻头
mecha de chorro extendido 加长喷嘴钻头
mecha de diamante 金刚石钻头
mecha de diamante de flujo radial 辐射流金钢石钻头
mecha de fricción 刮刀钻头
mecha de perforación 钻头

mecha descalibrada 不合规格钻头
mecha espiral de espiga cónica 硬质合金锥柄麻花钻
mecha para taladro manual 手摇钻钻头
mecha PDC PCD 钻头
mecha policristalina PCD 钻头，聚晶金刚石复合钻头
mecha racha 牙轮钻头
mecha sacanúcleo para formación blanda 软地层取心钻头
mecha TCI TCI 钻头，碳化钨镶齿钻头
mecha tricónica 三牙轮钻头
mechazo 哑炮
mechero （有灯芯的）灯；火嘴，喷嘴
mechero de acetileno 乙炔灯；乙炔焊枪
mechero de gas 煤气灯，燃气喷嘴，气焊枪
mechero encendedor 导燃器，引燃器
mechero incandescente 罩灯
mechero piloto 导燃器，引燃器
mechinal （建筑时留在墙上的）脚手架孔
mechurrio 天然气火炬，天灯，天然气火把
médano 沙丘；（海岸边的）沙洲，沙坝
medanoso 有沙丘的，有沙洲的，有沙坝的
media 平均数，平均值，中数，中项；半点钟
media anual 年平均数，年平均
media aritmética 算术平均（值），算术中项
media celda 半电池
media fosa tectónica 半地堑
media onda 半波
media proporcional 比例中项
media vida 半衰期
media vuelta 半圈
mediador 调解人，调停人；调解的，调停的
medianil （高速公路等的）中间分割线；（介于高处和低处间的）中间地；界墙，公有墙
mediano 中等的；平常的；分成相同两部分的
mediatriz 中垂线
medicina 医学，医术；药物，药；解决问题的方法
medicina botánica 植物药学
medicina naturista 天然药物
medición 量，测量
medición a distancia 远距离测量，遥测
medición acústica 声波测量
medición al perforar 随钻测量，英语缩略为 MWD（Measurement While Drilling）
medición con cinta 用尺测量
medición de base 本底测量
medición de gravedad 重力测量
medición de la cantidad de petróleo contenida en un depósito 油藏中所含石油储量的测量
medición de la contaminación de las chimeneas 烟囱污染物含量的测量

medición de la desviación　井斜测量
medición de litodensidad　岩石密度测量
medición de manómetro a fondo de pozo　井底仪器测量
medición de resistividad　电阻率测量
medición de temperatura　温度测量
medición del consumo final de energía　能量最终消耗量测量
medición del diámetro del agujero　井径测量
medición del echado　倾角测井工具
medición del subsuelo　井下测量，矿井测量
medición direccional　方向测量，井斜测量
medición durante la perforación　随钻测量，英语缩略为 MWD（Measurement While Drilling）
medición electromagnética　电磁测量
medición física en pozos　测井
medición fotoeléctrica　光电测量
medición mientras se perfora (MMSP)　随钻测井
medición y muestreo automático　自动测量取样
medida　测量，计量；测尺，量具；措施
medida (medir) a distancia　遥测，远距离测量
medida a simple vista　目测
medida balística　冲击式测量
medida con hilo de alambre　钢丝测量
medida de daño potencial a la capa de ozono　臭氧层损坏情况的测量
medida de hilo de acero　钢丝测量
medida de la habilidad de una superficie de reflejar la luz　地面反光能力的测量
medida de longitud　长度测量
medida de permeabilidad　渗透率测量
medida de transmisión　传输测量
medida gravimétrica　重力测定，重力法
medidas a tomar frente a los accidentes　事故应对措施
medidas contra la contaminación　防污染措施
medidas de alivio　缓和措施，减轻措施
medidas de mitigación　缓和措施，减轻措施
medidas de primero auxilio　急救措施
medidas de reducción de la contaminación　减少污染的措施
medidas de registro dieléctrico　介电测井手段
medidas de reparación　修理措施
medidas de seguridad　安全措施
medidas para prevenir accidentes　事故防范措施
medidas preventivas　预防措施，防护措施
medidor　测量器，计量器，仪表（如水表，电表等）
medidor a sifón　虹吸管压力计，虹吸表
medidor con niple de orificio　孔板测试器
medidor de aceite　机油标尺
medidor de agua　水表，水量计，水流量计
medidor de aire　空气流量计，风速计，气流计

medidor de ángulos　测角器，分度视
medidor de buzamiento　（地层）倾角测量仪
medidor de capilaridad　毛细试验仪
medidor de caudal　流量计，流量表
medidor de chorro　流量表，流量计，流速计
medidor de contenido de arena　含砂量测定仪
medidor de corrosión　腐蚀测定器
medidor de corte　切力测量计，剪力测量表
medidor de deformación　应变仪，变形测定器
medidor de desplazamiento　位移计
medidor de desplazamiento de aire　空气流量计
medidor de desplazamiento positivo　正排量计
medidor de desviación　偏差计，测斜仪
medidor de detonancia　爆震仪，爆震计
medidor de dilatación　张力计，张量计
medidor de dispersión　散射仪
medidor de esfuerzo　应变仪，应变计
medidor de evaporación　蒸发计；汽化计
medidor de fase　相位表
medidor de flujo　流量表，流量计，流速计
medidor de flujo del tipo de orificio　孔板流量计
medidor de flujo electromagnético　电磁流量计，电磁通计
medidor de formación　地层测量计
medidor de gas　气体流量计，气表
medidor de gas por desplazamiento　位移式煤气表
medidor de guaya　钢丝绳计算器
medidor de hinchamiento lineal　线性膨胀仪
medidor de inducción　感应计
medidor de intervalos de tiempo　时间间隔计
medidor de neumáticos　胎压表
medidor de Newtons　扭矩仪
medidor de nivel tipo flotador　浮子式液面指示器
medidor de orificio　孔板流量计
medidor de peso carga total muerto　静重仪，静重压力校表仪
medidor de petróleo　石油计量器
medidor de Pitot　皮托压差计
medidor de presión　压力表
medidor de profundidad　深度表
medidor de profundidad con cable de alambre　钢丝绳测深仪
medidor de resistencia de corte　十字板剪切仪
medidor de RPM　转速指示器
medidor de SPM　泵冲指示器
medidor de temperatura　温度计，温度表
medidor de tolerancia　公差测量仪
medidor de torsión de la llave　吊钳扭矩表
medidor de turbina　涡轮流量计
medidor de visibilidad　混浊度测量仪，能见度测量仪，透程仪
medidor de volumen de tanque　罐容积测量仪
medidor del aceite　油量计，油位表

M

medidor del contenido de hidrocarburos 油分计
medidor del nivel de líquido 液面计
medidor del par motor 扭矩计，扭力测定仪
medidor del pH pH 值测定仪，酸碱度计
medidor eléctrico 电表
medidor Geiger–müller 盖革—米勒计数器
medidor giratorio 转子流速计
medidor indicador 指示计，指示器
medidor integrador 综合计量仪
medidor integrador de orificio 积分式锐孔流量计
medidor integral de orificio 积分式锐孔流量计
medidor para resistencia de aterramiento 接地电阻测量仪
medidor proporcionador 配料计
medidor registrador 记录仪表
medidor registrador de resistencia 电阻记录仪
medidor rotativo 旋转流量计
medidor totalizador 综合计量仪
medidor Venturi 文氏管流量计，文丘里流量计
medio 一半的；中间的；平均的；中间；方法，手段；环境；二分之一；媒质
medio al cuadrado 均方
medio ambiente 环境
medio ambiente aeroespacial 空间环境
medio ambiente anaeróbico 缺氧环境
medio ambiente costero 滨海环境
medio ambiente del litoral marino 近岸的海洋环境
medio ambiente en transición 过渡环境
medio ambiente favorable 有利环境
medio ambiente perturbado 受到干扰（破坏）的环境
medio calorífico 加热介质，热力介质
medio cantilever 半悬臂
medio ciclo 半周期
medio cojinete 半轴承
medio continuo 连续介质
medio de almacenamiento 存储媒体
medio de cultivo 培养基
medio de refrigeración 制冷介质
medio deltaico 三角洲沉积环境
medio deposicional arenoso 砂沉积环境
medio dispersante 分散剂
medio filtrante 过滤介质
medio mecánico 机械办法
Medio Oriente 中东
medio pelágico 远洋环境
medio permeable 可渗透介质，渗透性介质
medio poroso 孔隙介质
medio poroso petrolífero 含油孔隙介质
medio químico 化学办法
medio térmico 热力办法

mediocre 中等的，平庸的，普通的；次等的，拙劣的
medios 方法，手段，工具；财力
medios de pago 支付方式，支付工具
medir 量，测量，测定
medir a la bajada 下钻测算井深
medir con cinta 用皮尺测量
medir con pasos 步测
medir la profundidad del pozo 测量井深
medir por contador 通过计数器（或计量表）测量
mediterráneo 地中海的，地中海式的；内陆的；内地的
medula pétrea 高岭石
medusa 水母
mega— 表示"大"；"强"；表示"兆"，"百万"
megabar 兆巴
megabit 兆字节（磁盘存储容量单位）
megabyte 兆字节
megaciclo 兆周
megacristalino 粗晶质的，大晶的
megadina 兆达因
megafósil 大化石
megahercio 兆赫
megahom 兆欧，兆欧姆
megajulio 兆焦，兆焦尔
megámetro 兆米
mégano 沙洲，沙坝
megaporo 大孔隙，巨孔隙
megascópico 放大的，肉眼可见的，依照肉眼观察的
megatón 兆吨，百万吨，百万吨级
megatonelada 兆吨，百万吨
megatrón 盘封管，塔形电子管
megavatio 兆瓦，千千瓦
megavoltaje 兆伏数；兆伏级
megavoltio 兆伏；兆伏特
megawatt 兆瓦
megóhmetro 兆欧计
megohmio 兆欧，兆欧姆
megohmiometro 兆欧表
MEI (Mancomunidad de Estados Independientes) 独联体，英语缩略为 CIS (Commonwealth of Independent States)
meionita 钙柱石
mejora 改良，改进，好转，提高；（拍卖中的）抬价，加码
mejorador 质量改善装置，提高质量的装置；质量增进剂；（委内瑞拉）改质厂（指将超重油通过降低黏度等手段改质为可运输的中度或轻度油的设备装置）
mejorador del suelo 土壤调节剂，土壤结构改

良剂

mejoramiento 改善，改进，好转；（重油）改质

mejorar 改善，改进；（拍卖中）抬价，加码

mejorar el rendimiento 改善收益

mejorar el servicio 改进服务，提升服务质量

mejorar la adherencia 改善黏附，增强结合度

melaconisa 黑铜矿，土状黑铜矿

melaconita 土状黑铜矿

meláfido 暗玢岩

meláfiro 暗玢岩

melamina 三聚氰胺，三聚氰酰胺，密胺

melanita 黑榴石

melanocerita 黑稀土矿

melanocrata 暗色岩

melanocrático 暗色的，深色的

melanocrato 暗色的，黑色的

melanotekita 硅铅铁矿

melanovanadita 黑钒钙矿

melanquima 暗树脂，硅化树脂

melanterita 水绿矾

melapórfido 暗玢岩

melaza 糖蜜，糖浆

melifana 蜜黄长石

melificador 软化剂，缓和剂

melilita 黄长石

melililita 黄长岩

melinita 麦宁炸药

melisano 蜂花烷，三十烷

melita 蜜蜡石

melitita 黄长石

mella 裂缝，裂口；（刀刃等的）缺口

melladura 裂缝，裂口；（刀刃等的）缺口

mellar 使出破口，使出豁口，使出凹口

melonita 碲镍矿

membrana 薄膜，隔膜，膜片，隔板，防渗护面，表层

membrana celular 细胞膜

memistor 存储电阻器

memorando de entendimiento 谅解备忘录

memorándum de entendimiento 谅解备忘录

memoria 记忆力，记性；报告；记事录；存储器；（存储器的）存储量

memoria activa 快速存储器

memoria acústica 声存储器

memoria asociativa 相联存储器，（心理学）联想记忆

memoria borrable 可擦存储器

memoria común 公用存储

memoria de acceso en paralelo 并行存储器

memoria de burbujas magnéticas 磁泡存储器

memoria de disco 圆盘存储器

memoria de núcleos magnéticos 磁芯存储器

memoria imborrable 非可擦存储器

memoria intermedia 缓冲存储器

memoria intermedia periférica 外围缓冲存储器

memoria masiva 大容量存储器；海量存储器

memoria no volátil 非易失存储器

memoria RAM 随机存取存储器

memoria ROM 只读存储器

memoria virtual 虚拟存储器

memorización 存储；熟记

memorización óptica 光存储

mena 矿石；矿砂

mena de hierro 铁矿石

mena de radio 镭矿

mena ferruginosa 磁石，磁铁矿，磁化岩石

mena metálica 金属矿石

mena radioactiva 放射性矿石

mena sedimentaria 沉积矿石

menacanita 钛铁矿

mendelevio 钔

mendipita 白氯铅矿

mendocita 水钠铝矾

menestrate 拔钉器

menfita 黑白纹缟玛瑙

menguar 减少，缩小

menilita 肝蛋白石

menisco 凸凹透镜，（液柱的）弯月面

menisco convergente 凹透镜

menisco divergente 凸透镜

menor 更小的，更少的，较小的，较少的；未成年的，未成年人

menor de edad 未成年

mensaje 口信；信件；通报；电文；信息

mensual 按月的，逐月的；一个月的

mensualidad 按月支付的款项；月薪

ménsula 隔撑，托座；托架

ménsula de garrucha 滑轮支架

mensura 量度，测量，计量

mensura magnetométrica aérea 航空磁力仪测量

mensurabilidad 可测性，可度量性

mensurable 可度量的，可测的，有固定范围的

mensuración 测量法，测量术，测定法，量度，求积法

mentano 薄荷烯

mentol 薄荷醇

mentona 薄荷酮

menú 项目单，功能选择单，选项单，菜单

menudo de coque 碎焦，焦屑

mercadeo 贸易，买卖；销售，市场营销

mercadería 商品，货物

mercadería de contrabando 走私货，违禁品

mercadería de difícil venta 滞销货

mercadería de fácil venta 畅销货

M

mercadería

mercadería disponible 现货
mercadería en almacén 库存商品
mercado 市场，商场；行情；销路
mercado a la vista 现货市场
mercado a plazo 期货市场
mercado a término 期货市场
mercado bursátil 证券市场
mercado cambiario 外币兑换市场
mercado de aceites residuales 渣油市场
mercado de bonos 债券市场
mercado de cambios 外币兑换市场
mercado de capitales 资本市场
mercado de dinero 货币市场
mercado de divisas 外汇市场
mercado de exportación 出口市场
mercado de futuros 期货市场
mercado de mano de obra 劳动力市场
mercado de materias primas 原材料市场
mercado de valores 有价证券市场，证券交易所
mercado de valores de renta variable 证券市场，
　股票市场
mercado exterior 国外市场
mercado interior 国内市场
mercado libre 自由市场
mercado monetario 货币市场
mercado negro 黑市
mercado paralelo 平行市场
mercado spot 现货市场
mercallita 重钾矾
mercancía 贸易，买卖；商品，货物
mercancía de contrabando 走私货，水货
mercancía de exportación 出口商品
mercancía de primera necesidad 生活必需品
mercancía de uso corriente 日用品
mercancía entrante 进口货，舶来品
mercancía frágil 易碎商品
mercancía libre de derechos 免税商品
mercancía perecedera 易腐烂商品
mercante 商业的，贸易的；商人
mercantil 商业的，贸易的；商人的
mercaptano 硫醇
mercáptido 硫醇盐
mercerización 碱化，浸碱作用
mercromina 红药水；红汞
mercurio 汞，水银
mercurio dimetilo 二甲基汞
mercurioso 亚汞的，含一价汞的
mercurizado 汞化合物
mercurocromo 汞溴红，红汞；红药水
mereógrafo 潮位计，测潮仪
meridiano 正午的，中午的；经线，子午线；
　子午圈
meridiano de Greenwich 格林威治子午线，本

初子午线
meridiano magnético 磁子午线
meridiano occidental 西经
meridiano oriental 东经
merma 缩小，变少，减少，削减
merma de gas 气体收缩
merma retrocedente 消退作用
merma vertical 垂直下降，直线减少
meroxeno 黑云石
mesa 桌子，工作台；高原，台地；领导委员会
mesa azimutal 方位（角）表
mesa de agua 地下水面
mesa de ensayos 试验台
mesa de glaciar 冰桌
mesa de lavado 洗矿槽，选矿床
mesa de lavar 洗矿床，选矿床
mesa de prueba 试验台
mesa de rotación 转盘
mesa giratoria 转盘
mesa glaciárica 冰台
mesa hidráulica 液压升降台
mesa quebrada 断裂高原
mesa rotaria 转盘
mesa rotativa 转盘
mesa rotatoria 转盘
mesa técnica 技术组
meseta 高原，台地
meseta cortada 切割台地，切割高原
meseta de lava 熔岩高原，熔岩台地
meseta quebrada 断裂高原
mesitileno 均三甲基苯
mesitita 菱铁镁矿
meso- 表示"中的"，"中间的"
mesolita 中沸石
mesomería 中介；稳变异构
mesomerismo 中介；中介现象
mesómero 中介的；稳变异构的
mesomórfico 介晶的
mesón 介子
mesónico 介子的
mesopausa （大气的）中间层顶
mesoporo 中孔隙
mesorocas 中带岩
mesosfera （大气的）中层，中间层
mesotérmico 中温的，中温气候的
mesotorio 新钍
mesotrón 介子
mesozoico 中生代的；中生代地层的；中生代；
　中生代地层
mesozoico superior 上中生代
mesozona 中带，中深带
mesozoo 中生动物的；中生动物
mestas （河流的）汇合处

meta　目标；目的
metabasita　变基性岩
metabolismo　新陈代谢作用，同化作用
metabolito　代谢物
metacentro　定倾中心，稳定中心
metacinabrio　黑辰砂
metacinabrita　黑辰砂矿
metaconglomerado　变砾岩
metacrilato　透明塑料
metacristal　变晶的；斑晶变晶，斑状变晶
metadina　微场扩流发电机
metal　金属
metal activo　活性金属
metal afectado por magnetismo　黑色金属，含铁金属
metal afinado　精炼金属
metal alcalino　碱金属
metal alcalino térreo　碱土金属
metal almirantazgo　船舶铜，耐海水金属，含锡黄铜
metal alveolar　泡沫金属
metal antifricción　耐磨金属，减磨金属
metal Auer　奥厄火石合金
metal Babbit　巴氏合金
metal básico　贱金属
metal blanco　巴比合金，白合金
metal bruto en lingotes　生铁锭
metal campanil　钟铜
metal carbonilo　羰络金属
metal común　基体金属，贱金属
metal corrugado　波纹金属
metal de aleación dura para chapear o refrendar　表面堆焊硬合金
metal de aporte　填充金属，焊料，焊丝
metal de campana　钟铜
metal de cañón　炮铜，炮合金
metal de cojinetes　轴承合金
metal de esponso　海绵金属
metal de imprenta　活字合金
metal delta　δ 合金
metal duro　硬质合金
metal estable　贵金属，惰性金属
metal estirado　金属布，金属网线
metal estirado por presión　网形铁，金属网
metal everdur　爱维杜尔铜合金（铜硅锰合金）
metal laminado　金属片，金属薄板
metal ligero　轻金属
metal machacado　（矿床中的）金片，银片
metal monel　蒙乃尔合金
metal Muntz　（锌与铜合成的）芒次黄铜，熟铜
metal nativo　自然金属
metal no férrico　非铁金属，有色金属
metal no ferroso　非铁金属，有色金属

metal noble　贵金属
metal para cojinetes　轴承合金
metal pasivo　惰态金属，有色金属
metal pesado　重金属
metal precioso　贵金属
metal raro　稀有金属
metal reactivo　活性金属
metal sinterizado　烧结金属
metaldehído　介乙醛，低聚乙醛
metales alcalinos　碱金属
metales de tierras raras　稀土金属
metales férreos　类铁金属，铁合金
metales no férreos　有色金属
metales pirofóricos　自燃金属
metales terrestres raros　稀土金属
metálico　金属的，金属性的；硬币；现金，现钱
metalífero　含金属的
metalización　金属化，敷金属，镀金属
metalizar　使金属化，敷金属，镀金属
metalogénesis　金属矿脉成因
metalografía　金相学
metalográfico　金相学的
metaloide　非金属，类金属，准金属
metaloideo　非金属的，类金属的，准金属的
metaloscopio　金相显微镜
metalurgia　冶金学；冶金行业
metalurgia física　物理冶金学
metalurgia mecánica　机械冶金学
metalurgia microbiológica　微生物冶金（学）
metalurgia química　化学冶金学
metalúrgico　冶金的，冶金学的；冶金家，冶金学家，冶金工人
metalurgista　冶金学家
metamería　位变异构体
metamérico　位变异构的
metamerismo　同分异构性，同分异构体，同分异构现象
metamórfico　变形的，变质的，改变结构的
metamorfismo　变质作用，变质程度，变成作用
metamorfismo cataclástico　破碎变质作用
metamorfismo cáustico　腐蚀变质，腐蚀变质作用
metamorfismo de choque　震动变质作用
metamorfismo de contacto　接触变质，接触变质作用
metamorfismo de dislocación　动力变质，动力变质作用
metamorfismo dinámico　动力变质，动力变质作用
metamorfismo dinámico—estático　动态—静态变质作用
metamorfismo estático　静态变质，静态变质作用
metamorfismo hidrotérmico　热液变质作用，水

M

热变质作用

metamorfismo incipiente 初级变质作用，初始变质作用

metamorfismo local 局部变质，局部变质作用

metamorfismo moderado 中等变质，中等变质作用

metamorfismo plástico 塑性变质，塑性变质作用

metamorfismo por carga 负荷变质，重压变质，负载变质作用，重压变质作用

metamorfismo por contacto 接触变质，接触变质作用

metamorfismo por enterramiento 埋藏变质，埋藏变质作用

metamorfismo progresivo 前进变质作用

metamorfismo regional 区域变质，区域变质作用

metamorfismo retrógrado 逆质变作用

metamorfismo tectónico 构造变质，构造变质作用

metamorfismo térmico 热变质，热变质作用

metamorfizado 变性的，变质的

metamorfizar 使变质，使变性

metamorfoseable 可变形的；可变质的；可变成的

metamorfosear 使变形；使变质；使变成

metamorfosis 变态，变质，变形，变化，变质作用

metanero (buque) 甲烷船，沼气运输船

metanización 甲烷化

metanización de los desechos 废物甲烷化

metano 甲烷，沼气

metano líquido 液体甲烷

metanogénesis 甲烷生成，甲烷生成作用

metanol 甲醇

metanómetro 甲烷指示器

metansilicio 甲硅烷

metaquímica 纯理论化学；原子结构学，原子结构化学

metascopio 红外线显示器

metasedimentario 变质沉积岩的

metasedimento 变质沉积岩，变质沉积物

metasfera 地球大气外层

metasilicato 硅酸盐

metasoma 新成体

metasomático 交代的

metasomatismo 交代，交代作用，交代变质作用

metasomatosis 交代，交代作用，交代变质作用

metatesis 复分解，复分解作用，置换，置换作用

metatipo 伴型

metaxita 硬纤蛇纹石，纤蛇纹石石棉，云母砂岩

meteórico 大气的，气象学的

meteoritica 陨石学

meteorito 陨石

meteorización 风化，风化作用

meteorizacion alveolar 蜂窝状风化，蜂窝状风化作用

meteorización de dunas 沙丘风化，沙丘风化作用

meteorización de las rocas 岩石风化，岩石风化作用

meteorización diferencial 差异风化，差异风化作用

meteorización química 化学风化

meteorización residual 残积风化，残积风化作用

meteorizar 使大地受到各种大气现象的作用

meteoro 大气现象

meteorología 气象，气象学

meteorológico 气象的，气象学的

metibuticetona 甲基丁基甲酮

metil 表示"甲基"

metil dietanolamina 甲基二乙醇胺

metilacetileno 甲基乙炔

metilación 甲基化，甲基化结合

metilal 甲缩醛，甲缩醛二甲醇，二甲氧基甲烷

metilaminas 甲胺

metilato 甲基化产物；甲醇金属

metilbenceno 甲苯

metilbenzol 苯基甲烷

metilbutano 甲基丁烷

metilbutilbenceno 甲基丁基苯

metilciclobutano 甲基环丁烷

metilcicloheptano 甲基环戊烷

metilciclohexano 甲基环己烷

metilciclopentadeceno 甲基环戊二烯

metilciclopentano 甲基环戊烷

metildecano 甲基癸烷

metildodecano 甲基十二烷

metilcelulosa 甲基纤维素

metileno 甲叉；亚甲基

metiletilcetona 甲基乙基酮，甲基乙基甲酮，丁酮

metiletilketona 甲基乙基酮，甲基乙基甲酮，丁酮

metilhepteno 甲基庚烯

metilhexeno 甲基己烯

metílico 甲基的

metilisocianato 甲基异氰酸酯

metilmercaptano 甲硫醇

metilnaftaleno 甲基萘烷

metilo 甲基

metilonaranja 甲基橙

metilpropeno 甲基丙烯

metil-ter-butil-éter (MTBE) 甲基叔丁基醚

metiluro 甲基化物

metino 甲川，次甲

metionina 蛋氨酸，甲硫氨酸

método 方法，方式，手段

método acumulativo 累计方式

método al tanteo 反复试验法，验误法

método alternativo 交替法

método ascendente 上行法

método autocoherente 自洽法

método concurrente 循环加重压井方法

método coquificante 焦化方法

método de abanico 扇形排列法（地震勘探）

método de absorción 吸收法

método de análisis del suelo 土壤分析法

método de anillo y esfera 球环法（测定树脂熔点）

método de aprosimaciones sucesivas （逐次）渐近法

método de bola de Richardson （测量液体黏度）落球法

método de calibración 校准方法

método de cementación con empacador 封隔器挤注法

método de cero 指零法，零位法，衡消法

método de ciclorreformación 固定床矾土催化重整过程

método de circulación y densidad 循环加重压井方法

método de coincidencia 符合法，复合法，重合法

método de conducción 导电法

método de contacto 接触法

método de contacto en equilibrio 平衡接触法

método de contacto múltiple 多重接触法

método de conversión 转化法

método de corrección de errores en paralelo 准直法，平行校正法

método de cuatro electrodos 四电极法

método de datación radiométrica 放射性年龄测定法

método de De Florez 德—弗劳瑞兹裂化过程

método de destilación 蒸馏法

método de destilación en retorta 曲颈瓶蒸馏法

método de desviación de nodo 角度偏移法

método de disponer los disparos 炮点布置法

método de efusión 孔射法

método de elementos finitos 有限元法

método de ensayo y error 反复试验法；试误法

método de extracción a cielo abierto 露天采矿法，露天开采法

método de extracción térmica 热萃取法，热提取法

método de fase de vapor 汽相法

método de fase líquida 液相法

método de funciones potenciales 位函数法，势函数法

método de imágenes 镜像法

método de inducción 感应法

método de inducción de alta o baja frecuencia 高频或低频感应法

método de inercia 惯性运动法

método de ingeniería 工程法

método de Kjeldahl 凯氏（定氮）法

método de la diferencia 差别法，差分法，求异法

método de las manchas de humo 烟染法

método de levantamiento 提升法，举升法

método de levantamiento de bombeo hidráulico 水泵举升方法

método de los mínimos cuadrados 最小二乘法

método de mínimos cuadrados 最小平方法，最小二乘法

método de nivel constante en las presas 恒泥浆池液面法

método de norma 标准法

método de Parr Parr（热量计测定）方法

método de penetración 渗透法，贯入法

método de plancheta 平板仪测量法

método de presión constante 恒节流压力法，恒压法

método de prospección 勘探方法，预测方法

método de recuperación térmica 热采法

método de reflexión 反射法，反射波法

método de reflexión sísmica 地震反射法，反射地震波法

método de refracción 折射法，折射波法

método de refracción sísmica 地震折射法，地震折射波法

método de registro 记录法，（地震）采集记录法

método de reparación de errores en paralelo 准直法，平行校正法

método de resistividad 电阻率测井法，电阻率法

método de seguimiento 跟踪法，监测法

método de substitución 代替法，置换法，替代法

método de superposición 叠加法，叠置法

método de supervisión 监测法

método de tanque constante 恒泥浆池液面法

método de tensión crítica de superficie 临界表面张力法

método de tratamiento al aire libre 露天处理法

método de Versenate 乙二胺四乙酸盐测量法

método del anillo 圆环法

método del anillo de inducción 感应拉环法

método del camino crítico 关键路径法

método del cero 零位法，零点法

método del embudo lleno 满漏斗方法

método del péndulo 摆法，振摆法

método del péndulo gemelo 双摆法

método del seno 正弦法

método determinístico 确定法

método ecosistémico 生态系统方法

método eléctrico 电法

...odo eléctrico de corriente momentánea 瞬态电流法

método electromagnético 电磁法

método electromagnético inductivo 电磁感应法

método empírico 经验法则；实用方法

método Eshka 艾式卡测试法

método espectrográfico 光谱法

método Fabián 费边法，冲击钻进法

método galvánico electromagnético 电磁法

método geoquímico 地球化学方法

método gráfico 图解法

método gráfico Higgins 郝金斯图解法

método gravitacional 重力法

método Hanus 哈纳斯法

método inductivo 归纳法

método iterativo 迭代法

método magnetométrico 磁力测量法

método motor 马达法

método patrón 标准方法

método petrográfico 岩相法

método picnométrico 密度瓶法，密度计法

método por clases de edad 龄级法

método previsor 预防法

método primitivo 基本方法，原始方法

método radioactivo 放射法

método Reid para determinar la presión de vapor 雷德蒸气压力测试法

método sinusoidal 正弦法

método sísmico 地震法，地震勘探法

método sísmico para cálculo de buzamiento 倾角爆炸法，地震测倾法

método termométrico 测温法

método Uniontown 尤宁唐（测震爆）法

método volumétrico 容积法

metodología 方法论，方法学

métodos de producción 生产方法，开采方法

métodos geofísicos de prospección 地球物理勘察法

métodos geoquímicos de prospección 地球化学勘探法

métodos sismográficos de prospección 地震勘探法

metoxicloro 甲氧氯

metóxido 甲醇盐，甲氧基金属

metoxilo 甲氧基

metra 玻璃球

métrico 公制的，米制的

metro 米；米尺；地铁

metro cuadrado 平方米

metro cúbico 立方米

metro de bolsillo 卷尺，皮尺

metro por segundo 米/秒

metrología 计量学，度量衡学；计量制

metrológico 计量学的，计量制的

metrólogo 计量学专家

MEV （Millón de Electrón-Volt）兆电子伏特，百万电子伏特

mezcla 混合，掺和；混合物，混合料

mezcla aguada 泥浆；悬浮液；稀的混合体

mezcla anticongelante 冷冻剂

mezcla aromática 混合芳烃

mezcla azeotrópica 共沸混合物，恒沸物

mezcla bituminosa 沥青混合料

mezcla Brent 布兰特混合油

mezcla carburante 碳氢燃料混合物

mezcla congelante 致冷混合物

mezcla de aceites 油的混合，油的调合

mezcla de aceites lubricantes 润滑油调合

mezcla de agua salada con agua dulce 咸水入侵，海水入侵

mezcla aguada de cemento 灰浆混合物

mezcla de aire y combustible 空气与燃料的混合物

mezcla de arena, cemento y agua 砂浆混合

mezcla de caucho 橡胶混料，橡胶配料

mezcla de cemento 水泥混合物

mezcla de cobre y plomo 铜铅混合物

mezcla de combustibles 混合燃料

mezcla de contacto 接触混合

mezcla de fases 相混合

mezcla de grasa 油脂混合物

mezcla de líquidos 液体混合物

mezcla de lodo 配制泥浆，泥浆混合

mezcla de petróleos 石油混合，石油调合

mezcla de punto de ebullición constante 恒沸点混合物

mezcla débil 稀混合气；稀混合物

mezcla delgada 贫燃料混合物

mezcla en el camino 路容混合（沥青）

mezcla en lote 分批混合，成批配浆

mezcla en planta 工厂搅拌

mezcla explosiva 爆炸性混合物

mezcla fundida 熔融物

mezcla pobre 贫燃料混合物

mezcla por cargas 分批（间歇）式搅拌机

mezcla por recirculación 再混合

mezcla refrigerante 冷凝剂，冷冻混合物

mezcla rica 富混合料，高配合比的混合物

mezcla ternaria 三元混合物

mezclable 可以混合的，可掺合的

mezclado 混合的，拌合的，掺合的

mezclador 混合机；搅拌器；（电子）输入信号调制器；混频器；混凝土搅拌机

mezclador a inyección 喷射混合器

mezclador de agua 冷热水混合器

mezclador de asfalto 沥青搅拌机

mezclador de cemento　水泥搅拌机，混凝土搅拌机

mezclador de cemento montada en camión　车载式水泥搅拌机

mezclador de cemento recirculante　（循环作业式）水泥搅拌机

mezclador de concreto　混凝土搅拌车

mezclador de fluido de perforación　泥浆混合器，泥浆搅拌器

mezclador de hormigón　水泥搅拌机，混凝土搅拌机

mezclador de lodo　泥浆搅拌器

mezclador de lodo de chorro　泥浆枪，泥炮，泥枪

mezclador de lodo por presión　泥浆枪，泥炮，泥枪

mezclador de orificio　孔板混合器

mezclador de paletas　桨式搅拌混合机

mezclador de sonidos　音频混合器

mezclador de tornillo　螺旋搅拌机

mezclador de turbina　涡轮式搅拌机

mezclador estático　静态混合器

mezclador hidráulico　液压搅拌机，水力混砂器

mezclador por cargas　分批（间歇）式搅拌机

mezclador tipo paletas　桨叶式搅拌机

mezcladora　混合器，搅拌器；混频器

mezcladora de agua　（冷热）水搅拌机

mezcladora de cemento　混凝土搅拌机

mezcladora de cemento portátil o montada en camión　便携式或车载式水泥搅拌机

mezcladora de concreto　混凝土搅拌机

mezcladora de inyección　喷射式混合器

mezcladora de mortero　砂搅拌机

mezcladora de paletas　桨叶式搅拌机

mezcladora de turbina　涡轮式搅拌机

mezcladora del lodo　泥浆搅拌器

mezcladora mecánica　机械式混合器

mezclar　混合，掺兑，调合

mezclar a granel　散料混合

mezclar aceites lubricantes　润滑油调合

mezclar lodo　混合泥浆

mezclas azeotrópicas　共沸混合物

miarolítico　晶洞状的

miascita　云霞正长岩

mica　云母

mica clara　白云母

mica frágil　脆云母

micáceo　含云母的，云母状的

micacita　云母片岩

micanita　人造云母，云母板，胶合云母板；绝缘石

micela　胶粒，胶体微粒，胶束，胶态离子

micología　真菌学

micra　微米

micrita　微晶灰岩，泥晶灰岩

micro　微音器，传声筒，麦克风；小型公共车，面包车；微型计算机

micro-　表示"小，微，细；百万分之一"之意

micro analítico　微量分析的

microbiano　微生物的，细菌引起的

microbicida　杀微生物剂，杀菌剂

microbio　微生物，细菌

microbiología　微生物学，细菌学

microbiológico　微生物学的

microbiota　微生物

microbit　微比特

microbolas　微球

microburbuja　微细气泡，微泡

microchip　集成电路片，集成块；微型跟踪器

microcinta　微型胶卷；微波带状线路，微波传输带

microcircuito　（电子计算机等用的）微型电路

microclástico　微细屑状的；细屑质的

microclima　小气候，微气候

microclina　微斜长石

microclino　微斜长石

microcomponente　微型电路元件

microcomputador　微型电子计算机

microcondesador　微电容器

microcontaminante　微量污染物

microcristal　微晶，微晶体

microcristalino　微结晶的，微晶体的；微晶状体

microcurie　微居里

microdensitómetro　微量浓度计，微量密度计

microdetector　微量测定器，微动测定器；灵敏电流计

microdistribución　微观分布

microeconomía　微观经济学

microelectrólisis　微量电解

microelectrónica　微电子学，微电子技术

microelemento　微元件，微型组件，微量元素

microemulsión　微乳剂，微型乳剂

microestructura　微观结构，显微结构

microfacies sedimentarias　沉积微相

microfaradio　微法拉（电容单位）

microfenómeno　微观现象

microfísica　微观物理

microfisura　细微裂缝

micrófito　微生物；细菌

micrófono　扩音器，话筒，麦克风

micrófono astático　全向传声器

micrófono dinámico de bobina móvil　动圈电动传声器

micrófono submarino　水听器，水下测声仪；水下地震检波器

microfósil　微化石，微体化石

ofotografía 显微（缩微）照相术

crofotómetro fotoeléctrico 光电测微光度计

microfracturado 微裂缝的，微裂隙的；微骨折的

microgal 微加，微加仑

microgausio 微高斯

microgauss 微高斯

micrográfico 显微绘图的，显微照相的；显微镜检查的

micrógrafo electrónico 电子显微照片

microgramo 微克

microgranítico 微花岗状，微晶粒状

microgranular 微晶粒状的

microhmio 微欧（姆），10^{-6} 欧（姆）

microimágenes resistivas de formación 地层微电阻率扫描成像

microindicador 微指示器，指针测微器，米尼测微仪

microinstrucción 微指令

microinterruptor 微型开关

microlina 长石

microlita 微晶，细晶石

microlitro 微升，10^{-6} 升

microlux 微勒克司（照明单位）

micrometría 测微法

micrométrico 测微的，微米的

micrómetro 微米；测微计，千分尺

micrómetro de bola 球式测微仪

micrómetro de platina 镜台测微计，台式测微计

micromicrocurei 微微居里

micromódulo 微型组件，超小型器体

micromorfología 微观形态学，微形态结构

micrón 微米

microonda 微波

microondas 微波炉

microordenador 微型电子计算机，微型计算机

microorgánico 微生物的

microorganismo 微生物，细菌

microorganismo unicelular 单细胞微生物

micropaleontología 微体古生物学

micropegmatítico 微伟晶岩的

microperfil（perfilaje de pozos） 微电极测井

micropertita 微纹长石

microplaqueta de transistor 晶体管芯片

micropliegue 微褶皱

microporo 微孔

microporosidad 微孔性；微孔率；显微疏松

microporoso 多微孔的；微孔性的

microprocesador 微处理机，微处理器

microprogramación 微程序设计

microquímica 微量化学

microscopía 显微镜学；显微镜检查

microscopía de barrido electrónico 电子扫描显微术

microscopía electrónica con barrido 电子扫描显微术

microscópico 显微的，微观的；微小的

microscopio 显微镜

microscopio binocular 双筒显微镜，双目显微镜

microscopio de polarización 偏光显微镜

microscopio electrónico 电子显微镜

microscopio invertido 倒置显微镜

microscopio petrográfico 岩石显微镜

microsegundo 微秒

microsísmico 微地震的，微震的

microsismo 微震，脉动

microtón 电子回旋加速器

microvatio 微瓦特

microvoltio 微伏特

miel 蜂蜜；糖浆

miembro 成员，会员；构件部分

miembro de la cuadrilla de perforación 钻井队班组成员

migajón 碎屑

migma 混合岩浆

migmatita 混合岩

migración 迁居；（候鸟等）迁徙；鱼类回游；移动，徙动

migracion antes de apilar 叠前偏移

migración continental 大陆漂移，大陆迁移

migración de fluido 液体窜流，窜槽

migración de petróleo 石油运移

migración del lecho de un río 河床迁移

migración en el dominio frecuencial 频率域偏移

migración petróleo/gas 油气运移

migración primaria 初次运移

migración secundaria 二次运移

migración sísmica 地震偏移

migrar 迁居；（候鸟等）迁徙；鱼类回游；移动，徙动

mil barriles diarios （MBD）千桶／天（产量）

mil millones 十亿，在一些拉美国家也用 millardo 表示，但 billón 在西语中表示万亿

milésima （货币的）千分之一

milésima de pulgada 千分之一英寸

mili- 表示"千分之一"

miliamperímetro 毫安表，毫安计

miliamperio 毫安

milibar 毫巴（气压单位）

milicia 模仿，模拟，仿制品，拟态

milicurio 毫居里

milidarcia 毫达西

milifarad 毫法拉，毫法

miligal 毫伽

miligalileo 毫伽

miligauss 毫高斯

miligramo 毫克，10^{-3} 克

milihenrio 毫亨，毫亨利
milihertzio 毫赫兹
milijoule por metro cuadrado 毫焦耳／米²
mililitro 毫升，10⁻³ 升
milimétrico 毫米的
milímetro 毫米
milimho 毫欧姆
milimicra 毫微米，纤米，10⁻⁹ 米；毫微克
milimol 毫克分子，毫摩尔
milimolécula 毫克分子
miliradian 毫弧度
milirrad 毫拉德
milirradián 毫弧度
milirrem 毫雷姆
milirroentgen 毫伦琴
milisegundo 毫秒
milisievert 毫西弗特
militermia 大卡路里，大卡
milivaltímetro 毫瓦特计
milivatio 毫瓦，10⁻³ 瓦特
milivoltio 毫伏特
milla 海里；英里
milla náutica 海里
millaje 英里数，英里里程
millar 千
millarada 一千左右
millardo 十亿（在一些拉美国家使用）
millas por galón 英里每加仑
millas por hora 英里每小时
millerita 针镍矿
millidarcis 毫达西
millón 百万（常用 MM 表示），兆
millón de pies cúbicos por día 百万英尺³／日，英
    语缩略为 MCFD（million cubic feet per day）
millones de barriles diarios (MMBD) 百万桶／日
millones de galones diarios (MMGD) 百万加仑/日
millones de toneladas de carbón equivalente 百
    万吨煤当量
millonésimo 第一百万，百万分之一
milonita 糜棱岩
milonítico 糜棱状的
milonitización 糜棱岩化，糜棱岩化作用
mimecrismo 模仿，模拟；拟态
mimeógrafo 滚筒油印机；油印机
mimético 模仿的，模拟的，拟态的；类似的
mimetismo 模仿性，拟态
mimetita 砷铅矿
mimetización 混合岩化；混合作用
mímico 模仿的，模拟的，拟态的；仿造物
mina 矿，矿藏；矿井，矿场；坑道；地雷
mina a cielo abierto 露天开采矿
mina abandonada 废弃矿
mina de aluvión 冲积矿藏

mina de arena 采沙场
mina de carbón 煤矿
mina de hierro 铁矿
mina de sal 盐矿
mina huérfana 废弃矿，废矿
mina hullera 煤矿
mina submarina 水雷
mina subterránea de carbón 地下煤矿
minador 侵蚀的；破坏的；布雷艇；埋雷的人；
    坑道技师
mineral 矿物的，含有矿物质的；无机的；矿
    物，矿石；无机物
mineral argentífero 银矿石
mineral atracción 磁性矿物
mineral auxiliar 副矿物
mineral bruto 原矿石，未选的矿石
mineral carbonatado 碳酸盐矿
mineral clave 标准矿物，标志矿物，指示矿物
mineral de asfalto 沥青矿
mineral de campanas 黄锡矿
mineral de de hierro carbonatado 黑泥铁矿
mineral de ganga 脉石矿物
mineral de hierro 铁矿，铁矿石
mineral de hierro de primera calidad 高品质
    铁矿
mineral de hierro magnético 磁铁矿
mineral de hierro sedimentario 沉积铁矿
mineral de pavo real 孔雀石矿
mineral de plata frágil 脆银矿
mineral de plata roja 红银矿
mineral de plata y cobre 黝铜矿
mineral de silicato 硅酸盐矿
mineral depositado por el agua en una grieta 裂
    隙脉
mineral detrítico 碎屑矿物
mineral en granos 铁矿
mineral en trozos 大块矿石
mineral esencial 主要矿物
mineral félsico 长英矿石，长英矿物
mineral ferromagnesiano 铁镁矿物
mineral ferromagnésico 镁铁质矿物
mineral ferroso 铁矿
mineral filoniano 脉石矿物
mineral formador de roca 造岩矿物
mineral guía 标志矿物，指示矿物
mineral índice 标志矿物，指示矿物
mineral interestratificado 混层矿物，多层矿物
mineral liviano 轻矿物
mineral lustroso 有光泽的矿物
mineral máfico 镁铁质矿物
mineral metalífero 含金属矿石
mineral micáceo 云母矿石，含云母矿物
mineral nativo 天然矿

M

mineral neumatolítico　气成矿物
mineral pesado　重矿物
mineral pobre　低级矿石
mineral radioactivo　放射性矿物
mineral rico　高级矿石
mineral secundario　副矿物
mineral sedimentario　沉积矿
mineral sulfurado　硫化矿石
minerales accesorios　副矿物
minerales de arcilla　黏土矿物
minerales de contacto　接触矿物
minerales de roca　造岩矿物
minerales de silicio　含硅矿物
minerales de tensión　应力矿物
minerales tipomorfos　标型矿物
mineralización　矿化作用,成矿作用;(水的)矿化
mineralización hidrotermal　热液成矿作用
mineralizador　使成矿的,使矿化的;矿水剂;造矿元素
mineralizar　使矿物化,使矿化
mineralogénesis　矿物生成
mineralogía　矿物学
mineralogía paragenética　共生矿物学
mineralógico　矿物学的
mineralogista　矿物学家
minerálogo　矿物学家
mineralografía　矿相学
mineraloide　似矿物,类矿物,准矿物
mineralurgia　选矿,选矿学
minería　采矿(术);矿业
minería a cielo abierto　露天采矿
minería de petróleo　石油矿业,油矿
minería hidráulica　水力采矿
minería marina　海洋采矿
minería por lixiviación de pila o montón　堆浸法采矿
minería retrógrada vertical　垂直后退式采矿法
minería subterránea　地下采矿
minero　矿山的,矿业的;采矿的;矿工;矿业主
mini-　表示"极少的,微型的"
miniatura　小型物,缩图;缩形,微小的模型
miniaturista　小型的,微型的
miniaturización　小型化,微型化
miniaturizar　使小型化,使微型化,使成小型
minicalculadora　袖珍计算器
minicargador　滑移装载机
minicomputador　小型计算机,电脑
mínima frecuencia útil　最低可用频率
minimal　最小的,最低的,极小的
minimización　极小化,最小化;最简化
minimización del desperdicio　废物最少化
minimizar　使减小(或缩小)到最低限度;求(函数)的最小值

mínimo　最小的,最少的;最小数,最低点,最低限度
mínimo cuadrado ponderado　加权最小二乘
mínimo de gravedad　重力最小值
mínimo gravimétrico　重力最小值
mínimo magnético　磁力最小值
minio　铅丹,红丹,四氧化三铁
minio de plomo　铅丹,四氧化三铅
miniordenador　微型计算机
ministerio　(政府的)部;部长职务;部办公楼
Ministerio de Agricultura y Cría　农业和畜牧业部
Ministerio de Ambiente de los Recursos Naturales　环境和自然资源部
Ministerio de Ambiente y de los Recursos Naturales Renovable　环境和可再生资源部
Ministerio de Ciencia y Tecnología　科学技术部
Ministerio de Comercio　贸易部,商业部,商务部
Ministerio de Comercio y Negocio Exterior　外贸部,对外贸易部
Ministerio de Defensa Nacional　国防部
Ministerio de Desarrollo Urbano　城市发展部
Ministerio de Educación, Cultura y Deporte　教育、文化、体育部
Ministerio de Electrónico y Mecánico　机械电子工业部
Ministerio de Energía y Mina　能源矿产部,能矿部
Ministerio de Hacienda　财政部
Ministerio de Industria y Comercio　工业贸易部
Ministerio de Infraestructura　基础建设部,基础设施部
Ministerio de Justicia　司法部
Ministerio de la Producción y el Comercio　生产贸易部
Ministerio de Planificación y Desarrollo　发展计划部
Ministerio de Relaciones Exteriores　外交部
Ministerio de Relaciones Interiores　内政部
Ministerio de Salud y Desarrollo Social　卫生和社会发展部
Ministerio de Sanidad y Asistencia Social　卫生和社会救济部
Ministerio de Seguridad del Estado　国家安全部
Ministerio de Transporte y Comunicaciones　交通和通信部
Ministerio del Interior y Justicia　内政司法部
Ministerio del Medio Ambiente　环境部
Ministerio del Trabajo　劳动部
minoría étnica　少数民族
minorista　零售商,零售店;零售,零卖;零售的

minuendo　被减数

minuto　分钟；分（角的度量单位）；片刻

mioceno　中新世的，中新统的；中新世，中新统

mioceno inferior　下中新世的，下中新统的；下中新统

mio-plioceno　上新世（统）的；上新世（统）

MIR (manejo integrado de riesgos)　综合风险管理，英语缩略为 IRM (Integrated Risk Management)

mira　瞄准器；水位标尺；瞭望孔，瞭望塔

mira abierta　开放式照准仪

mira angular　视角

mira de corredera　觇板水准标尺

mira de puntería　瞄准器

mira estadimétrica　测距尺，视距尺

mira para nivelación　水准标尺

mira taquimétrica　视距尺

mirabilita　芒硝

miradero　瞭望台，瞭望处

mirador　瞭望台，瞭望点；阳台

mirceno　香叶烯

miriagramo　万克

mirialitro　万升

miriámetro　万米

miricilo　蜂花基；三十烷；蜂花烷

mirilla　窥视孔，小窗；目视孔

mirmequita　蠕状石

miscibilidad　可混合性，可混相性

miscible　能混容的，混相的

misión　使命，任务；职责，工作；考察团，代表团

misión especial　特别任务组；特别使命

misisipiense　密西西比纪，密西西比系

mispíquel　毒砂，砷黄铁矿

mistral　密史特拉风（地中海北岸的一种干冷西北风或北风）

misuriense　密苏里纪

misurita　白榴橄辉岩

mitad　一半；当中，中间

mitigación　减轻，缓和

mitigar　减轻，缓和；使柔和

mitosis　有丝分裂

mixtilíneo　混合线的

mixtión　混合，混杂；混合物

mixto　混合的；杂交的；合资的（委内瑞拉使用）

mixtura　混合，混杂，混合物；混合剂，调合剂

mixtura congeladora　冷却剂，致冷混合物

mizzonita　针柱石

MMPCND (millones de pies cúbicos normales por día)　百万标准英尺³/天，英语缩略为 MMSCFD (Million Standard Cubic Feet per Day)

Mn　元素锰（manganeso）的符号

MNC (máximo nivel de contaminantes)　最大污度，英语缩略为 MCL (Maximum Contaminant Level)

mobilidad　流度，流动性

mochila　背包；抽油杆悬挂器（委内瑞拉）

moción　移动；被移动；（会议上的）提案，动议

modal　模态的；最普通的，最常见的；形式的，形态的

modalidad　形式，方式；样式；类别

modalidad cerrada　封闭方式，封闭状态

modalidad de transferencia　移动方式；转移方式

modalidad en ráfagas　猝发方式

modalidad multisistema　复合体系方式，多体系方式

modalidad pública　公开方式，公开状态

modelación　模拟；模式化，模型建造，模型化

modelación de yacimiento　油藏建模

modelado　塑造，制模，建立模型；模拟；（侵蚀形成的）地形构造

modelado marino　海蚀的地形构造

modelado sísmico　地震模型

modelaje　模拟，模型建造

modelaje de destino　归趋模型

modelaje de transporte　运输模型

modelaje de yacimiento　油藏建模

modelar　塑造，制模，模拟，建立模型

modelización　造球粒，球化

modelo　范本，模本；模型，样式，型号；模范

modelo actualizado　最新模型

modelo anastomosado　网状模型

modelo bidimensional　二维模型

modelo de aceite pesado　重油模型，黑油模型

modelo de agotamiento de yacimiento　油藏枯竭模型

modelo de compactación de lutita　页岩压实模型

modelo de dinámica　动态模型，动力模拟

modelo de dinámica atmosférica　空气动力模型

modelo de elementos finitos　有限元模型

modelo de elementos finitos bidimensionales　二维有限元模型

modelo de espaciado rectangular　矩形（布井）模式

modelo de fluido　流体模型

modelo de flujo de fluido　流体流动模型

modelo de la tectónica de placas　板块构造模型

modelo de ley de potencia　幂律模式

modelo de pozo　井模式

modelo de predicción　预测模型

modelo de retropropagación　反向传播模式

modelo de yacimiento　油藏模型

modelo declaración de confidencialidad　保密声明范本

modelo deposicional de curso de agua anastomosante

辫状河沉积模式，网状河沉积模式，交织河沉积模式

modelo dinámico 动态模型，动力模拟

modelo epigenético del subsuelo 浅表生结构模式

modelo eruptivo general 常规喷发模式

modelo estratigráfico 地层模式，地层模型

modelo estructural 构造模型

modelo físico 物理模型，直观模型

modelo Gems GEMS（全球环境管理体系）模型

modelo general 普通模型，通用模型

modelo geológico 地质模型

modelo geológico conceptual 概念地质模型

modelo geométrico del área de drenaje 泄油区域几何形状模型

modelo lineal 线性模型

modelo lineal general 广义线性模型，一般线性模型

modelo lineal multidimensional 多维线性模型

modelo tectónico 构造模型

modelos de información ambiental（MIA） 环境信息模型，英语缩略为 EIM（Environmental Information Models）

módem 调制解调器

moderado 适度的；温和的；有节制的

moderador 阻滞剂，缓和剂

moderar 使缓和；节制，调节

modernización 现代化

modernización de refinería 炼厂现代化改造

modernización del sistema integral de refinería 炼厂整体系统现代化改造

modernizar 使现代化

modificable 可更改的，可修改的，可改变的

modificación 更改，改变，改型，改装

modificación de procesos 进程修改，程序修改，流程修改

modificación del avance del encendido（motores） （发动机）点火时间调整

modificación del medio ambiente 对环境造成的改变

modificación estructural 构造变化

modificador 调节器；调节剂，改良剂，变性剂；调节者，修改者

modificador de la cristalización de parafina 蜡晶改性剂

modificar 更改，修改；改造，改装；改变

modo 方法，做法；方式

modo de obrar 作用方式；建造方式

modo de oscilación 振荡模式

modo de pago 支付方式

modo de producción 生产方式

modo de vibración 振荡模式

modo esclavo 从属方式，从动方式，被动方式

modos de dispersión 扩散方式

modulación 调制，调节，调整，调变；转调

modulación de absorción 吸收调制

modulación de amplitud 调幅器

modulación de fase 相位调制，调相

modulación de frecuencias 调频器

modulación de intervalo de impulsos 脉冲间隔调制

modulación de luz 调光器

modulación iónica 离子调制

modulación sincronizante 同步调制

modulador–demodulador 调制解调器

módulo 模数，模量，系数；模件，组件；程序片；（海上石油平台上的）设备舱

módulo adiabático de volumen 绝热体积模量，绝热容积模数，绝热体积模数

módulo control AC 交流控制模块

módulo de compresibilidad 压缩模量

módulo de compresión 体积弹性模量

módulo de deformación 变形模量

módulo de elasticidad 弹性模量

módulo de impacto ambiental（MIA） 环境影响模式，英语缩略为 EIM（Environmental Impact Module）

módulo de prefabricado 预制件

módulo de rigidez 刚性模量

módulo de rotura 挠折模量，破裂模量

módulo de un logaritmo 对数的模

módulo de volumen 体积模量，容积模数，体积模数

módulo de Young 杨氏模量

módulo elástico 弹性模量，弹性模数

módulo para liberar el gas 气举模块

modulómetro 调制表；调制计

mofeta （地下散发出的）毒气，臭气

moho 莫霉面，莫霍洛维奇不连续面

mohoso 发霉的；生锈的

mojabilidad 可湿性；润湿性

mojado 淋湿的，弄湿的

mojar 弄湿，淋湿

mojón 界标；路标

mojón indicamillas 里程碑，里程标

mojón kilométrico 里程碑，里程标

mol 摩尔，克分子，克分子量

molal 克分子的，摩尔的

molar 摩尔的

molaridad 摩尔浓度

molasa 磨砾层，磨砾层相

moldavita 摩尔达维亚玻陨石，莫尔道玻陨石

molde 模子，模型；铸模，铸型；模式；常规

molde agrandado por solución 被溶液浸泡变大的模具

molde de arcilla 泥型，黏土型

molde para lingotes 铸铁模具

moldeable 可浇铸的；可用模制的

moldeado 模制，浇铸；造型

moldeado a inyección 注入成形，注塑

moldeado de arena seca 干砂造型

moldeado en coquilla 冷硬铸法，冷激铸件

moldeado por aire 吹塑，吹塑成形

moldeador 模制的；铸造的；制模工；铸工；翻砂工

moldear 模制，浇铸；塑造

moldeo 铸造，模塑，压制，制模；铸造物，铸件

moldeo de parafina 石蜡制模

moldeo en arena 砂型铸造

moldeo en arena glaconífera 湿型铸造

moldeo en arena seca 干砂模型

moldeo en cáscara 壳体制模

moldería de acero 铸钢车闻

moldura 线脚；上框；镜框

molectrónica 分子电子学

molécula 分子；微点，微小颗粒

molécula gramo 克分子

molécula ionizada 离化分子

molécula poliatómica 多原子分子

molecular 分子的；摩尔的

moledera 磨，石墨

moledor 碾磨的，捣碎的；轧碎

moledora 磨床，研磨机，磨轮

moledora neumática 风动砂轮

moleña 火石，燧石

moler 磨；碾，压榨

molestia 打扰，麻烦，烦恼；不舒服

molestia causada por el humo （吸烟）烟造成的不适

molestia causada por olores （难闻）气味造成的不适

molibdato 钼酸盐

molibdenita 辉钼矿

molibdeno 钼

molibdenoso 钼的；二价钼的

molíbdico 钼的；正钼的

molibdina 钼华

molibdita 钼华

molibdofilita 硅镁铅矿

molibilidad 可磨性，磨碎度

molido 磨碎的，粉末状的

molienda 磨，辗；压榨；磨坊；一次磨的量

molificación 软化作用，变软，缓和，减轻，镇静

molinete 叶片，叶轮；风车，绞车，绞盘

molinete del ancla 绞车，绞盘，卷扬机

molinete dinamométrico Renard 风扇式测力计

molinete hidráulico 全井眼流量计测量作业

molino 磨，碾磨机；制造厂

molino aceitero 油坊，榨油机

molino aguijón 导向磨铣器，领眼铣鞋

molino de carbón 碎煤机

molino de vapor 蒸汽磨

molino de viento 风车；风力磨；风力磨坊

molino glacial 冰川锅穴，冰川磨

molino glaciárico 冰砾磨蚀地

molino piloto 导向磨铣器，领眼铣鞋，导向铣刀

molisita 铁盐

molisol 软土；冻融层

molusco 软体动物的，软体动物门的；软体动物

momentáneo 瞬间的，不稳定的，过渡的；瞬态；暂态值

momento 瞬间，瞬时；线性动量；力矩，弯矩，转矩，挠矩

momento centrífugo 离心矩

momento cinético 动量矩

momento de detonación 爆炸起始时间，爆燃瞬时

momento de enderezadora 回复力矩

momento de explosión 爆炸起始时间，爆燃瞬时

momento de flexión 弯矩，挠曲力矩

momento de fuerza 力矩

momento de impulsión 驱动扭矩

momento de impulso 驱动扭矩

momento de inercia 惯性矩，转动惯量

momento de rotación 转矩，扭矩

momento de torsión 扭转力矩，旋转力矩，扭矩，转矩

momento de torsión de parada 停转转矩

momento dipolar 偶极矩

momento flector 弯矩

momento flexor 弯曲力矩，挠曲力矩

momento giroscópico 回转力矩

momento magnético 磁矩

momento mínimo de torsión de aceleración 最小启动转矩

momento resistente 阻力矩

momento torsional 扭矩

momento torsor de arranque 起始扭矩

momento virtual 虚力矩

monacita 独居石

mónada 一价物；一价基；单一体；单轴

monadnock 残丘，残山

monchiquita 沸煌岩

moneda corriente 流通货币

moneda de cuenta 记账货币

moneda legal 法定货币

monel 蒙奈尔铜镍合金

monetario 货币的，金融的

monitor 监视器，监听器，监护器，荧光屏，显示器

monitor de perforador 钻井监控器；司钻监视器

monitor de ubicación remota　远程监控器

monitor hidráulico　高压水枪

monitorear　给…配备监视器；监控，监视，监听

monitoreo　监控；监测；监听

monitoreo ambiental　环境监测，环境监控

monitoreo de los gases　瓦斯监测，气体监测

monitoreo de parámetros de perforación　钻井参数监测

monitoreo de yacimiento　油藏监测

mono-　表示"单"，"一"，"单一"

monoacetato　一乙酸酯

monoácido　一酸的，一价的，一酸价的

monoalcohol derivado del ciclohexano　由环己醇衍生的一元醇

monoamarre columnar　单锚腿系泊，单锚腿系泊系统

monoamina　一元胺

monoatómico　单原子的

monobase　一价，一元

monobásico　一价的，一元的；（生物）单种基的

monobloque　整体的，单块的，单层的

monoboya　单浮筒系泊装置

monoboya de carga para mar abierto　广海单浮筒系泊装置

monoboya de carga y descarga　单点系泊，单浮筒系泊

monocable　单索架空索道

monocapa　单层

monocasco　硬壳式的，单壳体的，承载的；硬壳式构造

monocíclico　单环的，单周期的，单循环的

monocilíndrico　单缸的

monocilindro　单缸

monoclinal　单斜的；单斜结构

monoclinal fallado　断裂单斜

monoclínico　单斜的，单结晶的

monocloruro　一氯化物

monocloruro de yodo　一氯化碘

monocomponente　单组分，单个部件

monocristal　单晶的；单晶

monocristal de silicio　单晶硅

monocromador　单色器；单色仪；单色光镜

monocromático　单色的；单频的

monocromatizar　使成单色，使单色化

monocromo　单色的

monocultivo　单作，单一作物种植

monodistribuido　单分散系

monoestable　单稳态的，单稳的

monoéster　单酯

monoetanolamina　单乙醇胺

monoetilanilina　单乙基苯胺

monofase　（电）单相

monofásico　（电）单相的

monofier　振荡放大器

monofilamento　单纤维丝

monogenético　一元发生的；单亲生殖的，单性生殖的

monografía de alineación　列线图，准线图

monohidratado　一水合物的，一水化物的；单水型的

monohidrato　一水合物，一水化物

monolentes　单色镜

monolítico　独块巨石的，由整块料组成的

monolito　单块，整料，块体混凝土；单一岩，单成岩

monómero　单分子物体，单体，单基物，单聚物

monómero para la fabricación del plástico　制造塑料所用的单聚物

monometálico　单金属的；单本位的

monomineral　（岩石）单矿物的；单矿物

monomio　单项式

monomolecular　单分子的，一分子的；单分子的

monomorfo　单晶物

monomotor　单发动机的；单发动机飞机

monopodio　单轴

monopolar　单极的

monopolio　垄断（权）；专卖（权）；独占，专控；垄断企业

monopolo　单极；磁单极子；单极无线

monopropelente　用单元燃料的；单元推进剂，单元燃料

monorrefringente　单折射的，单折光的

monoscopio　单像管，测试图像信号发生管

monosilicato　单硅酸盐

monoterpeno　单萜

monotonicidad　单调性，单一性

monotraílla o monotrailla　平地机，平路机

monotrópico　单变的，单变性的

monotubo　单管

monovalencia　一价，单一性

monovalente　一价的，单价的

monovial　单通路的

monóxido　一氧化物

monóxido de carbono　一氧化碳

monóxido de plomo　一氧化铅

montacarga　装载机；升降机，叉车

montacarga de cadena　链式升降机，链式吊车

montacarga de horquilla　铲车，叉车，叉式升降车

montacarga de tipo palanca con trinquete　棘轮杆式升降机

montacarga neumático　气动绞车

montacargas　叉车

montacargas neumático　空气提升机

montacarguero　叉车司机

montacarguista　叉车司机

montado en caliente　热铺的，热安装的

montado en gorrones　装有底轴的

montado en patín　橇装的，装在滑动底座的

montado en patín de base　装有滑动底座的，橇
　装型的

montado sobre orugas　装在履带式拖车上的

montador　装配工

montador de cañerías　管道工

montador de enlaces　连接编辑程序，连接程序

montador de tuberías　管道工

montaje　装配，安装，连接，组合；台架

montaje de antivibraciones　抗振台

montaje de la cadena de eslabones　锁链式连接

montaje de la cadena de rodillo　链条式连接

montante　柱，支柱，支脚；总额，金额

montante en tensión　张力型立管

montante marino　海上隔水管，海水隔管

montante multipozo　多井立管

montaña　山，山峰；山地，山区

montaña de bloque　断块山

montaña de cobijatura　逆掩断层山，掩冲断层山

montaña de dislocación　断层山

montaña de hielo　冰山

montaña orogénica　造山

montaña plegada　褶皱山

montaña sobreescurrida　逆掩断层山，掩冲断
　层山

montaña submarina　海底山脉

montaña truncada　平头山，被削去顶部的山

montañoso　山地的，多山的

montar　安装，组装，装配

montar BOP　装防喷器

montar cabeza del pozo　装井口

montar contramarcos　安装（门窗的）副框

montar un equipo de perforación　钻机安装

monte　山；山脉；荒野，丛林

monte aislado　孤峰，孤山

monte alto　森林，乔木林区

monte bajo　低矮丛林，灌木区

monte denso　密林

monte espinoso　荆棘丛林

monte húmedo　潮湿山区；湿雨林

monte testigo　残留山丘

montecillo de tierra　土丘

montera　上覆岩层，盖层；表土

montículo　小山，土丘

montículo alargado de formas suaves de origen
　glaciar　冰河堆积成的椭圆形冰丘，冰堆丘

montículo de algas　藻丘

montículo de erosión　受侵蚀作用形成的小丘，
　侵蚀山

montmorillonita　蒙脱土，蒙脱石，胶岭石，微
　晶高岭石

monto　合计，总额

monto de gas fuera de pico　非峰值输气量

monto total　合计，总额

montón　堆，大堆；大量

montón giratorio　转环滑车

montura　架子，底座，支架；装配，组装

montura de cañería　管道鞍，鞍形管道修理夹

montura de motor　发动机底座

montura de patín　橇式组装

montura de remolque　拖挂座架

montura de tubería　管道鞍，鞍形管道修理夹

monumento　测量固定标志桩，标石，界碑；纪
　念碑

monzón　季风，季节风

monzonita　二长岩

monzonítico　二长岩的

mora　延误，延迟

moratoria　延期偿还，延缓履行，延期偿付

morbilidad　可磨削性，可磨性

mordaza　夹具，夹钳

mordaza de articulación　铰接夹头

mordaza de cierre central　牛头吊卡

mordaza de cierre lateral　侧开式吊卡

mordaza de freno　制动夹

mordaza de morsa　老虎钳，虎钳

mordaza de superficie dentada　齿面夹

mordaza de tramo simple　单根吊卡

mordaza de varillaje en un sondeo　抽油杆卡子

mordaza múltiple　鳄鱼夹，弹簧夹

mordaza neumática　气动卡盘

mordaza para cangrejo　打捞矛

mordaza para tubería　管道夹握器，夹管器

mordaza para tubería de revestimiento　套管卡盘

morder　咬；（机器齿轮）咬住；磨损；腐蚀

mordiente　腐蚀的；磨损的；（金属）腐蚀剂

morena　冰碛

morena central　中碛

morena de fondo　底碛

morena deltaica　三角洲冰碛

morena frontal　前碛

morena glacial　冰碛，冰碛物

morena glacial blanda　松散冰碛

morena intermedia　中碛

morena lateral　侧碛

morena pedregosa　石碛

morena regresiva　后退冰碛

morena superior　表碛

morena terminal　终碛，尾碛

morencita　绿脱石

morénico　冰碛的

morensita　碧矾

morfografía　形态描绘学

morfología　形态学；（地质）形态，结构

morfología del suelo　土壤形态学

morfológico 形态学的，形态的

morfometría 形态测定；（湖、湖盆等的）地貌量测

morfométrico 形态测定的；（湖、湖盆等的）地貌量测的

morfotropismo 变形性

morganita 铯绿柱石

morichal 长满甜棕（moriche）的地方；有泉水和植被的地方（委内瑞拉）

moriche 甜棕，一种棕榈树

morillo 地锚；叉杆

morrena 冰碛，冰川堆石

morro （器物或地形的）突出部分；堤头，堰头；小圆丘

morro sepultado 掩丘

morsa 老虎钳（阿根廷）

morsa combinada para trabajar tuberías 台用虎钳

morsa yunque 台用虎钳

mortal 致命的

mortalidad 致命性；死亡率，失败率

mortero 砂浆，泥浆；臼，研钵；石工

mortero bituminoso 沥青砂

mortero coloidal 胶质混凝土

mortero de cal 石灰浆，石灰砂浆

mortero de cemento 水泥砂浆

mosaico 马赛克，镶嵌图案；混杂；地砖

mosaico aerofotográfico 航摄照片拼接图，航空像片镶嵌图

mosaico de fallas 断层镶嵌图

moscovita 白云母

mosesita 黄氮汞矿

mosita 重铌铁矿

mosquetón 弹簧钩，安全绳保险挂钩

mota 微粒，屑；斑点

moteado 多斑的，有斑点的，斑点状的；杂色的

motil 活动的，运动的，有动力的

motilidad 活力，动力，动力；活动性，可动性

motivación 推进，促进，激发，诱导，动力；动机，机能

motivo 能动的；使活动的；动机，原因，目的；基本图案

motobomba 电动泵，机动泵

motocamión 卡车，载重汽车

motogasolina 车用汽油

moto-generador 发电机组

motón 滑车；滑轮（组）

motón corredizo 游动滑车

motón de aparejo 滑轮装置，滑轮组

motón de aparejo diferencial a cadena 链动滑轮，手拉胡芦

motón de combinación 组合式滑车

motón de cubierta desmontable 扣线滑轮；开口滑车

motón de gancho 起重滑车

motón de poleas diferenciales 提琴式滑车，葫芦式滑车（滑轮一大一小）

motón de seguridad para tubería 起下油管用安全滑车

motón de tensión 张紧滑车

motón del aparejo de entubar 下套管滑车

motón giratorio 附有旋转环的滑车，单轮转环小滑车

motón liviano de acero 轻型滑车

motón para achique y limpieza de un pozo 提捞抽汲滑车

motón sin cuerpo 起重辘轳

motón viajero 游动滑车

motonafta 车用汽油

motonave 内燃机船，柴油机舱

motoniveladora 平土机，平整场地机

motopropulsión 机动，内燃机推动

motopropulsor 电动机驱动的；机动螺旋桨驱动的

motor 原动力；发动机，马达，引擎，助推器

motor a chorro 喷气发动机

motor a combustóleo 柴油机，内燃机

motor a derechas 右转发动机

motor a gas 燃气发动机，燃气机

motor a gasolina 汽油发动机，汽油机

motor a intensidad constante 恒流发动机

motor a inyección 喷射式发动机

motor a izquierdas 左旋发动机

motor a levas 凸轮发动机

motor a nafta 汽油发动机，汽油机

motor a petróleo 柴油机，内燃机

motor a prueba de explosión 防爆电动机，防爆马达

motor a reacción 反作用发动机，喷气发动机

motor a tensión constante 稳压发动机

motor a vapor 蒸汽机

motor a vapor para perforación 蒸汽驱动钻机

motor adiabático 绝热发动机

motor aéreo 航空发动机

motor aéreo de turbina 航空涡轮发动机

motor alternativo 往复式发动机

motor asíncrono 异步电动机

motor auxiliar 伺服电动机，辅助发动机

motor auxiliar de ascensor 电梯辅助发动机

motor auxiliar pequeño 轻便发动机，副机

motor axial 轴流发动机，涡流喷气发动机

motor chato 水平对置式发动机

motor con cambio de velocidades 多速电动机，变速电动机

motor con carcasa de una sola pieza 单壳式发动机

motor con transmisión a engranaje 齿轮传动马达

motor convertible 可换向发动机

motor de aceite　内燃机，柴油机

motor de aceite pesado　重油发动机

motor de aire　气动马达，风动发动机

motor de aire comprimido　压缩空气发动机

motor de anillos conductores　滑环式电动机

motor de anillos rozantes　滑环式电动机

motor de arranque　启动马达，启动器

motor de arranque automático　动启动器，自动启动器

motor de arranque del tipo de acople manual (a pedal)　手动（脚踏）发动机

motor de aspiración natural　自然吸气发动机，不增压发动机

motor de automóvil　汽车发动机

motor de butano para perforación　钻井用丁烷发动机

motor de carga estratificada　分层进气发动机

motor de cilindros contrapuestos　对置气缸发动机

motor de combustión　内燃机

motor de combustión interna　内燃机

motor de combustión interna para equipo perforador　钻机用内燃发动机

motor de corriente alterna　交流发动机

motor de corriente continua　直流电动机

motor de corriente directa　直流电动机

motor de cuatro tiempos　四冲程发动机

motor de desanclar　绞车，卷扬机

motor de desplazamiento positivo (MDP)　容积式马达，英语缩略为 PDM (Positive Displacement Motor)

motor de devanado compuesto　复合式蒸汽机，组合式发动机

motor de diesel　柴油发动机

motor de dos cilindros gemelos　双发动机

motor de encendido por chispa　火花点火式发动机

motor de encendido por compresión　压燃式发动机，柴油机

motor de encendido positivo　强制点火式发动机

motor de escape libre　排汽蒸汽机

motor de excitación compuesta　复激发动机，复激电动机

motor de explosión　内燃机

motor de fondo del pozo　井底动力马达

motor de fuerte momento de torsión　大扭矩马达

motor de gas　天然气发动机

motor de gasolina　汽油发动机

motor de gran velocidad　高速发动机

motor de histéresis　磁滞电动机

motor de impulso　脉冲马达

motor de impulso del guinche　绞车发动机；起重机

motor de inducción　感应电动机

motor de inducción de jaula de ardilla　鼠笼式感应电动机

motor de inducción de rotor bobinado　转子绕组式感应电动机

motor de inducción de varias jaulas　多栅式感应电动机

motor de inducido devanado　滑环式电动机

motor de ión　离子发动机

motor de jaula de ardilla　鼠笼式电动机

motor de lanzamiento　启动机，发动机，启动电动机

motor de lodo　泥浆马达

motor de lodo para fondo de pozo　井下泥浆马达，钻井井下马达

motor de mezcla pobre　稀混合气发动机

motor de perforación　钻井用发动机

motor de petróleo　柴油机，燃油机，汽油机

motor de propulsión a chorro　喷气发动机

motor de reacción　喷气发动机

motor de refrigeración por agua　水冷式发动机

motor de refrigeración por aire　风冷式发动机

motor de repulsión　推斥发动机

motor de subsuelo　井底动力马达

motor de transmisión　齿轮传动马达

motor de tranvía　电车用直流发动机

motor de turbina de gas　燃气涡轮发动机

motor de velocidad ajustable　调速电动机

motor diesel　柴油引擎，柴油机

motor eléctrico　电动机

motor eléctrico de la bomba　泵用电动机

motor eléctrico en armazón　带保护罩的电动机

motor eléctrico envasado　带保护罩的电动机

motor en estrella　星形发动机

motor en línea　单排发动机

motor en serie　串激电动机，串绕电动机

motor en tándem　串连机

motor enfriado por agua　水冷式发动机

motor enfriado por aire　气冷式发动机

motor generador　电动发动机

motor gripado　发动机拉缸

motor hidráulico　液压马达

motor hidroenfriado　水冷式发动机

motor horizontal　卧式发动机，平置发动机

motor hoyo abajo　井下马达

motor impulsor　脉冲电动机

motor individual　单体马达

motor iniciador　启动马达

motor jaula de ardilla　鼠笼式电动机

motor marino　船用发动机

motor monocilíndrico　单缸发动机

motor monofásico　单相电动机

motor móvil　移动式电动机

motor multicilíndrico　多缸内燃机，多缸发动机

motor navegable　导向马达

M

otor neumático 压缩空气发动机，空气发动机，风动机

motor para determinar detonancia 爆震试验机，测爆机

motor para dos combustibles 双燃料发动机

motor para perforación 钻井用发动机

motor para perforación de fondo 井底动力马达

motor polifásico 多相电动机

motor prendedor 启动马达

motor primario 原动机

motor primario planta motriz 主发动机

motor primordial 原动力

motor principal 主发动机

motor radial 星形发动机

motor ramjet 冲压式喷气发动机

motor rápido 高速电动机

motor reciprocante 往复式发动机

motor recíproco 往复式发动机

motor rotativo 旋转发动机

motor semi–diesel 半柴油机

motor sincrónico 同步电动机

motor sobrealimentado 增压发动机

motor térmico 热机

motor trifásico 三相电动机

motor turbosobrealimentado 涡轮增压发动机

motor vertical 立式发动机

motorista 发动机操作工；骑摩托的人；摩托巡警

motorización 机械化，机动化

motorizado 电机驱动的，驾驶机动车的；摩托信使

motorreactor 喷气发动机

motosierra 链锯，动力锯

mototraílla 铲运机

motovolquete 自动倾卸装置，翻斗

motramita 钒铜铅矿

motriz 原动的，引起运动的

mover 移动，搬动，挪动；摆动；带动，使运转；推动

mover con corriente de agua 用水驱动

mover con gato 使用千斤顶抬起（或移动）

mover por chorro de agua 用水流冲

movible 可动的；活动的，可变动的

movible por sí mismo 自动的，自动推进的

movido 受到…驱动的，紧张的，忙碌的

movido hacia abajo 向下移动（驱动）的

movido por pernos 通过螺栓移动的

móvil 流动的，可移动的；不稳定的，易变的；活动物体；运动物体

movilidad 活动性；易变性

movilidad de iones 离子迁移率；离子淌度

movilización 动员，调动

movimiento 行动，活动；（物体）运动；（资金或人员等）流动；变化

movimiento acelerado 加速运动

movimiento alternativo 交替运动，往复运动

movimiento alterno 往复运动，变速运动

movimiento aperiódico 非周期运动

movimiento armónico 谐波运动；谐运动

movimiento armónico simple 简谐运动

movimiento atmosférico 空气运动

movimiento bascular 振动，振荡运动

movimiento browniano 布朗运动

movimiento cíclico 周期变动

movimiento circular 圆周运动

movimiento compuesto 复合运动

movimiento constante 连续运动

movimiento continuo 连续运动

movimiento contrario 反向运动，逆向运动

movimiento cortical 地壳运动

movimiento curvilíneo 曲线运动

movimiento de aguas profundas 潜流，地下水流

movimiento de aire 空气运动

movimiento de atrás adelante 来回运动，往返运动

movimiento de capitales 资本流动

movimiento de excéntrica 偏心运动，离心运动

movimiento de fluido 流体运动

movimiento de fuelles 风箱（式）运动

movimiento de gas o calor 气体或热量流通

movimiento de las rocas en una falla 断层中的错动式运动

movimiento de precios 价格变动

movimiento de rotación 旋转运动；转动

movimiento de tierra 移土方，土方工程

movimiento de traslación 平移运动

movimiento de un líquido 液体的流动

movimiento de vaivén 往复运动，前后运动，来回运动

movimiento del terreno 地表运动，地面运动

movimiento descendente 活塞下（降）行程

movimiento diurno 周日运动

movimiento ecuable 匀速运动，等速运动

movimiento en círculo completo 旋转运动；循环运动

movimiento epirogénico 造陆运动

movimiento eustático 海面升降运动，海面变动，海准变动

movimiento intergranular 粒间运动

movimiento lateral 横向移动，横向位移，侧向位移

movimiento ondulatorio 波动

movimiento orogénico 造山运动

movimiento oscilante 振动，摆动

movimiento oscilatorio simple 谐运动，谐振动

movimiento paralelo 水平移动，平行运动

movimiento paralelo al eje　轴向位移

movimiento paulatino del terreno　地壳的缓慢移动

movimiento perdido　空动

movimiento periódico　周期运动

movimiento perpetuo　恒动，永动

movimiento persiana　径向运动

movimiento recíproco　往复运动

movimiento rectilíneo　直线运动

movimiento regresivo　海退超覆，退覆

movimiento relativo　相对移动

movimiento repentino causado por presión　因压力引起的冲击或振动

movimiento retardado　减速运动

movimiento sísmico　地震；地震活动

movimiento tectónico　构造运动

movimiento transgresivo　海侵超覆

movimiento turbulento　涡动，涡旋运动

movimiento uniforme　匀速运动

movimiento uniformemente acelerado　匀加速运动

movimiento uniformemente retardado　匀减速运动

movimiento uniformemente variado　匀变速运动

movimiento variable　变速运动

movimiento verdadero del terreno　真实地面运动

movimiento verde　绿色运动，环保运动

movimiento vibratorio　振动

MPC (material para pérdida de circulación)　堵漏剂，堵漏材料，英语缩略为 LCM (Loss of Circulation Material)

MPCS (Miles de Pies Cúbicos Estándar) 标准千立方英尺

MRN (materiales radioactivos naturales)　天然放射性物质，英语缩略为 NORM (Naturally Occurring Radioactive Materiales)

mucialgicidas　除黏菌剂

mucílago　(某些植物分泌的) 黏液；黏胶

mucosidad　黏性

mudanza　改变，变化；搬家，迁居

mudanza de los equipos de perforación　钻机搬迁

mudar　改变，变化；搬家；脱换 (叶、毛、皮等)

mudstone　泥岩

mueble　动产的；家具

mueblería　家具厂；家具店

muela　碾磙子；砂轮；牙齿

muela abrasiva　砂轮

muela adiamantada　金刚石砂轮

muela con bastidor pendular　悬挂式砂轮机

muela corriente　磨轮，碾子

muela de afilar　磨石，砂轮

muela de esmeril　金刚砂轮，磨轮

muela de talla　砂轮

muelle　码头，停泊处；弹簧

muelle de carga　装卸码头

muelle de hojas　板簧，片弹簧，带状弹簧

muelle de llenar　装载码头

muelle de retención　岩心提断器，岩心爪

muelle de salida　出港码头

muelle de tubería　管材架

muelle fabricado de alambre aplanado　板簧，片弹簧

muelle helicoidal　盘簧，螺旋形弹簧

muelle igualador　平衡弹簧

muelle libre (precio)　码头交货价格

muelle para descarga de petróleo　卸油码头

muelle petrolero　石油码头

muerte accidental　事故死亡

muerto　死的；非生命的；(石灰、石膏) 熟的；埋桩，地锚

muesca　凹痕，缺口；槽沟，榫眼；扳手方径

muesca de chaveta　扁形钥孔，键沟

muescar　刻槽，企口

muestra　样品；抽样；证明，表明；展览会

muestra bruta　总试样，总样品

muestra cilíndrica　取心筒取样

muestra compuesta　全级试样

muestra compuesta de todos los niveles　全级取样，井筒各层位样品

muestra de acero　钢样

muestra de acero para prueba　钢材试样

muestra de formaciones　岩样，岩心

muestra de gasolina sin tetraetilo de plomo　无铅汽油样品

muestra de hidrocarburos　原油样品

muestra de línea de registro　测线采样

muestra de material para prueba　试件

muestra de núcleos　岩心样品，岩样

muestra de pared　井壁取样

muestra de perforación　岩心样品

muestra de petróleo　油样，石油样品

muestra de pozos　井内取出的试样，井内取出的样品

muestra de ripios　岩屑样品

muestra de roca　岩样

muestra de roca subterránea　地下岩石取样

muestra de sondeo　岩样，样心，岩心

muestra del suelo　土壤样本，土样

muestra del terreno　土壤样本，土样

muestra instantánea　瞬时采样

muestra libre de plomo　无铅汽油样品

muestra media　中间试样 (液体容器中间层取出的试样)

muestra para análisis　试样

muestra profunda　井底取样；深层样品

muestra puntual　抽查试样

muestra recogida　捞出的砂样

muestra testigo 对照试样

muestra tratada con X X 光处理过的样本

muestra y registro 取心及录井

muestracolor 色样表（板）

muestrador de petróleo 油品取样器

muestratestigo 岩心样品

muestreador 取样器，采样器

muestrear 取样，采取样品

muestrear con ladrón 用取样器取样

muestreo 取样，抽样，采样

muestreo al azar 随机抽样，随机取样

muestreo aleatorio 随机采样，随机抽样

muestreo amplio 粗采样

muestreo de aire 空气采样

muestreo de fondo 井下取样，井下采样

muestreo de las emisiones de una chimenea 烟道排放物取样

muestreo general 粗采样

muestreo grueso 粗采样

muestreo limitado 有限采样

muestreo por áreas 区域抽样

muestreo por líneas 线状样条取样

muestreo sistemático 系统抽样

muestrero 岩心筒；取样器

mufla 蒙烊炉，回热炉，膛式炉

mugearita 橄榄粗安岩

mujel 衬圈，衬垫，垫圈，垫板，垫片，密封垫

multa 罚款；违反规定通知书，罚款通知书

multi- 表示"多的"，"多倍的"，"多方面的"

multiacoplador 多路耦合器

multibanda 多频带，多波段

multicanal 多通路，多信道，多路

multicapa 多层，多层膜

multicarburante 多种燃料

multicelular 多细胞的

multichorro 多股射流

multicolor 多色的，彩色的

multicristal de silicio 多晶硅

multidimensional 多维的，多方面的

multidireccional 多向的

multienlazado 多连接的；多重链的

multietapa 多级段，多级阶，分阶段进行；级联

multifase 多相

multifásico 多相的

multifiliar 多缆的，多线的

multiforme 多种形式的，多种多样的

multifrecuencia 多频率，宽频带，复频

multifunción 多功能

multifuncional 多功能的

multigrado 多级通过的，多品位的；稠化的

multigradual 多段的，多级的

multígrafo 复印机；油印机；复印的

multilateral 多边的；多方面的，多国参加的；

多分支的

multilátero 多边的

multimedia 多介质的，多媒体的；多媒体

multimedias 多媒体

multímetro 万用表，多用途计量器，万能测量仪器

multimodal 多模的，多种模态的

multimolecular 由多分子构成的

multinivel 多层的，多级的

multinomio 多项式

multiplaje 多路复用

múltiple 多重的，复合的；并联的，多路的；多次发生的；管汇

múltiple de admisión 进口管汇，入口管汇

múltiple de bombeo 泵管汇

múltiple de cañerías 管汇，集合管

múltiple de distribución de la bomba 泵管汇

múltiple de doble admisión 双进口管汇

múltiple de escape 排气集管

múltiple de estrangulación e interrupción 截流管汇

múltiple de estrangulamiento 节流管汇

múltiple de estrangular 节流管汇

múltiple de fluido de perforación 高压阀门组

múltiple de gas combustible 燃料气管汇

múltiple de la bomba de lodo 泥浆泵管汇

múltiple de producción 生产管汇，采油管汇

múltiple de trayectoria larga （地震勘探）全程多次反射

múltiple de tuberías 管汇

múltiple de vapor 蒸汽管汇

múltiple estrangulador 节流管汇，阻流管汇，油嘴管汇

múltiple para distribución de vapor 蒸汽管汇

múltiple regulador 阻流压井管汇，节流压井管汇

múltiple rociador 喷水管汇

múltiple válvula para distribución 管汇

múltiples de distribución 分配管汇

múltiples de trayectoria corta 短程多次波，短程多次反射

múltiplex 多路传输的，多路复用的

multiplexación 多路复用技术；多工

multiplexión de división de frecuencia (MDF) 分频多路复用，英语缩略为 FDM (Frequency Division Multiplexing)

multiplexión de división de tiempo (MDT) 时分多路复用，英语缩略为 TDM (Time Division Multiplexing)

multiplexor 多路编排器，多路调制器

multiplexor de pozos en varias zonas 不同地区井间多路编排器

multiplicación 增加，倍增；乘法，乘法运算；

M

（齿轮转动的）增速比

multiplicador　倍增的；乘数的；乘数，倍数；倍增器

multiplicando　被乘数

multiplicar　使增加；使成倍地增加；乘；使齿轮增速

múltiplo　几倍的，倍数的；倍数

múltiplo simple　简单多次波，简单多次反射

multipolar　多极的

multipolaridad　多极性

multipolo　多极

multipolo magnético　磁多极

multiprobador de formaciones　重复地层测试器

multiprocesador　多重处理机，多重处理器

multiproceso　多重处理，多道处理

multiprogramación　多道程序设计

multipropósito　多目的，多用途

multirrejilla　多重网格；多栅的

multirrotación　变旋现象，变旋，变异旋光作用

multitarea　多任务，多任务处理

multitratamiento　多道处理，多重处理

multitubular　多管的

multiuso　多用途的；有多种用途的，多功能的

multivalente　多价的；多义的

multivaluacion　多值性

multivariante　多变量的，多元的

multivibrador　多谐振荡器

multivibrador arrítmico　单稳多谐振荡器

multivibrador astático　自激多谐振荡器

municipio　市；市政当局；市辖地区

muñequilla　曲柄销

muñequita del cigüeñal　曲柄针，曲柄梢

muñón　耳轴，轴柱，轴头

muñón de brida　轴头法兰

muñón de un eje　轴颈，轴头

muñón del cigüeñal　曲轴轴头

muñón esférico　球体耳轴，球体轴头

muñón frontal　端轴颈，端枢

muñones del malacate de las tuberías de producción　油管绞车轴头

muñones del torno de herramientas　滚筒轴头

muralla　墙，墙壁；城墙

muriacita　硬石膏

muriático　氢氯酸的，盐酸的

muriato　氯化物，氯化钾，盐酸盐

muro　墙，墙壁；围墙；城墙

muro a prueba de incendio　防火墙

muro colgante　上盘；顶壁

muro colgante de una falla　下盘；底帮

muro contra incendio　防火墙

muro cortina　护墙，幕墙

muro de base　基础墙，底壁；断层下盘

muro de carga　承重墙

muro de cerramiento　悬墙

muro de contención　拥壁，挡土墙，护岸，护坡

muro de defensa　护岸，防护堤

muro de obstrucción　阻板，隔墙，挡水板墙

muro de protección　护墙

muro de retención　拥壁，挡土墙，护岸

muro de seguridad　坚壁，安全墙

muro de sostén　拥壁，挡土墙，护岸

muro de tierra para retención　护坡土墙

muro de zócalo　地龙墙

muro del calor　热墙

muro del dique　护堤墙

muro del revestimiento　护坡

muro del sonido　声障，音障

muro guardafuego　防火墙

muro refractario　耐火墙

muro soporte de la montea　山墙

muro tierra para retener agua　护堤，堤防

muscovita　白云母，优质云母

musgo　苔藓，地衣

musgo marino　珊瑚藻

musgo terrestre　石松

musgosidad　苔藓性质；黏膜性

mutación　变化，变换；变形，变异；突变；突变体

mutador　变换器，变压器，变流器，变频器，交换器

mutagénesis　突变发生，变异发生

mutágeno　诱变剂；诱变因素

mutarrotación　变旋现象，变旋，旋光改变，旋光改变作用

mutilación　切掉（手、足等）；任意删除

mutilar　破坏，毁坏；使伤残；任意删除

mutualidad　相互关系；互助，互济

N

Na　元素钠（sodio）的符号

nabam　代森钠

nácar　珍珠质；螺钿；珍珠贝

nacarado　有珍珠光泽的；螺钿镶嵌的

naciente　正在出现的；东方；（河流的）源头，发源地

naciente de un río　河流的源头

naciente del glaciar　冰川源头

nacionalizar　使国有化，收归国有

nacrita　珍珠陶土；鳞高岭石

nadir　天底点，最低点

nadiral　天底点的，最低点的

nadorita　氯锑铅矿，氯氧锑铅矿

nafta　挥发油，石脑油，石油精

NAFTA (Asociación Norteamericana de Libre Comercio)　北美自由贸易协定，英语缩略为 NAFTA (North American Free Trade Association)

nafta acetosa　乙酸乙酯

nafta altamente refinada　精炼石脑油

nafta bruta　粗石脑油

nafta catalítica　催化石脑油

nafta cruda　粗石脑油

nafta de alta gravedad　轻质石脑油，高 API 度石脑油

nafta de alto octano　高辛烷石脑油

nafta de bajo punto seco　低干点石脑油，低终馏点石脑油

nafta de corte　稀释油

nafta de craqueo　裂化石脑油

nafta de craqueo térmico para base de mezclas　用于调和的热裂化石脑油

nafta de madera　甲醇

nafta de mezcla　调合石脑油，溶剂油

nafta de precipitación　沉淀石脑油

nafta de punto seco　干点石脑油，终馏点石脑油

nafta de redestilación　重馏石脑油

nafta de vitriolo　乙醚，乙基醚

nafta debutanizada　脱丁烷汽油

nafta disolvente　溶剂石脑油

nafta incolora　水白色汽油，无色汽油

nafta meteorizada　风蚀的汽油

nafta vitriólica　乙醚，乙基醚

naftadil　化石蜡

naftadilo　化石蜡

naftalán　萘烷

naftalénico　萘的

naftaleno　萘

naftalina　萘

naftalinsulfonato　萘硫酸盐

naftenato　环烷酸盐

nafténico　环烷的；环烷酸的

nafteno　环烷

naftilamina　萘胺，氨基萘

naftilo　萘基

naftol　萘酚

naftolato　萘酚化物

naftología　石油学

naftoquinona　萘醌

nagiagita　叶碲矿

nagyagita　叶碲矿

nailón, nailon　尼龙，耐纶，酰胺纤维

nano-　含"毫微，纤，十亿分之一"之意；含"极小的"之意

nanoaditivo　纳米添加剂

nanómetro　十亿分之一米，毫微米

nanosegundo　十亿分之一秒，毫微秒

nanotecnología　纳米技术

nanotesla　毫微特斯拉（磁通量密度单位）

napa　层，层次，地层

napa de agua subterránea　地下水层

napa freática　地下水层，潜水层

napalm　凝固汽油，凝固汽油弹

napel　人造革

napoleonita　球状闪长石

nariz　构造鼻，鼻状构造；前端，突出部分

nariz anticlinal　背斜鼻

nariz arqueada anticlinal　弓形背斜鼻

nariz de plegado　褶皱鼻

nariz del piñón　销尖

nariz estructural　构造鼻

narria　（拖动重物用的）橇，拖车

nasonita　氯硅钙铝矿

natalita　乙醇乙醚混合物

natfoducto　汽油管线

nativo　出生地的；天然的；本土的；土生的；本地人

natroalunita　钠明矾石

natrocalcita　钠铜矾

natrofilita　磷钠锰矿

natrojarosita　钠铁矾

natrolita　钠沸石

natrón　泡碱，氧化钠，碳酸钠，含水苏打

natronita　钠沸石；泡碱

natronitro　钠硝石

natural 自然的，自然界的；固有的，本能的；常态的

naturaleza 大自然；自然力；天性，本性；性格

naturaleza del material 物质属性

naturaleza friable 易碎的特性

naturaleza lineal 线性特征

naturaleza radioactiva 放射特性，放射性起源

naufragio （船只）失事，遇难

náutico 航海的；航海术的

nautilo 鹦鹉螺

nautilus fósiles 鹦鹉螺化石

nava （山中的）低洼地

naval 海军的，军舰的；海洋的；船舶的

nave 船，舰；航空器

nave de carga 货船，运输机，运输飞机

nave espacial 航天飞机，宇宙飞船，太空船

navegación 航行，航海；飞行，航空；航海术；航行时间

navegación de altura 远海航行

navegación fluvial 内河航行

navegación marítima 航海

navegación submarina 潜水航行，水下航行

navegador 浏览器；飞行员；航海者

naviero 船的；航海的；船主，船东

navío 船，舰

navío de alto bordo 远洋船

navío de transporte 运输舰

navío mercante 商船，货船

navío mercantil 商船，货船

Nb 元素铌（niobio）的符号

Ne 元素氖（neón）的符号

neblina 薄雾，烟霭；浑浊空气

nebraskiense 属于或关于内布拉斯加的；属于或关于北美洲更新世第一次冰期的

nebulización 使成雾状；喷射，喷雾

nebulizador 雾化器，喷雾器

nebulosidad 多雾；多云；云雾弥漫

nebuloso 云雾状的；模糊的，含糊的

necesidad 必要性，必然性；需要，急需；必需品

necesidad ecológica 生态需要

necesidad general 总需求

necesidad neta de agua 净用水率

nefasto 造成灾害的；极不幸的

nefelina 霞石

nefelinita 霞石岩

nefelita 霞石

nefelometría 浊度测定法，测浊法

nefelómetro 浊度计，比浊计，测云计，能见度测定计，烟雾计

nefeloscopio 测云器；凝云仪

nefrita 软玉

negativo 否定的；消极的；负的，阴性的；底片

negatón 阴电子，负电子

negatrón 阴电子，负电子，负阻电子管

negociabilidad 流通性，流通能力；可转让性

negociable 可谈判的，可协商的；可流通的，可转让的

negociación 商议，谈判，协商，交涉；转让，议付

negociación de derechos de emisión （气体等）排放权谈判

negociador 谈判人，交涉人，协商者

negociante 商人，贸易商

negociante al por mayor 批发商

negociante al por menor 零售商

negociar 谈判，交涉；转让，让购

negocio 交易，贸易，业务；商号，店铺

negrillo 黑体的

negro 黑色的；深色的；黑人；黑色

negro animal 骨炭

negro de anilina 苯胺黑，颜料黑

negro de antimonio 硫化锑，锑黑

negro de azabache 黑玉色，漆黑

negro de carbón 炭黑

negro de carbono 炭黑

negro de fundición 黑漆（刷在金属面上）

negro de huesos 骨炭

negro de humo 烟黑

negro de humo de gas 天然气炭黑

negro de humo de horno 炉法炭黑，炉黑

negro de humo de petróleo 石油烟黑，石油炭黑

negro de marfil 象牙黑

negro de platino 铂黑

negro de plomo 石墨

negrohumo 炭黑，煤烟

neis 片麻岩

néisico 片麻岩的

neisoso 片麻状的，片麻岩的

nemátoda 线虫纲；线虫纲的

neo 氖

neoceno 晚第三纪的；晚第三纪

neocomiano （中生代白垩纪的）尼奥科姆统的

neocomiense （中生代白垩纪的）尼奥科姆统的

neodimio 钕

neogenético 新生的，新形成的

neógeno, neogeno 晚第三纪的；晚第三纪

neohexano 新己烷

neolítico 新石器的；新石器时代的

neón 氖；霓虹灯

neopentano 新戊烷；季戊烷

neoplásico 赘生的，新生物的

neopreno 氯丁橡胶，氯丁二烯橡胶

neozoico 新生代的

nepaulita 黝铜矿

néper 奈培

ptunianismo 水成说

eptunio 镎

neptunismo 水成论

neptunita 柱星叶石

nerítico 近海的，浅海的

nervadura 肋拱；（矿的）导脉

nervadura de arco 拱肋

nervio 神经；叶脉；交叉侧肋；脉状物

nervio guía 导向筋，导向叶片

nesistor 负阻器件

nesquehonita 三水菱镁矿

neto 纯的，干净的，无杂质的

neudorfita 煤层中的有机树脂

neumática 气动力学，气体力学；气动装置

neumático 空气的，气动的，气力的；（车轮的）气胎

neumatólisis 气化

neumatolítico 气化的，气成的

neumatológeno 气化的，气成的

neumodinámica 气体力学

neumohidráulico 气动液压的

neuquenita 地沥青

neutonio 牛顿（力学单位）

neutral 中间的，中立的；中性的

neutralidad 中立，中性，中和

neutralización 中立化；无效，抵消，（化学反应的）中和

neutralizador 中和剂，中和器

neutralizante 使中立的；使无效的；中和剂

neutralizar 使中立；使中和；使抵消，使不起作用

neutreto 中介子

neutrino 中微子，微中子

neutro 中性的，中和的；不带电的

neutro aislado 不接地中性点（线）

neutrodinación 中和作用，中和法

neutrodino 衡消接收法，中和接收法

neutrodón 中和电容器

neutrón 中子

neutrón compensado 中子补偿测井，中子补偿测井工具

neutrón diferido 缓发中子，减速中子

neutrón lento 慢中子

neutrón rápido 快中子

neutrón térmico 热中子

neutrónica 中子学，中子物理学

neutroviscoso 黏性中性油

nevadita 斑流岩

nevado 积雪的，冰雪覆盖的

nevasca 暴风雪

nevé 粒雪，冰原，万年雪

neviza 粒雪，冰原，万年雪

Newton 牛顿（力学单位）

newtoniano 牛顿的

Ni 元素镍（níquel）的符号

niagarense 尼亚加拉统

nicho 壁龛；洞龛；雪凹；小生境

nicho ecológico 生态小生境

nicle 玉髓

nicol 尼科尔棱镜，偏光镜

nicolita 红砷镍矿

nicopirita 镍黄铁矿

nicromo 镍铬合金

nicrosilal 镍铬硅铸铁

nido 洞，穴；窝，巢；壶穴

nido del cuervo 守望楼

niebla 雾，雾气

niebla ácida 酸雾

niebla con agujas de hielo 暴风雪，雪暴

niebla espesa 浓雾

niebla fotoquímica 光化学烟雾

niebla helada 结霜，冰霜

nieve 雪；下雪

nieve acumulada 积雪

nieve derretida 融雪

nieve granulada 粒雪

nieve granular 粒雪

nieve penitente 冰锥

nife 镍铁，镍铁带

nigrita 氮沥青

nigrosina 苯胺黑

nilón 耐纶，尼龙，酰胺纤维

nimónico 镍铬钛，尼孟合金

niobato 铌酸盐

niobio 铌

niobita 铌铁矿

nipa 马尼拉麻

niple 接头，接套，管节，短节，工作筒

niple campana 钟形螺纹接管；钟形导向短节

niple corto 短螺纹接头

niple corto curvado 回弯头

niple corto curvado en la fábrica 回弯头

niple cuello de botella 缩渐管，大小头短节，异径外螺纹短节

niple cuello de botella trompo 大小头短节，异径外螺纹短节，两端异径外螺纹短节

niple de asiento 坐放短节

niple de asiento para la bomba 泵阀座短节

niple de bombeo inverso 反循环接头

niple de botella 钟形导向短节，大小头短节，喇叭口短节

niple de campana 钟形导向短节，大小头短节

niple de cierre 密封接头

niple de combinación 组合接头

niple de conexión 连顶接头

niple de dado 丝锥接套，母锥

niple de reducción 异径管接头
niple de reducción para tubería de revestimiento 套管变径短节
niple de rosca corrida 全螺纹短节
niple de surgencia 节流嘴，油嘴
niple de varilla 抽油杆短节
niple elevador 提升短节
niple embudo 喇叭口短节
niple estrangulador 油嘴，喷油嘴
niple estrangulador de surgencia 节流嘴，油嘴
niple giratorio 旋转头
niple largo 长的螺纹接头，长管接头，长接头
niple para grasera 黄油枪油嘴
niple para manguera 软管螺纹接套，软管短接
niple para tubería de revestimiento 套管短节
niple reductor 异径管接头
niple roscado 螺纹短节
niple terraja macho 外螺纹短节
niples de cañerías para combinaciones 组合管接头，异径管接头
níquel 镍
níquel arsenical 红砷镍矿
níquel blanco 砷镍矿
níquel carbonilo 羰基镍
níquel de Raney 拉内镍，镍催化剂
niquelado 镀镍的，镀镍工艺；镀镍
niqueladura 镀镍工艺；镀镍
niquelar 镀镍
niquelífero 含镍的
niquelina 砷镍矿；铜锌镍合金
nitón 氡
nitración 硝化作用，硝化反应
nitral 硝石层，硝石矿床
nitraminas 硝胺
nitrar 硝化
nitratación 硝酸化；硝酸盐化
nitratina 钠硝石
nitrato 硝酸根，硝酸盐
nitrato amónico 硝酸铵
nitrato de alquilo 亚硝酸烷基酯
nitrato de calcio 硝酸钙
nitrato de celulosa 硝酸纤维（素）
nitrato de Chile 智利硝酸盐
nitrato de hierro 硝酸铁
nitrato de magnesio 硝酸镁
nitrato de mercurio 硝酸汞
nitrato de níquel 硝酸镍
nitrato de peroxiacetilo 过氧乙酰硝酸酯
nitrato de plata 硝酸银
nitrato de potasa 硝酸钾
nitrato de potasio 硝酸钾
nitrato de propilo 硝酸丙酰
nitrato de propionilo 硝酸丙酰

nitrato de sodio 硝酸钠
nitrato de sodio natural impuro 生硝，硝酸钠
nitrato mercúrico 硝酸汞
nitrato sódico 硝酸钠
nitrería 硝石矿
nítrico 硝石的；含氮的
nitrificación 硝化作用，硝酸化作用
nitrificador 使硝化的；硝化细菌
nitrificar 硝化
nitrilo 硝基基，硝酰；腈
nitrilo altamente saturado 高饱和腈
nitrito 亚硝酸根，亚硝酸盐
nitrito de acilo 亚硝酸酰
nitro 硝石，硝酸钾
nitro cúbico 硝酸钠；钠硝；智利硝石
nitroalgodón 硝化棉，火药棉
nitroalmidón 硝化淀粉
nitroaminas 硝胺
nitroanilinas 硝基苯胺
nitrobarita 钡硝石
nitrobenceno 硝基苯
nitrobencina 硝基苯
nitrobenzol 硝基苯
nitrocal 氰氨化钙
nitrocalcita 硝酸钙
nitrocelulosa 硝化纤维，硝化纤维素，硝化棉
nitrocompuesto 硝基化合物
nitrocotón 硝化棉，硝棉，火棉
nitroderivado 硝基衍生物
nitroetano 硝基乙烷
nitrofenol 硝基苯酚
nitrofosfato 硝化磷酸盐
nitrogelatina 硝化甘油炸药
nitrogenado 含氮的，含氮气的
nitrógeno 氮；氮气
nitrógeno activo 活性氮
nitrógeno básico 碱性氮
nitrógeno confinado 固氮
nitrógeno enlazado al combustible 燃料氮
nitrógeno líquido 液氮
nitroglicerina 硝化甘油，甘油三硝酸酯
nitroglicol 硝化甘油溶剂
nitromagnesita 镁硝石
nitrómero 测氮计，测氮管
nitrometano 硝基甲烷
nitrón 硝酸试剂，硝酸灵
nitronaftaleno 硝基萘
nitronaftalina 硝基萘
nitroparafina 硝基烷烃
nitroprusiatos 硝基盐
nitrosamina 亚硝胺
nitrosidad 含硝量
nitrosificación 亚硝化，亚硝化作用

nitrosilo 亚硝酰基

nitroso 硝石的；亚硝的；亚氮的

nitrotolueno 硝基甲苯

nitroxilo 硝酰基

nitruración 硝化作用，硝酸盐化作用

nitruro 氮化物

nitruro de boro 氮化硼

nivación 雪蚀

nivel 水平面，水平线；高度；水平，级别；水平仪

nivelación 平整，拉平；调平，校平；平衡；水准测量

nivel aceptador 承受水平，受主级，接受级

nivel arancelario 关税水平，关税税率水平

nivel base de erosión 侵蚀基准面

nivel básico 基面，基准面

nivel constante 恒定油面，等高面，常度

nivel de aceite 油面，油位

nivel de agua 水位，水平面

nivel de agua estimada en un campo 油田的地下水位

nivel de agua freática 地下水位，潜水面

nivel de agua libre 自由水位，自由水面

nivel de aire 水泡水准器，水泡水平仪

nivel de bajamar 低潮线，低水位线

nivel de banco 水准点高程

nivel de base 基面，基准面

nivel de burbuja 气泡水准仪

nivel de burbuja de aire 气泡水准仪

nivel de caballete 跨式水准器，骑式水准器

nivel de caldera 锅炉水面计，液面计

nivel de carga （高炉）料线

nivel de certeza 确信程度

nivel de comparación 对比水平（标准）；基准面

nivel de confianza 置信水平

nivel de consulta 咨询级别（等级）

nivel de contaminación 污染程度

nivel de cota cero 零点面，基准面；基准液面；零电平；海平面

nivel de equilibrio 平衡面

nivel de erosión local 局部腐蚀程度

nivel de exposición sin peligro 安全剥蚀面，安全剥蚀水平

nivel de exposición sin riesgo 安全剥蚀面，安全剥蚀水平

nivel de fluido 液面，液位

nivel de fondo 本底水平；背景值，背景水平

nivel de guía 基准面

nivel de intervención 干预程度；管制限度（范围）

nivel de líquido 液面，液位

nivel de mano 手持水准仪

nivel de mano de Locke 洛克手持水准仪

nivel de mar 海平面

nivel de marea 潮位

nivel de penetración de la helada 冰冻线，冰冻

最大深度线

nivel de petróleo 油位

nivel de producción 生产水平

nivel de referencia 基准面；基准液面；零电平

nivel de referencia variable 浮动基准面

nivel de ruido 噪声等级；噪声电平

nivel de temperatura 温度等级

nivel de torque positivo 正向扭矩水平

nivel de los tanques con alarma sonora 带声音报警的泥浆罐液面指示器

nivel del mar 海平面

nivel del suelo 地平，地平面

nivel del terreno 地平，地平面

nivel en la presa 池液位，泥浆池液位

nivel estratigráfico 地层基准面

nivel freático 地下水位，潜水面

nivel freático alto 高地下水位

nivel geodésico 大地基准面

nivel hidrostático 静水压头，静水位，流体静力水准仪

nivel hidrostático del agua en la tierra 地下静水压头，地下静水位

nivel local 局部水平，当地水准（等级等）

nivel marino 海平面

nivel máximo 峰值，峰顶面

nivel medio 平均水平，平均水位，平均高度

nivel medio de marea 平均潮位

nivel medio del mar 平均海平面

nivel meseta 坪水平，达到稳定平衡的水平

nivel para aceite 油位表，油量计，油规

nivel piezométrico 测压水位，测压管水位

nivel plomada 铅垂水准器

nivel precedente 本底水平，背景值，背景水平

nivel presupuestario 预算水准

nivel removable 可移动的水准器

nivel telescópico de mano 伸缩式手持水平仪

nivelación 平整，拉平；调平，校平；平衡；水准测量

nivelación por estimación 估算找平

nivelado 找平的，平整的

nivelador 水准测量员；校平器；平地机

nivelador de caminos 筑路机，平路机

niveladora 筑路机，平路机，推土机

niveladora a cuchilla 刮路机

niveladora de empuje angular 斜铲推土机

niveladora-elevadora 升降式平路机

nivelar 检定（某物的）水平；使平整；对（土地）作水准测量

niveles de calidad del agua 水质标准

niveles de tolerancia biológicos 生物忍受底线

niveleta 水平尺，水平仪

nivelímetro 水平仪，水平指示器

nivenita 钇铀矿

nivómetro 雪量器
no lineal 非线性的，非直线的
no linealidad 非线性
nobelio 锘
nobilita 针碲矿
noble （金属）贵重的；（气体）惰性的
noche 夜晚，夜间
nocividad 害处，危险性
nocividad liminal 毒性阈值，引起有害反应的最小计量值
nocividad perniciosa 毒性阈值
noctilucente 夜光的，夜间发光的；生物发光的
nodal 节的，节点的
nodo 交点；结；波节，节点；结点，叉点
nodo terminal 终节点，终端节点
nodriza 供应船，加油车，加油飞机；（汽车的）给油器，加油器
nodulación 小结露头；小结形成
nodular 小结的，小节的，有结的
nódulo 矿物学结核，岩球，矿瘤；球结节
noduloso 有小结节的；小块的
noemulsionable 不可乳化的
nogal 胡桃树；胡桃木；胡桃色
nolascita 砷方铅矿
nolita 铌钇铀矿
NOM (número de octano motor) 马达法辛烷值
nombre 名字；名称，名号
nombre común 普通名称，非专有名称
nombre de fábrica 厂商名称，制造厂名
nombre registrado 注册名（商标）
nomenclatura 术语（表）；品名表，目录，汇编
nómina 名单，名册；工资单；工资；编制
nómina de pago 工资单，工资表
nominal 标定的，额定的，名义上的；票面上的
nomografía 图算法
nomógrafo 列线图，诺模图，图解
nomograma 列线图解，计算图表
nonacontano 九十烷
nonacosano 二十九烷，二十九碳烷
nonadecano 十九烷，十九碳烷
nonadieno 壬二烯
nonadiino 壬二炔
nonágono 九边形
nonano 壬烷
nonatriacontano 三十九烷
nonenino 壬烯炔
noneno 壬烯
nonilo 壬基
nonino 壬炔
nonio 游标，游标尺
nonio de aceite 油尺
nonosa 壬糖
nontronita 绿脱石

no-nulo 非零值
nordeste 东北；东北风
nordeste cuarta al este 东北偏东
nordeste cuarta al norte 东北偏北
nordmarquita 英碱正长岩
noria 水车；机井
noria descargadora 卸载传送机
noria estibadora 移动式输送机
norita 苏长岩
norma 标准，规范，规格；范数
norma aplicable 适用标准（规范）
norma aplicada 采用的标准
norma Briggs 勃瑞格斯标准
norma coercitiva 强制执行的标准（规范）
norma de aplicación futura 未来将执行的标准，前瞻性的规范
norma de calidad 质量标准
norma de calidad ambiental 环境质量规范
norma de consumo 消费标准
norma de emisión 排放标准（规范）
norma de escala 定标法则
norma de seguridad 安全规则，安全规章，安全制度
norma de seguridad portuaria 港口安全规则
norma de trabajo 工作规程
norma financiera 财务标准
norma Nace 美国腐蚀工程师协会 NACE 标准
normal 正常的；正常的；（线）正交的，垂直的；垂直线，法线
normal óptico 光轴然线
normalidad 常态，标准状态，正规性；当量浓度
normalización 标准化，规范化；正常化
normalizador 正规化部件，标准化部件；正规化者；正规化子
normalizador de superficies （汽车）表面凹痕修复器
normalizar 使标准化；使正常化
normalizar circulación 建立循环
normas de actuación sobre seguridad 安全行动规则
normas de emsión cero 零排放标准（规范）
normas de protección radiológica 防辐射标准
normas ecológicas 生态保护规则
normas en materia de efluentes cloacales 污水排放标准（规定）
normas internacionales 国际惯例
normas ocupacionales de salud y seguridad 职业健康和安全规定
normativa 规范，标准
normativo 规范性的，标准的
nornordeste 东北北；东北北风
nornoroeste 西北偏北；西北偏北风
nornorueste 西北北；西北北风

roeste　西北；西北风
ororiente　东北；东北风
norte　北，北方，北部；方向，目标；北的，北方的
norte geográfico　地理北，真北，地理北方
norte magnético　磁北
norte verdadero　真北
Norteamérica　北美洲
nórtico　北方的
nortupita　氯碳酸钠镁石
noseana　黝方石
noselita　黝方石
nosofeno　碘酚酞
nota　记号；注解；便条；记录，摘录；票据，借据；备忘录
nota adhesiva　便签纸
nota de embarque　装船通知
nota de precios　价格清单
notación　记录；注解；标记，记号，符号；标记法
notación decimal　十进位数法
notación química　化学记号法
notaría　公证人职务；公证处，公证人事务所
notarial　公证人的
notario　公证人
noticia　消息，新闻，报道
notificación　通知书，通知单，通告，布告；照会
notificación de reclamación　索赔通知
notificar　通知，通告，通报
novaculita　均密石英岩
novato　初到的，无经验的；新手
NPA (nitrato de peroxiacetilo)　硝酸过氧化乙酰
nube　云；云状物；大片，大群
nube ardiente　炽热火山灰云，火山灰流
nube de cenizas volcánicas　火山灰云
nube electrónica　电子云
nube ionizada　离子云
nube nacarada　贝母云，珠母云
nube noctiluminosa　贝母云，珠母云
nublado　被云遮盖的，多云的；阴沉的
nubosidad total　总云量，云的覆盖总量
nucleación　成核作用，成核现象，核晶过程
nucleador de pared　井壁取心器
nuclear　原子核的，核子的，核心的，中心的
nucleinato　核酸盐
núcleo　核；原子核；细胞核；地核；岩心
núcleo aromático　芳香环，芳基核
núcleo atómico　原子核
núcleo celular　细胞核
núcleo continental　陆核
núcleo continuo　连续岩心
núcleo convencional　常规取心
núcleo cristalino　晶体核

núcleo de aire　空气心，空心
núcleo de cable　电缆芯
núcleo de cáñamo　（钢缆的）麻芯
núcleo de cristal　晶核
núcleo de exfoliación　叶片剥落漂砾
núcleo de ferrita　铁芯
núcleo de henequén　（钢缆的）麻芯
núcleo de imán　磁（铁）芯
núcleo de la formación　地层岩心
núcleo de la Tierra　地核
núcleo de material sedimentario　沉积岩心
núcleo de pared　井壁取心
núcleo de perforación　岩心
núcleo de un átomo de helio　阿尔法射线
núcleo de un tornillo　螺钉铁芯
núcleo del cono de la nariz (ojiva)　鼻锥罩，整流罩
núcleo del inducido　电枢铁芯
núcleo desmenuzado　压溃纸管芯
núcleo en el cable de acero　钢丝绳芯
núcleo granítico　花岗岩心
núcleo independiente de cable de acero　独立钢丝绳芯
núcleo lateral　井壁取心
núcleo magnético　磁心
núcleo orientado　定向取心
núcleo volcánico　火山核心
núcleos de Aitken　艾肯粒子
núcleos de las paredes laterales del pozo　井壁取心
núcleos de sondeo　岩心
núcleos encamisados　加套的岩心
nuclido　核素，原子核素
nudo　结；联结，联系；节点；交接点
nudo ciego　死结
nudo corredizo　活结
nudo de corbatín　单套结
nudo de rizo　平结
nudo en la guaya　钢丝绳扭结
nulivalente　零价的；不起反应的，不活泼的
nulo　无效的，无用的；等于零的
numeíta　硅镁镍矿
numeración　数，计数，计算；计数法；编号
numeración arábiga　阿拉伯计数法
numeración binaria　二进制数字
numeración decimal　十进制计数法
numeración romana　罗马计数法
numerador　计数器，号码机；分子
numeradora　计数器
número　数目，数字，数量；号数，号码，卷号；序数
número aleatorio　随机数
número arábico　阿拉伯数字
número atómico　原子数，原子序数

número autoverificador 自检数，自检验数

número Avogrado 阿弗加德罗常数

número característico 特征数

número cetano 十六烷值（柴油质量测定标准）

número complejo 复数

número de accidentes 事故数量

número de ácido 酸值

número de acres 准许的油气勘探区域面积

número de bloque 成组传送号，批号

número de bromo 溴值

número de cetano 十六烷值

número de cobre 铜价

número de control del documento 文件管理编号

número de días sin accidente 安全生产天数，无事故天数

número de elasticidad 泊松比；弹性常数

número de emboladas 泵冲数

número de emulsificación a vapor 蒸汽乳化值，英语缩略为 SE（Steam Emulsification）

número de emulsificación con vapor 蒸汽乳化值

número de identificación personal (PIN) 个人密码，个人身份识别号，英语缩略为 PIN（Personal Identification Number）

número de luminométro 辉光值（航空煤油质量指标）

número de malla 筛号，网号，网目数

número de octano 辛烷数，辛烷值

número de octano de laboratorio 实验室辛烷值

número de octano motor (NOM) 马达法辛烷值

número de octano natural 自然辛烷值

número de octano sin agregados 无添加辛烷值

número de oxidación 氧化值

número de oxidación de aceite 油氧化值

número de registro 登记号，注册号

número de Reynolds 雷诺数，雷诺兹数

número de serie 序数，编号，序列号，系列号

número entero 整数

número impar 奇数

número irracional 不尽根数，无理数

número ordinal 序数

número par 偶数

número primero 质数，素数

número racional 有理数

número redondo 含零整数，约整数

numulítico 货币虫的，货币虫属的

nunatak 冰原岛峰

nusierita 钙磷铅矿

nutriente 营养的；养分，养料

O

O ring　O 形密封圈

oasis　绿洲

obcomprimido　倒扁形的

obducción　（板块冲撞时引起的）爬叠

obducido　仰冲的

objeción　反对，异议；缺点，缺陷，障碍，妨碍

objetivación　客观情况，客观性质

objetivo　物镜，镜头；目的，对象；客观的

objetivo acromático　消色差透镜

objetivo anastigmático　消像散透镜，消像差透镜

objetivo apocromático　复消色差透镜

objetivo catadióptrico　反（射）折射物镜

objetivo de calidad　质量目标

objetivo de cámara　照相机镜头

objetivo de distancia focal variable　变焦镜头

objetivo de foco fijo　定焦点透镜

objetivo de inmersión　浸没物镜

objetivo de proyección　投影镜头

objetivo de un microscopio　显微镜的物镜

objetivo gran angular　广角镜头

objetivo zoom　可变焦距镜头

objeto　物体，物品，标的物；对象，客体

objeto del contrato　契约对象，合同标的物

objeto virtual　虚物

oblea　晶片

oblicuamente　斜地，倾斜地，斜着，斜方向地

oblicuángulo　斜角的

oblicuidad　倾斜，斜交；斜度，倾角

oblicuo　斜的，倾斜的；非垂直的，不成直角的

obligación　责任，义务；债务，债券，借据

obligación a la vista　即期债券

obligación a largo plazo　长期债券

obligación a pagar　应付票据

obligación civil　民事责任

obligación comercial　商业票据

obligación con garantía　担保债券

obligación convertible　可兑换债券

obligación de banco hipotecario　抵押银行债券

obligación de interés fijo　固定利息债券

obligación de perforar　钻井职责

obligación de probar　举证责任

obligación del Tesoro　国库券

obligación en mora　拖欠债务

obligación eventual　或有负债

obligación externa　国外债券

obligación mancomunada　共同责任

obligación natural　自然责任

obligación redimible　通知即付的债券

obligación solidaria　连带责任

obligacionista　债券持有人

obligado　应承担的，负有…义务的；债务人

obligante　强制性的，应尽的，必须履行的

obligatoriedad　强制性，约束性

obligatorio　义务的，强制的，有约束力的；债权人

oblongo　长方形的，椭圆形的，长椭圆形的

oboe　双簧管；阿波系统，无线电导航系统

obra　行动，实践；（劳动）成果；著作，作品；工程，建筑工程

obra accesoria　辅助工事

obra de hierro　铁工，铁工作业

obra de infraestructura　基础设施工程

obra de madera　木工，木工作业

obra de manos　手工工程，人力工程，手工制品

obra en curso　在建工程

obra hidráulica　水利工程

obra maestra　杰作；代表作

obra pública　公共事业，公益事业

obra social　社会福利事业

obra vial　道路施工（常见于禁止车辆通行的告示牌）

obrero　工人，劳动者；工人的，劳工的

obrero ambulante　流动工人

obrero ayudante　助理工，帮工

obrero calificado　合格工人，有资质的工人

obrero de piso　钻台工

obrero de taladro　钻工，钻台工

obrero de turno　轮岗工

obrero diestro　熟练工，技工

obrero itinerante　巡回工，巡游工，巡线工

obrero jubilado　退休工人

obrero no calificado　不合格的工人

obrero no especializado　不专业的工人

obrero operador de tenazas　外钳工，钳工

obrero sondista　钻工

obrero veterano　老工人，有经验的工人，经验老练的工人

OBS（sismómetro situado en el fondo marino）海底检波器，海底地震仪，英语缩略为 OBS（Ocean Bottom Seismometer）

obscurecer　使变暗，使变黑；变阴，变暗

obscuro　黑暗的；深色的；模糊的；阴影；深色，暗色

observación 观察，观测；监视；意见，建议；批注；遵守
observación de péndulo 摆仪观测
observación gravimétrica 比重观测
observación instantánea 即时观测
observación macroscópica 宏观观察
observación preventiva 预防性观察
observación sísmica 地震监测
observación visual 目视观察
observador 观测员，观察员
observador de sismógrafo 地震仪观测员，地震检波器观测员
observador sísmico 地震观测员，地震观察器
observar 观察，观测；监控，监视
observatorio 观测台；天文台；气象台
observatorio de marea 验潮站
observatorio magnético 地磁台，地磁观测台
observatorio sismológico 地震观测台
obsidiana 黑曜岩
obstaculización 妨碍，阻碍，堵住
obstaculizado 阻碍的，妨碍的
obstáculo 障碍物；阻碍，障碍
obstante 妨碍的；相对立的
obstrucción 阻塞，堵塞，淤塞，阻挠，梗阻
obstrucción en el hoyo 井筒堵塞，井内阻塞；油井桥堵
obstruir 阻塞，堵塞，淤塞；阻挠，阻挡
obtención 获得，取得，得到
obtención de datos 数据收集，数据采集，数据录取
obtención de fondos 筹集资金
obtención de núcleos rescatados 取心，岩心收获，岩心获得
obtención de testigos 收集证据；取样
obtener máximo provecho 最优化，最佳化，获取最大好处
obtener máximo rendimiento 获取最大好处，获取最大利益
obturación 堵塞，封闭
obturación accidental total o parcial de un pozo 油井桥堵
obturación gaseosa 气栓，气塞
obturación por gas 气栓，气塞
obturado por aire 气封的；气密的
obturador 闭塞器，密闭件，气密装置；快门
obturador antierupción 防喷器
obturador anular 环形封隔器
obturador combinado 综合封隔器，多用封隔器
obturador con empaques espaciados 隔离式堵塞器
obturador de empaque 封隔器，填塞器
obturador de fluido 流体封隔器
obturador de flujo 流体封隔器

obturador de grasa 滑脂油封
obturador de la tubería de producción 油管封隔器
obturador de la tubería de revestimiento 套管封隔器
obturador de mercurio 水银开关
obturador de pared 井壁封隔器，井壁堵塞器
obturador de producción 生产封隔器，采油封隔器
obturador de tubería 管道封堵器
obturador del verificador del contenido de una formación 地层测试器封隔器
obturador doble 双管封隔器
obturador inflable 膨胀式封隔器
obturador para pozos a dos zonas 双层完井封隔器
obturar 塞，堵，堵塞，封闭
obturar con lodo 用泥封堵，用泥浆封塞
obturar la formación 堵塞地层；封堵地层
obturar una venida de líquido por medio de lodo 泥封
obtusángulo 钝角的
obtuso 钝的，不尖的，不快的，不锋利的
obvención （工资以外的）额外所得；津贴，补贴
obvencional 额外所得的，补贴的
ocasión 机会，时机；场合，时节；原因，理由
ocasional 偶然的，意外的；临时性的
occidental 西方的，西部的
Occidental de Hidrocarburos Company (OXY) 美国西方石油公司
occidente 西，西方；西半球；西方世界
Oceanía 大洋洲
oceánico 海洋的，大洋；大洋洲的
océano 海洋，洋
Océano Atlántico 大西洋
Océano Boreal 北冰洋
Océano Glacial Ártico 北冰洋
Océano índico 印度洋
Océano Pacífico 太平洋
océano profundo 深海
oceanografía 海洋学
oceanográfico 海洋学的，海洋事业的
oceanógrafo 海洋学家，海洋工作者，海洋学者
oceanología 成因海洋学，海洋开发技术
ocímeno 罗勒烯
ocioso 无效的，无用的；闲置的，闲散的
ocluido 闭塞的，闭合的，吸留的
ocluir 使闭塞，梗塞，堵塞，吸藏，吸留
oclusión 闭塞，闭合（症），堵塞；吸留（现象）
ocre 赭石；赭色，黄褐色
ocre amarillo 赭色矿土
ocre antimonio 黄锑矿
ocre calcinado 焙烧赭石
ocre de molibdeno 钼华

ce de plomo 铅黄

cre de tungsteno 黑钨矿

ocre quemado 焙烧赭石

ocre rojo 红赭石

ocre tostado 焙烧赭石

ocre túngstico 黑钨矿

ocréaceo 赭石色的；赭石质的

ocrocloro 淡黄绿色的

ocroso 含赭石的，赭石质的；似赭石的，赭石色的

octacontano 八十烷

octacosano 二十八烷

octadecano 十八烷

octadeceno 十八烯

octadieno 辛二烯

octaedrita 锐钛矿，八面石

octaedro 八面体

octaedro regular 正八面体

octagonal 八边形的

octágono 八边形

octal 八脚管座

octanaje 辛烷值

octanaje de carretera 道路法辛烷值，行车辛烷值

octanaje de investigación (RON) 研究法辛烷值，英语缩略为 RON (Research Octane Number)

octanaje del motor (MON) 马达法辛烷值，英语缩略为 MON (Mechanical Octane Number)

octanal 辛醛

octano 辛烷

octano de mezcla 混合辛烷值

octanol 辛醇

octante 八分圆；八分体

octatriacontano 三十八烷

octatrieno 辛三烯

octeno 辛烯

octilamina 辛胺

octilbenceno 辛基苯

octileno 辛烯

octilfenol 辛基苯酚

octílico 辛基的

octilo 辛基

octino 辛炔

octodo 八极管

octogonal 八角形的；八边形的

octógono 八角形的；八边形的；八角形，八边形

octopolar 八极的

octosas 辛糖

octosexdecimal （晶体）双八面金字塔形的

octovalencia 八价

octovalvo 八阀的

ocular 眼睛的；视觉的；用眼睛的；凭视觉

的；目镜

ocular de inversión 倒像目镜

ocular del alza 瞄准镜

ocular micrométrico 目镜测微计，目镜微尺

ocular ortoscópico 无畸变目镜

ocular prismático 棱镜目镜，棱柱目镜

ocultación 掩星；掩蔽；隐藏

ocultador 隐藏者；隐瞒者；遮光黑纸，遮光框

oculto 隐藏的，隐蔽的；秘密的；不公开的

ocupación 工作，事务；职业；就业；（对土地的）占有；占有率

ocupaciones secundarias 副业

ocupado 被占用的，被占领的；忙碌的；正使用的

ocupar 占据，占用；雇佣；从事，致力于，忙于

ocurrencia （发生的）事情，（偶发）事件；发生，出现

ODECA (Organización de Estados Centroamericanos) 中美洲国家组织

odógrafo 航线记录仪；计步器；里程表

odoliógrafo 路面滑度记录仪

odoliometría 路面滑度测量法

odometría 里程测量法，计程法

odómetro （汽车的）里程表，计程器；计步器；（飞轮、叶轮、传动带等的）转速（数）测量仪

odontolita 齿绿松石；齿胶磷矿，蓝铁染骨化石

odorante 有香味的，芬芳的；添味剂，加嗅剂

odorante azufrado 含硫添味剂

odorífero 芬芳的，有香味的

odorífico 芬芳的，有香味的

odorimetría 气味测量法

odorímetro 气味测量仪

odorización 天然气加臭，天然气加臭处理

odorizante 气体增味剂

OEA (Organización de Estados Americanos) 美洲国家组织

oerstita 钴钛合金钢

oesnoroeste 西北偏西；西北西（正西以北22°30′）

oesnorueste 西北偏西；西北西（正西以北22°30′）

oessudoeste 西南偏西；西南西（正西以南22°30′）

oessudueste 西南偏西；西南西（正西以南22°30′）

oeste 西，西部；西风；西方；西方国家

oeste cuarta al norte 西偏北，西微北

oeste cuarta al sudoeste 西偏南

oeste del norte 北偏西

oestesudoeste 西南偏西

oestriol 雌三醇

oesudoeste 西南偏西；西南西（正西以南 22° 30′）

oesuduoeste 西南偏西；西南西（正西以南 22° 30′）

ofelimidad 利润

oferente 发盘人，报价人，提供者；提供的；报价的

oferta 允诺，许诺；发盘，报盘，报价，投标；减价商品

oferta de duración ilimitada 无限期报价

oferta de exportación 出口报价

oferta en firme 实盘

oferta revocable 虚盘

oferta sellada 密封报价

ofertante 投标人，出价人

ofertor 投标人，提供者

oficalcita 蛇纹大理岩

oficial 官员，职员，行政人员，公务员；官方的，正式的；公务的，公职的

oficial de aduanas 海关官员

oficialía mayor 办公厅；（主任属下的）办公厅全体职员

oficialidad 军官；官方性，正式性

oficialización 官方化，正式化

oficina 办公室，办事处，事务所，营业处，部，署，局，所，处

oficina comercial 商务处

oficina de cambio 兑换所

oficina de campo 现场办公室，现场队部，野外队队部

oficina de compra 采购部

oficina de correos 邮局

oficina de empleo 就业办公室

Oficina de Información de Energía 能源信息管理局

oficina de información 新闻处

oficina de informes 问询处

oficina de objetos perdidos 失物招领处

oficina de patentes 专利局

oficina de pubilicidad 广告部

oficina de representación 代表机构，代表处

Oficina Internacional del Trabajo 国际劳工局

Oficina Nacional de Control del Trabajo 国家劳工局

oficina principal 总社局，总社公司，总社店

oficina receptor 接待处

oficinista 办事员，事务员，职员

oficio 职业；行业；作用，功能；职务；公文，公函

oficio de escribano 公证员职业；公证处

ofiolita 蛇绿岩

ofita 纤闪辉绿岩

ofítico 辉绿岩结构的，辉绿状的

ofrecedor 提供…的（人）；报价的（人）；发盘的（人）

ofrecer 提供；出价，发盘；自告奋勇做…

ofrecido 受盘人

ofrecimiento 给，提供；出价，报价；许诺，允诺；许愿

ofrenda 贡献，捐献，赠礼；礼品，赠品

ofrendista 贡献的；捐献的；贡献者，捐献者

oftalmita 眼球混合岩

ohm 欧姆，欧电阻单位

ohm-centímetro 欧姆/厘米

óhmetro 欧姆计，电阻表，欧姆表

óhmico 欧姆的，电阻的

ohmímetro 欧姆表，电阻表

ohmio 欧姆，欧电阻单位

ohmio-metro (Ohm/m) 欧姆/米，欧姆米，欧姆米电阻率单位

ohmio-pie 欧姆/英尺，欧姆—英尺

ohmio-pulgada 欧姆/英寸，欧姆—英寸

OHTC (coeficiente total de transmisión de calor) 总传热系数，英语缩略为 OHT (Overall Heat Transfer Coefficient)

OIC-AGAAC (Organismo Internacional de Comercio-Acuerdo General sobre Aranceles Aduaneros y Comercio) 国际贸易机构—关税及贸易总协定

OICE (Organización Interamericana de Cooperación Económica) 美洲经济合作组织

OICI (Organización Interamericana de Cooperación Internacional) 美洲国际合作组织

OIPN (Oficina Internacional de Protección de la Naturaleza) 国际自然保护组织

oisanita 锐钛矿

OISS (Organización Iberoamericana de Seguridad Social) 拉丁美洲社会保障组织

OIT (Organización Internacional de Trabajo) 国际劳工组织

ojal 眼儿，小孔，小洞；（吊索头上的）环扣；（丝线上打成的）环结

ojal para cable de acero 钢丝绳绕扎环

ojillo de platillo 眼板

ojillo para levante 吊耳，吊眼

ojillo roscado 环首螺母

ojo 眼睛，眼力，眼状物；孔，洞；环

ojo catódico 光电管，电眼

ojo de agua 冰面水穴，水眼，（平原上的)泉眼

ojo de émbolo 活塞孔

ojo de encapilladura 支索端眼环

ojo de gato 猫眼石

ojo de gato oriental 金绿宝石

ojo de llave 键槽

ojo de patio 天井

ojo de puente 桥洞，桥孔

ojo giratorio oblongo y grillete invertido 椭圆形可旋转钩环和上部锚环总成

okenita 水硅钙石

ola 波，浪，波涛；气流；浪潮，潮流

ola de calor 热气流

ola de fango 泥浆波，泥浆波测井

ola de frío 冷气流，寒流

ola de marea 潮波（潮汐绕地球运动时造成的水位升降）

ola pequeña en el agua 波纹，波痕，细浪，涟漪

ola sísmica marina 地震海啸，津浪，海啸

OLADE (Organización Latinoamericana de Energía) 拉丁美洲能源组织

oldamita 陨硫钙石

oleaginosidad 油质，油性；含油性

oleaginoso 含油的，产油的，油质的

oleanol 油醇；石竹酸

oleario 含油的；油质的，油性的，油状的

oleasterol 橄榄油甾醇

oleato 油酸根，油酸盐，油酸酯

oledero 有气味的

oledor 有气味的，散发气味的

olefiante 成油的，生油的

olefinación 烯化作用，成烯作用

olefinas 烯，烯属烃，烯族烃

olefinas gaseosas 气态烯烃

olefinas no convertidas 未转化烯烃

olefínico 烯的，烯族的，烯属的，烯烃族的

oleico 油的，油酸的

oleiducto 输油管道，输油管，石油管道

oleífero （植物）含油的，油料的

oleiforme 油样的，油状的

oleína 油精，三油酸甘油酯

olénidos 突刺三叶虫属

oleno 石三叶虫属

óleo 油压，油液

óleo ligero 轻油

oleobalsámico 油香树脂的

oleocreosota （在油酸中的）木溜油

oleodinámica 微动力学，微动作用

oleodinámico 微动力的，微量活动的

oleoducto 输油管道，输油管，石油管道

oleoducto afluente 集油支线

oleoducto costafuera 海上原油集输管线

oleoducto de producción 生产输油管

oleoducto de salida 外输输油管

oleoducto de servicio público 公共服务输油管

oleoducto de superficie 地面输油管，地上输油管

oleoducto distribuidor 分配管线，分配输油管线

oleoducto enterrado 埋地管道

oleoducto entrecruzado 交叉输油管，交织输油管

oleoducto móvil de servicio 起落管，油罐起落管

oleoducto para petróleo crudo 原油管线，原油输送管线

oleoducto para productos refinados 炼化产品输油管，精炼产品输油管

oleoducto para productos terminados 成品油管道

oleoducto submarino 海底管道，水下管道，海中管线；海底输油管

oleoducto tributario 集油支线

oleoducto troncal 总管线，管道干线

oleometría 油比重测量术，含油率测量术

oleómetro 油比重计，油量计，验油计

oleonafta 石脑油，粗汽油

oleopalmitina 油棕榈酸盐，油酸软脂酸盐

oleoplasto 造油体，成油体，油粒

oleopteno 玫瑰醋，油磄，挥发油精

oleorresina 含油树脂，含油松脂

oleorresinoso 含油树脂的

oleosidad 含油性，油质

oleoso 含油的，多油的，似油的，油质状的

óleum 发烟硫酸

olfato 嗅觉；精明，洞察力

oligisto 结晶赤铁矿

oligisto micáceo 云母赤铁矿

oligisto rojo 赤铁矿，红铁矿

oligoceno 渐新世，渐新统；渐新世的，渐新统的

oligoclasa 奥长石

oligocontaminantes 微量污染物

oligocontaminantes tóxicos 有毒微量污染物

oligodinámica 微动力学；微动作用；微量活动

oligoelementos 少量元素；微量元素

oligogas 微量气体，痕量气体

oligonita 菱锰铁矿

olivenita 橄榄铜矿

olivillo 橄榄树脂素

olivina 橄榄叶素

olivino 橄榄石

olla 锅；（河流的）旋涡

olla a presión 高压锅

olla de lava 熔岩坑

olla glacial 冰川瓯穴

ollao （帆等上面的）索孔

olmo 榆树，榆属

olor 气味，臭气，香气

olor acre 剌鼻的气味

olor atípico 反常气味，异味

olor desagradable 臭味，难闻的气味

olor picante 刺激性气味，刺鼻的气味

olor repulsivo 令人恶心的气味，令人反感的气

味

olor resinoso 树脂香
ombraculiforme 伞形的，伞状的
ombrífero 成雨的，带雨的
ombrofilia 适雨性，喜雨性
ombrófilo （植物）适雨的，喜雨的
ombrófobo （植物）嫌雨的，避雨的
ombrografía 雨量测定法
ombrograma 雨量图
ombrología 测雨学
ombrometría 雨量测定术
ombrómetro 雨量器，雨量计
OMC（Organización Mundial del Comercio）
　世界贸易组织
omegatrón 真空管余气精密测量仪；高频质谱
　仪，回旋质谱仪
OMI（Organización Marítima Internacional）
　国际海事组织
OMIC（Organización Marítima Internacional
　Consultiva） 国际海事咨询组织
omisión 遗漏，忽略；疏忽，失职，纰漏；省
　略，删去
omisión de capas 地层缺失，岩层缺失
omisión de estratos 地层缺失，岩层缺失
OMM（Organización Meteorológica Mundial）
　世界气象组织
ómnibus 公共汽车；普通客车，慢车
omnidireccional 全向的，无定向的，不定向的
omnipotente 全能的，万能的
omnirange 全向信标，全向导航台，全程，全
　方向
omnirradiofaro 全向船只通讯电台，全向无线
　电指示台
omnitrón 全能加速器
ómnium 多种经营公司
OMS（Organización Mundial de la Salud） 世
　界卫生组织
OMT（Organización Mundial del Trabajo） 国际
　劳工组织
OMT（Organización Mundial del Turismo） 世
　界旅游组织
oncosina 杂云英石
onda 波纹，波浪；波，周波；振动；波状物
onda acústica 声波
onda aérea 空气波，气波
onda alfa α 波
onda amortiguada 阻尼波，减幅波
onda apriódica 非周期波
onda canalizada 被导波，循轨波
onda centimétrica 厘米波
onda central 中心波
onda completa 全波
onda compresional 压缩波

onda continua 连续波，等幅波
onda corta 短波
onda cuasióptica 准光波
onda de aire 空气波，气波
onda de amplitud máxima 最大振幅波
onda de canal 槽波，通道波，河道波
onda de choque （高速移动的物体或爆炸引起
　的）冲击波
onda de cizalla 剪切波，切变波
onda de cizallamiento 剪切波，切变波
onda de compensación 补偿波，负波
onda de compresión 压缩波
onda de compresión incidente 入射压缩波
onda de condensación 收缩波
onda de corte 剪切波，切变波
onda de dilatación 膨胀波
onda de espacio 空间波
onda de expansión 膨胀波
onda de explosión 爆炸波，冲击波，爆炸冲击
　波
onda de largo período 长周期波
onda de luz 光波
onda de marea 潮波
onda de oscilación 振荡波，振动波
onda de radio 无线电波
onda de rarefacción 稀疏波
onda de Rayleigh 瑞利波，地滚波
onda de refracción 折射波
onda de reposo 间隔波
onda de señal 信号波
onda de tierra 地波
onda de trabajo 信号波
onda deformada 失真波
onda dicrótica （降线）重脉波；反冲波
onda dirigida 被导波，循轨波
onda elástica 弹性变形波，弹性波
onda eléctrica 电波
onda electromagnética 电磁波
onda electrónica 电子波
onda estacionaria 驻波，定波
onda etérea 以太波，电磁波
onda explosiva 爆炸波，冲击波
onda extracorta 超短波
onda gigante 超长波
onda gravitacional 引力波
onda hertziana 赫兹波，电磁波，无线电波
onda incidente 入射波
onda indirecta 间接波
onda inducida 感应波
onda infrasonora 次声波
onda inversa 反向波，反射波，回波
onda ionosférica 电离层反射波
onda L 长波

O

onda larga　长波，长浪
onda lateral　边波
onda libre　自由波
onda limítrofe　界面波
onda longitudinal　纵波
onda Love　乐甫波，拉夫波
onda luminosa　光波
onda magnética transversal　横磁波
onda magnetohidrodinámica　磁流体动力波，磁流体波
onda media　中波
onda milimétrica　毫米波
onda normal　正激波
onda nuclear　核波
onda P (sismología)　（地震学中的）初波；P 波
onda periódica　周期波
onda piloto　导频波
onda plana　平面波
onda plana de dilatación　平面膨胀波
onda portadora　载波
onda portante　载波
onda precursora　首波，前波，顶头波
onda precursora sísmica　地震首波
onda predicrótica　重脉前波
onda primaria　初波，初始波
onda pulsátil　脉波
onda radioeléctrica　无线电波，电磁波
onda reflejada　反射波
onda refractada　折射波
onda refractiva　折射波
onda S　S 波，次波
onda secundaria　S 波，次波
onda seismo Rayleigh　瑞利波，地滚波
onda simple　简单波
onda sinusoidal　正弦波
onda sísmica (seísmica)　地震波
onda sónica　声波
onda sonora　声波
onda superficial　表面波，面波，界面波，地面波
onda telúrica　地波
onda transmisora　载波
onda transversal　横波
onda transversal incidente　入射横波
onda transversal secundaria　横向次波
onda ultracorta　超短波
onda ultrasónica　超声波
ondado　波纹状的，波纹形的
ondámetro　波长计
ondámetro de absorcividad　吸收式波长计
ondeado　波动的；波状物
ondeante　波动的，摆动的，波浪起伏的
ondeo　飘动，飘荡，飘扬，高低起伏

ondículas　子波，小波，成分波，弱波
ondímetro　波长计
ondógrafo　电容式波形记录器，高频示波器
ondometría　波形测量法
ondométrico　测波的，波形测量的
ondómetro　测波器，波形测量器
ondorio　短波放射治疗器
ondoscopio　辉光管振荡指示器，示波器
ondoso　有波纹的，波动的，起伏的
ondulación　波动，起伏；波浪形，波纹，波度
ondulación periódica　周期性波动
ondulado　有波纹的，起伏的，波纹形的，波浪式的
ondulador　波纹机，波动器，变直流电为交流电的转换器；时号自记仪
ondulante　波浪形的，波状的，波纹形的
ondulatorio　波动状，起伏的；波浪形的，波纹形的
onegita　针铁矿
onfacita　绿辉石
ónice　缟玛瑙，石华
ónique　缟玛瑙，石华
ónix　缟玛瑙，石华
onoflita　硒汞矿
ooide　鲕粒，鲕石
oolita　鱼卵石，鲕状岩，鲕石
oolítico　鲕状的，鱼卵状的，鲕粒的；由鱼卵石构成的
oolito　鱼卵石，鲕状岩，鲕石；钙化卵
oosita　褐块云母，褐红云母
oozo　软泥，海泥
opacidad　不透明，不透光性，蔽光性
opacidad del humo　烟雾的阻光度
opacificación　乳蚀化，乳蚀作用；乳蚀状
opacímetro　显像密度计，暗度计，乳蚀度计
opaco　不透明的，不透光的，无光泽的
OPAEP (Organización de Países árabes Exportadores de Petróleo)　阿拉伯石油输出国组织 OAPEC，（阿拉伯石油输出国组织）
opalescencia　乳光，乳白色；蛋白石光泽，乳光
opalización　乳白化
ópalo　蛋白石
ópalo de fuego　火蛋白石
ópalo ferruginoso　铁蛋白石
ópalo girasol　青蛋白石
ópalo noble　贵蛋白石
opción　选择，任选，选择权
opción de compra del petróleo　石油选购权
opcional　任选的，可供选择的，可自由选择的；非强制的
opeidoscopio　声音图像显示仪
OPEP (Organización de Países Exportadores de Petróleo)　石油输出国组织

operabilidad 可操作性

operable 可操作的，可运作的；可实行的，切实可行的

operación 操作，施工，运营，作业；运转，运行；运算；营业，交易；手术

operación a cielo abierto 露天作业

operación a plena capacidad 满负荷运行，满发

operación aritmética 算术运算

operación asíncrona 异步操作

operación auxiliar 辅助操作

operación bancaria 银行业务

operación bursátil 交易所业务，交易所交易

operación comercial 商业活动，买卖

operación con entrega inmediata 现货交易

operación de bombeo 抽汲作业，泵送作业

operación de cambio 外汇业务

operación de campo 现场作业，油田作业

operación de cementación de fondo 井底堵封作业

operación de cementación forzada 挤水泥作业

operación de completamiento 完井作业

operación de corrientes en el mismo sentido 平行电流作业，顺流作业

operación de depuración 放喷洗井作业，清污作业

operación de elaboración 处理作业，加工作业

operación de empaquetar 充填作业

operación de envasar 充填作业

operación de giro 票据划汇

operación de mezclado 混合作业

operación de pesca 打捞作业

operación de pistoneo 抽汲作业，抽吸作业

operación de rehabilitación 修复作业，修井作业

operación de revestimiento 下套管作业

operación de soldadura 电焊作业，焊接作业

operación de trueque 易货交易

operación de una unidad 运行一个机组，运行一个单元

operación desleal 无信用的交易

operación en coma flotante 浮点运算

operación en contracorriente 逆流操作，逆流作业

operación en efectivo 现金交易

operación en paralelo 并行操纵，并联运行，并行操作，并联运转

operación en punto flotante 浮点运算

operación ficticia 虚市贸易

operación hedging 套头交易

operación inicial 初始操作，试钻，试车

operación matemática 数学运算

operación mercantil 买卖活动

operación militar 军事行动

operación por tandas 分批操作

operación segura 安全作业

operación térmica 热操作；热力运行

operación trigonométrica 三角运算

operaciones de aduana 出口结关，海关放行

operaciones de exploración y producción (E&P) 勘探开发作业

operaciones de investigación 勘查作业

operaciones invisibles 无形交易

operaciones portuarias 港口业务

operado a impulsión hidráulica 液压操作的，液压作业的

operado hidráulicamente 液压操作的，液压作业的；水力操作的

operado por botonera a presión 按键操作的，按钮操作的

operador 操作员；（股票或商品等的）经纪人；油田操作工；油田作业公司

operador de acería 炼钢车间工，炼钢工

operador de máquina 机工，机械师

operador de montacargas 叉车操作手，叉车司机

operador de MWD MWD（随钻测量）操作手

operador de oleoducto 输油管道调度员

operador de sismógrafo 地震仪操作工

operado por botonera a presión 按键操作的，按钮操作的

operando 运算域，运算数，基数

operante 工作的，操作的，运转的；起作用的，有效力的

operar 动手术；操作，经营，管理；行动

operar en paralelo 并行操纵，并联运行，并联运转

operar en serie 串联运行，串行操作

operario 工人，手工劳动者

operario de boca de pozo 钻工，钻台工

operatividad 可操作性；有效性；操作能力；经营能力

operativo 操作的；作业的；运转的；有效的，产生预期效果的

opianato 鸦片酸盐

oponente 反对的，对抗的，对立的；持不同意见的

opopánax 苦树脂

opopónaco 苦树脂

oposición 反对，对抗；矛盾，对立，相反；对置

OPRC（Convención para la Preparación de Respuesta Contra la Contaminación por Petróleo）国际油污染防备、反应和合作公约，英语缩略为 OPRC（Oil Pollution Preparedness Response Convention）

opresión 挤，压；压迫，压制；呼吸困难

oprimir 压，挤压；压迫，压制；紧压

OPS（Organización Panamericana de la Salud）

泛美卫生组织

opsimosa 块蔷薇辉石

optativo 可选择的，供挑选的

óptica 光学；光学器件，光学系统；眼镜制造

óptica aplicada 实用光学

óptica azul 蓝色镜，蓝色镜光学仪器

óptica de los iones 离子光学

óptica eléctrica 电光学

óptica electrónica 电子光学

óptica física 物理光学

óptica fisiológica 生理光学

óptica geométrica 几何光学

óptica molecular 分子光学

óptico 光学的，旋光的；视觉的；制造光学仪器的人；放大镜

optimación 优化；优选法

optímetro 光学比较仪，光电比色计

optimización 最优化，最佳法；优选，优选法

optimización de bombeo con bomba de tornillo 螺杆泵采油系统的优化

optimización de pozos multiniveles 多层井优化

optimización en la recuperación del petróleo 提高石油采收率，石油采收率优化

optimizar 优选，使最佳化，使最优化

óptimo 最优的，最适的；最佳条件，最佳状态

optoaislador 光隔离器；光绝缘体

optoelectrón 光电子

optoelectrónica 光电子学

optoelectrónico 光电子的，光电的

optomagnético 光磁的

optotransistor 光晶体管

opuesto 相对的，对面的，对置的；相反的，对立的

opuesto al buzamiento 与（地层）倾角方向相反的

oquedal 乔木山林（只有高大乔木的山林）

oquenita 硅钙石

orangita 橙色矿，橙色钍石

órbita （天体、人造卫星等运行的）轨道；（原子内的电子、加速器中的粒子等运行的）轨迹，轨道

órbita estacionaria （地球）同步轨道，静止轨道

órbita geoestacionaria （与地球）同步轨道，（对地）静止轨道

orbital 轨道的，弹道的，边缘的，核外的

orden 次序，顺序，序列；程序（作为阳性名词）；指令；通知书，委托书，订货单（作为阴性名词）

orden circular 循环次序

orden de carga 装货通知书

orden de clase 类级，类的级次

orden de cobro 收款通知单

orden de compra 订货单，购货单

orden de desalojo 迁出令

orden de despacho 发货单，发货通知书

orden de embargo （商品等）查封通知单

orden de entrega 交货单，提货单

orden de espectro 光谱级

orden de exportación 出口订货（单）

orden de fases 相序

orden de giro 汇款单

orden de ignición 点火次序

orden de importación 进口订货（单）

orden de las explosiones （发动机）发火次序

orden de magnitud 数量级

orden de movilización 动员令

orden de pago 付款通知单

orden de precedencia 优先顺序

orden de prioridad 优先顺序

orden de producción 生产程序

orden de reacción 反应级（数）

orden de reflexión 反射级，电波反射次数

orden de resonancia 共振顺序

orden de signos 符号序列

orden de tráfico 交通秩序

orden de transmisión 传递次序

orden del día 日程，议程

orden del encendido 点火次序，点火顺序

orden estratigráfico 地层序列，地层层序

orden flexible 灵活阵列

orden inverso 反序，逆序，倒序排列

orden natural 常规，自然顺序

orden prohibitiva 禁令

orden sucesivo 次序

ordenación 整理；安排；措施；处置；命令；法规，条例；次序，顺序

ordenación de la economía （一个国家的）指导性经济法规

ordenación de los recursos 资源管理

ordenación de los suelos y las aguas 土地和水的管理

ordenación del medio ambiente 环境规划

ordenación del territorio 土地规划

ordenación forestal 森林管理

ordenada 纵坐标，纵距，纵标

ordenador 整理的，命令的，指令性的；命令者；电子计算机，电脑；财务主任

ordenador analógico 模拟计算机

ordenador central 中央计算机

ordenador de funcionamiento paralelo 并行计算机

ordenador de gran potencia 超级计算机，超级电脑

ordenador de juego de instrucciones complejas (CISC) 复杂指令集计算机，英语缩略为 CISC (Complex Instruction Set Computer)

ordenador de juego reducido de instrucciones（RISC） 精简指令集计算机，英语缩略为 RISC（Reduced Instruction Set Computer）

ordenador de mesa 台式电脑

ordenador de pagos 财务主任

ordenador de secuencia 程序器，序列发生器，定序器

ordenador de sobremesa 台式电脑

ordenador doméstico 家用电脑

ordenador paralelo 并行计算机

ordenador personal 个人电脑

ordenador portátil 手提式电脑，便携式电脑

ordenamiento 整理，排列，安排；命令，指令；法规，条例；（动、植物的）分类序列

ordenante 申请人

ordenanza 规章，章程，条例

ordenar 整理，排列，安排，下令，命令，指令；引向，导向

ordinal 顺序的，次序的；序数

ordinario 平常的，一般的，普通的；（开支）日常的；日常开支

ordinograma （公司、企业、团体、事业单位等表示其内部有关部门的职责和关系的）组织系统（表），组织机构（表）；流程图，程序框图

ordoviciano 奥陶纪的，奥陶系的；奥陶纪，奥陶系

ordovícico 奥陶纪的，奥陶系的；奥陶纪，奥陶系

ordovícico superior 上奥陶统

orear 晾，使过风，使风干；风化

oreja 耳，耳朵；（器物的）耳子，帽耳，护耳；宽扶手；耳状物

orejas para ajuste a martillazos 锤击出壬

orejeta 耳子，耳状物；（武器上突出的）销眼，螺孔

orejeta de empalme 连接端子

orejetas de montaje 安装用吊耳

orejuela （器物的）耳子，耳状把柄

orenga 船首栏杆；（船的）肋骨

oreo 晾，过风，风干，晾干；微风

oreodonte 岳齿兽

orgánico 器官的，机体的，组织的；有机体的，有机物的

organidad 有机性；协调性；系统性

organigrama 机构组织图，流程图

organismo 有机物，有机体；机构，机关，组织

organismo central 总公司，上级机构，母机构

organismo de ejecución 执行机构

organismo de fiscalización 监督机构

organismo de genotipo único 单一基因型生物体，单一遗传型生物体

organismo de gobierno 政府机构

organismo de protección 保护机构，监护机构

organismo encargado del proyecto 项目负责机构

organismo internacional 国际组织

Organismo Latinoamericano de Minería（OLAMI） 拉丁美洲矿业组织

organismo marino 海洋生物

organismo multicelular 多细胞生物体

organismo perforador de madera 木材钻孔生物，木材穿孔生物

organismo polisapróbico 污水腐生生物

organismo social 社会组织

organismo unicelular 单细胞生物

organismos de la marea roja 赤潮生物

Organización de Estados Americanos（OEA） 美洲国家组织

organización de la producción 生产管理，生产组织

organización de origen popular 草根组织，基层民众组织，基层组织

Organización de Países Árabes Exportadores de Petróleo（OPAEP） 阿拉伯石油输出国组织

Organización de Países Exportadores de Petróleo（OPEP） 石油输出国组织

organización del transporte y aprovisionamiento 运输和补给机构，物流机构

Organización Internacional de Normas（ISO） 国际标准化组织，ISO（International Standard Organization）

Organización Latinoamericana de Energía（OLADE） 拉丁美洲能源组织

Organización Marítima Internacional（OMI） 国际海事组织，英语缩略为 IMO（International Maritime Organization）

Organización Mundial del Comercio（OMC） 世界贸易组织，英语缩略为 WTO（World Trade Organization）

Organización Mundial del Trabajo（OMT） 国际劳工组织，英语缩略为 ILO（International Labour Organization）

Organización Panamericana de la Salud（OPS） 泛美卫生组织，英语缩略为 PAHO（Panamerican Health Organization）

organización 组织，机构；体制，编制；结构，构造

organización sindical 工会组织

organización social 社会结构；社会组织

Organizaciones No Gubernamentales（ONG） 非政府组织

órgano 器官；机构，机关；部件，元件，装置，设备

órgano de parada 制动器

órgano de transmisión 传动机件

órgano ejecutivo 执行机构
órgano intergubernamental 政府间机构
organoborano 有机硼烷
organoférrico 有机铁的
organofílico 亲有机性的，亲有机物质的
organofosfatos 有机磷酸酯（现广泛用作杀虫剂、抑燃剂）
organogel 有机凝胶
organógeno 有机生成的，有机成因的
organometálico 含金属和某种有机化合物的，有机金属的
órganos de recepción y entrega 输入/输出设备
organosilanos 有机硅烷
organosilícico 有机硅的
organosol 有机溶胶，增塑溶胶
orictognosia 矿物学
orientable 可定向的；可采取多种方位的
orientación 定向，定位；方向，方位；取向；方针
orientación aleatoria 随机方向，随机取向
orientación analítica 解析定向
orientación del desviador 造斜器定向
orientación del guiasondas 造斜器定向
orientación dominante 择优定向，择优取向，从优取向，优选方位
orientación indiferente 任意方向，无规则取向，无定向，随机定向
orientación magnética 磁定向
orientación óptica 光性方位
orientación paralela 平行方向，平行定位
orientación por medio de ondas acústicas 声波定位
orientación preferida 择优定向，择优取向，从优取向，优选方位
orientación regional 区域走向
orientar 定…的方向，给…定方位，使朝向，指示道路；指导，引导；引向
orientativo 指导性的；有助于了解（或熟悉）情况的
oriente 东，东方；东部
orificio 孔，洞；口，门，管口，孔口
orificio abierto 开孔
orificio avellanado 埋头孔，锥口孔
orificio de admisión 进气口，送风口
orificio de alivio 溢流孔，减压口
orificio de aspiración 进气口
orificio de cañoneo 射孔孔眼
orificio de circulación 循环孔
orificio de desahogo 泄放孔
orificio de descarga 排气口，放气口，排出口
orificio de drenaje de aceite 放油口，放油孔
orificio de engrase 油孔
orificio de escape 排气口，放气口，排出口

orificio de estrangulación 阻流孔，阻流口
orificio de evacuación de aire 气口，气门，排气孔
orificio de inspección 检验口
orificio de limpieza 清洗孔，清扫孔
orificio de limpieza a mano 人工清洗孔，手洗孔
orificio de lubricación 润滑孔，加油孔，注润滑油孔
orificio de purga 排水孔，出砂口
orificio de salida 出口，出口孔
orificio de salida del coque 焦炭出口孔
orificio de sondeo 钻孔，井眼
orificio de ventilación 放气孔，通风孔
orificio dosificador 测流口，测量孔，测量用孔口，计量孔口
orificio fijo 固定孔，固定口
orificio fresado 钻孔
orificio para pernos 螺栓孔
orificio regulador 调节孔
origen 起源，由来，起因；出身；出生地，发源地；起点，原点
origen de la trayectoria 弹道起点
origen de las coordenadas 坐标原点
origen de las rocas 岩石的起源
origen del petróleo 石油的起源
origen del tiempo 时间起点
origen granítico 花岗岩起源
origen sísmico 震源
orilla 边，边缘，边沿；岸，岸边
orimulsión 乳化油，奥里乳化油
orín 铁锈
Orinoco 奥里诺科河（位于南美洲北部，委内瑞拉的主要河流，注入大西洋）
orla de playa 滩角，海滩嘴
orla freática 地下水边缘
oro 金，黄金；金钱；金牌；金色；（雕刻）金砂子
oro bajo 低成色金
oro batido 金箔
oro blanco 白金
oro bruto 粗金锭，（可视为原材料的）金，金块
oro corrido 冲积层金，砂金
oro de aluvión 砂金
oro de baja ley 低成色金
oro de ley 纯金，标准金
oro de tíbar 精炼金
oro detonante 精炼金
oro en barras 金条
oro en hojas 金叶
oro en polvo 砂金
oro fulminante 雷爆金
oro gris 金银钢铁合金

oro molido　金粉；砂金

oro musivo　二硫化锡颜料，彩色金；人造金，镶嵌金（指黄色铜锡合金）

oro nativo　自然金，天然纯金

oro negro　石油

oro obrizo　洗炼金，非常纯的金

oro reducido　还原金

orogénesis　造山作用，造山运动；褶皱，褶皱带

orogenia　造山运动，造山作用；造山学，山岳形成学

orogenia alpina　阿尔卑斯造山运动

orogenia nevádica　内华达造山运动

orogénico　造山运动的，造山学的，造山的，造山作用的，山岳形成学的

orógeno　造山带，褶皱带

orognosia　山岳岩石形成学

orografía　山志学，山岳形态学

orográfico　山志学的，山岳形态学的，山岳形态的

orógrafo　山志学家，山岳形态学家；山形仪，断面绘图头

orohidrografía　地形水文学；山地水文学

orología　山理学，山岳成因学

orometría　山地测量法；山岳高度测量

orométrico　山地测量法的，山岳高度测量的

orómetro　山岳高度计，带高度读数的无液气压计

oropel　铜箔，仿金箔，薄箔，箔，薄金属片

oropimente　雌黄

orticonoscopio　正析像管，正摄像管（电视发射管）

ortita　褐帘石

ortoácido　正酸，原酸

ortocéntrico　垂心的

ortocentro　垂心；重心

ortoclasa　正长石

ortoclasita　细粒正长岩

ortoclástico　两组解理正交的，有彼此直交的解理面

ortoedro　正六面体

ortófido　正长斑岩

ortofira　正长斑岩

ortófiro　正长斑岩

ortofosfato　正磷酸盐

ortofosfórico　正磷酸的

ortofosforoso　亚磷酸的

ortogneis　正片麻岩，火成片麻岩

ortogonal　正交的，垂直的，矩形的

ortogonalidad　相互垂直，正交，直交性

ortogonalizar　正交化，使正交，使相互垂直

ortografía　正投影法，正射法，正交射影；正字法

ortógrafo　正视图，正投影图，正射图

ortoimagen　（尤指从卫星上传回的）高清晰度的图像

ortonormal　正规化的，标准化的；标准正交的

ortorrómbico　正交晶的，斜方晶的，斜方晶系的

ortosa　正长石

ortoscopia　无畸变

ortoscópico　无畸变的

ortosilicato　原硅酸酯，原硅酸盐，正硅酸盐

ortoxileno　邻二甲苯

oruga　毛虫，鳞翅类的幼虫；履带

Os　元素锇（osmio）的符号

OS（Oscilación Sur）　厄尔尼诺气候及南半球波动

oscilación　摆动，摇摆；摆幅，振幅，波动，起伏；振荡

oscilación amortiguada　阻尼振荡，衰减振荡，减幅振荡

oscilación armónica　谐波振荡

oscilación continua　等幅振荡，连续振荡

oscilación de precios　价格波动

oscilación de relajación　驰张振荡

oscilación diurna　日较差

oscilación eléctrica　电振荡

oscilación forzada　强迫振荡，受迫振荡，强制振荡

oscilación fundamental　基波振荡

oscilación isócrona　等时振荡

oscilación libre　自由振荡

oscilación magnética　磁性变化

oscilación natural　自由摆动，基本振荡，固有振荡，自振

oscilación no amortiguada　无阻尼振荡，无衰减振荡

Oscilación Sur（OS）　厄尔尼诺气候及南半球波动

oscilación transitoria　暂时振荡，瞬时扰动

oscilador acoplado　耦合振子，耦合振荡器

oscilador arrítmico　间歇振荡器，断续振荡器，起止振荡器

oscilador autoexitado　自激振荡器

oscilador de acoplamiento electrónico　电子耦合振荡器

oscilador de acoplo electrónico　电子耦合振荡器

oscilador de audiofrecuencia　音频振荡器

oscilador de bloqueo　间歇振荡器

oscilador de cuarzo　石英晶体振荡器

oscilador de impulsos　脉冲振荡器

oscilador herziano　赫兹振荡器

oscilador heterodino　外差振荡器

oscilador local　本机振荡器，本振

oscilador maestra　主控振荡器

oscilador polifásico　多相振荡器

oscilador sincronizado　同相振荡器，相干振荡器，同步振荡器

oscilador　振荡器，摆动器，振动器；振子

osciladora　（振荡器的）振荡管，真空管

oscilante　摆动的，摇摆的；振荡的，振动的

oscilar　摇摆，摆动；振动，振荡，波动，起伏

oscilatorio　摆动的，摇摆的；振荡的，振动的

oscilatriz　振荡管，振子，（波、脉冲等的）发生器

oscilatrón　示波管，阴极射线示波管

oscilófono　（音频、声频）振荡发生器，振荡器

oscilografía　示波法

oscilográfico　示波器的，示波的

oscilógrafo　示波器，示波仪，录波器

oscilograma　示波图，波形图，振荡图

oscilometría　示波测量术，振量法

oscilométrico　示波测量的；示波计的

oscilómetro　示波器；脉动仪；摆动仪

osciloscopio　示波器，示波仪，示波管；录波器

oscurecer　使变暗，使变黑，变暗

oscurecimiento　变暗，变黑暗

oscuro　黑暗的，阴暗的；深色的；阴影；深色，暗色

OSHA（Ley de Seguridad y Salud Ocupacionales）（美国）职业安全和健康条例，英语缩略为 OSHA（Occupational Safety and Health Act）

osmato　锇酸盐

osmelita　针钠钙石

osmiato　锇酸盐

ósmico　锇的

osmio　锇（76号元素），自然锇

osmiridina　亮铱锇矿

osmiridio　铱锇矿；铱锇合金

osmol　渗摩（用克分子表示的渗透压单位）

osmolalidad　同渗重摩

osmolaridad　同渗溶摩

osmologia　渗透学

osmómetro　渗压计

ósmosis　渗透性，渗透作用

osmótico　渗透的

osram　锇钨灯丝合金；（灯泡）钨丝

osteolita　土磷灰石

osteolito　石化骨，骨化石

ostracita　贝化石

ostrácodo　介形虫；介形亚目纲动物；介形亚目纲的

ostrácodos　介形动物，介形亚目纲

ostranita　锆石

otorgamiento　同意，允许；给予，授予；文件（尤指公证书的最后签署部分）

otrelita　硬绿泥石

outsourcing　外部采办，外部承包；外仓（指向外面的供应商采购）

oval　椭圆形的，卵形的

ovalización　成椭圆形，椭圆形化

óvalo　椭圆，卵形线，卵形弧；卵形物

overita　水磷铝钙石

oxácido　含氧酸

oxalato　草酸盐酯，草酸盐根，乙二酸盐

oxálico　草酸的，乙二酸的

oxálido　羟基；酢浆草

oxalilo　草酰，乙二酰

oxalita　草酸铁矿

oxamato　草氨酸盐

oxamida　草酰胺，乙二酰二胺

oxfordiense　牛津阶，牛津

oxhídrico　氢氧的

oxhidrilo　氢氧根，氢氧基

oxiacetilénico　氧炔的，氧乙炔的

oxiacetileno　氧乙炔，氧炔

oxiácido　含氧酸，羟基酸

oxibiotita　高铁黑云母

oxicelulosas　氧化纤维素

oxicloruro　氯氧化物

oxicorte　氧炔切割（技术）

oxidabilidad　氧化性，氧化度

oxidable　氧化的，可氧化的

oxidación　氧化，氧化作用

oxidación biológica　生物氧化

oxidación de asfalto　沥青的氧化

oxidación del betún　沥青氧化

oxidación selectiva　分别氧化，选择性氧化

oxidación térmica　热氧化

oxidación-reducción　氧化还原

oxidado　被氧化的，与氧化合的，氧化的

oxidante　具氧化性能的，起氧化作用的；氧化剂

oxidar　氧化，使…氧化；脱氢

óxido　氧化物

óxido auroso　氧化亚金

óxido carbónico　一氧化碳

óxido cuproso　氧化亚铜，一氧化二铜

óxido de aluminio　氧化铝

óxido de cal　氧化钙，生石灰

óxido de calcio　氧化钙，生石灰

óxido de carbono　一氧化碳

óxido de cesio　氧化铯

óxido de cinc　氧化锌

óxido de cobalto　氧化钴

óxido de cobre　氧化铜

óxido de cromo　氧化铬

óxido de deuterio　重水，氧化氘

óxido de difenilo　二苯醚

óxido de estaño　氧化锡

óxido de etileno　氧乙烯，乙烯化氧

óxido de Fe　氧化铁

óxido de germanio　氧化锗
óxido de hierro　氧化铁
óxido de manganeso　氧化锰
óxido de níquel　氧化镍
óxido de nitrógeno　一氧化氮
óxido de plomo　氧化铅
óxido de potasio　氧化钾
óxido de propileno　氧化丙烯
óxido de sodio　氧化钠
óxido de tantalio　氧化钽
óxido de uranio　氧化铀
óxido de vanadio　氧化钒
óxido de zinc　氧化锌
óxido estánico　氧化锡，二氧化锡
óxido férrico　三氧化二铁
óxido ferroso　氧化亚铁
óxido ferrosoférrico　四氧化三铁
óxido hídrico　水
óxido magnético　磁性氧化物
óxido mangánico　三氧化二锰
óxido mercúrico　氧化汞
óxido metal　金属氧化物
óxido nitroso　一氧化二氮，氧化亚氮，笑气
óxido rojo de hierro　褐色氧化铁粉
óxido sódico　氧化钠
óxido túngstico　氧化钨
oxidorreducción　氧化还原，氧化还原作用
óxidos hidratados de hierro　水合氧化铁，水化
　氧化铁
óxidos hidratados　水合氧化物，水化氧化物
óxidos silíceos　氧化硅，硅基氧化物
oxigenación　充氧，充氧作用
oxigenado　含氧的
oxígeno　氧，氧气
oxígeno atómico　原子氧
oxígeno comprimido　压缩氧气
oxígeno disuelto　溶解氧
oxígeno líquido　液体氧，液态氧
oxígeno pesado　重氧
oxihidrato　氢氧化物
oxihidrogenado　氢氧化合的
oxílico　炔氧基的
oxilíquido　液氧
oxilo　炔氧基
oxiluminiscencia　氧发光

oximetileno　甲醛
oximuriato　氧氯酸盐，氯氧化物
oxinitrido　氮氧化合物，氧氮化合物
oxiprolina　羟脯氨酸
oxisal　含氧盐，含氧酸盐
oxisulfato　氧硫化物，硫氧化物
oxisulfuro (rojo) de antimonio　红锑矿，氧硫化
　锑
oxisulfuro　硫氧化物，氧硫化物
oxitiamina　氧硫胺，羟硫胺
oxitrópico　亲氧的，向氧的
oxoácida　含氧酸
oxozono　双氧气
ozocerita　地蜡，石蜡
ozometría　臭氧测定术
ozonación　臭氧化，臭氧化作用，臭氧消毒
ozonador　臭氧化器，臭氧发生器
ozonar　使臭氧化，用臭氧处理，用臭氧杀菌
ozónico　臭氧的；含臭氧的；似臭氧的
ozonida　臭氧化物
ozónidos　臭氧化物类
ozonífero　含臭氧的，具臭氧的
ozonificación　臭氧化，臭氧化作用，用臭氧处理
ozonización　臭氧化，臭氧化作用
ozonizado　臭氧化的，用臭氧处理过的；含臭
　氧的
ozonizador　臭氧化的，具臭氧化作用的；臭氧
　化发生器
ozonizar　使臭氧化，用臭氧处理，用臭氧杀菌
ozono　臭氧
ozono al nivel del suelo　地面臭氧
ozono de la baja atmósfera　地面臭氧，近地层臭
　氧
ozono de la superficie de la tierra　地表臭氧
ozono de la troposfera　对流层臭氧
ozono troposférico　对流层臭氧
ozonograma　臭氧分布图
ozonométrico　臭氧测定的
ozonómetro　臭氧计
ozonoscópico　臭氧检验的
ozonoscopio　臭氧测量器，臭氧检验器
ozonosfera　臭氧层，臭氧圈
ozonosonda　臭氧探空仪
ozoquerita cruda　粗地蜡
ozoquerita　地蜡

P

Pa 元素镤（probactinio）的符号；帕（压力、压力单位 pascalio）的符号

pachnolita 霜晶石

pachuleno 绿叶烯

pacnolita 霜晶石

pactar 商定，议定，协商

pacto 契约，条约，协定，盟约

pacto bilateral 双边条约

pacto comercial 通商条约

pacto de Varsovia 华沙条约

pacto social 社会福利条约，社会福利契约

PAD (polietileno de alta densidad) 高密度聚乙烯，英语缩略为 HDPE（High Density Polyethylene）

paga 支付，偿付，偿还；（支付的）钱；工资，薪饷

paga extra 追加工资，额外奖金

paga extraordinaria 追加工资，额外奖金

paga parcial 分期付款

pagadero 到期必须偿还的，（在某个期限内）应支付的，可支付的；支付期

pagadero a destino 货到付款，目的地付款

pagadero a la entrega 交货付款

pagadero a la vista 见票付款，见票即付

pagadero al contado 现金支付

pagadero al portador 付持票人

pagadero al vencimiento 到期付款

pagadero en efectivo 现金支付

pagadero en monedas extranjeras 外汇支付

pagado 已支付的，付讫的

pagador 付款人，付款员，出纳；支付的，付款的

pagar 支付，付款，偿还，偿付；为…付出代价，抵偿

pagar a la vista 即期付款

pagar a plazos 分期付款

pagar adelantado 预付

pagar al contado 现金支付

pagar al entregar 交货付款

pagar contra demanda 见票付款

pagar daños y perjuicios 偿付损失

pagar impuesto 支付税款

pagar una cuenta 清偿账款

pagar una letra 票据兑现

pagaré 本票，期票；借据，票据

pagaré a cobrar 应收票据

pagaré a la orden 可背书转让的期票，可背书转让的本票

pagaré a la vista 即期本票

pagaré de acomodación 融通票据

pago 支付，付款，偿还；支付款，用以偿付的东西

pago a la entrega 交货时付款，交货付款；交货时付讫

pago a la vista 即期付款

pago a plazos 分期付款

pago a traslado 后付，补付

pago adelantado 预付，预付款

pago adicional 追加付款

pago al contado 现金付款，现金支付

pago anticipado 预付，预付款

pago contra documentos 凭单付款

pago contra entrega 货到付款

pago de cambio 结汇

pago de divisa al contado 现汇支付

pago de intereses 支付利息

pago de salario 工资支付

pago de saldo 结账，支付差额

pago de suscripción 支付认购或订购（物资或服务）的款项

pago electrónico 电子支付

pago en efectivo 现金结算，现金支付

pago en producción 产品支付贷款，以生产的油偿还借款

pago inicial （分期付款中）首次支付，首付

pago por el uso de bienes del subsuelo 矿区使用费，矿区租用费

pago por trabajo de horas extras 加班费

pago por transferencia bancaria 转账支付

pagodita 寿山石，冻石

país beneficiario 受益国

país consumidor 消费国

país continental 内陆国家

país de exportación 出口国

país de importación 进口国

país desarrollado 发达国家

país en vías de desarrollo 发展中国家

país miembro 成员国

país subdesarrollado 发展中国家，不发达国家

país tercermundista 第三世界国家

paisaje 景观，景色，自然景色；地形

paisaje marino 海上景观

paisaje topográfico 地形

pajsbergita 蔷薇辉石

pala 铲，铁锹；铲状物；（某些物品的）扁平

部分（如螺旋桨的叶片等）

pala de arrastre 刮刀，刮具；铲土机，刮土机

pala de cable de arrastre 电缆拖铲，电缆拖曳刮土机

pala de carga delantera 前装式装载机，前卸式装载机

pala de motor 动力铲，机铲，掘土机

pala excavadora 推土机犁板

pala mecánica 动力铲，机铲，掘土机，挖土机，机械铲

pala neumática 风铲

pala redonda 尖锹，圆头锹

pala zanjadora 挖沟铁锹

paladinita 方钯矿

paladio 钯（46号元素，符号Pd）

palagonita 橙玄玻璃

palagonítico 橙玄玻璃的，橙玄玻质的，玄玻凝灰岩的

palanca 杠；杠杆，手柄，摇臂，控制杆，旋转杆

palanca de cambio de velocidad 变速杆

palanca acodada 直角形杠杆

palanca angular 曲柄，直角曲柄，直角杠杆

palanca articulada 曲柄

palanca compuesta 复杆

palanca de acción 拉钩连杆

palanca de áncora （钟表的）擒纵杆

palanca de arranque 开关柄，转辙杆

palanca de ataque （汽车的）转向臂

palanca de cambio de engranajes 变速杆

palanca de chispa 点火杆

palanca de contramarcha 换向（杠）杆，回动杆，回动手把

palanca de control 操纵杆，控制杆

palanca de desacople de embrague 离合器放松杆，离合器分离杆

palanca de embrague 离合器操纵杆，离合器杆

palanca de freno 刹把

palanca de hierro 撬棍，撬杠

palanca de leva 凸轮杆

palanca de mando 控制杆，操纵杆

palanca de manejo del malacate de la cuchara 捞砂滚筒刹把

palanca de maniobra para enrosque de tuberías de revestimiento 套管紧扣杆

palanca de parada 制动操作杆，定位杆

palanca de presión del malacate de la cuchara 捞砂滚筒刹把

palanca de presión del malacate de muestreo 捞砂滚筒压力控制手柄

palanca de regulación 控制杆，操纵杆

palanca de retroceso 换向杆，回动杆，回动手把

palanca de vaivén 摇臂，摇杆

palanca de válvula 阀杆

palanca del freno 制动杆，刹车柄，闸把，刹把

palanca del tambor de cuchareo 捞砂滚筒刹把

palanca económica 经济杠杆

palanca omnidireccional de control 万向操纵杆，控制杆，控制手柄，十字显示线操作手柄

palanca omnidireccional de mando 万向操纵杆，控制杆，控制手柄，十字显示线操作手柄

palanca óptica 光杠杆，光学杠杆

palanca oscilante 摇臂，摇杆

palanqueo 杠杆作用，杠杆机构

palanquero 司闸员，制动司机

palasito 橄榄石，铁陨石

palastro 金属片，金属板

paleo 前缀，有"古"，"史前"，"史前"之意

paleoalto 古高地，古隆起

paleoambiente 古环境

paleoambiente de depósito 古沉积环境

paleobioclimatología 古生物气候学

paleobiología 古生物学

paleobiónica 古仿生学

paleobioquímica 古生物化学

paleobotánica 古植物学

paleocanal 古沟，古峡

paleocapa erosionada 古风化壳

paleocárstico 古喀斯，古岩溶

paleoceno 古新世，古新纪，古新统

paleoclima 古气候

paleoclimatología 古气候学

paleocolina enterrada 古潜山

paleocontinental 古大陆的

paleocontinente 古大陆

paleoconvexa 古隆起

paleocrístico 长期冰冻的

paleoecología 古生态学

paleoentorno 古环境

paleoestructura 古构造，古地质构造

paleofítico 有化石植物的

paleofitografía 化石植物描述学

paleofitología 古植物学，化石植物学

paleoforma terrestre 古地形，古地貌

paleogeografía 古地理学，古地理

paleogeográfico 古地理的

paleogeología 古地质学

paleogeológico 古地质学的，古地质的

paleogeomorfología 古地貌学

paleolítico 旧石器时代；旧石器时代的

paleología 考古学

paleomagnético 古磁性的，古地磁性的

paleomagnetismo 古磁力学，古地磁学；古地磁

paleontografía 古生物志

paleontología 古生物学，化石学

paleontología microscópica 微体古生物学

paleontológico 古生物学的，化石学的

paleontólogo 古生物学家，古生物学者；化石学家

paleopedología 古地质年代学

paleoplano 古平原

paleosuelo 硬底，基岩底，岩底；古土壤

paleotalud 古斜坡

paleotrampa 古圈闭

paleovolcán 古火山

paleovolcánico 古火山的

paleozoico 古生代的；古生代

paleozoología 古动物学

palero 司炉，锅炉工，挖排涝沟的人

paleta 泥铲，抹子；（螺旋浆、风扇、水车、风车等的）叶片

paleta de turbina 涡轮叶片

paleta de turbulencia 涡旋叶片，旋回叶片，旋流叶片

paleta de ventilador 风扇轮叶，通风机叶片，风扇叶片

paleta directriz （风力机的）直叶片

paletajes de acción 冲击式（涡轮）；叶片

paletizar 把（货物）装在托盘上；用集装架托运

paliativo 掩饰的，遮掩的；缓和的，减轻的

palier 轴承

palier con cojinete 加衬轴承

palier de leva 凸轮轴承

palier del árbol de la máquina 总轴架

paligorsquita 坡缕石

palingénesis 重演性发生；再生作用；新生（深埋地下的岩石再熔化而形成新岩石）

palinología 孢子学

pallasita 石铁陨石，橄榄陨铁

palma 棕榈，棕榈科植物

palmer 测微计，千分尺，分厘卡

palmera 海枣树，椰枣树；棕榈

palmera de aceite 油棕，油椰

palmierita 钾钠铅钒，硫钾钠铅矿

palmitato 棕榈酸盐，软脂酸盐

palmitato de aluminio 棕榈酸铝

palmitílico 棕榈基的，十六烷基的

palmitina 棕榈精，甘油三棕榈酸酯

palmitolato 棕榈酸盐

palmitólico 棕榈炔的

palo 木棍，木棒，木杆；（器具的）把，柄；木材，木料

palometa 蝶形螺母；加固、补漏铁板

palomilla 蝶形螺母，翼形螺母

palpador 测头，探头，探测器，探测杆

paludal 沼泽的，泥沼的，沼地生的

palúdico 湖沼的，沼泽的，沼地的

pampa 大草原，大平原；山间草地

panabasa 黝铜矿

panal de abeja 蜂巢（窝、房）；蜂窝状物（结构、砂眼）

pandeo （墙、梁等的）中间的弯曲，变弯

pandermita 白硼钙石

panel 木板，板材；广告牌；仪表牌，仪表板，开关板，控制板，配电盘

panel de conexiones 配线板，接线盘，插头板

panel de control 控制板，操作盘

panel de control eléctrico de taladrador 司钻电控盘

panel de control remoto 遥控面板

panel de control y sincronización de generador 发电机同步控制板

panel de cristal líquido 液晶显示屏

panel de instrumentos 仪表板

panel de madera 木板

panel de mando 控制面板，控制台，控制板

panel de sincronización 同步面板

panel de tubo de rayos catódicos 阴极射线管荧光屏

panel dorsal 后连线板，底板

panel especial para registros eléctricos de perforación 钻井参数仪专用面板

panel solar 太阳能电池板

panorama 全景，全貌

panorógrafo 全景地形仪

pantalla 灯罩，遮蔽物，挡板；银幕，电视屏

pantalla cubrefuego 防火帘，防火板，火炉栏

pantalla de conduto de paso 旁通筛道

pantalla de lámpara 灯罩

pantalla de representación visual 显示管，显像管

pantalla de tiro 排气罩，烟囱通风罩

pantalla deflectora 挡板，隔板，节流板，折流板；遮护物，防护板

pantalla digital 数字显示器

pantalla fluorescente 荧光屏

pantalla fluoroscópica 透视屏

pantalla luminiscente 荧光屏

pantalla magnética 磁屏

pantalla micrónica 微孔筛

pantalla recolectora de cortes 岩屑回收器挡板

pantalla táctil 触摸屏

pantalla titilante 闪烁屏

pantanal 沼泽地

pantano 沼泽；水库，大蓄水池

pantano cerca del mar （沿海）盐沼，盐碱滩

pantano de agua dulce 淡水沼泽

pantano de montaña 高地沼泽

pantano de turba 泥炭沼泽

pantano marino 沿海沼泽

pantanoso 沼泽的，泥泞的

pantógrafo 缩放仪，伸缩绘图器，伸缩放形尺，比例画器

pantómetra 测角仪，测角规

pantómetro 经纬万能测角仪，角度计；万测规，万测仪

paño 呢绒，毛料，毛织品；抹布，揩布；布块

paño de cristal 玻璃纤维布

paño de filtrar 滤布，滤网

paño de filtro 滤布，滤网

pañol （船上的）储藏室，仓库

pañol de cadenas 锚链舱

pañol de carbón 燃料舱

pañol de ceniza 灰槽，灰坑

pañol de herramientas 工具房

papel 纸，纸张；文件，证件；（扮演的）角色；作用

papel a prueba de grasa 防油纸

papel abarquillado 瓦楞纸

papel abrasivo 砂纸

papel aceitado 油纸

papel aislante 绝缘纸

papel al bromo 溴素纸，像片纸，放大纸

papel alquitranado para techo 屋顶防潮纸，屋顶沥青纸

papel apergaminado 硫酸纸

papel asfaltado 沥青纸

papel asfáltico 防潮纸，沥青纸

papel autográfico 复印纸

papel blanco 白纸

papel carbón 复写纸

papel celo 透明胶纸

papel celofán 玻璃纸

papel comercial 商业证券，商业票据

papel cuadriculado 方格纸，坐标纸，绘图纸

papel cuadriculado a escala logarítmica 对数纸

papel de bromuro 溴化银相纸

papel de calcar 复写纸，描图纸，透明纸，速写纸

papel de cera 蜡纸

papel de construcción 防潮纸，油毛毡

papel de copiar 复写纸

papel de embalar 包装用纸

papel de esmeril 金刚砂纸，砂纸

papel de Estado 公债券

papel de estaño 锡箔

papel de estraza 牛皮纸

papel de filtro 滤纸

papel de filtro estándar 标准滤纸

papel de filtro para análisis de gasolina y alcohol 用于分析汽油和酒精的滤纸

papel de filtro plegado en abanico 放在漏斗上的折叠滤纸

papel de forro 夹层纸

papel de lija 砂纸

papel de pH pH 值试纸

papel de registros 记录纸

papel de tornasol 石蕊试纸

papel dracorubin 龙玉红试纸

papel en blanco 白纸，空白纸

papel enaceitado 油纸

papel esmeril 砂纸

papel filtro 滤纸

papel fotográfico 相纸，照相纸

papel heliográfico 照相版纸，晒图纸，蓝图纸

papel higiénico 卫生纸

papel impermeable 防水纸

papel logarítmico 对数坐标纸

papel milimetrado 方格厘米纸，厘米方格纸

papel moneda 纸币

papel para dibujo 绘图纸

papel para filtrar 滤纸

papel para notas 便条纸，信纸，信笺

papel parafinado 蜡纸

papel pautado 方格纸

papel químico 防潮纸，化学浆制成的纸张

papel sensibilizado 感光纸

papel sensible 感光纸

papel viscoso 粘胶纸

paposita 红铁钒

paquete 包，捆，包裹；（一系列）计划、措施等

paquete arenoso 砂体

paquete de datos 数据包，资料包

paquete de estratos 沉积杂岩

paquete de facies de marea alta 高潮相组合

paquete de información 信息包

paquete de manto sobreescurrido 掩冲体

paquete de planta 组件，模块

paquete de primeros auxilios 急救包

paquete de rocas sedimentarias 地层，沉积岩层

paquete postal 邮包

paquete programático 软件包

par 相同的；成对的；对，双，副；偶数；力矩；电偶；票面价值（阴性）

par astático 无定向对，元定向磁偶

par compensador 摩擦补偿

par crítico 拉出转矩

par de arranque 启动扭矩

par de cambio 外汇牌价

par de electrones 电子对，电子偶

par de fuerzas 力偶

par de reacción 反应对

par de sincronización 同步转矩

par de torsión 扭矩，转矩

par eléctrico 电矩，偶极矩

par giroscópico 陀螺力矩

par hidroeléctrico 水电偶

P

par iónico 离子偶
par límite 逆转转矩，颠覆力矩
par magnético 磁矩
par térmico 热电偶，温差电偶
par termoeléctrico 热电偶，温差电偶
par voltaico 伏打电偶
parábola 抛物线
parabólico 抛物线的，抛物面的
paraboloide 抛物面，抛物体；抛面镜
paraboloide de revolución 旋转抛物面，抛物形旋转面
paraboloide elíptico 椭圆抛物面
paraboloide hiperbólico 双曲抛物面
parabrisa 挡风玻璃
paracaída 降落伞
parachispas 火花护板，火星护罩；火花消除器，火花避雷器
parachoque （汽车上的）保险杠，缓冲器
paracida 对二氯苯
paraclasa 断层，断层裂缝
paracolumbita 钛铁矿
paraconcordancia 似整合，准整合
paracor 等张比容，克分子等张体积
paracristal 类晶体，酏晶，仲晶，假晶体
parada 停止，停留；站，车站，出租汽车站；堰，河坝
parada de máquinas 停机，故障
parada de perforación 停钻
parada de urgencia （紧急）停止，分离，断开
parada imprevista 故障，事故
parada inesperada 意外停机，挂起
parada mayor （设备或工厂）停机大修
parada menor 停机小修，维护修理
parada repentina 骤停
parada temporal 临时停止
paradigma 范例，示范；词形变化表；样式，模系
paradiscordancia 似不整合，假整合
parado 停止的，停滞的，中断的
parador 客店，客栈，宾馆
paradoxita 肉色正长石
paraesquisto 副片岩，水成片岩
paraestatal 半官方的，与政府合作的
parafina 蜡，石蜡，地蜡
parafina líquida 液态石蜡
parafina amorfa 无定形蜡
parafina blanda 凡士林
parafina bruta 粗石蜡，散蜡
parafina cruda 粗石蜡，散蜡
parafina de filtro-prensa 散蜡，含油蜡
parafina en bruto 粗石蜡，散蜡
parafina en escamas 鳞片状蜡
parafina fluida 石蜡渣油

parafina halogenada 卤烷
parafina insuflada 吹制蜡
parafina líquida 液体石蜡；液态凡士林
parafina microcristalina 微晶体石蜡
parafina normal 正构烷烃
parafina para fósforos 火柴蜡
parafina refinada 精石蜡，精制石蜡
parafina semirefinada 半精制石蜡
parafina sintética 合成石蜡
parafina sólida 固态石蜡
parafina virgen 天然石蜡，地蜡，自然石蜡
parafinado 浸满石蜡的；用石蜡浸润，用石蜡涂
parafinar 用石蜡浸，用石蜡涂
parafinas 石蜡族烃
parafínico 石蜡的，石蜡族的，烷族的
parafinoso 蜡的，蜡状的，含蜡的
parafrástico 释义的，意译的
parafuegos 阻火物，挡火物
paragénesis 共生，共生次序，共生关系，共生组合
paragenético 共生的
paragneis 副片麻岩，水成片麻岩
paragolpe 减振器，避振器，消振器
paragonita 钠云母
paraguas 雨伞，保护伞
paral （脚手架的）横杆，拉杆
paraláctico 视差的
paralaje 视差，倾斜线
paralaje angular 角视差
paralaje de altura 高度视差
paralaje horizontal 水平视差，地平视差
paralaje relativo 相对视差
paraldehído 仲醛，三聚乙醛
paralela 平行线；并联，并列，并行
paralelas de cruceta 十字头导板
paralelepípedo 平行六面体，平行六边形
paralelepípedo rectangular 长方体，矩体
paralelismo 平行度，平行性，平行现象；对应；并行论
paralelismo lineal 线状排列，线状平行构造
paralelo 平行的；相似的；对比
paralelo de latitud 纬线，纬度圈
paralelo de referencia 标准纬线
paralelogramo 平行四边形
parálico 近海的，海陆交互的
paralización 停机，断电，出故障
parallamas 火焰消除器，阻火器，灭火器
paralluvia 遮雨棚
paralogita 钠钙柱石，针柱石
paraluminita 丝铝矾，富水矾石
paramagnético 顺磁的，顺磁性的
paramagnetismo 顺磁性
paramédico 现场急救医生，随队医生

paramento 罩饰；墙面，石面
paramétrico 参数的，参量的
parametrización 参数化
parámetro 参数，参数项，系数，常数
parámetro alternativo 替代参数
parámetro atribuido 属性参数
parámetro de aproximación de distancia 张弛距离参数
parámetro de formación 地层参数
parámetro de operación 操作参数
parámetro de perforación 钻井参数
parámetro de proceso 工艺参数
parámetro del hoyo horizontal 水平井参数
parámetro del medio ambiente 环境参数
parámetro económico 经济参数
parámetro efectivo 实际参数
parámetro hidráulico 水力参数
parámetro natural 物性参数
parámetro real 实际参数
paramorfia 形态异常
paramorfismo 同质异形性，同质异晶现象
paramorfo 同质异形体
paranquerita 铁白云石
parantina 中柱石
parapeto 护墙，掩体；栏栅，栏杆
parar 停止，中止
parar el pozo 关井
parar trabajos 停工
pararrayo 避雷器，避雷针
pararrayo de antenas 天线避雷针
pararrayo de cuerdas 角形避雷器
pararrayo de película de óxido 氧化膜避雷器
pararrayo electrolítico 电解式避雷器
pararrayo en V V形避雷器
pararrayo múltiple 多火花隙避雷器
parasiticida 杀寄生虫药
parásito 寄生物，寄生虫，寄生菌
parasol 太阳伞；（汽车上的）遮阳板；遮光罩
parasol para taladrador 司钻伞
parastilbita 副柱沸石
paratacamita 副氯铜矿
paratartárico 外消旋的
paratenorita 副黑铜矿
paratión 对硫磷
paratipo 副型，副模，副模式
paraván 防水雷器，扫水雷器
paravientos 防风林，风障，防风墙，防风设备
paravivianita 次蓝铁矿
paraxileno 对二甲苯
parcela 小量，小部分；小块土地
parcela arrendada 租地，租用的小块土地
parcela de geófonos 检波器排列
parcial 局部的，部分的；不完全的，片面的

pardillo 朱顶雀，红雀
pared 墙，壁；（物体的）侧，面；隔膜；井壁
pared cortafuego 火墙，防火隔墙
pared de asta entera 整砖墙
pared de calentador 炉壁
pared de cartón yeso 石膏板墙
pared de cerca 围墙
pared de hoyo 井壁
pared de material refractario 耐火墙
pared de seguridad 安全壁
pared de separación 隔墙
pared de tanque 储罐壳体，罐壁
pared deflectora 隔板，隔墙，遮护板
pared del pozo 井壁
pared desviadora 分水墙
pared divisoria 隔墙，间壁
pared doble 空心墙
pared exterior 外壁
pared insonora 隔音墙
pared interior 内壁，内衬
pared lateral 侧墙，侧壁
pared maestra 承重墙，主墙
pared pulida 擦痕面，断层擦面
paredes pulidas por la fricción al deslizarse una falla 断层擦痕面，断层擦面
paredón 防护墙，城墙，残墙断壁
pareja 对，双（有相似关系的两人或两物）；（钻杆）立柱
pareja de tubería 钻杆立根
parejo 一样的，整齐的；平的，平坦的；对等的
pargasita 韭闪石，韭角闪石
paridad 比照，对照；相同，相等；平价，比价
paridad impar 奇宇称
parisita 氟碳钙铈矿
parkerización 磷酸盐处理，磷化处理（一种钢铁防蚀法）
parkerizar 磷酸盐处理，磷化金属防锈处理，磷化处理
parkesina 硝化纤维素塑料
paro 停工，歇业；失业
paro automático 自动停机
paro completo 完全停止
paro de producción 停产
paro de revisión 检修期
paro estructural 结构性失业
paro forzoso 被迫停工，失业
paro general 总罢工
paro laboral 罢工
paro técnico 技术性停工
parofita 假蛇纹石
paroxismo 爆发高潮，突然喷发，爆喷，爆发作用
parpadeo 闪烁，闪亮；眨眼睛

P

parpadeo de la luz eléctrica　闪烁，闪光

parque　公园；(设备或材料)存放场；停车场

parque de almacenamiento　储料场

parque de carbón　储煤场

parque de depósitos　油库，油罐区，油罐场

parque de tanques　油罐区

parque eólico　风力发电站，风电场

parque marino　海洋公园

parque nacional　国家公园

parqueo　停放(车辆)，停车场

parquímetro　汽车停放收费计

parrilla　栅板

parrillas para elevadores　吊环

parte　部分，局部；(分配中的)份额；除数；(谈判、合同的)各方；报告，简报(阳性)；

parte actora　原告，控告人

parte baja　下部

parte contraria　(诉讼的)对方

parte de atrás　后部

parte de corrosión　腐蚀部分

parte delantera　前端

parte diario de perforación　钻井记录

parte en movimiento　运动机件，可动部分，动件

parte extraída de un filón　矿柱，留下未开采的部分矿脉

parte firme de la corteza terrestre　克拉通，稳定地块，古陆核

parte fraccionaria　尾数，数值部分

parte frontal del equipo perforador a cable　井架正面，钻机前门

parte hidráulica　流体端，液力端

parte hidráulica de la bomba de inyección　钻井泵出口端

parte inferior　低的，下部

parte interna　内部，里面

parte marina de la plataforma continental　陆表海，陆缘海，陆架海，浅海

parte más distal de la playa　滨面，滨前

parte pequeña de materia　粒子，质点，微粒

parte posterior　后部

parte posterior de onda　波尾

parte posterior del cilindro　汽缸后部

parte saliente de una rueda excéntrica　偏心轮的突出部分

parte sombreada　阴影部分

parte superior　顶面；油层顶部

parte trasera　后部，末尾

parte unilateral　单方面

parteaguas　分水界，分水岭

partes contratantes　缔约双方

partes de las emisiones　排放物

partes internas　内部构件，内部零件，内部结构

partes por billón (PPB)　兆分之几，兆分率

partes por millardo (PPMM)　十亿分之几，十亿分率

partes por millón (PPM)　百万分之几，百万分率

partes por millón por volumen　(体积)百万分之几，百万分率

partes por minuto (PPM)　每分钟含量

partes por peso　重量份数

partición　分配；除法

partición de bienes　财产分配

partición en celdas　面元划分，共反射面元

partición flexible en celdas　挠性面元划分，柔性面元划分

participación　参与，参加；参股，入股；(参与的)份额，股分；通知，通报

participación del estado en las ganancias (PEG)　国有利润分红

participante　参与者，参加者

participar en el trabajo　参与某个工作

participar en la preservación del medio ambiente　参与环境保护

participar en licitación　投标

participar　参加，参与；入股；共享；通知，告之

partícula　微粒，细粒，粉尘；粒子，质点

partícula aislante　绝缘质点，介质粒子

partícula alfa　α 粒子

partícula atómica　原子粒子

partícula básica　基本粒子

partícula beta　β 粒子

partícula cargada　带电粒子

partícula de diámetro inferior a un micrón　亚微颗粒

partícula de parafina　石蜡颗粒

partícula de retroceso　反冲粒子

partícula de sulfato　硫酸盐粒子，硫酸盐微粒

partícula discreta　离散颗粒，分散状微粒

partícula elemental　基本粒子

partícula fundamental　基本粒子

partícula gamma　γ 粒子，伽马粒子

partícula líquida　液体微粒

partícula más pequeña de un compuesto　复合物的最小颗粒

partícula micrométrica　微米颗粒

partícula nociva　有害颗粒物

partícula penetrante　穿透粒子，贯穿粒子

partícula sólida del espacio　陨石；太空中的固体颗粒

partícula sólida fina　固体微粒

partícula tóxica　有害颗粒

particulado　微粒的；粒子组合的；微粒物质，颗粒物质

particularidad　特殊性，独特之处，特性，特点

partículas coloidales　胶粒，胶体微粒

partículas en suspensión　悬浮颗粒，悬浮微粒

partículas en suspensión gaseosa　悬浮气体颗粒

partículas ionizantes　致电离粒子

partículas suspendidas totales　总悬浮微粒，总悬浮颗粒物

partida　动身，起程；（账目的）款项；（预算的）项目；（商品的）宗，批；（比赛的）场，盘，局

partido　分开的，切开的，断开的，利益，好处；保护，支持；决定，措施

partir　分，分开；打破；分配；离开，出发，起程

PASA (programa de administración de seguridad y ambiente)　安全和环境管理程序，英语缩略为 SEMP (Safety and Environmental Management Program)

pasabanda　带通

pasada　（粉刷或油漆）遍，次；运行

pasada de comprobación　试车，试验，试运行

pasada de producción　生产运行，正式运转

pasada de prueba　试车，试运转，试运行

pasada de soldadura en caliente　热焊道

pasador　插销，销子，绞链销，别针

pasador cónico　锥形销子

pasador de aldaba　插销

pasador de aletas　开口销，开尾销

pasador de anclaje　联结轴销，固定销，锚定销

pasador de articulación　鞲鞴销，肘节销

pasador de bisagra　铰链销，折页轴

pasador de brazo　鞲鞴销，活塞销，肘销

pasador de cabo　穿索针，解索针，绳索销针

pasador de chaveta　扁销，开口销，开尾销，定位销钉

pasador de cigüeñal　曲柄销，拐肘销

pasador de corte　剪钉，剪切销，安全销，剪力销

pasador de cruceta　十字头销

pasador de eje　轴销

pasador de émbolo　活塞销

pasador de enganche　联结销

pasador de eslabón complementario　链节销

pasador de la barra de tiro　牵引杆销

pasador de manivela　曲柄销，拐轴销

pasador de pistón　活塞销

pasador de sujeción　固定销

pasador del gancho　钩销，绝缘子弯脚钉

pasador del sensador　压力转换器销子

pasador guía del casquete　阀帽导向销

pasador hendido　开尾销，扁销，开口销

pasador rompible　剪钉，剪切销钉，安全销，剪力销

pasaje　通过，穿过；通行费，路费；（车、船或飞机等）票

pasaje gradual　平缓通过

pasaje total　全通径

pasajero　暂时的，短暂的；旅客，乘客

pasamano　导引，护条，防护栏，扶索

pasamano de escalones　楼梯扶手，楼梯栏杆

pasamanos　扶手

pasamuros　（导体通过金属墙壁的）绝缘体

pasante　实习生

pasar　移动；通过，渡过，穿过，传递，递交

pasar el cable por las poleas　穿绳，穿大绳

pasar el rascador　清管作业

pasauita　中柱石

pascal　帕斯卡（国际单位制 SI 的压强单位）

pascalio　帕（压强单位，1 帕 =1 牛顿 / 米²）

pase　允许，准许，特许，许可证，通行证

pase de prueba　试运行，试运转，试车

pase de un sedimento a otro　窜层

pase entre formaciones　层间流动

pasillo　走廊，过道，滑道，高台

pasillo rodante　自动过道

pasivación　钝化，钝化作用

pasivador de metales　金属钝化剂

pasividad　钝态，钝性，不活泼性；无源性；被动性

pasivo　被动的；被告的；债务，亏空

pasivo a corto plazo　短期负债

pasivo consolidado　固定债务

pasivo contingente　不确定的债务，或有债务

pasivo de apertura　初期债务；开盘负债

pasivo de capital　资本负债，固定负债

pasivo declarado　账面负债

pasivo patrimonial　资本负债，固定负债

paso　经过，走过，穿过，度过；过道，步，步幅

paso a nivel　水平交叉口，平面交叉口

paso a paso　逐步

paso alternado　弦节距，分度圆弦齿距

paso alto　高通

paso angular　角节距，角距

paso bajo　低通

paso de aire　吹风，鼓风

paso de aire muerto　空气闭塞之处

paso de banda　带通

paso de cadena　链节距

paso de cadena de transmisión　传送链节距

paso de devanado　绕组节距

paso de gas　通气

paso de la hélice　螺距

paso de montaña　山口

paso de remachadura　铆距

paso de rosca　螺距

paso de tiempo en días　以天来计算

paso de tornillo　螺距，螺节

paso de velocidades　变速，变速器，换挡
paso del engranaje　齿轮齿距
paso entre remaches　铆钉间距，铆钉距
paso estrecho　瓶颈，狭路；困难，障碍
paso posterior　后节距
pasta　糊，糊状物，稠液；岩浆
pasta abrasiva para pulimentar　抛光膏，抛光剂
pasta aguada　泥浆，浆体，悬浮液
pasta anticongelante　除冻液
pasta cementicia　水泥浆
pasta de esmeril　磨削冷却剂，研磨膏
pasta de madera　木纸浆
pasta de papel　纸浆
pasta de relleno de roscas　螺纹充填浆
pasta esmeril　磨削冷却剂，研磨膏
pasta mineral　母岩，基质，基岩，脉岩
pasta papelera　纸浆
pasta para correa de transmisión　皮带油，皮带蜡
pasta para esmerilar　磨削用冷却剂，研磨膏
pasta para esmerilar válvulas　气门研磨膏，磨阀物，阀研磨剂
pasta para pulir válvulas　气门研磨膏，磨阀物，阀研磨剂
pasta vítrea　玻璃浆
pastadero　放牧地，牧场
pasteca　开口滑车，扣绳滑轮
pasteca con cuerpo de hierro maleable　铸铁滑车
pasteca de acero estándar　标准钢滑车
pasteca de bisagra　开口滑车；扣绳滑轮；扣线滑车
pasteca de bisagra con cuerpo de acero　钢体扣绳滑车
pasteca de bisagra mejorada　改进的扣绳滑车
pasteca de bisagra para cabo de manila　马尼拉棕绳滑车
pasteca de bisagra reforzada　强力重型滑车
pasteca de hierro maleable　可锻铸铁壳滑车
pasteca de izaje de carga　吊货滑车
pasteca de madera regular　普通木滑车
pasteca de pie　滑车支架
pasteca de plomo　水砣滑车
pasteca de plomo con bisagra　绞链式滑车
pasteca de plomo horizontal　水平滑车
pasteca de plomo vertical　垂直滑车
pasteca de uso general　通用滑车
pasteca jageba mejorada　改进的围网绞车
pasteca para cable regular　普通钢丝绳滑车
pasteca para cabo de fibra sintética　合成纤维绳滑车
pasteca para chatarra　吊废管材用滑车
pasteca para construcción　建筑用滑车
pasteca para gancho　吊钩滑车

pasteca para grúa　吊车滑车
pasteca reforzada para servicio pesado　重型吊钩滑车
pasteca sin cuerpo para cabo de manila　马尼拉绳单轮滑轮
pasteurización　巴氏灭菌法，巴氏消毒法
pasteurizado　经过巴氏灭菌处理的；经过低温消毒的
pasteurizador　巴氏消毒器，巴氏灭菌器
pasteurizar　用巴氏法对…消毒；对…进行低温消毒
pastilla　小块，片；药片；（制动器上的）闸皮；集成电路片，微型电路
pastilla de freno　刹车片
pastilla de silicio　硅片
pastoso　糊状的，膏状的，黏性的
pastreita　黄钾铁矾
pata　（动物或设备的）腿，脚
pata de cabra　撬棍，撬杠
pata de gallina　法兰上紧器
pata de la torre　井架腿
pata de perro　狗腿井，弯曲井眼，斜井眼；（定向井的）狗腿度
pata de soporte　外伸托梁，支架
pata de torre　井架大腿
pata de trípode de plancheta　平板仪三角架腿
pata de vaca　气门拨叉
pata del ancla　锚爪
pata delantera　前腿
pata inclinable　倾斜腿
pata telescópica　伸缩柱
pata trasera　后腿
patecla　开口滑车，扣绳滑轮，扣线滑车
patentado　专利的，有专利权的，特许的
patente　许可证，执照，证书；会员证；专利，专利权
patente anulada　撤销的专利
patente confidencial　保密专利
patente de invención　发明专利
patente de propiedad industrial　工业产权专利
patente de sanidad　卫生证书，检疫证书
patente del producto　产品专利
patente limpia　（船只的）出发港无传染病检疫证书
patente sucia　（船只的）出发港有传染病检疫证书
patentización　（拉丝后的）退火处理，铅淬火，钢丝韧化处理
pateraita　黑钼钴矿
patersonita　钾黑蛭石
patín　滑橇，起落橇
patín de cruceta　十字头闸瓦，十字头滑块
patín de tubos　运管滑橇

pátina　铜锈，铜绿；（时间过久造成的）褪色，风化膜

patinar　（车轮）打滑；（车轮）空转

patio　庭院，院子，天井；空地

patio de planta　厂区

patio de tanque de petróleo　油罐区，油库

patio de tanque de petróleo comercial　商业油库

patogénesis　发病机理，致病原因

patogenia　病原学；发病机理，致病原因

patogenicidad　致病力，致病性

patogénico　致病的，病原的

patógeno　病原体

patrimonio　财产，财富；固定资产

patrimonio ambiental　环境遗产

patrimonio común　共同财产

patrimonio costero　海洋资源

patrimonio de la humanidad　全球共有资源

patrimonio de recursos　天赋资源

patrimonio del Estado　国有财产

patrimonio forestal　森林遗产

patrimonio líquido　资产净值，业主股本；权益，产权

patrimonio nacional　国家财产

patrimonio natural　自源资源，自然遗产

patrimonio neto　资产净值，业主股本；权益，产权

patrinita　针硫铋铝铜矿

patroleadora　平路机

patrón　保护人，支持人，赞助人；老板，企业主；模式，样式

patrón de contraste　校准标准器

patrón briggs　勃瑞格斯标准

patrón de disparo　射孔方式

patrón de espaciado rectangular　矩形井网布井方式

patrón de fallas antitéticas　相反组断层模式

patrón de fallas sintéticas　同组断层模式

patrón de fondeo　停泊方式

patrón de inundación　注水模式

patrón de inyección de agua　注水井网

patrón de inyección y producción　注采井网

patrón de montaje　装配夹具

patrón de pozo　井网，布井法，井的布局，井的布置

patrón de pozo intermedio　加密井网

patrón de pozos de cinco puntos　五点井网

patrón de pozos de cuatro puntos　四点井网，四点井法

patrón de pozos de desarrollo　开发井网

patrón de pozos de producción　采油井网

patrón de reproducción　养殖模式

patrón de rosca　螺纹标准

patrón estructural　构造模式

patrón hiperbólico　双曲线模式

patrón libre de pozos　任意井网

patrón para medida　测量标准

patrón químico　化学标准

patrón razonable de pozos　合理布井模式

patrono　保护人，支持人，赞助人；老板，企业主

patrulla　巡逻；巡逻队；小队

patrulla costa afuera　海上巡逻

patrulla de oleoductos　管线巡线

patrulla ordinaria　例行巡逻

patrulla volante　查岗，查哨

pausa　暂停，中断

pausado　缓慢的，平缓的

pauta　（纸张上面的）格线；（划格用的）尺子；规矩，准则

pauta ecológica　生态准则

pavimentación con asfalto　沥青铺路

pavimentadora　筑路工，铺路机，铺设材料

pavimento　路面，地面，铺砌层

pavimento bituminoso　沥青路面

pavimento de cemento　水泥路面

pavimento de piedra　石铺路面

pavonado　发蓝处理，烧蓝处理；发蓝层，防s锈层

pavonar　（给钢铁表面）烧蓝，镀防锈层

payloder（cargador）　装载机

PCEDN（protocolo de control de enlace de datos de alto nivel）　高级数据联接控制，英语缩略为 HDLC（High-Level Data Link Control）

PCI（presión de circulación inicial）　初始循环压力，英语缩略为 ICP（Initial Circulating Pressure）

PCN（pulgada cúbica normal）　标准立方英寸，英语缩略为 SCF（Standard Cubic Feet）

PCND（pulgada cúbica normal por día）　标准英尺 ³/ 天

PDO（plan de desarrollo y operación）　开发和作业计划，英语缩略为 PDO（Plan for Development and Operation）

PDVSA（Petróleos de Venezuela S.A.）　委内瑞拉国家石油公司（PDVSA）

PDVSA E&P（PDVSA Exploración y Producción）　PDVSA 勘探开发部

PDVSA P&G（PDVSA Petróleo y Gas）　PDVSA 石油和天然气部

peaje　（公路、桥梁等的）通行税，通行费

peak shaving　高峰调节，峰值负载抑制，调峰

pealita　蛋白硅华

pearceíta　硫砷银矿

pebídiense　贝比迪亚岩系的；贝比迪亚岩系

PEC（planificación estratégica corporativa）　公司战略计划，英语缩略为 CSP（Corporate Strategic Planning）

P

pechblenda 沥青铀矿，沥青油矿，晶质铀矿
pectización 胶凝作用，凝结，胶凝
pectolita 针钠钙石
peculiaridades de desplazamiento 运移特性
pedal （脚踏式传动装置上的）踏板，踏脚，脚蹬
pedal de acelerador 加速器踏板，（汽车的）油门踏板
pedal de arranque 启动器踏板；脚踏启动器
pedal de embrague 离合器踏板
pedal de freno 刹车踏板
pedalfer 淋余土，铁铝土
pedal para acelerador con forma de pie 脚风门踏板
pedazo 片，块，段，件
pedazo de piedra que se usa como muestra 岩石标本，岩石样品
pedazo de roca arenisca 砂岩标本
pedemonte 山脚，山麓
pedernal 火石，燧石
pedernalino 火石的，燧石质的
pedestal 墩座，底座，基座，台脚，柱脚
pedido 订购，订货单；请求，要求；询盘
pedimento 山麓侵蚀平原，碛原，起诉，起诉状
pedión 单面（只有单一晶面的晶体形式）
pedocal 钙层土
pedología 土壤学
pedosfera 土壤圈，土壤层，地球表土层
pedraplén 乱石堆，乱石护坡
pedregal 乱石堆
pedregoso 多石的地方
pedrera 采石场
pedriscal 乱石堆
pega 粘，贴；胶；（爆破岩石时）点炮
pega de caída de herramientas 落物卡钻
pega de cemento 水泥卡钻
pega de derrumbe 坍塌卡钻
pega de embolamiento 泥包卡钻
pega de expanción de formación 缩径卡钻
pega de hoyo pequeño 小井眼卡钻
pega de percusión 顿钻卡钻
pega de sedimento 沉砂卡钻
pega de tuberías 压差卡钻
pega diferencial 压差卡钻
pega para tubo PVC PVC 管胶
pegado 粘住的，结合在一起的
pegajosidad 黏性，胶性
pegajoso 黏的，有黏性的
pegamento 浆糊，胶水，黏合剂
pegamiento 粘，贴；粘接；接合；缝合
pegamiento a la pared por presión diferencial 压差卡钻

pegamoide （制造防水布、人造革的）纤维素脂，纤维素漆；人造革；防水布
peganita 磷矾土
pegar 粘贴，黏合；固定，接合，缝合；传染
pegar al tubo 卡钻
pegar el tapón 装上塞子
pegatina 黏性物质
pegmático 凝固的，凝结的
pegmatita 伟晶岩，黑花岗岩
pegmatolita 正长石
pelacable 剥皮钳
pelágico 海洋的；深海浮游的；深渊沉积的
pelagita 海底锰结核，海底锰块
pelar 剥皮，去壳，褪毛；
pelargonato 壬酸盐；壬酸脂
pelargónico 壬酸盐；壬酸脂
peldaño 台阶；梯阶，梯级
pelecípodos 瓣鳃纲，斧足纲
peletización 团矿，造球，制丸
película 薄膜,（摄影用的）胶片，胶卷；电影
película adsorbida 吸附膜
película de aceite 油膜，油花，石油膜
película de aminas 胺镀膜
película de carbón 碳膜
película de fluido 液膜，润滑油膜
película de gas 气膜，气态膜
película de óxido 氧化膜
película de petróleo 水面浮油，水面油膜，油斑，油膜
película delgada 薄皮，薄膜
película fluida 液体薄膜，润滑油膜
película gruesa 厚皮，厚膜
película interfacial 界面薄膜
pelicula iridiscente 水面晕彩油膜
película iridiscente formada por el petróleo en el agua 水面晕彩油膜
película laminar 层状薄膜
película microbiana 微生物膜
película negativa 底片，负片
película oleosa 油膜，石油膜
película positiva 正片
peligro 危险，风险，险情
peligro de acumulación 累积风险
peligro de degradación 退化风险
peligro de incendio 火灾风险
peligro geológico 地质灾害
peligro potencial para el medio ambiente 潜在的环境风险
peligro uniforme 均匀风险
peligrosidad 危险性
peligrosidad geológica 地质灾害性
peligroso 危险的，有害的
pelita 泥质岩

pelitico 泥质的

pella 球粒，团粒，球团矿

peloconita 铜锰土

peloide 泥样的

pelología 泥土学

pelotilla 球粒，团粒，球团矿

PEMEX (Petróleos Mexicanos) 墨西哥石油公司

penacho 羽冠状物

penacho cónico 圆锥法，圆锥度，锥进

penacho serpenteante 构成环线，构成环形

penacho térmico 热柱，热烟流

penalizar 处以刑罚；处罚，惩罚；处分，制裁

pencalita 水滑大理岩，滑大理岩

pendiente 悬挂着的，吊着的；倾斜的；悬着的，有待处理（的事物）；斜面，斜坡；倾斜度，坡度

pendiente ascendente 上坡，升坡

pendiente continental 大陆坡

pendiente de curva 曲线斜率

pendiente de erosión 侵蚀坡面

pendiente de montañas 山坡

pendiente de terraza 阶地斜坡

pendiente de un río 河道坡降，河流比降，河面坡度

pendiente del buzamiento 倾向坡，倾斜坡

pendiente descendente 坡度下降

pendiente en subida 升坡，上坡

pendiente escarpada 陡坡

pendiente estéril 缓坡

pendiente estructural 构造倾斜

pendiente freática 地下水位坡降

pendiente hidráulica 水力坡降，水力坡度

pendiente homoclinal 同斜倾角

pendiente magnética 磁倾角

pendiente socavada 暗结坡，底切坡，掏蚀坡

pendiente variable 可变坡度，渐斜

péndola 摆锤，摆钟，振动体；双柱桁架，支柱

pendular 摆动的，振动的

péndulo 摆，摆锤

péndulo astático 无定向摆，助动式摆仪

péndulo balístico 冲击摆，弹道摆

péndulo circular 数字摆，单摆

péndulo compensador 补偿摆

péndulo compuesto 复摆，物理摆

péndulo de carrera corta 短行程随钻震击器

péndulo de carrera larga 长行程随钻震击器

péndulo de compensación 补偿摆

péndulo de Kater 卡特尔摆

péndulo de torsión 扭转摆，扭摆

péndulo de trípode 三脚摆

péndulo eléctrico 电摆

péndulo gemelo 双摆

péndulo gravimétrico 重力摆

péndulo horizontal 水平摆

péndulo invertido 倒摆

péndulo mínimo 最短摆

péndulo registrador 可记录式测锤

péndulo reversible 可倒摆，可逆摆

péndulo simple 单摆

penetrabilidad 穿透性，可渗透性；渗透能力，穿透能力

penetrable 可穿透的，可渗透的，可渗入的

penetración 穿透，穿过；渗透，浸入；钻入，进入

penetración del yacimiento 钻开，打开生产层

penetración lateral 侧面钻入

penetración parcial 部分射穿

penetrante 穿透性的，渗透性的；贯穿的

penetrar 穿透，穿过；渗透，浸入；刺入；钻入，进入

penetrómetro 透度计，针入度仪，穿透计

penfieldita 氧氯化铅

penillanura 侵蚀平原，准平原

penillanura encañada 切割准平原

penina 叶绿泥石

peninita 叶绿泥石

península 半岛

penita 绿水白云石

pensamiento de negocio 经营思想

pensamiento directivo 指导思想

pensamiento estratégico 战略思想

pensamiento lógico 逻辑思维

pensilvaniano 宾夕法尼亚纪，宾夕法尼亚系

pensilvánico 宾夕法尼亚纪，宾夕法尼亚系

pensilvaniense 宾夕法尼亚纪，宾夕法尼亚系

pensilvanio 宾夕法尼亚纪的，宾夕法尼亚系的

pensión （地产的）租金，地租；年金；抚恤金

pensión de manutención 赡养费

pensión por vejez 养老金

pentaatómico 五原子的

pentabásico 五元的，五基的

pentaborano 戊硼烷

pentacíclico 五环的

pentacloroetano 五氯乙烷

pentacloruro 五氯化物

pentacontano 五十烷

pentacontano normal 正五十烷

pentacosano 二十五烷

pentada 五价物的，五价元素的

pentadecágono 十五边形

pentadecano 十五烷

pentadecano normal 正十五烷

pentadeceno 十五碳烯

pentadecino 十五炔

pentadieno 戊二烯
pentadiino 戊二炔
pentaedro 五面体
pentaeritrita 季戊四醇四硝酸酯，季戊炸药
pentaglucosa 戊糖
pentagonal 五角形的，五边形的
pentágono 五边形，五角形
pentágono regular 正五边形
pental 三甲基乙烯
pentalfa 五角星形
pentalina 五氯乙烷
pentametileno 环戊烷
pentametilheptano 五甲基庚烷
pentametilo 五甲基
pentano 戊烷
pentano normal 正戊烷
pentanol 戊醇
pentanona 戊酮
pentarrejilla 五栅极
pentasulfuro 五硫化物
pentatetracontano 四十五烷
pentatómico 五原子的
pentatriacontano 三十五烷
pentatrón 电子管，五级二屏管
pentavalencia 五价
pentavalente 五价的
pentedecágono 十五角形，十五边形
pentenino 戊烯炔
penteno 戊烯
pentileno 戊烯；戊撑，次戊基
pentilhenecoisano 戊基二十一烷
pentilo 戊基
pentino 戊炔
pentita 戊五醇
pentlandita 镍黄铁矿，硫镍铁矿
pentodo 五极管
pentolita 彭托利特炸药
pentosa 戊糖
pentosanas 戊糖，戊聚糖
pentóxido 五氧化物
pentriacontano 正五十碳烷
pentrita 季戊炸药
peña 大圆石，巨砾，蛮石
peña errática 漂砾，漂块，漂石
peñasco 巨石，磐石
peñón 大石块，巨石
peñonal 巨砾层，漂砾层
peón 小工，杂工
peón de cuadrilla 杂工
peón de perforación 钻井现场的杂工
pepita de oro 块金，矿块
peptizabilidad 分散性，胶溶性
peptización 分散作用，胶溶作用

peptizado 使⋯成胶体溶液的
pequeña bomba móvil 小型活动泵
pequeña zona piloto 小型试验区
pequeñas olas 脉动，波动；涟波，皱波
pequeño 小的，矮小的；低的，短的
pequeño caballo de alimentación 辅助发动机，小汽机，副（汽）机；辅助机车，
pequeño desarenador 小型除砂器
pequeño proyecto de inyección de agua piloto 小型注水试验
pequeño proyecto de inyección de gas piloto 小型注气试验
pequeño proyecto de producción piloto 小型生产试验
pequeño proyecto piloto 小型试验
pequeños pedazos de carbón 煤渣，煤屑
PEQUIVEN (Petroquímica de Venezuela) 委内瑞拉石化公司
peracidez 过酸性
perácido 过酸，高酸
peraltado 斜面，倾侧，超高
peralte （弓形结构的）超高；（公路弯道部分）外侧比内侧高出部分
perborato 过硼酸盐
percarburo 过碳化物
percebe 一种附着在礁石上的海贝
percentaje 按百分比计算的收益
percentil 百分位，分布百分数，按百等分分布的数值
percepción 感觉，知觉，察觉
percepción remota 遥感
percha 衣架，挂物架，衣钩，挂衣钩，管架
percibir 领取，收取（工资、税等）；感觉；领会
perclorato 高氯酸盐，过氯酸盐
perclórico 高氯的
percloroetileno 四氯乙烯
percloruro 高氯化物，过氯化物
percolación 渗透，渗漏，渗滤，沥滤；沥滤法，穿流法
percolación afluente 入渗，渗漏
percolación de agua 水浸出
percolación de materias radiactivas 放射性材料渗漏
percolado 渗入的，渗透的，渗漏的
percolador 滤杯；沥滤器
percolar 渗滤，渗透，渗流，渗漏，砂滤
percristalino 过晶质
percristalización 透析结晶，透析结晶作用
percromato 过铬酸盐
percrómico 过铬的
percusión 撞击，打击，冲击，叩击，击发，
percusor 击发锤，击发装置，震击器，撞针

percusor cablegrama　绳式顿钻钻具震击器，钢绳冲击钻具震击器

percusor de carrera corta　短冲程震击器

percusor de carrera larga　长冲程震击器

percusor de perforación　钻进震击器，随钻震击器

percusor de pesca　打捞用震击器，打捞震击器

percusor mecánico　机械式震击器

percusor para equipo de cable　绳式顿钻钻具震击器，钢绳冲击钻具震击器

percusor para pesca　打捞用震击器，打捞震击器

percutor　撞针；震击器

percutor en medio húmedo　湿式冲击器；湿式撞击集尘器

perder　丢失；浪费；错过

perder circulación　泥浆漏失

perder color　褪色

pérdida　丢失，损失，耗损，坏损；盈亏；（气体、液体的）漏出，逸出

pérdida acumulada　累计亏损

pérdida baja de agua　低失水

pérdida bruta　总亏损

pérdida de agua　失水，失水量

pérdida de altura　水头损失，压力损失，压头损失

pérdida de bosques　森林丧失

pérdida de calor　热耗，热损失

pérdida de carga　水头损失，压头损失，落差损失，水头抑损

pérdida de carrera　冲程损失

pérdida de circulación　钻井液循环漏失，洗井液漏失，循环液漏失

pérdida de circulación de lodo　泥浆漏失

pérdida de energía　能量损失

pérdida de filtrado　渗漏损失，滤失量，渗漏量，泥浆或水泥浆失水量

pérdida de fluido　滤失量

pérdida de fluido de perforación　钻井液漏失

pérdida de fluido inicial　瞬时滤失，初始流体漏失

pérdida de flujo　冲洗液漏失，循环液漏失，液体漏失

pérdida de flujo turbulento　涡流漏失

pérdida de fuerza　功率损耗

pérdida de gas　漏气

pérdida de la fase acuosa　水相的损失

pérdida de la productividad de las tierras　土地退化，土地生产能力下降

pérdida de la válvula　阀漏失

pérdida de lodo　泥浆漏失

pérdida de longitud en el enrosque　管柱连接起来后的长度损失

pérdida de oportunidad　错失良机

pérdida de peso　短重，重量损失

pérdida de presión　压力降，压力损失

pérdida de presión dinámica　动态压力损失

pérdida de presión durante la circulación　循环压耗，循环压降

pérdida de presión por compactación mecánica　机械压实压力损失

pérdida de propiedad　财产损失

pérdida de remolino　涡流损耗

pérdida de respiración　呼吸损耗

pérdida de respiración profunda de tanque　储罐深呼吸损耗

pérdida de retorno　回程损耗，回波损耗

pérdida de superficie　表面消耗，表面磨损

pérdida de tiempo　损失时间

pérdida de transmisión　传输损耗，配水损耗

pérdida del color　褪色，脱色，变色

pérdida del negocio　营业亏损

pérdida dieléctrica　介质损耗

pérdida económica　经济损失

pérdida en el fondo del pozo　井底漏失

pérdida en la cañería　管线漏失

pérdida en libros　账面亏损

pérdida hidráulica　水力损失

pérdida irremplazable　难以弥补的损失

pérdida natural　自然损耗

pérdida neta　净损失，净损，纯损

pérdida ocasionada por roturas　断裂损失

pérdida piezométrica　水头损失，压头损失，落差损失，水头抑损

pérdida por absorción　吸收损耗

pérdida por corriente de Foucauh　涡流损耗

pérdida por corrientes parásitas　涡流损耗

pérdida por desplazamiento　漂移损失

pérdida por ensanchamiento　扩张能量损失

pérdida por evaporación　蒸发损失，蒸发耗损

pérdida por filtración　渗滤漏失

pérdida por filtración　渗漏损失，失水量

pérdida por fricción　摩擦损耗，摩阻损失

pérdida por histéresis　磁滞损耗，滞后损耗，滞后损失

pérdida por meteorización　风化损失，气候影响

pérdida por promedio　平均损失

pérdida por radiación　辐射损耗，散热损失

pérdida por reflexión　反射损耗

pérdida por remolino　涡流损耗，紊流损失

pérdida por rozamiento　磨损，磨蚀

pérdida por salpicadura　飞溅损失

pérdida por torbellino　涡流损耗

pérdida promedio　平均损失

pérdida térmica　热损失

pérdidas de desecho　废品，残渣

pérdidas en el núcleo　铁芯损耗，电阻损失

pérdidas óhmicas　欧姆损耗，电阻损耗

pérdidas por rozamiento　摩擦损耗

perdido　丢失的；浪费的；无一定方向的

perdigón de acero　钢粒，钢砂

perditancia　漏泄电导，漏电

perención　（法律诉讼的）过期，逾期

perenne　永久的，不间断的，无止境的；（植物）多年生的

perennifolio　常绿的，四季长青的

perennigélido　长年冰封的

perfeccionado　完美的，完善的，改进的

perfeccionar　改善，改进，完善；使手续齐全，使具法律效力

perfectibilidad　可改进性，可完善性

perfecto　完美的，完善的；完成的，理想的

perfil　轮廓，外形；侧面；剖面（图），截面（图）；型材；测井，测井曲线；简介，概况

perfil (mástil) de acero　桁架结构桅式井架，轻便井架

perfil completo de refracción　全折射剖面

perfil con indicadores　示踪测井

perfil continuo de buzamiento　连续地层倾角仪测井

perfil cronológico de las emisiones　排放时间曲线图

perfil cuadrado　方铁条，方杆

perfil de calibración　井径测井，井径测井图，井径曲线

perfil de columna de tuberías　管柱图

perfil de control de cementación　水泥胶结测井，固井质量测井，固井质量测井图，固井质量测井曲线

perfil de correlación　对比剖面

perfil de desviación　井斜测井

perfil de diámetro　井径测井，井径测井图，井径曲线

perfil de distribución diurna del ozono　臭氧的白日分布曲线

perfil de equilibrio　平衡曲线

perfil de fase　相测井，相位测井

perfil de gradiente　梯度剖面图

perfil de hierro　角铁，角钢

perfil de inducción　感应测井，感应测井曲线，感应测井图

perfil de información sobre peligros químicos (PIPQ)　化学危害信息简况，英语缩略为 CHIP (Chemical Hazard Information Profile)

perfil de inyección　钻井液测曲线，钻井液测井，钻井液录井

perfil de inyección de agua　注水剖面

perfil de inyectividad　吸水剖面

perfil de la circularidad del hoyo　井径测井，井径测井图，井径测井曲线

perfil de neutrones　中子测井，中子测井曲线

perfil de pata con base doblada　井斜曲线，井斜剖面图

perfil de pata de perro en boca de pozo　狗腿度测井

perfil de perforación　钻井记录，钻井剖面，钻孔柱状图

perfil de permeabilidad　渗透率曲线

perfil de presión　压力剖面曲线

perfil de producción　产量剖面，开采曲线

perfil de radioactividad　放射性测井

perfil de reflexión　反射剖面

perfil de refracción　折射剖面

perfil de refracción en línea　联机折射剖面，在线折射剖面

perfil de registro geofísico del pozo　地球物理测井，地球物理测井曲线

perfil de salinidad　矿化度剖面，矿化度曲线

perfil de superficie　水面纵剖面，纵断面

perfil de temperatura　温度测井，温度测井曲线，温度测井图

perfil de temperatura de la torre　钻塔温度曲线

perfil de temperatura de pozo　井温测井，井温曲线

perfil de una gota de líquido　液滴轮廓图

perfil de velocidad　速度测井曲线

perfil del hoyo horizontal　水平井剖面

perfil del pozo　测井

perfil del suelo　土壤剖面

perfil edafológico　土壤剖面

perfil edafológico truncado　剥蚀土壤剖面

perfil eléctrico　电测，电测井，电测记录，电测井曲线，电测井图

perfil en doble T　工字梁，工字钢

perfil en T　丁字钢，丁字铁

perfil en U　U 形钢

perfil esquemático　综合剖面，剖面示意图

perfil estratigráfico　地层剖面；地层剖面图

perfil geológico　地质柱状剖面，地层柱状图，地质剖面

perfil geológico de pozo　钻井地质剖面，钻孔地质柱状剖面图

perfil gravimétrico　重力剖面

perfil inverso　反向剖面

perfil invertido　反向剖面

perfil laminado　型钢

perfil longititunal　纵断面，纵剖面，纵剖图

perfil magnético　磁测剖面，磁力剖面

perfil oblicuo　斜剖面

perfil profesional　专业履历

perfil radioactivo　放射性测井，放射性测井曲

线

perfil sísmico 地震剖面，地震测线

perfil sísmico horizontal 水平地震剖面，共炮点道集地震剖面

perfil sísmico lateral 非零井源距垂直地震剖面

perfil sísmico vertical (PSV) 垂直地震剖面，英语缩略为 VSP (Vertical Seismic Profile)

perfil sismográfico 地震剖面

perfil sónico 声波测井

perfil sónico compensado por efecto de pozo 井眼补偿声波测井，补偿声波测井

perfil sonoro 声波测井

perfil T 丁字铁，丁字钢

perfil térmico 井温测井，井温测井曲线

perfil transversal 横断面，横截面，剖面

perfilado 流线的，流线型的

perfiladora 平路机，推土机

perfilaje 测井（多用于阿根廷，智利等国）

perfilaje continuo de inyección 钻井液测井

perfilaje de activación 活化测井

perfilaje de contenido de cloro 含氯量录井，含盐度测井

perfilaje de detección de gas 气测测井，气体检测测井

perfilaje de pozos 测井

perfilaje de rayos gamma 伽马射线测井，γ 射线测井

perfilaje de velocidad 速度测井

perfilaje durante la perforación 随钻测井，英语缩略为 LWD (Logging While Drilling)

perfilaje eléctrico 电测井，电法测井

perfilaje electrónico 电法测井

perfilaje fotoeléctrico 光电测井

perfilaje geotérmico 地热测井

perfilaje magnético 磁测井，磁法测井

perfilaje neutrónico 中子测井

perfilaje radioactivo 放射性测井

perfilaje radioactivo de pozos 放射性测井

perfilaje remoto 远程测井

perfilaje sísmico 地震测井

perfilaje sísmico vertical (PSV) 垂直地震剖面，英语缩略为 VSP (Vertical Seismic Profile)

perfilaje sonoro 声波测井

perfilaje térmico 地温测量，地温测井，热测井

perfilamiento continuo 连续剖面法，连续覆盖剖面法

perfilómetro 轮廓曲线仪，外形曲线测定仪，外型仪；纵断面绘图仪

perflación 通风；换气

perfluorado 全氟树脂

perflurocarbonos (flúor) 全氟碳化物

perforabilidad 可钻性，岩石可钻性

perforable 可钻的，可钻碎的

perforación 穿孔，打孔，打眼；钻井，钻探；洞，孔，眼

perforación a bajo presión 低压钻井

perforación a bala 射孔枪射孔，子弹射孔

perforación a cable 冲击钻进，顿钻钻进，顿钻，绳式顿钻

perforación a chorro 聚能射孔，聚能喷流射孔

perforación a múltiples zonas 多层射孔

perforación a percusión 顿钻，冲击钻进，钢绳冲击式钻进

perforación a poca distancia de la costa (perforación offshore) 海上钻探

perforación a pozo abierto 裸眼井钻探

perforación a vaivén 钻模钻井

perforación abocardada 平底扩孔钻，扩孔

perforación aereada 充气钻井

perforación al diamante 用金刚石钻头钻探，钻孔

perforación bajo agua 水下钻探，水下钻井

perforación bajo-equilibrada 欠平衡钻井，低压钻井

perforación balanceada 压力平衡钻井

perforación básica superficial 表层钻井

perforación casi-equilibrada 近平衡钻井

perforación con aire 空气钻井

perforación con aire como fluido de circulación 空气钻井

perforación con contrapresión del lodo 钻井液回压钻井

perforación con corona sacatestigo 岩心钻进，取心钻进

perforación con diamante 金刚石钻井，金刚石钻头钻井

perforación con dirección controlada 定向钻进，定向钻井

perforación con dirección dirigida 定向钻进，定向钻井

perforación con gas 气体钻井

perforación con gas como fluido de circulación 气体钻井

perforación con lodo mezclado con aire 充气泥浆钻井

perforación con motor de fondo 井底动力钻井

perforación con neblina (niebla) 喷雾钻进，雾状空气洗孔钻进，喷雾钻井

perforación con presión inversa 欠平衡钻井，负压钻井

perforación con relleno 加密钻井

perforación con taladro de diamante 金刚石钻井，金刚石钻头钻井

perforación con turbina 涡轮钻井

perforación con una guía 领眼钻进，导眼钻进

perforación costa afuera 海上钻井

perforación costa afuera y de alta mar 海上钻井

perforación costanera 海上钻井
perforación de alcance ampliado 延伸钻井
perforación de alcance extendido 延伸钻井
perforación de alimentación 进料孔；导孔；（纸带上）输送孔
perforación de alta combustión 聚能射孔
perforación de alta explosión 聚能射孔
perforación de auxilio 减荷井
perforación de avanzada 详探井
perforación de cateo 勘探井
perforación de correlación 对比井
perforación de costa 海上钻井
perforación de desarrollo 开发钻井，生产钻井
perforación de desarrollo de yacimiento 油藏开发钻井
perforación de desviación controlada 定向井钻井
perforación de diámetro pequeño 小井眼钻井
perforación de diámetro reducido 小井眼钻井
perforación de dirección controlada 定向钻井；定向钻孔
perforación de ensayo 初探井，预探井，普查井
perforación de estudio estructural 勘探井
perforación de evaluación 评价钻井
perforación de explotación 开发钻井，生产钻井
perforación de hueco 钻孔
perforación de pequeño diámetro 小眼井钻井；小孔径钻进
perforación de poca profundidad 浅井钻井
perforación de pozo 钻井
perforación de pozo estructural 区域构造钻井
perforación de pozo profundo 深井钻井
perforación de pozos con poco espaciamiento 小井距钻井
perforación de reconocimiento 野猫井
perforación de relleno 加密钻井
perforación de suelo 土壤钻孔
perforación de tubería a pistola 射孔
perforación de tubos por disparos 射孔
perforación desviada 侧钻，定向钻井
perforación direccional 定向钻井
perforación direccional controlada 定向钻井
perforación dirigida 定向钻井
perforación eléctrica 电动钻井
perforación empírica 经验井
perforación en racimo 丛式钻井
perforación en desbalance 欠平衡钻井，负压钻井
perforación en el revestimiento del pozo finalizado 射孔，套管射孔
perforación en macolla 丛式钻井
perforación en pantano 沼泽钻井

perforación en pérdida total 钻井液失去循环的钻进
perforación en producción 边生产边钻井
perforación en seco 干式钻井
perforación erosiva 冲蚀钻井，喷蚀钻进，冲蚀钻进
perforación errónea 偏穿孔，偏钻
perforación estratigráfica somera de cateo 浅地层钻井
perforación exploratoria 勘探钻井
perforación explosiva 爆炸钻井
perforación geológica 地质钻探
perforación guiada 受控定向钻井
perforación horizontal 水平井钻井
perforación inclinada 斜井钻井
perforación inicial 开钻
perforación inicial a cable 顿钻开钻
perforación inteligente 智能钻井
perforación interespaciada 加密钻井，加密钻探
perforación lateral 侧钻
perforación marítima 海上钻井
perforación mientras se produce 边喷边钻
perforación neumática 空气钻井
perforación oceánica 海上钻井
perforación para correlación 为落实地下构造而进行的钻井
perforación para prueba estratigráfica 地层试验井，地层探井，参数井
perforación para voladura 爆炸井，爆破井
perforación petrolera exploratoria 勘探石油钻井
perforación piloto 领眼钻进，导眼钻进
perforación por chorros de agua a gran presión 高压水力喷射钻井
perforación por chorros de aire a gran presión 高压空气喷射钻井
perforación por contrato 包工钻井，承包钻井
perforación por percusión 顿钻钻探，冲击钻进，冲击凿岩
perforación profunda 深井钻井
perforación reducida 小井眼
perforación rotativa 旋转钻井，转盘钻井
perforación rotatoria 旋转钻井，转盘钻井
perforación simultánea 双筒钻井
perforación sin líneas guía 无导向索钻井
perforación sobreequilibrada 超平衡钻井，过平衡钻井
perforación submarina 海上钻井
perforación térmica 火力钻进，喷焰钻进，喷焰钻井
perforación terrestre 陆上钻井
perforación vertical 垂直钻进
perforación vibratoria 震动钻井

P

perforacorchos　木塞穿孔器；软木钻孔机

perforado　有孔的，穿孔的；钻开的

perforado de revestidor　套管射孔的

perforador　钻工，司钻；钻孔器，凿孔器；凿岩机，风钻

perforador a bala　射孔枪，射孔器

perforador a cable portátil　便携式顿钻钻机

perforador a chorro　聚能射孔器

perforador a por choques　冲击钻，冲击机

perforador a proyectil　射孔器，射孔枪

perforador a taladradora　钻孔机，钻探机，镗床，搪缸机

perforador automático　自动送钻装置

perforador de explosivos　喷射器，聚能射孔器

perforador de tubos de revestimiento　套管射孔器

perforadora　钻床，钻机，钻孔器，穿孔器；凿岩机，钻井机

perforadora a balancín　轻便顿钻钻机

perforadora a percusión　手持式凿岩机，风镐，轻型凿岩机

perforadora de avance automática　自动推进凿岩机；带自动送钻装置的钻机

perforadora de columna o de avance　冲头，穿孔器

perforadora de exploración　勘探钻机

perforadora de hoyos para trabajos de sismógrafo　物探钻机

perforadora de realce　伸缩式凿岩机

perforadora de servicio de dos tambores　双滚筒钻机

perforadora de torre　塔式钻机

perforadora de tubería de revestimiento　套管钻机

perforadora eléctrica sumergida　水下电动钻机

perforadora inicial　开眼钻机

perforadora para barrenos verticales　上向伸缩式凿岩机，向上式凿岩机

perforadora para pozos de agua　水井钻机

perforadora rotatoria de propulsión directa　直接驱动式转盘钻机

perforar　穿孔，钻孔，打孔，冲孔，凿孔，打眼

perforar a bala　子弹射孔，射孔枪射孔

perforar a cable　绳索钻井，冲击钻井

perforar a ciegas　盲钻

perforar a mano　人工钻井

perforar al lado　侧钻

perforar con chorro de agua o lodo　射流钻井

perforar con circulación　循环钻井

perforar con circulación inversa　反循环钻井

perforar con presión　压力钻井

perforar en ciego　钻井液失去循环的钻进，盲钻

perforar en seco　干钻

perforar intencionalmente desviado　定向钻井

perforar por percusión　震动冲击钻井

perforar por rotación　旋转钻井，转盘钻井

perforar sin retorno de inyección　钻井液失去循环的钻进

perforar un pozo　钻井

perforar un túnel　开凿隧道

perhialina　过玻璃质的

perhidrol　双氧水，强双氧水

pericicloide　周摆线

periclasa　方镁石

periclasita　方镁石

periclina　钠长石，肖钠长石

peridotita　橄榄岩

peridoto　橄榄石，黄电气石

periferia　周边，周线，周长，周围，界限

periferia de la pared del pozo　井壁周围

periferia del hoyo　井壁

periférico　周边的，周缘的，周围的，圆周的

perifoco　近焦点

perífono　无线电话机

perimareal　潮缘区

perimetral　周围的，周边的，周线的，周长的

perímetro　周长，周边，周围，周界线

periodicidad　周期性，周期数，定期性，循环性；周波，周率

periódico　间歇的，定期的，周期的；报纸，期刊

periodización　周期化

período　周期；循环；时段，阶段，期间，时期，时代；(地质学) 纪

período amortiguado　阻尼周期，振荡周期

período anhidro　无水期

período anomalístico　近点角周期

Período Cambriano　寒武纪；寒武系

Período Carbonífero　石炭纪；石炭系

Período Cretáceo　白垩纪；白垩系

Período Cuaternario　第四纪；第四系

período de admisión　进气冲程，进气行程

período de alquiler　租期

período de alta contaminación　高污染期

período de amortización　缓冲期

período de asentamiento　沉降时间

período de aumento de presión　压力恢复期

período de circulación　循环时间

período de circulación nula　无效循环时间

período de contrato　合同期限

período de declinación　递减期

período de deformación　变形期

período de depresión　萧条期

período de desarrollo　开发期，发展阶段

período de efusión　喷发期

período de flujo natural　自喷期

período de funcionamiento 作业周期

período de funcionamiento de una refinería 炼油厂的工作周期

período de ignición 点火周期

período de impuesto exento 免税期

período de inducción 诱导期，进气时间，吸气时间

período de introducción 引入期，引进期

período de media vida 半衰期

período de muestreo 取样周期

período de obra 工期

período de ola 波动周期，波浪周期，波周

período de parada 停工时间

período de paralización 停工时间，停钻时间

período de permanencia en la atmósfera 在大气中停留时间

período de plegado 褶皱期

período de préstamo 贷款期限

período de producción estabilizada 稳产期

período de reacción 反应期

período de seguro 保险期

período de temperatura 温度周期

período de transferencia 转让期限；数据或资料的传输周期

período de traslado 转让期限；数据或资料的传输周期

período de uso 实用阶段，使用阶段

período del gravímetro 重力仪周期

período del péndulo 摆周期

Período Devoniano 泥盆纪；泥盆系

período efusivo 喷发期

período entre pulsos 脉冲间期

período geocrático 造陆期

período geológico 地质时代，地质时期

período glaciar 冰川时期，冰期

período inicial 起始时间

Período Jurásico 侏罗纪；侏罗系

período libre 固有周期，自由振荡周期

período megatérmico 冰后温暖期，冰后高温期

Período Neógeno 晚第三纪，新第三纪

período orbital 轨道周期，运行周期

Período Ordovícico 奥陶纪；奥陶系

Período Paleógeno 古近纪，古近系；古新统，古新世

Período Pérmico 二叠纪；二叠系

período promedio entre averías (PPA) 故障平均间隔时间，平均故障间隔时间

período propio 固有周期

período regenerado 再生循环

Período Silúrico 志留纪；志留系

Período Terciario 第三纪，古近—新近纪；第三系，古近—新近系

Período Triásico 三叠纪；三叠系

períodos por minuto 周/分

períodos por segundo 周/秒

periscopio 潜望镜

perisfera 周层，外围层；重力磁场层

peristerita 蓝彩钠长石

perjudicial 有害的

perjudicial para el medio ambiente 对环境有害的

perjuicio 损害，损伤；损失

perjuicio del bienestar humano 危害人类福祉

perknita 辉闪岩类

perla 珍珠；珠，珠状物

perla de acero 钢珠

perlita 珍珠岩，珠光体，珠粒体

perlítico 珍珠的；珍珠状的

perlón 贝纶，聚酰胺纤维

permafrost 永冻地区，永冻层，永冻土

permaloy 坡莫（高导磁镍铁）合金，导磁合金

permanencia 永久性，持久性，耐久性，稳定度，稳定性

permanencia en la atmósfera 在大气中停留时间

permanente 永久的，持久的，耐久的，固定的，定型的；常设的，常务的

permanganato 高锰酸盐

permanganato de aire 空气渗透率，透气率

permanganato de calor 导热性，透热性

permanganato de potasio 高锰酸钾

permanganato de soda 高锰酸钠

permanganato magnética 磁导率

permanganato potásico 高锰酸钾

permangánico 高锰酸的

permeabilidad 渗透性，渗透率

permeabilidad absoluta 绝对渗透率

permeabilidad al líquido equivalente 等效液体渗透性

permeabilidad de corte 截止渗透率

permeabilidad de estrato 岩层渗透率

permeabilidad de fase de agua 水相渗透率

permeabilidad de la formación 地层渗透性

permeabilidad de la roca 岩石渗透率

permeabilidad de la zona no dañada 未受污染地层的渗透率

permeabilidad efectiva 有效渗透率

permeabilidad horizontal 横向渗透率，水平渗透率

permeabilidad magnética 磁导率，导磁系数；导磁性，透磁性

permeabilidad promedio 平均渗透率

permeabilidad pseudorelativa 拟相对渗透率

permeabilidad relativa 相对渗透率

permeabilidad relativa al agua 水相对渗透率，英语缩略为 RPW（Relative Permeability to Water）

permeabilidad relativa al petróleo 油相对渗透率

permeabilidad selectiva 选择渗透率

permeabilidad vertical 垂向渗透率，纵向渗透率

permeabilímetro 渗透计，透气率测定仪

permeable 可渗透的，可穿透的，不密封的

permeámetro 渗透率仪，磁导计

permeámetro de retorno 回流渗透率仪

permeancia 磁导率，导磁率，导磁性

permiano 二叠纪，二叠系

pérmico 二叠纪的，二叠系的；二叠纪，二叠系

permisible 可允许的，能允许的，能准许的

permisividad 电容率，介电常数

permisivo 默认的

permiso 允许，许可，批准；许可证，执照；
准假，休假

permiso de explotación 勘探或开发许可

permiso de exportación 出口许可证

permiso de importación 进口许可证

permiso de perforar 钻井许可证

permiso de trabajo en caliente 动火许可，危险
性工作许可（可产生火花、明火、暗火、引燃
或爆炸的工作许可）

permiso de trabajo en frío 非危险性工作许可
（指不产生火花、明火、暗火、引燃或爆炸的
工作许可）

permiso del negocio 营业执照

permiso marginal 油气田边缘租地

permiso negociable de contaminación 排污许可证

permiso negociable de emisión 排污许可证制度，
排污许可证

permiso para contaminar 污染许可证

permiso para trabajar (PPT) 作业许可证，允
许开工，英语缩略为PTW（Permit To Work）

permistión 混合，渗合；混合液，混合物，渗
合物

permitancia 电容，电容值

permitibilidad 电容度，绝对电容度，介电常数

permitir 允许，许可，准许；使成为可能，使
能够

permitividad 介电系数，介质常数；绝对电容率

permitividad dieléctrica 介电系数，介电常数

permocarbonífero 石炭二叠纪，石炭二叠过
渡期

permuta 交换，对换；置换，排列

permutación 变更，置换，互换，重新配置；
排列

permutación circular 循环移位

permutador 交换器，变换器；转换开关

permutador de calor 换热器，热交换器

permutador térmico 换热器，热交换器

permutatriz 变压整流机，换流器；换能器，变
频器

permutita 滤砂，软水砂，泡沸石

permutoide 交换体

pernería （一批）螺栓，螺栓储备

pernete 螺栓，栓状物，绞链销

pernicioso 有害的

pernio （门、窗等的）铰链，合页

perno 螺栓；栓状物；铰链销，合页销

perno arponado 棘螺栓，锚栓

perno autoenclavador 自锁螺栓

perno cabeza de cuña 楔形螺栓

perno chaveta 带（开尾）销螺栓，地脚螺栓，
锚栓，牵条螺栓

perno ciego 光螺栓

perno común 普通螺栓

perno con chaveta 键螺栓，螺杆销

perno con ojo para retenida 有眼螺栓，有眼固
定螺栓

perno con rosca en ambos lados 双端螺栓，柱
螺栓，间柱，双头螺栓

perno de acoplamiento 连接螺栓，连接销

perno de ajuste 调节螺栓，调准螺栓

perno de anclaje 地脚螺栓，基础螺栓，固定螺
栓，系紧螺栓

perno de anclaje de los cimientos 地脚螺栓，基
础螺栓

perno de apoyo 支撑螺栓

perno de argolla 有眼螺栓，单眼螺栓

perno de argolla con pasador 带销子的有眼螺栓

perno de biela 连杆螺栓

perno de brida 法兰螺栓

perno de cabeza 带头螺栓

perno de cabeza esférica 圆头螺栓

perno de cabeza plana 平头螺栓

perno de cabeza redonda 圆头螺栓

perno de chaveta 带销螺栓

perno de cierre 锁定销，锁销

perno de cimentación 基础螺栓，地脚螺栓

perno de cimiento 地脚螺丝，基础螺栓

perno de cuello cuadrado 方颈螺栓

perno de empotramiento 锚固螺栓

perno de estructuración 结构螺栓

perno de expansión 伸缩螺栓，扩开螺栓

perno de gancho 带钩螺栓，钩头螺栓，钩头
地角螺栓

perno de gato 顶举螺栓

perno de grillete 钩环螺栓

perno de hierro 铁制台脚

perno de montaje 固定螺栓，安装螺栓，装配
螺栓

perno de ojo para ajuste 调节有眼螺栓，调准
有眼螺栓

perno de pivote 主销，中心立轴

perno de precisión 精密螺栓

perno de prensaestopas 压盖螺栓

perno de presión 固紧螺栓，夹紧螺栓

perno de puntal 拉杆螺栓，撑螺栓，长螺栓

perno de retención 止动螺钉

perno de rótula 关节销，转向销，钩销

perno de seguridad 安全锁销

perno de seguridad de la mesa rotatoria 转盘安全锁销

perno de sujeción 固定螺栓，防松螺栓

perno de tanque 罐体螺栓

perno de trabado 双端螺栓，柱螺栓，双头螺栓

perno en T T字形螺栓

perno en U U形螺栓

perno fino hexagonal 精致六角螺栓

perno hendido para contrachaveta 端缝螺栓

perno hueco 有眼螺栓，单眼螺栓

perno ordinario 普通螺栓

perno pasador 贯穿螺栓，对穿螺栓，带销螺栓

perno prisionero 双端螺栓，柱螺栓，双头螺栓

perno remachado 地脚螺栓，固定螺栓，锚栓

perno rompible 剪钉，安全销，剪切销

perno rompible de seguridad 安全销，剪切销

perno roscado 螺栓

perno U U形螺栓

perovskita 钙钛矿

peroxicarbónico 过氧碳酸的

peroxidar 过氧化，使变为过氧化物

peroxidasa 过氧化物酶，过氧化酵素

peróxido 过氧化物

peróxido de acetilo 过氧化乙酰

peróxido de bario 过氧化钡

peróxido de hidrógeno 过氧化氢，双氧水

peróxido de manganeso 过氧化锰，二氧化锰

peróxido de nitrógeno 过氧化氮

peróxido de plomo 过氧化铅

peróxido de vanadio 过氧化钒

perpendicular 垂直的，正交的，成直角的；铅垂线

perpendicularidad 垂直性，垂直度，正交，直立

perpendículo 线坠，铅锤；摆，摆锤；（三角形的）高

perrera 井场值班室，井口值班房

perro para guaya 钢丝绳卡子

persal 过酸盐

persecución 追踪，探测

persiana 百叶窗，百叶帘，板帘

persiana de radiador 散热器风门片，散热器百叶窗

persistencia 持续性，持久性；持续时间

persona a prueba 试用工

persona con mayor edad 成年人

persona de sector industrial y comercial 工商界人士

persona jurídica 法人

persona natural 自然人

personal 个人的，私人的；人员，职工

personal científico-técnico 科技人员

personal científico-técnico de estandarización 标准化科技人员

personal de administración de estandarización 标准化管理人员

personal de administración 管理人员

personal en preparación 学员，受训人

personal profesional 专业人员

personal técnico de ingeniería 工程技术人员

personas a bordo (PAB) 乘载人员总数，英语缩略为 POB (Persons On Board)

perspectiva 透视，透视图，透视画法；远景

perspectiva aérea 鸟瞰图

perspectiva angular 成角透视，斜透视，等角透视

perspectiva axonométrica 三角透视，不等角透视

perspectiva caballera 俯瞰图

perspectiva cónica 锥形透视

perspectiva de dos puntos 两点透视

perspectiva del pozo 油井远景

perspectiva de tres puntos 三点透视

perspectiva diagonal 对角透视

perspectiva en paralelo 平行透视，平衡透视

perspectiva isométrica 等角透视

perspectiva lineal 线性透视，直线透视

perspectiva oblicua 斜透视

perspectiva paralera 平行透视

perspectograma 透视图表

persulfato 过硫酸盐

persulfúrico 过硫酸盐的，过硫化的

persulfuro 过硫化物

pertita 条纹长石

perturbación 干扰，扰动

perturbación atmosférica 大气扰动

perturbación eléctrica 电扰动

perturbación magnética 磁干扰，地磁扰动

perturbación ocasionada por la explosión 井底爆炸引起的地表扰动

perturbación regional 区域干扰

perturbación superficial ocasionada por la explosión 井底爆炸引起的地表扰动

perturbado 扰乱的，搅乱的

perturbador 引起扰动的；扰乱者；干扰器

Perúpetro S.A. (Perupetro) 秘鲁石油（国家石油公司，代表政府对石油区块招标等进行管理）

perveancia （电子管的）导电系数

pervibrador 内部振捣器，插入式振捣器

pesa 重量；砝码，秤砣

pesa de balanza de precisión 分析天平砝码，精准天平砝码

pesa de báscula 砝码，秤砣

pesa de contrapeso 平衡块

pesadez 重力，地心引力，重

pesado 沉的，重的，沉重的

pesadumbre 重力，地心引力；重

pesalicores 液体密度计，浮计；石油密度计

pesalíquidos 液体密度计

pesantez 重力，地心引力

pesar 秤量

pesca 打捞，打捞作业；落鱼，井下落物

pesca costera 近岸捕鱼

pesca en el fondo del pozo 落鱼，井底落物

pesca marítima 海洋渔业

pesca mediante wireline altamente resistente 深井钢丝作业打捞，英语缩略为 HDWF（Heavy Duty Wireline Fishing）

pescabarrena de media vuelta 带壁钩的打捞器

pescacable 打捞矛

pescacuchara 钻具打捞器，带栓打捞器，带闩打捞器

pesca-cuña desviadora 取出造斜器的工具

pesca-cuplas 打捞卡套，夹环式打捞器

pescadespojos 活瓣式打捞筒

pescador 捕鱼者，渔民；打捞器，打捞工具

pescador a fricción 摩擦打捞筒，摩擦打捞器

pescador a mordaza de rosca derecha 正扣卡瓦打捞筒

pescador a mordaza de rosca izquierda 反扣卡瓦打捞筒

pescador a mordaza excéntrico recuperable 偏心卡瓦可退打捞筒

pescador a mordaza recuperable 可退卡瓦打捞筒

pescador a sopapa 活瓣式打捞筒

pescador araña 抓筒，打捞筒，孔内捞爪

pescador campana 钟型打捞筒，打捞母锥，喇叭口式打捞器

pescador campana a fricción 喇叭口式摩擦打捞器，喇叭口式摩擦打捞筒

pescador canasto 打捞篮

pescador cangrejo 可退打捞矛，脱扣叉

pescador cónico 牙轮打捞器

pescador de caimán 颚式夹钳打捞器

pescador de campana 打捞母锥

pescador de círculo máximo 最大环式打捞器

pescador de cocodrilo 颚式夹钳打捞器

pescador de combinación para barras de bombeo 抽油杆复合式打捞筒

pescador de conos de trépano 牙轮打捞器

pescador de cuchara 打捞爪，捞砂筒的捞钩，捞砂筒的捞钩

pescador de cuello 打捞筒

pescador de cuña 卡瓦打捞筒

pescador de cuña para tubo 油管卡瓦式打捞矛

pescador de desperdicios 井底碎屑打捞工具

pescador de gancho 抓钩

pescador de gancho de cable 电缆打捞矛

pescador de mordaza 打捞筒，卡瓦打捞筒

pescador de pasador 带栓打捞器，带闩打捞器

pescador de petróleo 取油样器，可在罐中任一部位取油样器

pescador de rosca 打捞公锥

pescador de trozos de hierro caídos en el pozo 井底碎屑打捞工具

pescador de tubo revestidor 尾管打捞工具

pescador de tubo revestidor de fondo 尾管打捞工具

pescador hembra a mordaza 卡瓦打捞筒

pescador hembra a mordaza recuperable 可退式卡瓦打捞筒

pescador lateral para tijera 侧向震击打捞筒

pescador macho 打捞公锥

pescador magnético 强磁打捞筒

pescador mordaza hembra a circulación y recuperable 可退可循环打捞筒

pescador para cuchara 钻具打捞器，带栓打捞器，带闩打捞器

pescador para portacables de cuchara 舌簧式震击打捞筒

pescador para ramas de tijeras 打捞震击环用的打捞筒

pescador traba 带闩打捞器

pescador trampa 活瓣式打捞筒

pescador universal 综合打捞筒

pescador universal a mordaza 打捞母锥，套管打捞筒

pescador universal a mordaza de cámara simple 单套卡瓦打捞筒

pescador universal de doble mordaza para entubación 双套卡瓦打捞筒

pescador-pinza 打捞爪

pescaherramientas abocinado 喇叭口式打捞器

pescante 吊臂，旋臂，挺杆起重机，旋臂吊机；打捞器

pescante de cuñas 卡瓦打捞筒

pescante de la tubería de lavado 固定冲管式打捞矛

pescante electromagnético 电磁打捞工具

pescante externo 打捞筒

pescante inclinable por gravedad 吊臂，吊艇柱，起重滑轮

pescante magnético 磁力打捞器，打捞磁铁

pescante roscado 打捞公锥，公锥

pescar 捕，钓（鱼或其他水中的生物）；打捞井中落物

pescar ensamblaje de fondo 打捞井底工具组合

pescar un pez　打捞落鱼

pescasonda　打捞筒，打捞篮

pescasonda corrugado de fricción　皱纹摩擦打捞筒

pescasonda de enchufe　接头打捞筒

pescasonda de fricción corrugado　皱纹摩擦打捞筒

pescatubos　管类打捞器

pescaválvulas　阀打捞锥

pesilita　褐锰矿

peso　重量；重力；天平，秤；砝码；重要性

peso adherente　附着力

peso al gancho　大钩负荷

peso aparente　视重量

peso atómico　原子量

peso bruto　毛重，总重

peso de báscula　秤重

peso de cruz　天平

peso de desplazamiento　空载排水量

peso de joyería　（衡量金、银、宝石的）金衡制

peso de lodo　钻井液密度

peso de lodo circulante equivalente　当量泥浆密度

peso de los materiales de fabricación　加工材料重量

peso de sarta　管柱悬重，管柱重量

peso de torre de perforación　井架重量

peso de tubería en el aire　油管悬重

peso de tubo sin conexiones　不带接箍的油管重量

peso de tubos revestidos　套管重量

peso en la broca　钻压

peso en vacío　空重，净重

peso equivalente　等效重量，（化合）当量

peso específico　比重

peso específico aparente　视密度，视重力

peso específico de masa　体积密度

peso específico del vapor　蒸汽密度，蒸汽密度

peso máximo　最大重量

peso molar　克分子量，摩尔量

peso molecular　分子量

peso molecular en gramos　克分子量，克分子质量

peso muerto　净重，自重，恒载荷，静载荷

peso neto　净重

peso nominal　额定重量

peso por caballo　单位马力负荷

peso por metro de longitud　单位长度的重量

peso promedio　平均重量

peso real　实际重量

peso relativo　相对重量；化合量

peso sobre gancho　大钩负荷

peso sobre la barrena　钻压压力，钻压

peso sobre la broca　钻压

peso sobre la herramienta de perforación　钻重，钻压

peso útil　有效荷载，实用负载

peso vacío　净重，无载重量

peso/hora/velocidad espacial　重量时空速度（用重量表示的单位时空速度）

pesos y medidas　度量衡

pesquisar　调查，侦查

pestaña　法兰，法兰盘，边缘，轮缘；饰边，包边

pestañadora　卷边机，弯边压力机，折边机

pesticida　杀虫剂

pestillo　锁闩，门闩，插销；锁舌

pestillo de cerradura　门锁舌，门插销

pestillo de fricción de la palanca del freno　制动杆掣子

pestillo de golpe　撞锁的锁舌

petalita　透锂长石

petanque　银矿石，天然银矿

petición　请求，申请，要求；申请书；起诉书，诉状

petición de orden　采购订单

pétreo　石头的，岩石的；石质的；多石的

petrificación　石化，石化作用

petrificado　化石的，石化的

petrificar　使石化，使岩石化

petrobenceno　石油苯

PETROBRAS（Petróleos de Brasil）　巴西国家石油公司

petrodólar　石油美元

PETROECUADOR（Empresa Estatal Petróleos del Ecuador）厄瓜多尔国家石油公司

petrofábrica　结构岩石学，岩组学

petrofísica　岩石物理学，岩石物性，岩性物理学

petrofísico　岩石物理学家；岩石物理的

petrogas　石油丙烷，液体丙烷，石油气

petrogénesis　岩石成因；岩石成因论，岩石成因学

petrogenético　造岩的；岩石生成的

petrografía　岩石学，岩相学

petrografía de fósil　化石岩石学

petrografía de sección fina　薄片岩石记述学；薄片岩石学

petrografía sedimentaria　沉积岩石学，沉积岩相学

petrográfico　岩相学的，岩类学的

petrolado　矿脂，石蜡油，防锈油

petrolato blanco　白石蜡油，白凡士林

petrolato líquido　液态石蜡

petrolear　用石油浸渍（某物）；（船舶）加油（作为自身的动力燃料）

petroleína　石油冻，矿脂；凡士林

petróleo　石油；煤油，汽油，石油产品

petróleo a base de nafteno　环烷基石油

petróleo a base de parafina　石蜡基原油

petróleo a condiciones estándar 标准条件下的石油，储罐原油
petróleo a granel 散装石油
petróleo absorbente 脂肪油；饱和油
petróleo agrio 高硫原油，酸性原油
petróleo asfáltico 沥青基原油，环烷基石油
petróleo asfáltico parafínico 石蜡沥青混合基原油
petróleo bisulfuro 含二硫化物的油
petróleo bruto 原油
petróleo caliente 热油
petróleo clandestino 热油
petróleo clarificado 澄清油
petróleo combustible 燃料油
petróleo con agua 含水原油，湿油
petróleo con azufre 含硫原油，酸性油
petróleo con base asfáltica 沥青基石油
petróleo con contenido de gas 含气石油
petróleo con gas 含气石油
petróleo condensado 凝析油
petróleo convencional 常规石油
petróleo craso 原油，燃料油
petróleo crudo 原油
petróleo crudo corrosivo 含硫原油，酸性原油
petróleo crudo de baja graduación API 低 API 度原油，重质原油
petróleo crudo de base mixta 混合基原油
petróleo crudo de base nafténica 环烷基原油
petróleo crudo indefinido 非商品性石油产品，中间产品
petróleo crudo intemporizado 经大气暴露的原油，曝干的原油，经长期储存的原油
petróleo crudo oreado 经大气暴露的原油，曝干的原油，经长期储存的原油
petróleo crudo pesado 重质原油，重油，稠油
petróleo crudo pobre 低品位原油
petróleo crudo raro 非商品性石油产品，中间产品
petróleo crudo reducido 拔顶原油，常压残油
petróleo crudo rico 高品质原油，富油
petróleo crudo sulfuroso 含硫原油，酸性原油
petróleo de alquitrán 焦油，煤焦油，高黏重质原油
petróleo de alumbrado 煤油
petróleo de arenas petrolíferas 油砂油
petróleo de base asfáltica 沥青基石油
petróleo de base mixta 混合基石油
petróleo de base nafténica 沥青基石油
petróleo de base parafínica 石蜡基石油
petróleo de brea 焦油，煤焦油，高黏重质原油
petróleo de carga 油井起流油
petróleo de contrabando 走私油
petróleo de desperdicio 不合格石油产品，废油

petróleo de elevado peso absoluto 重油，稠油
petróleo de formación 地层油
petróleo de hogar 家用燃油，炉用油
petróleo de horno 燃料油，炉用油
petróleo de la segunda destilación 拔顶原油，拔头原油
petróleo de naftaleno 萘油
petróleo de participación 参股油
petróleo de primera extracción 一次采油
petróleo de repaso 回炼油
petróleo de residuos de torre 高温塔底油，塔底残油
petróleo de segunda extracción 二次采油
petróleo de viscosidad alta 稠油，高黏度油
petróleo de yacimiento 地层油
petróleo del propietario 地产主应得的原油
petróleo desasfaltado 脱沥青油
petróleo descabezado 拔头原油，蒸馏后的原油
petróleo desgasificado 脱气原油
petróleo deshidratado 脱水油
petróleo desmetalizado 脱金属油，英语缩略为 DMO（Demetalized Oil）
petróleo desparafinado 脱蜡油
petróleo despojado de fracciones livianas 脱去汽油的石油
petróleo diáfano 透明原油（指油质较好、含胶质低的油）
petróleo dulce 无硫油
petróleo emulsionado 乳化油，乳化石油
petróleo en condiciones de tanque 储罐油
petróleo en especificaciones para oleoducto 管输原油
petróleo en sitio 地质储量，油层中现存油量
petróleo en sitio a condiciones estándar 石油地质储量，英语缩略为 STOIP（Stock Tank Oil In Place）
petróleo equivalente 石油当量
petróleo estable 稳定原油（指经过稳定塔脱去气体烃或部分轻馏分的原油）
petróleo extraído 采出的原油
petróleo extrapesado 超重油
petróleo hidratado 含水原油，湿油
petróleo húmedo 含水原油，湿油
petróleo in situ 原始石油地质储量
petróleo intemporizado 经长期储存的原油
petróleo lampante 煤油；灯油，灯用的油
petróleo licuado 液化石油
petróleo ligero 轻油，轻质油
petróleo líquido pesado 重质液化石油
petróleo liviano 轻油，轻质油
petróleo mediano 中质油
petróleo medio 中质油
petróleo mercantil 商品油

petróleo migrado 运移的石油

petróleo miscible 混合石油，可混溶的石油

petróleo moreno 褐色石油

petróleo muerto 死油

petróleo nafténico 环烷基石油

petróleo negro 黑油

petróleo no convencional 非常规石油

petróleo no refinado 原油，未加工的石油

petróleo no saturado 欠饱和油，欠饱和原油

petróleo original en sitio (POES) 原油原始地质储量，英语缩略为 OOIP (Oil Originally In Place)

petróleo original in situ (POES) 原油原始地质储量，英语缩略为 OOIP (Oil Originally In Place)

petróleo para calderas 锅炉用油

petróleo para calefacción 燃用油，燃料油，取暖用油

petróleo parafínico 石蜡基石油

petróleo pesado 重油

petróleo pesado atmosférico 常压重油

petróleo pesado de residuos 重质渣油

petróleo pobre 贫油，脱吸油，脱去轻馏分的油

petróleo pretratado 经过预处理的原油

petróleo producido 采出的油

petróleo recuperado 再生油，回收油

petróleo reducido 拔顶原油（蒸去了轻油后所剩的原油）

petróleo regenerado 再生油，回收油

petróleo remanente 剩余油

petróleo residual 渣油，残余油

petróleo residual atmosférico 常压渣油

petróleo seco 脱水油

petróleo sin gas 脱气原油

petróleo sin parafina 不含蜡石油

petróleo sin transformar 未加工的石油

petróleo sintético 合成油

petróleo transportable 管输原油，符合管道外输标准的原油

petróleo virgen 未开采的石油；未加工的石油，原油

petróleo viscoso 黏性原油

petróleo vivo 含气石油，（含有气态烃类的）新采出的石油

petroleología 石油学

petroleoquímica 石油化工

petroleoquímico 石油化工的

Petróleos de Brasil (PETROBRAS) 巴西石油公司（巴西国家石油公司）

Petróleos de Trinidad (PETROPTRIN) 特利尼达和多巴哥石油公司

Petróleos de Venezuela S.A. (PDVSA) 委内瑞拉国家石油公司

Petróleos del Perú (PETROPERÚ) 秘鲁石油公司（国有公司，主要负责下游开发业务）

Petróleos Mexicanos (PEMEX) 墨西哥石油公司（墨西哥国家石油公司）

petrolero 石油的；由内燃机驱动的；石油产品零售商；石油工人

petrolífero 含石油的，产石油的

petrolina 固体石蜡

petrolización 用石油处理

petrolizar 用石油产品处理

petrología 岩石学，岩理学

petrología de metamorfosis 变质岩石学

petrología sedimentaria 沉积岩石学

petrológico 岩石学的，岩石的

petrologista 岩石学家，岩石学者

petrólogo 岩石学家，岩石学者

PETROPERÚ (Petróleos del Perú) 石油秘鲁公司（国有公司，主要负责下游开发业务）

petropolizar 用柏油铺（路面）；涂防水材料

petroquímica 石油化学，石油化工

Petroquímica de Venezuela (PEQUIVEN) 委内瑞拉石化公司

petroquímico 岩石化学的，石油化学的；石油化学产品，石化制品

petroquímicos básicos 基础石化产品

petrosílex 燧石

petrosílice 燧石

petrosilíceo 燧石性的

petroso 多石的

petrotectónica 岩石构造学，构造岩组学

PETROTRIN (Petróleos de Trinidad) 特利尼达石油公司（特利尼达和多巴哥石油公司）

petzita 碲金银矿

pez 鱼，鱼类；落鱼，井底落物；沥青，焦油；树脂

pez amarilla 枞树脂

pez blanca 松香，松脂

pez de Borgona 松香，松脂

pez de carbón 煤焦油

pez de Judea 柏油，沥青

pez elástica 弹性沥青

pez griega 松香

pezonera del eje 轴销

PF (a pleno flujo) 畅流，畅喷，英语缩略为 OF (Open Flow)

PFM (procesamiento de fuentes múltiples) 多炮点处理，英语缩略为 MSP (Multiple Shot Processing)

PG (pulgada) 英寸

pH 氢离子指数，pH 值

pi 圆周率

PIA (proyecto de inversión ambiental) 环保投资项目，英语缩略为 EIP (Environmental Investment

Project)

piamontita 红帘石

piaucita 板沥青

PIB (producto interno bruto) 国内生产总值，英语缩略为 GDP (Gross Domestic Product)

PIB ecológico 绿色 GDP

PIB verde 绿色 GDP

PIC (producto de combustión incompleta) 不完全燃烧的产物，英语缩略为 PIC (Product of Incomplete Combustion)

picado producido en un motor de gasolina 积炭爆震，汽缸积炭引起的爆震

picadura 点状腐蚀，凹痕，蚀损斑

picadura del lodo 泥浆刺蚀

picaporte 碰撞锁，碰锁

picaporte de resbalón 弹簧锁

picareta 鹤嘴稿，丁字稿

picea 冷杉，枞，松科常绿树

piceno 二萘品苯，茜

píceo 树脂状的，树脂质的；沥青状的

picita 土磷铁石

pickeringita 镁明矾

picnita 圆柱黄晶

picnoclino 密度跃层，密度梯度

picnómetro 密度瓶，密度计

pico (器物的) 角，尖；(器皿的) 嘴；(数目的) 零头；山峰，山尖，峰值，极值；尖稿，丁字镐

pico de bigornia 鸟嘴钻，丁字钻

pico de onda 波峰

pico de producción 最高产量，高峰产量

pico de punta y pala 钢镐；鹤嘴锄

pico de reflexión 图谱上的反射峰

pico del ancla 锚爪

pico en la lata de aceite 油罐嘴儿，油罐出油嘴儿

pico para grasera 油嘴儿，油桶出油嘴

pico regador 喷嘴，喷头，喷雾嘴

picofaradio 微微法拉

picogramo 微微克

picola 小镐

picometro 微微米

picosegundo 微微秒，皮秒

picotita 铬尖晶石

picranalcima 镁方沸石

picrato 苦味酸盐，苦味酸炸药

pícrico 苦味酸的

picrinita 苦酸炸药

picrita 苦橄岩

picroepidota 镁绿帘石

picrofarmacolita 镁毒石

picrofluita 氟镁石

picrolita 硬蛇纹石

picromato 苦氨酸盐

picromerita 软钾镁矾

picrotanita 镁钛铁矿

picrotefroíta 镁锰橄榄石

pictita 榍石

pie (人或动物的) 脚，足；(器物的) 脚；支架，底座；底部；残渣；油脚；英尺

pie acre 英亩英尺

pie calibrado 标准英尺

pie cuadrado 平方英尺

pie cuadrado de tabla 板英尺，木料英尺（英木材量单位）

pie cúbico 立方英尺

pie cúbico estándar 标准立方英尺

pie cúbico por segundo 英尺³/秒

pie de amigo 撑架，托架，加固物，轴承架

pie de cabra 羊角形起钉器

pie de montaña 山脚

pie de monte 山麓，山麓地区，山前地带

pie de monte de roca firme 麓原，锥原

pie de rey 游标卡尺

pie de rey con display digital 带数字显示游标卡尺

pie de tabla 板英尺 (=144 立方英寸 =1/12 立方英尺，系英美材积单位)

piedemonte 山麓，底坡，小丘

piedemonte andino 安第斯山麓

piedra 石，石块，石料；宝石；玉石；火石；燧石

piedra abrasiva 金刚石

piedra acicular 网状金红石，钠沸石

piedra acuática 水石

piedra afiladera 磨刀石

piedra aguzadera 磨刀石

piedra alumbre 明矾

piedra aluvial 冲积石

piedra angular 墙角石，隅石；基础，基石

piedra arcillosa 泥岩，黏土岩

piedra arenisa 砂石，砂岩

piedra arenisca 砂岩

piedra artificial 人造石

piedra asfáltica 沥青质岩

piedra azufre 硫磺石

piedra azul 青石，蓝闪锌矿，蓝灰砂岩

piedra berroqueña 花岗岩

piedra bruta 围岩，母岩，原岩

piedra calaminar 菱锌矿，异极矿

piedra calcárea 灰岩，石灰岩

piedra caliza 灰岩，石灰岩

piedra ciega 不透明宝石

piedra cornea 角岩，角石

piedra de aceite 油石

piedra de afilar 磨石，磨刀石

P

piedra de águila 鹰石，泥铁矿
piedra de alumbre 明矾石
piedra de amolar 磨石，磨刀石
piedra de botella 贵橄榄石
piedra de cal 石灰石，灰石
piedra de cal hidráulica 水泥用灰岩
piedra de campana 响岩，响石
piedra de canto rodado 中砾石
piedra de chispa 燧石，火石
piedra de clavo 泥砾岩
piedra de escopeta 火石，燧石
piedra de esmeril 磨石
piedra de fusil 火石，燧石
piedra de grosella 钙铝榴石
piedra de hierro 褐铁岩
piedra de jabón 皂石，滑石
piedra de la luna 月长石，冰长石
piedra de las Amazonas 拉长石，富拉玄武岩
piedra de moleña 燧石，火石
piedra de molino 磨石
piedra de ojo del tigre 猫眼石
piedra de rayo 箭石，黑曜岩
piedra de sangre 赤铁矿，鸡血石
piedra de sapo 云母
piedra de toque 试金石；（检验）标准
piedra dura 硬岩，硬石
piedra engañosa 磷灰石
piedra esmeril 刚砂石，油石
piedra falsa 人造宝石
piedra flotante 浮石，浮岩
piedra fosfórica 硫磷灰石
piedra fundamental 基石，奠基石
piedra guijarrosa 圆石，鹅卵石；粗砾岩
piedra imán 磁铁矿，磁石
piedra inga 黄铁矿
piedra jaspe 碧玉
piedra lipes 胆矾，蓝矾
piedra lipis 胆矾，硫酸铜
piedra litográfica 石印灰岩，石印石
piedra loca 海泡石
piedra luna 月长石
piedra mármol 大理石
piedra meteórica 陨石
piedra miliar 里程碑
piedra moleña 磨石，硅质磨石
piedra nefrítica 玉石
piedra oniquina 缟玛瑙
piedra pez 松脂岩，松脂流纹岩
piedra picada 碎石
piedra pómez 浮石，浮岩
piedra redonda grande 圆石块，大鹅卵石
piedra rodada 漂砾，圆石，卵石
piedra sin labrar 未加工的石料

piedra verde 绿岩
piedratoque 试金石
piedrazufre 硫磺石
piedrecilla 山麓碎石，岩屑堆，山麓碎石堆
piedrecita 卵石，中砾，小圆石，砾石
piedrín （铺路用的）碎石，砾石
pie-libra 英尺磅（功的单位）
pie-libra-segundo 磅达（英制力的单位，质量1
磅的质点发生1英尺／秒加速度的力量，等于
13825.4 达因）
pies cúbicos de gas 立方英尺天然气，英语缩略
为 CFG（Cubic Feet of Gas）
pies cúbicos estándar 标准立方英尺，英语缩略
为 SCF（Standard Cubic Feet）
pies cúbicos estándar por hora 标准英尺³/小
时，英语缩略为 SCFH（Standard Cubic Feet per
Hour）
pies cúbicos estándar por minuto 标准英尺³/分
钟，英语缩略为 SCFM（Standard Cubic Feet per
Minute）
pies cúbicos reales por minuto 英尺³/分钟的实际
流量，英语缩略为 ACFM（Actual Cubic Feet
Per Minute）
pieza 块，件，个；器物，物件，物品；（机器
的）零件；（器物的）部件，组件，配件
pieza accesoria 附属装置，附件
pieza central 十字头，十字轴，十字架
pieza de acero en U 槽钢
pieza de acero fundido para enroscar 铸钢螺纹
接头
pieza de acunado 托梁，承接梁
pieza de aleación fundida 合金铸件，合金铸造
pieza de ángulo 弯头
pieza de arriostrado 联结件
pieza de conexión con la tubería de cola 尾管接头
pieza de convicción 证据，物证
pieza de enlace en las cabezas de los pozos 四通
pieza de estructura 构件
pieza de hierro en U U 形铁，槽钢
pieza de inserción 插件，插入式零件
pieza de pesca de elementos tubulares 管件打捞器
pieza de recambio 备件
pieza de repuesto 备件
pieza electrónica 电子器件
pieza elevadora 提升附件
pieza en forma de T T 形接头，三通管
pieza en U para unir dos cables U 形电缆卡子
pieza forjada 锻件
pieza forjada a martinete 落锤锻造零件
pieza fundida 铸件，铸造
pieza fundida de metal maleable 展性铸件
pieza fundida del cuerpo 铸件，铸体
pieza giratoria de perforación 钻井水龙头

pieza giratoria del motor 发动机转子，发动机转动体

pieza intercambiable 可互换零件，通用配件

pieza moldeada 压铸件，模制零件

pieza moldeada en cáscara 模铸，压铸件

pieza moldeada en coquilla bajo presión 低压铸件

pieza para obturar un espacio anular 环空封隔器

pieza perdida accidentalmente en un pozo 落鱼，井底落物

pieza soldada 焊接件，焊成件

piezoclasa 压力接合，压接

piezoefecto 压电效应

piezoelectricidad 压电，压电现象

piezoeléctrico 压电的

piezoelectrón 压电电子

piezometría 压力测定，流体压力测量法

piezométrico 测压的，测压计的

piezómetro 压力计，压强计，测压管

piezoquímica 高压化学

PIGAP (proyecto de inyección de gas a alta presión) 高压注气项目

pigeonita 易变辉石

pigmento 色素，色质；涂剂，涂料，颜料

pigmento metálico 金属颜料

pila 水槽，水池，堆，垛；桥墩；电池

pila atómica 原子反应堆

pila combustible 燃料电池，燃料箱

pila de Bunsen 本生电池

pila de cadmio 镉电池

pila de combustión 燃料电池

pila de concentración 浓缩电池

pila de gas 离子光电池，充气光电池

pila de puente 桥墩

pila de uranio 原子反应堆

pila de Volta 伏打电池，伏打电堆

pila eléctrica 电池

pila electrolítica 电解电池

pila galvánica 原电池，伽伐尼电池

pila hidroeléctrica 湿电池

pila inerte 注水电池，惰性电池

pila nuclear 核反应堆

pila reversible 可逆电池

pila seca 干电池

pila solar 太阳能电池

pila termoeléctrica 热电堆，温差电堆

pila vertical 垂直叠加

pila voltáica 伏打电池，伏打电堆

pilar 柱子，桩子；路标，里程碑

pilar de cabria 起重机支柱

pilar de erosión 侵蚀柱，石柱，石林，峰林

pilar de la torre de perforación 井架大腿

pilar de mineral 矿柱，留下未开采的部分矿脉

pilar de refuerzo 加固井架大腿

pilar del encofrado 底座大梁，井架的底座大梁

pilar delantero 前腿；前支撑

pilar fundamental 主要支柱，顶梁柱

pilar posterior 后腿；后支撑

pilar tectónico 地垒断层；脊状断块

píldora 药丸，药片；（敷于伤口或疮口的）药纱布

píldora de barita 重晶石粉

píldora pesada 重浆

píldora viscosa 稠浆

pileta 蓄水坑，存水坑

pileta de inyección 钻井液池，钻井液沉淀槽，钻井液坑

piletones de lodo bentonítico 膨润土泥浆池

pilita 羽毛矿，脆硫锑铅矿，橄榄明起石

pilón 打桩机，蒸汽锤，捣锤，捣具

pilón a vapor 蒸汽锤

pilotaje 驾驶术，领航术；领航费，引水费；打桩

pilote （木、金属、混凝土等材料做的）桩，桩子

pilote de anclaje 锚桩

pilote de base de la torre 井架基础，井架底脚

pilote de base de la torre de perforación 井架地基桩

pilote de fundación 基础管柱，基桩

piloto 领航员，飞行员；导向器，驾驶仪

piloto acústico por efecto Doppler 多普勒声呐导航系统

piloto automático 自动驾驶仪

piloto de altura 远洋领航员

piloto de comprobación eléctrica 电测仪

piloto filtrado 选拔过的驾驶员，领航员

piloto mecánico 自动驾驶仪

piloto práctico 近岸导航员

pilsenita 叶碲铋矿

pimelita 镍皂石，脂镍蛇纹石

pin 饰针；密码（英文）

pin de disparo 点火撞针

pinabete 枞，冷杉

pinacoide 轴面，轴面体，板面

pinacoideo 轴面的，轴面体的；轴面，轴面体

pináculo 顶峰，极点，顶点；尖顶

pinaquiolita 硼镁锰矿

pincel 刷子；画笔；油漆刷

pineno 松油烃，松油二环烯，蒎烯

pineno alfa α-蒎烯

pinita 块云母

pino 松树

pinoita 柱硼镁石

pinta 品脱（英制容积单位，1 品脱 =0.125 美加仑）

pintar a pistola 喷漆

pintar con pulverizador　喷漆

pintura　油漆，涂料，颜料；油漆层，涂料层

pintura a base de asfalto　沥青漆

pintura a base de goma　橡胶涂料

pintura anticorrosiva　防腐涂料，防腐漆，防锈油漆

pintura anticorrosiva a base de asfalto　沥青防腐涂料

pintura asfáltica　沥青涂料

pintura asfáltica de primera mano　沥青底漆

pintura compuesta　复合涂料

pintura de alquitrán mineral　矿物沥青涂料

pintura de aluminio　铝涂料，铝漆，银粉漆

pintura de fondo　底漆，底涂层

pintura de primera mano de alquitrán mineral　矿物沥青底漆

pintura de varios usos　多用途漆，多用途涂料

pintura imprimadora　底漆，头道漆

pintura mixta con asfalto　沥青混合漆

pintura primaria　底漆

pintura resistente al fuego　耐火涂料

pínula　觇板，瞄准仪，照准仪

pínula para nivelar　液面指示

pinza　大钳，钳子，管钳；夹子，镊子

pinza de estrangulación　大力钳

pinza de lagarto　颚式夹钳

pinza de montaje　装置架

pinza evita-fugas de collar　防漏卡箍

pinza para cápsulas　坩埚钳

pinza para cubilete　烧杯钳

pinza portacaños　管材装载钳

piñón　副齿轮，小齿轮；齿轮传动，传动装置

piñón de cadena　链轮

piñón de eje　轴齿轮

piñón de enfoque　对焦齿轮

piñón de la mesa rotativa　转盘齿轮

piñón de mando　主动小齿轮

piñón dentado　齿轮

piñón fijo　（固定在自行车中轴上的）链轮

piñón libre　（自行车的）飞轮

piñón loco　惰轮，空转轮

piñón y cremallera　齿条—齿轮

pionero　开拓者，开路先锋

pipa de aceite　（储存或运输油用的）长型桶

piperacina　哌嗪，对二氮己环

piperidina　哌啶，氮杂环己烷

piperina　胡椒碱

piperonal　胡椒醛

pipeta　移液管，吸量管，吸移管，滴管

pipeta medidora　带刻度吸管

pipeta volumétrica　容量吸管，移液吸管

PIPQ (perfil de información sobre peligros químicos)　化学危害信息概述，英语缩略为

CHIP (Chemical Hazard Information Profile)

piqueta　丁字镐，鹤嘴镐；刨锛

piquete　小洞，小孔；小标杆；小桩子

piralolita　辉滑石

piramidal　金字塔形的，锥体的

pirámide　角锥体，棱锥体，锥形体

pirámide cónico　锥体

pirámide cuadrangular　四棱锥，四棱锥体

pirámide pentagonal　五棱锥，五棱锥体

pirámide poligonal　多棱锥

pirámide regular　正棱锥

pirámide truncada　截棱锥

pirargilita　臭块云母

pirargirita　浓红银矿

pirata　海盗的；海盗；剽窃者；侵犯版权者

pirata informático　（一般通过电脑）非法复制软件、音像的盗版者

PIRE (plan integrado de respuesta de emergencia)　突发事件应急响应计划，英语缩略为 IERP (Integrated Emergency Response Plan)

pireneíta　黑钙铁镏石，灰黑镏石

pirita　黄铁矿；二硫化铁

pirita arsenical　毒砂，砷黄铁矿

pirita arseniosa　毒砂，砷黄铁矿

pirita blanca　白铁矿

pirita blanca de níquel　二砷化镍，斜方砷镍矿

pirita capilar　针镍矿

pirita cobriza　黄铜矿

pirita de carbón　白云岩，黄铁矿

pirita de cobalto　硫钴矿

pirita de cobre　黄铜矿

pirita de hepática　磁性黄铁矿

pirita de hierro　黄铁矿，白铁矿，铁矿

pirita de hierro cristalizado　白铁矿，二硫化铁

pirita de manganeso　方硫锰矿

pirita de plata　硫铁银矿

pirita estratificada en capas carboníferas　煤层中的成层黄铁矿

pirita hepática　磁黄铁矿

pirita magnética　磁黄铁矿

pirita prismática　白铁矿，二硫化铁

pirita rómbica　白铁矿

piritas calcinadas　硫铁矿烧渣

pirítico　黄铁矿的

piritoedro　五边十二面体

piritoso　含黄铁矿的，含二硫化铁的

piroaurita　碳酸镁铁矿，磷镁铁矿

pirobitumen　焦沥青

pirobitumen asfáltico (asfaltitas)　焦性地沥青，焦沥青岩

piroborato　焦硼酸盐

piroclástico　火成碎屑的，火山碎屑

piroclastita　火山碎屑物

piroclasto 火成碎屑

pirocloro 烧绿石，黄绿石

piroconductividad 热传导性，高温导电性

piroconita 霜晶石

pirocorrosión 热腐蚀

pirocrita 羟氟磷灰石，羟锰矿

pirocroíta 片水锰矿，一水氧化锰，羟锰矿

piroelectricidad 热电，热电学，热电性，热电现象

piroeléctrico 热电学的；热电的；热电质的

piroescisión actalitica 催化裂化

piroestibnita 红锑矿

pirofilita 叶蜡石

pirofórico 自燃的，起火的，生火花的

piróforo 自燃物，发火物，引火物

pirofosfato 焦磷酸盐

pirofosfórico 焦磷的，焦磷酸的

pirofosforoso 焦亚磷的

pirogalato 焦棓酸盐，焦性没食子酸盐

pirogalato de sodio 焦棓酸钠

pirogasolina 解热汽油

pirogenación 焦化，解热

pirogeneo 火成的

pirogénico 火成的，焦化的，生热的，热解的

pirógeno 火成的，高温生成的；致热的；致热物，热源

pirognóstico 火试的；吹管试验的

pirografito 高温石墨，焦性石墨，高温炭

pirolisis 热解作用，高温分解

pirolisis drástica 剧烈热解

pirolítico 热解的，高温分解的

pirología 高温热学，热工学

pirolusita 软锰矿；二氧化锰

piromagnético 热磁的

piromagnetismo 热磁学，高温磁学

piromelina 碧矾

piromerida 球泡霏细岩

pirometría 高温测量法，高温测定法，测高温学

pirómetro 高温计，高温表，高温热电偶

pirómetro eléctrico 电阻高温计

pirómetro óptico 光测高温计

piromorfita 磷氯铅矿，火成晶石

piromorfo 火成结晶的，热力变质的

piromúcico 焦黏的

pironafta 焦石脑油，重煤油

pironiobato 焦铌酸，焦铌酸盐

piropisita 蜡煤

piropo 镁铝榴石，红榴石；红宝石

piroquímica 高温化学

piroquímico 高温化学的

pirorracémico 丙酮的

pirorreacción 高温反应

pirorresistente 抗火的，耐火的，耐高温的

pirorretina 焦脂石

pirortita 碳褐帘石

piróscafo 汽艇，火轮

piroscopio（piróscopo） 辐射热度计，高温仪；火灾报警器

pirosfera 火圈，熔圈

pirosmalita 热臭石

pirostibita 红锑矿

pirosulfato 焦硫酸盐

pirosulfúrico 焦硫的

pirotartrato 焦酒石酸盐

piroxena 辉石

piroxenita 辉岩

piroxeno 辉石

piroxilina 火棉，焦木素，低氮硝化纤维素

piróxilo 硝化物

pirrol 吡咯，氮茂

pirrotina 磁黄铁矿

pirrotita 磁黄铁矿

piruvato 丙酮酸盐，丙酮酸酯

pirúvico 丙酮酸盐，丙酮酸酯

pisada 脚印，足迹

pisada fosilizada 足迹化石，化石足迹，化石足印

pisaempaque 密封填料，密封压盖，填料盖，密封压盖

pisanita 铜绿矾

pisasfalto 天然沥青

piscina de lodo 泥浆池

pisma poligonal 多棱锥

piso 地面，路面；（楼房或其他物品的）层；楼板；（地质方面的）阶；地层，岩层

piso de enganche 架工操作台，猴台，钻塔内高层台板

piso de enganche con palo de retención 安全工作台，猴台

piso de la cabria 钻台

piso de la torre 井架平台，钻台，钻台面

piso de maniobras 钻台，操作台

piso de perforación 钻台

piso de sótano 底层，地下室

piso de tablas 底板

piso de tablas entarimado 铺板，板材

piso de taladro 钻台

piso de vegetación 植被带

piso del enganchador 井架工工作台

piso marino 海底，海床

piso oceánico 洋底

pisofanita 铁矾

pisófano 铁矾

pisolita 豆石，豆状岩

pisón 打夯机，震动器，夯锤，撞锤

pisón de corte 剪切式闸板，防喷器剪切闸板，剪切闸板式全封防喷器

P

pisonear 夯实，打夯

pista 足迹，踪迹；（飞机的）跑道；公路，高速公路

pista de auditoría 检查跟踪

pista de cojinete 轴承面，支承面，支撑面

pista de cojinete a rodillos cónicos 锥形滚柱轴承面

pista interior 内环，内圈，内座圈；星型套

pista magnética 磁条

pistacita 绿帘石

pistadero 压榨器，研捣器，捣碎器

pistilo 杵，碾槌，乳钵槌

pistola 手枪；喷枪，气动喷枪

pistola de aceite lubricante 黄油枪

pistola de cañoneo 射孔器，射孔枪

pistola de chorro 喷射器，泥浆枪，聚能射孔器

pistola de engrase 注油枪，黄油枪，滑脂枪

pistola de engrase a presión 压力枪，黄油枪

pistola de gasolina 加汽油枪

pistola de lodo 泥浆枪

pistola de perforación 射孔器，射孔枪

pistola de pintar 喷漆机，喷漆器

pistola del lodo 泥浆枪

pistola engrasadora 油枪，注油器

pistola neumática 空气枪，气枪，风动铆枪，喷漆枪

pistola para encolar 胶枪

pistola perforadora 射孔器，穿孔器，凿岩机，穿孔机

pistola pulverizadora 喷漆枪，喷射枪，喷枪

pistomesita 镁菱铁矿

pistón 活塞，柱塞

pistón activador 活塞执行机构

pistón amortiguador 缓冲活塞

pistón buzo con camisa 塞柱，筒状活塞

pistón compensador 平衡活塞

pistón de achique 抽子，抽油活塞

pistón de achique para tuberías 油管抽子

pistón de compensación 平衡活塞

pistón de desplazamiento 驱替活塞

pistón de extracción 抽子，抽油活塞

pistón de extracción para caños de bombeo 油管抽子，抽油活塞

pistón de motor 柴油机活塞

pistón de potencia 动力活塞

pistón de tubería 管子闸板

pistón del cilindro 气缸活塞

pistón equilibrador 平衡活塞

pistonadas por minuto 泵冲程数/分钟

pistoneo 抽汲，抽吸

piticita 纤水绿矾，土砷铁矾

pitinita 脂铅铀矿

pitipié （地图、图纸等的）比例尺，缩尺

pitón 喷嘴，喷头

pitón atomizador 喷嘴，喷头，喷雾嘴

pivotante 可旋转的，可转动的

pivotar （绕着枢轴）旋转

pivote 轴颈，轴榫；支轴，枢轴；旋转中心，支点

pivote de compás 中心销，中心轴，中心检具

pixel 像素

pizarra 板岩，页岩

pizarra arenosa 砂质页岩

pizarra bituminosa 油母页岩

pizarra marcellus 玛西拉页岩，马塞卢斯页岩

pizarral 多板岩的地方；板岩地带

pizarrosidad 板岩性状

pizarroso 板岩（质）的；石板（状）的

pizarrote 石笔石，块滑石

pizeta de plástico 塑料清洗杯

placa （各种材料的）板，片；极板；金属门牌，车辆牌照；板块

placa abarquillada 波形板，皱褶板

placa anódica 阳极板

Placa Africana 非洲板块

Placa Antártica 南极板块

placa base 基板，底板；底座，机座，底盘

placa cojinete 轴鞍

placa convergente 聚合板块，聚敛板块

placa de asiento 座垫，支板，底板，垫板

placa de asiento de carril 底座，垫板

placa de casco 船壳板

placa de cimentación 底板，基础板

placa de cimiento 接地板

placa de circuito 电路板

placa de cobre 薄铜板

placa de corrimiento 冲掩体，推覆体，冲断板块

placa de deflección 挡板，隔板，控板，折流板，挡油板

placa de derivación 分流板

placa de desconexión 钻头装卸器

placa de desgaste 防冲板，撞击挡板

placa de desviación 折流板

placa de dilatación 膨胀板，伸缩板

placa de empuje 冲掩体，推覆体，冲断板块

placa de energía solar 太阳能电池板

placa de expansión 膨胀板，伸缩板

placa de extremo 端板，底板

placa de forro exterior 外护板

placa de hierro 铁板

placa de horno 炉挡板

placa de inspección 检查板

placa de la corteza 地壳板块

placa de orificio 孔板，流量孔板

placa de perno 螺栓垫片

placa de presión de embrague 离合器压盘

placa de recubrimiento　盖板，盖片
placa de relleno　填隙板
placa de respaldo de embrague　离合器背板，离合器挡板，离合器盖
placa de seguridad　止动片
placa de silicio　硅片
placa de tubos　管板，加热管隔板
placa de tubos de caldera　锅炉管道板
placa de tubos fija　固定管板，固定端管板
placa de tubos flotante　浮头管板
placa deflectora　挡板，隔板，折流板，挡油板
placa deflectora del vórtice　涡流挡板
placa delantal　前挡板
placa desconectadora para barrenas　钻头装卸器
placa desconectadora para barrenas cola de pescado　鱼尾钻头装卸器
placa desviadora　控板，折流板，挡油板
placa divergente　辐散板块，离散板块，背离板块
placa dorsal　底板，背板，后面板
placa enteriza para reunión de tubos　管板
placa fijador　固定板
placa friccional del embrague　离合器摩擦圈
placa giratoria　转台，旋盘
placa isotérmica　等温板
placa litosférica　岩石圈板块
placa matriz　主机板，母板
placa para caja de fuego　火室挡板，燃烧室挡板
placa para desenrosque　钻头装卸器
placa perforada　孔板，流量孔板
placa portatubos　管板，加热管隔板
placa portatubos enteriza　管板
placa portatubos fija　固定管板
placa portatubos flotante　浮头管板
placa primaria　一级板块
placa protectora　护板
Placa Scotia　苏格兰板块
placa sensora　传感器极板
placa solar　太阳能采集装置
Placa Sudamericana　南美板块
placa tectónica　构造板块
placa tubular　管板
placa tubular fija　固定管板
placa tubular flotante　浮头管板
placa volada　悬臂板
placa volcable　转台，转车台，转车盘，转盘
plachuela de contacto a tierra　接地母线
placodina　砷镍矿
pladur　石膏灰泥板
plaga　灾害，祸害，灾难；大量有害的动（植）物
plaga agrícola　作物病虫害
plagiocitrita　斜橙黄石

plagioclasa　斜长石，斜长岩
plagioclásico　斜长岩的
plagioclástico　斜长岩的
plagionita　斜硫锑铅矿
plagiotropo　斜向的，倾斜生长的
plaguicida　杀虫剂，杀菌剂
plaguicida biodegradable　可生物降解的杀虫剂
plaguicida fosforado　有机磷酸酯，有机磷酸盐
plaguicida inorgánico　无机农药
plaguicida no persistente　可生物降解的杀虫剂
plaguicida órgano clorado　有机氯农药
plaguicida persistente　持久性农药，无法降解的农药
plaguicida que destruye las larvas　杀幼虫剂
plan　计划，规划，方案，草案；平面图，设计图
plan de acción　行动计划
plan de contingencia　应变计划，应急措施
plan de desarrollo　发展计划
plan de desarrollo y explotación　勘探开发方案
plan de diseño　设计方案
plan de ejecución　执行计划
plan de emergencia　应急计划
plan de inyección de agua en el borde de yacimiento　油藏边缘注水方案
plan de preparación para emergencias（PPE）　突发事件应急预案，英语缩略为 EPP（Emergency Preparedness Plan）
plan de recuperación　重整计划，整治方案
plan de supervisión ambiental　环境监察计划
plan de venta　销售计划
plan general del alcantarillado　排水管线总体方案
plan integrado de respuesta de emergencia（PIRE）　突发事件应急响应计划，英语缩略为 IERP（Integrated Emergency Response Plan）
plan integral de refinería　炼油厂总体方案
plan maestro　总体设计，总体规划；蓝图
plan para desarrollo y operación（PDO）　勘探开发方案，英语缩略为 PDO（Plan for Development and Operation）
plan para situaciones de emergencia　应变计划，应急措施
plan perspectivo　远景规划
plan previo　预定计划，先前计划
plan rodante　滚动计划
plancha　板，钣，熨斗，烙铁
plancha antideslizante　防滑板
plancha calentadora eléctrica　电加热板，电熨斗
plancha corrugada　薄钢板
plancha de acero　薄钢板
plancha de apoyo　底板，支板
plancha de asbesto　石棉板
plancha de asiento　底座，底板，垫板，座板

P

plancha de base 基板，底板，座板，支承板
plancha de cobre 铜板
plancha de coronamiento 顶板
plancha de cubierta 铁甲板，钢甲板
plancha de enfriamiento 冷却板
plancha de eslabón común 通用连接板
plancha de eslabón interior 内连接板
plancha de fondo 底板
plancha de goma 橡胶板，胶皮
plancha de hierro 铁板
plancha de los pasadores de eslabón 外链板，链条外链板
plancha de relleno 垫片，薄垫片，填隙片
plancha de relleno laminada 层状薄片
plancha de remaches 铆接板
plancha de remiendo 修补板，补强板
plancha de unión 拼接板
plancha enfriadora 制冷片
plancha nervada 加强板，肋板
plancha semicilíndrica de remiendo 半圆补强板，修补管段用的半圆补强板
plancha tablero 板材，木板；薄板
planchada de perforación 钻台
plancheta 测绘板，平板仪
plancheta con alidada de mirilla 测线平板仪
planchetista 平板仪测量员
planchón 平底船，驳船，座艇
planchuela de acero 钢板
planchuela de contacto a tierra 接地母线
plancton 浮游生物，漂浮生物
plancton atmosférico 大气浮游生物
planeador 滑翔机，滑翔器；计划的
planeadora 快艇；刨机；刨床
planeamiento 计划，规划，设计
planear 计划，规划，打算做；设计，绘制（工程）平面图
planerita 土绿磷铝石
planeta 行星，卫星；行星齿轮
planetario 行星的，卫量的；行星齿轮的，轨道的
planialtimetría 地形测量；地形图，等高线图
planicidad 平面度，平滑度，光滑度，均匀度
planicie 平原，平川
planicie aluvial 冲积平原
planicie costera 海岸平原，沿岸平原，沿海平原
planicie costera alta 上部海岸平原
planicie costera baja 下部海岸平原
planicie de arena 沙滩，沙坪
planicie de denudación 剥蚀平原
planicie de deposición uniforme (regiones áridas) (干旱地区的) 加积平原，填积平原
planicie de inundación 泛滥平原，漫滩，洪积平原

planicie de mareas 潮滩，潮间带
planicie de vapor 蒸汽平稳阶段
planicie estuarina 河口滩，河口平原
planicie lacustre 湖成平原
planicie playera 海滩低脊平原
planicie ripiosa 多坑冰水平原
planicie troncal 准平原
planificación 计划，规划
planificación a corto plazo 短期计划
planificación a largo plazo 长期计划
planificación de capacidad de producción 产能计划
planificación de investigación científica 科研计划
planificación de la mano de obra 人力资源计划
planificación de perforación 钻井计划
planificación de reacondicionamiento de pozo 修井计划
planificación de recompletación de pozo 再完井计划
planificación de respuesta ante emergencias (PRE) 应急预案，英语缩略为 ERP (Emergency Response Planning)
planificación de trabajo 工作计划
planificación directiva 指导性计划
planificación económica nacional 国民经济计划
planificación estratégica corporativa (PEC) 公司战略规划，英语缩略为 CSP (Corporate Strategic Planning)
planificación financiera 财务计划
planificación flexible 弹性计划
planificación funcional 职能计划
planificación instructiva 指令性计划
planificación integral anual 年度综合计划
planificación previa a los derrames 溢漏应急计划
planificador 计划者，规划者
planilla (银行或纳税等需填写的) 表格，申请表或申报表；人员名单；编制
planilla de cotización 报价表格，报价单
planilla de pagos 工资单，工资表，支付清单，结算清单
planilla de transferencia bancaria 银行汇款单，银行转账单
planimetrado 测绘，标绘，绘图，制图，标图；标示航线
planimetría 面积测量学，平面几何
planimetría geofísica 地球物理制图
planimétrico 平面测量的
planímetro 求积仪，测面仪
plano acotado 等高线图，等值线图
plano axial 轴面，轴平面
plano azimutal 地平经度平面
plano básico 底图

plano colineal　共线面

plano con curvas de nivel　等高线平面图，地形图

plano coordenado　坐标面

plano cristalino　晶面

plano de buzamiento　倾斜面

plano de cizallamiento cero　零切应力平面

plano de clivaje　解理面，劈理面

plano de colocación　装配平面图

plano de comparación　基准面，水准平面，假设零位面

plano de contacto　界面，界平面

plano de contacto de dos capas　层间界面

plano de corte　剪切面，剪断面，切面

plano de cota cero　基准面，假设零位面，水准平面

plano de cresta　脊面

plano de curvas de nivel　等高线图，等值线图

plano de deslizamiento　滑面，滑移面，平移面

plano de detalle　详图

plano de diaclasa　分界面，节理面

plano de distribución　分布图

plano de entrada　入口面

plano de escurrimiento　滑面，滑移面，平移面

plano de estiramiento　应力平面

plano de estratificación　层面

plano de falla　断层面；破裂面，断裂面；裂缝面

plano de fractura　破裂面

plano de incidencia　入射面

plano de instalaciones　安装图

plano de inyección　注入面

plano de juntura　分界面，节理面

plano de nivel　基准面，水平面

plano de nivelado　等高线平面图，地形图

plano de orientación　索引图，一览图，总图

plano de peso　重力面

plano de polarización　偏振面

plano de proyección　投影面，投影平面

plano de referencia　基准，基准面，参考面

plano de simetría　对称面

plano de ubicación　位置图

plano en relieve　地形图，地势图

plano erosionado marino　海蚀平面

plano esquemfitieo　草图，略图，简图，示意图

plano estructural　构造图，构造等高线图

plano focal　焦平面

plano geonóstico　地质构造图

plano horizontal　水平面，地平面

plano horizontal semi-infinito　半无限水平面

plano inclinado　倾斜面，斜面

plano litológico　岩性图

plano medio　中线面

plano óptico　光轴面

plano perspectivo　透视图

plano posterior　底板，背板，后背面板，后面板

plano principal　主平面

plano superior　断层上盘，顶板

plano topográfico　等高线图，等值线图

plano topográfico de forma terrestre　地形图

plano vertical　垂直面

plano visual　视准面，照准平面

plano　平的；平面的；平面，平面图；设计图；布局

planta　植物，作物；平面图，设计图；楼房的层；发电厂；设备；工厂，车间

planta atmosférica　常压蒸馏装置

planta avascular　非维管束植物

planta baja　指楼的底层，第一层

planta celular　非维管束植物

planta cogeneradora de electricidad y vapor　热电厂

planta combinada　联合设备

planta compresora　压气站

planta criogénica　深冷设备，低温设备

planta cultivada　农作物，作物

planta de absorción　吸收装置

planta de aceites lubricantes　润滑站

planta de acondicionamiento de agua　水处理装置，水处理厂

planta de acondicionamiento de aire　空气调节装置，空调设备

planta de aire acondicionado　空气调节装置，空调设备

planta de almacenamiento　油库，油罐区，油罐场

planta de almacenamiento a granel　散装油站，配油站

planta de azufre　制硫厂

planta de beneficio　选矿厂

planta de bombeo　泵站

planta de butano-aire　丁烷—空气装置

planta de ceras　制蜡装置，制蜡厂

planta de ciclo rápido　快周期单元

planta de concentración　选矿厂

planta de conversión　重整车间

planta de cracking　裂化装置

planta de craqueo　裂化装置

planta de craqueo Dubbs　杜布斯热裂装置

planta de depuración de gases　气体净化装置

planta de depuración prefabricada　预制提纯装置

planta de desalación　脱盐装置

planta de desalinización del agua marina　海水淡化厂

planta de descomposición catalítica　催化分解厂

planta de desecación　干化装置；干化场

planta de destilación　蒸馏装置，蒸馏工厂

P

P

planta de destilación fraccionada 热裂炼厂
planta de energía eléctrica 电站，发电厂
planta de ensayo semi-industrial 中间试验装置，中间工厂，半工业试验工厂
planta de envasado 罐头厂
planta de etanol 乙烷厂
planta de extracción 提取装置
planta de extracción a baja temperatura 低温萃取装置，低温提取装置
planta de extracción de gasolina natural 天然汽油提取装置
planta de extracción de gasolina por carbón vegetal 植物炭汽油提取装置
planta de filtración por contacto para lubricantes 润滑油接触过滤器
planta de fraccionamiento 分馏装置
planta de fuerza motriz 动力单元
planta de gas 天然气处理装置，气体发生装置
planta de gas manufacturado 天然气厂
planta de gasolina natural 天然汽油厂，天然汽油回收装置
planta de generación de energía eléctrica 发电厂，发电站
planta de generación eléctrica alimentada por gas 燃气发电厂
planta de isomerización 异构化装置
planta de lubricantes 润滑油站
planta de luz eléctrica 发电厂，发电站
planta de manufactura 加工厂
planta de máquinas 设备厂
planta de materiales 材料厂
planta de mejoramiento 改质厂（在委内瑞拉，指将超重油或重油通过加氢裂化等装置，以提高其 API 度）
planta de mezcla 混合设备
planta de parafina 石蜡装置；石蜡厂
planta de polimerización 聚合装置
planta de procesamiento 处理厂
planta de procesamiento de gas, petróleo y agua 油、气、水处理厂，分离设备
planta de procesamiento del gas 天然气处理厂
planta de productos livianos 轻质油厂
planta de productos pesados 重质油厂
planta de propano-aire 丙烷气厂
planta de reciclado 再循环装置，回注装置
planta de recirculación 再循环装置，回注装置
planta de recuperación de ácidos 酸回收设备，废酸回收设备
planta de recuperación de vapor 蒸汽回收装置
planta de redestilación de cracking 裂化馏分的再蒸馏设备
planta de redestilación de productos de cracking 裂化馏分再蒸馏装置

planta de reducida capacidad 小型工厂，小型设备，小型装置
planta de refinación con furfural 糠醛精制装置
planta de la refinería 炼油厂
planta de reforma catalítica 催化重整装置
planta de reformación 重整装置
planta de repaso para destilado de cracking 裂化馏出的再蒸馏设备
planta de separación a baja temperatura 低温萃取装置
planta de separación de gas, petróleo y agua 油、气、水处理厂，分离设备
planta de tratamiento 处理厂
planta de tratamiento de ácido sulfúrico 硫酸处理厂
planta de tratamiento de agua negra 污水处理站
planta de tratamiento de emulsiones 乳化液处理厂
planta de tratamiento de gas, petróleo y agua 油、气、水处理厂
planta de tratamiento doctor 博士法精制装置
planta de tratamiento Edeleanu 爱德林精炼装置
planta desaladora 脱盐装置
planta dosificadora de hormigón 混凝土配料站
planta eléctrica 发电厂，发电站
planta eléctrica para alumbrado del equipo perforador 钻机照明装置
planta exhaustadora 天然气处理厂（仅在阿根廷使用）
planta extractora 提取装置，提取车间
planta frigorífica 制冷装置
planta generadora combinada de electricidad y vapor 热电厂
planta hidroformadora 液压成形装置，临氢重整装置
planta horizontal 平面图
planta intermedia de refuerzo 中间增压站
planta mecánica 机械厂
planta mezcladora 混合设备，混合装置
planta para acondicionamiento de aguas 水质处理装置，水处理厂
planta para el tratamiento continuo de gasolina 连续汽油处理装置
planta para extracción de gasolina 汽油提取装置
planta para la refinación de aceites lubricantes mediante furfural 糠醛润滑油精制装置
planta para purificar gas 天然气净化厂
planta para recuperación de vapor 蒸汽回收装置
planta petrolífera 石油化工厂
planta petroquímica 石化厂
planta piloto 实验工厂，实验设备
planta poliformadora 吹塑成形加工厂

planta potabilizadora　饮用水处理装置

planta recolectora　集油站

planta regasificadora　再气化厂

planta regeneradora　油再生处理厂

planta regeneradora de ácidos　废酸回收装置

planta semicomercial　半商业化的装置（指位于实验工厂先导试验装置和实验工厂正式的商业化工厂之间过渡）

planta termoeléctrica　热电厂

planta vista　顶视图，俯视图

plantación de árboles　绿化，造林

plantación de árboles a lo largo de las carreteras　路旁植树，道旁栽植

plantación forestal　人工林

plantas diatomeas　硅藻科植物

plantas marinas　海洋植物

plantas terrestres　陆上植物

plantel　苗圃

plantilla　样板，模板，曲线板；（机构企业的）编制；施工图，作业图

plantilla de montaje　组装模具，装配夹具

plantilla normal　校准规，标准量规

plantilla submarina de tipo flotante　浮式水下基盘

plantón　秧苗，树苗

plántula　胚芽

plasma　等离子区，等离子体；深绿玉髓

plásmido　质粒，质体，原核质体

plástica fotodegradable　光降解塑料

plasticidad　塑性，可塑性；可修复性

plástico　塑料的，合成脂做的；塑料，塑料制品

plástico celular　泡沫塑料

plástico celular semirrígido　半硬质泡沫塑料，半硬式泡沫塑料

plástico de Bingham　宾汉塑性体

plástico fenólico　酚醛塑料

plástico molido　碾成粉状塑料

plástico permeable　可透塑料

plástico reforzado　加强塑料

plástico semirrígido　半硬式塑料，半刚性塑料

plástico termoplástico　热塑性塑料

plastificadora　塑料涂层机

plastificante　增塑剂，塑化剂

plastificar　塑化，给…覆以塑料薄膜

plastómero　塑性体，塑料

plastotipo　塑模标本，塑型

plata　银；银器

plata agria　脆银矿，黑银矿，柱硫锑铅银矿

plata alemana　镍银，德银

plata antimonial　锑银矿

plata baja　低成色银

plata bruta con una proporción pequeña de oro　金银合金，金银块

plata córnea　角银矿

plata de ley　标准成色银

plata en barras　银锭

plata en lingotes conteniendo oro　多尔银，（含金）银锭，粗银（含有少量金的银）

plata estriada　柱硫锑铅银矿

plata gris　辉银矿

plata labrada　银器

plata nativa　天然银

plata negra　辉银矿，螺状硫银矿

plata platino　铂银合金

plata roja　红银，硫砷银矿

plata roja clara　硫砷银矿，淡红银矿

plata seca　不含汞的银矿石

plata sobredorada　镀金白银

plata soluble　胶态银，胶体银

plata vítrea　辉银矿

plata viva　水银，汞锡合金

plataforma　台，平台；工作台；作业台，装卸台，钻台；台地；站台；平板车

plataforma a rodillos　移动式平台

plataforma astillero　架工操作台

plataforma astillero para el entubamiento　油管操作台

plataforma astillero para tramos de cuatro tubos　四节立根架工工作台

plataforma astillero para tramos de tres tubos　二层台，架工工作台

plataforma autoelevadiza　自升式钻探平台

plataforma autoelevadiza de volada con plancha de apoyo　悬臂自升式钻井船

plataforma autoelevadora　自升式钻探平台

plataforma auxiliar　附属平台

plataforma continental　陆棚，大陆架

plataforma continental exterior　外大陆架

plataforma costa afuera　海上平台

plataforma cratogénica　克拉通陆棚

plataforma de acero de apoyo por gravedad　重力支撑钢制平台

plataforma de alojamiento　生活平台

plataforma de apoyo por gravedad　重力基座平台，重力平台，重力式平台

plataforma de boca de pozo　井口平台

plataforma de cables en tensión　钢绳张力腿稳定的半潜式钻井平台，张力腿平台

plataforma de carga　装货台，装油台，装油栈桥

plataforma de celosías　工作平台（井架半空中的平台）

plataforma de centralización　扶正台

plataforma de centralización de revestidor　套管扶正台

plataforma de compresores　压气站

plataforma de concreto 混凝土平台
plataforma de conexión 对扣台
plataforma de corona 天车平台
plataforma de enganche o de enganchador 二层台，架工操作台，钻塔内高层台板
plataforma de envoltura 导管架平台
plataforma de equipos 设备操作平台
plataforma de exploración petrolífera 石油勘探平台
plataforma de gravedad 重力基座平台，重力式平台
plataforma de helicópteros 直升机停机坪
plataforma de hormigón 混凝土平台
plataforma de la torre de sondeo 钻井平台
plataforma de operación 操作平台
plataforma de perforación 钻井平台
plataforma de perforación con plancha de apoyo 沉垫支承式钻井平台，刚性腿座架支承的钻井平台
plataforma de perforación semisumergible 半潜式钻井平台，半潜式钻井船
plataforma de pilotes hincados 桩承平台
plataforma de producción 生产平台
plataforma de producción costa afuera 海上生产平台
plataforma de producción permanente 油区终端平台
plataforma de rueda rotativa 滚轮平台，移动式平台
plataforma de sondeo 钻井平台
plataforma de taladro 钻台
plataforma de trabajo 钻台；工作平台
plataforma de tratamiento 加工平台
plataforma de tubería 钻杆架，管架，管排
plataforma del castillete de perforación 钻探平台
plataforma del chango 二层台，架工操作台，钻塔内高层台板
plataforma del encuellador 井架工工作台
plataforma del torrero 二层平台，架工操作台，钻塔内高层台板
plataforma elevadiza con plancha de apoyo 沉垫自升式钻井平台
plataforma epicontinental 陆缘大陆架
plataforma estructural 构造台地
plataforma fija 固定式平台，钻井平台
plataforma fuera de la costa 近海钻井平台
plataforma giratoria 转盘
plataforma intermedia 二层平台，中间平台
plataforma litoral 环陆阶地
plataforma madre 主平台
plataforma marina 海蚀台地，海上平台，海台
plataforma monopoda 单腿近海钻探平台，单腿平台
plataforma montada en gatos mecánicos 自升式钻井平台
plataforma móvil 可自行移动的近海钻探平台，移动式平台
plataforma niveladora 升降台
plataforma oscilante 摆动平台，振动平台
plataforma para el enganchador 扶套管入扣工作台
plataforma para helicóptero 直升机坪，直升机起落甲板
plataforma para tres tubos 三节立根架工工作台
plataforma petrolera 钻机，钻井装置；（海上）石油钻探开采平台
plataforma replegable 升降式钻机，自举式钻探平台
plataforma rodante 移动式平台
plataforma semisumergible 半潜式平台
plataforma semisumergida 半潜式钻井平台，半潜式钻井船
plataforma sin pilotes hincados 无桩平台，重力式混凝土平台
plataforma sobre bastidor 带底盘的平台
plataforma soportacarga de producción 载重生产平台
plataforma submarina 海底台地
plataforma terminal 输油转运平台
plataforma terrestre 台地
plataforma-astillero 二层平台，架工操作台
plataforma-astillero para el entubamiento 塔上起下钻工作平台，井架中排立油管搭板
platear 镀银，包银
platillo 小盘子；秤盘，天平盘；盘状物，碟形物
platillo de balanza 秤盘，天平盘，砝码盘
platillo de excéntrica 偏心轮
platillo giratorio 转盘
platina 铂，白金；（显微镜的）载物台；（机床的）工作台
platinamida 铂氨化物
platinato 铂酸盐
platinita 镍铁合金，高镍钢，代白金，赛白金
platino 铂，白金
platinodo 伏打电池的阴极，铂极
platinoiridio 铂铱矿，铂铱齐（铂、铱等的自然合金）
platinoso 亚铂的，二价铂的
platinotipia 铂黑相片；铂黑照相
platnerita 块黑铅矿
plato 盘，碟；秤盘，天平盘；盘状物，碟形物；（机床上夹持加工件的）夹具
plato asentador 旁通挡板
plato calentador 加热盘
plato calentador eléctrico 电热板，电热炉具

P

plato de burbujeo　泡罩塔板，鼓泡塔盘
plato de fraccionamiento　分馏塔盘
plato de torno　（车床等的）夹头，卡盘，夹盘；（固定钻头等用的）夹盘，夹头
plato de turborejilla　叶轮式栅格板
plato desviador　旁通挡板
plato giratorio　转盘
plato indicador　标度盘，刻度板，指针盘
plato tamiz　筛盘
plauenita　钾正长岩
playa　海滨，河滩，沙滩；（城市或工厂作特殊用途的）空地，广场；停车场
playa alta　滨后，潮间丘
playa antigua　古海滩
playa arenosa　砂质海滨
playa cubierta de guijarro　砾滩
playa de fondo　袋状滩，湾头滩
playa de materiales　器材放置场
playa de tanques　油库，油罐区，油罐场
playa de tanques auxiliares　辅助油罐区
playa de tempestad　风暴海滩
playa elevada　上升海滩，岸边高地
playa fangosa　泥质海滨
playa llana　沿海台地
playa marina　海滨，海岸，海边
playo　浅的，不深的
playón　河口砂洲，河床砂丘
playuela　袋状滩，湾头滩
plaza　广场；位子，地方；职位，工作
plaza de trabajo　工作岗位
plazo　期，期限
plazo corto　短期
plazo de apelación　上诉期限
plazo de contrato　合同期限
plazo de cumplimiento　履约期限
plazo de declaración　申报期限
plazo de embarque　装船期限
plazo de entrega　交货期限
plazo de expiración　满期期限
plazo de gracia　宽限期
plazo de inscripción　登记期限，注册期限
plazo de producción con contenido de agua　含水采油期
plazo de prolongación　延付期限
plazo de recepción　收货期限
plazo de reclamación　索赔期限
plazo de recuperación　回收期
plazo de reembolso　偿还期限
plazo de registro　注册期限
plazo de validez　有效期
plazo de vencimiento　到期日
plazo inicial　起始期
plazo límite　截止期限

plazo útil　有效期限
plazo vencido　到期，满期
pleamar　高潮，满潮，高潮期
plegabilidad　柔韧性，可挠性，可弯性，可锻性
plegable　可折叠的，可折合的，可折卸的，活动的
plegadizo　易折叠的
plegado　褶皱，褶曲；褶皱的；折痕的，折皱的
plegado alpino　阿尔卑斯褶皱
plegado anticlinal brazal　短背斜褶皱
plegado asimétrico　不对称褶皱
plegado cerrado　闭合褶皱
plegado comprimido　压实褶皱，挤压褶皱，压缩褶皱
plegado concordante　整合褶皱，一致褶皱
plegado contemporáneo　同生褶皱
plegado de basamento　基底褶皱
plegado de falla　断层褶皱
plegado de fundación　基底褶皱
plegado desconcordante　不整合褶皱
plegado dragado　拖曳褶皱，牵引褶皱
plegado en forma de abanico　扇状褶皱
plegado intraformacional　层内褶皱
plegado isóclina　等斜褶皱
plegado normal　正常褶皱
plegado normal en forma de abanico　正常扇形褶皱
plegado paralelo　平行褶皱
plegado recostado　伏卧褶皱，平卧褶皱，横卧褶皱
plegado regional　区域褶皱
plegado similar　相似褶皱
plegado sinclinal　向斜褶皱
plegado sinclinal brazal　多支向斜褶皱
plegado transversal　横向褶皱
plegado volcado　倒转褶皱
plegado volcado fallado　断裂倒转褶皱
plegado zambullidor　倾伏褶皱
plegadura　褶皱；褶皱作用
plegamiento　褶皱
plegamiento alpino　阿尔卑斯褶皱
plegamiento anticlinal　背斜褶皱
plegamiento convexo　上凸弯曲
plegamiento en retorno　背向褶皱
plegamiento entrecruzado　交错褶皱
plegamiento escalonado　阶状褶皱
plegamiento escurrido　冲断褶皱
plegamiento imbricado　叠瓦状褶皱
plegamiento incapaz　弱褶皱
plegamiento incompetente　弱褶皱
plegamiento indirecto　间接褶皱
plegamiento por flexión　扳曲褶皱，隆曲褶皱
plegamientos minúsculos　细皱，细褶皱

plegamientos minúsculos en planos de fractura
断裂面上的细皱，细褶皱

plegar 折叠，使有褶皱

pleistoceno 更新世的，更新统的；更新世，更新统

plena abertura 贯眼，全通径，全径

plena admisión 全开进气，全开吸气

plena carga 满负荷，满载

plena onda 全波的

plena presión 全压力

plenamar 高潮，满潮期

pleno 完全的，充分的，充足的，充满的

pleno a carga 满额荷载，全负载，全负荷

pleno calibre 贯眼，全通径，全径

pleno caudal 全流量

pleocroísmo （晶体等的）多向色性，多色性，多向色现象

pleocromatismo 多向色性，各向异色散，多向色

pleomorfismo 多型性，多态性；多型现象；多晶形；多晶现象

pleonasta 镁铁尖晶石

plesita 合纹石；辉砷镍矿

pletina 带钢

pleuroclasa 氟磷镁石

plexiglás 有机玻璃

pliego 资料包，标书；对折纸；文件；密封函件

pliegue 折叠，折印；褶皱，褶曲

pliegue abierto 敞开褶皱，开褶皱

pliegue abovedado 穹状褶皱

pliegue acostado 伏褶皱

pliegue anticlinal 背斜褶皱

pliegue apretado 紧闭褶皱，紧褶皱

pliegue aquillado 脊状褶皱，龙骨状褶皱

pliegue asimétrico 不对称褶皱

pliegue buzante 倾向褶皱

pliegue cabrio 尖顶褶皱，人字形褶皱

pliegue cerrado 闭合褶皱，紧闭褶皱

pliegue competente 强性褶皱

pliegue cóncavo 下凹弯曲

pliegue concéntrico 同心褶皱

pliegue cruzado 交错褶皱，交错褶皱作用

pliegue de arrastre 拖曳褶皱，牵引褶皱

pliegue de bucle 弯曲褶皱

pliegue de cabalgamiento 冲掩褶皱，超覆褶皱

pliegue de chevron 尖顶褶皱，人字形褶皱

pliegue de corrimiento 逆断层褶皱，冲断褶皱

pliegue de falla 断裂褶皱

pliegue de fluencia 流动褶皱，流状褶皱

pliegue de flujo 流动褶皱，流状褶皱

pliegue de igual inclinación magnética 等斜褶皱

pliegue de propagación de falla 断层扩展褶皱

pliegue de recubrimiento 伏褶皱

pliegue de sobrescurrimiento 逆掩倒转褶皱，掩冲倒转褶皱

pliegue diapírico 底辟褶皱

pliegue diapiro 侵入岩体褶皱，底劈褶皱

pliegue drapeado 披盖褶皱

pliegue en abanico 扇形褶皱，扇状褶皱

pliegue en forma de canoa 舟状褶皱

pliegue escalonado 雁列褶皱

pliegue flexional 挠曲褶皱，弯曲褶皱

pliegue geológico cubierto 盖层褶皱

pliegue geológico subsidiario 附属褶皱

pliegue inclinado 倾斜褶皱

pliegue inclinado y volcado 倾斜倾伏褶皱

pliegue incompetente 弱褶皱

pliegue intrincado 复杂的褶皱

pliegue invertido 倒转褶皱

pliegue isoclinal 等斜褶皱，同斜褶皱

pliegue menor 小褶皱

pliegue monoclinal 单斜褶皱

pliegue normal 正常褶皱，对称褶皱，正褶皱

pliegue parado 正常褶皱，对称褶皱，正褶皱

pliegue paralelo 平行褶皱

pliegue perforante 侵入岩体褶皱

pliegue profundo 基底褶曲

pliegue rebatido 倒转褶皱

pliegue recostado 平卧褶皱

pliegue recto 直立褶皱

pliegue recumbente 平卧褶皱

pliegue secundario 小褶皱

pliegue semejante 相似褶皱

pliegue simétrico 对称褶皱

pliegue sinclinal 向斜褶皱

pliegue sobrepuesto 叠加褶皱

pliegue sobrescurrido 拖曳褶皱，牵引褶皱

pliegue supratenuado 同沉积褶皱，上薄褶皱

pliegue tumbado 倒转褶皱

pliegue vertical 直立褶皱

pliegue volcado 倒转褶皱

pliegue yacente 平卧褶皱

plintita 杂赤铁土

plioceno 上新世的；上新世

pliodinatrón 负互导管

pliotrón 功率电子管，三极真空管

plisado 有褶的；褶皱的

plisamiento 褶皱

plomada 铅锤，垂球，悬锤

plomada de sondeo 深度锤，检尺重锤水深测量

plomadura 打铅封

plombagina 石墨

plombierita 泉石华

plomería 自来水或煤气管道；管道安装技术

plomero （自来水、煤气等）管道工，水暖工

plomo 铅；铅块，铅坠；铅丝，熔断丝

plomo amarillo 钼铅矿

plomo antimoniado　锑铅合金，硬铅
plomo antimónico　锑铅合金，硬铅
plomo antimonioso　(含) 锑铅，硬铅，锑铅合金
plomo argentífero　含银铅
plomo azul　蓝铅
plomo blanco　铅白
plomo brillante　方铅矿
plomo córneo　角铅矿
plomo corto　弹丸铅
plomo cromatado　铬铅矿
plomo de obra　粗铅锭；含银铅
plomo de primera fusión en lingotes　铅锭
plomo dulce　纯铅，精炼铅
plomo duro　硬铅
plomo en Galápagos　铅锭，生铅
plomo en láminas　铅板，铅片
plomo en plancha　铅板
plomo fusible　安全熔线，熔断丝
plomo laminado　铅板，铅片
plomo negro　碳酸铅
plomo para lingotes　铅锭
plomo pardo　磷氯铅矿，火成晶石
plomo plata　含银铅
plomo pobre　贫铅
plomo rico　富铅
plomo rojo　四氧化三铅，铅丹，红丹
plomo ronco　辉银矿，螺状硫银矿
plomo tetraetílico　四乙铅
plomo tetraetilo　四乙基铅
plomo verde　磷氯铅矿
plomo verde arsenical　砷铅矿
plomoelito　二乙铅，二乙基铅
plomoso　含铅的
plotter　标绘器，绘图仪
plug　插塞，插头
pluma　羽毛；钢笔，笔尖；起重吊杆；吊车，起重机
pluma de cabria　安装用起重架，起重拔杆
pluma de cartógrafo　绘图笔
pluma de corona　安装用起重架，起重拔杆
pluma de grúa　吊杆，起重臂
pluma doble cabina　双排简易吊车
pluma lateral　侧臂 (吊管机)
pluma para tender cañería　铺管机吊臂
pluma para tender tubería　铺管机吊臂
plumasita　刚玉奥长岩
plumbagina　石墨
plumbalofana　铅铝英石
plumbato　铅酸盐，高铅酸盐
plumbemia　铅中毒
plumbismo　铅中毒，慢性铅中毒
plumbito　亚铅酸盐
plumbito de sodio　亚铅酸钠

plumbocalcita　铅方解石
plumbocuprita　砷铜铅矿
plumboestannita　铅锑锡矿
plumboferrita　铅铁矿
plumbojarosita　铅铁矾，铅黄钾铁矾
plumbonacrita　水白铅矿
plumilla de tinta para registrador　记录笔
plumín　自来水笔尖
plumosita　羽毛矿，块硫锑铅矿
plural　多样的，多种的，多方面的
pluralidad　多数，众多，大量；复数
pluricelular　多细胞的
plurietápico　多级的，多段的，多阶的
plurifuncional　多功能的，多机能的；多函数的
plurivalente　多价的；多种效能的
plushexanos　己烷以上的烃
pluspentano　戊烷以上的烃
plúteus　长腕幼虫
plutón discordante　非造山运动深部岩体
plutónico　深成的，深部的，深成岩的
plutonio　钚
plutonismo　火成论，岩石火成说；火成现象
pluviógrafo　雨量记录器
pluviómetro　雨量计，雨量器
pluviosidad　降水，降雨，雨量；雨量多
pluvioso　下雨的，多雨的，含雨的
Pm　元素钷 (prometeo) 的符号
PMM (presión mínima de miscibilidad)　最小混相压力，英语缩略为 MMP (Minimum Miscibility Pressure)
PNB (producto nacional bruto)　国民生产总值，英语缩略为 GNP (Gross National Product)
PND (prueba no destructiva)　无损检测，英语缩略为 NDT (Non Destructive Test)
pneumatólisis　气化，气成作用
PNUMA (Programa de las Naciones Unidas para el Medio Ambiente)　联合国环境规划署，英语缩略为 UNEP (United Nations Environmental Program)
Po　元素钋 (polonio) 的符号；泊 (poise) 的符号
población absoluta　绝对人口
población activa　职业人口
población de árboles　苗木，砧木
población de peces　鱼群，鱼类，鱼类资源
población flotante　流动人口
población íctica　鱼群，鱼类，鱼类资源
población migratoria de aves costeras　迁徙滨鸟族群
población relativa　相对人口
población residente de aves costeras　常住滨鸟族群
poblador　居民，住户；栖住的动物

pobre 贫穷的，贫困的；贫乏的，不足的

pobre calidad de reservorio 油层质量差

pobreza 贫穷，贫乏

poceta 集水池，污水池，油污物沉淀池，化粪池

poceta de recogida de agua 井筒集水槽

pocillo de aspiración 进入孔

poco 少量的，少数的；小的

Podbielniak extractor 波氏法精密分馏仪器，波氏离心萃取器

poder 力，力量；能量，效能，功率，功效；权力；代理权；授权书，委托书

poder absorbente 吸收能力，吸收功率

poder adherente 黏附能力

poder adquisitivo 购买力

poder adquisitivo de petróleo 石油购买力

poder ascensional 升力，举力，浮力

poder autodepurador 自我净化能力

poder autorregenerador de la naturaleza 自然的自我恢复能力

poder calorífico 热值，发热量

poder calorífico inferior 低热值

poder calorífico promedio 平均热值

poder calorífico superior 高热值

poder colorante 着色力，色度

poder de absorción 吸收能力

poder de coquificación 成焦率

poder de deposición 着电效率，电镀能力

poder de freno 刹车功率

poder de iluminación 照明能力

poder de reflectividad 反射能力

poder de reflectividad de la tierra 地面反射能力

poder detergente 去污力

poder ejecutivo 行政权

poder específico inductor 介电常数，介电系数，电容率

poder iluminante 照明能力

poder judicial 司法权

poder legislativo 立法权

poder lubricante 润滑能力，润滑性能

poder magnetizante 磁化力

poder portante 举重力，起重力

poder reflector 反射能力

poder reflector de la tierra 地面反射能力

poder resolutivo 分辨能力，解像能力

poder soberano 主权，至高无上的权力

poder superador 分辨率，分辨性能

poderdante 授权者，委托人

poderhabiente 受权者，受托人

poderoso 强大的；有效的；大功率的

poderoso gas de efecto invernadero 能产生严重温室效应的气体

podómetro 步数计，步数器

podzol 灰壤，灰化土

podzolización 土壤灰化，灰壤化作用

POES (petróleo original en el sitio) 原始地质储量，英语缩略为 OOIP (Original Oil On In Place)

poikilotópica 嵌含晶的

poise 泊 (黏度单位)

poiseuille 泊萧流，层状黏滞流

polaina 护腿

polaina para soldador 电焊脚盖

polar 磁极的，电极的，地极的；极性的，极化的

polaridad 极性，极性现象

polaridad del vibrador 振荡器极性

polaridad directa 正极性；正接

polaridad magnética 磁极性

polarígrafo 极谱记录器，极谱仪

polarigrama 极谱图，极谱

polarimetría 旋光测定，极化测定术，偏振测定术

polarímetro 旋光测定仪，旋光镜，偏振镜

polariscópico 旋光计的，偏光仪的，旋光镜的

polariscopio 旋光计，偏光仪，旋光镜

polaristrobómetro 精密偏振计，精密旋光计

polarización 极化；偏振，偏振化

polarización de electrodo 电极极化

polarización electródica 电极极化

polarización elíptica 椭圆极化，椭圆偏振化

polarización espontánea 自发极化强度，自发极化

polarización inducida 感应极化

polarización inversa 反偏压

polarización lineal 线极化，线偏振，线性极化，平面极化

polarización negativa 反偏压

polarización rotatoria 线极化，线偏振，线性极化，平面极化

polarizado 极化的，偏振的；有偏压的；偏置的

polarizador 偏振镜，偏振器

polarograma 极谱

polea 滑车，滑轮，皮带轮

polea abierta 开口滑车，扣绳滑轮

polea acanalada 槽轮，三角皮带轮

polea baja 底部滑轮

polea colgante 悬臂式滑轮

polea combinada 复式滑车

polea con cojinete ahusado 滚锥轴承滑轮

polea con cojinete de rodillo 滚柱轴承滑轮

polea conducida 从动轮

polea de accionamiento del tambor de maniobras 大绳滚筒

polea de acero para uso con pasteca para cabo de manila 麻绳滑车滑轮

polea de arrastre　主动轮，驱动轮
polea de cable　猫头绳滑车
polea de cono　锥轮，塔轮，快慢轮
polea de corona de torre　天车滑轮
polea de correa　皮带轮
polea de escalones　变速滑车
polea de garganta　槽轮
polea de guía　吊车滑车
polea de impulse　拖曳滑轮
polea de la cuchara　砂泵滑轮
polea de la torre　天车
polea de la tubería de revestimiento　下套管用
　滑车
polea de las herramientas　天车滑轮
polea de maniobra　开口滑车，扣绳滑轮
polea de maniobra del cable　捞砂滚筒拉绳轮，
　卷绳轮
polea de medición　测量滑轮
polea de planta　底部滑轮
polea de reborde hundido　带槽轮，皮带轮
polea de remolque　拖曳滑轮
polea de servicio adherida al piso de la torre　钻
　台滑轮
polea de sierra de cinta　带轮
polea de sondeo　天车滑轮
polea de tensión　张紧轮
polea de torre de perforación　井架天车滑轮
polea de transmisión　传动轮
polea de tubería de revestimiento　下套管用天车
polea de ventilador　风扇皮带轮
polea del cable de las herramientas　天车滑轮
polea del malacate de herramientas　大绳滚筒拉
　绳轮
polea del torno de herramientas　大绳滚筒拉绳轮
polea diferencial　差动滑车
polea elevadora　滑车，滑轮吊车
polea escalonada　宝塔轮，锥轮
polea fija　定滑轮
polea forjada　煅造滑轮
polea guía　导轮
polea impulsada　从动轮
polea loca　空转轮，惰轮
polea loca de cadena　链传动惰轮
polea motriz　主动轮
polea movible　滑动轮
polea móvil　动滑轮；游动滑车
polea muerta　定滑轮
polea para buje de bronce　铜衬套滑轮
polea para cable　钢丝绳滑车
polea para correas en V　V形皮带轮
polea para el cable de las tenazas　大钳悬挂滑轮
polea para tubería de producción　油管滑车
polea principal　天车，主滑轮

polea ranurada　绳索轮
polea rápida　快绳滑轮
polea simple　单体滑车
polea tensora　导轮，辅轮，惰轮，支持轮
polea viajera　游动滑车
polea viajera de la línea muerta　死绳滑轮组
polea virgen　双滑轮
polea volante　飞轮
polemoscopio　军用望远镜
polen　花粉，小孢子
poliacetilénico　聚乙炔的，多炔的
poliácido　多元酸，缩多酸
poliacrilamida　聚丙烯酰胺
poliacrilamida hidrolizada　水解聚丙烯酰胺
poliacrilamida parcialmente hidrolizada（PHPA）
　部分水解聚丙烯酰胺
poliacrilato　聚丙烯酸酯
poliacrilonitrilo　聚丙烯腈
poliacrilonitrilo hidrolizado　水解聚丙烯腈
poliadelfita　粒榴石，锰铁榴石
polialcohol　多元醇
polialcoholes　聚合醇，多元醇
poliamida　聚酰胺；聚酰胺树脂
polianita　黝锰矿
poliargirita　杂方辉锑银矿
poliargita　红块云母
poliarilatos　聚芳酯
poliarsenita　红砷锰矿
poliatómico　多元的；多原子的
poliazina　多氮化合物
polibásico　多碱价的；多元的；多元酸，多碱
　价酸
polibasita　硫化锑银；硫锑铜银矿
polibutadieno　聚丁二烯
polibuteno　聚丁烯，聚异丁烯
polibutileno　聚丁烯
policarbonato　聚碳酸酯
policía　警察局；警察；（委内瑞拉油田现场）
　加力杠
policíclico　多相的，多旋回的，多周期的
policloruro de vinilo　聚氯乙烯
policondensación　缩聚，缩聚作用
policrasa　铈铀钇钍石，复稀金矿
policristalino　多晶的，复晶的
policroico　各向异色的，多色的
policroilita　复色石
policroismo　各向异色性，多色性，多色现象
policromasia　多色性，多染色性；变色性
policromata　多色的
policromato　多铬酸盐
polidimita　辉镍矿
poliducto　混输管线
poliédrico　多面体的，多面的

poliédro 多面体
poliédro cóncavo 凹多面体
poliédro convexo 凸多面体
poliédro irregular 不规则多面体
poliédro regular 正多面体
polieno 多烯烃，多烯
poliéster 多元酯，聚酯；聚酯纤维，涤纶
poliestireno 聚苯乙烯
poliéter 聚醚
polietileno 聚乙烯
polietileno de alta densidad (PAD) 高密度聚乙烯，英语缩略为 HDPE (High Density Polyethylene)
polietileno de baja densidad 低密度聚乙烯
polietileno de baja densidad lineal 线性低密度聚乙烯
polietileno tereftalato 聚对苯二甲酸乙二醇酯，英语缩略为 PET (Polyethylene Terephtalate)
polifase 多相
polifásico 多相的
polifenol 多酚
poliforming 聚合重整
polígno multilátero 多边形
poligonal 测线，导线；多边形的，多角形的
poligonal a nivel de mano 手持水平仪测线
poligonal taquimétrica 视距导线
polígono 多边形，多角形；（城市中按不同开发规划分出的）开发区、商业地段或居住区
polígono cóncavo 凹多边形
polígono convexo 凸多边形
polígono estrellado 星状多边形
polígono regular 正多边形
poligonometría 导线测量法；折线法；多角形几何学
polihalita 杂卤石
polihídrico 多羟基的
polihidrita 复水石
poliisopreno 聚异戊二烯
polimelamina sulfonado 聚氰胺磺酸盐
polimería 聚合，聚合性，聚合现象
polimérico 聚合的，聚合体的
polimerización 聚合，聚合作用
polimerización catalítica 催化聚合
polimerización de adición 加聚反应，加成聚合
polimerización de emulsión 乳液聚合
polimerización de gas natural 天然气聚合
polimerización mixta 混合聚合
polimerización térmica 热聚合，热聚合作用
polimerización vinílica 乙烯聚合作用
polimerizado 聚合的
polimerizador 聚合剂，聚合器
polimerizante 聚合剂
polimerizar 使聚合；使叠合
polímero 聚合物，聚合体

polímero catiónico 阳离子聚合物
polímero catiónico de HMW 高分子量阳离子聚合物
polímero celulósico 纤维素聚合物
polímero de adición 加成聚合物
polímero de alto peso molecular 高分子聚合物
polímero de cadena abierta 开链聚合物
polímero de macromolécula 高分子聚合物
polímero elevado 高分子聚合物
polímero modificado 改性聚合物
polímero orgánico 有机聚合物
polímero sellador 密封聚合物
polímero sintético 合成聚合物
polímeros anfoteros 两性离子聚合物
polimetileno 聚甲烯
polímetro 万用表
polimignita 铌铈钇钙矿
polimorfía 多态现象，多态性
polimórfico 多晶的，多型的，多性的，多态的
polimorfismo 多晶型，多形现象，同素异构，同质异相
polimorfo 多形的，多态的
polín 垫木，滑动垫木
polín de tubos 运管滑行台，管线垫木
polinaftaleno sulfonado 璜化聚萘
polinomio 多项式
polinomio completo 完全多项式
poliodo 多电极管
poliolefinas 聚烯烃
polioles 多元醇
poliosas 多糖类
polioximetileno 聚甲醛
polipasto 复式滑车，滑车组
polipasto de cadena 链条提升滑轮组
polipasto manual 手拉葫芦，手动滑车组
polipero 珊瑚岩
pólipo 珊瑚虫
polipropileno 聚丙烯
polireacción 聚合反应
polisferita 钙磷氯铅矿
polisilicato 聚硅酸盐，聚硅酸酯
polisintético 多数综合的，多综合的
polispasto 复式滑车，滑车组
polístato 多种变流器
polisulfuro 多硫化合物，聚硫化物
politécnica 综合技术
politécnico 各种工艺的，多种科技的
politelita 银铅，银铅黝铜矿
politeno 聚乙烯
politetrafluoroetileno 聚四氟乙烯
política 政治；政策；方针，策略
política de apertura al exterior 对外开放政策
política de crédito 信贷政策

política de negocio　经营政策

política de ordenación（urbana o rural）（地市或农村土地）管理政策

política fiscal　财政政策

política interna　对内政策

politropía　多变性，同质多晶

politrópico　多变的

poliuretano　聚氨基甲酸乙酯，聚氨酯

polivalencia　多种价值，多种功能；多种用途，多价，多元

polivalente　多种价值的，多种功能的；多种用途的；多价的

polivinílico　聚乙烯的

polivinilo　聚乙烯，乙烯聚合物

polixeno　粗铂矿

póliza　凭单，保险单

póliza a plazo fijo　定期保单

póliza a prima fija　固定保费保险单

póliza a todo riesgo　一切险保单

póliza a valor tasado　定值保险单

póliza abierta　开口保险单，预约保险单

póliza de averías　海损保险单

póliza de bodega a bodega　仓至仓保单

póliza de embarque　提货单

póliza de orden　记名保单

póliza de seguro　保险单

póliza en blanco　不记名保单

póliza sin valor declarado　不定值保险单

póliza valorizada　定值保险单

polje　灰岩盆地

pollucita　铯榴石

polo　极，电极，磁极；中心，集中点

polo ártico　北极

polo atraído al norte　指北极，向北极

polo atraído al sur　指南极

polo austral　南极

polo blindado　屏蔽磁极，罩极

polo boreal　北极

polo de conmutación　换向磁极，辅助极

polo geográfico　地极

polo inductor　感应电极

polo magnético　磁极

polo motriz　驱动极

polo negativo　阴极，负极

Polo Norte　北极

polo norte magnético　磁北极

polo positivo　阳极，正极

polo saliente　凸极，显极

polo sur magnético　磁南极

polonio　钋

polución ambiental　环境污染

polución atmósfera　河流污染

polución fluvial　河流污染

polución marina　海洋污染

polucionante　污染物质；致污染的

polucita　铯榴石

poluto　被污染的

polvillo　碎屑，粉屑

polvillo de cenizas　粉煤灰

polvo　灰尘，尘土，粉末

polvo blanqueador　漂白粉

polvo de Algaroth　氯化氧锑

polvo de blanqueo　漂白粉

polvo de carbón　煤粉，煤屑

polvo de chimenea　烟尘，烟道尘，烟灰

polvo de combustión　烟尘，烟道尘，烟灰

polvo de diamante　金刚砂

polvo de esmeril　粉末，岩粉，矿物粉

polvo de estaño　氧化锡，擦光粉

polvo de horno de fundición　熔炼炉尘

polvo de hulla　煤粉，煤炭粉末，煤屑，煤尘

polvo de limonita　石灰石粉

polvo de mecha　钻屑

polvo de pirofóricos　引火粉，自燃料

polvo de planta metalúrgica　熔炼炉飞尘

polvo de roca　岩粉

polvo de sílice　硅粉，石英粉

polvo de silicio　硅粉

polvo de soldadura　焊接烟尘

polvo de talco　滑石粉

polvo decolorante　漂白粉

polvo del tragante（altos hornos）　烟尘，烟道尘，烟灰

polvo impalpable　微尘

polvo pequeño de carbón　煤屑，煤末

polvo residual　残余细屑

polvo residual muy fino　细屑，微粒

polvo tamizado　筛滤粉末

polvo vegetal　植物性粉尘

pólvora　弹药

pólvora negra　黑火药

pólvora para voladuras　炸药

pólvora sin humo　无烟火药

polvorín　火药瓶，火药库

pómez　浮石，碟石，泡沫岩

ponderación　称量；衡量，权衡

ponderal　重量的

ponencia　（提出供审议的）报告，计划，方案，建议

ponencia magistral　主讲论文，大会录取为主题报告

ponente　（报告）起草人；提案人；汇报者

poner a cero　复位，归零

poner a flote　使浮起

poner a tierra　接地

poner aros　加箍，围绕

P

poner en bombeo 在井口装泵，下泵生产
poner en contacto 接触
poner en correlación 使相关连
poner en marcha 启动，出发
poner en pleno juego la potencialidad 完全发挥潜力
poner en producción 投产
poner en producción un pozo 投产一口井
poner en punto 调准，校正
poner en servicio 使启动，使开始操作
poner en servicio activo 交付使用，投产，启动
poner fuera de servicio 使停止运转，使停止工作
poner la teoría en práctica 理论联系实际，在实践中运用理论
poner oblícua una cosa 安装角调节，偏角调节
poner término 终止，结束…某种情况
poner un pozo a producir 完井投产，新井投产
pontaje 过桥费，过桥税
pontazgo 过桥费，过桥税
pontón 浮舟，浮桥
popularizar 普及，推广
popularizar paso a paso 逐步推广
por analogía 类推
por casualidad 偶然
por ciento 百分比
por día 每天，日常；按天计算
por encima de 上部的，上覆的；高于，超出
por encima de la saturación irreducible 残余饱和度之上
por experiencia 根据经验
por fin 到底，最终
por hora 每小时；按小时计算
por medios múltiples 使用多种媒介的，使用多种手段的
por minuto 每分钟；按分钟计算
por omisión 缺省
por revolución 每转
por sí mismo 自身，独自
porcelana 瓷，瓷器，陶瓷
porcelanita 白陶土；陶碧石
porcelofita 海泡蚊纹石
porcentaje 百分率，百分比，百分含量；比率
porcentaje anual de aumento 年增长率
porcentaje de agua 含水率，含水量
porcentaje de agua y sólidos en suspensión 水和悬浮物的百分比
porcentaje de agua y sólidos en suspensión en el análisis de petróleo 油分析中水和漂浮固相的百分比
porcentaje de corrosión 腐蚀率
porcentaje de declinación 递减百分数，递减率
porcentaje de declive 倾斜度，斜率
porcentaje de moles 摩尔百分数

porcentaje de recuperación de la reserva 储量采出程度
porcentaje de utilización 利用率
porcentaje del mol 克分子百分数
porcentaje molar 克分子百分数
porcentaje volumétrico 体积百分比
porcentual 用百分数计算（或表示）的，百分数的
porción 部分；份额，一份
porción en efectivo 现金比率
porexpán （用作精密机器保护材料的）泡沫塑料，白软木
porfídico 斑状的，斑岩的；斑状
porfidita 玢岩
pórfido 斑岩
pórfido augítico 辉斑玄武岩
pórfido cuarcífero 石英斑岩
pórfido cuarzoso 石英斑岩
porfirítico 斑状的，斑岩的
porfiroblasto 斑状变晶
poro 毛孔，细孔，微孔；气孔；孔隙
poro aislado 隔离孔隙
poro ampollado 气孔，气泡状孔
poro conectado 连通孔隙
poro de esponja 海绵孔隙
poro dejado por la impronta de un fósil 化石印模孔隙
poro desconectado 不连通孔隙
poro efectivo 有效孔隙
poro erosionado 溶蚀孔隙
poro protector 隐蔽孔隙
porosidad 多孔性；孔隙度，孔隙率
porosidad absoluta 绝对孔隙度
porosidad actual 实际孔隙度
porosidad aparente 视孔隙度
porosidad aumentada 增强孔隙度
porosidad de disolución 溶蚀孔隙度
porosidad de núcleo 岩心孔隙度
porosidad de roca 岩石孔隙度
porosidad de las rocas petrolíferas 含油岩层孔隙度
porosidad de yacimiento corregida por esquisitosidad 校正泥质含量后的油藏孔隙度
porosidad efectiva 有效孔隙度
porosidad intercristalina 晶间孔隙度
porosidad mejorada 增强孔隙度
porosidad neutrónica 中子孔隙度
porosidad promedia 平均孔隙度
porosidad secundaria 次生孔隙度
porosidad tipo tiza (grumosa) 白垩状孔隙
porosidad total 总孔隙度
porosidad vugular 孔洞孔隙度
porosímetro 孔率计，孔度计，孔隙计

porosímetro de mercurio 汞压测孔仪，水银测孔计

poroso 孔隙的，多孔的

porta- 含携带，支撑之意

portabarrena 钻头夹持器，钻套

portable 可移动的，便携的

portabotellas 瓶架箱

portabroca 钻头夹

portabureta 滴定管夹

portabureta doble 蝴蝶夹

portacable 绳帽

portacable fijo 固定式绳帽

portacable giratorio 活动绳夹，可旋转绳帽

portacañería 管架，运管架

portacarbón 炭刷柄，电刷

portacojinete 轴承座，轴承架

portaconos 钻头夹持器

portacontenedores 集装箱船

portacuchillas 刀盘，铣头

portada de acero 矿用钢支架

portadado 板牙架

portador 持有者；承运人，承运商；（不记名票据的）持票人；载体

portaelectrodo 焊条夹钳，焊把，电极支架，电极夹

portaequipajes （汽车尾部的）行李箱；（汽车顶部的）行李架

portaescobillas 刷把

portafresas 铣刀夹头

portafusible 熔断丝座

portahélice 轴，传动轴

portaherramientas （车床的）刀夹，刀架，工具柄

portaherramientas de alojamiento 工具箱

portaherramientas de perforadora 钻孔工具卡头

portaherramientas de ranura 组合刀具

portalámina （钻床的）钻头夹具

portalámpara 灯座

portallaves 钥匙圈

portamaletas （汽车的）行李箱

portamecha 钻铤

portamecha corto 短钻铤

portamecha de desimán 无磁钻铤

portamecha espiral 螺旋钻铤

portamecha no magnético 无磁钻铤

portamira 测工，标尺员，钻杆工

portamuestras 样品储存器，砂样筒

portamuestras cerrado 封闭式取样容器

portaneumático 备胎搁架

portanúcleo de caucho 橡胶套岩心筒

portanúcleo de goma 橡胶套岩心筒

portaobjeto 载玻片

portaorificio 孔板安装用连接件

portapapeles 文件夹

portapistón 活塞裙

portapliegos 公文包

portapoleas 定滑轮；天车

portaprobeta 试管夹

portataladros 钻头夹持器

portátil 可移动的，便携的，手提式的

portatrépano 夹钎器，钻套

portatubo 钻杆架，管架，管排

portatubos de resorte 弹簧吊架，钢板弹簧吊耳

portavarilla 抽油杆架

portavástago (taladro liviano) 夹盘，卡头

portavoz 发言人

portazgo 通行税

porte 搬运，运输；运费；外表，外观；体积，容量

porte franco 运费免付

porte pagado 运费已付

porteador 承运的，搬运的；搬运工；承运商，承运人

porteo 搬运，运输

portezuela 手孔，探孔，注入口

portezuela de limpieza 清扫孔

portezuela del muestreador 罐顶取样孔，人孔

portezuelo 山口，隧道，隘口

portezuelo de erosión 因侵蚀而形成的山间隘口

portillo 缺口，隧道；出入口

portillo de aforo 罐顶取样孔，人孔

portita 假晶石

portlandiense 波特兰阶（地质学上的地层年代。露头于英国波特兰岛被发现而得名）

portón 大门

posibilidad 可能，或然性；可能发生的事

posibilidad en potencia 可能性，潜势，潜能

posibilidad incompleta 不完全可能

posible 可能的，可能发生的，可能出现的

posibles contaminantes químicos 潜在化学污染物

posición 位置，方位

posición aparente 视位置

posición axial 轴向位置

posición de arranque 起始位置

posición definida 固定位置

posición del control de presiones 压力控制设定

posición económica 经济状况

posición estratégica 战略地位

posición estructural 构造层位，构造位置

posición estructural baja 构造低点

posición financiera 财务状况

posición intermedia 中间位置

posición media 平均位置

posición neutral 空挡，中性位置，中立位置

posición para registros excedentarios　溢出位置

posición social　社会地位

posicionamiento　定位

posicionamiento ambiental　环境定位

posicionamiento dinámico　动态定位

positivo　确实的；正电的，正极的；阳性的；正片

positrón　正电子

poso　沉淀，沉淀物

posponer　推迟，延迟

post glacial　冰期后的，冰河期以后的

postcombustión　二次燃浇，复燃，补燃

poste　柱，桩，杆

poste aguantatubos　对管夹具支架

poste amortiguador　缓冲柱

poste corto　短柱

poste de ancla　锚杆

poste de anclaje　锚杆

poste de apoyo　（绳式顿钻游梁前臂下方的）保险立柱；（防止重物砸卡车驾驶室的）框架

poste de ginebra　人字架，起重拔杆，安装用起重架

poste de la grúa　起重把杆，起重桅

poste de retención　支柱，增力桩

poste de rodillo　滚柱（轴承）

poste de rueda motora　轴柱

poste de rueda motriz　轴柱

poste de soporte　支柱，增力桩

poste de sostén　支柱，增力桩

poste de tope　（绳式顿钻游梁前臂下方的）保险立柱，（防止重物砸卡车驾驶室的）框架

poste de transmisión de movimiento del balancín　传动柱

poste del malacate de herramientas　绞车滚筒轴

poste del malacate de la tubería de producción　作业机大绳滚筒轴

poste del motor　轴柱

poste del radar　雷达天线杆

poste en A　A字形支架

poste grúa　人字架，起重拔杆，安装用起重架

poste guía　导向柱，导向杆

poste maestro　游梁支柱

poste para balancín　（绳式顿钻游梁前臂下方的）保险立柱

poste para varilla de transmisión　摇柱

poste posterior (trasero) de apoyo　后部支柱

post-enfriador　后冷却机，二次冷却器

posterior　后面的，较迟的；以后的，在后的，其次的

post-fluido　续流

postizo　假的，后装的，非天然长出的

post-lavado　随后洗井

postor　（拍卖中的）出价者，投标者

postplaya　滨后

postquemador　补燃器，复燃室，加力燃烧室

postrefrigerador　后冷却机，二次冷却器

potabilidad　可饮用性

potable　可饮用的，适于饮用的

potámico　河川的，河流的，江河的

potamografía　河流测绘学

potamología　河流学，河川学

potamómetro　水力计

potasa　钾碱，草碱，碳酸钾

potasa cáustica　苛性钾，氢氧化钾

potásico　钾的

potasio　钾

potasio estañífero　锡酸钾

potasioamida　氨基钾

potencia　力，力量；能力，机能；功率，马力；幂，乘方

potencia absorbida　输入功率

potencia activa　有效功率

potencia acústica　声功率

potencia adicional　附加功率

potencia al freno　制动功率，制动力

potencia alta　大功率，强力

potencia aparente　视在功率，表观功率

potencia aplicada　输入功率

potencia asignada　额定功率

potencia calificada　额定功率

potencia calorífica　发热量，热值

potencia conductora　传导性，传导力，导电性，电导，传导率

potencia de aumento　放大倍数

potencia de clasificación　额定功率

potencia de encendido　点火能力

potencia de equilibrio　平衡电势

potencia de inflamación　点火能力

potencia de línea de registro　点源追踪

potencia de régimen　额定功率

potencia de rueda motora　主动轮功率

potencia de salida　输出功率

potencia de sincronización　同步功率

potencia de un estrato　地层潜能

potencia disponible　可用功率，有效动力，匹配负载功率

potencia efectiva　有效功率

potencia efectiva radiada　有效辐射功率

potencia eficiente de bomba　泵有效功率

potencia eléctrica　电位，电势

potencia en caballos indicada al freno　制动马力

potencia en el árbol　轴输出功率，轴马力

potencia fraccionaria　小马力（即小于 1 马力）

potencia generada por fuentes alternativas　绿色能源，环保能源

potencia hidráulica　水力功率

potencia indicada en caballos　指示马力
potencia instantánea　瞬时功率
potencia intermedia　中间功率
potencia interrumpible　可断续电功率
potencia máxima　峰值功率，最大功率
potencia máxima continua　最大连续功率
potencia máxima teórica　最大额定功率
potencia mecánica　机械功率
potencia motriz　原动力，驱动功率
potencia nominal en vuelo　额定马力
potencia nominal　额定功率，标准功率
potencia nominal unihoraria　小时定额功率
potencia promedio　平均功率
potencia reactiva　无效功率
potencia real　有效功率，实际功率
potencia reflectora　反射率
potencia teórica　额定功率
potencia térmica　热功率
potencia tractiva　牵引功率
potencia útil　有效功率，输出功率
potencia volumétrica　比功率
potencial　潜力，潜能；势能，位能，电势，电
　位，电压
potencial absoluto　绝对电位
potencial adsorbido　吸咐量，吸咐能力
potencial cero　零电位，零电势
potencial constante　恒电压
potencial de arco　着火电位，放电电位，起弧电
　位，闪击电势
potencial de carga　充电电位
potencial de chispa　击穿电位
potencial de contacto　接触电位
potencial de corrosión　腐蚀电位
potencial de desionización　消电离电压
potencial de dilución　稀释能力
potencial de electrodo　电极电位
potencial de electrofiltración　过滤电位
potencial de flujo de presión atmosférica　敞喷
　产能
potencial de gravitación　引力势，重力位，重
　力势
potencial de incendio　点火电位，点火电压
potencial de incremento de producción　增产潜力
potencial de inducción　激发电位
potencial de interrupción　断电电位
potencial de ionización　电离电势
potencial de mercado　市场潜力
potencial de oxidación-reducción normal　标准氧
　化—还原电位
potencial de producción　产能
potencial de servicio　服务潜力
potencial del electrodo normal de hidrógeno　氢
　正常电极电位

potencial diesel eléctrico　柴油电力机组
potencial diferencial　电位差
potencial económico　经济能力
potencial eléctrico　电位，电势
potencial eléctrico natural　自然电位
potencial electrocinético　动电势，动电位
potencial electrocinético de las partículas primarias
　ζ 电势，ζ 电位
potencial electroquímico　电化学电位，电化学
　电势，电化学势
potencial electroquímico de límite　电化学界面势
potencial electrostático　静电势，静电位
potencial escalar　标（电）位，标势，无向量位
potencial espontáneo (PE)　自然电位，英语缩
　略为 SP (Spontaneous Potential)
potencial estático espontáneo　静自然电位
potencial generador de petróleo　生油潜力，生
　油能力
potencial hídrico　水潜力，水势，水位
potencial logarítmico　对数位势
potencial magnético　磁势，磁位
potencial nominal　规定的最高产量
potencial osmótico　渗透势
potencial retardado　延迟电势，延迟电位
potencial termodinámico　热力势，热力学势
potencial vectorial　矢位，矢势
potencial zeta　ζ 位，ζ 电势
potencialidad　可能性，潜在性，潜力，潜能，
　含矿远景
potencialidad industrial　工业潜能
potencialidad productiva　生产潜力
potenciómetro　电位计，电势计；分压器
potenciostato　恒电势器，稳压器
potente　强大的，强有力的；功率大的，效力大
　的
potero　标准度量衡
poundal　磅达
powelita　钼钨钙矿
poza　水坑，水塘
poza de agua estancada　池，池塘，蓄水池
pozo　井，水井；（地面上的）深洞，深坑，矿
　井，井眼
pozo direccional　定向井
pozo a alta presión　高压井
pozo a bomba　机井，抽油井，泵采油井
pozo a dos zonas simultáneamente　双层分采井
pozo abajo　井下，底部井眼
pozo abandonado　废弃井，报废井
pozo abandonado por causa de problemas de
　ingeniería　工程报废井
pozo abierto　裸眼井段
pozo absorbente　渗水井，补偿井，吸水井
pozo activo　工作井，激动井

P

pozo adicional　加密井，补充井
pozo adyacente　邻井
pozo ahogado　停产井，被压井
pozo altamente desviado　大斜度井
pozo alternado　交错排列井
pozo artesiano　自喷井，自流井
pozo auxiliar　辅助井
pozo avanzado　详探井
pozo bombeado　抽油井
pozo brotante　自喷井，自喷井
pozo calibrado　刻度井
pozo casi agotado　低产井，枯竭井
pozo cavado a mano　人工井
pozo cerrado　关闭井，停产井
pozo cerrado temporalmente　暂停井，临时关闭井
pozo ciego　暗井
pozo clausurado　关闭井
pozo compensador　补偿井
pozo con balancín　抽油井，装有游梁式抽油机的油井
pozo con formación de toma de agua　吸水井
pozo con perspectivas　远景井
pozo con problemas　非正常井
pozo con producción simultánea de dos horizontes　双层分采井
pozo contrarrestante　补偿井
pozo corrosivo　含硫井
pozo costa afuera　海上油井
pozo cuadrante　方井
pozo de acceso　人孔，检修孔
pozo de aforo　评价井
pozo de agua　水井
pozo de agua de inyección　注水井
pozo de agua salada　产盐水的油井
pozo de aireación　通风井，风井
pozo de alcance ampliado　大位移井
pozo de alcance extendido　大位移井
pozo de alivio　减压井
pozo de alquitrán　焦油接受器，焦油收集器
pozo de alta producción　高产井
pozo de auxilio　救援井，解救井
pozo de avanzada　扩边井
pozo de baja producción　低产井
pozo de bombeo　抽油井
pozo de borde　边缘井
pozo de carbonera　竖井
pozo de cateo　探察井，试钻井，初探井
pozo de compensación　补偿井
pozo de condensación　凝结水箱，凝汽器的热水井
pozo de condensado　凝析油井，凝析油气井
pozo de confirmación　储量证实井，初探评价井，发现井后的第二口井

pozo de costado　翼部井
pozo de cresta　构造顶部井
pozo de crudo ácido　含硫原油井，酸性原油井
pozo de crudo por empuje hidráulico　水驱油井
pozo de crudo sulfuroso　含硫原油井，酸性原油井
pozo de delineación　探边井
pozo de desagüe　排水坑，排水沟
pozo de desarrollo　开发井
pozo de descarga　处置井，回注井
pozo de descubrimiento　发现井
pozo de desechos　处置井，回注井
pozo de diámetro pequeño　小井眼井
pozo de diámetro reducido　缩径井
pozo de disposición　回注井
pozo de drenaje　放出口，泄油孔
pozo de entrada　人孔，检修孔
pozo de estimulación　增产措施井
pozo de estimulación con vapor　蒸汽吞吐井
pozo de evaluación　评价井
pozo de exploración　勘探井
pozo de exploración detallada　详探井
pozo de exploración lateral　探边井
pozo de exploración profundo　深层钻井，深层探井
pozo de explosión　炮眼
pozo de explotación　开发井
pozo de extensión　扩边井
pozo de extracción　卷轴，工作口
pozo de flujo natural　自喷井
pozo de fondo　深井
pozo de fondo arenoso　吸水井，渗水井，泻水井
pozo de fractura　压裂井
pozo de gas　气井
pozo de gas condensado　凝析气井
pozo de gas de condensación retrógrada　反凝析井
pozo de gas natural　天然气井
pozo de información　资料井
pozo de inspección　检查井
pozo de inundación acuosa　注水井
pozo de inyección　注入井
pozo de inyección de agua　注水井
pozo de inyección de agua en el borde de yacimiento　边缘注水井
pozo de inyección de agua por gravedad　重力注水井
pozo de inyección de aire　注气井
pozo de inyección de gas　注天然气井
pozo de inyección de vapor　注蒸汽井
pozo de lavado　洗井
pozo de levantamiento artificial por gas　气举井
pozo de levantamiento por gas　气举井
pozo de levantamiento por gas de una sarta　单管气举井

pozo de límite competidor 补偿井，边界井，排水井

pozo de linde 边缘井，外围井

pozo de maniobra 操作孔

pozo de mina 矿井

pozo de observación 观察井

pozo de operación 作业井

pozo de petróleo 油井

pozo de petróleo en erupción libre 事故井喷井，失控井

pozo de poca producción 低产井，枯竭井

pozo de poca profundidad 浅井

pozo de producción 生产井

pozo de producción con contenido de agua 含水油井

pozo de producción de agua 产水井

pozo de producción de crudo 产油井

pozo de producción por bombeo mecánico 机械采油井

pozo de producción primaria 一次采油井

pozo de prueba 测试井，探井

pozo de reacondicionamiento 恢复作业井

pozo de reajuste 调整井

pozo de recogida 土油池，废油坑，污水坑

pozo de recolección 土油池，废油坑，污水坑

pozo de recompletación 再完井

pozo de reemplazo 备用井，替换井

pozo de resultado efectivo 见效井

pozo de resultado positivo 见效井

pozo de retirada 举油井

pozo de retrolavado 反洗井

pozo de servicio 服务井，辅助井，补给井

pozo de sondeo 钻孔，井眼

pozo de sondeo rugoso 不规则井眼

pozo de surgencia natural 自喷井

pozo de ventilación 通风井，排气井

pozo de visita 进人孔口，人孔

pozo delineador 探边井

pozo derecho 直井，垂直井

pozo descontrolado 自喷井，失控的喷油井

pozo descubridor 发现井，(新油田第一口) 出油井

pozo desnudo 裸眼井

pozo desviado 斜井

pozo desviado de la vertical 斜井

pozo direccional 定向井

pozo dirigido 斜井，定向井

pozo distante de la estación 边缘井

pozo doble 双井

pozo económicamente explotable 有开采经济价值的井

pozo empacado 封井

pozo en bombeo 抽油井

pozo en control 控制井

pozo en cuchareo 捞砂井

pozo en explotación 开发井，生产井

pozo en junglas 热带丛林井

pozo en manglares 丛林井

pozo en pantanos 沼泽井

pozo en pistonaje 抽汲井

pozo en producción 生产井

pozo en prueba 测试井

pozo en subsuperficie 井下，底部井眼，井底

pozo en surgencia natural 自流井，自喷井

pozo encorvado 斜井

pozo enfrentado 边界井

pozo entubado 下套管井，已下套管的井

pozo eruptivo 自流井，自喷井

pozo estéril 干井，无商业价值的井

pozo estratigráfico 基准井，参数井

pozo estrecho 小井眼井

pozo excavado 挖掘的井

pozo explorativo 探井

pozo exploratorio 探井

pozo exploratorio secreto 无钻井资料井

pozo exterior 扩边井，扩展井

pozo filtrador 补给井，回灌井，回注井

pozo fluyente 自喷井，自流井

pozo franco 裸眼井

pozo fuera de control 事故井喷井，失控井

pozo fuera de producción 关闭井，停产井

pozo gasífero 气井

pozo gasífero de alta presión 高压气井

pozo gemelo 双井

pozo horizontal 水平井

pozo improductivo 干井

pozo inactivo 停产井

pozo inclinado 斜井

pozo incontrolado 失控的油井

pozo individual 单井

pozo interespaciado 加密井，补充井，插补井

pozo intermedio 井网加密井

pozo inundado 水淹井

pozo invadido 出水井，水侵井

pozo inyector 注入井

pozo inyector de gas 注气井

pozo inyector multinivel 多层注入井

pozo límite 边界井，分界井

pozo limítrofe 边界井，分界井

pozo marginal 边际井

pozo marino 海上油井

pozo mermado 低产井，枯竭井

pozo modelo 标准井

pozo muerto 死井，被压死井

pozo multifásico 多相流井

pozo multilateral 多分支井

pozo muy inclinado 大斜度井
pozo negro 污水池，污水坑
pozo no productor 非生产井
pozo no surgente 非自喷井，承压井
pozo obligatorio 承诺井
pozo observador 观察井
pozo para contener la erupción de un pozo 减压井，救援井
pozo para eliminación de agua 排水井
pozo para explosión sísmica 震源井
pozo para la prospección general de petróleo 石油地质普查井
pozo para la toma de núcleo 取心井
pozo para recoger petróleo 集油坑
pozo para vástago de perforación 鼠洞
pozo parado 关闭井
pozo perforado 完钻井
pozo perforado con información preliminar sobre la estructura y condiciones subyacentes 详探井
pozo perforado más allá de los límites probados de un yacimiento 扩边井，探边井
pozo perforado para prevenir un reventón 救援井（为压井而钻的井）
pozo perforado sin información sobre la estructura de la roca subyacente 初探井，野猫井
pozo petrolífero 油井
pozo petrolífero de chorreo natural 自喷油井
pozo petrolífero de salida natural 自喷油井
pozo piloto 领眼井
pozo pionero 探井
pozo pobre 低产井，枯竭井
pozo poco profundo 浅井
pozo poco profundo excavado a mano 人工挖掘的浅井
pozo principal 主井，竖井
pozo productivo 生产井
pozo productor 油井，生产井
pozo productor de gas 天然气井
pozo productor de petróleo 油井
pozo profundizado 加深的井眼
pozo profundo 深井
pozo ramificado 分枝井
pozo revestido 下套管井
pozo salado 盐水井
pozo salvaje 初探井
pozo seco 干井，无商业价值的井
pozo secreto 保密井，未编录的井
pozo semiagotado 半枯竭井
pozo semiexploratorio 半探井，半野猫井
pozo séptico 化粪池
pozo sin entubar 裸眼井，未下套管井眼
pozo sin producción de hidrocarburos 干井

pozo sin tubería de revestimiento 裸眼井，未下套管井眼
pozo situado en la línea de un yacimiento 油田边缘井
pozo soltador 减压井，泄压井
pozo somero 浅井
pozo subyacente 毗邻井
pozo surgente 自喷井，自流井
pozo taponado 封堵井
pozo terminado con camisa ranurada 筛管完井
pozo tubular 管井
pozo ubicado en la parte alta de la estructura 位于构造高点的井
pozo ubicado zigzag 交错排列的加密井
pozo ultra profundo 超深井
pozo vecino 邻井
pozo vertedero 直井式溢洪道
pozo vertical 直井，垂直井
pozos gemelos de un solo ángulo 同一角度的双井
PPE (plan de preparación para emergencias) 应急准备计划，英语缩略为EPP (Emergency Preparedness Plan)
PPM (partes por millón) 百万分之几（浓度测量单位），英语缩略为PPM (Parts Per Million)
PPP (precio promedio ponderado) 加权平均价
PPT (permiso para trabajar) 工作许可，英语缩略为PTW (Permit To Work)
Pr 元素镨 (praseodimio) 的符号
práctica 实践，实施；实际；实习，练习；常例，惯例
práctica social 社会实践
practicante 学员，受训人，实习生
práctico 实际的，实践的；实用的，可行的；有实践经验的
pradera 草原，草原牧场
pragmático 实用主义的；重实效的
praseodimio 镨
praseolita 堇块绿泥石，绿堇云石
prasinita 绿泥闪帘片岩
prasio 葱绿玉髓
prasma 深绿玉髓；假孔雀石
prasocromo 绿铬石
PRC (punto de reflejo común) 共深点，英语缩略为CDP (Common Depth Point)
pre- 表示"前"；"先"；"在…之上"
PRE (planificación de respuesta ante emergencias) 应急反应预案，英语缩略为ERP (Emergency Response Planning)
pre-aislado 预绝缘
preampliador 前置放大器
preamplificación 预放大
preamplificador 前置放大器，预放大器
preapilamiento 叠前，水平叠加前

precalentado 预热的，预加热的

precalentador 热水器，预热器

precalentador de agua de caldera 锅炉水预热器

precalentamiento 预热

precalentar 预热，预加热

precambriano 前寒武纪，前寒武系

precámbrico 前寒武纪的；前寒武纪

precaución 谨慎，小心；预防，预防措施

precauciones contra el incendio 火灾预防，火灾预防措施

precautelar 预防，提防，防备

precautelar accidentes 预防出事故

preceder 在前，在先，居前，居先

precepto 命令，训令，指示；规则

precinto de seguridad 安全封条，安全封签，安全铅封

precio 订价，价格；代价；价值

precio a bocapozo 井口价，井口原油价格

precio abordable 合理价格，可接受价格

precio aceptable 合理价格，可接受的价格

precio administrado 受控价格，管制价格

precio al contado 付现款价格

precio al detalle 零售价

precio al futuro 期货价格

precio al mayoreo 批发价

precio al menudeo 批发价格

precio al por mayor 批发价格

precio al por menor 零售价格

precio al público 消费价格

precio alambicado 最低价

precio básico 基价

precio Brent Mar del Norte 北海布伦特油田原油价格

precio bruto 毛价

precio comparable 可比价格

precio competitivo 竞争价，投标价

precio compuesto 综合价格

precio constante 不变价格

precio contractual 合同价格

precio corriente 时价，市价

precio de adquisición 买价

precio de apertura 开盘价

precio de base 基价

precio de catálogo 目录价

precio de catálogo de divisa 外汇牌价

precio de cierre 收盘价

precio de competencia 竞争价格，低廉价格

precio de compra 买价

precio de contrato 合同价格

precio de costo 成本价格

precio de dumping 倾销价格

precio de ejercicio 议定价格

precio de entrega 交货价，出厂价

precio de exportación 出口价格

precio de fábrica 出厂价格

precio de futuros 期货价格

precio de garantía 保证价格

precio de guía 指导价格

precio de inscripción 上市价格

precio de intervención 干预价格

precio de la cesta petrolera 原油一揽子价格

precio de llegada a la costa 到岸价格

precio de mercado 市场价格

precio de mercado mundial 国际市场价格

precio de mercado de mercancía disponible 现货市场价格

precio de mercado negro 黑市价格

precio de mercancía disponible 现货价格

precio de mercancía temporal 期货价格

precio de origen 产地价格

precio de paridad 平价价格

precio de playa 海底原油在海上处理后之陆上价格

precio de recepción 接收价格

precio de recompensa 回购价格

precio de referencia 参考价格

precio de refinería 离炼厂定价

precio de situación 磋商价格

precio de subasta 拍卖价格

precio de subscripción 定价，认购价

precio de suministro 供应价格

precio de transporte 搬运费，运费

precio de venta 售价

precio de venta convencional 常规销售价格

precio de ventas directas 直接销售价格

precio del billete 运费，车费，船费

precio del día 当日价格，时价

precio del viaje 车船费

precio Dubai liviano 迪拜轻质原油价格

precio elástico 弹性价格

precio en cabezal de pozo 井口价，井口原油价格

precio en el mercado negro 黑市价格

precio en tierra 抵岸价格

precio equitativo 公平价格

precio estacional 季节性价格

precio estimado 预期价格

precio fijo 固定价格

precio final 最终价格

precio final de consumo 最后消费价格

precio franco de embarque 装货港交货价，离岸价

precio franco puerto de destino 目的港交货价格

precio intermedio 中间价

precio legal 法定价格

precio libre a bordo 离岸价格

precio marcado 标价

precio medio 平均价格
precio mínimo 最低价格
precio monopolista 垄断价格
precio monopolizado 垄断价格
precio neto 净价，实价
precio nominal 名义价格
precio normal 标准价格，正常价格
precio notificado 标价，牌价
precio ofertado 出价
precio oficial 官价
precio ofrecido 开价
precio por unidad 单价
precio preferencial 优惠价
precio promedio 平均价格
precio promedio ponderado（PPP） 加权平均价
precio real 实际价格
precio regulador 标准价格，法定价格
precio relativo 相对价格，比价
precio reservado 保留价格，最低价格
precio sobre vagón de tanque 油槽车上交货价格
precio subvencionado 补贴性价格
precio terminal 终端价格
precio tope 最高限价
precio total 总价
precio único 统一价格
precio unitario 单价
precio ventajoso 优惠价格
precio West Texas intermedio-WTI 西德州中质原油价格
precipicio 悬崖，深涧；猛跌，重跌，破产，毁灭
precipitabilidad 沉淀性，沉淀度，临界沉淀点
precipitable 可沉淀的，可淀折的，析出的
precipitación （雨、雪、冰雹等）降落；降水量；沉淀，脱溶；沉淀物，脱溶物
precipitación química 化学沉淀法
precipitación ácida 酸性沉降物
precipitación anual 年降雨量
precipitación atmosférica 大气沉降物，大气微粒回降
precipitación con solvencia 溶剂沉析
precipitación de hollín 煤烟沉降
precipitación de nafta 石脑油沉淀
precipitación en forma de grumos en una solución 絮状沉淀或悬浮物
precipitación en frío 冷沉降
precipitación húmeda 湿沉降
precipitación interceptada 被植被等拦截的降水
precipitación no interceptada 透过植被的降水
precipitación pluvial 降雨，降雨量，雨量
precipitación radiactiva 放射性微粒回降，放射性散落物
precipitado 沉淀物，脱溶物

precipitado amarillo 黄色氧化汞；黄色沉淀物
precipitado blanco 白淀汞，氯化氨基汞；白色沉淀物
precipitado del fundido 熔化沉积物
precipitado rojo 红色氧化汞；红色沉淀物
precipitador 沉淀器
precipitador eléctrico 电除尘器
precipitador electroestático 静电除尘器
precipitante 沉淀剂，沉淀物，淀析剂，脱溶物
precipitar （从高处）扔下，投下；加速，加快；使沉淀，使脱溶
precipitina 沉淀素
precisión 精密度，准确度，精确性
precisión absoluta 绝对精度
precisión relativa 相对精度
preciso 准确的，精确的，精密的；已校准的
precombustión 预燃，预燃烧
precomisión 试运行准备
precompreso 预压的；预受力的，预应力的
precontrato 预先合同；前约
precursor 预示的，前导的，先行的
predacita 水滑结晶灰岩
predecesor 前任，前人；先导的，前任的；先兆的
predescarga 预冲洗液，预处理液，预冲洗
predeterminar 预定，注定，先定
predicción 预测，推测
predicción de parámetros 参数预估法，参数预测法
predicción del comportamiento 动态预测，性能预测，性能估计
predicción del comportamiento de la producción 生产动态预测
predicción del comportamiento de yacimientos 油藏动态预测
predicción lateral 横向预测
predictor 预报装置，预报器，预测器
predisposición 预先准备；预先倾向；素因，素质
predistorsión de la imagen 图像预矫
predominación 优越，卓越，优势，支配
preesfuerzo 预应力
preestabilizador 预先稳定化的；预先稳定器
pre-estirado 预拉伸的；预拉伸
preestiramiento 预拉伸
preevaporación instantánea 预闪蒸
preexistente 先前存在的，预先存在的
prefabricación 工厂预制，配件预先制造，预制
prefabricado 预制的，预装配的
prefatigado 预受力的，预应力的，预拉伸的
preferencia aduanera 关税优惠

preferencias reciprocas　互惠

preferencias tarifarias　关税优惠

preferente　优先的，优惠的，择优的

prefijado　预定的，预置的；预定，预置

prefiltro　预过滤器，前置滤波器

preforma　初步加工，预先成型，预先成形

preformado　预成形的，预制成的；预成形，预制成

preglacial　冰河期前的

prehistórico　史前的

prehnita　葡萄石

preignición　预燃作用，预点火，提前着火，先期点火

prelación　优先，优越

prelavado　预冲洗，预洗涤

prelavado con HCl　氢氯酸预冲洗，盐酸预冲洗

prelavador　预洗涤器，预清洗器

prelavador de cloruros　氯化物预洗涤器

preliminar　初步的，预备的；开端的，序言的；前言，序言

prellenado　预装填，预先充满；预装填的，预先充满的

prematuro　过早的，不成熟的，不到期的；早熟的

premio　奖金；奖励；加价，溢价；贴水；彩票中彩

premio a la eficiencia　效益奖

premio de consolación　安慰奖

premio extraordinario　大奖，最高奖

premio gordo　头奖

premisa　前提；先决条件（常用复数）

premiso　预先假设的；先决的，作为前提的

premonitor　预兆，征象；预先警告者；预兆的，先兆的

premontaña　山麓，小丘

prender　点燃，启动设备

prensa　压机，压床，冲床；印刷机；报纸

prensa de aire　气压机

prensa de balancín　螺旋压机

prensa de banco　老虎钳

prensa de contacto　接触夹片

prensa de correa　压带机

prensa de enderezar en frío　冷压机

prensa de extrusión hidráulica　液压锻造机，液压成形机

prensa de filtrado　压滤机，压滤器

prensa de galibar　模放机

prensa de tornillo　台钳，老虎钳

prensa estopa para cable　电缆密封接头，格兰头

prensa estopas de bomba　泵填料函

prensa guarnición　密封压盖随动件

prensa hidráulica　水压机

prensa hidráulica de arco　拱门式冲床

prensa neumática　气压机

prensa taladradora　钻床，手摇钻床

prensacable　电缆密封接头，格兰头

prensado　加压的，压制的

prensado en frío　低温压榨，低温压榨脱蜡

prensador　压机工；压榨器，压榨机

prensaestopa　密封盒，填料函，填料盒；填塞箱

prensaestopa de vástago de émbolo　活塞填料函

prensaestopa inferior para cabeza de inyección　注入口小型填料盒

prensaestopa miniatura　小直径封隔器

prensaestopa para cable　电缆密封接头，格兰头

prensar　冲压,，挤压，压制，压紧

prensatestigo　筒内岩心取拔器

prepago　提前支付，预付

preparación de lodo　配制泥浆

preparación de perforación　钻前工程，钻前准备

preparación del carbón　选煤

preparación del fluido del pozo de sondeo　钻井液配制

preparación del lodo de perforación　配制钻井液

preparación del personal　职工培训

preparación mecánica　机械准备

preparación o mezcla de lodo　配制泥浆

preparación para cargar personal y material　人员和物资装备准备

preparación superficial　表面预处理

preparación y manipulación del sistema de circulación de lodos　泥浆循环系统准备和操作

preparador　（实验和化验室的）助手；准备者；配制人

preparar el foso　挖土油池

preparar los fondos　筹措资金

preparativos para casos de emergencia　应急准备

preparatorio　初步的，预备的，初期的

prepolímero　预聚合物，预聚物

prepositivo　前置的

prereactor　预反应器

preremolino　预旋

prerrecogida de desechos　废物预回收

prerrecolección　预选，预先收集

presa　坝，沟，渠；引水槽

presa de apoyo　承压

presa de asentamiento　沉砂罐，撇油池

presa de colador　振动筛泥浆罐

presa de lodo　泥浆池

presa de terraplén　土坝

presa del lodo de perforación　泥浆池，泥浆沉淀槽

presa del quemador　燃烧坑

P

presa en arco （单）拱坝
presa para inyección 钻井液池
presaturación de oxígeno 氧气预饱和
prescribir （法律、法令等）规定，确定；指示；法定期限为…
prescripción （法律、法令等）规定，指示；（法律诉讼或追诉权等的）时效，法定期限
preselección 预选，预定
preseleccionar 预选
preselector 预选器，预选装置
presencia de agua 出水，见水
presencia de fallas 出现故障
presenciar 出席，到场；目睹，观看
presentación de documentos 提交文件，提交材料
presentación de documentos para habilitación 提交资质文件，提交资质材料
presentación de programas de visita 访问安排汇报
presentación de trabajo 工作汇报
presentar 出示，展示；提出，提交；介绍，引见
presentar comentarios 发表意见
presentar oferta 递交标书，投标
presentar un informe 提交报告
preservación 保护，防护；防腐，防腐作用，防蚀，防蚀作用；预防
preservación del medio ambiente 环境保护
preservativo 防腐的，防护性的；防腐剂；预防措施
presidente 总统；主席；议会；公司总裁，董事长；（团体等）会长；（会议的）主持人
presidente de la junta directiva 董事长
presidente ejecutivo 执行主席（或董事长等）
presidente electo 当选总统（或主席、会长等）
presidente encargado 代理总裁（或董事长等）
presidente permanente 常务主席
presilla 卡子，夹子，别针；（呼吸器的）鼻夹
presilla para batería 电池线夹
presintonía 预先调谐，预调谐装置
presiógrafo 压力描记器
presiómetro 压力测量器，压力测量仪
presiómetro electrónico 电子压力计
presión 压，按，挤；压力，压强
presión a pozo abierto 裸眼井压力
presión a pozo cerrado 关井压力
presión a profundidad 在某一深度的压力
presión abierta de superficie 地面开井压力，地面井口敞开压力
presión absoluta 绝对压力
presión admisible 容许压力
presión anormal 异常压力
presión arterial 血压

presión atmosférica 大气压力
presión autorizada 容许压力，规定压力，极限压力
presión axial 轴向压力
presión baja 低压
presión base 基础压力，基准压力，标准压力
presión calculada 折算压力
presión calculada de formación 预测地层压力，预测计算压力
presión calificada 额定压力
presión capilar 毛细管压力
presión cercana a la superficie 近地表压力
presión circunferencial 圆周压力
presión comparativa 对比压力
presión confinada 封闭压力，围压
presión confinante 封闭压力，围压
presión crítica 临界压力，临界压强
presión de abajo a arriba 向上压力
presión de agotamiento 衰竭压力
presión de aire 大气压
presión de ajuste 设定压力
presión de apertura 开井压力
presión de aplastamiento 破坏压力
presión de arena 砂层压力
presión de arranque 启动压力
presión de arriba a abajo 向下压力
presión de bloque de pozo 井区压力
presión de bomba 泵压
presión de bombeo 泵压
presión de burbujeo 气泡压力
presión de cabezal 管汇压力，井口压力
presión de calibración 校正压力，校准压力，定标压力
presión de capa 地层压力，储层压力，油层压力
presión de capa petrolera 油层压力
presión de carga 补给压力
presión de casco 壳体压力
presión de cedencia 坍塌压力
presión de chorro 风压
presión de cierre 关井压力，裂缝闭合压力
presión de cierre de la tubería de producción 关井油管压力
presión de cierre de tubería 关井管柱压力
presión de cierre de tubería de revestimiento 关井套管压力
presión de cierre del casing 关井套管压力
presión de circulación 循环压力
presión de circulación inicial (PCI) 初始循环压力，英语缩略为 ICP (Initial Circulating Pressure)
presión de columna líquida 液柱压力
presión de condensación 凝结压
presión de confinamiento 围压，封闭压力

presión de convergencia　会聚压力

presión de cruceta principal　套管头压力

presión de cúpula　汽室压力，汽包压力

presión de derrumbamiento　坍塌压力

presión de descarga　排出压力，出口压力，排水压力，排泄压力

presión de descarga de bomba　泵出口压力

presión de descarga de gas　排气压力

presión de descarga del compresor　压缩机排气压力

presión de diseño　设计压力

presión de domo　汽室压力，汽包压力

presión de elevación　静水头

presión de entrada　进口压力

presión de equilibrio　平衡压力

presión de estallido　崩裂压力，破裂压力

presión de estrangulación　节流压力

presión de estrangulación de tubería　节流压力

presión de evaporación instantánea　闪蒸压力

presión de expansión　膨胀压力

presión de explosión　爆破压力

presión de flujo　流动压力，流压

presión de flujo a fondo de pozo　井底流压

presión de flujo en cabezal de pozo　井口流压

presión de flujo inicial　初始流动压力

presión de fondo　井底压力

presión de fondo a pozo cerrado　关井井底压力

presión de fondo de pozo　井底压力

presión de fondo del pozo　井底压力

presión de fondo en surgencia　井底流压

presión de fondo estática　井底静压

presión de fondo fluyente　井底流压

presión de formación　油层压力，地层压力

presión de formación actual　目前地层压力

presión de formación interna　地层内部压力

presión de formación medida　实测地层压力

presión de formación normal　正常地层压力

presión de fractura　破裂压力

presión de fractura de la formación　地层破裂压力

presión de gravedad　重力压力，重力压强

presión de impacto hidráulico　水击压力

presión de inyección　注入压力

presión de inyección de cabezal de pozo　井口注入压力

presión de inyección de fondo de pozo　井底注入压力

presión de inyección de superficie　地面注入压力

presión de la bomba de lodo　泥浆泵压

presión de la fase de arena　砂层压力

presión de la salida del petróleo　流压

presión de la tubería de producción　油管压力，油压

presión de norma　标准压力

presión de operación　操作压力，作业压力

presión de perforación de fondo de hoyo　井底钻压

presión de pico　最高压力，压力峰值

presión de poro　孔隙压力

presión de poro residual　残余孔隙压力

presión de pozo cerrado　关井压力

presión de prueba　试验压力

presión de punto de burbujeo　泡点压力

presión de regulación　调整压力

presión de revestidor　井口套压

presión de revestidor de producción　生产套压

presión de roca　岩层压力

presión de rocío　露点压力

presión de ruptura de la tubería de revestimiento　套管破裂压力

presión de salida　出口压力

presión de saturación　饱和压力

presión de sobrebalance　正压，过平衡压力

presión de sobrecarga　上覆地层压力，过载压力

presión de sobreequilibrio　正压，过平衡压力

presión de solución　溶解压力

presión de soplo de tubería　油管吹扫压力

presión de sumergencia　沉没压力

presión de surgencia　流动压力

presión de taller　车间压力，工场压力

presión de trabajo　工作压力

presión de trabajo en frío　冷作压力，冷加工压力

presión de trabajo permisible　允许工作压力

presión de trampa　圈闭压力

presión de tubería de producción　油压，油管压力，井口油压

presión de tubo de revestimiento　套压

presión de un líquido　液压

presión de válvula　阀门压力

presión de vapor　蒸气压，蒸汽压力

presión de vapor de saturación　饱和蒸汽压力

presión de vapor Reid　雷德蒸气压，英语缩略为RVP（Reid Vapor Pressure）

presión de vapor saturado　饱和蒸气压力

presión de yacimiento　油藏压力

presión debida a la onda　波动压力

presión del gas　气体压力

presión del manómetro　表压

presión del punto de burbuja　泡点压力

presión del reservorio　油藏压力

presión del viento　风力，风压

presión diferencial　压力差，压差

presión diferencial de inyección de agua　注水压差

P

presión diferencial de inyección y producción　注采压差

presión diferencial de producción　生产压差

presión diferencial máxima　最大压差

presión dinámica　动压力，动压强

presión dinámica del viento　动态风压

presión dirigida　定向压力

presión efectiva　有效压力，工作压力，有效应力

presión ejercida por una columna de fluido　液柱压力

presión en el alambique　蒸馏器内压力

presión en el cabezal　井口压力

presión en el espacio anular　环空压力

presión en el interior de la tubería de revestimiento　套管压力，套压

presión en la trampa　圈闭压力

presión en la tubería de producción　油管压力，油压

presión en PSIG　(Pounds per Square Inch Gauge)　表压磅／英寸^2

presión en un depósito de gas o petróleo　地层压力，油藏压力

presión encerrada　关井压力

presión específica　比压

presión estándar　标准压力

presión estática　静压

presión estática de cabezal de pozo　井口静压

presión estática de capa del yacimiento　油层静压

presión estática de fondo　井底静压

presión estática de fondo de pozo　井底静压

presión estática de reservorio　地层静压，油层静压

presión estática reservada　地层静压

presión excesiva　过压，剩余压力

presión final de circulación　终循环压力，英语缩略为 FCP（Final Circulating Pressure）

presión fluctuante　脉动压力

presión fluyendo　流动压力，流压

presión fluyente　流动压力，流压

presión fluyente de fondo　井底流压

presión fluyente de fondo de pozo　井底流压

presión hermética　关井压力

presión hidráulica　水力压头

presión hidráulica efectiva　有效水头，有效扬程，有效压头

presión hidrodinámica　流体动压力，流体动压强

presión hidrostática　静水压力，流体静压力，液体静压力

presión hidrostática de un líquido　水头，水力压头

presión hidrostática efectiva　有效水头，有效压头

presión indicada　表压

presión inicial　启动压力

presión inicial de fractura　造缝压力

presión inicial de vapor　初始蒸汽压力

presión interior de la tubería de revestimiento　套管压力，套压

presión interna　内压力

presión lateral　侧压力，侧压强

presión lineal　线向压力，线压力

presión litostática　静岩压力，岩石静压力

presión manométrica　表压

presión máxima de operación　最大工作压力

presión mecánica de compactación　机械压实压力

presión media　平均压力

presión medida　实测压力

presión mínima de flujo natural　自喷最低压力

presión mínima de miscibilidad (PMM)　最低混相压力，英语缩略为 MMP（Minimum Miscibility Pressure）

presión natural　自然压力，天然压力

presión natural en el estrato　岩层天然压力，地层天然压力

presión negativa　负压

presión no balanceada　不平衡压力

presión nominal　标称压力，额定压力

presión normal　标准压力，常压

presión normal de la formación　地层正常压力

presión original　原始压力

presión original de formación　原始地层压力

presión osmótica　渗透压力，渗透压强，浓差压

presión parcial　分压，部分压力

presión piezomotrica　排出输出，水头压力

presión por gravedad　静压头，重力压头

presión prelubricación　预润滑压力

presión promedio　平均压力

presión pseudocapilar　拟毛细管压力

presión radial　径向压力

presión real　有效压力，工作压力

presión relativa　相对压力

presión restrictiva　约束压力

presión sostenida　承受压力

presión subatmosférica　负压

presión subterránea　油藏压力；地下压力

presión superatmosférica　超大气压力

presión superficial　地面压力，表层压力

presión superyacente　上覆地层压力，地层静压，盖层压力

presión total　总压力

presión transitoria　瞬时压力，不稳定压力

presión uniforme　等均压，均压力

presionización　增压，加压，压紧，气密，密封，密闭；压力输送

presionización del aire　气密，高压密封

presionizar　加压，增压，压入，压缩

préstamo　贷款，借款

préstamo a la vista　即期贷款
préstamo a largo plazo　长期贷款
préstamo a plazo fijo　定期贷款
préstamo adicional　追加贷款
préstamo bancario　银行贷款
préstamo comercial　商业贷款
préstamo con garantía　担保贷款，抵押贷款
préstamo de consumo　消费贷款
préstamo de proyecto　项目贷款
préstamo financiero　信用贷款
préstamo hipotecario　抵押贷款
préstamo libre de interés　无息贷款
prestatario　借债的；借债人，债务人
presupuestación　编制预算；预计费用
presupuesto　假设，假定，设想；预算，收支预计，预计费用；
presupuesto inversionista　资本预算，投资预算
presupuesto aproximado　概略预算
presupuesto balanceado　（收支）平衡预算
presupuesto consolidado　合并预算，综合预算
presupuesto de coste　成本预算
presupuesto de costo　成本预算
presupuesto de efectivo　现金预算
presupuesto de gastos　费用预算
presupuesto de venta　销售预算
presupuesto equilibrado　（收支）平衡预算
presupuesto estimado　概略预算
presupuesto extraordinario　额外预算
presupuesto financiero　财政预算
presupuesto sobrecargado　超标预算
presurización　使保持正常气压，保压，耐压
presurizar　保持正常气压
pretección antivirus　病毒防护
pretensión　预拉伸，预张，先张
pretil　栏杆，阑杆
pretratamiento　预处理，粗加工
prevención　准备，预备；预防，防备；预防措施
prevención de accidente　事故预防，安全措施
prevención de arena　防砂
prevención de arena de nuevo pozo　新井防砂
prevención de incendios　火灾预防措施
prevención de la degradación del suelo　土壤退化防治措施
prevención de la producción de desechos　防止废弃物产生
prevención de lesión　伤害预防
prevención de lluvia　防雨
prevención de quemaduras de sol　防晒
prevención de riesgo　预防风险
prevención y control de desertización　沙化的防控
prevención y control de la contaminación de los mares　海洋污染的防控
prevención y reducción de las pérdidas debidas a

inundaciones　洪涝灾害的防控
prevenir　准备，预备；预防，防止；告诫，提请注意
prevenir un reventón　防止井喷
preventivo　预防的，预防性的；预防措施
preventivo contra corrosión　腐蚀抑制剂，腐蚀预防措施
preventor　防护装置，防喷器
preventor anular　环形防喷器
preventor anular de explosiones　环形防喷器
preventor anular esférico　球形防空防喷器
preventor anular esférico de explosiones　环形防喷器
preventor automático de erupciones　自封防喷器
preventor con arietes de corte　剪切闸板防喷器
preventor de ariete ciego　盲板全封式防喷器
preventor de arietes　闸板防喷器
preventor de reventón de pozo　防喷器
preventor de reventón de pozo anular　环形防喷器
preventor de reventones tipo arietes　闸板防喷器
preventor de rotura de varillas　抽油杆防喷器
preventor de tipo RAM doble　双闸板防喷器
preventor interno　内防喷器
preventor marino　水下防喷器
preventor para cable　电缆防喷器
preventor rotatorio　旋转防喷器
preventor tipo RAM　闸板型防喷器
previo　预先的，事先的，在先的；先决的
previo pago　预付款
previsible　可以预见的，可以预知的，可以预料的
previsión　预见，预料，预测，预计
pribramita　玻西米亚内锌矿，镉内锌矿；针铁矿
priceita　白硼钙石
prima　补贴，津贴，补偿费，额外酬金，佣金；奖励金；保险费
prima de dia adicional amanecida　夜班加班津贴
prima de fin de año　年终奖金
prima de petróleo　石油津贴
prima de seguros　保险费
prima neta　净保费；净贴水
prima original　原始保费
prima por trabajo en dia domingo　星期日工作津贴
primario　最初的，初级的，初步的；主要的，首要的
primer anillo del tanque　立式油罐第一圈钢板
primer impulso sísmico　地震初始波
primer lugar　首席的，第一位的，首要的
primer período de producción　开采初期
primer pozo productor　发现井，新油田第一口

出油井
primer quiebre 初至波
primer separador 一级分离器
primer tubo revestidor 导管
primera cabeza 模头
primera clase 一级的，第一流的，第一类的，最好的，头等的
primera condición 首要条件
primera estación 管道首站
primera etapa 第一阶段
primera fase （钻井）一开
primera fila 最前部，最前线
primera introducción de instrumentos de diagrafía 首次下入井内的测井工具
primera ley de Fourier 傅里叶第一定律
primera ley de la termodinámica 热力学第一定律
primera línea 第一线的，最重要的，最优良的
primera misión 首要任务
primera tubería de revestimiento 表层套管
primero 第一，最初的；第一流的，第一位的，首要的
primero auxilio 急救
primeval 早期的，原始的，远古的，太古的
primigenio 原始的，原先的，最初的
primitivo 原始的，未开化的
primordial 首要的，根本的，基本的
primordio 原基，始基；根源，开端，起源
principal 主要的，首要的；根本的，实质性的；主要负责人；本金；授权人，委认者
principio 开始，开头；要素，成分；根据；原理，法则，原则
principio básico 基本原则
principio de auditoría 审计原则
principio de contabilidad 会计原则
principio de contaminación 污染物成分
principio de estandarización 标准化原理
principio de exclusión de Paul 泡利不相容原则，摈斥原则
principio de superposición 叠加原理
principio equivalente 等效原理
principios de superposión 叠加原理
principios relativos a la ecología 生态原理
prioridad （时间，次序上的）先，前；（地位、价值、重要性上的）优越
prioridad al desarrollo 优先发展
prisma 棱柱，棱柱体；角柱，角柱体；棱镜；分光光谱
prisma de acrecimiento 加积棱柱
prisma de cuarzo 石英棱镜
prisma de Nicol 尼科尔棱镜
prisma dioptría 屈光度棱镜
prisma objetivo 物镜棱镜
prisma oblicuo 斜角棱镜
prisma pentagonal 五棱柱
prisma recto 直角棱柱
prisma triangular 三棱镜
prismático 棱镜的；棱柱的，棱柱形的
prismosfera 棱球镜
privilegio 特权，特许，优惠；特权证书，特许证书
pro 利益，好处，益处
pro pugnadores de la seguridad 安全强化措施
probabilidad 可能性，可证实性；概率，几率
probabilidad condicional 条件概率
probabilidad general 总概率
probabilístico （逻辑）概率论的，几率的
probable 可能的，有可能的；可以证实的
probado 已证实的；经过考验的
probador 测试装置，测试仪；取样器；试衣间
probador Abel 阿贝耳闪点测定仪
probador cerrado 阿贝耳闪点测定仪
probador con cubeta descubierta 开杯闪点试验器
probador de absorción 吸收测试仪
probador de acumuladores 电池测试器
probador de bujías 火花塞试验器
probador de cañería 管子检验器
probador de carga 载荷测试器
probador de corriente 试电笔，测电笔，电笔
probador de fondo 井底取样器
probador de formación 地层测试器，地层测验器，岩层取样器
probador de formación de cable 电缆地层测试器
probador de Hess 赫氏测试仪
probador de inducidos 短路线圈测试仪，电机转子试验装置
probador de orificio para pozos de gas 孔板式天然气流量计
probador de tubería 管子检验器
probador de tubería de revestimiento 套管测试器，套管检验器
probador eléctrico 试电笔
probar 证明，证实；表明，说明；试验，试用；品尝
probar presión 试压
probeta 试管；浅盘；压力计，压强计；（火药的）爆炸力测定器
probeta con pico 带嘴儿量筒
probeta graduada 量筒，量杯
probeta graduada con pico 带嘴儿量筒
probeta graduada con tapón 带塞量筒
probeta sin pico 平口量杯
problema 问题，难题，难事
problema crítico 关键问题
problema de valor inicial 初值问题

problema social　社会问题

problemático　有疑问的，不能肯定的，有问题的

procedencia　出处，来源；起点，出发点；来历，依据

proceder　依次进行；出自，来自；行为，行动；开始，着手

proceder contra una persona　对某人起诉

procedimiento　方法，办法；过程，程序，步骤；法律程序，手续

procedimiento administrativo　行政手续

procedimiento aduanal　海关手续

procedimiento aduanero　海关手续

procedimiento alcalino　碱液电镀锡法

procedimiento arbitral　仲裁程序

procedimiento corriente　标准作业程序

procedimiento de adquisición　（数据）采集过程，录取过程

procedimiento de arbitraje　仲裁程序

procedimiento de contabilidad　会计程序

procedimiento de control de reventones　防喷程序

procedimiento de cracking　裂化法

procedimiento de craqueo　裂化过程

procedimiento de descomposición de los hidrocarburos　碳氢化合物分解过程

procedimiento de desulfuración con cloruro de cobre　氯化铜脱硫法

procedimiento de elaboración　加工过程

procedimiento de extracción Udex　尤狄克斯抽提过程（在逆流塔用二醇抽提芳烃）

procedimiento de granulación por cristalización　结晶造粒法，结晶造粒过程

procedimiento de hipoclorito　次氯酸钠使用程序

procedimiento de inspección estándar　标准检查程序

procedimiento de introducir la tubería (cañería) al pozo　向井筒中下管柱程序

procedimiento de licitación　招标程序

procedimiento de medición　测量程序

procedimiento de operación　操作程序

procedimiento de operación estándar　标准化作业程序

procedimiento de producción　生产程序

procedimiento de servicio de registros eléctricos de perforación　钻井电测服务程序

procedimiento de soldadura　焊接程序

procedimiento estándar　标准作业程序

procedimiento jurídico　司法程序

procedimiento Othmer　奥斯默法

procedimiento Oxo　氧化法，氧化合成，羰基合成法

procedimiento para formar cristales gemelos　形成双晶程序

procedimiento Sachsse　萨克斯法

procedimiento Siegler　齐格勒过程

procedimiento técnico　技术规程

procedimiento Twitchell　特维切尔法

procedimiento Tyrer　Tyrer 磺化方法

procedimiento Unisol　尤尼索尔精制过程，尤尼索萃取法

procedimiento Wulff　伍尔夫法

procesador　处理机，处理器；加工机械；制造者，处理者

procesador de fondo　后端处理机

procesador de formatos　前端处理机

procesador de matrices　阵列处理机

procesador de periféricos　外围处理机

procesador especializado　专业处理器

procesador frontal　前端处理机

procesador frontal de red　网络前端处理机

procesador matricial　阵列处理机

procesamiento　加工，处理；起诉，控告

procesamiento automático de informe de registros eléctricos de perforación　测井资料自动处理

procesamiento auxiliar　辅助处理

procesamiento computarizado　计算机化处理

procesamiento criogénico　低温处理

procesamiento de crudo nafténico y parafínico　石蜡基原油和环烷基原油的处理

procesamiento de datos　数据处理

procesamiento de fuentes múltiples (PFM)　多炮点处理

procesamiento de gas　天然气处理

procesamiento de información　信息处理

procesamiento de los datos de registros eléctricos de perforación　测井数据处理

procesamiento de los datos en sitio　现场数据处理

procesamiento de petróleo　石油加工

procesamiento de señales digitales　数字信号处理

procesamiento e interpretación computacional　计算机处理解释

procesamiento en sitio　现场处理

procesamiento en tiempo real　实时处理

procesamiento poliforme　聚合重整

procesamiento por lotes　批处理

procesamiento radial　径向处理

procesar　起诉，控告；加工

procesar en retorta　进行蒸馏

proceso　发展；进程，流程；方法，步骤，工艺程序，处理；刑事诉讼，诉讼程序

proceso ácido　酸性法；酸性转炉法；酸性炼钢法

proceso actualizado　更新过的流程

proceso adiabático　绝热变化，绝热过程

proceso Arosorb　吸附分离芳烃过程

proceso autoadaptable　自动适应的过程

proceso autónomo 脱机处理
proceso Burton 柏顿热裂化过程，柏顿裂化法
proceso Catadino Catadino 法
proceso catalítico de lecho fijo 固定床催化过程
proceso Claus 克劳斯法
proceso con carbonato en caliente 热碳酸盐过程
proceso con fenolato 酚盐精制法
proceso con fosfato de sodio 磷酸钠法，磷酸钠精制法
proceso cross de craqueo 正交裂化法
proceso de absorción 吸收过程
proceso de amalgamación 汞齐法
proceso de aromatización 芳构化过程
proceso de asentamiento rápido 快速沉降过程
proceso de Bernoulli 伯努利过程
proceso de caldeo 加热过程
proceso de calentamiento 加热过程
proceso de catálisis con catalizador en suspensión 悬浮催化剂催化过程
proceso de circulación 循环流程
proceso de combustión 燃烧过程
proceso de combustión activa 正燃法
proceso de congelación 冻结过程
proceso de contacto rápido 快速接触过程
proceso de conversión de residuos atmosféricos 常压渣油转化过程
proceso de coquificación 焦化过程
proceso de cracking catalítico 催化裂化过程
proceso de crepitación catalítica 催化裂化过程
proceso de cristalización 结晶过程
proceso de datos 数据处理
proceso de decadencia 衰变过程
proceso de desasfaltado 脱沥青过程
proceso de descarga 排出过程
proceso de descomposición térmica 干馏法，裂化法
proceso de descongelación de suspensión 悬浮物的融解过程
proceso de deshidratación 脱水过程
proceso de deshidratación de gas 天然气脱水过程
proceso de despojo a vapor 汽提过程
proceso de destilación 蒸馏过程
proceso de destilación al vacío 减压蒸馏过程
proceso de destilación atmosférica 常压蒸馏过程
proceso de destilación fraccional 分馏过程
proceso de destilación con transporte de calor 载体蒸馏过程
proceso de destilación fraccional de propano 丙烷分馏过程
proceso de destilación fraccional de temperatura baja 低温分馏法

proceso de destilación primaria parcial 蒸去轻质馏分的过程
proceso de empuje al crudo 驱油过程
proceso de enfriamiento 冷却过程
proceso de enfriamiento de expansor 膨胀机制冷
proceso de esponja férrica 海绵铁处理
proceso de estimulación 增产措施
proceso de evaporación total 完全蒸发过程
proceso de evolución 演化过程
proceso de extracción 提取工艺，萃取过程
proceso de extracción de mercaptanos con regeneración de solución 再生脱硫醇工艺
proceso de fabricación 工艺流程
proceso de fase mixta 混合相法
proceso de filtrado por percolación 渗滤处理
proceso de formación de los suelos 土壤形成过程，成土过程
proceso de fraccionamiento 分馏过程，精馏过程
proceso de fuerza externa 外力作用
proceso de fuerza interna 内力作用
proceso de hidrocarburo rico 富烃过程
proceso de hipoclorito 次氯酸盐法
proceso de imbibición espontánea 自发吸涨过程
proceso de incorporación de hidrógeno 加氢过程
proceso de inmovilización 冻结过程
proceso de intemperización 风化过程
proceso de isomerización 异构化过程
proceso de liofilización 冷冻干燥过程
proceso de listas 链接表处理，编目处理
proceso de medición 计量过程
proceso de membrana 薄膜程序
proceso de mesa redonda 圆桌会议
proceso de meteorización de gasolina 汽油受气候影响的变化过程
proceso de negocios 业务过程，业务处理
proceso de oxidación 氧化过程
proceso de polimerización 聚合过程
proceso de polimerización con ácido en caliente 热酸聚合过程
proceso de polimerización con ácido fosfórico sólido 固体磷酸聚合过程
proceso de preselección 预选过程
proceso de prueba 试验过程
proceso de reconversión de barros o lodos 泥或泥浆的转化过程
proceso de recuperación de gasolina por adsorción 汽油吸附回收过程
proceso de redestilación de nafta en tres etapas 三段式石脑油再蒸馏过程
proceso de refinación con fenol 苯酚抽提过程
proceso de refinar hidrocarburos a cualquier tratamiento 碳氢化合物炼化过程
proceso de refinería 炼油过程

proceso de reforma 重整过程

proceso de reforma de platino 铂重整过程

proceso de reformación 重整过程

proceso de reformación catalítica 催化重整过程

proceso de reformación térmica 热重整过程

proceso de refrigeración 冷却过程

proceso de remoción de mercaptanos con regeneración de solución 再生脱硫醇工艺

proceso de sedimentación 沉积过程

proceso de separación 分离过程

proceso de separación de mercaptano 脱硫醇工艺

proceso de soldadura 焊接工艺

proceso de someter hidrocarburos a cualquier tratamiento 碳氢化合物处理过程

proceso de succión 吸入过程

proceso de superfraccionamiento 超精制过程

proceso de tratamiento con arcilla en fase líquida 液相黏土片工艺

proceso de tratamiento con nitrobenceno 硝基苯提取工艺

proceso de tratamiento de aceites lubricantes con propano 丙烷处理润滑油工艺

proceso de tratamiento de gas con solución fenolada 酚盐气体净化工艺

proceso de tubular 管线处理

proceso de ultracatálisis 超催化过程

proceso de ultrareforma 超重整过程

proceso Edeleanu 爱德林精炼法

proceso electrotérmico 电热法

proceso en paralelo 并行处理

proceso en pipeline 管线处理

proceso en serie 串行处理，串行加工

proceso en tiempo real 实时处理

proceso endotérmico 吸热过程

proceso exotérmico 放热过程

proceso flip-flop 触发器过程

proceso Frasch 弗拉施法

proceso fuera de línea 脱机处理

proceso geológico 地质作用

proceso geológico exógeno 外力地质作用

proceso Girbotol 乙醇胺法

proceso gravitacional 重力作用

proceso Gulf HDS 海湾公司原油或常压重油加氢脱硫法

proceso Hidrocol 海德罗柯尔合成汽油法

proceso Houdresid Houdresid 催化裂化法

proceso irreversible 不可逆过程

proceso isentrópico 等熵过程

proceso isotérmico 等温过程

proceso iterativo 迭代过程

proceso Knowles de coquificación Knowles 焦化过程

proceso lineal 线性处理

proceso novedoso 新工艺

proceso oxidante 氧化方法

proceso para extraer aceite de parafina emulsionándola con agua 乳化蜡脱油过程

proceso para la producción de isooctano 异辛烷生产过程

proceso para la recuperación de substancias químicas 化学物品回收过程

proceso para obtener metil-propano 甲基丙烷制法

proceso para purificación del gas 气体净化过程

proceso poliforme 聚合重整过程

proceso por lotes 成批处理，批处理

proceso químico bacteriano 细菌分解的化学过程

proceso reversible 可逆过程

proceso secundario 二次加工

proceso Siemens-Martin 平炉法

proceso sintético 合成过程

proceso Smith-Dunn Smith-Dunn 法

proceso Strafford de refinación en frío Strafford 酸处理过程

proceso técnico 工艺规程，工艺过程

proceso tectónico 构造变化过程

proceso térmico continuo con utilización de arcilla 塞摩福流动床连续热处理过程

proceso Thylox 赛洛克斯法气体硫代砷酸钠脱硫化氢过程

proclamación 宣告，宣布，公布

proclorita 蠕绿泥石，铁绿泥石

procura 采购，购买；代理权；寻求，追求

procura centralizada 集中采购

procura de mercancía 商品采购

procura en efectivo 现金购买

procurar 尽力，力求；提供，给予；代理，代表（某人）

producción 生产，制造，制作；产品，作品；（油井）产量

producción a plena capacidad 敞喷产量，无阻流量

producción a toda la capacidad del tubo 敞喷产量，无阻流量

producción abandonada 废弃产量

producción actual 目前产量

producción actualizada 产量贴现（收益）

producción acumulada 累积产量，实际采出量

producción acumulada de gas 累计产气量

producción acumulada de petróleo 累计产油量

producción acumulativa 累计产量

producción admitida 允许产量

producción afluente 初期产量，最盛期产量

producción ambientalmente aceptable 环境无害

化生产

producción anual 年产，年产量
producción asignada 额定产量
producción asintótica 稳定产量，固定产量
producción asistida （通过增产辅助措施的）产量
producción base 基础油
producción básica 基本生产
producción bruta 总开采量，总产量
producción bruta diaria 每天产液量，英语缩略为 BLPD（Barrels of Liquid Per Day）
producción colectiva 联合产量；联合生产
producción comercial 商业产量
producción con alta presión 高压生产
producción continua 连续生产
producción continua por elevación 连续气举生产或采油
producción continua por presión 连续气举生产或采油
producción continua por presión de gas 连续气举生产或采油
producción controlada 控制开采
producción cooperativa 联合产量；联合生产
producción cotidiana 日产量
producción de agua 产水
producción de bombeo hidráulico 水力活塞泵生产
producción de campo de crudo 油田产量
producción de capa del yacimiento 油层产量
producción de coque por calentamiento externo de la cámara 外部焦化法
producción de crudo 原油产量
producción de crudo espumoso 泡沫油产量
producción de crudo por bacterias 细菌采油
producción de crudo y gas 油气开采
producción de energía 能量输出，发电量
producción de ensayo 测试产量，试验产量
producción de fluido líquido 产液量
producción de flujo natural 自喷采油
producción de levantamiento artificial 人工举升采油
producción de levantamiento artificial por gas 气举采油
producción de mayor cantidad 批量生产
producción de mercancía 商品生产
producción de período de flujo natural 自喷期产量
producción de petróleo 石油生产
producción de petróleo por presión de gas 气举采油
producción de recursos 资源开采
producción de régimen 额定产量
producción de tubería dual 双管采油

producción de un pozo 单井产量
producción de vapor 产气量，供气量
producción de varias zonas del mismo pozo en el mismo tiempo 多层合采
producción de zona múltiple 多层开采
producción del yacimiento 油田产能
producción derivada de más de una zona 多层产量
producción deseada 预期产量
producción diaria 日产量
producción diaria de agua 日产水
producción diaria de gas 日产气
producción diaria de líquido 日产液
producción diaria de petróleo 日产油
producción diaria inicial 初始日产量
producción diaria promedio 平均日产量
producción diferida 缓慢开采（用维持油层压力的方法来保持油层的生产能力）
producción disponible 产量水平
producción económica 经济产量
producción en bruto 生产总值，生产总量
producción en escala semi-industrial 半工业性试验生产
producción en frío 冷采
producción en gran escala 大量生产
producción en masa 大批量生产
producción en pequeña escala 小量生产
producción en pequeñas series 小批生产
producción en planta piloto 半工业性试验生产
producción en serie 成批生产
producción estabilizada 稳定产量，固定产量
producción estable 稳定产量
producción excesiva 过量生产，超过定额的产量
producción exclusiva 独家生产
producción final 最终产量，最终开采量
producción flexible 机动产量
producción global 总生产量
producción incrementada 增产油量
producción inestable 不稳定产量
producción inicial 初期产量
producción inicial de un pozo 单井初期产量
producción instantánea 瞬时产量
producción insuficiente 产量不足，减产
producción intermedia 中间产量
producción intermitente 间歇生产
producción intermitente de gas 间歇气举
producción limitada 有限产量，限产
producción material 物质生产
producción multizona 多层开采
producción neta 净产量
producción nominal 标称产量
producción normal 标准产量

producción per cápita　按人口的平均产量
producción permisible　允许产量
producción permitida　允许产量
producción pico　高峰期产量
producción piloto　试采
producción por acre　每英亩产量
producción por bombeo　泵油量
producción por bombeo mecánico　机械采油
producción por cuchareo　提捞产量
producción por pistonaje　抽汲产量
producción por pozo　单井产量
producción por surgencia　自流产量
producción por zona　分层采油
producción postergada　缓慢开采
producción potencial　潜在产能
producción primaria　原始产量
producción prorrateada　配产
producción proveniente de varios horizontes petrolíferos　多层采油
producción rápida　快速采油
producción reducida　限定产量
producción regulada　评估产量
producción regular　稳定产量（井初期自喷产量下降后的平均产量）
producción restringida　带油嘴产量，受限产量
producción retardada　缓慢开采（用维持油层压力的方法来保持油层的生产）延迟开采
producción secundaria　二次采油
producción submarina　水下石油生产
producción subnormal　生产不足
producción suplementaria　追加产量
producción terciaria　三次采油
producción térmica　热采
producción total　总产量
producción total de fluidos　总产液量
producción total de un yacimiento　油藏总开采量，油藏总产量
producción total estimada　估算最终开采量，英语缩写为 EUR（Estimated Ultimate Recovery）
producción total recuperable　总开采量，最终开采量
producción unitiva　联合开采
producción volumétrica　体积产量
producir　生产，出产，制造；赢利，收益；引起
producir el crudo de la parte superior por inyección de gas　气举采油
producir ganancia　有利润
productividad　生产率，生产量，生产能力
productividad biológica　生物生产率
productividad de la mano de obra　劳动生产率
productividad de pozo　油井的产能
productividad del trabajo　劳动生产率

productivo　有生产效能的，生产的，高产的，有生产能力的
producto　产品，制品；收益，利润；乘积
producto accesorio　副产品
producto altamente espumífero　高泡沫产品
producto antiderrames　溢漏事故应急产品
producto antiparasitario　杀虫产品
producto básico　基础产品
producto biológico　生物制品
producto bromado　含溴产品
producto bruto　总产量，总收益
producto caliente　热馏出物
producto crudo　粗产品
producto cumplido de la especificación　合格品
producto de adición　加合物
producto de aislamiento　绝缘体
producto de alta pureza　高纯度产物
producto de cabeza　塔顶产物
producto de carga　原料，进料
producto de carga para lubricantes　润滑油原料
producto de cima　塔顶产物
producto de combustión incompleta　不完全燃烧的产物
producto de condensación　冷凝产物
producto de consumo　消费产品
producto de corrosión　腐蚀产物
producto de degradación　降级产品，质量降低的油品
producto de depuración　清除剂，精炼加入剂
producto de descomposición vegetal　植物分解产品
producto de destilación　蒸馏物，馏分
producto de destilación primaria　直馏馏分
producto de evaporación　塔顶馏出物，塔顶产物
producto de evaporación no condensable　不凝的蒸气馏分
producto de exportación　出口产品
producto de filtración　过滤产物
producto de mala calidad　不合格产品
producto de marca　名牌产品
producto de números binarios　二进制乘法
producto de oxidación　氧化产物
producto de petróleo　石油产品
producto de recirculación　再利用产物
producto de redestilación　再蒸馏产物
producto de refinería terminado　最终炼制品
producto de soldadura　焊件
producto de sustitución　代用品
producto derivado　副产品，衍生产品
producto derivado del petróleo　石油衍生物
producto destilado　馏出物，蒸馏物，馏分
producto destilado al estado de vapor　气态馏分

producto destilado de crudo 原油馏分
producto destilado de parafina 石蜡馏分
producto destilado de petróleo 石油馏分
producto destilado ligero 轻馏分
producto destilado pesado 重馏分
producto destilado volátil 挥发性馏分
producto disperso 弥散体
producto doméstico bruto 国内生产总值
producto dulce 无硫石油产品
producto en serie 系列产品
producto estandarizado 标准化产品
producto final 成品
producto fuera de especificación 不符合标准（或标号）的产品
producto fundido 铸件
producto ilegal 非法产品
producto incuo para el medio ambiente 洁净产品，对环境无害的产品
producto indefinido 中间产品
producto industrial 工业产品
producto insaturado 不饱和物
producto insoluble 不溶物
producto interior bruto (PIB) 国民生产总值
producto interior bruto real 实际国民生产总值
producto intermedio 中间产品
producto interno bruto (PIB) 国内生产总值，本地生产总额，英语缩略为 GDP (Gross Domestic Product)
producto líquido 液态产品
producto liviano para mezclar 用于掺混的轻油，用于掺混的轻质产品
producto manufacturado 工业制品，制成品
producto mixto de petróleo 石油混合物
producto muy refinado de petróleo empleado para lámparas 由石油精炼出的灯油
producto nacional bruto (PNB) 国民生产总值，英语缩略为 GNP (Gross National Product)
producto no contaminante 洁净产品，无污染产品
producto no corrosivo 无腐蚀性产品
producto no perjudicial para el medio ambiente 洁净产品，对环境无害的产品
producto organoestánnico 有机锡产品
producto peligroso 危险品
producto poco espumífero 低泡沫产品
producto polimerizado 聚合物
producto químico 化工产品，化学品
producto químico de origen vegetal 植物化学品
producto químico de síntesis 合成化学物
producto químico de sustitución 代替化学品
producto químico de temperatura de ebullición muy elevada 道氏热载体
producto químico muy peligroso 高危害化学品，

英语缩略为 HHC (Highly Hazardous Chemical)
producto químico objeto de una reglamentación estricta 严格限用化学品
producto químico persistente 不易分解的化学物，持久性化学品
producto químico prioritario 首要化学品，优先化学品
producto químico sustitutivo 代替化学品
producto reductor de filtrado y emulsionante 降滤失剂
producto refinado 精制石油产品
producto residual 残余物，残余产物
producto residual de la destilación de un petróleo 分馏塔底产物
producto secundario 副产品，二次产物，次级产品
producto semielaborado 半成品
producto sintético 合成化学物
producto terminado 成品
producto vectorial 矢积，向量积
productor 生产的，产生的，制造的；生产者，采矿者；生产井
productor de gas 产气井，气井
productor de petróleo 产油井；产油业主，石油生产商
productor determinante （指对产品市场份额或价格）起决定性的生产方（或国家）
productor independiente 独立生产商
productor petrolero 石油生产者
productor 生产的，制造的；生产者，制造商；厂商
productores multiniveles 多级生产商
productos blancos 透明石油产品
productos brutos del mejoramiento primario 经过初级改质的粗制品
productos constituidos por una materia refractaria y un aglutinante metálico 金属陶瓷，合金陶瓷
productos de cola 尾浆，尾材，尾馏分
productos de intensificación de tecnología 技术密集型产品
productos de la intensificación de tecnología 技术密集型产品
productos de la refinería 石油加工产品
productos de reacción 反应产物
productos de refinación livianos 轻馏分
productos de sedimentación 沉淀物，沉积物
productos de tope 塔顶产物
productos de trabajo intensivo 劳动密集型产品
productos derivados del petróleo 石油产品
productos dispersores del petróleo 油分散剂
productos forestales comestibles 森林中的可食用之物

P

productos inertes　惰性物质

productos insolubles de degradación de los aceites　油降解后的不可溶产物

productos intermedios　中级品，中间产品

productos líquidos　液体产品

productos livianos　轻质产物，轻质馏分

productos livianos de petróleo　石油轻质馏分

productos mecánicos y eléctricos　机电产品

productos metálicos　金属制品

productos minerales　矿产品

productos negros　黑色石油产品，重油类产品

productos pesados　重质产品

productos petroleros refractarios　耐火石油产品

productos petrolíferos　石油化工产品

productos petrolíferos sensibles　敏感性石油产品

productos petroquímicos　石化产品

productos químicos　化工产品

productos químicos intermedios　中间化学品

productos químicos más importantes　优先化学品

productos semiacabados　半成品

productos sintéticos　合成品

productos tubulares para petróleo　石油工业用管材，石油管材，英语缩略为 OCTG（Oil Country Tubular Goods）

productos volátiles y claros　挥发性透明石油产品

profase　前期，初期，早期

profundidad　深，深度；（物体的）厚，厚度

profundidad de cañoneo de pozo　射孔井深

profundidad de congelación　冰冻深度，冻深

profundidad de contacto gas-petróleo-agua　气—油—水界面的深度

profundidad de corrosión　腐蚀深度

profundidad de corrosión punteada　点蚀深度

profundidad de cristalización de la roca　岩石结晶深度

profundidad de disparo　射孔深度

profundidad de enterramiento　埋藏深度，埋深

profundidad de entubación　下套管深度

profundidad de explosión　爆炸深度，激发深度；射孔深度

profundidad de la formación petrolífera　含油地层的深度

profundidad de fractura　裂缝深度

profundidad de invasión　侵入深度

profundidad de la parte superior　顶深

profundidad de la permeabilidad　渗透层深度

profundidad de la porosidad　孔隙层深度

profundidad de la tubería de revestimiento　套管下入深度

profundidad de penetración　穿透深度

profundidad de pozo　井深

profundidad de referencia　基准面深度

profundidad de sumergencia　沉没度

profundidad de trabajo　工作深度，作业深度，工作水深

profundidad de tubo de revestimiento　套管下入深度

profundidad de yacimiento　油藏深度

profundidad del pozo　井深

profundidad en pies　进尺，以英尺表示的长度

profundidad equivalente　当量深度

profundidad fijada por contrato　合同井深，承包井深

profundidad final　完钻井深

profundidad final de un pozo　完钻井深

profundidad focal　焦点深度

profundidad inicial　初始深度

profundidad máxima alcanzada por el hoyo　完钻井深

profundidad media　中深

profundidad medida por medio del cable　由大绳测量出的深度

profundidad operacional　工作深度，作业深度，工作水深

profundidad óptica　光深

profundidad programada del pozo　设计井深

profundidad relativa de sumergencia　相对沉没度

profundidad total　总深度

profundidad total de perforación　总进尺

profundidad total medida（PTM）　总测量井深，英语缩略为 TMD（Total Measured Depth）

profundidad vertical verdadera（PVV）　实际垂直井深，英语缩略为 TVD（True Vertical Depth）

profundímetro　测深计；深部异物计

profundización　加深

profundización de pozos　钻进

profundizar　加深，钻进，使更深

progradación　前积，进积；推进作用，进积作用

programa　纲领，纲要；计划，方案；程序表，计划表，进度表；（计算机等的）程序，程序设计

programa aplicado　应用程序

programa concertado de socorro　商定的救援程序

programa de acción　活动程序，行动纲领

programa de administración de seguridad y ambiente（PASA）　安全和环境管理计划，英语缩略为 SEMP（Safety and Environmental Management Program）

programa de aplicación　应用程序

programa de austeridad　紧缩计划

programa de comparación　基准程序，标准检查

程序

programa de completación 完井计划

programa de detección de averías 破损检查程序

programa de detección de errores 故障检查程序

programa de diseño del producto 产品设计程序

programa de explotación 开发程序

programa de garantía de la calidad 质量保证程序

programa de gestión 管理程序

programa de inversiones 投资方案

Programa de las Naciones Unidas para el Ambiente (PNUA) 联合国环境规划署，英语缩略为 UNEP（United Nations Environmental Program）

programa de muestra en bruto 大宗抽样程序，散料抽样程序

programa de notificación temprana (PNT) 预告之程序，英语缩略为 PNP（Premature Notification Program）

programa de operaciones 作业程序，操作程序

programa de pequeñas donaciones (PPD) 小额资助项目，英语缩略为 SGP（Small Grants Program）

programa de perforación 钻井布署，钻井计划

programa de producción 生产计划，生产程序

programa de prueba 试验程序

programa de prueba de funcionamiento interno 内部运行测试程序

programa de rastreo 追踪程序

programa de reacondicionamiento 修井程序

programa de seguimiento 追踪程序

programa de simulación 模拟程序

programa de teledetección 遥感程序

programa de ubicaciones 定位程序

programa de venta 销售规划

programa decenal 十年规划

programa decenal del desarrollo social 社会发展十年规划

programa ejecutable 可实施方案

programa ejecutivo 执行程序

programa estratégico 战略规划

programa fuente 源程序

programa global 总体计划，总体设计

programa integral 整体规划

programa integral de refinería 炼油厂总体规划

programa lineal 线性规化，线性程序设计

programa matemático 数学规划

programa objetivo 目标规划

programa objeto 目标程序

programa para la medición de costos incrementales del medio ambiente (PMCIA) 环境增量成本测算程序

programa quinquenal 五年规划

programa rutinario 常规程序

programa sobre el petróleo y gas de la plataforma

continental (USA) （美国联邦政府）外大陆架油气项目

programación 程序设计，程序编制

programación automática 自动编制程序，自动程序设计

programación de acceso al azar 随机存取程序设计

programación de tiempo mínimo de acceso 最快存取程序

programación de trabajos 编制工作进度表；作业调度

programación de tubo revestimiento 套管程序

programador 程序设计器，程序员

programar 安排（事物的）顺序；编制（计算机）程序

progresar 进步，前进，进化，发展

progresión 前进，进展，发展；累进；渐进；级数

progresión aritmética 算术级数

progresión ascendente 递增级数

progresión creciente 递增级数

progresión decreciente 递减级数

progresión descendente 递减级数

progresión geométrica 等比级数，几何级数

progreso 前进；进展，进步，发展

progreso rutinario 常规进展

progreso técnico 技术进步

prohibición 禁止，禁令

prohibición por razones ecológicas 因环保原因而禁止的事宜

prohibición total 完全禁止

prohibido 被禁止的

prohibido aparcar 禁止停车

prohibido el paso 禁止通行

prohibido el uso del celular en el área de trabajo 工作场所严禁使用手机

prohibido fumar 禁止吸烟

prohibido ingerir el alimento en la planchada 在钻台上禁止吃食物

prohibir 禁止

prohibitivo 禁止的，起阻止作用的

proliferación 增殖，增生；繁殖，繁衍，扩散

proliferación de algas 藻花；藻华；藻类大量繁殖

proliferación de fitoplancton 浮游植物大量繁殖；水华

proliferación de las algas en los lagos 藻类在湖泊中繁衍

proliferación de plantas acuáticas 水生植物繁衍

prolongación 加长，延伸，延展；延长部分，加长部分；延长期

prolongación de la tubería de revestimiento 套管尾管

prolongación de tubo sobre el mango de llave　加力杠

prolongación de un visado　延长签证

prolongación de una letra　汇票展期

prolongación del contrato　合同延期，续约

prolongado　延长的，持续的；长时期的，长时间的

prolongamiento　伸长；扩展，扩张；延长部分，延伸部分

prolongar　加长，延长，延长…时间（期限）

promediar　把…对半分，使均承，使大致相等；平均为

promedio　正中，中间，中点；平均数，平均值

promedio aritmético　算数平均，算数平均值

promedio de gastos　平均费用

promedio de rendimiento　平均产量

promedio diario de despacho　（石油或天然气的）日输总量

promedio general　总平均

promedio geométrico　等比中项，几何平均值

promedio ponderado　加权平均，加权平均值

promesa de pago　付款承诺

prominencia　隆起，突起，凸出部分；高地

promoción　推动，促进，改善；宣传，推销；进级

promoción de venta　推销

promontorio　高地，小丘，小山；岬角，海角；背斜，穹隆

promontorio Bakersfield　贝克斯菲尔德背斜

promotor　促进者，发起者；推销员；启动子，促进剂

promotor de combustión　助燃剂

promotor de detonancia　助爆剂

promover　推动，促进，倡导，发起，提拔，提升

pronosticar　预测，预言，预报

pronóstico　预言，预报，预测；预兆，征兆

pronóstico de mercado　市场预测

pronóstico de pozo de bombeo　泵抽井产能预测，抽油井产能预测

pronóstico de venta　销售预测

pronóstico del flujo de efectivo　现金流预测

pronóstico del medio ambiente　环境预报

pronóstico del tiempo　天气预报

pronóstico financiero　财政预测

pronóstico laboral　工作量预测

pronunciar　说话；发表（讲话，演说）；宣判

propadieno　丙二烯

propagación　繁殖，增殖；传播，宣传，推广，普及；扩散，蔓延

propagación de la luz　光的传播

propagación de onda de temperatura　温度波传播

propagación de ondas　波传播

propagación de tiempo vertical　垂向时间传播

propagación del tiempo　传播时间，传输时间，传导时间

propagación electromagnética　电磁波传播

propano　丙烷

propano líquido　液化丙烷

propanol　丙醇

propanona　丙酮

propanotriol　甘油

propargilo　炔丙基

propasar　超越，超过

propelente　推进剂，发射药

propelente de aerosoles　烃类气溶胶抛射剂，英语缩略为 HAP（Hydrocarbon Aerosol Propellant）

propeno　丙烯

propenol　烯丙醇

propensidad　趋向，倾向

propenso　倾向…的，偏向…的，易于…的

propenso a la contaminación　易于受到污染的

propenso a las fracturas　易于断裂的

propergol　推进剂，高热值燃料，发射火药

propiedad　所有权，产权，所有制；财产，产业；特性

propiedad antidetonante　抗爆性

propiedad corrosiva　腐蚀特性

propiedad de coquificación　结焦性，结焦能力

propiedad de fluido de perforación　钻井液性能

propiedad de funcionamiento　功能特性

propiedad de fusión　熔解性

propiedad física　物理性质，物性

propiedad impermeabilizante　非渗透性特性，非渗透性特征

propiedad individual　个人财产或产权

propiedad industrial　工业产权

propiedad inmobiliaria　不动产

propiedad inmueble　不动产

propiedad intelectual　知识产权

propiedad limítrofe　相邻地产

propiedad mobiliaria　动产

propiedad mueble　动产

propiedad nacional　国有资产

propiedad particular　私人财产

propiedad personal　个人财产或产权

propiedad privada　私有财产；私有制

propiedad química　化学属性

propiedades de los hidrocarburos in situ　地下石油性质

propiedades de rocas　岩石性质

propiedades depuradoras　净化性能

propiedades electromagnéticas　电磁性质

propiedades electroquímicas　电化学性能

propiedades físicas de rocas　岩石物性

propiedades físicas del acero　钢材特性

P

propiedades magnéticas de las rocas 岩石的磁特性

propiedades mecánicas 机械特性，机械性能

propiedades naturales de la Tierra 地球的天然特性

propiedades ópticas 光学特性

propiedades reológicas 流变性质，流变学性质

propiedades térmicas 热性质，热特性

propiedades viscoelásticas 黏弹性，黏弹性质

propietario 有所有权的；业主，产业主，房（地）产主；所有人；货主

propietario de pozos de petróleo 油井所有者

propietario único 唯一的产权所有者

propil 丙烷基，丙基

propilacetileno 戊炔

propilamina 丙胺

propildecano 丙基癸烷

propildiacetileno 丙基丁二酮

propildodecano 丙基十二烷

propileno 丙烯

propileno yodado 二碘丙烯，二碘化丙烯

propilenodiamina 丙邻二胺

propileo 丙烯，甲代乙撑，丙邻撑

propiletileno 丙基乙烯

propilglicol 丙基乙二醇

propilheptano 丙基庚烷

propílico 丙基的

propilita 绿磐岩，青磐岩

propilitización 绿磐岩化，绿磐岩化作用

propilnonadecano 丙基十九烷

propilnonano 丙基壬烷

propilo 丙基

propilundecano 丙基十一烷

propinal 丙炔醛

propino 丙炔

propio （属于）自已的，本人的；特有的，独特的；原来的，天生的，固有的

propiólico 丙炔的

propionaldeído 丙醛

propionamida 丙酰胺

propionato 丙酸盐；丙酸酯，丙酸基

propiónico 丙酸的

propionilo 丙酰

propiteta 洗耳球

proponer 提议，建议，提出

proporción 比例，匀称，相称；大小，体积；程度，规模，比，比率

proporción aritmética 算术比

proporción armónica 调和比

proporción continua 连比

proporción de distribución 分配比例

proporción de agua 含水率，含水量

proporción de agua adicional 补给水比例

proporción de aire y combustible 空气—燃料比率

proporción de carbono 碳比

proporción de compresión 压缩比

proporción de deuda equivalente 负债权益比例

proporción de diámetro sobre espesor 径厚比

proporción de dilución 稀释比

proporción de esfuerzo 应力比

proporción de longitud sobre ancho 长宽比

proporción de longitud sobre profundidad 长深比

proporción de mezclas 混合比

proporción de movilidad 流度比

proporción de presión 压力比

proporción de señal a ruido 信噪比

proporción de vacíos 空隙比，孔隙比

proporción del gas al líquido 气液比

proporción directa 正比例

proporción geométrica 几何比

proporción inversa 反比

proporción porcentual 百分比，百分率

proporcionable 可成比例的，可均衡的，可相称的

proporcional 按比例的，成比例的；表示倍数的词

proporcionalidad 比例，比值；均衡性；相称

proporcionar 使成比例，使均衡；调整，安排；提供，供给

propuesta 建议，提议；提案；提名，推荐

propuesta a suma alzada 综合报盘

propuesta de una compañía o grupo 投标报价

propuesta más barata 最低报价

propuesta más cara 最高报价

propulsante 推进剂

propulsar 推动，推进，促进

propulsión 推动，推进

propulsión a chorro 喷气推进，反作用力推进

propulsión de reacción 喷气推进，反力推进，喷射推进

propulsión directa 直接传动，直接驱动

propulsión en las cuatro ruedas 四轮驱动

propulsión fotónica 光子喷射推进

propulsión iónica 质子喷射推进

propulsión por hélice 螺旋桨推进

propulsión por reacción 喷气推进，反力推进，喷射推进

propulsivo 推进的，推力的

propulsor 推动的，推进的

propulsor a chorro 反作用力推进的

propulsor de aerosol 气溶胶推进器

propulsor helicoidal 螺旋桨

prorratear 按比例分配，分摊

prorrateo 按比例分配，分摊

prórroga 延期，展期

prórroga de pago 延期付款

prórroga del contrato 合同延期，续签

prorrogar 延期，展期，延长（期限）；推迟，延缓

proseneaédrico 九棱锥形的

proseneaedro 九棱锥形的；九棱锥结晶体

prosopita 水铝氟石

prospección 勘探，勘查，勘测，探矿，找矿；（市场等）调查

prospección de los recursos de petróleo 石油资源勘探

prospección eléctrica 电法勘探

prospección general 普查

prospección geofísica 地球物理勘探，物探

prospección geológica 地质勘探

prospección geoquímica 地球化学勘探，化探

prospección petrolera 石油勘探

prospección petrolífera 石油勘探

prospección por fotografía aérea 航拍勘探

prospección radioactiva 放射性勘探

prospección sísmica 地震勘探

prospección sísmica tridimensional 三维地震勘探

prospección sismográfica 地震勘探

prospección topográfica 勘测，地形测量

prospectar 勘探，勘察，勘测

prospecto 广告，宣传品；（产品的）说明书

prospector 探矿者

protección 保护，防护；保护物，保护措施；救援，救助

protección y administración integral 综合防治

protección anticorrosiva 防腐蚀

protección catódica 阴极保护

protección catódica por ánodo de sacrificio 牺牲阳极保护

protección catódica por corriente impuesta 外加电流阴极保护

protección con ánodos de sacrificio 牺牲阳极保护

protección con gas 气体保护

protección contra accidentes 故障预防，事故预防

protección contra desastres naturales 自然灾害保护

protección contra la corrosión 腐蚀保护

protección contra la herrumbre 防锈

protección contra la radiación 辐射防护

protección contra peligros de la naturaleza 自然灾害保护

protección contra quemadura 防火烧装置

protección contra sobrecarga 超载保护

protección contra sobretensiones 过电压安全装置

protección contra velocidad excesiva 防过速装置

protección de costa 护岸

protección de la capa de ozono 臭氧层保护

protección de la piel de tanque externo 罐体表面保护层

protección de las aguas subterráneas 地下水保护

protección de las cuencas hidrográficas 流域保护

protección de los hábitats 栖息地保护

protección de naturaleza 自然保护

protección de nitrógeno 氮气保护

protección de patentes 专利保护

protección de plomo 铅屏蔽，铅板屏

protección de rosca 护丝

protección de salario 工资保护

protección de sobrepresión 超压保护

protección de talud 护坡保护

protección del clima 气候保护

protección del medio ambiente 环境保护

protección del suelo y de las aguas subterráneas 地表及地下水保护

protección eléctrica 电器保护

protección en caso de fallas 故障防护，故障自动保险

protección global 整体保护

protección integral 全面保护，整体保护（包括安全、健康和环境的一体化保护）

protección laboral 劳动保护

protección radiológica 放射防护

protección temporal 临时保护

proteccionismo （在贸易、关税中采取的）保护主义

protector 保护的；保护人；保护器，防护罩，防护装置

protector de asiento de válvula 阀座保护装置

protector de cable 电缆保护外罩

protector de cable deslizante 滑套式电缆保护外罩

protector de cañería 套管护箍，钻杆橡皮护箍

protector de corona 防碰天车

protector de correa 皮带轮罩

protector de cubierta 护罩

protector de entubación 套管护箍

protector de gomas antirresbalante 防滑胶皮

protector de indicador 仪表护罩

protector de la rosca de unión de la tubería vástago 钻杆接头螺纹护套

protector de la tubería de revestimiento 套管护箍

protector de pantalla 屏幕保护

protector de radiador 散热器罩

protector de rosca 护丝，螺纹保护器

protector de roscas 护丝

protector del bloque de la corona 天车防碰装置

protector del cuadrante 方钻杆保护接头

protector del equipo de entubación de un pozo

marino　海上油井的防波板
protector del indicador　仪器保护器
protector para tubo　管子护丝
protectores de oido tipo orejera　防护耳麦
protectores de oídos　耳塞
proteger　保护，防护；支持，帮助
protegido　被保护的，屏蔽的；被保护者
protegido contra errores involuntarias　防止错误的，极安全的
protegido contra ruido　隔音的
proteína　蛋白质
proteína antialimentaria　拒食素蛋白质
proteína de cubierta　外壳蛋白
proteína vegetal　植物蛋白
proteínico　蛋白质的
proteolítico　解蛋白的，蛋白水解的
proterozoico　元古代
protileno　沼气
protilo　始质，玄质
protio　气，H(氢的同位素,原子质量为1的氢)
protobastita　顽火辉石，铁顽火辉石
protobromuro　低溴化物
protocarburo　低碳化物
protoclase　原生节理
protocloruro　低氯化物，氯化亚
protocolo　(条约等的)草案，草约，议定书，
protocolo de control de enlace de datos de alto nivel (PCEDN)　高级数据联结控制，英语缩略为 HDLC (High-level Data Link Control)
protocolo entre redes　网际协议
protofluoruro　低氟化物
protofosfuro　低磷化物
protogénico　原生的，火成的
protogeno　原生的，生质子的
protógina　原生岩；绿泥花岗岩
protometal　原金属
protomilonita　原生糜棱岩
protón　质子
protosal　低盐
protosulfato　低硫酸盐
protosulfuro　低硫化物
protosulfuro de plomo　硫化铅
prototipo　原型，样机，样品，样板，试制模式；典型，范例
protóxido　低氧化物，初氧化物
protóxido de nitrógeno　一氧化二氮
protoyoduro　低碘化物
protozoario　原生动物
protozoos　原生动物，原生动物门
protuberancia　隆起，突起
protuberancia anticlinal　背斜隆起
protuberancia en monoclinal　单斜脊，单斜隆起
protuberancia lateral　侧向隆起

proustita　硫砷淡红银矿，硫砷银矿
provecho　利益，益处；补贴，津贴
proveedor　供货商，供应人
proveeduría　供货存放处，供应处
provincia fisiográfica　地文区，自然地理区
provincia geológica　地质区
provisión　准备，预备；供应，供给；储备；准备金
provisión de fondo　准备金
provisión de viviendas　住房供给
provisión para depreciación　折旧准备金
provisional　临时的，暂时的，暂定的；
provisionalidad　暂时性，临时性
proxímetro　着陆高度计
proximidad　接近，临近；近似；接近度
proyección　投掷，发射(物)；投影(图)；草图；规划，设计
proyección axonométrica　(轴测投影)三向图，不等角投影图
proyección cartográfica　地图投影
proyección centrográfica　中心透视投影，球心投影
proyección cónica　圆锥投影
proyección estereográfica　立体投影；球面投影
proyección exométrica　斜角立体投影
proyección gnomónica　大圆投影，中心透视投影
proyección horizontal　水平投影
proyección isométrica　等角投影，等距投影
proyección Lambert　兰伯特投影
proyección Mercator　墨卡托式投影图法
proyección policédrica　多面投影
proyección policónica　多圆锥投影
proyección transversal　正面图，横剖型线图
proyección universal transversal (PUTM)　通用横墨卡托投影，英语缩略为 UTMP (Universal Transverse Mercator Projection)
proyección vertical　垂直投影，垂直投影图
proyectar　投掷，放射；计划，规划；投映，放映
proyectista　设计者；绘图员，投影图绘制者
proyecto　计划，方案，想法；项目；设计图，(条约等的)草案
proyecto adicional　补充方案
proyecto biológico　生物工程
proyecto capaz de rendir ganancia aceptable　能够产生经济效益的规划
proyecto comercial　商业项目
proyecto criogénico　深冷工程
proyecto de ajuste　调整方案
proyecto de campo　油田项目
proyecto de comunicación　通信工程
proyecto de desarrollo ecológicamente poco racional　对环保不利的开发项目

proyecto de disparos para estudios sismográficos 地震勘探的放炮程序

proyecto de ingeniería 工程设计项目

proyecto de inversión ambiental (**PIA**) 环保投资项目，英语缩略为 EIP (Environmental Investment Project)

proyecto de investigación 研究项目，调研项目

proyecto de investigación científica 科研项目

proyecto de inyección de gas a alta presión 高压注气项目

proyecto de perforación en aguas profundas 深海钻井项目

proyecto de resolución 决议草案

proyecto de tratamiento de agua salada 污水处理工程

proyecto de tubería 管道工程

proyecto económico 经济计划

proyecto integral de ingeniería, procura y construcción (**IPC**) 工程设计、采购和建设综合项目

proyecto llave en mano 交钥匙工程

proyecto para desarrollar alta tecnología 高科技攻关项目

proyecto pendiente 悬而未决的项目

proyector 发射器，喷射器，聚光灯；投影仪，放映机

proyector de luz 光灯，探照灯

proyectoscopio 投射器，投影器

prudente 小心谨慎的，慎重的；明智的，精明的

prueba 证明，证实；证据；试验，检验；试样；测试

prueba de producción 试油

prueba a la ebullición 沸点试验

prueba a punto de mercurio 水银冷冻试验

prueba ácida en caliente 酸热试验

prueba alcalina 碱性试验

prueba asistida por computadora 计算机辅助测试（技术）

prueba ASTM para los puntos de opacidad y fluidez ASTM（美国材料试验学会）倾点和浊点试验

prueba Charpy 夏比试验

prueba con azul de metileno 亚甲蓝试验，英语缩略为 MBT (Methylene Blue Test)

prueba con carga 负荷试验，加载试验，载荷试验

prueba con pozo abierto 裸眼井测试

prueba con sarta de perforación 钻柱测试，英语缩略为 DST (Drill Stem Test)

prueba con tira de cobre 铜带试验

prueba cualitativa 定性测试

prueba cuantitativa 定量测试

prueba de acidez 酸度测定，酸度检定

prueba de admisión （入学或加入某机构的）准入测试

prueba de anillo y bola 球环试验

prueba de anticorrosión 防锈试验

prueba de antidetonancia 抗爆燃试验

prueba de aplastamiento 压扁实验

prueba de arranque 启动试验

prueba de arrastre Drawdown 压力降落测试

prueba de asentamiento 坍落度试验

prueba de asfalto 焦油试验

prueba de aumento de presión 压力恢复试井

prueba de azufre en el petróleo 石油硫分试验

prueba de Bernoulli 伯努利过程

prueba de caída 落下试验，坠落试验

prueba de caída de presión 压降试验

prueba de calcinación 锻烧试验

prueba de calidad 质量检验

prueba de calor al ácido 酸热试验

prueba de campo 现场试验，野外试验

prueba de carga ácida 酸性负载试验

prueba de choque 碰撞试验

prueba de cierre de vértice 涡旋封闭试验

prueba de combustión 燃烧试验

prueba de comparación 对比试验

prueba de congelación 耐低温试验，冷态试验

prueba de consistencia 稠度试验

prueba de contenido de ceniza 灰分含量测定

prueba de coque 焦炭试验

prueba de coque Ramsbottom 兰氏残炭试验

prueba de corrosión 腐蚀试验

prueba de corrosión al cobre 铜腐蚀试验

prueba de crudo 试油

prueba de declinación de presión 压力降落测试

prueba de deflagración 闪点试验，爆燃试验

prueba de demulsificación 破乳试验，脱乳试验

prueba de demulsificación a vapor 蒸汽破乳试验，蒸汽脱乳试验

prueba de desemulsibilidad 反乳化试验

prueba de destilación 蒸馏试验，蒸馏测定

prueba de detonación 抗爆性试验

prueba de disminución de presión 压降测试

prueba de dispersión 色散试验

prueba de doblez 弯曲试验，挠曲试验

prueba de ductilidad 延性试验，延度试验

prueba de dureza 硬度试验

prueba de Elliot 埃利奥特闪点测定试验，埃利奥特试验

prueba de elutriación 淘析试验，沉淀试验

prueba de emulsificación a vapor 蒸汽乳化试验

prueba de emulsión 乳化试验

prueba de emulsión a vapor 蒸汽乳化试验

prueba de emulsionamiento 乳化试验

P

prueba de Engler 恩氏蒸馏试验

prueba de ensayo y error 试误试验

prueba de entubado 套管完井测试

prueba de envejecimiento 老化试验

prueba de envejecimiento acelerado 加速老化试验

prueba de escape de líquido 液体释放试验

prueba de evaporación 蒸发试验

prueba de evaporación en cápsula abierta 蒸发皿气化试验

prueba de flexibilidad 韧性试验

prueba de flexión 弯曲试验

prueba de flexión con plantilla 定形弯曲试验，型板弯曲试验，靠模弯曲试验

prueba de flotabilidad 浮杯试验，浮标试验，漂浮试验

prueba de flotación de techo flotante 浮顶升降试验

prueba de fluidez 倾点试验

prueba de fluidez a baja temperatura 低温倾点试验

prueba de fluido de perforación convencional 常规钻井液试验

prueba de fluido de perforación en sitio 现场钻井液试验

prueba de flujo de presión atmosférica 常压流动试验

prueba de flujo estabilizado 稳定流测试

prueba de flujo transitorio 不稳定试井，不稳定流测试

prueba de fluorescencia 荧光试验

prueba de formación 地层测试

prueba de fuerza tensil 拉动试验，牵引试验

prueba de funcionamiento 功能试验，功能测试，功能检验

prueba de fusión 熔点测定

prueba de gas 气密试验；气体分析

prueba de golpeteo 碰撞试验

prueba de gomosidad 胶质测定

prueba de gomosidad en platillo de cobre 铜皿胶质试验

prueba de hendidura 切口试验

prueba de impacto Charpy 查皮冲击试验

prueba de incremento de presión 压力恢复试井，压力恢复测试

prueba de inflamación 燃烧测试，发火点试验

prueba de inhibición de lutita 页岩抑制性试验

prueba de inmersión en agua 浸水试验

prueba de integridad 漏失测试

prueba de integridad de formación 地层试漏，地层完整性试验

prueba de intemperismo 耐气候性试验，风化试验

prueba de interferencia 干扰测试，干扰试井

prueba de la aislación del agua 堵水试验

prueba de la botella 瓶试验

prueba de la centrífuga 离心试验

prueba de la gota 点滴试验

prueba de la tubería de revestimiento con un fluido a presión 套管流体压力试验

prueba de las características de explosión 爆炸性能试验

prueba de magnetometría 磁法勘探，地磁测量

prueba de materiales 材料试验

prueba de mella 切口试验

prueba de mengua 压降测试，压力回落测试

prueba de mercurio 汞试验

prueba de motogenerador 发动机试验

prueba de muestra 抽样检验，抽样化验

prueba de opacidad 浊点试验

prueba de pelado 剥离试验

prueba de penetración 针入度试验，贯入试验

prueba de pérdida 损失试验

prueba de plegado 弯曲试验；挠曲试验

prueba de pliegue en frío 冷弯曲试验

prueba de potencial 产能测试

prueba de potencial de flujo de presión atmosférica 常压产能测试

prueba de pozo 试井，试油，油气井测试

prueba de presión 压力测试，压力恢复测试

prueba de presión de formación 地层压力试验

prueba de presión de integridad 漏失试验

prueba de presión en yacimientos agotados 衰竭油藏压力测试

prueba de presión en yacimientos naturalmente fracturados 天然裂缝油藏测试

prueba de presión para tubo de revestimiento 套管试压

prueba de producción 产能测试、试采

prueba de programa 程序试验

prueba de pulso 脉冲测试，脉冲试井

prueba de punción con aguja 针入度试验

prueba de punto relámpago 闪点测试

prueba de redundancia cíclica 循环冗余校验

prueba de referencia 基准点测试

prueba de regeneración total 完全再生测试

prueba de resistencia 阻力测试，阻抗测试

prueba de resistencia Scuff 耐磨强度试验

prueba de restauración 压力恢复测试

prueba de restauración de presión 压力恢复测试

prueba de restauración en yacimientos estratificados 多层油藏压力恢复测试

prueba de retropresión rutinaria 常规回压测试

prueba de rompimiento 断裂试验

prueba de rotación 旋转试验

prueba de sandwich térmico 热夹层试验

prueba de simulación　模拟试验

prueba de subsuelo　井下测试

prueba de sulfonación　磺化作用试验

prueba de tapón de cemento　水泥塞试压

prueba de trazador entre pozos　井间示踪试验

prueba de ultrasonido　超声波试验

prueba de viscosidad　黏度测定；黏滞性试验

prueba de zona selectiva　双封隔器选择性地层测试

prueba del bromuro de cobalto　溴化钴试验

prueba del buen ajuste　拟合优度检验

prueba del carbón　炭吸附试验

prueba del color　色泽试验

prueba del medio ambiente　环境试验

prueba del pozo torcido　弯曲井测试

prueba del punto de combustión　燃点试验

prueba descubierta　暴露试验

prueba doctor　检硫醇试验，博士法试验

prueba documentada　书面证据

prueba electromagnética　电磁试验

prueba en crisol abierto　开杯试验

prueba en crisol cerrado　闭杯试验

prueba en frío　冷态试验

prueba en platillo de cobre　铜皿试验

prueba en sitio　现场试验

prueba en vacío　空载试运

prueba escalonada　变产量测试，系统试井

prueba hidráulica　试压

prueba hidrostática　静水试验，试压

prueba hidrostática de filtración　渗漏性静水试压

prueba hidrostática de filtración de tubería　管道渗漏性静水试压

prueba hidrostática de resistencia　阻抗力静水试压

prueba hidrostática de resistencia de tubería　管道阻抗力静水试压

prueba hidrostática de revestidor　套管静水试压

prueba Hillman　希尔曼煤油色度储存安定性试验

prueba individual de producción　单井产量测试

prueba inestable de pozo　不稳定试井

prueba inicial de producción　初始产能测试

prueba límite　断裂试验，耐久力试验，击穿试验，破坏试验

prueba media　中间样品

prueba negativa　反试验

prueba neumática　气密试验，气压试验

prueba no destructiva（PND）　无损试验，英语缩略为 NDT（Non-Destructive Test）

prueba para determinar el contenido de sedimentos　沉淀物含量测试

prueba para determinar el índice de saponificación　皂化值试验

prueba para determinar el punto de inflamación　闪点试验

prueba para determinar la calidad de la ignición　点火质量测试

prueba para determinar la temperatura de combustión　燃烧试验，着火点测定

prueba para determinar la volatilidad de una gasolina　汽油挥发性测试

prueba para los puntos de opacidad y fluidez ASTM　ASTM（美国材料试验学会）浊点和倾点试验

prueba piloto　引导测试；试验性的测验

prueba por vástago de la barrena　钻杆测试

prueba por vía húmeda　湿试验

prueba por zona　分层测试

prueba positiva　正项检验

prueba preliminar　初步试验

prueba preliminar de producción　试油

prueba seca　排空 / 排泄试验、随钻测试无地层流体

prueba según normas ASTM　按 ASTM（美国材料试验学会）的标准检验

prueba simulada de laboratorio　试验室模拟试验

prueba sobre el terreno　地面试验

prueba y ajuste　测试和设置

pruebatubos　套管测试器，套管检验器

prusiato　氰化物

prusina　氰

PSA（acuerdo de reparto de ganancias）　利润分配协议，英语缩略为 PSA（Profit Sharing Agreement）

psamita　砂屑岩

psatirita　白针脂石

psaturosa　脆银矿

psefita　砾质岩

pseudo-　假的，拟的，伪的

pseudobrecha　假角砾岩

pseudoconglomerado　假砾岩

pseudocristal　赝晶体

pseudocrítico　临界的

pseudocumeno　三甲基苯

pseudoestratificación　假层理，席状构造

pseudo-fracciones bifásicas　两相假组分

pseudomalaquita　假孔雀石

pseudomorfismo　假晶状态；假晶形成过程

pseudomorfo　赝形体，假象，假晶

pseudoporfirítico　假斑状的

PSI（libras por pulgada cuadrada）　磅 / 英寸 ^{2}，英语缩略为 Psi（Pounds per Square Inch）

PSIA（libras por pulgada cuadrada absolutas）　磅 / 英寸 ^{2}（绝对压力），英语缩略为 Psia

(Pounds per square inch absolute)

psicrógrafo 干湿计

psicrometría 测湿学；湿度测定法

psicrométrico 测湿的；湿度测定的；干湿表的

psicrómetro 干湿球湿度计，干湿表，湿度表

psicrómetro giratorio 摇动湿度计

psicrotolerante 耐冷的

psig (presión en libras por pulgada cuadrada) 磅／英寸²，英语缩略为 Psig (Pounds per square inch gauge)

psilomelano 硬锰矿

psitacinita 矾铜铝矿

PSV (perfil sísmico vertical) 垂直地震剖面，英语缩略为 VSP (Vertical Seismic Profile)

Pt 元素铂 (platino) 的符号

PTM (profundidad total medida) 总测量深度，英语缩略为 TMD (Total Measured Depth)

publicación 公布，出版，发布；出版物

publicar 公布，出版，发布

publicar artículo 发表文章

publicar oficialmente 正式发布

publicar y emitir 出版发行

publicidad 公开性；广告，通告；宣传

publicidad de muestras 样品广告

pucherita 钒铋矿

pudelación 搅炼

pudelaje 搅炼

pudelar 搅炼

pudinga 布丁岩，圆砾岩；集聚岩体

pudrición 腐烂，腐烂作用；腐烂物

pueblo 村子，村镇；人民；民族；居民

pueblo petrolero desarrollado repentinamente 新兴的石油城

puente 桥，桥梁；船桥；梁；电桥；桥接；(起沟通作用的) 桥梁

puente abovedado 拱桥

puente aéreo 空中桥梁，航空线

puente basculante 自启桥，竖旋桥

puente colgante 悬索桥，吊桥

puente colgante para tubería 管道吊桥

puente con desequilibrio 失衡电桥

puente de arena 砂岩骨架

puente de azufre 硫桥

puente de barcas 舟桥，浮桥

puente de contrapeso 悬臂桥

puente de frecuencia 频率电桥

puente de inductancia 电感电桥

puente de la válvula de admisión 进气门浮动式横桥

puente de la válvula de escape 排气门浮动式横桥

puente de trabajo 工作桥

puente de vigas voladizas 悬臂桥

puente de Wheastone 惠斯通电桥

puente grúa 移动式起重机

puente K 跨接线，跳线

puente para medir impedancia 阻抗电桥

puente transbordador 转运桥

puente transportador 运输桥

puente trasero (汽车的) 后桥

puentear 架桥，搭桥，跨接，桥接

puente-báscula 台秤，桥秤

puente-grúa aéreo 高架起重机，桥式吊车，行车，天车

puerta 门；洞口，孔，装料口

puerta accesoria 边门，旁门，侧门

puerta cochera 过车大门

puerta de accdeso 出入门，检修门，通道门

puerta de caldera 炉门，防火门

puerta de enlace 默认网关

puerta de horno 炉门，防火门

puerta de horno de caldera 锅炉防火门

puerta de inspección 观察孔

puerta de limpieza 出渣口，出灰口

puerta de soplado de entrada 吹入门

puerta de tela metálica 纱门

puerta de visita 观察孔，检修孔

puerta en forma de V 井架 V 形大门

puerta franca 自由出入；豁免入境税

puerto 港口；港市；山间隘口，山口

puerto aéreo 飞机场，航空港

puerto artificial 人工港

puerto comercial 商港

puerto de arribada 停靠港，中途港

puerto de carga 装运港

puerto de depósito 保税仓库港

puerto de descarga 卸货港

puerto de desembarco 卸货港

puerto de destino 目的港，到达港

puerto de embarque 装船码头

puerto de entrega 交货港

puerto de escala 停泊港，中途港

puerto de refugio 避难港

puerto de salida 出发港，始发港

puerto de tránsito 中转港，过境港

puerto fluvial 内河港

puerto franco 自由港

puerto habilitado 进出口港

puerto libre 自由港，无税港 (装卸，堆放货物不需要支付关税的港口)

puerto marítimo 海港

puerto natural 天然港

puerto petrolero 油轮码头

puerto seco 国境海关，边境口岸

puerto sede 母港

puesta 开始，着手，使复位，回位；转接；落

山，西下

puesta a cero　清零

puesta a punto　（机械等）检修

puesta a punto de un motor　发动机检修

puesta a tierra　接地

puesta al día　更新，升级

puesta en cortocircuito　短路，短接，漏电

puesta en fila　排队，排列

puesta en marcha　启动，开动，发动，试运行，投产

puesta en producción de petróleo o gas　完井投产，新井投产

puesta en servicio　试运行，投产，开工

puesta fuera de servicio　停产，停工

puesto　位置，地点，地方，场所，岗位，职位，工位

puesto de aduana　海关

puesto de ángulo　转角站

puesto de avanzada　前哨，哨兵；边区村落，边远地区

puesto de socorro　救护所

puesto del maquinista　机械操作室

puesto en corto circuito　短路的

pulgada　英寸

pulgada cuadrada　平方英寸

pulgada cúbica　立方英寸

pulido　磨光的；光洁的

pulido por ataque de ácido　酸洗

pulido satinado　抛光，研光，擦亮

pulidor　磨光器，打磨器，抛光机

pulidora　磨光机，打磨机

pulimentar　使光洁，使磨光，擦亮

pulimento　磨光，擦亮

pulir　磨光，抛光，擦光，研磨，打磨

pulir a máquina　机器抛光

pulir una válvula　阀门研磨

pulmones de air　应急呼吸器

pulmotor　自动供氧人工呼吸器

pulpa　浆，浆粕，浆状物

pulpa de aceite　脂皂油浆

pulpa de papel　纸浆

pulpa papelera　纸浆

pulsación　敲，击打；脉搏；（流体的）波动；（交流电、电磁等的）脉动，脉冲

pulsación sincronizante　同步脉冲

pulsada　脉搏

pulsador　脉动器，脉动试验机；振动器；电钮，按钮式开关

pulsador de alarma　警报器按钮

pulsante　波动的，脉动的，脉冲的

pulsativo　搏动的，脉动的

pulsatorio　脉动的，搏动的，跳动的

pulseta　顿钻钻机

pulso　脉搏；脉冲

pulso de burbuja　气泡脉冲

pulso sincrónico　同步脉冲

pulsómetro　蒸汽抽水机，气压扬水机，真空唧筒；脉冲计，脉搏计

pulsorreacción　脉冲式喷气推进

pulsorreactor　脉冲式喷气发动机

pulverización　粉碎，碾碎；粉磨，研磨，雾化

pulverización mecánica de desechos　机械粉碎垃圾

pulverizador　喷雾器，喷粉器；喷嘴，喷头；（汽车的）雾化器

pulverizar　使成粉末，粉碎，研磨；把（液体）喷成雾，喷洒，雾化

pulverulencia　粉末状，粉末状态

pulverulento　粉状的，粉样的，粉末状；脆的，易成粉末的

pumicita　浮岩层，浮岩沉积，火山灰，浮石

pumita　浮石，浮岩，泡沫岩

punalita　中沸石

puncionador　穿刺器

puncionar　刺孔，穿孔，打穿，击穿

punta　尖，尖端；头，端头；（桌椅的）边角；岬角

punta de barreno　钻头

punta de carga　最高负荷，峰荷最大量

punta de chillido　发动机加长排气管尖端

punta de diamante　（玻璃刀等的）钻石尖

punta de glaciar　冰河底端

punta de la aguja　针点

punta de la fractura　裂缝尖端

punta de manguito　套筒头，绝缘套管头

punta del álabe　（凸轮的）轮凸，轮翼

punta fija　死点，死顶点，静点，零位点，固定中心

punta libre　自由点，中和点

punta muerta　尽头，终端，终点，死头，空端，闲端

punta ofensiva　尖端；先锋，前锋，先头部队

punta rómbica　菱形图案

punta victaulic　维克托利克型管接头

puntal　支柱，支撑木

puntal de amortiguador hidráulico　油液空气减震柱

puntal entibo　支柱，撑脚，顶杠

puntal horizontal　水平支撑脚

puntear　（标点）文章；点画，描出轨迹；核对（账目）

puntero　指针；指示器，指示棒，凿子，冲子

punto　点；地点，中心点，中心站；针尖，刀尖；磅（铅字大小单位）

punto a punto　点至点，逐点

punto aéreo de exposición（fotogrametría）　航空

摄影站（摄影测量学）

punto alcalino 碱性点

punto altimétrico 高程点

punto arcifinio 自然分界点

punto aritmético 小数点

punto azeotrópico 共沸点

punto bajo 低点

punto básico 基点

punto brillante 亮点

punto caliente 热点，强放射性点

punto candente 热点，热区

punto cardinal 方位基点（指东、西、南、北）

punto cedente 屈服点

punto cedente en tensión 张力屈服点，拉力屈服点

punto cedente en torsión 扭矩屈服点

punto céntrico 中心点，中心区

punto cero 零点，平衡点

punto común 共同点

punto crítico 临界点；关键点

punto crítico de corte 分界点，熄火点，截止点

punto culminante 极点，顶点，最高点，转折点

punto de ablandamiento 软化点

punto de ajuste （机器或装置的）设定点

punto de anclaje 定位点

punto de anilina 苯胺点

punto de apoyo 支撑点

punto de apoyo de la palanca 杠杆的支点

punto de arranque 出发点，起点，原点

punto de arranque del desvío（KOP） 斜井的开始造斜点，英语缩略为 KOP（Kick Off Point）

punto de atadura 锚桩，锚墩；缆桩；地锚；吊货杆牵索

punto de bifurcación 枝点，分叉点

punto de burbuja 泡点

punto de burbujeo 泡点

punto de cambio 转点，转折点，拐点

punto de cedencia 屈服点

punto de cierre 截止点，熄灭点，断开点

punto de combustión 燃点，着火点

punto de comparación 比较点，对比点

punto de comprobación 控制点

punto de concentración del esfuerzo 应力集中点

punto de condensación 冷凝点，露点，凝点，凝结点

punto de conexión 接点

punto de confrontación geológica 地理标记点

punto de congelación 冰点，冰凝点，冰结点

punto de congelación más alto 最高冰点

punto de contacto 接触点，切点，共同点

punto de control 控制点，检测点

punto de corte 分级点，分割点，两种油品间的分开点

punto de corte final 终极分级点

punto de corte inicial 初始分级点

punto de cota 标高点，水准点

punto de cristalización 结晶点

punto de deflagración 闪点

punto de deflexión 应变点，造斜点

punto de deformación 屈服点

punto de deformación permanente 击穿点，屈服点

punto de derretimiento 熔点，熔化温度

punto de destello 闪点

punto de destilación 蒸馏点

punto de desviación 应变点，造斜点

punto de desviación de la vertical 造斜点

punto de desvío 造斜点

punto de disolución 溶点

punto de disparo 炮点

punto de ebullición 沸点

punto de ebullición bajo 低沸点

punto de ebullición equivalente a presión atmosférica（AEBP） 与大气压力相对应的沸点，英语缩略为 AEBP（Atmospheric Equivalent Boililing Point）

punto de ebullición final 终沸点

punto de ebullición inicial 初沸点，初馏点

punto de ebullición promedio 平均沸点

punto de ebullición promedio en peso 重量平均沸点

punto de ebullición promedio molar 摩尔平均沸点

punto de ebullición promedio ponderado 加权平均沸点

punto de ebullición verdadero（PEV） 真沸点，实沸点，英语缩略为 TBP（True Boiling Point）

punto de encendido 着火点，燃点

punto de enfriamiento 冻结点，冰冻点

punto de ensamblaje 连接点

punto de entrega 交油点，交货点

punto de enturbiamiento 浊点

punto de equilibrio 平衡点，折衷点

punto de escarcha 霜点

punto de escurrimiento 倾点，倾注点（液体达到凝固状态前的温度）

punto de evaporación instantánea 闪蒸点

punto de explosión 爆炸点，激发点，炮点

punto de flexión 挠曲点

punto de floculación 絮凝点

punto de fluencia 流动点，倾点

punto de fluidez 流动点，倾点

punto de fraguado 凝固点，凝结点

punto de fragüe 凝固点，凝结点

punto de fusión 熔点，熔化温度

punto de fusión de bola y anillo 环球法测定熔点

punto de fusión de parafina 石蜡熔点
punto de fusión del hielo 冰熔点
punto de gota 滴点；落点
punto de goteo 滴点；落点
punto de humeo 烟点，挥发点
punto de humo 烟点，挥发点
punto de ignición 燃点，着火点，燃烧温度
punto de ignición espontánea 自燃点
punto de imagen 像点，虚震源
punto de impacto 弹中点，命中点
punto de inflamabilidad 引火点，燃点，闪点
punto de inflamación 着火点，燃点
punto de inflamación elevado 高闪点
punto de inflexión 拐点，变曲点，转折点
punto de instalación 设置点，安装点
punto de izamiento 提升点
punto de la mitad 中点
punto de licuefacción 液化点
punto de llama 燃点，着火点
punto de marchitamiento 凋萎点，凋蔫点
punto de medición 测量点
punto de nebulización 雾点
punto de niebla 浊点，云点
punto de observación 观测点，观察点，观察站
punto de opacidad 浊点
punto de origen 源点
punto de pandeo 软化点
punto de parafina cristalizada 析蜡点
punto de parafina cristalizada inicial 初始析蜡点
punto de partida 出发点
punto de pega 卡点
punto de pegado 冰点，凝固点，卡点
punto de pegamiento 预计卡点
punto de pivote 支点
punto de profundidad 深度点
punto de purga 净化点
punto de quema 燃烧点
punto de quiebra 断点，分割点，折点，转效点
punto de reblandecimiento 软化点
punto de recepción 接收点，受振点
punto de recocer 退火点
punto de recocido 热处理温度，退火温度，退火点
punto de recogida 收集点
punto de recolección 收集点
punto de referencia 基准点，基点
punto de reflejo común (PRC) 共深度点，英语缩略为 CDP (Common Depth Point)
punto de reflexión 反射点
punto de relajamiento 屈服点
punto de relámpago 闪点
punto de retorno 返回点
punto de retroceso 留点，节点，结点，交点，叉点

punto de rocío 露点
punto de rotura 断点，分割点，折点，转效点
punto de saturación 饱和点
punto de servicio 服务站
punto de soldadura 焊点
punto de solidificación 凝点，凝固点
punto de tiro 爆炸点，激发点，炮点
punto de toma （天然气等）接入点
punto de trabajo 工作点
punto de transferencia 传输点
punto de transmisión 传输点
punto de turbidez 浊点
punto de valor medio 半值点
punto de vaporización 汽化点，蒸发点
punto de verificación 检测点，检验点
punto de viraje 转折点
punto débil 弱点
punto decimal 小数点
punto del flujo 流动点
punto doble 二重点
punto dominante 控制点，检测点
punto estratégico 战略重点
punto fijo 给定点，固定点
punto fijo material 质点
punto final 终点，端点
punto focal 焦点
punto fulcro 支点
punto geográfico 地理点
punto geométrico 几何轨迹点
punto inflamador 燃点，着火点，引火点
punto inicial 始点
punto inicial de destilación 初始蒸馏点，初馏点
punto inicial de ebullición 初沸点
punto inicial de vapor 初始蒸汽点
punto intermedio de reflejo común 共中心点
punto isoeléctrico 等电点
punto libre 自由点
punto límite 死点
punto límite inferior 下止点
punto límite superior 上止点
punto lógico de ajuste 逻辑设定点
punto marcador 标记点
punto más bajo en un pozo 套管中的尾管座圈
punto material 质点，实质点
punto máximo 峰值，极大值，最高点
punto medio 中点
punto medio común 共中心点
punto medio de ebullición 中间沸点
punto medio de la carrera 中间冲程点
punto mínimo de fluidez 液体的最低温度流动点
punto mixto de anilina 混合苯胺点
punto móvil 扫描点，光点

P

punto muerto 死点，静点，止点
punto muerto inferior 下死点，下止点
punto muerto superior 上死点，上止点
punto nadiral 天底点，最低点
punto negro 盲点，死点
punto neutro 中性点，中和点
punto nodal 节点
punto normal de ebullición 正常沸点，标准沸点
punto nulo 零点
punto obligado 强制点
punto para iniciar la desviación 开始造斜点，开始变斜点，造斜点
punto plano 平点，平头；无偏差灵敏点
punto promedio de ebullición 平均沸点
punto proporcional 百分点
punto radiante 辐射点
punto real 绝对零点，基点
punto relámpago 闪点，发火点
punto seco 干点
punto tangencial 切点
punto triple 三相点
punto verdadero de ebullición 实沸点，真沸点
punto volante 扫描点，光点
punto zero 数学中的零点
puntos a tratar 议事日程，议程
puntos colineales 共线点
puntos del temario 议题
puntual 点的，点状的；准时的；确切的，详细的
puntualidad 准时，正点，按期
punzada 击穿，穿孔，打穿
punzado selectivo 射孔枪射孔
punzador 射孔器，射孔枪
punzador a proyectil 射孔器，射孔枪
punzadora 穿孔机，打孔机，冲床，冲压机
punzamiento en el revestimiento del pozo finalizado 完井射孔
punzar 穿孔，射孔，击穿，打穿，刺孔，刺
punzón 锥子；刻刀；冲模，压模，铸模；阀针，冲头
punzón botador 拔钉器
punzón centrador 中心冲，定准器，中心冲割机
punzón de hembra 母锥
punzón de macho 公锥
punzón de marcar 中心冲，字模冲子
punzón de perforar 中心冲
punzón hidráulico 水力凿孔机
punzón mandril 双尖镐，丁字镐
punzón para clavar clavos 钉形冲头，冲钉机
punzón para correas 皮带冲压机
punzonador 射孔枪
punzonador de tubería de revestimiento 套管射孔器

punzonadora 冲床；冲压机；钻床；打孔器
punzonamiento 冲压，冲孔，打孔，穿孔
pupitre de mando 控制盘
pupitre de mando para los separadores 分离器控制盘
puquerita 钒铋矿
pureza 纯净，无杂质；纯度
purga 吹扫，净化，清除；放掉，放走，排出
purga con vapor 水蒸气吹扫
purga de aire 除气
purga de condensado 冷凝水排放
purga de gas 气体排放
purga de presión 压降，压差
purgador 净化器，清洗器；排气阀，排污阀；排水沟，排水管；出砂口
purgador automático 凝汽阀，阻汽排水阀
purgador de aire 气阀，气门
purgador de vapor 蒸汽疏水器
purgador sellado 水封管
purgar 提纯，精炼，使洁净，清洗，消除；排泄，排出
purgar un pozo 放喷除去井内的水和砂
purificación 提纯，精炼；净化，清洗
purificación de agua salada 海水净化
purificación de aire 空气调节，通风
purificación de fluido de perforación 钻井液净化
purificación de gas 气体净化
purificación de petróleo 石油脱硫
purificación de un líquido 液体洗涤
purificación del aceite 精炼油
purificación natural 自然净化
purificación propia 自净
purificación química del carbón 煤的化学净化
purificado 净化的，精制的，处理的
purificador 提纯器，净化器，净水器，滤清器
purificador centrífugo 离心净化机
purificador de agua 净水剂；净水器，净水装置
purificador de aire 空气滤清器，空气净化器
purificar 提纯，精炼；净化，纯化，清洗
purificar con solución doctor 亚铅酸钠溶液净化，亚铅酸钠溶液博士液净化
puro 纯的，无杂质的；干净的，洁净的
púrpura 紫红色
purpurita 紫磷铁锰矿
pusquinita 绿帘石
putidoil 石油污迹溶解菌
PUTM (proyección universal transversa Mercator) 通用横向墨卡托投影，英语缩略为 UTM (Universal Transverse Mercator Projection)
putrefacción 腐烂作用，腐败作用；腐烂物，腐败物
pútrido 腐烂的；由腐烂引起的；腐烂状态的

puzol 白榴火山灰
puzolana 白榴火山灰
puzolánico 凝硬性的；白榴火山灰的
PV（presión del vapor） 蒸汽压力，英语缩略为 SP（Steam Pressure）
PVC（policloruro de vinilo） 聚氯乙烯，英语缩略为 PVC（Polyvinyl Chloride）

PVP（precio de venta al público） 零售价
PVT（presión-volumen-temperatura） 高压物性
PYME（pequeña y mediana empresa） 中小企业
pyrex 硼硅酸玻璃，派拉克斯玻璃

Q

quango 半独立国家的政府组织，半官方机构；准自治管理机构

quantum 份额，定量；量，数额；量子

quarzo monzonítico 石英二长岩

quebracho blanco 白坚木；白坚木树

quebracho colorado 红坚木；红坚木树

quebracho flojo 菱叶坚木树

quebrada 峡谷，山口；断壁，沟壑

quebradizo 易断的，易破的

quebradizo en caliente 热脆的

quebradizo en frio 冷脆的

quebrado 倒闭的；断开的，断路的；分数的；倒闭者，破产者；分数

quebrado común 普通分数

quebrado decimal 小数

quebrado impropio 假分数

quebrado propio 真分数

quebrador 使破碎的；违法的；破碎机，断路器

quebradora 轧碎机，粉碎机，压碎机，碎石机

quebradura 轧缝，裂缝；峡谷，沟壑

quebra-mechas 钻头卸扣器

quebrantadora 粉碎机，轧碎机，破碎机

quebrantamiento 打破，砸碎，折断；违反，违犯

quebrantar 打破，折断；违反，违犯；摆脱；减弱，砸开，撬开

quebrantoso 高低不平的，崎岖的

quebrar 拉断，打破，折断；违犯（法律）；使减轻，使变弱；破产，倒闭

quebrazar 使有裂口，使有小裂纹

quechemarín 双桅船

quedar 处于（某种境遇、状况）；位于

quedar facultado 有能力或权务做…

quedar inválido 无效 处于无效、失效或残疾状态的

quedar sin efecto 处于无效、失效状态的

quehacer 事情，事物，工作

queja 报怨，不满；控告，起诉，申诉

quelante 螯合剂

quelatación 螯合作用，螯合形成

quelatante 螯合的，络合的；螯合剂

quelatizador 螯合剂

quema 烧，燃烧；失火，火灾

quema de gas natural 天然气火炬；天然气燃烧

quema de gases residuales 残留气体燃烧

quemadero 燃烧坑

quemador 燃烧器，燃烧装置，喷燃器

quemador atmosférico 常压燃烧器，大气式燃烧器

quemador automático 自动燃烧器

quemador Bunsen 本生灯，喷灯

quemador de aceite 燃油器

quemador de aceite combustible 燃料油喷嘴，燃料油燃烧器，重油喷燃器

quemador de acetileno 乙炔燃烧器，乙炔焊炬；乙炔灯

quemador de arcilla 黏土炉

quemador de basura 垃圾焚烧炉

quemador de boquilla sopladora 喷灯

quemador de campo （油田天然气）燃烧器，燃烧火把

quemador de chorro 喷射燃烧器，喷燃器，燃烧器喷嘴

quemador de chorro a presión 压力喷嘴燃烧器，压力喷油燃烧器

quemador de diafragma 膜片燃烧器

quemador de ensayo 试验灯，测试喷灯，测试燃烧器

quemador de fuel oíl 燃料油喷嘴，燃料油燃烧器，重油喷燃器

quemador de gas 煤气喷灯，煤气燃烧器，气体喷灯

quemador de gas residual 废气燃烧器；火炬装置，火炬塔

quemador de gas y petróleo 油气燃烧器

quemador de gas y petróleo combinados 油气联合燃烧器，油气联合烧嘴

quemador de mezcla por etapas 多级混合燃烧器

quemador de petróleo 油炉，燃油器，重油燃烧器

quemador de plurichorros 多焰焊炬

quemador de tiro forzado 给风燃烧器

quemador del gas del digestor 废气燃烧装置，废气燃烧器

quemador jumbo 火炬

quemador para el gas de desperdicio 废气燃烧装置，废气燃烧器

quemador piloto 长明灯，长燃的小火，导燃器，引燃器

quemador sónico 声控燃烧器

quemadura 烧痕，灼痕；烧伤，烫伤，灼伤

quemar 点燃，燃烧，焚烧；烫伤，灼伤，冻伤

quemar por el frío 冻伤，霜害

quenselita 羟锰铅矿

querargirita　角银矿，氯银矿；角银矿类，氯银矿类

queratófiro de cuarzo　石英角斑岩

querella　控告，申诉

querita　硫沥青，沥青类，沥青岩类

quermes　红锑矿

quermes mineral　矿物红锑矿

quermesita　红锑矿

querógeno　干酪根，油母，油母质，油母沥青，油母岩

queroseno　煤油

querosín　煤油

querosín aéreo　航空煤油

quesiforme　干酪质的

quetol　乙酮醇，酮醇类

quiastolita　空晶石

quiebra　裂缝，裂口，倒闭，破产；损失，失利

quiebra abierta　公开破产

quiebra casual　意外破产

quiebra de empresa　企业倒闭

quiebra fraudulenta　欺骗性破产

quiebra mecha　钻头装卸器

quietud　静止，不动；安静，宁静

quijada　（钳或板手上的）扳口，钳口，钳夹，台肩

quijada de tornillo　（平口钳）丝杠端的活动钳口

quijada fija　固定扳口

quijada móvil　活动扳口

quijero　（水渠的）坡面

quijo　（金银矿的）脉石

quijoso　粗砂质的，砂砾的，脉石多的

quilate　克拉（宝石的重量单位，等于 2 分克）；开（黄金纯度单位，纯金为 24 开）

quildrenita　磷铝铁石

quileita　智利硝石

quilenita　智利硝石

quilla　（船，飞艇等的）龙骨；龙骨状之物

quilo　千克，公斤

quilociclo　千周，千赫兹，千赫

quilográmetro　千克米（功的单位）

quilogramo　千克

quilolino　千磁力线（磁通量单位，等于 1000 麦克斯韦）

quilolitro　千升

quilometrar　以千米丈量

quilométrico　千米的，公里的

quilovatio　千瓦

química　化学

química analítica　分析化学

química aplicada　应用化学

química biológica　生物化学

química coloidal　胶体化学

química de análisis del medio ambiente　环境分析化学

química de las precipitaciones　降水化学

química de las radiaciones　放射化学，辐射化学

química de producción　采油化学

química física　物理化学

química general　普通化学

química industrial　工业化学

química inorgánica　无机化学

química mineral　矿物化学

química nuclear　核化学

química orgánica　有机化学

química pura　理论化学

química sintética　合成化学

química superficial　表面化学

químico　化学家，药剂师

quimioestratigrafía　化学地层学

quimiolisis　化学溶介，化学溶蚀，化学分介

quimioluminiscencia　化学发光，化学荧光，化合光

quimiomorfosis　化学变形

quimiorreceptor　化学品受体，化学感受器

quimiorreflejo　化学反射

quimiorresistencia　化学阻力，化学抵抗力

quimiosfera　光化层

quimiosíntesis　化学合成

quimiósmosis　化学渗透作用

quimiosorción　化学吸附

quimiostato　恒化器

quimismo　化学历程，化学机理，化学作用

quimógrafo　记波器

quimograma　记波图

quinario　五价物，五价元素

quincalla　家用金属制品，家用小五金

quincena　十五天，半个月

quincenal　十五天的，半月的

quindecagono　十五边形的，十五角形的

quindécimo　十五分之一的；十五分之一

quinescopio　电子显像管

quinolina　喹啉，氮萘，奎林

quinolina alquílica　烷基喹啉

quinona　醌，苯醌，苯二酮

quinoxina　亚硝基酚

quinquevalente　五价的

quinquivalente　五价的

quintal　担（重量单位，等于 100 磅或 46 千克）

quintal métrico　公担（重量单位，等于 100 千克）

quiolita　锥冰晶石

quiral　手征性的

quirita　手状钟乳石

quisqueita　高硫钒沥青，硫沥青

quitacostra　除垢剂

quitagoteras　防水层

quitaherrumbre 除锈剂

quitamanchas 除垢剂，去污剂

quitamiedos 安全带，安全绳，安全装置；栏杆

quitapiedras （机车前的）排障器；（铁路上的）扫石机

quitapintura （用以清旧涂层的）脱漆剂

quitar 去掉；夺走；免除（负担、债务、税、义务等）；废除，取消（法律、判决等）

quitasol 遮阳伞，遮阳篷

quitina 几丁质，甲壳质，壳多糖

R

RAB（recuperación asistida con bacterias） 微生物强化采油，英语缩略为 MEOR（Microbial Enhanced Oil Recovery）

rabdofana 磷稀土矿

rabo （四足动物的）尾巴；（花、叶、果子等的）柄，梗，蒂；尾状物，梢头

racimiforme 串状的

racimo 串，束；丛，簇；丛式井场

ración （食物、工作等的）定量，份额，配给量

racional 合理的，有理的；理性的

racionalización 合理化，有理化

rack （钻井现场排放钻具的）管架；（放置电器的）架子

rack de tubería de perforación 钻杆架

rack de tuberías 管架

racor 接头，连接管；接线柱，接线夹，接线端子

racor en T 三通管，T 形弯角

rad 拉德（吸收剂量的标准单位，等于每克吸收 100 尔格的能量）

radar 雷达，雷达装置；雷达站，雷达台

radar aerotransportado de barrido lateral 机载侧视雷达，航空侧视雷达

radar de penetración terrestre 探地雷达

radarista 雷达操作员，雷达兵，雷达员

radaroscopio 雷达显示器，雷达屏

radiac 放射性检测仪，辐射计

radiación 放射，辐射；发光，发热；放射线，辐射能

radiación actínica 光化辐射

radiación alfa α 射线，α 粒子

radiación ascendente 向上辐射

radiación atmosférica 大气辐射

radiación atómica 原子辐射

radiación beta β 辐射，β 射线，β 粒子

radiación calorífica 热辐射

radiación corpuscular 小体放射线

radiación de átomos excitados 受激原子辐射

radiación de bajo nivel 低强度辐射，低水平辐射

radiación de onda corta 短波辐射

radiación dispersada 散射辐射

radiación eléctrica 电辐射

radiación electromagnética 电磁辐射

radiación emitida de onda larga 长波辐射

radiación gamma γ 辐射，伽马辐射，γ 射线

radiación incidente 入射辐射

radiación infrarroja 红外线辐射

radiación ionizante 致电离辐射

radiación luminosa 光辐射

radiación nuclear 核辐射

radiación penetrante 穿透辐射，贯穿辐射

radiación piramidal 锥放线

radiación radioactiva 放射性辐射

radiación retrodispersada 后向散射辐射

radiación secundaria 次级辐射

radiación siempre presente en el ambiente 背景辐射，本底辐射

radiación térmica 热辐射

radiación total 全辐射，总辐射

radiación total ascendente 向上全辐射

radiación ultrarroja 红外线辐射

radiación ultravioleta 紫外线辐射，紫外线照射，紫外线辐射

radiación visible 可见辐射，可见射线

radiactividad 放射；放射性；放射现象

radiactividad artificial 人工放射

radiactividad inducida 感应放射

radiactividad natural 天然放射性

radiactivo 放射的，辐射的

radiador 辐射体，辐射器；散热器；（汽车发动机等的）冷却装置

radiador acústico 声辐射器

radiador enfriado por aire 风冷式热交换器，风冷式换热器

radial 放射状的，辐射状的；径向的；半径的；无线电的

radián 弧度

radiancia 辐射率，辐射性能，辐射度

radiancia bruta 原始辐射率，总辐射率，毛辐射率

radiano 弧度

radiante 辐射的，放射的；发光的；辐射物，光点

radical 根的；根本的；基的，原子团的；根，基；根号

radical ácido 酸根

radical alcohílo 烷基，烃基

radical alcohólico 乙醇基，醇基

radical alkílico 烷基，烃基

radical alquílico 烷基

radical alquilo 烷基，烃基

radical compuesto 复合基

radical etílico 乙烷基

radical inorgánico 无机基

radical libre　游离基，自由基

radical libre en la atmósfera　大气游离基

radical orgánico　有机基，有机根

radientómetro　X 光检查定位仪，X 光检查异物仪

radífero　含镭的

radio　半径；范围；（轮子的）辐条，辐；镭；无线电广播台；无线电，收音机

radio adimensional　无量纲半径

radio de acción　作用范围，活动范围；有效半径

radio de curvadura　曲率半径

radio de drenaje　排水半径，泄油半径

radio de galena　矿石收音机

radio de giración　转动半径，回转半径

radio de indicación　指示范围

radio de investigación　调查半径

radio de la guía sobre el cabezal　井口导向轮半径

radio de viraje　回转半径

radio efectivo　有效半径

radio focal　焦半径

radio térmico　热半径

radio vector　向径，矢径

radioactividad　放射性，放射现象，放射能力

radioactividad de rocas　岩石的放射性

radioactivo　放射性的，辐射性的

radiobaliza　无线电指向标，无线电信标

radiobiología　放射生物学，辐射生物学

radiocanal　波段，频道

radiocarbono　放射性碳

radiocentral　无线电通信站

radiocoloide　放射性胶体

radiocompás　自动探向器，自动测向器，无线电罗盘

radiocomunicación　无线电通信

radioconducción　无线电导航，无线电导引

radiocontrol　无线电操纵，无线电控制

radiodetección　无线电探测

radiodetector　无线电检波器

radiodetector de agua　水放射性监测器，水质监测器

radiodirector　无线电控制系统

radiodosimetría　放射量测定

radioecología　放射生态学

radioelectricidad　无线电技术

radioelectricista　无线电技术员

radioeléctrico　无线电的

radioelemento　放射元素

radioemisión　无线电发射，无线电广播

radioemisora　广播电台；发报机

radioenlace　差转系统；转播系统

radioespectro　射电分光计，无线电辐射摄谱仪

radiofaro　无线电信标，无线电导航台，导航信标

radiofaro direccional　导航信标，导航指向标

radiofísica　无线电物理学，放射物理学

radiófono　放射发声装置；无线电话机

radiofonovisión　视听电话

radiofósforo　放射性磷，射磷

radiofrecuencia　射频，无线电频率

radiogeología　放射地质学

radiogoniómetro　无线电测向器，无线电测角器，无线电罗盘

radiografía　射线照相术

radiograma　无线电报；射线照相，射线照片

radioguía　无线电导引，无线电导航

radioidentificación　无线电识别

radioindicador　无线电指示器，放射性指示元素

radioingeniero　无线电工程师

radiointerferómetro　无线电干涉仪

radioisótopo　放射性同位素

radiolario　放射虫目的；放射虫，放射虫目

radiolarita　放射虫岩，放射虫壳化石，放射虫土

radiolesión　放射性损害

radiólisis　辐射分解，辐照分解，放射性分解

radiolocalización　无线电定位，无线电测位

radiolocalizador　无线电定位的；无线电定位器，雷达

radiología　放射学，辐射学

radiomensaje　无线电报

radiometría　放射量学，辐射度测定法，放射性测量法

radiómetro　辐射仪，辐射计

radiómetro de muy alta resolución　甚高分辨率辐射仪，英语缩略为 VHRR（Very High Resolution Radiometer）

radiómetro modulado por presión　调压辐射计，压力调制辐射仪

radiomicrómetro　微辐射计，辐射微热计

radiomodulador　无线电频率调制器

radiomutación　放射突变

radión　放射粒子

radionavegación　无线电导航

radionúclido　放射性核素

radionúclidos naturales（RN）　天然放射性核素，英语缩略为 NOR（Naturally Occurring Radionuclides）

radioonda　无线电波

radiooscilación　电磁振动

radioquímica　放射化学

radiorreacción　放射反射

radiorreceptor　辐射感受器，放射受体；无线电接收机

radioscopio　放射镜，放射探测仪

radioseñal　无线电信号

radiosensibilidad　放射敏感性，辐射灵敏度

radiosonda　无线电探空仪，无线电高空测候仪

radiosondeo　无线电探空技术，无线电高空测候术

radiotecnia　无线电技术

radiotelecomunicación　无线电通信

radiotelemecánica　无线电力学

radiotelémetro　无线电遥测仪

radiotransmisión　无线电传输

radiotrazador　放射性示踪剂

radisótopo　放射性同位素

radium　镭

radix　根值数，记根数，基数

radomo　无线屏蔽器

radón　氡

raedera　刮刀，刮具；树脂刀

raedor　刮的；刮刀，刮具

raedura　刮，擦，剃；刮下的碎屑

raer　刮，刮平（量器表面）；（因使用）磨损

rafa　（在沟渠上开的）水口；（墙的）支墩，（拱顶的）支壁

rafaelita　钒黑沥青，副羟氯铅矿，拉沸正长岩，钒地沥青，斜羟氯铅矿

ráfaga　阵风，疾风；闪光，闪电；期限

ráfaga de aire　气浪，气流

ráfaga de errores　差错短脉冲群

ráfagas de neutrones　中子爆发

rafinate　残液，提炼油等产生的残液，提余液，精制油

raíces latentes　特征根

raíl　铁轨，滑槽

raíz　植物之根；物体的底部，基部；根基；根源，原因；（数学）根

raíz cuadrada　平方根

raíz cuadrática media（RCM）　均方根

raíz cúbica　立方根

raíz de la media de los cuadrados　均方根

raíz media cuadrada　均方根

raja　裂缝，裂口，破裂，爆裂；裂化；小块，小片，小条

raja de vegetación　植被带

rajable　易切割的，易劈开的

raja-caños　套管切割器，套管割缝器，套管割刀

rajadizo　可裂变的，裂变的，易裂开的

rajadura　裂口，裂隙，裂缝，裂纹，裂痕

rajar　使裂开，切开，把…分成片，把…分成块

rajatubos　套管切割器，套管割缝器，套管割刀

RAL（red de área local）　局部（地区）网，局域网

ralentí　（汽车发动机的）最低运行转速

ralladura　细道，细痕；刮下的碎屑

ralo　稀少的，稀疏的

ralstonita　氟钠镁铝石

RAM　随机存取存储器

rama　分支，分流；支路，支流，支管；分部

rama del árbol de conexiones　翼状活接头

rama inversa　回转支，倒转支

ramal　绳索的股；（阶梯的）段；支脉，支渠；支流，支线；分支

ramal de falla　断层支叉

ramal de producción　生产支线；产油支线

ramal ferroviario　铁路岔线

ramal horizontal　水平分支

ramal Y　Y分支，Y分叉

ramificación　支线，支流；分枝，分叉，支状分布

ramificación de una cordillera　山系支脉

ramificación por soldadura a tope　对焊支管

ramificación por soldadura tipo enchufe　插焊支管

ramificación roscada　螺纹支管

ramificado　分枝的，分成枝的，分成叉的

ramillete　束，把；集锦，荟萃

rammelsbergita　斜方坤镍矿

ramo　枝条，枝杈，束，把，（绳、辫的）股；部门，分科

ramo de la construcción　建筑业

ramo industrial　工业部门

rampa　斜坡，坡道，（装卸用的）斜台，斜坡斜度，坡度；倾斜装置

rampa de carga　灌油桥台，装油栈台，装载用的斜台

rampa de deslizamiento　滑台，滑道

rampa de taladro　（钻机）大门坡道

rampa para cañería　装卸管材用的坡道，管材斜台

range　无线电定向信标；极差

rango　等级，级别，身份，地位；区间，范围

rango de ajuste　调节范围

rango de confianza　置信区间，可信区间

rango de ebullición　沸程，沸腾范围

rango de funcionamiento　工作范围，作用范围

rango de presión de estrangulación　节流压力范围

rango de temperatura de ebullición elevada　高沸程，高温沸腾范围

rango dinámico　动态范围，动态量程

rango intermedio　中等大小，中间范围

rango según longitud　长度范围

rangua　轴承，轴座

rankine　兰金度数，兰金温度数，华氏绝对温标

ranura　狭长孔，狭缝，狭槽；（筛管上）缝，榫眼；（计算机主板上的）插槽

ranura de alivio　阻尼槽，卸荷槽

ranura de chaveta　键槽，销座

ranura de estator　定子槽

ranura de lodo　泥浆槽

ranura de pestaña　轮缘槽

ranura de soldadura　焊缝坡口，焊接坡口

ranura de válvula　阀门沟槽

ranura en J　J形槽，J形坡口

ranura en T　T形槽

R

ranura en V　V形槽

ranura espiral　螺旋槽，螺旋凹槽

ranura falsa para chaveta　假键槽

ranura para anillo de sello　密封圈槽

ranura para chaveta　键槽

ranura para electrodo circular　圆盘电极凹槽，盘形电极凹槽

ranura para la circulación del aceite lubricante　润滑油（循环）槽

ranura profunda　深槽

ranurado　槽形的，沟状的，带槽的

ranurador　开沟器，开槽器

ranurar　开槽，开沟

ranuras labradas por las cuñas de agarre　卡瓦痕，卡瓦刻痕，卡瓦造成的滑痕

rápido　快的，迅速的，短暂的；急流，湍流

rarefacción　稀少，稀薄，稀化

rarificante　稀薄的，稀疏的，稀少的

raro　稀薄的，稀少的；罕见的

ras　水平张，水平面，水平状态

rasante　紧挨着的，擦过的；（道路的）坡度，倾斜度

rascadera　刮具，刮刀

rascador　刮具，刮刀，刮子，刮管器，井壁刮削器

rascador de tubo　刮管刀，刮管器

rasera　刮斗，刮板；漏勺

rasgador　松土机；拆缝刀

rasgadura　撕，扯；撕破处，撕裂处

rasgo　（花体字的）笔画；特征，特点

rasgo estratigráfico　地层特点

rasgo remanente de la erosión　剥蚀地貌

raspa　粗锉刀，落井钻杆顶部接箍修整工具，刮刀

raspa de dos caras (pesca)　双面锉（一种打捞工具）

raspado　刮，刮除；刮除术；刮掉的

raspado a chorro　喷射刮除；喷射刮除的

raspador　刮具，刮刀，刮板

raspador de cable　钢丝绳刮子

raspador de cañería　刮管器

raspador de casing　套管清管器，刮管器

raspador de fondo　底部刮刀，井底刮刀

raspador de parafina　刮蜡片，清蜡刀

raspador de punta con 3 cantos　三棱刮刀

raspador de tubería　刮管器

raspador de tubería de revestimiento　套管刮管器

raspadura　刮掉，擦去；刮下的碎屑（复数）；刮痕，擦伤

raspadura en la capa preservativa　保护层的擦痕

raspadura ligera　轻微划痕，轻微擦痕

raspahoyo　井壁刮削器，滤饼刷

raspaje　刮除术

raspar　刮掉，刮去；擦伤

raspatubos　刮管器，清管器

raspatubos móvil　移动式清管器

rasqueta　刮刀；铁凿

raster　光栅

rastra　痕迹，踪迹；汽车后的平板拖车；拖物装置；平地耙

rastrar　拖，拉；跟踪，追踪

rastreador　追踪的；示踪物，示踪剂

rastreo　彻底搜查；打捞；查找

rastreo barrido de trama　光栅扫描

rastrero　爬行的；追踪的；爬行物，爬行曳引车

rastrillera　管架，管排

rastrillo　梳理机，栉梳机，（钥匙的）齿豁，耙，耙子；刮板，撇渣器

rastro　耙子，踪迹，痕迹

rastros de gas　气显示

rastros de hidrocarburos　油显示

rastros de petróleo　油痕，油迹，油气显示

rata　比，比例，比率

rata de penetración　穿透率

rata de producción　生产率；采油速度，开采速度

rata de revolución　转速比

rata de transmisión　传动比

rateado　摊派的；按比例分配的

ratear　按比例分配，摊派；配定产量，规定产量

rathita　双砷硫铅矿

ratificación　批准，认可，确认；重申

ratificador　批准者，承认者；重申者

ratio　比，比率，比例，比值

ratio de amplitude　振幅比

ratio de compresión　压缩比，压缩率

ratio de revolución　转速，转速比

ratio de volume　容积比，容量比，体积比

ratolita　针钠硝石

ratonera　鼠洞；井底口袋

rauda　湍流，急流

raya　线条；条纹，纹路；分界线；（枪、炮的）膛线；光谱

raya de absorción　吸收谱线

rayado　有划痕的；划线，线

rayado cruzado　断面线

rayado parabólico　抛物线

rayadura　擦痕，划痕，刻痕，划线

rayas espectrales　光谱

rayo　光线，声线，放射线，辐射线；辐条，轮辐

rayo actínico　光化射线

rayo alfa　α 射线

rayo anódico　阳极射线

rayo beta　β 射线

rayo blando　软射线

rayo calorífico　热辐射线

rayo catódico　阴极射线

rayo circular　圆弧射线
rayo cósmico　宇宙射线
rayo de alambre　钢丝辐条，车条，线辐条
rayo de calor　热线
rayo de incidencia　入射光线
rayo de rueda　轮辐条，辐条
rayo delta　δ 射线，δ 粒子
rayo directo　直射光
rayo extraordinario　非寻常光
rayo gama　γ 射线，伽马射线
rayo gama de captura　俘获 γ 射线，俘获伽马射线
rayo gama espectral　光谱伽马射线，光谱 γ 射线
rayo incidente　入射线
rayo infrarrojo　红外线
rayo láser　激光射线，激光束
rayo óptico　视线
rayo ordinario　寻常光
rayo principal　主射线
rayo rasante　正切线
rayo recto　直射线
rayo reflejado　反射线
rayo reflejo　反射线
rayo refractado　折射线
rayo refracto　折射线
rayo Roentgen　伦琴射线
rayo sísmico　地震波射线，地震线，地震射线
rayo ultrarrojo　红外线
rayo ultravioleta　紫外线
rayo visible　可见光线，可见射线
rayo visual　视线
rayo X　X 光，X 光射线
razón　道理，理由；比率，比例，比值；变换系数；公司
razón aritmética　公差，算术比
razón de atenuación　衰减比
razón de compresión eficaz　有效压缩比
razón de compresión　压缩比，压缩率
razón de depreciación　折旧率
razón de despojamiento　剥采比
razón de distribución　分配比，分配系数
razón de elasticidad　弹性比
razón de mezcla　混合比
razón de permeabilidad horizontal a permeabilidad vertical　水平渗透率与垂向渗透率的比率
razón de productividad　生产率指数，生产指数
razón de una progresión aritmética　算术级数比
razón de una progresión geométrica　几何级数比
razón entre el espesor de la zona productiva y el de la capa acuífera　油水层厚度比，油层厚度与水层厚度的比率
razón geométrica　几何比
razón inversa　反比

razón por cociente　商数比
razón por diferencia　差分比
razón racional　合理的比率
razón social　店号，商号，贸易公司
razonable　合理的；适度的，中等的
Rb　元素铷（rubidio）的符号
RCA（reporte de control ambiental）　环境防治报告，环境控制报告
Re　元素铼（renio）的符号
reabastecer　添补，补充，重新补足；再次供应
reabastecimiento　再补给，补充；再充填
reabastecimiento de combustible　加油，加燃料
reabrir　重新打开，二次打开
reabsorbedor　再吸收塔
reabsorción　再吸收，重新吸收，重吸收
reacción　反应，反响；反作用，反作用力；（化学）反应
reacción ácida　酸性反应，酸反应
reacción aerodinámica　气动力作用
reacción agua/crudo　水／油反应
reacción al esfuerzo aplicado　应变
reacción al formol　甲醛反应
reacción alcalina　碱性反应
reacción analítica　分析反应
reacción básica　基本反应
reacción bimolecular　双分子反应
reacción con la inyección de agua　注水效果，注水反应，注水见效
reacción cruzada　交叉反应
reacción de cadena　连锁反应，链式反应
reacción de condensación　缩合反应
reacción de metanación　甲烷化反应
reacción de neutralización　中性反应
reacción de óxidoreducción　氧化还原反应
reacción de permutoide　交换型反应，交换反应
reacción de redox　氧化还原反应
reacción de rescoldo　阴燃反应
reacción del clima　气候反应
reacción elástica　弹性反应
reacción en cadena　连锁反应，链式反应
reacción endotérmica　吸热反应
reacción exotérmica　放热反应
reacción fotoquímica　光化反应
reacción Grignard　格利兰德反应
reacción neutra　中性反应
reacción nuclear　核反应
reacción pirolítica　热解反应
reacción por combinación　组合反应
reacción por sustitución　替代反应
reacción química　化学反应
reacción reversible　可逆反应
reacción secundaria　副反应，二次反应，辅助反应

R

R

reacondicionamiento 修井作业，维修作业；再调节，再生

reacondicionamiento de barrenas 修整钻头

reacondicionamiento de pozo 修井，井的修复，井的重整

reacondicionamiento permanente 日常修井

reacondicionar 修复，检修，修理，复原

reactancia 电抗

reactancia capacitiva 容电抗

reactancia inductiva 感电抗，感抗

reactancia mutual 互抗

reactante 反应物，作用物

reactivación 恢复活性，复活，再活化，复活作用

reactivador 再生器

reactivar 复活，使再活化，复原；重激活，再生

reactividad 反应性，反应能力，活动性，活化性

reactivo 试剂，药物，反应物；易反应的

reactivo compensador 缓冲剂

reactivo de Karl Fischer 卡尔费休试剂

reactivo de Nessler 奈斯勒试剂，奈氏试剂，纳氏试剂

reactivo de valoración 滴定剂，滴定用标准液

reactor 反应器，反应堆

reactor atómico 原子反应堆

reactor autoregenerador 增殖反应堆

reactor de agua ligera 轻水反应堆

reactor de arranque 启动电抗器

reactor de tanque de síntesis 合成槽反应器

reactor en derivación 并联电抗器

reactor nuclear 核反应堆

reactor nuclear autoregenerable 核增殖反应堆

reactor reproductor 增殖反应堆

reactor termonuclear 热核反应堆

readjudicado 重新分配的，重新判归的

reaeración 再通风，再曝气，再充气

reafilar 重磨锐，修磨，修磨钻头

reagente 试剂，反应剂，反应物

reagente activado 活化试剂，活性试剂

reagina 反应素

reagrupación 重新组合，重新分类

reajuste 重新调整，重新校准

reajuste gradual 逐步调整

realidad 真实性；现实，实际；本质；事实

realidad virtual 虚拟真实

realimentación 反馈，回授

realimentación de datos 信息反馈

realizar 实现，实行，做，进行

realzar 举起，举高，使升高

reanudar 继续进行，重新起动，恢复

rearmar 重装配，再装配

rearranque 再启动，重新启动，重新开始

reascender 重新登上，回升

reasignación 再分配，重新分派

reasignar 再分配，重新分派，把…重新划拨

reasumir 重新承担，重新担任

rebaba （铸件等的）毛刺，毛口，毛边，毛茬

rebaja 降低，减少；（价格的）折扣，折头

rebaja de precio 削价，标低价目

rebajador de punto de fluidez 倾点下降剂

rebajar 降低，减少，扣除；降价

rebalear 重射；再射孔，补孔，补炮

rebalsa 积水，水洼，水池

rebalsadura 拦截水流

rebalse 拦截水流；截流，蓄水

rebañadera （从井中打捞东西的）铁钩，铁爪

rebarba 毛刺，毛边，毛口；刮去毛刺

rebarbador 刮毛刺工，刮毛刺机

rebasamiento de vapor 蒸汽超覆

rebasamiento por gravedad 重力上窜，重力上升

rebenque 衬圈，衬垫，垫圈，密封垫，填料

rebobinador 绕线圈机，倒带机，倒卷机

rebobinar 再上发条；重绕，重卷

rebolsa 逆风，顶风

reborde 卷边，突边，凸缘，法兰

reborde basal 基凸缘

reborde de llanta 轮毂凸缘

reborde de orificio 孔板法兰，微孔法兰

reborde del tambor 丝牙盖（一种封口设备）

reborde deslizante 滑动法兰

reborde externo 外法兰

reborde glenoideo 窝状凸缘

reborde interno 内法兰

rebordeador 卷边工具，卷边机，卷边器

rebordeadora 卷边机，卷边器

rebordear 使有卷边，使有凸缘

rebosadero 溢水口，溢洪道

rebosamiento 溢流，溢出，漫出

rebosar 溢流，溢出；灌满；过剩，过载

rebotante 支撑，撑臂；斜撑，斜柱，支柱

rebote 弹回，弹跳；碰撞；反射物

rebote elástico 弹性回跳

recalcado exterior 外部箍紧，外部加固，外加厚

recalcar 挤压，压紧，塞实，填满

recalentado 过热的，中间过热的

recalentador 加热器，过热炉，过热装置

recalentamiento 重新加热，二次加热；过热

recalentar 重新加热，再加热；使过热，加热过度

recalescencia 复辉现象

recaliente 重新加热的；加热过度的；过热的

recalque 紧缝，堵缝，填隙

recalque interior 内加厚

recámara 炮眼；弹药室；枪膛

recambio 更换；退回的汇票；配件，备件

recañonear 再射孔，重新射孔

recañoneo 二次射孔，再射孔，重新射孔

recarga　再装，重新装载；新负担

recarga artificial de las aguas subterráneas　人工补给地下水，地下水人工补给

recarga de extintor　充灭火器，灭火器重新装料

recargable　可以再装的；可以充电的

recargar　再装载，重新装载；（因拖欠交款）加重税收

recargo　增加的负担；（税收的）增加额

recargo de flete　附加运费

recargo de importación　进口附加税

recargo de impuesto　附加税

recargo de precio　要价过高，讨价过高

recargo del precio de los combustibles　燃料价格附加费

recaudación　征收；募捐；税收（或汇集）的款项

recaudar　征收；募捐；汇集；保管

recejo　退潮

recepción　接收；接待；接待处，服务处

recepción en diversidad　分类接收

receptáculo　容器；储藏处

receptáculo de enchufe a golpes　震击打捞筒

receptáculo del tambor del malacate　绞车座

receptancia　敏感性，响应

receptor　接收机，听筒，耳机，收集器，储存器；收件人

recesa　截流

recesión　倒退，后退；经济衰退；休会

recesión económica　经济衰退

receso　停顿，暂停，休会，暂停活动

rechazar　拒绝，拒不接受，驳回，反驳

rechazo　否认，否定；拒绝；退却；断距，垂直断距；落差；位移；偏离

rechazo horizontal　平错

rechazo horizontal de falla　断层平错

rechazo vertical　垂直落差，竖向落差

rechazo vertical de falla　断层落差

rechupe　缩孔；收缩

recibidor　门厅；接待厅；收票员；接收器

recibir　收到，接受；接待，接见

recibo　接收；接待，回执，收条

recibo de pago　付款收据

recibo por duplicado　一式两份收据

reciclado　回收利用的；再循环；回收利用

reciclado de ciclo cerrado　闭环再循环，闭环式回收利用

reciclado de circuito cerrado　闭环再循环，闭环式回收利用

reciclaje　回收利用；再循环；回注

reciclaje de nutrientes　再利用养分，营养再循环

reciclaje del gas en un yacimiento para mantener la presión　气体回注（以便保持油藏压力）

reciclar　使再循环；回收利用；回注

reciclo　再循环，重复利用，回注

reciente　刚刚发生的

recinto　（围起来的或在一定范围之内的）场地

recipiente　器皿，容器

recipiente a presión　高压釜，压力容器，高压容器

recipiente a prueba de ácido　防酸罐，防酸瓶，防酸箱

recipiente auxiliar　辅助容器

recipiente cerrado　封闭容器

recipiente cilíndrico conectado a una tubería de gas en el yacimiento　洗气罐，气管上的分液包

recipiente de absorción　吸收装置，吸收器

recipiente de acumulador　蓄电池箱，蓄电池容器

recipiente de aire　储气罐

recipiente de alta presión　高压容器，高压釜

recipiente de Amblart　虹吸分液器

recipiente de presión　高压釜，压力容器，高压容器

recipiente de refinación a menor presión que la atmosférica　减压蒸馏塔，减压蒸馏器

recipiente de tratamiento　加工容器，处理容器

recipiente estanco　密封罐，密闭容器

recipiente hermético　密闭容器

recipiente metálico　金属容器

recipiente para aceite　装油容器，油桶

recipiente para almacenar gas　容气器

recipiente para separar sólidos por acción centrífuga　离心机

recíproca de la conductividad　比电阻

reciprocidad　相互性，相互关系；相互作用；互惠

recíproco　相互的；互惠的，对等的；互逆的

recirculación　再循环，重复循环，回路循环，回流；回注

recirculación de gas　天然气回注，天然气再利用

recircular　再循环，回路循环；回流，逆环流；回注

recisión　（契约等的）废除，取消

recizalla　第二次切剪金属

reclamación　抱怨；抗议；（有权）要求；投诉

reclamación ambientad　环境诉求，环境索赔

reclamar　要求，索赔；抗议，反对

reclasificación　再分类，再次分级

reclija　裂缝，缝隙

recobrable　可收集的，可代收的；可恢复的

recobrar　收复，回收，弥补，补偿；复原，康复

recobro　重新得到，收复；复原，康复

recobro secundario　二次开采，二次采油

recocida　回火

recocido　退火的，经过锻烧的；退火，锻烧，韧化

recocido isotérmico　等温退火

recodo （河流、道路的）拐弯处，拐角；曲水管，弯管

recogederrumbes 孔壁防塌装置

recogedor 捕集器，俘获器

recogedor de núcleos de cierre total 全封闭岩心爪

recogemuestras 岩心捕捉器，岩心爪，岩心提取器，岩心抓

recogemuestras de estrato （地层）岩心捕捉器，岩心爪

recogemuestras del barreno exploratorio 钻机岩层取样器，勘探钻进岩层取样器

recogemuestras del contenido de la formación 岩层取样器，地层取样器

recogemuestras del contenido del estrato 岩层取样器，地层取样器

recogemuestras del contenido del fondo del pozo 井底岩层取样器

recogida 收集，采集，捕集；选样，汇集

recogida de basura 垃圾收集

recogida de datos 数据收集

recolar 重新过滤，再过滤

recolección 搜集，汇集；征收，募集（钱款）

recolección de basura 垃圾收集

recolección de desechos 垃圾收集

recolección de gas 集气，采集气体

recolección de residuos 废物回收，垃圾回收

recolección mecánica 机械采集，机械收集

recolectar muestras 采样，取样

recolector 收款员；收税人；收集器，撇渣器

recolector de cinta 带式撇油器，带式撇渣器

recolector de escape 排气收集器

recolector de espuma 撇沫器，除沫器

recolector de rebosamiento 溢流撇油装置，堰式撇油器

recolector por adsorción 吸附式收集器

recombinación 复合，合成重组，重新组合

recomendación 推荐，介绍；委托，托付

recompensa 补偿；奖励；补偿物；奖励品

recompensar 补偿；酬劳，奖励，奖赏

recompletación 二次完井，重新完井，再次完井

recompletación de pozo 重新完井，二次完井

recomponer 重建，重新组合，修理，修补

recompostura 第二次合成；修补

recompresión 重新压缩

reconcentración 聚集，汇集；压缩，浓缩

recondensación 再浓缩，再凝结，再冷凝

recondición 修复，检修，整新，重整

recondicionamiento 大修，重装，检查

reconectar 再次连接，再接合

reconocimiento 辨认，识别；承认；检查，勘察

reconocimiento a plancheta 平板仪测量

reconocimiento de configuraciones 图像识别，图形识别

reconocimiento de masas vegetales 植被观测；植被普查

reconocimiento de suelos 土壤测量，土壤调查

reconocimiento del lugar 勘察地形

reconocimiento del subsuelo 地下测量

reconocimiento geológico 地质踏勘

reconsideración 重新考虑，重新审议

reconstitución 重建，重组；恢复原状

reconstrucción 再造，重建

reconstrucción de la economía 经济复兴，经济重建

reconstrucción de un pozo 二次完井，重新完井，再次完井

reconstruir 重建，重造；修复，使复原

reconversión 恢复原状；转产，改组

reconvertir 使恢复原状；使适应新情况；改组

recopilación 摘要；汇集，汇编

recopilación de datos 数据采集，数据收集

recopilador 汇集人，汇编人；记录器

recorredor 走行者，巡线人员

recorredor de oleoducto 管道巡查工，护管道工

recorrer 走动，走遍

recorrer a pasos 步测

recorrer el afloramiento de un estrato para cartografiarlo （为了绘制地图）实地考察地层露头

recorrido 走，起程；路程，行程；冲程

recorrido corto 短距离起下钻具，短起下钻，短起下仪器；短程

recorrido de inducción 吸入冲程

recorrido de un contaminante 污染物的路径

recorrido de una válvula 阀行程

recorrido del émbolo 活塞排量

recorrido del vástago 阀杆行程

recorrido total de varilla 钻杆总行程，抽油杆总行程

recorrido total de vástago 阀杆总行程

recorrido útil 冲程，工作冲程

recortadora 修整器

recortadora de chapa 分段冲裁冲床

recortadura 剪去多余部分；凹陷，凹口

recortar 剪去；缩减，缩小

recortar la producción 削减产量

recortar velocidad 换低挡，减速

recorte 削剪；缩减，缩小

recorte de picos 高峰调节

recortes de petróleo 石油馏分

recoveco （街道、河流等的）弯曲，拐角

recrecimiento 增长；重现

recrecimiento de terraplenes 堤围加宽，堤坝扩建

recristalización 再结晶，重结晶

recristalizar 再结晶

recta 直线

recta semilogarítmica de Horner　霍纳图半对数直线段

recta semilogarítmica de superposión　叠加图半对数直线段

rectangular　矩形的，正交的，直角的

rectángulo　长方形，矩形

rectficador electromagnético　电磁整流器

rectificación　修正，改正；精馏

rectificación con vapor　汽提

rectificación de instrumentos　仪表调试，仪表校验，仪器校准

rectificado　精馏过的，净化的

rectificador　整流器；精馏器；整流管；磨床

rectificador de cilindro　气缸珩磨头

rectificador de corriente　整流器

rectificador de diodo　二极管整流器

rectificador de eje　轴磨床

rectificador de la tubería de revestimiento　胀管器，套管修整器

rectificador de rosca　螺纹磨床

rectificador de válvulas　气门研磨机

rectificador electrónico　电子整流器

rectificador gaseoso　充气管整流器

rectificadora　校准仪，调整仪；磨床；研磨机；整流器

rectificadora de banco　台式磨床

rectificadora de válvulas　气门研磨机

rectificar　弄直；校正；修整；精馏，提纯；整流

rectificar un pozo　扩孔，铰孔，铰眼，扩眼

rectificar una perforación　扩孔，铰孔，铰眼，扩眼

rectilinealidad　直线性

rectilíneo　直线性的，直线运动的

rectitud　直，笔直；精确，准确

recto　直的；直线的；成直角的，垂直的

recuadro　方格，方块；网格

recubierto de asfalto　涂上一层沥青的，沥青覆盖的

recubrimiento　重盖；覆盖物；涂满

recubrimiento de la primera tubería　下表层套管

recubrimiento de poros　孔壁附着

recubrimiento plástico　塑料覆盖

recubrimiento regresivo　海退超覆，退覆

recubrimiento transgresivo　海侵超覆，海侵超复，进复

recubrir　重新盖；盖满，覆盖；涂满

recuento　再数，重新数；核对数目

recuesto　斜坡，斜面；上坡

reculada　后退，退却；退让，退缩

recuperabilidad　恢复力，可回收性

recuperable　可采出的，可回收的，可重新利用的

recuperación　收复；重新利用，回收；采收（率）

recuperación acumulada de crudo　累积采油量

recuperación adicional de reservas　储量追加开采量，储量新增开采量

recuperación asistida con bacterias（RAB）　微生物强化采油

recuperación de aceite　油回收，采油

recuperación de ácido　酸回收

recuperación de amplitud verdadera　真振幅恢复

recuperación de azufre　硫磺回收

recuperación de basuras　垃圾回收

recuperación de corazón　取心收获率，取岩心，岩心采取率

recuperación de datos　数据检索，资料检索

recuperación de errores　错误校正，误差恢复，误差校正

recuperación de errores al vuelo　偶然误差补偿，偶然误差校正

recuperación de las tierras abandonadas　废地再次使用

recuperación de los desechos　废弃物再次使用

recuperación de los precios　价格回升

recuperación de los residuos　废弃物再次使用

recuperación de lubricantes usados　废油再生，废润滑油回收

recuperación de núcleos rescatados　取心率，岩心采收率，取心收获率，岩心收获率

recuperación de petróleo　采油，油的回收

recuperación de presiones　压力恢复

recuperación de sitio　现场的环境修复，场地环境修复

recuperación de suelos salinos　盐碱地土壤改良，盐碱地垦殖

recuperación de tierras　土地开垦，土地改良

recuperación del agua　水回收；降水收集（在缺水地区把天然降水收集起来以供人畜饮水用）

recuperación del calor　热回收，热能回收

recuperación en sitio　就地开采

recuperación final　最终采收率，最终回收率

recuperación mejorada　强化开采，提高采收率，强化采油

recuperación mejorada de crudos　提高石油采收率，强化采油

recuperación mejorada de petróleo（EOR）　提高石油采收率，强化采油（英文缩写EOR，Enhanced Oil Recovery）

recuperación por inyección de agua　注水采油

recuperación primaria　初次开采，一次开采（采油）

recuperación primaria de petróleo　一次采油

recuperación secundaria　二次开采，二次采油

recuperación secundaria de petróleo　二次采油

recuperación suplementaria de petróleo　增产油

量，提高石油采收率方法

recuperación terciaria 三次采油

recuperación térmica 热采

recuperación u obtención de núcleos rescatados 取心；岩心采收率，取心收获率

recuperado 回收的，采出的

recuperador 换热器；回收装置；撇渣器，撇油器

recuperador ciclónico 旋流式撇油回收装置

recuperador de aceite 润滑油再生装置

recuperador de cinta 带式撇油器，带式撇渣器

recuperador por inmersión 浸没式撇油器；浸没式浮游回收装置

recuperador por succión 吸入式撇油器；吸入式浮油回收装置

recuperar 回收，重新利用；使复原，恢复；打捞

recurrencia 再现，再发生；复发

recurrente 再生的；循环的

recurrir 起诉，控告；求助

recursión 递归，递推，循环

recursividad 循环性

recursivo 递归的，循环的

recurso 上诉，申诉；手段，措施；资源，财产（复数）

recurso contencioso administrativo 对行政决定的起诉

recurso de aclaración 澄清要求

recurso de alzada 对当局所作决定的申诉书

recurso de apelación 上诉

recurso de casación 向最高法院提出的上诉（要求取消原有判决）

recurso de emergencia 应急措施

recurso de injusticia notoria 不服判决向最高法院提出申诉

recurso de nulidad 不服判决向最高法院提出的特别上诉

recurso de queja 控告，起诉

recurso de reconciliación 调解请求书

recurso de reforma 修正要求

recurso de reposición 修正要求

recurso de responsabilidad 要求追究责任

recurso de revisión 重判请求

recurso jerárquico 高一级的的上诉

recursos biológicos 生物资源

recursos biológicos insustituibles 不可替代的生物资源

recursos bióticos 生物资源

recursos de agua 水利资源，水力资源

recursos de Estado 国家财产

recursos de fauna 动物资源

recursos de flora y la fauna silvestre 野生动植物资源

recursos de petróleo en sitio 原地石油资源

recursos del subsuelo 地下资源

recursos económicos 生活资料，经济手段

recursos en estado natural 野生资源，原生态资源

recursos enérgicos 能源

recursos finitos 有限的资源

recursos fitogenéticos 植物基因资源

recursos forestales 森林资源

recursos genéticos 基因资源

recursos genéticos mundiales 世界基因资源

recursos genéticos vegetales 植物基因资源

recursos hidráulicos 水力资源

recursos hídricos 水利资源，水力资源

recursos humanos 人力资源

recursos limitados 有限的资源

recursos materiales 物力

recursos minerales 矿产资源，矿物资源

recursos naturales 自然资源

recursos naturales agotables 可耗尽的自然资源；不可再生的自然资源

recursos naturales no renovables 不可再生的自然资源

recursos naturales renovables 可再生的自然资源

recursos no renovables 不可再生资源

recursos para la producción de energía 动力资源，能源

recursos petroleros 石油资源

recursos propios 自有资金

recursos renovables 可再生资源，可更新资源

recursos terrestres 陆地资源

recursos vegetales 植物资源

recursos vivos 生物资源

recurvación 反弯，反曲；曲线后退

recurvado 向后弯曲的

red 网，网具；网状编织物；网络；网状系统

red alimentaria 食物网

red alimentaria acuática 水生食物链；水生食物网

red alimentaria marina 海洋食物网；海洋食物链

red coaxial 同轴电缆网

red de abastecimiento de agua 供水系统，给水系统

red de acción directa 前馈网路

red de agencias de transporte 运输代办处网点

red de alcantarillado 污水管网系统

red de cabotaje 沿海贸易网点

red de cañerías 管道系统，管道网，管系

red de carreteras 公路网

red de circuitos 电路

red de datos 数据网络

red de difracción 绕射光栅

red de doble alimentación 双供给系统

red de fallas 断层系

red de seguridad　安全网

red de teleproceso　远程信息处理网络

red de triángulos　三角网

red de tuberías　管道系统，管道网，管系

red de ventas　商业网点

red de vigilancia de la contaminación atmosférica　大气污染监控网

red del abastecimiento de aguas　供水系统

red directiva de antenas　天线阵列

red eléctrica　电力网

red en malla　点阵网络，X 形网络

red fluvial　河网

red global inteligente　智能环球网

red industrial　工业网络，产业网络

red informática　信息网络，信息网

red internet　因特网，互联网

red neural　神经网络

red neural artificial　人工神经网络

red topográfica　地形测绘网

redacción　编辑；草拟

redactar un contrato　草拟合同

redefinición　重新解释，重新规定

redención　赎买，赎回；补救

redepositar　再沉积

redescuento　再打折扣，折上折；（汇票、期票等）再贴现

redestilación　再蒸馏，再度蒸馏

redestilación de aceite terminado　精制油再蒸馏，成品油再蒸馏

redestilación del petróleo　石油再蒸馏，石油重馏

redestilado　再蒸馏的

redestilar　再蒸馏，再度蒸馏

redilución　再溶解

redimible　可赎回的，可解除的，可兑换的

redisolución　再溶解，再溶化

redisparar　重新射开（某一层段）；补孔，补充射孔

redisparar el intervalo　重新射开某一层段

redistribución　再分配，再分布，市场再分配

redistribución de mercado　市场再分配

redistribuidor　再分配器

redistribuidor de la energía solar　太阳能再分配器

redistribuir　重新分配，重新分派；再分发

rédito　利息，利润

rédito bruto　总收益

rédito neto　纯收益

réditos de los reditos　复利

redoma　（委内瑞拉）圆形广场

redondear　使成圆形；使成整数，去零头成整数

redondez　圆，圆形；圆周

redondo　圆形的；完整的；整数

redox　氧化还原，氧化还原作用

redruthita　辉铜矿

reducción　减少，缩减；除氧，去氧

reducción a escala　按比例缩减

reducción a pequeñas partículas　磨碎，粉碎，粉末化，研磨

reducción al absurdo　归缪法，间接证明法

reducción catalítica　催化还原

reducción catalítica selectiva　选择性催化还原

reducción crítica　临界压下量，临界压缩量；临界变形量

reducción de datos　数据简化；数据简缩

reducción de engranajes　齿轮减速

reducción de impuestos　减税

reducción de la capa de ozono　臭氧层缺失

reducción de la contaminación　减少污染

reducción de la emisión de partículas　粉尘排放控制，减少粉尘排放量

reducción de la inclinación　减斜，斜度减少

reducción de la superficie cubierta por bosques　森林覆盖面积缩减

reducción de la viscosidad　减低黏度，降低黏度，降黏

reducción de permeabilidad　渗透性降低

reducción de presión　降压，压力下降

reducción de tarifa (reducción tarifaria)　降低税率

reducción de torque　减少扭矩

reducción de toxicidad　毒性降低

reducción del diámetro　（管端）缩径

reducción del diámetro de una tubería　管端缩径

reducción del equipo　缩小装置尺寸

reducción del presupuesto　缩减预算

reducción del riesgo　降低风险

reducción progresiva　逐渐缩减

reducible　可缩减的；可还原的；可复位的

reducir　减小，减少，压缩；简化；使恢复原状

reducir desmoronamiento en hoyos　减少井眼塌方

reductibilidad　还原性，还原能力

reductivo　缩减的；还原的；简化的

reductor　减速器，减压器（阀）；还原剂；扼流圈（器）；节气阀，节油门，节流器；异径接头，大小头

reductor ahusado　锥形异径管

reductor concéntrico　同心异径管，同心大小头，同心渐缩管

reductor cónico　锥形异径管

reductor cónico excéntrico　偏心锥形异径管

reductor de diámetro　异径器

reductor de engranajes　齿轮减速器

reductor de flujo　油嘴，节流嘴

reductor de presión　减压阀，减压器

reductor de presión en dos etapas　双级减压器

reductor de velocidad　减速器

reductor de velocidad a engranajes　齿轮减速装置，齿轮减速器

reductor de velocidad de motor　发动机减速器

reductor de viscosidad　降黏剂，破胶剂

reductor de viscosidad de inyección　降黏剂，泥浆减稠剂，泥浆稀释剂

reductor excéntrico　偏心大小头

reductor químico de viscosidad para inyección　化学泥浆稀释剂，化学泥浆减稠剂，化学降黏剂

reductora de viscosidad　减黏裂化装置

reductores de fricción　摩阻减低剂，减阻剂，降阻剂

redundancia　过多，冗余，过剩

redundante　过多的；冗长的；冗余的

reedificación　再建，重建，改建

reeducación　再教育，再训练

reelección　再选，重选；重新当选，连任

reelectrómetro　测感应电流器

reelegible　可连选的

reembarcar　重新装货上船

reembarque　将货物重新装上船

reembolsable　可偿还的，可赔偿的，可补偿的

reembolsar　退还，归还；偿还

reembolso　退还，归还；偿还

reembolso de derechos (impuestos)　退税

reembolso de deudas　偿还债务

reembolso de un crédito　偿还贷款

reembolso de un préstamo　偿还借款

reembolso en efectivo　现金偿付

reempaquetadura　重新包装，换填料，重新充填

reempaquetar　重新包装，换填料，重新充填

reemplazar　更换，替换，替代

reemplazo　更换，替换，替代；替代者，接替人

reemplazo de lodo por aire comprimido　用压缩空气顶替泥浆

reempleo　再使用，再用，重复利用

reencendido　再点火，再触发

reenvío　寄回，送回，退回

reestablecer　重建，恢复，重新设立

reestructuración　重新组织，改组

reevaporador　再沸器，重沸器

reevaporador tubular　管式再沸器

reevaporar　使再沸，再煮沸

reexaminación　复查，再审查；复试

referencia　提到；关联，关系；参考；附注，参考符号

referencia geológica　地质参考符号；地质图例

referencia primaria　基本参照，主要参考

refinación　精炼，提纯，精制，炼制，炼化

refinación a base de disolventes　溶剂萃取，溶剂抽提

refinación a vapor　蒸汽精炼

refinación ácida　酸精制

refinación con ácidos　酸精制

refinación con furfural　糠醛精制

refinación con hidrógeno　加氢精制，氢化提净

refinación con solventes　溶剂精制

refinación de petróleo　炼油，石油炼制

refinación de residuo de petróleo　石油废渣炼制

refinación del solvente　溶剂精制

refinación eléctrica　电精制

refinación por el método de fase de vapor　汽相精炼，汽相法精炼

refinación por lotes　分批精制，分批蒸馏，间歇式蒸馏

refinado　精制的，精炼的；精炼，提纯

refinado electrolítico　电提纯

refinador　精制机；炼油师，炼油工人

refinados　精炼产品

refinar　精炼，精制，提纯

refinar con solución doctor　使用亚铅酸钠溶液精制，用博士液精制

refinería　炼厂，提炼厂，精炼厂

refinería completa　全系列炼厂（指生产燃料、化工和燃料润滑油）

refinería de aceite　炼油厂

refinería de conversión profunda　可进行深度转化的炼厂

refinería de petróleo　精炼厂，炼油厂

refinería del aceite lubricante　润滑油炼厂

refino　精炼，提纯，精制

refino del petróleo crudo　原油精炼，原油精制，原油提纯

reflación　通货再膨胀

reflectante　反射的

reflectar　反射，反照

reflectividad　反射性；反射率

reflector　探照灯，聚光灯；反射镜，反射体

reflejar　反射，反照，表现

reflejo　映像；倒影；表现；反映；反射作用

reflejo condicionado　条件反射

reflejo cruzado　交叉性反射

reflejo del objetivo　目标反射

reflejo directo　直接反射

reflejo en la ionosfera　电离层反射

reflejo profundo　深层反射

reflejo superficial　表层反射

reflex　反射；反射镜照相机

reflexibilidad　反射性，折射性

reflexible　可反射的

reflexión　反射；考虑；提醒

reflexión de horizonte inclinado　倾斜平面反射

reflexión de la luz　光反射

reflexión especular　单向反射，镜面反射，正常反射

reflexión fantasma　虚反射

reflexión sísmica　地震反射

reflexión total　全反射

reflexivo 反射的；惯于思考的

reflexófilo 反射性的，反射作用性的

reflexográfico 反射描记的

reflexógrafo 反射描记器

reflexograma 反射描记图

reflexología 反射学

reflotamiento 重新漂浮；再浮选，精选

refluente 倒流的，回流的

refluir 倒流，回流；结果是

reflujo 退潮，落潮；后退，倒退

reflujo de capital 资本回流

reforestación 再造林，重新绿化；再生林

reforestar 使再造林，使重新绿化

reforjador 重新锻造…的

reforjamiento 重新锻造

reforjar 重新锻造

reforma 改良，改革，革新；重整

reforma arancelaria 关税改革

reforma monetaria 货币改革

reforma tarifaria 税率改革，价格调整

reforma térmica 热重整

reforma tributaria 税收改革

reformación 重造；整修；修正，重整

reformación catalítica 催化重整，催化改质

reformación catalítica regenerativa 再生式催化重整

reformación catalítica SBK 辛克莱—贝克型催化重组法，SBK 催化重整

reformación catalítica Thermofor 塞摩福型流动床催化重整

reformación con platino 铂重整

reformación en presencia de hidrógeno 临氢重整

reformación por vapor 水蒸气转化

reformación regenerativa 再生重整

reformador 改革者；重整装置

reformador catalítico 催化重整装置

reformador en presencia de hidrógeno 临氢重整装置

reformar 整修；改正，恢复，重建

reforzado 加固的，加钢筋的

reforzador 加厚剂，增厚剂；升压器，增压器

reforzador de tensión 增压器，增压机

reforzar 加固，使结实；加强，增强

refracción 折射，屈折

refracción de la luz 光折射

refracción doble 双折射，重屈折

refracción específica 比折射率，折射率差度

refractable 可折射的，折射性的

refractar 使（光、射线等）折射；折射，屈折

refractario 耐火的，耐熔的；耐火材料

refractario aislante 隔热耐火材料

refractario material 耐火材料

refractividad 折射性；折射率，折射系数

refractometría 量折射术，折射法

refractométrico 折射仪的，折射计的

refractómetro 折射仪，折射计

refractor 折射层，折射器，折射面

refrangibilidad 可折射性，可折射度

refrangible 可折射的

refregadura 摩擦，蹭；擦痕，蹭痕

refregamiento 摩擦，蹭

refregar 摩擦，蹭，磨，研磨

refrenativo 遏制性的，抑制性的

refrendación 签署；签发；批准

refrendar 签署；副署，签准，签发；批准

refrescante 冷却液；清凉的

refrigeración 冷冻，冷藏；制冷设备

refrigeración por aceite 油冷

refrigeración por agua 水冷，水冷法

refrigeración por aire 空气冷却，气冷

refrigerado 已冷的，冷却的

refrigerador 致冷装置，冷冻机；冷藏室；冰箱，冷柜

refrigerador de aire 空气冷却器

refrigerador de gas 气体冷却器，气体冷凝器

refrigerante 冷却器；冷却槽，冷却箱；冷却液，冷却物；冷却的

refrigerante de aceite 滑油冷却器，滑油散热器

refrigerativo 用来制冷的

refrigeratorio 冷却槽

refringencia 能折射性，折射性能

refringente 能折射的，有折射力的

refringir 折射

refucilo 闪电

refuerzo 加强，巩固；加固物；轴衬

refuerzo angular 加肋角钢

refuerzo de/para las patas de la torre de perforación 加强井架腿的金属件

refuerzo para esquinero de torre 加强井架腿的金属件

refugiar 庇护，收留

refugio 庇护，掩蔽，保护；避难所

refugio de la fauna 野生动物保护区

refugio glaciar 冰冻期动植物栖生地

refugio natural 自然保护区，禁猎区，禁渔区

refugio para personal de perforación 井场值班室，井口值班房

refundar 改组

refundible 可熔炼的

refundición 重新冶炼，重新铸造

refundir 重新冶炼，重新铸造

regalía 石油开采税，（矿区）开发税，（矿区）使用费

regasificación 再蒸发，再气化；重新气化

regatear 订约，磋商，议价，讨价还价

regenerable 可再生的；可恢复的

regeneración 再生；重生；正反馈

regeneración acústica 声反馈

regeneración apriódica 非周期性再生

regeneración de impulsos 脉冲再生

regeneración de la solución del doctor 亚铅酸钠溶液的再生；博士液的再生

regeneración doctoral 亚铅酸钠溶液的再生；博士液的再生

regenerador 交流换热器，再生器

regenerar 使再生；更新

regenerativo 再生的；无抗性的，无功的，反馈的，交流换热的

régimen 政体，社会制度；章程，条例；情势，情态，变化特征；管理制度；（发动机的）最佳运转状态；运转速度

régimen continuo de producción （油井）连续性生产制度

régimen de aguas 水动态，水情，水分状况

régimen de bombeo 泵排量，抽水速度，泵送率，泵送速度

régimen de caldeo 点火率，引爆速率

régimen de carga 充电率

régimen de disparo 点火率，引爆速率，激发率

régimen de entrada 注入率，注水速度，输入率

régimen de flujo 流动状态，流动体制

régimen de fogueo 点火率，引爆速率

régimen de inyección 注入量，注入率

régimen de liberación de calor 放热率，放热速率

régimen de máxima eficiencia 最大有效采收率，最大有效采油速度，最大有效速率

régimen de producción 采油速度，产率，生产率，开采速度

régimen de recirculación 再循环速度

régimen de vida 生活方式

régimen de vientos 风情，风况，风态

régimen del caudal 水流情况，水流状态

régimen del curso de agua 水流情况，水流状态

régimen eficiente de producción 有效产率，有效开采速度

régimen estacionario 稳态，稳恒态，稳定状态

régimen permanente 稳态，定态，固定状态

régimen protector 保护贸易制，关税壁垒制

regimiento 统治；管理；主管

regimiento de navegación （航空或航海）驾驶守则

región 地区，地带，区域；行政区；范围

región abisal 深成带，深海带，深海区

región activa 激活区

región administrativa 行政区

región árida 干旱地带，干旱区，干旱地区

región autónoma 自治区

región central 内地，中部地区

región con yacimientos de petróleo comprobados 探明油藏地区

región convectiva 对流区

región de gran sequía 严重干旱区

región de hundimiento 沉陷地区

región ultravioleta 紫外区

región frontera 前陆，山前地带

región fronteriza 前陆，山前地带

región inactiva 不活动区，不活跃区

región insular 岛屿地区

región interior 腹地，内地，内陆

región isotérmica 等温区

región lacustre 湖沼地区

región marítima 海域

región meteorizada 风化带，风化区

región militar 军区

región montañosa 山地，山区，山岳地区

región pantanosa 沼泽地，沼泽地区，湿地

región pelágica 深海区，远洋区

región petrolífera 石油区，油田，含油地带

región productiva comprobada 探明生产区；探明产油区

regional 区域的，局部的，地区的，地区性的

regir 管理；生效，有效；(机件)运作正常

registrado 已注册登记的；已记录的，已登记的

registrador 登记员，记录员；（商品）检验员；记录仪

registrador barómetro 气压记录器

registrador de flujo 流量计，流量记录计，流量记录器

registrador de gravedad 重力记录仪

registrador de intervalos 时间间隔测量仪，间隔记时器；层间记录仪

registrador de la calidad del aire ambiente 环境空气监测仪

registrador de la propiedad 财产登记员

registrador de parámetros 参数仪，参数记录器

registrador de parámetros de operación 操作参数记录仪

registrador de parámetros de perforación 钻井参数记录仪

registrador de peso 重量计

registrador de peso del lodo 钻井液密度记录仪

registrador de peso específico 密度记录仪

registrador de presión 压力记录器

registrador de presión de fondo 井底压力计，井底压力记录仪

registrador de profundidad 深度记录仪，深度记录器

registrador de temperatura 温度计

registrador de temperatura para pozos 井温记录仪

registrador de tiempo 时间记录器；计时员

registrador de velocidad 速度记录器，记速器

registrador de velocidad de penetración 机械钻

速记录仪

registrador digital　数字记录器

registrador electrónico　电子记录器

registrador magnético　磁记录器，磁记录机

registrador sísmico　地震记录仪

registrar　登记，记录；注册；检查

registrar el lodo　泥浆录井

registro　测井，测井方法，测井工艺；测井记录，测井图，测井曲线；录井；登记；注册；注册簿；观测孔，检查孔；气阀，调节器；寄存器

registro acústico　声波测井

registro circulante　循环寄存器

registro comercial　商业登记，商业登记簿

registro compuesto　合成测井曲线，综合测井曲线；综合录井图

registro compuesto de pozo　合成测井曲线，综合测井曲线；综合录井图

registro continuo de análisis de inyección　钻井液录井

registro de activación　活化测井

registro de barrena　钻头记录

registro de buzamiento　倾角测井

registro de cabecera　标题记录

registro de cables　电缆测井，缆式测井

registro de calibración　井径测井，井径测井图，井径记录图，井径曲线

registro de captura de neutrones pulsados　脉冲俘获中子测井；脉冲俘获中子测井图

registro de cementación　固井质量测井

registro de completación　完井记录；完井测井

registro de control　控制寄存器

registro de control de profundidad de perforación　射孔深度控制记录，钻井深度控制记录

registro de control de secuencias　顺序控制寄存器

registro de control del documento　文件控制记录；文件控制寄存器

registro de convergencia　收敛记录，收敛记录表

registro de datos　数据记录

registro de datos de perforación　测井，录井，测井记录，钻井数据记录

registro de datos durante la perforación　随钻测井，英语缩略为 LWD (Logging While Drilling)

registro de densidad　密度测井，密度测井图

registro de densidad compensado　补偿密度测井

registro de densidad de neutrones　中子密度测井；中子密度测井图

registro de densidad-neutrón　密度—中子测井；密度—中子测井图

registro de diagrafía electrogeofísica　电法地球物理测井

registro de diámetro　井径测井；井径测井图，井径记录图，井径曲线

registro de disminución de multipuerta térmica　多门热中子衰减时间测井，英语缩略为 TMD (Thermal Multigate Decay Log)

registro de doble laterolog　双侧向测井

registro de echados　倾角测井

registro de echados estratigráficos　地层倾角测井

registro de efectividad de la cementación　固井质量测井

registro de enfoque esférico　球形聚焦测井

registro de enfoque microesférico　微球形聚焦测井

registro de entrada　入境登记；入库登记

registro de espectroscopía de rayos gamma　伽马能谱测井

registro de evaluación del cemento　水泥胶结质量测井

registro de excentricidad de la mecha　钻头偏移位记录

registro de flujo de agua　水流测井

registro de gamma ray　伽马射线测井

registro de gamma ray de correlación　自然伽马测井曲线校正测井

registro de gamma ray espectral　自然伽马能谱测井

registro de geometría de pozo　井眼几何形状测井

registro de hoyos de perforación poco espaciados　小井距钻井记录

registro de imagen　成像测井（曲线或图）

registro de imagen resistiva　电阻率成像测井

registro de imágenes ultrasónicas de agujero　井周声波扫描成像测井，超声成像测井

registro de inducción　感应测井（曲线或图）

registro de inducción convencional　常规感应测井

registro de inducción de alta definición　高清晰度感应测井，高分辨率感应测井图

registro de inducción de alta resolución　高分辨率感应测井

registro de inducción de arreglo de imágenes　阵列感应成像测井

registro de inducción dual　双感应测井

registro de instrucción en curso　现行指令寄存器

registro de la propiedad　资产登记

registro de la propiedad industrial　（商标或设计等）工业产权登记簿或专利注册

registro de la propiedad intelectual　著作权登记簿，版权注册

registro de las barrenas utilizadas　已用钻头记录，废钻头记录

registro de litodensidad　岩性密度测井

registro de litodensidad compensada　补偿岩性密度测井

registro de litología　岩性测井

registro de lodo　泥浆测井曲线，泥浆录井曲线；

R

R

泥浆测井，泥浆录井

registro de lodo y ripios 泥浆及岩屑录井；泥浆及岩屑录井曲线

registro de magnetismo nuclear 核磁测井

registro de mano 手孔，手探孔

registro de medición de tubería 管子丈量记录，管子测量记录

registro de memoria 存储装置，记忆装置

registro de microrresistividad 微电阻率测井，微电阻率测井图

registro de neutrón 中子测井

registro de neutrón compensado 补偿中子测井；补偿中子测井图

registro de neutrones 中子测井

registro de neutrones epitérmico 超热中子测井；超热中子测井图

registro de núcleos 岩心记录

registro de parámetros de perforación 钻井参数记录

registro de perforación 钻井记录

registro de perforación del pozo 钻井记录

registro de porosidad 孔隙度测井

registro de potencial espontáneo 自然电位测井

registro de pozos sísmico 地震测井

registro de presión estática 静压（测试）记录

registro de producción 生产测井

registro de radioactividad 放射性测井；放射性测井曲线

registro de rayos gamma 伽马射线测井

registro de rayos gamma naturales 自然伽马测井

registro de resistividad 电阻率测井

registro de resistividad aparente 视电阻率测井

registro de resistividad de alta resolución 高分辨率电阻率测井

registro de resistividad en hoyo 裸眼电阻率测井

registro de resistividad inductiva 感应电阻率测井

registro de resistividad inductiva triaxial 三轴感应电阻率测井

registro de resonancia magnética nuclear 核磁共振测井

registro de restauración de presión 压力恢复测试

registro de resumen 汇总记录，摘要记录

registro de rollo 纸带记录

registro de saturación 饱和度测井

registro de saturación de yacimientos 储层饱和度测井

registro de sección 剖面图，绘制的地质剖面

registro de temperature 温度测量，地温测井

registro de testigos 岩心记录

registro de tiempo de decaimiento termal 中子寿命测井

registro de tiro 射孔记录

registro de vapor 节流阀，节气门

registro de velocidad 速度测井

registro de vibración 振动记录

registro del pozo 测井；测井图

registro diario de perforación 钻井日志

registro dual lateral 双侧向测井

registro eléctrico 电测井，电测；电测井曲线

registro electrofísico 电法地球物理测井，电法测井

registro electrográfico 电测，电测井；电测记录（曲线或图）

registro electrónico 电测，电子测井

registro enfocado 聚焦测井

registro enfocado de doble inducción 双感应聚焦测井

registro fotográfico 摄影记录，照相记录

registro galvanométrico 电流计记录

registro gamma-neutrón 中子—伽马测井

registro giroscópico 陀螺仪测井

registro gráfico 图示录井图

registro gráfico de perforación 随钻测井图（曲线）；随钻录井曲线

registro gráfico del subsuelo 测井记录，钻井剖面，钻孔柱状图

registro hidrométrico 液体密度计测量；水情记录

registro lateral 侧向测井

registro mercantil 商号名称登记簿；商业注册

registro microesférico 微球测井

registro microesférico enfocado 微球形聚焦测井

registro normal 常规测井

registro nuclear 核测井，放射性测井图

registro operativo detallado 钻井日报表；详细作业记录

registro petrofísico 岩石物性记录

registro por neutrones 中子测井

registro público 公共注册

registro radiactivo 放射性测井

registro radioactivo de un pozo 放射性测井图

registro resistivo 电阻率测井

registro Schlumberger 斯伦贝谢公司测井

registro secuencial de datos 连续数据记录，顺序数据记录

registro sísmico 地震记录

registro sísmico VSP 垂直地震剖面测井

registro sismográfico 地震仪记录，地震检波器记录；地震记录

registro sismográfico en abanico 扇形排列法地震勘探记录，扇形排列法地震记录

registro sónico 声波测井

registro sónico 3D 声波三维测井

registro sónico compensado 补偿声波测井

registro sónico de espaciamiento largo 长源距声波测井

registro sónico de la cementación 固井声波测井

registro sónico de onda completa 全波列声波测井，全波声波测井

registro sónico de porosidad 声波孔隙测井

registro sónico digital 数字声波测井

registro sónico dipolar de imágenes 偶极声波成像测井

registro sónico dipolar 偶极声波测井

registro sónico dipolar cruzado 正交偶极声波测井

registro sónico dipolar de imágenes 偶极声波成像测井

registro vertical 垂直测井，垂直记录

registros bajados con tubería 钻杆传送测井

registros en agujero entubado 套管井测井

regla 尺；规定，规则，标准；通例，规律

regla de acero 钢板尺

regla de aligación 混合计算法（用于计算平均价格）

regla de cálculo 运算定律，运算法则

regla de curvas 曲线板，云形板

regla de falsa posición 假位律

regla de interés 利率计算法

regla de las fases 相律

regla de los trapezoides 梯形法则

regla de medir 测量规则

regla de octeto 八隅规则

regla de oro 三率法，比例法；最重要的规定

regla de proporción 三率法，比例法

regla de puntería 照准仪，游标盘

regla de tres 三率法，比例法

regla empírica 经验法则

regla lesbia 软尺

regla matemática 数学运算

regla paraláctica 视差仪，视角仪

regla taquimétrica 准距快速测定仪

reglado 符合规定的，受制约的

reglador 划线尺

reglaje 调整，调节；打格线；校正瞄准度

reglamentación 规章，条例，章程

reglamentación de la lucha contra la contaminación 控制污染的规章制度

reglamentar 使有规章，规定；使遵守规章

reglamentar el uso de sustancias químicas 对化学物品使用建立规章制度

reglamento 章程，条例；规章制度

reglamentos de notificación de nuevas substancias （RNNS） 新物质申报规定

reglar 用尺划线；使遵守规章；制定（规章）；调整

reglero 划线机，衬格纸

regleta 量杆，量尺

regleta de terminals 端子板，接线条

regma 折断，断裂

regolito 表皮土，表土，浮土，风化层

regresar 返回；收回权益；归还，还回

regresión 倒退，后退；消退；回归；海退

regresión del líquido 液体下降量，液体下落量，液体回落

regresión marina 海退

regresivo 海退的，倒退的，后退的；退化的

regreso 返回

regulable 可调节的，可调整的

regulación 调节，调整

regulación automática 自动调节

regulación de las válvulas 阀门调节

regulación del cambio 调整汇率

regulación del caudal 流量调节；径流调节

regulación del curso de agua 水流量调节

regulación del mercado 市场调节

regulación sensible de temperatura 温度敏感控制，温度敏感调节

regulación térmica 温度调节

regulaciones de la gestión de seguridad de procesos 工艺安全管理规定

regulado 有规律的，符合规则的

regulador 调节器（阀或装置）；调量计，油嘴；阻流器，节流器

regulador astático 无静差调整器，无定向调节器

regulador automático 自动调节器

regulador centrífugo 离心调速器，离心式调节器

regulador de aire 风流调节装置

regulador de alimentación de combustible 给油调节装置，燃料供给调节装置

regulador de bolas 飞球调节器

regulador de bomba 泵调节器

regulador de caudal 流量调节器

regulador de combustible 燃料调节器

regulador de contrapesos esféricos 飞球调节器

regulador de contrapresión 回压调节阀

regulador de descarga 排量控制器，流量控制器

regulador de flujo 流量控制器；节流嘴

regulador de gas 气体调节器

regulador de intensidad de luz 光亮度调节器

regulador de la llama de prueba 测试火焰调节器

regulador de la presión 调压器，压强调节器

regulador de la presión del gas 气体压力调节器，气压调节器

regulador de la velocidad de la bomba 泵调节器，泵速调节器

regulador de nivel de líquidos 液面（位）控制器，液面调节器

regulador de oxígeno 氧气调节器

R

regulador de profundidad 深度调节器
regulador de salida 输出调节器
regulador de temperatura 温度控制器；恒温箱，恒温器
regulador de tiro 通风调节器；抽力调节挡板；节气阀
regulador de tiro de la chimenea 烟囱调节器，烟囱风挡
regulador de vacío 真空调节器
regulador de variación volumétrica 容积调节器
regulador de velocidad 调速器，速度调节器
regulador de velocidad de un motor 发动机调速器，发动机速度调节器
regulador de volante 飞轮调节器
regulador de voltaje 电压调节器，稳压器，调压表，调压器
regulador de voltaje de mezclador 搅拌器电压调节器
regulador del agua de alimentación 给水调节器
regulador del caudal de gas 气体流量调节器
regulador del caudal de un fluido 流体流量调节器
regulador del combustible 燃料流量调节器
regulador del enfriamiento 冷却调节装置，制冷调节装置
regulador del oxígeno 氧气调节器
regulador del pH pH 调节剂
regulador electrónico 电子调节器
regulador hidráulico 水力调节器
regulador preventor anular 环形防喷器调节装置
regulador reductor de la presión 降压调节器
regulador registrador 记录调节器
regulador registrador neumático 气动记录调节仪
regular 调节，调整；规则的，有规律的
regular la presión 控制压力，调节压力，调整压力
regularidad 规律性，规则性
regularidad funcional 运行可靠性，功能可靠性
regularización 调整，调节；整顿，使有序
regularización de un cauce 河道整治
regularizar 调整，调节；整顿；使有规律，使有规则
regulino 熔块的
régulo 金属渣，熔块
rehabilitación 复原，修复；恢复；修井
rehabilitación de tierras 土地开垦，土地改良
rehabilitación del pozo 恢复井，修井
rehabilitación económica 经济恢复，经济复兴
rehabilitar 修理，修复，恢复，复原
rehacer 重做；重新施工
rehenchimiento 填塞；填充
rehenchir 重塞，重装；填塞
rehender 使裂开，砍开，使断开

rehendija 缝隙
rehendimiento 裂开，断开，砍开
rehervidor 再沸器，重沸器
rehervir 再煮沸，重新烧开
rehidratación 再水化作用，再水合
rehundido 柱基底；柱基，墩身
rehundimiento 沉没，沉入；陷入
rehundir 使沉入；重新熔化，再熔
rehús 废品，废物
reimplantar 重新建立，重新执行；再植
reimportación 再输入，再进口
reimportar 再输入，再进口
reimposición 征新税；补征捐税
reinal 双股细麻绳
reiniciar 重新开始
reino 王国；领域，范围；地区，界
reino animal 动物界
reino de la química 化学领域
reino mineral 矿物界
Reino Unido 大不列颠及北爱尔兰联合王国
reino vegetal 植物界
reinscripción 重新登记（注册）
reinstalación 重新安装；重新安置
reintegrable 可重归完整的；可恢复权利的
reintegración 重归完整，复原；恢复权利；归还；偿还
reintegro del impuesto 退税
reinversión 再倒置，再转向，倒转；投入（利润）
reinyección 回注，回灌，再注水
reinyección de vapor 蒸汽循环，蒸汽回注
reinyectar 回注，回灌，再注水，再注
reiterar 反复讲，重申
rejalgar 鸡冠石，雄黄
rejilla （门窗的）栅，格，网；百叶窗；集水井盖板
rejilla antideslizante 防滑钢格板
rejilla con tamiz 网筛，滤网
rejilla de acero 钢格板
rejilla de acero dentada 齿形钢格板
rejilla de acero galvanizado 热镀锌钢格板
rejilla de acero inoxidable 不锈钢格板
rejilla de alambre 线栅
rejilla de radiador 汽车的水箱散热器
rejilla de tamizado 带眼衬管，滤管
rejilla de vibración magnética 电磁簸动筛
rejilla protectora de radiador 散热器护栅
rejilla tosca 粗网格
relabra 重新加工
relación 比，比率，比例关系；联系，关系，交往
relación ácido-petróleo 酸—油比
relación agua/cemento 水灰比

relación agua/petróleo　水一油比率，水一油比

relación cronológica　按时间顺序的关系

relación crudo-vapor　油一汽比

relación de aciertos　命中率

relación de aire y combustible　空气燃料比

relación de alargamiento　径长比，长细比，展弦比

relación de amplificación　放大比，伸缩比

relación de amplitudes　振幅比

relación de atenuación　衰减比

relación de carbono　碳比

relación de compresión　压缩比，压缩率

relación de compresión por etapas　级压缩比

relación de despojamiento　剥采比

relación de engranaje　齿轮比，齿轮速比

relación de espacio poroso　空隙比，孔隙比

relación de expansión　膨胀率

relación de explosión　爆燃比

relación de facies　相关系，岩相关系

relación de fase　相关系，相态关系

relación de finura　细度比，粒度比

relación de flujo　流比

relación de gastos　费用报告

relación de la caída de potencial　电位降比

relación de liquidez　清算比率，流动比率

relación de mezcla　混合比

relación de movilidad　流度比

relación de movilidad petróleo-agua　油一水流度比

relación de reciclo　回炼比，循环比

relación de recursión　递推关系

relación de reducción　减速比，缩小比例

relación de reflujo　回流比

relación de rendimiento de efluente　井底流出动态关系

relación de rendimiento de influjo（RRI）　井底流入动态关系，井底流入动态关系曲线

relación de repaso　回炼比

relación de señal a ruido　信号干扰比；信噪比

relación de solubilidad del gas en petróleo　气体在石油中的溶解率

relación de transmisión　传动比，传输比

relación de utilidad　利润比率

relación de utilización　利用率

relación de velocidades　速度比

relación entre dos presiones　压力比

relación entre gas y líquido　气液比

relación entre gas y petróleo　气油比，油气比

relación gas aceite en el yacimiento　油藏气油比

relación gas disuelto en el petróleo　溶解油气比

relación gas petróleo（RGP）　油气比，气油比

relación gas/petróleo/agua　气一油一水关系

relación gas-aceite　气油比

relación gas-petróleo　气油比

relación gas-petróleo bruto　总气油比

relación gas-petróleo de acumulación　油藏气油比

relación gas-petróleo del yacimiento　油藏气油比

relación gas-petróleo en solución　溶解气油比

relación proporcional　比例，比率

relación presión-volumen-temperatura　压力一体积一温度的关系

relación recíproca　互反关系

relación entre reservas y producción　储采比

relación simétrica　对称关系

relación velocidad-tiempo-profundidad　速度一时间一深度的关系

relación velocidad-tiempo de las ondas　波的速度一时间关系

relación volumétrica de los fluidos　流体的体积变化关系

relacionado　有关系的，有联系的

relacional　关系的，联系的

relai　继电器，中继器

relai fotoeléctrico　光电继电器

relajación　张弛，缓和，弛缓，衰减

relámpago　闪电，雷闪，电光；闪光

relatividad　相对性，相对论，相关性

relatividad especial　狭义相对论

relatividad general　广义相对论

relativización　相对化

relativo　相关的，相对的，比较的

relator　叙述者，讲述者；报告人；评论员

relavar　再洗，重复洗；使纯净

relave　再洗，重复洗；第二次洗选；矿末，岩粉（复数）

relaxante　使迟缓的；弛缓剂

relay　中继，中断转发

relé　继电器

relé automático　自动继电器

relé auxiliar　辅助继电器

relé avisador　报警继电器

relé bimetálico　双金属片继电器

relé capacitivo　电容式继电器

relé de alarma　报警继电器

relé de arranque　启动继电器

relé de frecuencia　频率继电器

relé de zumbador　蜂鸣继电器

relé electrónico　电子继电器

relé gradual　步进式继电器

relé instantáneo　瞬息动作继电器

relé protector　保护继电器

relé temporizado　定时继电器

releque　基脚

relevación　突起，凸起；免除职务（义务或负担）

relevador　继电器

R

relevador de acción retardada 延时继电器

relevador de línea 线路继电器

relevador de sobrecarga 过载继电器

relevador enclavador 闭锁继电器

relevador indicador 控制继电器，引示继电器，辅助继电器

relevador interruptor 断路继电器，截止继电器

relevador lento 缓动继电器

relevador polarizado 极化继电器

relevador por cambio de fase 反相继电器

relevador por cambio de frecuencia 频率继电器

relevador por cambio de intensidad 电流继电器

relevador por sentido de corriente 定向继电器，极化继电器

relevador rápido 速动继电器

relevador térmico 热动继电器，温差继电器，热敏式继电器

relevamiento con plancheta 平板仪制图

relevamiento de desviación 井斜测量，钻孔弯曲测量

relevamiento de la información geofísica 地球物理信息勘查，地球物理勘查

relevamiento de la información geológica 地质信息勘查，地质勘查

relevamiento de mapas 测图，绘图

relevamiento de mapas geofísicos 地球物理制图

relevamiento de planos 测图，绘图

relevamiento taquimétrico 视距仪制图

relevo 接替（者）；换班（者）；换岗；继电器

relieve 突出部分，凸起部分；地形，地貌

relieve estructural 构造起伏，构造高差，构造性起伏

relieve hipogénico 内成地形

relieve maduro 成年地形

relieve rectilíneo en cuesta 急斜山脊，猪背岭

relieve senil 成年地形

relieve submarino 海底地形，海底起伏

religa （合金中）添加的金属

relimar 再锉

reliz （道路的）斜坡，坡度

reliz de alto 上盘，顶壁

reliz del bajo 底层，下盘，底壁

rellanar 重新弄平，再整平

rellano 楼梯平台；上坡平地

rellenado posteriormente 回填的，回填土的

rellenar 重新灌满，重新塞满，填满，补足

rellenar con gravas 砾石填充，砾石充填

rellenar con metal antifricción 镶巴比合金

rellenar el pozo 填井

rellenar un pozo con materiales impermeables 堵封，回堵，回填，封堵

relleno 重新填满，重新塞满，填塞物；回填

relleno de arena 砂充填，填砂

relleno de canal 河道充填，水道充填

relleno de cascajo 砾石充填，砾石填塞

relleno de respaldo 回填

relleno exterior 外部填充

relleno hidráulico 水力充填

relleno inicial 初期填充

relleno para lodos de perforación 钻井液堵漏物

relleno parcial del fondo de un pozo con residuos del sondeo 用钻井废料部分填充井底

relleno poroso 孔隙填充物

relleno sanitario 卫生填埋

relleno sedimentario 沉积充填

reloj 钟，表；时辰仪；记时器

reloj atómico 原子钟

reloj automático 自动表

reloj de agua 水钟，滴漏

reloj de arena 沙漏，沙钟

reloj de campana 自鸣钟

reloj de cuarzo 石英钟

reloj de cuerda 机械表

reloj digital 数字钟，数字显示式时钟

reloj registrador 上下班记时钟，考勤钟

reluctancia 磁阻；抵制，反对

reluctancia magnética 磁阻

reluctante 不顺从的；反抗的，反对的

reluctividad 磁阻率

reluctividad magnética 磁阻率

rem 雷姆

remachado 扁平的；铆死的，铆接的；铆接

remachado a solapa 搭接铆，搭铆

remachado en caliente 热铆

remachadora 铆钉机，铆钉枪，铆钉锤

remache 钉牢；铆接，铆住；铆钉

remache de cabeza embutida 埋头铆钉

remache de cabeza perdida 埋头铆钉

remache de cabeza plana 埋头铆钉

remache en cadena 并列铆接，链型铆接

remanencia 剩留，暂留；剩磁，顽磁

remanente 剩余的，残留的；剩余物，残留物

remate 终结，完结；（拍卖、买卖、租赁等的）成交

remate a oferta sellada 标单密封式拍卖，密封投标式拍卖，暗标拍卖

remate de la perforación 完钻

remediable 可挽救的，可补救的

remediar 补救；救助，援助；避免，制止

remediavagos 便览，手册；简便方法

remedición 重新测量，重新计算

remedio 补救方法，挽回的措施；药剂，药品

remedir 重新测量，重新计算

remejer 掺合，搅合，搅拌

remendar 补，补缀；修改，修正

R

remesa 寄，发；寄出物，寄件

remiendo 补丁；修补，修理；补充

remineralizar 给…补充矿物质

remisoria 转案，案件移交

remite 发信人的地址、姓名；发信人

remitente 发寄人

remitido 登报启示；稿件

remitir 寄，发货；免除，解除；提交，交付；推迟

remoción 搅拌，搅动；移动，迁移

remoción de aguas salobres 盐水处理

remoción de aire 放气；除气

remoción de partículas 微粒清除，颗粒去除，粒子去除

remoción de petróleo 除油，石油清除

remoción de tierra 运土

remoción de tubería 管线搬迁

remodelación 改变，改造；改组，改建

remodelar 改变，使具新貌；改组

remojar 浸，渍，泡；闷井

remojo 浸，渍，泡；闷井

remojo con vapor 蒸汽浸渍，蒸汽浸泡；蒸汽闷井

remolcador 拖轮，拖船；拖车；拖拽飞机；拖拽的

remolcador de altura 公海拖船

remolcador de puerto 港口拖船

remolcador en tandem 串联拖车，带挂车

remolcar 拖拽，曳引，牵引

remoldeo 改造，重塑

remoler 碾碎

remolino 旋涡，涡流

remolino de aceite 油膜涡动

remolino de polvo 旋风尘柱，尘暴

remolque 拖运，牵引；拖车，挂车，驳船

remolque de cuatro ruedas 四轮拖车

remolque de plataforma 平台拖车

remolque de plataforma baja 低平台拖车；低斗拖车

remolque de tirante 长货挂车

remolque en tandem 串联拖车，带挂车

remolque para tubería 运管拖车

remolque tipo oruga 履带式拖车，履带式挂车

remoto 远距离的，遥控的，远程的

removedor 拆卸器，卸开器；清除剂；脱离器

removedor de arena 除砂器，分砂器

removedor de incrustación 除垢剂

removedor de limo 除砂器，分砂器，除泥器，脱泥机

removedor de lodo 除泥器，脱泥机

removedor de óxido 除氧器

removedor de parafina 清蜡剂，除蜡剂；清蜡装置，清蜡设备

remover 翻动，搅动；移动；清除，迁移

removible 可拆的，可移动的，可拆卸的

remuestreo 重复取样，二次取样

remunerable 有报酬的，有利益的

remuneración 酬劳，报酬；酬金；支付报酬

remuneración en efectivo 现金报酬

rendija 窄长的缝隙；裂缝，裂纹

rendimiento 收益，效益；输出功率；收成

rendimiento acumulativo 累积产量，累积收益

rendimiento ambiental 环境绩效，环保成效

rendimiento anual 年产量，年收入

rendimiento bruto 总产量，总收入

rendimiento constante máximo 最大持续生产量，最高持续产量

rendimiento de calor 热量输出；热功率

rendimiento de las lechadas 水泥造浆量

rendimiento de un pozo 单井产量

rendimiento de una bomba 泵量

rendimiento de una inversión 投资收益

rendimiento de volumen (rendimiento volumétrico) 容积效率，容量系数

rendimiento del flujo del pozo 井的流量，井的产量

rendimiento energético 能量效率

rendimiento energético de los automóviles 汽车能量效率

rendimiento específico 出水率；单位产量；平均出水量

rendimiento global 总效率，综合效率，总有效利用系数

rendimiento máximo permisible 最大持续生产量，最高持续产量

rendimiento mecánico 机械效率

rendimiento neto 净产量；净收益

rendimiento por tiempo-volumen 空时收率，时空产率

rendimiento propulsivo 推进效率

rendimiento sostenido 持续开采量，持续流量

rendimiento térmico 热效率；热量输出；热功率

rendimiento térmico de motores 发动机热效率

rendimiento total 总产出；总产率；总效率

rendir 出产，产生（结果、功效、效益等）

renegociación 重新谈判，重新协商

renegociar 重新谈判，重新协商

renio 铼

renovable 可更新的，可更换的；可再生的

renovación 更新，更换；继续；周转；再生

renovación de arrendamiento 租约展期

renovación de los elementos nutritivos 定期补充营养；营养成分周转

renovación del aire u otros gases del suelo 土壤通气

renovación del contrato　合同续期

renovador　更新的；恢复的；创新者，革新者

renovar　翻新，更换；（证件等）换新；（合同等）续期

renovar un contrato　更新合同，合同续期

renta　收入，进款；税收

renta fija　固定收益

renta neta　净收入，纯收益

renta per cápita　人均年收入

renta variable　变动收益

renta vitalicia　终身年金

rentabilidad　赢利性，获利能力；收益率

rentable　有收益的，赢利的；有益的

rentista　靠收租金生活的人；公债券持有者

renuncia　放弃；放弃（权利）声明；辞职（书）

renunciar al cargo　辞职

reobase　基本电位，基强度

reoclava　零售税

reocordio　变阻器

reóforo　导线，接线

reola　金坯，银坯

reología　流变学，液流学

reología de fluido　流体流变学

reólogo　流变学专家

reometría　流变测定法

reómetro　水流计，流速计

reordenación　重新安排，重新整理

reorganización　重新组织，改组

reorganizar　重新组织，改组

reorganizar la empresa　改组公司

reorientación　重新定方向，重新定位

reoscópico　检电计的

reoscopio　检电计

reóstato　变阻器

reóstato líquido　液浸变阻器

reostricción　捏缩效应

reotaxis　趋流性

reótomo　断流器，电流断续器

reotrón　电子流器

reotropismo　向流性

reótropo　逆流器

reoxidación　再氧化，反复氧化

reparable　可修补的，可修理的

reparación　修补，维修，修理，检修

reparación de emergencia　应急维修

reparación de pozo　修井，油井修理

reparación eléctrica　电器修理

reparación en marcha　不停产修理

reparación mecánica de un pozo　机械修井

reparación minera de un pozo　修井

reparador　修理工

reparador de herramienta　钻具修理工，工具修理工

reparar　修补，维修；修改，修复，矫正

reparar herramientas　修理工具

reparar trépanos　修理钻头

reparo　检修，修理，修补；防护物

repartible　可分的；该分的

repartición　分，分开；分发，分派

repartición de la carga　均分负载

repartición del dividendo　支付股息，支付红利

repartidor　分配…的人，送货员

repartimiento　分派，分摊；调度室

repartir　分派，分摊，分配

repartir la tubería a lo largo del trayecto（caños）　沿线路铺管

reparto　分配，分摊，分发

reparto de beneficios　利润分配

reparto de la demanda　配定产量，配产，人为限制开采

repasadera　刨，长刨

repasar　再经过，再通过；（钻井的）划眼

repaso　重新运行（开动）；再处理；重馏，检查，浏览

repastar　重新和（泥灰）

repatriación　遣返，遣送回国

repavimentar　路面重铺

repechado　陡坡的

repecho　陡坡，栏杆，扶手

repelencia　挡开，弹回

repelente　相斥的；驱虫药（剂）；防水布；防护剂

repellar　抹泥灰

repello　抹泥灰

repercusión　反射；回声；反响，后果，影响

repercusiones negativas　负面影响，负面效应，不利影响

repercutir　反射，反弹；反响

reperforación　重新钻孔，再钻，重钻

reperforación correctiva　补救重钻；校正性再钻

reperforar　再钻，重钻，重新钻孔

repertorio　目录，索引；汇编；集子

repertorio de aduanas　关税一览表

repertorio de mercaderías　商品目录

repetibilidad　可重复性，再现性，重复性

repetición　重复，重做；重申

repetición de las capas　地层重复

repetición de pasada　重新运行，重复运行

repetidor　增音器；中继站，转播站

repetidor de impulsos　脉冲重发器

repetir　重复说；重做；重复发生

repetividad　重复性

repirómetro　呼吸计

repisa　拖座，隅撑；墙上搁板，墙上架

replantear　重新提出；现场设计

replanteo 重新提出；现场设计
replay 重放，重播；重放装置
replegable 可收缩的，收缩式的，可折叠的
replegado 缩回的；处于收起位置的；折叠的
replegar 多次折叠
réplica 余震，后震
repliegue （波浪状的）褶皱；（膜等的）皱壁，褶；（河流、道路）弯曲
repliegues de montaña 山褶，山褶皱
repoblación 重新住入；重新栽植
repoblación forestal 无林地造林，荒山造林，造林
repoblación vegetal 再种植，再植，重新栽植
reponer 重新安放，重新安置；添加，填补；申辩
reporte 报告；报道，消息，新闻
reporte de control ambiental（RCA） 环境防治报告，环境控制报告
reporte de control de descargas 排放监测报告，排放监控报告
reporte de inspección de tubería de perforación 钻杆检测报告
reporte de inspección semanal 周检查报表
reporte de trabajadores eventuales 临时用工表，临时工报表
reporte de trabajos pendientes 工作交接报告
reporte diario 日报
reporte diario de trabajo 现场工作日报
reporte sin accidente 无事故报表
reportero 记者；报告人
reportero gráfico 摄影记者
reportorio 年鉴；目录，索引
reposadera 下水道；污水坑
reposición 恢复；复职；复位
reposición automática 自动复位
reposición de recursos 资源再补给，资源补充
reposicionar 重新定位；复归，复位
reposo 停止，静止；间歇；休息
repotenciación 增强，加强，使重新具有能力
represa 水坝，水堤，水闸；截流
represa de tierra 土坝
represa de tierra para petróleo 拉油坝，围油堰
represa encofrada 围堰，围坝
represar 截流；抑制
representación 代表（资格）；象征，标志；图像
representación de un registro (sísmica) （地震）测线图
representación gráfica 图解法，图解表示法
representación gráfica en forma de trama 点阵式绘图
representación por trazos 线性绘图，线性图
representación proporcional 比例代表制
representante 代表，代理人，代理商；经纪人

representante autorizado 指定代理人，全权代表
representante general 总代表，总代理
representante legal 法人代表，法定代理人
representar 体现，表示，象征；代表；代理
representar en imágenes 成像，映像
represión 抑制，克制
represión de gas 注气保持压力，注气恢复压力，注气恢复地层压力
represionamiento 压力突增效应，涌浪效应
represionar 再加压，重新施压
represivo 抑制的，克制的
represor 压制的，镇压的，镇压者
represurización 补充加压，恢复压力；再加压
reprocesamiento sísmico 3D 三维地震再处理
reproducción 再生产，重新制造；增殖，繁殖；复制品
reproducción electrolítica 电成型
reproducibilidad 可生产性；可仿制性；可繁衍性
reproducir 再生产，再制造；复制，仿造；繁殖
reproductividad 再生产能力；增殖率；还原性
reproductivo 有利的，有好处的；再生产的；再繁殖的
reptación 缓移，蠕动；塌方
reptación de escombros de talud 岩屑下滑，岩屑蠕滑
reptiles 爬行纲
repuesto 备件，配件
repuesto para bomba 泵配件
repuesto para válvula 阀配件
repulir 重新磨光；重新擦亮
repulsión 挡开，击退，排斥；拒绝
repulsión eléctrica 电推斥
repulsión electrostática 静电斥力
repulsión magnética 磁斥力，磁推斥
repulsión mutual 相互排斥
repulsivo 排斥的，推斥的；斥力的
repunta 海角，地角，岬角；（河流）涨水
repunte 涨潮，出现；价格上涨
repurgar 使重新清洁，使重新净化
reputación 名声，声望，信誉
reputación comercial 商业信誉
requerimiento 需要，要求
requerimiento de agua 需水，需水量
requiebro 碎矿石；捣碎
requisa 征用，充公，没收；搜查
requisición 征用，要求，请求
requisito 必要条件
rerradiación 再辐射
resaca （海浪冲到岸边破碎后形成的）回浪
resacar 拉起（缆索）；分馏
resalte 突出部分，伸出部分

resalto 弹跳；突出部分；突出，伸出；移距；位移；落差

resalto abrasivo （地质）浪成台地，（地质）海蚀台地

resalto normal 正落差，垂直断距

resaturar 再饱和

resbaladera 逃生滑梯；险陡滑道

resbaladero 滑的地方，易滑倒的地方；滑槽

resbaladizo 易滑脱的，易滑落的

resbalador 滑动的，滑倒的

resbalamiento 滑，滑倒，滑脱，滑落，（弹簧锁的）锁舌；过失

resbalar 滑，滑移，滑动，（地面）打滑

resbalón 滑，滑倒，滑脱；（弹簧锁的）锁舌

resbalón neumático 气动卡瓦

resbalón rotativo 转盘卡瓦

rescatador 赎回的；解救的；解救人

rescatar 赎回，夺回；解救，救援

rescate 赎回；赎金；收复，收回

rescate de piezas y fresado 打捞和磨铣

rescate de tierras 土地修复

rescisión 撤销，废除，撤回

rescisión del contrato 撤销合同

rescisión tácita 自动废除

rescuentro （账目中款项的）抵消，销账

resección 切除；截断；反切法

resegar 重新割，再割，锯

resello 重铸；重打印记

resena 树脂素

reserva 预订；储备金，准备金（常用复数）；（矿藏的）储量，储藏量（常用复数）；自然保护区；预备队

reserva comprobada no perforada 未经钻探的证实储量

reserva comprobada perforada 钻井探明的储量，钻井证实的储量

reserva de la fauna silvestre 禁猎区，野生动物保护区

reserva forestal 保护林，森林保护区，护林区

reserva legal 法定特留部分

reserva monetaria 货币储备金

reserva nacional 国家自然保护区

reservación 保存，保留；储存；预定

reservas acumulativas 累积储量

reservas comprobadas 探明的储量，证实储量

reservas de crianza de animales marinos 海洋养殖场；海洋牧场

reservas de estimulación presupuestaria 估计储量

reservas de mineral 矿藏

reservas de petróleo 石油储量

reservas en expectativa 预期储量

reservas explotables 可采储量

reservas genéticas 基因库，遗传基因库

reservas hipotéticas 推测储量，假定储量

reservas no desarrolladas 未开发储量；未动用储量

reservas no probadas 未探明储量

reservas petrolíferas 石油储藏量，石油储量

reservas posibles 概算储量，可能储量

reservas potenciales 潜在储量

reservas primarias 原始储量

reservas primarias posibles 原始远景储量，原始概算储量

reservas primarias probables 原始预测储量

reservas primarias probadas 原始探明储量

reservas probables 推定储量，控制储量

reservas probadas 证实储量，探明的储量

reservas probadas de hidrocarburos 探明的油气储量，证实的油气储量

reservas productivas 动用储量，投产储量

reservas recuperables 可采储量

reservas recuperables en frío 冷采可采储量

reservas remanentes 剩余储量

reservas secundarias 二次可采储量

reservas secundarias posibles 二次远景采油储量

reservas secundarias probables 二次预测采油储量

reservas secundarias probadas 二次探明采油储量

reservativo 保存的，备用的；转让的

reservorio 油藏，储层，储集层，油层

reservorio de capa delgada 薄层油藏

reservorio de capa delgada y con agua de fondo 薄层底水油藏

reservorio de petróleo 油层，储油层，油藏；储油池

reservorio mediocre 中等储层，二流储层

resguardado del aceite 不透油的

resguardar 保护；抵御，防备

resguardo 保护，保障；保单，证明单

residencia 居住；住所；宿舍，公寓

residencia ecológica 生境，栖息地

residencial 住宅的

residente 居住的；常驻的；居民，住户

residual 剩余的，残余的，残留的

residual de sal 盐丘剩余值

residualizar 剩余场化

residuo 剩余，残余，（蒸发、过滤等过程结束后的）残余物，残渣，渣滓，残油，油脚（常用复数）

residuo aceitoso 油渣

residuo ácido 酸性废物

residuo carbonáceo 碳质残渣

residuo carbonáceo sólido 固体碳质残渣

residuo ceroso 蜡尾

residuo comerciable　有销路的残渣
residuo con azufre　硫化残渣；含硫残渣
residuo corto　减压渣油
residuo de cadena larga　常压渣油
residuo de carbono　残炭，炭渣，焦炭残渣
residuo de destilación del petróleo crudo　常压渣油
residuo de fondo　塔底残渣
residuo de petróleo　渣油，石油渣油
residuo del poder　（按宪法不上缴的）税款剩余
residuo en los depósitos de un tanquero petrolero　油罐车罐内油渣
residuo insoluble　不溶残余物，不溶残渣，不溶性残渣
residuo largo　常压渣油
residuo liviano　减压渣油
residuo lodoso de la aeración prolongada　活性污泥，活性泥
residuo para lubricantes　常压渣油
residuo pesado　重残渣
residuo pesado productor de coque　焦炭残渣
residuo surtido　常压渣油
residuos asfálticos　焦油残渣
residuos bituminosos　焦油残渣
residuos blandos　软残留物
residuos con alto contenido de azufre　高硫残渣
residuos de alquitrán　焦油残渣
residuos de arena　尾砂
residuos de arena petrolífera　油砂残渣
residuos de cadena corta　减压渣油
residuos de carbono Conradson　康拉特逊残碳值
residuos de carbono Ramsbottom　兰氏残炭
residuos de centrales nucleares　核能站废水
residuos de craqueo　裂化残渣
residuos de destilación atmosférica　常压渣油
residuos de fondo　底部沉淀；塔底残渣；底脚，油脚，沉渣
residuos de fondo de la torre　塔底产物
residuos de la torre de vacío　真空蒸馏塔塔底产物；减压渣油
residuos de los procesos de teñido　印染废水
residuos de minería　采矿废弃物，矿业废弃物
residuos de plaguicidas　农药残留
residuos de procesamiento　加工剩余物，加工过程中的废弃物
residuos de vacío　减压渣油
residuos del viscorreductor　降黏剂残渣
residuos desasfaltados　脱沥青残留物
residuos domésticos　家庭垃圾，家庭废弃物
residuos Dubbs　杜布斯式热裂化残油
residuos forestales　林业剩余物，林业废弃物
residuos gaseosos　废气
residuos gomosos　（油料的）胶质油脚
residuos industriales　工业废弃物，工业废物

residuos líquidos　废水，废液
residuos líquidos calientes　废弃热液
residuos nucleares　核废料
residuos orgánicos　有机物残体
residuos peligrosos　有害废弃物
residuos primarios　常压渣油
residuos radioactivos　放射性废料，放射性废物
residuos sólidos　固体废料，固体废弃物
residuos térmicos　热废弃物
residuos tóxicos　有毒废料
residuos urbanos　城市垃圾
residuos vaciodesgasificados　减压渣油
resiliencia　弹性，弹力；冲击韧性，抗击强度
resiliente　有弹性的；抗冲击的
resina　树脂；松脂
resina acrílica　丙烯酸树脂
resina alquídica　醇酸树脂
resina amina　氨基树脂
resina de aceite soluble　油溶性树脂
resina de colofonia　松脂
resina de goma　树胶脂
resina de Highgate　黄脂石
resina de petróleo　石油树脂
resina de trementina　松脂
resina de ureaformaldehído　脲醛树脂
resina etilénica　乙烯树脂
resina fósil　琥珀；硅化树脂
resina natural　天然树脂
resina sintética　合成树脂
resina sulfanada de metil　磺甲基酚醛树脂
resina virgen　自然松脂
resinación　采集树脂
resinar　采集…的树脂
resinas de alta elasticidad　高弹性树脂
resinas de alto rendimiento　高性能树脂
resinas de asentamiento térmico　热固树脂，热固性树脂
resinas de elasticidad　弹性树脂
resinas de fraguado térmico　热固树脂，热固性树脂
resinas de furano　呋喃树脂
resinas derivadas del óxido de etileno　环氧树脂，环氧类树脂
resinas epon　环氧树脂，环氧类树脂
resinas plásticas　塑性树脂，塑料树脂
resinas termoendurecibles　热固树脂，热固性树脂
resinas termofraguables　热固树脂，热固性树脂
resinas termoplásticas　热塑性树脂
resinato　树脂酸盐
resinero　树脂的；含有树脂的；树脂采集工
resínico　树脂的
resinífero　产树脂的，含很多树脂的

R

resiniforme 树脂状的

resinita 脂光蛋白石

resinoide 树脂状物质

resinoideo 像树脂的

resinol 树脂醇

resinoso 含有很多树脂的；树脂质的，树脂样的

resíntesis 再合成

resisa （零售商品）消费税

resistencia 抵抗；阻力，抗力；电阻，电阻器

resistencia a la abrasión 抗磨力，抗磨性，耐磨性，耐磨强度

resistencia a la cizalladura 抗剪强度

resistencia a la compresión 抗压力，抗压强度

resistencia a la corrosión 耐腐蚀性

resistencia a la falla 抗断强度，断裂强度

resistencia a la fatiga 抗疲劳性，抗疲劳强度

resistencia a la flexión 抗弯强度，抗挠强度

resistencia a la floculación (fueloil) （燃油）抗絮凝力

resistencia a la fluencia 抗蠕变力，蠕变阻力，抗蠕变性

resistencia a la obstrucción 抗阻塞能力，抗阻塞力

resistencia a la presión interior 抗内压强度

resistencia a la rotura 抗断强度，断裂强度

resistencia a la tensión 抗拉强度，抗张强度，拉伸强度

resistencia a la torsión 抗扭强度

resistencia a la tracción 抗拉强度

resistencia a la usura 耐磨性，耐用性

resistencia a la zafadura 抗撕裂强度；拉脱强度

resistencia a las plagas 抗虫性

resistencia a las plagas y enfermedades 抗病虫害性，抗病虫害能力

resistencia al choque 抗冲击性，抗震性

resistencia al cizallamiento 抗剪强度，剪切强度，抗切强度

resistencia al corte 抗剪强度，剪切强度，抗切强度

resistencia al desgaste 耐磨性，耐磨力

resistencia al flujo 流动阻力，水流阻力

resistencia al frío 抗寒性，抗寒力

resistencia al punto cedente 屈服强度

resistencia al viento （井架的）风载能力；抗风力

resistencia de electrodo 电极电阻

resistencia de fricción 摩擦阻力

resistencia de la barrena 钻头强度

resistencia de la formación 地层阻力

resistencia de la pista (de aterrizaje) 跑道强度

resistencia de la tubería 管材强度

resistencia de la unión 连接强度；接头强度

resistencia de los fluidos 流体阻力

resistencia de materiales 材料强度

resistencia de radiación 辐射阻力

resistencia de rozamiento 摩擦阻力

resistencia de tracción 抗拉强度，牵引阻力

resistencia debida a las ondas de gravedad 重力波阻

resistencia del acero al flujo 钢的蠕变强度

resistencia del cemento 水泥强度

resistencia del gel estático 静胶凝强度

resistencia del suelo 土壤阻力；土壤电阻率

resistencia dieléctrica 介电电阻，介质电阻

resistencia elástica 弹性强度

resistencia eléctrica 电阻

resistencia equivalente 等效电阻

resistencia específica 电阻率，比电阻，电阻系数

resistencia específica de corte 切削阻力

resistencia exterior 外阻力，外电阻

resistencia final a la compresión (RFC) 最终抗压强度，最终压缩强度

resistencia inercial 惯性阻力，惰性阻力，惯抗

resistencia inercial de Forchheimer 福希海默惯性阻力，福希海默惰性阻力

resistencia interna 内阻力，内电阻

resistencia lateral 横向抗力

resistencia límite 极限强度

resistencia magnética 磁阻

resistencia máxima a la tracción (RMT) 极限抗拉强度

resistencia óhmica 欧姆电阻

resistencia osmótica 渗透阻力

resistencia pasiva 钝态抗力；消极抵抗

resistencia por deposición 污垢热阻

resistencia por suciedad 污垢热阻

resistencia temprana 初期强度，早期强度

resistencia tensil 抗拉强度，拉伸强度

resistencia tensora 抗拉强度，拉伸强度

resistencia térmica 热阻，热阻率

resistencia transversal 横向电阻

resistencia ultra alta (RUA) 超高强度

resistencia variable 可变电阻

resistente 产生机械阻力的；耐用的；有抵抗力的

resistente a la corrosión 防腐蚀的，耐腐蚀的

resistente a la fricción 防磨的，耐磨的，抗摩擦的

resistente a la humedad 防潮的

resistente a la usura 耐磨的，耐用的

resistente a los alkalis 抗碱的，耐碱的

resistente al ácido 抗酸的，耐酸的

resistente al calor 抗热的，耐热的，防热的

resistir 抵抗，反抗；耐，抗；克制，抑制

resistividad　电阻率，电阻系数

resistividad aparente　视电阻率

resistividad de la tierra　土壤电阻率

resistividad de roca　岩石电阻率，岩石的电阻率

resistividad del agua de formación　地层水的电阻率，地层水电阻率

resistividad del suelo　土壤电阻率

resistividad del terreno　土壤电阻率

resistividad eléctrica　电阻率

resistividad magnética　磁阻

resistividad másica　比电阻，电阻率

resistividad profunda　深电阻率

resistividad real　真实电阻率

resistivo　抵抗的，有阻力的，电阻性的

resistómetro registrador　电阻记录仪

resistor　电阻器

resita　丙阶酚醛树脂，溶酚醛树脂，微树脂煤

resolubilidad　可溶解性，可分解性

resoluble　可溶解的，可分解的

resolución　解决；决议；裁决；分解，溶解；分辨率

resolución azimutal　方位角分辨

resolución de una ecuación　解方程式

resolución espacial　空间分辨率

resolución espectral　光谱分辨率

resolver　决定；解决；判决，裁决；分解；溶解

resonación　产生共振，产生谐振

resonador　谐振器，共鸣器

resonador acústico　声共振器，共鸣器

resonador coaxial　同轴谐振器

resonancia　余声；回响；反响，共振，谐振

resonancia ferromagnética　铁磁共振

resonancia magnética（RM）　磁共振，磁谐振

resonancia magnética nuclear（RMN）　核磁共振

resonancia magnético-nuclear　核磁共振

resonancia natural　固有共振，自然谐振

resonancia propia　自然共振

resonante　回声的，回响的；重要的，引起反响的

resorber　吸收，再吸收

resorcina　间苯二酚，雷琐辛

resorcinol　间苯二酚

resorción　吸收，再吸收

resorte　发条，弹簧；弹力

resorte antagónico　复原弹簧

resorte apainelado　弓形弹簧

resorte chato　扁簧，平板弹簧，带状弹簧

resorte de embrague　离合器弹簧

resorte de válvula　阀弹簧，阀簧

resorte elíptico　椭圆形板弹簧，双弓板弹簧

resorte espiral　螺旋弹簧，卷簧

resorte helicoidal　螺旋弹簧，螺旋形弹簧

resorteo　弹性，弹力，回弹能力

respaldar　背书，背签；支持，担保

respaldo　背面；背面书写的东西；支持，保护

respaldón　防护堤，防护墙

respiración　呼吸；呼吸作用；呼吸的空气；通风

respiración artificial　人工呼吸

respiración asistida　机械人工呼吸，辅助呼吸

respiración de boca a boca　口对口人工呼吸

respiradero　气孔，天窗，通风口；呼吸阀；通风管；呼吸器官，呼吸道

respiradero de fuelle　防洪闸门，泄洪闸门

respiradero de tanque　油罐通气孔

respirador　过滤面罩，呼吸口罩，呼吸器

respirador de cartuchos químicos　化学药筒防毒面具

respirador de línea de aire　空气管呼吸器

respirador de vapor orgánico　有机蒸汽呼吸器

respirador mecánico de filtro　机械过滤式呼吸器

responsabilidad　责任，职责

responsabilidad civil　民事责任

responsabilidad criminal　刑事责任

responsabilidad de daño ambiental　环境损害责任

responsabilidad de perjuicio ambiental　环境损害责任

responsabilidad final　最终责任

responsabilidad general　一般责任

responsabilidad ilimitada　无限责任

responsabilidad penal　刑事责任

responsabilidad social　社会责任

responsabilidad solidaria　连带责任

responsable　负责的；有责任的；负责人，责任人

respuesta　回答，答复；答应，反应

respuesta de registro eléctrico　测井响应

respuesta en amplitud　振幅响应

respuesta inelástica　非弹性响应

respuesta inelástica de silicio　硅的非弹性响应

resquebradura　裂缝，裂口，裂纹

resquebrajadura　裂缝，裂口，裂纹

resquebrajar　出现裂口，出现裂纹；断裂，裂开

restablecer　重建；恢复，复兴

restablecer al estado anterior　复归，复位

restablecimiento　恢复，重建；复原，痊愈

restablecimiento de la vegetación　植被恢复

restañadero　（河岸边的）潮淹区

restaño　密封舱；水的淤积

restante　余数；差；余量，残余物，残留的

restar　减去；减少，缩小

restauración　恢复，重建

restauración de posición　恢复原位

restauración de presión　压力恢复

restauración de tierras 土地改良，土地开垦

restaurar 恢复，重建；修缮，修补

restaurar la capa de ozono 修复臭氧层

restaurar la ozonosfera 修复臭氧层

restaurar la presión de un yacimiento 恢复油藏压力

restiforme 绳状的

restinga 沙洲，石滩

restitución 归还；复原

restitución de derechos de aduana 退还关税

restituir 归还；使恢复；使复原

resto 剩余（部分）；余数；余额；残渣（常用复数）

restregadura 擦痕，刷痕，蹭痕

restregar 擦；刷；揉，搓

restricción 限制，限定，约束

restricción ambiental 环境遏制

restricción comercial 贸易限制

restricción de la producción 产量限制，限产

restricción del tamaño del tubular 管材尺寸的限制

restricciones cambiarias 外汇限制

restricciones de divisas 外汇限制

restricciones para la disposición en tierra 填埋处置限制，地表排放限制

restricto 有限制的，受约束的

restringir 限制，限定，紧缩，缩减，使收缩

restriñir 压缩，紧缩，使收缩

resublimado 再次升华的

resucitación artificial de boca a boca 嘴对嘴人工呼吸

resucitador 复苏器；使复苏的；恢复的

resucitador de oxígeno 急救复苏器

resucitador manual con mascarilla para uso adulto 成人带面罩人工复苏器

resucitador manual con mascarilla para uso pediátrico 儿科带面罩人工复苏器

resuda 毛脂

resudación 微汗；渗出；发汗；表面凝水

resudamiento 微汗；渗出；发汗；表面凝水

resudamiento de la parafina 蜡发汗

resultado 结果，成果

resultado de ensayo 试验结果

resultado de la inspección 检验结果

resultado de perforación 钻井结果，钻进结果

resultado exacto 准确数据，可靠数据

resultado satisfactorio 令人满意的结果

resultante 作为结果而产生的；合成的；合力

resuma 连加数，累加，叠加

resumen 简述，概述；摘要，概要

resumidero 下水道，阴沟；污水坑；排水沟

resumidero de aceite 油池，油坑，废油坑

resumidero de petróleo 油池，油坑，废油坑

resumir 缩减为，简化为；溶解

resurgencia （地下水）重新涌出地面；地下水涌出的地方

resurgimiento 复苏，复活，恢复活动，再生

resurgir 再出现，重现；复活，复苏

resurtir 反弹，弹回

resuspensión 再悬浮

retacado 大钻的护面

retacar 填紧，塞实

retaporcionar 确指，明指

retardación 延误，延迟，阻止；减速

retardado 减速的；推迟的，延误的

retardador 阻滞剂，抑制剂；减速剂；减速器；缓凝剂

retardador de fuego （涂料）阻燃剂

retardadora 水泥缓凝剂

retardante 阻滞的；阻滞剂，缓凝剂

retardar 延迟，耽误；使缓慢进行；妨碍

retardo 延迟，延缓，延误，耽误

retardo de cierre en disyuntores 定时延迟

retardo de imanación 磁滞

retardo de la ignición 着火延迟

retardo del encendido 点火滞后，延迟点火

retardo del pago 迟付

retardo magnético 磁滞

retardo térmico 热滞

retardo térmico de océanos o tierra 海洋或陆地的热滞

retasa 重新定价

retasación 重新定价

retasar 重新定价；（拍卖中）再削价；重新评估

retén 备用品，备件；挡板，挡圈，挡环

retén cónico roscado 锥形螺纹挡圈

retén de aceite 油封

retén de grasa 护脂圈

retén del cojinete 轴承护圈

retén magnético 磁性固位体；永磁衔铁

retención 保留；扣留；扣除，扣除的工资或税费部分

retención de líquido 液体积聚

retención superficial 地表滞留

retenedor 闭锁装置；止动器；挡板；挡圈；挡环

retenedor de aceite 护油圈

retenedor de cemento 水泥持留器；水泥挡墙；水泥承转器

retenedor de derrumbes 孔壁防塌装置

retenedor del testigo 岩心爪

retenedor para el tapón de cementación 水泥塞挡圈

retener 保留，保存；抓住；扣留；扣除部分工资等

retenida 滑索，牵索；刹车装置
reterminación del pozo 再完井，二次完井
retesar 重新绷紧，重新拉紧；使重新变硬
retícula 标度线，分度线，交叉线；分划板，调制盘
reticulación 网状
reticulado 网状的；网格
reticulado atómico 原子晶格，原子点阵
reticulado cuadrangular 四边形网格
reticulado de puntos 点状网格
retículo 网状组织；十字丝；光栅，光网
retículo cristalino 晶体点阵，晶体结构
retículos de difracción 绕射光栅
retiforme 网状的
retingle 爆裂，爆炸；轰响
retinita 树脂石，松脂石，琥珀；树脂体
retinita parecida al ámbar 灰黄化石脂，灰黄琥珀
retinoide 视网膜状的；树脂状的；树脂状物质
retinoideo 树脂状的
retirada 离开，退出；撤退
retirada de la tubería 起钻；取出钻杆
retirar 挪开，移开；撤销，吊销；召回；收回（意见等）
retiro 退休，退职；退休金；撤退，后退
retiro en efectivo 现金提款，提现
reto 挑战；艰巨的任务
retoma de registro durante la perforación 随钻测井
retomar 继续
retorcedero 拧具
retorcedura 拧，扭，绞；扭结，纠缠，缠绕
retorcedura de un cable 电缆扭结
retorcer 拧，扭，绞；缠绕
retornamiento 归还；返回；恢复原状
retorneado （在车床上）精加工
retornear 给（车床加工过的部件）作精加工
retorno 返还，归还；返出物，返出液，返出的泥浆
retorno de aceite 回油
retorno de vapor 回汽
retorta 蒸馏瓶，蒸馏器，曲颈瓶
retortijar 拧曲，扭曲，绞
retrabajo 再加工，修井；维修作业
retracción 缩回，缩进；收缩，减少
retracción de mercado 市场萎缩
retractar 撤销；赎回
retráctil 能缩回的，能缩进的，能伸缩的
retractilidad 收缩性，伸缩性
retractor 牵开器
retranca 刹车；刹车杠，闸；制动器
retranqueo 缩进；目测
retrasado 落后的；（钟、表）慢的；耽误的；过时的

retraso 延迟，延误；缓凝，缓凝作用
retraso de conexión 接通延时
retraso de fase 相位滞后
retraso de la ignición 点火迟后，滞燃期
retraso de tiempo 时滞，时间滞后，延时，时延
retraso en la combustión 滞火，缓燃
retribución 报酬，酬金；工资
retribución para tiempo de parada 停工费率，停工日费用
retroacción 追溯效力，反作用；倒行，倒退
retroactividad 追溯力，追溯性；（提薪、税收等的）回溯至颁布特定日期生效性；反作用
retroalimentación 反馈，回授，回流
retro-arco 逆弧
retrobarrido 回扫；逆流洗涤，反向冲洗
retrobombear 用泵回送，回抽
retrobombeo 循环回流
retrocesión 后退，倒退；归还，交还
retrocesivo 后退的，倒退的；归还的，交还的
retroceso 后退，倒退
retroceso de la llama 回火
retroceso del arco 逆弧
retroceso del cambio 汇率下降
retrocombustión 回燃
retrodispersión 反向散射，反散射，向后散射
retroexcavadora 挖沟装载两用机
retroexcavadora cargadora 装载挖掘机
retrogradación 逆行，退减，退减作用
retrógrado 后退的，逆行的；逆转的，反向的
retrogresión 后退，倒退，逆行
retrogresión económica 经济衰退
retro-impulsor 回推的，反向推动的；反向推进器
retrolavado 反洗，反冲
retrolectura 后视，回视，反视
retropropagación 反向传播
retropropulsión 喷气推进（系统），反冲力推进（系统）
retrospección 回顾，追溯已往
retrotaponamiento (pozo) 回堵，回填
retrotaponar 回堵，回填
retrovisor 后视镜
retrovisual 后视，反视
retuerta （河流、路的）拐角，转弯处
retziana 羟砷钙钇锰矿
réumico 稀黏液的
reunificación 重新合并，重新统一
reunificar 重新合并，重新统一
reunión 联结，联合；集会，会议
reunión cumbre 最高级会议，峰会
reunión de trabajo 工作会议

reunión informal　非正式会议
reunión plenaria　全体会议
reunión preparatoria　预备会议
reunión pre-trabajo　班前会
reunión sindical　工会集会
reunir　联结，联合；召集，聚集，集会
reutilizable　可再次使用的，可重复利用的
reutilización　重新使用，再次使用，再使用
revalidación　认可，批准；确认
revalorización　增值，升值
revaluación　重新评价，重新估价；（货币）增值，升值
revenibilidad　温和性；可调和性；回火性，退火性
revenido　回火，回火度
revenir　恢复原状，复原
reventazón　崩裂，爆裂，裂开
reventón　裂开，爆裂；井喷
reventón del pozo　井喷
reventón inminente　即将来临的井喷
reverberación　反射，反光，煅烧，焙烧；（反射炉中的热、焰的）反回
reverberador　反射器（灯或镜）；反射炉
reverbero　反射；反射镜，反射灯
reverdecimiento　返青，重新变绿，重新绿化
reverdecimiento del planeta　地球回归绿色；世界绿化
reversibilidad　可逆性；可复原性；可复归性；两面可用性
reversible　可还原的；可复归的；可逆的；可翻转的
reversión　恢复，复原；反转，倒转
reverso　反向的，相反的；反面，背面；倒退装置
reverter　溢出，漫出
revertir　归还，归于；复原
revés　背面，反面，挫折，逆境
revesa　逆流，涡流
revestido　用…覆盖的；加套的；下套管的；保护用，覆盖层
revestido con cemento　水泥衬里的
revestido con planchuelas　带金属板护板的
revestido de acero　包钢的
revestido de metal　加金属层的，敷金属的
revestido de plomo　用铅包住的，包铅的
revestido de zinc　镀锌的
revestidor　套管，衬套
revestidor auxiliar　辅助套管
revestidor auxiliar ciego　无眼衬管
revestidor corto　短套管
revestidor de producción　生产套管，油层套管
revestidor de superficie　表层套管，地面套管
revestidor intermedio　技术套管，中间套管

revestidor perforable　可钻尾管，可钻碎尾管；可钻式套管
reestidor sobredimensionado　超大套管
revestimiento　加保护面，铺面；保护层；覆盖层；路面
revestimiento aerocelular　气泡罩
revestimiento de chapas　对金属板（片）进行电镀
revestimiento de cuero　皮面，皮饰面
revestimiento de embrague de disco　圆盘离合器摩擦片
revestimiento de fricción　摩擦衬片，摩擦片
revestimiento de gran espesor　高厚度保护层
revestimiento de gunita　水泥喷射灌浆衬砌
revestimiento de hormigón　混凝土衬砌，混凝土衬里
revestimiento del cojinete　轴承衬
revestimiento del embrague　离合器摩擦片，离合器衬片
revestimiento del freno　刹带衬，制动衬片
revestimiento interior　内衬
revestimiento para cañería　管面涂层
revestimiento perforable　可钻式保护层
revestimiento plástico　塑料涂层
revestimiento protector　防护层，防护性涂层
revestimiento refractario　耐火衬里，耐火衬料
revestir　披盖，覆盖，铺
revestir con metal antifricción　镶巴比合金；用耐磨金属覆盖
revestir con plomo　衬铅
revestir un trépano　修理钻头，打磨钎头
reveza　逆流，涡流
revirar　调转，扭转
reviro　再转向
revisado　改订的，修正的；复查过的
revisar　复查，修正，修改，校正
revisión　核对，复查，审核；修正，修改；检修
revisión ambiental　环境审计，环境审核
revisión de los documentos　审核文件
revisión general　全面检查
revisión periódica　定期检查
revisita　复查，复验，复审，复核
revisor　检查员，检票员，修订者
revista　复审；检查，视察；杂志
revitalización　复苏，新生
revitalizar　使复苏，使新生
revivificar　使恢复生气，使再生，使复苏
revocable　可撤回的；可撤销的；可废除的
revocar　撤回，撤销，取消，废除；罢免，解职；重新粉刷
revocar con inyección　泥封，造壁
revolución　旋转，转数；公转；大变革；旋转

运动

revolución de 180°　半周旋转，旋转半周

revolución geológica　地质变革（地壳运动期）

revolución larámica　拉腊米运动

revoluciones del motor　发动机转数

revoluciones por hora (RPH)　每小时转数

revoluciones por minuto (RPM)　每分钟转数，转/分

revoluciones por minuto de la mesa rotativa　转盘每分钟转数

revoluciones por segundo (RPS)　每秒钟转数

revoluto　向内卷的

revolvedor　搅拌器；扰乱的，骚动的

revolvedora　翻动机；混凝土搅拌机

revolver　搅，拌，翻；弄乱；包，裹

revolvino　旋涡

revoque　滤饼（钻井液在过滤过程中沉积在井壁、地层面或滤纸等过滤介质上的固相沉积物）

revoque de filtración　滤饼，泥皮

revoque de inyección　滤饼，泥皮

revoque sobre la pared del hoyo　井壁滤饼

revuelta　转动；骚动，骚乱；拐角，拐弯处

revuelta social　社会动乱

revuelto　翻乱的，弄乱的，混乱的

Rexforming　雷克斯重整

rexistasia　破坏平衡（由于缺乏植被而造成）

rezagado　落后的；落伍的

rezagador　落后；延迟

rezago　剩余物，残留物

rezón　四爪锚

rezumadero　渗漏的容器；渗液，渗流；承接容器

rezumadero de petróleo　油苗

rezumado　渗漏的

rezumamiento　渗漏

rezumar　渗出，漏出；渗流，渗漏

RFC (resistencia final a la compresión)　最大抗压强度，最终抗压强度

RGL (relación gas-líquido)　气液比

RGP (relación gas-petróleo)　气油比

rhabdofuna　磷稀土矿

ría　河口；里亚式湾，海湾

riachuelo　小河，小溪

riacolita　透长石

riada　洪水，溢流

riba　陡坡；河岸，海岸；（沟渠蓄水槽的）壁

ribacera　（沟渠的）坡岸

ribazo　陡坡；坡面，坡

ribera　河堤，河岸，海岸，沿河地带

ribete　边儿；补板，嵌条，盖缝条

richterita　碱镁闪石

riciforme　米粒状的

rico　富有的；富饶的；丰富的

riebechita　钠闪石

riego　灌溉，灌溉用水（量）；灌注

riego por aspersión　喷灌

riego por goteo　滴灌

riel　轨道，导轨，栏杆，横木条

riel de guía　导轨

rielera　钢锭铸模；铁轨铸模

rienda　缰绳；绷绳，牵索，牵引绳

riesgo　风险，危险

riesgo asociado a la exploración de hidrocarburos　油气勘探风险

riesgo compartido　风险共担，共同承担的风险

riesgo crediticio　信贷风险

riesgo de acumulación　累积危险；累积风险

riesgo de incendio　火险，火灾危险性

riesgo de mar　非人为因素的海损，海上风险

riesgo ecológico　生态风险

riesgo explosivo　爆炸危险

riesgo significativo de contaminación　主要的污染风险

riesgo uniforme　均一风险；均布危害度

riesgoso　冒风险的，危险的

rigidez　刚性，刚度，不易弯曲；硬度

rigidez dieléctrica　电介质强度

rigidez magnética　抗磁强度

rigidez parcial　局部刚度

rígido　硬的，不易弯曲的，刚性的

rigoroso　严格的，严密的

rima　堆；裂缝，绞刀，开洞的刀

rimador　扩孔器，扩眼器；扩孔钻头，扩眼钻头

rimador rotatorio　旋转扩眼器

rimar　绞，绞孔，（钻井）划眼

rimar en retroceso　倒划眼

rimar hacia arriba　倒划眼

rimilla　裂缝

rimula　小裂缝，微细裂缝

rin　轮圈，轮缘；车胎

rinconada　街角，房角，角落

ringlera　排，列，行列

rininoleico　蓖麻油的

rinneita　钾铁矿

riñón　中心，核心；肾形物；岩球，矿瘤

río　河，江，河流

río abajo　下游，顺水

río antecedente　先成河

río arriba　上游，逆水

río captor　袭夺河

río consecuente　顺向河

río consecuente lateral　侧顺向河

río consecuente longitudinal　纵顺向河

río de corriente lenta　缓流河

río entrenzado　辫状河，网状河，交织河流

río estable　稳定河，稳定河流

río inadaptado　不相称河

río invertido　逆流河

río obsecuente　逆向河，逆向流

río permanente　永久河流，永久性河流

río sinuoso　曲流河

riodacita　流纹英安岩，石英安粗岩

riolita　流纹岩，石英粗面岩

riolítico　流纹岩的，石英粗面岩的

riostra　支撑，支柱，撑条；抗压构件

riostra angular　角撑

riostra diagonal　对角拉撑

riostrar　在…上安支撑，安撑臂于…

riostras de la torre　井架斜拉筋

ripado　位移，漂移，偏心，变动

ripar　变换，变速；移动，漂移

ripiar　用碎砖破瓦填平，用废料填塞

ripidolita　铁绿泥石，蠕绿泥石

ripio　残渣，废料，填充料；卵石；砾石；岩屑，钻屑

ripios de perforación　钻井岩屑

riqueza　财富，财产，资产；资源（常用复数）

riqueza física　物质财富，有形财富

riquezas naturales　自然资源

risca　裂缝；山石

risco　陡峭的岩石，峭壁

risímetro　流速计

ristrel　粗板条

ritingerita　黄银矿

ritmo　节奏；有规律运动，周期性运动；速度，进度

ritmo de aumento　增长速度

ritmo de trabajo　工作速率

ritual　惯常的

rival　对手，竞争者

rivalidad　争夺，角逐；竞争；敌对

rivera　小溪，小河；河床，河道

riyal　里亚尔（沙特阿拉伯和卡塔尔货币单位）

rizado　（地面等）呈现波浪形的；卷曲，起皱纹

rizadura　波纹

rizo　缩帆架；缩帆结；波纹，波痕

rizobios　根瘤菌，根瘤菌属

RM（resonancia magnética）　磁共振，磁谐振

RMP（recuperación mejorada de petróleo）　提高采收率

RMT（resistencia máxima a la tracción）　极限抗拉强度，极限抗张强度

RN（radionúclidos naturales）　天然放射性核素

RNNS（reglamentos de notificación de nuevas substancias）　新物质通报法规

robadizo　易流失的泥土；土被冲走之后的水沟

robín　锈

robinete　龙头，开关，阀，旋塞

robinete del vástago de perforación　方钻杆旋塞，方钻杆旋塞阀

robladura　铆死，打弯

roble　栎，栎树，栎木

roblón　铆钉，铆；瓦脊；盖瓦

roblonado　铆死，铆接；铆的，铆接的

roblonado a recubrimiento　搭接铆，搭接铆接

roblonado a solapa　搭接铆，搭接铆接

roblonar　铆接；把…铆死

robo　偷盗，偷窃

robot　机器人；自动装置

robotesco　机器人的，自动机的

robotización　自动化

robotizar　使自动化

roca　岩石；小块岩石

roca abisal　深成岩，深海岩石

roca ácida　酸性岩

roca acídica (granito)　酸性火成岩，酸性岩

roca adyacente　围岩

roca alcalina　碱化岩石

roca alterada　蚀变岩石

roca amigdaloide　杏仁岩（指含有杏仁状小气孔的火山岩）

roca apartada　孤残峰

roca arcillosa　泥质岩

roca arcillosa de contextura laminada　层状泥岩

roca arenisca　砂质岩

roca arquezóica　太古界岩石

roca asfáltica　沥青岩，沥青质岩

roca atrapada　暗色岩，夹石

roca autoclástica　自生碎屑岩，自碎岩

roca bandada　带状岩石

roca basáltica　玄武岩

roca basamentaria　基岩，基底岩石

roca base　基岩

roca básica　基性岩

roca calcárea　砂质石灰岩，砂灰岩；石灰岩

roca carbonatada　碳酸盐岩

roca carbonática　碳酸盐岩

roca cataclástica　碎裂岩

roca circundante　围岩

roca clástica　碎屑岩

roca compacta　致密岩石

roca con inclusiones　容矿岩，宿主岩体

roca consolidada　硬化岩石，固结岩石

roca continua　围岩

roca coralina　珊瑚岩，珊瑚礁

roca córnea　角岩，角页岩

roca cristalina　结晶岩

roca cuarzosa　石英岩

roca cuneiforme　楔形岩；岩楔

roca de baja permeabilidad　低渗透岩石
roca de basamento　基岩，基底岩石
roca de base　底岩，基岩
roca de concha　贝壳岩
roca de cubierta　覆岩
roca de estrato　成层岩，层状岩
roca de fondo　底岩
roca de la región del Vesuvio　维苏维火山岩
roca de origen eólico　风成岩
roca de playa　海滩岩，海岸岩
roca de profundidad　深成岩
roca de tubería　管岩
roca de yacimiento　储油岩层，储集岩，油层
roca de yacimiento clástica　碎屑储集岩，碎屑岩
　储集层
roca de zócalo　基岩，基底岩石
roca desmenuzada　岩屑，磨碎的岩石
roca determinante　标准层，标志层，标准岩层
roca detrítica　碎屑岩
roca efusiva　喷出岩，喷发岩
roca encajonante　围岩
roca endurecida　硬化岩石，固结岩石
roca eólica　风成岩
roca eruptiva　喷出岩，喷发岩
roca secundaria　导生岩，衍生岩
roca esquística　未分岩
roca esquistosa　片岩，片麻岩，结晶片岩
roca estéril　废石；（矿床中无矿部分的）脉石
roca estratificada　层状岩，成层岩
roca eutáxica　条纹斑杂岩
roca extraña　外来岩；奇石
roca extrusiva　喷出岩，喷发岩
roca fémica　铁镁质岩石
roca firme　坚固岩体，坚岩
roca foliada　叶状岩石
roca formada in-situ　原生岩，原岩
roca fosfática　磷块岩，磷灰岩
roca fosfórica　含磷岩，磷块岩
roca fracturada　破碎岩石
roca fragmentosa　碎屑岩
roca fresca　新鲜岩石，未风化岩石
roca fuente　烃源岩，矿源岩
roca fundida　熔融岩石，熔岩
roca gastada　废石
roca granular　粒状岩
roca granítica　花岗岩
roca guía　标准岩层
roca híbrida　混杂岩，混浆岩
roca hipoabisal　半深成岩，浅成岩
roca hospedante　容矿岩，宿主岩体
roca ígnea　火成岩，岩浆岩
roca ígnea efusiva　喷出火成岩
roca ígnea extrusiva　喷出岩

roca ígnea profunda　深层火成岩
roca igneo-metamórfica　火成变质岩
roca impermeable　不渗透岩石，不透水岩石
roca impermeable de cobertura　盖层
roca impregnada de asfalto　沥青岩，沥青质岩
roca inferior　下部岩体
roca interestratificada　层间岩，层间岩层
roca intermediaria　中性岩，夹层
roca intrusiva　侵入岩
roca madre　母岩，生油岩，烃源岩，源岩，矿
　源岩
roca magnética　磁石；磁性岩石
roca maleta　不能再继续向下钻的岩层，钻井后
　无油气显示的岩石
roca mesosilícica　中性岩，夹层
roca metaígnea　变火成岩，准火成岩
roca metamórfica　变质岩，变成岩
roca metamórfica dura　坚硬变质岩，硬质变
　质岩
roca metasedimentaria　变质沉积岩
roca mezclada　混杂岩
roca monominerálica　单矿物岩
roca nativa　基岩
roca néisica　片麻岩
roca neptúnica　水成岩，海成岩
roca orgánica　有机岩，生物岩
roca paleovolcánica　古火山岩
roca permeable　可渗透岩层，透水岩石
roca petrolífera　烃源岩，生油岩，矿源岩
roca piroclástica　火成碎屑岩，火山碎屑岩
roca pirógena　火成岩
roca pirogénica　火成岩
roca plutónica　火成岩；深成岩
roca porfirítica　斑岩，斑状岩
roca precámbrica　前寒武系岩层
roca preterciaria　火山岩；第三纪前的岩石
roca primaria　原生岩，原始岩
roca primeval　原生岩，原始时代的岩石
roca productiva　生油岩，烃源岩，矿源岩
roca productiva de petróleo　生油岩
roca profunda　深成岩，深海岩石
roca protogénica　原生岩
roca rayada　条纹岩
roca recipiente　储层，容岩；储集岩
roca resquebrajada　裂缝性岩石，裂隙岩石，
　裂隙性岩石
roca salina　盐岩
roca sedimentaria　沉积岩，水成岩
roca sedimentaria clástica formada por granos de
　arena　砂质沉积碎屑岩
roca sedimentaria detrítica　碎屑沉积岩
roca sedimentaria impermeable　不透水的沉积
　岩；非渗透性沉积岩

R

roca sello 盖层（阻止原油继续运移），密封岩

roca silícea 硅质岩

roca silícea utilizada como piedra de afilar 硅质磨石

roca sólida 坚固岩石，坚岩

roca soluble 可溶性岩石

roca suelta sobre la roca viva 表皮土，覆岩

roca superficial 覆岩

roca trapeana 暗色岩

roca triturada 破碎岩体

roca triturada por movimientos tectónicos 糜棱石，糜棱岩

roca ultrabásica 超基性岩

roca vecina 围岩

roca verde 绿岩

roca verde erúptica 绿岩

roca virgen 原生岩石，原岩

roca vítrea 玻质岩

roca viva 坚石，坚岩，原地岩

roca volcánica 火成岩，岩浆岩

roca zoolítica 含有动物化石的岩石

rocalla 碎石，石屑；大玻璃珠

roca-madre generadora de hidrocarburos 烃源岩，生油气岩，生油气母岩

rochlederita 暗树脂，硅化树脂

rociador 喷水器，洒水壶，喷淋器

rociador automático 自动洒水器，自动喷水器

rociadora-lavadora 喷淋洗涤器

rociar 喷，洒，浇；喷射，喷洒

rocío 露水，露珠；露状物

rocoso 多岩的，多岩石的

rod 棒；测杆，标尺；抽油杆；钢筋

rodado 滚落的矿石；漂砾，漂块；车辆

rodado residual 残余漂砾，风化巨砾

rodado tipo oruga 履带车

rodados glaciales 冰川漂砾

rodadura 滚动

rodaje 试车，试运转，跑合运转；磨合

rodalina 烯丙基硫脲

rodalita 蔷薇辉石

rodamiento 轴承

rodamiento de bolas 滚珠轴承

rodamiento de bolas y rodillas 滚珠—滚柱轴承

rodamiento de rodillas 滚柱轴承

rodamiento libre 自由飞轮，自由轮

rodancha 圆片

rodánico 硫氰的

rodanizado 镀铑

rodante 滚动的

rodar 滚，旋转；开动，行驶，运转正常

rodar el taladro 拖运钻机，整体移动钻机

rodeado 被…包围的，被环绕的

rodeo 环绕；围住，包围

rodezno 水平水轮；磨石的转动齿轮

ródico 铑的

rodillo 滚轴，滚柱，碾子；辊子，轧辊，滑轮

rodillo adiamantado 金刚石砂轮

rodillo compactador 压路机

rodillo compactador tipo pata de cabra 羊足压路机

rodillo compresor 压实机，压路机

rodillo de trépano 钻头牙轮

rodillo del buje de junta Kelly 方补心滚子

rodillo enderezador 矫直辊

rodillo laminador 薄片轧辊

rodillo para tubería de revestimiento 套管小机车

rodillo sin costura 无缝辊

rodillo tensor para cadena 链传动惰轮

rodillo transportador 传送辊

rodinal 香茅醛

rodinol 玫瑰醇

rodio 铑

rodo 石磙，碌碡

rodocrosita 菱锰矿

rodonita 蔷薇辉石

roedor 啮齿目的；啮齿目；腐蚀剂

roedores acuáticos 水生啮齿目动物

roemerita 粒铁矾

roentgen 伦琴，伦琴射线，X 射线

roentgenio 伦琴，伦琴射线，X 射线

roer 咬，啃，锉；侵蚀，腐蚀，消耗

roesterita 水重砷镁石

rojo 红色的；赤热的，烧热的；红色

rol 作用；名单，名册

rolada 风转向

roldana 滑轮，滑车轮；槽轮，绳轮

roldana a polea de acanalado múltiple en V 多槽 V 形皮带轮

roldana aisladora 绝缘滑轮

roldana colectora (roldana del trole) 触轮，滚轮，滑接轮

roldana de corona 天车滑轮

roldana de cuchareo 捞砂滑轮

roldana de la línea muerta 死绳滑轮

roldana de la tubería de revestimiento 套管滑轮

roldana de las poleas de corona 天车滑轮

roldana de maniobra 开口滑车，扣绳滑轮

roldana de piso 开口滑车，扣绳滑轮

roldana de polea 滑车轮

roldana de poleas de corona 天车滑轮

roldana del motor móvil 游动滑车；滑轮

roldana libre 动滑车

roldana para correa trapezoidal V 形皮带滑轮

roldana posterior 后皮带轮

rolín 滑车，滑轮

rolinera 轴承，支座

rollete 船台滑道

rollizo 圆的，圆柱形的；原木

rollizo industrial 工业原木

rollo 卷，筒；原木；案卷，卷宗

rollo de cinta empacadura 密封胶带

rollo de teipe eléctrico 电工胶带

romana 提秤；测力计

rombal 菱形的

rombeédrico 菱形的，菱形体的，三角晶的

rómbico 菱形的，斜方形的，斜方晶体的

rombo 菱形

romboclasa 板铁矿

rombododecaedro 菱形十二面体晶体

romboédrico 菱形晶体的；菱面体的

romboedro 菱面体，菱形体，菱面体结晶

rombohedro 菱面体，菱形体，菱面体结晶

romboidal 平行四边形的

romboide 长菱形

romboideo 平行四边形的

rombo-pórfido 菱长斑岩

rombos de dolomite 白云石菱形体

romeíta 锑钙石

romo 钝的，不尖的

rompepavimento hidráulico 液压路面铣刨机

rompecollar 切管器，割管机，套管切割工具

rompecuello 切管器，割管机，套管切割工具

rompe-cupla 切管器，割管机，套管切割工具

rompedero 易碎的；易破的

rompehielos 破冰船

rompehormigón 混凝土破碎机

rompeolas 防波堤

romper 弄断，打碎，毁坏；中断；违反

romper en pedazos 粉碎，打碎，弄成碎片

rompimiento 弄断，断裂；裂口，开口

rompimiento de roca almacén para estimular la producción 压裂，储层压裂（一种增加产量的方法）

roñada 保护圆轮；绳环

ronda 巡逻，巡查；巡逻队；轮，回；来回，往返

ronda de licitaciones 第…轮招标；招标的第…轮

rondana 垫圈，滑轮

rondar 巡夜；夜间散步；查岗，查哨

roñoso 生锈的，长锈的；脏的，有污垢的

röntgen 伦琴射线，X射线

röntgenografía X射线照相术

röntgenología X射线学

röntgenspectroscopia X射线光谱术

ronzal 缰绳；拉帆索

roqueda 岩石多的地方

rosanilina 蔷薇苯胺，玫苯胺

rosca 螺纹；螺旋状物

rosca a la izquierda 左旋螺纹

rosca corroída 被腐蚀的螺纹

rosca corta 短螺纹，短扣

rosca cruzada 错扣；螺纹错扣

rosca de acople 连接螺钉

rosca de ángulo agudo 锐角螺纹，三角螺纹

rosca de la conexión hembra 内螺纹，阴螺纹

rosca de paso izquierdo 左旋螺纹，左螺纹

rosca de tornillo 螺纹

rosca de tubería 管螺纹，管端螺纹

rosca derecha 右旋螺纹，右螺纹

rosca desgarrada 破坏的螺纹，磨损的螺纹

rosca engranada 黏扣

rosca estirada 受拉变形的螺纹

rosca golpeada 撞击变形的螺纹

rosca hembra 内螺纹，阴螺纹

rosca hendida 开缝螺母，对开螺母

rosca larga 长螺纹

rosca lavada 清洗螺纹

rosca macho 阳螺纹，外螺纹

rosca métrica 公制螺纹

rosca redonda 圆螺纹

rosca UNC 公制统一粗牙螺纹

rosca Whitworth 惠氏螺纹

roscado 螺纹状的；上螺钉的；用螺钉固定的

roscado cruzado 错扣，螺纹错扣

roscador 刻螺纹的人；螺纹加工机

roscador de tubos 管螺纹加工机

roscadora 螺纹车床，制螺旋机

roscadora de tubos 管螺纹车床

roscadora mecánica 带压开孔机，攻丝机

roscante 上螺纹的，带螺纹的

roscar 刻螺纹于；拧紧（螺母）

roscar a macho 刻外螺纹于…

roscoelita 钒云母

roseína 品红，洋红

roselita 坤钴钙石

rosqueado 螺旋形的

rosqueador 使成螺旋形的

rosqueadura 成螺旋形

rosqueamiento 成螺旋形

rostriforme 鸟喙形的

rotable 可旋转的，可转动的

rotación 旋转，转动；循环，轮换；周转

rotación centrífuga 离心运转，离心运动

rotación centrípeta 向心运转，向心运动

rotación contraria a las agujas del reloj 逆时针转动，逆时针旋转

rotación de existencias 存货周转

rotación de fondos 资金周转

rotación de inventarios 存货周转

rotación de los trabajadores 工人倒班

rotación del capital 资金周转

rotación derecha 顺时针旋转，顺转，右旋

R

rotación dextrorsa 顺时针旋转，顺时针转动

rotación en sentido opuesto al reloj 逆时针旋转

rotación inversa 逆时针旋转

rotación izquierda 逆时针旋转；左转

rotación según las agujas del reloj 顺时针旋转，顺时针转动

rotacional 旋转的，转动的

rotador 旋转的

rotámetro 旋转式流量计，转子流量计

rotaplano 旋翼飞行器

rotativa 转轮印刷器

rotativo 旋转的，转动的

rotatorio 旋转的，转动的；轮流的

rotífero 轮虫纲的；轮虫

rotiforme 轮子状的，轮子形的

roto 破碎的；弄断的；损坏的

rotor 转子，转动体，转片，转筒，转轮

rotor asimétrico 不对称转子

rotor de cuchilla 叶片转子

rotor de jaula 鼠笼式转子

rotor desgastado 磨损的转子

rotor en circuito corto 短路转子

rotulación 贴上标签（商标）；加标题；加说明

rotular 贴标签；加标题；标出地名；（地图）加注的

rótulo 商标，标签

rótulo de destino 路径指示牌

rótulo de identificación 内容识别卡

rotura 断裂，破损；裂缝；中断，中止

rotura de contrato 撕毁合同

rotura de oleoducto 输油管道破裂

rotura de torsión 扭坏，扭断；扭转破断

rotura debido al esfuerzo de tensión 拉力破坏，拉伸断裂

rotura del tubo de perforación 钻杆断裂，钻杆破裂

rotura del varillaje 钻杆断裂，钻杆破裂

rotura del varillaje por exceso de torsión 钻杆扭断，钻杆扭裂；钻杆脱扣

rotura espiral 螺旋断裂

rotura por cizalla 剪切破坏

rotura por compresión 压缩破坏，受压破坏，压坏

rotura por fatiga (del metal) 疲劳断裂，疲劳破坏

rotura por tensión 拉力破坏，拉伸断裂

rotura por torsión 扭断，扭裂

roturar 开垦，开荒

roza （墙上用来装水管或电线的）暗槽，暗沟

rozamiento 摩擦；摩擦力

rozamiento de derrape (deslizamiento) 滑动摩擦

rozamiento de rodadura 滚动摩擦

rozamiento del aire 空气摩擦

rozamiento superficial 表面摩擦，表面摩擦力

rozar 擦，蹭；磨损，磨破；在（墙面等）上开暗槽

RPM (revoluciones por minuto) 每分钟转数，转／分

RPS (revoluciones por segundo) 每秒钟转数，转／秒

RRI (relación de rendimiento de influjo) 井底流入动态关系，井底流入动态关系曲线

Ru 元素钌 (rutenio) 的符号

RUA (resistencia ultra alta) 超高强度

rubefacción 红化作用

rubelana 暗红色云母

rubelita 红电气石

ruberoide 油毡

rubí 红宝石

rubí balaje 玫红尖晶石

rubí de Bohemia 蔷薇石英

rubí del Brasil 电气石，尖晶石

rubí espinela 红光晶石

rubí oriental 红宝石

rubicela 橙尖晶石；橙红尖晶石

rubidio 铷

rubiginoso 铁锈色的

rubigo 铁锈

rubín 红宝石；铁锈，铁

rubinete 龙头，开关，阀，旋塞

rúbrica fabril （木工用的）打线

rúbrica lemnia 红玄武土

rúbrica sinópica 铅丹；朱砂，辰砂

rubricar 签发，签署；证实，证明

rubro 标题；方面；项目

rudera 瓦砾

rudita 砾屑岩，砾质岩，砾状岩

rueda 轮子；圈子；轮，次，圈

rueda auxiliar 辅助轮

rueda catalina 要害，关键；（钟表的）擒纵轮

rueda conductora 导轮，主动轮，驱动轮

rueda de acción 导轮，主动轮，驱动轮

rueda de accionamiento 从动轮

rueda de afilar 砂轮，磨轮

rueda de álabes 桨轮，叶轮，涡轮

rueda de cadena 链轮，牙盘

rueda de cangilones 斗轮

rueda de dientes 齿轮

rueda de dientes lateral 侧齿轮

rueda de disco 辐板式车轮

rueda de enfrenamiento del malacate de herramientas 大绳滚筒刹车盘，钻具滚筒刹车轮

rueda de engranaje 齿轮

rueda de esmeril 砂轮，磨轮

rueda de extracción 大绳滚筒拉绳轮

rueda de la correa　皮带轮
rueda de levas　偏心轮，凸轮
rueda de mando　主动轮，操纵轮
rueda de mano　手轮
rueda de molino　磨石
rueda de pestaña　凸缘轮
rueda de polea con aldaba que se abre　开口滑车，扣绳滑轮
rueda de prensa　记者招待会
rueda de recambio　备用轮胎
rueda de repuesto　备用轮胎
rueda de transmisión　传动轮
rueda de trinquete　棘爪轮，棘轮
rueda de trócola　滑轮，槽轮，绳轮，皮带轮
rueda de turbina　涡轮
rueda dentada　齿轮，正齿轮
rueda dentada cónica　锥形齿轮
rueda dentada de mando　主动齿轮，驱动齿轮
rueda dentada de mando de la mesa rotatoria　转盘驱动齿轮
rueda dentada interior　内齿轮
rueda directriz　导向轮，方向盘，转向轮
rueda epicicloidal　外摆线轮
rueda esmeril　砂轮
rueda excéntrica　偏心轮
ruedas gemelos　双轮
rueda guía　转向轮，导向轮
rueda hidráulica　水轮
rueda hiperbólica　双曲线滚轮
rueda informativa　记者招待会
rueda intermedia　中间轮
rueda libre　自行车的飞轮；滑轮
rueda loca　惰轮，空转轮
rueda motora　原动轮，主传动轮
rueda motora de equipo de perforación corriente　普通钻机主传动轮
rueda motriz　主动轮
rueda motriz dentada　主动齿轮
rueda planetaria　行星齿轮
rueda rápida　指轮；拇指轮
rueda tractora　牵引轮
rueda trinquete　棘爪轮
rueda volante　飞轮
ruginoso　生锈的
rugosidad　粗糙度，粗糙性，粗糙；凹凸不平
rugosímetro　表面粗糙度仪，（表面光洁度）轮廓仪
ruido　声音，声响；噪声，杂音；干扰
ruido aleatorio　随机噪声，无规则噪声，杂乱噪声
ruido blanco　白噪，白噪声
ruido de agitación térmica　散粒噪声，爆炸噪声
ruido de cable　电缆噪声

ruido de fondo　本底噪声；背景噪声
ruido de impulso　脉冲噪声，冲激噪声
ruido de intermodulación　互调噪声
ruido estrepitoso　巨响，轰鸣声
ruido fortuito　随机噪声，无规则噪声，杂乱噪声
ruido geológico　地质噪声
ruido térmico　热噪声
ruidosidad　噪声量，噪声特性
ruinas　废墟，遗迹
rulenco　球的，球状的
ruleta　卷尺，皮尺；旋轮线，圆滚线
rulot　汽车牵引的挂车
rumbatrón　空腔共振管
rumbo　走向，航向，方向；菱形
rumbo de compás　罗盘方位
rumbo de estrato　地层走向，岩层走向
rumbo de la desviación　偏差方向，偏差走向
rumbo de la formación　地层走向，岩层走向
rumbo de una falla　断层方向，断层走向
rumbo del epicentro　震中方向
rumbo del filón　矿脉走向
rumbo desplazamiento　走向位移，走向断距，走向滑距
rumbo fracturado　裂缝走向
rumbo general　一般走向，总走向
rumbo magnético　磁方位
rumbo verdadero　真航向
rumor　传言，传闻；小道消息；杂声
ruñar　开槽于
rupestre　岩石的；描述在岩石上的，雕刻在岩石上的
rupícola　岩生的；岩鸡
ruptor　接触断路器，断续器；断流器
ruptura　破裂，拉断，折断
ruptura de circuito　断路
ruptura de las negociaciones　谈判破裂
ruptura del equilibrio ecológico　打破生态平衡
ruptura del Gondwana　冈瓦纳古陆断裂
ruptura por torsión　扭断，扭裂
Rusia　俄罗斯
Rusia Blanca　白俄罗斯（旧名称，现为Bielorrusia）
ruta　道路；航道；路线；公路；途径，方向
ruta de datos　数据通路
ruta de invasión marina　海侵通道
ruta de migración　迁徙路径；迁徙路线
rutenio　钌，自然钌
rutherford　卢瑟福（用以表示放射性物质衰变率的单位）
rutherfordina　菱铀矿
rutherfordio　美国对104号元素的命名；卢瑟福（用以表示放射性物质衰变率的单位）

rutilo 金红石
rutina 常规，惯例；例行公事；例行程序；程序
rutina de gestión 管理程序
rutinario 常规的，例行公事的，按部就班的

RWD（escariación o ensanchamiento y perforación simultánea del hoyo） 随钻扩眼，英语缩略为 RWD（Reaming While Drilling）

S

S.A. （sociedad anónima）股份公司

S/N（relación señal/ruido）信号干扰比，信噪比

sabana 大草原，热带稀树干草原

sabana arbórea y arbustiva 灌木稀树草原

sabana arbustiva 灌木草原

sabana de matorrales 密灌丛大草原

sabin 赛（吸音量的计算单位）

sabina 桧，圆柏，沙地柏

sabineno 桧烯，冬青油烯

sabinol 桧醇，冬青油醇

sablón 粗砂；粗矿石，尾矿

sabotaje 阴谋破坏，蓄意破坏

sabotaje petrolero 石油破坏活动

sabotear 破坏

sabúlico 生活在沙地上的

sábulo 粗砂

sacabarrena 钻头提取器，钻头打捞器

sacabocado (sababocados) 打眼器，打孔器，穿孔器，穿孔机

sacabocado para correas 皮带冲压机，皮带冲孔机

sacabuche 拉管，长号；吸筒

sacachavetas 拔键器

sacaclavos 拔钉钳，起钉器

sacaclavos de horquilla 羊角起钉器

sacacorchos 开塞钻，起塞钻

sacacostra 除垢剂

sacacuñas 拔键器

sacada 拉出，取出，拔出

sacada de la tubería 起出管柱

sacaengranajes 齿轮拆卸器

sacamuestra (sacamuestras) 取心筒，岩心筒；取心工具，取样器

sacamuestra de cuña 卡瓦式岩心爪

sacamuestras con tubo de caucho 橡胶套岩心筒

sacamuestras de fondo 孔底取样器，井底取样器

sacamuestras de manga de goma 橡胶套岩心筒

sacamuestras de pared 井壁取心器，井壁取样器

sacamuestras de pared lateral 井壁取心器，井壁取样器

sacamuestras del fluido 流体采样器，流体取样器

sacamuestras en camisa de goma 橡胶套岩心筒

sacanúcleo 取心筒，岩心管，岩心筒

sacanúcleo a cable 电缆式岩心爪，电缆式岩心提取器

sacanúcleo para formaciones duras 硬地层取心筒

sacanúcleo presurizado 加压式取心工具

sacar 取出，拔出；使分离出，提炼，选出；（办理手续后）取（证）

sacar cañería de entubación 取出套管，起出井内套管

sacar cilindro de roca medinate medición eléctrica 电测取心

sacar el sondeo del pozo 起钻，起出井内钻杆

sacar la mecha 起钻，提钻；起出钻头

sacar la sarta de perforación 起钻，起出钻杆

sacar la tubería de bombeo 起出抽油杆，起出油管

sacar líquido con sifón 利用虹吸管抽出液体

sacar muestra cilíndrica 取心，取柱状岩心

sacar muestra lateralmente 井壁取心，井壁取样

sacar piedra de una cantera 从采石场采石

sacar presión 泄压

sacar testigos 取岩心

sacar testigos del costado 井壁取心

sacar tubería a presión 带压起出井内管柱

sacar tuberías 起钻，起出管柱

sacarímetro 糖量计

sacarina 糖精

sacarino 含糖的；(明矾)与糖混合的；酸模的

sacarinol 糖精

sacaroide 糖块状的，砂糖状的，糖粒状的

sacaroideo 砂糖状的，糖粒状的

sacarosa 糖，蔗糖

sacatapón 开塞钻，起塞钻

sacatestigo (sacatestigos) 取岩心器，柱状采样器，取心管

sacatestigo a cable 绳索式取心筒，电缆式取心筒

sacatestigo de pared 井壁取心筒

sacatestigo lateral 井壁取心筒

sacatín 蒸馏瓶，蒸馏器

sacatornillos 断螺钉取出器

sacho 锄头；大锄头；石锚

saco 麻袋，纸袋，包，皮，囊

saco de cemento 水泥袋

saco de lastre 砂袋

sacudida 摇动，抖动，脉动；喷射

sacudida de las varilla de tracción 抽油杆撞击，抽油杆撞击井壁

sacudida lateral 横向振动，横向摆动

sacudidas sísmicas　地震
sacudidor　摇筛机，振打器，振荡器，摇动器
sacudidor para remover los recortes del fluido circulante　去除钻井液中岩屑的摇筛机，去除钻井液中岩屑的振动筛
sacudidora　振打器，振荡器，摇动器
sacudir　摇动，摇晃，振动
saeta　箭，矢；（钟表上的）指针；指南针
saetía　三桅船；射击孔
saetín　无帽小钉；磨坊水轮之小槽
saflorita　斜方砷钴矿
saforina　生物碱液
safre　钴蓝釉
safrol　黄樟素
sagenita　网金红石
sagita　弓形高
sagital　箭形的，矢形的
ságoma　尺，规，矩；模板
saguaro　（美洲荒漠地区的）仙人掌
sahará　撒哈拉沙漠（北非）
sahariano　撒哈拉的；撒哈拉人，撒哈拉语
sahína　高粱
sahinar　高粱田
sahumador　熏香炉；烘干器
saica　二桅船
SAIM (Sociedad Americana de Ingenieros Mecánicos)　美国机械工程师协会，英语缩略为 ASME (American Society of Mechanical Engineers)
sal　盐，食盐；酸类和盐基化合物
sal ácida　酸式盐，酸性盐
sal amoníaca　卤砂，氯化铵
sal anhidra　无水盐
sal blanca　食盐
sal común　食盐
sal cúprica　铜盐
sal de acederas　草酸氢钾
sal de ácido fosfórico　磷酸盐
sal de cocina　食盐
sal de dureza　硬盐
sal de Glauber　芒硝
sal de Higuera　泻盐，硫酸镁
sal de mesa　食盐
sal de mina (roca)　岩盐
sal de nitro　硝酸钾
sal de perla　醋酸石灰
sal de peróxide　过酸盐
sal de piedra　石盐，岩盐
sal de plomo　醋酸铝
sal de salinas　盐碱滩的盐，盐沼（或湖）的盐
sal de soda (decahidrato de carbonato de sodio)　洗涤碱（苏打）
sal de sodio　钠盐

sal epsomita　泻盐，硫酸镁
sal fina　精制食盐
sal fósil　岩盐
sal fumante　盐酸，氢氯酸
sal gema　岩盐
sal gris　晒盐，海盐，粗粒盐
sal haloidea　卤盐
sal industrial　工业用盐
sal infernal　硝酸银
sal inorgánica　无机盐
sal marina　海盐
sal neutra　中性盐
sal oxigenado　含氧盐
sal potásica　钾盐
sal residual　残留盐分
sal sulfónica　磺酸盐
sal tantálico　钽酸盐
sal tártaro　碳酸钾
sal yodada　加碘食盐
sala　厅，堂，馆，室
sala de acumuladores (baterías)　蓄电池室
sala de aparatos　机房
sala de asambleas　会议室
sala de bombas　泵房
sala de bombeos　泵房
sala de calderas　锅炉房
sala de conferencia　礼堂
sala de control　控制室，仪表室，操作室，调度室
sala de dibujo　制图室，绘图室
sala de ensamblaje　装配间，装配室
sala de ensayos　试验室
sala de espera　候车（船、机）室；等候室
sala de exposición　展览室
sala de gálibos　放样间
sala de gobierno　控制室
sala de instrumentos y medidores　仪表室
sala de juntas　会议室
sala de lactancia　哺乳室
sala de mando　控制室
sala de máquinas　机舱，机房
sala de montacargas　提升机房，绞车房
sala de reunión　会议室
sala de subasta　拍卖厅
saladar　盐沼，盐泽，盐碱地，盐碱滩
salado　盐的，有盐分的，盐渍的
salagre　多碎石的
salar　盐田，盐场，盐池；盐沼，盐滩地
salario　工资，薪水
salario a destajo　计件工资
salario base　基本工资，底薪
salario básico　基本工资
salario con plus de antigüedad　工龄补贴

salario horario　计时工资

salario mensual　月工资

salario mínimo　最低工资

salario nominal　名义工资

salario por hora　计时工资

salario real　实际工资

salario social　（无工作的人从政府领取的）社会救济工资

salario sujeto a contribución　按贡献付酬

salbanda　断层泥；脉壁泥

saldado　平衡的，均衡的；有补偿的，已抵偿的

saldar　结清（账目）；清偿（债务）；廉价出售

saldar la cuestión con un acuerdo　通过一项协议解决问题

saldar las diferencias　消除分歧

saldar una cuenta　结账

saldar una deuda　还清债务

saldo　结清，结算；余额

saldo a favor　顺差

saldo acreedor　贷方余额，贷差

saldo activo　顺差，盈余

saldo activo de la balanza de pagos　国际收支顺差

saldo activo en el comercio exterior　对外贸易顺差

saldo deudor　借方余额，借方差额

saldo en contra　逆差

saldo líquido　净余额，净差额

saledizo　突起的；突出物，突起部；悬臂，尖端

salfumán　盐酸，氢氯酸

salgada　地中海滨藜；水藻，海藻

salicilal　水杨醛

salicilaldehído　水杨醛

salicilamida　水杨酰胺

salicilanilida　N—水杨酰苯胺

salicilasa　水杨酶，水杨醛氧化酶

salicilato　水杨酸盐；水杨酸酯

salicílico　水杨基的

salicilida　水杨酸醛

salicilo　水杨基，邻羟苄基

salicilsulfónico　磺基水杨酸的

salicina　水杨基，柳醇

salicultura　采盐，制盐

salida　出发；出口，出处；输出，销路

salida de agua　出水口

salida de aire　排气孔，放气口，通风眼

salida de auxilio　太平门，安全门，紧急出口

salida de emergencia　安全出口

salida de gas (gases)　出气口，出气道

salida de líquidos　排液口

salida de señal de control　控制信号输出

salida de vapor　蒸汽出口，排气口

salida de vapor de descoquificación　除焦蒸汽出口

salida del sistema　退出系统；注销

salida lateral　侧出口

salida lateral de la cabeza de captación　套管头侧出口

saliente　凸出的，突出的；凸角，突出部

saliente por efecto gravitacional　重力舌

saliente tectónico　构造凸起

salifebrina　水杨酰苯胺

salífero　含盐的，生盐的，盐渍化的

salificable　可成盐的，可盐化的

salificación　成盐，成盐作用

saligenol　水杨醇

salímetro　盐重计

salín　盐仓，盐库

salina　盐矿；盐场，盐池；盐碱地

salinero　盐矿的；盐碱地的；制盐工，盐贩，盐商

salinidad　盐度，含盐度；矿化度

salinidad de agua　水的盐度，水的矿化度

salinidad del océano　海水盐度

salinidad relativa　相对盐度

salinización　盐渍化，盐碱化，盐化作用

salino　含盐的，盐性的；（作物）喜盐的

salinómetro　盐量计，含盐量测定计

salipez　略带黑色斑点的白花岗岩

salir　提出，从井内提出；接箍处脱开；出去；离开；流出，溢出，排出

salir del pozo (SDP)　从井中起出，从井内提出，英语缩略为 POOH (Pulling Out Of Hole)

salitrado　含硝的

salitral　含硝的；硝石矿

salitre　硝石，硝酸钾，硝钾

salitre fino　硝石粉，硝粉

salitrera　硝石矿；制硝场

salitrería　制硝场

salitrero　硝的，硝石的；炼硝工人；硝石商

salitroso　含硝的

salma　吨位

salmer　拱基

salmuera　盐水，浓盐汁；盐卤；冷冻液

salmuera para refrigerar　盐水冷却液

salobral　盐地，盐土；咸味的，（土壤）咸质的

salobre　含盐的，咸的；过咸的

salobridad　含盐性，盐质

salón　客厅；沙龙（文人名士小型聚会）；展览厅；教室

salón de actos　礼堂，会堂

salón de exposición　展览厅

salpicadero　汽车挡泥板，汽车仪表盘，仪表板

salpicadura　溅，洒，溅上的污迹

salpicadura de aceite　油污，油渍

salpicar　洒，喷，（把水、泥浆等）溅泼在…上

saltacarril　跳线开关

saltación　跳跃，跳动；颗粒跳移，河底滚沙

saltadizo 易崩裂的

saltar el interruptor 跳闸

saltarregla 斜角规

salteado 错列的, 叉排的

salto 跳跃, 越过; 突变, 跃变; 瀑布; 落差

salto de agua 瀑布

salto de falla 断层移距, 断层位移; 断层落差

salto de línea 换行, 走行

salto de taladro 跳钻

salto horizontal 水平偏移, 水平位移

salto neto 有效扬程

salto vertical 垂直移距, 竖向移距, 垂直位移

salubridad 健康状况, 卫生状况

salud 健康; 健康状况

salud, seguridad ambiental (SSA) 环境健康和安全, 环境健康安全, 英语缩略为 EHS (Environmental Health and Safety)

salud, seguridad y ambiente (SSA) 环境健康和安全, 环境健康安全, 英语缩略为 HSE (Environmental Health and Safety)

saluda 请柬, 便柬

saludable 有益于健康的, 卫生的, 有益的

saludo 招呼, 问候, 致意, 祝贺

salumbre 盐华

salumina 水杨化铝

salutrense 旧石器时代后期

salva 致意, 欢迎; 礼炮, 鸣枪礼; 誓言, 诺言, 保证; 托盘; 齐投, 齐射

salva unión 保护接头

salvabarros 车的挡泥板

salvachia 索环, 索套

salvación 拯救, 抢救, 得救

salvafiletes 套管护箍; 护丝

salvaguardar 保护, 保卫, 储存, 做备份

salvaguardia 守卫, 保护, 保卫, 保障

salvaje (植物) 野生的; (土地) 未垦殖的; (动物) 野的

salvamento 拯救, 救助; 避难处

salvamento de buques 船只救援

salvar 救助, 搭救, 赦免; 储存, 做备份

salvavidas 救生圈, 救生设备; (电车轮前的) 安全障; 马车前的两根杆

salviol 丹参酚

salvo 平安的; 除外的, 除⋯之外

salvo error u omisión 允许误差, 错误不在此限, 差错待查

salvoconducto 通行证; 随意行动的自由

SAM (sistema avanzado de medición) 高级测量装置, 高级测量系统

samandaridina 火蛇皮碱, 蝾螈素

samandarina 火蛇皮毒碱, 蝾螈素

samario 钐

samarskita 铌钇矿

samarsquita 铌钇矿

samblaje (木器的) 榫接

samsonita 硫锑锰银矿

sana 磺胺醋酰钠

sanatorio 疗养院, 休养院

sanción 惩处, 制裁; 批准, 认可, 确认

sanción pecuniaria 罚款

sanción posterior 后补罚款

sancocho (钻井队的) 工具爬犁; (委内瑞拉) 一种杂烩汤

sándalo 檀香; 檀香木

sandáraca 香松树胶, 山达脂; 雄黄

saneado 清理好的; 免除税赋的

saneamiento 改善卫生条件; 清理; 卫生设施; 排水设施; 修补; 赔偿, 补偿

saneamiento de localización de pozos 井场清理

saneamiento de tierras 土地改良, 土地开垦

saneamiento del medio ambiente 改善环境卫生

sanear 改善⋯的卫生条件 (尤指去除潮气或排水); 修补, 健全; 改善; 赔偿, 补偿

sangrar 放出 (容器) 里的液体; 从⋯采树脂; 流血

sangre 血; 生命液

sangre de drago 龙血树脂, 红树脂

sangre de dragón 龙血树脂, 红树脂

sangre y leche 白斑红大理石

sangría 放血; (采树脂的) 切口, 割口; (炉中流出的) 金属溶液; (逐步) 消耗; 缩排; 放水, 排水

sanguimotor 血液循环的

sanguina 赤铁矿; 代赭石, 土状赤铁矿

sanguinaria 鸡血石; 血根草属

sanidina 透长石

sanidino 透长石

sanitario 卫生的, 保健的; 洗涤用海水 (设施) 的; 厕所; (装修水管的) 管子工, 水暖工; 卫生设备 (复数)

santal 檀黄素

santalina 紫檀红

santalol 檀香醇, 白檀油烯醇

santalona 檀香酮

santeno 檀萜烯

saponificación 皂化, 皂化作用

saponificación en caldero abierto 敞口锅皂化作用

saponificador 皂化剂

saponificar 皂化, 使⋯皂化

saponificio 肥皂制造; 肥皂厂

saponita 皂石

sapro- 表示"腐烂"

saprobio 腐生生物, 污水生物, 腐物寄生的

saprófito 腐物寄生的; 腐生植物, 腐物生物

saprogénico 生腐的, 腐化的

saprolita 腐泥土

sapropel　腐泥，腐殖泥

sapropelita　腐泥岩

SAPSA（sistema de almacenamiento de poste sencillo de anclaje）　单锚腿储存系统，单锚腿储油装置，英语缩略为 SALS（Single Anchor Leg Storage System）

SAPSA（sistema de amarre de poste sencillo de anclaje）　单锚腿系泊系统，英语缩略为 SALM（Single Anchor Leg Mooring System）

saran　萨冉树脂，莎纶，耐火塑料布

sarcia　货载；索具

sarcoda　原生质

sarcodario　根足亚纲的；根足亚纲

sardina　沙丁鱼

sardinel　立砖工程；门口台阶；路缘石

sardineta　小沙丁鱼；细绳索，细缆

sardón　矮橡树林，灌木丛

sardónice　缠丝玛瑙

sargazo　马尾藻

sarkinita　红砷锰矿

sarmatiense　萨尔马特，萨尔马特阶

sarquinita　红砷锰矿

sarro　水垢，水碱；寄生菌，锈病

sarsen　砂岩漂砾

sarta　管柱；串，排成串；一系列，一连串

sarta combinada　复合钻柱，复合套管柱，混合套管柱

sarta conductora　导管，导向套管

sarta cuadrada　方钻杆

sarta de cabilla pesada　加重抽油杆

sarta de educción　抽油管柱，生产管柱

sarta de geófonos　检波器串

sarta de lavado　冲洗管柱，洗井管柱

sarta de perforación　钻杆柱，钻具组，钻柱

sarta de perforación del tipo pesado　加重钻杆

sarta de producción　油管柱

sarta de revestimiento　套管柱，套管组

sarta de superficie　表层套管

sarta de tubería de revestimiento　套管柱，套管组

sarta de tubo　管柱

sarta de tubos de diámetro reducido　小直径管柱，小直径油管柱，小口径油管柱

sarta de varillas　抽油杆串，抽油杆柱

sarta de varillas de bombeo rotatorias　旋转抽油杆柱

sarta de varillas rotatorias　旋转抽油杆柱

sarta de vástagos guiados　带导向器的抽油杆柱

sarta eductora　出油管，生产管柱

sarta en parejas o triples　由两根或三根钻杆组成的钻杆柱

sarta flexible　挠性管柱

sarta lastrabarrena　钻铤

sarta rígida　刚性管柱

sarta telescopiada　变径管柱，塔式管柱，塔式钻柱

sartorita　脆硫砷铅矿

sasolina　天然硼酸

sasolita　天然硼酸

satélite　卫星，人造卫星；星形齿轮；附属的

satélite de navegación　导航卫星

satélite de telecomunicaciones　无线电通信卫星

satélite geoestacionario　（地球）同步卫星

satélite tripulado　载人卫星

satinación　加光泽，压光

satinado　有丝绸光泽的；加光，压光，轧光

satinadora　压光机

satisfacción　满足，满意

satisfacer　满足（需要、欲望等）；实现（梦想等）；符合，达到（要求、标准等）

saturabilidad　饱和度，饱和能力

saturación　饱和度，饱和状态

saturación adiabática　绝热饱和

saturación de agua　含水饱和度，含水饱和率

saturación de agua innata　原生水饱和度

saturación de agua irreductible　束缚水饱和度

saturación de agua promedia　平均含水饱和度

saturación de crudos　含油饱和度，油饱和率

saturación de filamento　温度饱和

saturación de las necesidades　需求饱和

saturación de líquido　含液饱和率，液体饱和

saturación de los fluidos de formación　地层流体饱和度

saturación del mercado　市场饱和

saturación inicial de fluido　原始流体饱和度

saturación insuficiente　欠饱和，欠饱和现象

saturación parcial　不完全饱和

saturación pendular　液环状饱和度

saturación residual　残余饱和度，残余饱和率

saturación residual de petróleo　残余油饱和度

saturación retrógrada　逆向饱和

saturado　饱和的，饱和状态的，浸透的

saturado de petróleo　被油浸透的，油饱和的

saturador　饱和器（或剂）；湿度调节器

saturar　使充满，渗透；使饱和

saturnismo　铅中毒

saturómetro　（各类液体的）浓度测量器

sauce　柳树

saudí　沙特阿拉伯的；沙特阿拉伯人

sausurita　糟化石

sausurización　糟化作用

sautor　斜十字

sávica　（在三新世至中新世时期）最强烈的造山运动

saxátil　岩生的，岩栖的，石生的

sáxeo　石的

saxoniense　萨克森，萨克森统

saxonita 方辉橄榄岩

saxoso （土地）多石的

Saybolt 赛波特（人名，一种比色计以此命名）

Sb 元素锑（**antimonio**）的符号

SBHO (Sociedad Británica de Higiene Ocupacional) 英国职业卫生学会，英语缩略为 BOHS（British Occupational Hygiene Society）

Sc 元素钪（**escandio**）的符号

scafites 船菊石

scanner 扫描器，扫描设备；扫掠天线

scheelita 白钨矿

SCI (sistema de comando de incidentes) 事故指挥体系，英语缩略为 ICS（Incident Command System）

SDAF (sistema de descarga y almacenamiento flotante) 浮（船）式储油卸油系统，英语缩略为 FSOS（Floating Storage Offloading System）

SDP (salir del pozo) 从井中起出，英语缩略为 POOH（Pulling Out Of Hole）

seadromo 海面机场，水上机场

sebáceo 皮脂的，脂肪的；分泌脂质的

sebácico 癸二酸的，由癸二酸衍生的

sebato 癸二酸盐，癸二酸酯

sebe 篱笆，栅栏

sebo （用于制造蜡烛、肥皂等的）动物脂油；油污，油垢

secadero 晾晒场，烘干室；干燥器

secadero de arena 烘砂器，烘砂炉

secado 晒干的，风干的，烘干的；晒干，烘干

secado al aire 晾干的，风干的

secado al horno 烤干的，烘干的

secador 干燥器，干燥剂；烘箱，吹风机；烘衣机

secadora 烘干器，烘干机

secante 干燥剂，催干剂；割线，正割

secante de un ángulo 角的正割

secante de un arco 弧的正割线

secante líquido 液体干燥剂，液体除湿剂

secar 弄干，擦干，使脱水，风干

sección 切割，切口，断面，剖面（图），截面（图）；部门；井段；地段

sección angular 角材，角形断面

sección áurea 黄金分割

sección central 中心剖面，中间截面，中翼，中段

sección cilíndrica de roca y sedimento 井壁取的岩心，井壁岩心

sección coaxial 同轴短线，同轴截线

sección compuesta de tres tubos 三联管，三根钻杆组成的立根

sección cónica 圆锥曲线，锥体截面

sección de columna estratigráfica 地层柱状剖面，地层柱状图，地层柱状剖面图

sección de convección de tiro hacia abajo 下降气流对流部分（段或区域）

sección de convección de tiro hacia arriba 上升气流对流部分（段或区域）

sección de filtrado 滤液段，滤液端

sección de fluidos 流体端，液力端

sección de intersección 折流段，折流端

sección de investigaciones 研究部门，研究室

sección de irradiación 辐射段

sección de ligadura de pozo 连井剖面，联井剖面

sección de línea 线段，短截线

sección de pozo 井段；井断面

sección de producción 生产剖面

sección de un pozo sin entubar 裸露孔段，裸眼井段

sección del revestidor 下套管井段

sección delgada 薄片，切片，薄切片

sección estratigráfica 地层剖面，地层断面

sección estructural 构造剖面，构造断面

sección fina 薄片，薄切片

sección geológica 地质断面，地质剖面

sección gravimétrica 重力段

sección hembra de la unión 接头的内螺纹部分

sección horizontal 水平剖面，水平截面，水平断面；水平井段

sección longitudinal 纵断面，纵剖面

sección macho de la unión 接头的外螺纹部分

sección radiante 辐射段

sección representativa 代表性剖面，典型剖面

sección simétrica 对称断面，对称段

sección sin perforaciones 空白段，未钻井段

sección sísmica 地震剖面

sección típica 标准剖面，典型剖面

sección tipo 标准剖面，典型剖面

sección transversal 截面，断面；剖面图

sección transversal activa 有效断面

sección transversal de captura 俘获截面，捕获截面

sección transversal vertical 垂直剖面

sección vertical 垂直剖面，垂直断面，纵断面

seccionado 断开的，截断的，间断的，不连接的

seccionador 断开器，切断开关，隔离器，分离器

seccional 部分的；分区的，区域的，局部的，截面的

seccionar 切开；切割；分割

seco 干的，干燥的

secoya 红杉

secreción 分离，分开，分泌（作用）；分泌物

secretaría 秘书职务，秘书处；部长职务，部长办公室；部；行政管理部门，办公厅

Secretaría de Agricultura 农业部

Secretaría de Estado （美国）国务院；（英国）外交部

Secretaría de Gobernación 内务部

Secretaría de Hacienda 财政部

secretario 秘书，文书，书记；（政党或工会）
书记

secretario asistente 助理秘书

secretario de Estado 国务卿

secretario general 总书记

secretario particular 私人秘书

sectil 可切分的，可剖成片的

sector 扇形面，扇形体；区段，区域；部门，
领域

sector de buzamiento arriba 上倾部分

sector cuaternario （包括娱乐、饮食、旅游等
的）第四产业

sector de servicios 服务部门

sector dentado del freno 制动扇形齿轮板

sector esférico 球心角体

sector industrial 工业部分

sector petroquímico 石油化学工业，石油化工
领域

sector primario （包括农、牧、渔、矿、林等
的）第一产业

sector secundario （包括工业、建筑等的）第二
产业

sector terciario （包括运输、商业、卫生、文
化、管理等的）第三产业

sectorial 扇形的，分段的；部门的，行业的

secuela 结果，后果

secuela de la sequía 干旱后遗症

secuencia 连续；序列，系列，次序，时序

secuencia de cristalización 结晶顺序

secuencia de estrato 地层层序，层序

secuencia de fenómenos climatológicos 气候时间
序列

secuencia de gran espesor 厚层系

secuencia de intercalación 添加次序

secuencia de operaciones 操作步骤；操作程序

secuencia en cascada 串列顺序

secuencia estratigráfica 地层序列，地层层序

secuencia estratigráfica de facies 相层序，相的
地层层序

secuencia holocénica 全新世层序

secuencia negativa 逆序

secuencia positiva 正序，顺序

secuencia reciente 全新世层序

secuencia rítmica （地层沉积）韵律序列

secuencia técnica 技术流程

secuencial 顺序的，按序的，时序的；序列的

secuestrante 螯合剂

secuestrar 查封；绑架；劫持

secular 长期的，长久的

secundario 第二级的，二代的；次要的，辅助
的，副的；继发性的

seda al acetato 醋酸丝

sedanólida 瑟丹内酯

sedimentación 沉淀作用，沉淀，沉降，泥沙
堆积

sedimentación centrífuga 离心沉降

sedimentación contemporánea 同期（时）沉积
（作用）

sedimentación continental 大陆沉积，陆相沉积

sedimentación de embalses 水库淤积

sedimentación en frío 冷淀积，冷沉析，冷沉降

sedimentación fluvial 河流沉积

sedimentación lagunal 潟湖沉积

sedimentación marina 海相沉积；海洋沉积物

sedimentación playera 海岸沉积，滨线沉积

sedimentador 沉淀池，沉淀槽，沉降罐，沉
淀器

sedimentalogía 沉积学

sedimentar 沉积，沉淀

sedimentario 沉积的，沉淀的

sedimento 沉积，沉积物

sedimento ácido 酸性淤渣，酸渣

sedimento aluvial 冲积物

sedimento anemógeno 风积物

sedimento aportado por las olas 冲溢沉积

sedimento arrecifal 沉积礁

sedimento basal 基底沉积物

sedimento básico 底部沉积物，底部沉淀，碱性
沉积物

sedimento clástico 碎屑沉积物，碎屑沉积

sedimento clástico mal graduado 分选差的碎屑
沉积物

sedimento consolidado 固结沉积物

sedimento continental 大陆沉积，陆相沉积

sedimento corrido 滑塌沉积；滑塌沉积物

sedimento de fondo 底部沉积物，底部沉淀

sedimento de sentina 舱底沉积物

sedimento de tanque 罐底垢物，罐底沉渣

sedimento del yacimiento 储层沉积；储层沉
积物

sedimento depositado por corriente 冲积沉积

sedimento en movimiento 滑塌沉积；滑塌沉
积物

sedimento en suspensión 悬浮物沉淀

sedimento eólico 风成沉积物

sedimento escurridizo 滑塌沉积，滑塌沉积物

sedimento fino 细粒沉积物

sedimento fósil orgánico combustible 褐煤，褐
色煤

sedimento lacustre 湖底沉积物

sedimento marino 海底沉积物

sedimento marino pelágico 深海沉积物

sedimento mecánico 机械沉积物

sedimento orgánico 有机沉积物

sedimento resbalante 滑塌沉积物

S

sedimento salino 盐类沉积

sedimento suprayacente 上覆沉积物，叠置沉积物

sedimento turbidítico 浊流沉积物

sedimento y agua de fondo 底部沉积物和水

sedimentología 沉积学

sedimentos mal consolidados 差胶结沉积物

sedimentos y aguas 沉积物和水

sefita 砾质岩

sefógrafo 选举计票器

segadera 镰刀

segador 收割的；收割者；收割机

segar 收割，割；砍掉，割掉

segmentación 分割；切割；分段；程序分段；分节现象；细胞分裂

segmentación completa 全分裂

segmentación del tiempo 时间片；限时

segmentación desigual 不均匀分裂

segmentación incompleta 局部分裂

segmentación parcial 局部分裂

segmentación total 全分裂

segmento 段，节，块，片；切片；弓形；球缺；活塞环

segmento circular 弓形

segmento de círculo 弓形

segmento de pistón 活塞环

segmento dentado de la cuña 卡瓦牙

segmento esférico 球截形，截球形

segregabilidad 离析性

segregable 可分离的，可分开的，可脱离的

segregación 分开，分隔；分凝，分泌；离析，偏析，熔析

segregación de carbono 碳封存，碳截存

segregación de crudo parafinoso 含蜡原油分离；石蜡油离析

segregación racial 种族隔离

segregador 分离器，分隔器，分凝器

segregador de gas 气体分离器

segregador de gas y lodo 泥浆气分离器

segregador de lodo 泥浆分离器

segregador del gas 气体分离器

segregar 使分开，使分离；对（少数民族等）实行种族隔离；分泌

segregar por medio de lodo 泥封

segueta 钢丝锯

segueta de arco 弓锯

seguidor 随从者，继承者，随员，部下

seguidor de cátodo 阴极跟随器

seguimiento 跟踪，追踪

seguimiento automático 自动跟踪

seguir 跟着；听从，遵循；继续；接着而来；延伸

según 依照，按照，根据，视情况而定

segunda clase 二等的，二级的，二流的

segunda destilación 再蒸馏

segunda fase de perforación （钻井的）二开

segunda mano 第二手的，间接的；用过的，旧的

segunda perforación 二次钻探

segunda potencia 二次幂

segunda recuperación 二次开采，二次采油

segundo 第二的，第二次的；副手；秒；片刻，瞬间

segundo de arco 弧秒

segundo saybolt universal 赛氏通用秒，赛波特氏通用秒

segundo separador 二级分离器

segundo superintendente 总监助理

segurador 保人，保证人

seguridad 安全，可靠性；保险，保障

seguridad alimentaria 食品安全

seguridad basada en el comportamiento (SBC) 基于行为的安全

seguridad ciudadana 公民安全，公共安全

seguridad colectiva （国家间的）集体防护体系

seguridad de embarcación comercial 商业船运安全，英语缩略为 CVS (Commercial Vessel Safety)

seguridad de funcionamiento 运行可靠性

seguridad de servicio 操作安全

seguridad e higiene 安全与卫生

seguridad energética 能源安全

seguridad personal 人身保障，人身安全

seguridad primero 安全第一

seguridad social 社会保障（制度）

seguridad, higiene y ambiente (SHA) 健康，安全与环境

seguro 安全的，保险的，有把握的；保险；保险装置

seguro contra accidentes 意外事故保险

seguro contra incendios 火险，火灾保险

seguro contra los riesgos de crédito 信用保险

seguro contra terceros 第三者责任险，三者险（指保险人负责被保险人依法对他人承担赔偿责任的保险）

seguro de crédito 信用保险

seguro de desempleo 失业保险

seguro de enfermedad 医疗保险

seguro de gancho para servicio pesado 重型吊钩闭销

seguro de incendios 火险，火灾保险

seguro de resorte 弹簧锁

seguro de trabajo 劳动保险

seguro del gancho de perforación 大钩保险销，大钩安全锁销

seguro en caso de falla 故障自动保险，故障防护

seguro giratorio　扭转锁定器

seguro marítimo　海上保险，海损保险

seguro para gancho　吊钩闭销

seguro personal　人身保险

seguro subsidiario　辅助保险

seguro universal　综合保险

seibertita　绿脆云母

seiche　湖面波动，湖震；假潮

seisavado　六角形的

seisavo　六分之一的；六角（边）形的；六分之一；六边（角）形

seiseno　六分之一

seismergómetro　测震仪

seísmo　地震

selaita　氟镁石

selección　选择，挑选；分类；选集

selección de información　信息筛选，信息挑选

selección natural　自然选择，自然淘汰

seleccionable　可分类的，可整理的

seleccionador　担任选拔工作的（人）；穿孔卡片选择器；选择器

seleccionar　挑选；选拔；选择

selectavisión　激光影像选择

selectividad　选择，选择性

selectivo　选择的；优先的，分别的

selecto　挑选出来的；精选的

selector　选择器，选数器；转换开关，调谐旋钮

selector automático　自动开关

selector de datos　数据选择器

selector de octano　辛烷选择器

seleniato　硒酸盐

selénico　硒酸的

selenífero　含硒的

selenio　硒，自然硒

selenita　透石膏

selenito　亚硒酸盐

selenitoso　含石膏的

seleniuro　硒化物

seleniuro de indio　硒化铟

selenosis　硒中毒，指甲白斑

selfinducción　自感应

selfinductancia　自感

seligmanita　硫砷铅铜矿

sellado　密封，焊封，封闭；盖印图章；盖印的，加封的

sellado del suelo　覆土，封土

sellado por grasa　滑脂油封

sellador　盖印的（人）；封口机

selladora　封闭器，封口机

selladura　盖印；印记，印章

sellaita　氟镁石

sellante　封住的；封条

sellar　盖印于；堵封，封闭，封堵

sellar la formación　地层封堵

sello　图章，印章；邮票，印花，标记；封印，封条

sello de aceite　油封

sello de agua　水封

sello de aire　气封

sello de bonete　阀盖密封

sello de colmena　蜂窝密封

sello de empuje　推进式密封

sello de laberinto　迷宫密封，曲径式密封

sello de las bombas　泵密封

sello de las cajas　函密封，箱密封

sello de metal　金属密封

sello de pasador macho　销钉密封

sello de reborde　卷边密封

sello de reborde metal-metal　金属对金属卷边密封

sello de recibo　印花收据

sello de tres cámaras　三腔体密封

sello de yacimiento　储层封闭层，储集层封闭层

sello elástico　弹性密封

sello esférico metal a metal　金属对金属球形封

sello fiscal　印花税票

sello guardapolvo　防尘圈

sello hermético　（罐头等的）密封

sello hermético secundario　二级密封，副密封

sello intacto　密封完好

sello laberinto　迷宫密封，曲径式密封

sello limpiador　防尘圈

sello líquido　液封，液态密封

sello mecánico　机械密封

sello móvil　印花，税票

sello obturador de aceite　油封

sello para junta　接头密封

sello postal　邮票，邮戳

sello térmico　热封

selva　大森林，热带雨林，丛林，密林

selva amazónica　亚马逊热带雨林

selva pluvial ecuatorial　赤道雨林

selva pluvial tropical　热带雨林

selva tropical　热带森林

selva virgen　原始森林

semáforo　信号灯，交通指挥灯，红绿灯

sembrador　播种的；播种者；播种机

sembrar　播种；撒

semejante　相似的，类似的；相似；同类

semejanza　相似，类似，相仿；相似性

semejanza hidráulica　水力相似律

semestre　半年；学期；半年工资（或租金）

semi-　表示"半"；表示"近于"，"几乎"

semiabierto　半开的，半开半闭的

semiacoplado　半拖车

semiaislador 半导体的；半导体
semiángulo 半角的
semianillo 半圆环
semiantracita 半无烟煤
semianular 半圆形的，半环形的
semiárido 半干旱的
semiautomático 半自动的
semibrillante 半光泽的
semicalmado 半脱氧的（钢）
semicerrado 半封闭的，半闭的
semicíclo 半周期，半循环
semicilíndrico 半圆柱状的，半柱面形的
semicilindro 半圆柱，半柱面
semicircular 半圆形的，半环形的
semicírculo 半圆形，半圆
semicírculo graduado 量角器，分度规
semicircunferencia 半圆周
semicoagulado 半凝结的，半凝固的
semiconducción 半导，半导电
semiconductor 半导体；半导体的
semiconductor iónico 离子半导体
semicónico 半圆锥的，半椎体的
semicontinuo 半连续的
semicoque 半焦炭
semicristalino 半晶质的
semidesierto 半荒芜的
semidesnatado 半脱脂的
semidestilación 半干馏
semidiáfano 半透明的
semidiámetro 半径
semidireccional 半定向的
semiduplex (bidireccional alternativo) 半双工，半双向
semiduro 中硬的
semieje 半轴
semielaborado 半加工的，粗加工的
semiesfera 半球
semiesférico 半球的，半球形的
semiespacio 半空间，半无限空间
semiesquemático 半图解的；半概要的
semifijo 半固定的，半移动式的
semiflotante 半浮动的，半漂浮的
semifluído 半流质的，半流体的
semiforme 未完全成形的
semifusión 半熔化，半溶解
semiglobo 半球
semiglutina 半明胶
semiionización 半离子化
semilíquido 半液体状的
semiprofundo 半深海的
semisólido 半固态的
semilla 种子；根源，起因
semilla oleaginosa 含油的籽

semilla oleosa 含油种子
semillanura 准平原
semiluna 上弦月状物体
semilunar 半月形的
semiluz 半内径，半跨度，半内宽
semimanufactura 半成品
semimaterial 半物质的，半实体的，半有形的
semimecanización 半机械化
semimetálico 半金属的
seminario 研讨会；研讨班
seminormal 半常量的
semioficial 半官方的
semionda 半波
semiópalo 半蛋白石，普通蛋白石
semiorbicular 半球形的；半圆形的
semiperíodo 半周期
semiperíodo de vida 半寿期
semipermanente 半稳定的
semipermeabilidad 半渗透性
semipié 韵律
semiplano 半平面
semiprecioso （宝石）次贵重的；半宝石的
semiprobanza 未完全证实的证据
semiproducción 半成品
semirrecta 半直线，单向直线（射线）
semirrecto 四十五度（角）的，半直角的
semirredondeado 半圆的，半月形的
semirremolque 半拖车，半挂车
semirrígido （飞艇）半硬式的；半刚性的
semiseco 半干旱的
semisinténtico 半合成的
semisuma 对分，等分
semisumergible 半潜式的，半沉没式的
semitransparente 半透明的
semivacío 半空的
semivalente 半价的
semivida 半寿命，半衰（减）期，半衰变周期，半存留期
semseyita 板辉锑铅矿
senado 参议院，上议院；高级会议，重要会议
senador 上议员，参议员，元老院议员
senarmonitita 方锑矿
sencillo 单一的，单个的；简单的；零钱
senda 小路；方向，途径
sendero 小路，小道，途径
senectud 老年，年迈；老年期
sengierita 钒铜铀矿
senil 老年的，衰老的
sénior （人）年长的；地位较高的；年资较深的，资格较老的
seno 洞，穴，腔；凹部，凹陷；内部；避风港，避难处；小海湾；拱肩；正弦
seno de las olas 波谷

seno hiperbólico 双曲正弦

seno logarítmico 正弦对数

senoidal 正弦曲线的，正弦形的

senoide 正弦波，正弦式，正弦曲线

senoniense 森诺，森诺阶；两伦阶

sensación 感觉，知觉；震动，轰动

sensibilidad 感觉能力；灵敏度，敏感性；感光度，感光性

sensibilidad a la inyección de agua 注水效果；注水反应

sensibilidad axial 轴向灵敏度，正向灵敏度

sensibilidad cromática 光谱灵敏度

sensibilidad de instrumentos 仪器灵敏度

sensibilidad de la balanza 分格灵敏度；天平的灵敏度

sensibilidad de la báscula 分格灵敏度；天平的灵敏度

sensibilidad de un combustible 燃料敏感性

sensibilidad espectral 光谱灵敏度，分光灵敏度

sensibilización 敏化作用；致敏；增感

sensibilización a la tecnología 技术意识，技术感知

sensibilizador 敏化剂

sensibilizar 使敏感，感光，活化，激活

sensible 能感受的，敏感的；易感光的，感光性的

sensible a la contaminación 对污染敏感的

sensitividad 感觉力，感受性

sensitometría 感光测定

sensitómetro 感光计

sensor 探测设备；传感器；敏感元件，敏感装置

sensor acelerómetro 地震加速度检波器，加速度检波器

sensor aéreo 空气传感器

sensor de deformación 应变传感器

sensor de longitud perforadora en pies 钻井进尺传感器

sensor de medición electrónico 电子测量传感器

sensor de peso 指重表，测井电缆张力指示器，电缆张力指示器，钻压表

sensor de presión 压力传感器

sensor del flujo total del sol 太阳全光谱传感器

sensor eléctrico 电动传感器

sensor electromagnético 电磁传感器

sensor freno de corona 防碰天车过卷阀

sensor geófono receptor 地震检波器；地震传感器

sensor magnético 磁性传感器；磁性读出传感器

sensor miniaturizado 微型感应器，小型感应器

sensor para flujo 流量传感器

sensor para nivel 液面传感器

sensor para nivel de lodo 泥浆液面传感器

sensor para peso de gancho y peso de mecha 钩载和钻压传感器

sensor para presión de bomba 泵压传感器

sensor RPM 转速传感器

sensor sin contacto 非接触式探头，无触头探针

sensor sísmico 地震检波器，地震传感器，地震敏感元件

sentamiento 沉降，下沉

sentar 使就坐，使坐下；确立，奠定；沉淀，沉积；沉降

sentar (un) precedente 开创先例

sentar el tapón 坐封塞子

sentar la tubería de revestimiento 下套管

sentar las bases 奠定基础，打下基础，奠基

sentazón 坍塌

sentencia 见解，主张；宣判，判决

sentencia definitiva 最后判决

sentencia firme 已定判决

sentido 感觉，感官；判断力，辨别力；方向，指向，趋向

sentido antihorario 反时针方向，逆时针方向

sentido común 常识

sentido de la rotación 旋转方向，转动方向

sentido horario 顺时针方向

sentido horizontal 水平方向，方位

sentido propio 本义

sentimiento 感觉；情绪；感情

sentimiento del deber 责任感，责任心

sentina 船的底舱

seña 标记，记号；暗号；手势

señal 信号，标志，标记；界标，路标，向标；迹象，油气显示

señal acústica 声信号

señal de advertencia 警告指示

señal de alarma 警铃，警报信号

señal de descarga eléctrica 输出电信号

señal de galvanómetro 电流计显示

señal de ocupado （电话）忙音

señal de olas 波痕

señal de prevención 警告信号

señal de realimentación 反馈信号

señal de socorro SOS 紧急求救信号

señal de tráfico 交通信号

señal deformada 假信号

señal eléctrica 电信号

señal luminosa 信标，导航信标

señal reflectante 反射信号

señal transitoria 瞬时尖峰信号，一闪信号

señalamiento 指定，确定；确定审理日期

señalar 加记号，作标志；标明，指出；确定，定位

señales sincronizantes 同步信号

señalización 安设信号装置；信号装置；信号

传输

señorita 导链

señorita de cadena 手拉葫芦，倒链；吊具

señoritas para izamiento del BOP 防喷器起吊装置

separable 可分离的，可拆的

separación 分离，分隔，分选；间隙，距离

separación a nivel de la superficie 地表分离

separación bajo tierra 地下分离

separación ciclónica 回旋分离

separación de fases 相分离

separación de fracciones livianas con vapor 汽提

separación de gas en una etapa 单级气体分离

separación de gasolina natural 天然汽油的提取

separación de los componentes de una mezcla 混合物组分分离，分馏

separación de metales 金属分离

separación de parafina 脱蜡

separación de parafina de acetona-benzol 酮苯蜡

separación de una falla 断层断距

separación de viscosidades 减黏裂化

separación del agua del petróleo 石油脱水

separación del asfalto 脱沥青

separación en dos etapas 两级分离

separación estratigráfica 地层落差，地层断距

separación gravitacional 重力分离

separación isotópica 同位素分离

separación longitudinal 纵向间距，前后距离，航程距离

separación normal 正常分离

separación oleofílica 亲油性（油水）分离

separación perpendicular 正交分离

separación por contracorriente de aire 空气分离，风筛

separación por etapas 级间分离

separación por gravedad 重力分离，重力分选

separación y manejo 分离和加工

separado 分开的，可隔离的；独立的

separador 分离器；选矿器；隔离物，隔板；过滤器

separador centrífugo 离心分离器

separador ciclonal 旋流分离器，旋风分离器

separador ciclónico 旋流分离器，旋风分离器

separador de aceite 隔油池，捕油器，集油槽，油捕

separador de aceite y gas 油气分离器

separador de aceite y vapor 油汽分离器

separador de agua 水分离器，分水器

separador de agua libre 自由水分离器

separador de agua y sal 水盐分离器

separador de aire comprimido 防气阀，空气阱

separador de arena 除砂器

separador de choque 缓冲器，防震器，防冲器

separador de condensación 冷凝分离器

separador de condensado 冷凝分离器

separador de entrada 入口分离器

separador de esquistos 振动筛

separador de gas 气体分离器

separador de gas rotatorio 旋转式气体分离器，旋转式泥浆气体分离器

separador de gas y líquido 气液分离器

separador de gas y petróleo 气油分离器

separador de gasolina 汽油分离器，气体汽油分离器，汽油捕集器

separador de gotículas 分滴器

separador de las fases de un líquido 液相分离器

separador de las placas del acumulador 电池极板间的隔离板

separador de líquidos-sólidos 液固分离器

separador de muestras 取样分离器

separador de neblina 除雾器，湿气分离器

separador de parafina 脱蜡装置

separador de petróleo 石油分离器

separador de petróleo y agua 油水分离器

separador de polvo 除尘器，分尘器

separador de ripios 筛渣机，摇筛机

separador de viscosidades 降黏剂，减黏裂化炉

separador del cable 电缆分离器，电缆剥线器

separador del tipo horizontal 卧式分离器

separador del tipo vertical 立式分离器

separador electrostático 静电分离器

separador magnético 磁选机，磁力分离器

separador medidor 计量分离器

separador por hidrólisis 水解分离器

separar 使隔开，使分开，使分离；使分散；区分

separar el aceite 去油

separar mineral a mano 手工选矿，手工筛矿

separar por vibración y lavado 振动水洗式分离

sepiolita 海泡石

sepsómetro 空气污度计，空气有机质测定计

septentrional 北部的，北方的

séptico 腐烂的，腐烂造成的；产生腐烂的

septino 庚烯

septivalente 七价的

septuplicación 以七乘，使成七倍

séptuplo 七倍的；七倍

sepultado 埋藏的，遮盖的，掩蔽的

sequedal 干旱地

sequeral 干旱地

sequero 干的东西；旱地；晾晒场

sequerosidad 缺水

sequeroso 干的，缺水的

sequía 干旱，旱灾

séquito 随从人员；后果，接踵而来的事

séquito de filón 矿脉伴生物，矿脉伴随物

sequoia　红杉

ser　存在物；人；生物；存在，生活（方式）；实质，本质

ser humano　人

serac　冰塔

SERCOGAS（servicio de compresión de gas）气体压缩服务，气体加压服务

seres vivos　生物

serial　连续的，顺次的，序列的；系列

serial de carrocería　底盘号

serial del motor　发动机号

serialógrafo　连续 X 光线照相机

sericita　绢云母

serie　连续，连贯；串联，串行；序列，族，类，型；批，组

serie acetilénica　炔属，炔系

serie aromática　芳香系，芳香族

serie bencénica　苯系

serie cíclica de hidrocarburos　环烃族

serie cronológica　时间序列

serie de disparos buzamiento arriba　上倾射孔系列；逆倾炸测系列

serie de eventos repetitivos y sucesivos　一系列重复和连续事件

serie de Fourier　傅里叶级数

serie de hidrocarburos　碳氢化合物系列

serie de rosca de paso grande　粗螺纹系列

serie de suelos　土系，土壤系

serie de varillas　抽油杆串

serie del metano　甲烷系，石蜡族

serie diolefínica　二烯系，二烯属

serie homogénea　均相系列

serie homogénea de resistividad compensada 5（ARC5）阵列补偿电阻率测井系列（ACR5 是 Schlumberger 公司的一项测井技术）

serie homóloga　同系列，同系

serie nafténica　环烷系

serie olefínica　生油系列，成油系列

serie parafínica　石蜡族烃

serie parafínica de los hidrocarburos　甲烷系，石蜡族

serie -paralelo　串并联，混联（的）

series alternas　交错级数

series de diagrafías de pozo　测井系列

series de estratos　层系，层组，层群

series de registro　测井系列

series de registros de pozo　测井系列

series de registros eléctricos　电测井系列

series isoquímicas　等化学系列

series petrolíferas　含油层系

series temporales　时间序列

seritocita　绢云母板岩

sernambi　劣质橡胶

serpenteo　蜿蜒，弯曲延伸

serpentiforme　蛇形的，似蛇的

serpentín　蛇形管；蛇纹岩；枪机；火枪枪点火器

serpentín calentador　加热蛇管，加热盘管

serpentín calentador con camisa de agua　水套加热盘管，水套加热器

serpentín de calentamiento　加热蛇管，加热盘管

serpentín de enfriamiento　冷却蛇管

serpentín de expansión　膨胀盘管

serpentín de vapor　蒸汽加热盘管，蒸汽盘管

serpentín del calentador　加热器盘管，加热线圈

serpentín enfriador　冷却盘管，冷却蛇管

serpentín fibroso　硬纤维纹石，纤蛇纹石

serpentín múltiple　多线圈

serpentina　火枪点火器；枪机；蛇形矛；蛇纹岩，蛇纹石

serpentino　蛇状的；盘旋的

serrado　锯齿状的；锯开的，锯断的

serranía　山地，山区；山脊

serranía de granito　花岗岩山脊，花岗岩山梁

serrano　山地，山区的；山地居民

serrar　锯，锯开，锯断

serrar metal　锯断金属

serrín　锯末，锯屑，碎末

serrín metálico　金属碎末

serrino　锯形的，锯齿状的

serrón　横锯；手锯

serrote　手锯

serruchar　用手锯锯

serrucho　手锯

serrucho calador　（锯曲线用的）弓锯；线锯；曲线锯

serrucho común　手锯

serrucho de punta　圆锯

serrucho para ojo de cerradura　铨孔锯，键孔锯

sertón　内地；远离海岸的丛林

servicentro　检修站，维修站

serviciabilidad　有用，实用，有益；使用期，操作年限

servicio　服务，业务；运行，运营，运用；设备设施；服务业；卫生间

servicio activo　现职；现役

servicio continuo　连续服务，持续运行

servicio de apoyo　支持服务

servicio de barco volandero　不定期船运输服务，不定期航运服务

servicio de compras　采购部门

servicio de compresión de gas（SERCOGAS）气体压缩服务，气体加压服务

servicio de conservación　（泥浆的）保存服务

servicio de conservación, preparación o mezcla del lodo　泥浆保存、准备或混合服务，泥浆服务

servicio de consultas　咨询部门，咨询服务
servicio de contabilidad　会计部
servicio de correo　邮政部门；邮政服务
servicio de información　问询处；信息服务
servicio de inteligencia　情报机构；间谍机构
Servicio de Manejo de Minerales (SMM)　（美国联邦）矿业管理局
servicio de mantenimiento de pozos　井维修服务，修井服务
servicio de postventa　售后服务
servicio de producción　采油服务，生产服务
servicio de protección a las plantas　植物保护服务
servicio de tercero (por tercero)　第三方服务
servicio de transporte por expreso　快运服务
servicio de urgencias　急救室，急救站
servicio de venta　销售部
servicio de viaje　旅行社
servicio diplomático　外交部门；外交服务
servicio discrecional　（企业推出的为自身和用户利益的）公益服务
servicio fitosanitario　植物病防护服务
servicio general　普通服务；公用设施
servicio informativo　广播新闻部门
servicio militar　服兵役
servicio petrolero　石油服务，石油业服务；石油设施
servicio portuario　港口服务
servicio profiláctico　（医学）预防服务，保健服务，卫生服务
servicio público　公益服务，公共服务；公职
servicio técnico　技术部
servicios auxiliares　辅助设施；厂区外设施；辅助服务
servicios de dotación de agua potable　饮用水工厂
servicios de la planta　厂区内配套设施
servicios de refuerzo　增压服务机构，升压服务公司
servicios de registros para hoyo abierto　裸眼井测井服务
servicios en el plazo de garantía　保修期服务
servicios públicos　公用事业；公共设施
servicios sanitarios　保健部门，卫生部门；卫生服务
servicios sociales　社会服务；社会福利事业（包括教育、卫生等）
servidor　侍者；勤务员；服务器
servidor de DNS alternativo　备用 DNS 服务器
servidor de DNS preferido　首选 DNS 服务器
servidor público　公务员
servidumbre　奴役，劳役；重负；地役，地役权
servidumbre aparente　标记存在权
servidumbre contraída por un contrato　合同约束
servidumbre de acceso　通行权

servidumbre de acueducto　水渠通过权
servidumbre de aguas　（灌溉等）用水权，堤岸权
servidumbre de luces　（建筑物的）采光权
servidumbre de paso　通行权，通过权
servidumbre de vistas　（建筑物的）开窗权
servidumbre implícita　默认约束
serviola　锚杆，吊杆
servo　伺服机构；伺服系统，伺服装置；伺服电动机
servo-　表示"伺服"，"随动"，"继动"
servo aceite　伺服油
servoamplificador　伺服放大器
servoasistido　由伺服机构启动的
servocargador　伺服加载器
servocontrol　伺服控制
servodirección　伺服控制
servofreno　伺服刹车
servomando　伺服控制
servomecanismo　伺服机构；伺服系统，伺服装置
servomotor　伺服电动机，伺服马达
servopistón　伺服活塞
servoregulador　伺服调节器
servosistema　伺服系统；伺服机构
servo-válvula　伺服阀，伺服操纵阀
sesamoideo　芝麻籽状的；籽状的
sesamol　芝麻酚
sesentavo　六十分之一的；六十分之一
sesgar　斜剪，斜切；使倾斜；使有倾向性；放弃
sesgo　斜向，斜交；斜度，斜角，斜面
sésil　无柄的
sesión　（议会等的）会议，会期；（几个人决定问题的）讨论会；场次
sesión informativa　信息会
sesquibásico　倍半碱的
sesquicarbonato　倍半碳酸盐
sesquidoble　两倍半的
sesquióxido　倍半氧化物
sesquióxido de hierro anhidro　三氧化二铁，氧化铁，西红粉
sesquióxido de manganeso　三氧化二锰
sesquióxido de níquel　三氧化二镍
sesquiplano　翼半飞机
sesquisilicato　二三硅酸盐，倍半硅酸盐
sesquisulfuro　倍半硫
sesquiterpeno　倍半萜烯
set　（互相关联的东西构成的）一套，一副，一组
seto　栅栏，围栏；围墙
seto vivo　树墙，树篱
seto vivo de arbustos en hilera　篱墙，栅篱，篱笆墙

— 653 —　

seto vivo de troncos de árboles　树篱
seudo-　表示"假的"
seudoadiabático　伪绝热的
seudobrookita　铁板钛矿，假板钛矿
seudociencia　伪科学
seudocódigo　伪码
seudoconcordancia　假整合
seudocristal　赝晶体
seudocritical　准临界的
seudocumeno　假枯烯，三甲基苯
seudoequilibrio　准平衡
seudoesmeralda　假翡翠
seudoestratificación　假层理
seudofenocristales　假斑晶
seudogalena　闪锌矿
seudoimagen　假像
seudomorfismo　假晶，假同晶；假晶（现象）；赝形性
seudopresión　拟压力
seudopresión de gas　气体的拟压力
severidad　严厉，苛刻；刚度，硬度；严重度
severidad de pata de perro　狗腿严重度，英语缩略为 DLS（Dog Leg Severity）
severidad del dog-leg　狗腿严重度，英语缩略为 DLS（Dog Leg Severity）
sexagonal　六边的，六角的
sexángulo　六边的，六角的；六边形，六角形
sexivalente　六价的
sextante　六分仪；六分仪座；古罗马铜币
sextavar　使成六角形
sexto　第六；六分之一的；第六；六分之一
SFPAD（sistemas flotantes de producción, almacenaje y descarga）　浮式采油、储油和卸油系统，浮式生产储卸油装置，英语缩略为 FPSO（Floating, Production, Storage & Offloading Systems）
SGA（sistema de gerencia ambiental）　环境管理体系，英语缩略为 EMS（Environmental Management System）
SGIR（sistema de gerencia de información sobre riesgos）　风险管理信息系统，英语缩略为 RIMS（Risk Information Management System）
SGRO（sistema general de riesgos ocupacionales）　职业风险通用系统，英语缩略为 GSOR（General System of Occupational Risks）
shonkinita　等色岩，富辉正长岩
shoran　肖兰
shuntado　分路的，分流的，并联的
SI（sistema internacional de unidades de medición）　国际单位制（SI 来自于法文 le Système international d'unités，是国际单位制的符号）
sial　硅铝带，硅铝层
sialma　硅岩层

siba　石头，岩石（印第安人用语）
Siberia　西伯利亚
siberita　紫电气石，紫碧硒
sibil　地窖，地洞
siciliense　西西里；西西里的
sicrometría　空气湿度测量
sicrómetro　湿度计，蒸发式湿度计，定（干）湿计
sidérico　铁的
siderita　菱铁矿，含铁矿石
siderización　木材防腐处理
sidero-　表示"铁的"
siderofilita　铁叶云母
siderolito　石铁陨石，石铁陨星
sideromelana　铁镁矿物
siderometalúrgico　钢铁的
sideronatrita　纤钠铁矾
siderosa　菱铁矿
sideroscopio　铁屑检查器
siderotecnia　冶铁术
siderotila　纤铁矾
siderúrgico　钢铁冶金的；钢铁工业的
siega　收割；收割季节
siembra　播种；播种季节；微生物培养
siemens　姆欧，西门子（电导的实用单位，等于欧姆的倒数）
sienita　正长岩
sienita de cuarzo　石英正长岩
sienita nefelina　霞石正长岩
sierra　锯；山峦，山脉
sierra abrazadera　粗齿锯，（双人）大锯
sierra aserradora de banda　带锯
sierra cadena de montañas　山脉
sierra caladora　（锯曲线用的）弓锯；线锯；曲线锯
sierra circular　圆锯，盘锯
sierra circular de torno　台锯
sierra circular para cortar metales　切割金属的圆锯
sierra continua　无端带锯
sierra cordillera　山脉
sierra de agua　水锯
sierra de arco　弓锯
sierra de bastidor　弧锯
sierra de cadena　链锯
sierra de cadena portátil　便携式链锯
sierra de calados　钢丝锯，细工锯
sierra de calar　线锯
sierra de cinta　带锯
sierra de contornear　曲线锯，弧锯
sierra de espigar　（木工的）开榫锯
sierra de mano　手锯
sierra de marquetería　（锯曲线用的）手弓锯

sierra de puñal　线锯

sierra de través con mango para un hombre　仅供一人用的横切锯

sierra de vaivén　镂花锯，线锯

sierra eléctrica　电锯

sierra giratoria　圆锯，盘锯

sierra mecánica　动力锯，机械锯

sierra para contornear　竖锯，细竖锯，锯曲线机，窄锯条机锯，弓锯

sierra para metales　可锯金属的弓形锯，金工用锯

sierra sin fin　环形锯，带锯

sierro　山顶巨石

sievert　希，希沃特；西韦特单位（γ 射线剂量单位）

sifón　虹吸管，曲管，U 形管；（煤气管等的）存水弯

sifón cuello de cisne　鹅颈管

sifón de purga　虹吸放喷管，虹吸放气管

sifón en P　P 形存水弯，P 形存水弯管

sifón en S　鹅颈管，雁颈管；S 形存水弯管

sifón térmico　热虹吸

sigilaria　封印木属；封印木

siglo　一百年，世纪；时代，时期

sigma　希腊字母表的第十八字母（Σ，σ）

sigma de la formación　地层的西格玛数据

sigmoideo　S 形的，乙状形的

signar　在…上加标记；签字，签署，指派，指定

signatario　签字的，签署的，签字者，签署者

signatura　标记，标号，目录符号，目录标记；签署

significado　意义；含义

significar　表示，示意，有…含义；意味着，表明

signo　标志，符号；征兆，迹象

signo natural　天然标志，固有标志

signo negativo　负号；减号

signo óptico　光性符号

signo positivo　加号；正号

signos convencionales　常用图标，图示

silano　硅烷

silástico　硅橡胶（商品名）

silbante　啸声信号，啸声干扰

silbato　汽笛，警笛，哨子；啸声，汽笛声，哨声

silbato a vapor　汽笛

silbato de alarma　警笛

silbido del arco　响弧，啸声电弧

silcreta　硅质壳层

silenciador　消声器，消音器

silenciador de escape　（汽车的）排气消声器

silenciador de la válvula de escape　出口阀消音器，出口阀消声器

silenciador de motor　发动机消声器，发动机消音器

silenciador de ruido　噪声消声器

silenciador del tubo de escape　（汽车的）排气管的消声器

silenciar　使沉默；平息；（噪声）抑制，削减

silencio　安静，无声；沉默，抑制；无音信

silencio administrativo　（在规定期限内）行政机关不给答复；不给解决

sílex　燧石，硅石，古代石器

silicación　硅化，硅化作用

silicagel　硅胶，硅冻

silicano　硅烷

silicar　硅化，化成硅酸

silicatado　含硅酸盐的

silicatización　硅化

silicatizar　硅化处理

silicato　硅酸盐，硅酸酯

silicato alumínico　硅酸铝

silicato cristalino　结晶硅酸盐

silicato de calcio　硅酸钙

silicato de potasio (sosa)　水玻璃

silicato de soda　硅酸钠

silicato de sodio　硅酸钠，水玻璃，泡花碱

silicato de zinc　硅酸锌，锌冕

silicato flúorico de soda　氟硅酸钠

silicato sódico　水玻璃，硅酸钠

silicato tricálcico　硅酸三钙

silicatos de aluminio　硅酸铝，铝硅酸盐

sílice　硅石，二氧化硅，石英

sílice gelatinoso　硅胶，二氧化硅凝胶

sílíceo　含硅的；硅质的；似硅的

siliciación　硅化

sílícico　含硅的，硅酸的，硅石的，硅质的

silicificación　硅化，硅化作用

silicio　硅

siliciuro　碳化硅，硅化物

silico-　表示"硅"

silicocarburo　碳化硅

silicón　硅，硅酮，硅树脂，硅有机化合物，聚硅氧

silicona　硅酮，硅树脂，硅有机化合物，聚硅氧

silicoso　硅质的，含硅的

silificación　硅化，硅化作用

silla　椅子；鞍座，鞍形物；座，架，座板

silla de ruedas　（病人用的）轮椅

silla para mantener a nivel instrumentos medidores　保持测量仪水平的鞍形支座

silla para soldadura　焊接椅

silla plegable　折叠椅

silla portacojinete　轴承座，轴承架

silla soldable　焊接椅

silla tectónica　鞍状构造

sillada　山坡平地

sillar　方石，底石，基石，座石，垫石

sillarejo　窄石料

sillería　方石；石工，砖石建筑；制椅业

silleta　靠背椅；高地；侧坐马鞍

silleta para tubos　鞍形管座

sillimanita　硅线石

silo　粮仓，谷仓；地窖，地下仓库

silogismo　三段论；演绎推理

silogística　三段论，三段论逻辑学；推论，推断

silómetro　测程仪

siloxeno　硅氧烯

silueta　侧影；影像；轮廓

siluminio　铝硅合金，硅铝明合金，高硅铝合金

siluriano　志留纪的；志留纪（系）

silúrico　志留纪；志留纪的

silvanita　针碲金（银）矿

silvano　大森林的，密林的；碲

silvestre　野生的；未种植的，荒凉的

silvi-　表示"森林"

silvícola　林生的

silvicultor　林学家

silvicultura　林学，林业学；造林学

silvicultura agrícola　农用林业，农林业，农区林业

silvina　钾盐，天然氯化钾

silvinita　钾石盐

silvita　钾盐

SIM（superficie de inundación marina）　海泛面

sima　硅镁层，硅镁带，硅镁圈

simado　深渊的；洞穴的；（土地）深深凹陷的

simal　树枝

simbílico　象征的，象征性的；象征主义的

simbionte　共生的

simbiosis　共生，协作，协同，共栖

simbólico　符号的；象征的

simbolismo　符号表示；符号体系；象征作用，象征性

simbolización　符号化，符号表示；象征

simbolizar　作为…的象征，象征，标志

símbolo　符号，记号，标记；象征；化学元素符号

símbolo lógico　逻辑符号

simbología　符号系统；符号学

simetría　对称性，对称现象；匀称，调和

simetría bilateral　两侧对称

simetría radical　辐射对称

simétrico　对称的，匀称的

simetrización　对称化

simil-　表示"类似"

similar　相似的，类似的，同样的

similar a escamas de pescado　类似鱼鳞的，鱼鳞状的

similitud　类似，相似

similitudes de pulso　脉冲相似

simpatizante　同情的，支持的；同情者，支持者

simpatizar　抱有好感，怀有好感；（在思想、政治上）表示同情

simpátrico　同域的；分布区重叠的

simple　简单的，单一的

simple efecto　单动，单作用

simplesita　砷铁矿

simplético　辛的，耦对的

simplex　单工，收发不能同时进行的通信线路；单工传输的信息

simplificable　可简化的

simplificación　简化，精简；约分

simplificar　简化，精简；单纯化，使单纯，使易懂

simposio　专题讨论会，专题报告会；研讨会，座谈会

simulación　模拟；仿真；伪造，假冒

simulación de flujo de yacimiento　油藏流体数值模拟

simulación en recipiente　容器内模拟

simulación matemática　数学模拟，数学仿真

simulación numérica　数值模拟，数值仿真

simulación numérica de yacimiento　油藏数值模拟

simulación por el método de Montecarlo　蒙特卡罗模拟法

simulaciones deformadas por sísmica　地震变形数值模拟

simulacro　（军事）演习，演练；模拟，模拟物

simulacro de control de pozo　防喷演习，井控演习

simulacro de emergencia　紧急演习

simulacro de incendio　消防演习

simulacro de sirena H_2S　防硫化氢演习

simulacro de surgencia　防喷演习

simulado　假装的，伪造的

simulador　模拟器，模拟装置

simular　假装，佯作

simultanear　同时进行，兼做

simultaneidad　同步，同步性；同时，同时性

simultáneo　同时存在的，同时发生的，同步的

simún　西蒙风（非洲、阿拉伯沙漠地带的干热风）

sin　不，无，没有，除…之外

sin amortiguar　无阻尼的；无衰减的，等幅的

sin carga　无载，空载，空负荷

sin cenizas　不含灰的，无灰的

sin condensación　不冷凝的，不凝结的

sin control manual　没有手动控制的；没有手动

控制功能

sin costura 无缝的，整压的
sin entubar 未下套管的
sin espuma 无泡沫的
sin faltas 无瑕的，无裂隙的；没有错误的
sin filo 钝的，不锋利的，无刃的
sin fin 无尽的，无穷的；环状的
sin fuego 没有火焰的
sin hilos 无线的
sin inclinación 无倾角的，无倾斜的
sin inducción 无感应的，非诱导的
sin intereses 无息的，无利息的
sin llevarlo a escala 未进行大规模推广的
sin manchas 无斑的，无污点的，无瑕疵的
sin marca 没有标记（特征）的，未做记号的，没有标牌的
sin mareas 无潮的，无潮汐的
sin mezclar con otras sustancias 未与其他物质掺杂的；无杂质的，纯的
sin nitidez 不清晰的
sin núcleo 无核的，空心的
sin oxígeno 厌氧的，无氧的，厌氧性的，嫌气的
sin parar 不停的，不间断的，直达的
sin plomo 无铅的
sin polarizar 非极化的，非偏振的
sin provecho 无利的，无益的，无用的
sin punta 钝的，不尖的，圆头的
sin recalcado 不加厚的，非加厚的
sin recalque 不加厚的，非加厚的
sin reciclado 单程的；直通的；不循环的
sin reciclaje 单程的；直通的；不循环的
sin refuerzo exterior 非外加厚的，外部不加厚的
sin resolver 未解决的，未分解的，未定的
sin riesgo de falla 无故障风险的；故障自动保险的；工作可靠的
sin rival 无比的，不等同的，不能比拟的，极好的
sin rosca 无螺纹的
sin rozamiento 无摩擦的，光滑的
sin ruido 无噪声的，无干扰的，无杂波的
sin saldar 不平衡的，失衡的，未决算的
sin salida 不通的，无出口的
sin soldadura 无焊料的，无焊剂的；无缝的
sin tensión 无应力的；未拉紧的；无张力的
sin tratar 未加工的
sin tripulación 无人操作的
sin variación 无变化的；无变动的；零偏移的
sin varilla 无杆的
sinadelfita 砷铝锰矿
sinarquía 共同统治，共同政体
sinárquico 共同统治的，共同政体的；共同统

治性的
sinclase 地壳断裂
sinclinal 向斜的，互倾的；向斜，向斜褶皱
sinclinal compuesto 复向斜
sinclinorio 复向斜
sinclinorio geosinclinal 槽复向斜，槽向斜，地槽内复向斜
sincrisis 从液态变为固态；两种液体凝固
sincrociclotrón 同步回旋加速器
sincronía 共时性，同步现象，同期
sincrónico 完全同步的，同时发生的
sincronismo 同步性，同步化，同步现象
sincronismo arrítmico 起止同步
sincronización 同步化，同步作用
sincronización de las válvulas 配气正时，气门正时
sincronización de líneas 行同步，水平同步
sincronización horizontal 行同步，水平同步
sincronizado 共时的，同时的；同步的
sincronizador 同步机，同步装置
sincronizante 同步的，同时发生的
sincronizar 同时发生；使同时发生；使声话同步；校准
sincronizar las frecuencias 调整频率
sincrono 同步的
sincronociclotrón 同步（电子）回旋加速器，稳相加速器
sincronodetector 同声检波器，同声检测器
sincronoscopio 同步指示器，同步示波器
sincrotrón 同步加速器
sindicación 组织工会；参加工会
sindicado 加入工会的；理事会，董事会
sindical 理事会的，董事会的；工会的
sindicato 工会；辛迪加，企业联合组织，财团
sindicato amarillo 黄色工会
sindicato obrero 工会，劳动者工会
sindicato vertical 产业工会
síndico 破产案产业管理人；理事，董事
síndrome 综合症，综合症状，症候群
síndrome de secuela del desastre 灾后综合症
síndrome de "en mi patio no" 邻避主义，后院主义，英语缩略为"NIMBYism"（意为"别在我家后院"）
sine die 无限期地
sineclisa 凹陷
sinecología 群落生态学
sinergia 协同作用；协合作用；（药）增效
sinérgico 协作的，合作的，协合最佳的
sinergismo 协同，协作；（药物）增效；协合作用
sinestesia 联觉，牵连感觉，共同感觉；派生现象
sínfilo 客虫纲的；客虫；客虫纲

sinfín 无数，大量

sínfisis 联合

singenésico 同源的

singénesis 群落发生，群落演替；同生；早期成岩作用

singenético 同生的，共成的，有性生殖的

singénico 先天性的，天生的

singenita 钾石膏

singladura 24 小时航程；航行日

singlar 定向航行

singlón 桁端，横桁顶端

singonía 晶系

singonía cristalográfica 晶系

singramo 对称有机体

singular 唯一的；特殊的；单个；单数

singularidad 单一；非凡，特殊，独特

singulete 单纯；单一，单态；单峰，单线，单电子键

siniestro 左边的；不幸的；遭难，灾难，灾祸

sinistrogiración 左旋

sinistrógiro 左旋的，左转的

sinistrórsum 左旋的，左转的

sinistrotorsión 左旋

sinnematina 共霉素

sinnúmero 大量，无数

sinódico 相合的，会合的，交会作用的

sinopia 优质氧化铁红颜料

sinople 铁水铝英石，铁石英

sinopsis 梗概，提要

sinoptizar 作…提要，写…梗概

sinquisita 菱铈钙矿

sinrazón 无理；不公正

sintasol 塑料地板

sinter 泉华

sinterización 熔结；冲压，挤压

sinterización en caliente 热压，热结

sinterizado 烧结的，热压结的

sinterizar 烧结，热压结，结块，粉末冶金；合成

sintérmico 同温的，等温的

sintescopio 液体结合检查镜

síntesis 合成法，合成作用；综合物

síntesis asimétrica 不对称合成

síntesis orgánica 有机合成

sintetasa 合成酶

sintético 合成的，人造的；综合的，接合的

sintetizador 合成器，综合器

sintetizar 综合，概括；使合成

síntoma 病症，症状；症兆，迹象

sintonía 共振，谐振；调谐

sintonía automática 自动调谐

sintonía de antena 天线调谐

sintonía por tecla 按钮调谐

sintonización 共振，谐振；调谐；耦合

sintonizador 调谐的；调谐器

sintonizador de inducción 感应调谐装置

sintonizar 协调，使谐振，使共振

sintrófico 天生的，先天性的

sintropía 同向；同调

sinuosidad 曲折，弯曲处，弯曲度，弯曲物

sinuoso 曲折的，蜿蜒的；波形的，正弦形的

sinusoidal 正弦的；正弦曲线的

sinusoide 正弦波，正弦式，正弦曲线

SIP（**Sociedad de Ingenieros Petroleros**） 石油工程师协会，英语缩略为 SPE（Society of Petroleum Engineers）

sirena 汽笛，警报器；验音器

sirena electrónica 电子警报器

sirga 拖缆，纤绳

Siria 叙利亚

siriasis 日射病，中暑，中暑性热

siroco 西风；西洛可风

sirte 沙洲

sirviente （田地）征收劳役税的；仆人，佣人；操作手

sisa 金属腐蚀剂

sisal 剑麻，波罗麻，西沙尔麻；剑麻纤维

sisar （用腐蚀剂）腐蚀；(玻璃、瓷土等)粘，贴

siserquita 灰铱锇矿

sismal 地震带的

sísmica cuatridimensional 四维地震

sísmica de reflexión 反射地震学，反射波地震勘探

sísmica tridimensional 三维地震

sismicidad 地震活动（性）；地震强度；地震频率

sísmico 地震的

sismo- 表示"地震"、"振动"

sismo 地震

sismo de dislocación 断错地震

sismo de foco somero 浅源地震

sismo precursor 前震

sismo preliminar 前震

sismo tectónico 构造地震

sismogenia 地震源由术

sismografía 地震学，地震测验法

sismografía digitalizada 数字地震学

sismográfico 地震的

sismógrafo 地震仪；地震检波器

sismógrafo de reflexión 反射波地震仪，反射地震仪

sismógrafo de refracción 折射地震检波仪，折射地震仪

sismógrafo electromagnético 电磁地震仪，电磁式地震仪，电磁式地震检波器

sismógrafo electrónico 电子地震仪

sismógrafo para movimientos fuertes 强震仪

sismógrafo para terremoto de largo período 长周期地震仪

sismógrafo registrador 地震记录仪

sismograma 地震图，地震波曲线，地震波记录

sismograma de temblores lejanos 远震记录图，远震记录

sismograma sintético 合成地震记录，合成震波图

sismología 地震学

sismología de reflexión 反射地震学

sismología de refracción 折射地震学

sismológico 地震学的

sismologista 地震学专家

sismólogo 地震工作者；地震学家，地震学专家

sismometría 测震术，地震测量，测震学

sismómetro 地震仪，测震表，地震检波器

sismómetro situado en el fondo marino 海底地震计，海底地震仪，海底地震检波器

sismonastia 感震性

sismoscopio 验震器，地震示波仪

sismotectónica 地震构造，地震大地构造学

sismotectónico 地震构造的

sistema 制度，体制；系统，体系；方式，方法；分类；装置

sistema a granel 散装系统

sistema aceite-parafina-solventes 油—石蜡—溶剂体系

sistema adiabático 绝热系统

sistema aislado 不接地制，绝缘系统

sistema anórtico 三斜晶系

sistema antióxido 抗氧化系统

sistema apical 顶系

sistema arrítmico 起止系统

sistema astático 无定向系统，不稳定系统，非静止系统

sistema astático de agujas imantadas 无定向磁针系统

sistema automático 自动装置，自动化系统

sistema autosostenido 自动维持系统；自给自足系统

sistema avanzado de medición (SAM) 高级测量装置；高级计量系统，先进测量系统

sistema binario 二元制，二进制

sistema Burton 伯顿体系

sistema carbonífero 石炭系

sistema catóptrico 反光系统，反射光组

sistema cegesimal 厘米—克—秒制

sistema central de bombeo mecánico 多井联动抽油系统

sistema circulatorio 循环系统

sistema colectivo 集体制；收集系统

sistema colector 集水系统，收集系统，集油系统

sistema colector en serie 循环集输系统

sistema colector en sucesión 循环集输系统

sistema combinado maestro-satelital 主从系统

sistema contable 会计制度，计算系统

sistema cristalino 晶系

sistema cristalográfico 晶系

sistema cuaternario 第四系

sistema de abastecimiento de agua 供水系统

sistema de achique del cellar 方井排污系统

sistema de acondicionamiento 空调系统

sistema de adquisición de datos 数据采集系统

sistema de ajuste 调节系统

sistema de alarma 报警系统

sistema de alarma anticipada 早期警告制度；预警系统

sistema de alcantarilla 下水道系统

sistema de alcantarillado 污水管道系统，排水系统，下水道系统

sistema de alcantarillado separado 分离式污水管道系统，分离式排水系统

sistema de alerta anticipada 早期警告制度；预警系统

sistema de alimentación de la caldera 锅炉供水系统

sistema de alivio y venteo 释压和排风系统

sistema de almacenamiento de poste sencillo de anclaje (SAPSA) 单锚腿储油装置，英语缩略为 SALS（Single Anchor Leg Storage System）

sistema de amarre 系泊系统

sistema de antigravedad 抗重系统

sistema de apriete para llaves tipo tenazas 液压大钳上紧系统

sistema de ascenso seguro 安全起升系统

sistema de atmósfera-océano-tierra-hielo 大气—海洋—陆地—冰雪体系

sistema de bajo ángulo de contacto 低交会角系统，低接触角系统

sistema de bomba de tornillo de superficie 地面驱动螺杆泵系统

sistema de bombeo 抽水系统，抽吸系统

sistema de bombeo hidráulico 水力抽吸系统

sistema de cable 电缆网

sistema de cable a percusión 顿钻钻进系统；顿钻钻井法

sistema de calefacción 供暖系统

sistema de calefacción, ventilación y aire acondicionado (HVAC) 供暖通风及空气调节系统，英语缩略为 HVAC（Heating Ventilation and Air Conditioning System）

sistema de calentamiento 供热系统，加热系统，取暖装置

sistema de canalización articulada 铰接管道系统

- 659 -

sistema de canalización equilibrada　平衡管道系统
sistema de cañerías　管道系统，管系
sistema de carga multiboya　多浮筒系泊系统
sistema de cemento　水泥体系
sistema de chorro　喷气系统，喷流系统
sistema de cinco pozos　五点井网
sistema de circulación　循环系统
sistema de circulación de combustible líquido　液体燃油循环系统
sistema de circulación de fluido de perforación　钻井液循环系统
sistema de circulación del radiador　散热器循环系统；辐射器循环系统
sistema de circulación para accionamiento hidráulico　液力启动循环系统
sistema de clasificación de peligro　危害分级系统；危险等级系统
sistema de cloración　氯化作用系统；加氯消毒系统
sistema de colección　采集系统；收集系统
sistema de comando de incidentes (SCI)　事故指挥体系，英语缩略为ICS (Incident Command System)
sistema de combustible　燃料系统
sistema de combustión　燃烧系统
sistema de combustión de gases sobrantes　多余天然气的燃烧系统，天然气热放空装置，天然气火炬系统
sistema de compensación　补偿系统；补偿制度
sistema de componentes puros　纯组分体系
sistema de comunicación interna　内部通信系统
sistema de condensación　冷凝装置，冷凝系统
sistema de conducto　管道系统
sistema de conexión　联结系统
sistema de control BOP　BOP控制系统
sistema de control de circuito abierto　开环控制系统
sistema de control de pozo　井控系统
sistema de control del perfil de inyección　注入剖面控制系统，注水剖面控制系统
sistema de control distribuido　集散控制系统，英语缩略为DCS (Distributed Control System)
sistema de convección interno　内部对流系统
sistema de coordenadas　坐标系
sistema de correas de mando　皮带传动系统
sistema de cuatro pozos　四点井网
sistema de cultivo　耕作制度
sistema de descarga y almacenamiento flotante (SDAF)　浮式储油卸油系统，英语缩略为FSOS (Floating Storage Offloading System)
sistema de deshidratación con substancias gelatinosas　凝胶脱水系统
sistema de deslizamiento　滑系，滑动系统

sistema de detección de filtración　渗漏检测系统
sistema de detección temprana　早期检测系统
sistema de disolvente para la extracción de parafina　石蜡提取溶剂系统
sistema de disposición de desperdicios　废物处理系统
sistema de distribución　分配制度
sistema de drenaje　排泄系统，排水系统，泄水系统
sistema de drenaje de aguas mareales　潮水排泄系统
sistema de drenaje radial　辐射状水系，辐射状排水系统
sistema de ecuaciones　方程组
sistema de electrodo de expansión　膨胀电极系统
sistema de eliminación del cieno　污泥处置系统，污泥处理系统；除泥系统
sistema de empalme del freno　刹车联动装置
sistema de enfriamiento　冷却系统
sistema de espera　排队系统；排队等待系统
sistema de fallas　断层系
sistema de filtrado del aire de ventilación　通风空气过滤系统
sistema de fluidos de perforación　钻井液体系
sistema de fondeo multiboya　多浮筒系泊系统
sistema de fondeo para botes abastecedores　供应船系泊系统
sistema de gel　凝胶体系
sistema de gerencia ambiental (SGA)　环境管理体制，英语缩略为EMS (Environmental Management System)
sistema de gerencia de información sobre riesgos (SGIR)　风险信息管理系统，英语缩略为RIMS (Risk Information Management System)
sistema de gestión de calidad　质量管理体系
sistema de guardia　值班制度
sistema de hidrocarburos de multicomponentes　多组分烃系统
sistema de ignición　点火系统
sistema de iluminación　照明系统
sistema de impulso　驱动系统
sistema de información　信息系统
sistema de información geográfica (SIG)　地理信息系统，英语缩略为GIS (Geographical Information System)
sistema de instrumentos telesensores　遥感仪器系统
sistema de inyección de agua a cuatro pozos por un quinto　五点注采井网
sistema de inyección de agua a seis pozos, por conducto de un séptimo pozo　七点注采井网
sistema de inyección para la recuperación secundaria　二采注入系统，二采注汽系统

sistema de irrigación 灌溉系统

sistema de izaje 提升系统

sistema de labranza 耕作体系

sistema de levantamiento 升降系统；举升系统

sistema de levantamiento artificial 人工举升系统

sistema de levantamiento con bomba de tornillo 螺杆泵举升系统

sistema de lodo de baja presión 低压泥浆系统

sistema de lodos 泥浆系统，泥浆体系

sistema de lodos de microburbujas 微泡泥浆系统

sistema de lubricación 润滑系统

sistema de malla 网格系统

sistema de mando 传动系统

sistema de manejo de crisis 危机管理系统

sistema de manejo de salud y seguridad ambiental (SMSSA) 环境健康和安全管理体系，英语缩略为 EHMS (Environmental Health and Safety Management System)

sistema de manejo del SSA (HSE) HSE 管理体制，HSE 管理体系

sistema de mecanismo móvil 运动系统；移动系统

sistema de medición 测量系统

sistema de medición de gases 测气系统

sistema de medición de líquido 测液系统

sistema de mitigación 缓冲系统

sistema de montañas 山系

sistema de navegación 导航系统

sistema de navegación por inercia 惯性导航系统

sistema de nivelación 调平系统

sistema de numeraciones 数系

sistema de O₂ central 中央供氧系统

sistema de oleoductos recolectores 集输管线系统

sistema de optimización 优化系统

sistema de optimización de bombeo con bomba de tornillo de cavidad progresiva 螺杆泵优化系统，英语缩略为 PCPOS (Progressive Cavity Pump Optimization System)

sistema de palancas 杠杆系

sistema de parada de emergencia 紧急制动系统

sistema de perforación 钻井系统

sistema de perforación a percusión 顿钻钻井系统

sistema de perforación flotante 浮动式钻井系统，浮动式钻井装置

sistema de perforación flotante sin líneas de anclaje o anclas 无锚式浮动钻井装置

sistema de perforación rotativa 旋转钻井系统

sistema de posicionamiento global (SPG) 全球定位系统，英语缩略为 GPS (Global Positioning System)

sistema de poste en tensión para amarre por la proa de botes abastecedores 张力腿供应船系泊系统

sistema de potencia 动力系统

sistema de protección contra incendio 消防系统，防火系统

sistema de radar 雷达系统

sistema de radionavegación (LORAN) 无线电导航系统

sistema de rastreo 跟踪系统

sistema de reciclos 再循环系统

sistema de recirculación 再循环系统

sistema de recirculación del gas 气体再循环系统

sistema de recolección 集输系统；采集系统

sistema de recolección de gas 收集天然气系统

sistema de recuperación de vapores 蒸汽回收系统，蒸汽回收装置

sistema de red de bases de datos 网络数据库系统

sistema de referencia 参照系，参考系

sistema de refrigeración 冷却系统

sistema de regeneración de catalizadores 催化剂再生系统

sistema de regulación 调节系统

sistema de reingreso 重入系统

sistema de riego 喷淋系统，洒水系统

sistema de salud, seguridad y medio ambiente (SSMA) HSE 体系；健康、安全与环境体系

sistema de separación 分离系统；分离过程，分离处理

sistema de soporte 支护系统，支援系统，支承系统

sistema de sujeción de camilla con palanca para desenganche rápido 带快速卸开杆的担架固定系统

sistema de suministro eléctrico 供电系统

sistema de suspensión 悬挂系统

sistema de telecomunicación 通信系统

sistema de tierra 接地系统

sistema de tiro 射孔系统

sistema de transmisión 传动系统，传送系统

sistema de transmisión con fibra óptica 光纤传输系统

sistema de transmisión SCR 可控硅传动系统

sistema de tratamiento 处理系统

sistema de trazadores 示踪系统

sistema de tres direcciones 三地址（指令）系统

sistema de tubería montante 立管装置，接高管装置

sistema de tubería recolectora 集输管道系统

sistema de tuberías 管道系统，管系

sistema de unidades 单位制

sistema de vientos 风系

sistema del fluido de fractura 压裂液体系

sistema decimal 十进制

sistema detector de H₂S 硫化氢探测器

sistema detector de incendio 火灾探测器

sistema dispersado formado por una fase líquida rodeada de una fase sólida 液固胶体，内液外固胶体

sistema dominado por ríos 河控系统，河流控制系统

sistema ecológico 生态系统

sistema ecológico cerrado 封闭的生态系统

sistema ecológico limítrofe 毗邻的生态系统，毗邻的生态系统，毗邻生态区系

sistema económico 经济体系，经济制度

sistema Edeleanu 爱德林精炼法

sistema ejecutivo 执行系统，操作系统

sistema electromagnético de circuito cerrado horizontal (HLEM) 水平线圈电磁系统，英语缩略为 HLEM (Horizontal Loop Electromagnetic System)

sistema en cascada 串联系统

sistema estático 静态系统

sistema Fauvelle 法维勒钻井法

sistema financiero internacional 国际金融系统

sistema fiscal 财政制度

sistema Fischer-Tropsch 费希尔—特罗普希法，费托法，费—托合成过程

sistema fluvial 河流系统，河系，水系

sistema fluvial de meandros 曲流河系

sistema general de riesgos ocupacionales 职业风险通用系统

sistema Girbotol 乙醇胺法

sistema Gyro de craqueo 杰罗气相裂化过程，杰罗裂化法

sistema Haber 哈伯博斯制氨法，哈伯合成氨法，哈伯法

sistema Hall 霍尔法

sistema hidráulico 液压系统，液力系统

sistema hidrográfico 水文地理系统；水文系统

sistema hidrológico 水文系统

sistema hidroneumático 液压气动装置，液压气动系统

sistema impiderreventones 防喷系统

sistema integrado de análisis de riesgos petroleros (SIARP) 石油风险分析综合系统，英语缩略为 IPRAS (Integrated Petroleum Risk Analysis)

sistema internacional de unidades 国际单位制

sistema internacional de unidades de medición (SI) 国际单位制

sistema isotérmico 等温体系

sistema Jat 间歇自喷井的自动控制电气仪表

sistema lineal 线性系统

sistema matachispa 消火花装置

sistema métrico 米制，公制

sistema métrico decimal 十进制米制，十进制公制

sistema monetario europeo 欧洲货币体系

sistema monetario internacional 国际货币体系

sistema monoclínico 单斜晶系

sistema montañoso 山系

sistema motriz 原动机系统

sistema MCC 电动机控制中心系统

sistema múltiple de bombeo de pozo 多井联动抽油系统

sistema mundial para vigilar la contaminación 世界污染监测系统

sistema nacional de eliminación de descargas contaminantes (SNEDC) 国家污染物排放清除系统，英语缩略为 NPDES (National Pollutant Discharge Elimination System)

sistema neumático 气动系统

sistema no isotérmico 非等温系统

sistema numérico 数系，数制

sistema operativo 操作系统

sistema óptico 光学系统

sistema ortorrómbico 斜方晶系，正交晶系

sistema para descarte del cieno 污泥处置系统；除泥系统

sistema para el tratamiento de lodo de perforación 钻井泥浆处理系统，钻井泥浆处理装置

sistema para elaborar aceites lubricantes 润滑油加工系统

sistema para extracción de gasolina 汽油提炼系统；汽油回收装置

sistema pensilvania 宾夕法尼亚系

sistema periódico 周期系

sistema piloto 先导系统，试验性系统

sistema principal 主要系统；主要体系

sistema de protección integral 综合防护系统

sistema recuperable de cables 电缆回收装置

sistema regulador 调节系统，调节体系

sistema regulador de seguridad 安全调控体系

sistema rómbico 菱形晶系

sistema romboédrico 菱形晶系，三方晶系

sistema rotatorio 旋转系统，回转系统

sistema SCR 可控硅系统

sistema siluriano 志留系

sistema solar 太阳系

sistema submarino de producción 海底采油系统，水下生产系统，英语缩略为 SSPS (Submerged Subsea Production System)

sistema sumergible de alta presión 高压潜水装置

sistema sumergible de navegación 水下导航系统

sistema sustentador de la vida 生命维持系统

sistema tectónico 构造系统

sistema telefónico automático 自动电话网

sistema terbinario 斜方晶系，正交晶系

sistema ternario 三进制，三元系，三组分体系

sistema tetragonal 四方晶系

sistema tridimensional de registro 三维记录系统

sistema "ball and ring" 环球法

sistemas flotantes de producción, almacenaje y descarga (SFPAD) 浮式采油、储油和卸油系统，浮式生产储卸油装置，英语缩略为 FPSO (Floating, Production, Storage & Offloading Systems)

sistemática 系统化；分类学

sistemático 系统的，有规则的，有组织的

sistematización 系统化，组织化；分类，分类法

sistematizar 使成系统，使系统化

sistematología 系统学，体系学

sistémico 系统的

sístilo 双径柱距的

sitio 地方，地点；位置；（供建筑的）土皮；工地，井场

sitio de disposición de desperdicios peligrosos (HWDS) 危险废弃物处理现场地，英语缩略为 HWDS (Hazardous Waste Disposal Site)

sitio de enterramiento 埋藏地点，掩蔽地点

sitio de perforación 钻井工地，钻井现场

sitio habitacional 住宅用地

sitogoniógrafo 高射瞄准器

sitogoniómetro 高低角测定器

sitoxismo 食物中毒，食品中毒

situación 状况，境况；情况，环境

situación crítica del medio ambiente 环境的危险状态；环境的临界状态

situación del sondeo 井位，井点位置

situación económica 经济地位，经济状况

situación productiva 生产情况，生产现状

situación social 社会地位；社会形势

sketch 草图，略图；粗样，初稿

slip 滑道，斜面船台

slogan 口号，标语

Sm 化学钐（samario）的符号

SMC (Sindicato Mundial de la Conservación) 世界自然保护联盟

SME (Sistema Monetario Europeo) 欧洲货币体系

SMI (Sistema Monetario Internacional) 国际货币体系

smithsonita 菱锌矿

SMM (Servicio de Manejo de Minerales) 美国矿产资源管理局，英语缩略为 MMS (Minerals Management Service of the US Dept of Interior)

smog （工业地区排出的）烟雾

SMSSA (sistema de manejo de salud y seguridad ambiental) 环境健康和安全管理体系，英语缩略为 EHSMS (Environmental Health and Safety Management System)

SNEDC (sistema nacional de eliminación de descargas contaminantes) 国家污染物质排放清除系统，国家污染物排放清理系统，英语缩略为 NPDES (National Pollutant Discharge Elimination System)

snorkel （潜游者使用的）水下呼吸管；通气管，排气管，连通管

sobaco 拱肩，拱间角

sobarbo 水轮叶片

soberanía 主权；统治权，最高权力；王权

soberanía hidrocarburífera 油气主权

soberano 拥有最高权力的，至高无上的；拥有主权的

sobina 木钉

sobo 揉，搓

sobordación 搁浅

sobordar 搁浅

sobordo 查货；货物清单；战时津贴

sobornar 收买，行贿

soborno 行贿，贿赂；行贿物（或钱财）

soboruto 尖状岩石

sobra 过剩，剩余；剩余物，残渣，废料（复数）

sobradero 溢水口

sobradillo 挡雨檐

sobrante 多余的，过剩的；剩余物

sobraquera 水塘，水洼

sobrar 过多；多余，过剩；剩下，余下

sobre （表示位置）在…之上；关于，大约

sobre- 表示"上"，"过多"，"超过"之意。

sobre cero 在零度以上；零上

sobre el agua 水面上的

sobre el nivel del mar 海拔

sobre la estructura 在构造上

sobre tierra 地面上，在地上

sobre vagón en fábrica 工厂交货

sobreabastecimiento 供应过多，供过于求

sobreabierto 敞开的，大开着的

sobreabundancia 极其丰富，丰盈

sobreaguar 漂浮，漂游

sobreaguja 钥匙圈

sobrealimentación 过量饲养；增压，增压作用（或充电）

sobrealimentado 过量饲养的；增压的

sobrealimentador 增压器，增压机，压气机

sobrealimentar 增压进气（充电或运行等）；过重装载

sobreamortiguado 超阻尼的，过度阻尼的

sobreañadidura 增添过多

sobrearco 辅拱

sobrearraste 上提阻力

sobrebalance 过平衡，失去平衡，超平衡

sobrebásico （盐）碱过多的

sobrecalentado 过热的，过烧的

sobrecalentador 过热器

sobrecalentamiento 过热，过加热

sobrecalentar 过度加热，过热，使…过热

sobrecapa 覆盖层，盖层

sobrecarga 超载；超重；过量充电；额外收费

sobrecarga de corriente 电流过载

sobrecarga de impuestos de ingresos 所得税附加税

sobrecarga del abastecimiento de agua 供水超负荷，给水超载

sobrecarga del acumulador 蓄电池充电过度，蓄电池过量充电

sobrecarga persistente 持续超负荷

sobrecargado 超载的；负担过重的

sobrecargar 使超载，使超重，使超负荷；使负担过重

sobrecargas compensadas por el ambiente 由环境补偿的超负荷

sobrecejo 门楣；凸边

sobrecielo 天蓬；帐篷

sobrecomisión 附加手续费

sobrecompensación 超平衡，增压，增压作用

sobrecorrido 上冲，掩冲，仰冲；逆掩（断层），上冲（断层）；超冲程

sobrecorrido del émbolo 柱塞超冲程

sobrecorriente 过大电流，过量电流

sobrecorrimiento 上冲，掩冲，仰冲

sobrecosto 超支费用

sobrecostura 包缝

sobrecrecimiento 附生，增生，生长过度

sobrecubierta 外罩，外封，外皮；（书的）护封；上甲板

sobrecubrimiento 重叠；超覆

sobrecumplimiento 超额完成

sobredimensionado 过大的，超过尺寸的；安全系数过大的

sobredorar 镀金；粉饰

sobre-equilibrio 过平衡，失去平衡，超平衡

sobreescurrimiento 逆掩断层，掩冲断层，上冲断层；上冲，掩冲，仰冲

sobreescurrimiento de pequeño ángulo 低角度仰冲（上冲）；低角度逆掩断层，低角度上冲断层

sobreespesor 超厚，厚度过大

sobreestadía 滞期，滞留期，延期费，延期停泊费

sobreestimación 估计过高，评价过高，高估；过定额

sobreestimar 估计过高，评价过高；超过额定值

sobreevaporación 过汽化，过汽化率

sobreexplotación （对自然资源的）过度开发

sobreexplotación de los recursos forestales 对森林资源过度开发

sobrefatiga 疲劳过度

sobreflete 超载；超载费

sobreflujo 溢流

sobrefundir 半融解，半融化；过熔

sobrefusión 半融解，半融化；过熔

sobregirar 透支

sobregiro 透支；汇款超额

sobrehaz 外壳，外皮，外罩

sobrehilo 锁边，拷边

sobreimpresión 叠印

sobrejuanete 顶桅；顶桅帆

sobrejunta 拼接，搭接

sobrelapado 搭接的；重叠的

sobrelecho 方石底面

sobrellenado 装料注满，过度填充

sobremarcha 超速转动，超速行驶

sobremedida 尺寸过大

sobrenadación 漂浮，漂游

sobrenadante 液面层，上层清液；浮在表层的

sobrenadar 浮，漂浮，浮游

sobreoferta 供应过量

sobrepaga 追加款项

sobrepasar 超过，超出，超出限度

sobrepesca 过度捕捞

sobrepeso 超重

sobreponer 把…放在…上面；把…置于…之上；附加

sobreprecio 额外加价，附加价格

sobrepresión 超压，余压，逾量压

sobreprima 追加保险费

sobreproducción 过量生产，生产过剩；超过定额的产量，超产

sobrepuesto 上覆的，叠置的

sobrepuja （拍卖中）出价过高

sobrepuente 跨线桥，桥式结构

sobrepujamiento 超过，胜过

sobrequilla 内龙骨

sobrero 剩余的，多余的

sobrerretardar 延迟过长

sobresal 酸性盐

sobresalario 附加工资，津贴

sobresaliente 悬伸的，突出的，在轴端的；优秀的，杰出的

sobresalir 伸出，突出，撑出，外伸，悬伸

sobresaturación 过饱和

sobresaturado 过饱和的

sobresaturar 使过饱和

sobreseimiento 停止审理

sobrestadía 超过停泊期限；超期停泊费；滞留；滞留费

sobrestante 监工，工头；领班，工长

sobresueldo 附加工资，津贴

sobretasa 增收费，附加费

sobretensiómetro 过压测量器

sobretensión 过压，超限应力

S

sobretiempo　加班，超时

sobretracción　过度提升；过度牵引，超拉力

sobrevaluación　评价过高，高估

sobrevenir　相继发生；突然发生，突然降临

sobreventa　超额订出，超售

sobreverter　大量溢流

sobrevidriera　二道玻璃；（保护玻璃窗的）铁丝网

sobreviviente　幸存的，幸免于死的；幸存者

sobrevivir　幸存，还活着

sobrevolar　飞过，飞越

sobrevoltaje　超压，过压，升高电压

sobrexceder　胜过，超过

sobreyacer　伏在…上面，压在…上面；上覆

sobreyugo　船尾板的护板

socaire　挡风，风障；背风面

socalce　基础加固

socalzar　从底部加固（楼房等）

socarrén　屋檐

socarrena　坑，穴；橡距

sócate desprendedor　可退打捞筒

socava　挖，掘

socavación　挖，掘；削弱，瓦解

socavación del suelo hasta la capa rocosa　地面剥蚀至岩层

socavado　挖掘的；削弱的

socavar　挖，掘；削弱，瓦解，冲刷，掏蚀

socavón　洞，地洞；塌陷，下陷；倾斜坑道

sociabilidad　社交性；合理性；群居性

social　社会的；合群的，群居的；公司的，商号的；（报纸的）社会时事

sociedad　社会；团体，协会，社团；公司；（动物或植物的）小群落

Sociedad Americana de Ingenieros de Seguridad (SAIS)　美国安全工程师学会，英语缩略为ASSE (Anlerican Society of Safety Engineers)

Sociedad Americana de Ingenieros Mecánicos (SAIM)　美国机械工程师学会，英语缩略为ASME (American Society of Mechanical Engineers)

sociedad anónima　股份公司，股份有限公司

sociedad arrendadora　租赁公司，出租公司

Sociedad Británica de Higiene Ocupacional (SBHO)　英国职业卫生学会，英语缩略为BOHS (British Occupational Hygiene Society)

sociedad civil　民营公司

sociedad colectiva　合伙公司，合股公司

sociedad comanditaria　两合公司

sociedad comercial　贸易公司，商业公司

sociedad cooperativa　合作社

sociedad de capitalización　投资公司

sociedad de consumo　消费公司

sociedad de financiación　金融公司

Sociedad de Fomento de Inversiones Petroleras (SOFIP)　（委内瑞拉）石油投资促进协会

Sociedad de Ingenieros Petroleros (SIP)　石油工程师协会，英语缩略为SPE (Society of Petroleum Engineers)

sociedad de inversiones　投资公司

sociedad de monopolio　垄断公司

sociedad de navegación　海运公司

sociedad de responsabilidad limitada　有限责任公司

sociedad de salvamento　打捞公司

sociedad de socorros mutuos　互济会，互助会

sociedad estatal　国营公司

sociedad filial　子公司，分公司

sociedad financiera　信贷公司，金融公司

Sociedad Geográfica Americana (SGA)　美国地理学会，英语缩略为AGS (American Geographical Society)

sociedad holding　控股公司

sociedad madre　总公司

sociedad mercantil　商业会社，贸易公司，公司

sociedad multinacional　多国公司

sociedad pluralista　多元化社会

sociedad por acciones　股份公司

sociedad regular colectiva　无限责任合伙公司

sociedad transnacional　跨国公司

socio　合伙人，合股人

socio accionista　股票持有人

socio capitalista　出资合伙人

socio comercial　贸易伙伴

socio industrial　负责经营的合伙人

socio mayoritario　控股人，控股一方

socioeconomía　社会经济学

sociología　社会学

socorro　救助，援济

socorro de emergencia　紧急救援，紧急救济

socorro después de los desastres　灾后救济

socorro en caso de sequía　抗旱；旱灾救济

soda　苏打，纯碱，碳酸钠；汽水，苏打水

soda cáustica　苛性钠，烧碱，氢氧化钠

soda cáustica en escamas　鳞片状苛性碳酸钠

soda cáustica líquida　苛性碱液

sodalita　方钠石

sódico　钠的

sodio　钠

sodio plúmbico　亚铅酸钠

sodion　钠离子

SOFIP (Sociedad de Fomento de Inversiones Petroleras)　石油投资促进协会

sofito　腹，下端，背面，拱内面

sofometría　测声术

sofómetro　测声仪

software　软件，程序系统，软设备

soga 粗麻绳

soga blanca 白棕绳

soga de llave 吊钳绳

soga de yute 麻绳

soga del carretel 猫头绳

soga para la rueda de extracción 大绳滚筒拉绳

solación 溶胶化作用,胶溶作用

solado 地板,地面;铺设地面

soladura 铺设地面;铺地材料

solapa 盖,卷边,折边

solapa para soldadura 焊接卷边

solapado 搭接的;重叠的

solapadura 互搭,搭接

solapamiento 重叠,超覆,叠盖

solapamiento retractivo 退覆

solapar 与…互搭,与…覆盖;覆盖,叠盖

solar 太阳的;靠太阳能运转的;地皮;房基

solarización 负感现象;曝光过久;日晒作用

soldabilidad 焊接性,连接性

soldable 可焊的,可焊接的

soldado 有接缝的,焊(接)的;军人,士兵

soldado a solapa 搭焊的

soldado a traslape 斜面焊接的,接焊的

soldado de ranura 槽焊的

soldado por puntos 点焊的,点固焊的

soldador 焊工,焊接工;焊枪,焊机,焊具

soldador a gas 气焊工;气焊装置

soldador de cobre 铜焊机

soldador de costura 线焊机,缝焊机

soldador eléctrico 电焊工;电焊机

soldador oxiacetilénico 气焊工;气焊装置

soldador por arco de A.C. 交流弧焊机

soldador por arco de argón 氩弧焊机

soldadora 女电焊工;电焊机

soldadora a tope por resistencia 电阻对接焊机

soldadora de chapa (tubos soldados) 焊管机

soldadura 焊接,焊接口,焊接处;焊药,焊料;焊缝

soldadura a chisporroteo 闪光焊接

soldadura a estilo tubo de estufa 高架焊管法

soldadura a fuego 锻焊,锻接焊

soldadura a gas 气焊,乙炔气焊

soldadura a giratubo 滚焊,旋转焊接

soldadura a paso de peregrino 逆向分段焊接,后向分段焊接

soldadura a presión 压力焊接

soldadura a puntos 点焊

soldadura a ras 齐平焊缝

soldadura a recubrimiento 搭焊,搭接焊

soldadura a resistencia por inducción 电阻感应焊

soldadura a solapa 搭焊,搭接焊

soldadura a tope 对焊,对头焊接,丁字形焊接

soldadura a tope con arco 对接闪光焊,电弧对焊

soldadura a tope de resistencia 电阻对接焊

soldadura a tope en ángulo 斜口对接焊;斜对接焊缝

soldadura a tope en ángulo recto 直角对焊

soldadura aeroacetilénica 空气乙炔焊

soldadura al arco 电弧焊

soldadura al arco con corriente continua 直流电弧焊

soldadura al arco de carbón 碳弧焊

soldadura al arco de carbón protegido 碳弧保护焊

soldadura al hidrógeno 氢焊接

soldadura al martillo 锻焊,锻接,锤焊

soldadura al sesgo 嵌接焊,斜面焊接

soldadura al tungsteno en atmósfera de gas inerte 惰性气体保护钨极电弧焊

soldadura aluminotérmica 铝热剂焊接;铝热焊

soldadura amarilla 铜焊

soldadura autógena 气焊,自熔焊接

soldadura automática 自动焊,自动焊接

soldadura bajo escoria 电渣焊

soldadura con acetileno 乙炔气焊

soldadura con arco eléctrico (电)弧焊,电弧焊接

soldadura con arco sumergido 潜弧焊,埋弧焊

soldadura con boquilla 套焊,套接焊

soldadura con fusión al resistencia 电熔焊

soldadura con latón 铜焊,黄铜焊接

soldadura con núcleo ácido 酸心软焊条

soldadura con oxiacetileno 氧气乙炔焊接,氧乙炔焊接

soldadura con rotación del tubo o caño 滚焊,旋转焊接

soldadura con soplete 用喷焊器焊接

soldadura con soplete de hidrógeno atómico 原子氢焊

soldadura concava 凹形角焊缝

soldadura continua 连续焊;连续焊接

soldadura convexa 凸形角焊缝

soldadura de acetileno 乙炔气焊

soldadura de alto punto de fusión 高熔点焊接;硬钎焊料

soldadura de aluminio 铝焊

soldadura de arco 电弧焊,电弧熔接

soldadura de arco con electrodo metálico 金属弧焊

soldadura de arco con electrodos de carbón 碳弧焊,碳弧熔接

soldadura de arco eléctrico 电弧焊

soldadura de arco sumergido en atmósfera 埋弧焊,潜弧焊

soldadura de bisel 斜角焊

soldadura de bordes biselados solapados　嵌接焊，斜面焊接

soldadura de cabeza　仰焊

soldadura de cantos　角接焊，卷边焊

soldadura de carbón al arco　碳弧焊

soldadura de chaflán　斜角焊

soldadura de chaflán en J　J形坡口焊接

soldadura de chaflán en U　U形坡口焊缝；U形槽焊接

soldadura de costura　缝焊，缝焊接

soldadura de cuña　塞焊

soldadura de enchufe　带盖板焊缝

soldadura de fijación　焊蚤；新管线第一道焊

soldadura de forja　锻接，锻焊

soldadura de fusión　熔焊，熔化焊

soldadura de impacto　冲击焊，振动焊

soldadura de juntas dobles　双根焊接，双管焊接

soldadura de obturación　密封焊道；密封焊接

soldadura de penetración completa　全熔透焊接

soldadura de puntada　临时点焊，定位焊，点固焊

soldadura de punto　点焊

soldadura de ranura doble　双槽焊接

soldadura de ranura sencilla　单槽焊

soldadura de resalto　凸焊

soldadura de resistencia　电阻焊

soldadura de retroceso　逐步退焊，分段退焊

soldadura de rodeo　坑内焊接

soldadura de sello　密封焊接

soldadura de tapón　塞焊

soldadura de tejido　堆宽焊缝；交织焊接

soldadura de termita　铝热剂焊接；铝热焊

soldadura de tope　对头焊；对接焊

soldadura de tope en ángulo recto　直角对接焊

soldadura de tubería en secciones de dos juntas　双根焊接，双管焊接

soldadura de tuberías junta a junta　高架焊管法；管材逐段焊接

soldadura de un solo cordón　直线焊道，窄焊道

soldadura de una pasada　单道焊，单道电弧焊

soldadura de vaivén　摆动焊，摆动焊接

soldadura directa　正手焊

soldadura eléctrica　电焊

soldadura eléctrica al arco　电弧焊

soldadura electromagnética　电磁焊

soldadura en ángulo　角焊，角焊缝

soldadura en ángulo intermitente y alternada　交错断续角焊缝

soldadura en atmósfera de gas inerte　惰性气体焊

soldadura en cordón　堆焊

soldadura en filete　角焊，填角焊

soldadura fuerte　铜焊，钎焊

soldadura fuerte al arco　电弧钎焊，电弧铜焊

soldadura fuerte eléctrica　电热铜焊

soldadura intermitente　断续焊缝

soldadura manual　手工焊，手工焊接

soldadura metálica　金属焊接

soldadura metálica al arco　金属电弧焊；金属弧焊；金属弧焊接

soldadura metálica en atmósfera de gas inerte　惰性气体保护金属极电弧焊

soldadura MIG　惰性气体保护金属极电弧焊

soldadura oxhídrica al arco　原子氢焊

soldadura oxiacetilénica　氧乙炔焊，氧炔焊

soldadura para trabajar bajo presión　压焊，加压焊接

soldadura plasmática　等离子焊接

soldadura plasmática con arco　等离子弧焊

soldadura por arco de metal en atmósfera de gas inerte　惰性气体保护金属极电弧焊

soldadura por arco de tungsteno　钨极电弧焊

soldadura por arco de tungsteno en atmósfera de gas　钨极气体电弧焊

soldadura por arco en atmósfera de argón　氩弧焊

soldadura por caldeo y forjado　锻接，锻焊

soldadura por centelleo　闪光电弧，火花电弧

soldadura por corriente intermitente　断续焊接

soldadura por difusión　扩散焊

soldadura por electroescoria　电渣焊

soldadura por forja　锻焊，锻接焊

soldadura por fusión　熔接焊

soldadura por gas　气焊

soldadura por haz de electrones　电子束焊，电子束焊接

soldadura por inducción　感应焊，感应焊接，感应熔焊

soldadura por inmersión　浸沾钎焊，沉浸钎焊，硬浸焊

soldadura por láser　激光焊

soldadura por presión　压力焊，加压焊

soldadura por percusión　冲（击）焊

soldadura por puntos　点焊接，点焊，点固焊

soldadura por resistencia　电阻焊，电阻焊接

soldadura por resistencia eléctrica　电阻焊，电阻焊接

soldadura punteada　点焊接，点焊

soldadura semiautomática　半自动化焊接

soldadura semiautomática al arco metálico　半自动金属电弧焊

soldadura sin fusión　固态焊接

soldadura sin presión　无压焊接，不加压焊接

soldadura TIG　钨极惰性气体保护电弧焊

soldadura vertical　立焊，垂直焊

soldadura vertical por electroescoria　电渣立焊

soldar　连接；焊接，焊

soldar a puntos 点焊接，点焊

soldar a solapa 搭焊

soldar a tope 对焊，对头焊

soldar con latón 铜焊

soldar en fuerte 铜焊，钎焊

soldar por forja 锻焊，锻接焊

soldeo 焊接；熔接；锻接

solenoide 螺线管

solera 底座木；基柱石；（磨子的）底盘；坑道底；梁

solera de frente 前梁

solera de frente de una torre 底座大梁，井架的底座大梁

solera del caballete portapoleas 天车梁

solera inferior 底座大梁；下梁

solevamiento 隆起，移动；上冲断层

solfatara 硫质喷气孔，火山喷气孔，硫坑

solicitación 申请；请求

solicitante 申请人，报名者，应征者

solicitante de patente 专利权申请人

solicitante de seguro 保险申请人

solicitar 请求，要求；申请

solicitud 请求，要求；申请表，申请书

solicitud de autorización 申请许可

solicitud de cotización (precio) 询盘

solicitud de exportación 出口申请书

solicitud de licencia 申请许可证

solicitud de servicios 服务申请

solidario 团结一致的；休戚相关的；连带责任的，共同负责的

solidez 固态，固体，固性；坚固

solidez económica 经济的稳固

solidez pelicular 膜强度

solidificabilidad 凝固性

solidificación 凝固，固化作用，变浓，浓缩

solidificación del magma 岩浆凝固

solidificar 使凝固，使固化；固化，巩固，凝固

sólido 固体的，固态的；坚固的，实心的；固体，固态，实心

sólido amorfo 非晶体，无定形固体

sólido cristalino sencillo 简单晶体

sólido de baja gravedad 低密度固体

sólido de bajo peso específico 低密度固体

sólido en suspensión 悬浮固体

sólido orgánico 有机固体

sólido vítreo 玻璃质固体，玻璃状固体

sólidos de perforación 钻屑，岩屑

sólidos decantables 可沉淀固体颗粒

sólidos disueltos 溶解性固体

sólidos en suspensión 悬浮固体颗粒

sólidos incombustos 未燃固体，未燃烧固体，未烧尽的固体

sólidos sedimentables 可沉淀固体颗粒

sólidos solubles 可溶性固体

solidus 固线，固相线，固液相曲线

soliflucción 泥流，泥流作用

sollado 下甲板

soltadizo 可拆的，可拆卸的

soltador de la barrena 钻头装卸器

soltar 松开，放开；释放；分离，脱落

soltar cable 分接电缆

soltura 放开，松开；释放；松度，弛度

solubilidad 溶解度，溶解性，可溶性；可解性

solubilidad del oxígeno 氧气溶解度

solubilidad elevada 高溶解性；高溶解度

solubilidad en agua 水溶性

solubilidad mutual 互溶性

solubilidad sólida 固溶性

solubilización 溶液化，增溶，溶解，溶解作用

solubilizante 增溶剂；增溶剂

soluble 可溶的，可溶解的；可解决的

solución 溶液，溶体；溶解，溶化；解决，解决办法；（案件、买卖等的）了结

solución a la plombita 试硫液，亚铅酸钠溶液

solución acuosa 水溶液，含水溶剂

solución alcalina 碱性溶液

solución amoniacal 氨溶液

solución amortiguadora 缓冲溶液，缓冲液

solución aproximativa 近似解

solución aritmética 数值解

solución básica 基本解

solución bencénica 苯溶液

solución cáustica 苛性碱溶液

solución coloidal 胶体液，胶体溶液，胶状溶液

solución coloidal reversible 可逆胶体液，可逆胶体溶液

solución concentrada 浓溶液，浓缩液

solución de aceite para cilindro 气缸油溶液

solución de almidón para indicador 淀粉指示剂溶液

solución de calibración 校准溶液

solución de continuidad 连续解，连续解法

solución de descongelación 防冻液

solución de dicromato de potasio 重铬酸钾溶液

solución de glutaraldehído y derivados 戊二醛及其衍生物溶液

solución de hidróxido de potasio 氢氧化钾溶液，苛性钾溶液

solución de iodato potásico 碘酸钾溶液

solución de jabón 肥皂溶液

solución de plumbito sódico 试硫液，亚铅酸钠溶液

solución de potasa cáustica 苛性钾溶液，氢氧化钾溶液

solución de reserva 储备溶液

solución de yodo 碘溶液

solución de yoduro de potasio　碘化钾溶液

solución desensibilizadora　减感液；减敏液

solución doctor　试硫液，亚铅酸钠溶液，博士液

solución edáfica　土壤溶液

solución en sólidos　固溶体

solución gelatinosa　凝胶溶液

solución gelificada　凝胶溶液；胶状溶液

solución hidrotermal　地下热水，水热溶液

solución indicadora de almidón　淀粉指示剂溶液

solución isobárica　等密度溶液

solución isohídrica　等氢离子溶液

solución jabonosa　肥皂溶液

solución madre　母液

solución molar　容模溶液，体积克分子溶液

solución no saturada　不饱和溶液，非饱和溶液

solución normal　当量溶液，标准溶液；正解

solución pirogálica　焦棓酸溶液

solución reguladora　调节液

solución residual　残留溶液

solución salina　盐水溶液

solución saturada　饱和溶液

solución servida　使用过的溶液

solución sobresaturada　过饱和溶液

solución sucia　秽臭溶液；污浊废液

solución tampón　缓冲溶液，缓冲液

solución volumétrica　滴定液

solución yodada　含碘溶液

soluto　溶解物，溶质

solvación　溶解，溶剂化，溶解作用

solvatación　溶剂化

solvatar　使溶剂化

solvencia　溶解质，溶解能力；支付能力，偿付能力

solventar　解决（困难），处理（难题）；支付偿还（债务）

solvente　有偿付能力的；能履行义务的；溶媒的，溶剂的；溶剂

solvente alifático　脂肪族溶剂

solvente alifático halogenado　卤代脂肪烃类溶剂，卤代脂肪族溶剂

solvente dieléctrico　不导电溶剂，电介溶剂

solvente donante　给予体溶剂

solvente para goma　橡胶溶剂

solvente para lacas　溶漆剂，漆用溶剂

solvente para tintorería　清洗剂；洗染店溶剂

solvente para tratamiento　处理剂

solvente selectivo　选择性溶剂

solvólisis　溶剂分解，溶剂分解作用，液解，媒解

sombra　阴影，阴影部分；（雷达、电波传播的）盲区

sombrado　遮荫的，背阴的

sombrerete　壳，盖，通风帽

sombrerete concha　轴承壳

sombrero　帽子；顶盖；绞盘顶

sombrero protector　防护帽，安全帽

somerización　浅滩化

somerizar　变浅，成浅滩，浅滩化

somero　浅的；表面上的，浮在面上的

someter a esfuerzo　使承受压力；使加压

someter a sobrevelocidad　超速，超速运行

sonar (sónar)　声呐，水声测位仪

sonar de proyección delantera　前视声纳

sonda　探测；探测仪；钻头，钻机；量规，线规；探针

sonda acústica　回声测深仪，回声仪，回声探测仪

sonda astronáutica　航空探测器

sonda de mano　手持探测器

sonda de municiones　钢砂钻头

sonda de profundidad　测深，测液面深度；测深仪

sonda de proximidad　近程检测器，近程探测器

sonda de tanque　水罐水位表，罐体测深仪

sonda de toma de testigo　采样探头

sonda de ultrasonidos　超声波检测器，超声波探测器

sonda espacial　航空探测器

sonda neumática　风钻，气钻，空气钻

sonda termopolar　测温器，测温探头

sondable　可测深的；可探测的；可探查的

sondaje　探测，探查；钻探

sondaje ecóico　回声测深，回声探测

sondaleza　探测索，探测标记绳；测深绳，测深铅锤

sondar　探测深度，测深度；勘探，钻探；将导管插入

sondeador　测深仪，探测器

sondear　探测深度；钻探（地下）；试探，摸底

sondeo　抽样调查；民意测验；试探，摸底；抽样钻探

sondeo a la granalla　钢砂钻井

sondeo acústico　回声测深

sondeo ascendente　向上钻孔

sondeo con cable　电缆测井

sondeo con ultrasonidos　超声波探测

sondeo de la capa de ozono por globo　气球臭氧探测

sondeo de la ozonósfera por globo　气球臭氧探测

sondeo de pozo　井测量

sondeo del petróleo　钻探石油

sondeo del terreno　试探，岩心取样

sondeo desviado　斜孔钻探，定向钻探

sondeo eléctrico　电测深

sondeo marino　海上钻井，海上钻探，海洋钻探

sondeo ozonosférico por globo　气球臭氧探测

sondeo petrolífero 石油钻井，石油钻探	soplo inverso 回吹，反吹，气体后泄
sondeo por aire 风动凿岩，空气钻井	soportar 支撑，承受，忍受，经受
sondeo por percusión 冲击钻进，冲击凿岩	soporte 支架，支柱，支座，支撑；存储体
sondeo sísmico 地震剖面测量	soporte cardán 万向支架
sondeo sísmico continuo 连续地震剖面测量	soporte colgante 吊架；轴架，轴吊架
sondeo supersónico 超声测深法，超声探测	soporte de amortiguación de los resortes 弹簧缓
sondeo terrestre 陆上钻井	冲支架
sondista 测井操作员，探测仪操作者	soporte de balancín 起重柱，吊杆柱；平衡器支
sónico 声音的；声速的，音速的	座，摇杆支座
sonido 声音；响声；声	soporte de eje 柄轴支架
sonido audible 可听声音	soporte de la contrapunta 定位杆，固定中心架
sonido de receptor 接收器声音，接收装置声音	soporte de lámpara 灯座
sonógrafo 声谱记录仪，声谱仪	soporte de tubos 管架
sonometría 振动频率测定	soporte del cojinete 轴承座
sonómetro 弦音计，振动频率计，听力计	soporte del tambor de maniobras 大绳滚筒支
sonoprobe 探声器，声波探测器	承架
sonoridad 响亮，洪亮，响度；传声性能	soporte físico 硬件
sonoridad en decibeles 以分贝表示的响度；声级	soporte indeleble 不可擦存储器，只读存储器
sonoro 发声的；响亮的	soporte lógico 软件，软设备
sopapa 阀门，气门	soporte magnético 磁介质，磁性介质，磁体
sopladero 洞穴风口	媒质
soplado 吹制，吹制玻璃器皿，深的地缝	soporte para caños 管支座，管墩
soplado de cañería 吹塑管材，吹制管材	soporte para conducto 管支架
soplado de hollín 吹灰	soporte para lámpara 灯座
soplado de tubería 吹塑管材，吹制管材	soporte para nivelación de medidor 测量器校平
soplador 洞穴风口；风扇，鼓风机，吹风器	支座
soplador a chorro de vapor 喷汽鼓风机	soporte para tubos 钻杆垫板；管支架；管墩
soplador centrífugo 离心式鼓风机	soporte universal 通用支架；通用支座
soplador de aire 鼓风机，吹风机	sorbencia 渗出，漏出
soplador de chorro 喷射送风机，喷气鼓风机	sorbente 吸着剂，吸附剂
soplador de fragua 锻铁炉的鼓风机，锻造车间	sordina 弱音器，减音器，消声器
的鼓风机	sosa 碳酸钠，苏打
soplador de hollín 吹灰机	sosa cáustica 苛性钠，烧碱，氢氧化钠
sopladura 吹风；喷气孔，通风孔	sosa para lavar (blanquear) 洗涤碱
soplante 鼓风机，送风机，吹风机	sostén 支撑，支持；支撑物，支柱
soplante de sobrealimentación 增压器，增压风	sostén de cojinete 轴承托架，轴承托座
机，压气机	sostén de fricción 摩擦垫块
soplar 吹，吹气；鼓风，吹风，吹制（玻璃器	sostén de oscilación graduable 可调摆幅支座
皿）	sostén de rodillo 滚柱支座
soplete 喷灯；焊枪，焊炬，喷焊器	sostén de varillas de tracción 抽油杆支座
soplete cortador 割炬	sostén de ventilador 风扇支架；通风器支架
soplete de aire 吹管，喷灯，焊枪	sostén oscilante 摆动支座
soplete de arena 喷砂器	sostén para línea de transmisión 传输线支架，输
soplete de oxiacetileno 氧炔焊炬，氧乙炔焊炬	电线支架
soplete de pintura 喷漆枪	sostén suspendido para varillas de tracción 抽油
soplete de soldar 焊接喷灯，焊接吹管，焊炬	杆限位器，抽油杆限位装置
soplete eléctrico 电弧喷焊器；电焊枪	sostenedor 夹，托，座，支架
soplete oxiacetilénico 氧炔焊炬，氧乙炔焊炬，	sostener 支撑；支持，维护；供养
氧炔焊枪	sostenibilidad 可持续性，永续性，能维持性
soplete para corte autógeno 气割割炬，气割焊枪	sostenimiento 支撑，支持，维持，维护
soplete para soldar 焊接喷灯，焊枪	sostenimiento de precios 支撑价格，支持价格
soplete rociador 喷漆枪，喷射枪，喷枪	sótano 地下室，地窖
soplo 吹，吹气，吹风	sotavento 下风，背风面

S

soterrado　埋在地下的；埋藏在内心的

soterrar　把…埋在地下，把…放在地下

soto　灌木丛；河边小树丛；绳结，线结

sotobosque　林中灌木林

SP (salir del pozo)　从井中起出，英语缩略为 POH (Pull Off Hole)

SPG (sistema de posicionamiento global)　全球定位系统，英语缩略为 GPS (Global Positioning System)

spodumena　锂辉石

SQCE (substancias químicas comerciales existentes)　(欧洲) 现有商业化学物质名录，英语缩略为 EINECS (European INventory of Existing Commercial chemical Substances)

SSA (salud, seguridad y ambiente)　健康、安全与环境，英语缩略为 HSE (Health Safety and Environment)

SSMA (sistema de salud, seguridad y medio ambiente)　HSE 体系，健康、安全与环境体系

STOP™　STOP 卡 (即 Safety Training Observation program，意为安全培训观察程序，是美国杜邦公司在 HSE 管理中提出的新的管理方式)

stand pipe de circulación　循环立管

standard　标准，规范

stand-by bomba　备用泵

standpipe de circulación　循环立管

stanekita　煤中树脂状烃

stoodite　司图迪特 (耐磨堆焊) 焊条合金；一种镶焊钻头用的硬合金

struverita　钛铌钽矿

struvita　鸟粪石

suabear　捞出；抽汲，抽吸

suabeo　捞出；抽汲，抽吸

suave　光滑的；温和的；轻微的；平缓的

suavización　软化，变软，塑性化，增塑

suavizador　软化剂，增塑剂；钢刀布

suavizador de agua　软水剂，软水器

suavizar los datos　(试井分析中的导数) 磨光

sub-　表示"下"，"副"，"次"，"亚"

sub amortiguador　缓冲接头

sub de circulación　循环接头

sub de seguridad　安全接头

sub de válvula flotadora　浮阀接头

subacetato　碱式醋酸盐，次醋酸盐

subácido　微酸性的，有点酸的

subacuático　水下的，水底的，水中的

subácuo　水下的，水底的，半水栖的，潜水的

subaéreo　低空的，接近地面的

subálveo　河床下的

sub-armónicas　分谐波，次谐波

subarrendador　转租人

subarrendar　转租出；转租进

subarrendar el contrato　转包合同，分包合同

subarriendo　转租；转租契约；转租金

subasta　拍卖；招标

subasta a puerta cerrada　密封报价拍卖，暗标拍卖

subasta de derechos　版权拍卖

subasta pública　公开投标，公开拍卖

subastador　拍卖者

subastar　拍卖

subatómico　亚原子的，原子内的，比原子更小的

subbase　底基础；底基层，基层

subconsumo　供大于求，消费不足

subcontinente　次大陆

subcontratación　订立分包合同；订立转包契约

subcontratista　转包人；分包工，承包商

subcontrato　分包合同；转包合同，转包契约

subcuenca　次盆地

subdesarrollo　不发达

subdividir　细分，再分

subdivisión　细分，再分 (部分)；隔板，隔墙，分部，分支

subdivisión de estratos　地层划分，地层细分

subducción　潜没 (指一个地壳板下降至另一之下的过程)，俯冲

subecuatorial　亚赤道的，副赤道的

sub-ensanchar　井下扩眼，孔内扩孔

suberificación　栓化作用

suberina　软木脂

suberoso　软木的，软木脂的；木栓状的

subespecie　亚种

subestación　分局，分台，分站；变电所，变电站

subestación de distribución　配电变电所

subestación eléctrica　变电所，变电站

subestimación　估计过低，低估

subestrato　下层，底层，下伏地层

subestructura　井架底座；机台支架；底层结构，下部结构，亚构造

subestructura de la torre　井架底座

subestructura de torre de perforación　井架底座，钻塔底座

subestructura plegada　底层褶皱构造

subfluvial　水下产生的，水底形成的，河下的

subgerente　副经理

subgerente del proyecto　项目副经理

subglacial　冰川下面的，冰川底部的，冰下的

subgrupo　小集团，小团体；亚群

subguión　下划线 "_"

subhedral　半形的；半自形的

subhorizonte　下层地层，底层

subida　爬高，升高；上涨；坡度

subida de barrena 提升钻头

subida de precio 涨价

subiente 立管，竖管

subilla 锥子

subíndice 次标；子指数

subintrusión 次侵入，次侵入岩，次侵入浆

subir 上，上去，登上，爬上；上涨；提高（价格、工资等）；使直起，使挺直

subir el precio 提高价格

subjefe 副首长，副长官

sublimación 升华，升华作用；纯化，精炼

sublimado 升华物；升汞

sublimado corrosivo 升汞，氯化汞

sublimador 升汞器

sublimar 升华，蒸升，精炼，纯化，提净

sublimatorio 使升华的，起升华作用的；升华器

submareal 潮下带的，潮下的

submarino 海面下的，海底的；潜水艇；潜水器

submarino de salida 外出潜水器

submarino lanzamisil 发射导弹潜艇

submarino no tripulado 无人驾驶潜艇

submarino nuclear 核潜艇

submetálico 半金属的，似金属的

submodelo 子模型，辅助模型

submodulación 调制不足

submodulador 辅助调制器，副调制器

submuestreo 二次抽样，取分样

subnivel 次级，亚级，支级，次层

subordinado 从属的，隶属的；服从的；从属关系的；下属人员

subóxido 低价氧化物

subpanel 副板，辅助板；底板

subpolar 近南（北）极的

subproducción 生产不足

subproducto 副产品

subproducto clorado 氯化消毒副产物

subproducto de aceite de pino 松油副产品

subproducto de la minería 采掘废弃物，采矿废弃物

subproducto de pulpa química 化学浆副产品

subproducto de resina líquida 液态树脂的副产品

subproyecto 子项目

subrayar 在…底下划着重线；划线标出；强调，突出

subregión 分区，小区域，亚区，子区间

subsanar 补救，弥补；克服，排除

subsaturado 不饱和的，非饱和的

subscripción 签名，签署；订阅，订购，订购额

subscripción del contrato 签署合同

subsección 细目，条款，分段；分部，分支，亚类

subsecretario 助理秘书，副秘书

subsecuente 随后的，紧接着的

subserie 子级数，子群列，次分数

subsidencia 沉陷，下沉，沉降；地面沉降

subsidiaria 子公司，附属机构

subsidio 补助，补贴，津贴

subsidio de asistencia médica 医疗补助费，医疗补助金

subsidio de desempleo 失业补助金

subsidio de enfermedad 疾病补贴，疾病津贴

subsidio de jubilación 退休补助费，退休补助金

subsidio de minusvalidez 残废补助费，残疾补贴

subsidio de muerte 死亡补助金

subsidio de procreación 生育津贴

subsidio de sepultura 安葬补助金

subsidio de vivienda 住房津贴，住房补贴

subsidio familiar 生活补助费

substancia 物质；材料；实质，本质；财产，资产；价值；利益

substancia abrasiva 磨料，研剂，磨蚀剂

substancia bituminosa 含沥青物质，沥青物质，沥青状物质

substancia de limpieza 清洁剂

substancia fosforescente 荧光物质，磷光体

substancia no saturada 不饱和物

substancia que forma espuma 泡沫发生剂，起泡剂，发泡剂

substancia química 化学制品，化学药品，化学物品

substancia química para el tratamiento del petróleo crudo 原油处理剂，原油处理化学剂

substancia química para regenerar el agua 水处理剂，水处理化学剂

substancia saturante 饱和剂

substancia simple 单一物质

substancias químicas comerciales existentes (SQCE) 现存商业化学物质

substitución 代替，取代；置换，代入法

substitución metasomática 交代酌，交代作用，交代变质作用

substitutivo 可作为代用的；代用品

substituto 代用品，代替物；代替者，代理人

substituto de alza 提升短节

substituto de combinación 过渡接头，转换接头，配合接头

substituto de junta Kelly 方钻杆保护接头

substituto del tubo lastrabarrena 钻铤接头

substituto rotatorio 动力接头，旋转接头

substrato 底层；基础，根基

subsuelo 下层土，底土；路基，地基，根基
subsuperficial 地面下的，地下的
subsuperficie 底面，地下
subterráneo 地下的；地道，地下室
subvaluación 低估
subvención 补助，补贴；补助金，津贴
subvoltaje 欠压，欠电压
subyacente 在下面的，下伏的
succínico 琥珀酸的；琥珀酸
succino 琥珀
succión 吸收，吸出，抽入
succión inundada 淹没充液法
succionador 吸管，吸盘，吸板，吸杯
succionar 抽汲，抽吸，吸，吮；吸收
sucedáneo 替代的，代用的；代用品
sucesión 接任，继任，一系列；继承，演替；次序
sucesión ecológica 生态序列，生态演替
sucesión estratigráfica 层序，地层序列，地层层序
sucesiones de turbidita 浊积岩次序，浊流层层序
sucesivamente 先后地，相继地，继续地，连续地
suceso 事件；（时间的）流逝；结果，结局
sucesor 继承者；继承人；继任者
sucesos incompatibles 互斥事件
suciedad 脏，污秽；污物；垃圾
sucio 脏的，污秽的；（颜色）灰暗的；污浊的
sucursal 分公司，分店，分行，分社，分支机构
Sudán 苏丹
sudeste (SE) 东南
sudoeste (SO) 西南
suela 基石，基座，基底，墙基
suela de gravas 底基，基石
suelda 焊缝，焊接点，焊接；爆料，焊剂，焊锡
suelda al estaño 锡钎料
sueldo 工资，薪金
suelo 地面，路面；地板；土地，土壤
suelo ácido 酸性土，酸性土壤
suelo acuífero 含水地面；含水土壤；含水层
suelo alcalino 碱性土，非酸性土
suelo anegado de agua 渍水土壤
suelo arable 可耕地
suelo arbolado 森林，林地，林区
suelo arcilloso 黏土；黏性地层
suelo autóctono 原生土
suelo azonal 泛域土，非地带性土，非分带土
suelo bisulfatado 酸性硫酸盐土
suelo con buena capa de tierra de labranza 有良好耕性的土壤
suelo de greda limosa 粉砂壤土
suelo de turba 泥炭地，泥煤地
suelo del océano 洋底，海底

suelo dilatable y contráctil 胀缩土壤
suelo encharcado 渍水土壤
suelo falso 假底
suelo formado por residuos resultantes de la alteración superficial de las rocas 风化层
suelo glaciar 冰碛土
suelo impermeable 渗透性不良的土壤
suelo negro 深色土壤，暗色土壤
suelo neutro 中性土，中性土壤
suelo nevado 雪盖层，积雪层
suelo oceánico 海底，洋底
suelo pantanoso 沼泽地
suelo permanentemente helado 永冻层，永久冻土，永冻土
suelo poco fértil 贫瘠土壤
suelo primitivo 原生土
suelo que contiene sales solubles 碱土，碱性土
suelo residual 残积土
suelo saturado 饱和土壤，饱水土壤
suelo saturado de agua 饱水土壤
suelo turboso 泥炭土
suelo vegetal 植被
suelo zonal 显域土，地带性土壤
sueltabarrenas 钻头拧下器，钻头装卸器
suelto 松散的，未紧固的；游离的；零钱
suero 生理盐水；浆液，血清
suero anti-ofídico 抗蛇毒药
suero sanguíneo 血清
suficiencia 充足，充分，足够
sugerencia 提示，启示；提议，建议
suiche 开关
suiche de desvío 变光开关
suiche de llave 按键式开关
suivel 水龙头，钻井水龙头，旋转接头，活接头
sujeción 捆住，系住，连接处
sujeción con ancla de tierra 用地锚固定
sujetabarrena 钻头拧下器，钻头装卸器
sujetado 固定住的，系住的，夹住的；被制服的
sujetador 夹子，卡子；扣子；紧固件
sujetador de acero 钢制绳卡子，钢卡子，钢夹子
sujetador de cable aflojable 松弛绳固定器，松绳固定器
sujetador de cable de acero al balancín 游梁式抽油机悬绳器
sujetador de la bomba de inserción 杆式泵固定装置，杆式泵锚定装置
sujetador de tubería 油管挂
sujetador de tubería auxiliar de revestimiento 衬管悬挂器，尾管悬挂器，尾管挂，衬管挂
sujetador de tubo revestidor de fondo 尾管悬挂器，尾管挂
sujetador del entubamiento 油管悬挂器，油管挂，萝卜头

sujetador del tipo anillo　环形挂钩，环形夹子
sujetador en el balancín para cable de acero　游梁式抽油机悬绳器，游梁式抽油机悬钢绳器
sujetador para soldar　焊接夹具
sujetar　抓紧，握住；夹住，固定住，系住
sujetar con pestillo　锁上；用插销插上；用门闩关上；闩上；插上
sulfa　磺胺的；磺胺药
sulfamida　硫酰胺
sulfatación　硫化，酸化作用，硫酸化
sulfatar　用硫酸处理，硫酸盐化
sulfato　硫酸盐，硫酸酯
sulfato amónico　硫酸铵
sulfato anhidro de calcio　无水硫酸钙，无水石膏，硬石膏
sulfato áurico　硫酸金
sulfato bárico　硫酸钡
sulfato básico　基性硫酸盐
sulfato básico de mercurio　碱式硫酸汞
sulfato cálcico　硫酸钙
sulfato cobaltoso　硫酸钴
sulfato cúprico　硫酸铜
sulfato de alquilo　烃基硫酸盐
sulfato de aluminio　硫酸铝
sulfato de bario　硫酸钡
sulfato de cal　硫酸钙，石膏
sulfato de calcio　石膏，硫酸钙
sulfato de cerio　硫酸铈
sulfato de cesio　硫酸铯
sulfato de cinc（zinc）　硫酸锌，矾盐
sulfato de cobre　硫酸铜，胆矾
sulfato de hierro　硫酸亚铁，绿矾，七水硫酸铁
sulfato de magnesio　硫酸锰
sulfato de mercurio　硫酸汞
sulfato mercurioso　硫酸汞
sulfato de potasa　硫酸钾
sulfato de potasio　硫酸钾
sulfato de soda　硫酸钠，芒硝，元明粉
sulfato de sodio　硫酸钠
sulfato dimetilo　硫酸二甲酯
sulfato ferroso　硫酸铁，硫酸亚铁
sulfato sódico　硫酸钠
sulfatos en aerosol　硫酸盐气溶胶
sulfhidrato　氢硫化物
sulfhídrico　氢硫化物的
sulfido　亚硫酸盐
sulfido de bario　亚硫酸钡
sulfido sódico　亚硫酸钠
sulfídrico　含氢硫基的，氢硫化物的
sulfitación　亚硫酸化作用，亚硫酸化处理
sulfito　亚硫酸盐，亚硫酸酯
sulfito catalizado　催化亚硫酸盐
sulfito de arsénico　雌黄，三硫化二砷

sulfito de hierro　亚硫酸铁
sulfito de sodio　亚硫酸钠
sulfoácido　磺酸，硫代酸
sulfoaluminato　硫代铝酸盐
sulfocarbonato　硫代碳酸盐
sulfocianato　硫氰酸盐
sulfociánico　硫氰基的
sulfocianuro　硫氰化物
sulfolano　环丁砜
sulfoleno　丁二烯砜，环丁烯砜
sulfonación　磺化，磺化作用
sulfonal　索佛拿，索佛那，二乙眠砜
sulfonamida　磺胺，胺苯磺胺
sulfonato　磺酸盐，磺化
sulfónico　磺基的
sulfuroso　硫磺的，硫化的
sulfosal　磺酸盐类
sulfosol　硫酸溶液
sulfovínico　烃换硫的；烃换硫酸
sulfuración　硫化，硫化作用
sulfurado　加硫的，硫化的，含硫磺的
sulfurar　加硫，使硫化，用硫处理
sulfúreo　硫的，硫磺的，含硫的
sulfúrico　硫的，正硫的，六价硫的
sulfurizado　用硫酸处理的
sulfuro　硫化物
sulfuro alcohílo　硫醚
sulfuro alquílico　硫醚
sulfuro de bismuto　辉铋矿
sulfuro de butilo normal　正丁基硫醚
sulfuro de cadmio　硫化镉
sulfuro de calcio　硫化钙
sulfuro de calcio impuro　不纯的硫化钙
sulfuro de carbonilo　氧硫化碳，羰基硫
sulfuro de cerio　硫化铈
sulfuro de cobre　硫化铜
sulfuro de dibutilo　二正丁基硫化物
sulfuro de estroncio　硫化锶
sulfuro de etilo　乙硫醚，二乙硫
sulfuro de hidrógeno　硫化氢
sulfuro de hierro　硫化铁
sulfuro de mercaptano　硫醇硫
sulfuro de metilo　二甲硫
sulfuro de plomo　硫化铅
sulfuro de polifenileno　聚苯硫
sulfuro de propilo　丙基硫化物
sulfuro de propilo normal　正丙硫醚；正丙基硫化物
sulfuro de zinc　硫化锌
sulfuro estánico　硫化锡
sulfuro natural de mercurio　汞的自然硫化物；硫化汞
sulfuro virgen de plomo　方铅矿

S

sulfuroso 亚硫的，硫的，似硫的

suma 总数，总计，总量；金额；加法，和

suma asegurada 投保总额

suma combinatoria 组合和

suma de garantía 担保总额

suma del activo 资产总额

suma del pasivo 负债总额

suma pendiente de pago 欠付金额

suma presupuestada 预算金额，预算总额

suma sujeta al impuesto 应纳税总额

suma total 总计，合计，总数，总额

sumadora 加法器，加法装置，求和元件

sumadora mecánica 加法器，加法机

sumario 摘要，概要；小结，总结

sumergibilidad 防水性

sumergible 可浸没的；可潜入水中的；潜水艇

sumergido 浸在水中的，浸入的

sumergido en el aceite 油浸的

sumergir 淹没，浸入，陷入，沉入，潜水

sumersión 浸没，淹没，沉没

sumidad 顶点，顶端，顶峰

sumidero 下水道；沉泥井

sumidero de producción 生产过程（形成的）污水池

sumidero de tratamiento 处理过程（形成的）污水池

sumidero del calor 热阱，热壑

suministrador 供货人，供应厂商

suministrar 供给，供应，提供

suministro 供给，供应，提供；供给物，供应品

suministro de calor 热补给，热补给量

suministro de combustible 供给燃料，加燃料

suministro de combustible de aviación 补给航空燃料；供给航空燃料

suministro de electricidad (suministro eléctrico) 电力供应

suministro de fuerza 电源，能源，动力供应

suministro de mercancías 交货

suministro de potencia 电力供应，供电，动力供应

suministro de vapor 供汽

suministro según aviso 按通知交货

suncho 箍，带，片，条

suncho de hierro 铁箍条，铁片，铁箍

supedáneo 台座，柱脚

super- 表示"上"，"上方"；表示"超过"；表示"非常"

super gasolina 超级汽油，高抗爆性汽油

superabundancia 供给过多，供应过剩；存货过多

superaleación 耐高温耐腐蚀合金

superalimentador 增压器，增压机

superalto 超高的，极高的

superar 超过，胜过；克服

superar el daño pelicular 克服表皮损害，克服表皮堵塞，克服井壁堵塞

superaudible 超声频的

superávit 余额，余量，盈余，顺差

superávit acumulado 累积盈余

superávit bruto 总盈余

superávit contable 账面余额

supercalentador 过热器

supercalor 过热

supercapilar 超毛细管

supercapitalización 资本过剩

supercarburante 高辛烷汽油

supercarretera 高速公路，高速干道

supercloración (superclorinación) 过氯化作用，过剩氯处理

supercompresibilidad 超压缩性

supercompresión 过度压缩

supercompresor 增压器，增压机；超级压缩机

supercomputador 超级计算机，巨型计算机，超级电脑

superconducción 超导，超导性

superconductividad 超导性，超传导性，超导率

superconductor 超导体，超导电体

supercongelado 过冷的，过冷却的

superelevación 超高

superelevado 超标高的，超高的；升高的

superestructura 上层结构，上部结构；超结构；上层建筑

superficial 表面的，表层的，浅层的

superficialidad 表面，肤浅，皮毛

superficiario 每年付租金的；租用的

superficie 表面；地面，地表；土地面积；面积

superficie a nivel 等势面，水准面，水平面，液面

superficie abrasiva 磨耗面，磨蚀面，研磨面

superficie absorbente de calor radiante 辐射受热面

superficie aerodinámica 流线型面

superficie alabeada 斜曲面，扭曲面

superficie anticlástica 互反曲面，鞍形面；抗裂面

superficie aplicable 可贴合面

superficie cilíndrica 圆柱面，外圆表面，圆筒状表面

superficie con afinidad al agua 亲水面，水润湿面，水湿面

superficie cónica 锥面

superficie cubierta 底面积，占地面积

superficie cubierta de cristales pequeños 晶簇，晶洞，晶腺

superficie curva 曲面
superficie de caldeo（calefacción） 加热面，受热面
superficie de calentamiento 传热面，加热面，受热面
superficie de captación 集水面积；汇水面积；捕集面积
superficie de cojinete 轴承面
superficie de contacto 接触面
superficie de desagüe 集水面积，汇水面积；泄油面积
superficie de desgaste 磨耗面，磨损面
superficie de deslizamiento 滑动面，滑移面积
superficie de diaclasa 节理面
superficie de discontinuidad 附面层，边界层，界限层；不连续面
superficie de discontinuidad de Moho 莫氏不连续面
superficie de discontinuidad de Mohorovicic 莫氏不连续面
superficie de discordancia 不整合面
superficie de dislocación 断层面，断裂面，裂缝面，破裂面
superficie de emisión 发射面
superficie de falla 断层面
superficie de fractura 破裂面，裂缝面
superficie de fracturación 裂缝面，破裂面，断裂面
superficie de grieta 裂缝面
superficie de la Tierra 地球表面
superficie de nivel 基准面，水准面
superficie de parrilla（emparrillado） 燃烧面积
superficie de protección 防护面积
superficie de resudación 表面凝水面，凝水表面
superficie de rodamiento 滚动面，滑动面
superficie de rotura 断裂面，破裂面
superficie de rozamiento 摩擦面
superficie de terreno 地面
superficie de trituración 破碎面
superficie del agua 水面
superficie del carbón 采煤工作面
superficie del émbolo 活塞面积
superficie desarrollable 可展开面；可开发面积
superficie eficaz 有效面积
superficie endurecida 硬化面；硬化面积
superficie equipotencial 等电位面，等位面，等势面
superficie esférica 球面
superficie esférica equipotencial 球形等电位面，球形等位面，球状形等势面
superficie específica 比面
superficie fallada 断层带，断裂带
superficie foliar 叶面
superficie freática 地下水面，潜水面

superficie hidrodinámica 流体动力面，水动力面
superficie irradiante 辐射面
superficie isobárica 等压面
superficie isoterma 等温面
superficie isotérmica 等温面
superficie lístrica 犁状面
superficie lístrica de falla 铲状断裂面，凹形断裂面，铲状破裂面
superficie lístrica de fractura 铲状断裂面，凹形断裂面，铲状破裂面
superficie llana 平面
superficie mojada 湿润面
superficie nivelada 拉平面；平整面
superficie perforada 已钻地面
superficie plana 平面
superficie pulimentada 研磨表面，研磨过的表面
superficie reglada 直纹曲面
superficie terrestre 地面，地表；陆地面积
superfino 极细的，精细的；特级的
superfluidez 超流动性，超流态
superfosfato 过磷酸钙
superfraccionador 超级分馏器，超精馏器
superfraccionamiento 超精馏
supergas 轻质石油气，液化石油气
supergen 超基因
supergénico 浅生的，表生的
superglacial 冰川面上的
superheterodino 超外差的；超外差式接收机
super-inflación 恶性膨胀
superintendencia 主管机关；总监部门；主管，监督，指挥
superintendente 主管人，总负责人；总监
superintendente de operaciones （钻井现场）作业总监
superintendente de perforación 钻井总负责人，钻井总监
superintendente de relaciones laborales 人力资源总监
superior 上部的，上层的；上级的；上游的
superlinear 超线性的，线以上的
supernadante 上层的，表面的，漂浮的；上清液
superordenador 超级计算机，巨型计算机，超级电脑
superpoblación 人口过剩，人口过多，人口超额
superponer 叠放，置…之上；跨覆，叠覆，超覆，逾越
superposición 叠加，叠合，重叠，重合
superposición de estratos 地层叠覆，地层叠加
superposición discordante 不整合叠覆，不整合超覆
superposición por gravedad 重力叠加

superposición transgresiva 超覆，上超，侵覆

superpotencia 超高功率；超级大国；上幂

superproducción 生产过剩

superpuerto 超级港口

superpuesto 添加的；上覆的，叠置的，超覆的

superreacción 超反应，超再生

supersalinidad 强咸性，强咸度，高含盐量

supersaturación 过饱和，过饱和现象

supersensibilidad 超灵敏度

supersensible 超灵敏度的，高敏感的

supersincrónico 超同步的

supersónico 超声波的，超声速的

supertanquero 超级油轮，特大油轮

supertensión 过电压，超高压，超电压

supervisar 监督，检查，视察；管理，指导

supervisión 监督，检查；指导，控制

supervisor 监督人，监督员，检查员；控制器，监控装置

supervisor de 24 horas （钻井现场等）24 小时监督

supervisor de aparato eléctrico 电器监督

supervisor de cuadrilla 小班代班队长

supervisor de equipos 设备监督

supervisor de operación 作业监督

supervisor de operaciones de sondeo 钻井总监，钻井监督

supervisor de perforación 钻井监督

supervisor de relaciones laborales 人力资源监督

supervisor de seguridad 安全监督

supervisor de taladro 钻井监督

supervisor del equipo de perforación 钻井总监，钻井监督

supervisor eléctrico 电气监督

supervisor electromecánico 电动机械监督

supervisor mecánico 机械监督

supervisor SHA HSE 监督

superyacente 盖在上面的，压在上面的；超覆的

suplementario 补充的；增补的，附加的；辅助的；补角的

suplemento 增补，补充，外加；增补部分；外加费用；补角；补弧

suplente 代替的；候补的；代替人员，候补人员

supletorio 备用的，后备的

suplicatoria 呈文

suplir 补充，补足，代替，代理；填充

supracelular 超细胞的

supraconducción 超导

supraconductividad 超导性

supraconductor 超导体

suprafluido 超流体的

supramareal 潮上的

supramolecular 超分子的，由许多分子组成的

supraorganismo 超机体

suprayacente 上覆的，叠置的

supresión 取消，删除；被删除的东西

supresión de capas 地层缺失，岩层缺失

supresión de ceros no significativos 零的消除，消零，清零

supresión del eco 回波信号抑制；消除回波

supresión progresiva 逐步淘汰，逐步取消；分阶段停止使用

supresor 消除器，消声器，阻尼器；校正因子

supresor de ácido 酸缓蚀剂

suprimir 取消，停止使用；删去，删除

supuesto 假设的，所谓的；假设，假定，前提

sur 南，南方；南部地区；南风；南方国家（指大部分位于南半球的工业、技术、经济不发达的国家）

Suráfrica 南非

Suramérica 南美洲

surcamiento 开沟

surcar 犁；在…上划道，在…上留下道痕

surco 沟，犁沟，沟槽；航迹；车辙；垅台

surco de disolución 溶液槽，溶液沟

surco geosinclinal 地槽沟

surco glacial 冰刻沟，冰蚀沟

surco muerto 死水沟；堵头沟

surco profundo de sedimentación 沉陷地；沉积深沟

surco seco 干沟

surfactante 表面活性剂

surfactante emulsionante de tipo oleato de sodio 含油酸钠型表面活性剂的乳化剂

surfactante emulsionante tipo OP 含 OP 表面活性剂的乳化剂

surfactante emulsionante tipo PPJ 含平平加类表面活性剂的乳化剂

surfactante emulsionante tipo Span 含斯本型表面活性剂的乳化剂

surgencia 涌出，喷出；井涌，井喷

surgencia a intervalos 间歇性喷出

surgencia a pozo abierto 敞喷

surgencia artificial 人工举升采油

surgencia controlada 控制流；已控制的井喷

surgencia de un fluido a intervalos （某种流体）间歇性喷出

surgencia imprevista 非预见性井喷，意外井涌

surgencia intermitente 间喷，间歇性井喷

surgencia intermitente por inyección de gas 间歇气举产油，通过气举方式间歇喷油

surgencia interrumpida 周期关井

surgencia invertida 回压冲洗，反冲洗

surgencia natural 自流，自喷

surgencia por inyección continua de gas 连续气

举采油

surgencia por inyección de gas 气举采油，注气采油

surgencia regulada 调节流量

surgente 流动的，自流的；自流井

surgente Geyser 间歇喷泉，间歇泉；间歇自喷井

surgir 出现，产生；冒出，涌出；抛锚，停泊

surgir espontáneamente 自喷

surgir intermitentemente 间歇性喷发

suroeste 西南

suroriente 东南

sursudeste（SSE） 南南东

sursudoeste（SSO） 南南西

surtido 供应，供给；多种多样的

surtidor 喷泉；自喷井；喷嘴，喷口；喷射器

surtidor de agua 喷泉

surtidor de carburador 汽化器，化油器，增碳器

surtidor de gasolina 汽车加油泵；加油站

susceptibilidad 敏感度，敏感性，灵敏度；磁化率，（电）极化率

susceptibilidad magnética 磁化率，磁化系数

susceptibilidad superficial 表面敏感度，表面敏感性

susceptible 易感受…的；可能…的；敏感的

susceptible a la vaporización 易于气化的

susceptible de ampliación 可扩充的，可扩展的

susceptible de cohesión 能黏聚的

susceptor 感受器，接受器，补托器，基座

susexita 硼锰矿，白硼锰石，硼镁锰石，霓霞正长斑岩

suspender 悬，挂，吊；停止，中止，停职，停薪，取消（福利等）

suspendido 悬挂的，悬浮的；中止的，暂停的

suspensión 悬吊，悬挂；中断，暂停；悬挂装置（或物体）

suspensión cardánica 万向悬架

suspensión coloidal 胶态悬浮体

suspensión de cardán 万向悬架

suspensión de pagos 中止付款

suspensión del embargo 取消禁运，撤销禁运

suspensión en tres puntos 三点悬挂，三点悬置；三点悬架

suspensión macroscópica 粗粒悬浮液

suspensoide 悬浮体，悬浮液，悬浮胶体，悬胶体

suspensor 吊架，悬吊装置，悬挂器，挂钩；悬带，吊绷带

suspensor de cable de acero 钢缆悬挂器

suspensor de tubería de revestimiento 套管悬挂器

suspensor de tubos 吊管架；油管挂

suspensor de varillas de bombeo 抽油杆悬挂器

suspensor del tubo de producción 油管悬挂器

suspensor para varillas asido a la cabeza del balancín 驴头上挂抽油杆的装置，悬绳器

sustancia 物质；材料；实质，本质；要点；财产

sustancia acidificante 致酸物质

sustancia aislante 绝缘物质，绝缘材料

sustancia antioxidante 抗氧化剂，抗氧剂，防氧剂

sustancia aromática 芳烃

sustancia bituminosa parecida al caucho 弹性藻沥青，库荣腐泥

sustancia coloidal 胶质

sustancia de transición 过渡物质

sustancia humectante 保湿剂，湿润剂，致湿物

sustancia luminiscente 发光体

sustancia neutra 中性物质

sustancia no saturada 不饱和物

sustancia nociva generada por industrias que represente un daño para el ambiente （工业产生的）有害物质，对环境有害的有毒物质

sustancia nociva para el ozono 对臭氧有害的物质，破坏臭氧层的物质

sustancia oleaginosa 油性物质

sustancia potencialmente peligrosa 有潜在危害的物质

sustancia protectante 保护剂

sustancia pulverulenta 粉末状的物质；易成粉末的物质

sustancia química 化学物质

sustancia química para eliminar incrustaciones 化学除垢剂

sustancia radioactiva 放射性物质

sustancia reactante 反应物

sustancia reactiva 反应物

sustancia refinadora 精制物质；提纯物质

sustancia resinosa que se encuentra en ciertos asfaltos 沥青树脂

sustancia tintórea 染料

sustancia tóxica 毒物，毒素

sustancia transitoria 过渡物质

sustancia venenosa 毒素，毒质

sustancias（líquidas）capaces de unirse con otras para formar una mezcla homogénea 混相物质

sustancias agotadoras de la capa de ozono（ODS） 消耗臭氧层物质，英语缩略为ODS（Ozone Depleting Substances）

sustentable 站得住脚的，有根据的，足可支撑的

sustentación 支撑，支持；支撑物，升力，举力

sustentación hidráulica 浮力

sustentador 支点，支座；支撑物，支撑剂，支持者

sustitución 更换，替换，替代，代替，取代

sustitución del petróleo por otros combustibles 用

其他燃料替代石油；改用非油类燃料

sustitutivo 可作为代用的；代用品

sustitutivo casi inmediato 几乎随手可得的代用品；很容易换用的代用品

sustituto 替换的，替代的；替换者；代用品

sustituto de protección 保护接头

sustituto químico 化学替代物

sustracción 减去，减少，减法，扣除；分开；提取

sustrato 基质；感光底层；下部底层，底土层，底层；底物，给养基

sustrato de roca 岩石基底

sutura 缝，缝合，接缝，缝合线

swabear 抽汲，抽吸

swabeo 抽汲，抽吸

switch 整流器；转换器

switchear 放正转换器位置

syncline 向斜

T

T de cuatro pasos 四通接头

T de dibujante 丁字尺

T de servicio 接用户三通

T híbrida T型波导

T con salida lateral 侧出口三通，侧孔三通

T con toma auxiliar lateral 侧入口三通，带有辅助入口的三通

T de circulación 循环管线三通

T de cuatro vías 四通接头

T de orejas T管吊耳

T de ramas largas 长支管三通

T de reducción 缩径三通，异径三通接头

T de viento T形风向标

T para soldar 焊接三通，焊接T形接头

T recta 等径三通管接头，直三通

TAB (temperatura absoluta) 绝对温度，热力学温度

tabelón （委内瑞拉）长条状红色火烧空心砖

tabicado 分开的，隔开的，隔离的

tabique 挡板，隔板，间壁挡火墙，护壁板

tabique aislador 隔离墙，绝缘墙

tabique colgado 非承重隔墙

tabique cortafuego 防火隔墙

tabique de amortiguación 缓冲板，支撑板

tabique de baldosas para deflección 致偏砖瓦隔墙，砖瓦导流（或折流）隔断

tabique de baldosas para desviación 致偏砖瓦隔墙，砖瓦导流（或折流）隔断

tabique de carga 承重隔墙

tabique de contención longitudinal 纵向隔板，纵舱壁，纵向隔墙

tabique de panderete 立砖隔墙

tabique de reparto 隔板，缓冲板

tabique de separación de la caldera 锅炉挡板，锅炉折流板

tabique de separación entre conductos 管道隔墙，管道中间壁，管道中间隔墙

tabique desviador para calderas 锅炉挡板，锅炉折流板

tabique interceptor 隔板，隔墙，遮护板

tabique longitudinal 纵向墙

tabique para fuegos 防火墙

tabique sencillo 简易隔墙

tabique sordo 双层立砖隔墙

tabla 木板，板状物，隔板；表格；告示牌

tabla aisladora 绝缘板

tabla ajustadora 调节板

tabla con cinturones de seguridad para inmovilización cervical 带固定脖颈安全带的板式单架

tabla con cinturones de seguridad para traslado de fracturados 带运送骨折病人安全带的板式单架

tabla de alto 上盘；顶板，顶部，顶壁

tabla de conversión 换算表

tabla de datos 数据表

tabla de diseño de tubería 管柱设计图册

tabla de factores de tubería 管柱系数表

tabla de factores para la conversión de viscosidades 黏度表，黏度换算系数表

tabla de imagen 图像表，图像表格，影像表

tabla de logaritmo 对数表

tabla de Mendeleiev 门捷列耶夫元素周期表

tabla de oferta 供应表

tabla de reducción 换算表

tabla del mico 二层平台

tabla doble 二层平台

tabla fijadora 调节板，固定板

tabla logarítmica 对数表

tabla periódica 周期表

tabla primaria 一级板块

tabla taquimétrica 视距计算表

tablazón 铺板，板材，木板构件，船壳板

tablero 板，板状物；仪表面板，接线板，操纵板，配电盘，控制盘，配电盘

tablero a rodillos 滑滚板，滚板

tablero de avisos 公告牌，布告牌

tablero de bornes para fusibles 熔丝盒

tablero de comprobación 检测板，万格盘

tablero de conexiones 配线板，接线盘

tablero de control 操纵台，控制板，控制盘，操纵盘

tablero de cortacircuitos 断路开关操控板

tablero de densidad media 中密度板，中密度胶合板

tablero de dibujo 制图板

tablero de distribución 配电盘，配电板

tablero de distribución de iluminación 灯配电盘，灯电键板

tablero de gobierno 操纵台，控制板，控制盘，操纵盘

tablero de instrumentos 仪表板，仪表盘

tablero de llaves 电键盘，键座

tablero de mando 操纵台，控制板，控制盘，操纵盘

tablero indicador 指示板，指示器盘
tablestaca 板桩
tablestaca de acero 钢板桩
tablilla 木板，板条，窄板
tablilla aislante 绝缘板
tablón 大木板，厚木板；广告牌；告示牌
tablón de andamios 脚手架用板
tablón de anuncios 布告牌
tablón de aparadura 龙骨邻板，龙骨翼板
tabulación 制成表格，制表，列表
tabuladora 制表仪，图表打字机；列表键
tabular 板状的；表格式的；使列成表格
taburete aislante 绝缘座
tachón 擦痕，刻痕，划线
tachuela 大头钉，销钉，图钉
taco 塞子，木楔；填弹塞
taco de desenganche 停泵装置
taco de limpiar 清管器
taco de limpiar tubos 清管器
taco de rienda 木桩，水泥桩
taco limpiador 清管器
tacómetro 转数表，转速表；流速仪，流速计
taconear 填满，填实，塞实
TAF（tasa de accidentes fatales） 死亡事故率，重大事故率，英语缩略为 FAR（Fatal Accident Rate）
tajada 片，切片，薄片
tajada de roca 岩石薄片
tajadera （铁匠的）錾子，凿子，冷剁刀；半月形刀；砧板
tajadera de yunque 砧凿
tajadera para caños 套管割滤器
tajadura perforada 岩屑，钻屑
tajamar 防波板（或堤），挡浪板；（桥墩的）分水角；泄洪渠
tajar 切，割，砍；切开，纵割
tajatubos 管子切割器，管子割缝器，管材割刀
tajo 割，切；切口，切面；砧板，铁砧
tajo de yunque 砧座，砧台
tala 砍伐（树木、山林）
tala de árboles 伐木，砍伐树木
tala excesiva 过度砍伐
tala y quema 刀耕火种法，刀耕火种
taladrado 钻，钻孔，钻凿，钻探
taladrado al diamante 金刚石钻头钻孔
taladrado giratorio 冲钻，冲击钻探，冲击钻进；旋转钻
taladrado por fusión 熔化穿孔
taladrado rotativo 旋转钻
taladrador 钻孔的，钻孔的人；钻，钻机
taladrador de hélice 螺旋钻
taladrador de mano 手钻
taladrador eléctrico 电钻
taladradora 钻，钻床，钻机，镗床
taladradora de banco 台式钻床
taladradora eléctrica 电钻
taladradora eléctrica portátil 便携式电钻
taladradora múltiple 多孔钻床
taladradora para banco 台式钻床
taladradora rápida 高速钻床
taladradora vertical 立式钻床
taladrar 钻孔，钻井，钻探，镗孔
taladrista 钻工
taladro 钻头；钻，钻床；钻井设备；钻孔
taladro a derechas 右旋钻
taladro a izquierdas 左旋钻
taladro a mandril 卡盘钻
taladro al aire libre 露天钻车
taladro alabeado 螺旋钻，麻花钻
taladro angular 角钻
taladro atrapado 蹩钻
taladro cilíndrico 汽缸内径镗孔
taladro circular 圆钻头
taladro cónico 锥型钻头
taladro de ballesta 弓钻
taladro de banco 台钻
taladro de boca expansible 扩孔钻
taladro de cabeza postiza 刀头
taladro de cadena 链动钻
taladro de carburo 硬质合金钻头
taladro de carraca 棘轮摇钻，手扳钻
taladro de centrar 中心钻
taladro de diamantes 金刚石钻机
taladro de gran velocidad 高速钻床
taladro de lengua de áspid 扁钻
taladro de mano 手摇钻，手动钻孔器，手钻
taladro de pecho 胸压式手摇钻
taladro de pedestal 架柱式凿岩机
taladro de percusión 风动冲击式凿岩机，冲击钻机；震击钻井器具（或装置）
taladro de perforación rotatoria 旋转钻机
taladro de poste 柱架式凿岩机，柱架式钻机；立式钻床
taladro de poste extensible 可伸展架柱式钻机，气腿式钻机
taladro de relojero 弓钻
taladro de rotación 旋转钻机
taladro de tornillo 螺旋钻，麻花钻
taladro eléctrico 电钻，电动钻具
taladro espiral 螺旋钻
taladro explorador 勘探钻机
taladro helícoidal 麻花钻
taladro inalámbrico 无线电钻
taladro manual 手摇钻，手动钻孔器，手钻
taladro neumático 风钻，风动凿岩机（或钻具），风锥，空气钻，气钻

taladro para explosivos 放炮钻机；打炮眼钻机

taladro para macho 螺孔钻头

taladro para perforaciones de voladura 放炮钻机；打炮眼钻机

taladro para roblón 铆孔钻

taladro para rocas 凿岩机

taladro pegado 黏卡

taladro piloto 定心钻

taladro plegable 折叠式钻塔，轻便式钻塔

taladro por percusión 冲钻；旋冲钻

taladro portátil 轻便式钻塔；轻便钻

taladro rotatorio 回转式钻机，回转式凿岩机，旋转钻

taladro salomónico 螺旋钻，麻花钻

taladro sensible 高速手压钻机

taladro sobre ruedas 车装钻机

taladro sonda 钻岩机，开石钻

taladro tubular 空心钻，取心钻，岩心钻

talar 砍伐（树木、山林）

talcico 含滑石的

talcita 变白云母，细鳞白云母，块白云母

talco 滑石，滑石岩，滑石粉

talcoide 类滑石

talcoso 滑石的，含滑石的

talcosquisto 滑石片岩

talego 细长的布口袋；包，袋

talego de gas 气囊，气袋

talio 铊

talita 绿帘石

talla 雕刻；身高，身长；（衣服、鞋等的）尺码，号；加工轮齿，加工齿牙；割玻璃；滑轮，滑车

tallar 雕刻；琢磨（宝石）；加工轮齿；切削，斜切

tallar en cono 斜削

taller 车间，工场，作坊；学术讨论会，短训班

taller agremiado 同业工会专题讨论会，行会专题讨论会

taller de afinado 精炼厂，精制厂，提炼厂

taller de ajuste 装配车间

taller de averías 维修车间

taller de calderas 锅炉房

taller de construcciones mecánicas 机械制造厂，机工车间

taller de elaboración 加工厂

taller de embalaje 包装车间

taller de energía 动力车间

taller de estampación 印刷厂

taller de fundición 铸造车间

taller de herramientas 工具车间

taller de laminación 轧机车间，滚轧车间

taller de mantenimiento 维修车间，维护车间

taller de maquinaria 机械加工车间，修配间

taller de montaje 装配车间

taller franco 自由雇佣工厂（既雇佣工会会员，也雇佣非工会会员）

taller mecánico 机工车间，机械车间，机修车间

taller siderúrgico 钢厂，炼钢厂

tallo （植物的）干，茎，梗；芽

talocha 托泥板

talón 存根；单据，支票；本位

talón bancario 银行支票

talón de entrega 交货通知单

talón de equipaje 行李票

talón de expedición 发货通知书

talonario （票证、单据）存根簿；单据簿

talonario de letras 票据簿

talud 坡面，倾斜面，斜坡，边坡

talud continental 大陆坡

talud de corte 切削斜坡，削土坡，削坡

talud de glaciar 冰川斜坡

talud de la carretera 公路边的坡面

talud de línea de falla 断层线崖

talud de trinchera 路堑边坡

talud del paramento 斜面

talud del paramento de aguas abajo 背水面坡度

talud del paramento de aguas arriba 迎水面坡度

talud detrítico 岩屑结构的山坡，碎屑结构的山坡

talud en bloque 碎石堆

talud exterior 外侧边坡

talud exterior de la cuneta （排水沟的）外坡

talud interior 内侧边坡

talud lateral 边坡

talud oceánico 大洋坡；海洋斜坡

talweg 谷道，中泓线，最深谷底线，主航道中心线，主泓线

tamaño 大小，体积，尺寸，重要性

tamaño anormal 非标准尺寸

tamaño bolsillo 袖珍，小型

tamaño corriente 常规尺寸

tamaño crítico 临界体积

tamaño de asiento de la válvula 阀座尺寸

tamaño de disco de orificio 孔板尺寸，孔板大小

tamaño de grano 粒度，粒径；颗粒体积，颗粒大小

tamaño de tapones de líquido 液体段塞大小

tamaño de una soldadura en ángulo 角焊缝尺寸，填角焊缝尺寸，条焊缝尺寸

tamaño del cañón 射孔枪尺寸

tamaño del cribado 筛目尺寸，筛号

tamaño del tramo 地段尺寸，地段大小

tamaño efectivo 有效尺寸

tamaño entero 全尺寸，原尺寸，实际尺寸

tamaño familiar　日常用的尺寸，普通尺寸

tamaño irregular　不规则尺寸

tamaño legal (normal)　标准尺寸

tamaño mediano　中号，中型

tamaño natural　实际尺寸，自然大小，实物尺寸

tamaño permisible del paso de tiempo　时步允许尺寸，时间步长允许大小；允许时间步长

tamaño real　实际尺寸

tamarita　云母铜矿

tamarugita　斜钠明矾

tambaleo　晃动，颤动，摇摆，摇晃

tambor　鼓形物，鼓状部：圆筒，滚筒；线盘，卷盘，线轴

tambor con dos divisiones　双滚筒

tambor de acero　钢筒

tambor de aparejo　主滚筒

tambor de cable　电缆滚筒，钢丝绳卷筒

tambor de cable de entubación　下套管钢丝绳滚筒

tambor de coquificación　焦化鼓

tambor de cubeta　捞砂滚筒，提捞滚筒

tambor de cuchareo　捞砂滚筒，提泥卷筒，提捞滚筒

tambor de encendido　闪蒸鼓

tambor de enfriamiento de freno de malacate　绞车刹车冷却鼓

tambor de entubación　下套管用钢丝绳滚筒

tambor de extracción　捞砂滚筒，提泥卷筒，提捞滚筒

tambor de frenaje　刹车鼓

tambor de freno　刹车鼓，制动鼓

tambor de izar　提升滚筒

tambor de la cinta de registro gráfico　卷纸筒，卷图纸筒

tambor de la línea de achicar　捞砂滚筒，提泥卷筒

tambor de la línea del limpiador　捞砂滚筒，抽汲滚筒，提捞滚筒

tambor de maniobras　大绳滚筒

tambor de medición　测量滚筒；卷尺，带尺

tambor de muestreo　捞砂滚筒

tambor de perforación　钻具滚筒

tambor de purga　冲洗筒

tambor de reacción　(裂化)反应鼓

tambor de reflujo　回流鼓

tambor de remojo　浸渍滚筒，浸泡滚筒

tambor de separación de vapor　蒸汽分离包

tambor de sondeo　大绳滚筒

tambor de torno　车床滚筒；旋床滚筒；绞车卷轴

tambor del cable de aparejo　滚筒，提升滚筒

tambor del cable de entubación　下套管用钢丝绳滚筒

tambor del cable de la tubería de producción　下油管用钢丝绳滚筒

tambor del cable de medición　测量滚筒，测深电缆卷轴

tambor del cable de perforación　大绳滚筒

tambor del cable del sacanúcleos　取心绞车滚筒

tambor del cable del sacatestigos　取心绞车滚筒

tambor del cable para medir profundidades　测量滚筒；测深电缆卷轴

tambor del guinche　提升滚筒

tambor del malacate　提升滚筒，绞车滚筒

tambor del torno de herramientas　钻具滚筒

tambor deshidratador de gas　气体脱水筒，气液分离罐

tambor deshidratador de gases de combustión　燃烧分液器，燃烧气液分离罐(器)

tambor doble　双滚筒

tambor giratorio　滚筒，转鼓

tambor igualador de compensación　平衡筒

tambor inferior　下部滚筒

tambor magnético　磁鼓，磁性滚筒

tambor metálico　金属桶

tambor para cuchara　捞砂桶

tambor para cuerda　绳索轮

tambor para el cable de la cuchara　捞砂绳滚筒

tambor para enrollar cable　线盘卷筒，缠绕电缆滚筒，绕线滚筒

tambor para guaya　钢丝绳滚筒

tambor principal　主滚筒

tambor ranurado　带槽滚筒

tambor sencillo　单滚筒

tambor separador　气液分离罐

tambor subterráneo　地下储罐

tamiz　细格筛，分子筛；筛子，筛网

tamiz de malla gruesa　粗滤器，粗筛

tamiz de mineral　矿物筛

tamiz de retención　留粒筛

tamiz molecular　分子筛

tamiz vibratorio　振动筛

tamiz vibratorio para lodos　泥浆振动筛

tamizados　筛余物

tamizar　细筛；过滤；透(光)；选择，挑选

tammelatantalita　重钽铁矿

tanda　交替，轮流，(依次轮流的)班组(次)；系列，连串；层

tandem, tándem　双轴，前后直排，直通联接，串列；帮，伙，组，群

tangencia　相切，毗连

tangencial　正切的，切线的，切向的

tangente　相切的，正切的；切线；正切

tangente de frente　向前切线，正面切线

tangente de un ángulo　角的切线

tangente de un arco 弧的切线

tangón 吊杆，桁架；舷外支杆

tánico 丹宁的，鞣质的

tanífero 含丹宁的，含鞣质的，含鞣酸的

tanígeno 乙酰鞣酸

tanino 丹宁，丹宁酸，鞣酸

tanino de metilo sulfonado 磺甲基丹宁

tanogelatina 鞣明胶

tanómetro 鞣液比重计

tanque （储运油、水或气等的）箱，罐，槽（池或车）；坦克

tanque a prueba de escape de vapor 气密罐

tanque activo 在用罐

tanque activo de lodo 泥浆循环罐

tanque aéreo 高架槽，高架罐

tanque al vacío 真空箱

tanque almacenador de gas 储气罐，储气柜

tanque anfibio 两栖坦克

tanque asentador 沉降槽，澄清罐，沉清槽，沉降罐

tanque auxiliar 副油箱

tanque basculante 自卸罐，翻斗罐车

tanque calibrador 校定罐，校验罐，校准罐

tanque central 中心罐，中枢罐，主要罐

tanque colector 油田储罐，集储罐

tanque compensador 缓冲罐；补偿罐；平衡罐，输油管的旁接罐

tanque con heno 干草过滤罐

tanque con techo de expansión 膨胀顶储罐，呼吸顶储罐，升降顶储罐

tanque con techo de pontones 浮顶油罐

tanque con techo flotante 浮顶油罐

tanque con techo pulmón 呼吸顶储罐

tanque con techo tipo sombrilla 伞形顶储罐，伞形支架顶储罐

tanque condensador 分离罐

tanque conectado a tierra 接地储罐

tanque de acero bulonado 螺栓钢罐

tanque de acero empernado 螺栓钢罐

tanque de acero remachado 铆接钢罐

tanque de acondicionamiento 混合罐，拌合罐；搅拌槽，调和槽

tanque de aeración 曝气池

tanque de aforo 计量罐

tanque de agua 水箱，水槽

tanque de agua azufrada 含硫池，含硫水池

tanque de agua fresca 清水罐

tanque de agua potable 饮用水罐

tanque de aguas pluviales 雨水罐

tanque de aire 空气储蓄罐，储气罐

tanque de almacenaje 储罐，储存罐

tanque de almacenamiento 储罐，储存罐

tanque de almacenamiento a presión 压力储存

罐，压力储罐

tanque de almacenamiento para petróleo crudo tratado 油库油罐，已处理原油储存罐，库存罐

tanque de almacenamiento y de decantación de aceite pobre 废溶液沉淀及储存罐，贫油沉淀及储存罐，贫液沉淀及储存罐

tanque de asentamiento 油水分离罐，沉降罐，洗油罐

tanque de asentamiento decantador 沉降槽；沉淀池；澄清罐

tanque de captación 生产罐，油田储罐

tanque de carburante para helicópteros 直升机燃料罐

tanque de cemento 水泥罐

tanque de circulación 循环罐

tanque de combustible auxiliar 副油箱

tanque de combustible de emergencia 应急油箱

tanque de compensación 平衡罐，调节平衡罐，输油管的旁接罐，缓冲槽，调节槽，缓冲罐

tanque de compresión 储气罐，压缩空气包，气猎

tanque de consumo diario 日常供应罐

tanque de contingencia 备用罐，应急罐

tanque de crudo 原油罐

tanque de cubierta fija 圆顶罐；固定顶储罐

tanque de decantación 沉降罐，倾析罐

tanque de decantación para inyección 泥浆池，泥浆沉淀池，泥浆坑

tanque de defluorinación 脱氟反应箱

tanque de depósito 储油罐，储存罐

tanque de depósito de lodos 沉沙池，泥浆沉淀池，澄清箱

tanque de descarga 出料罐

tanque de desechos 涤气罐；垃圾池

tanque de desnatación 撇油罐，撇渣罐

tanque de enfriamiento 冷却罐

tanque de ensayos 测试罐

tanque de equilibrio 缓冲罐，稳压罐，平衡罐；调配（调浆）槽；减振筒（箱）

tanque de evaporación rápida 闪蒸罐

tanque de expansión 膨胀箱

tanque de flotación 浮力罐

tanque de fogueo 点火罐

tanque de fondo cóncavo 碟形底储罐

tanque de gasoil 柴油罐

tanque de gasóleo 柴油罐

tanque de gasolina 油箱，油桶

tanque de heno 干草过滤罐

tanque de hidrolización 水解罐

tanque de impregnación 浸渍容罐

tanque de inyección 注入罐

tanque de lastre de agua 压载水舱

T

tanque de lavado 洗罐

tanque de lodo 泥浆罐，泥浆池

tanque de lodo devuelto 泥浆返回罐

tanque de medición 计量罐

tanque de medición de petróleo 量油罐

tanque de mezcla 混合罐，拌合罐，混浆罐

tanque de mezcla de slurry 灰浆混合罐

tanque de operación 操作罐

tanque de orear 风干池

tanque de petróleo 油罐，储油罐（槽、舱、箱等）

tanque de píldora 配浆罐

tanque de premezcla 预混罐

tanque de premezcla de químicos 药品预混罐

tanque de prueba 试验罐，测试罐

tanque de químicos 药品罐，化学药剂罐

tanque de reacción por permanencia 长期反应罐

tanque de reacción por tiempo 临时反应罐

tanque de reactor 反应罐；反应堆罐

tanque de recolección 集输罐，收集罐，集油罐

tanque de reflujo 回流罐

tanque de regulación de presión 稳压罐

tanque de reposo 沉沙池

tanque de reserva 储液罐，备用罐

tanque de reserva para el agua salada 盐水储罐

tanque de residuos de mala calidad 污油罐

tanque de retorno 回收罐

tanque de sedimentación 沉淀池，沉淀罐

tanque de succión 吸入罐，上水罐

tanque de superficie 地面罐，地表罐

tanque de techo abovedado 拱顶罐，拱顶油罐

tanque de techo fijo 固定顶盖储罐

tanque de techo flotante 浮顶罐，浮顶油罐

tanque de techo pontón 浮顶罐，浮顶油罐

tanque de toma 泥浆吸入罐

tanque de trabajo 操作罐

tanque de transporte 运输罐

tanque de tratamiento 精制罐，处理罐

tanque de viajes 钻井液补给罐，起下钻用的钻井液补给罐

tanque decantador 沉淀罐，沉降槽，沉淀池，沉清槽，沉降罐

tanque del combustible 燃油箱，油箱，油槽，燃料舱

tanque del radiador 散热器水箱，散热器水室

tanque depurador de aire 气体洗涤器，涤气器，气体洗涤塔

tanque desemulsionante 破乳罐

tanque deshidratador 过滤罐；脱水罐；分离罐

tanque deslimador 泥浆罐，钻井液池

tanque elevador 高架罐；高架储罐；高位槽

tanque en forma de mandarina 球形罐；（可以加压的）球状气体储罐

tanque en uso 运行油罐，工作油罐

tanque esférico 球形罐，哈通球形储罐

tanque esférico en forma de mandarina 球形罐，哈通球形储罐

tanque esferoide 扁球形罐

tanque filtrador 过滤罐

tanque forrado exteriormente con azulejos 瓷砖贴面槽

tanque galvanizado 镀锌罐，电镀罐

tanque hemisferoide 滴形罐，滴状油罐，半球形油罐

tanque igualador 调节平衡罐，输油管的旁接罐；缓冲槽，调节槽，调浆槽；缓冲罐

tanque Imhoff 英霍夫沉淀池

tanque inyector 吹气箱；注入罐

tanque inyector de ácido 压气喷酸罐；储酸罐，酸罐

tanque lateral 翼舱

tanque limpiador 洗涤器；洗涤塔；清洁罐

tanque medidor 量测箱；计量罐

tanque metálico 金属罐

tanque ovalado para almacenar ácidos 酸罐，储酸器

tanque para almacenamiento de aguas residuales 废水存储罐；污水罐

tanque para cuchareo 井口盛砂罐

tanque para decolorar 漂白罐

tanque para descarte 污油罐

tanque para el agua potable 饮用水罐

tanque para el almacenamiento de cemento 水泥储罐，灰罐

tanque para gas 储气罐，气柜

tanque para tratamiento de aguas residuales 污水处理罐，残余水处理罐

tanque para tratamiento del petróleo 原油处理罐

tanque receptor 生产罐，油田储罐

tanque receptor de aire 储气罐

tanque séptico 化粪池

tanque subterráneo 地下储罐

tanque tampón 稳压罐，缓冲罐

tanque térmico 恒温箱

tanque tratador 处理罐；处理池

tanquero 油轮；罐车；油槽车

tanquero activo 在用油轮，服役油轮

tanquero de doble casco 双层船壳的油轮；双壳体油罐

tanquero de gas natural licuado（GNLL） 液化天然气罐车；液化天然气轮船

tanquero petrolero 油轮

tanquero ultragrande transportador de crudo（ULCC） 超大型原油运输船（油轮），英语缩写为 ULCC（Ultra Large Crude Carrier）

tantalato 钽酸盐

tantálico 钽酸的

tantalio 钽

tantalita 钽铁矿

tanteo 估量；试探；试验

tapa 盖子，塞子，罩，帽，书皮，封面

tapa de agujeros de visita 人孔盖，检修孔盖

tapa de boca de visita 人孔盖，检修孔盖

tapa de caucho 橡胶塞，橡胶盖

tapa de cierre 设备停用锁帽，闭锁帽，切断帽

tapa de cojinete 轴承盖

tapa de depósito 罐盖

tapa de embrague 离合器盖

tapa de gollete 加油口盖

tapa de gollete de radiador 散热器盖

tapa de la cabeza flotante 浮头盖

tapa de pozo 井盖

tapa de radiador 散热器盖

tapa de resorte de válvula 阀簧盖

tapa de seguridad 防护罩

tapa de suabeo 抽汲皮碗，抽汲胶皮

tapa de traba 固定帽，止动螺帽

tapa de válvula 阀盖

tapa desmontable 可拆卸式盖

tapa flotante 浮顶

tapa guardapolvo 防尘罩，防尘盖

tapa nocturna 管端盖帽

tapa roscada 螺帽

tapadero 塞子，盖子

tapado 密封的，封闭的，堵漏的；盖上的

tapado por arena 砂堵，砂堵的

tapador 塞子；封瓶机

tapajuntas （门、窗框与墙壁结合处的）压缝条

tapar 盖，罩，塞，堵，堵塞，阻塞；密封

tapar el pozo 堵封井，封堵井

tapar el pozo en un punto intermedio entre el fondo y la boca 在井底和井口的中间点打水泥塞，在井底和井口的中间点进行封堵

tapar uno de los chorros de la mecha 将钻头一个喷口堵上

tapia 土坯；土坯墙；围墙；塔皮亚（建筑面积单位，合 50 平方英尺）

tapia real 灰土墙

tapial 坯模子；土坯墙；围墙

tapiar 砌墙围住；砌墙堵死；造壁，井壁结泥饼

tapiolita 重钽铁矿

tapiz 挂毯，壁毯

tapiz de capa de roca 褶皱盖层，岩层覆盖层

tapiz vegetal 林地覆被物，森林覆盖物，地被物

tapón 瓶塞，塞子；封堵器，封隔塞，堵头

tapón adaptador 接线板塞子；适配器插头

tapón aislador 封隔塞

tapón auditivo 安全耳塞

tapón bloqueado 桥塞，密封塞

tapón cegador 可胀塞堵，桥塞

tapón cegador de retención para tubería de revestimiento 套管桥塞

tapón ciego 死堵

tapón ciego de tubería 大管堵，大管塞

tapón contenedor removible para el cemento 可钻碎的注水泥器，可取出的注水泥器

tapón de cementación 水泥塞，固井胶塞

tapón de cemento 水泥塞

tapón de cemento balanceado 平衡水泥塞

tapón de cola 尾塞

tapón de derrame 溢流塞

tapón de desviación 造斜塞

tapón de drenaje 排泄塞，放泄塞

tapón de elevador 提升用丝堵

tapón de evacuación 排泄塞，放泄塞

tapón de fondo 底塞

tapón de gas libre 游离气塞，游离气封堵器

tapón de grasa 润滑脂塞

tapón de huevo （委内瑞拉）死堵，大管堵

tapón de limpieza 放油塞，放水塞；清水用堵头

tapón de líquido 液塞

tapón de núcleo de yacimiento 油层岩心塞

tapón de oído 耳塞

tapón de oído reusable 可重复使用耳塞

tapón de operación 操作塞，作业塞

tapón de prueba 试压堵塞器，测试插塞

tapón de prueba para cañería 套管测试插塞

tapón de puente 桥塞

tapón de puente retenedor 桥塞

tapón de purga 排泄塞，放泄塞

tapón de retención 桥塞

tapón de retención para tubería de revestimiento 套管桥塞

tapón de rosca 螺旋帽，护丝

tapón de ruptura 断塞

tapón de sal 盐栓

tapón de seguridad 安全塞

tapón de tubería 管塞

tapón de tubería de revestimiento 套管塞

tapón de tubos 管帽

tapón de tuerca 螺旋帽，护丝

tapón de vapor 汽封，气阻

tapón desprendible 停动塞；停泵塞

tapón desviador 造斜塞

tapón elevador 提升用丝堵

tapón en la extremidad de una tubería (para obturarla temporalmente) 管端盖帽

tapón flotante 浮塞

tapón fundible de seguridad 可熔安全插塞，易

熔安全塞

tapón fusible 可熔插塞，易熔塞

tapón inferior 下胶塞

tapón intermedio 桥塞

tapón interruptor 断塞

tapón limpiador 刮塞；清洁塞

tapón macho de tubería 大管堵，大管塞，丝堵，螺纹圆头管堵

tapón magnético 磁塞

tapón nocturno 管端盖帽

tapón obturador 堵塞器，断流堵塞器

tapón para alzar 上举塞；提升用丝堵

tapón para entubado 油管堵塞器

tapón para obturar temporalmente una tubería 管端盖帽，用于临时堵塞管道的塞子

tapón para pozo improductivo 干井封堵器

tapón plástico 塑料胶塞

tapón puente 桥塞

tapón puente inferior 下桥塞

tapón puente superior 上桥塞

tapón roscado 丝堵

tapón roscado de limpieza (calderas) （锅炉）清洗螺帽

tapón soldado tipo enchufe 插焊管帽

tapón superior 上胶塞

tapón temporal 管端盖帽，临时塞

tapón tipo torpedo 鱼雷插头

tapón tope 顶塞，上部旋塞

tapón toro 大管堵，死堵，大管塞

tapón tuerca 有盖螺钉，有帽螺钉

tapón volcánico 火山栓

taponado 被封堵的，被堵死的，被堵上的

taponamiento 塞住，盖上

taponamiento con bentonita 挤油泥

taponamiento de cemento 固井灌肠

taponamiento de empaque de grava 砾石充填封堵，砾石封堵，填砾封堵

taponamiento de la formación 地层堵塞

taponamiento de una chimenea de volcán 火山管的堵塞（作用）

taponar 塞；盖；堵，堵塞，阻塞

taponar con sustentante 用支撑物封堵

taponar el pozo 堵井井，封堵井

taponar el pozo en un punto intermedio entre el fondo y la boca 在井底和井口中间某点封堵井

taponar una vía de agua 堵漏；封堵水道

taponeado y abandonado 打塞并废弃，封堵并报废

taponear 堵封，封闭，封堵

taqué 传动杆

taqueómetro 准距仪，测速仪

taquiafaltita 硅钍锆石

taquidrita 溢晶石

taquigrafía 速记法

taquigrama 速度图，转速图

taquihidrita 溢晶石

taquilita 玄武玻璃

taquimetría 准距快速测定术

taquimétrico 准距快速测定术的；视距仪的；速度计的

taquímetro 准距速测仪，速度计，转数计

taquímetro de la mesa rotatoria 转盘转速表，转盘速度计

taquímetro registrador 转速记录仪，速度记录仪

taquión 快子，超光速粒子

taquípodo 轮式滑橇

tara （货物的）皮重；（车辆的）自重；容器重量，空车重量

tara acostumbrada 习惯皮重

tara aproximativa 约计皮重

tara corriente 习惯皮重

tara de equilibrio 平衡重，均衡重

tara neta 净皮重，实际皮重

taramellita 纤硅钡铁矿

tarapacaíta 黄铬钾石

tarar 称；计算（货物的）皮重

tarbutita 三斜磷锌矿

tardar 费时；延误，迟误，耽搁

tarea 工作，活计，事情；任务

tarea de pesca 打捞作业

tarea subsecuente 后续任务

tarifa 价目表；收费表，（尤指官方规定的）价格，资费，费率；税率表，税率

tarifa aérea 航空运输费

tarifa aduanera 关税税则，关税率

tarifa básica 基本税率

tarifa combinada 组合运价

tarifa con prima 保险费率

tarifa contractual 协定税率

tarifa de costo marginal 边际成本费率

tarifa de embarque por ferrocarril 铁路运输价目表；铁路运输费

tarifa de exportación 出口税则

tarifa de flete 船运费

tarifa de flete marítimo 海上船运费

tarifa de ida 单程票价

tarifa de ida y vuelta 来回票价

tarifa de importación 进口税则

tarifa de interés 利率

tarifa de oleoductos 输油管费率

tarifa de transporte 运费率

tarifa especial 特别税率

tarifa excepcional 特别税率

tarifa exterior 对外税率

tarifa ferroviaria 铁路费率
tarifa fijada 固定费率
tarifa fronteriza 边境税则
tarifa global 总税率
tarifa interior 对内税率
tarifa marítima 海运费率
tarifa móvil 活动税率
tarifa nominal de fletes 名义船运费，额定船运费
tarifa normal 普通费率
tarifa por kilómetro 每千米（公里）运费
tarifa proteccionista 保护关税
tarifa suplementaria 附加税率
tarima （略高于地面可以移动的）木板台
tarima centradora 对扣台
tarima del encuellador (para manejar secciones de tres tubos) 二层台，架工工作台
tarima para tubería 管架，管排
tarjeta 名片；请帖，卡，卡片
tarjeta de calificación equilibrada (TCE) 平衡计分卡，英语缩略为 BSC（Balanced Score Card）
tarjeta de identidad 身份证
tarjeta del indicador 标示卡，示功图，器示压容图
tarjeta personal 名片
tarjeta postal 明信片
tarmacadam 柏油碎石路面
tarquín 淤泥，污泥
tarraga 螺纹攻，板牙扳手
tarraja cónica interna de pesca 打捞公锥
tarraja externa de pesca 打捞母锥
tarraja por tubo de PVC PVC 管套扣器，PVC 管螺丝攻
tartarado 酒石的，酒石酸的
tartarización 酒石化，酒石处理
tártaro （锅炉内壁上的）水碱，水垢
tartrato 酒石酸盐
tartronato 丙醇二酸盐
tarugo 木块；（铺路面用的）菱形木块；木块状物
tarugo de limpiar tubos 清管器，刮管器
tarugo de matar 压井塞
tarugo Nelson 纳尔逊销子
tasa 定价，价格（表）；比例，比率，率，速率；费用；评价，估价
tasa adicional 附加税
tasa al valor añadido 增值税率
tasa alta de inyección 高排量注入
tasa arancelaria 关税，海关税率
tasa constante 不变速率，恒率
tasa de abandono 报废率
tasa de accidente 事故率
tasa de accidentes fatales (TAF) 致死事故率，

英语缩略为 FAR（Fatal Accident rate）
tasa de acierto 命中率
tasa de aduanas 关税
tasa de ahorro 储蓄率
tasa de amortización 折旧率
tasa de aumento 增长率
tasa de cambio 汇率，兑换率
tasa de cambio de apertura 开盘汇率
tasa de cambio de cierre 收盘汇率
tasa de cambio fijo 固定汇率
tasa de cambio flotante 浮动汇率
tasa de cambio medio 中间汇率
tasa de carga 荷载率
tasa de craqueo 单程裂化率，裂化率
tasa de depreciación 折旧率
tasa de despojamiento 剥采比
tasa de desviación 造斜速率
tasa de dispersión 分散速率
tasa de eficiencia máxima 最大有效采收率，最高合理采油速度，最高合理产量
tasa de exportación 出口税
tasa de extracción del yacimiento 油层采出速度，油层采出率
tasa de flujo 流量，流率，流速，产量
tasa de flujo volumétrico 容积流量，体积流量
tasa de gas 气产量
tasa de inyección 注入量；注入率；注入速度，注射速率
tasa de levantamiento 排液量；举升速率
tasa de mortalidad infantil 儿童死亡率
tasa de movimiento 移动速率
tasa de natalidad 出生率
tasa de paro 失业率
tasa de penetración (TP) 钻进速度，穿透速率，英语缩略为 ROP（Rate of Penetration）
tasa de rendimiento de influjo/afluencia (TRI) 井底流入动态速率，向井流动动态速率，井底流压—产量关系率
tasa de retiro del yacimiento 油层采出速率，油层采出率
tasa del calentador 加热速率
tasa diaria 日常费率；日费
tasa inflacionaria 通货膨胀率
tasa interna de rentabilidad (TIR) 内部收益率
tasa interna de retorno (TIR) 内部收益率
tasa total de fluidos 总产液量
tasación 定价，评价，估价，估税
tasador 估价师，定价人；评价人
tasar 评价，估价（尤指估价财产，以便征税）；（给商品）定价
tasconio 滑石土
tasmanita 沸黄辉霞岩
tasquil （加工时凿下的）石屑，石碴

tastaz （打磨金属用的）坩埚粉，粗砂

tatracontano 四十烷

tauriscita 七水铁矾

tautomería 互变，互变异构体

tautomerismo 互变现象，互变异构现象

taxi 出租车，计程出租汽车

taxímetro 计价表（器）

taxina 紫杉碱

taxis 趋性；整复

taxista 出租汽车司机，计程车司机

taxita 斑杂岩

taxón 分类

taxonomía 分类法，分类学；（动植物）分类系统

taza 杯子，带耳杯；杯状物；喷水池；座便器

taza de pesca 打捞杯

taza de válvula viajera 游动阀座

taza guardapolvo 防尘罩，防尘盖

taza para asiento de válvula 阀座

tazón 碗，碗状物，大杯子，大碗

tazón de agarre 打捞筒

tazón de combustible 燃油杯

tazón de cuñas 卡盘，卡瓦引罩，卡瓦座，卡座

tazón de mordaza 打捞筒

tazón de pesca 打捞筒

Tb 元素铽（**terbio**）的符号

Tc 元素锝（**tecnecio**）的符号

TC（**tomografía computarizada**） 计算机层析成像，计算机层析成象术，英语缩略为 CT（Computerized Tomography）

TCE（**tarjeta de calificación equilibrada**） 平衡记分卡，英语缩略为 BSC（Balanced Score Card）

TCF（**un millón de millones de pies cúbicos de gas**） 万亿立方英尺气，英语缩略为 TCF（Trillion Cubic Feet）

te 丁字尺；（丁字形）三通；丁字钢

Te 元素碲（**telurio**）的符号

tea 松明；松明火把；火把，火炬；锚缆

tecali 墨西哥石华

techado 屋顶；盖上房顶的，加顶的

technetio 锝

techo 天花板，顶棚；屋顶；顶层；最高限度，最高限额，上限

techo de precio 最高限价

techo de tanque 罐顶

techo en arco suspendido 炉上吊顶

techo esférico 球形顶，球顶

techo flotante 浮顶，油罐的浮顶

techo levadizo （罐的）呼吸顶，升降顶

tecla 键；关键码

teclado （钢琴、打字机、计算机等的）键盘

teclado alfabético 字母键盘

tecle 单滑轮；（机器、锅炉）操纵监视舱

tecnecio 锝

técnica 技术，本领；工艺，技术学，专门技术

técnica cartográfica 绘图技术

técnica civil 土木工艺

técnica cromatográfica instantánea 快速色谱技术

técnica de acabado de una superficie metálica 珩磨技术，搪磨技术，金属表面打磨技术

técnica de evaluación de seguridad 安全评价技术

técnica de exclusión de arena 防砂技术，清砂技术

técnica de exploración 勘探技术

técnica de fabricación 制造工艺，制造技术

técnica de levantamiento de mapas 绘图技术，制图技术

técnica de lucha contra los derrames 防井喷技术

técnica de mantenimiento 保养技术

técnica de prospección y extracción 勘探开采技术

técnica de transición 过渡性技术

técnica de vigilancia 监测技术

técnica del coeficiente de influencia 影响系数技术，干扰系数技术

técnica electrónica 电子学

técnica para determinar la porosidad de revestimiento continuo 确定连续套管孔隙度的技术

técnica reprográfica 复制技术

técnica sofisticada 尖端技术

técnico 技术的，技能的；技术员，技师，技工

técnico de taladro 钻井技术员

técnico electricista 电器技术员，电工

técnico eléctrico 电器技术员

técnico forestal 林务员；林业技师

tecnificación 引进现代技术；改善技术状况

tecnografía 技术工艺学

tecnología 工艺，工艺学；工业技术；技术术语

tecnología accesoria 附加技术

tecnología alterna de tratamiento 交替处理技术

tecnología antisísmica 防地震技术

tecnología de desechos escasos o nulos 低废物或零废物技术

tecnología de dispersión de derrames petroleros 溢油清除技术，溢油分散技术

tecnología de energía renovable 可再生资源技术，可再生能源技术

tecnología de estado sólido 固体技术，固体技术学

tecnología de extracción supercrítica de crudo residual 剩余油超临界抽提技术

tecnología de fabricación 生产工艺，制造工艺

tecnología de la lógica de estado sólido 固体逻辑技术

Tecnología de Mediciones durante la Perforación （TMP） 随钻测量技术

tecnología de membranas 薄膜技术

tecnología de modernización 改型技术，式样翻新技术，翻新改进技术

tecnología de perforación 钻井工艺，钻井技术，钻井工艺技术

tecnología de punta 尖端技术

tecnología de reconversión 改型技术，式样翻新技术，翻新改进技术

tecnología de tratamiento biológico 生物处理技术

tecnología de tratamiento mecánico 机械处理技术，机械加工技术

tecnología disponible 可用技术

tecnología fácil de adaptar 容易适应的技术，适用技术

tecnología limpia 干净技术，清洁技术

tecnología mejorable 可改良技术，可改进的技术

tecnología metalúrgica 冶金技术，金属工艺学

tecnología no patentada 非专利技术，非专有技术

tecnología poco o menos contaminante 无污染或较少污染技术

tecnología punta 尖端技术

tecnología química del petróleo 石油化学技术，石油化学工艺

tecnología suplementaria 添加技术，附加技术

tecnológico 工艺的；技术的

tecnólogo 工艺师

tecticita 铁毛矾石

tectitas 熔融石，玻陨石，雷公墨

tectofacies 构造相

tectógeno 挠升区，深地槽

tectónica 构造工艺学；构造学，构造地质学，大地构造学

tectónica de inversión 回返构造，反转构造

tectónica de placas 板块结构学

tectónica del granito 花岗岩构造

tectónico 构造的，构造上的，建筑的，工艺的

tectonismo 构造地质学，大地构造作用

tectosilicatos 架状硅酸盐，网状硅酸盐

tectotopo 构造境

teflón 特符隆，聚四氟乙烯（一种不黏性涂料）

tefra 爆发岩屑

tefra volcánica 火山灰，火山碎屑

tefrita 碱玄岩

tefroíta 锰橄榄石

teipe 粘胶带

teipe de bajo voltaje 低电压胶带

teipe para rosca 螺纹涂料，螺纹润滑剂

teja 瓦，房顶瓦，瓦片

teja de canal 波形瓦

teja de madera 木瓦

tejado 房顶，屋顶，露头

tejido 织物，织品；编织物；组织

tejido de alambre 金属丝筛网，金属线网

tejido de amianto 石棉织品，石棉布

tejuelo 轴座，轴承

tektita 熔融石，玻陨石，雷公墨

tela 织物；布料，布状物；薄膜，外皮，表皮；（液面的）薄膜状物

tela adhesiva 橡皮膏；胶布

tela asfáltica de papel （屋顶用）柏油纸，衬纸，绝热纸

tela de algodón 棉布

tela de asbesto 石棉布

tela de esmeril （金刚）砂布

tela de goma 橡胶布，防水布

tela de saco 麻袋布

tela engomada 橡胶布，防水布

tela esmaltada 漆皮布

tela esmeril 金刚砂布，砂布

tela impermeabilizada con aceite 油布，涂油防水织物

tela metálica 金属丝布，金属丝网

tela metálica del colador sacudidor 振动筛筛布，振动筛金属丝网

teleclinómetro 井斜仪，遥测井斜仪，遥控测斜仪

telecomunicación 电信，远距离通信，长途通信

telecomunicación electromagnética 电磁波通信

teleconferencia （通过电话、电视等的）电信会议

telecontrol 遥控器；遥控

teledetección 高空探测，遥控探测

teledifusión 无线电广播

teledinamia 遥控动力学

teledinámica 遥控动力学

teledirección 遥控，遥导

teledirigir 遥控，远距离操纵

telefacsímil 电话传真

telefax 光传真，光波传讯法

teleférico 电动缆车的；电动缆车；支架索道

telefonía 电话技术；电话学；电话系统

telefonía inalámbrica 无线电话系统

telefonía sin hilos 无线电话学，无线电话技术

teléfono 电话；电话机；电话号码

teléfono automático 自动电话

teléfono de monedas 投币电话

teléfono de tarjeta 磁卡电话

teléfono inalámbrico 无绳电话

teléfono móvil 移动电话（在拉美使用 celular）

teléfono portátil 手机，移动电话

teléfono público 公用电话

telegestión 远距离经营，远距离管理

telegrafía 电报；电报学；电报技术；电报机装置

telegrafía diplex 同向双路电报

telegrafía inalámbrica 无线电报

telegrafía sin hilos 无线电报

telégrafo 电报学，电报术；电报机

telégrafo de bandera 旗语信号系统

telégrafo eléctrico 电报机

telégrafo inalámbrico 无线电报机

telégrafo marino 海上信号系统

telégrafo óptico 遥见信号系统

telégrafo sin hilos 无线电报机

telégrafo submarino 海底电报系统

telegrama 电报，电信

telegrama alfabético 字母电报

telegrama cifrado 密码电报

telegrama de escala 中转电报

telegrama de escala con retransmisión automática 自动中转电报

telegrama de escala con retransmisión manual 人工中转电报

telegrama en cifra 密码电报

telegrama en clave 密码电报

telegrama facsímil 传真电报

telegrama postal 邮递电报

telegrama sin escala 直达电报

teleguiado 遥控的，遥导的，远距离控制的

teleindicación 遥测，遥测术

teleindicador 遥测计，遥测仪

teleinformática 无线电信息学

teleinterruptor 遥控开关

telemando 遥控，远距离操纵，遥程控制；遥控器

telemática （信息的）远距离传送，（信息的）远距离传送学

telemecánica 遥控力学，遥控机械学，远动学

telemecánico 遥控机械学的，遥控力学的

telemecanismo 遥控力学，遥控机械学，远动学

telemedición 遥测

telemedida analógica 模拟遥测术，模拟遥测

telemetría 遥测术，遥测学，测距术

telemétrico 遥测术的，遥测学的，测距术的

telémetro 遥测仪，遥测计，测远计，测距仪

telemetrógrafo 遥测绘图仪

teleobjetivo 远距离照相镜头，摄远镜头

teleobservación 遥感，遥测，远距离读出

teleobservación del medio 环境遥感，环境遥测

teleólogo 远距离传声器

teleoperador 远距离操纵器，遥控操纵装置；遥控机器人

teleprocesamiento 远程处理

teleproceso 远程处理；远程处理技术

teleregistrador 远程记录器，遥控记录仪，远距离记录仪表

teleregistrador neumático 空气驱动遥测记录仪，气驱遥测记录仪

telerruptor 遥控开关

telerruta 道路交通信息情况（服务）

telescopiado 套叠的

telescopiar 套叠

telescópico 套筒式的，套管式的；可伸缩的；望远镜的，望远镜式的

telescopio 望远镜，望远装置

telescopio binocular 双筒望远镜

telescopio catadióptrico 反（射）折射望远镜

telescopio de extensión 可伸缩望远镜

telescopio electrónico 电子望远镜

telescopio reflector 反射望远镜

telescopio refractor 折射望远镜

telesemia 远距离信号传输

teleseñalización 电传信号系统

telesismo 远震

telespectroscopio 远测分光镜

telestereografía 远距离图像传输

telestereografo 远距离图像传输器

telestereoscopio 光学测绘仪；双筒立体望远镜

teletermógrafo 遥测温度计记录；遥测温度计

teletermómetro 遥测温度计

televisión 电视，电视台

televisor 电视机

telón 幕，幕布

telúrico 大地的，地球的；地域影响论的；（疾病）水土所致的；碲的

telurio 碲，自然碲，碲元素

telurita 黄碲矿

telurito 亚碲酸盐

telurómetro 测距仪，高精度电子测距仪

teluroso 亚碲的

tema 主题；题目

temario 议程；议事日程；提纲；题目

temblor 冲击，冲撞，振荡；地震

temblor a poca profundidad 浅源地震，浅震

temblor cercano 近震

temblor de poca profundidad 浅源地震，浅震

temblor de tierra 地颤，地震

temblor final 余震，后震

temblor local 地方震，局部地震，地方性地震

temblor poco profundo 浅源地震，浅震

temblor previo 前震

temblor secundario 余震，后震

temblor tectónico 构造地震

temblorina 摇筛机，打石器，震荡器，振动筛

témpano 冰块；土块；块状物

témpano de hielo 冰山，海洋中的冰山，流冰，冰块

temperatura 温度，热度，体温，气温

temperatura absoluta 绝对温度

temperatura ambiental 环境温度，室温，周围温度

temperatura de ambiente 环境温度，室温

temperatura constante 常温，恒定温度

temperatura crítica 临界温度

temperatura de ampolleta mojada 湿球温度

temperatura de caldeo 着火点，着火温度，引火点

temperatura de chimenea de caldera 锅炉烟囱温度，锅炉烟道温度

temperatura de circulación de fondo de pozo (BHCT) 井底循环温度，英语缩略为 BHCT (Bottom Hole Circulating Temperature)

temperatura de color 色温度，色测温度

temperatura de combustión 燃点，着火点

temperatura de condensación 滴液点，凝液点

temperatura de confinamiento 周围温度

temperatura de descongelación 倾倒点，浇注点，倾点

temperatura de desprendimiento 燃点，起爆温度

temperatura de ebullición 沸点

temperatura de ebullición a la presión atmosférica 与大气压对应的沸点，地表沸点

temperatura de encendido 点火温度，燃点，着火温度

temperatura de entrada de la turbina 汽轮机进汽温度

temperatura de entrada del compresor (CIT) 压缩机进气温度

temperatura de enturbiamiento 浊点，始凝点，云点

temperatura de filtración 过滤温度

temperatura de fluencia 流温，流动温度

temperatura de fondo 井底温度

temperatura de fondo de pozo (BHT) 井底温度，英语缩略为 BHT (Bottom Hole Temperature)

temperatura de fusión 熔点，熔化温度

temperatura de hielo 冰点

temperatura de ignición 点火温度，燃点，着火温度

temperatura de ignición de combustible 闪点，发火点

temperatura de inflamabilidad 着火点，引火点，着火温度

temperatura de inflamación 燃点，着火点，发火点

temperatura de inflamación espontánea 自发着火点

temperatura de la superficie del mar 海面温度

temperatura de licuefacción 熔化温度

temperatura de lodo 泥浆温度

temperatura de norma 标准温度

temperatura de pozo 井温

temperatura de reacción 反应温度

temperatura de roca 岩石温度

temperatura de salida 出口温度

temperatura de solidificación 固化点

temperatura de superficie 表面温度，地表温度，地面温度

temperatura de traslado 转载温度，传递温度，输送温度

temperatura de válvula de control 控制阀温度

temperatura de vaporización 汽化温度

temperatura del aire de admisión 进风温度

temperatura del encendido 发火点，着火点

temperatura del vapor 蒸汽温度

temperatura del yacimiento 油藏温度

temperatura detonadora 引爆点，起爆点

temperatura exterior 外部温度，表面温度

temperatura fijada a los efectos del cálculo 设计温度，根据计算结果确定的温度

temperatura final de destilación 终沸点，终馏点

temperatura geotérmica 地热温度，地下温度

temperatura límite de destilación 终馏点

temperatura máxima 最高温度

temperatura media 平均温度

temperatura mínima 最低温度

temperatura normal 常温，正常温度

temperatura normal de ebullición (NBP) 正常沸点，英语缩略为 NBP (Normal Boiling Point)

temperatura prevista en el diseño 设计温度

temperatura pulsatoria 脉动温度

temperatura superficial media 平均表面温度；平均地面温度；平均井口温度

temperatura transitoria 瞬态温度

temperatura uniforme 恒温

tempestad 风暴，暴风雨；暴风雪

tempestad de arena 砂暴

tempestad magnética 磁暴

templabilidad 可硬化度，淬性；淬火性，淬透性

templable 可硬化的，可淬的

templado 淬火的，回火的；温带的（地区、气候）；回火，淬火

templado al aceite 油回火，油浴回火

templado de barrenas 钻头硬化，钻头淬火

templado de trépanos 钻头硬化，钻头淬火

templado de vidrio 玻璃退火，玻璃回火，玻璃韧化，玻璃锻烧

templado en paquete 表面硬化，表面淬火

templar 淬火，骤冷；加温，加热；回火

temple （钢、玻璃等的）回火，淬火；回火温度；淬火温度；（缆索的）松紧度一致

temple al aceite 油淬（硬化）

temple al agua 水淬（硬化）

temple bainítico 等温淬火，奥氏体回火

temple blando 软化回水

temple congelado 冷淬

temple en caliente 热浸
temple en paquete 表面淬火，表面硬化
temple interrumpido 分级淬火
temple isotermo 等温淬火
temple parcial 局部淬火
temple por inducción 感应淬火
temple superficial 表面淬火
temporada 季，季节，时令，时节；时期，期间
temporada seca 干季，旱季，枯水季
temporal 临时的，暂时的；季候工，短工
temporización 时间延迟，延时，滞后
temporizado 延迟的
temporizador 定时器，定时仪；程序装置；时间传感器
temporizador de arranque 启动定时器
temporizador de rocío de aire 空气喷雾定时器
tenacidad 韧性，韧度，刚度；固着性，黏性；耐久性
tenacillas 大钳，钳子，钳，夹钳，夹具；镊子
tenacillas para cápsulas 坩埚钳
tenacillas para cubilete 烧杯坩，量杯坩
tenacillas para vasos 烧杯坩，量杯坩
tenaza （常以复数形式出现）钳，钳子，大钳，夹钳；火钳；爪形器具
tenaza crimpadora para conectores modulares 网线压线钳
tenaza de alambre 尖嘴钳
tenaza despalmadora 拔钉钳
tenaza giratoria 动力大钳
tenaza guía 上扣钳，转动钳
tenaza hidráulica para aterramiento 液压地线压线钳
tenaza hidráulica para tuberías de revestimiento 液压套管钳
tenaza hidráulica para tubos de perforación 钻杆液压大钳
tenaza manual para perforación B 型大钳
tenazas a cadena 链钳
tenazas de contrafuerza 背钳，固定大钳
tenazas de desenroscar 卸扣钳
tenazas de herrero 铁工钳，铁匠钳
tenazas de montaje 上紧螺纹管钳
tenazas de soldar 焊钳
tenazas de tracción 铗钳
tenazas para barras 管钳
tenazas para caños 套管吊钳
tenazas para conectar tubería 接管子用大钳；上扣大钳
tenazas para desconectar 卸扣大钳
tenazas para entubamiento 管钳
tenazas para perforación rotatoria 大钳，钻杆钳
tenazas para transportar tuberías 载管钳，运管钳，搬管钳

tenazas para tubería 管钳
tenazas para tubería de producción 油管钳
tenazas para tubería de revestimiento 套管钳
tenazas suspendidas 悬挂钳，吊钳
tenazas suspendidas en un cable 吊钳，吊缆悬挂钳
tendel 水平拉线；灰浆层
tendencia 趋势，走向，倾向
tendencia a detonar 爆震趋向，爆震性
tendencia a fluir 流动趋向，流动性
tendencia a la baja 下跌趋势
tendencia a la fragilidad 脆变，脆性
tendencia a la obturación rápida 快速封堵趋向，快速封堵性
tendencia a mojarse con cierto líquido 被某种液体浸湿的趋向；浸湿性
tendencia al alza 上涨趋势
tendencia al taponamiento 封堵趋向，封堵性
tendencia de arenisca 砂岩性，砂岩倾向
tendencia directiva horizontal 横向度，水平方向性
tendencia inflacionista 通货膨胀趋势
tendencia reactiva 反应性
tender 摊开，铺开，展开；倾向，趋向；铺放，铺设，架设
tender cañería 铺设管道，敷设管道
tender tubería 铺设管道，敷设管道
tendido 铺开，伸展，架设；电缆，电线；（屋顶的）坡面；（墙壁的）灰层
tendido bilateral 中间放炮排列
tendido cabalgado 中间放炮排列
tendido cruzado 十字排列，交叉排列，十字布设
tendido de caños 布管
tendido de emisión-recepción 发送—接收排列，发送—接收布设
tendido de oleoducto 铺设原油集输管线
tendido de oleoductos submarinos 铺设水下输油管道
tendido de recepción de geófonos 检波器排列
tendido de tuberías 布管，铺设管线
tendido del cable 电缆布置，电缆敷设，布线
tendido desplazado 延伸排列，延伸排列地震勘探，同线离开排列
tendido en cruz 十字排列，交叉排列，十字布设
tendido en L L 排列，直角排列
tendido en T T 排列，T 形排列
tendido simétrico 对称排列
tenencia de tierras 土地占有权；拥有土地
tengerita 水菱钇矿
tenorita 黑铜矿
tensímetro 张力计，牵力计，延伸计

tensiometría 张力测量术

tensiómetro 拉力计，张力计，引伸仪

tensiómetro de pared tipo aneroide 挂壁式无液血压计

tensión 张力，拉力，牵力，应力；电压，气压；绷紧

tensión anódica 阳极电压

tensión aplicada 外加电压

tensión crítica 临界电压

tensión de difusión 扩散张力

tensión de electrodo 电极电压

tensión de impulsión 脉动电压

tensión de placa 板压

tensión de rotura 破裂应力，抗断应力

tensión de vapor 蒸气压，蒸汽压力

tensión eléctrica 电压

tensión electroestática 静电压

tensión electromagnética 电磁张力，电磁应力，电磁压力

tensión elevada 高压

tensión elevadísima 超高压

tensión en circuito cerrado 闭合电路电压，闭路电压

tensión en vacío 空载电压

tensión equilibrada 平衡电压

tensión inicial de vapor 初始蒸气压，初始蒸汽压力

tensión interfacial 面间张力，相间张力

tensión máxima 最高电压

tensión mecánica 机械应力

tensión media 平均电压

tensión mínima 最低电压

tensión nominal 额定电压

tensión nula 零电势，零电位，零势，零位

tensión superficial 表面张力

tensión tectónica 构造应力

tensión útil 有效电压

tensión virtual 有效电压；有效张力

tensionador de cadenas 链条张紧器

tensionamiento 伸长，伸展，延长（率）

tenso 绷紧的，拉紧的，紧张的

tensor 花篮螺栓，拉紧器，绷紧器；张量

tensor de carga 锁紧器，捆紧具

tensor de carga de refrenamiento 防过载捆紧具

tensor de carga de trinquete estándar 标准棘轮式捆紧具

tensor de carga móvil 移动式捆紧具

tensor de correa 皮带拉紧器，皮带伸张器；皮带涨紧轮

tensor de gancho 大钩拉杆，大钩系杆，大钩联杆

tensor de gancho y gancho CC 型花篮螺栓

tensor de gancho y ojo OC 型花篮螺栓

tensor de las líneas de anclaje 导向索张紧器，导索拉紧装置

tensor de ojo y ojo OO 型花篮螺栓

tensor de quijada y ojo OU 型花篮螺栓

tensor de quijada y quijada UU 型花篮螺栓

tensor de tornillo 花篮螺栓，松紧螺套，螺旋扣

tensor del soporte del tambor de maniobras 大绳滚筒支撑张紧装置；大绳滚筒支撑

tensor estándar tipo palanca 杠杆式捆紧具

tensor para cabeza de muñón 截头松紧花篮

tensor pequeño 小型捆紧具，小型接紧器

tentar 触摸；尝试，试图；探测，探查，探索

teñido 染，染色；染色的；浸染的

teñido con colorante gelificado 凝胶染色法，凝胶染色

teñir 染，着色，染色；使浸染；使（色调）变暗

teodolito 经纬仪

teodolito altacimutal 地平经纬仪

teodolito magnético 磁经纬仪

teorema 原理，理论；定理

teorema de Bernoulli 贝努里定理

teorema de gausio 高斯定理

teorema de los espacios intermedios 间隙定理

teoría 理论，原理，学说

teoría anticlinal 背斜学说，背斜理论

teoría atómica 原子论

teoría corpuscular 微粒说

teoría cuántica 量子论

teoría de arreglos 数列理论，组合理论；秩序理论

teoría de conjuntos 集论

teoría de desplazamiento continental 大陆漂移说

teoría de imagen 镜像原理

teoría de impactos meteóricos 陨石冲击理论

teoría de la evolución 进化论

teoría de la inducción 感应理论；诱导学说

teoría de la información 信息论

teoría de la reacción eláistica 弹性回弹理论，弹性回跳说

teoría de la relatividad 相对论

teoría de la sustitución 排替理论，排替学说，替换论

teoría de olas y marea 波浪与潮汐理论

teoría de probabilidad 概率论

teoría de resonancia adaptativa 自适应共振理论

teoría de superposición 叠加定理

teoría de Wegener 魏格纳大陆漂移说，魏格纳学说

teoría del carbón 煤成说

teoría del carburo 碳化物说，碳化物论

teoría del estado estable 稳态学说，稳态理论，

稳态说

teoría del rebote 弹性回弹理论，弹性回跳说

teoría inorgánica 无机生成理论，无机成因说

teoría iónica 离子理论

teoría orgánica 有机说

teoría óptica 光学理论

teoría sobre la migración del petróleo crudo 原油运移学说

teoría solar 太阳理论

teoría vegetal 植物理论；植物说

TEP（tonelada equivalente de petróleo） 油当量吨，英语缩略为 TOE（Tons of Oil Equivalent）

tepetate （建房子用的）石块；（不含矿石的）矿土；围岩

terabit 兆兆位（量度信息单位）

teragramo 太拉克

terahertz 太拉赫（频率单位）

teralita 企猎岩

teraohm 兆兆欧姆（电阻单位）

teratolita 密高岭土

terbina 氧化铽

terbio 铽

tercera curva 第三曲线

tercera fase de perforación （钻井的）三开

tercerista 调解人

terciador 调解人，调停人；调解的，调停的

terciario 第三纪，古近—新近纪；第三系，古近—新近系；第三纪的古近—新近纪的；第三系的，古近—新近系的

terebénico 萜烯的，芸香烯的

terebeno 萜烯，芸香烯

terebenteno 松节油

terenita 柔块云母

termal 热的，热力的；热液的，温泉的

termalización 热化，热能化

termia 兆卡

térmico 热量的，热力的

terminación 完成，完工，结束，竣工；末端；终端装置

terminación（de pozo）en varias zonas 多层完井

terminación a dos zonas 双层完井

terminación a múltiples zonas 多层完井

terminación a pozo abierto 裸眼完井

terminación a presión 压力完井

terminación con cámara impermeable 沉箱完井

terminación con tubería corta 衬管完井

terminación de capa 分层完井

terminación de pozo 完井

terminación de pozo caliente 热井完井

terminación de pozo de tipo permanente 永久完井

terminación de un pozo a dos zonas 双层完井

terminación doble 双层完井

terminación en agujero abierto 裸眼完井

terminación en agujero descubierto 裸眼完井

terminación en hoyo desnudo 裸眼完井

terminación en pozo franco 裸眼完井

terminación en seco 干式完井

terminación múltiple 多层完井

terminación para explotar dos horizontes 双层完井

terminación para explotar varias capas en conjunto 多层完井

terminación sin tubería 裸眼完井

terminación submarina 海底完井，水下完井

terminación vertical doble 双层分采完井

terminación vertical sencilla 常规完井，单层完井

terminación vertical triple 三层分采完井

terminaciones para cable de acero 钢丝绳终端配件

terminado 结束的，完成的，终止的

terminado en bruto 粗加工，粗修

terminal 末端的；晚期的；终端，输出端（设备）；接线头，焊片，航空集散地，（汽车、火车的）总站；航站楼；卸货码头，转运基地

terminal aéreo 航空终点站；机场；候机大楼

terminal de aguas profundas 深水码头

terminal de almacenamiento y embarque de crudo 原油储存及装运港，原油储运港

terminal de enchufe 线鼻子（插接式）

terminal de gancho de tensor 花篮端钩

terminal de gas natural licuado 液化天然气终端，液化天然气接收站

terminal de ojo 线鼻子（O 型）

terminal de oleoducto 输油管转运站；输油管道卸货码头

terminal de transbordo 转运码头

terminal de uña 线鼻子（U 型）

terminal emisor-receptor 收发站；接收发运站

terminal interno 机内终端装置，舱内终端装置

terminal marina 海上浮码头，海上码头，海运码头

terminal marítimo 海上浮码头，海上码头，海运码头

terminal transmisor-receptor 收发站；接收发运站

terminante 最终的；结束的；断然的，无可争辩的

terminar 结束，完成；耗尽；终止，以…为终点；（关系）破裂，结束

terminar contrato anticipadamente 提前终止合同

terminar la perforación 完钻

terminar un pozo 完井

término 终点，末端，尽头；期限，限期；术语；（合同等）条件，条款（常用复数）

término atérmico　无热期

término de la entrada en vigor　生效日期

término medio　平均数

término negativo　负项

término positivo　正项

terminología　专门名词，术语，词汇；术语学

terminología científica　科学术语

términos de un crédito　信贷期限

términos de utilización　使用条件，使用条款，使用方法

términos del contrato　合同条款

términos del intercambio　交换条件

términos jurídicos　法律术语

termión　热离子

termiónico　热离子的；热离子学，热电子学

termistor　热敏电阻，热控管，热元件，热子

termita　铝热剂，热还原剂；白蚁

termitero　白蚁巢，蚁丘

termo　保温瓶，恒温器，余热温水装置，热虹吸管，温差环流系统

termoaislante　热绝缘的；热绝缘材料

termoamperímetro　温差电流计

termobalanza　热天平

termobarómetro　（根据水的沸点测定高度的）沸点测高计

termoclina　温跃层（海水温度突变层），斜温层，跃温层

termocoloración　氧化着色

termocolorímetro　热比色计

termocompresor　热压缩机，热压机

termoconductor　导热体

termocopa　加热杯

termocupla　热电偶，温差电偶

termodifusión　热扩散

termodinámica　热力学，热动力学

termodinámica aplicada　应用热力学

termodinámico　热力学的，热力的

termodisipador　散热材料

termodúrico　（微生物）耐热的

termoelasticidad　热弹力，热弹性

termoelástico　热弹性的

termoelectricidad　温差电学，热电学，热电现象

termoeléctrico　热电的，温差电的

termoelectrón　热电子

termoelemento　热电偶，温差电偶，热电元件，温差电元件

termoendurecible　热固的，可高温硬化的

termoestable　耐热的；热稳定的，耐高温的

termoestratificación　温度分层，温差分层

termófono　热线式受话器，热致发声器

termóforo　蓄热的；蓄热器

termogalvanómetro　温差电偶电流计

termogénesis　生热，生热作用

termogenético　生热的，生热作用的

termógeno　生热的；生热器

termografía　温度记录法，热学分析

termógrafo　温度记录器；热录像仪

termograma　温度记录图，温度自记图，温谱图

termohalino　热盐的，温盐的

termohigrómetro　热湿度计，热湿度表，热湿度测定器

termoiónica　热离子学；热电子学

termoiónico　热离子学的；热电子学的

termolábil　不耐热的，感热的；受热即分解的，受热即破坏的

termolámpara　热灯，发热灯

termolisis　热解作用，散热

termolítico　热放散的，放热的

termología　热学

termológico　热学的

termólogo　热学家

termoluminiscencia　热发光，热致发光

termomagnético　热磁的

termomagnetismo　热磁现象

termomanómetro　（锅炉用的）气压计，热气压计

termomecánica　热机学

termomecánico　热机的，热机械的

termometría　检温，温度测量；检温学，温度测量法

termométrico　温度计的，测温的

termómetro　温度计，体温表

termómetro a resistencia eléctrica　电阻温度计

termómetro Celsius　摄氏温度计

termómetro centígrado　摄氏温度计

termómetro clínico　体温计

termómetro con tubo de vidrio graduado　带刻度的玻璃温度计

termómetro de aire　空气温度计

termómetro de alcohol　酒精温度计

termómetro de Beckman　贝克曼温度计

termómetro de bola mojada　湿球温度表

termómetro de bola seca　干球温度表

termómetro de ebullición　沸点气压计

termómetro de Fahrenheit　华氏温度计

termómetro de gas　气体温度计

termómetro de hidrógeno　气体温度计

termómetro de máxima　最高温度计

termómetro de máxima lectura　最高读数温度计

termómetro de mínima　最低温度计

termómetro de prueba　测试温度计

termómetro de Réaumer　列氏温度计

termómetro de resistencia　电阻温度计

termómetro diferencial　温差温度计

termómetro eléctrico 热电偶温度计
termómetro Fahrenheit 华氏温度计
termómetro máximo 最高温度计
termómetro mercúrico 水银温度计
termómetro metálico 金属温度计
termómetro mínimo 最低温度计
termómetro oral 口温计
termómetro para bajas temperaturas 低温温度计
termómetro para el aceite 油温表
termómetro para el baño 沐浴温度计
termómetro Reaumur 列氏温度计
termómetro registrador 记录温度计
termómetro termoeléctrico 热电温度计
termonegativo 吸热的
termonuclear 热核的，聚变的
termoóptico 热光学的
termopar 热电偶，温差电偶
termopausa 热层层顶
termopermutador 换热器，热交换器
termopila 热电堆，温差电堆
termoplasticidad 热塑性
termoplástico 热塑的，热塑塑料的；热塑塑料，热熔塑胶
termopositivo 放热的
termopotencia 热能
termopropulsado 热推进的
termopropulsión 热推进式
termopropulsivo 热推进式的
termoquímica 热化学，化学热力学
termoquímico 热化学的
termoreceptáculo 测温孔，温度计插孔，温度计套管，热电偶套管，温度计槽
termoregulador 调温器，温度调节器，热量调节器
termorregulación 温度调节，热量调节
termorregulador 调温器，温度调节器，热量调节器
termorreóstato 电炉调温器
termorresistente （电池）耐高温的
termorresistor 热变电阻，热敏电阻，热变电阻器，电阻测温仪，热变阻器
termoscopia 测温；验温
termoscopio 测温计；验温器
termosensible 热敏的
termosfera 热大气层，热层（大气中间层以上部分的总称）
termosifón 热虹吸，热虹吸管，（厨房的）余热温水装置，温差环流系统；热水采暖
termostabilidad 耐热性，热稳定性
termostable 耐热的，热稳定的
termostático 恒温的，热静力学的
termostato, termóstato 恒温器，恒温箱，调温器，温度自动调节器；热动开关

termostato bimetálico 双金属恒温器
termotáctico 趋温性的，趋热性的；体温调节的
termotaxis 趋热性，向热性
termotecnia 热工学，热力工程
termotolerancia 耐热性
termotolerante 耐热的，热稳定的
termotransmisividad 热传导系数，热透射率
termotratador 加热处理器，热处理槽
termotrópico 向温性的，正温的，热致的
termounión 热电偶，热接头
termo-viscosímetro Saybolt 赛波特氏热黏度计，赛氏热黏度计
termovisión 红外电视，夜视
terna （从中挑选一个的）三个东西；三个候补人
ternario 三个的；三重的，三元的，三变数的，三变量的，三进制的
terpeno 萜烯，萜烃
terpenoides 萜类化合物，类萜，萜类，萜，类萜烯
terpileno 萜基烯
terpina 萜品，萜二醇
terpineol 萜品醇，松酒醇
terpinol 萜品油
terpolímero 三元共聚物
terracear 形成阶地
terracota 赤陶
terraja 板牙，板牙扳手；螺纹攻；型板
terraja de cremallera 棘轮板牙扳手
terraja de llave 钳牙
terraja de mano 板牙，板牙绞手，手动螺纹加工机
terraja de pesca 打捞公锥
terraja de rosca gruesa 粗螺纹板牙
terraja de roscar 板牙，板牙绞手
terraja de trinquete 棘轮板牙架
terraja manual 手动螺纹加工机
terraja mecánica 螺纹车床，攻丝机
terraja para cañería 管螺纹机
terraja para perno 螺栓的螺纹板牙，螺栓板牙
terraja para roscar madera 木螺纹加工机，木螺纹车床
terrajar 给（孔洞）旋螺纹，套扣
terrajar a mano derecha 正扣
terrajar a mano izquierda 反扣
terraplano 气垫船
terraplén 路堤，路基；堤岸；筑堤，填方
terraplén aluvial 冲积阶地
terraplén de contención 安全堤围
terraplenado 用土填平的，垒土筑堤的；填土，填土方
terraplenadora 回填机，填土机，填沟机
terraplenamiento 用土填平

terraplenar 用土填平；垒（土）筑堤

terrapleno 土埂，土台；土坡，坡面

terráqueo 由陆地和水面构成的

terrateniente 地主，土地所有者

terraza 阶地，阶面；台地；海台；屋顶平台；梯田，阳台

terraza cortada por la acción de las olas 波蚀阶地，浪成阶地，浪蚀台地，波切台

terraza cortada por las aguas 波蚀阶地，浪成阶地，浪蚀台地，波切台

terraza cortada por las olas del mar 波蚀阶地，浪成阶地，浪蚀台地，波切台

terraza de acarreo 风积阶地，冲积阶地

terraza de aluvión 洪积阶地，冲积阶地

terraza de falla 断层阶地

terraza de roca 基岩阶地，岩质阶地

terraza de sedimentos marinos 浪积阶地

terraza estructural 构造阶地

terraza fluvial 河成阶地

terraza formada por la acumulación de sedimentos traidos por las olas del mar 浪积阶地

terraza marina 海阶，海洋阶地，海成阶地

terremoto 地震，天然地震

terremoto de foco profundo 深源地震，深震

terremoto de hundimiento 陷落地震

terremoto submarino 水下地震，海震

terremoto tectónico 构造地震

terremoto volcánico 火山地震

terrenal 地上的

terreno 土地，大地；场地；地域，领域，范围

terreno aluvial 冲积土

terreno arenoso 砂质土

terreno bajo 低地，低洼地

terreno calcáreo 钙质土壤

terreno colindante 邻接的土地，毗连的土地

terreno con posibilidades de petróleo 远景区，远景油气区

terreno con yacimientos de petróleo comprobados 已探明含油区域，已证明含油区域

terreno corredizo 活动的土壤，容易松散的土壤

terreno cultivado pero que se encuentra en desuso 闲置的可耕种土地，闲置的耕地

terreno de acarreo 运积土，移积土壤

terreno de muda 蜕皮地区；换羽地区

terreno de recubrimiento 覆盖层，盖层

terreno de transición 过渡层，过渡区

terreno de transporte 运积土，移积土壤

terreno desigual 不平整的土地，不平坦的土地

terreno desnivelado 未平整的土地

terreno en declive 斜坡

terreno estéril 无价值地带，无矿岩层

terreno favorable 脉矿床，含工业矿脉的岩石

terreno formado por desgregación 残积土

terreno franco 国家可以赋予个人采矿的地区

terreno húmedo frágil 脆弱的湿地

terreno intransitable 难以通行地块

terreno inundado por la marea 潮淹土地

terreno montañoso 山地，山区；丘陵地区；多山地区

terreno montuoso 丘陵地区；多山地区

terreno montuoso con colinas bajas 低山丘陵地区

terreno ondulado 丘陵区，起伏地区

terreno paleofítico 有化石植物的地层

terreno pantanoso bajo y llano 潮沼，低洼而平坦的沼泽地

terreno rellenado 充填地基

terreno saturado 饱和土壤

terreno sobresaturado 过饱和土壤

terreno yesoso 含石膏的地层

terrenos de aluvión 淤积土

térreo 泥土的；像泥土的；土制的，土的

terrero 土堆，矿渣堆；冲积土，冲积层

terrestre 陆地的，地面上的；地球的

terrígeno 陆源地的，陆源生的

territorial 领土的；地区的，区域的

territorio 领土，领地；区域，地区；管辖区；地盘，动物的生息地盘

territorio jurisdiccional 司法管辖区

territorio virgen 新区，未勘探区域

terrívomo （火山）喷发岩浆的

terrizo 泥制的；土制的；（路）土铺的；瓦盆，盆

terrón 土块，土坷拉；（由粉粒状物质凝聚而成的）块状物；土地，田地

terrorismo 恐怖主义，恐怖行动

terrorista 恐怖主义者，恐怖分子，暴徒

terroso 带土的，含土的

tertrafluoruro de carbono 四氟化碳

tertulia 茶话会，聚谈会；聚谈，聊天

teruelita 黑白云母

tesar 绷紧（帆、缆、链、篷等）

tescal 玄武岩带

tescalera 乱石滩

teschenita 沸绿岩

tesela 嵌面石

tesis 论题，命题；论文；看法，观点

tesis doctoral 博士论文

tesla 特斯拉（磁通量密度的国际单位制单位，1 特斯拉 =1 韦伯／米²)

teso 拉紧的，绷紧的；山岗顶部；凸起，突起；小山包

tesorería 出纳或司库职务；出纳处，司库室；（企业等的）现金，资金；宝库，仓库

tesorería nacional 国库
tesorero 出纳，司库
tesoro 财富；金库，国库
tesoro duende 虚财
Tesoro Público 财政部
tesquenita 沸绿岩
testificar 作证；为…作证；证明，证实
testificativo 证明性的，可用作证明的
testigo 证人；目击者，见证人；见证；标记，记号；检测标记；（留作检测效果的）样品，试样；岩心
testigo abonado 合法证人
testigo corona 岩心样品
testigo de cargo 原告证人
testigo de corrosión 腐蚀试片
testigo de descargo 被告证人
testigo de pared 井壁取的岩心，井壁岩心
testigo de sondeo 岩心
testigo de vista 见证人，目击者
testigo falso 作伪证的人
testigo instrumental 证明人，联署人，签署见证人
testigo lateral 井壁取的岩心，井壁岩心
testigo ocular 目击者
testigo orientado 定向岩心
testigo rezumante 浸油岩心；渗水岩心
testigo singular 唯一见证人
testimonial 证明的；作证的；证明文件或材料（常用复数）
testimonio 证据，证物，证词；口供（书）；证明（材料）；（文件的）正式副本
testimonio falso 伪证；诬告
testimonio fehaciente 确证，确凿的证据
tetraatomicidad 含四个原子
tetrabásico 四碱价的，四元的
tetrabromoetano 四溴乙烷
tetrabromuro 四溴化物
tetracíclico 四环的，四轮列的
tetrácido 四价酸的
tetracloretano 四氯乙烷
tetracloroetano 四氯乙烷
tetracloroetileno 四氯乙烯
tetraclorometano 四氯化碳
tetracloruro 四氯化物
tetracloruro de carbón 四氯化碳
tetracloruro de carbono 四氯化碳
tetracosano 二十四烷
tetradecano 十四烷
tetradeceno 十四烯，十四碳烯
tetradecino 十四炔
tetradimita 辉碲铋矿
tetraédrico 四面体的，有四面的，四面的
tetraedrita 黝铜矿

tetraedro 四面体
tetraedro de silicio-oxígeno 硅氧四面体
tetraedro regular 正四面体
tetraetilo 四乙基
tetraetilo de plomo 四乙基铅
tetrafásico 四相的
tetrafluoruro 四氟化物
tetragonal 正方的，四角的，四边形的，四面的
tetrágono 四角形，四边形
tetrágono regular 正四边形
tetrahexacontano 六十四烷
tetralín 四氢化萘，萘满
tetrámero 四聚物，四聚体；（花）四出的，四数的；四跗节的
tetrametil 四甲基的；四甲基
tetrametilbutano 四甲基丁烷
tetrametildodecano 四甲基十二烷
tetrametileno 四亚甲基
tetrametiletileno 四甲基乙烯
tetrametilheptano 四甲基庚烷
tetrametilhexano 四甲基己烷
tetrametilo 四甲苯
tetrametilo de plomo 四甲铅，四甲基铅
tetrametiloctano 四甲基辛烷
tetrametilpentano 四甲基戊烷
tetramétrico （晶体）四轴的
tetramorfo 四晶的；四晶形的
tetramotor 四发的，四发动机的；四发飞机
tetranitrometano 四硝基甲烷
tetrapentacontano 五十四烷
tetrapolo 四极
tetratetracontano 四十四烷
tetratómico 四原子的；带四置换原子的
tetratriacontano 三十四烷
tetravalencia 四价
tetravalente 四价的
tetráxono 四轴型的
tetrodo 四极管
tetróxido 四氧化物
texasita 翠镍矿
textura 织物的）织法，质地；结构，构造；（矿石等的）纹理
textura de la roca 岩石纹理
textura de vena 矿脉结构，矿脉纹理
textura fluidal 流状结构，流纹结构，流动结构
textura linofídica 线斑状结构
textura oolítica 鲕状结构
textura rómbica 菱形结构
textural 结构上的，组织上的，构造的
Tg 元素钨（**tungsteno**）的符号
th 兆卡（**termía**）的符号
Th 元素钍（**torio**）的符号

thalweg　河流谷底线；（国际法）河道分界线（指两国分界之河川航道之中线）

thaumasita　硅灰石膏，风硬石

thenardita　无水芒硝

thiram　二硫代四甲秋兰姆

Ti（titanio）　元素钛，元素钛的符号

Tl（tonelada larga）　长吨，英吨（英吨英制重量单位）

tidal　潮汐的；由潮汐驱动的；受潮汐影响的

tidalita　潮汐岩

tiempo　时间，时刻；时代；时机；天气，气候

tiempo activo　可使用时间，有效操作期，作业时间，可用时间

tiempo actual　当今，现世

tiempo adicional　在规定时间外，规定时间外，超时，加班

tiempo adimensional　无量纲时间，无因次时间

tiempo aparente　视时

tiempo bajo carga　开工周期

tiempo consumido en el trabajo de extraer núcleos　取岩心时间，钻取岩心时间

tiempo consumido en la extracción de testigos　取岩心时间，钻取岩心时间

tiempo continental　大陆时期，陆相时期

tiempo corto　短期

tiempo crítico　临界时间

tiempo de acceso　存取时间；信息发送时间

tiempo de aceleración　加速时间；（磁带启动的）启动时间

tiempo de ajuste térmico　热调整时间；热反应时间

tiempo de amarre　停泊时间

tiempo de asentamiento　沉积时间，沉淀时间；置位时间

tiempo de aspiración　进气冲程；吸气时间

tiempo de barrido　扫描时间

tiempo de carga　装载时间，加载时间，荷重时间

tiempo de circular del fondo hasta arriba　（岩屑）迟到时间

tiempo de computación　计算时间

tiempo de contacto　接触时间

tiempo de curamiento　固化期，熟化期，熟化时间，硬化时间；养护期

tiempo de decaimiento　衰减时间，衰变时间

tiempo de decantación　沉降时间

tiempo de demora en la ignición　点火延迟时间

tiempo de desaceleración　减速时间

tiempo de descarga　卸载时间，卸货时间

tiempo de descomposición térmica　热中子衰减时间；热分解（分化）时间

tiempo de desconexión　切断（电源）时间；不连接时间；分开时间

tiempo de doble camino　双程旅行时间；双程传播时间

tiempo de escuchar　倾听时间

tiempo de espera　等待时间；停歇时间

tiempo de espesamiento　稠化时间，变浓时间

tiempo de exposición　曝光时间

tiempo de extinción del impulso　冲量衰减时间

tiempo de fraguado　候凝期，候凝时间

tiempo de fraguado de cemento（que se ha bombeado al pozo）　水泥凝固时间，水泥候凝期

tiempo de fragüe　凝结时间，凝固时间

tiempo de ida y vuelta　往返时间

tiempo de inactividad　停工时间，停歇时间，停机时间，停钻时间

tiempo de intercepción　截距时间，截距时

tiempo de inversión de vuelta　周转时间，换向时间

tiempo de llegada　到达时间，波至时间

tiempo de mantenimiento　保留时间，保持时间

tiempo de operación　操作时间，工作时间，运行时间

tiempo de pasaje　通过时间

tiempo de permanencia del catalizador　触媒滞留时间；催化剂滞留时间

tiempo de propagación　传播时间，途经时间；路途时间

tiempo de propagación calculado　通过计算得到的传播时间

tiempo de propagación de la formación　地层传播时间

tiempo de propagación de las ondas sísmicas　地震波传播时间

tiempo de propagación observado　观测到的传播时间

tiempo de puesta a punto　补算时间，纠错时间

tiempo de reacción　反应时间

tiempo de reacción con la inyección de agua　注水见效时间，注水受效时间

tiempo de recorrido del intervalo　间隔传播时间

tiempo de recuperación　恢复时间

tiempo de recuperación de la atmósfera　大气复原时间

tiempo de referencia　基准时间，标准时间

tiempo de relajación　张弛时间

tiempo de reparación　修理时间，维修时间

tiempo de residencia　滞留时间，停留时间；居住时间

tiempo de respuesta　响应时间，回答时间，应答时间

tiempo de retardo　延时，延迟时间，滞后时间

tiempo de retraso　延时，延迟时间，滞后时间

tiempo de reverberación　（声音的）回响时间

tiempo de rotura　破裂时间，断裂时间

tiempo de sección 截面时间

tiempo de sedimentación 沉积时间

tiempo de trabajo 工作时间；设备运转时间；钻进时间；钻井时间

tiempo de transmisión 传输时间，传播时间

tiempo de viaje diurno 白班旅途时间

tiempo de viaje mixto 中班旅途时间（指下午和晚上的混合时间）

tiempo de viraje 换向时间

tiempo en funcionamiento 开工周期

tiempo en operación 开工周期

tiempo extra 在规定时间外，超时

tiempo extra de guardia mixta 中班超时时间（指下午和晚上的混合时间）

tiempo fiduciario 基准时间

tiempo geológico 地质时期（指地质史的全部时期）

tiempo inactivo 停工时间，停歇时间，停机时间，停钻时间

tiempo inmemorial 无可查考的时期

tiempo medio 平均时间；中期；平太阳时

tiempo medio entre averías (PMA) 平均故障时间，英语缩略为 MTBF（Mean Time Between Failures）

tiempo moderno 现代，当代

tiempo muerto 停工时间，停歇时间，停机时间，停钻时间；停滞时间

tiempo necesario para la colocación en el mercado 商品从开始设计到投入市场所需的时间；上市筹备期

tiempo necesario para perforar una distancia dada 凿岩时间，钻井时间，钻进时间

tiempo observado 观测时间，观察时间

tiempo para reacción 反应时间

tiempo pasivo 空载时间，闲置时间，不生产时间

tiempo perdido 停钻时间，停工时间，停歇时间，停机时间

tiempo perdido por daños 因设备损坏而产生的损失时间

tiempo productivo 有效操作期，作业时间，正常运行时间

tiempo real 实际时间；实时

tiempo tardío 晚期

tiempo temprano 早期，初期

tiempo verdadero 实时

tiempo vertical 垂直时间

tiempo vertical en el punto de disparo 爆破点（垂直）时间

tienda 帐蓬；车篷；船棚；商店，店铺

tienda de campaña 帐蓬

tiendetubos 铺管机

tienta 探针，探头，试探电极，探子

tientaguja 测探杆

tiento 皮带接头，皮带扣，皮带卡子

tierra 地球，土地，大地，地面；土壤；地线

tierra absorbente 吸收性土壤

tierra adámica 红黏土；（沉积物）退潮后露出的泥土

tierra adentro 内地，内陆

tierra agrícola 耕地

tierra agrícola abandonada 废弃耕地

tierra alcalina 碱土，碱性土

tierra alta 高地

tierra aluvial 冲积层；冲积土

tierra amarilla de barita 重晶石，氧化钡

tierra arable 耕层，耕作层土壤；可耕地，耕地

tierra arbolada 森林，林地，林区

tierra baja 低地，低洼地

tierra batida （制砖瓦、陶瓷器的）黏土

tierra blanca 白土

tierra bolar （做泥球的）黏土，胶泥

tierra campa 旷野

tierra comunitaria 共有土地，集体地

tierra cubierta por árboles pequeños y arbustos 灌木丛林地，矮树和灌木覆盖的地区

tierra cultivable 耕层，耕作层土壤；可耕地，耕地

tierra cultivable que no se siembra 休耕地，闲置耕地

tierra cultivada 耕地

tierra de alfareros 陶土

tierra de aluvión 冲积层，沙洲；冲积土

tierra de batán 漂土，漂白土

tierra de cultivo 耕地

tierra de diatomeas 硅藻土

tierra de hoja 腐泥土，黑色腐殖土

tierra de Holanda 赭土

tierra de infusorios 硅藻土

tierra de la soldadura 电焊接地线，焊接地线

tierra de labor 耕地，农田，农地

tierra de labrantía 耕地，农田，农地

tierra de labranza 耕地，农田，农地

tierra de menor calidad 边界耕地；土质较差的田地

tierra de miga 黏土

tierra de pastoreo 放牧地，牧场

tierra de Siena 浓黄土

tierra decolorante 漂白土

tierra decolorante virgen 原始漂白土

tierra diatomácea 硅藻土

tierra empobrecida 严重退化土地

tierra en descanso 闲置土地；休耕地

tierra en desuso 闲置土地

tierra en zona protegida 保护区土地

tierra firme　陆地，大陆；(建筑)地皮
tierra floja　松土
tierra franca　表土，上土层，表层土，耕作层土壤
tierra gélida　寒冷地带
tierra gris　灰壤，灰化土
tierra húmeda esponjosa　泥沼，泥潭，泥地，淤泥，泥沼地
tierra húmica　表土，上土层，耕层，耕作层土壤
tierra inculta　未开垦的土地，未耕种的土地，荒地
tierra infusoria　硅藻土
tierra inundable　受潮区，潮淹区，高潮位润湿地
tierra laborable　可耕地
tierra mantillosa　腐殖土
tierra mantillosa negra　黑色腐殖土
tierra marginal　边界耕地，边际耕地
tierra natal　故乡，出生地
tierra negra　黑钙土，黑土，黑土带
tierra no utilizable　荒地
tierra pantanosa　沼泽地
tierra parda forestal　森林地带褐色土壤
tierra parecida a la ceniza　灰壤，灰化土
tierra que contiene sales solubles　碱土，碱性土
tierra rara　稀土
tierra refractaria　耐火土，坩埚土
tierra secundaria　边界耕地，低产地，边际耕地
tierra silvestre　野地，荒地，荒野之地
tierra sin uso　荒地
tierra suave　软土
tierra suelta　松土
tierra templada　温带地
tierra turbosa　腐泥土，黑色腐殖土
tierra vegetal　腐殖土
tierra verde　绿泥石
tierra vírgen　处女地，生荒地，未开垦地
tieso　挺立的，竖起的；坚硬的，不易弯曲的
tifón　龙卷风，台风
tijera　剪刀；剪刀状物；(锯木时用的)叉形支架
tijera de hojalatero　白铁剪，白铁剪刀
tijera de pesca　鱼嘴剪
tijera golpeadora　震击器，下击器，冲击锤
tijeras de guillotina　剪板机，闸刀式剪切机
tilita　冰碛岩
tilla　(小船的)搁板；小木板
tillitas　冰碛岩
timbre　印花，印花税票；印章，图章，钢印；铃铛，电铃
timbre de agua　(纸张上的)水印

timbre de alarma　警铃，报警铃
timbre fiscal　印花，印花税票
timbre móvil　印花，印花税票
timón　舵，方向舵，方向盘；舵杆，舵柄
timón de dirección　方向舵
timonel　舵手
timpa　(高炉的)铸铁柱
tincal　硼砂
tincalcita　钠硼钙石
tindalimetría　延德耳法，悬体测定法
tindalímetro　延德耳计，悬体测定计
tindalización　延德耳(Tindall)作用，分段灭菌，间歇灭菌
tindalizar　用延德耳法消毒，使分段灭菌，使间歇灭菌
tinolita　岸钙华，假像方解石
tinta　染料，颜料；墨水，墨汁，油墨
tinta china　中国墨汁，中国墨，墨汁
tinta comunicativa　(油印)油墨
tinta de dibujo　绘画颜料，图画染料
tinta de imprenta　(印刷)油墨
tintero　墨水瓶；(喷墨打印机的)墨盒；墨槽；刻有备忘标记的木墩子；孔圈，圆孔圈
tintómetro　色辉计，色调计
tintóreo　产生着色物质的；用于染色的
tintura　染，染料，染液；酊剂，脂粉
tintura de tornasol　(做试纸用的)石蕊色素
tintura de yodo　碘酒，碘酊
tio-　表示"含硫的"、"硫代"，"硫的"
tioácidos　硫代酸
tioalcohol　硫醇
tioaldehído　硫醛；乙硫醛
tioarsenato　硫代砷酸盐
tiocianato　硫氰酸盐，硫氰酸酯
tiocol　聚硫橡胶，乙硫橡胶
tioéter　硫醚
tiofano　噻吩烷
tiofeno　噻吩，硫茂，硫杂茂
tiofenol　苯硫酚
tiofosfato　硫代磷酸盐
tiofurano　噻吩，硫茂，硫杂茂
tiol　硫醇，硫醇类
tionato　硫代硫酸盐
tiónico　硫的；含硫的；从硫衍生的
tionina　硫堇，劳氏紫
tionizador　脱硫塔
tiosemicarbazona　缩氨基硫脲
tiosinamina　烯丙基硫脲
tiosulfato　硫代硫酸盐
tipificación　典型化，标准化；象征
tipificación de arcillas　黏土归类
tipificar　具有…特征，使标准化；象征，预示
tipo　型式，型号，类型，样式，风格；典型，

样本；汇率，汇价

tipo de asfalto sulfuroso 硫沥青类型

tipo de cambio 交换率，汇价

tipo de cambio al contado 现汇汇价

tipo de completación 完井类型

tipo de conexión 扣型

tipo de conglomerado 砾岩类型

tipo de descuento 贴现率

tipo de envoltura 包装类型

tipo de freno auxiliar 辅刹车类型

tipo de freno principal 主刹车类型

tipo de interés 利率

tipo de pulverizador 喷雾器类型

tipo de roca 岩石类型，岩石种类

tipo de rosca 扣型，螺纹型

tipo desviador 换向器类型，分流器类型，分压器类型

tipo estructural 构造类型

tipo lente 似透镜状

tipo oscilatorio 振动式

tipografía 活版印刷术，活版印刷；印刷所

TIR（tasa interna de rentabilidad） 内部收益率

TIR（tasa interna de retorno） 内部收益率

tira （布、纸、皮革等的）条；皮带；滑车索

tira de cobre 铜带

tira de conexión de bornes 接线板

tira de izar 起吊带，提升带

tira de papel 纸条，纸带

tirabuzón 螺旋状拔塞器，螺钉起子，开塞钻

tirador 拔具，拉具；拉手，抓手，把，柄；（金属的）拔丝工人

tirador de uniones 耦接头拔出器

tirador para la base de válvula 阀座取出器

tirafondo 方头螺钉，方头尖螺钉，板头尖端木螺钉；螺旋道钉；取异物镊子

tiraje 印刷，印数；投掷，射击

tiraje de la chimenea 烟囱抽力，烟囱的通风力

tiraje forzado 强制通风，强力鼓风

tiralíneas 绘图笔，（绘图用的）直线笔，鸭嘴笔

tiramiento 拉，拽，拖

tiramlra 狭长山脉；排，列，行；距离，间隔

tirante 拉紧的，绷紧的；拉杆，支撑，支柱，撑拉条

tirante de amarre 系杆，连结杆，连接杆，联杆

tirante I 工字梁，I 形梁

tirantez 拉紧状态，绷紧状态

tirar 拖，拉，牵，拽；（烟囱等）通气；拔出，抽出

tiratrón 闸流管

tiristor 半导体开关元件

tirita 褐钇铌矿；创可贴（在委内瑞拉使用 curita 或 bandita）

tiro 投，掷，抛，扔；射击，发射；弹痕，弹道；（炉子等产生的）气流；套绳；滑轮索；竖井，矿井；井深

tiro al blanco 射击，打靶

tiro cuádruple 立根

tiro de abanico 扇形激发，扇形排列法地震勘探，扇形爆破

tiro de aspiración 送气竖井；吸气竖井

tiro de barras 管子立根

tiro de barras de sondeo 钻杆立根

tiro de barras de tuberías 管子立根，套管立根

tiro de caños 管子立根，套管立根

tiro de chimenea 烟道通风；烟囱的通风力，烟囱抽力

tiro de comparación 不同仪器记录对比，多站对比法

tiro de correlación 相关放炮，对比放炮，对比放炮法

tiro de echados 倾角爆炸法，倾向爆破

tiro de extracción 排气竖井

tiro de velocidad 自由面速度剖面

tiro de zona alterada 低速带测定地震勘探，风化层爆炸

tiro doble 双重爆炸

tiro en pauta 多边爆破，组合激发，组合爆炸

tiro forzado 压力通风，负压通风，强制通风

tiro hacia abajo 下向通风

tiro indirecto desplazado 跨越放炮

tiro inducido 负压通风，诱导气流

tiro mecánico 机械通风

tiro natural 自然通风

tiro para determinar buzamientos 地震测倾法

tiro simétrico para determinación de echados 对称放炮测倾法

tiro ventilador 通风道，通风口，通风筒，通风井，竖风道

tiro vertical 立井，竖井

tirolita 铜泡石

tirón 猛拉；（车辆）颠簸，震摇；（行情）大起大落

tirro 覆盖胶带，保护带

titanato 钛酸盐，钛酸酯

titania 二氧化钛

titanio 元素钛，钛（Ti）

titanio oxidado ferrífero 钛铁矿，铌钛矿

titanita 榍石，钛铁矿

titoniense 提通阶

titración 滴定，滴定法

titrante 滴定剂

titulación 学位，职称；获得（学位、职称等）；加标题；滴定法，滴定

titulado 有标题的；有学位的，有职称的；有资格的，合格的；所得的；滴定的

título 标题，题目；证书，文凭；职称，头衔；证券，债券；滴定率（度）

título académico 职称，学术职称；专业学位，专业证书

título de propiedad 版权，著作权；所有权，产权

título de una solución 溶液的滴定率

título del vapor 蒸汽品质，汽水比，蒸汽质量，蒸汽干度

título público 公债券

tixotropía 触变性；摇溶现象

tixotrópico 触变的，具有触变作用的；摇溶的

tixotropo 触变胶

tiza 粉笔；白粉；白垩粉；灯芯

tiznaduras 熏黑；弄黑，弄脏；玷污

tizne 烟垢，烟子；未烧透的木材

tizón 丁砖，露头砖；未烧透的木材

Tm 元素铥（**tulio**）的符号

TM（tonelada métrica） 吨，公吨，千千克

TMA（toneladas métricas anuales） 公吨／年，英语缩略为 MTY（Metric Tons per Year）

TMD（toneladas métricas por día） 公吨／天

TMEP（toneladas métricas de equivalente de petróleo） 公制吨油当量，英语缩略为 MTOE（Metric Tons of Oil Equivalent）

TMP（tecnología de mediciones durante la perforación） 随钻测井（技术），随钻测量（技术），英语缩略为 MWD（Measurements while Drilling）

Tn 钍射气（**torón**）的符号

TNCD（toneladas netas de crudo por día） 日产原油净吨／天，英语缩略为 STCD（Short Tons of Crude Daily）

TNT（trinitrotolueno） 三硝基甲烷

toa 粗绳，缆绳

toalla 毛巾，浴巾

toallita antiséptica 消毒湿巾

toba 凝灰岩；水锈，水碱，水垢

toba acuágena 水下凝灰岩，水携凝灰岩

toba basáltica 玄武凝灰岩

toba calcárea 钙华，石灰华

toba de cenizas 玻屑凝灰岩

toba volcánica 凝灰岩

tobáceo 凝灰质的，凝灰岩的

tobar 凝灰岩采石场

tobera （熔炉的）鼓风口，鼓风管；排气口；排放管；喷嘴；管嘴

tobera con pestaña 带护沿的喷嘴

tobera de choque 冲击式喷头，冲击式喷嘴

tobera de descarga 排气管

tobera de escape 排气管，尾喷管

tobera de eyección 放气管，放油管，放水管

tobera de inyección 注入管，给水管

tobera de salida 排出管，出口管，泄水管

tobera hidráulica 水压喷嘴

tobogán 平底雪橇，滑水道，下水滑道，（输送商品的）滑板

toboso 凝灰岩的

tocar 触摸，碰到；谈及；检验（金银成色）；（船）调整（索具）；擦碰（河底、河滩等）

tocón 树桩

toldo 遮阳篷，遮篷；（土著人的）茅屋，窝棚

tolerabilidad 可容忍性

tolerancia 忍受，容忍，宽容；耐受性；耐（药）量；公差，容限，容许误差

tolerancia de pérdida 允许的溢损率，允许的溢短率

tolerancia de pérdida por transporte 运输中允许的溢损率，运输中允许的溢短率

tolerancia estrecha 紧公差，严密容差

tolerante al fallo 有限可靠性，故障弱化，失效弱化

tolla 沼泽，泥潭

tolladar 沼泽地，泥潭

tollón 峡谷，窄道

tolmera 多突岩的地带

tolmo 突岩

tolueno 甲苯

tolueno crudo 粗甲苯

tolueno sin refinar 粗甲苯

toluídico 甲苯酸的

toluidina 甲苯胺

toluol 甲苯

tolva （磨上的）漏斗，加料斗，斗状容器；运灰罐

tolva colectora 集料斗，拢料斗

tolva concreta 混凝土搅拌车

tolva de aire 进气口，进气道，空气口，风斗；圆锥形风标

tolva de almacenamiento 储料漏斗

tolva de barita 土粉罐

tolva de cenizas 灰斗

tolva de lodo 泥浆漏斗

tolvanera 旋风尘柱，尘暴

tolvas de cemento a granel 散装水泥罐

toma 收取；（水、电、气等）分流处；接头，管接头，座

toma de agua 水的分流口

toma de agua de mar para lastre 取用海水压舱

toma de aire 进风口，进气口，通风口

toma de combustible 燃料注入口

toma de contacto 取得联系

toma de corriente 电源插座

toma de corriente por arco 弓形集电器

toma de fluido 液体摄取；进液口

toma de gas rotatoria　旋转进气口

toma de muestras　取样；取岩心，钻取岩心

toma de muestras de formación　地层取样

toma de muestras de las emisiones de una chimenea　烟囱口取样

toma de núcleos　取岩心，钻取岩心

toma de pared　墙上插座

toma de perfiles de los pozos　测井曲线采集

toma de posesión　接收，接管，接任；占有；就职，上任

toma de presión en tubería　管线取压

toma de pruebas　采样，取样，抽样

toma de registros de hoyo abierto　裸眼井测井

toma de tierra　接地（线）；着陆，降落

toma del teléfono　电话插头

toma principal　主进口

toma secundaria　二级进口

tomacorrientes　电源插座

tomadero　（器物的）柄，把，提手，抓手；（水的）分流口；（雨水的）自然积水池

tomadero de freno　刹把

tomadero eléctrico　电器插口

tomador　受票人，受款人，收款人；（合同）签署人；投保人，保险客户；滚筒，滚子；束帆带

tomador de decisiones　决策者

tomador de muestras　取油样器，取心工具，取样器

tomafuerza　动力输出轴，动力输出轴传动

tomamuestras　取样器

tomamuestras de las paredes del estrato　井壁取心器，井壁取样器

tomar　拿，取，抓；接受，接收，乘，搭乘；吃，喝，服用；拍摄，录制，记录；测量

tomar agua　加水，给水，补给水

tomar medición　测量

tomar muestras　取样，选样，抽样，采样

tomar núcleos de pared　井壁取心，井壁取样

tomar testigos　取样

tomar vacaciones　休假

tomar vacaciones forzadas　被迫休假，强制休假

tómbolo　连岛坝，陆连沙坝，陆连岛

tomografía　层析 X 射线照相法，X 射线断层照相术，断层摄影术，层析 X 射线摄影法

tomografía computarizada (TC)　计算机层析成像，计算机层析成像术，英语缩略为 CT (Computerized Tomography)

tomsonita　杆沸石

tonalita　英云闪长岩

tonel　木桶；桶状物，桶形物

tonel de amalgamación　混汞桶

tonelada　吨

tonelada bruta　长吨（英吨，合 2240 磅或

1016.05 千克），粗吨，大吨

tonelada corta　短吨（美吨，合 2000 磅或 907.18 千克），净吨

tonelada de arqueo　（船舶的）丈量吨，登记吨，容积吨

tonelada de desplazamiento　（船舶的）排水吨

tonelada de peso muerto (TMP)　载重吨位，英语缩略为 DWT (Dead Weight Tonnage)

tonelada equivalente de petróleo (TEP)　油当量吨，英语缩略为 TOE (Tons of Oil Equivalent)

tonelada grande　长吨，英吨

tonelada larga　长吨，英吨

tonelada libre　短吨，净吨，美吨，注册吨

tonelada métrica　吨，公吨，千千克

tonelada milla　吨英里

tonelada muerta　载重吨位，英语缩略为 DWT (Dead Weight Tonnage)

tonelada neta　短吨，净吨

tonelada-frigoría　冷冻吨，冷吨

toneladas de aceite equivalente　吨油当量

toneladas métricas anuales (TMA)　年公吨，公吨 / 年，英语缩略为 MTY (Metric Tons per Year)

toneladas netas de crudo por día (TNCD)　日产油净吨，原油净吨 / 天，英语缩略为 STCD (Short Tons of Crude Daily)

tonelaje　吨位，登记吨位；（车辆的）载货量

tonelaje bruto　总吨数，总吨位

tonelaje de desplazamiento　排水量吨位

tonelaje de peso muerto　（船舶的）载重吨位

tonelaje neto　净吨数，净吨位

tongada　层；垛，堆

top drive　顶驱，上驱动，顶部驱动

topa　升帆滑车

topacio　黄玉，黄晶

topacio ahumado　烟晶，墨晶

topacio de Hinojosa　假黄晶

topacio de Salamanca　假黄晶

topacio del Brasil　黄晶

topacio falso　假黄晶

topacio oriental　黄刚玉

topadora　推土机

topar　碰，撞，撞击；（桡杆）端接，对结

topar cemento　碰水泥塞

topar una formación　钻遇地层

topazolita　黄榴石

tope　顶，顶部；最高点，极顶；缓冲器（装置），减振器；（桡）顶，销，挡；（刨子的）楔子；锁板

tope de cemento　水泥返高

tope de colgador de tubería　衬管顶部

tope de collarín　环形止推轴承，环形推力轴承

tope de la formación　地层顶面

tope de pescado 落鱼顶部

tope de producción 生产极限

tope de resorte （悬架）弹簧限位块；弹簧停止器

tope del Paleoceno 古新统顶部

tope del pedal de embrague 离合器踏板上止点限位装置

tope del tanque 罐顶

tope y base de los estratos 岩层的顶部和底部

tope y fondo 顶和底

tope y fondo de pozo 井口和井底，井的顶和底

tópico 某一特定地区的；论题，主题，专题

topografía 地形学；地形测量（学）；地形，地貌，地势

topografía a color 彩色地貌

topografía accidentada 崎岖地形，起伏地形

topografía característica 典型地貌，特征性地貌

topografía característica de un valle 峡谷的典型地貌，峡谷的特征性地貌

topografía computarizada (TC) 计算机化地形测量，电脑化地形测量，英语缩略为 CT (Computerized Topography)

topografía de basalto 玄武岩地貌

topografía de Carso 岩溶地形，喀斯特地形

topografía de granito 花岗岩地貌

topografía de Karst 岩溶地形，喀斯特地形

topografía final 最终地形

topografía del suelo marino 海底地貌

topografía ondulada con circos glaciares 冰蚀锯缘地形

topografía quebrada 起伏地形，起伏明显的地形

topografía secundaria 次生地形

topografía suave 细致地形；细部地形学

topográfico 地形学，地志的；测绘的

topógrafo 地形绘测员，地形学家，地志学者

topógrafo de sismógrafo 地震测量员

topología 地志学，微地形学，专门地形学；拓扑（学）

topoquímica 局部化学

topotipo 地模标本，同产地模式

topping （原油的）拔顶

toque 摸，触，碰；打，击打；（对金银成色的）检试，检测

toral （铜锭的）铸模；最重要的，最基本的

torbanita 苞芽油页岩；藻烛煤

torbellino 涡旋，漩涡，旋风

torbernita 铜铀云母

torca 岩洞；砂管，砂砾管

torcal 多岩洞的地方

torcedura 扭，拧，绞，捻；弄弯；扭裂，拧松，脱扣，扭脱

torcedura de guaya 钢丝绳扭结，钢丝绳打结

torcer 扭，拧，绞，捻；弄弯；扭转；使改变方向；使倾斜；使歪斜

torcho 铁锭

torcido 弯的，弯曲的；弄弯的，不直的

torcimiento del cable de perforación 钻井电缆反向加捻

torculado 螺旋形的

tórculo 螺旋压力机；金属板刻印机

toria 氧化钍

torianita 方钍石

tórico 钍的

torina 氧化钍

torio 钍（Th）

torita 钍石

tormagal 多突岩的地带

tormenta 暴风雨，风暴；（社会的）骚动，扰动，骚动；场的扰动

tormenta de arena 沙暴

tormenta de granizo 冰雹，雹暴

tormenta de nieve 暴风雪，雪暴

tormenta de polvo 尘暴

tormenta eléctrica 电暴

tormenta magnética 磁暴

tormo 土坷垃；硬块，疙瘩

tormo de sal 盐块

tornado 陆龙卷，龙卷风，飓风；竿（土地丈量单位，合 2.7 米）

tornadura 归还，偿还；返回

tornaguía 收货回执

tornallama （管式炉的）坝墙

tornamenta 雷暴

tornapunta 斜撑，斜柱；支柱；牵条，撑条

tornapunta del poste del malacate 钻具滚筒立柱支撑

tornapuntas de los postes de la rueda motora 电动轮立柱支撑

tornapuntas del poste del torno de herramientas 钻具滚筒立柱支撑

tornasol （纺织品等的）闪光，闪色；石蕊

tornavía 转盘

tornaviaje 返程，归程；旅行带回来的物品

tornavoz 共鸣板，共振板；回音板，拢音装置

torneado 用车床加工的，车的，旋的，机加工的；用车床加工

torneador 车工，旋工

torneadura （车、旋下来的）碎屑

tornear 用车床加工，机器加工，机械加工；旋转，绕转

tornero 车工，车削工人；车床制造工人

tornillo 螺钉，螺栓，螺旋，螺杆

tornillo afianzador del ariete 闸板锁紧螺钉

tornillo ajustable 可调节螺钉，可调准螺栓，可

调整螺栓

tornillo alimentador 螺杆给进器，给进螺杆；螺旋进料器

tornillo americano 十字头螺钉

tornillo compuesto 复式螺旋

tornillo con cimera plana 平冠螺纹，平顶螺纹

tornillo con fiador giratorio 带套环螺栓，系墙螺栓，中环螺栓

tornillo con ranura 一字槽平头螺钉

tornillo de ajuste 调节螺钉，调整螺栓，蝶螺栓

tornillo de anclaje 地脚螺栓，锚栓

tornillo de Arquímedes 阿基米德螺旋

tornillo de avance 螺杆给进器，给进螺杆；螺旋进料器

tornillo de banco 台钳

tornillo de banco para tubos 管子台钳，管子虎钳

tornillo de cabeza 有盖螺钉，有帽螺栓

tornillo de cabeza cilíndrica 圆顶柱头螺钉

tornillo de cabeza cónica 平头螺钉

tornillo de cabeza embutida 埋头螺钉

tornillo de cabeza fresada 埋头螺钉

tornillo de cabeza perdida 平头螺钉

tornillo de cabeza redonda 圆头螺钉

tornillo de caperuza 有头螺栓，有帽螺栓

tornillo de compresión 方头螺钉，方头尖螺钉

tornillo de conexión 接线螺钉

tornillo de contacto 接线螺钉

tornillo de empaquetadura 衬垫螺旋

tornillo de estrella 十字头螺钉

tornillo de fijación 止动螺钉，固定螺钉，锁紧螺钉

tornillo de mano 指钉螺旋，指旋螺栓

tornillo de máquina 机螺栓

tornillo de mariposas 翼形螺钉，元宝螺钉

tornillo de ojo 有眼螺钉

tornillo de orejas 翼形螺钉

tornillo de pasador 插销螺栓

tornillo de paso diferencial 差动螺旋

tornillo de presión 锁紧螺钉，止动螺钉

tornillo de retén 止动螺钉，固定螺钉

tornillo de retención 锁紧螺钉

tornillo de rosca doble 双纹螺钉

tornillo de seguridad 锁紧螺钉，止动螺钉

tornillo de separación y refuerzo 拉杆螺栓，撑螺栓，长螺栓

tornillo de sujeción 固定螺钉，止动螺钉

tornillo de traba 锁紧螺钉，止动螺钉

tornillo de válvula de aire 气阀螺钉

tornillo del compás de nivelar 水平仪调整螺钉

tornillo elevador 起重螺钉

tornillo graduador 定位螺栓

tornillo grande sin tuerca 无螺母大螺钉

tornillo grande sin tuerca con ranura 带一字槽无螺母大螺钉

tornillo limitador 止动螺钉

tornillo micrométrico 微调旋钮，测微螺栓

tornillo nivelador 校平螺旋，水准螺旋

tornillo para clavar 膨胀螺钉，螺纹；传动螺杆

tornillo para madera 木螺钉

tornillo para metales 机器螺钉

tornillo principal 导螺杆，丝杠

tornillo prisionero 止动螺钉，（圆端）无头螺钉

tornillo regulador 调整螺钉

tornillo remachado 铆接螺钉

tornillo retén 止动螺钉，固定螺钉

tornillo seguro 锁紧螺钉

tornillo sinfín 蜗杆

tornillo tangente de alidada （照准仪）微调螺旋，微动螺旋

tornillo tirafondo 板头尖端木螺钉，方头螺钉

tornillo transportador 输送螺旋；输送蜗杆

torniquete （只许向同一个方向逐个通过的）旋转栅门；曲柄，轴形柄；绕线器

torno 绞车，绞盘，卷扬机，卷缆车；车床，旋床，转盘，转轮；虎钳等夹持工具；（地铁进口等处设置的）旋转栅门；车闸，刹车；旋转，绕转

torno accionado por compresor de aire 风动绞车

torno auxiliar （绞车）猫头

torno auxiliar de enrosque y desenrosque 卸扣和上扣猫头

torno copiador de fresa 仿形铣床

torno corriente 普通车床

torno de banco 台钳

torno de fresa de copiar 仿形铣床

torno de herramientas 提升机，绞车，卷扬机；提捞滚筒；大绳滚筒拉缆轮，卷绳轮

torno de izar 提升机，绞车，卷扬机

torno de la tubería de producción 下油管用绞车

torno de las llaves 卸松螺纹猫头

torno de las tuberías 下管用绞车

torno de muestreo 捞砂滚筒

torno de pie 脚踏车床

torno de plato 端面车床

torno de pulir 磨光机，抛光机，磨削车床

torno de sondeo 钻井绞车

torno de taladrar 钻孔车床

torno del cable del achicador 捞砂滚筒，抽汲滚筒，提捞滚筒

torno esmerilador 打磨机，磨砂机；磨削车床

torno mecánico 普通车床

torno para entubación 下管用绞车

toro 环形圆纹曲面；环面，锚环；环状半圆线脚；柱脚圆盘线脚；磁环

toroidal 环形铁芯的，环形线圈的

toroide （铁芯、线圈）环形的；螺纹，环形线圈；环形铁芯，螺旋管

toroide magnético 磁芯

torón 钍射气

torpedeamiento 爆破，放炮，发射鱼雷

torpedeamiento de pozos 地震测井，井底爆破

torpedear 发射鱼雷；爆破

torpedo 孔内爆炸器；鱼雷，水雷；井底爆炸器

torque 扭矩，力矩，转矩；偏振光面上的旋转效应

torque rotatorio 旋转扭矩

torque de roscado 紧扣扭矩

torque relativo 相对扭矩

torquímetro 扭矩表

torquímetro para enrosque y desenrosque de tubería de producción 油管上扣/卸扣扭矩指示器

torre 塔，塔楼；钻塔，井架；塔式支架，塔架；天线塔

torre atmosférica de destilación primaria 初级蒸馏常压塔

torre de absorción 吸收塔，吸附塔

torre de amarre 系留塔

torre de anclaje 起锚塔，锚塔

torre de ángulo 转角塔

torre de antorcha 火炬塔

torre de burbujeo 鼓泡塔

torre de contacto 接触塔

torre de desprendimiento para cortes laterales 侧线汽提塔，侧线馏分汽提塔

torre de destilación 蒸馏塔

torre de destilación atmosférica 常压蒸馏塔

torre de destilación empacada 填充塔，填料塔

torre de destilación fraccionadora 分馏塔，精馏塔

torre de destilación instantánea 闪蒸塔

torre de destilación por expansión instantánea 闪蒸塔

torre de destilación primaria preliminar 预闪蒸塔

torre de destilación refinada 精馏塔

torre de destilación relámpago 闪蒸塔

torre de desviadores 挡板塔

torre de enfriamiento 冷却塔

torre de enfriamiento atmosférico 大气冷却塔

torre de enfriamiento con agua 水冷塔

torre de evaporación 蒸发塔

torre de expansión 闪蒸塔

torre de expansión primaria 初级闪蒸塔

torre de extensión 伸缩式井架

torre de extracción 井塔；采油气用的井架；提升塔

torre de extracción líquido-líquido 液液萃取塔

torre de farol 灯塔

torre de fraccionación 分馏塔，精馏塔

torre de fraccionamiento 分馏塔，精馏塔

torre de lavado 洗涤塔

torre de lavado con agua 水洗塔

torre de luz 灯塔，施工现场用照明塔

torre de mando 指挥塔楼

torre de perforación 钻塔，钻井架

torre de petróleo 石油井架

torre de pozo de petróleo 油井架

torre de pozo de petróleo de madera 木质油井架，木制井架

torre de reacción 反应塔

torre de redestilación 再蒸馏塔，再焦化塔

torre de refrigeración 冷却塔

torre de secciones enchufadas 伸缩式井架

torre de sondeo 钻塔，钻井架

torre de taladrar 钻塔，钻井架

torre de tratamiento 精制塔

torre de vacío 减压塔，真空蒸馏塔

torre de viga 井架，钻塔

torre deisobutanizadora 脱异丁烷塔

torre del separador 分离塔

torre depuradora 净化塔；洗涤塔

torre desasfaltadora 脱沥青塔

torre desgasificadora 脱气塔

torre desmetanizadora 脱甲烷塔

torre empacada 填充塔，填料塔

torre enfriadora 冷却塔

torre estabilizadora 稳定塔

torre evaporadora 蒸发塔

torre extractora de gas 脱气塔

torre fraccionadora 分馏塔

torre lavadora 洗涤塔

torre ozonizadora 臭氧化塔

torre para desprendimiento de gas 气提塔

torre para el enfriamiento con agua 水冷塔

torre para el tratamiento de la arcilla 黏土（处理）塔

torre para hidrocraqueo 加氢裂解塔，氢化裂解塔

torre para la reducción de la presión 减压塔

torre para pozos múltiples 多井眼井架

torre plegadiza 伸缩式井架

torre portátil de perforación 轻便钻机，便移式钻机，移动式钻机

torre rectificadora 精馏塔

torre refrigerante 冷却塔

torre refrigerante por pulverización 喷雾冷却塔，雾化凉水塔；喷淋冷却塔

torre retenida 绷绳稳定塔，拉索塔

torrente 激流，湍流，洪流

torrente de lodo 泥流，泥石流，泥崩

torrentera （激流的）水道，河床；激流，洪流

torrero 架工，井架工

torreta 小塔楼；炮塔；线塔

torrontero 冲积土

torsiógrafo 扭振自记器

torsiómetro 扭力计

torsión 拧，扭；扭转，扭力，转矩

torsión de retroceso 反扭矩

torsional 扭的，扭转的，扭力的

torta 糕，饼；圆饼状物

torta de filtro 滤饼

torta de lodo 滤饼

torta de lodo de perforación 钻井液滤饼

torta residual de filtro 残余滤饼

tortada 灰浆层

tortilla (horizonte duro en el suelo) 灰质壳，硬土层，硬质地层

tortoniense 托尔顿，托尔顿阶

tortuga 龟

tortuga de mar 海龟

tortuga de tierra 陆龟

tortuga marina 海龟

tortuosidad 曲折，弯曲；卷曲性，扭度

tortuoso 波状的，弯曲的；正弦形的

tortveitita 钪钇石

torva 风卷雪，风卷雨

tosca 凝灰岩

tosco 粗糙的，粗制的

tosilo 甲苯磺酰

tostación 煅烧，焙烧

tostador 烘烤的；烤具，烘烤器

tostar 烤，烘，焙，焙烧

total 全部的，全体的；全体，全部；总额，总计

total de averías en tránsito 共同海损

total de conjunto 全部的，所有的，全体的，总的，总计的

total de sólido (TS) 总固形物，全部固体颗粒，英语缩略为 TS (Total Solids)

toxafeno 毒杀芬，八氯茨烯（用作杀虫剂）

toxicación 中毒

toxicante 有毒的，有毒性的

toxicar 放毒，投毒

toxicida 解毒的；解毒剂

toxicidad 毒性，毒度，毒力

toxicidad de los hidrocarburos 石油毒性，油毒

toxicidad del petróleo 石油毒性，油毒

toxicidad dérmica 经皮中毒，皮肤吸收中毒，皮肤毒性

toxicidad liminal 毒性门限值，毒性界限

toxicidad venenosa 毒性门限值，毒性界限

tóxico 有毒的；毒药

tóxico de efecto general 普效毒物

tóxico para algas 杀藻剂

toxicometría 毒性测量计

toxina 毒素，毒质

toza (raíces) （被砍下的树的）树桩，树墩，残根

TP (tasa de penetración) 钻进速度，穿透速率，英语缩略为 ROP (Rate Of Penetration)

traba （两物之间的）连接物，固定物；（防止车轮滑动的）掩木，垫石；羁绊，绊脚石

traba de vapor 汽封

traba debida a fricción 摩擦连接，摩擦固定

traba por gas 气栓，气塞

trabajador 劳动的；勤劳的；工人，劳动者

trabajador petrolero nocturno 夜班石油工人

trabajador recién promovido 新晋工人；刚提拔的工人

trabajador temporal 临时工

trabajar 工作；干活，劳动，从事（某项活动）；（机器等）运转；（工厂）生产；（土地）出产；起作用，有效

trabajar a mano 手工劳作；手工操作

trabajar al ralentí 磨洋工，怠工

trabajar en ralentí 怠工

trabajo 工作，任务；劳动，作业；工作成果；作用，效力；（物理学）功

trabajo a la flexión 工作应力，许用应力，安全应力

trabajo con guayas 用电缆作业，钢缆起下作业

trabajo cotidiano 日常工作

trabajo de adhesión 附着功

trabajo de campaña 野外作业，现场工作，野外工作

trabajo de carga y descarga 装卸作业

trabajo de compresión 压缩功

trabajo de construcción 建筑工作

trabajo de deformación 变形功

trabajo de dragado 疏浚，挖泥

trabajo de fractura 压裂作业

trabajo de horas extras 加班

trabajo de mantenimiento y reparación 维修作业

trabajo de mina 采矿

trabajo de perforación 钻井作业

trabajo de reacondicionamiento 修井工作，修缮工作

trabajo de toma de agua 打水作业；进水口工程

trabajo diferido 推迟作业

trabajo eléctrico 电气工程

trabajo en cadena 流水作业

trabajo en serie 重复工作

trabajo estacional 季节性工作

trabajo físico (manual) 体力劳动

trabajo geológico 地质工作

trabajo intelectual (mental) 脑力劳动

trabajo intenso de poca duración 轮班

trabajo interino 临时性工作

trabajo mecánico 机械加工

trabajo ocioso 无效劳动

trabajo pesado 重活

trabajo por jornada 轮班工作

trabajo sismográfico 地震作业

trabajo útil 有效劳动

trabajoadicto 工作狂；醉心于工作的人

trabajos finales en la terminación de un pozo 完井的最后工作

trabamiento 连接，联结，接合；变稠

trabancada （灌溉渠的）闸门，闸板

trabar 结合，连接；固定，钩住；变稠（浓）；校正（锯齿）

trabazón 连接，接合；（液体的）黏稠性

tracción 拖，拽，牵引；驱动；牵引力

tracción animal 畜力牵引

tracción de superficie 表面附着力，表面摩擦力

tracción de vapor 蒸汽牵引

tracción delantera 前轮驱动

tracción eléctrica 电力牵引

tracción hidráulica 水力驱动；水力牵引

tracción humana 人力拖拽

tracción mecánica 机械牵引

tracción trasera 后轮驱动

traceador 示踪物，示踪剂

traceador radioactivo 放射性示踪剂，放射性示踪物

tracias 东北风

tracista 制图的；制图的人

tractible 拉力的，拉伸的，抗拉的

tracto 间距，间隔；期间

tractocarril 轨道公路两用车

tractóleo 拖拉机油，农用机械润滑油

tractor 拖拉机，牵引车；拖的，牵引的

tractor agrícola 农用拖拉机

tractor con pluma 带起重装置的拖拉机

tractor con pluma lateral 带侧置起重臂的拖拉机

tractor de cadenas 履带式推土机

tractor de carriles 履带式拖拉机

tractor de esteras 履带式拖拉机

tractor de oruga 履带式拖拉机

tractor de remolcador 牵引车

tractor de ruedas 轮式拖拉机，轮式牵引车

tractor de tiendetubos 管道敷设机，铺管机

tractor grúa 自带起重机的牵引卡车

tractor guinche 自带起重机的牵引卡车

tractor huinche 自带起重机的牵引卡车

tractor nivelador 推土机，粗碎机

tractor oruga 履带式拖拉机

tractor para uso general 万能拖拉机，万能牵引车

tractor remolcador 拖车，牵引车

tractor topador de ruedas 轮式推土机

tractriz 拖的，拽的，牵引的

traducción 翻译；译文，译著，译本

traductor 翻译，译者，笔译者

traductor jurado （指官方承认、有资格认证的）公共译员，官方翻译

traductor oficial （指官方承认、有资格认证的）公共译员，官方翻译

tráfico 贸易，买卖；交通，交往；运输

tráfico aéreo 空中交通，空运

tráfico de influencias 权与利交易

tráfico ferroviario 铁路交通；铁路运输

tráfico marítimo 海上交通，海运

tráfico rodado 车辆交通，车辆运输

tragacanto 黄芪；黄芪胶

tragadero 口，孔，水池的排水口；波谷

tragaluz 天窗，气窗，摇头窗

tragante （高炉的）炉喉，（反射炉的）排气口；（磨房的）进水渠；排水管口，烟囱管

tragante interno 内烟管，内烟道，室内烟道

tragantina 黄芪胶

tragavientos 抽气机

tráiler 拖车，挂车

tráiler dormitorio 卧室用营房

tráiler oficina 办公用营房

traílla 鞭子；杆齿耙，耕地机，耙矿机

traílla acarreadora 通用铲运机，轮式铲运机

traílla cargadora 耙斗装载机

traílla de arrastre 拖曳刮土机

traílla volcadora de arrastre 翻斗式拖铲，翻斗式拖曳刮土机

traillar 耙平（土地）

traína 拖网

traja （甲板上的）货物，船载

traje 外套；西装

traje de agua 雨衣

traje de buceo a una atmósfera 常压潜水防护服

traje de ceremonia 礼服

traje de gala 晚礼服

traje isotérmico （防烧伤、辐射线等的）防护服

trama 纬线，纬纱；（事物等）内在联系，各个环节

trama alimentaria 食物网

trama alimentaria acuática 水生食物网

trama alimentaria marina 海洋食物网

tramilla 细绳

tramitación 办理（手续）；处理；手续；协商

tramitador 办理手续的人，经办人

tramitador de permisos 许可（资质）的经办人

trámite 过渡；（合法的、正式的）程序；手续；办理手续

tramo （道路、河流、墙壁的）段，路段，河

段；跨度，跨距，跨径

tramo continuo de formación 岩心样品，岩样

tramo de dos caños soldados 双根焊接，双管焊接，双管连接

tramo de tubería doble 双管段

tramo de tubo corto 短节，短管

tramo paralelo 平行连接段

tramo suplementario 增补段，补充段

tramo volado 伸臂，悬臂，肱梁，臂梁

trampa （石油或天然气）圈闭；疏水器；陷阱；捕集器

trampa anticlinal 背斜圈闭

trampa combinada 复合圈闭，混合圈闭

trampa con cierre en las cuatro direcciones 四周闭合的圈闭，四个方向均闭合的圈闭

trampa con flotador de bola 浮球式阻汽具，浮球式疏水器

trampa de agua 疏水器；汽阱；汽水分离器

trampa de agua de expansión 膨胀式蒸汽疏水器

trampa de anclaje de tubería 油管锚捕捉器

trampa de arena 分砂器，除砂器；截砂池，沉砂池，拦砂阱，截砂坑

trampa de colina salada 盐丘圈闭

trampa de discordancia 不整合圈闭

trampa de domo de sal 盐丘圈闭

trampa de domo salino 盐丘圈闭

trampa de falla 断层圈闭，断层油捕

trampa de gas 气体分离器（收集器或捕集器），集气器

trampa de gasolina 汽油捕集器，汽油阱

trampa de hidrocarburos 油气圈闭，烃类圈闭，烃圈闭

trampa de líquido （天然气集输管线上安装的）集液器

trampa de llamas 火焰消除器，阻火器，火焰阻止器

trampa de petróleo 石油圈闭；隔油池，捕油器，集油槽，油捕

trampa de recepción 接收装置

trampa de vapor 疏水器；汽阱；汽水分离器；凝汽阀；蒸汽疏水阀

trampa depuradora de gases de horno 炉气净化器

trampa diagenética 成岩圈闭

trampa estratigráfica 地层圈闭

trampa estratigráfica formada durante la diagénesis de la roca depósito 成岩圈闭

trampa estructural 构造圈闭

trampa estructural y estratigráfica 复合圈闭，混合圈闭

trampa homoclinal 单斜圈闭

trampa lateral 侧向圈闭

trampa mixta 复合圈闭，混合圈闭

trampa petrolera 石油圈闭

trampa rociadora 雾滴捕集器

trampa termostática de vapor 恒温式疏水阀，恒温除水阀

trampilla de inspección 检查孔盖，人孔盖

tranca 棍，榜；（门、窗的）闩，拴；栅门

trans- 表示"横穿"，"在…那一边"；"反（式）"，"超"，"越"，"过"

transacción 让步，妥协，协议；买卖，交易；（双方作出让步的）协议书

transacción asociada 关联交易

transandino 安第斯山那边的；横穿安第斯山的

transatlántico 大西洋彼岸的；横渡大西洋的；（船舶）远洋的；远洋轮船

transaudiente 可通过声波的

transbordador 转载的；缆索布篮，运输吊篮；摆渡船，轮渡；摆渡桥

transbordador aéreo 高空索道，登山缆车

transbordador de ferrocarril 火车渡轮

transbordador espacial 航天飞机

transbordador funicular 缆索铁路

transbordar 转载，换乘，转船，换车

transbordo 转载，转运；换乘（船、车或飞机）

transceptor 无线电收发报机

transcontinental 横贯大陆的

transculturación 文化移植，文化渗透

transcultural 跨文化的，涉及多种文化的

transcurso （时间的）流逝；期间，一段时间

transducción 转导，转导作用

transductor 转换器，变频器，换流器

transductor activo 主动变换器，有源换能器

transductor de flujo continuo térmico 热线式连续层流转换器

transductor eléctrico 电换能器

transelementar 改变…的元素，调换…的元素

transferencia 转移，转让，让与；（银行）转账；传递，传输

transferencia ascendente de ozono 臭氧的向上输送；臭氧的上升输送

transferencia azimutal 方位转移

transferencia barco a barco 船靠船输油

transferencia de calor 传热，热传递，热能量输送

transferencia de calor en el espacio anular 环空热传递，环空热能量输送

transferencia de cinta a disco magnético 由磁带向磁盘传输

transferencia de custodia 存储交接；托管迁移，运输监护；密闭输送

transferencia de fluidos 液体转运，流体调运

transferencia de información en red 从网上下载

信息

transferencia de masa　质量传递，质量转移，物质转移

transferencia electrónica　电子转账，电子资金划拨

transferencia sigmoidea　S 形传递；S 形移送

transferencia tecnológica　技术转让，技术转移

transferible　可转移的，可移送的；可转让的

transferidor　转移者，移送者；转让者

transfluencia　（河流）改道；（冰川冰）越流

transfluxor　多孔磁芯，磁通转移器

transformación　变化，转变；变态，转化

transformación anaclástica　未剪切变形，未剪切应变

transformación de Fourier　傅里叶变换

transformación de gas en partículas　气粒转化，气—粒转化

transformación de un cuerpo químico en uno de sus isómeros　异构化，异构化作用

transformación del petróleo crudo　原油加工，原油改造

transformación física　物理变化

transformación inversa de Fourier　傅里叶反变换

transformación linear　线性变换

transformación química　化学变化

transformación rápida de Fourier　快速傅里叶变换，快速傅氏变换

transformada de Fourier　傅里叶变换

transformada inversa de Fourier　傅里叶反变换

transformador　变压器，变换器

transformador aislado en aceite　油浸式变压器

transformador automático　自耦变压器，单卷变压器

transformador de aire　空气变压器

transformador de alta frecuencia　高频变压器

transformador de audio　音频变压器，声频变压器

transformador de corriente　变流器，电流互感器

transformador de corriente alterna　整流器，整流管

transformador de frecuencia intermedia　中频变压器

transformador de impulsos　脉冲变压器

transformador de intensidad　电流变压器；电流互感器；变流器

transformador de potencial　测量用变压器，电压互感器

transformador de radiofrecuencia　射频变压器

transformador eléctrico　电力变压器

transformador elevador　升压变压器

transformador en aceite　油浸式变压器

transformador en serie　串接变压器

transformador enfriado por aceite　油冷变压器

transformador enfriado por soplo de aire　风冷式变压器

transformador multiplicador　升压变压器

transformador neumático　空气变压器；气动变压器

transformador oscilante　振荡变压器

transformador para parrilla　电网变压器

transformador para red　电网变压器

transformador para soldadura　焊接变压器

transformador para timbres　电铃变压器

transformador reductor　降压变压器

transformador trifásico　三相变压器

transformar　变更，变形；蜕变，转换；改造

transformarse en arcilla esquistosa　尖灭；泥岩封闭，页岩圈闭

transformarse en lutita　尖灭；泥岩封闭，页岩圈闭

transformarse en piedra　石化作用，石化

transformismo　物种变化论，进化论

transfusión　灌入，注入；传播；输液，输血

transgredir　违反，违犯（法律、法令、命令等）

transgresión　违反，违犯；海进，海侵

transgresión marina　海进，海侵

transición　（状态、形式等的）变化，转化，转变；过渡，过渡阶段；过渡期；跃迁

transicional　过渡的，处于过渡状态的

transientes　瞬变现象，过渡现象，瞬态，暂态

transistor　晶体管，半导体管

transistor unipolar　单极晶体管

transitabilidad　可通行性，通行能力

transitable　可通行的

tránsito　行走；通行；车辆行人来往；交通；过渡性（时期）；（旅途的）中间站；宿营地

transitorio　临时的，暂时的

translación　位移，转移，平移，直移

translúcido　半透明的，半透彻的

transmisibilidad　传导能力，传导率；透过率；可传递性

transmisibilidad de la formación　地层的传导性

transmisión　传递，传输；透射；变速装置，传动装置

transmisión a cable　绳索传动，钢丝绳传动

transmisión a fluido　液力传动

transmisión arrítmica　（计算机）起止传输

transmisión asíncrona　异步传输

transmisión con incidencia oblicua　斜入射传播

transmisión de calor　传热，热传导

transmisión de contramarcha　换向传动

transmisión de datos　数据传送

transmisión de derechos　权利的转让

transmisión de dominio　所有权转让

transmisión de engranaje　齿轮传动

transmisión de engranaje interno　内啮合齿轮传动

transmisión de frecuencia variable (VFD)　可变频率驱动，可变频率传动，英语缩略为 VFD (Variable Frequency Drive)

transmisión de la mesa rotaria　转盘变速器

transmisión de mando　权力移交

transmisión de marcha atrás　反向传动

transmisión de movimiento　传动装置

transmisión de retroceso　反向传动

transmisión del instante de explosión　爆炸瞬间传动，爆炸瞬时传动

transmisión del poder　权利的移交

transmisión en ángulo recto　直角传动

transmisión flexible　软传动

transmisión fluida　液力传动

transmisión hidráulica　水力传动，液压传动

transmisión por cable　电缆传动，绳索传动

transmisión por cadena　链传动，链条传动

transmisión por correa　皮带传动

transmisión por correa en V　三角皮带传动

transmisión por correa plana　平皮带传动

transmisión por engranajes　齿轮传动

transmisión por fricción　摩擦传动

transmisión por impulsos　脉冲传输

transmisión retardada　传递滞后；传动延迟

transmisión rotaria　转盘变速器

transmisión sin multiplicación　匀速传动

transmisión sincrona　同步传输

transmisión ultrasónica　超声波传导

transmisividad　传输系数；透射率；透光度

transmisor　发射机，传送机

transmisor de radio　无线电发射机

transmisor de torsión　变矩器，变扭器，转矩变换器

transmisor del momento de torsión　变矩器，变扭器，转矩变换器

transmisor-receptor　收发机，收发报机，收发两用机

transmitencia　透射比；透明性；过滤系数，传递系数

transmitencia de luz　透光度

transmitir　传递，传达（消息、信息、问候等）；广播，播放；传导，传动

transmitividad　透射率，透射系统

transmodulación　交叉调制，交扰调制

transmudar　使迁徙，使迁移；使变成；倒，折倒（液体）

transmutabilidad　可转化，可变化性；可蜕变性

transmutable　可转化的，可变化的；可蜕变的

transmutación　转变，转换；变形，蜕变

transmutación del átomo　原子蜕变

transmutatorio　引起转化的；引起蜕变的；引起嬗变的

transnacional　超出国界的，跨国的；跨国公司

transoceánico　大洋对岸的；横贯大洋的；穿越大洋的

transónico　跨音速的

transpacífico　太平洋对岸的；横贯太平洋的

transparencia　透明性，透光度

transparente　透明的，透光的

transpiración　排出，渗出，散发；发汗，出汗；蒸腾作用，蒸发

transpirar　排出，渗出，散发；（液体通过物体表面）渗出；（墙壁）返潮；发汗，出汗；蒸腾

transpondedor　脉冲转发机，无线电脉冲转发器

transportabilidad　轻便，轻便性，可携带

transportable　可运输的，可运送的；便携的，便携式的

transportación　运输，输送，搬运，转移

transportación común　联合运输

transportado por el viento　风成的；风运来的，风搬运的

transportado por río　河流运来的，河流搬运的

transportador　传送带，传送装置；量角器，半圆规

transportador a rodillos　滚柱式运输器，滚柱式输送器

transportador a tornillo　螺旋输送器，螺旋输送机

transportador de ángulo　量角规，分度规，测角仪

transportador de banda de acero　钢带输送机

transportador de cadena　链式运输机

transportador de cadena sin fin　轮链式运输机，环链式运输机，链式传送机

transportador de crudo　油轮

transportador de LNG　液化天然气运输船

transportador mecánico　机械式运输机，运输带，皮带运输机

transportador sin fin　螺旋输送器，螺旋输送机

transportador ultra grande de crudo　超大油轮

transportar　运输，运送，传送；输送，搬运

transporte　运输，输送，搬运；交通工具（船或其他装置）；运积（指沉积物或风化物质移至沉积地）

transporte aéreo　空运

transporte conjunto　联合运输

transporte de acceso abierto　开放式运输

transporte de carga　货物运输，货运

transporte de crudo　原油运输

transporte de cuadrillas　人员运输车

transporte de desechos　废弃物运输

transporte de desechos peligrosos　有害废弃物资运输

transporte de hidrocarburos　油气运输

transporte de petróleo　石油运输

transporte de petróleo en camiones tanque　用罐车运输石油

transporte de sólidos por tuberías　固体的管道输送

transporte de un contaminante por el suelo　污染物在土壤中的运移

transporte ferroviario　铁路运输

transporte fluvial del petróleo　内河石油运输

transporte hidráulico　水力运输，水运

transporte marítimo　海运

transporte marítimo del petróleo　海上石油运输

transporte marítimo y oceánico　海洋运输

transporte terrestre　陆上运输

transporte terrestre de petróleo　石油陆上运输

transporte y almacenamiento de petróleo　石油储运

transportista　运输业者

transposición　互换位置，转换，转置，移动，移置

transpositivo　互换位置的，移位的

transpresión　扭压，转换压缩，转换挤压作用，扭压作用

transreceptor　收发机，收发两用机，无线电收发机

transtensión　转换拉伸（扩张或拉张），扭张作用

transubstanciación　变质，物质的改变

transubstanciar　使变质，使变成另一物质

transudación　漏出

transuránico　超铀的，铀后的；超铀元素，铀后元素

transvasar　折倒，轻轻倒出（液体）；把（水）引入

transvasar con sifón　用虹吸管吸出（液体）；用虹吸管把（水）引入

transversal　横向的，横切的；截线，正割，贯线

transverso　横向的，横切的；横向物，横向构件

tranvía　电车道，有轨电车道；电车，有轨电车

tranvía aéreo　架空索道；高架电车道，空中缆车

trapacete　日记账，流水账

trapezoidal　梯形的，四边形的

trapo　破布，碎布；船帆，幕布

traquetear　发出连续的响声；摇动，摇晃

traquiandesita　粗安岩

traquibasalto　粗玄岩

traquita　粗面岩

trasero　后方的，后面的；后方，背面，背后

trasiego　（物品的）移动，搬动；（液体的）折倒，倾注

traslación　移动，搬动；迁移；平移

trasladar　搬动，移动；迁移；转移；调任

traslado　搬动，搬迁，搬家；迁移；调任，调动；贷款的转让

traslado de equipo　设备搬运，设备搬迁

traslado de tierra　运土

traslado de un contaminante　污染物搬运

traslapar　叠压，遮盖

traslape　叠压部分，遮盖部分

traslape progresivo　超覆，上超，侵覆；上覆层

traslape regresivo　退覆

traslape transgresivo　超覆，侵覆

traslapo　叠压部分，遮盖部分

traslapo progresivo　超覆，上超，侵覆；上覆层

traslapo regresivo　退覆

traslapo transgresivo　超覆，侵覆

traslucidez　半透明性

traslúcido　半透明的

trasluz　透射光；反射光

trasminar　在（某处）挖地道；（气味或液体）透进，透过

traspasar　搬动；穿透，刺透，渗透；转让，出租；出倒，出盘；超越，逾越；违反

traspaso　搬动；调动；穿透，渗透；转让，出租；出倒，出盘；传递，传导；转让物；转让价；出租价；盘出价

traspaso de acciones　股票转让

traspaso de calor　热传导

trasroscarse　（螺纹）脱扣

trasteo　搬家，搬迁

trasto　家具，家什（尤指无用的）

trastorno　颠倒，翻转；（身心、机能的）失调，紊乱

trasvasar　折倒，轻轻倒出（液体）；把（水）引入

trasvase　折倒，轻轻倒出（液体）；引水，下载

trasverter　（液体）漫出，溢出

tratado　处理过的；条约，协定

tratado al calor　热处理的

tratado con un disolvente　用溶剂处理的

tratado constitutivo　组建条约

tratado multilateral　多边协定，多边条约

tratado térmicamente　热处理的

tratador　做买卖的（人）；处理者；处理器

tratador cáustico　碱性处理器

tratador de caudal　油水分离器

tratador electrostático　静电处理器

tratador térmico　加热处理器，热处理槽

tratamiento　处理，加工；治疗；待遇，对待

tratamiento ácido　酸化，酸处理

tratamiento ácido de pozos 油井的酸化处理
tratamiento acústico 声学处理，防声措施
tratamiento al calor 热处理
tratamiento alternativo 替代疗法
tratamiento biológico 生物处理法
tratamiento biológico del agua de descarga o de desecho 废水生物处理，污水生物处理
tratamiento bioquímico 生化处理
tratamiento bruto 预处理，初步处理
tratamiento con (de) argón 氩气处理
tratamiento con ácido 酸化，酸化处理
tratamiento con ácido-arcilla 土酸处理
tratamiento con ácido por el método de contacto 接触法酸化处理
tratamiento con álcalis 碱处理
tratamiento con cal 用石灰处理
tratamiento con cobre 用铜处理
tratamiento con explosivos 地层压裂
tratamiento con hipoclorito 次氯酸盐处理
tratamiento con óxido de plomo 用铅氧化物处理
tratamiento con plumbito 用亚铅酸盐处理，用铅酸盐处理
tratamiento con solvente 用溶剂处理
tratamiento de agua en circulación 循环水处理，活水处理
tratamiento de aguas residuales 废水处理，污水处理
tratamiento de las aguas cloacales 污水处理
tratamiento de las aguas de alcantarillado 污水处理，废水处理
tratamiento de listas (LISP) 编目处理，表处理，英语缩略为 LISP (List Processing)
tratamiento de los desechos 废物处理，废渣处理，废水处理
tratamiento de los desechos en tierra 废物的地面处理
tratamiento de neutralización 中和处理
tratamiento de remedio 补救处理，修补处理
tratamiento de superficie 表面处理
tratamiento del agua 水处理，水净化
tratamiento del gas 天然气的处理
tratamiento del gas por glicol-amina 通过乙二醇—胺进行气处理
tratamiento del lodo 泥浆处理
tratamiento del mineral 矿石处理
tratamiento en simultaneidad 并行处理
tratamiento físico y mecánico para las aguas residuales 废水的物理和机械处理
tratamiento hipoclorítico 次氯酸盐处理
tratamiento mecánico 机械加工
tratamiento osmótico 渗透处理
tratamiento para eliminación de esfuerzos o tensiones 应力解除处理，应力释放处理，应力消除处理

tratamiento por absorción de silicio 硅化处理
tratamiento por arcilla 黏土处理
tratamiento por calor 热处理
tratamiento por contacto húmedo 湿接触处理法
tratamiento por el método de fase de vapor 汽相法处理，汽相处理法
tratamiento por etapas 分阶段处理，分段处理
tratamiento por lotes 分批处理
tratamiento por tandas 分批处理
tratamiento preferente 优先处理，优待
tratamiento químico 化学处理
tratamiento reparador 补救处理，修补处理
tratamiento salino 盐处理
tratamiento secundario 二级处理
tratamiento terciario 三级处理
tratamiento térmico 热处理
tratamiento térmico para reducir los esfuerzos 消除应力的热处理
tratar （用特定的工序进行）处理；对待；医疗，医治；就（买卖、事物等进行）商谈，讨论
tratar aguas negras por aeración prolongada 用延长通气（或曝气）的方式处理污水
tratar al calor 热处理
tratar con ácido 酸处理，酸化，酸化处理
tratar con ceniza 灰化，把…变成灰粉
tratar con flúor 用氟处理
trato 交往；招待，待遇；使用，操作；协议
traulita 水硅铁矿
trauma 创伤，外伤
traverselita 绿透辉石
travertino 钙华，石灰华
travesaño 横撑，斜撑；横梁，斜梁；支护横梁；枕木，轨枕
travesaño de apoyo 枕木，轨枕
travesaños de la torre 井架横梁
travesero 横的，横置的
traviesa （两点之间的）距离；枕木，轨枕；（车底盘的）横梁；椽子；承重墙；横向坑
trayectoria 轨道，轨迹；路线，径迹
trayectoria braquistocrónica 最小时程，最速降线
trayectoria de la energía 能量轨迹
trayectoria de la onda sísmica 地震波射线轨迹
trayectoria de rayo 射线路径，射线途径，光程
trayectoria de tiempo mínimo 最小时程，最短时程
trayectoria de un ciclón 旋风（或气旋）轨迹
trayectoria de un contaminante 污染物（运移）轨迹，污染物（传播）途径
trayectoria del hoyo 井眼轨迹
trayectoria del pozo 井眼轨迹

trayectoria del pozo horizontal　水平井井眼轨迹

trayectoria farádica　法拉第通路

trayectoria lineal　线性轨迹

traza　蓝图；交点，交线；形迹，轨迹

traza axil　轴迹，轴线

traza de corte　剖面线，剖面位置线

traza de falla　断层线

traza de ganancia　增益道，增益曲线

traza de petróleo　油痕，油迹，油显示

traza de sección　剖面线，剖面位置线

traza sísmica　地震道，地震记录迹

traza sismográfica　地震解释成果图

trazado　绘制；设计图，蓝图；轮廓，外观；路线，走向

trazado auxiliar　任意连测导线

trazado de reflexiones　反射测线

trazado de una poligonal　导线测量

trazado del plano de un terreno　土地测量绘制

trazador　绘图员；描图器；示踪物，示踪器

trazador de vapor　蒸汽示踪剂

trazador isotópico　同位素示踪物

trazador radioactivo　同位素（放射性）示踪物，放射显迹物

trazador transitorio en el océano　海洋中的瞬变示踪剂

trazadora de curvas　绘图仪，绘图机

trazar　描画（线条等）；绘制；设计，起草（方案）；描绘

trazar líneas　绘制线条；描画线条

trazar un mapa　绘图，制图

trazo　线条，线路；轮廓

trazo lleno　实线

trazo y punto　虚线

trébedes　（在火上支锅用的）三腿炉架，三脚铁架

trebentina　松节油

trecheador　传运工

trechear　（一段距离一段距离地）传运

trecho　（一段）路途，距离；（一段）时间；地块，地段

trecho no forestal　无森林地段

trefilación　拔丝，金属拔丝

trefilado　拔丝，金属拔丝

trefilador　拔丝工人

trefiladora　拔丝机，金属拔丝机

trefilaje　拔丝，金属拔丝

trefilar　把（金属）拔成丝

tremedal　跳动沼，颤沼

trementina　松脂；松节油

tremolina　旋风，呼啸大风

tremolita　透闪石，透闪岩

tren　火车，列车；成套机器，成套设备，成套物品；钟表齿轮；列，一系列，一连串

tren articulado　铰接列车

tren de aterrizaje　起落架

tren de ensamblaje　装配线，装备流水线，装配作业线

tren de olas　波列

tren de ondas　波列

tren descendente　下行列车

tren directo　直达快车

tren discrecional　不定期列车

trenza　发辫；辫子，辫状物

trenza de amianto　石棉绳

trenzado　发辫；河道交织作用

trenzadora　制绳机，辫绳机，制缆机

trenzamiento　辫状沉积，带状沉积

treonina　苏氨酸

trepa　攀登，攀缘；穿孔，打眼，打洞

trepado　穿孔，打眼，开洞

trepador　（植物）攀缘的，爬蔓的；（爬电线杆用的）脚扣；善于攀登的人

trepadora　打齿机，打孔机

trépano　（钻探用的）钻机，钻，钻头，环钻；环锯

trépano a rodillos　牙轮钻头

trépano Big Eye　单眼钻头（一种用于喷射造斜的钻头）

trépano canasto　带开口朝上的取岩样筒的钻头，带取样筒的钻头

trépano cola de pescado　鱼尾钻头

trépano cónico　牙轮钻头，锥形牙轮钻头

trépano corriente　普通钻头

trépano de aletas　刮刀钻头，翼状钻头

trépano de aletas cambiables　可更换刀片钻头

trépano de aletas remachadas　铆接刮刀钻头

trépano de aletas soldadas　焊接刮刀钻头

trépano de arrastre　刮刀钻头

trépano de arrastre de cuatro aletas　四翼刮刀钻头

trépano de arrastre de tres aletas　三翼刮刀钻头

trépano de chorro　喷射式钻头，带喷口的钻头

trépano de conos　牙轮钻头

trépano de cruz　十字形钻头

trépano de cuatro aletas　四翼钻头

trépano de cuatro fresas　四翼刮刀钻头

trépano de cuchillas cambiables　可更换刀片钻头

trépano de dedos múltiples　多翼刮刀钻头

trépano de discos　盘式钻头

trépano de dos aletas　二翼钻头，两翼钻头

trépano de extensión　接长钻

trépano de orejas　多级钻头，塔形钻头

trépano de paleta　铲形钻头

trépano de punta　锥形钻头

trépano de punta de diamante　尖头钻头，金刚石尖头钻头

trépano de rodillos　牙轮钻头，滚轮钻头
trépano de toberas　喷射式钻头，喷口钻
trépano de tres aletas　三翼钻头
trépano dentado　锯齿钻头
trépano embolado　泥包钻头
trépano empastado　泥包钻头
trépano ensanchador　扩眼钻头，扩孔钻头
trépano ensanchador para pozo piloto　试验井扩眼钻头
trépano espiral　麻花钻，螺旋钻
trépano excéntrico　偏心钻头
trépano fresa　铣磨钻头
trépano iniciador　开眼钻头
trépano moledor　铣磨钻头
trépano para formación blanda　黏土层钻头，钻泥用钻头，钻泥层用钻头
trépano para formaciones duras　硬地层钻头
trépano para perforación a cable　顿钻钻头，绳式顿钻钻头
trépano para perforación dirigida　定向钻头
trépano para roca　硬岩钻头，凿岩钎头，凿岩钻头
trépano piloto　导向钻头，超前钻头，领眼钻头，试验性钻头
trépano plano de aletas terminado en punta (pesca)　尖头刮刀钻头
trépano rectificador　扩孔钻头，扩眼钻头
trépano rectificador recto　直槽绞刀，直刃绞刀（仅用于较小幅度扩眼）
trépano rotativo a disco　滚轮钻头
trépano rotativo para roca　旋转硬岩钻头，旋转凿岩钻头
trépano sacanúcleo para formación blanda　软地层取心钻头，软岩层岩心钻头
trépano sacatestigos　取心钻头，岩心钻头
trépano sacatestigos para formación dura　坚硬岩层取心钻头，硬地层取心钻头
trépano triturante　破碎钻头
trépano utilizado en el sondeo con cable　绳式顿钻钻头
trepar　（植物）攀缘；向上爬；穿孔，打眼，打洞
trepidación　振动，震动，摆动
trepidador　振击器
trepidar　颤动，震动
trepidómetro　颤动计，震动计
tres direcciones　三向
tri-　表示"三"
TRI（tasa de rendimiento de influjo/afluencia）井底流入动态速率，向井流动动态速率，井底流压—产量关系率
triac　三端双向可控硅开关元件，双向三端闸流晶体管

triacetato　三醋酯纤维
triacetina　三醋精
triácido　三元酸
triacontano　三十烷
triangulación　三角测量，三角测量数据；三角剖分，三角形化
triangulación gráfica　图解三角测量
triangulación nadiral　天底点辐射三角测量
triangular　三角的，三角形的
triángulo　三角形（物）
triángulo acutángulo　锐角三角形
triángulo congruente　全等三角形
triángulo de seguridad　三角安全警示牌
triángulo equilátero　等边三角形，等腰三角形
triángulo oblicuángulo　斜三角形，任意三角形
triángulo obtusángulo　钝角三角形
triángulo ortogonio　直角三角形
triángulo oxigonio　锐角三角形
triángulo plano　平面三角形
triángulo rectángulo　直角三角形
trías　三叠系，三叠纪
triásico　三叠纪的，三叠系的；三叠纪，三叠系
triásico tardío　晚三叠世，晚三叠统
triatómico　三原子的；三基的
triaxial　三轴，三轴的
tribasicidad　三价，三碱
tribásico　三价的，三碱的
triboelectricidad　摩擦电
tribología　摩擦学
triboluminiscencia　摩擦发光
tribómetro　摩擦计
tribromacético　三溴醋酸的
tribromoetanol　三溴乙醇
tribromometano　三溴甲烷
tribunal　法院；法庭，审判庭；（考试、比赛等的）评判委员会，评审委员会
tribunal de apelación　上诉法院
tribunal de casación　上诉法院
tribunal de cuentas　审计机关
tribunal internacional　国际法院
tribunal local　地方法院
tribunal militar　军事法院
tribunal supremo　最高法院
tributario　贡赋的，赋税的；进贡者，纳税人
tributo　纳税，捐税
tricálcico　三钙的
tricanto　三棱石
triceta　三销架
tricíclico　三环的
triciclo　三轮车；三轮摩托车
triclínico　三斜的，三斜晶系的；三斜晶系
triclorado　三氯的
triclorfenol　三氯苯酚

triclormetano　三氯四烷，氯仿

tricloroetileno　三氯乙烯

tricloruro　三氯化物

tricono ensanchador　扩孔器，扩孔钻，整孔器

tricopirita　针镍矿

tricosano　二十三烷，二十三碳烷

tricresil fosfato　磷酸三甲苯酯

tricromático　三色的，天然色的，三色版的

tricromatismo　三色性，三色像差

tridecano　十三烷

tridimensional　三维的，三度的，三面的

tridimita　鳞石英

triedro　三面体，三面形，坐标三角形

trifana　锂辉石

trifásico　三相的；插头

trifenilamina　三苯胺

trifenileno　三亚苯

trifenilmetano　三苯四烷

trifenol　三酚

trifilina　磷铁锂矿

trifinio　三地交界区

trifocal　三焦点的

triforme　具三种形态的

triglucosa　三糖

trigonal　三角晶系

trigonita　砷锰铅矿

trigonometría　三角学，三角法，三角

trigonometría analítica　分析三角学

trigonometría esférica　球面三角

trigonometría plana　平面三角

trigonométrico　三角学的，三角法的，三角的

trihectano　三百烷

trihexacontano　六十三烷

trihídrico　三羟（基）的

trilateral　三边的

trilita　三硝基甲苯

trillón　艾，艾可萨，10 亿亿，10^{18}（注：美国英语中 trillion 是指万亿，相当西班牙语中的 billón，而美国英语中的 billion 为十亿）

trilobites　三叶虫

trímero　三聚物，三体，三联体

trimestral　季度的，三个月的

trimestre　季度，三个月；季度收支；季刊

trimetilamina　三甲胺

trimetilarsina　三甲砷

trimetilbenceno　三甲苯

trimetileno　环丙烷，丙撑

trimetilo　三甲基

trimétrico　斜方的，斜方晶的，三维的

trimmer　微调电容器，调整片

trimolecular　三分子的

trimorfismo　三形，三态现象

trimorfo　三形的，三态的

trimotor　三引擎的；三引擎飞机

trincar　抓住，逮住；（船）张帆停泊；系紧，拴住

trinchera　战壕，堑壕，（公路、铁路的）路堑

trineo　雪橇，爬犁；滑板，滑橇

trinitrobenceno　三硝基苯

trinitrofenol　三硝基苯酚

trinitrometano　三硝基甲烷

trinitrotolueno　三硝基甲苯（略作 TNT）

trino　含有三件不同东西的；由三个构成的；三重的；三进制的；三元的

trinomio　三项式

trinquete　棘爪，止动爪；挡块，门掣；前桅

trinucleado　三核的

tríodo　三极管

triol　三元醇

trioleína　三油精（指天然的甘油三油酸酯）

triosa　丙糖

trióxido　三氧化物

trioxipurina　尿酸

tripanosoma　锥体虫

tripastos　三滑轮组

tripentacontano　五十三烷

triplano　三翼的；三翼飞机，三翼机

triplaza　三座的；三座飞机

triple　三倍的；三重的，三部分组成的；三倍数；三倍量；三脚插头；三倍地

tripleta　三物一组；立根，三联管，三根钻杆组成的立根

triplete　三物一组；三合透镜

triplex　夹层玻璃

triplex bomba con damper　带减振器的三缸泵

triplicado　三倍的，三重的；（文件等的）第二个副本

triplita　氟磷铁锰矿

trípode　三脚桌；三腿凳；三脚架

tripoide　球笼万向节，等速万向节

trípol　硅藻土，硅石土

trípoli　硅藻土，硅石土

tripolifosfatos　三聚磷酸盐

tripolita　硅藻土，硅石土

triptano　三甲基丁烷（一种高抗爆的发动机燃料，常掺入航空汽油中以提高功率）

tripulante　船员；机组人员

tripular　驾驶（飞机、船舶或航天飞船等）；为（船只或飞机）配备人员；掺混（液体）

triquita　发雏晶，发晶

trirreactor　三喷气发动机的；三发喷气机

trirrectángulo　三直角的

trirrejilla　三栅极的

trisacáridos　三糖

triscado　正锯，修整锯齿

triscador　正锯的，修整锯齿的；正锯器

trisector 三等分的；三等分器

trisextante 三镜六分仪

trisnitrato 三硝酸酯

trisque 正锯，修整锯齿

tristearina 甘油三硬脂酸酯；三硬脂酸甘油酯

trisubstituido 三代的，三元取代的

trisulco 三尖的，三齿的；三沟的，三槽的

trisulfuro 三磺酸盐，三硫化物

tritetracontano 四十三烷

tritilo 三苯甲游基

tritio 氚（氢的放射性同位素），超重氢

tritocorita 钒铅锌矿

tritomita 硼硅铈矿，钇锥稀土矿，褐硅硼钇矿

tritón 氚核

tritóxido 三氧化物

tritriacontano 三十三烷

triturable 可粉碎的，可破碎的

trituración 粉碎，破碎

trituración mecánica de desechos 废物机械粉碎，废弃物机械粉碎

triturado 粉碎的，破碎的

triturador 研磨机

trituradora 粉碎机，破碎机；研磨机，碎石机

trituradora a choque 冲击式磨矿机，冲击式铣鞋

trituradora de barras 棒式破碎机

trituradora para bolas 球磨机

triturar 打碎，磨碎，粉碎，破碎

triturar minerales con martillo 用锤子破碎矿物

triturio 分液杯

trivalencia 三价

trivalente 三价的；有三重价值的

triyoduro 三碘化物

triza 碎屑，碎片，吊索，升降索

trocha 小道，小路；近道，轨距

trocha ancha 宽轨

trocha angosta 窄轨

trocha para deslizar la madera 集材道

trochotrón 电子转换器；摆线管

trocla 滑轮，滑车

trocoide （长短辐）旋轮线，（次）摆线

troctolita 橄长岩

troilita 陨硫铁，硫铁矿

trolebús 无轨电车

trolla 托泥板

tromba 水龙卷

tromba de agua 暴雨

tromba de aire 旋风

tromba marina 水龙卷，海龙卷，海上龙卷风

tromel 滚筒筛；洗矿筒

tromómetro 微震计，微地震测量仪

trompa 水龙卷；陀螺，吸管，抽气机，（熔炉的）鼓风管，送风筒

trompa neumática 真空器，抽气机

trompeo 撞击，碰撞

trompo 陀螺；（汽车打滑）失控，（车轮）旋转；管口扩器

trona 天然碱

tronada 雷雨

tronador 爆竹，爆管

troncal 树干的；躯干的；主要的，主干的

tronco 截锥体；树干，树身；主干，主渠，主体

tronco de ancla 拉桩

tronco de árbol 桅杆

tronco de cono 截头锥体，平截头圆锥体

tronco fósil 煤化树干；树干化石；硅化木

tronco petrificado 硅化木，木化石

tronco sin elaborar 未加工的木材

troncos afianzados 板根，板状根；扩基树干

troncos nervudos 板根，板状根；扩基树干

tronera 枪眼，炮眼，射击孔；小窗

tronzadera 横锯

tronzado 锯，锯断；横锯

tronzador 横锯，横锯机，切割机

troostita 锰硅锌矿

tropadino 超外差电路

tropical 热带的；回归线的；炎热的

tropicalización 耐高温；适应热带气候

tropicalizar 进行耐高温处理；使适应热带气候

trópico 回归线的；回归线；热带地区

tropiezo 绊倒，磕绊；失误，差错；争执，冲突

tropodispersión 对流层散射

tropopausa 对流层顶

troposfera 对流层

troposférico 对流层的

troquel （硬币、徽章等的）冲模，压模；（板料的）剪裁器，剪裁机

troquelado （硬币、徽章等的）冲压；浸润；冲压件，冲压片

trostita 锰硅锌矿

troza （准备开板的）原木；滑珠环

troza sin elaborar 未加工的木材

trozo 块，段

trozo corto de cañería (tubería) 短管，短接，短接管

trozo de cañería 短管，短接，短接管

trucha 河鳟；起重机

truco 窍门，诀窍

truco de mercadeo 营销技巧，销售窍门

trumajoso 含火山岩土的，像火山岩土的

truncado 被截的，截断的；残缺的，削蚀的

truncamiento 截顶；削截，截断，削蚀

truncamiento erosional 削蚀作用，侵蚀削截

truncamiento erosivo 削蚀作用，侵蚀削截

TSCF (un millón de millones de pies cúbicos

estándar）　万亿标准立方英尺，英语缩略为 TSCF（Trillion Standard Cubic Feet）

tsuga　铁杉

tsunami　地震海啸，海震，海啸

tubería　管，管道，管材，管道系统

tubería acodada　弯管，曲管

tubería acodada en la fábrica　工厂预制弯管，预制弯管

tubería adaptada　制造好的管材，装配式的管材，预制管

tubería anticorrosiva　防腐管材

tubería aprisionada　被卡的钻杆，卡住的管子

tubería armada en fábrica　工厂预制管，工厂装配好的管子

tubería articulada　接缝管

tubería auxiliar perforada　辅助多孔管

tubería bajante　下降管

tubería calada　筛管

tubería cementadora　固井管柱

tubería ciega　不带眼的管子

tubería colectora　集油管，集输管线，集油管线

tubería con extremos exteriores de mayor espesor　外加厚油管，外加厚管线

tubería conductora　导管

tubería continua　卷筒管，挠性油管

tubería continua de educción　连续油管

tubería corta de revestimiento　短套管

tubería de acero　钢管

tubería de ademe　套管

tubería de ademe soldada a solapa　搭焊套管

tubería de agua　水管线

tubería de agua salada　盐水管道

tubería de aislamiento térmico　隔热管材

tubería de alta presión　高压管线

tubería de alta resistencia　高强度管材

tubería de anclaje　锚管

tubería de barro vitrificado　陶化黏土管，上釉黏土管，陶土管

tubería de bomba a los tanques de almacenamiento　从井口至计量罐的管线，从井口至集油罐的管线

tubería de bombeo　抽油管；抽水管；抽汲管

tubería de cola　尾管

tubería de combinación　多油品管线

tubería de conducción　多油品管线；海底管线；悬跨管线

tubería de conducción principal　总管线

tubería de costura espiral　旋转焊接套管，螺旋焊接套管

tubería de descarga　放喷管线，出油管线

tubería de descarga de la bomba　泥浆排浆管线，泥浆泵出口管线

tubería de diámetros combinados　直径分段逐渐减小的复合油管柱，直径分段减小的油管柱

tubería de dilatación　膨胀管，扩张管

tubería de disparo　放喷管线，出油管线

tubería de drenaje　排水管

tubería de ducto　集输管线用管

tubería de educción　抽油管柱，生产管柱

tubería de elevación　立管

tubería de entubación lisa　光管

tubería de entubación para pozos de petróleo　油井套管

tubería de escape de un vehículo　汽车尾管，汽车排气管

tubería de expansión　胀管

tubería de explotación　开发管柱，生产管柱

tubería de extremidad cónica　直径分段逐渐减小的复合油管柱

tubería de fibrocemento　石棉水泥管

tubería de flujo　放喷管线，出油管线，油、气、水管线

tubería de flujo descendente　下导管，下流管

tubería de gas　气管线

tubería de inducción　进口管；吸入管

tubería de inyección　注射管

tubería de juntas cortas　短钻杆

tubería de juntas especiales integradas　管端成平坦线套管，螺纹连接的无接箍套管

tubería de Kimberlita　金伯利岩筒

tubería de la bomba a los tanques　出油管线

tubería de la conducción de gas　气管；排气管；导气管

tubería de lámina soldada　焊接管，焊缝管

tubería de lavado para la limpieza de un pescado　落鱼冲管，落鱼洗管

tubería de línea　管线用管，干线用管

tubería de lodo　泥浆管线

tubería de pequeño diámetro　小口径油管

tubería de perforación　钻杆，钻柱，钻具

tubería de perforación con puntas　带尖儿钻杆

tubería de perforación de punta libre　开口钻杆

tubería de perforación extrapesada　加重钻杆，加厚钻杆

tubería de pestaña　法兰式管柱，凸缘管柱，带法兰的管子

tubería de petróleo　输油管线；油管

tubería de producción　生产油管，生产管柱，油管

tubería de producción de diámetro muy reducido　小口径油管

tubería de producción marina　海上采油管线

tubería de protección　中间套管，技术套管，中层套管

tubería de punta abierta　开口钻杆

tubería de recalcado exterior　外加厚管材

tubería de recolección　集油管，集输管线，集油管线

tubería de refuerzo exterior　外加厚管材

tubería de rehabilitación　修井管柱

tubería de resalto exterior　外加厚管材

tubería de revestimiento　套管

tubería de revestimiento auxiliar sin perforaciones　无眼衬管

tubería de revestimiento de acero sin costura　无缝钢套管，整拉钢套管

tubería de revestimiento de explotación　生产套管，油层套管

tubería de revestimiento de junta lisa　平接式套管

tubería de revestimiento de junta tipo Boston　波士顿型插接套管，波士顿型套接套管

tubería de revestimiento del hoyo inicial de un pozo　表层套管

tubería de revestimiento final　油层套管，生产套管

tubería de revestimiento intermedia　中间套管，技术套管，中层套管

tubería de revestimiento libre　未固水泥的套管

tubería de revestimiento para explotación　生产套管

tubería de revestimiento soldada a solapa　搭焊套管

tubería de segunda mano　二手管材

tubería de serpentín　挠性管，缠绕管

tubería de subida　立管

tubería de succión　吸入管

tubería de superficie　表层套管

tubería de surgencia　油管柱，自喷管柱，生产管柱

tubería de traslado　转油管线

tubería de vapor　蒸气管道，蒸汽管线

tubería del levantador　出水管；立管

tubería devanada　缠绕管，连续油管

tubería doble extrafuerte　特高强度管子，双加厚管，特加厚管

tubería educta　排出管，泄放管

tubería embridada　带法兰管材，凸缘管

tubería enchaquetada　夹套管材，夹套式管材

tubería enrollada　挠性管，缠绕管，卷筒管

tubería enterrada　埋藏线，地下管线，埋地管道

tubería estirada en frío　冷胀管

tubería extrapesada　加重钻杆，加重管子，特强管

tubería filtro ranurada　条缝滤水管，长孔滤管

tubería flexible　挠性管，软管

tubería gemela　双管管道

tubería guía　导向套管，导管，表层套管

tubería inicial de revestimiento　导向套管，导管，表层套管

tubería intermedia　中间套管，技术套管，中层套管

tubería intermedia de revestimiento　中间套管，技术套管，中层套管

tubería lastrabarrena　钻铤，钻孔防偏用重钻杆

tubería lavadora　套洗筒

tubería lavadora para la limpieza de un pescado　（落鱼的）冲管，洗管或套洗管

tubería lisa　光滑管，光面管

tubería llena　湿管，满管

tubería macaroni　小口径油管

tubería maestra　干管，总管

tubería maestra de gas　气体总管

tubería marina　隔水管，海水隔管

tubería no ranurada　无割缝管

tubería para estrado　排管

tubería para gas　气管线，输气管道

tubería para matar el pozo　压井管汇

tubería para pozos de petróleo　油管

tubería para productos refinados　成品油管道

tubería para transportar petróleo crudo o refinado　（原油或成品油）输油管线

tubería perforada　带眼管子，有眼管，穿孔管

tubería plástica　塑料管

tubería preensamblada　预装配管，预制管

tubería preformada　预装配管，预制管

tubería ranurada　筛管，割缝筛管

tubería ranurada longitudinal　纵向割缝管

tubería remachada　铆接管

tubería resistente al desgaste　耐磨管材

tubería revestida　包覆管，镀膜管

tubería revestidora　套管

tubería seca　干钻杆；空油管

tubería serpentín　蛇形管，螺盘管

tubería sin costura　无缝管

tubería sin recalado　非加厚油管

tubería sin revestimiento　光管

tubería soldada　焊制管，焊接管

tubería soldada a solapa　搭焊管

tubería submarina　海底管线

tubería superficial　表层套管

tubería tapada de cemento　固井灌肠

tubería telescópica　直径分段逐渐减小的复合油管柱

tubería torcida　绕曲管

tubería transportadora　运输管线，运输管道

tubería trasera　尾管

tubería triturable　可钻尾管

tubería triturable de revestimiento　可钻套管

tubería troncal de gas　气体总管

tubería usada　二手管材，用过的管子

tubería vacía　空油管

tubería vástago　钻杆，钻管

tubería vertical de alimentación de inyección　（蒸汽或气体）注入立管

tubiforme　管状的，管形的

tubímetro　管内径计

tubo　管，管道，管子；小管子，细管

tubo a tanque　生产管线

tubo abarquillado　波纹管

tubo abocinado　扩口管，承插管

tubo abollado　挤扁的套管，挤压变形的管子

tubo acodado　弯管，肘管，弯头

tubo aductor　（自来水、煤气等的）地下管道

tubo aislante　绝缘管

tubo aislante para alambres eléctricos　电线绝缘管，电线套管

tubo aislante para conductos eléctricos　电线绝缘管

tubo al vacío　真空管

tubo aletado　翅片管

tubo alimentador　输送管；供气管；进口管

tubo alimentador de gas　供气管

tubo armado　铠装软管

tubo ascendente　立管，上行管

tubo ascendente del reactor　反应器立管，反应器上升管

tubo ascendente del respiradero　放空立管，通风立管，排气立管

tubo bajante　下降管；下流管

tubo cacarañado　麻点腐蚀的管子

tubo calado　滤管，筛管

tubo ciego　无眼衬管

tubo circular　圆管

tubo colador　滤管，筛管

tubo colador revestidor de fondo　带眼衬管

tubo colador rodeado por grava　砾石滤管，砾石衬管

tubo colapsado　挤扁的套管；挤扁的管子

tubo colector　采集管

tubo con aletas　翅管，翅片管

tubo con extremos exteriores de mayor espesor　外部加厚管材，外加厚管

tubo con nervios (interiores o exteriores)　翅片管，肋片管

tubo con paredes de mayor espesor en los extremos　外部加厚管材，外加厚管

tubo con rodillos　带辊子的管子，带滚轴的管子

tubo condensador　冷凝水管，冷凝管

tubo conductor　导管，导向管

tubo conductor del aceite lubricante　润滑油导管

tubo conector encorvado　鹅颈管

tubo contador　计数管

tubo corto con rosca en ambos extremos para conexiones　螺纹接套，两端带螺纹的短管

tubo cuadrado　方管

tubo cuadrado de acero　空心方钢

tubo curvado　绕曲管

tubo de acero　钢管

tubo de acero ERW　电阻焊钢管

tubo de acero espiral　螺旋钢管

tubo de acero inoxidable　不锈钢管

tubo de admisión　进水管，进气管，进入管

tubo de agua　水管

tubo de aire　风管

tubo de aleación　合金管

tubo de aleación de aluminio　铝合金管

tubo de alimentación　供给管，加料管

tubo de alimentación de combustible　燃油供给管

tubo de alimentación de vapor　进汽管

tubo de alta presión　高压管

tubo de amortiguamiento　缓冲管，阻尼管

tubo de anclar　锚管

tubo de aspiración　吸管，吸入管，吸气管；吸液管

tubo de bajada　下流管，下降管；降液管；下导气管

tubo de bridas　带法兰的管子，凸缘管

tubo de caída barométrica　大气排泄管

tubo de caldera　锅炉管

tubo de carga de combustible　燃油供给管，燃料供应管；燃料装载管

tubo de cola　尾管

tubo de conducción de agua　引水管

tubo de conducción de gases　煤气总管

tubo de convección　对流管

tubo de craqueo　裂化管，均热筒管

tubo de cruce de fuego　联焰管

tubo de cuarzo　石英管

tubo de cuello-ganso　鹅颈管

tubo de derrame　溢流管，溢水管

tubo de desagüe　排水管，排泄管，泄水管

tubo de desagüe automático　自动排放管，自动排泄管

tubo de descarga　排出管线；卸油管；排水管，泄水管；放电管；闸流管

tubo de descarga de gas o humo en una chimenea　烟囱排气（或烟）管，烟囱管

tubo de dilatación　伸缩管

tubo de drenaje　排水管，排泄管，泄水管

tubo de ensayo　试管

tubo de entrada　进入管，入口管；进气管

tubo de escape　排出管，排泄管；排气管

tubo de escape de las turbinas　涡轮机排气管

tubo de escape de los generadores　发电机排气管

tubo de estufa　火炉管

tubo de evacuación　排气管，排泄管

tubo de expulsión　排泄管，排放管

tubo de extracción de fango　泥浆管线，泥浆管；采泥管，吸泥管

tubo de extremos lisos　平端管子，平头管子

tubo de fibra　纤维管，硬纸板管

tubo de fibra de vidrio　玻璃纤维管

tubo de fondo　尾管

tubo de fuego　锅炉管

tubo de fuego cruzado　联焰管

tubo de Geissler　盖斯勒（真空放电）管

tubo de inmersión　水封管；浸水管

tubo de la manguera　软管

tubo de lava　熔岩管

tubo de lavado　冲管，冲洗管

tubo de lavar　冲管，冲洗管

tubo de llenado　填料管，注入管

tubo de lodo　泥浆管线

tubo de lubricación　润滑油管

tubo de medición　测量管，液位探测管

tubo de nivel　水准管；液面管

tubo de perforación　钻杆，钻管

tubo de perforación de extremo aumentado hacia el interior　内加厚钻杆，内加厚钻杆

tubo de perforación extra pesado　加重钻杆

tubo de perforación kelly　方钻杆

tubo de perforación orientado　定向钻杆，定向钻杆

tubo de pesca　打捞筒

tubo de radio　无线电真空管

tubo de rayosx　X 射线管

tubo de rayos catódicos　阴极射线管，显像管

tubo de rebose　溢水管，溢流管，排水管

tubo de recalcado interior　内加厚管

tubo de resalto interior　内加厚管

tubo de revestimiento　套管

tubo de revestimiento perforado　过滤器，筛管

tubo de salida　排出管

tubo de seguridad　安全管，虹吸管

tubo de serpentín　蛇管

tubo de sobrealimentación　增压管

tubo de subida　立管，隔水管，海水隔管

tubo de succión　吸管，吸入管

tubo de succión inundada　浸汲式吸水管

tubo de tiraje　抽风管，进气管，吸气管，通风管

tubo de tope　对接管，平接管

tubo de vacío　真空管

tubo de vapor　蒸汽管，气管

tubo de ventilación　通风管，风管

tubo de vidrio　玻璃管

tubo de vidrio del manómetro　U 形玻璃管压力计

tubo de vidrio en forma de "U"　U 形玻璃管

tubo del aceite　油管

tubo del colector de gas　集气管

tubo del combustible　燃料管

tubo del gas　气管线；煤气管

tubo descargador de agua　排水管，泄水管

tubo descargador de petróleo　排油管，泄油管

tubo disector　摄像管，析像管

tubo distribuidor　集合管，集流管

tubo doblado　绕曲管

tubo duro　硬性真空管，高真空电子管，硬性电子管

tubo electrónico　电子管

tubo elevador　立管，隔水管，出水管

tubo elevador de bomba　抽油管

tubo embudado　蓟头管，长颈漏斗，长梗漏斗

tubo empalmado al tope　对缝焊管，焊缝管

tubo empalmado con soldadura al tope　对缝焊管，焊缝管

tubo en S　鹅颈管

tubo en U　U 形管

tubo encamisado de producción　生产套管

tubo estuche para núcleos　取心筒，岩心管

tubo expulsor de espuma　泡沫炮，泡沫灭火枪

tubo exterior　外管

tubo flexible　挠性管，软管

tubo fluorescente　荧光管，日光灯管

tubo fluorescente antiexplosivo　防爆日光灯管

tubo giratorio　摆管，传动管，起落管

tubo guía　导管，导向管

tubo horizontal de retorno　钻井液返回管线

tubo indicador　指示管

tubo indicador de nivel　水准管；液面管

tubo inmersor　浸渍管

tubo interior　内管

tubo interno　内管

tubo inyector　尾喷管，注入管，喷射管，注射管

tubo inyector con barrena　带钻头注入管，带钻头喷射管

tubo lanzatorpedos　鱼雷发射管

tubo lastrabarrena cuadrado　方钻铤

tubo lavador　冲管，冲洗管

tubo macarrón　小口径油管

tubo montante　立管，隔水管，出水管

tubo mosquito　抽油杆泵之下、气锚之内的进油管

tubo múltiple　管汇

tubo múltiple de la bomba del lodo　泥浆泵管汇

tubo mutilado por llaves　被大钳拧坏的管子

tubo mutilado por tenazas　被大钳拧坏的管子

tubo neón　氖管，霓虹管

tubo nervado　翅片管，肋片管

tubo osciclográfico 示波管

tubo perforado 带眼管子，有眼管，穿孔管

tubo perforado en el taller 预制滤管，在工厂打孔的管子

tubo pescante 打捞筒

tubo portatestigos 取心管，岩心管

tubo principal 总管，主管道

tubo productor 生产油管，油管

tubo PVC para aguas negras 污水管道用的 PVC 管

tubo radiante 辐射管

tubo rajado 破裂管

tubo ranurado 割缝管子，条缝滤水管

tubo rayado 内螺纹管，螺纹管

tubo rectangular de ventilación 长方形通风管，通风管道

tubo reforzado con nervaduras 翅片管，肋片管

tubo regulador de presión 压力调节管

tubo rectificador 整流管

tubo revestidor 套管

tubo revestidor de fondo 尾管，衬管

tubo revestidor de la ratonera 鼠洞管，鼠洞套管

tubo revestidor del cilindro 缸套，衬套

tubo revestidor sin perforaciones 无眼套管，无眼衬管

tubo roscado 螺纹管

tubo sacamuestras 取样管，取岩心管

tubo sacatestigos 取样管，取岩心管

tubo sencillo 单管

tubo separador 分离管

tubo separador de gas 气体分离管

tubo sin costura 无缝管

tubo sin perforaciones laterales 没有孔的管，不带眼的管子

tubo sin perforaciones o agujeros 没有孔的管，不带眼的管子

tubo sin punzonar 没有孔的管，不带眼的管子

tubo sin soldadura 无缝管

tubo soldado en espiral 螺旋焊制管，螺旋焊接管

tubo subiente 隔水管，海水隔管

tubo subiente en tensión 拉伸隔水管，拉伸海水隔管

tubo tamizador 割缝管子，割缝衬管，条缝滤水管，长孔滤管

tubo termoiónico 热阴极电子管

tubo Venturi 文丘里管，文丘里测流管

tubo vertical 立管

tubo vertical de revestimiento 套管

tubos de acero sin costura para alta presión 高压无缝钢管

tubos de conexión 连接管

tubulado 管状的

tubuladura （某些器物的）接管口，颈管

tubular 管状的，筒状的，筒管式的

tucía 氧化锌

tuerca 螺母，螺帽

tuerca ajustadora 调整螺帽，调整螺母

tuerca almenada 槽顶螺母

tuerca arandela 蝶形螺母，元宝螺母

tuerca autobloqueante 自锁螺母

tuerca castillo 蝶形螺母，槽顶螺母

tuerca ciega 盖帽式螺帽

tuerca con aletas 蝶形螺母，元宝螺母

tuerca con salientes 角形螺母

tuerca cuadrada 方形螺母

tuerca de acuñamiento 防松螺母，锁紧螺母，止动螺母，保险螺母

tuerca de ajuste de cojinete 轴承调节螺母；轴承调整螺母

tuerca de ajuste del vástago 阀杆调整螺母

tuerca de aletas 蝶形螺母，元宝螺母

tuerca de apretar 防松螺母，锁紧螺母

tuerca de atascamiento 防松螺母，止动螺母

tuerca de ceja 凸缘螺母，法兰螺母

tuerca de cierre 锁紧螺母，止动螺母

tuerca de corona 蝶形螺母，槽顶螺母

tuerca de eje 轴杆螺母，心轴螺母，轮轴螺母

tuerca de manga 套筒螺母

tuerca de ojo 环首螺母，吊环螺母

tuerca de orejas 蝶形螺母，元宝螺母

tuerca de presión 防松螺母，锁紧螺母，止动螺母，保险螺母

tuerca de reborde 凸缘螺母，轮缘螺母，法兰螺母

tuerca de retén 锁紧螺帽，防松螺母，锁紧螺母

tuerca de seguridad 防松螺母，锁紧螺母，保险螺母

tuerca en bruto 螺母坯件

tuerca encastillada 有槽螺母

tuerca estriada 滚花螺母

tuerca fijadora 固定螺母

tuerca hexagonal 六角螺母

tuerca inaflojable 自锁螺母

tuerca mariposa 蝶形螺母，元宝螺母

tuerca ovalada 盖帽式螺帽

tuerca palomilla 蝶形螺母，元宝螺母

tuerca tapa 外套螺帽

tuerca trasroscada 错扣螺母

tufa 凝灰岩

tufáceo 石灰华的，硅华的，上水石的，凝灰岩的

tufita 层凝灰岩

tufo （未充分燃烧物质冒的）烟；石灰华

tuistor 磁扭线；扭量

tujamunita 钙钒铀矿

tulia 氧化铥

tulio 铥

tulita 锰黝帘石

tumba de pozo 井塌

tumbado 弄倒的；倒转的、倾覆的；拱形的

tumbar 翻转，倒转；推翻；弄倒

tumefacción 肿胀，肿大

tumor 肿瘤，肿块

tundra 冻原，苔原，冻土地带

tundra alpina 高山冻原

tundra ártica 北极区苔原

tundra siberina 西伯利亚的苔原

túnel 地道，隧道，坑道

túnel aerodinámico 风洞，风通道

túnel contra aludes 塌方防御隧道

túnel de ferrocarril 铁路隧道

túnel de lava 熔岩隧道

túnel de lavado 自动洗车设备

túnel de mina 矿道，矿巷

túnel de viento 风洞，风通道

túnel hipersónico 高超音速风洞

tungar 吞加（整流）管

tungstato 钨酸盐

tungstato de calcio 钨酸钙

tungstato de hierro 钨铁矿

tungsteno 钨；黑钨矿

tungsteno fundido 铸钨

túngstico 钨的

tungstita 钨华

turanosa 松二糖

turba 泥煤，泥炭；泥煤坯

turbera 泥炭田，泥煤田，泥沼地

turbera emergida 高地沼泽

turbera en forma de domo 高地沼泽

turbidez 混浊，污浊

turbidez atmosférica 大气浑浊度

turbidez de las aguas 水的混浊度

turbidímetro 浊度计，浊度仪

turbiedad 混浊，混浊度

turbieza 混浊；混浊度；混乱

turbimetría 浊度计，浊度仪

turbina 涡轮机，叶轮机，透平机

turbina a gas 燃气轮机，气体涡轮机

turbina a gas de ciclo combinado 联合循环燃气轮机

turbina axial 轴流式汽轮机

turbina de aire 风力涡轮机

turbina de chorro libre 冲击式汽轮机，冲力式涡轮机

turbina de engranaje 齿轮传动式汽轮机

turbina de gas 燃气轮机，煤气轮机

turbina de gas fija 固定式燃气轮机装置

turbina de impulsión 冲击式涡轮机，冲动透平，冲动式燃气轮机

turbina de reacción 反击式汽轮机，反作用式涡轮

turbina de vapor 汽轮机，蒸汽轮机，蒸汽涡轮机

turbina en circuito cerrado 闭式循环燃气轮机

turbina estática 静态涡轮

turbina hidráulica 水轮机

turbina paralela 轴流式涡轮机，轴流式透平

turbina usada para perforación 涡轮钻机，涡轮钻具

turbio 浑浊的；(油等的) 底子，渣滓，沉淀物 (复数)

turbita 泥煤和石油混合燃料

turbo 涡轮增压器；涡轮增压发动机汽车

turbo combustible 涡轮燃料

turboaereador 涡轮充气器

turboalimentado 用涡轮给增压的

turboalternador 涡轮发电机

turboarrancador 涡轮启动机

turbobomba 涡轮泵

turbocompresor 涡轮压缩机；涡轮增压器；(飞机发动机内的) 涡轮增压器

turbodínamo 涡轮直流发电机

turboexpansora 透平膨胀机

turbofan 涡轮风扇发动机；涡轮风扇

turbogenerador 汽轮发电机，涡轮发电机

turbohélice 涡轮螺桨发动机；涡轮螺桨飞机

turbomezclador 涡轮式搅拌器

turbomotor 汽轮机，蒸汽透平

turbonita 油页岩，油母页岩

turbopausa 湍流层顶

turboperforación 涡轮钻进

turboperforadora 涡轮钻具

turbopropulsión 涡轮螺桨推进

turbopropulsor 涡轮螺桨发动机

turborreacción 涡轮喷气推进

turborreactor 涡轮喷气发动机

turbosfera 湍流层

turboso 泥炭的，泥煤的；含泥炭的

turbosonda 涡轮探测仪

turbosoplador 涡轮鼓风机，涡轮增压器

turbotaladro 涡轮钻具

turboventilador 涡轮通风机；涡轮风扇发动机

turbulencia 混浊，混乱；湍流，紊流，涡流；湍流度

turbulencia atmosférica 大气湍流，大气紊动干扰

turbulencia de admisión 进气旋流

turbulencia vertical 旋风尘柱，尘暴；垂直漩涡

turfol 泥炭气，泥煤气

turgescencia 肿胀，膨胀

turgita 水赤铁矿；方沸碳酸盐黄长岩

turingiense 图林根，图林根阶
turmalina 电气石
turmalinización 电气石化作用
turmérico 姜黄
túrmix 电动搅拌器
turno 次序，先后；轮班，班次
turno de día 日班，白班
turno de noche 夜班
turno de perforación 钻井排班
turno de tarde 下午班
turno diurno 日班
turno nocturno 夜班
turpetina 松脂精

turquesa 绿松石；绿松石色；绿松石色的
turrión 舵的枢轴，轴头，轴柱，耳轴
turronada 石灰浆
turto （榨油后的）油渣滓
tutela 保护，监护；指导；庇护；托管
tutela legítima 法律规定的监护
tutía 氧化锌软膏
tutor 保护人，监护人；指导老师；（植物的）支杆，支架
tutor dativo 法庭指派的监护人
tutor legítimo 法定监护人
tutoría 监护；监护权；监护期
tzinapu （墨西哥产的）黑曜岩

U

uadi 干河床，干河谷；干涸河道

ubicación 位置，所在地；定位，确定…的位置；安放，安置

ubicación de la perforación 井场，钻井工地，井位

ubicación del pozo 井位，井点位置

ubicación interespaciada 加密部位，定加密井位

ubicación por intersección 交会位置，交叉位置

ubicar 位于，处于，坐落；确定（某物的）位置，定位；安置，放置

ubicar un pozo 确定井位

udógrafo 自记雨量计

udométrico 雨量计的

udómetro 雨量计

UE (Unión Europea) 欧盟，欧洲联盟

uesnorueste 西西北

uessudueste 西西南

ueste 西

uesudueste 西西南

UHF (frecuencia extra alta o ultraelevada) 超高频，英语缩略为 UHF (Ultra High Frequency)

UICN (Unión Internacional para la Conservación de la Naturaleza y de los Recursos Naturales) 国际自然及自然资源保护联盟，英语缩略为 IUCN (International Union for Conservation of Nature and Natural Resources)

uintania 硬沥青

UIT (Unión Internacional de Telecomunicación) (联合国)国际电信联盟

ulexita 硼钠钙石，钠硼解石

ulmanita 锑硫镍矿

úlmico 赤榆树脂的

ulmina 赤榆树脂

última capa explotable de un pozo 最深油层

última sarta 最终（井底）管柱情况

última sección de la tubería de producción 油层套管，采油套管，生产套管

último 极限的，最后的，末尾的；最新的，最近的；决定性的；最后一个

último filete de una rosca 螺纹最后啮合扣

último filete enroscado 螺纹最后啮合扣

último grado 最大限度

último piso 顶层

último valor 最大值，极限值

ultra 极端的，限外的

ultra alta frecuencia 超高频

ultrabásico 超基性的，超碱的

ultracentrífuga 超速离心机

ultracentrifugación 超速分离

ultracentrifugadora 超速离心机

ultraconfidencial 绝密的，高度机密的

ultracongelación 深度冷冻

ultracongelado 深度冷冻的

ultracorto （电波）超短的

ultradino 超外差

ultraelástico 超弹性的，具有超常弹性的

ultraelevado 超高的

ultrafax 电视高速传真

ultrafiltración 超滤作用

ultrafiltro 膜式过滤器，超细过滤器

ultrafino 超细的

ultrafísico 超物质的

ultraforming 超重整

ultragaseoso 超气态的

ultralargo 超长的

ultramar 海外

ultramarino 海外的，舶来的，进口的；舶来品

ultramaro 群青，佛青

ultramicrobalanza 超微量天平

ultramicrobio 超微生物，超显微生物

ultramicroficha 超缩微平片，超缩微胶片

ultramicrómetro 超测微计，超微计

ultramicrón 超微粒

ultramicroquímica 超微化学

ultramicroscopia 超倍显微镜检测法

ultramicroscópico 超显微的，超出普通显微镜可见范围的

ultramicroscopio 超倍显微镜

ultramicrotomo （切割镜检样品用的）超微切片机

ultramoderno 超现代的，最新式的；超新型的

ultramotilidad 超动能

ultrapas 三聚氰胺树脂

ultrapresión 超高压

ultraprofundo 超深的

ultraprotector 超保护的，具有高度保护性的

ultraquímico 超化学的

ultrarradiación 宇宙辐射

ultrarrápido 超高速的，极快的

ultrarrojo 红外的；红外线

ultrasecreto 极端机密的；绝密的

ultrasensible 高敏感度的

ultrasofisticado 极其复杂的；极其精密的；超尖端的

ultrasónico　超声的，超声波的；超声学

ultrasonido　超声，超声波

ultrasonoro　（波）超声的

ultratermo　限外温度计

ultravacío　超真空

ultraviolado　紫外的，紫外线的

ultravioleta (UV)　紫外的，紫外线的

ultravisible　超视的，超显微的

umbral　门槛；门口，阈，限，临界；过梁

umbral continental　陆隆

umbral de frecuencia　临界频率

umbral de nocividad liminal　有毒性阀值，有害性临界

umbral de rentabilidad　收支相抵点，盈亏平衡点

umbral ecológico　生态临界，生态阈值

umbral normal de audibilidad　标准闻阈

umbrascopio　烟尘浊度计

UMC (Unión Mundial para la Conservación)　世界自然保护联盟，英语缩略为 WCU (World Conservation Union)

un mil millones (millardo)　十亿

un millón de millones (billón)　万亿

undecadieno　十一二烯

undecadiino　十一二炔

undecano　十一烷

undeceno　十一烯

undular　使成波状，波动，飘动；呈波浪，成波形

undulatorio　波动的，波状的，纹形的

UNEP (Programa de las Naciones Unidas para el Ambiente)　联合国环境规划署，英语缩略为 UNEP (United Nations Environmental Program)

UNESCO (Organización Educativa, Científica y Cultural de las Naciones Unidas)　联 合 国教科文组织，英语缩略为 UNESCO (United Nations Educational, Scien-tific and Cultural Organization)

uniaxial　单轴的，一轴的

uniáxico　（晶体）单轴的；单轴晶体

uniaxil　有单轴的；单轴晶体

unibásico　单基的

único　单层的，单个的，单次的，单一的，唯一的，单的，单独的

único isómero del butano　异丁烷

unicolor　单色的

unidad　（计量的）单元，单位；（机关团体等）单位，和谐，协调，统一性，完整性；最小整数；元件，装置；小队，分队

unidad absoluta　绝对单位

unidad angstrom　埃

unidad aritmética　算术部分，（算术）运算器，运算单元

unidad británica　英制单位

unidad central de proceso　中央处理机，中央处理装置

unidad combinada　联合装置，联合机组；联合单元

unidad compuesta　组合单位，混合单位

unidad de anticoincidencia　"异"单元，反重合单元

unidad de área　面积单位

unidad de bombeo　泵装置，抽油机，抽水机

unidad de bombeo a motor　动力泵装置，机动泵装置

unidad de bombeo con velocidad regulada por engranajes　齿轮控速泵装置

unidad de cálculo　核算单位

unidad de calor　热单位，热量单位，加热装置

unidad de conductancia　（电磁制）电导单位

unidad de cantidad de calor　（英国）热量单位

unidad de cantidad de electricidad　（电磁制）电量单位（合 10 库仑）

unidad de capacitancia　（电磁制）电容单位

unidad de cárcel　卡索（灯）光度单位（合 9.6 国际烛光单位）

unidad de cracking　裂化装置；裂解装置

unidad de craqueo　裂化装置；裂解装置

unidad de cuatro cables aislados dentro de un cable　四心线组，四心电缆，四心导线

unidad de cuenta　记账单位

unidad de desparafinaje　脱蜡装置

unidad de destilación al vacío　真空蒸馏装置，减压蒸馏装置

unidad de destilación de gran capacidad　大型蒸馏装置

unidad de desulfuración　脱硫装置，脱硫设备

unidad de diafonía　串扰单位

unidad de diferencia de potencia　（电磁制）电压单位

unidad de drenaje y de desmineralización　排水及脱盐装置

unidad de energía　电源组，供电组，供电部分

unidad de energía eléctrica　（英国商用）电能单位（合 1 千瓦小时）

unidad de escala métrica　米制单位

unidad de evolución　演化单位

unidad de extracción de solventes　溶剂精制装置，溶剂萃取装置

unidad de flujo　熔岩流单元；流动单元；流体装置

unidad de flujo luminoso　光通单位

unidad de flujo magnético　磁通单位

unidad de fuerza　力单位

unidad de guaya　钢丝绞车

unidad de inducción magnética　磁感应单位

unidad de inductancia eléctrica　（电磁制）电感

unidad de instalaciones de refinación 炼油装置

unidad de instalaciones químicas 化工装置

unidad de intensidad （电磁制）电流强度单位（合 10 安（培））

unidad de intensidad luminosa 发光强度单位；烛光

unidad de irradiación 辐射装置

unidad de limpieza a alta presión 高压清洗机

unidad de longitud 长度单位

unidad de masa 质量单位

unidad de masa atómica 原子质量单位

unidad de moneda 货币单位

unidad de muestreo 抽样单元

unidad de peso 重量单位

unidad de potencia 能量单位，功率单位

unidad de potencia hidráulica 液压站

unidad de presión 压力单位

unidad de prueba hidrostática 静水试压单元

unidad de redestilación de lubricantes 润滑油再度蒸馏装置，润滑油重馏装置

unidad de reducción de engranaje 齿轮减速器

unidad de reforma 重整装置

unidad de refrigeración 冷却装置

unidad de superficie 面积单位

unidad de tiempo 地质时代单位，时代单位，时间单位

unidad de trabajo 功率单位；工作单元；劳动单位

unidad de vacío 真空装置

unidad de viscosidad 黏度单位

unidad de volumen 音量单位；体积单位

unidad de volumen de Amagat 阿马伽体积单位

unidad deducida 导出单位

unidad derivada 导出单位

unidad del sistema inglés 英制单位

unidad del sistema inglés para medir la viscosidad cinemática 测定运动黏度的英制单位

unidad del sistema métrico 公制单位

unidad electromotriz 电动势单位

unidad electroquímica 电化单位

unidad electrostática 静电单位

unidad Eötvös 厄缶单位，厄特沃单位

unidad flotante de almacenamiento 海上储油装置，浮式储油装置

unidad fotométrica 光度单位，测光单位

unidad frenante 刹车盘

unidad gravimétrica terrestre 陆上重力设备

unidad fundamental （物理学）基本单位

unidad hidráulica 液压元件，水力单元，液压装置

unidad lítica 岩屑单位

unidad litológica 岩性单位

unidad de masa atómica 原子质量单位

unidad métrica 公制单位

unidad molecular simple 单分子物体，单体

unidad monetaria 货币单位

unidad para redestilación (del petróleo) （石油）再度蒸馏装置，(石油) 重馏装置

unidad para reformar nafta 石脑油重整装置

unidad periférica 外部设备；外围设备；外设单元

unidad perforadora 钻机，钻井装置，钻探装置

unidad práctica 实用单位

unidad de sistema de bombeo 泵系统单元

unidad rocosa 岩系，岩体

unidad térmica 热量单位，卡（路里）

unidad térmica británica (BTU) 英国热量单位

unidad terminal 终端装置，终端设备

unidades de transmisión 传声单位

unidades del sistema C.G.S 厘米·克·秒制单位

unidades mecánicas 力学单位

unidades ópticas 光学单位

unidimensional 一维的，线向的，单向的；单向度的

unidireccional 单向的，直流的

unidirectividad 单向性

unido 连接的，联合的，共同的

unificación 统一，合一，联合，单一化

unificación de varios motores 多台发动机并车

unificado 统一的，统一标准的；联合的，一元化的

unificar 使成一体，使联合，使统一，统一，使相同，使一致

unifilar 单线的，单丝的，单纤维的

unifocal 单焦的，单焦点的

uniformar 规范化，标准化，使一致，使一样

uniforme 一致的，一样的；均匀的，不变的，统一的；制服，军服

uniformidad 相同，一样，相似，无差异；均匀，无变化；（价格等）划一，统一

uniformismo 均变论，将今论古法

uniformización 一律化，一样化

uniformización de amplitud 恒定振幅，等幅

unilateral 一方的，单方的；片面的；单侧的，一侧的

unilateralidad 单方，一方，单边；片面性；单侧性

unimolecular 单分子的

uninuclear 单核的

unión 结合，联合，组合；团结；联盟，连接器，连接管，接头，管节，关节

unión a bridas 折缘管节，凸缘管接

unión a diente sierra 嵌接；斜接

unión a inglete 斜削接头，斜接合，斜角连接

unión a rosca 螺纹联轴器，螺旋连接器，螺旋

联轴节

unión a tope　对接，碰焊，平接，对焊，平焊，对抵接头

unión abocardada de tubería vástago　钻杆锥口接头

unión acodada　肘节，肘接头，弯管接头，弯头

unión acodillada　肘接，弯头接合

unión articulada　活节接合，活动接合，铰链连接，分节连接

unión con anillo para sello　带密封圈接头，带密封圈连接

unión con borde de bronce　铜法兰连接

unión con orejetas　翼形活接头，带耳活接头

unión con solapa　翻边接头

unión corriente　正规接头，普通接头

unión corta　短节

unión de 4 vías　四通管接头

unión de 4 vías de reducción　四通异径管接头

unión de anillo para prueba　试用带密封圈接头

unión de bola　球窝接合，球窝连接，球窝接头

unión de brida　法兰联管节，折缘管节

unión de brida doble entre preventores　井口防喷装置下的四通，防喷器间连接用的四通

unión de caja y espiga　套筒接合，承插接合

unión de calor　热联结，热结合

unión de cambio rápido　快速调换接头，快速变换接头

unión de campana y espiga　套筒接合，承插接合

unión de cañería de entubación　套管接箍

unión de cardán　卡登接头，万向接头，万向联轴节

unión de charnela　铰链连接接头，活动接头，合页式接头，铰式接头

unión de circulación　循环接头

unión de diámetro exterior a ras para tubería de perforación　外平钻杆接头，外平式接头

unión de diámetro interior a ras para tubería de perforación　内平钻杆接头，内平式接头

unión de diámetro no restringido　贯眼接头

unión de dos o más sustancias　混合物；混合料

unión de empate　转换接头

unión de espiga y caja　企口接合，舌槽接合；套筒接合，承插接合

unión de golpe　锤击活接头

unión de hembra　内螺纹接头

unión de instalación rápida　快速安装接头

unión de interior liso　内平钻杆接头

unión de macho　外螺纹接头

unión de maniobra　操作接头

unión de martillo　锤击活接头

unión de quitapón　可拆卸接头

unión de reducción　异径接头，变径接头

unión de rosca　螺纹连接；螺纹接头

unión de rosca para tubería de revestimiento　套管接箍，套管连接器，套管接头，套管连接

unión de rótula　活节接合，铰接接头，肘节，万向接头，万向节，转向接头

unión de seguridad　安全接头

unión de trabajadores　工会

unión de tubería　管节，联管节；连接管；联管节

unión de tubería vástago　工具接头，钻杆接头，钻具接头

unión de tubería vástago de diámetro interior a ras　内平钻杆接头，内平型钻杆接头

unión de tubería vástago de diámetro interior a uniforme　贯眼接头，贯眼钻杆接头

unión de tubería vástago empalmada en caliente　热联结钻杆接头，热结合钻杆接头

unión de tubos　管箍，联管节，管接头

unión desprendible　倒扣短节

unión desviadora a rótula　活节接合，铰接接头，肘节，万向接头，万向节，转向接头

unión doble　双根

unión Dresser　带密封套筒，一种为联接平头管子用的带密封套筒，套筒伸缩接头

unión embridada　法兰接头；法兰连接

unión empernada　螺栓连接的接头；螺栓联轴节，螺栓联轴器

unión en forma de L　弯管，肘管，L形短管，L形弯头，直角弯管

unión en T　T形接头，丁字接头，三通接头

unión en U　半圆弯管，回转弯头，U形弯头

unión en Y　Y形接头

unión esférica　弯节，滚珠接头，球窝接头，球窝连接，球型接头，球形接头

Unión Europea（UE）　欧洲联盟，欧盟

unión flexible　挠性连接

unión giratoria　旋转接合；钻井水龙头

unión giratoria para perforadora rotatoria　旋转钻井水龙头

unión hembra　内螺纹连接，内螺纹联结，内螺纹连接器

unión integral　整铸接头

unión interiormente lisa　内平接头

Unión Internacional Para la Conservación de la Naturaleza y de los Recursos Naturales（UICN）　世界自然保护联盟，国际自然和自然资源保护联合会，英语缩略为 IUCN（International Union for Conservation of Nature and Natural Resources）

unión macho-hembra　公母接头

Unión Mundial para la Conservación（UMC）　世界自然保护联盟，英语缩略为 WCU（World Conservation Union）

Unión Mundial para la Naturaleza　世界自然保护联盟

unión para conectarse a martillo 翼形活接头，震击活接头

unión para vástago de válvula 阀杆接头

unión protectora 保护接头，方钻杆保护接头

unión provista de orejas para ajuste a martillazos 翼形活接头，震击活接头

unión pulimentada 磨口接头

unión recta de 4 vías 等径四通

unión rectificada 磨口接头

unión rodada de guía para varillas 带轮的抽油杆接箍

unión roscada 螺纹接头

unión roscada de 4 vías 螺纹四通

unión roscada en T 螺纹三通

unión sin rosca 无螺纹接头

unión soldada 熔合连接，焊接连接

unión soldada de 4 vías tipo enchufe 插入式焊接四通管接头

unión soldada en T tipo enchufe 插入式焊接三通管接头，塞焊搭接三通接头

unión substituta 接头

unión substituta para tubería de producción 油管接头

unión substituta para vástago de válvulas 阀杆接头

unión T T 形接头，丁字接头，三通

unión telescópica 伸缩节，滑动套筒节，伸缩接头，伸缩短节，套筒接合

unión universal 万向节，万向接头，万能接头

unión varillaje 钻杆接头

unionita 黝帘石

unipode 单极(性)的，单(场)向的，含同性离子的

unipolar 单极的

unipolaridad 单极性

unipotencial 单势的，等势的，等电位的

unir 连接，接通；混合，调合；使缝合，使愈合

unir tubos 接钻杆，连接管柱

uniserial 单系列的，单列的

unisexual 单性的；雌雄异体的；男女混合的

UNITAR (Instituto de las Naciones Unidas para la Investigación y Entrenamiento) 联合国训练研究所，英语缩略为 UNITAR (United Nations Institute for Training and Research)

unitario 单一的；统一的；单位的；单元的

unitermo (中央供暖系统)单管式的

unitivo 连接的，接合的，拼合的；团结的，联合的

univalencia (化学物质)一价，单价

univalente (化学物质)一价的，单价的

univalvular 单阀的，单阀门的

univariante 单变的，单变度的

universal 宇宙的，全世界的；普遍的；万能的，万向的，通用的

universalidad 普遍性，通用性，共性，一般性

universalización 普遍化

universidad 大学，综合大学；普遍性，共性；万物世界

universo 宇宙；天地万物；万象；世界，全人类

univibrador 单稳态多谐振荡器，单击振荡器

unívoco 单义的；——对应的；总称的，统称的；同质的，同值的

untadura 涂油，抹油；弄上油污

untaza (动物的)脂肪

untosímetro 油料润滑度计

untuosidad 润滑性；润滑度；油腻

uña (人的)指甲；(动物的)爪，蹄甲；(器物的)爪形尖；爪状突，棘爪，起钉器；(器物的)凹槽，锚尖，锚齿，锚爪

uñeta (采石用的)宽口凿；起钉器

uperización 高温蒸汽消毒

uperizado 高温蒸汽消毒的

uperizar 高温蒸汽消毒

uraconita 土硫铀矿

uralita 纤闪石(绿色的次生闪石变种，通常为纤维状或针状)

uralitización 纤闪石化

uranato 铀酸盐

uránico (含)铀的；(含)六价铀的

uranido 铀系的

uranidos 铀系元素

uranífero 含铀的

uranilo 双氧铀根，铀酰

uranina 荧光素钠；沥青铀矿，晶质铀矿

uraninita 晶质铀矿，沥青铀矿

uranio 天体的；铀，铀(u)

uranio enriquecido 浓缩铀

uranita 铜铀云母

uranitita 钇铀矿

urano 天然氧化铀

uranófana 硅钙铀矿

uranolito 陨石

uranospinita 砷钙铀矿，钙砷铀云母

uranotalita 铀钙石

uranotilo 硅钙铀矿

urao 天然碱，天然重碳酸钠

urato 尿酸盐

urbanismo 城市规划，市政建设

urbanista 城市规划的，市政建设的；城市规划学者

urbanística 城市规划学，市政建设学

urbanización 城市化，都市化；城市规划；居住小区

urbano 城市的，都市的

urbe 大城市，大都市

urcolisis 尿酸分解作用

urea 尿素

ureaformaldehído 尿甲醛；尿蚁醛
ureasa 尿素酶
ureico 尿素的
ureido 酰脲
ureómetro 尿素计，脲测定器
uretano 脲烷，氨基甲酸乙酯
uretilano 尿基烷，氨基甲酸甲酯
urgencia 紧急，迫切；急需；急诊；急救站
urgoniense 白垩系下层的；白垩系下层
uricasa 尿酸酶
uricometría 尿酸测定
uricómetro 尿酸计
uridina 尿嘧啶核甙，尿酸甙，尿苷
urinoda 尿臭素
urna 储钱罐；投票箱；投标箱
urobilina 尿胆素
urobilinógeno 尿胆素原
urocromo 尿色素
urotropina 乌洛托品，环六亚甲基四胺
ursona 乌搔酸
urusita 纤钠铁矾
usar 用，使用，利用；享用；磨损，消耗；习惯使用
usina 煤气厂，发电厂
usina eléctrica 发电站，发电厂
uso 用，使用，利用；享用；行使；用处，用途；使用方法；（对别人东西的）使用权，收益权
uso de agua en circulación 循环水使用，活水处理
uso de la tierra 土地利用
usual 通常的，惯常的；惯例的，惯用的
usuario 用户，使用者；（对…）享有使用权的人；经常使用（某物）的；（对他人物品或公用水）有使用权的
usuario de patente 专利受让方，专利使用者
usuario de tierras 土地使用者
usufructo 用益权，收益权；用益，收益
usura 利息；高利，暴利；高利贷
usurario 高利的
usurpación 强夺；侵占，私吞；篡夺；窃取（或侵占）之物；侵占罪，强夺罪
usurpación de fondos públicos 侵吞公款

utahita 钠铁矾
utensilio 用具，器具，工具
utensilio de pesca 打捞工具
útil 有用的；有效率的；用处，益处；用具，工具（常用复数）
útiles de oficina 办公用品
útiles de pesca 打捞工具
útiles de trabajo 工具，装备工具，器械，仪器，设备
utilidad 用处，用途；好处，益处，收益，利润
utilidad líquida 纯利润，净利润
utilidad marginal 边际效用
utilidad neta 净利润，纯利润，净收益
utilidad neta consolidada 合并净收益
utilidad operativa 作业收益
utilidad probable 预计利润
utilidad pública 公益，公共事业
utilidad total (bruta) 毛利
utilizabilidad 可用性；有效性
utilizable 可用的，能用的，有用的；有效的
utilización 利用，使用，应用
utilización de combustibles sustitutivos 使用可替代燃料
utilización de desechos 废物利用
utilización de estructuras artificiales para controlar la erosión 机械侵蚀控制，使用人造构造控制侵蚀
utilización de forma inadecuada 误用，滥用
utilización del agua 使用水，水的使用
utilización eficaz de las tierras 有效使用土地；土地潜力，陆地潜能，含矿远景
utilización indirecta 替代用途，非直接用途
utilización máxima de un recurso renovable sin menoscabar su capacidad de renovación （资源的）最大持续产量，英语缩略为MSY（Maximum Sustainable Yield）
utilización máxima permisible 最大持续产量
utilización racional del medio 合理利用环境，合理使用环境
úvala 灰岩盆，干宽谷，干喀斯特宽谷
uvarovita 钙铬榴石，绿榴石

V

vacación 休假，假期（常用复数）；职位空缺期间；（职位的）空额，缺额

vacaciones pagada 带薪休假，带薪假期

vacaciones remunerada 工资照付的休假，带薪休假

vacaciones retribuidas 带薪休假，带薪假期

vacaciones sabáticas 公休假（原指某些大学教师每7年一次的休假，现也指其他领域工作人员的带薪或部分带薪的定期进修、休养或旅游假）

vacancia （职位的）空额，缺额

vacante 空的，无人占用的；（职务的）空额，缺额；假期

vaciadero 阴沟，污水坑；倾倒处

vaciadizo 铸造的，模制的

vaciado 铸造，模制，浇制；排放的，排空的，排出的

vaciador 铸工，模制工，翻砂工；铸模，模具，倒空装置，排空装置

vaciador de urgencia 泄放活门

vaciadora 铸具，模具

vaciamiento 放出，排出；倒空；挖空；铸造，浇制；资产倒卖

vaciante 退潮，落潮

vaciar 倒，排放，放空；铸造，模制

vacilación 摆动，波动，摇动

vacío 空的，空着的；缺失；空缺，空位；空白；真空

vacío absoluto 绝对真空

vacío energético 能隙

vacío perfecto 绝对真空

vacío reducido 低真空，低度真空

vacío ultraalto 超高真空

vacisco 水银矿渣

vacuna 菌苗，疫苗；免疫程序（软件）

vacuo 空；空洞；空的；无人担任的（职位）

vacuómetro 真空计，真空表，低压计

vacuómetro indicador de vacío 真空指示表，真空指示计

vade 文件夹，卷宗；纸夹；桌式文件柜；书包

vadeamiento 涉渡，涉水渡河

vademécum 手册，便览

vado 可涉水而过之处，涉渡口；（大路旁的）车辆出入口

vadoso 多浅滩的，多涉渡口的

vagón （火车）车厢，车皮；（放在平车板上的）搬家车

vagón basculante 翻斗车，自卸车

vagón chato 平板车

vagón cisterna 罐车

vagón comedor 餐车

vagón de carga 货车

vagón de mercancía 货车

vagón de platea 平板车

vagón de primera clase 头等车

vagón de segunda clase 二等车

vagón frigorífico 冷藏车厢

vagón mirador 瞭望车

vagón postal 邮政车，邮车

vagón restaurante 餐车

vagón tanque 罐车

vagón tanque para agua 水槽车，水罐车，运水车

vagonada 车辆载荷

vagoneta 斗车，矿车；自动倾卸车

vaguada 谷底；最深谷底线；山谷或海底谷最低部联线；国界线水道的主航道中央线

vaguada de aguas arriba 上游最深谷底线

vaho 水汽，蒸汽

vaina （刀、剑、用具等的）鞘，套；（帆的）卷边；套边

vainillina 香草醛；香兰素

vaivén 摆动，摆晃；来回，往复运动；（用钢缆连接的装货斗车和空车的）来回往返的运输系统

vale 代金券；债单，借据；交货单；提货单；赠券；招待券，免费入场券

valedero 有效的

valedor 保护人

valencia 价，化合价，原子价；效价；结合（力）

valencial 价的，化合价的，原子价的

valencianita 冰长石

valentinita 锑华

valer 价值；价格为；等于，相当于；值得，有用

valerato 戊酸盐

valereno 戊烯

valerianato 戊酸盐，缬草酸盐

valerianina 缬草碱

valérico 戊酸的，缬草酸的

valerileno 戊炔

valerilo 戊酰基

valía 经济价值；价格；个人价值，长处

validación 有效，生效

validadora　文件自动识别机
validar　使有效，使合法化；使生效
validez　有效，有效期；能力，效力
válido　有效的；具有法律效力的；有根据的
valija　手提箱；邮袋；邮件
valina　缬氨酸
valioso　有价值的，宝贵的，贵重的
valla　栅栏，围栅，篱笆，围墙；（大道等两旁的）广告架，广告牌
vallado　围墙
vallar　把…用栅栏（篱笆等）围起来
valle　山谷，谷地；山谷区；（江河的）流域；（下降到的）最低点，谷底；波谷，低凹处
valle agrietado　裂谷，断陷谷，断裂谷
valle aluvial　冲积河谷
valle angosto de lados escarpados　峡，峡谷，山谷
valle antecedente　上遗谷，遗传谷
valle anticlinal　背斜谷
valle cerrado　山间平原
valle colgante　悬谷
valle de drenaje　水口，峡谷
valle de fractura　断裂谷
valle de reflección　反射波谷
valle epigenético　上遗谷，遗传谷
valle fallado　裂谷，断裂谷
valle hendido　裂谷，断陷谷；地堑，地堑谷
valle inundado　溺谷，沉没谷
valle joven　幼年谷
valle lineal　线状谷
valle longitudinal　纵谷
valle monoclinal　单斜谷
valle senil　老年谷
valle sinclinal　向斜谷
valle subsecuente　次成谷，后成谷
valle sumergido　溺谷，沉没谷
valle tectónico　构造谷
valle transversal　横谷
valor　价值，价格；证券，票据（常用复数）
valor absoluto　绝对值
valor actualizado　现值
valor adimensional　无因次值，无量纲值
valor adquisitivo　（货币的）购买力
valor agregado　（商品的）附加值，增值
valor antidetonante　抗爆值
valor añadido　（商品的）附加值，增值
valor aproximativo　近似值
valor asegurable　可保价值
valor atípico　异常值
valor calorífico　热值，卡值，卡路里值
valor calorífico bruto　高位热值，总热值
valor calorífico neto　净热值
valor capitalizado　资本化价值
valor contable　账面价值，账面值

valor de cambio　交换值
valor de cresta　峰值
valor de liquidación　资产净值
valor de neutralización　中和值
valor de octano　辛烷值
valor de octano alto　高辛烷值
valor de recobro　回收价值
valor de referencia　参考值，基准值
valor de rescate　（被保险人中途解约而收回的）退保现金价值，退保金额
valor de reserva　储备金值
valor de substitución　更新价值，重置价值
valor de sustitución　更新价值，重置价值
valor de venta　销售价值
valor eficaz　均方根值，有效值
valor en cuenta　账款；账面价值
valor estimado　估计值，估算值
valor facial　票面价值；表面价值
valor global　总值
valor instantáneo　瞬时值
valor intangible　无形价值
valor K　K值，平衡常数
valor local　局部值
valor máximo　峰值
valor medio　平均值
valor negativo　负值
valor neutralizador　中和值
valor nominal　票面价值，面值
valor pH　pH值
valor positivo　正值
valor predeterminado　给定点，给定值
valor prescrito　给定点，给定值
valor presente　现值
valor presente neto de finanzas　财务净现值
valor presente neto（VPN）　净现值
valor promedio de porosidad　孔隙度平均值
valor propio　本征值，固有值
valor real　实际价值，现值
valor recibido　标准价值，公认价值
valor relativo　相对值
valor restante　残值，余值
valor venal　市价，售价
valoración　定价，估价；评估，评价；增值；化合价测定
valoración amperimétrica　电流滴定法
valoración de los activos naturales　自然资源评价，自然资源评估
valoración de un campo　油田评估
valorar　给…估价；给…定价；评价，评估；使增值；测定…的化合价
valores declarados　申报价值
valores estéticos y recreativos del medio ambiente　环境的审美与休闲价值

valoría 价值；价，化合价
valorimetría 滴定法，分析法
valorimétrico 滴定的，分析的
valorización 估价，定价；评估；（使）增值
valorizador 定价的，估价的；评估的；使增值的
valuación 定价，估价
valuar 给…定价；给…估价
válvula 阀，阀门，活门；（水门、渠道等的）闸阀，开关；电子管，真空管
válvula a la culata 盖上阀，头阀
válvula a mercurio 汞阀
válvula a prueba de fallo 安全阀，自动保险阀
válvula a prueba de sabotaje 防破坏阀
válvula abombada 锥形阀
válvula accionada hidráulicamente 液压阀
válvula accionada por un flotator 浮动阀，浮球操纵阀
válvula acodillada 角阀
válvula al tope 顶阀，顶置气门
válvula amortiguadora 阻尼阀
válvula amplificadora 放大阀
válvula angular 角阀
valvula antirretorno 单流阀
válvula anular 环形阀
válvula apagadora de sonido 消声器，消音器
válvula atmosférica 空气阀
válvula atmosférica de las calderas 锅炉进给阀，锅炉进气阀，锅炉进料阀，锅炉入口阀
válvula atornillada 螺旋（球）阀
válvula auxiliar 旁通阀，分流阀，回流阀
válvula basculante 摆动阀
válvula check 单流阀，单向阀，止回阀，回压阀
válvula ciega 盲板，全封闸板
válvula circular 菌形阀
válvula compuerta deslizante 滑阀
válvula con camisa de vapor 带蒸汽加热夹套结构的阀门
valvula con guías de tope y fondo 顶底导向调节阀
valvula controladora 控制阀
válvula controladora de la circulación 循环控制闸
válvula corrediza 滑动阀，滑阀
válvula champiñón 蕈形阀，菌形阀
válvula de abertura retardada 缓开阀
válvula de acción rápida 快开阀
válvula de accionamiento por solenoide 电磁阀
válvula de aceleración 节流阀
válvula de admisión （水、气、油等的）进给阀；进口阀；（发动机）进气阀
válvula de aguja 针阀，针形阀
válvula de aire 气门，呼吸阀
válvula de alarma 警报阀
válvula de alarma por silbato 警笛阀，哨子报警阀，汽笛报警阀

válvula de aletas 蝶阀，蝶形阀
válvula de alimentación 进给阀，喂阀，给料阀
válvula de alivio 减压阀，卸压阀，泄流阀
valvula de alivio a resorte 弹簧减压阀，弹簧泄压阀
válvula de alta presión 高压阀
válvula de antirretroceso 单向阀
válvula de apertura progresiva 渐开阀
válvula de arranque 启动阀，（气举装置的）启动阀
válvula de arriba 游动阀
válvula de asiento 座阀；单流阀
válvula de asiento chato 平座阀
válvula de asiento cónico 菌形阀
válvula de asiento plano 片状阀
válvula de aspiración 吸入阀
válvula de batiente 旋启式止逆阀，摆动式止回阀
válvula de bisagra 铰链阀
válvula de bloqueo 截断阀，断流阀，隔断阀
válvula de bola 球阀
válvula de bola y asiento 球形止回阀
válvula de bolilla 止回球阀，球形节流阀，球形单向阀
válvula de bomba de aire 送风阀，瓣阀
válvula de bomba de lodo 泥浆泵阀
válvula de boya 浮阀，浮子阀
válvula de cabecera 管汇阀；集油管头阀；喷口阀
válvula de cabeza 头阀，顶阀
válvula de caída 落阀，坠阀；下流阀
válvula de calor 热阀，供暖阀
válvula de campana 钟形阀
válvula de ceba 启动阀，引动阀；启动注油阀；启动注水阀
válvula de cebado 启动阀
válvula de cementar 注水泥回压阀
válvula de chapaleta 瓣阀（水泵等中啪嗒作声的一种止回阀）
válvula de charnela 铰链阀
válvula de charnela de disco exterior 外盘铰链阀，外盘合页阀
válvula de choque 单流阀
válvula de cierre 关闭阀，关井阀，截流阀
válvula de cierre automático 自动关闭阀，自动截流阀，自动截止阀
válvula de cierre para emergencia 紧急关闭阀，紧急切断阀
válvula de cierre total 全闭阀，闸板阀
válvula de codo 角阀
válvula de compoundaje 复合阀，复式阀
válvula de compuerta 闸阀，闸式阀，闸门阀
válvula de compuerta de fluido 泥浆闸阀

válvula de contrapresión (constante) 回压阀，背压阀

válvula de control 控制阀

válvula de control de arietes 闸板式防喷器

válvula de control de nivel 液面控制阀，液位控制阀，自动调平阀

válvula de control tipo diafragma 隔膜控制阀

válvula de copa 杯形阀

válvula de corona 顶部阀，钟形阀

válvula de corredera 滑阀，滑动阀

válvula de cruz 十字阀

válvula de dardo 带突板的球阀，捞砂筒下带突板的球阀

válvula de derivación 旁通阀

válvula de desagüe 泄水阀，泄油阀

válvula de desahogo 减压阀，卸压阀，安全阀

válvula de descarga 泄放阀，排气阀，排料阀，溢流阀

válvula de descarga con pasador rompible 剪钉式安全阀，剪钉式泄放阀

válvula de desfogue rápido 快速放气阀

válvula de desviación 旁通阀

válvula de detención 截止阀

válvula de detención de vapor 蒸汽止回阀

válvula de diafragma 隔膜阀，膜片式阀

válvula de difusión 扩散阀

válvula de disco 盘形阀，圆片阀

válvula de disparo 突开阀，紧急安全阀，卸压阀

válvula de distensión 减压阀，卸压阀

válvula de doble asiento 双座阀

válvula de dos vías 双径阀

válvula de drenaje 排水阀，排泄阀，疏水阀

válvula de elevación 升阀

válvula de émbolo 活塞阀

válvula de emergencia (BOP) 防喷器，防喷阀

válvula de entrada de aire 吸气阀

válvula de escape 泄放阀，排气阀；安全阀；减压阀，泄压阀；泄流阀

válvula de escape de aire 排气阀，放气阀

válvula de esclusa 闸阀

válvula de escopeta 排出阀，输送阀，泄放阀，减压阀，排气阀

válvula de estrangulación 节流阀，节气阀，节汽阀

válvula de estrangulamiento 节流阀

válvula de evacuación de escape 排气阀

válvula de exhalación 呼吸阀，呼气阀

válvula de exhaustación 放出阀，溢流阀，安全阀

válvula de expansión 膨胀阀

válvula de expansión variable 可调式膨胀阀

válvula de flotador 浮子控制阀

válvula de freno 刹车阀，制动阀

válvula de gas 进气阀，气阀

válvula de gas lift (VGL) 气举阀

válvula de globo 球形阀，球阀，截止阀

válvula de globo con tapón de punta 针形截止阀

válvula de gozne 瓣阀，绞接阀，铰链阀

válvula de impidereventones (BOP) 防喷器，防喷阀

válvula de impulsión 冲击阀，推动阀

válvula de inmersión 主气管线中的水封阀；潜水阀

válvula de inversión 反向阀

válvula de inversión de cuatro vías 四通回动阀

válvula de inyección 注入阀；喷射阀

válvula de jaula 笼式阀

válvula de jaula fija 固定式笼式阀

válvula de jaula móvil 活动式笼式阀

válvula de junta kelly 方钻杆阀，方钻杆旋塞阀

válvula de kelly 方钻杆旋塞阀，方钻杆阀

válvula de la zapata de cementación 水泥鞋阀门，注水泥套管鞋阀

válvula de lengüeta 舌状阀，瓣阀

válvula de levantamiento 升阀

válvula de liberación de aire 放气阀，排气阀

válvula de llenado 灌装阀，进油阀

válvula de maniobra 控制阀，操作阀

válvula de manómetro 量规阀

válvula de mariposa 蝶阀，蝶形阀

válvula de movimiento vertical 升阀，垂直举升阀

válvula de no retorno 单向阀

válvula de palanca 拉杆阀

válvula de parada 止回阀

válvula de parada a tornillo 螺旋阀，旋压阀

válvula de pasos 管线阀

válvula de pie 底阀，尾阀

válvula de pie de cierre cónico 锥形底阀

válvula de pistón 活塞阀

válvula de pito 哨阀，汽笛阀，振鸣阀

válvula de plato 片状阀

válvula de platillo 片状阀

válvula de prellenado 充液阀，预充阀

válvula de presión 压力阀

válvula de presión reguladora 调压阀

válvula de presión retornante 回压阀

válvula de punta de aguja 针孔阀，针形阀，针阀

válvula de purga 放泄阀，排气阀，卸载阀

válvula de purga de la bomba del lodo 泥浆泵放气阀

válvula de purga para la tubería de producción 油管泄放阀

válvula de rebose 溢流阀，回水阀，回流阀

válvula de reducción 减压阀

válvula de reflujo 回流阀

válvula de regulación 调节阀

válvula de relevo de presión 安全阀，减压阀，

泄压阀
válvula de respiración　通风阀，呼吸阀
válvula de respiración de un depósito　呼吸阀，
通气阀
válvula de respiradero　放气阀，排气阀，放空阀
válvula de retención　止回阀，单向阀，逆止阀
válvula de retención a bisagra　旋启式止回阀
válvula de retención a bola　止回球阀，球形节流阀
válvula de retención acodillada　止回角阀
válvula de retención de mariposa　蝶形单向逆止
阀，蝶形止回阀
válvula de retención de columpio　旋启式止回
阀，摆动式逆止阀
válvula de retención de elevación　升降式止回阀
válvula de retención de emisión　放水阀，出口
阀，排泄阀，泄水阀
válvula de retención de la empaquetadura　填
密封止回阀
válvula de retención vertical　立式止回阀
válvula de rosca　螺旋阀
válvula de salida　出口阀
válvula de salida de boquilla　喷嘴阀
válvula de sangramiento　放泄阀，泄放阀
válvula de seguridad　安全阀，保险阀
válvula de seguridad antierrupción（BOP）　防喷
器，防喷阀
válvula de seguridad con resorte descubierto　弹
簧外露式安全阀
válvula de seguridad de ariete　闸板防喷器
válvula de seguridad de la sarta de perforación
钻杆安全阀
válvula de seguridad enterrada　井下安全阀
válvula de seguridad esférica　环形防喷器
válvula de seguro　安全阀，保险阀
válvula de separación　隔离阀
válvula de seta　菌形阀
válvula de silbato　哨阀，汽笛阀
válvula de sobrepresión　超压阀，过压阀
válvula de sombrerete　帽状阀
válvula de succión　上水阀
válvula de suministro　排气阀，输送阀，出油阀
válvula de tanque　罐阀
válvula de tapón　栓阀，塞阀
válvula de tapón para drenaje　给排水旋塞阀
válvula de tiraje　射击阀
válvula de toma de vapor　节流阀，节气门
válvula de trabajo　工作阀
válvula de tres pasos　三通阀
válvula de tres vías　转换阀，三道阀
válvula de tubería　管阀
válvula de tubo vertical　立管阀门
válvula de una vía　单向阀，止回阀
válvula de vaciado　排泄阀

válvula de vástago　杆阀
válvula de vástago hueco　空心杆阀
válvula de venteo　排放阀，排气阀，通风阀，
呼吸阀
válvula de ventilación　排放阀，排气阀，通风
阀，呼吸阀
válvula de yugo　轭阀
válvula del cuadrante inferior　方钻杆安全阀，
方钻杆下旋塞阀
válvula derivada　旁通阀，分流阀
válvula deslizable　滑阀
válvula electrolítica　电解阀
válvula electrónica　电子阀
válvula elevadora　提升阀，提动阀
válvula embridada　法兰阀，凸缘阀
válvula en cabeza　顶阀
válvula en el fondo del achicador　捞砂筒底部阀
válvula en la culata　缸顶阀
válvula equilibrada　平衡阀
válvula esclusa　闸阀，板阀
válvula esclusa de emergencia　备用闸阀，应急
闸阀，应急门阀，备用门阀
válvula esclusa de vástago estacionario　暗杆闸
阀，不升杆闸阀
válvula esférica　球阀，球形阀
válvula esférica de bola　（浮）球阀，球形阀
válvula estabilizadora de tensión　稳压管
válvula excitadora　启动阀
válvula excitadora de presión　启动压力阀
válvula faro　灯塔管
válvula fija　固定阀
válvula flotadora　浮阀
válvula flotadora para tubería de perforación　钻
杆浮阀
válvula flotante　浮（球）阀，浮子控制阀
válvula giratoria　回转阀，旋转阀
válvula graduable　可调节油嘴，可调节流阀
válvula guía de tope y fondo　顶底导向阀
válvula hidráulica　液压阀
válvula horizontal de retención　水平逆止阀
válvula impiderreventones　防喷器
válvula intermitente　间歇气举阀
válvula invertida　落阀
válvula kelly cock　方钻杆旋塞阀
válvula kelly cock superior e inferior　方钻杆上
下旋塞阀
válvula lateral　侧阀，旁阀
válvula maestra　总阀，主阀，主控阀
válvula mezcladora　混合阀
válvula motriz　驱动阀
válvula móvil　游动阀
válvula oscilante　摆动阀
válvula para alta presión　高压阀门

válvula para combinación　混合阀
válvula para descargar　卸载阀
válvula para distribución múltiple　管汇阀
válvula para soldar　焊接阀门
válvula para termo　保温桶阀
válvula piloto　导阀，引导阀
válvula plana　平座阀
válvula puente　旁通阀
válvula rebatible　瓣阀，翻板阀
válvula reductora　减压阀
válvula reforzada　加重型阀门
válvula refrigerada por agua　水冷管
válvula reguladora　调节阀
válvula reguladora de flujo　流量调节阀
válvula reguladora de vacío　真空安全阀
válvula reversa　反向阀，反循环阀，换向阀，
　可逆阀
válvula selectora　选择阀，选择活门
válvula sin retroceso　单向阀，止回阀
válvula soltadora　放泄阀，排气阀，释放阀，
　卸载阀
válvula superior de tapón del cuadrante　方钻杆
　上旋塞阀
válvula superior del cuadrante　方钻杆上旋塞阀
válvula T para tubería matriz　主管道 T 阀
válvula termiónica　热阴极电子管，热离子管
válvula tipo bola　球阀
válvula tipo lanzadera　梭形滑阀，往复阀，梭阀
válvula tipo mariposa　蝶阀
válvula unidireccional　单向阀
válvula vaciadora　卸载阀
válvula viajera　游动阀
valvular　阀的，活门的；有瓣的，有瓣膜的
valvulina　（用石油废料生产的）润滑油
vanadato　钒酸盐
vanádico　钒的
vanadífero　含钒的；产生钒的
vanadina　钒土
vanadinita　钒铅矿
vanadio　钒
vanadioso　亚钒的
vanadoso　亚钒的；含亚钒的
vanguardia　先头部队，前卫；先锋，前驱
vanilina　香草醛，香兰素
vano　空的，瘪的；徒劳的；孔，洞，口；叶
　片，叶轮
vano de descarga　出口，排水口，输出口
vano rectificador　整流叶片，气流整流叶片
vapor　水汽，蒸气，汽，蒸汽；汽化液体，汽
　化物
vapor atmosférico　常压蒸汽
vapor de agua　水汽，水蒸汽
vapor de cima　釜顶蒸汽

vapor de escape　乏气，废气
vapor de hidrocarburos　烃类蒸汽
vapor despetrolizante　剥离气，脱油气
vapor directo　直接蒸汽
vapor gaseoso　气态蒸汽
vapor húmedo　湿蒸汽
vapor nocivo　有毒烟气，有毒烟雾
vapor orgánico　有机蒸汽
vapor recalentado　过热蒸汽
vapor saturado　饱和蒸汽
vapor seco　干蒸汽
vapor vivo　新蒸汽，活蒸汽
vapora　汽轮，汽船
vaporable　能蒸发的，挥发性的
vaporación　蒸发，挥发
vaporar　使蒸发，使挥发
vaporear　使蒸发，使挥发
vaporífero　含蒸汽的
vaporígero　产生蒸汽的
vaporímetro　挥发度计，蒸汽计
vaporización　汽化作用，蒸发；蒸馏，馏出
vaporización en el instante de equilibrio　平衡闪蒸
vaporización instantánea　闪蒸
vaporización por cochadas　间歇蒸发作用
vaporización relámpago　闪蒸
vaporizador　汽化器，蒸发器；喷雾器，喷子
vaporizar　使汽化，使蒸发；喷洒，使成雾状
vaporosidad　蒸汽状；雾状；轻，薄
vaporoso　汽化的，多蒸汽的
vara　杆，竿；（无叶）细枝条；细棍，长竿；
　竿尺；竿（长度单位，合 0.8359 米）
vara alcándara　车辕
vara de aforar　水位标尺
vara de agrimensor　标杆，花杆，标尺，视距尺
vara de guardia　（车辆的）横档
vara de medir　测杆
vara portabrújula　罗盘支杆
varactor　可变电抗器
varada　（船）搁浅，拖船上岸；（矿工的）季度
　收入；（采矿）季进度
varadero　船只维修处，船坞；有潮港
varadero del ancla　锚侧护舷铁板
varado　搁浅的，抛锚的
varadura　搁浅
varar　（船）搁浅，触底，（事务）搁置，停滞，
　没有进展；（车辆）抛锚
varaseto　篱笆，栅栏
varenga　船首栏杆；肋骨
varganal　木栅栏
várgano　栅栏木
variabilidad　易变性，能变性；变率
variable　变化的，可变的，可变动的；易变的；
　变数，变量，变项，变元

variable aleatoria 随机变量，随机变数
variable continua 连续变量
variación 变化，变动，调整；变量，变位，变数；偏差
variación admisible 容许变化，允许变化
variación cíclica 周期性变化
variación de cambio 汇率变动
variación de demanda y oferta 供求变化
variación de la aguja 罗经磁差，罗经磁偏角
variación de la amplitud con el desplazamiento 振幅随偏移距的变化
variación de precios 价格变动
variación de temperatura 温度变化
variación diurna 日变，日变化
variación lunar 太阴变化
variación magnética 磁变，地磁变化，磁差
variación periódica (cíclica) 周期性变动
variación por latitud 纬度变化
variación proporcionada 按比例变化
variación regional de gradiente 区域梯度变化
variación secular 长期变化，世纪变化
variación textural 结构变化，组织变化
variado 不单一的，有变化的；各种各样的；各不相同的
variador 变速器，变化器
variancia 方差，标准离差的平方
variante 不同的，各种各样的，多样的；变量的；变形，变型，异体
varibarrido 变频带扫描，变扫描
variedad 变化，多样性，多样化；品种，种类
variedades poco evolucionadas 早期物种，几乎未经演化的物种
varilla 细棍，细竿，细条；抽油杆；测杆
varilla arrastraválvulas （油工）提升杆
varilla corta 抽油杆短节
varilla de arrastre 牵引杆
varilla de bombeo 抽油杆，泵杆
varilla de bombeo substituta 替代性抽油杆，替代性泵杆
varilla de conexión 连杆
varilla de cuelgatubos 吊杆
varilla de émbolo 活塞杆
varilla de empuje 推杆
varilla de empuje de válvula 阀推杆，阀顶杆
varilla de la bomba 抽油杆，泵杆
varilla de la excéntrica 偏心杆，偏心拉杆
varilla de mando 操纵杆
varilla de mando del freno 刹车制动杆
varilla de medición 计量标尺；测量杆
varilla de nivel 测深尺，测杆，量尺
varilla de pararrayos 避雷针
varilla de perforación 钻杆
varilla de pistón 活塞杆

varilla de refuerzo 加固杆
varilla de sonda 钻杆
varilla de sonda cuadrada 方钻杆
varilla de sondeo 钻杆
varilla de succión 抽油杆
varilla de tracción 拉杆
varilla de transmisión 联合抽油装置的传动拉杆
varilla de válvula 阀杆
varilla del acelerador 加速器拉杆，加速杆
varilla del freno 制动杆
varilla excéntrica 偏心杆
varilla fiadora 闭止杆
varilla hueca 空心抽油杆；空心钻杆
varilla levantaválvula 起阀杆，升阀杆
varilla medidora 测量棒；计量标尺
varilla metálica 金属杆
varilla para medir el nivel de aceite 有刻度的量液棒，油位测量棒
varilla para soldar 焊条
varilla probadora 试验棒，测试棒
varilla probadora de ácido 酸度测试棒
varilla pulida 光杆
varilla pulimentada 抛光杆
variobarómetro 可变气压计
variolita 球颗玄武岩
variómetro 变感器，可变电感器；气压测量器；变压表
variscita 磷铝石
varistor 变阻器；可变电阻，非线性电阻
vármetro 无功瓦特计，无功伏安计
varón 男性；成年男人；操舵滑车组；应急操舵索
varvas 季候泥，纹泥
vascular 维管的；具维管束植物的；血管的；脉管的
vaselina 凡士林；石油冻，矿脂
vaselina líquida 石蜡脂；液体凡士林
vaselina líquida medicinal 药用液体凡士林
vasiforme 杯形的；瓶形的；管形的
vasija 罐，瓮，听，容器，密封外壳
vasija de combustión 燃烧舟
vasija de filtro 过滤器
vasija de presión 压力容器，高压容器
vaso 杯子；杯状物；船体，船壳；烧杯，烧瓶；管，导管；脉管
vaso abierto 开口杯
vaso cónico 锥形烧杯
vaso cónico con vertedero y pico 带有边和出水口的锥形烧杯
vaso de acumulador 蓄电池箱
vaso de precipitación 烧杯
vaso de recuperación junto con taladro 随钻打捞杯

vaso humidificador　加湿杯

vaso separador　分离杯

vástago　杆；连杆，钻杆；抽油杆

vástago ascendente　上提杆

vástago cuadrado　方钻杆

vástago de arrastre　方钻杆；牵引杆

vástago de barrena　钻杆

vástago de bombeo　抽油杆，泵杆

vástago de émbolo　活塞杆

vástago de perforación　钻杆

vástago de perforación kelly　方钻杆

vástago de válvula　阀杆

vástago del malacate de la cuchara　提捞滚筒杆

vástago hueco　空心杆

vástago hueco cuadrado　方钻杆

vástago hueco hexagonal　六角方钻杆，六方钻杆

vástago para el émbolo　活塞连杆

vástago pasante　上提杆

vástago perforador hexagonal　六方钻杆，六角方钻杆

vástago pulido　光杆

vasto　(知识等) 广泛的；宽敞的；广阔的

vatihorímetro　电表，瓦时计

vatímetro　瓦特计，功率表

vatio　瓦特 (功率单位)

vatio por hora　瓦特 / 小时

vatiohora　瓦特 / 小时

vatiómetro　瓦特计

vaughanita　细灰岩，灰泥岩，致密灰岩

vecino　相邻的；相似的，相近的；邻居，居民

vectógrafo　矢量图，偏振立体图

vectograma　矢量图

vector　向量的，矢量的；向量；矢径

vector axial　轴向矢量

vector magnético　磁矢量

vector vinculado con el agua　与水相关的矢量

vectorial　矢量的，向量的

vectórmetro　矢量计

veda　禁猎，禁渔；禁猎区，禁渔区；禁猎期，禁渔期

vedado　禁区，围场；禁止入内的；设有围栅的

vedado de caza　禁猎区

vedaje　包扎

vega　(一般有河流经过的地势较低的) 肥沃平原；河套地区，河滩地，低湿土地

vegetación　植被；植物，草木

vegetación persistente　常绿植物

vegetación superficial　地表植被

vegetación xerófila　喜旱植被，适旱植被，喜旱植物

vegetal　植物的；植物，蔬菜

vegetomineral　矿植物的

veguero　低地肥沃平原的

vehicular　车辆的；运载工具的；传送，传递

vehículo　车，交通工具；载体；媒介物

vehículo de arrastre　拖曳车，牵引车

vehículo de limpieza con chorros de agua a presión　水力喷射清洁车

vehículo operado por el control remoto　遥控汽车

vehículo pantanero　沼泽车

vehículo para todo terreno　越野汽车，吉普车

vehículo rodado a carretes　爬行曳引车，履带车

vehículo sin equipo anticontaminación　无防污装置的汽车

vehículo sumergible de control remoto　(用于水下考察的) 水下远程操作车，水下遥控车

vejez　年老；晚年；老年期；(东西的) 陈旧状，磨损状

vela　蜡烛，帆，帆船，熬夜，守夜；值夜

veleta　风向标；浮子；鱼漂

veliforme　毛发状的

velo　帘，幔；罩布，盖布；面纱，面罩；长竿捞网；雾状物，纱状物

velocidad　速率，速度；(汽车等的) 排挡；迅速，快速

velocidad acelerada　加速度

velocidad angular　角速度

velocidad aparente　表观速度，视速度

velocidad baja sin carga　空转速度

velocidad circunferencial　圆周速度

velocidad con respecto al suelo　地速 (指飞机等飞行时相对于地面的水平速度)

velocidad constante　常速，定速，等速，恒速

velocidad crítica　临界速度

velocidad de acercamiento　进场速度

velocidad de agitación　搅拌速度，搅动速度

velocidad de arranque　初速度，启动速度

velocidad de ascensión　爬升率，爬升速度

velocidad de ascenso　爬升速度，爬升率

velocidad de aterrizaje　着陆速度

velocidad de avance　钻进速度，穿透速率，英语缩略为 ROP (Rate of Penetration)

velocidad de barrido　扫描速度

velocidad de combustión　燃烧速度，燃烧率

velocidad de corte　切削速度

velocidad de crucero　(飞机、车辆、船上的) 经济巡行速度

velocidad de desplome　失速速度

velocidad de divergencia　发散速度

velocidad de escape　逃逸速度，脱离速度，第二宇宙速度 (指航天飞机等物体能克服地球引力的速度)

velocidad de flujo　流量，流率，流速

velocidad de intervalo　区间速度

velocidad de inyección　注入速度，注射速率

velocidad de la luz　光速

velocidad de liberación 逃逸速度, 脱离速度, 第二宇宙速度 (指航天飞机等物体能克服地球引力的速度)

velocidad de masa 质量速度

velocidad de onda 波速

velocidad de penetración (ROP) 钻进速度, 穿透速率

velocidad de penetración promedia 平均钻进速度

velocidad de perforación de la barrena 机械钻进速度

velocidad de producción de gas 产气速度, 采气速度

velocidad de propagación 传播速度

velocidad de propagación de las ondas mecánicas en una roca 机械波在岩石中的传导速度

velocidad de registro 测井速度, 测井仪速度

velocidad de registro de troncos 测井速度

velocidad de sedimentación 沉积速度

velocidad de subida 爬升率, 爬升速度

velocidad de tapón de líquido 液体段塞速度, 液塞速度

velocidad de tendido 铺管速度; 架设速度; 铺展速度

velocidad del cable 线速; 钢丝绳速度; 电缆速度

velocidad elevadora de garfio 大钩提升速度

velocidad en vacío 空转速度

velocidad espacial 空间速度

velocidad específica 比速, 特有速度

velocidad instantánea 瞬时速度

velocidad intermedia 中间速度, 中速

velocidad lateral 侧速, 横向速度, 沿翼展方向分速

velocidad límite 极限速度

velocidad lineal 线速度, 线性速度

velocidad máxima 最大速度; 最高速度

velocidad media 平均速度

velocidad muerta 空转速度

velocidad operativa 实际操作速度

velocidad parabólica 抛物线速度

velocidad penetrante de taladro 钻头进尺速度

velocidad periférica 圆周速度, 圆周速率

velocidad por las bosquillas 钻嘴喷速

velocidad por unidad de tiempo 速率, 速度

velocidad promedio 平均速度

velocidad radial 径向速度

velocidad relativa 相对速度

velocidad rotatoria 转速

velocidad sísmica 地震速度

velocidad total en carga 负荷全速

velocidad uniforme 匀速

velocidad verdadera 实际速度

velocidad virtual 虚速度

velocímetro 速度计, 测速器

velómetro 速度计, 测速器

vena 脉; 矿脉, 岩脉; 纹理

venaje 河流源头

venal 供出售的; 可收买的; 脉络的

venalidad 供出售的; 可卖性; 受贿, 接受贿赂

vencedor 获胜的; 获胜者, 胜利者

vencer 战胜; 抑制; 克服 (困难) 等; 压弯, 压断; 使倾斜; 截止, 到期; (合同等因期满) 失效

vencido 被战胜的; 到期的; 过期失效的; 压弯的

vencimiento 战胜, 胜利; 到期; 弯曲; 倾斜; 断裂

venda 绷带

venda de gasa 纱布绷带

venda elástica grande 大号弹力绷带

venda esterilizada 消毒绷带

vendaval 强劲南风, 强劲西南风; 大风, 疾风; 暴风

vendedor 卖的, 出售的, 经销的; 卖主, 商贩; 售货员

vendedor ambulante 流动商贩, 流动小贩

vender 卖, 出售; 推销, 经销, 经营; 出卖

vendible 可出售的; 可出卖的

vendija (在公共场所进行的) 廉价出售, 贱卖

veneno 毒物, 毒药; 有害于健康的东西; 毒害的事物

veneno de efecto general 内吸性毒剂, 导致全身中毒的毒药

venenoso 有毒的, 含毒的

venero 矿脉, 矿床; 泉

venero de barrera 堰塞泉

venia 准许; 同意, 许可

venida 来; 到来; 回来, 返回; (河水) 上涨

venidero 即将到来的, 未来的; 后来人, 后继人; 后代

venilacetileno 乙烯基乙炔

venimécum 手册, 便览

venita 脉混合岩

venta 卖, 出售; 销售; 销售量; 转让

venta a crédito 赊销

venta a cuota 分期付款销售

venta a domicilio 上门销售

venta a granel 整批销售, 大批销售

venta a plazos 分期付款销售

venta al contado 现金销售

venta al destajo 零售

venta al detalle 零售

venta al por mayor 批发

venta al por menor 零售

venta ambulante 沿街流动销售; (公共场所) 设摊销售

venta callejera 沿街叫卖

venta CF（coste y flete） 货价加运费销售，成本加运费价格，到岸价

venta con canje 互换销售

venta contra reembolso 货到即付，交货付款，货到收款

venta coste, seguro y flete CIF 销售，到岸价格销售

venta de garaje 宅前出售

venta de primera mano 一手销售

venta en bloque 批发

venta en subasta 拍卖，竞卖

venta por catálogo 邮购

venta por correo 邮购

venta por cuotas 分期付款出售

venta pública 拍卖；公卖

venta puerta a puerta 上门销售

ventaja 优势；优点；长处；好处；额外收入，津贴

ventajismo 投机取巧

ventajista 投机取巧的；投机取巧的人

ventajoso 有利的；带来利益的

ventalla 阀

ventana 窗，窗户；（计算机）窗口，视见区；天窗，开天窗

ventana corredera 推拉窗，活动窗

ventana de energía 能量窗

ventana de guillotina （上下拉动的）吊窗

ventana de oportunidad 机会窗，时机窗口

ventana de petróleo 石油窗，液态烃窗，油窗

ventana tectónica 构造窗

ventanilla 小窗；车窗，舷窗；视见区；片孔，片窗

ventanilla de inspección 观察孔

ventanilla de un depósito 油罐孔口

ventanillo 小窗，（门窗上端的）气窗，猫眼；（通地下室的）地板门，（船上的）舷窗

ventear 刮风；（在通风的地方）晾；（在风中）扬

venteo 通风；排气，放气

ventifacto 风棱石，风磨石

ventilación 通风设备，通气系统；通风口，通气口；通风，通气

ventilación ascendente （采矿业）上行通风

ventilación de vertedero 垃圾场通风设施，废物倾倒处通风口

ventilado 风冷的，通风的

ventilador 电扇，风扇；鼓风机；通风机；气窗，通风口

ventilador a fuerza motriz 动力风扇

ventilador aspirador 抽风机，排风机，排风扇

ventilador de chimenea 烟囱通风口，烟囱排气机

ventilador del radiador 散热器风扇

ventilador eductor 排气机，排气管，排气器，排风机

ventilador eléctrico 电风扇

ventilador extractor 抽风机，抽气机，抽出式扇风机

ventilador para tiraje artificial 机械通风排气扇

ventilador principal 主扇风机

ventilador rotativo 回转型鼓风机

ventisca 雪暴，暴风雪；大风

ventiscoso （天气、地方）多暴风雪的

ventisquero （山上的）受暴风雪袭击的地方；（山上的）常年积雪，冰雪层；积雪区

ventola （风的）吹击力，袭击力

ventolera 阵风

ventolina 微风，变向风；软风（一级风）

ventorrero 高处，空旷处；迎风处，受风处

ventosa 气孔，通气孔，通风孔；吸杯；拔火罐；粘钩；吸盘

ventosa al vacío 真空安全阀

ventoso 刮风的；多风的

ventril （榨油机的）油碟平衡锤

venturímetro 文氏管流量计

venturina 砂金石，星彩石英；装饰金粉

vera 岸，边

verano 夏季

verascopio 小型立体幻灯机；小型立体摄影机

veratralbina 白藜芦硷

veratrina 藜芦混碱；藜芦定

verbal 口头的，口述的；非书面的

verbascosa 毛蕊花糖

verbenalina 马鞭草灵，马鞭草苷

verdad 事情，真相；真实性；事实；真理

verdad imperecedera 永恒的真理

verdadero 真实的；真正的，非人造的；实际的，符合事实的

verde 绿的，绿色的；（地方）由绿色植物覆盖的，青葱的；保护生态环境的；青草，草坪，草地

verdegris 铜绿；结晶铜绿

verdita 铬云母

verdugada 砖层

vereda 小径，小路；牧道；人行道

veredicto （陪审团的）裁定；权威性的意见，定论，判断

verga 竿子，棍子；（固定窗玻璃用的）铅条，铝条；帆桁，横桁

vergencia 聚散度

vergeta 细竿儿，细棍儿

verglás （地上或物体上的）薄冰层

verificable 可检验的，可核实的，可证实的

verificación 证明，审核；鉴定，检验

verificación de la calidad 质量检验

verificación de paridad longitudinal 纵向奇偶检验，纵向奇偶校验

verificación de paridad par 偶数同位校验，偶

数奇偶校验

verificación de validez 有效性检验

verificador 检验员，校验员；检验器

verificador del contenido de una formación geológica 地层测试器，地层测验器

verificador lógico 逻辑探针

verificadora 打卡机，考勤打卡机

verificar 检查，核对，校验，复核

verja 栏杆，栏栅，围栏，栅形，栅

verlita 叶碲铋矿

vermiculita 蛭石

vernerita 中柱石

vernier （量具等的）微调装置；游标，游标尺

versátil 易变的，反复无常的，多功能的；易翻转的；可四面转动的

versatilidad 易变，反复无常，多功能性，转动性

versión 译本，版本，改写本，说法，解释

vertebrado 有脊椎的，脊椎动物的；脊椎动物

vertedero 垃圾场，废物倾倒处；溢口，排放口；溢洪道；（污水的）倾泻口，排放道，倾倒垃圾通道

vertedero abierto 露天垃圾场

vertedero de desechos sin revestimiento o sin revestir 无衬层的垃圾填埋场

vertedero sin revestimiento o sin revestir 无衬层的垃圾填埋场

vertedor 溢洪道；（污水等的）倾泻口，排放道

verter 倒；灌，注，使流溢，使溢出；汇入，流入

verter a gotas 滴入

vértex 顶点，极点，汇聚点；角顶，天顶

vertical 直立的，竖式的；垂直的；纵向的；垂直线；垂直面；纵向，垂直方向

vertical sísmico 地震垂线

verticalidad 垂直，垂直度；遵循垂直领导

vértice 顶，极点，顶点，最高点

vértice de la montaña 山峰

vértice de un cono 锥顶

vértice de un triángulo 三角形的顶点

vértice de una curva 曲线顶点

verticidad 移动性；向磁极性

vertido 倒出的，倾倒的；溢出，发出，洒落

vertido accidental de hidrocarburos 突发性溢油

vertiente 倾倒的，倾泻的；坡面；斜坡；坡地；泉水

vertiente continental 大陆坡，陆坡，大陆斜坡

vertiente de un dique 堤防的斜坡

vertimiento 倒，倾倒；（器皿翻倒）泼出，洒落

vesícula 气泡，泡状组织，囊

vesicular 多泡的；泡状的，囊状的

vestida de taladro 钻机安装（委内瑞拉用法）

vestido de amianto 石棉服

vestigial 残留的，遗迹的，剩余的；发育不全的，退化的

vestigio 足迹；痕迹，遗迹；迹象，线索

vestigio de hidrocarburos 油显示

vestigio de petróleo 油显示，油迹，油痕

vestir 覆盖；加面层，涂上；组装设备，安装（钻机等设备）（委内瑞拉钻井现场特定用法）

vesubianita 符山石（最初发现于维苏威火山的熔岩中）

vesubiano 火山性的，火山般的；符山石

vesuviana 符山石

veta 条层；条纹，纹理；矿层，矿脉

veta calcárea 炭质页岩

veta cubierta de minerales 含矿岩脉，含矿矿层

veta de color 有色纹理；有色矿脉

veta de fisura 裂隙脉

veta de madera 木纹

veta interfoliada 层间脉，叶理间侵入脉

veta transversal 交叉矿脉

vetado 有条纹的，有纹理的；被否决的；条理，纹理

veterano 经验丰富的，老练的

veto 否决，否决权；禁止，反对

veto absoluto 绝对否决权

veto suspensivo 延缓否决权

vetustez 衰败，衰解，衰耗

vez 次，回；倍；轮次；时机，机会，场合

VFD (transmisión de frecuencia variable) 可变频率驱动，英语缩略为 VFD（Variable Frequency Drive）

vía 路，道路，交通线，路线；手段，方法，途径；渠道；（法律）程序

vía ancha 宽轨

vía de agua 水路，水道，水系，航道

vía de apartadero 侧线，旁轨，备用线路

vía de ferrocarril 铁轨；铁路，铁道

vía de migración 迁徙路线，迁徙路径

vía de navegación interior 内陆水道，内陆航道

vía de pestaña 轮缘槽

vía ejecutiva 强制偿债案；强制性执行程序

vía férrea 铁轨；铁路，铁道

vía fluvial 水路

vía muerta （铁路）侧线，旁轨，避让线；僵局

vía ordinaria 普通程序；一般方法

vía paralela 平行道路

vía pública 街道，马路；公共场所

viabilidad （计划等的）可行性，可能性，现实性

viabilidad ecológica 生态可行性

viable （计划等）可行性的，可实施的；可通行的

viaducto 高架桥，跨线桥；高架铁路，高架道路

viaducto de caballetes 高架桥

viágrafo 道路测平仪

viajador 旅行者

viajante 旅行的；旅行者

viajar　旅行，长途旅行；游历；（交通工具）运
行；被运送；被传播；被传送

viaje　旅行；行程，路线；冲程；往返，趟；一
次搬运量

viaje con retorno　来回行程，往返行程

viaje corto　短起下

viaje de estado　国事出访

viaje de ida　去程，出航

viaje de ida y vuelta　往返

viaje de ida y vuelta de la tubería　起下钻

viaje de negocios　商务旅行

viaje de retorno　回程

viaje de vuelta　回程，返程

viaje libre　无效运动，空动

viaje oficial　公事出访；出公差

viaje redondo　来回行程，往返行程；起下钻；
多次反射

viajero　旅行的，旅游的；移栖的；旅客；旅行者

vial　道路的，交通的

vialidad　道路网，公路系统，道路系统

viático　旅费；旅途用品；差旅费

vibración　抖动，振动，摆动，摇动，颤动，振捣

vibración armónica　谐振

vibración de la válvula　阀门的振颤，阀片跳动，
阀口颤动作响

vibración forzada　强迫振动，强制振动

vibración longitudinal　纵向振动

vibración molecular　分子振动

vibración sincrona　同步振动

vibración terrestre　地面振动

vibracional　振动的，颤动的

vibrado　（混凝土）经过振捣的

vibrador　震动装置；振子，振动器，振动机；
（混凝土的）振捣器

vibrador de ripios　泥浆振动筛

vibrador hidráulico　液压振动器

vibrante　抖动的，振动的，颤动的

vibrar　抖动，振动，颤动；使抖动，使振动

vibratorio　振动的；摆动的

vibro　振动式压路机

vibrocompactador　振动压路机

vibrófono　鼓膜振动器

vibrogénesis　振动起源，振动成因，振动生成

vibrógrafo　示振器，振动显示器，震动计

vibrómetro　测振计，观测计量震动仪

vibroscopio　震动观察器，振动指示计

vibroseis　可控震源技术，连续震动法

vibrosísmica　振动地震

vibrotón　振敏管

vicedirector　副主任；副处长；副司长

vicegerente　副经理

vicegobernante　副州长；副省长；副总督

vicejefe　副组长；副班长；副主任；副会长

vicepremier　副总理，副首相

vicepresidente　副主席，副总统；副议长，副会
长，副社长；副董事长，副总裁

vicesecretario　副秘书；副书记；副部长

vicianosa　巢菜糖

viciar　使变形；篡改；污染（空气）；使（文
件等）无效

vicioso　有缺陷的，有错误的

víctima　受害者，牺牲品；罹难者

victoria　胜利，成功；战胜，克服

vida　生命；寿命；（物的）使用期，有效期；
生命力

vida del cojinete　轴承寿命

vida en la tierra　陆生生物

vida humana　人命

vida media　平均寿命

vida media neutrónica　中子寿命，中子平均寿命

vida prehistórica　史前生命

vida productiva　生产寿命

vida productiva del pozo　油井的生产寿命

vida silvestre　野生生物

vida útil　使用期，使用期限，使用寿命

vídeo　录像，录影；录像片；录像机

videocámara　摄像机

videocasete　盒式录像带

videocinta　录像带

videocomunicación　电视通信

videoconferencia　电视电话会议

videocontrol　闭路电视监控

videodisco　激光视盘，影碟

videodisco digital　数字式激光视盘，DVD

videoedición　视频编辑

videofonía　电视电话系统，可视电话系统

videófono　电视电话，可视电话

videofrecuencia　视频

videograbadora　录像机

videomensaje　（录在磁带上的）录像信息

videoproyector　（放映录像的）放映机

videorregistrador　录像机

videoteca　录像资料；录像资料馆

videoteléfono　电视电话，可视电话

videoterminal　（计算机等的）图像显示终端

videotexto　（通过电话线路或电视电缆将信息从
计算机网络输向用户终端的）视传系统，视频
传输系统

vidiconoscopio　（摄像机上的）光导摄像管，视
像管

vidriado　（像玻璃）易碎的；上釉的；上釉；
釉；上釉陶器

vidrio　玻璃；玻璃器皿，料器；玻璃碎片

vidrio actínico　光化玻璃

vidrio basáltico　玄武玻璃

vidrio cilindrado　（做玻璃窗等用的）平板玻璃

vidrio de ámbar 琥珀玻璃
vidrio de aumento 放大镜
vidrio de color 彩色玻璃
vidrio de cuarzo 石英玻璃
vidrio de plomo (含) 铅玻璃
vidrio de seguridad 安全玻璃
vidrio de sodio 钠玻璃
vidrio de tubos de nivel 玻璃管示位表, 玻璃管液位计
vidrio deslustrado 毛玻璃, 磨砂玻璃
vidrio duro 硬玻璃
vidrio esmerilado 毛玻璃, 磨口玻璃
vidrio estirado 拉制玻璃
vidrio fibroso 玻璃纤维, 玻璃丝
vidrio hilado 玻璃纤维
vidrio inastillable 安全玻璃; 防碎玻璃
vidrio irrompible 不易破碎的玻璃, 安全玻璃
vidrio orgánico 有机玻璃
vidrio óptico 光学玻璃
vidrio pintado 有色玻璃, 彩色玻璃
vidrio plano 平板玻璃, 片状玻璃
vidrio poroso 多孔玻璃
vidrio pyrex 耐热玻璃, 派热克斯玻璃, 派热克斯耐热玻璃
vidrio refractorio 耐热玻璃
vidrio riolítico 流纹玻璃
vidrio silicioso 石英玻璃
vidrio soluble 溶性玻璃
vidrio tallado 刻花玻璃, 雕花玻璃
vidrio templado 钢化玻璃, 淬火玻璃
vidrio volcánico 火山玻璃
viejo 老的; 年老的; 陈旧的; 从前的; 老人
viento 风; 气流; 拉索, 拉条, 系紧线; 方向, 风位
viento a la cuadra 侧风
viento anabático 上升风
viento aparente 表象风
viento arriba 上风
viento ascendente 上升风
viento calmoso 微风
viento cardinal 主向风 (指东、南、西、北向风)
viento catabático 下降风, 下吹风
viento colado 穿堂风
viento de altura 高空风
viento de bolina 船头风
viento de cola 顺风
viento de hélice 滑流
viento de proa 逆风
viento de través 横风
viento en popa 顺风; 一帆风顺
viento entero 正向风 (指东、南、西、北或东南、西南、西北、东北风)

viento geostrófico 地转风
viento irregular 不定风, 不稳定风
viento maestral 密史脱拉风 (地中海北岸一种干冷西北风或北风)
viento marero 海风
viento mistral 密史脱拉风 (地中海北岸一种干冷西北风或北风)
viento terral 陆风
viento tirante 绷绳, 牵索, 牵引绳, 拉线
viento trasero 顺风
viento variable 不定风
vientos alisios 信风, 贸易风
vientos altanos 海陆变向风
vientos de tempestad 风暴
vientos del oeste 西风带
vientos generales 信风, 贸易风
viga 梁, 檩, 桁; 轧辊; (屋架结构用的) 工字钢
viga abovedada 拱形梁
viga angular 角钢梁
viga arqueada 拱形大梁
viga atirantada 桁架式梁
viga auxiliar 辅助椽子
viga baja 短桁架
viga cajón 箱形梁, 箱型梁
viga canal 槽形梁, 槽钢
viga compuesta 混合梁
viga común 普通搁梁
viga con muescas 开槽梁
viga continua 连续梁
viga curvada 曲梁
viga de acero del canal U U 形槽钢梁
viga de acero del doble T H 形槽钢梁
viga de acero del H 工字钢, 工字钢梁
viga de aire 悬空梁
viga de alma llena 板梁; 实体腹板梁
viga de asiento del motor (钻机) 发动机下纵向底梁
viga de bloque corona 天车梁
viga de celosía K 式桁架; 栅格式梁
viga de corona de torre 天车梁
viga de hormigón 混凝土梁
viga de la mesa rotaria 转盘大梁
viga de separación 分隔梁; 分隔楔
viga del piso de torre 钻架底框梁, 钻台横梁
viga en arco 拱形桁架
viga en doble T 加翼梁, 工字梁
viga en I 加翼梁, 工字梁
viga en T T 形梁
viga H (宽桁) 工字梁
viga I de eje 前轴工字梁
viga lateral del marco base del portapoleas de corona (torre) 天车台梁

viga maestra　主梁

viga principal　钻台主基木

viga suspendida　挂梁

viga T　T形梁

viga tipo U　U型钢；U型梁

viga transversal　横梁

viga voladiza　悬臂梁，悬梁

vigas para sostener el motón de la torre de perforación　天车台梁；钻塔滑车支撑梁

vigencia　有效，生效；（法律等）现行；有效性

vigente　（法律等）现行的，有效的

vigilancia　警戒，监视；保安

vigilancia ambiental　环境监测

vigilancia mundial　地球监察

vigilante　警戒的；警惕的；看守，警卫，保安

vigilar　照料；看管；监督，监视

vigilia　未睡，不眠；（尤指脑力劳动者的）夜间工作，熬夜；夜间值勤

vigor　精力，活力；（法律等的）有效

vigorización　使充满活力，使强壮有力；激励，强化

vigorización artificial (en la producción)　人工强化采油

vigueta　小梁

vigueta de cabeza　顶梁

vigueta de sección en I　工字梁

vigueta del canal　槽钢

vigueta en T　T字梁，丁字梁

viguetas de asiento del motor　发动机底座架

villabarquín　曲柄钻

villamaninita　黑硫铜镍矿

vilnita　硅灰石

vilorta　（用来做箍、环、圈的）柔韧木条；（用柔韧木条做的）箍；环；圈；犁柄箍；金属垫圈

vinato　酒酸盐

vinculación　联系；结合；财产的限定继承

vínculo　关系，联系；联结，纽带

vindicación　保护，维护；要求恢复（权利）等

vinilacetileno　乙烯基乙炔

vinilación　乙烯化作用，乙烯化

vinilbenceno　乙烯基苯，苯乙烯，苯乙烯基

vinilciclopenteno　乙烯基环戊烷聚体

vinílico　乙烯的

vinilo　乙烯基，乙烯树脂

vinilón　维尼纶，聚乙烯醇缩醛纤维

vino　葡萄酒，酒

vinylon　维尼纶，聚乙烯醇缩醛纤维

violación　违犯，违反；违背；损坏

violar　违犯，违反；非法闯入，侵犯

virador　上色剂；粗缆绳；中桅帆缆

viraje　（车）转向，转弯；（帆船）抢风调向；变化，转变，转折

virar a sotavento　（船）顺风转向

virar en redondo　转向相反方向，大调头；一百八十度大转弯

virar sobre la popa　绞进，收链使船前进

virgación　分枝，分歧，分支

virgen　原生的，未开垦的，未开采的，未开发的

virgloriense　维尔格洛阶，维尔格罗，维尔格罗阶

vírgula　细棍；细线；斜杠；斜线

virola　铁箍，铁环，铁圈，金属箍，金属包头

virotillo　支撑，撑木

virtual　实际上的；潜在的，虚的，假的

viruta　刨花；金属屑（常用复数）

viruta de hierro　铁屑

viruta de perforación　钻屑

viruta de torno　车床碎片，车削碎屑

virutas de alisado　镗屑

visa　签证，背签

visa consular　领事签证

viscoelasticidad　黏弹性

viscoelástico　黏弹性的，黏滞弹性的

viscoplasticidad　黏塑性

viscoplástico　黏塑性的

viscorreducción　减黏裂化，降黏

viscorreductora　减黏裂化炉

viscosa　粘胶，粘液，粘纤维，粘液丝

viscosidad　黏性；黏性系数；黏度，黏滞度

viscosidad absoluta　绝对黏度，泊（黏度单位）

viscosidad aparente　表观黏度，视黏度

viscosidad calculada por un ábaco　外推黏度

viscosidad cinemática　运动黏滞率，运动黏度，动力黏度

viscosidad de embudo　漏斗黏度

viscosidad de lodo　泥浆黏度

viscosidad del crudo　原油黏度

viscosidad dinámica　动态黏滞度，动力黏度，动态黏度

viscosidad específica　比黏

viscosidad extrapolada　外推黏度

viscosidad plástica　塑性黏度

viscosidad relativa　相对黏度

viscosidad universal Saybolt　赛氏通用黏度，赛波特通用黏度

viscosificador　增黏剂

viscosilla　粘胶丝，粘胶纤维

viscosimetría　黏度测量法

viscosimétrico　测黏度的

viscosímetro　黏度计，黏滞计

viscosímetro Redwood　雷氏黏度计

viscosina　黏质；黏液菌素

viscoso　黏的，黏性的，黏滞的，高黏度的

visera　面甲，面罩，护面；遮阳帽；（汽车挡风玻璃上方的）遮阳板；檐；眼罩，护眼罩

visibilidad　能见度，可见度；能见距离

visible　看得见的，可见的；明显的；引人注目的

visión　视力；视觉；目光，眼力；看法，观点

visionadora　微型胶片视读器

visita　拜访，探望，访问，游览，参观；（医生）看病，问诊

visitador　视察员；调查员；检查员；督察员

visitante　访问者，参观者，游客

vislumbre　微光，闪光；迹象，苗头，端倪

viso　光泽；闪光；外表，样子；（可以凭眺的）高处

visor　（照相机的）取景器；（枪、炮上的）瞄准器；单位矢量，单位向量

visorio　视觉的，视力的；观测用的；（专家的）检验，检查

víspera　前一日；（节日或重大事件等的）前夜，前夕

vista　视力；视野，视界，视域

vista a vuelo de pájaro　鸟瞰图

vista adelante　前视，预见，前视测量，远见，先见

vista aérea　鸟瞰图，俯瞰

vista cansada　老花眼；远视

vista corta　近视

vista de costado　端视图

vista delantera　前视图，正面图

vista en alza　纵剖面图，立视图

vista en corte　断面图，剖面图

vista en planta　平面图

vista esquemática　简图，图表，图示

vista frontal　正面图，前视图，主视图

vista lateral　侧面图，侧视图

vista por detrás　后视图

vista posterior　后视图，背视图

vistazo　扫视，浏览

visto　已看过的，用过的，过时的

visto bueno　同意，照发，已阅（公文批语，略作 V°B°）

visual　视力的，视觉的；目视的；视线；显示；显示屏，显示器

visual adelante　前视，预见，前视测量

visual gráfica　图形显示

visual gráfica conversacional　会话式图形显示

visual inclinada　倾斜视线

visual inversa　后视，回视，反视

visualización　可见性；可视化，可见化；显形；（用图表、图像等）显示；形象化；（项目的）预可研，构想

visualización de datos　数据显示

visualización del proyecto　项目可视化；项目的预可研（或构想）

visualización digital　数字显示

visualizador　显示器；直观显示部件

visura　目检，察看；视察，检查

vital　生命的；极其重要的；充满活力的

vitalicio　（职务、年金等）终身的；人寿保险；终身年金

vitalidad　生命力；生机，活力；极其重要，至关重要

vitalidad de los océanos　海洋生命力，海洋活力，海洋生气

vitalio　活合金，（维塔利姆高钴铬钼）耐蚀耐热合金

vitamina　维生素

vítreo　玻璃的；像玻璃的，玻璃状的

vitreosil　透明石英

vitrificable　可制成玻璃的；能玻璃化的

vitrificación　制成玻璃；玻璃化

vitrificado　玻璃化的，成玻璃质的

vitriolar　用浓硫酸处理

vitriólico　硫酸盐的

vitriolo　硫酸盐

vitriolo amoniacal　硫酸氨

vitriolo azul　胆矾，蓝矾，五水硫酸铜

vitriolo blanco　皓矾，七水硫酸锌

vitriolo de plomo　铅矾，硫酸铅矿

vitriolo verde　绿矾，七水硫酸铁

vitrocemento　玻璃混凝土

vitrocerámico　用玻璃陶瓷做成的；玻璃陶瓷

vivaque　露营帐篷；露营地，（军事要塞）警卫室

vivaz　敏锐的；充满活力的；多年生的

vivencia　经历，阅历，生活经验

viveral　苗圃，秧田

víveres　粮食；食粮；口粮

vivero　苗圃，苗床；秧地；养殖场；温床；发源地

vivianita　蓝铁矿

vivienda　住宅，住房；住处

vivienda improvisada　临时住所

vivir　生活；生存；住在，居住；继续存在；经历

vivo　活的，有生命的；现存的；（色彩）鲜艳的；（棱角）尖利的；边，沿，棱，角

vocal　口头的；（机构、委员会等的）成员，委员

vocoder　音码器，自动语言合成器

vogesita　闪正煌岩，闪辉正煌岩

voglianita　绿铀矿

voglita　碳铜钙铀矿

voladero　能飞的；转瞬即逝的

volador　飞的；悬空的；飞轮

voladura　爆炸，爆破

voladura en el fondo del pozo　井底爆炸，井下爆炸

voladura en el fondo del pozo para crear hendiduras　（为产生裂缝而进行的）井下爆炸

volante　手轮，驾驶轮，方向盘，（机械上面的）

摆轮，飞轮；便条，条子；存根；飞的；不固定的

volante de inercia 惯性轮

volante manual 手轮

volante manubrio 手轮

volar 飞，飞行；（消息等）迅速传播；（建筑物的某一部分）突出，伸出

volátil 挥发性的；（在空中）漂移的；易变的，不稳定的；飞行的

volatilidad 挥发性，挥发度；（指数）大幅度变动；（性格）变化无常

volatilizable 可挥发的，易挥发的，可发散的

volatilización 挥发；迅速消失，化为乌有

volatilizar 使挥发

volcable 可翻倒的，可翻转的

volcado 翻转的，翻倒的，倾泄的

volcador 翻倒…的，翻转…的；翻车机

volcadora 倾斜搅拌器，倾斜搅拌机

volcadura 翻倒，翻转

volcán 火山

volcán apagado 死火山

volcán de lodo 泥火山

volcán en actividad 活火山

volcán en embrión 雏火山，雏形火山，胎火山

volcán en escudo 盾状火山

volcán encendido 正在喷发的火山

volcán extinguido 死火山

volcán extinto 死火山

volcán submarino aislado (Guyot) 海底平顶山，平顶海山，桌状海丘，桌状海山

volcán vivo 活火山

volcancito （喷吐热泥浆的）小火山

volcanejo 小火山

volcánico 火山的，火性的，多火山的；火成的

volcanismo 火山现象，火山作用，火山活动

volcanita 歪辉熔岩；硒硫磺

volcanización 火山岩形成

volcanología 火山学

volcanólogo 火山学家

volcar 打翻，弄倒；倾倒，使溢出，使泼出，使倒空；转储；转出；倾卸；（车辆）翻倒，翻车

volframato 钨酸盐

volfrámico 钨酸的

volframina 氧化钨矿

volframio 钨；黑钨矿

volframita 黑钨矿，钨锰铁矿，锰铁钨矿

volgerita 黄锑矿

volquete 翻斗车，自卸车

volquete al extremo 后卸式翻斗车，后卸式自卸车

volt 伏，伏特

voltaico 动电的，电流的，电压的

voltaísmo 伏打电；伏打电学

voltaíta 绿钾铁矾

voltaje 电压，伏特数

voltaje aleatorio y fluctuaciones 干扰，噪声，杂波，杂音

voltaje de alimentación 充电电压

voltaje de carga 外加电压

voltaje de pico 峰值电压

voltaje de reactancia 电抗电压

voltaje del flujo del arco 弧柱电压

voltaje efectivo 有效电压

voltaje excesivo 升高电压

voltaje impreso 外加电压

voltaje nulo 零压

voltaje secundario 次级电压，二次电压

voltametría 电量法，伏特测量法

voltámetro 电量计，伏特计，伏打表，电压计

voltamperímetro 伏安表

voltamperio 伏安，伏特—安培，伏特安培

volteable 可转的，可转动的；可翻转的

volteador 旋转器；转动体，转子；转动装置；旋转反射炉

volteador de la tubería de producción 油管转动器，油管转动装置

voltear 翻转，翻过来；改变（状态、次序等）

voltejear 转，转动；翻，翻转；抢风调向

volteo 转，转动；翻，翻转

voltimétrico 电压表的，伏特计的

voltímetro 电压表，伏特计

voltímetro de amplitud para impulsos 脉冲幅度电压电流表

voltímetro registrador 记录式伏特计，记录式电压表

voltio 伏，伏特

volubilidad 可缠绕性，可盘卷性；多变性

volumen 体积，容积，容量；声量；流量；数量，数额；卷，册

volumen aparente 视容积，松装体积

volumen atómico 原子体积

volumen crítico 临界体积，临界容积

volumen de cracking por recorrido 单程裂化量

volumen de hoyo 井眼容积

volumen de materia prima tratada 原材料处理量

volumen de materia tratada en la refinería 炼厂生产量，炼厂生产能力

volumen de producción 产量，生产量

volumen de roca por cada tiro 每个射孔的岩石容积，每个射孔的岩石体积

volumen de tubos revestidos 套管容积

volumen específico 比容，体积度

volumen extraíble inicial 初始可开采量

volumen intersticial 间隙体积

volumen máximo de produccón autorizada de un

pozo o yacimiento （井或油藏的）最大容许产量，容许开采量；最大允许产量，最大允许产能

volumen molar (molecular) 克分子体积，摩尔体积

volumen muerto 波及不到的体积，不连通体积

volumen neto observado 净观测容积，净实测体积

volumen por unidad de tiempo 每时间单位的体积，每时间单位的容积

volumen poral 孔隙体积，孔隙容积

volumen total del yacimiento 油层总体积

volumenómetro 体积计；排水容积计；视密度计

volumescopio 体积计

volumetría 容积测定法，容量测定法，容量分析法

volumetría determinística 确定性容量分析法，确定性容量测定

volumetría estocástica 随机容量分析法，随机容量测定

volumétrico 容积的，容量的，体积的；测量容积的

volúmetro 体积计，容积计，容量计

voluminoso 体积的，容积的；体积大的，容积大的

voluta 螺旋，螺旋形；蜗壳；涡旋，涡旋物；螺状物

volutiforme 螺旋状的，涡旋状的

volver 返回，回来；转弯；使改变方向；归还；使回复原状

volver a la producción （修井后）重新生产

vomitina 依米丁，吐根碱

vómito 呕吐，呕吐物

voracidad por los recursos 挥霍资源；迅猛消耗资源

vorágine 旋涡；涡流

voraginoso （地方）有旋涡的，多旋涡的

vórtice 涡旋，涡流；旋风；飓风；飓风中心

vorticoso 旋涡状的，多旋涡的

vortiginoso 打旋的，旋涡状的

votación 投票，表决；投票（表决）形式；投票总数；得票（或选票）总数

votación nominal 记名投票

votación nula 无效表决

votación ordinaria 举手表决

votación por levantados y sentados 起立表决

votación secreta 秘密投票（无记名投票）

votador 投票的；投票人

votante 投票的；投票人

votar 投票，表决；表决通过；许愿，还愿

votar a mano alzada 举手表决

votar en blanco 投废票

voto 投票，表决；选票；（表决的）票；投票权；赞成（或反对）的权利

voto activo 表决权

voto consultivo 咨询性意见

voto de amén 盲从

voto de calidad 决定票

voto de censura 不信任票

voto de confianza 信任票；（做某事的）自由权

voto de reata 照别人的意志投的票

voto informativo 参考意见

voto nominal 记名票

voto particular 少数票

voto pasivo 被选举权

voto plural 复票权

voto secreto 无记名票

voz 声音；代言人；呼声；发言权

voz pública 舆论

voz y voto 发言及表决权

VPN (valor presente neto) 净现值，英语缩略为 NPV (net present value)

vuelco 倒翻，翻倒；骤变，急转直下；彻底变化

vuelo 飞，飞行；飞机航程，航班；幅度，宽度

vuelo a vela 滑翔，翱翔

vuelo charter 包机；乘包机飞行

vuelo ciego 盲目飞行；仪表飞行

vuelo de emplazamiento 定位飞行

vuelo de ensayo 试飞

vuelo de prueba 试飞

vuelo en picado 俯冲

vuelo espacial 航天，宇宙飞行

vuelo internacional 国际航班

vuelo nacional 国内航班

vuelo nocturno 夜间航班，夜间飞行

vuelo por instrumentos 仪表（导航）飞行

vuelo rasante 低空飞行，掠地飞行

vuelo sin escala 直达航班

vuelta 转动；（转动或绕绕的）圈，周；转弯，掉头；背面，反面；拐角；返回；偿还；找头，找回的零钱

vuelta al derecho 顺时针转动

vuelta al revés 逆时针转动

vuelta atrás 倒退，后退

vuelta de 180° 180 度翻转

vuelta entera 转一整圈

vulcanicidad 火山性

vulcanismo 火成论；火山活动，火山作用，火山现象

vulcanita 硬橡胶，硬橡皮，硬质胶；火山岩

vulcanización （橡胶的）硫化，硬化

vulcanizado 硫化的，硬化的，加硫的

vulcanizador （橡胶）硫化器，硬化器

vulcanizar 使（橡胶）硬化，使硫化，硬化，硫化

vulcanología 火山学

vulcanológico 火山学的

vulfenita 钼铅矿

vulnerabilidad 易受伤，易受伤性，脆弱性，易损性

vulnerabilidad del ecosistema 生态系统的脆弱性，生态系统的易损性

vulnerable 易受伤的；脆弱的；易损的；难防御的；易受影响的

vulnerable a la contaminación 对污染敏感的

vulnerar 违反，破坏（法律原则等）；伤害，损害

vulpinita 粒硬石膏，鳞硬石膏，鳞粒硬石膏

W

waca 瓦克砂岩，瓦克岩；玄武质砂岩，玄武土，玄武岩

wackenrodita 铅锰土

wad 锰土；石墨

walchowita 褐煤树脂，聚合醇树脂

waldense 瓦尔递纳阶

walkie-talkie （背负式）步话机，携带式（轻便）无线电话机

warrant 付款凭单，收款凭单，栈单；委托书，许可证

wat 瓦，瓦特（电功率单位）

watt 瓦，瓦特（电功率单位）

wattage 瓦，瓦特数

watthorímetro 电度表，瓦特小时计

wavelita 银星石

Wb 韦伯（weber）的符号

wéber 韦，韦伯（磁通量单位）

weberio 韦，韦伯（磁通量单位）

webnerita 硫锑银铅矿

websterita 矾石，二辉岩

wehrlita 异剥橄榄岩；叶碲铋矿；粒黑柱石

wenlock 温洛克，温洛克阶

westfaliense 威斯法阶，威斯特伐利亚

wharf 码头，停泊处

whewelita 水草酸钙石

whisky 威士忌酒

wilemita 硅锌矿

willemita 硅锌矿

winche 起重机，提升机；绞车

winche de la corredera 锚道绞车

winche de la planchada 钻台绞车

winche encuelladero 猴台小绞车，二层台小绞车

winche para el levantamiento de BOP BOP（防喷器）吊装绞车

winche transportador del hombre 载人绞车

wisconsiense 威斯康星，威斯康星阶

wiserina 锐钛矿

withamita 锰红帘石

witherita 毒重石

wolfram 钨

wolframato de manganeso 锰钨矿，钨锰矿

wolframífero 含钨的

wolframio 钨

wolframita 黑钨矿，钨锰铁矿，锰铁钨矿

wolframocre 钨华

wolfsbergita 硫铜锑矿

wollastonita 硅灰石

WTI（West Texas Intermediate） 西得克萨斯中间基原油，美国西德克萨斯轻质原油（是国际石油市场最具市场指标性的两种原油之一，另一种为北海布兰特原油 Brent）

wulfenita 钼铅矿

wurtzilita 韧沥青，伍兹沥青

wurtzita 纤（维）锌矿

X

xaloxtoquita 蔷薇榴石
xantación 黄化，黄原酸化作用
xantano 黄原胶（一种水溶性天然树胶，用于食品工业、医学和药学，做增稠剂和稳定剂）
xantato 黄原酸盐，黄原酸酯
xantato de sodio 黄原酸钠
xantato potásico 黄原酸钾
xanteína （某些植物细胞液内可溶于水的）胞液黄素，植物黄素
xanteno 夹氧杂蒽，氧杂蒽，三环二苯并吡喃（用于制造染料、药物等）
xántico 黄的，带黄的；黄嘌呤的
xantina 黄花素，植物黄质；黄嘌呤；黄嘌呤衍生物
xantocón 黄银矿
xantoconita 黄银矿
xantofila 叶黄素，胡萝卜素
xantógeno 黄原
xantona 夹氧杂蒽酮，（夹）氧二苯甲酮
xantosiderita 黄针铁矿
Xe 元素氙（xenón）的符号
xenoblástico （岩石）他形变晶的
xenoblasto 他形变晶
xenocristal 捕获晶，异晶
xenolita 捕房岩（指火成岩中与其无成因关系的包体），捕房体
xenomorfo 他形的（指岩石受压而失去原有晶形的）
xenón 氙，氙 Xe
xenotérmico 浅成高温的，浅成高温热液的

xenótima 磷钇矿
xerocopia 静电复制（术）；（静电）复印件
xerocopiar 静电复制（印刷）
xerofítico 旱生植物的，适干旱的
xerografía 静电复印术；干印术；静电印刷
xerografiar 静电复印
xerográfico 静电印刷的，静电复印的，干印的
xerorradiografía 干放射性照相术，静电放射摄影术
xilana 不聚糖，木糖胶，多缩木糖；树脂
xileno 二甲苯
xilenol 二甲苯酚，二甲酚
xilenoles 二甲苯酚
xílico 二甲基苯甲酸的
xilidina 二甲代苯胺
xilitol 木糖醇
xilófago 食木的，蛀木的
xiloide 木的；似木的；木质的
xiloideo 似木的
xiloidina 木炸药
xilol （混合）二甲苯
xilometría 木材测容术
xilómetro 木材密度计，木材测容尺
xilonita 赛璐珞，假象牙，硝酸纤维素塑料
xilópalo 水蛋白石
xilorretinita 白针脂石，针脂石
xilosa 木糖
xilotila （含镁）铁石棉
XMST （Árbol de Navidad）采油树，井口采油装置

Y

yacente 矿脉底层

yacer 处在，处于；坐落，位于

yacimiento 油藏，储层；油田；矿层，矿床，矿产地；矿藏；遗址

yacimiento aluvial 冲积矿床，沉积矿床

yacimiento anticlinal 背斜油藏

yacimiento anticlinal de crudo y gas 背斜油气藏

yacimiento carbonífero 煤矿

yacimiento compacto 致密地层，致密储集层

yacimiento con capa de gas y zona asociada de petróleo 带有气顶和共生油层的油田

yacimiento con empuje de agua 水驱油田

yacimiento con empuje de gas 气驱油田

yacimiento de aluvión 淤积层，冲积层

yacimiento de carbón 煤田；煤产地；煤矿区；煤层；煤矿

yacimiento de condensados 凝析气藏，凝析气层，凝析油藏

yacimiento de crudo pesado 重质油油藏

yacimiento de doble permeabilidad 双渗油藏

yacimiento de doble porosidad 双孔油藏

yacimiento de empuje hidráulico 水驱油藏，水驱油层

yacimiento de empuje hidráulico de fondo 底水驱动油藏

yacimiento de gas 气田

yacimiento de gas condensado 凝析气藏

yacimiento de hidrocarburos 油田；油气藏

yacimiento de magma 岩浆池

yacimiento de mineral 金属矿脉

yacimiento de petróleo 油田，油矿，油藏，油层

yacimiento de uranio 铀矿

yacimiento delgado 薄层油藏

yacimiento dislocado 断裂油（气）层

yacimiento en conglomerado 矿体

yacimiento en explotación 已开发油田，正在开发的油田

yacimiento espeso 厚层油藏

yacimiento finito 有限油藏，有界油藏

yacimiento gaseoso 气藏，天然气储层

yacimiento gasífero 气藏，天然气储层

yacimiento grueso 厚层油藏

yacimiento infinito 无限大油藏，无限大油气藏

yacimiento marginal 边际油气田，边际油田，边缘油田

yacimiento metasomático 交代矿床

yacimiento mineral 矿藏

yacimiento petrolífero 油藏；储层，油层；油田

yacimiento poco profundo 浅层，浅层油气藏

yacimiento productivo 生产油田，产油层，产油油藏

yacimiento productivo comprobado 已探明油田，已探明产层，已探明油藏

yacimiento productor 生产油藏

yacimiento prolífico 高产油田

yacimiento somero 浅层，浅层油气藏

yacimiento submarino 海洋矿层；水下油田

yanolita 紫斧石

yarda 码（英美制长度单位，合 0.9144 米）

yarda cúbica 立方码

yardaje 方码数（以立方码为单位的体积），平方码；（英制）土方数；码数

yarmouth 雅茅斯，雅茅斯间冰期

yate 游艇，快艇

Yb 元素镱（iterbio）的符号

yelmo 盔，头盔，头罩；工作帽

yenita 黑柱石

yerba 草

yesal 石膏矿，石膏产地

yesar 石膏矿，石膏产地

yesca 火绒，引火物，易燃物

yesera 石膏厂

yesería 石膏厂；石膏商店

yesero 石膏的；制石膏工人，卖石膏的人；抹灰工，粉刷工

yesita 三水铝石，水榴石，四水磷铝石

yeso 石膏；石膏制品

yeso acumulado en las paredes de un sondeo 管子和容器内壁上的硬水结垢

yeso blanco 白垩，大白

yeso de desulfuración 脱硫用石膏

yeso de París 熟石膏，烧石膏

yeso especular 透石膏，透明石膏

yeso espejuelo 结晶石膏，透石膏

yeso fino 细石膏粉

yeso mate 熟石膏，烧石膏

yeso negro 粗石膏，灰膏

yeso virgen 生石膏

yesoide 土石膏

yesón 碎石膏块

yesoso 石膏状的，含石膏的；产石膏的；像石膏的

yesquero 火绒的，引火的；制火绒的人，卖火绒的人；打火用具（火石、火镰和火绒的总称）

yodación　碘化作用，碘化
yodado　含碘的
yodar　用碘处理，向…加碘
yodargirita　碘银矿
yodato　碘酸盐
yodhidrato　氢碘酸盐
yodhídrico　氢碘的
yódico　含碘的，碘的
yodífero　含碘的
yodimetría　碘定量法
yodimétrico　定碘量的
yodímetro　碘量滴定计
yodismo　碘中毒
yodización　碘化作用
yodo　碘；碘酊
yodo en tabletas　碘片
yodoalcano　碘代烷
yodobromita　卤银矿
yodocafeína　碘咖啡因
yodofenol　碘酚，碘苯酚
yodoformizar　碘仿处理
yodoformo　碘仿，三碘甲烷，黄碘
yodóforo　碘递体，碘载体
yodol　碘咯；四碘吡咯
yodometano　碘甲烷
yodometría　碘定量法，滴定碘法
yodométrico　碘定量的
yoduración　碘化，碘化处理
yodurado　含碘化物的
yodurar　用碘处理，碘化处理，使碘化
yoduro　碘化物

yoduro de potasio　碘化钾
yoduro de sodio　碘化钠
yoduro mercúrico　碘化汞
yoduro metílico　碘甲烷，甲基碘
yomomo　跳动沼，皷沼（玻利维亚用法）
yoyo　井架工二层台逃生装置，二层台逃生差速器
yperita　芥子气
ypresense (correspondiente al Londinense)　伊普利斯阶，伊普雷斯，伊普雷斯阶
yterbio　镱
ytrio　钇
yugo　轭，轭架，轭铁；磁轭
yugo cuello de ganso　鹅颈轭，鹅颈套圈
yugo y grillete giratorio　旋转钩环
yugo y ojo de grillete giratorio　眼形可旋转钩环
yugo y ojo giratorio oblongo　椭圆形可旋转钩环
yunque　砧，铁砧，砧子
yunque con seguro para sujetar barrenas　修整钻头用的砧座；修整钻头用撞锤
yunque con sujeción para afilar barrenas　修整钻头用的砧座；修整钻头用撞锤
yunque de tornillo　砧钳
yunque de un solo brazo　鸟嘴砧，丁字砧，小角砧
yunque tipo puente　桥式砧，桥型铁砧
yusera　碾盘
yute　黄麻；黄麻纤维；黄麻织物
yuxtaponer　并列，并置，把…罗列在一起
yuxtaposición　（矿层的）斜接；并列，并置；罗列

Z

zaborda 搁浅

zabordamiento 搁浅

zabordar 搁浅

zaborra （船的）压载；（铺路的）砾石

zaca 排水皮囊

zafada 清除障碍

zafado 深裂的，分开的，分成部分的

zafar 清除…障碍；解开，松开，放开

zafar con golpes de tijera 震击解卡，震击脱扣

zafirina 假蓝宝石

zafirino 假蓝宝石色的，像蓝宝石的

zafiro 蓝宝石，蓝宝石色

zafiro oriental 东方蓝宝石

zafo 放开的，解开的，松开的；未受损失的

zafra 矿渣，岩屑；油桶，量油罐；甘蔗收割季节

zafre 钴蓝釉，花绀青，不纯氧化钴

zafrero 运矿石的人

zaga 后部；尾部；（车辆的）后负载

zaguán 门厅

zaguaque 拍卖，甩卖

zahorra 压载

zambullida 按入水中；潜入；潜入水中

zambullir （将某物）按进水中

zampa 桩子

zampeado （建筑）格排，板桩

zampear 用格排加固，用板桩加固

zancaslargas 曲柄，摇把

zanco （在上面铺瓦的）屋顶架；（脚手架的）主篙；顶桅

zanja 沟，沟渠，槽沟；（流水冲的）沟，溪

zanja de desagüe 排水渠

zanja de inyección 注入池；泥浆槽，泥浆池

zanja de lodo 泥浆槽；泥浆沟

zanja geológica 地堑

zanjadora 开沟机，挖沟机；挖沟者，挖沟人

zanjar 开沟，挖沟，挖渠；排除（困难、障碍、分歧等）

zanjeadora 开沟机，挖沟机

zanjeadora mécanica 机械开沟机，机械挖沟机

zanjear 开沟，挖沟，挖渠，挖壕

zanjeo 挖沟

zanjón 深沟，大渠，沟槽；悬崖峭壁

zanjón al aire libre 明沟

zanjón de desagüe 排水沟

zanjón de regadío 灌溉渠

zapa 坑道，壕沟；挖掘坑道；工兵锹；（金属的）糙面

zapadora 挖掘机，挖土机，挖沟机，打洞机；电铲

zapapico 扁尖式开山锄；丁字镐

zapar 挖掘，开掘，开凿，挖，掘；在…上挖沟

zapata 闸瓦，闸皮；刹车块，刹车片，制动器，制动块；垫圈，皮钱；门轴皮垫；集电靴；过梁；锚床；假龙骨

zapata cortatubos 旋转磨鞋，打捞用旋转鞋，旋转铣鞋

zapata de aterrizaje 滑橇，起落橇，滑行架

zapata de carril （铁路）轨枕，轧座

zapata de cementación 注水泥套管鞋，注水泥用套管鞋

zapata de cementación de la tubería de revestimiento 注水泥套管鞋，注水泥用套管鞋

zapata de circulación 循环型管鞋

zapata de empuje 止推瓦

zapata de flotación 浮鞋

zapata de freno 闸瓦，制动蹄，制动块

zapata de guía 引鞋，导鞋

zapata de hincar 打入靴

zapata de la cruceta 十字头闸瓦

zapata de la tubería calada 衬管鞋

zapata de la tubería de revestimiento 套管鞋

zapata del conductor 导管鞋

zapata de mula 斜口管鞋

zapata de quilla 耐擦龙骨

zapata de remolino 旋流套管鞋

zapata de revestidor 套管鞋

zapata de tubería 套管鞋

zapata del conductor 导管鞋

zapata dentada 锯齿形铣鞋

zapata deslizante 滑瓦，滑靴

zapata electromagnética frenadora 电磁刹车，电磁制动器

zapata flotadora 浮鞋

zapata fresadora 铣鞋，磨鞋

zapata giratoria 旋流套管鞋

zapata guía 引鞋

zapata guía para cementar 水泥引鞋

zapata magnética frenadora 电磁制动器，磁力制动器，磁刹车

zapatilla 皮垫，皮垫圈；闸皮；皮头；皮套；便鞋

zapatilla de cuero 皮垫，皮垫圈

zapatita 针钒钙石

zapato 靴，鞋；管鞋，管头；靴桩；鞋状物，瓦状物；（电工）极靴，底板；刹车片

zapato cerrado para cementación 固井死堵管鞋

zapato con tapón de cemento 水泥鞋

zapato de cañería golpeadora 打入管下端引鞋，打入靴

zapato de caños 套管鞋，套管靴

zapato de pesca 打捞工具的导向筒，打捞工具的导向器

zapato de tapón macho de tubería 丝堵管鞋，死堵管鞋

zapato dentado 铣鞋

zapato flotador 浮鞋

zapato guía 引鞋，导鞋

zapato guía para cementación 注水泥引鞋，固井用引鞋

zapato guía para cementación con descarga a remolino 旋流注水泥引鞋

zapato rotativo 旋转铣鞋

zapatos de seguridad 安全鞋

zaragalla 碎木炭

zaranda 筛子，筛网；滤网，过滤器；振动筛

zaranda de finos 细网筛

zaranda de movimiento lineal 线性振动筛

zaranda de vaivén 淘簸筛

zaranda desarenadora 振动除砂器，振动分砂器

zaranda gruesa 粗筛

zaranda vibrante 振动筛

zaranda vibratoria 摇动筛，振动筛

zaranda vibratoria de lodo 泥浆振动筛

zarandar 筛；过滤

zarandeador 摇筛机，振打器，摇动器，振动器，振荡器

zarandeo 筛，过滤

zarandillo 小筛子

zaratita 翠镍矿

zarpa （建筑物的）基脚，底脚，大放脚

zarpar 起锚，启航

ZEE (zona económica exclusiva) 专属经济区，英语缩略为 EEZ (Exclusive Economic Zone)

zenit 天顶，绝顶，上空；顶点，极点，最高点，顶峰

zenital 天顶的；顶点的

zeolita 沸石

zeolitización 沸石化

zergonita 水钙沸石

zeriba 篱笆

zeunerita 翠砷铜铀矿

zietrisikita 高温地蜡

zigzag Z 字形，之字形，锯齿形；曲折，交错

zigzagueante Z 字形的，之字形的，锯齿形的；曲折的

zigzaguear 成 Z 字形，成之字形，成锯齿形；蜿蜒前进

zigzagueo 成 Z 字形，成之字形，成锯齿形；蜿蜒前进

zima 酶；病菌

zimasa 酿酶，酒化酶

zimóforo 酶活性簇的

zimogénico 发酵的，引起发酵的

zimógeno 酶原；发酵性细菌，发酵菌，发酵的，引起发酵的

zimoide 类酶

zimolisis 酶分解，酶解作用

zimolítico 酶分解的，酶解的

zimómetro 发酵检验器，发酵计

zimosa 转化酶

zimoscopio 发酵测定器

zimosimétrico 发酵检验的；发酵检验器的

zimosímetro 发酵检验器

zimosis 发酵；发酵病，（酶性）传染病

zimosténico 增强酶活性的

zimosterol 酵母甾醇（一种结晶性不饱和固醇）

zimotécnica 发酵工艺，酿造术

zimotérmico 酵热

zimótico 发酵的；引起发酵的；发酵引起的；发酵病的

zimurgia 酿造学，酿造术

zinar 朱砂，辰砂

zinc 锌

zinc comercial 商品锌（通常指 98% ~ 99% 粗锌锭）

zinc en láminas 锌片

zincar 在…镀锌，加锌，包锌，用锌包，用锌处理

zincato 锌酸盐

zincífero 含锌的

zincita 红锌矿

zinconita 辉锑铅矿

zincosita 锌钒

zincoso 含锌的

zinquenita 辉锑铅矿

zinvaldita 铁锂云母

zíper 拉链，拉锁

zircón 锆石

zirconato 锆酸盐

zirconia 氧化锆

zirconilo 氧锆基

zirconio 锆

zitavita 脆褐煤

Zn 元素锌（zinc, cinc）的符号

zócalo 底基，基底；护壁板；台座；柱墩；灯头；插座

zócalo continental 大陆架，大陆台地，陆棚，

陆架，大陆边岸
zócalo de base 底板，基础板
zócalo de cañón 炮座
zócalo de yunque 砧座
zócalo del motor 发动机底座
zócalo octal 八角管座
zoco 座石，台座；柱墩，柱脚
zoisita 黝帘石
zona 地区，区域；领域，范围；地带
zona abisal 深成带，深海带，深海区
zona activa 活动带，活动带，活性区
zona afectada 受影响区
zona afótica 无光带
zona alpina 高山区，高寒地区
zona anegada 浸水带，水淹带
zona anular 环形空间，环带，环空
zona arbustiva 灌丛带
zona árida 干旱带，干旱地带，干旱区
zona ártica 北极带，(北)寒带
zona auroral 极光区，极光带
zona barrida 冲洗带，渗入带，洗油带
zona barrida por agua 水波及带
zona barrida por vapor 蒸汽波及带
zona batial 半深海带，深海底区
zona batipelágica 深海区
zona bentónica 海底带
zona biológica 生物带，生命带
zona boscosa 森林带，多林地带
zona catastrófica 灾区
zona ciega 盲区，盲带
zona con graves problemas ecológicos 存在严重
 的生态问题的地区
zona con perspectivas petroleras 有希望的含油
 地区，远景含油地区，有希望的含油地段
zona con problemas ecológicos 存在生态问题的
 地区，环境受到威胁地区
zona contaminada 污染带，污染区
zona contigua 相邻区，邻接区，邻近区
zona continental 大陆地区，陆地
zona costera 海岸带
zona costera antártica 南极海岸带
zona crítica 临界区，临界带
zona damnificada 受灾区
zona de aereación 充气带，包气带，通气带
zona de agua 水层，含水带
zona de agua en suspensión 悬浮水带
zona de aguas territoriales 领海区，领水区
zona de alimentación 补给区
zona de alimentación del acuífero 供水区
zona de amortiguación 缓冲带，缓冲区，缓冲
 地带
zona de aplanación 麓原，锥原
zona de apogeo 高峰带，极盛带

zona de arrecife 岩礁区，礁石区
zona de aterrizaje 着陆区
zona de baja velocidad 低速层，低速带
zona de bajas presiones 低压区，低压带
zona de balance de mareas 潮间带
zona de buzamiento 倾斜域，倾斜区，倾角区
zona de cementación 胶结带
zona de choque 碰撞带
zona de cizallamiento 剪切带
zona de cizallamiento de Riedel 里德尔剪切带
zona de colmatación 淤塞层
zona de corte delgado 薄片区，薄切片带
zona de crepúsculo 微明区，半阴影区，(难于
 明确划界限的)过渡区
zona de cría 繁殖区
zona de depósito de aguas residuales 污水沉淀
 区，沉淀池
zona de depresión (地质)坳陷带；沉陷带
zona de desarrollo económico 经济开发区
zona de desgaste 风化带
zona de deslizamiento 滑动范围，滑动区域
zona de deslizamiento cortante 剪切带，剪碎
 带，剪裂带
zona de desove (鱼的)产卵区
zona de desplazamiento 移动带，滑动带
zona de desprendimiento 滑脱带
zona de detonación 爆炸区，爆破带
zona de dislocación 断层带，断裂带
zona de disolución 溶蚀带
zona de empuje hidráulico lateral 边水驱动区
zona de ensanche (城镇)扩展区
zona de esfuerzo cortante 剪切带
zona de estructura de segundo orden 二级构造带
zona de evaporación instánea 闪蒸段
zona de exploración 勘探区
zona de falla 断层带，断裂带
zona de falla de arco posterior 弧后冲断层带
zona de falla de contra arco 弧后冲断层带
zona de fluctuación freática 地下水波动带
zona de Fresnel 菲涅尔区，菲涅尔带
zona de indiscriminación 混淆区，信号不辨区
zona de intemperismo 风化区，风化带
zona de intemperización 风化区，风化带
zona de intermareas 潮间带
zona de invasión 侵入带；漏失带
zona de la libra esterlina 英镑区
zona de libre comercio 自由贸易区
zona de mareas 潮间带
zona de metamorfosis 变质带
zona de metamorfosis por contacto 接触变质带
zona de meteorización 风化区
zona de nife 镍铁带
zona de oleoducto 输油管道区，输油管区

zona de operaciones　操作区，作业区

zona de paisaje protegido　景观保护区

zona de plegado　褶皱带

zona de producción　生产层，生产地带，生产区，开采区，产油地带

zona de protección contra el fuego　防火带

zona de prueba piloto　先导试验区

zona de reacción　反应区

zona de recarga del acuífero　水源补给区，供水区

zona de remolino　涡流区，旋流区，旋风区

zona de reproducción　繁殖区

zona de reunión　（军事）集结地区；（安全）集合点

zona de ruptura superficial　地表破裂带

zona de salto　（声波的）跳跃区

zona de saturación　饱和带

zona de seguridad　安全区，安全地带

zona de servicio　服务区域，有效范围，有效作业区

zona de silencio　死区，盲区，静区

zona de sombra　影区，影带；盲区，静区

zona de subducción　俯冲带

zona de tensión ambiental　环境受到威胁地区

zona de transición　过渡带

zona de transición de crudo-agua　油水同层，油水过渡带

zona de traspaso de carga　搬货区

zona de vegetación　植被带

zona del dólar　美元区

zona del extrarradio urbano　郊区，边缘区，外围区

zona deshabitada　无人居住区

zona desierta　无人居住区，荒凉的地区，人烟稀少的地区

zona disfótica　弱光带

zona ecológica　生态组合带，生态地层单位

zona ecológicamente homogénea　生态组合带，生态地层单位

zona económica exclusiva　专属经济区

zona en estado natural　原生态区

zona epicéntrica　震中区

zona epipelágica　浅海带；（海洋）光合作用带，（海洋）上层

zona equifásica　（地球物理学）等相带

zona equiseñal　等信号区

zona especial de desarrollo económico　经济特区

zona eufótica　透光带，海水透光带，强光带

zona explotable　可开发区；产层

zona fallada　断层带，断裂带

zona fiscal　财政区

zona forestal　森林带

zona fragmentada　压裂碎石带；支离破碎区

zona franca　自由贸易区，免税区

zona frontal　（气象学）锋区

zona fronteriza　边境地带

zona gasífera　气带，气层，含气带

zona geomorfológica　地貌区域

zona glacial　寒带

zona herítica　作用区

zona horaria　时区

zona inaccesible　不可接近区域，难以到达区域

zona industrial　工业区

zona intemperizada　风化带

zona interfacial　界面

zona intermediaria　中间地带

zona intersticial　间隙带，裂缝带

zona intertidal　潮间带

zona invadida del pozo　油井的（泥浆）侵入带

zona lacustre　湖成区，湖区

zona lavada　冲洗带

zona litoral　沿海地区

zona maderera　林区

zona mayor de estructura　主构造带，大型构造带

zona meteorizada　风化带

zona militar　军区，军事管辖地区

zona múltiple　多区，多层

zona nerítica　（地质）浅海带

zona neta　纯产层，净产层，有效产层，净产油层

zona neutra　中性区，中间带，无感区

zona neutral　中立区

zona no nuclear　无核区

zona no saturada　不饱和带

zona orogénica　造山带

zona pantanosa　湿地，沼泽区

zona para la industria maquiladora　出口加工区

zona parachoque　缓冲地带

zona peatonal　（不准车辆通行的）行人专用区

zona pelágica　浮游带，远洋带

zona periférica　郊区，边缘区，外围区

zona pesquera　渔场，捕鱼区

zona petrolera　油区

zona petrolífera　含油带，石油区，油带，含油地带

zona petrolífera comprobada　探明的含油地区，探明的含油区

zona polémica　争议区

zona porosa　多孔地区，多孔区

zona posible　可能区域

zona positiva　正向地段

zona postal　邮区，邮政区

zona preferencial de comercio　优惠贸易区

zona productiva　生产层，产油带，生产地带，产油区

zona profunda　深层

zona protegida　防护区

zona radiata　辐射带

Z

zona reservada de caza 禁猎区
zona reservada de pesca 禁渔区
zona rompiente 岩礁区，礁石区
zona saturada 饱和带
zona secundaria 次生区域
zona semiárida 半干旱地区
zona sensible 敏感区
zona silvestre 荒地，未开垦地
zona sombreada 屏蔽区；影区，影带
zona sublitoral 潮下带，亚滨海带，亚沿岸带
zona subtropical 亚热带
zona supralitoral 潮上带，上沿岸带
zona templada 温带，温带地区
zona tórrida 热带，热带地区
zona tropical 热带，热带地区
zona urbana 城区
zona vesicular 多孔区，多泡区，蜂窝状区，囊状区
zona virgen 原始地区，未垦殖地区，未开发地区
zona vulnerable 脆弱区，易受损伤区
zonación 带状配列；分带性；分区制
zonación acústica 噪声分区，噪声分区制
zonación estratigráfica 地层分带性
zonaje 分区计划，分区方案
zonal 带状的，分区的，带的，成带的，区域的
zonas y perímetros libres 自由贸易区和自由边境区
zonificación 分带，分区；分区制
zonificación acústica 噪声分区
zonificar 把…分成区
zoniforme 带状的，带形的
zonización 分区制，分区规划，区域制
zonote 天然地下湖
zoogeografía 动物地理学
zoografía 动物志，动物志学

zooide 含有动物样子的；游动孢子；（无性生殖产生的）个体
zoolítico 动物化石的，含有动物化石的
zoolito 动物化石，化石动物
zoología 动物学
zoológico 动物学的；动物园
zooplancton 浮游动物
zootaxia 动物分类学
zopetero 陡坡，坡面
zopisa 沥青，松脂
zoquete 木头块；木墩子
zorgita 杂硒铜铅矿，杂硒铜铅汞矿
zostera 大草藻，大叶藻
zozobra （船舶）遇险；遇难；（船舶）沉没
zozobrar （船舶）遇险；遇难；（船舶）沉没
Zr 元素锆（Zirconio）的符号
zubia 积水处，水洼处
zulacar 塞，堵
zulaque （管道等为水利工程接缝用的）填塞料
zulaquear 塞，堵
zumbador 蜂鸣器，蜂音器
zumbador eléctrico 电动蜂鸣器
zumbido 嗡嗡声，嗡嗡响，（发）蜂音，蜂（振）鸣
zunchar 把…箍住，把…箍紧
zuncho 箍，卡箍，铁箍
zuñita 氯黄晶
zurlita 绿黄长石，不纯黄长石
zurrapa （沉到溶液底层的）残剩物
zurrapiento 有少量残剩物的，有沉淀物的；浑浊的，污浊的
zurraposo 有少量残剩物的，有沉淀物的；浑浊的，污浊的
zwitterión 两性离子，阴阳离子
zyglo 荧光探伤，荧光透视法，荧光探伤器

APENDICE II 附录二

Compañías Nacionales de Petróleo de América Latina
（部分）拉丁美洲国家石油公司一览表

País 国家	Abreviación 简称	Nombre Completo 全名	Traducción en chino 参考译名
Argentina	ENARSA	Energía Argentina S.A.	阿根廷能源股份公司 [1]
	YPF	Yacimientos Petrolíferos Fiscales	阿根廷国家石油公司 [2]
Bolivia	YPFB	Yacimientos Petrolíferos Fiscales Bolivianos	玻利维亚石油矿藏管理局
Brasil	Petrobras	Petroleo Brasileiro S.A.	巴西国家石油公司
Colombia	ECOPETROL	Empresa Colombiana del Petróleo	哥伦比亚国家石油公司
	ECOGAS	Empresa Colombiana de Gas	哥伦比亚天然气公司
Costa Rica	RECOPE	Refinadora Costarricense de Petróleo	哥斯达黎加石油炼制公司
Cuba	CUPET	Cubapetróleo	古巴国家石油公司
Chile	ENAP	Empresa Nacional de Petróleo	智利国家石油公司
Ecuador	Petroecuador	Petróleos del Ecuador	厄瓜多尔国家石油公司
México	PEMEX	Petróleos Mexicanos	墨西哥国家石油公司
Paraguay	PETROPAR	Petróleos de Paraguay	巴拉圭石油公司
Perú	Petroperú	Petróleos Peruanos	石油秘鲁国家公司 [3]
	Perúpetro	Perúpetro S.A.	秘鲁石油国家公司 [4]
Trinidad & Tobago	Petrotrin	Petroleum Company of Trinidad and Tobago Limited	特立尼达和多巴哥石油公司
Uruguay	ANCAP	Administración Nacional de Combustibles, Alcohol y Portland	乌拉圭国家燃料、酒精制品和水泥公司
Venezuela	PDVSA	Petróleos de Venezuela, S.A.	委内瑞拉国家石油公司
Surinam	STAATSOLIE	State Oil Company of Suriname[5]	苏里南国家石油有限公司
América Latina	OLADE	Organización Latinoamericana de Energía	拉丁美洲能源组织

[1] 阿根廷能源股份公司成立于 2004 年，目前主要起管理职能作用。

[2] 该公司 1998 年被西班牙 REPSOL 石油公司兼并，称为 REPSOLYPE。2012 年 5 月，阿根廷宣布没收 REPSOL 51% 的股权。

[3] 石油秘鲁国家公司，代表政府负责招标谈判，行使监督管理并负责上游开采业务。

[4] 秘鲁石油国家公司，主要负责加油站、炼厂和管道等下游业务。

[5] 苏里南官方语言为荷兰语，STAATSOLIE 的荷兰语全称为 Staatsolie Maatschappij Suriname N.V.。

APENDICE III 附录三

Numerales
数词表（一）

Número 数字	Numeral Cardinal 基数词	Numeral Ordinal 序数词
0	cero	
1	uno	primer (o)；primo
2	dos	segundo
3	tres	tercer (o)；tercio
4	cuatro	cuarto
5	cinco	quinto
6	seis	sexto
7	siete	séptimo
8	ocho	octavo
9	nueve	noveno；nono
10	diez	décimo
11	once	undécimo
12	doce	duodécimo
13	trece	decimotercero；decimotercio
14	catorce	decimocuarto
15	quince	decimoquinto
16	dieciséis；diez y seis	decimosexto
17	diecisiete；diez y siete	decimoséptimo
18	dieciocho；diez y ocho	decimoctavo
19	diecinueve；diez y nueve	decimonono
20	veinte	vigésimo
21	veintiuno (veintiún)；veinte y uno	vigésimo primero (primo)
22	veintidós；veinte y dos	vigésimo segundo
23	veintitrés；veinte y tres	vigésimo tercero

Número 数字	Numeral Cardinal 基数词	Numeral Ordinal 序数词
24	veinticuatro；veinte y cuatro	vigésimo cuarto
25	veinticinco；veinte y cinco	vigésimo quinto
26	veintiséis；veinte y seis	vigésimo sexto
30	treinta	trigésimo
31	treinta y uno	trigésimo primero（primo）
40	cuarenta	cuadragésimo
50	cincuenta	quincuagésimo
60	sesenta	sexagésimo
70	setenta	septuagésimo
80	ochenta	octogésimo
90	noventa	nonagésimo
100	ciento（cien）	centésimo
101	cientouno	centésimo primero（primo）
200	doscientos	ducentésimo
300	trescientos	tricentésimo
400	cuatrocientos	cuadringentésimo
500	quinientos	quingentésimo
600	seiscientos	sexcentésimo
700	setecientos	septingentésimo
800	ochocientos	octingentésimo
900	novecientos	noningentésimo
1,000	mil	milésimo
1,001	miluno	milésimo primero（primo）
1,100	milcien（to）	milésimo centésimo
2,000	dosmil	dos milésimo
10,000	diezmil	diez milésimo
100,000	cienmil	cien milésimo
1,000,000	unmillón	millonésimo

数词表（二）

Name 英文名称	Nombre 西语名称	Valor en potencias de 10 (Sistema Americano) 10 的幂（美国体系①）	Valor en potencias de 10 (Sistema Internacional) 10 的幂（国际体系②）
milliard	millardo	10^9	
billion	billón	10^9	10^{12}
trillion	trillón	10^{12}	10^{18}
quadrillion	cuatrillón	10^{15}	10^{24}
quintillion	quintillón	10^{18}	10^{30}
sextillion	sextillón	10^{21}	10^{36}
septillion	septillón	10^{24}	10^{42}
octillion	octillón	10^{27}	10^{48}
nonillion	nonillón	10^{30}	10^{54}
decillion	decillón	10^{33}	10^{60}
undecillion	undecillón	10^{36}	10^{66}
duodecillion	duodecillón	10^{39}	10^{72}
tredecillion	tridecillón	10^{42}	10^{78}
quattuordecillion	cuatridecillón	10^{45}	10^{84}
quindecillion	quintidecillón	10^{48}	10^{90}
sexdecillion	sextidecillón	10^{51}	10^{96}
septendecillion	septidecillón	10^{54}	10^{102}
octodecillion	noctodecillón	10^{57}	10^{108}
novemdecillion	nonodecillón	10^{60}	10^{114}
vigintillion	vigesillón	10^{63}	10^{120}
centillion	centillón	10^{303}	10^{600}

①亦可译为短级差制，主要在美国、英国、加拿大等国使用。

②亦可译为长级差制，在全部西语国家及法国和德语等国家使用；在波多黎各，受英文影响，长级差制和短级差制都可能出现，需留意标注。

罗马数字凡例（三）

I	(1)	XX	(20)	CC	(200)
II	(2)	XXIII	(23)	CCC	(300)
III	(3)	XXIX	(29)	CD	(400)
IV	(4)	XXX	(30)	D	(500)
V	(5)	XL	(40)	DC	(600)
VI	(6)	XLVII	(47)	DCCC	(800)
VII	(7)	L	(50)	CM	(900)
VIII	(8)	LX	(60)	M	(1000)
IX	(9)	LXX	(70)	$\bar{V}$	(5000)
X	(10)	LXXXIV	(84)	$\bar{X}$	(10000)
XI	(11)	XC	(90)	$\bar{L}$	(50000)
XIV	(12)	XCVI	(96)	$\bar{C}$	(100000)
XVIII	(18)	C	(100)	$\bar{D}$	(500000)
XIX	(19)	CLXXIII	(173)	$\bar{M}$	(1000000)

注：用作数字的罗马字母共有七个，即 I (1)，V (5)，X (10)，L (50)，C (100)，D (500)，M (1000)。

罗马字母记数有以下四条规则：

1. 相同的数字连写，所表示的数等于这些数相加。如 XXX=30，CC=200。

2. 如果大的数字在前，小的数字在后，所表示的数等于这些数相加。如：VIII=8，LX=60。

3. 如果小的数字在前，大的数字在后，所表示的数等于从大数减去小数。如：IX=9，XC=90，CM=900。

4. 如果数字上面有一横线，表示这个数字增值 1000 倍。如：$\overline{XV}$ =15000。

APENDICE IV 附录四

Abreviaciones más usadas en Informe Anual de Gestión y Informe Social y Ambiental de PDVSA （Hecha en base del Informe de 2012）

PDVSA 经营年报和社会环境报告常用缩略词(根据 2012 年最新报告整理)

°API	Gravedad API	（原油）API 度
2D	Bidimensional	二维（地震）
3D	Tridimensional	三维（地震）
BANDES	Banco Nacional de Desarrollo Social	（委内瑞拉）国家社会发展银行
BCV	Banco Central de Venezuela	委内瑞拉中央银行
BD	Barriles diarios	桶 / 天
Bls	Barriles	桶
BNPD	Barriles netos por día	净产量桶 / 天
BPC	Billones de pies cúbicos	万亿立方英尺
Bpce	Barriles equivalentes de petróleo	桶油当量
Bpced	Barriles equivalentes de petróleo diarios	桶油当量 / 天
Bpd	Barriles de petróleo diarios	原油桶 / 天
Bpe	Barriles de petróleo equivalentes	桶油当量
Bs./Lt	Bolívares por litro	玻利瓦尔 / 升
Bs/US$	Bolívares por dólar estadounidenses	玻利瓦尔 / 美元
Btu	Unidades térmicas británicas	英热单位，热值
Btu/pc	Btu por pie cúbico	热值 / 英尺 ^{3}
CANTV	Compañía Anónima Nacional de Teléfonos de Venezuela	委内瑞拉国家电话公司
CCP	Contrato Colectivo Petrolero o Convención Colectiva Petrolera	石油行业集体雇工协议
COVENIN	Comisión Venezolana de Normas Industriales	委内瑞拉工业规范委员会
CVG	Corporación Venezolana de Guayana	委内瑞拉瓜亚那集团
CVP	Corporación Venezolana de Petróleo, S.A.	委内瑞拉国家石油对外合作公司
Dólares	Dólares estadounidenses	美元
EE/SS	Estaciones de Servicio	加油站
EPS	Empresas de Propiedad Social	全民（集体）所有制企业
FEED	Front-End Engineering Design（Diseño de la Ingeniería Conceptual）	前端工程设计
FONDEN	Fondo de Desarrollo Nacional	（委内瑞拉）国家发展基金

°API	Gravedad API	（原油）API 度
FPO	Faja Petrolífera del Orinoco	奥里诺科重油带
FUTPV	Federación Unitaria de Trabajadores Petroleros de Venezuela	委内瑞拉石油工人工会联盟
GLP	Gas licuado de petróleo	液化石油气
GNL	Gas natural licuado	液化天然气
GOES	Gas original en sitio	天然气原始地质储量
H/H	Horas/Hombre	工时，人时
ha	Hectáreas	公顷
Hp	Horse power	马力
in	Pulgadas	英寸
IPC	Ingeniería, Procura y Construcción	（工程项目）设计、采购和施工，工程总承包
ISLR	Impuesto sobre la renta	所得税
IVA	Impuesto al valor agregado	增值税
kg	Kilos	千克
km	Kilómetros	千米
km^2	Kilómetros cuadrados	平方千米
KW	Kilo watt	千瓦
KWh	Kilo watt hora	千瓦时
L	Litros	升
LGN	Líquidos del gas natural	液化天然气
LOPCYMAT	Ley Orgánica de Prevención, Condiciones y Medio Ambiente de Trabajo	工作环境、条件及预防组织法
LOT	Ley Orgánica de Trabajo	（1997 年）劳动组织法
LOTTT	Ley Orgánica de Trabajo, las Trabajadoras y los Trabajadores	（2012 年）劳动组织法
LPC	Libras por pulgada cuadrada	磅 / 英寸 ^{2}（英制压力单位）
Lts/día	Litros días	升 / 天
Lts/Seg	Litros segundos	升 / 秒
M	Metros	米
M^2	Metros cuadrados	平方米
M^3	Metros cúbicos	立方米
MB	Miles barriles	千桶
MBD	Miles barriles diarios	千桶 / 天
MBDpe	Miles de barriles diarios de petróleo equivalente	千桶油当量 / 天

°API	Gravedad API	（原油）API 度
MBPCE	Miles de barriles de petróleo equivalentes	千桶油当量
MBpced	Miles de barriles equivalentes de petróleo diarios	千桶油当量 / 天
MBtu	Miles de unidades térmicas británicas	千英制热量单位
MENPET	Ministerio del Poder Popular de Petróleo y Minería	（委内瑞拉民权）石油矿业部（原外文名称 Ministerio de Energía y Petróleo）
MMB	Millones de barriles	百万桶
MMBD	Millones de barriles diarios	百万桶 / 天
MMBls	Millones de barriles	百万桶
MMBPCE	Millones de barriles de petróleo equivalentes	百万桶油当量
MMBPCED	Millones de barriles equivalentes de petróleo diarios	百万桶油当量 / 天
MMBsF	Millones de bolívares fuertes	百万强势玻利瓦尔
MMBtu	Millones de unidades térmicas británicas	百万英制热量单位
MMKW	Millones de kilo watt	百万千瓦
MMLts	Millones de litros	百万升
MMMBls	Miles de millones de barriles	十亿桶 / 天
MMMPC	Miles de millones de pies cúbicos	十亿英尺³/ 天
MMMPCN	Miles de millones de pies cúbicos normales	标准十亿立方英尺
MMPC	Millones de pies cúbicos	百万立方英尺
MMPC/Bls	Millones de pies cúbicos por barriles	百万立方英尺气中含油桶数
MMPCD	Millones de pies cúbicos diarios	百万英尺³/ 天
MMPCGD	Millones de pies cúbicos de gas diario	百万英尺³（气）/ 天
MMPCN	Millones de pies cúbicos normales	标准百万立方英尺
MMT/A	Millones de toneladas métricas por año	百万公吨 / 年
MMUS$	Millones de dólares estadounidenses	百万美元
MPC	Miles de pies cúbicos	千立方英尺
MPCD	Miles de pies cúbicos diarios	千英尺³/ 天
MPCN	Miles de pies cúbicos normales	标准千立方英尺
MTM	Miles de toneladas métricas	千公吨
MTM/A	Miles de toneladas métricas por año	千公吨 / 年
MW	Mega watt	兆瓦
MW/p	Mega watt por paneles	兆瓦 / 太阳能电池板
MWh	Mega watt hora	兆瓦时

°API	Gravedad API	(原油) API 度
NUDE	Núcleos de Desarrollo Endógeno	内生发展中心，内生式发展核心
OCTG	Oil Country Tubular Goods	石油管材，石油专用管材
OPEP	Organización de Países Exportadores de Petróleo	石油输出国组织，欧佩克组织
PC	Pies cúbicos	立方英尺
PC/B	Pies cúbicos por barril	英尺³/桶
PCD	Pies cúbicos diarios	英尺³/天
PCGD	Pies cúbicos de gas diario	英尺³（气）/天
PCN	Pies cúbicos normales	（标准大气压下的）标准立方英尺
PCP	Gerencia Corporativa de Prevención y Control de Pérdidas	损失预防和控制部
PDVSA	Petróleo de Venezuela, S.A.	委内瑞拉国家石油公司
PPSA	PDVSA Petróleo, S.A.	委内瑞拉国家石油公司原油及产品销售公司（暂译）
Pen	Porcentaje de penetración	渗透率
PIW	Petroleum Intelligencia Weekly	（美国）石油情报周刊
POES	Petróleo original en sitio	石油原始地质储量
POMR	Proyecto Orinoco Magna Reserva	奥里诺科重油带超大储量认证计划
Ppm	Partes por millón	百万分率
PSO	Proyecto Socialista Orinoco	奥里诺科社会主义计划
PSP	Plan Siembra Petrolera	石油播种计划
PYMES	Pequeñas y medianas empresas	中小企业
RA/RC	Reacondicionamiento/Recompletación	措施恢复井/再完井（作业）
RIF	Registro Información Fiscal	纳税人税务登记号
RRHH	Recursos humanos	人力资源
SENIAT	Servicio Nacional Integral de Administración Aduanera y Tributaria	（委内瑞拉）全国海关和税收管理局
T	Toneladas	吨
TA	Toneladas año	吨/年
TCF	Trillion cubic feet	（天然气）万亿立方英尺（英文缩略，相当于西语的 BPC）
TD	Toneladas diarias	吨/天
Tm	Toneladas métricas	立方吨
Tm/A	Toneladas métricas año	立方吨/年

°API	Gravedad API	（原油）API 度
Toe	Tonelada equivalente del Petróleo	吨油当量
TPM	Toneladas Peso Muerto	（船舶的）载重吨
Und	Unidades	单位；套；组
US$	Dólares estadounidenses	美元
US$/Bl.	Dólares estadounidenses por barril	美元 / 桶
US$/L	Dólares estadounidenses por litro	美元 / 升
UT	Unidades tributarias	纳税单位
W	Watt	瓦特
Wh	Watts hora	瓦特小时

APENDICE V 附录五

Elementos Químicos
化学元素表

Elemento 元素		Símbolo 符号	Número Atómico 原子序数	Peso Atómico 原子质量
actinio	锕	Ac	89	(227)
aluminio	铝	Al	13	26.9815
americio	镅	Am	95	(243)
antimonio	锑	Sb	51	121.75
argón	氩	Ar	18	39.948
arsénico	砷	As	33	74.922
ástato	砹	At	85	(210)
azufre	硫	S	16	32.065
bario	钡	Ba	56	137.34
berilio	铍	Be	4	9.0122
berkelio	锫	Bk	97	(247)
bismuto	铋	Bi	83	208.980
boro	硼	B	5	10.811
bromo	溴	Br	35	79.904
cadmio	镉	Cd	48	112.411
calcio	钙	Ca	20	40.08
californio	锎	Cf	98	(251)
carbono	碳	C	6	12.0111
cerio	铈	Ce	58	140.116
cesio	铯	Cs	55	132.905
cine	锌	Zn	30	65.39
circonio	锆	Zr	40	91.224
cloro	氯	Cl	17	35.453
cobalto	钴	Co	27	58.933

Elemento 元素		Símbolo 符号	Número Atómico 原子序数	Peso Atómico 原子质量
cobre	铜	Cu	29	63.546
criptón	氪	Kr	36	83.80
cromo	铬	Cr	24	51.996
curio	锔	Cm	96	(247)
disprosio	镝	Dy	66	162.50
einstenio	锿	Es	99	(252)
erbio	铒	Er	68	167.26
escandio	钪	Sc	21	44.956
estaño	锡	Sn	50	118.710
estroncio	锶	Sr	38	87.62
europio	铕	Eu	63	151.96
fermio	镄	Fm	100	(257)
flúor	氟	F	9	18.9984
fósforo	磷	P	15	30.9738
francio	钫	Fr	87	(223)
gadolinio	钆	Gd	64	157.25
galio	镓	Ga	31	69.72
germanio	锗	Ge	32	72.64
hafnio	铪	Hf	72	178.49
helio	氦	He	2	4.0026
hidrógeno	氢	H	1	1.00794
hierro	铁	Fe	26	55.847
holmio	钬	Ho	67	164.930
indio	铟	In	49	114.82
iridio	铱	Ir	77	192.217
iterbio	镱	Yb	70	173.04
itrio	钇	Y	39	88.90585
lantano	镧	La	57	138.9055

Elemento 元素		Símbolo 符号	Número Atómico 原子序数	Peso Atómico 原子质量
laurencio	铹	Lr	103	(260)
litio	锂	Li	3	6.941
lutecio	镥	Lu	71	174.97
magnesio	镁	Mg	12	24.3050
manganeso	锰	Mn	25	54.938
mendelevio	钔	Md	101	(258)
mercurio	汞	Hg	80	200.59
molibdeno	钼	Mo	42	95.94
neodimio	钕	Nd	60	144.24
neón	氖	Ne	10	20.1797
neptunio	镎	Np	93	(237)
niobio	铌	Nb	41	92.906
níquel	镍	Ni	28	58.6934
nitrógeno	氮	N	7	14.0067
nobelio	锘	No	102	(259)
oro	金	Au	79	196.967
osmio	锇	Os	76	190.2
oxígeno	氧	O	8	15.9994
paladio	钯	Pd	46	106.4
plata	银	Ag	47	107.8682
platino	铂	Pt	78	195.078
plomo	铅	Pb	82	207.19
plutonio	钚	Pu	94	(239.244)
polonio	钋	Po	84	(209.210)
potasio	钾	K	19	39.0983
praseodimio	镨	Pr	59	140.90765
prometio	钷	Pm	61	(147)
protactinio	镤	Pa	91	(231)

Elemento 元素		Símbolo 符号	Número Atómico 原子序数	Peso Atómico 原子质量
radio	镭	Ra	88	(226)
radón	氡	Rn	86	(222)
renio	铼	Re	75	186.2
rodio	铑	Rh	45	102.906
rubidio	铷	Rb	37	85.47
rutenio	钌	Ru	44	101.07
samario	钐	Sm	62	150.36
selenio	硒	Se	34	78.96
silicio	硅	Si	14	28.086
sodio	钠	Na	11	22.9898
talio	铊	Tl	81	204.3833
tantalio	钽	Ta	73	180.948
tecnecio	锝	Tc	43	(97.99)
telurio	碲	Te	52	127.60
terbio	铽	Tb	65	158.92534
titanio	钛	Ti	22	47.90
torio	钍	Th	90	232.038
tulio	铥	Tm	69	168.934
tungsteno(wolframio)	钨	W	74	183.85
uranio	铀	U	92	238.02891
vanadio	钒	V	23	50.942
xenón	氙	Xe	54	131.30
yodo	碘	I	53	126.904

注：原子质量栏中加括号（ ）者表示是稳定或常见的同位素。

元 素 周 期 表

图例说明：

- 原子序数 —— 92 U
- 元素名称 注*的是人造元素 —— 铀
- 元素符号，红色指放射性元素
- 外围电子层排布，括号指可能的电子层排布 —— 5f³6d¹7s²
- 相对原子质量（加括号的数据为该放射性元素半衰期最长同位素的质量数）—— 238.0

非金属　金属　过渡元素

注：相对原子质量录自2001年国际原子量表，并全部取4位有效数字。

周期 \ 族	I A	II A	III B	IV B	V B	VI B	VII B	VIII	VIII	VIII	I B	II B	III A	IV A	V A	VI A	VII A	0
1	1 H 氢 1s¹ 1.008																	2 He 氦 1s² 4.003
2	3 Li 锂 2s¹ 6.941	4 Be 铍 2s² 9.012											5 B 硼 2s²2p¹ 10.81	6 C 碳 2s²2p² 12.01	7 N 氮 2s²2p³ 14.01	8 O 氧 2s²2p⁴ 16.00	9 F 氟 2s²2p⁵ 19.00	10 Ne 氖 2s²2p⁶ 20.18
3	11 Na 钠 3s¹ 22.99	12 Mg 镁 3s² 24.31											13 Al 铝 3s²3p¹ 26.98	14 Si 硅 3s²3p² 28.09	15 P 磷 3s²3p³ 30.97	16 S 硫 3s²3p⁴ 32.06	17 Cl 氯 3s²3p⁵ 35.45	18 Ar 氩 3s²3p⁶ 39.95
4	19 K 钾 4s¹ 39.10	20 Ca 钙 4s² 40.08	21 Sc 钪 3d¹4s² 44.96	22 Ti 钛 3d²4s² 47.87	23 V 钒 3d³4s² 50.94	24 Cr 铬 3d⁵4s¹ 52.00	25 Mn 锰 3d⁵4s² 54.94	26 Fe 铁 3d⁶4s² 55.85	27 Co 钴 3d⁷4s² 58.93	28 Ni 镍 3d⁸4s² 58.69	29 Cu 铜 3d¹⁰4s¹ 63.55	30 Zn 锌 3d¹⁰4s² 65.41	31 Ga 镓 4s²4p¹ 69.72	32 Ge 锗 4s²4p² 72.64	33 As 砷 4s²4p³ 74.92	34 Se 硒 4s²4p⁴ 78.96	35 Br 溴 4s²4p⁵ 79.90	36 Kr 氪 4s²4p⁶ 83.80
5	37 Rb 铷 5s¹ 85.47	38 Sr 锶 5s² 87.62	39 Y 钇 4d¹5s² 88.91	40 Zr 锆 4d²5s² 91.22	41 Nb 铌 4d⁴5s¹ 92.91	42 Mo 钼 4d⁵5s¹ 95.94	43 Tc 锝 4d⁵5s² [98]	44 Ru 钌 4d⁷5s¹ 101.1	45 Rh 铑 4d⁸5s¹ 102.9	46 Pd 钯 4d¹⁰ 106.4	47 Ag 银 4d¹⁰5s¹ 107.9	48 Cd 镉 4d¹⁰5s² 112.4	49 In 铟 5s²5p¹ 114.8	50 Sn 锡 5s²5p² 118.7	51 Sb 锑 5s²5p³ 121.8	52 Te 碲 5s²5p⁴ 127.6	53 I 碘 5s²5p⁵ 126.9	54 Xe 氙 5s²5p⁶ 131.3
6	55 Cs 铯 6s¹ 132.9	56 Ba 钡 6s² 137.3	57~71 La-Lu 镧系	72 Hf 铪 5d²6s² 178.5	73 Ta 钽 5d³6s² 180.9	74 W 钨 5d⁴6s² 183.8	75 Re 铼 5d⁵6s² 186.2	76 Os 锇 5d⁶6s² 190.2	77 Ir 铱 5d⁷6s² 192.2	78 Pt 铂 5d⁹6s¹ 195.1	79 Au 金 5d¹⁰6s¹ 197.0	80 Hg 汞 5d¹⁰6s² 200.6	81 Tl 铊 6s²6p¹ 204.4	82 Pb 铅 6s²6p² 207.2	83 Bi 铋 6s²6p³ 209.0	84 Po 钋 6s²6p⁴ [209]	85 At 砹 6s²6p⁵ [210]	86 Rn 氡 6s²6p⁶ [222]
7	87 Fr 钫 7s¹ [223]	88 Ra 镭 7s² [226]	89~103 Ac-Lr 锕系	104 Rf 𬬻* (6d²7s²) [261]	105 Db 𬭊* (6d³7s²) [262]	106 Sg 𬭳* [266]	107 Bh 𬭛* [264]	108 Hs 𬭶* [277]	109 Mt 鿏* [268]	110 Ds 𫟼* [281]	111 Rg 𬬭* [272]	112 Uub [285]						

镧系

57 La 镧 5d¹6s² 138.9	58 Ce 铈 4f¹5d¹6s² 140.1	59 Pr 镨 4f³6s² 140.9	60 Nd 钕 4f⁴6s² 144.2	61 Pm 钷 4f⁵6s² [145]	62 Sm 钐 4f⁶6s² 150.4	63 Eu 铕 4f⁷6s² 152.0	64 Gd 钆 4f⁷5d¹6s² 157.3	65 Tb 铽 4f⁹6s² 158.9	66 Dy 镝 4f¹⁰6s² 162.5	67 Ho 钬 4f¹¹6s² 164.9	68 Er 铒 4f¹²6s² 167.3	69 Tm 铥 4f¹³6s² 168.9	70 Yb 镱 4f¹⁴6s² 173.0	71 Lu 镥 4f¹⁴5d¹6s² 175.0

锕系

89 Ac 锕 6d¹7s² [227]	90 Th 钍 6d²7s² 232.0	91 Pa 镤 5f²6d¹7s² 231.0	92 U 铀 5f³6d¹7s² 238.0	93 Np 镎 5f⁴6d¹7s² [237]	94 Pu 钚 5f⁶7s² [244]	95 Am 镅* 5f⁷7s² [243]	96 Cm 锔* 5f⁷6d¹7s² [247]	97 Bk 锫* 5f⁹7s² [247]	98 Cf 锎* 5f¹⁰7s² [251]	99 Es 锿* 5f¹¹7s² [252]	100 Fm 镄* 5f¹²7s² [257]	101 Md 钔* 5f¹³7s² [258]	102 No 锘* (5f¹⁴7s²) [259]	103 Lr 铹* (5f¹⁴6d¹7s²) [262]

0族电子数（电子层）：
- K
- L K
- M L K
- N M L K
- O N M L K
- P O N M L K

He: 2 (K)
Ne: 8 2 (L K)
Ar: 8 8 2 (M L K)
Kr: 8 18 8 2 (N M L K)
Xe: 8 18 18 8 2 (O N M L K)
Rn: 8 18 32 18 8 2 (P O N M L K)

Tabla Periódica de los Elementos

Legend / Leyenda:

- Alcalinos
- Alcalinotérreos
- Metales de transición
- Lantánidos
- Actínidos
- Metales del bloque p
- No metales
- Gases nobles

C Solid
Br Liquid
H Gas
Tc Synthetic

Atomic masses in parentheses are those of the most stable or common isotope.

Note: The subgroup numbers 1-18 were adopted in 1984 by the International Union of Pure and Applied Chemistry. The names of elements 112-118 are the Latin equivalents of those numbers.

New / Original

Grupo	1 IA	2 IIA	3 IIIB	4 IVB	5 VB	6 VIB	7 VIIB	8	9 VIIIB	10	11 IB	12 IIB	13 IIIA	14 IVA	15 VA	16 VIA	17 VIIA	18 VIIIA
1	1 H Hidrógeno 1.00794																	2 He Helio 4.002602
2	3 Li Litio 6.941	4 Be Berilio 9.012182											5 B Boro 10.811	6 C Carbono 12.0107	7 N Nitrógeno 14.00674	8 O Oxígeno 15.9994	9 F Flúor 18.9984032	10 Ne Neón 20.1797
3	11 Na Sodio 22.989770	12 Mg Magnesio 24.3050											13 Al Aluminio 26.981538	14 Si Silicio 28.0855	15 P Fósforo 30.973761	16 S Azufre 32.066	17 Cl Cloro 35.453	18 Ar Argón 39.948
4	19 K Potasio 39.0983	20 Ca Calcio 40.078	21 Sc Escandio 44.955910	22 Ti Titanio 47.867	23 V Vanadio 50.9415	24 Cr Cromo 51.9961	25 Mn Manganeso 54.938049	26 Fe Hierro 55.8457	27 Co Cobalto 58.933200	28 Ni Níquel 58.6934	29 Cu Cobre 63.546	30 Zn Zinc 65.409	31 Ga Galio 69.723	32 Ge Germanio 72.64	33 As Arsénico 74.92160	34 Se Selenio 78.96	35 Br Bromo 79.904	36 Kr Kriptón 83.798
5	37 Rb Rubidio 85.4678	38 Sr Estroncio 87.62	39 Y Itrio 88.90585	40 Zr Circonio 91.224	41 Nb Niobio 92.90638	42 Mo Molibdeno 95.94	43 Tc Tecnecio (98)	44 Ru Rutenio 101.07	45 Rh Rodio 102.90550	46 Pd Paladio 106.42	47 Ag Plata 107.8682	48 Cd Cadmio 112.411	49 In Indio 114.818	50 Sn Estaño 118.710	51 Sb Antimonio 121.760	52 Te Teluro 127.60	53 I Yodo 126.90447	54 Xe Xenón 131.293
6	55 Cs Cesio 132.90545	56 Ba Bario 137.327	57 to 71	72 Hf Hafnio 178.49	73 Ta Tántalo 180.9479	74 W Wolframio 183.84	75 Re Renio 186.207	76 Os Osmio 190.23	77 Ir Iridio 192.217	78 Pt Platino 195.078	79 Au Oro 196.96655	80 Hg Mercurio 200.59	81 Tl Talio 204.3833	82 Pb Plomo 207.2	83 Bi Bismuto 208.98038	84 Po Polonio (209)	85 At Astato (210)	86 Rn Radón (222)
7	87 Fr Francio (223)	88 Ra Radio (226)	89 to 103	104 Rf Rutherfordio (261)	105 Db Dubnio (262)	106 Sg Seaborgio (266)	107 Bh Bohrio (264)	108 Hs Hassio (269)	109 Mt Meitnerio (268)	110 Ds Darmstadtio (271)	111 Rg Roentgenio (272)	112 Uub Ununbio (285)	113 Uut Ununtrio (284)	114 Uuq Ununquadio (289)	115 Uup Ununpentio (288)	116 Uuh Ununhexio (292)	117 Uus Ununseptio (210)	118 Uuo Ununoctio (222)

Lantánidos:

57 La Lantano 138.9055	58 Ce Cerio 140.116	59 Pr Praseodimio 140.90765	60 Nd Neodimio 144.24	61 Pm Prometio (145)	62 Sm Samario 150.36	63 Eu Europio 151.964	64 Gd Gadolinio 157.25	65 Tb Terbio 158.92534	66 Dy Disprosio 162.500	67 Ho Holmio 164.93032	68 Er Erbio 167.259	69 Tm Tulio 168.93421	70 Yb Iterbio 173.04	71 Lu Lutecio 174.967

Actínidos:

89 Ac Actinio (227)	90 Th Torio 232.0381	91 Pa Protactinio 231.03588	92 U Uranio 238.02891	93 Np Neptunio (237)	94 Pu Plutonio (244)	95 Am Americio (243)	96 Cm Curio (247)	97 Bk Berkelio (247)	98 Cf Californio (251)	99 Es Einsteinio (252)	100 Fm Fermio (257)	101 Md Mendelevio (258)	102 No Nobelio (259)	103 Lr Lawrencio (262)

APENDICE VI　附录六

Tablas de Pesos y de Medidas
计量单位表

1. 公制

类别	代号	西班牙文名称	中文名称	对主单位的比	折合市制
长度	μ	micra	微米	1/1000000 米	
	cmm	centimilímetro	忽米	1/100000 米	
	dmm	decimilímetro	丝米	1/10000 米	
	mm	milímetro	毫米	1/1000 米	=3 市厘
	cm	centímetro	厘米	1/100 米	=3 市分
	dm	decímetro	分米	1/10 米	=3 市寸
	m	metro	米	主单位	=3 市尺
	dam	decámetro	十米	10 米	=3 市丈
	hm	hectómetro	百米	100 米	
	km	kilómetro	公里，千米	1000 米	=2 市里
	Mm	miriámetro	万米	10000 米	
		milla(marina)	海里	1852 米	=3.7040 市里
		cable	链	185.2 米	
面积和地积	cm²	centímetro cuadrado	平方厘米	1/10000 平方米	
	dm²	decímetro cuadrado	平方分米	1/100 平方米	
	m²	metro cuadrado	平方米	主单位	=9 平方市尺
	a	área	公亩	100 平方米	=0.15 市亩
	ha	hectárea	公顷	100 公亩，10000 平方米	=15 市亩
	km²	kilómetro cuadrado	平方千米	100 公顷，1000000 平方米	=4 平方市里
体积	cm³	centímetro cúbico	立方厘米	1/1000000 立方米	
	dm³	decímetro cúbico	立方分米	1/1000 立方米	
	m³	metro cúbico	立方米	主单位	=27 立方市尺
容量	ml	mililitro	毫升	1/1000 升	
	cl	centílitro	厘升	1/100 升	
	dl	decilitro	分升	1/10 升	=1 市合
	l	litro	升	主单位	=1 市升
	dal	decálitro	十升	10 升	=1 市斗
	hl	hectólitro	百升	100 升	=1 市石
	kl	kilólitro	千升	1000 升	

类别	代号	西班牙文名称	中文名称	对主单位的比	折合市制
重量	mg	milígramo	毫克	1/1000000 千克	
	cg	centígramo	厘克	1/100000 千克	
	dg	decígramo	分克	1/10000 千克	=2 市厘
	g	gramo	克	1/1000 千克	=2 市分
	dag	decágramo	十克	1/100 千克	=2 市钱
	hg	hectógramo	百克	1/10 千克	=2 市两
	kg	kilógramo	公斤，千克	主单位	=2 市斤
	q	quintal	公担	100 千克	=2 市担
	t	tonelada	吨	1000 千克	

2. 英美制

类别	西班牙文名称	中文名称	等量	折合公制
长度	pulgada	英寸		=2.5400 厘米
	pie	英尺	12 英寸	=0.3048 米
	yarda	码	3 英尺	=0.9144 米
	milla terrestre	英里	1760 码	=1.6093 千米
海程长度	braza	英寻	6 英尺	=1.8288 米
	cable	链	1000 英寻	=185.2 米
	milla(marina)	海里	10 链	=1.852 千米
面积和地积	pulgada cuadrada	平方英寸		=6.4516 平方厘米
	pic cuadrado	平方英尺	144 平方英寸	=0.0929 平方米
	yarda cuadrada	平方码	9 平方英尺	=0.8361 平方米
	acre milla terrestre	英亩	4840 平方码	=40.4686 公亩
	cuadrada	平方英里	640 英亩	=2.5900 平方千米
体积	pulgada cúbica	立方英寸		=16.3866 立方厘米
	pic cúbico	立方英尺	1728 立方英寸	=0.0283 立方米
	yarda cúbica	立方码	27 立方英尺	=0.7646 立方米
重量 常衡	onza	盎司		=28.35 克
	libra	磅	16 盎司	=0.454 千克
	tonelada larga（英）	长吨，英吨	2240 磅	=1.016 公吨
	tonelada corta（美）	短吨，美吨	2000 磅	=0.907 公吨
金衡和药衡	grano	格令		=64.8 毫克
	onza	盎司		=31.103 克
	libra	磅	12 盎司	=0.373 千克

类别		西班牙文名称	中文名称	等量	折合公制
容量	干量	pinta	品脱		（英）=0.5682 升 （美）=0.55 升
		cuarto	夸脱	2 品脱	（英）=1.1365 升 （美）=1.101 升
		peck	配克	8 夸脱	（英）=9.0917 升 （美）=8.809 升
		bushel	蒲式耳	4 配克	（英）=36.3677 升 （美）=35.238 升
	液量	gill	及耳		（英）=0.142 升 （美）=0.118 升
		pinta	品脱	4 及耳	（英）=0.5682 升 （美）=0.473 升
		cuarto	夸脱	2 品脱	（英）=1.1356 升 （美）=0.946 升
		galón*	加仑	4 夸脱	（英）=4.546 升 （美）=3.758 升

*galón 在英制中可作干量单位。

APENDICE VII   附录七

Glosario de la Convención de Stockholm sobre Polucionantes Persistentes Orgánicos (POPs)

斯德哥尔摩关于持久性有机污染物公约（POPs）中的词汇

Stockholm Convention on Persistent Organic Pollutants	Convenio de Estocolmo sobre Contaminantes Orgánicos Persistentes	关于持久性有机污染物的斯德哥尔摩公约
activated carbon adsorption	adsorción de carbón activado	活性炭吸附
acutely toxic pesticide	plaguicida sumamente tóxico	剧毒农药
airborne emissions	emisiones transportadas por el aire	空气中的排放物
aldrin	aldrina	艾氏剂
Alpha hexachlorocyclohexane	Alfa hexaclorociclohexano	甲型六氯环乙烷
Anthropogenic, substance of anthropogenic origin	sustancia de origen antropógeno	源于人类活动的物质；人为的物质
Basel Convention on the Control of Transboundary Movements of Hazardous Wastes and their Disposal; Basel Convention	Convenio de Basilea sobre el control de los movimientos transfronterizos de los desechos peligrosos y su eliminación	控制危险废物越境转移及其处置巴塞尔公约
Beta hexachlorocyclohexane	Beta hexaclorociclohexano	乙型六氯环乙烷
best available techniques BAT	mejores técnicas disponibles	最佳可行技术
best environmental practices BEP	mejores prácticas ambientales	最佳环保作法 / 最佳环境实践
bioaccumulation	bioacumulación	生物累积
bioassay	ensayo biológico；bioensayo	生物测定；活体检定
bioavailability	biodisponibilidad	生物利用率
biocide	biocida	生物杀虫剂
biological half-life	vida media biológica	生物半衰期
biomagnification	biomagnificación	生物放大
biota	biota	生物群；生物区系
biphenyl	bifenilo	联苯
biphenyl polybrominated biphenyl	bifenilo polibromado	多溴联苯
Biphenyl polychlorinated biphenyls；polychlorobiphenyls	bifenilos policlorados	多氯联苯

Stockholm Convention on Persistent Organic Pollutants	Convenio de Estocolmo sobre Contaminantes Orgánicos Persistentes	关于持久性有机污染物的斯德哥尔摩公约
bromo-aromatics	aromáticos bromados	溴芳烃
carry-over effect	efecto retardado	残留效应
Chemical Abstracts Service	Chemical Abstracts Service	化学文摘社
chlordane	clordano	氯丹
Chlordecone	Clordecona	开蓬
chlorinated hydrocarbon; chlorohydrocarbon	hidrocarburo clorado	氯化碳氢化合物
chlorophenols	clorofenoles	氯酚
clean development mechanism CDM	mecanismo para un desarrollo limpio	清洁发展机制
combustion emissions	emisiones producidas por la combustión	燃烧废气
DDT dichlorodiphenyltrichloroethane	diclorodifeniltricloretano	-DDT 滴滴涕
debromination (reductive) of bromo-aromatics	la desbromación reductiva de compuestos aromáticos bromados	溴芳烃的还原脱溴
decommission	desactivar; poner fuera de servicio; desmantelar	淘汰
deleterious gas	gas nocivo; gas deletéreo	有害气体
dieldrin	dieldrina	狄氏剂；氧氯甲萘
dioxin	dioxina	二噁英；二氧杂苣
discharge point; emission point	punto de descarga; punto de emisión	排放点
discrete organic chemical	- producto químico orgánico definido	离散有机化学品
duster	"porro"	毒粉卷烟
effectiveness evaluation	evaluación de la eficacia	成效评估
effluent	efluente; residuo	流出物；废液；污水
effluent discharge	descarga de efluentes; eliminación de residuos	排放废物；排出废液
emission concentration	concentración de la emisión	排放浓度
emission source sampling	muestreo de la emisión de una fuente	排放源采样
endrin	endrin	异狄氏剂
endosulfan	el endosulfán	硫丹
environmental concentration	concentración en el medio ambiente	环境浓度
environmental toxicity	toxicidad del medio ambiente	环境毒性

Stockholm Convention on Persistent Organic Pollutants	Convenio de Estocolmo sobre Contaminantes Orgánicos Persistentes	关于持久性有机污染物的斯德哥尔摩公约
fabric filter collector	colector de tejido filtrante	织物除尘器
flue gas	gas de chimenea；gas de escape；gas de combustión	烟道气
flue gas denitrification	desnitrificación de los gases de chimenea；desnitrificación de gases de combustión	烟道气脱氮
flue gas desulphurization	desulfuración de gases de chimenea desulfuración de gases de combustión	烟道气脱硫
foundry cupola	cubilote de fundición	铸造用冲天炉；铸造用化铁炉
freon	freón	氟利昂
fumigant	fumigante	熏蒸消毒剂
fumigation	fumigación	熏蒸；烟熏
furan	furano	呋喃
gas-to-liquid process；GTL process	proceso GTL	气液工艺
greenhouse gas sequestration	secuestro de los gases de efecto invernadero: retención de los gases de efecto invernadero	温室气体的固存
heptachlor	heptacloro	七氯
herbicides	herbicidas	除莠剂
Hexabromobiphenyl	hexabromobifenilo	六溴代二苯
Hexabromocyclododecane	Hexabromociclododecano	六溴环十二烷
hexachlorobenzene	hexaclorobenceno	六氯苯
implementation plans	planes de aplicación	实施计划
incinerator	incinerador	焚化炉；焚烧炉；煅烧炉
informed consent	consentimiento informado；consentimiento bien fundado	知情的同意；知情同意
insecticide fogger	fumigadora de insecticida	杀虫喷雾器
landfill gas	gas de vertedero	垃圾填埋地气体
Lindane	lindano	林丹
long-range environmental transport:	transporte a larga distancia en el medio ambiente	远距离环境迁移
marine incineration	incineración en el mar	海上焚化；海上焚烧

Stockholm Convention on Persistent Organic Pollutants	Convenio de Estocolmo sobre Contaminantes Orgánicos Persistentes	关于持久性有机污染物的斯德哥尔摩公约
measures to reduce or eliminate releases from unintentional production	medidas para reducir o eliminar las liberaciones derivadas de la producción no intencional	减少或消除源自无意生产的排放措施
mercury rain	lluvia de mercurio	汞雨
mirex	mirex	灭蚁灵
mobile source；transportation source	fuente móvil	移动源；流动源
molluscicide	molusquicida	灭螺剂；软体动物杀灭剂
nitrous oxide；laughing gas	óxido nitroso；gas hilarante	氧化亚氮（又译一氧化二氮；笑气）
non-compliance	incumplimiento	不遵守，不履行
Octabromodiphenyl ether	Éter de octabromodifenilo	八溴二苯醚
off-gases	efluentes gaseosos	废气；尾气
open burning	combustión al aire libre；incineración	露天焚烧
organochloride	organoclorado	有机氯化合物
organophosphate	organofosfato	有机磷酸盐
paint solvent	disolvente de pintura；solvente de pintura	涂料溶剂
particulate emission	emisión de partículas	微粒排放
Pentabromodiphenyl ether	Eter de pentabromodifenilo	五溴二苯醚
Pentachlorobenzene	pentaclorobenceno	五氯苯
Perfluorooctane sulfonate	Sulfonato de perfluorooctano	全氟辛烷磺酸
persistent organic pollutants	contaminantes orgánicos persistentes	持久性有机污染物
persistent pesticide	plaguicida persistente	持久性农药；残留性农药
pesticide drift	dispersión de plaguicidas	农药飘失
phasing out	eliminación gradual, reducción gradual	淘汰
point source；point emission source	fuente individual；fuente puntual；fuente localizada；foco concentrado；distintas fueentes (pl.)	点源
polychlorinated biphenyls；polychlorobiphenyls PCBs	bifenilos policlorados BPC	多氯联苯
polychlorinated dibenzo-furan	dibenzofurano policlorado	多氯呋；多氯二苯并呋喃

Stockholm Convention on Persistent Organic Pollutants	Convenio de Estocolmo sobre Contaminantes Orgánicos Persistentes	关于持久性有机污染物的斯德哥尔摩公约
polychlorinated dibenzo-p-dioxin	dibenzoparadioxina policlorada	多氯二苯并对二英
precursor	precursor	前体；先质
primary pollutant	contaminante primario	原生污染物；一次污染物
prior informed consent	principio de consentimiento previo con conocimiento de causa	事先知情的同意
pyrolysis	pirólisis	高温分解；热解
register of specific exemptions	registro de exenciones específicas	特定豁免登记
repellent；insect-repellent	repelente de insectos	驱虫剂
RISK PROFILE	PERFIL DE RIESGOS	风险简介
scent trapping	recolección de muestras olfativas	收集气味
screening assay	ensayo biológico preliminar	筛选检定
SCREENING CRITERIA	CRITERIOS DE SELECCIÓN	筛选标准
shot gather；common source gather；common shot gather；shotpoint gather	agrupación de señales procedentes de un punto de emisión común	共源收集
Short-chained chlorinated paraffins	Parafinas cloradas de cadena corta	短链氯化石蜡
smelter dust	polvo de horno de fundición；polvo de planta metalúrgica	熔（炼）炉飞尘
solvent extractor	extractor de solvente	溶剂萃取器
solvent vapour treatment process	procedimiento de tratamiento de vapores de solventes	溶剂蒸气处理过程
spent slurry	lodo residual	废浆
stack gas cleaning	depuración de gases de chimenea；lavado de gases de chimenea	烟道气净化
Strategic Approach to International Chemicals Management SAICM	Enfoque estratégico para la gestión de los productos químicos a nivel internacional	国际化学品管理战略方针
swipe sampling；swipe	relevamiento de superficie	取样
systemic pesticide	plaguicida sistemático	内吸性农药
temporal trend；time trend;	tendencia temporal	时间趋势
thermal pollution	contaminación térmica	热污染
toxaphene	toxafeno	毒杀芬
toxic anti-fouling paints	pinturas antiincrustantes tóxicas	有毒防污油漆
toxic trace pollutants	oligocontaminantes tóxicos	毒性痕量污染物
toxicity emission factor	factor de emisión de toxicidad	毒性排放系数

Stockholm Convention on Persistent Organic Pollutants	Convenio de Estocolmo sobre Contaminantes Orgánicos Persistentes	关于持久性有机污染物的斯德哥尔摩公约
trace analysis	análisis de trazas	痕量分析
vapor intrusion	acumulación de gas；infiltración de gas	气体侵入
vector control	lucha contra los vectores	病媒控制
welding dust	polvo de soldadura	焊尘
zero emission norm	norma de emisión cero	零排放准则

APENDICE VIII 附录八

Alfabeto Griego
希腊字母表

字母		名称	字母		名称
A	α	alfa	N	ν	ny
B	β	beta	Ξ	ξ	xi
Γ	γ	gamma	O	o	ómicron
Δ	δ	delta	Π	π	pi
E	ε	épsilon	P	ρ	rho
Z	ζ	zeta	Σ	σ , ς	sigma
H	η	eta	T	τ	tau
Θ	θ	theta	Υ	υ	ypsilon
I	ι	iota	Φ	φ	phi
K	κ	kappa	X	χ	ji
Λ	λ	lambda	Ψ	ψ	psi
M	μ	my	Ω	ω	omega

APENDICE IX　附录九

Transcripción Fonética
西汉音译表

元音＼辅音（汉字译音）	（元音）	b* v*	p	d	t	g* (gh)	gu	c cc	cu	b* v* (w)	f	ch (tch)(tsch)	s x z ci	j	ll li ly	y	m	n	ñ	l	r	h
a, aa	阿（亚）	布	普	德	特	格	瓜	克	库	夫	弗（夫）	奇	斯	赫	利	伊	姆	恩	尼	尔	尔	
ai, ay	艾	拜	派	达	塔	加		卡	夸	瓦	法	查	萨	哈	利	亚	马	纳	尼亚	拉	拉	
au, ao	奥	鲍	保	道	陶	高	格	考			福	柴	绍	豪	利艾	姚	毛	瑙	尼奥	劳	劳	
e, ei, ey, ee	埃	贝	佩	德	特	赫	盖	塞（锡）	奎	沃	费	乔	塞（锡）	豪	廖	耶	梅	内	涅	莱	雷	
i, y	伊	比	皮	迪	蒂	希	吉	西亚（夏）	基	维	菲	奇	西亚（夏）	希	利	伊	米	尼	尼	利	里	
ia, ya	亚	比亚	皮亚	迪亚	蒂亚	希亚	吉亚	西亚（夏）		维亚	菲亚	恰	西亚（夏）	希亚	利	亚	米亚	尼亚	尼亚	利亚	里亚	
ie, ye	耶	别		迭	铁	戈		谢		沃		切	谢	希耶	列	耶	米耶	涅	涅	列	列	
o, ou, oe	奥	博	波	多	图	古	戈	科		维	福	乔	索	霍	略	约	莫	诺	纽	洛	罗	
u, ü	乌	布	普	杜	图	古	关	库	宽	武	富	丘	苏	胡	留	尤	穆	努	纽	卢	鲁	
an	安	班	潘	丹	坦	甘	根	坎	肯	万	凡	昌	桑	汉	良	扬	曼	南（楠）	尼昂	兰	兰	
en	恩	本	彭	登	滕	亨	京	森（锡）	金	文	芬	琴	森	亨	连	延	门	嫩	年	伦	伦	
in, yn	因	宾	平	丁	廷	欣	京	辛	金	温	芬	钦	辛	欣	林	英	明	宁	宁	林	林	
on, uon	翁	邦	庞	东	通	贡	贡	孔	孔	冯	丰	琼	松	洪	利翁	荣	蒙	农	尼翁	隆	龙	
un	温	本	蓬	敦（教）	顿	贡	贡	昆	昆	温	丰	琼	松	洪	利温	荣	蒙	农	尼翁	伦	龙	

（h 列：不发音）

注：① b 和 v 在词首或 m、n 之后时发 [b]，译音见 b[布]行；在词尾或词中时发 [v]，译音见 v[夫]行。② g 在元音 e、i 前发 [h]([赫])，在 a、o、u 前发 [g]([格])，译音见 g[格]行。③ x 后接辅音时发 [s][斯] 的音，在两个元音之间时发 [ks][克斯] 的音。④（夫）用于译名词中和词尾，（亚）用于词尾；（戴）用于人名词首。⑤（栋）、（楠）、（锡）、（夏）用于地名词首和词尾；（夏）用于地名词首。⑥ (gb)、(tch, tsch)、(w) 只用于拼写外来姓名。

致　谢

　　本词典自酝酿、启动至最终完稿，编委会的各位成员尽职尽责，尤其是原中国石油南美公司副总经理、现中国石油勘探开发研究院副院长穆龙新从始至终都对本词典的编写给予了极大的帮助和支持，为编者指点迷津、开拓思路。原中国石油委内瑞拉公司副总裁王绍贤、原中国石油海外研究中心书记胡爱莲都是长期从事石油专业西语翻译和交流的资深老专家，她们促成了词典在石油工业出版社立项。在词典编译过程中，王绍贤、胡爱莲以及北京语言文化大学退休教授袁仲林不顾年事之高以及繁琐的家事，多次帮忙手工校对词条。

　　正是因为有了这样一个团队的共同努力和拼搏奉献，才使这个在当时看来似乎不太现实的词典梦得以逐步变为现实。

　　当然，词典的完成也得到了许多其他领导、同事、朋友的大力帮助，在这里需要特别感谢对外经济贸易大学外语系赵雪梅教授，她无私提供了西汉经贸词条 16900 条，但最终考虑到本词典的篇幅以及侧重点等原因大部分经贸词条未能收录；感谢拉美公司丁滨、中国石油海外勘探开发公司王鲲提供个人搜集和整理的近千词条。还要感谢拉美公司的陈金涛、高希峰、古金民、王荷美、赵斌、杨进、徐宝军、李振军、王金站、解明夫、李英辉；中国石油勘探开发研究院南美研究所的刘尚奇、张志伟、贾芬淑、朱新喜、雷占祥、韩彬、张克鑫、武军昌、李云波、李星民以及中亚俄罗斯所的许安著；长城钻探工程有限公司委内瑞拉综合项目部的惠铁盈、许庆刚、姚春明、张增钰、周春勇、冯旭东、陈德虎、刘广华、王忠义、张海严、车天勇、徐建国、牟树生、惠书林、周璞、刘以乔、王振林、王永利、马翠芳、曾华、谭飞、赵友贵、吉宏兵、王守军、赵结实、薛维忠、邹玉军、艾德祥、祝亚桥以及地质研究院的刘春丽，在词条的筛选、校对以及词义敲定方面，他们以丰富的专业知识和热心负责的态度，给予了编者无私的帮助。

在漫长的词典编译过程中，需要感谢的人还有很多很多，但因为篇幅原因，无法一一详列，希望相关人员能够谅解。

最后，祝愿所有关心过、关心着这本西汉石油词典的领导及同仁，身体健康、心情愉快、幸福美满！

编者
2013年6月